AF735732

HANDBUCH DER LEBENSMITTELCHEMIE

HERAUSGEGEBEN VON

L. ACKER · K.-G. BERGNER · W. DIEMAIR · W. HEIMANN
F. KIERMEIER · J. SCHORMÜLLER · S. W. SOUCI

GESAMTREDAKTION

J. SCHORMÜLLER

ERSTER BAND

DIE BESTANDTEILE DER LEBENSMITTEL

SPRINGER-VERLAG BERLIN HEIDELBERG GMBH
1965

DIE BESTANDTEILE DER LEBENSMITTEL

BEARBEITET VON

E. BAYER · H.-D. BELITZ · G. BRUBACHER · W. DIEMAIR · H. ENDRES
W. GROSCH · R. HAMM · E. HANSSEN · W. HAUSHEER
K. HERRMANN · O. HÖGL · G. HUSCHKE · A. KLEMER · R. KÖNIG
H. LANGENDORF · E. MERGENTHALER · H. MOHLER · K. MYRBÄCK
W. POSTEL · L. RIEDEL · J. SCHORMÜLLER · H. SOMMER
S. W. SOUCI · W. VOELTER · W. WACHS · W. WENDT · O. WISS

SCHRIFTLEITUNG

J. SCHORMÜLLER

MIT 136 ABBILDUNGEN

SPRINGER-VERLAG BERLIN HEIDELBERG GMBH
1965

Alle Rechte, insbesondere das der Übersetzung in fremde Sprachen, vorbehalten

Ohne ausdrückliche Genehmigung des Verlages ist es auch nicht gestattet, dieses Buch oder Teile daraus auf photomechanischem Wege (Photokopie, Mikrokopie) oder auf andere Art zu vervielfältigen

© by Springer-Verlag Berlin Heidelberg 1965
Ursprünglich erschienen bei Springer-Verlag, Berlin · Heidelberg 1965
Softcover reprint of the hardcover 1st edition 1965

Library of Congress Catalog Card Number 65-18301

ISBN 978-3-642-46012-8 ISBN 978-3-642-46011-1 (eBook)
DOI 10.1007/978-3-642-46011-1

Titel Nr. 5576

Die Wiedergabe von Gebrauchsnamen, Handelsnamen, Warenbezeichnungen usw. in diesem Werk berechtigt auch ohne besondere Kennzeichnung nicht zu der Annahme, daß solche Namen im Sinn der Warenzeichen- und Markenschutz-Gesetzgebung als frei zu betrachten wären und daher von jedermann benutzt werden dürften

Vorwort

Seit dem Erscheinen des Werkes „Handbuch der Lebensmittelchemie" in den Jahren 1933–1942 haben sich alle Zweige der Lebensmittelchemie, Lebensmitteltechnologie und Lebensmittelwirtschaft derart stürmisch entwickelt, daß die grundlegende Neufassung dieses Werkes zur vordringlichen Aufgabe wurde. Vielfältige Berührungspunkte der Lebensmittelwissenschaft mit anderen Fachgebieten und ihre Befruchtung durch Erkenntnisse der Naturforschung im weitesten Sinne, neue Aufgabenstellungen, wie sie z. B. auf dem Gebiet der Konservierung, Schädlingsbekämpfung, der Verpackung oder der Entwicklung neuartiger Lebensmittel erwuchsen und nicht zuletzt die Ausweitung analytischer Arbeitsmöglichkeiten auf allen Gebieten der Lebensmitteluntersuchung brachten es mit sich, daß für die hier abzuhandelnden Gebiete neben hervorragenden Vertretern der Lebensmittelchemie auch Sachverständige vieler Spezialgebiete heranzuziehen waren, die im engeren Sinne nicht der genannten Disziplin entstammen. Nur dadurch war die Gewähr gegeben, ein Werk vorzulegen, das den neuesten Stand der Wissenschaft wiedergibt, den berechtigten Forderungen der Fachkollegen nach umfassender Orientierung genügt und der Tradition des alten „Handbuches" gerecht wird.

Das neue Handbuch berichtet im vorliegenden ersten Band einführend über Geschichte, Aufgaben und Probleme der Lebensmittelwissenschaft und handelt dann die allgemeinen Lebensmittelbestandteile, einschließlich Enzyme und Vitamine, sowie die Lebensmittel-Zusatzstoffe ab. Der erste Teil des zweiten Bandes enhält allgemeine Untersuchungsmethoden und räumt modernen Verfahren physikalischer und physikochemischer Art als wesentlichen Hilfsmitteln lebensmittelchemischer Analytik breiten Raum ein. Im zweiten Teil dieses Bandes werden die chemischen und biologischen Verfahren soweit gebracht, als sie für die Lebensmittelbestandteile und die fremden Stoffe von allgemeiner Bedeutung sind. Besonderer Wert wurde darauf gelegt, durch Hinweise auf moderene Monographien eine weitere Vertiefung in einzelne Probleme zu erleichtern. Kapitel über organische Gruppenanalyse und mathematische Auswertung der Untersuchungsergebnisse schienen uns eine wertvolle und wünschenswerte Ergänzung zu sein. In den folgenden sechs Bänden werden Herstellung und Zusammensetzung der Lebensmittel im weitesten Sinne, ihre Eigenschaften, ihr Verhalten bei der Gewinnung, Verarbeitung und Haltbarmachung und insbesondere Untersuchungsmethoden spezieller Art behandelt. Der neunte Band beschäftigt sich mit den Bedarfsgegenständen.

Aus wohlerwogenen Gründen wurde auf die ausführliche Wiedergabe des noch stark im Fluß befindlichen und in zahlreichen Kommentaren behandelten Rechtsstoffes verzichtet, desgleichen fanden ernährungsphysiologische pharmakologische und toxikologische Fragestellungen keine eingehende Berücksichtigung.

Entsprechend dem im Handbuch unter den genannten Gesichtspunkten verarbeiteten Stoff soll das Werk zunächst dem wissenschaftlich und praktisch tätigen Lebensmittelchemiker sowie der Lebensmittelindustrie und Lebensmittelwirtschaft des In- und Auslandes wegweisend durch das nicht mehr überschaubare

Gebiet dienen. Die bewußte Heranziehung von Spezialisten aus den verschiedensten Grenzgebieten wird dazu führen, daß auch der Human- und Veterinärmediziner, der Ernährungsphysiologe und Hygieniker, der Pharmazeut und Pharmakologe, der Agrikulturchemiker und Botaniker, der Jurist und Verwaltungsbeamte, der Vertreter der Wirtschaft – kurz alle, die sich mit der Ernährung des Menschen sowie mit der Gewinnung, Behandlung, Bewertung und Bewirtschaftung seiner Nahrungsgüter zu beschäftigen haben – auf das Handbuch nicht verzichten wollen.

Möge das neue Handbuch, dessen Bände in rascher Folge erscheinen sollen, sich die Freunde des alten Werkes erhalten, neue gewinnen und allen Ratsuchenden zum guten Helfer werden. Die entsagungsvolle und an Mühen reiche Arbeit aller an der Gestaltung und Herausgabe des Werkes Beteiligten fände dadurch ihren Lohn.

Dem Springer-Verlag danken wir für das verständnisvolle Eingehen auf alle Wünsche. Die vorzügliche Ausstattung des Werkes entspricht der alten Tradition dieses Hauses.

Berlin, Frankfurt/Main, Karlsruhe, München,
Münster i. W., Stuttgart, Weihenstephan, im April 1965.

Die Herausgeber

Inhaltsverzeichnis

Enzyme

Chemische Zusatzstoffe

Verzeichnis der Mitarbeiter

Prof. Dr. Ernst Bayer, Chemisches Institut der Universität, 74 Tübingen, Wilhelmstraße 33

Priv.-Doz. Dr.-Ing. Hans-Dieter Belitz, Institut für Lebensmittelchemie und Lebensmitteltechnologie der Technischen Universität, 1 Berlin 12, Hardenbergstraße 34

Priv.-Doz. Dr. phil. Georg Benedikt Brubacher, Chemiker, c/o F. Hoffmann-La Roche & Co. A.G., Basel (Schweiz), Grenzacherstraße 124

Prof. Dr. phil. Dr.-Ing. Willibald Diemair, Univ.-Institut für Lebensmittelchemie, 6 Frankfurt a. M., Georg-Voigt-Straße 16

Priv.-Doz. Dr. rer. nat. Horst Endres, Dipl.-Chem., Max-Planck-Institut für Eiweiß- und Lederforschung, 8 München 15, Schillerstraße 15

Dr.-Ing. Werner Grosch, Institut für Lebensmittelchemie und Lebensmitteltechnologie der Technischen Universität, 1 Berlin 12, Gartenufer 10

Prof. Dr. Reiner Hamm, Direktor des Instituts für Chemie und Physik der Bundesanstalt für Fleischforschung, 865 Kulmbach

Dr. rer. nat. Ernstgeorg Hanssen, 3 Hannover-Kirchrode, Tiergartenstr. 60

Dr. phil. Werner Hausheer, Chemiker, c/o F. Hoffmann-La Roche & Co. A.G., Basel (Schweiz), Grenzacherstraße 124

Dr. rer. nat. habil. Karl Herrmann, 3 Hannover, Liliencronplatz 3

Prof. Dr. sc. nat. Otto Högl, Institut für Lebensmittelchemie der Universität, Bern (Schweiz), Grüneckweg 12

Dipl.-Ing. Gerd Huschke, Riehen bei Basel (Schweiz), Schäferstraße 66 A

Prof. Dr. rer. nat. Almuth Klemer, Organ.-Chem. Institut der Universität, 44 Münster/Westf., Hindenburgplatz 55

Dr. rer. nat. Roderich König, c/o J. R. Geigy A.G. Basel (Schweiz)

Priv.-Doz. Dr. med. Heinz Langendorf, Physiol.-Chem. Institut der Universität, 65 Mainz

Dr. rer. nat. Eugen Mergenthaler, Dipl.-Chem., 8034 Unterpfaffenhofen, Wettersteinstr. 4

Prof. Dr. phil. Hermann Mohler, Zürich (Schweiz), Oskar-Bider-Straße 10

Prof. Dr. phil. Karl Myrbäck, Institutionen för organisk kemi och biokemi, Stockholm Va (Schweden), Odengatan 63

Dr. rer. nat. Wilhelm Postel, Oberchemierat, Universitäts-Institut für Lebensmittelchemie, 6 Frankfurt a. M., Georg-Voigt-Straße 16

Prof. Dr. phil. Leonhard Riedel, Bundesforschungsanstalt für Lebensmittelfrischhaltung, 75 Karlsruhe, Engesserstraße 20

Prof. Dr.-Ing. Josef Schormüller, Direktor des Instituts für Lebensmittelchemie und Lebensmitteltechnologie der Technischen Universität, 1 Berlin 12, Hardenbergstraße 34

Dr. rer. nat. Hans Sommer, Lebensmittelchemiker, Wiss. Abt. der Firma C. H. Boehringer Sohn, 6507 Ingelheim/Rhein

Prof. Dr. S. Walter Souci, Deutsche Forschungsanstalt für Lebensmittelchemie, 8 München 23, Leopoldstraße 175

Dipl.-Chem. Wolfgang Voelter, 74 Tübingen, Neckarhalde 13

Prof. Dr.-Ing. Werner Wachs, 1 Berlin 41, Sedanstr. 39a

Dokumentar VDD Willi Wendt, 3 Hannover, Podbielskistraße 27

Prof. Dr. med. Oswald Wiss, c/o F. Hoffmann-La Roche & Co. A.G., Basel (Schweiz), Grenzacherstraße 124

Bernthsen, A.: Über das Juglon. Ber. dtsch. chem. Ges. **17**, 1945—1947 (1884).
—, u. A. Semper: Über das Juglon. Ber. dtsch. chem. Ges. **18**, 203—213 (1885).
— — Über das Juglon, 2. Mitteilung. Ber. dtsch. chem. Ges. **19**, 164—170 (1886).
— — Über die Konstitution des Juglons und seine Synthese aus Naphthalin. Ber. dtsch. chem. Ges. **20**, 934—941 (1887).
Bielig, H.-J.: Ein einfaches Verfahren zur Darstellung kristallisierten Carotins aus Mohrrüben. Ber. dtsch. chem. Ges. 77 **B**, 431—438 (1944a).
— Die Farbstoffe der Sanddornbeere. Ber. dtsch. chem. Ges. **77**, 748—761 (1944b).
— Natürliche Farbstoffe. Habilitat. Freiburg/Br. 1950, S. 32.
Birkinshaw, J. H., and H. Raistrick: New methoxydihydroxytoluquinone produced from dextrose by species of penicillium of the P. spinulosum series. Phil. Trans. Roy. Soc. London, Ser. B. **220**, 245—254 (1931).
Blank, F., and R. Suter: The bacteriostatic action of anthocyanin and related compounds. Experientia (Basel) **4**, 72—73 (1948).
Blanshard, T. P.: Isolation from mammalian brain of coproporphyrin III and a uro-type porphyrin. Proc. Soc. Exptl. Biol. Med. **82**, 512—513 (1953).
Bolley, P. A.: Über den gelben Farbstoff der Quercitronrinde. Liebigs Ann. Chem. **37**, 101—111 (1841).
Bose, P. K., u. S. N. Bhattacharya: Über die Farbstoffe von Oroxylum indicum. Sci. and Culture **1**, 581 (1936).
— — Coloring matters of the bark of oroxylum indicum vent. J. Indian Chem. Soc. **15**, 311—316 (1938).
Bosecke, W., u. W. Laves: Chemischer Nachweis von Vitamin K-wirksamen Substanzen in Pflanzen, tierischen Organen und Bakterien. Biochem. Z. **314**, 285—290 (1943).
Bradley, W., and R. Robinson: A synthesis of malvidin chloride. J. chem. Soc. **1928**, 1541—1569.
— —, and G. Schwarzenbach: A synthesis of delphinidin chloride not involving a demethylation process, and syntheses of hirsutidin chloride and of delphinidin chloride 3′-Methyl ester, possibly identical with petunidin chloride. J. chem. Soc. **1930**, 793—817.
Brand, K., u. A. Lohmann: Beitrag zur Kenntnis des roten Farbstoffs der Alkannawurzel. Ber. dtsch. chem. Ges. **68**, 1487—1494 (1935).
Braun, W.: The carotenoid and vitamin levels in cattle. a) Seasonal changes of the carotenoid and vitamin A levels and the normal carotenoid — vitamin A ratio of the blood. J. Nutr. **29**, 61—71 (1945).
— b) Carotenoids and vitamin A in the liver, their ratio and their relationship to blood levels. J. Nutr. **29**, 73—79 (1945).
Briggs, L. H., and R. H. Locker: Some observations on the relation between the constitution of some flavonol derivatives and their acidity, basicity, colours with ferric chloride, and ultra-violet absorption spectra. J. chem. Soc. **1951**, 3136—3142.
Brissemoret, A., et R. Combes: Pharmacologie — Sur le juglon. C. R. Acad. Sci. (Paris) **141**, 838—840 (1905).
Brockmann, H.: Die chromatographische Adsorption, in: Neuere Methoden der präparativen organischen Chemie. Berlin 1943.
— Die Actinomycine. Angew. Chem. **72**, 939—947 (1960).
— G. Bohnsack, B. Franck, H. Gröne, H. Muxfeldt u. C. H. Süling: Zur Konstitution der Actinomycine. Angew. Chem. **68**, 70—71 (1956).
— E. H. v. Falkenhausen u. A. Dorlars: Die Konstitution des Hypericins. Naturwiss. **37**, 540 (1950b).
— — R. Neeff, A. Dorlars u. G. Budde: Die Konstitution des Hypericins. Ber. dtsch. chem. Ges. **84**, 865—887 (1951b).
—, u. H. Gröne: Papierchromatographische Trennung der Actinomycine. Naturwiss. **40**, 222—223 (1953).
— — Reine Actinomycine. Naturwiss. **41**, 65 (1954a).
— — Darstellung und Charakterisierung reiner Actinomycine, XII. Mitt. über Actinomycine; Antibiotica aus Actinomyceten. XXIII. Mitt. Ber. dtsch. chem. Ges. **87**, 1036—1051 (1954b).
— N. Grubhofer, W. Kass u. H. Kalbe: Über das Actinomycin C. Ber. dtsch. chem. Ges. **84**, 260—284 (1951a).
— H. Haschad, K. Maier u. F. Pohl: Über das Hypericin, den photodynamisch wirksamen Farbstoff aus Hypericum perforatum. Naturwiss. **27**, 550 (1939).
—, u. F. Kluge: Zur Synthese des Hypericins. Naturwiss. **38**, 141 (1951).
—, H. Lackner: Totalsynthese von Actinomycin C_3. Naturwiss. **47**, 230—231 (1960).
— — Zur Totalsynthese des Actinomycins C_3. Naturwiss. **48**, 555 (1961).
—, u. H. Muxfeldt: Die Synthese des Hypericins. Naturwiss. **40**, 411 (1953).

BROCKMANN, H., F. POHL, K. MAIER u. M. N. HASCHAD: Über das Hypericin, den photodynamischen Farbstoff des Johanniskrautes. (Hypericum perforatum). Liebigs Ann. Chem. **553**, 1—52 (1942).
—, u. H. ROTH: Über spiegelbildliche Naturfarbstoffe. Naturwiss. **23**, 246 (1935).
— E. WEBER u. G. PAMPUS: Protofagopyrin und Fagopyrin, die photodynamisch wirksamen Farbstoffe des Buchweizens. (Fagopyrum esculentum). Liebigs Ann. Chem. **575**, 53—83 (1952).
— — u. E. SANDER: Fagopyrin, ein photodynamischer Farbstoff aus Buchweizen (Fagopyrum esculentum). Naturwiss. **37**, 43 (1950a).
BROWN, W. L.: The influence of pimiento pigments on the color of the egg yolk of fowls. J. biol. Chem. **122**, 655—659 (1938).
— The anthocyanin pigment of the hunt muscadine grape. J. amer. chem. Soc. **62**, 2808—2810 (1940).
BRUNSTETTER, B. C., and H. G. WISEMAN: Carotenoid pigments in aubers of the katahdin variety of irish potato. Plant Physiol. **22**, 421—437 (1947).
BUCHNER, L. A.: Über einen neuen gelben Farbstoff in der Faulbaumwurzelrinde. Liebigs Ann. Chem. **87**, 218—221 (1853).
BURKHARDT, G. N., I. M. HEILBRON, H. JACKSON, E. G. PARRY, and J. A. LOVERN: Pigmented marine animal oils. I. Pigments from the angler fish (Lophius piscatorius), the prawn (Nephrops norregicus) and the whale. Biochem. J. **28**, 1698—1701 (1934).
BUSCH, L., u. H. J. NEUMANN: Kryptoxanthin in der Hühner-Iris. Naturwiss. **29**, 782 (1941).
BUTENANDT, A.: Biochemie der Gene und Genwirkungen. Naturwiss. **40**, 91—100 (1953).
— Wirkstoffe des Insektenreiches. Naturwiss. **46**, 461—471 (1959).
— E. BIEKERT u. B. LINZEN: Ommochrome XIII. Isolierung und Charakterisierung von Omminen. Hoppe-Seylers Z. physiol. Chem. **312**, 227—236 (1958).
BUXTON, L. O.: Carotenoids in yellow corn. Ind. Eng. Chem. Anal. **11**, 128—129 (1939).
CAHN, R. S., and J. L. SIMONSEN: Experiments on the constitution of the aloins. Part III. J. chem. Soc. **1932**, 2573—2582.
CAMPBELL, D. A., and E. L. TONKS: Vitamin A, total carotenoids, and thymol turbidity levels in plasma. Tests in normal subjects residing in the Midlands during 1947. Brit. med. J. **1949 II**, 1499—1501.
CANONICA, L., u. F. PELIZONI: Chemische Untersuchungen der Enziane. I. Xanthone der Wurzel von Gentiana lutea. Gazz. chim. ital. **85**, 1007—1024 (1955); [italienisch].
CARUSO, S. G.: Chlorophyllhaltige Kosmetika [italienisch]. Ital. Pat. 465401 (1951).
CASTLE, D. C., A. E. GILLMAN, I. M. HEILBRON, and H. W. THOMPSON: Adsorption experiments with vitamin A concentrates. Biochem. J. **28**, 1702—1711 (1934).
CHARAUX, C.: Sur le dédoublement biochimique de la rutine obtention d'un glucide nouveau le rutinose. C. R. Acad. Sci. (Paris) **178**, 1312—1314 (1924).
—, and J. RABATÉ: Adsorption experiments with vitamin A concentrates. J. Pharm. Chim. **1**, 155—162 (1940).
—, — Untersuchung der Blüten von Genita tinctoria L. J. Pharm. Chim. **1**, 404—407 (1941).
CHEVALLIER, A., C. BURG and S. MANUEL: Intervention of β-carotene in the oxidation of lipides in the dark and when exposed to light. C. R. Soc. Biol. (Paris) **142**, 870—871 (1948).
CHIMIELEWSKA, I.: Über die violetten Farbstoffe der Kartoffeln. [polnisch] Roczniki Chem. **15**, 491—505 (1935).
CHOLNOKY, L. v.: Isolierung von Kryptoxanthin aus Paprika. [ungarisch] Magyar chem. Folyólrat **40**, 85—89 (1934).
— Über die quantitative Bestimmung der Farbkomponenten im Gewürzpaprika. Z. Untersuch. Lebensmittel **78**, 157—161 (1939) Pécs, Ungarn, Univ.
— K. GYORGYFY, E. NAGY u. M. PANCZEL: Pigmente des roten Pfeffers. Acta Chim. Acad. Sci. Hung. **6**, 143—171 (1955).
CHOPRA, R. N., u. N. N. GHOSH: Chemische Untersuchung der Aloearten Aloe Vera, Aloe Indica, Boyle. Arch. Pharmaz. **276**, 348—350 (1938).
CHU, E. J.-H., and C. J. WATSON: Cerebral coproporphyrin in rabbits. Proc. Soc. Exptl. Biol. Med. **66**, 569—570 (1947).
CHU, T. C., A. A. GREEN, and E. J.-H. CHU: Paper chromatography of methyl esters of porphyrins. J. biol. Chem. **190**, 643—646 (1951).
CHUMBALOV, T. K., u. K. V. TARASKINA: Pigmente von Rumex tianscha und Rumex confertus. [russisch]. Izvest. Akad. Nauk kazakh. S.S.R., Ser. khim. **9**, 61—71 (1956).
COLIN et ROBIQUET: Nouvelles recherches sur la matière colorante de la garance. Ann. Chim. 2 **34**, 225—253 (1827).
COMFORT, A.: Acid — soluble pigments of shells. Biochem. J. **44**, 111—117 (1949).
— The pigmentation of molluscan shells. Biol. Rev. Cambridge Phil. Soc. **26**, 285—301 (1951).
COOKSON, G. H., and C. RIMINGTON: Porphobilinogen. Nature (Lond.) **171**, 875—876 (1953).

COURINGTON, D. P., and T. W. GOODWIN: The pigments of a number of chromogenic marine bacteria with special reference to the carotenoids. Chem. Abstr. **59**, 2739 (1956).
CRAVEN, R.: A sensitive colour reaction for certain quinones. J. chem. Soc. **1931**, 1605—1606.
CROWE, M. O. L., and A. WALKER: Coproporphyrin III isolated from the human tubercle bacillus by chromatographic and fluorescence analysis. Fluorescence and absorption spectral data. Brit. J. Exptl. Path. **32**, 1—6 (1951).
CURL, A. L.: Application of countercurrent distribution and Valencia orange-juice carotenoids. J. agric. Food Chem. **1**, 456—460 (1953).
CZAJKOWSKI, J., ST. v. KOSTANECKI u. J. TAMBOR: Synthese des 1,3,4'-Trioxyflavons (Apigenins). Ber. dtsch. chem. Ges. **33**, 1988—1997 (1900).
CZETSCH-LINDENWALD, H. v., u. G. MÜLLER: Chlorophyll als Desodorans. Dtsch. Apoth.-Ztg. **93**, 24—25 (1953).
DALGLIESH, C. E., A. W. JOHNSON, A. R. TODD, and L. C. VINING: Actinomycin, Part I. Aminoacid: Content. J. chem. Soc. **1950**, 2946—2952.
DECKER, H., u. E. LAUBE: Zur Constitution der Alizarin-monomethyläther. Ber. dtsch. chem. Ges. **39**, 112—116 (1906).
DERRIEN, E., u. J. TURCHINI: Über die Anhäufung eines Porphyrins in der Harderschen Drüse der Nagetiere des Genus Mus und über die Art seiner Ausscheidung. C. R. Soc. Biol. (Paris) **91**, 637—639 (1924).
DIEMAIR, W., u. H. JANECKE: Beitrag zum Nachweis von Carotin und Anatto neben Dimethylaminoazobenzol (Buttergelb). Dtsch. Lebensmittel-Rdsch. **46**, 110 (1950).
DIMROTH, O.: Über den Farbstoff des Kermes. Ber. dtsch. chem. Ges. **43**, 1387—1401 (1910).
— Über die Carminsäure. Liebigs Ann. Chem. **399**, 1—35 (1913).
—, u. R. FICK: Über den Farbstoff des Kermes. Liebigs Ann. Chem. **411**, 315—338 (1916).
—, u. W. SCHEURER: Über den Farbstoff des Kermes. Liebigs Ann. Chem. **399**, 43—61 (1913).
DINELLI, D.: Coloring matter in the cassowary egg shell. Atti R. accad. nat. Lincei **22**, 464—467 (1935).
DRUMMOND, J. C., and R. J. MACWALTER: Provitamin A in the food of whales. J. Exptl. Biol. **12**, 105—107 (1935).
— E. SINGER, and R. J. MACWALTER: A study of the unsaponifiable fraction of wheat germ oil with special reference to vitamin E. Biochem. J. **29**, 456—471 (1935).
DUNCAN, J., and R. B. DUSTMAN: The anthocyanin pigment of the winesap apple. J. amer. chem. Soc. **58**, 1511—1514 (1936).
DZIALOSZYNSKI, L. M., E. M. MYSTKOWSKI, and C. P. STEWART: Carotene and vitamin A in human blood plasma. Biochem. J. **39**, 63—69 (1945).
EDER, R., u. C. WIDMER: Synthese der Chrysophansäure (1,8-Dioxy-3-methylanthrachinon) und des 1,5-dioxy-3-methylanthrachinons. Helv. chim. Acta **5**, 3—17 (1922).
— — (Untersuchungen über Derivate des β-Methylanthrachinons.) Weitere Beiträge zur Synthese der Chrysophansäure. Helv. chim. Acta **6**, 419—424 (1923).
— — (Untersuchungen über Derivate des β-Methylanthrachinons.) Synthese des Frangula-Emodins. Helv. chim. Acta **6**, 966—981 (1923).
— — (Untersuchungen über Derivate des β-Methylanthrachinons.) Über Frangula-Emodin, Emodinsäure und Derivate derselben. Helv. chim. Acta **8**, 126—139 (1925).
EHRLICH, P.: Sulfodiazobenzol, ein Reagenz auf Bilirubin. Zbl. Klin. Med. **4**, 721 (1883).
EL RIDI, M. S., L. A. STRAIT, and M. H. ABOUL WAFA: Isolation of rutin from the pollen grain of the date palm (Dactylifera plasma). Arch. Biochem. Biophys. **39**, 317—321 (1952).
EMMERLING, A., u. C. ENGLER: Die Synthese des Indigoblaus. Ber. dtsch. chem. Ges. **3**, 885 bis 894 (1870).
ENGEL, M.: Eine Methode zur quantitativen Bestimmung des Bilirubins im Vollblut und im hämoglobinhaltigen Plasma und Serum. Hoppe-Seylers Z. physiol. Chem. **259**, 75—82 (1939).
ENTSCHEL, R., C. H. EUGSTER u. P. KARRER: Über die Anwendung des modifizierten Chromsäure-Abbaus zur Konstitutionsaufklärung eines Carotinoidfarbstoffs (Capsanthin). Helv. chim. Acta **39**, 1263—1269 (1956) I.
EULER, H. v., P. KARRER u. M. RYDBOM: Über die Beziehungen zwischen A-Vitaminen und Carotinoiden. Ber. dtsch. chem. Ges. **62**, 2445—2451 (1929).
FAUST, A.: Über Frangulin und Frangulinsäure. Liebigs Ann. Chem. **165**, 229—236 (1873).
FICHTER, F.: Über synthetische p-dialkylierte Dioxychinone. Liebigs Ann. Chem. **361**, 363 bis 378 (1908).
FIESER, L. F.: The alkylation of hydroxynaphthoquinone. III. A synthesis of lapachol. J. amer. chem. Soc. **49**, 857—864 (1927).
— Absorption spectra of carotenoids; structure of vitamin A_2. J. organ. Chem. **15**, 930—943 (1950).
—, and E. M. CHAMBERLIN: Synthesis of embelin, rapanone and related quinones by peroxide alkylation. J. amer. chem. Soc. **70**, 71—75 (1948).

FINK, H.: Über einen Fall von tierischer Ochronose und Beiträge zur experimentellen Porphyrie. Hoppe-Seylers Z. physiol. Chem. **197**, 193—205 (1931).

—, u. W. HOERBURGER: Über die Ochronose der Schlachttiere. II. Isolierung von kristallisiertem Uroporphyrin aus den Knochen. Identitätsbeweis mit Hilfe der pH-Fluorescenzkurven und durch Analyse. Hoppe-Seylers Z. physiol. Chem. **202**, 8—22 (1931).

— — Isolierung von kristallisiertem Koproporphyrin aus normalem menschlichem Urin. Naturwiss. **22**, 292 (1934).

FISCHER, H.: Zur Kenntnis der Gallenfarbstoffe. Hoppe-Seylers Z. physiol. Chem. **73**, 204 bis 239 (1911).

— Über das Urinporphyrin. Hoppe-Seylers Z. physiol. Chem. **95**, 34—60 (1915a).

— Über das Kotporphyrin. II. Mitteilung über das Urinporphyrin. Hoppe-Seylers Z. physiol. Chem. **96**, 148—182 (1915b).

— Über die Giftigkeit, die sensibilisierende Wirkung und das spektroskopische Verhalten der natürlichen Porphyrine. Abbau des Urinporphyrins zum Kotporphyrin. Hoppe-Seylers Z. physiol. Chem. **97**, 109—127 (1916a).

— Beobachtungen am frischen Harn und Kot von Porphyrinpatienten. Hoppe-Seylers Z. physiol. Chem. **97**, 148—170 (1916b).

— Über die Konstitution des Kotporphyrins. Hoppe-Seylers Z. physiol. Chem. **98**, 14—24 (1916c).

— Über die Konstitution des Urinporphyrins. Gewinnung einer carboxylierten Hämatinsäure aus Urinporphyrin. Hoppe-Seylers Z. physiol. Chem. **98**, 78—88 (1916d).

— Spektroskopisch-chemische Reaktionen einiger Porphyrine und ihrer Methylester. Vorkommen von Porphyrin im Blutserum. Hoppe-Seylers Z. physiol. Chem. **138**, 307—313 (1924).

— Über Porphyrine und ihre Synthesen. Natürliche Porphyrine. Ber. dtsch. chem. Ges. **60**, 2611—2651 (1927).

—, u. H. ANDERSAG: Synthese des Kopro- und Iso-Koproporphyrins. Liebigs Ann. Chem. **450**, 201—218 (1926); **458**, 117—148 (1927).

—, u. R. DUESBERG: Porphyrins in clinical and experimental porphyriruria. Arch. exp. Pathol Pharmakol. **166**, 95—100 (1932).

—, u. H. FINK: Über Koproporphyrinsynthese durch Hefe und ihre Beeinflussung. Hoppe-Seylers Z. physiol. Chem. **140**, 57—68 (1924).

— — Über Koproporphyrinsynthese durch Hefe und ihre Beeinflussung. II. Analyse von kristallisiertem Koproporphyrin-Kupfer aus frischer Hefe und Vermehrung des Porphyrins durch Zusätze. Hoppe-Seylers Z. physiol. Chem. **144**, 101—122 (1925a).

— — Über Koproporphyrinsynthese durch Hefe und ihre Beeinflussung. III. Mitt. Koproporphyrinester aus Reinkulturen von Saccharomyces anamensis. Hoppe-Seylers Z. physiol. Chem. **150**, 243—260 (1925b).

—, u. E. HAARER: Über Uroporphyrin aus Muschelschalen. 29. Mitt. Zur Kenntnis der Porphyrine. Hoppe-Seylers Z. physiol. Chem. **204**, 101—104 (1932).

—, u. H. W. HABERLAND: Über die Konstitution des Bilirubins sowie die seiner Azofarbstoffe und die Gmelinsche Reaktion. 13. Mitt. Über Synthetische Versuche über die Konstitution des Gallenfarbstoffes. Hoppe-Seylers Z. physiol. Chem. **232**, 236—258 (1935).

—, u. J. HASENKAMP: Über die Konstitution des Farbstoffes der Purpurbakterien und über 9-Oxy-desoxo-phäoporphyrin a_5. Liebigs Ann. Chem. **515**, 148—164 (1935).

— — Überführung der Vinylgruppe des Chlorophylls und seiner Derivate in den Oxäthylrest sowie über Oxo-pyrroporphyrin. Liebigs. Ann. Chem. **519**, 42—58 (1935).

—, u. J. HILGER: Zur Kenntnis der Porphyrine. Äthioporphyrin aus Uroporphyrin. Hoppe-Seylers Z. physiol. Chem. **140**, 223—443 (1924a).

— — Zur Kenntnis der natürlichen Porphyrine. 8. Mitt. Über das Vorkommen von Uroporphyrin (als Kupfersalz, Turacin) in den Turakusvögeln und den Nachweis von Koproporphyrin in der Hefe. Hoppe-Seylers Z. physiol. Chem. **138**, 49—67 (1924b).

— — Spektroskopisch-chemische Reaktionen einiger Porphyrine und ihrer Methylester. Vorkommen von Porphyrin im Blutserum. Hoppe-Seylers Z. physiol. Chem. **138**, 288—306 (1924c).

— H. HILMER, F. LINDNER u. B. PÜTZER: Zur Kenntnis der natürlichen Porphyrine. XVIII. Mitt. Chemische Befunde bei einem Fall von Porphyrinurie. Hoppe-Seylers Z. physiol. Chem. **150**, 44—101 (1925).

—, u. H.-J. HOFMANN: Über die Konstitution des Uro- und Muschelschalenporphyrins. Nachweis von Uroporphyrin III bei kongenitaler Porphyrie. 41. Mitt. Zur Kenntnis der Porphyrine. Hoppe-Seylers Z. physiol. Chem. **246**, 15—30 (1937).

—, u. F. KÖGL: Zur Kenntnis der natürlichen Porphyrine. IV. Mitt. Über das Ooporphyrin. Hoppe-Seylers Z. physiol. Chem. **131**, 241—261 (1923).

— — Zur Kenntnis der natürlichen Porphyrine. IX. Mitt. Über Ooporphyrin aus Kiebitzeierschalen und seine Beziehungen zum Blutfarbstoff. Hoppe-Seylers Z. physiol. Chem. **138**, 262—275 (1924).

Fischer, H., u. R. Lambrecht: Bacterio-chlorophyll a. Hoppe-Seylers Z. physiol. Chem. **249**, I—III (1937).

— — u. H. Mittenzwei: Über Bacteriochlorophyll. 2. Mitt. Zur Kenntnis des Bacteriochlorophylls. Hoppe-Seylers Z. physiol. Chem. **253**, 1—39 (1938).

—, H. Libowitzky: Auftreten von Uro- bzw. Koproporphyrin I bei akuter Porphyrie. Hoppe-Seylers Z. physiol. Chem. **241**, 220—222 (1936).

—, u. F. Lindner: Zur Kenntnis der natürlichen Porphyrine. XIV. Mitt. Über Ooporphyrin und seine Überführung in den Ester des Hämins. Hoppe-Seylers Z. physiol. Chem. **142**, 141—154 (1925a).

— — Zur Kenntnis der natürlichen Porphyrine. 16. Mitt. Über Kämmerer's Porphyrin. Hoppe-Seylers Z. physiol. Chem. **145**, 202—220 (1925b).

—, u. A. Müller: Synthese einer Tetramethylporphintetraessigsäure. Ein Beitrag zum Konstitutionsproblem des Uroporphyrins. 42. Mitt. Zur Kenntnis der Porphyrine. Hoppe-Seylers Z. physiol. Chem. **246**, 31—42 (1937).

—, u. R. Müller: Zur Kenntnis der natürlichen Porphyrine. XV. Mitt. Über die Tetramethylhämatoporphyrinester und ihre Überführung in Ooporphyrinester. Hoppe-Seylers Z. physiol. Chem. **142**, 155—174 (1925).

—, u. A. Oestreicher: Über Protochlorophyll und Vinylporphyrine. Ein Beitrag zur Kenntnis der Oxoreaktion. 94. Mitt. Zur Kenntnis der Chlorophylle. Hoppe-Seylers Z. physiol. Chem. **262**, 243—269 (1940).

— K. Platz u. K. Morgenroth: Synthese von Koproporphyrin III und IV, ein Beitrag zur Kenntnis der Porphyrine. XXIII. Mitt. Über Porphyrinsynthesen. Hoppe-Seylers Z. physiol. Chem. **182**, 265—288 (1929).

—, u. H. Plieninger: Synthese des Biliverdins (Uteroverdins) und Bilirubins, der Biliverdine XIII, α und III, α sowie der Vinylneoxanthobilirubinsäure. 35. Mitt. Zur Kenntnis der Gallenfarbstoffe. Hoppe-Seylers Z. physiol. Chem. **274**, 231—260 (1942).

—, u. K. Schneller: Zur Kenntnis der natürlichen Porphyrine. III. Mitt. Über exogene Porphyrinbildung und Ausscheidung. Hoppe-Seylers Z. physiol. Chem. **130**, 302—325 (1923).

— — Zur Kenntnis der natürlichen Porphyrine. VI. Mitt. Über die Verbreitung der Porphyrine in Organen. Nachweis eines Porphyrins in der Hefe. Hoppe-Seylers Z. physiol. Chem. **135**, 253—293 (1924).

—, u. F. Schwerdtel: Zur Kenntnis der natürlichen Porphyrine. XX. Mitt. Über Porphyrine in Pflanzen. Hoppe-Seylers Z. physiol. Chem. **159**, 120—132 (1926).

—, u. G. Stangler: Synthese des Mesoporphyrins, Mesohämins und über die Konstitution des Hämins. Liebigs Ann. Chem. **459**, 53—98 (1927).

— A. Treibs u. K. Zeile: Über den Mechanismus der Eiseneinführung in Porphyrine und Isolierung von kristallisierten Hämen. Zur Kenntnis der Porphyrine. Hoppe-Seylers Z. physiol. Chem. **195**, 1—27 (1931).

—, u. H. Wenderoth: Zur Kenntnis von Chlorophyll. Liebigs Ann. Chem. **537**, 170—177 (1939).

—, u. K. Zeile: Synthese des Hämatoporphyrins, Protoporphyrins und Hämins. Liebigs Ann. Chem. **468**, 98—116 (1929).

—, u. W. Zerweck: Zur Kenntnis der natürlichen Porphyrine. V. Mitt. Über Koproporphyrin im Harn und Serum unter normalen und pathologischen Bedingungen. Hoppe-Seylers Z. physiol. Chem. **132**, 12—33 (1924).

Fleischer, F.: Digitoflavon, ein neuer Körper aus der Digitalis purpurea. Ber. dtsch. chem. Ges. **32**, 1184—1190 (1899).

Foster, H., and J. H. Gardner: The preparation and hydrolysis of some polyhydroxyanthraquinone glucosides. J. amer. chem. Soc. **58**, 597—599 (1936).

Frank, R. L., G. R. Clark, and J. N. Coker: The synthesis of vulpinic acid from polyporic acid. J. amer. chem. Soc. **72**, 1824—1826 (1950).

Franke, W.: Zur Autoxydation der ungesättigten Fettsäuren. II. Die Wirkung der Carotinoide. Hoppe-Seylers Z. physiol. Chem. **212**, 234—255 (1932).

Fraps, G. S., and A. R. Kemmerer: Determination of carotene and cryptoxanthin in yellow corn. Ind. Engng. Chem. analyt. **13**, 806—809 (1941).

Friedländer, P.: Über den Farbstoff des antiken Purpurs aus murex brandaris. Ber. dtsch. chem. Ges. **42**, 765—770 (1909).

Fuchs, L., u. E. Soos: Die zeitliche Veränderung von freiem und verestertem Vitamin A in verschiedenen Lösungsmitteln. Ein Beitrag zur stufenphotometrischen und spektrographischen Vitamin-A-Bestimmung. Vitamine und Hormone **4**, 155—161 (1943).

— — Veränderungen und Abweichungen des Absorptionsverlaufes im UV bei Vitamin-A-Konzentraten und die Carr-Price-Reaktion. Ein Beitrag zur stufenphotometrischen und spektrographischen Vitamin-A-Bestimmung. Vitamine und Hormone **4**, 162—172 (1943).

Fujise, S., u. H. Tatsuta: Papierchromatographie von Flavanonen und verwandten Verbindungen. [japanisch] J. chem. Soc. Japan **73**, 35—36 (1952).
Gage, T. B., C. D. Douglass, and S. H. Wender: Identification of flavanoid compounds by filter paper chromatography. Analytic. Chem. **23**, 1582—1585 (1951).
Garbers, C. F., C. H. Eugster u. P. Karrer: Carotinoidsynthese. XIV. Synthese des γ-Carotins. Helv. chim. Acta **36**, 1783—1787 (1953).
Gardner, J. H., T. F. McDonnell, and C. J. W. Wiegand: The preparation and hydrolysis of some alpha-hydroxyanthraquinone glycosides. J. amer. chem. Soc. **57**, 1074—1076 (1935).
Garton, G. A., T. W. Goodwin, and W. Lijinsky: Carotenogenesis. I. General conditions governing β-carotene synthesis by the fungus Phycomyces blakesleeanus. Biochem. J. **48**, 154—163 (1951).
Gates, M.: The Chemistry of the pteridines. Chem. Rev. **41**, 63—95 (1947).
Gatewood, E. St., and R. Robinson: A synthesis of pyrylium salts of anthocyanidin type. Part X. Delphinidin Chloride 3-Methyl Ether. J. chem. Soc. **1926**, 1959—1967.
Geiger, A., and B. Müller: The coloring matter of the fruit of Elaeagnus longipes Gray. Chem. Abstr. **41**, 2464 (1947).
Geiger, P. L.: Weitere Erfahrungen über Rhabarbarin und Auffindung eines sehr ähnlichen oder identischen Stoffes (Rumicia) in der Wurzel von Rumex Patientia und Vergleichung dieser Wurzel sowie der Wurzel von Rumex alpinus und der Grindwurzel mit der Rhabarbar des Handels und mehreren Rheumarten. Liebigs Ann. Chem. **9**, 304—326 (1834).
Gillam, A. E., and M. S. El Ridi: Carotenoids and vitamin A in cow blood serum. Biochem. J. **29**, 2465—2468 (1935); **31**, 251—253 (1937).
—, and I. M. Heilbron: The carotenoids of butter. Biochem. J. **29**, 834—836 (1935).
Glaser, E., u. O. Kahler: Zur Kenntnis der Rubierythrinsäure. Ber. dtsch. chem. Ges. **60**, 1349—1356 (1927).
Goldschmiedt, G., u. E. Zerner: Über das Scutellarin. Mh. Chem. **31**, 439—491 (1910).
Goodwin, R. H., V. M. Koski, and O. V. H. Owens: The distribution and properties of a porphyrin from the epidermis of Vicia shoots. Am. J. Botany **38**, 629—635 (1951).
Goodwin, T. W.: Carotenoids present in the basidiomycete, Dacromyces stillatus. Biochem. J. **53**, 538—540 (1953).
—, and D. G. Land: Carotenogenesis. XX. Carotenoids of some species of Chlorobium. Biochem. J. **62**, 553—556 (1956).
—, and M. M. Taha: A study of the carotenoids echinenone and myxoxanthin with special reference to their probable identity. Biochem. J. **48**, 513—514 (1951).
Gonzalez-Diaz, C., u. R. O. y Cravioto: Zusammensetzung von Eselsmilch [spanisch]. Anales escuela nad. cienc. biol. México **4**, 371—374 (1947).
Graebe, C., u. C. Liebermann: Über Alizarin und Anthracen. Ber. dtsch. chem. Ges. **1**, 49—51 (1868a).
— — Über Farbstoffe aus der Anthracengruppe. Ber. dtsch. chem. Ges. **1**, 104—106 (1868b).
— — Über künstliche Bildung von Alizarin. Ber. dtsch. chem. Ges. **2**, 14 (1869).
— — Über künstliches Alizarin. Ber. dtsch. chem. Ges. **2**, 332—336 (1869).
Grob, E. C.: Über die Biosynthese der Carotinoide bei einigen Mikroorganismen. Chimia (Zürich) **10**, 73—80 (1956).
—, R. Bütler: Über die Biosynthese des β-Carotins bei Mucor hiemalis Wehmer. Die Beteiligung der Essigsäure am Aufbau der Carotinmolekel, insbesondere in den Stellungen 14—15 bzw. 14′—15′ und 10—11 bzw. 10′—11′, untersucht mit Hilfe von ^{14}C-markierter Essigsäure. Helv. chim. Acta **38**, 1313—1316 (1955).
— — Über die Biosynthese des β-Carotins bei Mucor hiemalis Wehmer. Die Beteiligung der Essigsäure am Aufbau der Carotinmolekel, insbesondere in den Stellungen 3, 4, 6 bzw. 3′, 4′, 6′ untersucht mit Hilfe von ^{14}C-markierter Essigsäure. Helv. chim. Acta **39**, 1975—1980 (1956).
Grove, K. E., M. Inubuse, and R. Robertson: Experiments on the synthesis of anthocyanins. Part XXIV. Cyanidin 3-Biosides and a synthesis of mecocyanin. J. chem. Soc. **1934**, 1608—1611.
—, R. Robinson: Experiments on the synthesis of anthocyanins. Part X. Synthesis of 3-β-Galactosidylcyanidin chloride, which is believed to be identical with idaein chloride, and of 3-β-Galactosidylpeonidin chloride. J. chem. Soc. **1931**, 2722—2730.
Grotepass, W.: Zur Kenntnis des im Harn auftretenden Porphyrins bei Bleivergiftung. Hoppe-Seylers Z. physiol. Chem. **205**, 193—197 (1932).
— Zur Kenntnis der natürlichen Harnporphyrine. Hoppe-Seylers Z. physiol. Chem. **253**, 276—280 (1938).
Gruskin, B.: Brit. Pat. Lakeland Found. EP. 486756 (1938). Desinfection solution; 564282 (1944). Compositions for infections.
Gugliemelli, L. A., H. L. Mitchell, and R. E. Silker: Xanthophylls of alfalfa. Trans. Kansas. Acad. Sci. **57**, 368—373 (1954).

Gupta, S. R., K. S. Pankajamani, and T. R. Seshadri: Survey of anthoxanthins. X. Note on the anthoxanthins of red and yellow roses. J. Sci. industr. Res. (Delhi) **16 B**, 154—156 (1957).
Hackmann, Ch.: Die Wirkung von Actinomycin C (HBF 386) auf bösartige Geschwüre. Z. Krebsforsch. **58**, 607—613 (1952).
— HBF 386 (Actinomycin C) ein cytostatisch wirksamer Naturstoff. Strahlentherapie **90**, 296—300 (1953).
— Untersuchungen über den Einfluß des Sanamycins (Actinomycin C) auf tierische Organe. Z. Krebsforsch. **60**, 250—255 (1954).
Hale, Wm. J.: Tobacco products. U.S. Pat. Nat. Agrol. Co. 2460284 (1949); Treating coffee (with a porphyrin) Verdurin Co. U.S. Pat. 2607689 (1952).
Hamsik, A.: Zur Darstellung des Protoporphyrins. Hoppe-Seylers Z. physiol. Chem. **180**, 308—311 (1929).
— Kristallisation von Protoporphyrin. Hoppe-Seylers Z. physiol. Chem. **196**, 195—198 (1931).
Harborne, J. B.: Spectral methods of characterizing anthocyanins. Biochem. J. **70**, 22—28 (1958a).
— The chromatographic identification of anthocyanin pigments. J. Chromatograph. **1**, 473—488 (1958b).
— The chromatography of the flavonoid pigments. J. Chromatograph. **2**, 581—604 (1959).
Hartmann, M., F. Medem, R. Kuhn u. H.-J. Bielig: Untersuchungen über die Befruchtungsstoffe der Regenbogenforelle. Z. Naturforsch. **2** *B*, 330—349 (1947).
Hasan, K. H., and E. Stedman: The constitution and synthesis of embelic acid (Embelin), the active principle of embelia ribes. J. chem. Soc. **1931**, 2112—2123.
Hattori, S.: Beiträge zur Spektrographie der Verbindungen aus der Flavonreihe. II. Synthese zweier neuer Flavonglykoside. Spektrographische Einflüsse der Zuckerbindung und der Acylierung. [japanisch.] Acta Phytochim. **4**, 63—75 (1928).
— Beiträge zur Spektrographie der Flavonreihe. III. Über die Konstitution des Wagonins. [japanisch] Acta Phytochim **5**, 99—116 (1930).
— Beiträge zur Spektrographie der Flavone. IV. Weitere Untersuchungen über die Konstitution des Wagonins. [japanisch] Acta Phytochim. **5**, 219—237 (1931).
Hauser, F.: Ein Beitrag zur Kenntnis der Anthraglykoside, speziell des Aloins und des Peristaltins. Pharmac. Acta Helv. **6**, 79—85. 25/4 (1931).
Hausser, K. W., u. A. Smakula: Lichtabsorption und chemische Konstitution. Angew. Chem. **47**, 657—665 (1934).
Hawkinson, V., C. J. Watson, and R. H. Turner: A modification of Harrison's test for bilirubin in the urine especially suited for mass and serial usage. J. amer. med. Ass. **129**, 514—515 (1945).
Hayashi, K.: Studien über Anthocyane. IV. Isolierung des Paeonins aus den Blüten von Paeonia albiflora var. hortensis. [japanisch] Acta Phytochim. **11**, 81—89 (1939).
— T. Noguchi u. Y. Abe: Anthocyane. Ceracyanin, der Farbstoff in den roten Blüten von Cama generalis. Pharm. Bull. (Japan) **2**, 41—45 (1954).
Heap, T., and R. Robinson: A synthesis of kaempferide and of iso-Rhamnetin. J. chem. Soc. **1926**, 2336—2344.
Heffter, A., u. W. Feuerstein: Beiträge zur Kenntnis der Embeliasäure. Arch. Pharmaz. **238**, 15—28 (1899).
Heilbron, I. M., and R. F. Phipers: The algae. I. The lipochromes of Fucus resiculosus. Biochem. J. **29**, 1369—1375 (1935).
Heilmeyer, L., u. W. Krebs: Spektrophotometrische Untersuchungen des Ehrlich-Pröscherschen Bilirubin-Azofarbstoffes und ihre praktische Anwendung besonders zur quantitativen Bestimmung des Bilirubins im Blutserum. Biochem. Z. **223**, 352—364 (1930).
Heimann, W.: Zum oxydativen Verderb des Lebertrans mit besonderer Berücksichtigung des Vitamins A. Dtsch. Lebensmittel-Rdsch. **43**, 35—39 (1947).
Herstein, F., u. St. v. Kostanecki: Über das 4′-Methoxybenzolcumaranon. Ber. dtsch. chem. Ges. **32**, 318—325 (1899).
Herzig, J.: Studien über Quercetin und seine Derivate. Mh. Chem. 12, 172—176 (1891).
—, u. R. Schönbach: Über die Methylierung von Glukosiden. Mh. Chem. **33**, 673—681 (1912).
—, u. F. Faltis: Zur Kenntnis des Bixins. Liebigs Ann. Chem. **431**, 40—70 (1923).
Heumann, K.: Neue Synthesen des Indigos und verwandter Farbstoffe. D.R.P. 54626. Friedländer Fortschr. **2**, 100 (1890).
Hey, D.: Eloxanthin, a new carotenoid pigment from the pondweed Elodea candensis. Biochem. J. **31**, 532—534 (1937).
Heyl, F. W.: The yellow coloring substances of Ragweed Pollen. J. amer. chem. Soc. **41**, 1285—1289 (1919).
Hijmans v. d. Bergh, A. A., W. Grotepass u. F. E. Revers: Beitrag über das Porphyrin in Blut und Galle. Klin. Wschr. **11**, 1534—1536 (1932).

HILL, R., and D. RICHTER: Glucosides of madde. Nature (Lond.) **138**, 38 (1936).
HILLIS, W. E.: The chemistry of eucalypt kinos. I. Chromatographic resolution. Austral. J. Appl. Sci. **2**, 385—395 (1951).
— Eucalypt kinos. II. Aromadendrin, Kaempferol and ellagic acid. Austral. J. Sci. Research **5**, 379—386 (1952).
— The isolation of chrysophanic acid and physcion from Rumex hymenosepalus. Austral. J. Chem. **8**, 290—292 (1955).
HIRAMOTO, M.: Mesaquinone, a dyestuff from the fruit of Maesa japonica. Proc. Imp. Acad. (Tokio) **15**, 220—222 (1939).
— Pigment component of Maesa japonica. II. Structure of mesaquinone. J. Pharm. Soc. Japan **62**, 460—464 (1942).
HLASIWETZ, H., u. L. PFAUNDLER: Über den Quercitrinzucker. Liebigs Ann. Chem. **127**, 362—368 (1863).
HOLZACH, K.: Geschichte der technischen Indigosynthese in der Badischen Anilin- und Soda-Fabrik. Angew. Chem. **60**, 200—204 (1948).
HOOKER, S. C.: The constitution of lapachol and its derivatives. Part III. The structure of the amylene cham. J. chem. Soc. **69**, 1355—1381 (1896).
—, and W. H. GREENE: Über die Konstitution der Lapachosäure und ihrer Derivate. Ber. dtsch. chem. Ges. **22**, 1723—1727 (1889).
HOUSTON, J., and S. K. KON Vitamins in rat and guinea-pig milk. Biochem. J. **33**, 1655—1659 (1939).
HOWARD, B. H., and H. RAISTRICK: Studies in the biochemistry of microörganisms. LXXXI. The coloring matters of Penicillium islandicum Sopp. 2. Chrysophanic acid, 4,5-dihydroxy-2-methylanthraquinone. Biochem. J. **46**, 49—53 (1950).
HOWARD, W. L., T. B. GAGE, and S. H. WENDER: Isolation of isoquerccitrin from tobacco. Arch. Biochem. **25**, 74—78 (1950).
HUANG, H. T.: Decolorization of anthocyanins by fungal enzymes. J. agric. Food. Chem. **3**, 141—146 (1955).
— Enzymatic identification of the anthocyanin pigment of blackberry. Nature (Lond.) **177**, 39 (1956a).
— The kinetics of the decolorization of anthocyanins by fungal "Anthocyanase". J. amer. chem. Soc. **78**, 2390—2393 (1956b).
HUNTER, E. C. E., and J. R. PARTINGTON: Studies in dielectric polarisation. Part V. Benzene solutions of pyrones, thiopyrones and thioketones. Dioxan solutions of ureas and thioureas. J. chem. Soc. **1933**, 87—90.
HUNTER, R. F., and R. M. KRAKENBERGER: Palm-oil carotenoids. V. Examination of "Sese" palm-oils. Biochem. J. **40**, 492—493 (1946).
—, and A. D. SCOTT: Palm-oil carotenoids. I. The isolation of lipoid pigments from a "Sherbo" palm oil. Biochem. J. **35**, 31—38 (1941).
ICE, C. H., and S. H. WENDER: Quercetin and its glycosides in leaves of vaccinium myrtillus. J. amer. chem. Soc. **75**, 50—52 (1953).
INGRAHAM, M. A., and H. STEENBOCK: The relation of microörganisms to carotenoids and vitamin A. II. The production of carotenoids by Mycobacterium phlei. Biochem. J. **29**, 2553—2562 (1935).
INHOFFEN, H. H., F. BOHLMANN, K. BARTRAM u. H. POMMER: Synthesen in der Carotinoid-Reihe. XIV. Aufbau des β-Carotins. Liebigs Ann. Chem. **569**, 237—246 (1950a).
— — — G. RUMMERT u. H. POMMER: Synthesen in der Carotinoid-Reihe. XV. Über die Darstellung von trans- und von 9,9′-mono-cis-β-Carotin. Liebigs Ann. Chem. **570**, 54—69 (1950b).
— U. SCHWIETER u. G. RASPE: Synthesen in der Carotinoid-Reihe. XXX. Totalsynthese des d, 1-α-Carotins. Liebigs Ann. Chem. **588**, 117—125 (1954).
IRVINE, G. N., M. GOLUBCHUCK, and J. A. ANDERSON: Carotenoid pigments of the uredospores of rust fungi. Canad. J. Agr. Sci. **34**, 234—239 (1954).
ISLER, O., W. HUBER, A. RONCO u. M. KOFLER: Synthese des Vitamin A. Helv. chim. Acta **30**, 1911—1927 (1947).
— H. LINDLAR, M. MONTAVON, R. RÜEGG, G. SAUCY u. P. ZELLER: Synthesen in der Carotinoid-Reihe. Totalsynthese von Zeaxanthin und Physalien. Helv. chim. Acta **39**, 2041 bis 2053 (1956a).
— — — — u. P. ZELLER: Synthesen in der Carotinoid-Reihe. Die technische Synthese von β-Carotin. Helv. chim. Acta **39**, 249—259 (1956b).
JANOT, M. M., J. CHABASSE-MASSONNEAU, P. DE GRAEVE et R. GOUTAREL: Constitution chimique de la digitolutéine, pigment jaune de la digitale. Bull. Chim. Soc. France **1955**, 108—113.
JENDRASSIK, L., u. R. A. CLEGHORN: Photometrische Bilirubinbestimmung. Biochem. Z. **289**, 1—14 (1936).

JENDRASSIK, L., u. P. GRÓF: Verfahren zur photometrischen Bestimmung des Bilirubins im Harn. Biochem. Z. **296**, 71—79 (1938).
— — Vereinfachte photometrische Methoden zur Bestimmung des Blutbilirubins. Biochem. Z. **297**, 81—89 (1938).
JONES, E. T., and A. ROBERTSON: Natural glycosides. Part V. Ruberythric acid. J. chem. Soc. **1933**, 1167—1169.
JOYCE, A. E.: Some polyenes from Brassica rutabaga. Nature (Lond.) **173**, 311—312 (1954).
KALFF, J., and R. ROBINSON: A synthesis of myricetin and of a galangin monomethyl ether occuring in galanga root. J. chem. Soc. **127**, 181—184 (1925).
KARYONE, T., and N. KAWANO: Microchemical study of plant components. X. Hypericin, the photodynamic pigment of St. John's breed. J. Pharm. Soc. Japan **73**, 205 (1953).
— Y. HASHIMOTO, and M. KIMURA: Microchemical study at plant components. IX. Distribution of flavonoids in plants by paper chromatography. J. Pharm. Soc. Japan **73**, 253—256 (1953).
KARRER, P.: Zur Stellung der Hydroxyle im Xanthopyll und anderen Carotinoiden. Helv. chim. Acta **34**, 2160—2161 (1951).
— F. BENZ u. M. STOLL: Pflanzenfarbstoffe. XLIX. Synthese des Perhydro-Crocetins. Helv. chim. Acta **16**, 297—302 (1933a).
—, u. C. H. EUGSTER: Synthese von Carotinoiden. II. Totalsynthese des β-Carotins. I. Helv. chim. Acta **33**, 1172—1174 (1950).
— — u. M. FAUST: Über das Auftreten von Carotinoiden in Pollen und Staubbeuteln verschiedener Pflanzen. Helv. chim. Acta **33**, 300—301 (1950a).
— — u. E. TOBLER: Synthesen von Carotinoidfarbstoffen. III. Totalsynthese des Lycopins. Helv. chim. Acta **33**, 1349—1352 (1950b).
—, u. A. HELFENSTEIN: Pflanzenfarbstoffe. XX. Über die Safranfarbstoffe. Helv. chim. Acta **13**, 392—397 (1930).
— — B. PIEPER u. A. WETTSTEIN: Pflanzenfarbstoffe. XXIX. Die symmetrische Lycopinformel. Perhydro-lycopin. Helv. chim. Acta **14**, 435—438 (1931a).
— — u. H. WEHRLI: Pflanzenfarbstoffe. XVIII. Weiterer Beitrag zur Konstitution der Carotinoide. Helv. chim. Acta **13**, 87—88 (1930a).
— — — B. PIEPER u. R. MORF: Pflanzenfarbstoffe. XXX. Beiträge zur Kenntnis des Carotins, der Xanthophylle, des Fucoxanthins und Capsanthins. Helv. chim. Acta **14**, 614—632 (1931b).
— — — u. A. WETTSTEIN: Pflanzenfarbstoffe. XXV. Über die Konstitution des Lycopins und Carotins. Helv. chim. Acta **13**, 1084—1099 (1930b).
—, u. E. JUCKER: Vorläufige Mitteilung über ein neues Carotinoid aus Orangenschalen: Citroxanthin. Helv. chim. Acta **27**, 1695—1696 (1944).
— — Partialsynthesen des Flavoxanthins, Chrysanthemaxanthins, Antheraxanthins, Violaxanthins, Mutatoxanthins und Auroxanthins. Helv. chim. Acta **28**, 300—315 (1945a).
— — Oxyde des β-Carotins: β-Carotin-monoepoxyd, β-Carotin-di-epoxyd, Mutatochrom, Aurochrom, Luteochrom. Helv. chim. Acta **28**, 427—436 (1945b).
— — Über die Carotinoide aus den Blüten von Caltha palustris. Helv. chim. Acta **30**, 1774 bis 1775 (1947a).
— — Die Konstitution des Citroxanthins. Helv. chim. Acta **30**, 536—537 (1947b).
— E. KRAUSE-VOITH u. K. STEINLIN: Ein neuer Blattfarbstoff: Xanthophyllepoxyd. Helv. chim. Acta **31**, 113—120 (1948).
—, u. G. DE MEURON: Pflanzenstoffe. XLVIII. Über Violanin. Helv. chim. Acta **16**, 292—296 (1933).
—, u. R. MORF: Pflanzenfarbstoffe. XXXVI. Beitrag zur Kenntnis des Violaxanthins. Helv. chim. Acta **14**, 1044—1046 (1931).
— — E. v. KRAUSS u. A. ZUBRYS: Pflanzenfarbstoffe. XXXIX. Vermischte Beobachtungen über Carotinoide (α-Carotin, Zeaxanthin, Carotinoide aus Kaki-Früchten). Helv. chim. Acta **15**, 490—493 (1932).
— — u. C. WALKER: Pflanzenfarbstoffe. LII. Konstitution des α-Carotins. Helv. chim. Acta **16**, 975—977 (1933b).
—, u. A. OSWALD: Carotinoide aus den Staubbeuteln von Lilium Aigrinum. Ein neues Carotinoid: Antheraxanthin. Helv. chim. Acta **18**, 1303—1305 (1935).
—, u. S. RAMASVAMY: Notiz über ein Vorkommen von Capsorubin. Helv. chim. Acta 2159 (1951).
—, u. J. RUTSCHMANN: Über die Phytoxanthine der Löwenzahnblüten, Flavoxanthin. Helv. chim. Acta **25**, 1144—1149 (1942a).
— — Auroxanthin, ein kurzwellig absorbierender Carotinfarbstoff. Helv. chim. Acta **25**, 1624—1627 (1942b).
— — Über Torularhodin. II. Helv. chim. Acta **28**, 795—797 (1945a).

KARRER, P., u. J. RUTSCHMANN: Carotinoide aus den Früchten von Catoneaster occidentalis und Pyracantha coccinia. Helv. chim. Acta **28**, 1528—1529 (1945b).
— — Über Torularhodin. III. Helv. chim. Acta **29**, 355—356 (1946).
—, u. H. SALOMON: Über Pflanzenfarbstoffe. III. Zur Kenntnis der Safranfarbstoffe. I. Helv. chim. Acta **10**, 397—405 (1927).
— — Zur Kenntnis der Safranfarbstoffe. III. Helv. chim. Acta **11**, 711—713 (1928).
— — u. H. WEHRLI: Pflanzenfarbstoffe. XIV. Über einen Carotinoidfarbstoff aus Mais Zeaxanthin. Helv. chim. Acta **12**, 790—792 (1929).
—, u. W. SCHLIENTZ: Pflanzenfarbstoffe. LVII. Caricaxanthin, Kryptoxanthin, Zeaxanthinmono-palmitat. Helv. chim. Acta **17**, 55—57 (1934).
—, u. U. U. SOLMSSEN: Pflanzenfarbstoffe. 63. Zur Kenntnis der Oxydationsprodukte der Carotine. Das Carotinoid der Thiocystisbakterien. Helv. chim. Acta **18**, 25—27 (1935).
— — Carotinoide aus Purpurbakterien Helv. chim. Acta **19**, 1019—1024 (1936).
— — β-Carotinal, ein Abbauprodukt des β-Carotins. Helv. chim. Acta **20**, 682—691 (1937a).
— — Stufenweiser Abbau des labilen und stabilen Bixins. Zur Stereochemie der Carotinoide. Helv. chim. Acta **20**, 1396—1407 (1937b).
—, u. O. WALKER: Pflanzenfarbstoffe. LVI. Untersuchungen über die herbstlichen Färbungen der Blätter. Helv. chim. Acta **17**, 43—54 (1934).
—, u. H. WEHRLI: Pflanzenfarbstoffe. XXVIII. Über den Farbstoff der Sanddornbeere (Hippophaës rhamnoides). Helv. chim. Acta **13**, 1104—1105 (1930).
—, u. R. WIDMER: Untersuchungen über Pflanzenfarbstoffe. I. Über die Konstitution einiger Anthocyanidine. Helv. chim. Acta **10**, 5—33 (1927a).
— — Über Primelnfarbstoffe. Pflanzenfarbstoffe. V. Helv. chim. Acta **10**, 758—763 (1927b).
— A. ZUBRYS u. M. MORF: Pflanzenfarbstoffe. LIII. Beitrag zur Kenntnis des Xanthophylls und Violaxanthins. Helv. chim. Acta **16**, 977—980 (1933c).
KEEGAN, P. Q.: Mitteilungen über Pflanzenchemie. Chem. Zbl. **2**, 1166 (1916).
KEHL, R., u. W. STICH: Die papierchromatographische Analyse der Porphyrine. Hoppe-Seylers Z. physiol. Chem. **289**, 6 (1951).
— — Über die papierchromatographische Analyse der Porphyrine und einiger Gallenfarbstoffe. Hoppe-Seylers Z. physiol. Chem. **290**, 151—154 (1952).
KENNARD, O.: Porphobilinogen. X-ray crystallographic determination of molecular weight. Nature (Lond.) **171**, 876—877 (1953).
KESTING, W.: Über eine charakteristische Farbreaktion von Chinon auf die Atomgruppe E — C—CH_2—C — E (E = mehrwertiges Element). Ber. dtsch. chem. Ges. **62**, 1422—1424 (1929).
KLÜVER, H.: Naturally occuring porphyrins in the central nervous system. Science **99**, 482—484 (1944).
KÖGL, F.: Untersuchungen über Pilzfarbstoffe. V. Die Konstitution der Polyporsäure. Liebigs Ann. Chem. **447**, 78—85 (1926).
— H. BECKER, A. DETZEL u. G. DEVOSS: Untersuchungen über Pilzfarbstoffe. VI. Die Konstitution des Atromentins. Liebigs Ann. Chem. **465**, 211—242 (1928a).
— — G. DEVOSS u. E. WIRTH: Untersuchungen über Pilzfarbstoffe. VII. Die Synthese des Atromentins. Zur Kenntnis der Atromentinsäure. Liebigs Ann. Chem. **465**, 243—256 (1928b).
—, H. ERXLEBEN: Untersuchungen über Pilzfarbstoffe. VIII. Über den roten Farbstoff des Fliegenpilzes. Liebigs Ann. Chem. **479**, 11—26 (1930).
—, J. J. POSTOWSKY: Untersuchungen über Pilzfarbstoffe. I. Über das Atromentin. Liebigs Ann. Chem. **440**, 19—35 (1924).
— — Untersuchungen über Pilzfarbstoffe. II. Über die Farbstoffe des blutroten Hautkopfes (Dermocybesanguinea wulf). Liebigs Ann. Chem. **444**, 1—7 (1925).
— — Untersuchungen über Pilzfarbstoffe. III. Über das Atromentin (II). Liebigs Ann. Chem. **445**, 159—170 (1925).
KOSKI, V. M., and J. H. C. SMITH: The isolation and spectral absorption properties of protochlorophyll from etiolated barley seedlings. J. amer. chem. Soc. **70**, 3558—3562 (1948).
KOSTANECKI, ST V.: Über das Gentisin I. Mh. Chem. **12**, 205—210 (1891).
—, u. O. SCHMIDT: Über das Gentisin II. Mh. Chem. **12**, 318—322 (1891).
— V. LAMPE u. J. TAMBOR: Synthese des Quercetins. Ber. dtsch. chem. Ges. **37**, 1402—1405 (1904a).
— — Synthese des Kämpferols. Ber. dtsch. chem. Ges. **37**, 2096—2099 (1904b).
— A. ROZYCKI u. J. TAMBOR: Synthese des Luteolins. Ber. dtsch. chem. Ges. **33**, 3410—3417 (1900).
—, u. J. TAMBOR: Synthese des Gentisins. Mh. Chem. **15**, 1—8 (1894).
— — Über einen weiteren synthetischen Versuch in der Gentisinreihe. Mh. Chem. **16**, 919 bis 925 (1895a).
— — Über die Konstitution des Fisetins. Ber. dtsch. chem. Ges. **28**, 2302—2309 (1895b).

KREWSON, C. F., C. S. FENSKE jr., J. F. COUCH, and J. NAGHSKI: Rutin in Eucalyptus species. Am. J. Pharm. **125**, 117—121 (1953).
KRISHNA, S., and B. S. VARMA: Active principle of Myrsine africana, Linn. J. Indian chem. Soc. **13**, 115—116 (1936).
KÜHN, A.: Über eine Genwirkkette der Pigmentbildung bei Insekten. Nachr. Akad. Wiss. Göttingen **1941**, 231—261.
— Versuche zur Entwicklung eines Modells der Genwirkungen. Naturwiss. **43**, 25—28 (1956).
KÜSTER, W.: Über ein Spaltungsprodukt des Gallenfarbstoffs, die Biliverdinsäure. Ber. dtsch. chem. Ges. **30**, 1831—1835 (1897).
— Über die Biliverdinsäure. Hoppe-Seylers Z. physiol. Chem. **26**, 314—337 (1898).
KUHN, R., u. H.-J. BIELIG: Über Invertseifen. I. Die Einwirkung von Invertseifen auf Eiweiß-Stoffe. Ber. dtsch. chem. Ges. **73**, 1080—1091 (1940a).
— — Carotine als Farbstoffe. I.G. Farbenindustrie AG, D.R.P. 719845 (1940b).
—, u. H. BROCKMANN: α-Carotin aus Palmöl. Hoppe-Seylers Z. physiol. Chem. **200**, 255—258 (1931).
— — Bestimmung von Carotinoiden. Hoppe-Seylers Z. physiol. Chem. **206**, 41—64 (1932a).
— — Flavoxanthin. Hoppe-Seylers Z. physiol. Chem. **213**, 192—198 (1932b).
— — γ-Carotin (Über das Vitamin des Wachstums. IV. Mitt.). Ber. dtsch. chem. Ges. **66**, 407—410 (1933a).
— — Über ein neues Carotin. Naturwiss. **21**, 44 (1933b).
— — Über den stufenweisen Abbau und die Konstitution des β-Carotins. Liebigs Ann. Chem. **516**, 95—143 (1935).
—, A. DEUTSCH: Die Konstitution des Azafrins. Ber. dtsch. chem. Ges. **66**, 883—892 (1933).
—, L. EHMANN: Über konjugierte Doppelbindungen. XI. Über das Bixin und seinen Abbau zum Bixan. Helv. chim. Acta **12**, 904—915 (1929).
—, u. CH. GRUNDMANN: Die ersten Oxydationsprodukte des Lycopins. Ber. dtsch. chem. Ges. **65**, 898—902 (1932).
— — Die Konstitution des Lycopins. Ber. dtsch. chem. Ges. **65**, 1880—1889 (1932).
— — Über Kryptoxanthin, ein Xanthophyll der Formel $C_{40}H_{56}O$ (Über das Vitamin des Wachstums. V. Mitt.). Ber. dtsch. chem. Ges. **66**, 1746—1750 (1933).
— — Über Rubixanthin, ein neues Xanthophyll der Formel $C_{40}H_{56}O$. Ber. dtsch. chem. Ges. **67**, 339—344 (1934a).
— — Krypto-xanthin aus gelbem Mais (Über das Vitamin des Wachstums. VI. Mitt.). Ber. dtsch. chem. Ges. **67**, 593—595 (1934b).
— — Über die sterischen Reihen der Xanthophylle. Ber. dtsch. chem. Ges. **67**, 596—598 (1934c).
— — Über die Farbstoffe der Hagebutten (Berichtigung). Ber. dtsch. chem. Ges. **67**, 1133 (1934d).
—, u. E. LEDERER: Fraktionierung und Isomerisierung des Carotins. Naturwiss. **19**, 306 (1931a).
— — Über α- und β-Carotin. Hoppe-Seylers Z. physiol. Chem. **200**, 246—254 (1931b).
— — Über die Farbstoffe des Hummers (Astacus gammarus L.) und ihre Stammsubstanz, das Astacin. Ber. dtsch. chem. Ges. **66**, 488—495 (1933).
—, u. I. LÖW: Morphologie und Chemie der Staubgefäße von Forsythia. Ber. dtsch. chem. Ges. **82**, 474—479 (1949).
—, F. L'ORSA: Zur Konstitution des Safran-Farbstoffes. (Über konjugierte Doppelbindungen. XVIII. Mitt.). Ber. dtsch. chem. Ges. **64**, 1732—1736 (1931).
—, u. N. A. SÖRENSEN: Über Astaxanthin und Ovoverdin. Ber. dtsch. chem. Ges. **71**, 1879 bis 1888 (1938).
—, u. A. WINTERSTEIN: Viola-xanthin, das Xanthophyll des gelben Stiefmütterchens (Viola tricolor) (Über konjugierte Doppelbindungen. XVI.). Ber. dtsch. chem. Ges. **64**, 326—332 (1931).
— — Die Dihydroverbindung der isomeren Bixine und die Elektronen-Konfiguration der Polyene (Über konjugierte Doppelbindungen. XXIII. Mitt.). Ber. dtsch. chem. Ges. **65**, 646—651 (1932).
— — Über einen lichtempfindlichen Carotin-Farbstoff aus Safran. Ber. dtsch. chem. Ges. **66**, 209—214 (1933a).
— — Picro-crocin, das Terpenglucosid des Safrans, und die Biogenese der Carotinoid-Carbonsäuren. Naturwiss. **21**, 527 (1933b).
— — Über die Konstitution des Pikro-crocins und seine Beziehung zu den Carotin-Farbstoffen des Safrans. Ber. dtsch. chem. Ges. **67**, 344—357 (1934).
— — u. E. LEDERER: Zur Kenntnis der Xanthophylle. Hoppe-Seylers Z. physiol. Chem. **197**, 141—160 (1931).
— — u. W. WIEGAND: Über konjugierte Doppelbindungen. VI. Der Farbstoff der chinesischen Gelbschoten. Über das Vorkommen von Polyen-Farbstoffen im Pflanzenreiche. Helv. chim. Acta **11**, 716—724 (1928).

Kuroda, C., u. M. Wada: Der Farbstoff von „Kuro-mame" I. [japanisch.] Proc. Imp. Acad. (Tokio) **9**, 17—18 (1933); **9**, 517—520 (1933).
Lal, J. B., and S. Dutt: Constitution of the coloring matter of Lawsonia alba (Lam.) or Indian mehedi. J. Indian chem. Soc. **10**, 577—582 (1933).
Lalande, F. de: Darstellung des Purpurins. Ber. dtsch. chem. Ges. **7**, 1545 (1874).
Lancaster, C. R., E. B. Lancaster, and H. J. Dutton: Countercurrent distribution studies on fat-soluble plant pigments. J. amer. Oil Soc. **27**, 386—396 (1950).
Lederer, E.: Sur les carotenoides d'une levure rouge (Torula rubra). C. R. Acad. Sci. (Paris) **197**, 1694—1695 (1933).
— Carotinoides des vertebrates. Bull. Soc. Chim. biol. (Paris) **20**, 554—566 (1938a).
— Carotenoides des cryptogames. Bull. Soc. Chim. biol. (Paris) **20**, 611—634 (1938b).
Lee, T. H.: Note on tecomin, a colouring matter derived from the heart-wood of bignonia tecoma. J. chem. Soc. **79**, 284—285 (1901).
Léger, E.: Sur la constitution des aloines; comparaison avec celle des glucosides. C. R. Acad. Sci. (Paris) **134**, 1584—1586 (1902).
— Sur la constitution de l'acide chrysophanique. C. R. Acad. Sci. (Paris) **154**, 281—283 (1912).
Léon, A., A. Robertson, R. Robinson, and T. R. Seshadri: Experiments on the synthesis of anthocyanins. Part VII. The four isomeric β-glucosides of pelargonidin chloride. J. chem. Soc. **1931**, 2672—2701.
—, and R. Robinson: Experiments on the synthesis of anthocyanines. Part XIV. Cyanenin chloride, malvenin chloride and an indication of the synthesis of cyanin chloride. J. chem. Soc. **1932**, 2221—2224.
Leprince, M.: Sur la cascarine. C. R. Acad. Sci. **115**, 286—288 (1892).
Li, K. C., and A. C. Wagenknecht: The anthocyanin pigments of sour cherries. J. amer. Soc. **78**, 979—980 (1956).
Libowitzky, H.: Notiz über Bilirubin aus Menschengalle. Hoppe-Seylers Z. physiol. Chem. **263**, 267—271 (1940).
Liebermann, C., u. O. Bergami: Zur Kenntnis der Ruberythrinsäure. Ber. dtsch. chem. Ges. **20**, 2241—2247 (1887).
—, u. O. Fischer: Über Chrysophansäure. Ber. dtsch. chem. Ges. **8**, 1102—1107 (1875).
— — Über Chrysophansäure und Emodin. Liebigs Ann. Chem. **183**, 158—174 (1876).
— P. Höring u. F. Wiedermann: Über Abkömmlinge der Carminsäure. Ber. dtsch. chem. Ges. **33**, 149—159 (1900).
—, u. M. Waldstein: Emodin aus Rhamnusfrangula Rinde. Ber. dtsch. chem. Ges. **9**, 1775 bis 1778 (1876).
Lindstedt, G.: Separation of phenolic heartwood constituents by paper-partition chromatography. Acta chem. scand. **4**, 448—455 (1950).
Lord, J. W.: Seasonal variation of carotene and vitamin in butterfat and in serum. Biochem. J. **39**, 372—374 (1945).
Lovern, J. A.: Antioxidants for carotene and vitamin A. J. Soc. chem. Industr. (Lond.) **63**, 13—15 (1944).
Lu, Ch.-I., and K.-Y. Tai: Determination of myricetin and myricitrin in the bark of yangmal (Myrica rubra S. et Z.) and the comparison of analytic methods. Mem. Taiwan Forest Res. Inst. **1**, 11—21 (1947).
Lukton, A., C. O. Chichester, and G. Mackinney: Characterization of a second pigment in strawberries. Nature (Lond.) **176**, 790 (1955).
Mabry, T. J., H. Wyler, G. Sassu, H. Mercier, I. Parikh u. A. S. Dreiding: Die Struktur des Neobetanidins. 5. (vorläufige) Mitteilung. Über die Konstitution des Randenfarbstoffes Betanin. Helv. chim. Acta **45**, 640—647 (1962).
Mac Donald, S. F., and R. J. Stedman: The synthesis of uroporphyrin I. Canad. J. Chem. **32**, 896—900 (1954).
Mackinney, G.: The plastid pigments of the marsh dodder. J. biol. Chem. **112**, 421—424 (1936).
— Carotenoids of the peach. Plant Physiol. **12**, 216—218 (1937).
Manunta, G.: Über den Farbstoff der Früchte einer Palme (Cycus revoluta). Helv. chim. Acta **22**, 1153—1154 (1939).
Marini-Bettolo, G. B., u. A. Ballio: Farbreaktionen von Flavonen [italienisch]. Gazz. chim. ital. **76**, 410—418 (1946).
Matthes, H., u. E. Schreiber: Über hautreizende Hölzer. Ber. dtsch. Pharm. Ges. **24**, 385—444 (22/9. 1914).
McGregor, W. G., and M. E. Mc Killican: Rutin content of varieties of buckwheat. Sci. Agr. **32**, 48—51 (1952).
Menke, W.: Über den Zustand der Carotinoide in den Plastiden. Naturwiss. **28**, 31 (1940).
Mercer, D. N., H. D. Eaton, R. E. Johnson, A. A. Spielman, W. N. Plastridge, L. D. Matterson, and L. Nezvesky: The effect of interruption of milking on the carotene and vitamin A and proximate composition of milk and on the calcium content of blood Serum. J. Dairy Sci. **32**, 977—985 (1949).

MITTER, P. C., and D. BANERJEE: Synthesis of aloe-emodin. J. Indian chem. Soc. **9**, 375—377 (1932).
MIYANAGA, K., u. S. MIYAMOTO: Extrahierung von Chlorophyll [japanisch]. Jap. Pat. 2441 (1952).
MOLISCH, H., u. G. GOLDSCHMIEDT: Über das Scutellarin, einen neuen Körper bei Scutellaria und anderen Labiaten. Mh. Chem. **22**, 679—699 (1901).
MONTAG, A.: Dünnschichtchromatographischer Nachweis einiger fettlöslicher, synthetischer und natürlicher Farbstoffe in Lebensmitteln. Z. Lebensmittel-Untersuch. u. -Forsch. **116**, 413 (1962).
MONTEVERDE, N. A., u. W. N. LUBIMENKO: Untersuchungen über die Bildung des Chlorophylls in Pflanzen. Bull. Acad. St. Pétersbourg 73—110 (1911).
MOSTER, J. B., F. W. QUACKENBUSH, and J. W. PORTER: The carotenoids of corn seedlings. Arch. Biochem. Biophys. **38**, 287—296 (1952).
MÜHLEMANN, H.: Über Anthrachinone und Anthrachinonglykoside. 15. Mitt. Partialsynthese und Konstitution des Aloins. Pharmac. Acta Helv. **27**, 17—26 (1952).
MÜLLER, H.: The occurence of alizarin in rhubarb. J. chem. Soc. **99**, 967—968 (1911).
MÜLLER, P. B.: Zur kolorimetrischen Bestimmung von Vitamin A, Vitamin D und β-Carotin unter besonderer Berücksichtigung des Vitamin D. Helv. chim. Acta **30**, 1172—1190 (1947).
—, u. H. MOOR: Vitaminbestimmung in Nahrungsmitteln durch chem. Methoden. Mitt. Lebensmitteluntersuch. Hyg. **40**, 358—415 (1949).
MURTI, V. V. S., S. RAJAGOPALAN, and L. R. ROW: Visible fluorescence and chemical constitution of compounds of the benzopyrone group. IV. 4-Pyrone derivates. Proc. Ind. Acad. Sci. **34 A**, 319—323 (1951).
MUSSO, H., H. BEECKEN, E.-M. GOTTSCHALK, U. v. GIZYCKI, H. KRÄMER, D. MAASSEN, H.-G. MATTHIES, C. RATHJEN u. I. ZAHORSZKY: Orcein und Lackmus. Angew. Chem. **73**, 665 bis 673 (1961).
NAIR, P. V., and R. ROBINSON: Experiments on the synthesis of anthocyanins. Part XXV. Pelargonidin 3-Galactoside. J. chem. Soc. **1934**, 1611—1614.
NASH, H. A., F. W. QUACKENBUSH, and J. W. PORTER: Studies on the structure of ε-carotene. J. amer. chem. Soc. **70**, 3613—3615 (1948).
—, and F. P. ZSCHEILE: Absorption spectrum of ζ-carotene. Arch. Biochem. **7**, 305—311 (1945).
NENCKI, M.: Zur Kenntnis des Hämatoporphyrins. Hoppe-Seylers Z. physiol. Chem. **30**, 423—435 (1900).
NESBITT, S., and C. H. WATKINS: Acute porphyria. Amer. J. med. Sci. **203**, 74—83 (1942).
NICHOLAS, R. E. H., and C. RIMINGTON: Qualitative analysis of the porphyrines by partition chromatography. Scand. J. clin. Lab. Invest. **1**, 12—18 (1949).
— — Paper chromatography of porphyrins: some hitherto unrecognized porphyrins and further notes on the method. Biochem. J. **48**, 306—309 (1951a).
— — Isolation of unequivocal uroporphyrin III; a further study of turacin. Biochem. J. **50**, 194—201 (1951b).
NOACK, K.: Physiologische Untersuchungen an Flavonolen und Anthocyanen. Z. Bot. **14**, 1—74 (1922).
— Zur Entstehung des Chlorophylls und dessen Beziehung zum Blutfarbstoff. Naturwiss. **17**, 104 (1929).
—, u. W. KIESSLING: Zur Entstehung des Chlorophylls und seine Beziehung zum Blutfarbstoff. I. Mitt. Hoppe-Seylers Z. physiol. Chem. **182**, 13—49 (1929).
— — Zur Entstehung des Chlorophylls und seine Beziehung zum Blutfarbstoff. II. Mitt. Hoppe-Seylers Z. physiol. Chem. **193**, 97—137 (1930).
—, u. E. SCHNEIDER: Ein chlorophyllhaltiger Bakterienstoff. Naturwiss. **21**, 835 (1933).
NOLAN, T. J., and H. M. T. CASEY: The pigment of the berry of the elder (Sambucus nigra Linn). Proc. Roy. Irish Acad. **40**, 56—66 (1931) Dublin.
— D. D. PRATT, and R. ROBINSON: A synthesis of pyrylium salts of anthocyanidin type. Part XI. A synthesis of peonidin chloride. J. chem. Soc. **1926**, 1968—1971.
OESTERLE, O. A.: Über die Beziehungen zwischen Chrysophansäure, Aloeemodin und Rhein. Arch. Pharm. **249**, 445—449 (1911).
—, u. W. SYPKENS-TOXOPEUS: Über die Konstitution des Frangula-(Rheum)-emodins. Arch. Pharm. **249**, 311—321 (1911).
—, u. E. TISZA: Über die Trimethyläther von Frangulaemodin und Aloeemodin. Arch. Pharm. **246**, 112—116, 432—436 (1908).
OKANO, K., T. ABE u. J. OHARA: Über die Isolierung von Apigenin aus mandschurischem Kaoliang (Andropogon sorghum, Brot). Bull. Agric. chem. Soc. Japan **10**, 109—116 (1934).
OSHIMA, Y., u. H. KA: Kämpferol aus Teeblättern. [japanisch.] Bull. agric. chem. Soc. Japan **12**, 133—134 (1936).

Oshima, Y., u. T. Nakabayashi: Catechine und Pigmente in Teeblättern. Papierchromatographie von Flavonen des Tees. [japanisch.] J. agric. chem. Soc. Japan **27**, 754—756 (1953).
Oser, B. L., D. Melnick, and M. Pader: Chemical and physical determinations of vitamin A in fishliver oils. Industr. Engin. Chem. analyt. Ed. **15**, 717—724 (1943).
— — — Estimation of vitamin A in food products. Industr. Engin. Chem. analyt. Ed. **15**, 724—729 (1943).
Owen, L. H., and J. L. Simonsen: Barbaloin. J. amer. chem. Soc. **64**, 2516—2517 (1942).
Pace, N., u. G. Mackinney: Hypericin, the photodynamic pigment from St. John's wort. J. amer. chem. Soc. **63**, 2570—2574 (1941).
Palmer, L. S., and C. H. Eckles: Carotin — The principal natural yellow pigment of milk fat: Its relations to plant carotin and the carotin of the body fat, Corpus Luteum and blood serum. II. The pigments of the body fat, corpus Luteum and skin secretions of the cow. J. biol. Chem. **17**, 211—221 (1914a).
— — Carotin — The principal natural yellow pigment of milk fat: Its relations to plant carotin and the carotin of the body fat, Corpus Luteum and blood serum. III. The yellow lipochrome of blood serum. J. biol. Chem. **17**, 223—236 (1914b).
Pankajamani, K. S., and T. R. Seshadri: Survey of anthoxanthins. Proc. Indian Acad. Sci. **36 A**, 157—169 (1952).
Papendieck, A.: Zur Frage des Vorkommens von Porphyrin im Blutserum. Hoppe-Seylers Z. physiol. Chem. **136**, 293—307 (1924).
Paris, R. A.: Sur un nouveau pigment de la feuille de digitale (Digitalis purpurea L.). C. R. Acad. Sci. (Paris) **238**, 932—934 (1954).
Parrish, D. B., G. H. Wise, and J. S. Hughes: The state of vitamin A in colostrum and in milk. J. biol. Chem. **167**, 673—678 (1947).
Pelletier, J.: Untersuchungen über die elementare Zusammensetzung mehrerer näheren Bestandteile der Vegetabilien. Liebigs Ann. Chem. **6**, 21—34 (1833).
Perkin, A. G.: Luteolin. Part I. J. chem. Soc. **69**, 206—212, 799—803 (1896).
— Azobenzene derivatives of some natural yellow colouring matters: Apigenin, chrysin, morin, cuxanthone, and gentisin. J. chem. Soc. **73**, 666—674 (1898).
— Methyl ethers of some hydroxyanthraquinones. J. chem. Soc. **91**, 2066—2075 (1907).
— The colouring matter of cotton flowers. Gossypium herbaceum. Part II. J. chem. Soc. **95**, 2181—2193 (1909).
—, and G. Y. Allen: Colouring matter of sicilian sumach, rhus coriara. J. chem. Soc. **69**, 1299—1303 (1896).
—, and L. H. Horsefall: Luteolin III. Proc. chem. Soc. **16**, 181—182 (1900).
—, and J. J. Hummel: The colouring principles of rubia sikkimensis. J. chem. Soc. **63**, 1157—1160 (1893a).
— — The colouring and other principles contained in chay root. J. chem. Soc. **63**, 1160—1184 (1893b).
— — The colouring and other principles contained in chay root. Part II. J. chem. Soc. **67**, 817—826 (1895).
— — The colouring principle contained in the bark of myrica nagi. Part I. J. chem. Soc. **69**, 1287—1294 (1896a).
— — Occurence of quercetin in the outer skins of the bulb of the onion (Allium cepa). J. chem. Soc. **69**, 1295—1298 (1896b).
— — The coloring matters occuring in various british plants. Part I. J. chem. Soc. **69**, 1566—1572 (1896c).
—, and R. Ch. Storey: The migration of the acyl group in partly acylated phenolic compounds. Part I. J. chem. Soc. **1928**, 229—244.
Petering, H. G., P. W. Morgal, and E. J. Miller: Isolation of carotene from green plant tissue. Industr. Engin. Chem. **32**, 1407—1412 (1940).
— — — Lipides isolated from alfalfa-leaf meal. Industr. Engin. Chem. **33**, 1428—1432 (1941).
Pfleger, J.: Verfahren zur Darstellung von Indoxylderivaten aus aromatischen Glycinen. Friedländer **6**, 567. D.R.P. 137955 (1901).
Pfleiderer, W.: Neuere Entwicklungen in der Pteridin-Chemie. Angew. Chem. **75**, 993 (1963).
Pommer, H.: Synthesen in der Carotinoid-Reihe. Angew. Chem. **72**, 911—915 (1960).
Porsche, J. D., E. F. Pike, and J. L. Gabby: Bilirubin. U.S. Pat. 2166073 (1939).
Power, F. B., and H. Browning jr.: The constituents of the flowers of anthemis nobilis. J. chem. Soc. **105**, 1829—1845 (1914a).
— — The constituents of the flowers of matricaria chamomilla. J. chem. Soc. **105**, 2280—2291 (1914b).
Pratt, D. D., A. Robertson, and R. Robinson: A synthesis of pyrylium salts of anthocyanidin type. Part XII. J. chem. Soc. **129**, 1975—1983 (1927).
—, and R. Robinson: A synthesis of pyrylium salts of anthocyanidin type. J. chem. Soc. **121**, 1577—1585 (1922).

PRATT, D. D., and R. ROBINSON: A synthesis of pyrylium salts of anthocyanidin type. Part V. The synthesis of cyanidin chloride and of delphinidin chloride. J. chem. Soc. **127**, 166—175 (1925a).
— — A synthesis of pyrylium salts of anthocyanidin type. Part VI. Polyhydroxyflavylium salts related to chrysin, apigenin, lotoflavin, luteolin, galangin, tisetin and morin. J. chem. Soc. **127**, 1128—1138 (1925b).
PRICE, J. R., G. M. ROBINSON, and R. ROBINSON: Occurence of kaempferol in crocus. J. chem. Soc. **1938**, 281—282.
PUMMERER, R., u. F. REUSS: III. Mitt. über Indigofarbstoffe mit erzwungener cis-Stellung. Ber. dtsch. chem. Ges. **80**, 242—248 (1947).
PURRMANN, R.: Über die Flügelpigmente der Schmetterlinge. VII. Synthese des Leukopterins und Natur des Guanopterins. Liebigs Ann. Chem. **544**, 182—190 (1940).
— Die Synthese des Xanthopterins. Über die Flügelpigmente der Schmetterlinge X. Liebigs Ann. Chem. **546**, 98—102 (1941).
— Über die Farbstoffe der Schmetterlinge. Angew. Chem. **56**, 253—258 (1943).
RAO, P. S., and T. R. SESHADRI: Pigments of cotton flowers. IX. Occurence of populnetin in indian cotton flowers. Proc. Indian Acad. Sci. **18 A**, 204—205 (1943).
RAPOPORT, H., and K. G. HOLDEN: The synthesis of prodigiosin. J. amer. chem. Soc. **84**, 635—642 (1962).
RAUDNITZ, H., L. REDLICH u. F. FIEDLER: Zur Konstitution des Alkannins. Ber. dtsch. chem. Ges. **64**, 1835—1841 (1931).
REDEMANN, C. T., S. H. WITTWER, C. D. BALL, and H. M. SELL: Quercetin in the pollen of Zea mays. Arch. Biochem. **25**, 277—279 (1950).
READER, V.: A note on the lipochromes present in certain bacteria. Biochem. J. **19**, 1039—1046 (1925).
REYNOLDS, T. M., and R. ROBINSON: Experiments on the synthesis of anthocyanins. Part XXI. 3-β-Glucosidyldelphinidin chloride. J. chem. Soc. **1934**, 1039—1043.
RICHTER, D.: Anthraquinone colouring matters: Ruberythric acid. J. chem. Soc. **1936**, 1701—1703.
RIMINGTON, C.: Reinvestigation of turacin, the copper porphyrin pigment of certain birds belonging to the musophagidae. Proc. roy. Soc., Ser. B. (Lond.) **127**, 106—120 (1939).
ROBERTS, E. A. H., and D. J. WOOD: Separation of polyphenols on paper chromatograms. Biochem. J. **53**, 332—336 (1953).
ROBERTS, G. R.: Antidiabetic. Chicago Med. School. AP. 2563070 (1951).
ROBERTSON, A., and R. ROBINSON: A synthesis of pyrylium salts of Anthocyanidin type. Part XIV. J. chem. Soc. **1927**, 2196—2206.
— — A synthesis of pyrylium salts of anthocyanidin type. Part XV. The synthesis of cyanidin chloride by means of o-Benzoylphloroglucinaldehyde. J. chem. Soc. **130 I**, 1526—1532 (1928).
ROBINSON, G. M., and R. ROBINSON: Survey of anthocyanins. Biochem. J. **25**, 1687—1705 (1931a).
— — Constitution of anthocyanins. Nature (Lond.) **128**, 413 (1931b).
— — Developments in the chemistry of the anthocyanins. Nature (Lond.) **130**, 21 (1932).
— Notes on variable colors of flower petals. J. amer. chem. Soc. **61**, 1606—1607 (1939).
ROBINSON, R., and J. L. SIMONSEN: Experiments on the constitution of the aloins. Part I. J. chem. Soc. **95**, 1085—1096 (1909).
—, and A. R. TODD: Experiments on the synthesis of Anthocyanins. Part XVI. A Synthesis of malvin chloride. J. chem. Soc. **1932** a, 2299—2305.
— — Experiments on the synthesis of Anthocyanins. Part XVII. The synthesis of pelargonin, peonin and cyanian chlorides. J. chem. Soc. **1932** b, 2488—2496.
—, and H. SMITH: Anthocyanins of the leaf of fagus sylvatica and the fruit of the cultivated strawberry (Fragaria virginiana). Nature (Lond.) **175**, 634 (1955).
ROCHLEDER, F.: Untersuchung der Krappwurzel. Liebigs Ann. Chem. **79—80**, 321—330 (1851).
—, u. H. HLASIWETZ: Untersuchung der Blütenknospen von Capparis spinosa. Liebigs Ann. Chem. **82**, 197—205 (1852).
ROGICK, F. A., u. L. A. ROGICK: Von Carotin und Vitamin A in der Milch. Bol. Industr. animal. (Sao Paulo) 8, Nr. 3, S. 3 (1946).
ROTH, L.: Hypericingehalt von verschiedenen Arten von Hypericum perforatum. Dtsch.-Apoth.-Ztg. **93**, 653—656 (1953).
SADANA, J. C., and B. AHMAD: Carotenoid pigments of different varieties of oranges. J. Sci. industr. Res. (Delhi) **7 B**, 96—100 (1948).
SANDO, CH. E.: Coloring matters of Grimes Golden, Jonathan and Stayman Winesap apples. J. biol. Chem. **117**, 45—56 (1937).
—, and H. H. BARTLETT: Pigments of the Mendelian color types in maize isoquercitrin from brownhusked maize. J. biol. Chem. **54**, 629—645 (1922).

SANDO, CH. E., R. T. MILNER, and M. S. SHERMAN: Pigments of the Mendelian color types in maize. Chrysanthemin from purplehusked maize. J. biol. Chem. **109**, 203—211 (1935).
SANTAVY, F., u. V. MACAK: Verbindungen von Colchicum autumnale und deren Derivate. Isolierung von weiteren Substanzen von Blüten von Colchicum autumnale. [tschechisch.] Chem. Listy **47**, 1214—1223 (1953).
SANTOS-RUIZ, A.: Zusammensetzung von nicht verseifbaren Lipoiden pflanzlichen und tierischen Ursprungs. Anales farm. bioquim. (Buenos Aires) Suplemento **14**, 14 (1943).
SAVINOV, B. G., u. F. L. GRINBERG: Die chemische Struktur des Farbstoffes der Blumenblätter der Sonnenblume. [russisch.] Dokl. Akad. Nauk SSSR **73**, 145—147 (1950).
SCHAEFFER, A.: Neuere Ansichten über den antiken Purpur. Chemiker-Ztg. **65**, 273—275 (1941).
SCHALFEJEW, M.: Über die Darstellung des Hämins. Ber. dtsch. chem. Ges. **18 III**, 232—233 (1885).
SCHERTZ, F. M.: Isolation of chlorophyll, carotene and xanthophyll by improved methods. Industr. Engin. Chem. **30**, 1073—1075 (1938).
SCHLEMMER, F., u. O. GENTNER: Pharmazeutisch-chemische Untersuchungen über den Mönchsrhabarber (Rumex alpinus L. u. Rumex patientia L.) Arch. Pharm. **278**, 252—283 (1940).
SCHLOSSBERGER, J., u. O. DOEPPING: Chem. Untersuchung der Rhabarberwurzel. Liebigs Ann. Chem. **50**, 196—223 (1844).
SCHÖPF, C., u. A. KOTTLER: Zur Kenntnis des Xanthopterins. Liebigs Ann. Chem. **539**, 128—155 (1939).
SCHOPFER, W. H., and E. C. GROB: Investigations on the biosynthesis of carotenoids in phycomyces. Experientia (Basel) **6**, 419—420 (1950).
SCHUETTE, H. A., and R. C. PALMER: The pigments of rye-germ oil. Oil and Soap **14**, 295—297 (1937).
SCHUMM, O.: Über den Nachweis der natürlichen Porphyrine in serösen Flüssigkeiten und Organen. IV. Mitt. Über Untersuchungen bei Hämatoporphyria congentia. Hoppe-Seylers Z. physiol. Chem. **132**, 62—71 (1924a).
— Spektroskopisch-chemische Reaktionen einiger Porphyrine und ihrer Methylester. Hoppe-Seylers Z. physiol. Chem. **136**, 243—278 (1924b).
— Weitere Beiträge zur Kenntnis der natürlichen Porphyrine und der Porphyratine. Hoppe-Seylers Z. physiol. Chem. **153**, 225—249 (1926).
SCHULTE, G.: Erfahrungen mit neuen cytostatischen Mitteln bei Hämoblastosen und Carcinomen und die Abgrenzung ihrer Wirkungen gegen Röntgentherapie. Z. Krebsforsch. **58**, 500—503 (1952).
SCHWABE, P.: Über die chemischen Bestandteile von Cortex frangulae (Rhamnus frangula) und Cascara sagrada (Rhamnus purshiana). Arch. Pharm. **226**, 569—594 (1888).
SCHWARZ, H.: Chlorophyll. Seifen, Fette, Öle, Wachse **79**, 85—86 (1953).
SCUDI, J. V., and R. P. BUHS: A colorimetric oxidation-reduction method for the determination of the K vitamins. J. biol. Chem. **141**, 451—464 (1941).
SESHADRI, T. R., and S. S. SUBRAMANIAN: Components of Indian podophyllum. J. Sci. industr. Res. (Delhi) **9 B**, 137—141 (1950).
—, and S. VARADARAJAN: Insecticidal properties and chemical constitution. VI. Some phenyl- and halogen-substituted coumarins. Proc. Ind. Acad. Sci. **35**, 75—81 (1952).
SEYBOLD, A.: Untersuchungen über Chlorophylle. I. Mitt. Über die Identität von Trichosanthin und Protochlorophyll. S.-B. Heidelberger Akad. wiss., math.-naturwiss. Kl. **1939**, 3—5.
—, u. K. EGLE: Zur Kenntnis des Protochlorophylls. II. Planta **29**, 119—128 (1938) Heidelberg.
SHAH, R. C., C. R. MEHTA, and T. S. WHEELER: Synthesis of wogonin. Current Sci. **6**, 503 (1938).
SHEARON JR., W. H., and O. F. GEE: Carotene and chlorophyll, commercial chromatographic production. Industr. Engin. Chem. **41**, 218—226 (1949).
SHEMIN, D., T. ABRAMSKY, and CH. S. RUSSEL: The synthesis of protoporphyrin from δ-aminolevulinic acid in a cell-free extract. J. amer. chem. Soc. **76**, 1204—1205 (1954).
SHERMAN, W. C.: Chromatographic identification and biological evaluation of carotene from mature soybeans. Food. Res. **5**, 13—22 (1940).
—, and C. J. KOEHN: β-Carotene from sweet potatoes. Industr. Engin. Chem. **40**, 1445—1448 (1948).
SHIBATA, K., u. S. HATTORI: Über den Ort der Glykuronsäureverbindung im Baicalin. [japanisch.] Acta phytochim. **5**, 117—118 (1930).
—, and K. HAYASHI: On the isolation and synthesis of blue-colored pigments. Proc. Acad. Japan **25**, 107—110 (1949).
— S. IWATA, M. NAKAMURA u. Y. SHIBATA: Untersuchungen über das Baicalin, eine neue Flavonglucuronsäureverbindung aus den Wurzeln von Scutellaria baicalensis. [japanisch.] Acta Photochim **1**, 106—139 (1923).

SHIBATA, Y., u. K. KIMOTSUKI: Über die Absorptionsspektren der Pflanzenfarbstoffe der Flavonreihe. [japanisch.] Acta Photochim. **1**, 91—104 (1923).
SHIMANO, T., K. TAKI, and K. GOTO: Constituents of polystictus versicolor. Ann. Proc. Gifu Coll. Pharm. **3**, 43 (1953).
SHINODA, J.: Über die Konstitution des Gentisins. [japanisch.] J. Pharm. Soc. Japan **537**, 89—90 (1926).
SIEDEL, W., u. H. FISCHER: Über die Konstitution des Bilirubins, Synthesen der Neo- und der Iso-neoxanthobilirubinsäure. X. Mitt. Hoppe-Seylers Z. physiol. Chem. **214**, 145—172 (1933).
—, u. F. WINKLER: Oxydation von Pyrrolderivaten mit Bleitetraacetat. Neuartige Porphyrinsynthesen. Liebigs Ann. Chem. **554**, 162—201 (1943).
SIEGELMAN, H. W.: Quercetin glycosides of grimes golden apple skin. J. biol. Chem. **213**, 647—654 (1955).
SMITH, H. G.: On myrticolorin, the yellow dye material of eucalyptus leaves. J. chem. Soc. **73**, 697—701 (1898).
SOBEL, A. E., and H. WERBIN: Activated glycerol dichlorohydrin. A new colorimetric reagent for vitamin A. Industr. Engin. Chem. Analyt. Ed. **8**, 570—573 (1946).
ŠORM, F., Z. ČEKAN, V. HEROUT u. H. RASKOVA: Isolierung einer spasmolitischen Substanz aus Matricaria chamomilla. [tschechisch.] Chem. Listy **46**, 308—309 (1952).
SPAETH, E. C., and D. H. ROSENBLATT: Partition chromatography of anthocyanidins. Science (N. Y.) **110**, 258 (1949).
STÄDELER, G.: Über die Farbstoffe der Galle. Liebigs Ann. Chem. **132**, 323—354 (1864).
STAHL, E., H. R. BOLLIGER u. L. LEHNERT: Vortrag über Dünnschicht-Chromatographie. Symposium über Carotine und Carotinoide d. Dtsch. Ges. f. Ernährung in Mainz (Okt. 1961).
STAHLSCHMIDT, C.: Über eine neue in der Natur vorkommende organische Säure (Polyporsäure). Liebigs Ann. Chem. **187**, 177—197 (1877).
— Beiträge zur Kenntnis der Polyporsäure. Liebigs Ann. Chem. **195**, 365—372 (1879).
STEVEN, D. M.: Studies on animal carotenoids. I. Carotenoids of the brown trout. J. Exptl. Biol. **25**, 369—387 (1948).
STICH, W., R. KEHL u. H. R. WALTER: Papierchromatographische Analyse der Gallenfarbstoffe. Hoppe-Seylers Z. physiol. Chem. **292**, 178—180 (1953).
STOLL, A., u. E. WIEDEMANN: Chlorophyll. Fortschr. Chem. Org. Naturstoffe **1**, 159—254 (1938).
STONE, F. M., u. C. B. COULTER: Porphyrinverbindungen aus Bakterien. Chem. Zbl. 3756 (1934).
STRAIN, H. H.: Carotene. XI. Isolation and detection of α-carotene and the carotenes of carrot roots and of butter. J. biol. Chem. **127**, 191—201 (1939).
— Chromatographic adsorption analysis. Industr. Engin. Chem. Anal. Ed. **14**, 245—249 (1942).
— W. M. MANNING, and G. J. HARDIN: Xanthophylls and carotenes of diatoms, brown algae, dinoflagellates and sea-anemones. Biol. Bull. **86**, 169—191 (1944).
STRELL, M., A. KALOJANOFF u. H. KOLLER: Teilsynthese des Grundkörpers von Chlorophyll a, des Phäophorbids a. Angew. Chem. **72**, 169—170 (1960).
SULLIVAN, B., and C. H. BAILEY: The lipids of the wheat embryo. I. The fatty acids. J. amer. chem. Soc. **58**, 383—390 (1936).
SUTTON, T. S., and P. A. SOLDNER: Seasonal variation in the blood-plasma carotene and vitamin A of adult diary cattle. J. Dairy Sci. **28**, 859—867 (1945).
TAKAMI, T.: Extrahierung von Chlorophyll [japanisch]. Jap. Pat. 178527 (1949).
TASAKI, T.: Über die Absorptionsspektren der Pflanzenfarbstoffe der Flavonreihe. II. Über den Einfluß der Methoxysubstitution auf die Absorptionsspektren der Flavone und Flavonole [japanisch]. Acta Phytochim. **2**, 119—128 (1925).
— Über die Absorptionsspektren der Pflanzenfarbstoffe der Flavonreihe. IV. Die Absorptionsspektren der Anthocyane, des Catechins und der Xanthogenderivate [japanisch]. Acta Phytochim. **3**, 1—19 (1927).
THIELE, J., u. E. WINTER: Über die Einwirkung von Essigsäureanhydrid und Schwefelsäure auf Chinone. Liebigs Ann. Chem. **311**, 341—352 (1900).
THOMPSON, C. R.: Stability of carotene in alfalfa meal. Effect of antioxidants. Industr. Engin. Chem. **42**, 922—925 (1950).
TITUS, H. W., J. C. FRITZ, and W. R. KAUFFMAN: Some observations on egg-yolk color. Poultry Sci. **17**, 38—45 (1938).
TREIBS, A., u. W. OTT: Synthese des Uroporphyrins. III. Naturwiss. **40**, 476—477 (1953).
— — Synthese des Uroporphyrins III. Liebigs Ann. Chem. **615**, 137—164 (1958).
TRENNER, N. R., and F. A. BACHER: A quantitative reduction-oxidation method for the estimation of vitamin K_1 and associated quinones and naphthaquinones. J. biol. Chem. **137**, 745—755 (1941).

Tschirch, A.: Die Oxymethylanthrachinone und ihre Bedeutung für einige organische Abführmittel. Ber. dtsch. pharm. Ges. 8, 174—209 (1898).
—, u. U. Christofoletti: Über den Gehalt der Abführdrogen an Oxymethylanthrachinonen. Schweiz. Wschr. Pharm. **42**, 456—457 (1904).
—, u. K. Heuberger: Untersuchungen über den chinesischen Rhabarber. Arch. Pharm. **240**, 596—630 (1902).
—, u. G. Pederson: Untersuchungen über die Sekrete. Beiträge zur Kenntnis der Aloe. Arch. Pharm. **236**, 200—212 (1898).
—, u. R. Polacco: Über die Früchte von Rhamnus Cathartica. Arch. Pharm. **238**, 459—477 (1900).
Tswett, M.: Zur Ultramikroskopie. Ber. dtsch. bot. Ges. **24**, 234—235 (1906).
Turner, W. J.: Acute idiopathic porphyria. Arch. int. Med. (Chicago) **61**, 762—773 (1938).
Tutin, F.: The constituents of senna leaves. J. chem. Soc. **103**, 2006—2023 (1913).
Ungnade, O. F.: Die industrielle Gewinnung von Carotin. Chemiker-Ztg. **63**, 9—11 (1939).
Uri, J., S. Korossy, and S. Szeplaki: The effect of plant pigments on the dehydrogenases of pigeon pectoral muscle. Z. Vitamin-, Hormon-Fermentforsch. **1**, 137—142 (1947).
Völker, O.: Zur Kenntnis des Porphyrins in Vogelfedern. Hoppe-Seylers Z. physiol. Chem. **258**, 1—5 (1939).
Waldenström, J.: Observations on acute porphyria and other conditions with a change in the excretions of porphyrins. Acta med. scand. **83**, 281—316 (1934).
— Eine Untersuchung der Urinfarbstoffe, besonders der Porphyrine mittels der Chromatographie. Dtsch. Arch. klin. Med. **178**, 38—48 (1935).
Wall, M. E.: Concentrates of fat-soluble constituents of leafmeal extracts. Preparation by molecular distillation. Industr. Engin. Chem. **41**, 1465—1469 (1949).
— E. G. Kelley, and J. J. Willaman: Carotene concentrates from vegetable leaf wastes. Industr. Engin. Chem. **36**, 1057—1061 (1944).
Walz, E.: Isoflavon- u. Saponin-Glucoside in Soja hispida. Liebigs Ann. Chem. **489**, 118—155 (1931).
Warburg, O., u. E. Negelein: Über den Energieumsatz bei der Kohlensäureassimilation. Z. physik. Chem. **102**, 235—266 (1922a).
— — Über den Energieumsatz bei der Kohlensäureassimilation. Naturwiss. **10**, 647—653 (1922b).
— — Über den Einfluß der Wellenlänge auf den Energieumsatz bei der Kohlensäureassimilation. Z. physik. Chem. **106**, 191—218 (1923).
Watson, C. J., S. Schwartz, and V. Hawkinson: Further studies of the porphyrins of the urine, feces, bile and liver in cases of porphyria, with particular reference to a Waldenstrom Type porphyrin behaving as an entity on the Tswett column. J. biol. Chem. **157**, 345—361 (1945).
Weigl, J. W.: Concerning the absorption spectrum of bacteriochlorophyll. J. amer. chem. Soc. **75**, 999—1000 (1953).
Weiss, E.: Zur Kenntnis der synthetischen p-Dialkyldioxychinone. Liebigs Ann. Chem. **361**, 378—382 (1908).
Westcott, F. H.: Chlorophyll in internal medicine. Drug. Cosmet. Ind. **72**, 328—329, 403 bis 408 (1953).
Wieland, H., u. R. Purrmann: Über die Flügelpigmente der Schmetterlinge. IV. Die Beziehungen zwischen Xanthopterin und Leukopterin. Liebigs Ann. Chem. **539**, 179—187 (1939).
— — Über die Flügelpigmente der Schmetterlinge. VI. Über Leukopterin und Xanthopterin. Liebigs. Ann. Chem. **544**, 163—182 (1940).
Wilczek, E.: Bemerkung über zwei neue alkanninhaltige Pflanzen. Schweiz. Apoth.-Ztg. Sonderbeil. Dez. **1924**, 14 (Lausanne).
Williams, B. L., C. H. Ice, and S. H. Wender: The isolation and identification of quercetin and isoquercitrin from black currants (Ribes nigrum). J. amer. chem. Soc. **74**, 4566—4567 (1952).
—, and S. H. Wender: Identification of kaempferol and quercetin from strawberries (Fragaria chiloensis). J. amer. chem. Soc. **74**, 5919—5920 (1952a).
— — The isolation and identification of quercetin and isoquercitrin from grapes (Vitis vinifera). J. amer. chem. Soc. **74**, 4372—4373 (1952b).
— — Isolation and identification of quercetin and isoquercetin from apricots (Prunus armeniaca). Arch. biochem. Biophys. **43**, 319—323 (1953a).
— — Isolation and identification of quercetin and some quercetin glycosides from plums (Prunus salicina). J. amer. chem. Soc. **75**, 4363—4364 (1953b).
Williams, K. T., E. Bickoff, and W. van Sandt: A carotene. I. Preliminary report on diphenylamine as a stabilizer for carotene. Science **97**, 96—98 (1943).

Willstaedt, H.: Carotenoid in cranberries. Svensk Kemisk. Tidskr. **48**, 212—213 (1936a).
— The pigment of the berry Rubus chamaemorus L. Scand. Arch. Physiol. **75**, 155—165 (1936b).
—, u. T. Lindquist: Über die Carotinoide des Serums und der Leber beim Menschen. Hoppe-Seylers Z. physiol. Chem. **240**, 10—18 (1936).
—, u. T. K. With: Über die Chromatographische Adsorptionsanalyse kleiner Carotinoidmengen (Mikrochromatographie) mit besonderer Berücksichtigung der Carotinoide der Milch und des Serums. Hoppe-Seylers Z. physiol. Chem. **253**, 40—46, 133—142 (1938).
Willstätter, R.: Zur Kenntnis der Zusammensetzung des Chlorophylls. Liebigs Ann. Chem. **350**, 48—82 (1906).
— Über die Farbstoffe der Blüten und Früchte. Sitzber. kgl. preuß. Akad. Wiss. Berlin **1914**, 402—411.
—, u. E. K. Bolton: IV. Über den Farbstoff der Scharlachpelargonie. Liebigs Ann. Chem. **408**, 42—61 (1915).
— — XII. Über ein Anthocyan der Winteraster (Chrysanthemum). Liebigs Ann. Chem. **412**, 136—148 (1917).
—, u. Ch. L. Burdick: XIII. Über zwei Anthocyane der Sommeraster. Liebigs Ann. Chem. **412**, 149—164 (1917a).
— — XVII. Über den Farbstoff der Petunie. Liebigs Ann. Chem. **412**, 217—230 (1917b).
—, u. H. H. Escher: Über den Farbstoff der Tomate. Hoppe-Seylers Z. physiol. Chem. **64**, 47—61 (1910).
—, u. A. E. Everest: Untersuchung über die Anthocyane. I. Über den Farbstoff der Kornblume. Liebigs Ann. Chem. **401**, 189—232 (1913a).
— — Hydrolyse des Cyanins. Liebigs Ann. Chem. **401**, 226—232 (1913b).
— M. Fischer u. L. Forsen: Untersuchungen über Chlorophyll. XXII. Über den Abbau der beiden Chlorophyllkomponenten durch Alkalien. Liebigs Ann. Chem. **400**, 147—181 (1913).
—, u. H. J. Page: Untersuchungen über Chlorophyll. XXIV. Über die Pigmente der Braunalgen. Liebigs Ann. Chem. **404**, 237—271 (1914).
—, u. F. Hocheder: Untersuchungen über Chlorophyll. Liebigs Ann. Chem. **354**, 205—258 (1907).
—, u. E. Hug: Untersuchung über Chlorophyll. XV. Isolierung des Chlorophylls. Liebigs Ann. Chem. **380**, 177—211 (1911).
—, u. M. Isler: Untersuchungen über Chlorophyll. XIV. Vergleichende Untersuchung des Chlorophylls verschiedener Pflanzen III. Liebigs Ann. Chem. **380**, 154—176 (1911).
— — Untersuchung über Chlorophyll. XX. Über die zwei Komponenten des Chlorophylls. Liebigs Ann. Chem. **390**, 269—339 (1912).
—, u. R. Majima: Über die quantitative Bestimmung der Chinone. Ber. dtsch. chem. Ges. **43**, 1171—1175 (1910).
—, u. H. Mallison: Über die Verwandtschaft der Anthocyane und Flavone. Sitzber. kgl. preuß. Akad. Wiss. Berlin **1914**, 769—777.
— — III. Über den Farbstoff der Preiselbeere. Liebigs Ann. Chem. **408**, 15—41 (1915a).
— — X. Über Variationen der Blütenfarben. Liebigs Ann. Chem. **408**, 147—162 (1915b).
—, u. W. Mieg: Untersuchungen über Chlorophyll. Liebigs Ann. Chem. **355**, 1—28 (1907).
— — V. Über ein Anthocyan des Rittersporns. Liebigs Annn. Chem. **408**, 61—82 (1915a).
— — VIII. Über den Farbstoff der wilden Malve. Liebigs Ann. Chem. **408**, 122—135 (1915b).
— — Gewinnung von Malvinchlorid. Liebigs Ann. Chem. **408**, 123—129 (1915c).
—, u. T. J. Nolan: Untersuchungen über die Anthocyane. II. Über den Farbstoff der Rose. Liebigs Ann. Chem. **408**, 1—14 (1915a).
— — IX. Über den Farbstoff der Päonie. Liebigs Ann. Chem. **408**, 136—146 (1915b).
— — Isolierung des Päonins. Liebigs Ann. Chem. **408**, 137—139 (1915c).
—, u. F. Weil: XVIII. Über die Mohnfarbstoffe. I. Liebigs Ann. Chem. **412**, 231—251 (1917).
—, u. L. Zechmeister: Synthese des Pelargonidins. Sitz.ber. kgl. preuß. Akad. Wiss. Berlin **34**, 886—893 (1914).
— — u. W. Kindler: Synthese des Pelargonidins und Cyanidins. Ber. dtsch. chem. Ges. **57**, 1938—1944 (1924).
—, u. E. H. Zollinger: XIV. Über die Farbstoffe der Kirsche und der Schlehe. Liebigs Ann. Chem. **412**, 164—178 (1917a).
— — XVI. Über die Farbstoffe der Weintraube und der Heidelbeere. II. Liebigs Ann. Chem. **412**, 195—216 (1917b).
Winterstein, A.: Über ein Vorkommen von γ-Carotin. Hoppe-Seylers Z. physiol. Chem. **219**, 249—252 (1933).
—, u. U. Ehrenberg: Über die Verbreitung und Natur der Carotinoide in Beeren. Hoppe-Seylers Z. physiol. Chem. **207**, 25—34 (1932).

Winterstein, A., u. G. Stein: Fraktionierung und Reindarstellung organischer Substanzen nach dem Prinzip der chromatographischen Adsorptionsanalyse. I. Anwendungsbereich. Hoppe-Seylers Z. physiol. Chem. **220**, 247—254 (1933a).

— — Fraktionierung und Reindarstellung organischer Substanzen nach dem Prinzip der chromatographischen Adsorptionsanalyse. II. Chlorophylle. Hoppe-Seylers Z. physiol. Chem. **220**, 263—265 (1933b).

Winzenried, H. U., u. H. Wanntorp: Der genetische Einfluß auf die Höhe des Vitamin A- und Karotingehalt in Milch von eineiigen Rinderzwillingen. Int. Z. Vitaminforsch. **20**, 134—157 (1948).

With, T. K.: Untersuchungen über die Ausscheidung von Vitamin A und Carotinoiden mit den Faeces beim Menschen. Vitamine u. Hormone **1**, 443—454 (1941).

— Über die quantitative Bestimmung von Urobilin im Harn und Stuhl. Hoppe-Seylers Z. physiol. Chem. **275**, 176—182 (1942).

Woodward, R. B.: Totalsynthese des Chlorophylls. Angew. Chem. **72**, 651—662 (1960).

Wrede, F.: Über das Prodigiosin, den roten Farbstoff des Bacillus prodigiosus. Hoppe-Seylers Z. physiol. Chem. **210**, 125—128 (1932).

—, u. O. Hettche: Über das Prodigiosin, den roten Farbstoff des Bacillus Prodigiosus (1. Mitt.). Ber. dtsch. chem. Ges. **62**, 2678—2685 (1929).

—, u. A. Rothaas: Über das Prodigiosin, den roten Farbstoff des Bacillus prodigiosus, III. Hoppe-Seylers Z. physiol. Chem. **215**, 67—78 (1933).

— — Über das Prodigiosin, den roten Farbstoff des Bacillus prodigiosus. IV. Hoppe-Seylers Z. physiol. Chem. **219**, 267—277 (1933).

— — Über das Prodigiosin, den roten Farbstoff des Bacillus prodigiosus, V. Hoppe-Seylers Z. physiol. Chem. **222**, 203—206 (1933).

Wyler, H., u. A. S. Dreiding: Darstellung und Abbauprodukte des Betanidins. Über die Konstitution des Randenfarbstoffes Betanin. Helv. chim. Acta **42**, 1699—1702 (1959).

Yamamoto, R., u. T. Muraoko: Über die Carotinoide in frischen Teeblättern und in fermentiertem Tee. Chem. Zbl. **1933 I**, 441.

—, u. S. Tin: Über die Farbstoffe von Carica papaya L. (Caricaxanthin). Chem. Zbl. **1933 I**, 3090.

— — Über Carotinoide in der Frucht von Citrus poonensis Hort. Chem. Zbl. **1934 I**, 1660.

Zamorani, V.: Verfahren zur quantitativen Bilirubinbestimmung im Meconium und in den Fäces des Säuglings [italienisch]. Riv. clin. pediat. **23**, 9—19 (1925).

Zechmeister, L.: Cis-trans isomerization and stereochemistry of carotinoids and diphenylpolyenes. Chem. Rev. **34**, 267—344 (1944).

— T. Béres u. E. Ujhelyi: Zur Pigmentierung der reifenden Kürbis-Blüte (Cucurbita pepo). Ber. dtsch. chem. Ges. **68**, 1321—1330 (1935).

—, u. L. v. Cholnoky: Untersuchungen über den Paprikafarbstoff. I. Liebigs Ann. Chem. **454**, 54—71 (1927).

— — Untersuchungen über den Paprikafarbstoff. III. (Katalytische Hydrierung). Liebigs Ann. Chem. **465**, 288—299 (1928).

— — Untersuchungen über den Paprikafarbstoff. IV. Einige Umwandlungen des Capsanthins. Liebigs Ann. Chem. **478**, 95—111 (1930).

— — Untersuchungen über den Paprikafarbstoff. V. Natürliche und synthetische Ester des Capsanthins. Liebigs Ann. Chem. **487**, 197—213 (1931a).

— — Untersuchungen über den Paprikafarbstoff. VI. Das Pigment des japanischen Paprikas. Liebigs Ann. Chem. **489**, 1—6 (1931b).

— — Untersuchungen über den Paprikafarbstoff. VII. (Adsorptionsanalyse des Pigments). Liebigs Ann. Chem. **509**, 269—287 (1934).

— — Untersuchungen über den Paprikafarbstoff. VIII. Zur Konstitution des Capsanthins und Capsorubins. Liebigs Ann. Chem. **516**, 30—44 (1935).

— — Lycoxanthin und Lycophyll, zwei natürliche Derivate des Lycopins. Ber. dtsch. chem. Ges. **69**, 422—429 (1936).

—, and A. Polgár: The carotenoid and provitamin A content of the watermelon. J. biol. Chem. **139**, 193—198 (1941).

—, and W. A. Schroeder: Pro-γ-carotene. J. amer. chem. Soc. **64**, 1173—1177 (1942).

—, u. K. Szilard: Über ein Carotinoid aus den Samenhüllen des Spindelbaumes (Evonymus europaeus). Hoppe-Seylers Z. physiol. Chem. **190**, 67—71 (1930).

—, u. P. Tuzson: Zur Kenntnis des Xanthophylls. I. Katalytische Hydrierung. Ber. dtsch. chem. Ges. **61**, 2003—2009 (1928).

— — Über das Carotinoid des Spindelbaumes (Evonymus europaeus). Hoppe-Seylers Z. physiol. Chem. **196**, 199—200 (1931).

— — Isolierung des Lipochroms aus Hühner- und Pferdefett. Einige Beobachtungen an menschlichem Fett. Hoppe-Seylers Z. physiol. Chem. **225**, 189—195 (1934a).

Zechmeister, L., u. P. Tuzson: Zur Kenntnis der tierischen Fettfarbstoffe. Ber. dtsch. chem. Ges. **67**, 154—155 (1934b).
— — Das Pigment der Cucurbita maxima Duch. (Riesenkürbis). Ber. dtsch. chem. Ges. **67**, 824—829 (1934c).
— — Isolierung von Komponenten des menschlichen Lipochroms. Hoppe-Seylers Z. physiol. Chem. **231**, 259—264 (1935a).
— — Zur Kenntnis der selektiven Aufnahme von Carotinoiden im Tierkörper. Hoppe-Seylers Z. physiol. Chem. **234**, 241—244 (1935b).
— — Über das Lipochrom des Wasserfrosches (Rana esculenta). Hoppe-Seylers Z. physiol. Chem. **238**, 197—203 (1936a).
— — Zur Kenntnis des Mandarinenpigments. II. Hoppe-Seylers Z. physiol. Chem. **240**, 191—194 (1936b).
— — Über das Polyen-Pigment der Orange. (1. Mitt.) Ber. dtsch. chem. Ges. **69**, 1878—1884 (1936c).
— — Über das Polyen-Pigment der Orange. II. Mitt.: Citraurin. Ber. dtsch. chem. Ges. **70**, 1966—1969 (1937).
Zemplén, G., u. R. Bognár: Synthese der Ruberythrinsäure, des Hauptglykosids der Krappwurzel. Ber. dtsch. chem. Ges. **72**, 913—919 (1939).

Hämoglobin und Myoglobin

Von

Prof. Dr. Reiner Hamm, Kulmbach

Mit 3 Abbildungen

A. Hämoglobin

A. Hämoglobin (J. Wyman 1948; R. Lemberg u. J. W. Legge 1949; G. Blix u. Mitarb. 1951; H. A. Itano 1957; CIBA 1958; E. Margoliash 1961).

Hämoglobin bildet den Hauptbestandteil der roten Blutkörperchen (beim Menschen 94,3% der Trockensubstanz). Der Hämoglobingehalt des menschlichen Blutes beträgt etwa 14%. Dank seines guten Kristallisationsvermögens ist Hämoglobin verhältnismäßig leicht rein darzustellen.

Darstellung von Hämoglobin
(K. Kanig 1954)

Die Blutkörperchen werden 3 mal mit 1%iger NaCl- oder 1,3%iger KCl-Lösung gewaschen. Zu dem nach Abzentrifugieren erhaltenen Zellbrei wird langsam unter mechanischem Rühren 0,1 n-HCl gegeben. Nach einiger Zeit (etwa 2 Std) setzt Hämolyse ein und schließlich lassen „glitzernde Schlieren" die Kristallisation erkennen (pH $\approx$ 6,95). Die weiteren Kristalle bilden sich ziemlich schnell. Unter fortgesetztem Rühren wird nun 1/7 des Gesamtvolumens an Toluol hinzugefügt. Das Ganze wird kurz darauf abzentrifugiert. Die Hämoglobinkristalle werden in n-NaOH oder n-KOH wieder aufgelöst. Nach 15 min werden oben schwimmende Verunreinigungen abgesaugt und der Bodensatz verworfen. Die äquivalente Menge 0,1 n-HCl oder die doppelte Menge n-KH_2PO_4- oder n-Na_2HPO_4-Lösung lassen das Hämoglobin wieder auskristallisieren. Sämtliche Arbeitsgänge werden bei Zimmertemperatur (15—20° C) ausgeführt. Es kommt darauf an, das frische Blut sofort zu verarbeiten und die Zugabe der Säure auf 4—5 Std auszudehnen. Die Hämoglobinkristalle lassen sich durch mehrmaliges Waschen mit der doppelten Menge dest. Wassers reinigen. Die Kristalle sind in gefrorenem Zustand monatelang haltbar, verlieren allerdings langsam das O_2-Bindungsvermögen.

Hämoglobin bildet doppelbrechende Prismen oder prismatische Nadeln des rhombischen Systems. Kristallisiertes, reines Hämoglobin enthält 54,6% C, 7,2% H, 20,9% O, 16,4% N, 0,6% S und 0,34% Fe. Es ist ein Chromoproteid, d. h. eine Verbindung zwischen Eiweiß (96%) und einer farbgebenden Komponente (4%), dem *Häm.* Durch Behandeln mit Säuren, am besten mit Eisessig, kann man die Proteinkomponente leicht abspalten und die prosthetische Gruppe isolieren. Das Grundgerüst dieser Gruppe ist das Protoporphyrin, in welchem vier mit unterschiedlichen Seitenketten versehene Pyrrolkerne zu einem ringförmigen Molekül vereinigt sind. Im Häm-Molekül ist ein zweiwertiges Eisen-Ion durch salzartige Bindung mit negativ geladenen $>N^-$-Gruppen der Pyrrolkerne und durch Nebenvalenzbindung über die freien Elektronenpaare von ebenfalls Pyrrolkernen angehörenden ⩾-N-Gruppen in folgender Weise „aufgehängt“:

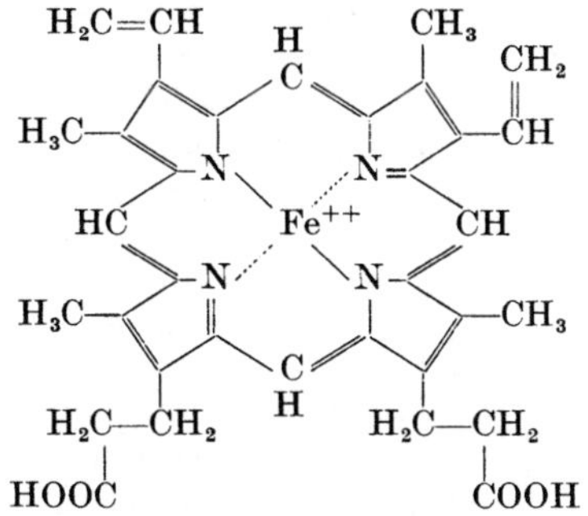

Formel des Häm-Moleküls

Die Form allerdings, in welcher die eiweißfreie Farbkomponente des Hämoglobins und Myoglobins gewöhnlich isoliert wird, ist das gut kristallisierende *Chlorhämin* (vgl. Abb. 2), in welchem das Eisen in dreiwertiger Form vorliegt („*Teichmannsche Kristalle*“; gutes Erkennungszeichen für Blut). Durch Behandeln mit Basen geht Hämin in *Hämatin* über (Abb. 2).

Die Eiweißkomponente des Hämoglobins, das farblose, histidinreiche *Globin*, könnte man auf Grund ihrer basischen Eigenschaften den Histonen zurechnen; hinsichtlich ihrer Löslichkeit und Aminosäurezusammensetzung (Tab. 1) zeigt sie jedoch Ähnlichkeit mit den Albuminen. Die Hämoglobine bzw. Globine der einzelnen Tierarten unterscheiden sich in Aminosäurezusammensetzung und Aminosäuresequenz, wobei die Unterschiede in erster Linie die schwefelhaltigen Aminosäuren, aber auch den Gehalt an Leucin, Isoleucin, Valin und Alanin betreffen. Im menschlichen Organismus fand man neben dem normalen Hämoglobin A das *Fetal-Hämoglobin (Hämoglobin F)* und – unter pathologischen Bedingungen – genetisch bedingte Varianten wie das *Sichelzellen-Hämoglobin (Hämoglobin S)* oder das *Hämoglobin C* (insgesamt etwa 30 Hämoglobine), die sich ebenfalls lediglich in dem Aminosäure-Aufbau ihrer Globin-Komponente unterscheiden.

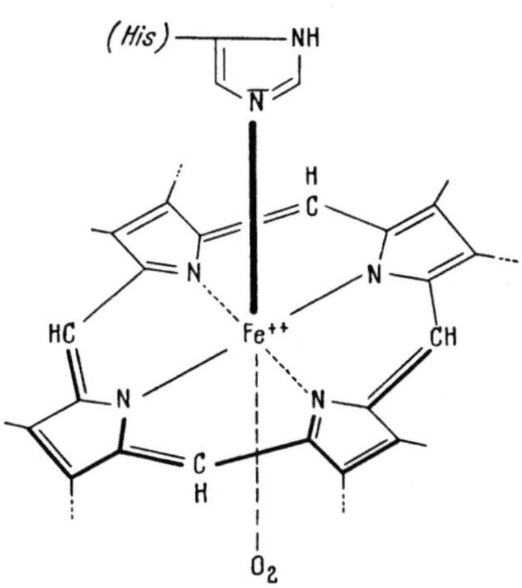

Abb. 1. Oxyhämoglobin

Hämoglobin hat ein Mol.-Gew. von rund 66000. Nach neueren Untersuchungen von M. F. PERUTZ u. Mitarb. (1960) handelt es sich um ein Aggregat von vier Peptidketten, von denen je zwei identisch sind (in Hämoglobin A die sog. α- und β-Ketten). Die α-Kette (Mol.-Gew. 15128) besteht aus 141, die β-Kette (Mol.-Gew. 15870) aus 146 Aminosäureresten. Jede Kette enthält eine Hämgruppe, so daß auf das komplette Hämoglobin-Molekül vier Häm-Gruppen kommen. Die Polypeptidketten werden durch Salzbindungen und Wasserstoffbindungen zusammengehalten. Die räumliche Struktur des Hämoglobins ist durch die röntgenographischen Studien von PERUTZ (1960) recht genau bekannt.

Die Häm-Gruppe ist über das Eisen-Ion an Globin gebunden. Die Bindung wird über eine dem Eisen benachbarte Histidin-Gruppe des Globins vermittelt, welche die fünfte Koordinationsstelle des Fe^{++}-Ions in Form einer Nebenvalenzbindung besetzt (Abb. 1).

Das starke Sauerstoffbindungsvermögen des Blutes (etwa 200 ml O_2 pro Liter Blut) beruht auf der lockeren Bindung des Sauerstoffmoleküls an das zentrale Eisenatom des Häms (Abb. 1). Im *Oxyhämoglobin* wird der Sauerstoff koordinativ an die sechste Koordinationsstelle des Eisens gebunden. Das Eisen bleibt hierbei zweiwertig. Die Menge an gebundenem O_2, d. h. das Verhältnis $Hb \cdot O_2/Hb$, ist vom Sauerstoff-Partialdruck und vom pH-Wert abhängig. In sauerstoffarmem Gewebe wird O_2 wieder abgegeben, wahrscheinlich im Austausch gegen H_2O (Abb. 2). Diese Dissoziation ist für die Sauerstofftransport-Funktion des Hämoglobins von ausschlaggebender Bedeutung.

Außer dem O_2-Molekül können auch andere Stoffe an die sechste Koordinationsstelle des Eisens gebunden werden wie z. B. CO, NO, HCN. Da die Affinität von Hämoglobin zu CO etwa 300mal größer ist als zu O_2, wird Sauerstoff schon bei niedrigen CO-Konzentrationen allmählich verdrängt (Ersticken des Gewebes).

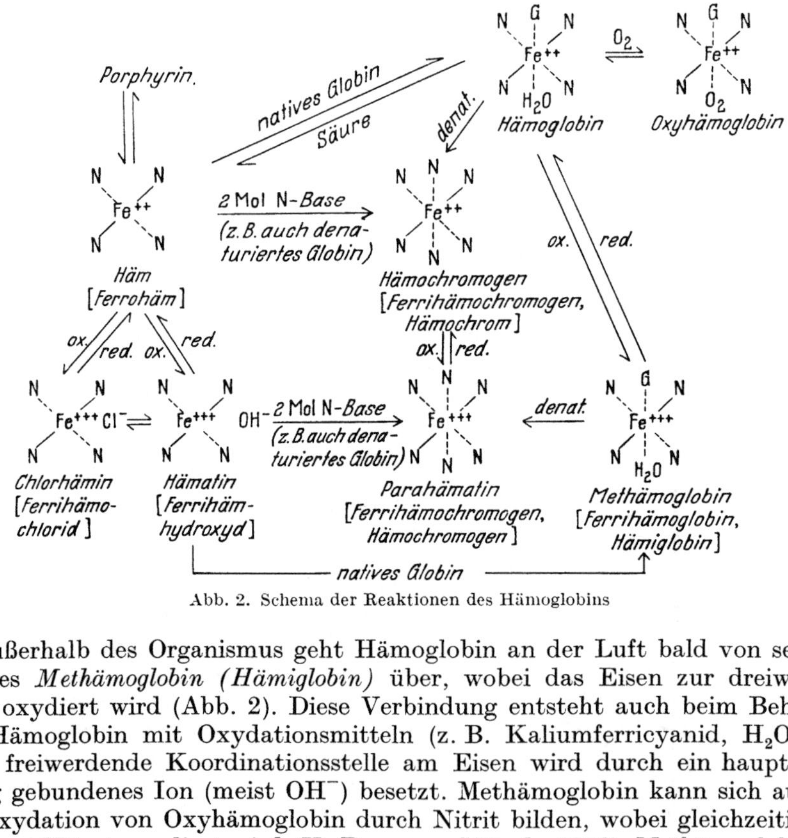

Abb. 2. Schema der Reaktionen des Hämoglobins

Außerhalb des Organismus geht Hämoglobin an der Luft bald von selber in braunes *Methämoglobin (Hämiglobin)* über, wobei das Eisen zur dreiwertigen Stufe oxydiert wird (Abb. 2). Diese Verbindung entsteht auch beim Behandeln von Hämoglobin mit Oxydationsmitteln (z. B. Kaliumferricyanid, H_2O_2). Die dabei freiwerdende Koordinationsstelle am Eisen wird durch ein hauptvalenzmäßig gebundenes Ion (meist OH^-) besetzt. Methämoglobin kann sich auch bei der Oxydation von Oxyhämoglobin durch Nitrit bilden, wobei gleichzeitig auch Nitrit zu Nitrat oxydiert wird (K. BETKE u. Mitarb. 1956). Methämoglobin vermag keinen Sauerstoff mehr zu addieren und ist daher für den Sauerstofftransport ungeeignet. Durch kräftige Reduktionsmittel läßt sich Methämoglobin wieder in Hämoglobin überführen.

Werden eine oder beide freien Koordinationsstellen des zweiwertigen Hämin-Eisens durch Stickstoffatome besetzt, die nicht dem nativen, sondern dem durch Erhitzen, Harnstoff oder dgl. denaturierten Globin oder aber auch gewissen Basen

(z. B. Pyridin) angehören, so erhält man *Hämochromogene*. Geht man statt vom Häm vom Hämatin aus, so erhält man die entsprechenden Verbindungen mit dreiwertigem Eisen, die *Parahämatine* (Abb. 2).

Die verschiedenen Reaktionsprodukte des Hämoglobins zeigen wie die des Myoglobins (Abb. 3) charakteristische Absorptionsspektren (Tab. 2). Die Absorptionsspektren von Oxy-, Kohlenoxid- und Stickoxid-Hämoglobin sind dank des analogen Baues dieser Verbindungen allerdings sehr ähnlich. Jede Denaturierung des Hämoglobins bedingt eine Verschiebung der Absorptionsmaxima zu längeren Wellenlängen. Die verschiedenen artspezifischen Hämoglobine zeigen kleine Unterschiede in der Lage der Absorptionsmaxima sowie in der Verschiebung der Maxima beim Übergang von Oxyhämoglobin in Kohlenoxidhämoglobin („Span").

Hämoglobinbestimmung

Für die Bestimmung von Hämoglobin stehen folgende Methoden zur Verfügung 1. Manometrische Messung des durch Ferricyanid-Überschuß aus vollständig O_2-gesättigtem Oxy-Hämoglobin ausgetriebenen Sauerstoffs in der Warburg-Apparatur; 2. photometrische Titration des Hämoglobins mit Ferricyanid; 3. Messung der Extinktion bestimmter Absorptionsbanden von Methämoglobin, Oxyhämoglobin, Kohlenoxid-Hämoglobin, reduziertem Hämoglobin oder Hämatin; (H. DRUCKREY 1952); 4. Oxydation des gesamten Hämoglobins zu Methämoglobin und Messung der Extinktionsänderung (540 mμ) bei Umwandlung von Methämoglobin in Cyanhämoglobin (D. L. DRABKIN und J. H. AUSTIN, 1935; K. B. MCCALL 1956).

B. Myoglobin

B. Myoglobin (J. WYMAN 1948; G. BLIX u. Mitarb. 1951; E. MARGOLIASH 1961)

Myoglobin ist der Hauptträger der roten Farbe der Muskulatur. Es liegt im Muskel intracellulär vor. Der Myoglobingehalt des Muskels ist je nach Tierart sehr verschieden (z. B. Ratte 0,9 mg, Hund 2,1—5,1 mg, Pferd 6,2—8,3 mg/g Muskel) (D. L. DRABKIN 1950) und kann ferner innerhalb der Tierarten je nach Rasse unterschiedlich sein. Er unterliegt aber auch bei ein und demselben Tier erheblichen Schwankungen. So z. B. enthält nach G. T. WILSON u. Mitarb. (1959) helle Muskulatur des Schweines etwa 1,2 mg Myoglobin/g Muskel, während die Myoglobingehalte der dunklen Muskulatur je nach Rasse zwischen 1,6 und 2,3 mg/g liegen. Im hellen Thunfischmuskel finden sich nach W. D. BROWN (1962) 0,4 bis 1,3 mg Myoglobin/g, im dunklen Muskel hingegen 5,3—24,4 mg/g. Auch das Alter des Tieres ist von Bedeutung (helles, myoglobinarmes Kalbfleisch, dunkleres, myoglobinreicheres Rindfleisch). Wildtiere enthalten mehr Myoglobin im Skeletmuskel als zahme, trainierte Tiere mehr als untrainierte.

Darstellung von kristallisiertem Rinder-Myoglobin

(A. H. T. THEORELL 1932; U. J. LEWIS und B. S. SCHWEIGERT 1955)

Die nach Einfrieren gepulverte Muskulatur wird zweimal mit der gleichen Gewichtsmenge Wasser bei pH 6,7 extrahiert. Dieser pH-Wert und eine Temperatur von $5° \pm 3°$ C sind während der gesamten Aufarbeitung einzuhalten. Ein nach Zusatz von festem Ammonsulfat bis zu 28%iger Sättigung erhaltener Niederschlag wird verworfen. Man kann Hämoglobin und andere Proteine auch entfernen, indem man 5 min bei 55° C erhitzt, wobei Myoglobin nicht ausfällt (H. E. SNYDER und J. C. AYRES 1961). Eine andere Möglichkeit zur Anreicherung des Myoglobins ist durch Anwendung der Chromatographie an Diäthylaminoäthyl-Cellulose gegeben, bei der Hämoglobin festgehalten wird, während Myoglobin als sichtbare Bande durch die Säule wandert (W. D. BROWN 1961). Durch vollständige Sättigung der so erhaltenen

Myoglobinlösung mit Ammonsulfat erhält man eine Fällung von rohem Myoglobin. Der Niederschlag wird in Wasser bis zu einer Myoglobinkonzentration von etwa 20 mg/ml gelöst und die Lösung mit festem Ammonsulfat bis zur 80%igen Sättigung versetzt. Dann gibt man tropfenweise gesättigte Ammonsulfatlösung bis zur beginnenden Trübung zu. Ist der nach 12 Std gebildete Niederschlag amorph, so wird er verworfen und erneut gesättigte Ammonsulfatlösung bis zur beginnenden Fällung zugegeben. Diese Prozedur wird wiederholt, bis ein kristallines Material erhalten wird. Gewöhnlich muß man 3—4 amorphe Fällungen abtrennen, ehe Myoglobin kristallisiert. Das Material, welches als Metmyoglobin vorliegt, wird zweimal aus Ammonsulfat umkristallisiert. Der Eisengehalt der Kristalle liegt zwischen 0,32 und 0,34%. Die Substanz ist elektrophoretisch nicht einheitlich; es ist dies auch weder durch wiederholtes Umkristallisieren noch durch Bleiacetat-Fraktionierung nach A. H. T. THEORELL (1932) zu erreichen.

Myoglobin bildet rotviolette Prismen. Das Chromoproteid besitzt die gleiche farbgebende Häm-Gruppe wie das Hämoglobin. Der Unterschied zwischen diesen beiden Substanzen muß daher in der Proteinkomponente begründet sein. Das Mol.-Gew. (17000) und die Zahl der Eisenatome im Molekül (1) betragen nur ein Viertel der für Hämoglobin geltenden Werte. Während sich die isoelektrischen Punkte (bei pH 7) nur wenig unterscheiden, ist die Löslichkeit des Myoglobins erheblich größer als die des Hämoglobins. Myoglobin ist in einem wesentlich weiteren pH-Bereich (5,5—13) stabil als Hämoglobin. Auch serologisch unterscheiden sich die beiden Proteide. Die auffallendste Eigenschaft des Myoglobins aber ist seine hohe Affinität zu Sauerstoff, die etwa sechsmal so groß ist wie die des Hämoglobins. Im Gegensatz zu diesem dürfte das Myoglobin im Muskel des lebenden Organismus eher eine Substanz für die Speicherung als für den Transport von Sauerstoff darstellen. Es sättigt sich im ruhenden Muskel vom Blute her mit Sauerstoff, um ihn dann im Falle größerer funktioneller Beanspruchung wieder an das Gewebe abzugeben.

Im Hinblick auf die funktionelle Bedeutung des Myoglobins im Organismus ist es erklärlich, daß der Myoglobingehalt des Muskels unterschiedlich ist, je nachdem, ob viel oder wenig Sauerstoff für die Muskelarbeit zur Verfügung gestellt werden muß. So ist der Brustmuskel des Truthahns myoglobinarm (hell), der Herzmuskel hingegen myoglobinreich (dunkel).

Für CO hat Myoglobin eine geringere Affinität als Hämoglobin.

Angesichts der erwähnten Unterschiede zwischen Myoglobin und Hämoglobin ist es nicht überraschend, daß auch die Aminosäurezusammensetzung der beiden Proteide unterschiedlich ist (Tab. 1).

Tabelle 1. *Aminosäure-Zusammensetzung von Hämoglobin und Myoglobin des Pferdes* (g Aminosäure in 100 g Protein) (G. R. TRISTRAM 1949)

Aminosäure	Hämoglobin	Myoglobin
Glycin	5,60	5,85
Alanin	7,40	7,95
Valin	9,10	4,09
Leucin	15,40	16,80
Isoleucin	—	
Phenylalanin	7,70	5,09
Tyrosin	3,03	2,40
Tryptophan	1,70	2,34
Threonin	4,36	4,56
Glutaminsäure	8,50	16,48
Asparaginsäure	10,60	8,20
Prolin	3,90	3,34
Serin	5,80	3,46
Cystin/2	0,45	0,0
Cystein	0,56	0,0
Methionin	1,00	1,71
Arginin	3,65	2,20
Histidin	8,71	8,50
Lysin	8,51	15,50
Amid-N	(0,87)	(0,66)
Summe	105,97	108,97

Der räumliche Bau des Myoglobinmoleküls wurde von J. C. KENDREW u. Mitarb. (1960) erforscht. Ähnlich wie bei den vier Untereinheiten des Hämoglobinmoleküls handelt es sich hier um eine stark geknäuelte Polypeptid-Helix. Die Hämgruppe sitzt an der Oberfläche des Moleküls, wobei eine Seite dieser Gruppe die Proteinkette berührt (Bindung an Histidin), während die andere Seite weit genug vom Protein entfernt ist, um ein Sauerstoff- oder Wassermolekül anlagern zu können.

Die Myoglobine verschiedener Tierarten sind nicht identisch. So ändert sich die Aminosäurezusammensetzung des Muskelfarbstoffs von Species zu Species. Dies gilt z. B. für Rind, Pferd und Hund (J. WYMAN 1948). Bei Seesäugern konnten mindestens zehn verschiedene Myoglobinarten röntgenographisch nachgewiesen werden (KENDREW u. Mitarb. 1954). Fisch-Myoglobine enthalten im Gegensatz zu Säugetier- und Vogel-Myoglobinen freie Sulfhydrylgruppen (W. D. BROWN u. Mitarb. 1962).

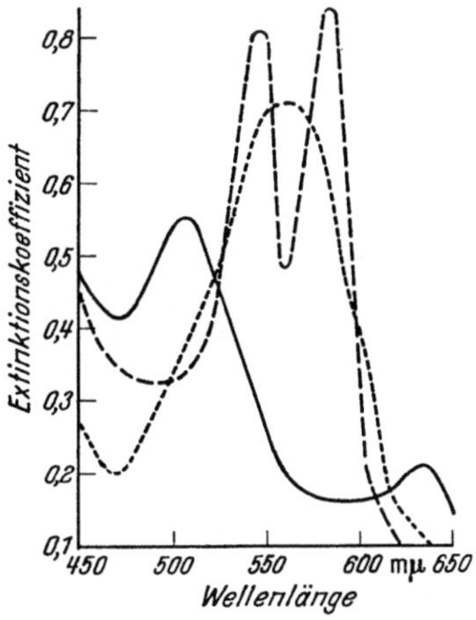

Abb. 3. Absorptionsspektren von Myoglobin (.....), Oxymyoglobin (- - - - -) und Metmyoglobin (——)

Da die Hämgruppe des Myoglobins mit der des Hämoglobins identisch ist und da auch im räumlichen Bau der Moleküle Analogien bestehen, ist es erklärlich, daß das in Abb. 2 angegebene Reaktionsschema des Hämoglobins auch für Myoglobin gilt.

Die *Absorptionskurven* der verschiedenen Formen des Myoglobins, von denen einige in Abb. 3 dargestellt sind, sind in ihrem Verlauf denen des Hämoglobins sehr ähnlich, doch liegen bei den meisten Myoglobin-Derivaten die Absorptionsmaxima im sichtbaren Bereich bei etwas höheren Wellenlängen (W. J. BOWEN 1949) (Tab. 2).

Tabelle 2. *Absorptionsmaxima (mμ) im sichtbaren Bereich von Hämoglobin, Myoglobin und einigen Derivaten*

Hämoglobin			Myoglobin		
Hb	555		Mb	555	
HbO_2	577	541	MbO_2	583	542
HbCO	570	539	MbCO	575	540
HbNO	575	545	MbNO	577	547
MetHb (pH < 7)	630	500	MetMb (pH < 7)	635	510
MetHbCN	540		MetMbCN	540	

Im Rahmen der Lebensmittelchemie ist die Chemie des Myoglobins vor allem im Hinblick auf die Fleischfarbe von Interesse (R. GRAU 1960; R. HAMM 1954). Die hellrote Farbe des Oxymyoglobins, die Fleisch unmittelbar nach Zerkleinerung aufweist, geht bald in die unansehnliche braune Farbe des Metmyoglobins über. Die „Umrötung" von Fleisch unter dem Einfluß von Salpeter beruht darauf, daß Nitrat durch die reduzierenden Enzyme der in der Lake enthaltenen Bakterien zu Nitrit reduziert wird und daß sich das aus dem Nitrit durch weitere Reduktion gebildete Stickoxid an Myoglobin unter Bildung von rotem Nitrosomyoglobin anlagert. Beim Erhitzen des Fleisches tritt dann nicht die braun-graue Farbe des denaturierten Metmyoglobins (Parahämatin) auf, wie man sie beim Kochen von ungepökeltem Fleisch erhält, sondern das Fleisch behält unter Bildung von Nitrosomyochromogen seine rote Farbe. Die Oxydation von ungesättigten Fettsäuren der im Fleisch enthaltenen Fette wird durch Myoglobin und andere Hämverbindungen des Fleisches katalysiert. Diese Reaktionen sowie weitere für die Fleischverarbeitung wichtige Umsetzungen des Myoglobins werden in Band III näher beschrieben.

Myoglobinbestimmung

I. D. GINGER u. Mitarb. (1954) und G. D. WILSON u. Mitarb. (1959) geben ein Verfahren an, bei dem aus dem wäßrigen Muskelextrakt die Fremdeiweißstoffe nach A. H. T. THEORELL (1932) als schwer lösliche Bleisalze abgetrennt werden und die Konzentration des aus Myoglobin gebildeten Cyanmetmyoglobins durch Messung der Absorption bei 540 mμ ermittelt wird. Sowohl für die Bestimmung der Summe der Hämfarbstoffe (Myoglobin + Hämoglobin) als auch für die Myoglobinbestimmung eignen sich auch die Kohlenoxid-Verbindungen (H. P. FLEMING u. Mitarb. 1960). Eine einfache Bestimmung von Hämoglobin und Myoglobin nebeneinander ist durch Chromatographie an Diäthylaminoäthyl-Cellulose möglich (W. D. BROWN 1961). Die Bestimmung des ,,Pökelfarbstoffs" (Nitrosomyochromogen) beruht auf seiner Extraktion mit wäßrigem Aceton und Messung der Absorption bei 540 mμ. Das gesamte Myochromogen kann mit Aceton-HCl extrahiert und auf Grund der Absorption bei 510 und 640 mμ ermittelt werden (H. C. HORNSEY 1956).

Bibliographie

BLIX, G., K. FELIX, W. GRASSMANN u. J. TRUPKE: Eiweißstoffe. In: Physiologische Chemie. Bd. I. Hrsg. von B. FLASCHENTRÄGER u. E. LEHNARTZ. S. 584—776. Berlin-Göttingen-Heidelberg: Springer 1951.

CIBA-Colloquium: The porphyrins. London: Churchill and Co. 1958.

GRAU, R.: Grundlagen und Fortschritte der Lebensmitteluntersuchung. Bd. 7. Fleisch und Fleischwaren. Hrsg. von J. SCHORMÜLLER u. H. MELCHIOR. Berlin: A. W. Hayn's Erben 1960.

LEMBERG, R., and J. W. LEGGE: Hematin compounds and bile pigments. New York: Interscience Publisher 1949.

Zeitschriftenliteratur

BETKE, K., L. GREINACHER u. O. TIETZE: Oxydation menschlicher und tierischer Oxyhämoglobine durch Natriumnitrit. Arch. exp. Pathol. Pharmakol. **229**, 220—232 (1956).

BOWEN, W. J.: The absorption spectra and extinction coefficients of myoglobin. J. biol. Chem. **179**, 235—245 (1949).

BROWN, W. D.: Chromatography of myoglobin in diethylaminoethyl cellulose columns. J. biol. Chem. **236**, 2238—2240 (1961).

— The concentration of myoglobin in tuna flesh. J. Food Sci. **27**, 26—28 (1962).

— M. MARTINEZ, M. JOHNSTONE and H. S. OLCOTT: Comparative biochemistry of myoglobins. J. biol. Chem. **237**, 81—84 (1962).

DRABKIN, D. L.: The distribution of the chromoproteins, hemoglobin, myoglobin, and cytochrome c, in the tissues of different species, and the relationship of the total content of each chromoprotein to body mass. J. biol. Chem. **182**, 317—333 (1950).

— and J. H. AUSTIN: Spectrophotometric studies. II. Preparations from washed blood cells; nitric oxyde hemoglobin and sulfhemoglobin. J. biol. Chem. **112**, 51—65 (1935).

DRUCKREY, H., P. DANNEBERG, K. KAISER, I. FROMME u. H. SCHNEIDER: Zur Methodik der Hämoglobin-Bestimmung. Biochem. Z. **322**, 535—554 (1952).

FLEMING, H. P., T. N. BLUMER and H. B. CRAIG: Quantitative estimations of myoglobin and hemoglobin in beef muscle extracts. J. Animal Sci. **19**, 1164—1171 (1960).

GINGER, I. P., G. D. WILSON and B. S. SCHWEIGERT: Biochemistry of myoglobin. Quantitative determination in beef and pork muscle. J. agric. Food. Chem. **2**, 1037—1040 (1954).

HAMM, R.: Fleischfarbe und Pökelprozeß. Dtsch. Lebensmittel-Rdsch. **50**, 134—141 (1954).

HORNSEY, H. C.: The colour of cooked cured pork. 1. Estimation of the nitric oxyde-haempigments. J. Sci. Food Agric **7**, 534—540 (1956).

ITANO, H. A.: The human hemoglobins: Their properties and genetic control. Advanc. Protein Chem. **4**, 407—531 (1948).

KANIG, K.: Methodische Notiz zur Gewinnung von Hämoglobinkristallen. Biochem. Z. **325**, 347—350 (1954).

Kendrew, J. C., R. E. Dickerson, B. E. Strandberg, R. G. Hart, D. R. Davies, D. C. Phillips and V. C. Shore: Structure of myoglobin. Nature (Lond.) **185**, 422—427 (1960).

— R. G. Parrish, J. R. Marrack and E. S. Orlans: The species specifity of myoglobin. Nature (Lond.) **174**, 946—949 (1954).

Lewis, U. J., and B. S. Schweigert: Biochemistry of myoglobin. III. Homogenity studies with crystalline beef myoglobin. J. biol. Chem. **214**, 647—655 (1955).

McCall, K. B.: Spectrophotometric determination of total hemoglobin in plasma. Analytic. Chem. **28**, 181—191 (1956).

Margoliash, E.: Porphyrins and hemoproteins. Ann. Rev. Biochem. **30**, 549—578 (1961).

Perutz, M. F., M. G. Rossman, A. F. Cullis, H. Muirhead, G. Will and A. C. T. North: Structure of haemoglobin. Nature (Lond.) **185**, 416—422 (1960).

Snyder, H. E., and J. C. Ayres: The autoxydation of crystallized beef myoglobin. J. Food Sci. **26**, 469—474 (1961).

Theorell, A. H. T.: Kristallinisches Myoglobin. 1. Mitt. Biochem. Z. **252**, 1—7 (1932).

Tristram, G. R.: Amino acid composition of purified proteins. Advanc. Protein. Chem. **5**, 83—153 (1949).

Wilson, G. D., I. D. Ginger and B. S. Schweigert: A study of the variations of myoglobin concentration in "two-toned" hams. J. Animal Sci. **18**, 1080—1086 (1959).

Wyman, J.: Heme proteins. Advanc. Protein Chem. **4**, 407—531 (1948).

Carbonsäuren, Ester, Carbonylverbindungen und seltener vorkommende Alkohole

Von

Prof. Dr. J. SCHORMÜLLER und Dr. W. GROSCH, Berlin

A. Aliphatische Carbonsäuren und Ester

Allgemeines. Die organischen Säuren gehören zu den Inhaltsstoffen, die mit für den Geruch und den Geschmack unserer Nahrung verantwortlich sind. Sie kommen teilweise in so geringen Konzentrationen in den Lebensmitteln vor, daß

Tabelle 1. *Freie flüchtige Säuren in frischer und mit Geschmacksfehlern behafteter Milch* (nach W. J. HARPER u. Mitarb. 1961)

	µMol/50 ml Milch			
	Einwandfreie Milch	Milch mit Futtergeruch	Milch mit Oxydationsgeschmack	Ranzig schmeckende Milch
Ameisensäure	19,6	31,3	37,2	47,0
Essigsäure	9,0	10,2	9,0	16,6
Propionsäure	0,3	0,6	0,2	0,5
Buttersäure	0,4	0,8	0,3	7,6
Valeriansäure	0,7	0,6	0,4	1,2
Capronsäure	3,0	3,0	2,9	6,9
Caprylsäure	6,7	8,9	5,3	9,6

Tabelle 2. *Säuren von Edelschimmelkäsen* (nach J. SCHORMÜLLER u. H. LANGNER 1960b) (Angaben für 100 g der Handelsproben)

	Gorgonzola		Roquefort		Camembert	
	mg	% Gesamtsäure	mg	% Gesamtsäure	mg	% Gesamtsäure
Milchsäure	400	34,3	560	60,4	240	48,8
Bernsteinsäure	12	1,1	—	—	—	—
Äpfelsäure	34	2,9	20	2,2	27	5,0
Fumarsäure	—	—	6	0,6	—	—
Ameisensäure	48	4,1	7	0,7	—	—
Essigsäure	288	24,7	41	4,4	30	6,1
Propionsäure	24	2,0	6	0,6	3	0,6
n-Buttersäure	39	3,3	53	5,7	26	5,4
i-Buttersäure	130	11,2	115	12,4	54	10,9
n-Valeriansäure	24	2,1	—	—	—	—
n-Capronsäure	52	4,5	23	2,5	29	5,9
i-Capronsäure	23	2,0	—	—	—	—
Caprylsäure	22	1,9	22	2,3	14	3,0
Caprinsäure	31	2,7	35	3,8	31	6,4
Laurinsäure	20	1,7	20	2,2	20	4,1
Brenztraubensäure	18	1,5	18	2,0	10	2,0
α-Ketoglutarsäure	1	0,1	1,5	0,2	7	1,5

Tabelle 3. *Verteilung der flüchtigen Säuren (mg/kg) im Sauerkraut* (nach M. L. VORBECK u. Mitarb. 1961)

	Einwandfreies Sauerkraut	Verdorbenes Sauerkraut
Propionsäure	0,1	6,7
n-Buttersäure	0,1	103,0
Isobuttersäure	—	3,9
n-Valeriansäure	—	19,2
Isovaleriansäure . . .	—	9,9
n-Capronsäure.	1,4	59,3
n-Heptansäure	10,9	—
n-Caprylsäure	10,0	7,1

es erst mit den in neuerer Zeit entwickelten hochempfindlichen Methoden der Stofftrennung und Charakterisierung (wie z. B. der Tieftemperaturfraktionierung, Papier-, Säulen- und Gaschromatographie) möglich geworden ist, einen tieferen Einblick in das Säurespektrum eines Lebensmittels zu bekommen. Beispiele solcher Untersuchungen sind in den Tab. 1—4 wiedergegebene Ergebnisse über die Säurezusammensetzung der Milch, einiger Käsearten, des Sauerkrauts, des Tabaks und des Zigarettenrauches.

Tabelle 4. *Nichtflüchtige Säuren im Tabak und im Zigarettenrauch* (nach L. D. QUIN u. Mitarb. 1961)

	mg/100 g Tabak			mg/Gesamtrauch aus 100 g Tabak		
Tabaksorte	bright	burley	cased burley	bright	burley	cased burley
Milchsäure	15	5	5	24	9,3	11
Glykolsäure	15	6	6	16	9,5	10
Oxalsäure	400	2390	2200	9,7	8,3	7,5
Brenzschleimsäure. . . .	—	—	—	14	4,9	6,1
Lävulinsäure	—	—	—	7	3,7	5,2
Bernsteinsäure	21	34	30	25	18	22
Malonsäure	92	238	203	—	—	—

Die aufgeführten Beispiele zeigen, wie organoleptisch ermittelte Geschmacksfehler (Milch und Sauerkraut, Tab. 1 u. 3) und Sortenunterschiede (Käse- und Tabaksorten, Tab. 2 u. 4) durch Unterschiede in der Säurebilanz eines Lebensmittels bedingt sind.

Für den tierischen und pflanzlichen Organismus haben die Säuren Bedeutung als Metabolite im intermediären Stoffwechsel; z. B. beim Citronen- und Glyoxylsäurecyclus, beim Kohlenhydrat-, Fett- und Eiweißumsatz; entsprechend ihrer Dissoziationsgrade bestimmen sie außerdem die Acidität (pH) des Zellsaftes.

Die erwähnte Beteiligung vieler Säuren an lebenswichtigen Stoffwechselleistungen macht es verständlich, daß zahlreiche Vertreter in unseren Lebensmitteln sich finden. Mit zunehmender Verfeinerung der Analytik und mit steigender Anwendung solcher Verfahren auf die Untersuchung der Säurefraktion in den verschiedensten Nahrungs- und Genußmitteln wurden immer mehr derartige Säuren entdeckt und die Literatur der vergangenen Jahre zeigt, daß hier noch eine beträchtliche Ausweitung unserer Kenntnisse zu erwarten ist.

I. Gesättigte Monocarbonsäuren bis C_{10}

Allgemeines. Wie die nachstehende Tab. 5 zeigt, schmelzen die Fettsäuren mit ungerader Kohlenstoffzahl tiefer als die nächst niederen Homologen (Oscillationsregel). Die Siedepunkte der Monocarbonsäuren steigen mehr oder weniger gleichförmig mit wachsendem Molekulargewicht an, sie sind jedoch sehr hoch im Vergleich zu den Siedepunkten der Kohlenwasserstoffe und auch noch höher als die der Alkohole. Der Grund ist wie bei den Alkoholen die Assoziation durch Wasserstoffbrückenbindung,

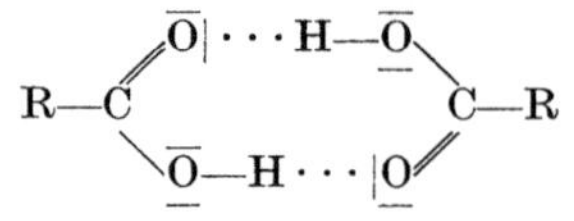

doch sind die Assoziate (Doppelmoleküle) der Carbonsäuren stabiler als die der Alkohole. In unpolaren Lösungsmitteln liegen die Carbonsäuren auch dimerisiert vor.

Infolge der ausgeprägten Anziehung von Wassermolekülen durch die Carboxylgruppe sind die niederen Homologen der Carbonsäuren in Wasser sehr gut löslich und stärker wasserdampfflüchtig als die mittleren Homologen.

Die Monocarbonsäuren reagieren sauer, doch sind sie im Vergleich zu den Mineralsäuren nur schwach dissoziiert. Die gesättigten Monocarbonsäuren sind, mit Ausnahme der Ameisensäure, gegenüber Oxydationsmittel und auch gegen Reduktionsmittel äußerst widerstandsfähig.

Die Hydroxylgruppe der Carbonsäuren ist sehr reaktionsfähig. Sie läßt sich durch zahlreiche andere Atomgruppen oder einzelne Atome ersetzen, z. B. durch $-Cl$, $-SH$, $-NH_2$, $-NHNH_2$, $-N_3$ und $-NHOH$.

1. Ameisensäure, Methansäure, H·COOH

Die Ameisensäure erhielt ihren Namen von der Waldameise (Formica rufa), in der sie 1670 entdeckt wurde.

Physikalische Eigenschaften (vgl. auch Tab. 5, S. 760/761). Ameisensäure ist eine wasserklare, leicht bewegliche, stechend riechende und stark ätzende Flüssigkeit. Unter den Fettsäuren ist sie die stärkste; ihre Dissoziationskonstante $K = 1{,}765 \cdot 10^{-4}$ bei 20° C ist etwa 10mal größer als die der Essigsäure. Mit Wasser, Alkohol und Äther ist sie in allen Verhältnissen mischbar.

Chemische Eigenschaften. Bei gewöhnlicher Temperatur ist Ameisensäure stabil und in Abwesenheit katalytisch wirkender Substanzen destillierbar. Bei höheren Temperaturen zerfällt sie je nach den herrschenden Bedingungen und den verwendeten Katalysatoren in Kohlenoxyd- und Wasserdampf oder in Kohlendioxyd und Wasserstoff. Die Dämpfe der Ameisensäure lassen sich an der Luft entzünden und brennen mit blauer Flamme.

Ameisensäure wirkt stark reduzierend, kann aber elektrolytisch zum Formaldehyd reduziert werden.

Vorkommen. Die Ameisensäure ist teils als freie Säure, teils verestert in zahlreichen Früchten anzutreffen, so z. B. nach A. R. THOMPSON (1951) und D. F. MEIGH (1956) in den Äpfeln, nach J. WOLF (1958) in den Bananen und nach M. WINTER u. Mitarb. (1958) in der Erdbeere. Bei der alkoholischen Gärung entsteht die Ameisensäure in geringen Konzentrationen, sie kommt deshalb nach R. STEVENS (1960) im Bier, Whisky und Wein vor. Außerdem kommt die Ameisensäure nach J. SCHORMÜLLER und H. LANGNER (1960a) in der Milch, nach J. SCHORMÜLLER und H. LANGNER (1960b) im Grün- und Blauschimmelkäse (Gorgonzola) (Tab. 2), nach CH. H. JARBOE und A. D. QUINN (1960) in Tabakblättern und nach A. ZLATKIS und M. SIVETZ (1960) als Aromabestandteil im gerösteten Kaffee vor.

Technische Darstellung. Die Ameisensäure wird durch Bindung von Kohlenoxyd an Wasser unter Druck auf dem Umweg über die ameisensauren Salze (Formiate) hergestellt, da die Anwesenheit von Basen das Gleichgewicht $CO + H_2O \rightleftharpoons HCO_2H$ gemäß $HCO_2H + NaOH \rightarrow HCO_2Na + H_2O$ dauernd nach rechts verschiebt.

Tabelle 5. *Physikalische Eigenschaften der*
[Höhere Monocarbonsäuren vgl. Kapitel

Trivialname	Bezeichnung nach der Genfer Nomenklatur	Formel
Ameisensäure	Methansäure	$H \cdot COOH$
Essigsäure	Äthansäure	$CH_3 \cdot COOH$
Propionsäure	Propansäure	$CH_3 \cdot CH_2 \cdot COOH$
n-Buttersäure	n-Butansäure	$CH_3 \cdot (CH_2)_2 \cdot COOH$
Isobuttersäure	i-Butansäure	$(CH_2)_2 \cdot CH \cdot COOH$
n-Valeriansäure	n-Pentansäure	$CH_3 \cdot (CH_2)_3 \cdot COOH$
α-Methylenbuttersäure	2-Methylbutansäure-(1)	$CH_3 \cdot CH_2 \cdot CH(CH_3) \cdot COOH$
Isovaleriansäure	3-Methylbutansäure-(1)	$(CH_3)_2CH \cdot CH_2 \cdot COOH$
Capronsäure	n-Hexansäure	$CH_3 \cdot (CH_2)_4 \cdot COOH$
Isocapronsäure	2-Methyl-pentansäure-(5)	$(CH_3)_2 \cdot CH \cdot (CH_2)_2 \cdot COOH$
Önanthsäure	n-Heptansäure	$CH_3 \cdot (CH_2)_5 \cdot COOH$
Caprylsäure	n-Octansäure	$CH_3 \cdot (CH_2)_6 \cdot COOH$
Pelargonsäure	n-Nonansäure	$CH_3 \cdot (CH_2)_7 \cdot COOH$
Caprinsäure	n-Decansäure	$CH_3 \cdot (CH_2)_8 \cdot COOH$

Das nötige CO kann u. a. in Generatoren durch unvollständige Verbrennung von Koks mit Luft erzeugt werden. Das neben CO etwa 70% Stickstoff enthaltende Gas wird sorgfältig gereinigt, insbesondere CO_2 mit Kalkmilch vollständig entfernt.

Die Reaktion des CO mit der Base zum Formiat kann grundsätzlich nach zwei Verfahren erfolgen.

a) Das *„trockene" Verfahren.* In liegenden Autoklaven wird 97%iges Ätznatron in Walnußgröße bei 115—120° C und 8 atü mit CO behandelt. Man erhält 95%iges Na-formiat in feinpulveriger Form, das von den noch Ätznatron enthaltenden größeren Stücken abgesiebt wird.

b) Das *„nasse" Verfahren.* CO wird entweder in eine Sodalösung eingeleitet, oder bei 25—30 atü und 150° C mit Natriumsulfat in Gegenwart von Kalkmilch umgesetzt: $Na_2SO_4 + Ca(OH)_2 + 2\,CO \rightarrow 2\,HCO_2Na + CaSO_4$. Der ausgefallene Gips wird von der Formiatlösung abfiltriert und die Formiatlösung nach Reinigung mit Kalk im Vakuum eingedampft. Zur Herstellung der freien Ameisensäure muß das Formiat durch stärkere Säuren zerlegt werden. Es besteht nun die Schwierigkeit, daß starke Säure Ameisensäure zersetzt, schwächere Säure dagegen führt zu einer verdünnten Ameisensäure, die durch direkte Destillation nicht über 76,5% gebracht werden kann, da diese Mischung azeotrop siedet. Es sind sehr viele technische Vorschläge gemacht worden, diese Schwierigkeit zu umgehen. Eine der Möglichkeiten ist, das feinpulverige, feste Natriumformiat unter Kühlung mit konzentrierter Schwefelsäure zu zersetzen und die freigemachte Ameisensäure im Vakuum abzuziehen. Man erhält so die handelsübliche 85—90%igeAmeisensäure.

100%ige Säure kann durch Aufkonzentrieren mittels wasserbindender Säuren und Destillation, durch Ausfrieren oder azeotrope Entwässerung mit Hilfsflüssigkeiten erhalten werden.

Toxikologie. Ameisensäure ruft wie alle flüchtigen, lipoidlöslichen Stoffe eine Reizung und Rötung der Haut und der Schleimhäute hervor, und zwar in stärkerem Maße als Essigsäure.

1 g Ameisensäure je kg Tiergewicht wirkt tödlich.

Verwendung als Konservierungsmittel. Unter bestimmten Bedingungen sind die Ameisensäure und ihre Na-, K- und Ca-Verbindungen zur Haltbarmachung von Obstzwischenprodukten, von Obstmuttersäften und Ansätzen sowie für Fruchtsaftgetränke und bei anderen Lebensmitteln zugelassen (Konservierungsstoff-Verordnung vom 19. Dezember 1959, BGBl. I S. 735) (vgl. „Konservierungsstoffe" Band I).

wichtigsten gesättigten C_1—C_{10}-Monocarbonsäuren.
„Fette und Lipoide (Lipide), Wachse, Harze"]

Mol.-Gew.	Smp °C	Sdp 760 °C	D	n^{15}_{He}
46,03	8,40	100,7	$1{,}22467^{15}$	1,37348
60,03	16,55	118,2	$1{,}04920^{20}$	1,37392
74,08	—20,8	141,35	$0{,}99874^{15}$	1,38879
88,10	— 5,5	164,05	$0{,}96286^{15}$	1,40030
88,10	—46,1	154,70	$0{,}95296^{15}$	1,39646
102,13	—34,5	186,35	$0{,}94374^{15}$	1,41049
102,13	<—80	176	0,9419	
102,13	—37	176,5	$0{,}93080^{15}$	1,40533
116,16	— 3,9	205,35	$0{,}93136^{15}$	1,41878
116,16	—33	203—204	$0{,}9225^{20}$	
130,18	— 7,5	223,01	$0{,}92217^{15}$	1,42455
144,21	16,3	239,3	$0{,}90884^{20}$	$1{,}42793^{20}$
158,23	12,5	253/254	$0{,}9068^{18}$	
172,26	31,3	286,4	$0{,}8858^{40}$	$1{,}42855^{20}_{D}$

Ameisensäureester

a) Ameisensäuremethylester, Methylformiat, $H \cdot CO_2 \cdot CH_3$

Mol.-Gew. 60,05; Sdp_{760} 31,5° C; Smp —99° C; D_4^{20} 0,97; n_D^{10} 1,344; wird als Insecticid verwendet, z. B. gegen den Kornkäfer.

b) Ameisensäureäthylester, Äthylformiat, $H \cdot CO_2 \cdot CH_2 \cdot CH_3$

Mol.-Gew. 74,08; Sdp_{760} 54,1° C; Smp —80,5° C; D_4^{20} 0,92; n_D^{20} 1,360. Äthylformiat findet bei der Herstellung von künstlichen Essenzen Verwendung. Methyl- und Äthylformiat wurden von A. ZLATKIS u. M. SIVETZ (1960) als Bestandteile des Kaffeearomas nachgewiesen und ist nach F. DRAWERT (1962) ein Bestandteil des Weines und der Gärgase von normal vergärten Mosten.

c) Ameisensäureisoamylester, Isoamylformiat, $H \cdot CO_2 \cdot CH_2 \cdot CH_2 \cdot CH(CH_3)_2$

Mol.-Gew. 116,14; Sdp_{760} 124,2° C; D_4^{20} 0,92; n_D^{20} 1,395. Obstartig riechende Flüssigkeit, findet als Lösungsmittel für Harze und Nitrocellulose Verwendung.

2. Essigsäure, Äthansäure, $CH_3 \cdot COOH$

Physikalische Eigenschaften (vgl. Tab. 5, oben). Essigsäure (bei Konzentrationen über 98% auch „Eisessig" genannt) ist bei Zimmertemperatur eine farblose, klare, sehr hygroskopische Flüssigkeit mit einem durchdringend sauren Geruch und Geschmack. Sie ist in jedem Verhältnis mit Wasser, Alkohol, Äther und vielen anderen organischen Flüssigkeiten mischbar. Essigsäure ist eine schwache Säure; die Dissoziationskonstante beträgt bei 25° C l, 845 · 10^{-5}. Das Monohydrat der Essigsäure $CH_3 \cdot COOH + H_2O$ hat einen Essigsäuregehalt von 76,9% und die Dichte D_{15}^{20} 1,04926.

Chemische Eigenschaften. Gegen Oxydationsmittel ist Essigsäure sehr beständig; z. B. muß sie mit Chromsäure lange gekocht werden, bis sie angegriffen wird. Mit Wasserstoff und geeigneten Katalysatoren kann sie bei höheren Temperaturen entweder zu Acetaldehyd oder Äthylalkohol reduziert werden. Essigsäure bildet ein Anhydrid $(CH_3 \cdot CO)_2O$; Sdp_{760} 139,47° C; Smp —73° C.

Vorkommen. Die Essigsäure ist sowohl frei als auch in Form von Salzen im Pflanzenreich weit verbreitet, so z. B. nach A. R. THOMPSON (1951) in den Äpfeln, nach H. O. HULTIN u. B. E. PROCTOR (1961) in der Banane, nach K. P. DIMICK u. B. MAKOWER (1956) in den Erdbeeren, nach H. SCHINZ u. C. F. SEIDEL (1957) in den Himbeeren und nach A. J. HAAGEN-SMIT u. Mitarb. (1945) in den Ananasfrüchten.

Bei einigen Lebensmitteln entsteht durch Mikroorganismen die Essigsäure, so nach L. WISEBLATT (1961) im Brotteig und im Brot, nach W. J. HARPER u. Mitarb. (1959) (vgl. Tab. 1) in der Milch und J. SCHORMÜLLER u. H. LANGNER (1960b) im Käse (vgl. Tab. 2) und nach R. STEVENS (1960) und B. J. CLARKE u. Mitarb. (1962) in alkoholischen Getränken. Außerdem wurde die Essigsäure von C. LENTNER u. F. E. DEATHERAGE (1959) im grünen und gerösteten Kaffee und von L. D. QUIN u. Mitarb. (1961) im Zigarettenrauch nachgewiesen.

Technische Darstellung. Die Herstellung von Essigsäure erfolgt seit vorhistorischen Zeiten durch biologische Oxydation. Heute wird zwar die weitaus größte Menge auf synthetischem Wege hergestellt, aber noch 1953 wurden ungefähr 10% (auf 100%ige Säure gerechnet) besonders zum Genuß als Gewürzsäure nach Gärverfahren gewonnen.

a) Gärverfahren

Die Bakterien, die vorwiegend den Äthylalkohol zu Essigsäure oxydieren und aus diesem Prozeß die zu ihrer Lebenstätigkeit notwendige Energie beziehen, werden unter dem Gattungsnahmen Acetobacter geführt. Die Bilanzgleichung der Essiggärung lautet:

$$CH_3 \cdot CH_2 \cdot OH + O_2 \rightarrow CH_3 \cdot COOH + H_2O + 2000 \text{ kcal/l Alkohol}$$

Sie verläuft über Acetaldehyd, wobei der Aldehyd nach zwei Richtungen oxydiert werden kann.

Dehydrierung des Aldehydhydrates:

$$CH_3 \cdot CH(OH)_2 \xrightarrow{-2\,H} CH_3 \cdot COOH \quad \text{und}$$

Disproportionierung nach der Cannizzaroschen Reaktion und weitere Dehydrierung des entstandenen Alkohols:

$$2\,CH_3 \cdot CHO + H_2O \rightarrow CH_3 \cdot COOH + CH_3 \cdot CH_2 \cdot OH$$

Dehydrierung und Disproportionierung werden durch Dehydrasen und Mutasen bewirkt, doch ist es bis heute noch nicht gelungen, die Fermentsysteme der Essiggärung zu isolieren und zu charakterisieren. Zweifellos spielen hier Transhydrogenasen vom Typus DPN-spezifischer Enzyme eine Rolle. Sie katalysieren beide Stufen: die Dehydrierung von Äthanol zum Acetaldehyd und die Dehydrierung des Acetaldehyds zur Essigsäure; der weitere Elektronentransport zum Sauerstoff erfolgt durch die in Acetobacter-Arten nachgewiesenen Überträgersysteme der Cytochrome und Cytochromoxydasen.

Die wichtigsten Verfahren

Orleans-Verfahren. Es wird in horizontal liegenden halbgefüllten und mit Luftlöchern versehenen Fässern (250—500 l) Inhalt vergoren, indem man laufend einen Teil der umgesetzten Gärungsflüssigkeit (des fertigen Essigs) durch frische Maische ersetzt. Man vermeidet die restlose Vergärung des Alkohols, da der noch verbleibende Anteil (etwa 0,2%) wesentlich für die Aromaausbildung des lagernden Essigs ist.

Schützenbach-Verfahren (Schnellessigverfahren). Als Essigbildner werden aus Holz oder Steingut bestehende Tonnen verwendet, denen von unten her durch Löcher Frischluft zugeführt wird. Die von oben kontinuierlich oder periodisch zugegebene Maische tropft über eine Füllstoffschicht (meist Buchenholzspäne), begegnet dem aufwärts gehenden Luftstrom, wobei der Alkohol durch die am Füllmaterial lebende Bakterienflora (Essigmutter) zu Essig oxydiert wird.

b) Technische Synthesen

Das wichtigste Verfahren ist die Oxydation von Acetaldehyd mit Sauerstoff. Intermediär entsteht dabei Acetpersäure gemäß $CH_3 \cdot CHO + O_2 \rightarrow CH_3 \cdot CO_3H$, die in Gegenwart von Essigsäure und Manganacetat als Katalysator bei Temperaturen über 40° C gefahrlos in Essigsäure und Sauerstoff zerfällt: $CH_3 \cdot CO_3H \rightarrow CH_3 \cdot COOH + O$. Der Sauerstoff bildet mit überschüssigem Acetaldehyd Essigsäure, so daß die Gesamtgleichung lautet: $2\,CH_3 \cdot CHO + O_2 \rightarrow 2\,CH_3 \cdot COOH$. Die Oxydation wird in zylindrischen, liegenden Kesseln aus Aluminium, die mit Rührer und Kühlschlangen ausgerüstet sind, unter Einleiten von Sauerstoff bei erhöhtem Druck durchgeführt. Essigsäure, die 0,1% Manganacetat enthält, wird vorgelegt und zu der Mischung Acetaldehyd getropft, der mit Rücksicht auf die gefährliche Acetylen-Peroxydbildung völlig frei von Acetylen sein muß. Das Verfahren führt direkt zu 97—98%iger Essigsäure, die eine kleine Menge Essigsäureanhydrid enthält; das Anhydrid reagiert beim Destillieren mit dem Restwasser zu Essigsäure. Daneben sind als Syntheseverfahren bekannt: Herstellung aus Methanol und Kohlenoxid (Carbonylierung), Oxydation von Äthanol und Kohlenwasserstoffen. Einzelheiten zur Gewinnung von Essigsäure und Essig sowie zur Essigsäurekonzentration in handelsüblichen Essigsorten bringt das Kapitel „Essig“ in Band VI des Handbuches.

Toxikologie. Konzentrierte Essigsäure (Eisessig, Essigessenz) wirkt sehr stark ätzend auf die Schleimhäute. Infolge der Flüchtigkeit und der Lipoidlöslichkeit wirkt Essigsäure sogar stärker zelldegenerierend als eine Mineralsäure mit gleicher Wasserstoffionenkonzentration. Versehentlich eingenommener Eisessig führt wie konzentrierte Mineralsäure zu stärkster Verätzung, nach der Resorption zu Acidose und zu Hämolyse.

Essigsäureester

Allgemeines: Die Essigsäureester kommen im wesentlichen im Obst als sog. Fruchtester (Übersichtsreferat: A. Melitz u. K. Gierschner 1962) und in den alkoholischen Getränken vor, z. B. Äthyl-, n-Butyl-, iso-Butyl- und iso-Amylacetat als Aromastoffe des Apfelweins (J. S. Matthews u. Mitarb. 1962).

Die technische Herstellung der Ester erfolgt durch Veresterung der Essigsäure mit den entsprechenden Alkoholen.

a) Essigsäuremethylester, Methylacetat, $CH_3 \cdot CO_2 \cdot CH_3$

Mol.-Gew. 74,08; Sdp 57,1° C; Smp —98,7° C; D_4^{20} 0,924; Flammpunkt —13° C; farblose, neutral reagierende Flüssigkeit von angenehm erfrischendem Geruch. Unter anderem wurde der Ester von A. Zlatkis u. M. Sivetz (1960) als flüchtige Verbindung im Kaffeearoma entdeckt.

b) Essigsäureäthylester, Äthylacetat, $CH_3 \cdot CO_2 \cdot CH_2 \cdot CH_3$

Mol.-Gew. 88,10; Sdp 77,1° C; Smp —82,4° C; D^{20} 0,900; Flammpunkt —2° C bis —5° C; farblose, klare, angenehm erfrischend riechende Flüssigkeit; binäre Azeotrope mit 8,2% Wasser (Sdp 70,4° C), 30,8% Äthanol (Sdp 71,8° C) und 44,0% Methanol (Sdp 62,25° C). Löslichkeit: 100 Vol.-Teile Wasser lösen bei 15° C 8,5 Vol.-Teile Äthylacetat; 100 Teile Äthylacetat lösen bei 15° C 3 Teile Wasser.

Vorkommen. Äthylacetat wurde von A. J. Haagen-Smit u. Mitarb. (1945) in der Ananas, von A. Mehlitz u. K. Gierschner (1961) in aus Apfelsäften gewonnenen Aromakonzentraten, von A. COPPENS u. L. HOEJENBOS (1939) im Himbeeraroma und von A. H. M. VAN ELZAKKER u. H. J. VAN ZUTPHEN (1961) im Kakaoaroma entdeckt. Mehrere Autoren wiesen Äthylacetat im Bier nach. V. S. BAVISOTTO u. L. A. ROCH (1959) konnten dabei durch gaschromatographische Analyse zeigen, wie die Bildung des Esters während der Gärzeit fortschreitet (Tab. 6).

Tabelle 6. *Bildung der Ester und Amylalkohole (mg/kg) in Abhängigkeit von der Gärzeit* (nach V. S. BAVISOTTO und L. A. ROCH 1959)

	Gärzeit in Tagen				
	0	2	3	4	5
Äthylacetat . .	0	1,6	6,3	13,0	18,1
Amylacetat . .	0	0	0,5	1,1	1,9
D-Amylalkohol.	0	2,6	6,1	8,3	10,7
Isoamylalkohol	3,4	16,7	25,5	31,3	34,8

c) Essigsäurepropylester, Propylacetat, $CH_3 \cdot CO_2 \cdot (CH_2)_2 \cdot CH_3$

Mol.-Gew. 102,13; Sdp 101,6° C; Smp −92,5° C; D_4^{20} 0,886; Flammpunkt +14° C. In 100 Vol.-Teilen Wasser lösen sich bei 16° C 1,6 Vol.-Teile Propylacetat. Die Verbindung wurde von A. H. M. VAN ELZAKKER u. H. J. VAN ZUTPHEN (1961) im Kakaoaroma entdeckt.

d) Essigsäure-isopropylester, Isopropylacetat, $CH_3 \cdot CO_2 \cdot CH(CH_3)_2$

Mol.-Gew. 102,13; Sdp 88,4° C; Smp −73,4° C; D_4^{20} 0,874; Flammpunkt 0° C. In 100 Vol.Teilen iso-Ester lösen sich bei 10° C 2 Vol.-Teile Wasser. Der Ester wurde von A. H. M. VAN ELZAKKER u. H. J. VAN ZUTPHEN (1961) im Kakaoaroma nachgewiesen.

e) Essigsäurebutylester, Butylacetat, $CH_3 \cdot CO_2 \cdot (CH_2)_3 \cdot CH_3$

Farblose, angenehm riechende, in Wasser praktisch unlösliche Verbindung; Mol.-Gew. 116,16; Sdp 125° C; Smp −76,3° C; D_4^{20} 0,882; Flammpunkt +25° C. Der Ester wurde von A. H. M. VAN ELZAKKER u. H. J. VAN ZUTPHEN (1961) als Bestandteil des Kakaoaromas ermittelt.

f) Essigsäure-isobutylester, Isobutylacetat, $CH_3 \cdot CO_2 \cdot CH_2 \cdot CH(CH_3)_2$

Mol.-Gew. 116,16; Sdp 118° C; Smp −98,9° C; D_4^{20} 0,871; Flammpunkt +21,8° C. Der Ester wurde von J. STRATING u. A. VENEMA (1961) in einem holländischen Flaschenbier nachgewiesen.

g) Essigsäurepentylester, Amylacetat, $CH_3 \cdot CO_2 \cdot (CH_2)_4 \cdot CH_3$

Mol.-Gew. 130,18; Sdp_{737} 148,4° C; Smp −70,8° C; D^{40} 0,8541. In 100 cm^3 Wasser lösen sich bei 20° C 0,18 g Pentylacetat. Amylacetat ist ein Bukettstoff des Biers (vgl. Tab. 6) und wurde von A. H. M. VAN ELZAKKER und H. J. VAN ZUTPHEN (1961) im Kakaoaroma und von A. MEHLITZ und K. GIERSCHNER (1961) im Apfelsaftaroma gefunden.

h) Essigsäure-isopentylester, Isoamylacetat, $CH_3 \cdot CO_2 \cdot (CH_2)_2 \cdot CH(CH_3)_2$

Mol.-Gew. 130,18; Sdp_{757} 142° C; D_4^{20} 0,8726. 1 Teil Ester ist bei 20° C in 320 Teilen Wasser löslich. Isoamylacetat ist ein Bestandteil der sich bei der Bierwürzegärung bildenden Bukettstoffe und wurde von H. O. HULTIN und B. E. PROCTOR (1961) in der Banane während einzelner Phasen der Reifung in folgenden Mengen (mg/100 g Pulpe) nachgewiesen:

grün	halbreif	reif	überreif
0,02	0,1	0,02	1,2

i) Essigsäurehexylester, Hexylacetat, $CH_3 \cdot CO_2(CH_2)_5 \cdot CH_3$

Mol.-Gew. 144,21; Sdp 171,5° C; Smp −60,9° C; D_4^{15} 0,8779. Der Ester wurde von J. STRATING u. A. VENEMA (1961) im Bier aufgefunden.

3. Propionsäure, Propansäure, $CH_3 \cdot CH_2 \cdot COOH$

Physikalische Eigenschaften (vgl. Tab. 5, S. 760/761). Propionsäure ist eine stechend riechende, farblose Flüssigkeit. Sie ist in jedem Verhältnis mit Wasser mischbar, leicht löslich im Alkohol, Äther und Chloroform. Propionsäure ist eine schwache Säure; die Dissoziationskonstante beträgt bei 18° C $1{,}32 \cdot 10^{-5}$.

Vorkommen. Propionsäure wird durch Gärprozesse gebildet, an denen Propionsäurebakterien, Propioni bacteriaceae, beteiligt sind, die ihre Lebensenergie dadurch gewinnen, daß sie Hexosen über die Milchsäure oder die Brenztraubensäure unter CO_2-Entwicklung zu Propionsäure abbauen.

Eine wichtige Rolle spielen die Propionsäurebakterien bei der Käsereifung, insbesondere sind sie für die Aromabildung im Emmentaler Käse unentbehrlich. Die Lochbildung dieser Käseart ist darauf zurückzuführen, daß die Propionsäurebakterien unter Kohlensäureentwicklung die Lactate des Käses in Propionate umwandeln. In der Säurebilanz des Emmentaler Käses steht die Propionsäure nach J. SCHORMÜLLER und H. LANGNER (1960b) mit einem Gehalt von 414,4 mg/100 g hinter der Milchsäure an zweiter Stelle. Weitere Vorkommen der Propionsäure sind die Milch (vgl. Tab. 1, S. 757), das Kaffeearoma, Weißbrot, Gerste, Roggen, schwarzer Tee, das Bier und der Räucherrauch.

Technische Darstellung. Durch Oxydation von n-Propanol oder durch katalytische Reaktion von Äthylen, H_2O-Dampf und Kohlenmonoxyd.

Propionsäureester

a) Propionsäureäthylester, Äthylpropionat, $CH_3 \cdot CH_2 \cdot CO_2 \cdot CH_2 \cdot CH_3$

Eigenschaften. Mol.-Gew. 102,13; Smp −73,9° C; Sdp 99,1° C; D_4^{20} 0,8907; 1,7 g Ester lösen sich bei 20° C in 100 g Wasser.

Vorkommen. Im Kakaoaroma (A. H. M. VAN ELZAKKER u. H. J. VAN ZUTPHEN 1961) im Bier (J. STRATING u. A. VENEMA 1961) und im Wein (E. BAYER u. L. BÄSSLER 1961).

b) Propionsäureamylester, Amylpropionat, $CH_3 \cdot CH_2 \cdot CO_2 \cdot (CH_2)_4 \cdot CH_3$

Eigenschaften. Mol.-Gew. 144,21; Flüssigkeit; Smp −73,1° C; Sdp 168,7° C; D_4^{15} 0,876.

Vorkommen. Nach A. H. M. VAN ELZAKKER u. H. J. VAN ZUTPHEN (1961) im Kakaoaroma.

c) Propionsäure-isoamylester; Isoamylpropionat $CH_3 \cdot CH_2 \cdot CO_2 \cdot (CH_2)_2 \cdot CH(CH_3)_2$

Eigenschaften. Mol.-Gew. 144,21; Flüssigkeit; Sdp 160,7° C; D_4^{20} 0,8697.

Vorkommen. Nach A. H. M. VAN ELZAKKER u. H. J. VAN ZUTPHEN (1961) im Kakaoaroma.

4. n-Buttersäure, n-Butansäure, $CH_3 \cdot (CH_2)_2 \cdot COOH$

Physikalische Eigenschaften (vgl. Tab. 5, S. 760/761). Buttersäure ist eine farblose, leicht bewegliche Flüssigkeit von saurem und unangenehm ranzigem, durchdringendem und anhaftendem Geruch. Sie ist oberhalb von −4,1° C in jedem Verhältnis mit Wasser mischbar, ebenso mit Alkohol, Äther und den meisten organischen Lösungsmitteln. Aus der wäßrigen Lösung läßt sich Buttersäure am besten durch Aluminiumsulfat ausscheiden. Buttersäure ist noch etwas schwächer als Essigsäure; die Dissoziationskonstante beträgt bei 25° C $1{,}54 \cdot 10^{-5}$. Buttersäure ist mit Wasserdampf flüchtig.

Chemische Eigenschaften. Buttersäure geht alle Reaktionen der Carbonsäuren ein: Sie bildet mit Basen Salze, gibt bei Wasserabspaltung ein Anhydrid und läßt sich durch Alkohole verestern.

Oxydation. Konzentrierte Salpetersäure oxydiert in der Siedehitze die Buttersäure zur Bernsteinsäure und Permanganat-Lösung in alkalischem Medium zur Oxalsäure, in saurem Medium zur Essig- und Kohlensäure.

Vorkommen. Da die Buttersäure durch Buttersäurebakterien (Clostridium butyricum) aus Kohlenhydraten (Stärke, Rohrzucker, Glucose) und Milchsäure unter anaeroben Bedingungen gebildet wird, kommt sie, wie die Tab. 7 zeigt, in denjenigen Lebensmitteln vor, zu deren Bereitung Gärprozesse notwendig sind.

Tabelle 7. *Vorkommen der n-Buttersäure in einigen Lebensmitteln*

Lebensmittel	Konzentration	Autor
Weißbrotteig	23 mg/1000 g Mehl	L. WISEBLATT (1961)
Weißbrot	10,6 mg/1000 g Mehl	L. WISEBLATT (1961)
Sauerkraut	0,01 mg/100 g	M. L. VORBECK u. Mitarb. (1961)
Vorzugsmilch	0,35 mg/100 ml	J. SCHORMÜLLER u. H. LANGNER (1960a)
Trinkmilch	2,48 mg/100 ml	J. SCHORMÜLLER u. H. LANGNER (1960a)
Roquefort-Käse	52,80 mg/100 g	J. SCHORMÜLLER u. H. LANGNER (1960b)
Parmesan-Käse	44,80 mg/100 g	J. SCHORMÜLLER u. H. LANGNER (1960b)

Außerdem findet sich die freie Buttersäure in vielen tierischen Flüssigkeiten (Schweiß, Fleischsaft, Dickdarminhalt) und in zahlreichen Pflanzen und Pilzen.

Technische Darstellung. Die bakterielle Bildung von Buttersäure hat nur in Frankreich eine gewisse industrielle Bedeutung. Mindere Qualitäten von Kartoffel-, Reis- oder Maisstärke werden vergärt. Neben Buttersäure bilden sich bei diesem Prozeß Essigsäure, Acetaldehyd, Kohlendioxyd und Wasserstoff.

Synthetisch hergestellt wird Buttersäure aus n-Butanol (Herstellung vgl. S. 811) durch direkte Oxydation mit Sauerstoff in Gegenwart von Salzen verschiedener katalytisch wirkender Metalle oder aus n-Butyraldehyd durch Umsetzung bei 300° C mit Wasserdampf an einem Kontakt aus Kupferoxid-Chromoxid.

Buttersäureester

Buttersäureäthylester, Äthylbutyrat, $CH_3(CH_2)_2 \cdot CO_2 \cdot CH_2 \cdot CH_3$

Mol.-Gew. 116,16; Sdp 121,6° C; Smp −100,8° C; D_4^{15} 0,8844.

Vorkommen. Nach E. BAYER u. L. BÄSSLER (1961) kommt Äthylbutyrat besonders in portugiesischen Rotweinen vor; außerdem wurde es von D. N. HIU u. P. J. SCHEUER (1961) in der Passionsfrucht (Passiflora edulis) und von K. P. DIMICK u. B. MAKOWER (1956) in der Erdbeere nachgewiesen.

5. Isobuttersäure, i-Butansäure, $(CH_3)_2 \cdot CH \cdot COOH$

Physikalische Eigenschaften (vgl. Tab. 5, S. 760/761). Isobuttersäure ist eine farblose leichtbewegliche Flüssigkeit von saurem, der n-Buttersäure ähnlichem, aber weniger unangenehmem Geruch. Sie ist bei 20° C zu 20 g/100 g wasserlöslich und bei Temperaturen oberhalb der kritischen Lösungstemperatur (26,2° C) in Wasser unbegrenzt löslich. Die Dissoziationskonstante ist die gleiche wie die der n-Buttersäure.

Vorkommen. Frei kommt die Isobuttersäure im Johannisbrot vor, sie entsteht bei der Käsereifung (vgl. Tab. 2, S. 757) und wurde von J. STRATING und A. VENEMA (1961) im Bier und von H. BRANDENBERGER und S. MÜLLER (1962) im schwarzen Tee nachgewiesen und von H. J. GOLD u. CH. W. WILSON (1961) in der Sellerie-wurzel.

Technische Darstellung. Isobuttersäure läßt sich herstellen durch Verseifen von Isopropylcyanid, durch Hydrieren von Methacrylsäure und durch Oxydation von Isobutylalkohol mit Chromschwefelsäure.

6. n-Valeriansäure, n-Pentansäure, $CH_3 \cdot (CH_2)_3 \cdot COOH$

Physikalische Eigenschaften (vgl. Tab. 5, S. 760/761). Wasserdampfflüchtige, farblose Flüssigkeit von buttersäureähnlichem Geruch. Bei 20° C sind 3,7 g Valeriansäure in 100 g Wasser löslich. Die Dissoziationskonstante bei 25° C beträgt $1{,}56 \cdot 10^{-5}$.

Vorkommen. n-Valeriansäure wurde in der Milch (vgl. Tab. 1, S. 757) im Käse (vgl. Tab. 2, S. 757), in Kaffee-Trockenextrakten und im schwarzen Tee nachgewiesen.

Valeriansäureester

n-Valeriansäuremethylester, Methylvalerat, $CH_3 \cdot (CH_2)_3 \cdot CO_2 \cdot CH_3$

Eigenschaften. Mol.-Gew. 116,16; Flüssigkeit; Smp −91° C; Sdp 127,3° C; D_4^{15} 0,895.

Vorkommen. In geringer Menge im ätherischen Öl der im Winter gereiften Früchte der Ananas (A. J. HAAGEN-SMIT u. Mitarb. (1945).

7. α-Methylbuttersäure, 2-Methylbutansäure-(1), $CH_3 \cdot CH_2 \cdot CH(CH_3) \cdot COOH$

Physikalische Eigenschaften (vgl. Tab. 5, S. 760/761). α-Methylbuttersäure ist eine farblose Flüsssigkeit mit einem etwas unangenehmen Geruch. Infolge des einen asymmetrischen Kohlenstoffatoms, ist die α-Methylbuttersäure optisch aktiv. Das spezifische Drehungsvermögen der in der Natur vorkommenden d-Form beträgt $[\alpha]_D^{21} = +17{,}6°$.

Vorkommen. Frei und verestert in der Baldrian- und Angelicawurzel (Valeriana officinalis bzw. Angelica archangelica) sowie nach K. ONISHI (1960) in den Blättern des japanischen Tabaks und nach J. SCHORMÜLLER u. H. LANGNER (1960b) im Romadur Käse.

8. Isovaleriansäure, 3-Methylbutansäure-(1), $(CH_3)_2 \cdot CH \cdot CH_2 \cdot COOH$

Physikalische Eigenschaften (vgl. Tab. 5, S. 760/761). Isovaleriansäure ist eine farblose Flüssigkeit, deren Geruch nach Baldrian oder faulem Käse in hoher Konzentration nur wenig unangenehm ist, mit zunehmender Verdünnung aber immer unangenehmer wird und sehr lange haftet. 100 g Wasser von 20° C lösen 4,2 g Isovaleriansäure.

Vorkommen. Vergesellschaftet mit der α-Methylbuttersäure in der Baldrian- und Angelicawurzel, nach J. W. RALLS (1960) zu 0,064 mg in 1 kg Erbsen und nach L. WISEBLATT (1961) im Weißbrotteig zu 13,1 mg/kg Mehl.

Isovaleriansäureester

a) Isovaleriansäuremethylester, Methylisovalerat, $(CH_3)_2CH \cdot CH_2 \cdot CO_2 \cdot CH_3$

Eigenschaften. Mol.-Gew. 116,16; Flüssigkeit; Sdp_{764} 116—117° C; D_4^{20} 0,881.

Vorkommen. Nach A. J. HAAGEN-SMIT u. Mitarb. (1945) im Ananasaroma.

b) Isovaleriansäureäthylester, Äthylisovalerat, $(CH_3)_2CH \cdot CH_2 \cdot CO_2 \cdot CH_2 \cdot CH_3$

Eigenschaften. Mol.-Gew. 130,18; Flüssigkeit; Smp —99,3° C; Sdp 135° C; D_4^{20} 0,867.

Vorkommen. Nach A. J. HAAGEN-SMIT u. Mitarb. (1945) im Ananasaroma.

9. Capronsäure, n-Hexansäure, $CH_3 \cdot (CH_2)_4 \cdot COOH$

Physikalische Eigenschaften (vgl. Tab. 5, S. 760/761). Die Capronsäure ist eine farblose Flüssigkeit von unangenehmem, ranzigem, bockartigem Geruch (Caper: der Ziegenbock). 0,886 g Capronsäure lösen sich bei 20° C in 100 g Wasser. Die Dissoziationskonstante beträgt bei 25° C $1{,}40 \cdot 10^{-5}$.

Vorkommen. In der Milch (vgl. Tab. 1, S. 757), im Käse (vgl. Tab. 2, S. 757), im Bier, schwarzen Tee, Kaffee und nach A. COPPENS u. L. HOEJENBOS (1939) in den Himbeeren.

Capronsäureester

Capronsäureäthylester, Äthylcapronat, $CH_3(CH_2)_4 \cdot CO_2 \cdot CH_2 \cdot CH_3$

Eigenschaften. Mol.-Gew. 144,21; Flüssigkeit; Smp —67,5° C; Sdp 167,9° C; D_4^{20} 0,8710.

Vorkommen. In der Ananas (A. J. HAAGEN-SMIT 1945), den Äpfeln (J. W. WHITE 1950), der Passionsfrucht (Passiflora edutis) (D. N. HIU u. P. J. SCHEUER 1961) und im Bier (J. STRATING u. A. VENEMA 1961) und nach A. D. WEBB u. R. E. KEPNER (1962) im Sherry.

10. Isocapronsäure, 2-Methylpentansäure-(5), $(CH_3)_2 \cdot CH \cdot (CH_2)_2 \cdot COOH$

Physikalische Eigenschaften (vgl. Tab. 5, S. 760/761). Isocapronsäure ist eine unangenehme schweißähnlich riechende ölartige Flüssigkeit.

Vorkommen. Nach H. BRANDENBERGER und S. MÜLLER (1962) im schwarzen Tee und nach A. J. HAAGEN-SMIT u. Mitarb. (1945) in der Ananas.

11. Önanthsäure, n-Heptansäure, $CH_3 \cdot (CH_2)_5 \cdot COOH$

Physikalische Eigenschaften (vgl. Tab. 5, S. 760/761). Die Önanthsäure löst sich zu 0,244 g bei 20° C in 100 g Wasser und ihre Dissoziationskonstante beträgt bei 25° C $1{,}30 \cdot 10^{-5}$.

Vorkommen. Nach R. STEVENS (1960) im Wein, nach B. J. CLARKE u. Mitarb. (1962) im Bier, nach J. B. DAVENPORT (1960) in der Wachsschicht der Apfelschale, nach J. R. COFFMAN (1960) in Edelschimmelkäsen, außerdem im Sauerkraut (vgl. Tab. 3, S. 758), schwarzen Tee und nach J. SCHORMÜLLER u. Mitarb. (1961) im „Instant"-Trockenpulver aus Kaffee-Ersatz.

12. Caprylsäure, n-Octansäure, $CH_3 \cdot (CH_2)_6 \cdot COOH$

Physikalische Eigenschaften (vgl. Tab. 5, S. 760/761). Die Caprylsäure löst sich zu 0,068 g bei 20° C in 100 g Wasser und ihre Dissoziationskonstante beträgt bei 25° C $1{,}41 \cdot 10^{-5}$.

Vorkommen. Gemeinsam mit der Önanthsäure wurde die Caprylsäure in Edelschimmelkäsen, der Milch, dem Sauerkraut, Trockenpulver aus Kaffee-Ersatz, im schwarzen Tee und in der Wachsschicht der Apfelschale nachgewiesen.

Caprylsäureester

a) Caprylsäuremethylester, Methylcaprylat, $CH_3 \cdot (CH_2)_6 \cdot CO_2 \cdot CH_3$

Eigenschaften. Mol.-Gew. 158,23; Flüssigkeit; Smp −40° C; Sdp 192—194° C; D_4^{20} 0,8775.

Vorkommen. Im ätherischen Öl der Ananas (A. J. HAAGEN-SMIT 1945).

b) Caprylsäureäthylester, Äthylcaprylat, $CH_3 \cdot (CH_2)_6 \cdot CO_2 \cdot CH_2 \cdot CH_3$

Eigenschaften. Mol.-Gew. 172,26; Flüssigkeit; Smp −43,2° C; Sdp 208,5° C; D_4^{20} 0,8667.

Vorkommen. Im Bier (J. STRATING u. A. VENEMA 1961) und Rosinenbranntwein (R. E. KEPNER u. A. D. WEBB 1961).

13. Pelargonsäure, n-Nonansäure, $CH_3 \cdot (CH_2)_7 \cdot COOH$

Physikalische Eigenschaften (vgl. Tab. 5, S. 760/761). Die Pelargonsäure löst sich zu 0,026 g bei 20° C in 100 g Wasser und ihre Dissoziationskonstante beträgt bei 25° C $1{,}1 \cdot 10^{-5}$.

Vorkommen. Nach H. BRANDENBERGER u. S. MÜLLER (1962) im schwarzen Tee, nach L. R. MATTICK und F. A. LEE (1961) im Spinat, nach W. B. SINCLAIR (1961) in der Orangenschale und nach R. STEVENS (1960) im Wein.

14. Caprinsäure, n-Decansäure, $CH_3 \cdot (CH_2)_7 \cdot COOH$

Physikalische Eigenschaften (vgl. Tab. 5, S. 760/761). Die Caprinsäure löst sich zu 0,015 g bei 20° C in 100 g Wasser.

Vorkommen. In der Milch, im schwarzen Tee, im Käse (vgl. Tab. 2, S. 757) und in Kaffee-Extrakten.

II. Ungesättigte Monocarbonsäuren bis C_6

[Höhere Homologe, vgl. unter „Fette und Lipoide (Lipide), Wachse, Harze“ dieses Bandes].

1. Crotonsäure, Buten-(2)-säure-(1)

Die Crotonsäure erscheint in zwei stereoisomeren Formen:

trans cis

Die trans-Form wird als Crotonsäure, die cis-Form als Isocrotonsäure bezeichnet.

Eigenschaften. Mol.-Gew. 86,09; Crotonsäure kristallisiert im monoklinen System (Nadeln oder Prismen). Smp 72° C; Sdp 189° C (korr.); D_4^{80} 0,964; Dissoziationskonstante bei 25° C $2{,}1 \cdot 10^{-5}$; in 100 g Wasser lösen sich bei 40° C 65,6 g Crotonsäure. Gut löslich in Alkohol und Aceton. Beim Erhitzen über 125° C wird Crotonsäure partiell in Isocrotonsäure umgewandelt, bei 480° C zerfällt sie in CO_2 und ungesättigte Kohlenwasserstoffe.

Vorkommen. Nach K. ONISHI (1960) in japanischen Tabakblättern.

2. Sorbinsäure, Hexadien-(2.4)-säure-(1)

Als Sorbinsäure wird die trans-trans-Form bezeichnet.

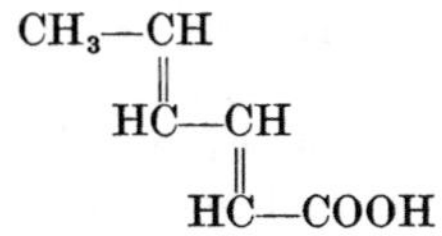

trans-trans

Eigenschaften. Mol.-Gew. 112,12; Nadeln aus Alkohol; Smp 135° C; Sdp 228° C (Zers.); D_4^{19} 1,204; leicht löslich in Alkohol und Äther, weniger in Wasser. Sorbinsäure sowie ihre Natrium-, Kalium- und Calciumverbindungen verhindern besonders das Wachstum von Schimmelpilzen, sie sind infolge ihrer physiologischen Unbedenklichkeit nach geltendem Recht („Konservierungsstoff-Verordnung" vom 19. 12. 1959) als Konservierungsmittel für bestimmte Lebensmittel zugelassen (vgl. Konservierungsstoffe, Band I).

Vorkommen. Die Vorstufe der Sorbinsäure, ihr Lacton, die Parasorbinsäure, wurde u. a. von H. MARX u. U. SCHOLZ (1959) in den Vogelbeeren (Pirus aucuparia) und von P. B. MEDAWAR u. Mitarb. (1943) im Malzextrakt nachgewiesen.

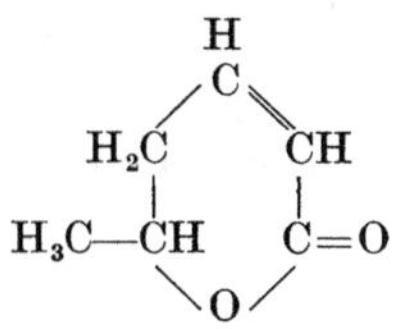

Parasorbinsäure
(Sdp 221° C; $[\alpha]_D^{18} = +49{,}3°$)

Parasorbinsäure läßt sich durch Kochen mit Lauge in Sorbinsäure überführen.

III. Gesättigte Dicarbonsäuren

Allgemeines. Die $\omega.\omega'$-Dicarbonsäuren sind feste, gut kristallisierende Substanzen. Innerhalb der homologen Reihe oscillieren Schmelzpunkte und Löslichkeit: Die Schmelzpunkte der Säuren mit gerader Kohlenstoffzahl sind jeweils höher als die der Säuren mit ungerader Kohlenstoffanzahl. Die Löslichkeit der ungeradzahligen Säuren in Wasser von 20° C ist besonders bei den ersten Gliedern der Reihe wesentlich größer als bei den geradzahligen Säuren.

1. Oxalsäure, Äthandisäure, HOOC·COOH

Eigenschaften. Wasserfreie Oxalsäure, Mol.-Gew. 90,04; Smp 189,5° C (Zers.); über 100° C sublimierbar; rhombische Oktaeder. Dihydrat: $C_2H_2O_4 + 2\,H_2O$; Smp 101,5° C; D_4^{20} 1,653; monokline Säulen aus Wasser. Beim Erhitzen auf 100° C im trocknen Luftstrom geht das Dihydrat in die wasserfreie, hygroskopische Säure über. Oxalsäure ist eine zweibasische Säure; Dissoziationskonstanten: $K_1 = 6{,}5 \cdot 10^{-5}$ und $K_2 = 6{,}0 \cdot 10^{-5}$. 100 g Wasser lösen bei 20° C 9,52 g Oxalsäure und bei 100° C 120,24 g. Oxalsäure besitzt reduzierende Eigenschaften und wird bei 60° C in schwefelsaurer Lösung von Permanganat quantitativ zu CO_2 und H_2O oxydiert (diese Reaktion wird zur maßanalytischen Bestimmung der Oxalsäure benutzt). Beim Erhitzen zerfällt Oxalsäure in Kohlensäure und Ameisensäure.

Vorkommen. Die Oxalsäure ist in Form ihrer Calcium- oder sauren Kaliumsalze eine der allerhäufigsten Säuren sowohl bei niederen als auch bei höheren Pflanzen.

Infolge der recht hohen Dissoziationskonstanten (vgl. oben) haben die Pflanzen, in denen die Oxalsäure oder ihre Salze in größeren Mengen vorkommen, eine hohe Zellsaftacidität. Besonders reich an Oxalsäure sind Rhabarber (Rheum officinale) und Sauerampfer (Rumex acetosa). Bei der Rhabarberpflanze ist in den Stengeln der Gehalt der toxisch wirkenden Oxalsäure (vgl. „Glykole" S. 812) nicht so hoch wie in den Blättern, so daß vor deren Verwendung als Spinatersatz schon frühzeitig eindringlich gewarnt wurde (Reichsgesundheitsamt, 1917). Von den niederen Pflanzen produzieren zahlreiche Bakterien und Pilze Oxalsäure. Nach J. HERRMANN u. W. ANDRAE (1963) entsteht Oxalsäure beim oxydativen Abbau der L-Ascorbinsäure.

Neuere Arbeiten über das Vorkommen der Oxalsäure in Lebensmitteln stammen u. a. von A. F. MABROUK u. F. E. DEATHERAGE (1956), die Oxalsäure im Kaffee nachwiesen, von L. D. QUIN u. Mitarb. (1961), die den Gehalt an Oxalsäure in Tabakblättern verschiedener Sorten mit dem Gehalt im Zigarettenrauch verglichen und von J. H. SCHWARTZ u. Mitarb. (1960), die die Oxalsäurekonzentration in Kartoffeln in Abhängigkeit von der Lagerungsdauer ermittelten.

Technische Darstellung. Die Herstellung der Oxalsäure erfolgte früher durch Schmelzen von Cellulose (Sägespänen u. dgl.) mit Alkali.

Heute wird Oxalsäure durch Erhitzen von Natriumformiat (Technische Herstellung vgl. S. 760) auf 360° C gemäß $2\,HCOONa \rightarrow NaOOC \cdot COONa + H_2$ als Natriumsalz gewonnen. Dieses Salz wird mit Kalkmilch in das unlösliche Calciumoxalat überführt, aus dem durch Umsetzung mit Schwefelsäure die freie Oxalsäure gewonnen wird.

2. Malonsäure, Methandicarbonsäure, $HOOC \cdot CH_2 \cdot COOH$

Eigenschaften. Mol.-Gew. 104,07; trikline Blättchen; Smp 133,9—134,3° C (korr., Zers.); D_4^{25} 1,618; Dissoziationskonstanten bei 25° C: $K_1 = 1{,}77 \cdot 10^{-3}$, $K_2 = 4{,}37 \cdot 10^{-6}$. Beim Erhitzen über 130° C sowie beim Bestrahlen mit UV-Licht erfolgt Zerfall in Kohlendioxid und Essigsäure. Malonsäure sublimiert unter vermindertem Druck teilweise unzersetzt. Bei 20° C lösen sich in 100 g Wasser 73,5 g Malonsäure.

Malonsäure hemmt eine Reihe von Oxydationsfermenten, insbesondere die Succinodehydrogenase (klassisches Beispiel der „kompetitiven Hemmung" durch Wechselwirkung mit Bernsteinsäure).

Vorkommen. Nach L. D. QUIN u. Mitarb. (1961) im Tabak, nicht jedoch im Zigarettenrauch, in französischen Weinen nach R. CORDONNIER u. CL. BIZEAU (1960), in Champignons nach M. P. LE ROUX (1961) und in Gerste, Roggen und Kaffee-Ersatz Trockenpulver nach J. SCHORMÜLLER u. Mitarb. (1961).

3. Bernsteinsäure, Äthandicarbonsäure-(1.2), $HOOC \cdot (CH_2)_2 \cdot COOH$

Eigenschaften. Die farb- und geruchlose Säure kristallisiert in monoklinen Prismen, Smp 182,7° C. In 100 Teilen Wasser lösen sich bei 20° C 6,9 und bei 100° C 120,9 Teile. Bei Normaldruck siedet die Säure unter teilweiser Anhydritbildung bei 235° C. Bei vermindertem Druck gelingt Sublimation ohne Zersetzung bei Temperaturen unterhalb des Schmelzpunktes. Dissoziationskonstanten bei 25° C: $K_1 = 7{,}36 \cdot 10^{-5}$, $K_2 = 4{,}50 \cdot 10^{-6}$. Dichte: 1,544. Bernsteinsäure bildet leicht unter Einbeziehung eines Heteroatoms den spannungsarmen Fünf-Ring; so erhält man durch Erhitzen der freien Säure das Anhydrid des Ammoniumsalzes, das Bernsteinsäureimid (Succinimid). Die Salze der Bernsteinsäure heißen Succinate. Das Calcium- und Bariumsalz sind in Wasser schwer, das Magnesium- und

Mangan(II)-salz leicht löslich. Das Bariumsalz ist in 80—83%igem Alkohol fast ganz unlöslich (Trennung von der Milchsäure).

Vorkommen. Die Bernsteinsäure und ihr energiereiches Derivat, das Bernsteinsäure-Coenzym A, sind zwei Stufen, die der Citronensäurecyclus durchläuft. Außerdem werden die beiden Verbindungen als Endprodukte des Stoffwechsels derjenigen verzweigten Fettsäuren gebildet, die eine Methylgruppe in α-Stellung oder „präsumptiver" α-Stellung (d. h. durch fortschreitende Verkürzung der Kette um je zwei C-Atome gelangt die Methylgruppe in α-Stellung) haben.

Es ist deshalb verständlich, daß es gelungen ist, die Bernsteinsäure in einer Vielzahl von pflanzlichen und tierischen Lebensmitteln nachzuweisen. Gesammelt wird sie in den Zellen unreifer Früchte, um während der Reife in Citronen- oder Weinsäure überführt zu werden.

Technische Darstellung. Butandiol-(1.4) oder Tetrahydrofuran, die beide nach dem *Reppe*-Verfahren aus Acetylen und Formaldehyd mit anschließender Hydrierung zugänglich sind, werden mit konz. Salpetersäure zu Bernsteinsäure oxydiert.

4. Glutarsäure, Propandicarbonsäure-(1.3), $HOOC \cdot (CH_2)_3 \cdot COOH$

Eigenschaften. Mol.-Gew. 132,12; monoklin.-prismatische Kristalle, Smp 97 bis 98° C; Sdp_{760} 302—304° C; Sdp_{20} 200° C; Dissoziationskonstanten bei 25° C: $K_1 = 4{,}60 \cdot 10^{-5}$ und $K_2 = 5{,}34 \cdot 10^{-6}$. Bei 20° C lösen sich 63,9 g Säure in 100 g Wasser. Das Calciumsalz $[Ca(C_5H_6O_4) + 4\,H_2O]$ ist in kaltem Wasser mäßig, in heißem schwer löslich.

Vorkommen. Im Saft unreifer Zuckerrüben und nach L. D. QUIN u. M. E. HOBBS (1958) im Zigarettenrauch.

5. Adipinsäure, Butandicarbonsäure-(1.4), $HOOC \cdot (CH_2)_4 \cdot COOH$

Eigenschaften. Mol.-Gew. 146,14; Prismen aus Essigester; Smp 153° C; Dissoziationskonstanten bei 25° C: $K_1 = 3{,}90 \cdot 10^{-5}$ und $K_2 = 5{,}29 \cdot 10^{-6}$. 1,6 g Säure lösen sich bei 20° C in 100 g Wasser.

Vorkommen. Nach E. O. VON LIPPMANN (1891) im Rübensaft der Zuckerrübe und nach L. D. QUIN u. M. E. HOBBS (1958) im Zigarettenrauch.

Die Diammoniumsalze der Dicarbonsäuren von der Malon- bis zur Sebacinsäure, insbesondere der Adipin-, Fumar- und Bernsteinsäure, haben einen dem Kochsalz recht ähnlichen Geschmack und dienen deshalb als nur aus organischen Bestandteilen aufgebauter Kochsalzersatz. Ihre Verwendung für die Herstellung und Zubereitung von diätetischen, insbesondere natriumarmen Lebensmitteln regelt die „Diät-Fremdstoff-Verordnung" vom 19. Dezember 1959 (BGBl. I. S. 744).

IV. Ungesättigte Dicarbonsäuren

1. Äthylendicarbonsäure-(1.2), $HOOC \cdot CH{:}CH \cdot COOH$

Die Äthylendicarbonsäure-(1.2), Mol.-Gew. 116,07, existiert in zwei stereoisomeren Formen:

```
CH—COOH                    CH—COOH
‖                          ‖
CH—COOH            HOOC—CH
```

cis-Äthylendicarbonsäure-(1.2)	trans-Äthylendicarbonsäure-(1.2)
Maleinsäure	*Fumarsäure*

a) Maleinsäure

Eigenschaften. Maleinsäure besteht aus farblosen monoklinen Prismen; Smp 130—131° C; D 1,609. In erster Dissoziationsstufe ist sie eine starke Säure; ihre Dissoziations-Konstanten betragen bei 18° C $K_1 = 5 \cdot 10^{-2}$ und $K_2 = 1{,}13 \cdot 10^{-6}$. Maleinsäure ist leicht löslich in Wasser (bei 25° C 78,8 g in 100 g Wasser) ebenso in Alkohol und Aceton.

Maleinsäure zersetzt sich bei Normaldruck bei 160° C unter Aufschäumen in Anhydrid und Wasser. Mit Ammoniak unter Druck bildet sie DL-Asparaginsäure, mit Wasser unter Druck Äpfelsäure.

Vorkommen. Im Gegensatz zur Fumarsäure konnte die Maleinsäure bisher nur in wenigen Lebensmitteln nachgewiesen werden; z. B. von CH. JARBOE u. A. D. QUINN (1960) im Tabak und von M. P. LE ROUX (1961) in Champignon (Agaricus campestris).

Technische Darstellung. Für die technische Herstellung der Maleinsäure ist die katalytische Dampfphasenoxydation von Benzol das wichtigste Verfahren.

b) Fumarsäure

Eigenschaften. Kleine monokline Prismen, Smp 287° C (im zugeschmolzenen Capillarrohr); D 1,635; schwerlöslich in Wasser (bei 17° C 0,69 g in 100 g Wasser) und fast allen Lösungsmitteln, etwas besser in Alkohol. Fumarsäure ist eine schwächere Säure als Maleinsäure.

Fumarsäure sublimiert bei 200° C unzersetzt, oberhalb 230° C Zersetzung in Maleinsäureanhydrid und Wasser. Die Umlagerung von Maleinsäure in Fumarsäure erfolgt durch Kochen einer wäßrigen Maleinsäurelösung mit Salzsäure.

Vorkommen. Die Fumarsäure ist am Citronensäurecyclus beteiligt, wo sie durch das Ferment Fumarase im Gleichgewicht mit der L-(—)-Äpfelsäure und durch das Ferment Succinodehydrogenase im Gleichgewicht mit der Bernsteinsäure steht. Mit ihrem Vorkommen ist daher in allen Zellen zu rechnen, in denen der Citronensäurecyclus abläuft. Nachgewiesen wurde die Fumarsäure vor allem in Pilzen (z. B. Trüffel, Morchel, Champignon, Pfifferling), Tabak, Gerste, Roggen, Milch und Käse.

2. Propen-(1)-dicarbonsäure-(1.2)

Die Propen-(1)-dicarbonsäure-(1.2), Mol.-Gew. 130,10, existiert in zwei stereoisomeren Formen:

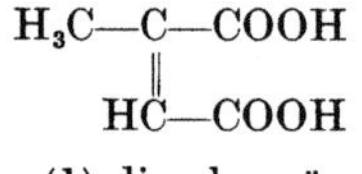

cis-Propen-(1)-dicarbonsäure-(1.2)
Citraconsäure

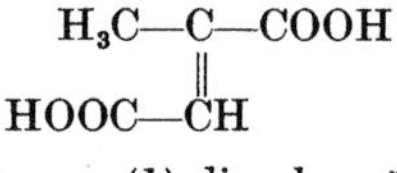

trans-Propen-(1)-dicarbonsäure-(1.2)
Mesaconsäure

a) Citraconsäure

Eigenschaften. Monokline Nadeln; ; Smp 92,8—93,8° C; D 1,617; Dissoziationskonstanten bei 25° C: $K_1 = 5{,}14 \cdot 10^{-3}$ und $K_2 = 7{,}15 \cdot 10^{-7}$.

Vorkommen. Nach H. SCHINZ und C. F. SEIDEL (1957) in der Himbeere.

b) Mesaconsäure

Eigenschaften. Nadeln oder Prismen aus Wasser; Smp 204,5° C (korr.); Dissoziationskonstanten bei 25° C: $K_1 = 8{,}22 \cdot 10^{-4}$; $K_2 = 1{,}78 \cdot 10^{-5}$. Bildung aus Citraconsäure durch UV-Bestrahlung in Gegenwart von etwas Brom.

Vorkommen. Nach E. J. ROBERTS u. L. F. MARTIN (1954) im Zuckerrohrsaft.

3. Traumatinsäure, trans-Decen-(1)-dicarbonsäure-(1.10), $HOOC \cdot (CH_2)_8 \cdot CH = CH \cdot COOH$

Blättchen aus Alkohol, Smp 165—166° C.

Von J. ENGLISH jr. u. Mitarb. (1939) aus den Schalen junger Bohnen isoliert. Traumatinsäure gehört, wie ihr Name besagt, zu den pflanzlichen *Wundhormonen.*

V. Ungesättigte Tricarbonsäuren

1. Aconitsäure, Propen-(1)-tricarbonsäure-(1.2.3)

Die Aconitsäure, Mol.-Gew. 174,11, ist in zwei stereoisomeren Formen bekannt:

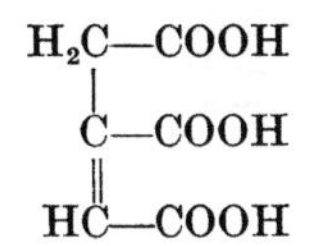

cis-Aconitsäure

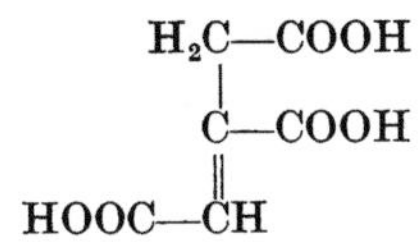

trans-Aconitsäure

a) trans-Aconitsäure

Eigenschaften. Farblose Blättchen oder Nadeln aus Wasser; Smp 185—210° C (abhängig von der Bestimmungsart) unter Zers.; Dissoziationskonstanten bei 25° C: $K_1 = 1{,}58 \cdot 10^{-3}$; $K_2 = 3{,}5 \cdot 10^{-5}$. 1 Teil trans-Aconitsäure löst sich bei 25° C in 2 Teilen Wasser.

Vorkommen. Unter anderen im Zuckerrohr, Zuckerhirse, in Gersten-, Mais- und Haferpflanzen.

b) cis-Aconitsäure

Eigenschaften. Die cis-Aconitsäure ist in Wasser leichter, in Äther schwerer löslich als die trans-Säure und wird beim Erhitzen oder Kochen mit Wasser in die trans-Aconitsäure übergeführt.

Vorkommen. Die cis-Aconitsäure steht innerhalb des Citronensäurecyclus und des Glyoxylsäurecyclus mit der Citronensäure und der (+)-iso-Citronensäure in einem enzymatischen Gleichgewicht, das durch das Enzym Aconitase eingestellt wird. Das Vorkommen des cis-Aconitsäure ist deshalb in all denjenigen Zellen zu erwarten, in denen diese Cyclen ablaufen.

VI. Gesättigte Monohydroxy- und Dihydroxy-monocarbonsäuren

1. Glykolsäure, Hydroxyessigsäure, $CH_2(OH) \cdot COOH$

Eigenschaften. Mol.-Gew. 76,03; farblose, monokline Prismen; Smp 79—80° C; Sdp 100° C (Zers.); D_4^{25} 1,49; Dissoziationskonstante bei 25° C: $K = 1{,}54 \cdot 10^{-4}$. 90 g Glykolsäure sind bei 25° C in 100 g Wasser löslich.

Vorkommen. Glykolsäure spielt wahrscheinlich gemeinsam mit der Glyoxylsäure eine Rolle als Zwischenprodukt bei der Biogenese der Oxalsäure (K. PEACH 1950) aus Essigsäure in zahlreichen Pflanzenorganen und Früchten. Sie tritt in höheren Konzentrationen besonders in der ersten Wachstumsperiode in den Pflanzen auf.

Nachgewiesen wurde die Glykolsäure in unreifen Weintrauben, grünen Blättern des wilden Weines und in neuerer Zeit u. a. im Zuckerrohrsaft (E. J. ROBERTS und L. F. MARTIN 1954), in den Äpfeln (Zusammenfassung: A. C. HULME 1958), den

Birnen (Zusammenfassung: A. C. HULME 1958) und im Tabak (L. D. QUIN u. Mitarb. 1961).

Technische Darstellung. Durch Verseifen von Monochloressigsäure mit Natronlauge oder Sodalösung wird Glykolsäure großtechnisch hergestellt.

2. Milchsäure, 2-Hydroxypropionsäure, $CH_3 \cdot CH(OH) \cdot COOH$

Eigenschaften. Milchsäure, 1750 von SCHEELE in der sauren Milch gefunden, ist die einfachste Hydroxysäure mit einem asymmetrischen Kohlenstoffatom. Somit gibt es drei isomere Formen mit den folgenden physikalischen Eigenschaften:

Milchsäure	Smp °C	$[\alpha]_D^{21-22}$	Dissoziationsgrad bei 25° C
D(—)-	52,8	+ 2,6	—
L(+)-	52,8	—2,6	—
DL-	16,8	inaktiv	$1{,}38 \cdot 10^{-4}$

Beim starken Erhitzen der Milchsäure unter normalem Druck tritt Zersetzung ein. Beim Konzentrieren von Milchsäurelösungen polymerisiert teilweise die Milchsäure oder je 2 Moleküle Milchsäure bilden unter Abspaltung von 2 Molekülen Wasser ein Lactid. Milchsäure ist sehr gut in Alkohol, Äther und Wasser löslich.

Vorkommen. Die Milchsäure findet sich in allen höheren Pflanzen, die bis jetzt darauf untersucht worden sind.

Die L(+)-Milchsäure („Fleischmilchsäure") bildet sich im arbeitenden Muskel aus Glykogen bei Sauerstoffmangel („Glykolyse") und verwandelt sich in der Ruhepause teilweise in Glykogen zurück. Außer im Muskel findet sie sich im Blut, Magensaft und Organen (Leber, Niere, Darmwand) und deshalb auch im Fleischextrakt. L(+)-Milchsäure wird weiterhin gebildet bei der Milchsäuerung durch Bacterium bulgaricum (Lactobacillus bulgaricus).

Die D(−)-Milchsäure entsteht bei der Vergärung von Glucose, Rohr- oder Milchzucker durch Bacterium acidi laevolactici oder bei Säuerung der Milch durch Bacterium aerogenes.

Die optisch inaktive DL-Milchsäure wird technisch aus Mischkulturen verschiedener Stämme gewonnen; je nach der verwendeten Bakterienrasse und der vorliegenden Stickstoffquelle kann bisweilen eine aktive Form vorherrschen.

Technische Darstellung. Technisch wird Milchsäure auch heute noch fast ausschließlich durch Gärung gewonnen.

Vom chemischen Standpunkt kommen zwei Gärungsarten in Frage:

a) Die homofermentative Gärung (Lactobacillus delbrueckii, casei, bulgaricus u. a.) verläuft nach der Bruttogleichung $C_6H_{12}O_6 = 2\,CH_3 \cdot CH(OH) \cdot COOH$, teilt das Glucosemolekül also glatt ohne Nebenreaktionen zu 100% (in der Praxis allerdings nur zu 90—95%) in 2 Mole Milchsäure. Der Reaktionsmechanismus entspricht weitgehend dem der alkoholischen Gärung, mit dem Unterschied, daß dort die Brenztraubensäure durch Decarboxylase decarboxyliert wird, hier jedoch die reduzierte Form des DPN (Milchsäuredehydrase) die Brenztraubensäure hydriert (Glykolyse):

$$\text{Brenztraubensäure} + \text{DPNH} + \text{H}^{\oplus} \rightleftharpoons \text{Milchsäure} + \text{DPN}^{\oplus}.$$

b) Die heterofermentative Gärung liefert außer Milchsäure noch andere Säuren, manchmal auch Gase und verläuft zunächst gleichfalls bis zur Brenztraubensäure. Diese wird dann unter Mitwirkung verschiedener Enzyme außer in Milchsäure auch in Essigsäure, Äthylalkohol, CO_2 u. a. m. zerlegt.

Technisch wird mit Hilfe von Reinkulturen des Bacterium delbrueckii nur die homofermentative Gärung durchgeführt. Als Ausgangsmaterial dienen Melasse oder Brennerei-(Getreide)-Maische, die durch Malzdiastase verzuckert wird oder aber Kartoffelstärke, Kartoffelmehl und Mais, die gleichfalls durch Diastase oder auch durch Hydrolyse mit verdünnter (0,1%iger) Schwefelsäure in Maltose umgewandelt werden. Traubenzucker wird ebenfalls als Gärsubstrat benutzt. Als Stickstoffquelle dienen Abbauprodukte von Proteinen, Kleie, Malzkeime, Hefe und Hefeextrakt. Die letztgenannten Substrate liefern gleichzeitig für das Wachstum der Milchsäurebakterien notwendige Wuchsfaktoren (Gruppe der B-Vitamine). Die Vergärung der sterilisierten (Ausschaltung heterofermentativer Organismen), 10 bis 11% Maltose enthaltenden Maische erfolgt unter fortlaufender Abstumpfung der gebildeten Säure (bei Milchsäurekonzentrationen über 1,8% arbeitet der Mikroorganismus nicht mehr) mit Calciumcarbonat bei pH 5—6 in mit Heiz- und Kühlschlangen versehenen Rührbottichen bei 48—50° C und dauert 5—8 Tage. Aus dem gewonnenen milchsauren Kalk wird mit Schwefelsäure die freie Milchsäure hergestellt. Weiteres unter „Genuß-Säuren" in Band VI des Handbuches. Umkristallisation liefert die Genußmilchsäure mit 50 und 80% Säure; chemisch reine Milchsäure (DAB 6) enthält 90% Gesamtsäure.

Verwendung. Milchsäure findet Verwendung an Stelle von Weinsäure als Träger des sauren Geschmacks in Obsterzeugnissen, Zuckerwaren und bestimmten Speiseeissorten, Limonadensirupen, Kunstbrauselimonaden, Backpulver, in Fleischerzeugnissen, bei der Brotbereitung (Trockensauer), in sterilisierten Gurken. Die Verwendung der Milchsäure ist gesetzlich geregelt durch die „Allgemeine Fremdstoff-Verordnung" vom 19. Dezember 1959 (BGBl. I S. 742) in der Fass. vom 15. Dezember 1960 (BGBl. I S. 1004), die „Fleischverordnung" vom 19. Dezember 1959 (BGBl. I S. 726) und die „Diät-Fremdstoff-Verordnung" vom 19. Dezember 1959 (BGBl. I S. 744).

Milchsäureester

Milchsäureäthylester, Äthyllactat, $CH_3 \cdot CH(OH) \cdot CO_2 \cdot CH_2 \cdot CH_3$

Eigenschaften. Mol.-Gew. 118,13; Öl; Sdp 155° C; D_4^{25} 1,030; sehr gut löslich in Wasser, Alkohol und Äther.

Vorkommen. Nach D. E. SMITH u. J. R. COFFMAN (1960) im Vorteig der Weißbrotbäckerei.

3. Glycerinsäure, 2.3-Dihydroxypropionsäure, $CH_2(OH) \cdot CH(OH) \cdot COOH$

Eigenschaften. Enthält ein asymmetrisches Kohlenstoffatom, ist also optisch aktiv; Mol.-Gew. 106,08; sirupöse Flüssigkeit; Drehwert der L(+)-Glycerinsäure $[\alpha]_D^{30}$ $-12°$ (Wasser; c = 2,6); sehr gut löslich in Wasser und Alkohol; weitere physikalische Daten fehlen.

Vorkommen. Die Glycerinsäure wirkt im tierischen oder pflanzlichen Organismus in Form ihrer Phosphorsäureester mit am Kohlenhydratstoffwechsel. Bei der chemischen oder enzymatischen Spaltung dieser Phosphorsäureester entsteht die freie Glycerinsäure; dieser kommt die D(−)-Konfiguration zu.

Nachgewiesen wurde die Glycerinsäure in Äpfeln und Birnen (A. C. HULME 1958).

4. Seltener nachgewiesene Dihydroxymonocarbonsäuren

a) 2.3-Dihydroxy-2-methylbuttersäure, $CH_3 \cdot CH(OH) \cdot C(CH_3)(OH) \cdot COOH$

Von G. C. WHITING und R. A. COGGINS (1960) im Apfelwein nachgewiesen.

b) Mevalonsäure, 3.5-Dihydroxy-3-methylvaleriansäure, $CH_2(OH) \cdot CH_2 \cdot C(CH_3)(OH) \cdot CH_2 \cdot COOH$

Die Mevalonsäure ist ein Baustein bei der Biosynthese der Terpene (F. LYNEN u. Mitarb. 1959) und wurde von V. V. MODI und D. K. PATURA (1961) aus Karotten isoliert.

VII. Gesättigte Monohydroxy- und Dihydroxy-dicarbonsäuren

1. Äpfelsäure, HOOC · CH(OH) · CH_2 · COOH

Eigenschaften. Äpfelsäure, Mol.-Gew. 134,09, von SCHEELE 1785 in unreifen Stachelbeeren entdeckt, enthält ein asymmetrisches Kohlenstoffatom und ist dementsprechend in zwei aktiven und einer racemischen Form bekannt, die folgende physikalische Eigenschaften haben:

Äpfelsäure	Smp °C	Sdp °C	$[\alpha]_D^{20}$	D_4^{20}
DL-	133	150 (Zers.)	—	1,601
D-	98—99	—	+ 3,07 (c = 4; H_2O)	—
L-	100	140 (Zers.)	—2,3 (c = 9,17; H_2O)	1,595

Das Drehungsvermögen der optisch aktiven Äpfelsäuren ist abhängig von der Konzentration; verdünnte Lösungen von L-Äpfelsäure lenken das polarisierte Licht nach links ab; die Linksddrehung nimmt aber mit steigender Konzentration ab, wird für 34%ige Lösungen null und schlägt dann nach rechts um.

In der Natur konnte nur die L(−)-Äpfelsäure nachgewiesen werden, die in glänzenden, zerfließlichen, drusenförmig aggregierten Nadeln kristalliert. Sie ist im Wasser und Alkohol gut, in Äther wenig löslich; ihre Dissoziationskonstanten betragen bei 25° C $K_1 = 4 \cdot 10^{-4}$ und $K_2 = 9 \cdot 10^{-6}$.

Die Erdalkalisalze sowie das Blei- und Silbersalz der L(−)-Äpfelsäure sind schwer löslich in Wasser, fast unlöslich in wäßrigem Alkohol und dienen zur Abscheidung der Säure. Die Salze der Äpfelsäure heißen Malate.

Vorkommen. Die L(−)-Äpfelsäure wirkt mit am Citronensäurecyclus und befindet sich in ihm durch das Ferment Malatdehydrogenase und DPN mit der Oxalessigsäure und durch das Ferment Fumarase (Hydratase) mit der Fumarsäure im Gleichgewicht. Infolgedessen kommt die L(−)-Äpfelsäure in allen pflanzlichen und tierischen Zellen vor, in denen der Citronensäurecyclus abläuft. Sie konnte daher auch in zahlreichen Lebensmitteln wie z. B. im Obst (besonders Kern- und Steinobst, Erdbeeren, Himbeeren, Heidelbeeren) und Gemüse (Kartoffel), aber auch im Blut und Muskel, im Käse (vgl. Tab. 2, S. 757), im Honig und im Wein (Traubenmost enthält 3—5 g/l nach E. VOGT 1958) nachgewiesen werden. Über die Bedeutung der Äpfelsäure im Rahmen der Weinbereitung vgl. bei ,,Wein" im Band VII des Handbuches. Im Apfel- und Kirschsaft ist die Äpfelsäure die Hauptsäure (D. JORYSCH u. Mitarb. 1962).

Darstellung. Zur technischen Gewinnung geht man in erster Linie von den 3—5% Äpfelsäure enthaltenden Beeren der Eberesche (Sorbus Aucuparia) aus, deren wäßriger Extrakt mit Kalkmilch neutralisiert wird. Das gebildete Calciummalat wird in das Bleisalz übergeführt und dieses mit Schwefelsäure zerlegt. Weiteres unter ,,Genuß-Säuren" in Band VI des Handbuches.

2. L(—)-Citramalsäure, L(—)-2-Hydroxy-2-methylbernsteinsäure, HOOC·C(OH)(CH$_3$)·CH$_2$·COOH

Mol.-Gew. 148,11; Prismen aus Wasser; Smp 109—111° C; $[\alpha]_D^{20} = -30°$. Die Säure wurde in Äpfeln und Birnen (A. C. HULNE 1958) und im Apfelwein (G. C. WHITING und R. A. COGGINS 1960) nachgewiesen.

3. Weinsäure, Dihydroxybernsteinsäure, HOOC·CH(OH)·CH(OH)·COOH

Physikalische Eigenschaften. Die Weinsäuren, Mol.-Gew. 150,09, enthalten zwei strukturidentische asymmetrische Systeme, sie müssen daher in vier isomeren Formen, einer linksdrehenden, einer rechtsdrehenden, dem zugehörigen Racemat und einer Mesoform vorkommen. Die Auswahl der Konfigurationsformeln für die aktiven Weinsäuren hat zu folgender Verteilung geführt:

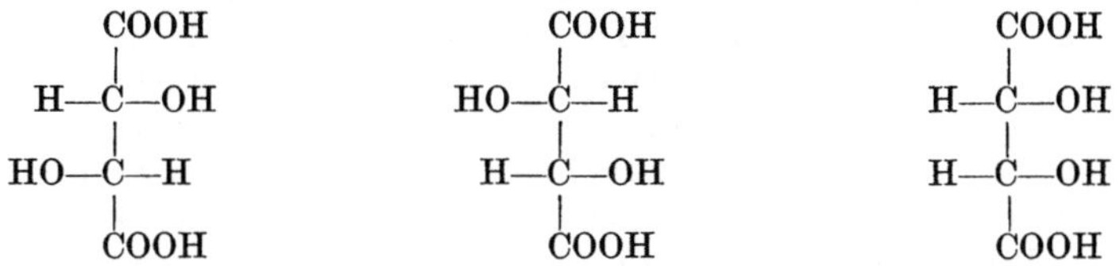

D(+)-*Weinsäure* L(—)-*Weinsäure* *meso-Weinsäure* (intramolekular kompensiert)

Die vier isomeren Weinsäuren haben folgende physikalische Eigenschaften:

Weinsäure	Smp °C	D_4^{20}	$[\alpha]_D^{20}$	Dissoziations-konstanten bei 25° C
DL-	206		inaktiv	$K_1 = 1,1 \cdot 10^{-3}$
L(—)-	167—170	1,7598	—11,98 (c = 20; H_2O)	$K_2 = 6,9 \cdot 17^{-5}$
D(+)-			+ 11,98 (c = 20; H_2O)	
meso-	140	1,666	inaktiv	

D(+)-Weinsäure kristallisiert aus wäßrigen Lösungen unter 5° C wasserfrei im monoklinen System und über 5° C als Monohydrat. In 100 g Wasser lösen sich bei 20° C 139 g D(+)-Weinsäure und bei 100° C 343 g. In 100 g absol. Äthanol lösen sich bei 18° C 20,4 g D(+)-Weinsäure und in 100 g Äther bei 18° C 0,30 g. Die DL-Weinsäure (Traubensäure) ist kristallwasserhaltig (2 $C_4H_6O_6$ + H_2O), kristallisiert triklin und ist in Wasser weniger löslich als die D(+)-Form (20,6 g wasserfreie DL-Weinsäure lösen sich bei 20° C in 100 g Wasser).

Die Salze der Weinsäuren heißen Tartrate. Das wichtigste Salz ist das saure Kaliumsalz der D(+)-Weinsäure, der Weinstein (cremor tartari); in Wasser schwer löslich (in 100 g Wasser lösen sich bei 18° C 0,49 g), scheidet er sich bei der Weingärung mit zunehmendem Alkoholgehalt im „Faßgeläger" ab.

Das Calciumsalz der DL-Weinsäure [($C_4H_4O_6$ · Ca)$_2$ · 8 H_2O] ist in Wasser noch schwerer löslich als der Weinstein und schwerer löslich als die Calciumsalze der optisch aktiven Weinsäuren, d. h. eine verdünnte Lösung racemisierter Weinsäure kann mit Ca^{2+}-Ionen gefällt werden, eine verdünnte Lösung einer optisch aktiven Weinsäure jedoch nicht.

Chemische Eigenschaften. Die Weinsäuren neigen auf Grund ihrer Natur als Polyhydroxyverbindungen zur Komplexbildung mit Schwermetallionen. Besonders der mit Kupfer-II-Ionen gebildete und im alkalischen Medium tiefblau gefärbte Komplex hat unter der Bezeichnung Fehlingsche Lösung eine wichtige Anwendung zum Nachweis von Aldehyden und von reduzierenden Zuckern gefunden.

Bei längerem Kochen sämtlicher Weinsäuren mit starken Alkalien tritt Konfigurationsumkehr der asymmetrischen C-Atome ein.

Vorkommen. Bis auf eine Ausnahme wurde in der Natur nur die D(+)-Weinsäure nachgewiesen. Das einzige Auftreten der L(−)-Weinsäure, sogar in relativ hohen Konzentrationen, ist von J. RABATÉ und A. GOURÉVITSCH (1938) in der Bauhinia reticulata, einer im Sudan heimischen Pflanze, beobachtet worden.

Die D(+)-Weinsäure ist in der Natur weit verbreitet, so z. B. in der Weintraube, wo sie rund 40% der Gesamtsäure ausmacht und in den Aprikosen. Außerdem kommt sie in den Johannisbeeren, Stachelbeeren, Quitten, Mispeln und der Zuckerrübe vor.

Die DL-Weinsäure wurde neben der D(+)-Weinsäure nur im Traubensaft aufgefunden.

Die meso-Weinsäure kommt in der Natur nicht vor.

Technische Darstellung. Bei der technischen Gewinnung der Weinsäure geht man von dem obenerwähnten Weinstein aus, der sich in Weinlagerfässern als harte, braune Kruste abscheidet. Dieser besteht aus Kaliumbitartrat und Calciumtartrat. Das Faßgeläger wird mit Wasser unter Zugabe von Kreide und wenig Calciumchlorid gekocht, genau neutralisiert und durch die berechnete Menge Schwefelsäure aus dem gebildeten Calciumtartrat die Weinsäure freigesetzt. Die filtrierte und mit Kohle entfärbte Lösung liefert durch Eindampfen in Vakuumapparaten ein Rohkristallisat, das durch Umkristallisieren gereinigt wird. Auch aus der in Gärfässern abgeschiedenen Weinhefe können die im Hefeschlamm enthaltenen Tartrate nach Abtrennung der Hefebestandteile gewonnen werden. Weiteres unter „Genuß-Säuren“ in Band VI des Handbuches.

Verwendung. Weinsäure findet Verwendung als Träger sauren Geschmackes in der Süßwarenindustrie (Zuckerwaren, Speiseeis), für Limonaden und Brauselimonaden, zur Geschmacksverbesserung bei Obsterzeugnissen (Marmeladen, Gelees u. a.). Sie liefert außerdem die Säurekomponente in manchen Backpulvern und in Brauselimonadenwürfeln. [Allgemeine Fremdstoff-Verordnung vom 19. Dezember 1959 (BGBl. I. S. 742) in der Fass. vom 15. Dezember 1960 (BGBl. I. S. 1004]. Medizinisch wird das Kaliumantimonyltartrat (Brechweinstein), $K(C_4H_2O_6Sb(OH)_2)$ benutzt.

VIII. Monohydroxy-tricarbonsäuren

1. Citronensäure, 2-Hydroxypropan-tricarbonsäure-(1.2.3)

Die Citronensäure wurde 1784 von C. W. SCHEELE erstmalig aus Citronensaft isoliert.

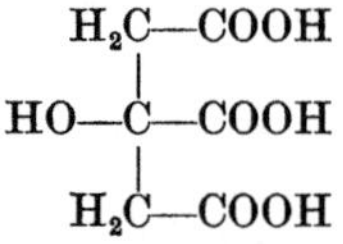

Physikalische Eigenschaften. Die Citronensäure ist eine geruchlose, farblose, gut kristallisierende Substanz von angenehm saurem Geschmack. Sie kristallisiert wasserfrei beim Eindampfen heißer, konzentrierter wäßriger Lösungen und als Monohydrat aus kalten wäßrigen Lösungen. Die beiden Formen haben folgende physikalische Eigenschaften:

Citronensäure	Mol.-Gew.	Kristallform	Smp °C	D
wasserfrei	192,12	Prismen (monoklines Syst.)	153	1,665
Monohydrat	210,14	bipyramidale Rhomben	bei raschem Erhitzen: 100	1,542

In trockener Luft verwittern die Kristalle des Monohydrates; sie verlieren das Kristallwasser allmählich im Vakuum über konzentrierter Schwefelsäure oder beim gelinden Erwärmen auf 70—75° C und gehen in die wasserfreie Säure über.

Die Dissoziationskonstanten der Citronensäure betragen bei 18° C $K_1 = 8{,}4 \cdot 10^{-4}$; $K_2 = 1{,}7 \cdot 10^{-5}$ und $K_3 = 4 \cdot 10^{-7}$.

Tabelle 8. *Löslichkeit des Citronensäure-Monohydrates in Wasser und einigen organischen Lösungsmitteln*

Lösungsmittel	°C	g Citronensäure-Monohydrat in 100 g Lösungsmittel
Wasser	20	59,2
Wasser	30	64,3
Wasser	50	70,9
Wasser	100	84,0
Methanol	19	197,0
Äthanol	25	49,8
Äthylacetat	25	5,3
Äthyläther	25	2,2

Chemische Eigenschaften. Citronensäure bildet drei Reihen Salze (Citrate), von denen die tertiären Salze von Calcium und Barium hervorzuheben sind, da sie zur Abscheidung und Trennung der Säure dienen. Das frischgefällte amorphe Ca-Salz ist in der Kälte wesentlich leichter löslich als in der Siedehitze, das kristallisierte Salz verhält sich umgekehrt.

Die Citronensäure als Hydroxytricarbonsäure ist eine sehr reaktionsfähige Substanz. Beim Erhitzen über ihren Schmelzpunkt werden allmählich Wasser und Kohlendioxid abgespalten und es bilden sich zunächst drei Umwandlungsprodukte: Aconitsäure (vgl. S. 774), Acetondicarbonsäure und Itaconsäure. Hervorzuheben ist auch die Fähigkeit der Citronensäure zur Komplexbildung; z. B. binden 100 Teile Citronensäure 19 Teile Fe^{3+}-, 19 Teile Al^{3+}-, 26 Teile Cu^{2+}- oder 44 Teile Zn^{2+}-Ionen. Die meisten Metallkomplexe sind wasserlöslich; hierauf beruht die vielseitige Verwendung der Citronensäure in der Technik zur Inaktivierung von Metallionen. Die Neigung zur Komplexbildung ist wohl auch der Grund für die „synergistische" Wirkung der Säure bei Antioxydantien (vgl. Kapitel „Weitere chemische Zusatzstoffe" in diesem Band).

Vorkommen. Die Citronensäure nimmt als erstes Glied im „Citronensäurecyclus" eine Schlüsselstellung ein im aeroben Abbau aller Nährstoffe und als Vorstufe der α-Ketoglutarsäure bei der Synthese wichtiger Aminosäuren. Sie gehört deshalb zu den ubiquitär vorkommenden Zellbestandteilen aller lebenden Organismen. Eine Auswahl über das Vorkommen der Citronensäure in Lebensmitteln gibt Tab. 9.

Tabelle 9. *Vorkommen der Citronensäure*

Lebensmittel	In 100 g sind enthalten:
Citronensaft	7—9 g
Orange	0,4—2,5 g
Rote Johannisbeere	2—3,5 g
Stachelbeere	2 g
Pflaume	0,84—0,97 g
Kartoffel	bis 1 g
Tomate	60—810 mg
Milch	0,2—0,4 g
Gerste	70 mg
Roggen	16 mg

Technische Darstellung. Während früher die Citronensäure in erster Linie aus italienischem Citronensaft gewonnen wurde, werden gegenwärtig 80—85% des Weltbedarfs durch Gärung hergestellt.

a) Gärverfahren

Als Citronensäurebildner werden Aspergillus niger-Stämme eingesetzt, die kohlenhydrathaltige Produkte [Zuckerlösungen verschiedenen Reinheitsgrades und wachsender Konzentration (15—25%), Melasse, Rübenschnitzel, Holzzucker, Maisabfälle, Molke] nach Zugabe von Nährsalzen (Kaliumphosphat, Magnesiumsulfat, Ammoniumnitrat u. a.) vergären. Die Gärung wird in übereinander angebrachten, flachen Schalen bei 22° C ausgeführt. Die Gärung wird unterbrochen, wenn 10—15% Citronensäure sich in den Schalen gebildet hat. Mit Kalkmilch wird die Citronensäure aus der Gärflüssigkeit abgetrennt, das entstandene Calciumcitrat mit Schwefelsäure zerlegt und nach Filtration die wäßrige Lösung zur Kristallisation eingedampft. In neuerer Zeit ist man zur Anwendung einer „submersen" Züchtung übergegangen, d. h. das Pilzmycelium wird in rotierenden Trommeln in die Nährflüssigkeit getaucht gehalten, durch welche man Luft leitet. Auf diesem Wege kann ein größerer Citronensäureertrag erzielt werden.

b) Gewinnung aus Zitronen

Der Preßsaft aus unreifen Zitronen mit einem Säuregehalt von 5—8% wird zur Entfernung von Zucker, Eiweißstoffen und Pektinen zunächst einer 3—10 Tage dauernden spontanen Gärung unterworfen, mit Kieselgur verrührt, über Pressen filtriert und aus dem Filtrat mit Kalkmilch wie oben geschildert die Citronensäure abgetrennt. Weiteres unter „Genuß-Säuren" in Band VI des Handbuches.

Verwendung. Wegen ihres angenehm sauren, erfrischenden Geschmackes findet die Citronensäure in der Getränkeindustrie Verwendung zur Herstellung von Brause- und Getränkepulvern, von Zuckerwaren, Speiseeis, Likören, Wermutwein. Citronensäure-Citrat-Gemische puffern verschiedene Lebensmittel wie Milchprodukte, Konserven oder Schmelzkäse. Citrat als Komplexbildner mit Calcium verhindert die Blutgerinnung, als Komplexbildner mit verschiedenen fettschädigenden Ionen (Kupfer, Eisen) entfaltet es gleich einigen seiner Ester synergistische Wirkung bei Antioxydantien (vgl. oben). Die freie Citronensäure wird bei der Herstellung von Würzen und Soßen und im Haushalt anstelle von Essig verwendet.

Gesetzliche Regelungen über die Verwendung von Citronensäure bringen die „Allgemeine Fremdstoff-Verordnung" vom 19. Dezember 1959 in der Fass. vom 15. Dezember 1960 (BGBl. I. S. 1004), die „Fleisch-Verordnung" vom 19. Dezember 1959 (BGBl. I. S. 726), die „Speiseeis-Verordnung" vom 15. März 1961 (BGBl. I. S. 227) und die „Diät-Fremdstoff-Verordnung" vom 19. Dezember 1959 (BGBl. I. S. 744).

2. (+)-iso-Citronensäure, (+)-1-Hydroxypropan-tricarbonsäure-(1.2.3)

$$\begin{array}{l} HO \cdot CH \cdot COOH \\ \quad\quad | \\ \quad\quad CH \cdot COOH \\ \quad\quad | \\ \quad\quad CH_2 \cdot COOH \end{array}$$

Eigenschaften. Mol.-Gew. 192,12; Prismen; Smp 100° C (Zers.); $[\alpha]_D^{25} = 0°$ (Trinatriumsalz in Wasser); reine (+)-iso-Citronensäure ist, wegen der großen Neigung in das Lacton (Smp 153—154° C; $[\alpha]_D^{26} = -62°$) überzugehen, sehr schwer zu erhalten. Zur Trennung von Citronensäure ist der Dimethylester des Lactons geeignet, der gut kristallisiert (Sdp_{26} 204—206° C, Smp 106—107° C).

Vorkommen. Bei der Beschreibung der cis-Aconitsäure (vgl. S. 774) wurde die (+)-iso-Citronensäure als Metabolit im Citronen- und Glyoxylsäurecyclus erwähnt. Im Citronensäurecyclus wird sie unter der Einwirkung von Isocitrat-Dehydrogenase zu Oxalbernsteinsäure dehydriert und im Glyoxylsäurecyclus erfährt sie unter Einwirkung von Isocitratase (Isocitrat-Lyase) eine Spaltung in Glyoxylsäure und Bernsteinsäure. Aufgefunden wurde die (+)-iso-Citronensäure von E. K. NELSON (1925) in den Brombeeren.

IX. Oxocarbonsäuren

Allgemeines. Die unter der Bezeichnung Oxocarbonsäuren zusammengefaßten Aldehyd- und Ketocarbonsäuren kommen auf Grund ihrer Einbeziehung in biochemische Prozesse vielfältig in den Lebensmitteln vor. So ist die Brenztraubensäure am Kohlenhydrat- und Fettstoffwechsel und zusammen mit anderen α-Oxocarbonsäuren am Proteinstoffwechsel durch Transaminierung oder oxydative Desaminierung der entsprechenden Aminosäuren beteiligt. Die β-Oxocarbonsäuren sind Zwischenglieder des Fettstoffwechsels. Einigermaßen stabile, aber schlecht kristallisierende sirupöse Verbindungen sind die einfachen α-Oxocarbonsäuren; sie zeigen im allgemeinen die Reaktionen der Carboxyl- und Oxogruppe nebeneinander. Die β-Oxocarbonsäuren sind sehr reaktionsfähig und gehen leicht unter Decarboxylierung in die entsprechenden Methylketone über.

1. α-Oxo-monocarbonsäuren

a) Glyoxylsäure, Oxoessigsäure, CHO·COOH

Eigenschaften. Mol.-Gew. 74,04, monokline Kristalle mit Smp 98° C, die an der Luft zerfließen. Mit 1 mol Wasser verbindet sich Glyoxylsäure zu dem Hydrat $(HO)_2CH \cdot COOH$, einer dicken in Wasser leicht löslichen Flüssigkeit, die über Schwefelsäure rhombische Prismen bildet.

Glyoxylsäure löst sich sehr leicht in Wasser und sehr schwer in Äthanol, Äther und Benzol.

Vorkommen. Die Glyoxylsäure ist Metabolit im Glyoxylsäurecyclus, einem Nebenweg des Citronensäurecyclus. Der Glyoxylsäurecyclus wird eingeleitet durch die Spaltung der (+)-iso-Citronensäure durch das Ferment Isocitrat-Lyase in Glyoxylsäure und Bernsteinsäure. Angetroffen wird er bei Mikroorganismen, deren einzige Kohlenstoffquelle Fettsäuren oder Essigsäure sind, oder bei Pflanzensämlingen, die ihre Fettreserven für Synthesen heranziehen müssen. Aus diesem Grunde ist die Glyoxylsäure in der Natur besonders in unreifen Früchten (Stachelbeeren, Rhabarber, Äpfel u. a.) und Knospen weit verbreitet.

b) Brenztraubensäure, α-Oxopropionsäure, $CH_3 \cdot CO \cdot COOH$

Eigenschaften. Mol.-Gew. 88,06; Smp 13,6° C; Sdp_{760} 165° C; D_4^4 1,2881.

Brenztraubensäure ist eine wie Essigsäure riechende, mit Wasser, Alkohol und Äther unbegrenzt mischbare Flüssigkeit; sie neigt zu Kondensations- und Polymerisationsreaktionen und kann leicht zu Essigsäure oxydativ decarboxyliert werden. Brenztraubensäure ist eine stärkere Säure als Essigsäure, ihre Dissoziationskonstante beträgt bei 25° C $3,2 \cdot 10^{-3}$. Die Salze der Brenztraubensäure heißen *Pyruvate.*

Vorkommen. Ergänzend zu der oben angedeuteten Rolle der Brenztraubensäure im intermediären Stoffwechsel ist zu erwähnen, daß sie im Proteinstoffwechsel aus Alanin entsteht oder in diese Verbindung überführt werden kann. Aus ihrer physiologischen Bedeutung darf geschlossen werden, daß die Brenztraubensäure in keiner lebenden Zelle fehlt; sie konnte deshalb auch in zahlreichen Lebensmitteln wie z. B. in Milch und Milchprodukten, in Fleisch, Obst- und Gemüse nachgewiesen werden.

Bemerkenswert ist auch die Feststellung, daß beim Zerschneiden einer Zwiebel Enzyme des Alliinasetyps auf ein L-Cysteinsulfoxidderivat einwirken und dabei neben den stechend riechenden Verbindungen auch Brenztraubensäure entsteht, deren Konzentration so ein Maß für die Schärfe einer Zwiebel darstellt (S. SCHWIMMER u. W. J. WESTON 1961).

Darstellung. Durch Erhitzen von Weinsäure mit Kaliumbisulfat.

c) α-Ketobuttersäure, 2-Oxo-butansäure-(1), $CH_3 \cdot CH_2 \cdot CO \cdot COOH$

Mol.-Gew. 102,09; hygroskopische Tafeln; Smp 30—32° C; sehr gut löslich in Wasser und Äthanol, weniger gut in Äther.

Im Proteinstoffwechsel ist die α-Ketobuttersäure eine Vorstufe beim Aufbau des iso-Leucins; sie entsteht auch beim Abbau des Threonins über die α-Aminobuttersäure.

Nachgewiesen wurde die α-Ketobuttersäure im Käse (E. W. Bassett u. W. J. Harper 1958) und in der Milch (J. Schormüller u. H. Langner 1960a).

d) α-Keto-isovaleriansäure, 2-Oxo-3-methyl-butansäure-(1) $(CH_3)_2CH \cdot CO \cdot COOH$

Mol.-Gew. 116,11; Kristalle; Smp 31° C; Sdp_{760} 170° C; löslich in Wasser, Äthanol und Äther.

Im Proteinstoffwechsel wird α-Keto-isovaleriansäure als Zwischenprodukt beim Auf- und Abbau des Valins gebildet.

α-Keto-isovaleriansäure wurde im Käse nachgewiesen (E. W. Bassett und W. J. Harper 1958).

e) α-Keto-isocapronsäure, 2-Oxo-4-methyl-pentansäure-(1) $(CH_3)_2 \cdot CH \cdot CH_2 \cdot CO \cdot COOH$

Mol.-Gew. 130,14; Flüssigkeit; Sdp_{15} 84—85° C; Smp −2° C.

α-Keto-isocapronsäure steht im Aminosäurestoffwechsel durch eine Transaminierungsreaktion im Gleichgewicht mit Leucin.

Nachgewiesen wurde die Verbindung gemeinsam mit der α-Keto-isovaleriansäure im Käse.

f) Phenylbrenztraubensäure, α-Oxo-phenylpropionsäure, $C_6H_5 \cdot CH_2 \cdot CO \cdot COOH$

Mol.-Gew. 164,15; Rhomben oder Tafeln aus Wasser; Smp 157° C (Zers.); wenig löslich in Wasser, gut löslich in Alkohol und Äther. Phenylbrenztraubensäure wird im Aminosäurestoffwechsel aus Phenylalanin gebildet. Nachgewiesen wurde die Phenylbrenztraubensäure von P. G. Asmaev u. I. G. Mokhnachev (1960) im Tabak.

2. α-Oxo-dicarbonsäuren

a) Oxalessigsäure, $HOOC \cdot CH_2 \cdot CO \cdot COOH$

Keto-Enol-Gleichgewicht der Oxalessigsäure

```
                              H—C—COOH
                                ‖
                             HO—C—COOH
                               cis-Form
                                 (I)
HOOC · CH2 · CO · COOH ⇌
                              H—C—COOH
                                ‖
                           HOOC—C—OH
                              trans-Form
                                 (II)
```

Eigenschaften. Die Oxalessigsäure, Mol.-Gew. 132,07, enthält gleichzeitig eine α- und β-Ketocarbonsäuregruppierung und ist daher sehr labil.

In wäßriger Lösung liegt sie zum großen Teil, in kristallisiertem Zustand vollständig in der Enolform vor. Ursprünglich wurde angenommen, daß die Oxalessigsäure in zwei stereoisomeren Enolformen, entweder in der cis-[Hydroxy-maleinsäure(I)] oder der trans-[Hydroxyfumarsäure(II)]-Form kristallisiert. Durch neuere spektrographische und röntgenographische Untersuchungen (u. a. B. E. C. BANKS 1961) wurde jedoch gezeigt, daß die Oxalessigsäure nur in einer Enolform (vermutlich in der trans-Form) kristallisiert, deren Zersetzungspunkt je nach Art der Isolierung und Kristallisation zwischen 148—150° C und 180—183° C liegen kann. Die Ursache dieser Schmelzpunktunterschiede ist noch nicht geklärt.

Vorkommen. Die Oxalessigsäure, die in der lebenden Zelle aus Brenztraubensäure (Schlüsselsubstanz des Kohlenhydratstoffwechsels) durch β-Carboxylierung oder durch Transaminierung von Asparaginsäure entstehen kann, steht im Citronensäurecyclus durch das Ferment Malat-Dehydrogenase mit der Äpfelsäure im Gleichgewicht. Aus diesem Gleichgewicht wird die Oxalessigsäure durch Reaktion mit „aktivierter" Essigsäure zur Citronensäure fortlaufend entfernt (Startreaktion des Citronensäurecyclus). In sehr geringer Konzentration kommt deshalb die Oxalessigsäure in all denjenigen tierischen und pflanzlichen Zellen vor, in denen der Citronensäurecyclus abläuft.

In den letzten Jahren wurde die Oxalessigsäure u. a. in den Preiselbeeren (A. I. VIRTANEN u. M. ALFTHAN 1955), in der Milch (W. J. HARPER u. R. M. HUBER 1957), in Äpfeln (A. C. HULME 1958) und in verschiedenen Käsearten (J. SCHORMÜLLER u. H. LANGNER 1960b) nachgewiesen.

b) α-Keto-glutarsäure, $HOOC\cdot CO\cdot CH_2\cdot CH_2\cdot COOH$

Mol.-Gew. 146,10; Kristalle; Smp 109—110° C; sehr gut löslich in Wasser, wenig löslich in Äther.

Die α-Keto-glutarsäure ist einerseits ein Metabolit des Citronensäurecyclus, andererseits entsteht sie durch Transaminierung oder oxydative Desaminierung aus Glutaminsäure. Sie verbindet dadurch den Kohlenhydratstoffwechsel (über den Citronensäurecyclus) mit dem Aminosäurestoffwechsel und gehört folglich zu den Verbindungen, welche in kleiner und kleinster Menge in jeder lebenden Zelle zu erwarten sind.

Nachgewiesen wurde die α-Keto-glutarsäure in zahlreichen Lebensmitteln, u. a. in Milch, Käse, Äpfeln, Roggen und Preiselbeeren.

c) α-Keto-adipinsäure, $HOOC\cdot (CH_2)_3\cdot CO\cdot COOH$

Mol.-Gew. 160,13; Kristalle aus Äther; Smp 124° C.

In Mikroorganismen wird die Aminosäure Lysin über die α-Amino-adipinsäure und die α-Keto-adipinsäure zu Glutarsäure abgebaut.

Nachgewiesen wurde die α-Keto-adipinsäure in der Milch (M. KREULA u. A. I. VIRTANEN 1956) und in Erbsen (A. I. VIRTANEN u. M. ALFTHAN 1954).

3. α-Oxo-tricarbonsäuren

a) Oxalbernsteinsäure,

$$\begin{array}{l} CH_2\text{—}COOH \\ | \\ CH\text{ —}COOH \\ | \\ CO\text{ —}COOH \end{array}$$

Mol.-Gew. 190,11; Prismen aus Äthylacetat + Chloroform, die sich bei 80,5° C in Ketoglutarsäure zersetzen. Oxalbernsteinsäure liegt in kristallinem Zustand ausschließlich und in wäßriger Lösung überwiegend in der Keto-Form vor. Infolge ihrer Reaktionsfähigkeit ist die Oxalbernsteinsäure in neutraler wäßriger Lösung bei 0° C nur einige Stunden beständig; haltbar ist das in Wasser schwer lösliche

Bariumsalz, das als Ausgangsmaterial zur Darstellung der Säure dient. Oxalbernsteinsäure ist sehr leicht löslich in Wasser, Methanol und Äthanol, aber unlöslich in Chloroform und Benzol.

Oxalbernsteinsäure ist ein Metabolit des Citronensäurecyclus und wurde u. a. in der Milch (W. J. HARPER u. R. M. HUBER 1957) und im Käse (E. W. BASSETT u. W. J. HARPER 1958) nachgewiesen.

4. β-Oxo-monocarbonsäuren

a) Acetessigsäure, $CH_3 \cdot CO \cdot CH_2 \cdot COOH$

Mol.-Gew. 102,09; farbloser Sirup; Smp < 100° C (Zers.).

Acetessigsäure ist eine labile Verbindung, die leicht unter Decarboxylierung in Aceton übergeht; die Zersetzungsgeschwindigkeit ist von der Temperatur und vom pH abhängig. Die Dissoziationskonstante der Acetessigsäure beträgt bei 25° C $K = 2{,}63 \cdot 10^{-4}$.

Acetessigsäure ist ein wichtiges Intermediärprodukt des Fettstoffwechsels und wurde erstmalig im Diabetikerharn nachgewiesen; außerdem ist sie eine Vorstufe der *Mevalonsäure* und damit an der Biosynthese der Terpenkörper beteiligt.

Nachgewiesen wurde die Acetessigsäure im Käse (E. W. BASSETT u. W. J. HARPER 1958) und in der Milch (W. J. HARPER u. R. M. HUBER 1957).

b) Weitere in Lebensmitteln vorkommende β-Oxo-monocarbonsäuren:

Säure	Smp °C	Vorkommen	Literatur
β-Ketocapronsäure	—	Käse	W. J. HARPER u. E. W. BASSETT (1959)
β-Keto-isocapronsäure	—	Käse	
β-Ketocaprylsäure	75—76 (Zers.)	Käse	

5. γ-Oxo-monocarbonsäuren

a) Lävulinsäure, 4-Oxo-pentansäure-(1), $CH_3 \cdot CO \cdot CH_2 \cdot CH_2 \cdot COOH$

Eigenschaften. Mol.-Gew. 116,11; große, glänzende Kristalle; Smp 32,5° C; Sdp_{760} 245—246° C (bei leichter Zers.); Sdp_{12} 144° C; leicht löslich in Wasser, Alkohol und Äther; D_{20}^{20} 1,1395. Die Dissoziationskonstante beträgt bei 25° C $2{,}55 \cdot 10^{-5}$.

Abgetrennt wird die Lävulinsäure über ihr gut kristallisierendes und schwerlösliches Silber-Salz.

Vorkommen. Lävulinsäure bildet sich aus Hexosen, besonders aus Ketosen (z. B. D-Fructose = Lävulose), oder Polysacchariden beim Kochen mit verdünnten Säuren über die Stufe des 5-Hydroxy-methyl-furfurols (vgl. S. 802). Das Vorkommen der Lävulinsäure ist also in allen den Lebensmitteln zu erwarten, die Kohlenhydrate und Säuren enthalten und die wie z. B. Marmeladen und Suppenwürzen bei der Herstellung erwärmt werden müssen; außerdem entsteht Lävulinsäure aus Tabakinhaltsstoffen beim Rauchprozeß (L. D. QUIN u. Mitarb. 1961).

Lävulinsäureäthylester, $CH_3 \cdot CO \cdot (CH_2)_2 \cdot CO \cdot O \cdot CH_2 \cdot CH_3$

Mol.-Gew. 144,19; ölige Flüssigkeit; Sdp_{760} 205,8° C; Sdp_{24} 103—105° C; D_4^{20} 1,0134. Lävulinsäureäthylester wurde von L. WISEBLATT u. F. E. KOHN (1960) im frischen Weißbrot nachgewiesen.

6. Hydroxy-oxo-monocarbonsäuren

a) 3-Hydroxy-2-oxo-buttersäure, $CH_3 \cdot CH(OH) \cdot CO \cdot COOH$

Die Verbindung ist gegen Säuren beständig, wird jedoch in alkalischer Lösung zu Acetol decarboxyliert; sie wurde von A. I. VIRTANEN u. M. ALFTHAN (1955) in der Preiselbeere nachgewiesen.

b) 4-Hydroxy-2-oxo-buttersäure, $CH_2(OH) \cdot CH_2 \cdot CO \cdot COOH$

Die Verbindung wurde von A. I. VIRTANEN u. M. ALFTHAN (1955) in der Preiselbeere aufgefunden.

c) Acetmilchsäure, 2-Hydroxy-3-methyl-3-oxo-buttersäure $CH_3 \cdot CO \cdot C(CH_3)(OH) \cdot COOH$

Die Verbindung ist sehr unbeständig und optisch aktiv. Sie wurde im Käse nachgewiesen (W. J. HARPER 1959) und entsteht durch Einwirkung von aktiviertem Acetaldehyd (Acetaldehyd-Thiamin-Komplex) auf Pyruvat (A. N. RADHAKRISHNAN u. E. E. SNELL 1960); über den weiteren Umsatz zum Acetoin vgl. S. 806.

B. Alicyclische und aromatische Carbonsäuren

I. Alicyclische Carbonsäuren

1. Shikimisäure $C_7H_{10}O_5$

Die Shikimisäure wurde 1885 aus japanischem Sternanis *(Illicum religiosum)* isoliert und ihr Name vom japanischen Namen der Pflanze „shikimi-no-ki" abgeleitet.

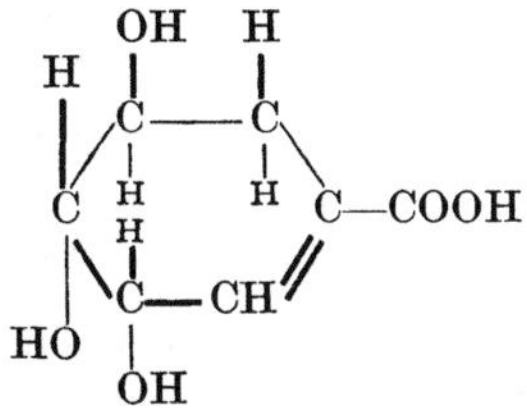

Eigenschaften. Mol.-Gew. 174,15; Nadeln; Smp 183—184° C; D^{14} 1,599; löslich in Wasser, weniger löslich in Alkohol, unlöslich in Chloroform.

Vorkommen. Die Shikimisäure, deren Bildung in Mikroorganismen aus Hexosen über die Chinasäure und Dehydrochinasäure nachgewiesen wurde, ist im Pflanzenreich und bei Mikroorganismen Schlüsselsubstanz zur Biosynthese aromatischer Verbindungen wie z. B. der aromatischen Aminosäuren, der Flavone, Anthocyane und der Kaffeesäure mit ihren Derivaten (M. J. COON u. W. G. ROBINSON 1958). Die Shikimisäure ist aus diesem Grunde im Pflanzenreich weit verbreitet und wurde u. a. in Äpfeln und Birnen (A. C. HULME 1958), in den Stachel- und Holunderbeeren (G. C. WHITING 1958), den Cocosnüssen (W. TULECKE u. Mitarb. 1961), in den Schößlingen des Teestrauches (M. N. ZAPROMETOV 1961) und in Karotten und Sellerie (R. SCHRAMM 1961) nachgewiesen.

2. (—)-Chinasäure $C_7H_{12}O_6$

Die Auffindung der (–)-Chinasäure in der Chinarinde durch den Apotheker HOFMANN im Jahre 1790 gehört zu den frühesten Entdeckungen der organischen Chemie.

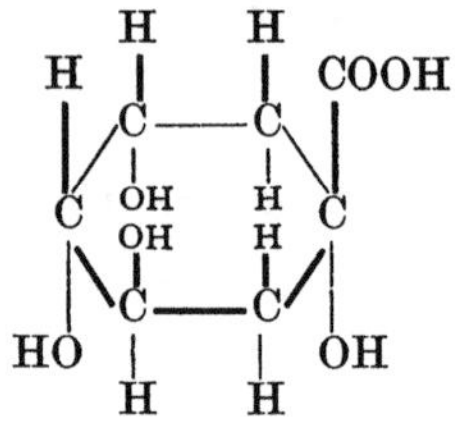

Eigenschaften. Mol.-Gew. 192,16, monokline Prismen; angenehm sauer schmekkend; Smp 183—184° C (im zugeschmolzenen Rohr); die natürlich vorkommende Chinasäure ist linksdrehend $[\alpha]_D^{22}$ – 43° (in Wasser, c = 2).

Beim Erhitzen geht die (–)-Chinasäure, obwohl noch andere Konfigurationen möglich sind, nur in die (±)-Form *(racemische Chinasäure)* über.

(–)-Chinasäure ist in Wasser und Eisessig gut, in Alkohol weniger gut und in Äther sehr schlecht löslich.

Bei der trockenen Destillation liefert Chinasäure neben anderen Zersetzungsprodukten Hydrochinon.

Vorkommen. Auf Grund ihrer Beteiligung an der Biosynthese aromatischer Verbindungen (vgl. *Shikimisäure*) ist (–)-Chinasäure frei oder verestert mit phenolischen Säuren, z. B. der Kaffeesäure (vgl. Kapitel „Pflanzenphenole in Lebensmitteln" in diesem Band), eine im Pflanzenreich häufig vorkommende Verbindung. Nachgewiesen wurde die (–)-Chinasäure u. a. in Aprikosen (E. F. L. J. ANET u. T. M. REYNOLDS 1955), Äpfeln und Birnen (A. C. HULME 1958) und (K. WUCHERPFENNIG u. G. BRETTHAUER 1962) und in der Weizenpflanze (B. S. MILLER u. T. SWAIN 1960). G. C. WHITING (1958) verfolgte während des Wachstums von Stachelbeeren die Bildung von (–)-Chinasäure. Den Chinasäuregehalt verschiedener Citrusfrüchte gibt Tab. 10 nach S. V. TING u. E. J. DESZYCK (1959) an.

Tabelle 10. *Vorkommen der (—)-Chinasäure in Citrusfrüchten* (mg/100 g Frischgewicht)

	Schale	Fruchtfleisch
Orange	172	52
Grapefruit . . .	233	87
Zitrone	161	18
Limafrucht . . .	209	146
Tangerine . . .	206	27

II. Gesättigte aromatische Carbonsäuren

1. Benzoesäure

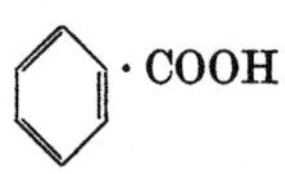

Der Name Benzoesäure leitet sich vom Benzoeharz *(Styrax benzoicum)* ab, in dem BLAISE DE VIGENÈRE die Säure 1608 entdeckte.

Physikalische Eigenschaften. Mol.-Gew. 122,05; die Säure kristallisiert in weißen, glänzenden, monoklinen Blättchen oder Nadeln; Smp 122,375 ± 0,001° C (der Schmelzpunkt der Benzoesäure dient als Eichstandard); Sdp_{760} 250,03° C; Sdp_{10} 132,5° C; Dichte 1,321; n_D^{15} 1,53976. Die Dissoziationskonstante der Benzoesäure beträgt bei 25° C: $K = 6{,}34 \cdot 10^{-5}$; Flammpunkt 121—131° C. Benzoesäure sublimiert ab 100° C unter Bildung stark schleimhautreizender Dämpfe. Die Löslichkeit von Benzoesäure in Wasser und anderen Lösungsmitteln ist in Tab. 11 zusammengestellt. Zwischen 94,6 und 117,2° C bildet das System Benzoesäure/Wasser zwei flüssige Phasen. Die Zusammensetzung der Mischung bei der kritischen Lösungstemperatur (117,2° C) ist 32,34% Benzoesäure und 67,66% Wasser.

Chemische Eigenschaften. Die Benzoesäure ist gegen Luft und Oxydationsmittel weitgehend unempfindlich und ist daher häufig Endprodukt eines oxydativen Abbaus aromatischer Verbindungen. Infolge der starken Assoziation der Benzoesäure zu Doppelmolekülen können nicht nur die neutralen, sondern auch die sauren Alkalisalze hergestellt werden; letztere dienen als pH-Standardsubstanzen, da sie in großer Reinheit dargestellt werden können.

Tabelle 11. *Löslichkeit der Benzoesäure bei 25° C in verschiedenen Lösungsmitteln*
(g Benzoesäure/100 g Lösungsmittel)

Lösungsmittel	Löslichkeit
Wasser (25° C)	0,34
Wasser (90° C)	4,55
abs. Äthanol	58,4
Äther	40,8
Chloroform	15,02
Tetrachlorkohlenstoff	4,14
Aceton	55,6
Benzol	12,17
Methanol (23° C)	71,5

Vorkommen. Benzoesäure ist im Pflanzenreich, besonders in veresterter Form, weit verbreitet; u. a. als Bestandteil von Harzen und aromatischen Ölen z. B. im Perubalsam, im Zimtöl, Acacien- und Nelkenöl.

In der Preiselbeere kommt Benzoesäure als Aglucon des Esterglucosids Vaciniin

 $\cdot CO \cdot O \cdot C_6H_{11}O_5$

vor (C. GRIEBEL 1910). Außerdem wurde die Benzoesäure als Bestandteil des Himbeeröls (A. COPPENS u. L. HOEJENBOS 1939) und im Apfelwein (G. C. WHITING u. R. A. COGGINS 1960) nachgewiesen.

Technische Darstellung. Die wichtigsten Rohstoffe zur Gewinnung von Benzoesäure sind Naphthalin und Toluol.

Naphthalin wird im Nieder- (350—380° C) oder Hochtemperatur-Verfahren (420—550° C) an Kontakten mit Luft zu Phthalsäureanhydrid oxydiert. Phthalsäureanhydrid lagert leicht Wasser an zu Phthalsäure, die mit Katalysatoren und bei höheren Temperaturen (400° C) CO_2 unter Bildung von Benzoesäure abspaltet:

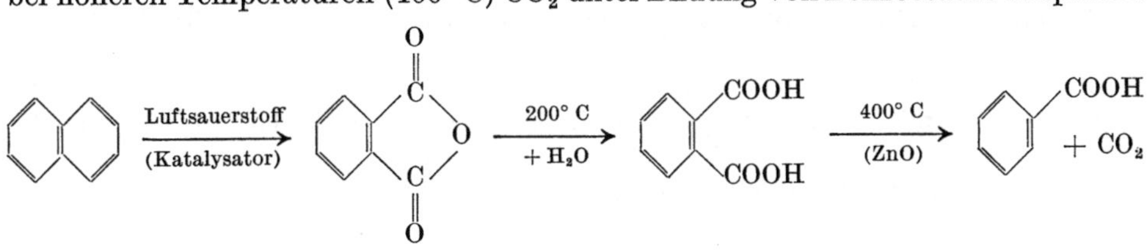

Daneben haben sich die vom Toluol ausgehenden Verfahren behaupten können, bei denen man die Methylgruppe direkt zur Carboxylgruppe oxydiert oder die Seitenkette zu Benzotrichlorid chloriert, das verseift wird.

Verwendung in der Lebensmitteltechnologie. Benzoesäure wirkt auf Mikroorganismen stark bactericid, jedoch ist die Wirkung pH-abhängig, denn hier (wie auch bei der Salicylsäure) ist die antibakterielle Wirksamkeit an das undissoziierte Säuremolekül gebunden. Bei neutraler bis schwach saurer Reaktion liegt die Benzoesäure infolge Dissoziation als wenig lipoidlösliches Benzoation vor, dagegen dringt die in saurer Lösung vorliegende undissoziierte freie Säure als stark lipoidlösliches Molekül durch die Zellmembran in die Organismen ein. Der menschliche

Organismus entgiftet Benzoesäure durch Kupplung mit Glykokoll zur Hippursäure, die im Harn ausgeschieden wird.

Die Verwendung der Benzoesäure als Konservierungsmittel wird durch die „Konservierungsstoffverordnung“ vom 19. Dezember 1959 (BGBl. I S. 735) und die „Tabak-Verordnung“ vom 19. Dezember 1959 in der Fass. vom 22. Dezember 1960 (BGBl. I S. 1073) geregelt (vgl. „Konservierungsstoffe“ in diesem Band).

2. Phenylessigsäure

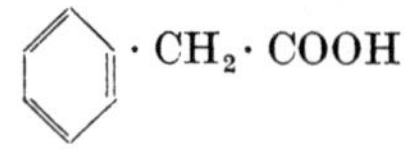

Eigenschaften. Mol.-Gew. 136,14; Blättchen; Smp 78° C; Sdp_{760} 265,5 bis 266,5° C; Sdp_{12} 145° C; $D_{4\,fest}$ 1,228. Wenig löslich in kaltem Wasser, leicht löslich in heißem Wasser, sehr leicht löslich in Alkohol und Äther. Die Dissoziationskonstante beträgt bei 25° C $6{,}0 \cdot 10^{-5}$.

Vorkommen. Verestert in ätherischen Ölen.

3. Phenylpropionsäure

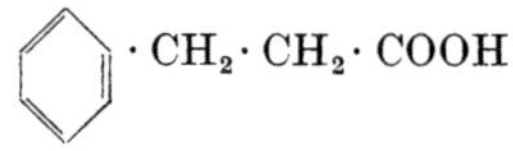

Eigenschaften. Mol.-Gew. 150,17; monokline Prismen; Smp 48—49° C; Sdp_{760} 279,8° C; Sdp_{28} 169—170° C; $D_4^{48,7}$ 1,0712. Wenig löslich in Wasser, sehr leicht löslich in Alkohol und Äther.

Vorkommen. Mikroorganismen bilden Phenylpropionsäure aus Phenylalanin nachgewiesen wurde die Säure in Edelschimmelkäsen (J. SCHORMÜLLER u. H. LANGNER 1960b).

4. Phthalsäure

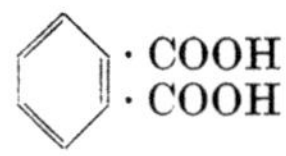

Eigenschaften. Mol.-Gew. 166; rhombische Kristalle, die sich bei 196—199° C zu zersetzen beginnen und unter Wasserabspaltung in Phthalsäureanhydrid übergehen. Smp 208° C. 100 Teile Wasser lösen bei 20° C 0,57 Teile und bei 99° C 18 Teile; leicht löslich in Alkohol, weniger in Äther und unlöslich in Chloroform.

Phthalsäureanhydrid. Mol.-Gew. 148; Schuppen; Smp 130—131° C; Sdp_{760} 284° C; D 1,527.

Vorkommen. Die Phthalsäure wurde im Himbeeraroma (H. SCHINZ u. C. F. SEIDEL 1957) und im Zigarettenrauch (L. D. QUIN u. M. E. HOBBS 1958) nachgewiesen.

Technische Darstellung. Vgl. „Benzoesäure“ S. 788.

III. Ungesättigte aromatische Carbonsäuren

1. Zimtsäure, β-Phenylacrylsäure

Eigenschaften. Die Zimtsäure, Mol.-Gew. 148,15, tritt als Äthylenderivat in zwei geometrisch isomeren Formen auf:

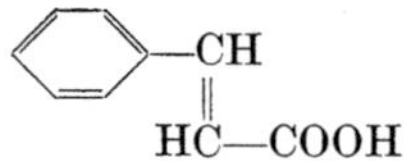

trans- oder gewöhnliche Zimtsäure

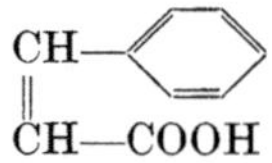

cis- oder Isozimtsäure

Durch Ultraviolettbestrahlung kann die trans-Form in die energiereichere und daher labile cis-Form umgelagert werden.

trans-Zimtsäure. Monokline Prismen; Smp 135—136° C; Sdp_{760} 300° C (dabei z. T. Decarboxylierung zu Styrol); D_4^4 1,2475; Dissoziationskonstante bei 25° C $3{,}5 \cdot 10^{-5}$.

trans-Zimtsäure ist leicht in heißem Wasser und Äther löslich und schwer in kaltem Wasser.

cis-Zimtsäure. Von der cis-Zimtsäure sind drei verschiedene Kristallmodifikationen bekannt, die nach Belieben durch Impfung aus der gleichen Schmelze gewonnen werden können:

a) *Allozimtsäure* (stabilste cis-Zimtsäure): Tafeln oder Blättchen aus Ligroin; Smp 68° C; D_4^4 1,284; Dissoziationskonstante bei 25° C $1{,}4 \cdot 10^{-4}$ (von C. LIEBERMANN dargestellt).

b) *Isozimtsäure.* Blättchen aus Ligroin; Smp 58° C (von C. LIEBERMANN dargestellt).

c) *Isozimtsäure.* Kristalle aus Wasser, Smp 48° C (von E. ERLENMEYER entdeckt).

Vorkommen. Frei und verestert ist die trans-Zimtsäure im Pflanzenreich weit verbreitet, u. a. in ätherischen Ölen tropischer Pflanzen (z. B. im Zimtöl). Die cis-Zimtsäure soll in den Coca-Blättern vorkommen.

IV. Aromatische Monohydroxy-carbonsäuren

1. Salicylsäure, o-Hydroxybenzoesäure

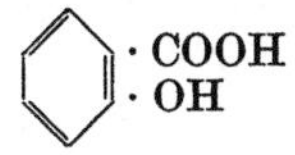

Eigenschaften. Mol.-Gew. 138,12, prismatische Nadeln (aus Wasser, Alkohol) von süßlich saurem Geschmack; Smp 159° C. Salicylsäure ist als ortho-Verbindung infolge innermolekularer Absättigung der Assoziationskräfte (Wasserstoffbrückenbindung) auffallend flüchtig und kann daher (ähnlich wie Benzoesäure) bei vorsichtigem Erhitzen noch unterhalb der Decarboxylierungstemperatur von etwa 200° C sublimiert werden (im Vakuum ab 75° C).

Tabelle 12. *Löslichkeit der Salicylsäure in 100 g Lösungsmittel*

Lösungsmittel	Löslichkeit g
Wasser (20° C)	0,18
Wasser (80° C)	2,05
Methanol (21° C)	38,46
Äthanol (21° C)	34,87
Chloroform (30° C)	1,55
Tetrachlorkohlenstoff (30° C)	0,35
Benzol (30° C)	1,001
Äther (17° C)	32,82
Aceton (31,3° C)	39,1

Die Dissoziationskonstante der Salicylsäure beträgt bei 25° C $1{,}05 \cdot 10^{-3}$, die Dichte D_4^{20} 1,443 und die Löslichkeit in verschiedenen Lösungsmitteln geht aus Tab. 12 hervor.

Vorkommen. Die Salicylsäure ist im Pflanzenreich weit verbreitet. In einigen ätherischen Ölen kommt sie als freie Säure vor; wesentlich häufiger sind aber ihre Ester mit verschiedenen aromatischen und aliphatischen Alkoholen, besonders mit Methanol. So tritt z. B. im Violutosid, einem Glykosid aus Viola-Arten, der Salicylsäuremethylester als Aglykon auf (P. PICARD 1926). Außerdem wurde die Salicylsäure in der Himbeere (H. SCHINZ und C. F. SEIDEL 1957), in Weinbränden (R. STEVENS 1960), im Sake (A. YAMAMOTO 1961) und in südfranzösischen Weinen (G. GUIMBERTEAU u. E. PORTAL 1961) nachgewiesen.

Technische Darstellung. Salicylsäure wird nach KOLBE-SCHMITT aus Natriumphenolat und Kohlensäure in eisernen Druckrührwerkskesseln bei 150—160° C und 4,5 atü Kohlensäuredruck hergestellt.

2. p-Hydroxybenzoesäure

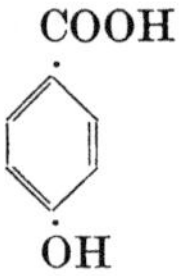

Eigenschaften. Mol.-Gew. 138,12; monokline Primen; Smp 214° C; D_{20} 1,497; die Dissoziationskonstante beträgt bei 19° C $3{,}3 \cdot 10^{-5}$. Löslichkeiten (in 100 g Lösungsmittel): Wasser 0,49 g (20° C), 33,5 g (100° C); 99,7%iger Äthylalkohol 38,75 g (67° C); schwerlöslich in Chloroform.

Vorkommen. Die p-Hydroxybenzoesäure wurde u. a. in den Himbeeren (H. SCHINZ u. C. F. SEIDEL 1957), in Edelschimmelkäsen (J. SCHORMÜLLER u. H. LANGNER 1960b), in südfranzösischen Weinen (G. GUIMBERTEAU u. E. PORTAL 1961), im Zigarettenrauch und im Tabak (CH. YANG u. S. H. WENDER 1962) nachgewiesen.

Technische Darstellung. p-Hydroxybenzoesäure wird nach KOLBE-SCHMITT durch Umsetzen von Kaliumphenolat bei 220° C mit Kohlendioxyd unter einem Druck von 4,5 atü hergestellt.

Verwendung als Konservierungsmittel (vgl. ,,Konservierungsstoffe" in diesem Band). Die Äthyl- und Propylester der p-Hydroxybenzoesäure und deren Natriumverbindungen weisen bakteriostatische und schimmelpilzverhütende Eigenschaften auf und wurden als Nipagin, Nipasol, Nipakombin usw. 1926 von TH. SABALITSCHKA zu Konservierungszwecken eingeführt. In der ,,Konservierungsstoff-Verordnung" vom 19. Dezember 1959 (BGBl. I S. 735) und in der ,,Tabakverordnung" vom 19. Dezember 1959 in der Fass. vom 22. Dezember 1960 (BGBl. I S. 1073) sind die höchstzulässigen Mengen p-Hydroxybenzoesäure-äthylester und -propylester und deren Natriumverbindungen festgelegt, die zur Haltbarmachung den dort genannten Lebensmitteln zugesetzt werden dürfen.

a) p-Hydroxybenzoesäure-äthylester

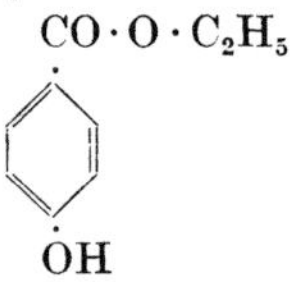

Mol.-Gew. 166,17; Smp 118° C. Löslichkeit (in 100 g Lösungsmittel): Wasser 0,17 g (25° C) und 0,86 g (80° C); Methanol 115 g (25° C); Äthanol 70 g (25° C) und Benzol 1,65 g (25° C).

b) p-Hydroxybenzoesäure-propylester

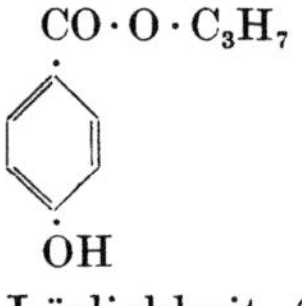

Mol.-Gew. 180,2; Smp 97° C. Löslichkeit (in 100 g Lösungsmittel): Wasser 0,05 g (25° C) und 0,30 g (80° C); Methanol 124 g (25° C); Äthanol 95 g (25° C) und Benzol 3,0 g (25° C).

3. p-Hydroxyphenylessigsäure

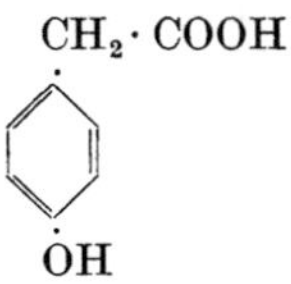

Mol.-Gew. 152,14; flache Nadeln aus Wasser; Smp 146—147° C; unzersetzt sublimierbar.

Die Säure wird von Mikroorganismen aus Tyrosin über die p-Hydroxyphenylbrenztraubensäure gebildet und konnte daher in verschiedenen Käsearten (J. SCHORMÜLLER u. H. LANGNER 1960b) nachgewiesen werden.

4. p-Hydroxyphenylpropionsäure

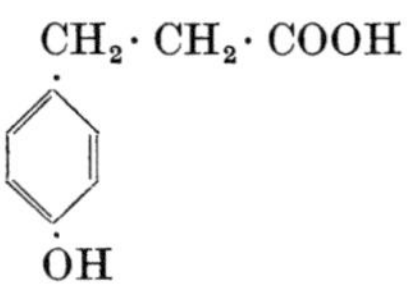

Mol.-Gew. 166,17; monokline Prismen; Smp 130° C; löslich in heißem Wasser, Äther oder Alkohol; wenig löslich in kaltem Wasser. Die Dissoziationskonstante beträgt bei 25° C $2{,}03 \cdot 10^{-5}$. Die Säure entsteht durch Mikroorganismen aus Tyrosin und wurde daher in verschiedenen Käsearten (J. SCHORMÜLLER u. H. LANGNER 1960b) nachgewiesen; außerdem wurde sie von CH. YANG u. S. H. WENDER (1962) im Tabak und Zigarettenrauch aufgefunden.

5. p-Hydroxyphenylbrenztraubensäure

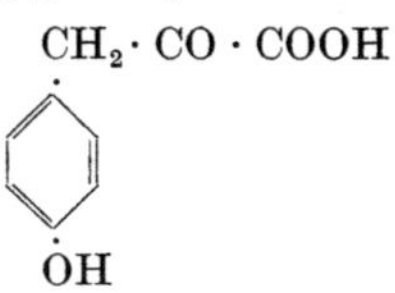

Mol.-Gew. 180,16; Tafeln aus Wasser; Smp 218° C; leicht löslich in Alkohol und Äther, schwer löslich in Benzol und kaltem Wasser.

Entsteht durch Transaminierungsreaktion aus Tyrosin und wird über die Homogentisinsäure, die von manchen Menschen auf Grund einer angeborenen Stoffwechselanomalie (Alkaptonurie) ausgeschieden wird, zur Fumar- und Acetessigsäure abgebaut.

Die p-Hydroxyphenylbrenztraubensäure wurde in der Milch (J. SCHORMÜLLER u. H. LANGNER 1960a), im Camembert-Käse (W. J. HARPER u. E. W. BASSETT 1959) und Edelschimmelkäsen (J. SCHORMÜLLER u. H. LANGNER 1960b) nachgewiesen.

V. Aromatische Dihydroxy-carbonsäuren und Derivate

1. Protocatechusäure, 3.4-Dihydroxy-benzoesäure

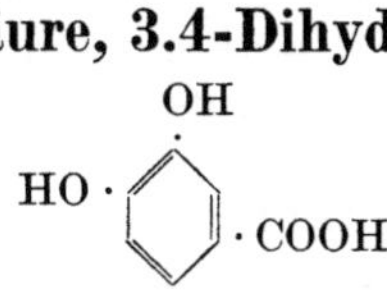

Mol.-Gew. 154,12; kristallisiert aus Wasser in farblosen Nadeln oder Tafeln mit 1 mol Wasser; Smp (wasserfrei) 204° C; Dissoziationskonstante bei 25° C

$1{,}14 \cdot 10^{-4}$. Protecatechusäure geht bei starkem Erhitzen unter Kohlendioxidabspaltung in Brenzcatechin über. Frei oder verestert ist die Protocatechusäure in Blättern, Blüten, Holz und Rinden der Pflanzen häufig zu finden.

2. Vanillinsäure, 4-Hydroxy-3-methoxy-benzoesäure

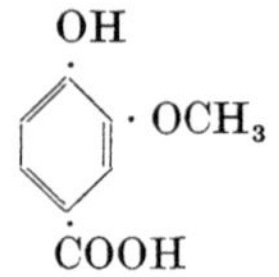

Mol.-Gew. 168,14; farblose Nadeln aus Wasser; Smp 205—206° C; in 100 g Wasser lösen sich bei 14° C 0,12 g und bei 100° C 2,56 g Vanillinsäure; in Äthanol und Äthyläther ist sie sehr gut löslich. Vanillinsäure entsteht beim oxydativen Abbau des Lignins.

3. Gentisinsäure, 2.5-Dihydroxy-benzoesäure

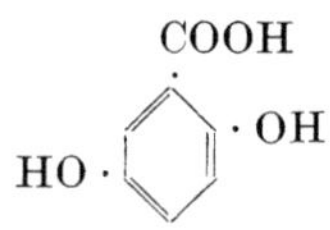

Mol.-Gew. 154,12; Gentisinsäure kristallisiert aus wäßriger Lösung in Prismen mit 3 mol Wasser; Smp (wasserfrei) 200° C. Beim Erhitzen tritt Zersetzung zu Hydrochinon und CO_2 ein. Gentisinsäure ist leicht löslich in Alkohol und Äther, löslich in Wasser und unlöslich in Benzol; ihre Dissoziationskonstante beträgt bei 25° C $1{,}08 \cdot 10^{-3}$.

Gentisinsäure wird als Hydrochinoncarbonsäure leicht zu dunklen „Huminsäuren" oxydiert, z. B. durch Kaliumpersulfat in alkalischer Lösung.

Die Gentisinsäure ist ein Bestandteil pflanzlicher Gewebe und konnte in 80 Familien der Angiospermae nachgewiesen werden (L. A. Griffiths 1958). Von H. L. Klöpping u. Mitarb. (1951) wurde in einer Pappelart *(Populus candicans)* ein Derivat der Gentisinsäure entdeckt, das in vitro hohe fungicide Eigenschaften aufweist.

VI. Aromatische Trihydroxy-carbonsäuren und Derivate

1. Gallussäure, 3.4.5-Trihydroxy-benzoesäure

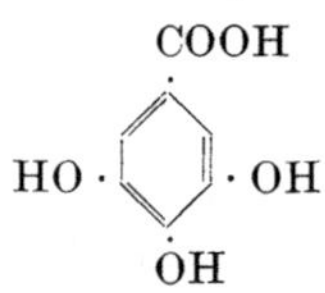

Die Gallussäure wurde 1787 in Galläpfeln von Scheele entdeckt. Mol.-Gew. 170,12; Gallussäure kristallisiert aus wäßriger Lösung mit einem Mol Wasser, das beim Erhitzen oberhalb von 100° C abgegeben wird. Smp (wasserfrei) 253° C (dabei Zers. unter CO_2-Entwicklung und Bildung von Pyrogallol); D_4^4 1,694; Dissoziationskonstante bei 25° C $3{,}8 \cdot 10^{-5}$. Gallussäure ist löslich in Alkohol und Aceton, weniger löslich in Wasser und unlöslich in Chloroform und Benzol. Gallussäure, mit UV-Licht bestrahlt, fluoresciert bläulich.

Die Säure ist frei und als Glykosid im Pflanzenreich weit verbreitet; außerdem ist sie ein Bauelement des Tannins und anderer Gerbstoffe (vgl. Kapitel „Gerbstoffe").

2. Syringasäure, 3.5-Dimethoxy-4-hydroxy-benzoesäure

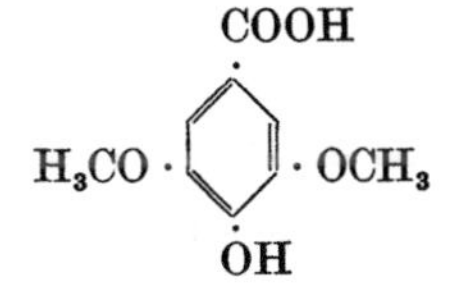

Mol.-Gew. 198,17; Smp 208° C (204° C); farblose Nadeln aus Wasser oder Äther; leicht löslich in Äther und Chloroform, löslich in Alkohol, schwer löslich in kaltem Wasser. Die Syringasäure ist im Pflanzenreich verbreitet und wurde z. B. von E. J. ROBERTS u. L. F. MARTIN (1954) im Zuckerrohrsaft nachgewiesen.

C. Carbonylverbindungen

Unter dem Oberbegriff Carbonylverbindungen werden die beiden Verbindungsklassen Aldehyde und Ketone zusammengefaßt.

I. Aliphatische Aldehyde

Aldehyde (der Name ist aus der alten lateinischen Bezeichnung *al*coholus *dehyd*rogenatus entstanden) sind, entsprechend der allgemeinen Formel R—CH=O Verbindungen, in denen sich noch mindestens ein H-Atom am Carbonylkohlenstoff befindet und die zweite Valenz mit einem beliebigen organischen Rest besetzt ist.

Physikalische Eigenschaften (vgl. Tab. 15, S. 796/797). Formaldehyd, Acet- und Propionaldehyd sind mit Wasser mischbar; mit steigendem Molekulargewicht nimmt die Löslichkeit in Wasser schnell ab, so daß die höheren Aldehyde von C_6 an praktisch unlöslich in Wasser sind; löslich sind die Aldehyde in Alkoholen und im Äther.

Die Viscosität der Aldehyde nimmt mit steigendem Molekulargewicht zu; Formaldehyd ist gasförmig, Acetaldehyd eine bewegliche Flüssigkeit, Önanthaldehyd ein Öl, und hochmolekulare aliphatische Aldehyde ab C_{12} sind fest.

Tabelle 13. *Die Geruchsschwelle (μmol/kg) aliphatischer Carbonylverbindungen in Wasser, Erdnußöl und Paraffin* (nach C. H. LEA u. P. A. T. SWOBODA 1958)

Verbindungen	Wasser	Öl	Paraffin
Propional	3	3	17
Butanal	1	3	10
Hexanal	0,3	3	6
Octanal	0,04	7	5
Decanal	0,05	4	4
Dodecanal	0,005	5	2
Buten-(2)-al-(1)	20	20	10
Nonen-(2)-al-(1)	0,04	0,6	3
Octanon-(2)	12	100	300

Aus Tab. 13 geht hervor, daß Aldehyde bis zu einer gewissen Molekülgröße sehr geruchsintensive Verbindungen sind; der Geruch ändert sich mit steigendem Molekulargewicht; die niederen (C_1—C_7) riechen stechend, penetrant ranzig; die mittleren (C_8—C_{14}) als gesuchte Riechstoffe angenehm. Aldehyde über C_{14} sind geruchlos.

Chemische Eigenschaften. Die chemischen Eigenschaften werden durch die endständige Carbonylgruppe bestimmt. Die Aldehyde gehören zu den reaktionsfähigsten Verbindungen der organischen Chemie; sie sind leicht zu den entsprechenden Alkoholen zu reduzieren und zu Carbonsäuren zu oxydieren. Die biologische Oxydation verläuft über die im wäßrigen Milieu immer vorliegenden Aldehydhydrate R—CH(OH)$_2$ durch Abspaltung von Wasserstoff, der von Fermenten übernommen wird; sie ist also eine *Dehydrierung*. Aldehyde nehmen an

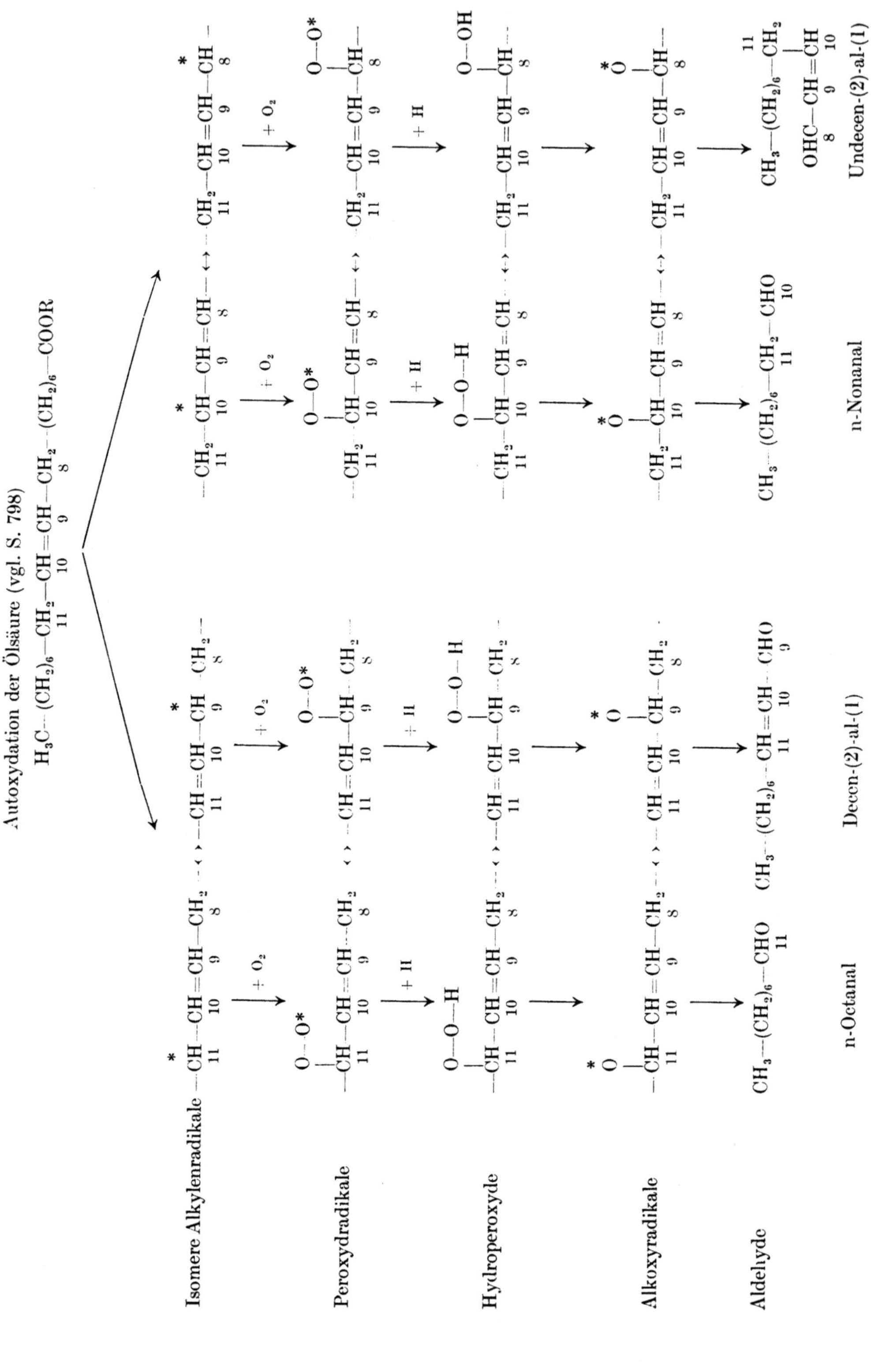
Autoxydation der Ölsäure (vgl. S. 798)
H3C—(CH2)6—CH2—CH=CH—CH2—(CH2)6—COOR
Isomere Alkylenradikale
Peroxydradikale
Hydroperoxyde
Alkoxyradikale
Aldehyde
+ O2
+ H
CH3—(CH2)6—CHO
n-Octanal
CH3—(CH2)6—CH=CH—CHO
Decen-(2)-al-(1)
CH3—(CH2)6—CH2—CHO
n-Nonanal
CH3—(CH2)6—CH2
OHC—CH=CH
Undecen-(2)-al-(1)

zahlreichen Additionsreaktionen teil. Sie sind im allgemeinen reaktionsfähiger als die entsprechenden Ketone.

Die ungesättigten Aldehyde neigen infolge der olefinischen Doppelbindungen stark zur Polymerisation, die bei längerem Stehen bereits spontan erfolgt und nur durch Zusatz geringer Mengen autoxydabler Stoffe, insbesondere von Phenolen verhindert werden kann. Nachgewiesen und identifiziert werden die Aldehyde allgemein als 2.4-Dinitrophenylhydrazone (Smp vgl. Tab. 15).

Bildungsweise der Aldehyde in Lebensmitteln. In den Lebensmitteln werden die Aldehyde in erster Linie nach einem der folgenden Reaktionsmechanismen gebildet.

1. Enzymatischer Abbau von Aminosäuren. Die durch Transaminierung oder oxydative Desaminierung aus einer Aminosäure entstehende α-Ketosäure kann weiter zum entsprechenden Aldehyd decarboxyliert werden. Nachgewiesen wurde dieses Reaktionsschema, das bei den Lebensmitteln eine Rolle spielt, die wie Käse, Sauerkraut, alkoholische Getränke u. a. durch Gärprozesse hergestellt werden, von P. MACLEOD u. Mitarb. (1960) im Stoffwechsel von Mikroorganismen. So baut z. B. Streptococcus lactis var. maltigenes Leucin zum 3-Methylbutanal, Valin zum 2-Methylpropanal, Methionin zum Methional und Phenylalanin zum Phenylacetaldehyd ab (P. MACLEOD u. M. E. MORGAN 1958).

Tabelle 15. *Physikalische Eigenschaften*

Trivialname	Bezeichnung nach der Genfer Nomenklatur	Formel
Gesättigte Aldehyde		
Formaldehyd	Methanal	$H \cdot CHO$
Acetaldehyd	Äthanal	$CH_3 \cdot CHO$
Propionaldehyd	Propanal	$CH_3 \cdot CH_2 \cdot CHO$
n-Butyraldehyd	Butanal	$CH_3 \cdot (CH_2)_2 \cdot CHO$
Isobutyraldehyd	2-Methylpropanal	$(CH_3)_2CH \cdot CHO$
n-Valeraldehyd	Pentanal	$CH_3 \cdot (CH_2)_3 \cdot CHO$
α-Methylbutyraldehyd	2-Methylbutanal	$CH_3 \cdot CH_2 \cdot CH(CH_3) \cdot CHO$
Isovaleraldehyd	3-Methylbutanal	$(CH_3)_2CH \cdot CH_2 \cdot CHO$
Capronaldehyd	Hexanal	$CH_3 \cdot (CH_2)_4 \cdot CHO$
Önanthaldehyd	Heptanal	$CH_3 \cdot (CH_2)_5 \cdot CHO$
Caprylaldehyd	Octanal	$CH_3 \cdot (CH_2)_6 \cdot CHO$
Äthylbutylacetaldehyd	2-Äthylhexanal	$CH_3(CH_2)_3 \cdot CH(C_2H_5) \cdot CHO$
Pelargonaldehyd	Nonanal	$CH_3 \cdot (CH_2)_7 \cdot CHO$
Caprinaldehyd	Decanal	$CH_3 \cdot (CH_2)_8 \cdot CHO$
Undecylaldehyd	Undecanal	$CH_3 \cdot (CH_2)_9 \cdot CHO$
Laurinaldehyd	Dodecanal	$CH_3 \cdot (CH_2)_{10} \cdot CHO$
Ungesättigte Aldehyde		
Acrolein	Propenal	$CH_2{=}CH \cdot CHO$
Crotonaldehyd	Buten-(2)-al-(1)	$CH_3 \cdot CH{=}CH \cdot CHO$
	Penten-(2)-al-(1)	$CH_3 \cdot CH_2 \cdot CH{=}CH \cdot CHO$
Blätteraldehyd	Hexen-(2)-al-(1)	$CH_3(CH_2)_2 \cdot CH{=}CH \cdot CHO$
	2-Methylpenten-(2)-al-(1)	$CH_3 \cdot CH_2 \cdot CH{=}C(CH_3) \cdot CHO$
	Hepten-(2)-al-(1)	$CH_3 \cdot (CH_2)_3 \cdot CH{=}CH \cdot CHO$
	Heptadien-(2.4)-al-(1)	$CH_3 \cdot CH_2 \cdot CH{=}CH \cdot CH{=}CH \cdot CHO$
	Octen-(2)-al-(1)	$CH_3 \cdot (CH_2)_4 \cdot CH{=}CH \cdot CHO$
	Nonen-(2)-al-(1)	$CH_3 \cdot (CH_2)_5 \cdot CH{=}CH \cdot CHO$
	Nonadien-(2.6)-al-(1)	$CH_3 \cdot CH_2 \cdot CH{=}CH \cdot (CH_2)_2 \cdot$ $\cdot CH{=}CH \cdot CHO$
	Decen-(2)-al-(1)	$CH_3 \cdot (CH_2)_6 \cdot CH{=}CH \cdot CHO$
	Decadien-(2.4)-al-(1)	$CH_3 \cdot (CH_2)_4 \cdot CH{=}CH \cdot CH{=}CH \cdot CHO$

2. Strecker-Abbau von Aminosäuren. Als Strecker-Abbau wird die Reaktion von Aminosäuren mit Carbonylverbindungen (reduzierende Zucker, Ketosäuren, Reduktone u. a.) gemäß

$$R\cdot \underset{NH_2}{\underset{|}{CH}}\cdot COOH + \underset{\text{Redukton}}{R\cdot CO\cdot CO\cdot R'} \rightarrow R\cdot CHO + R\cdot \underset{NH_2}{\underset{|}{CH}}\cdot CO\cdot R' + CO_2$$

bezeichnet. An dieser Reaktion, die zum Typus der *Maillard-Reaktionen* gehört, beteiligen sich, wie M. Rothe (1960) zeigen konnte, die in Tab. 14 zusammengestellten Aminosäuren und bilden bestimmte Aldehyde.

Ausbeute und Reaktionsgeschwindigkeit werden durch Temperaturerhöhung wesentlich gesteigert; Enzyme sind nicht beteiligt. Die gebildeten Aldehyde reagieren im Rahmen der *Maillard-Reaktion* weiter, gehen Kondensationsreaktionen mit Zuckerfragmenten (u. a. Furfurol und Hydroxymethylfurfurol), Aldiminen, Ketiminen oder untereinander ein und bilden braune Farbstoffe, die sogenannten Melanoidine (J. E. Hodge 1953).

Tabelle 14. *Aminosäuren und durch Strecker-Abbau gebildete Aldehyde*

Aminosäure		Aldehyd
Alanin	→	Acetaldehyd
Valin	→	Isobutyraldehyd
Leucin	→	3-Methylbutanal
Isoleucin	→	2-Methylbutanal
Methionin	→	Methional
Phenylalanin	→	Phenylacetaldehyd

aliphatischer Aldehyde

Mol.-Gew.	Smp °C	Sdp °C (Torr)	D_4^t	n_D^t	Smp °C des 2.4-Dinitrophenylhydrazons
30,03	—92	—21 (760)	0,815 (—20°C)		166
44,05	—123	+20,2 (760)	0,7834 (+18°)	1,33157 (20°)	168
58,05	—101,6	48,8 (760)	0,8066 (20°)	1,36356 (20°)	156
72,10	—97	75 (760)	0,817 (20°)	1,38433 (20°)	123
72,10	—66	62—63 (760)	0,7938 (20°)	1,37302 (20°)	183—183,5
86,13	—92	103,7 (760)	0,8105 (20°)	1,39436 (20°)	104—106
86,13		DL-Form 92—93 (760)	0,8029 (20°)	1,38960 (20°)	D-Form 133,5 DL-Form 126
86,13	—51	92 (760)	0,803 (17°)	1,3904 (20°)	120
100,16		129 (760)	0,8139 (20°)	1,4039 (20°)	108—109
114,18	—43,3	152,8 (760)	0,8250 (20°)	1,4151 (15°)	107—108
128,21		170—173 (760)	0,821 (20°)	1,4217 (20°)	106
128,21		162 (760)		1,4130 (30°)	120—121
142,25		80—83 (12)	0,8264 (22°)	1,4274 (18°)	107
156,26		90,4—91,4 (12)	0,828 (15°)	1,4287 (20°)	104
170,29	—4	118—120 (20)	0,8624 (15°)	1,4324 (23°)	104
184,31	+44,5	142—143 (20)	0,8352 (17°)	1,435 (20°)	107—108
56,6	—87,7	52,1 (760)	0,8389 (20°)	1,399975 (20°)	166—167 (Zers.)
70,09	—76,6	102 (760)	0,8477 (20°)	1,4384 (17,3°)	190
84,12		125—126 (760)	0,860 (21°)	1,4469 (22°)	160
98,15		146 (760)	0,8491 (20°)	1,4441 (24°)	144
98,15		137 (760)	0,8581 (20°)	1,4488 (20°)	161—162
112,17		90—91 (50)	0,864 (17°)	1,4486 (19°)	131,5—132
110,16		84—84,5 (20)	0,881 (25°)	1,5313 (27°)	157—159
126,20		69—71 (9)	0,854 ($\frac{22°}{25°}$)	1,4470 (20°)	128,5—129,5
140,23		92 (12)	0,8439 (21°)	1,4542 (15°)	126
138,21		88—89 (10)		1,4700 (24°)	trans-trans-Form 137
154,25		104 (13)	0,843 ($\frac{22°}{25°}$)	1,4538 (19°)	128—129
152,24		114—116 (10)	0,861 (25°)	1,5119 (28°)	143,6—145

3. Autoxydation der Fettsäuren. Die Autoxydation der ungesättigten Fettsäuren, der wichtigste Vorgang beim Fettverderb (Ranzigkeit), besteht nach K. TÄUFEL (1958) aus folgenden Reaktionsschritten, die exogen durch Licht, Wärme und endogen durch Porphyrinfarbstoffe (Hämine, Chlorophyll) oder Metalle (Cu, Fe, Mn, Co, Ni) katalysiert werden:

a) Aus der durch die benachbarte Doppelbindung aktivierten Methylengruppe wird unter Energiezufuhr 1 H-Atom abgespalten,

b) in der Induktionsperiode nimmt dann das gebildete Radikal, das sich teilweise durch Wanderung der Doppelbindung isomerisiert hat, Sauerstoff auf und wird zum Peroxidradikal.

c) das Peroxidradikal entzieht der aktivierten Methylengruppe eines weiteren Fettsäuremoleküls ein H-Atom und geht dabei in ein Hydroperoxid über,

d) das verbleibende Radikal addiert wiederum Sauerstoff, setzt als Peroxidradikal die Reaktionskette fort und führt damit zur Kettenreaktion.

e) Nach M. KEENEY (1962) zerfällt die unter c) entstandene Hydroxyperoxidverbindung in ein Alkoxy- und ein Hydroxylradikal,

f) Das Alkoxyradikal stabilisiert sich u. a. häufig dadurch, daß es ein Alkylradikal und einen Aldehyd bildet.

Schematisch wird auf S. 795 die Reaktionsfolge nach E. A. DAY u. D. A. LILLARD (1960) am Beispiel der Ölsäure gezeigt.

Weiteres bei „Fette und Lipoide (Lipide)" in diesem Band.

Die Aldehyde, die durch Autoxydation der in Fetten am häufigsten vorkommenden ungesättigten Säuren entstehen können, sind in Tab. 16 zusammengestellt.

Tabelle 16. *Aldehyde, die bei der Autoxydation einiger ungesättigter Fettsäuren entstehen* (nach M. KEENEY 1962)

Fettsäure	Aldehyd
Ölsäure	Octanal
	Decen-(2)-al-(1)
	Undecen-(2)-al-(1)
	Nonanal
Linolsäure	Hexanal
	Octen-(2)-al-(1)
	Decadien-(2.4)-al-(1)
Linolensäure	Propanal
	Penten-(2)-al-(1)
	Heptadien-(2.4)-al-(1)
	Hexen-(3)-al-(1)
	Octadien-(2.5)-al-(1)
	Decatrien-(2.4.7)-al-(1)
Arachidonsäure	Hexanal
	Octen-(2)-al-(1)
	Decadien-(2.4)-al-(1)
	Nonen-(3)-al-(1)
	Undecadien-(2.5)-al-(1)
	Tridecatrien-(2.4.7)-al-(1)
	Dodecadien-(3.6)-al-(1)
	Tetradecatrien-(2.5.8)-al-(1)
	Hexadecatetraen-(2.4.7.10)-al-(1)

Vorkommen. Über das Vorkommen von aliphatischen Aldehyden in Lebensmitteln unterrichtet Tab. 17.

Tabelle 17. *Vorkommen aliphatischer Aldehyde in Lebensmitteln*

Aldehyd	Lebensmittel	Autor
Gesättigte Aldehyde		
Formaldehyd	Wird von Mikroorganismen gebildet, daher verbreitet in Milch, Käse, alkoholischen Getränken u. a.	
Acetaldehyd	Entsteht durch Abbau von Alanin oder als Stoffwechselprodukt des Kohlenhydratabbaus in Mikroorganismen und höheren Pflanzen; wurde daher in geringen Konzentrationen in einer großen Anzahl von Lebensmitteln nachgewiesen	
Propionaldehyd	weit verbreitet, u. a.	
	Fette	H. T. BADINGS (1960)
	Milch	E. A. DAY u. D. A. LILLARD (1960)
	Alkoholische Getränke	R. STEVENS (1960)
	Kaffeearoma	A. ZLATKIS u. M. SIVETZ (1960)
	Äpfel	D. F. MEIGH (1956)
	Erbsen	J. W. RALLS (1960)
n-Butyraldehyd	weit verbreitet, u. a.	
	Fett (5,4 Mol-% nach Bestrahlung mit γ-Strahlen)	L. A. WITTING u. B. S. SCHWEIGERT (1958)
	Milch	E. A. DAY u. D. A. LILLARD (1960)
	Alkoholische Getränke	R. STEVENS (1960)
	Kaffeearoma	A. ZLATKIS u. M. SIVETZ (1960)
	Äpfel	D. F. MEIGH (1956)
	Zigarettenrauch	M. PAILER u. Mitarb. (1962)
Isobutyraldehyd	weit verbreitet, u. a.	
	Brot	L. WISEBLATT (1961)
	Milch	R. BASSETTE u. M. KEENEY (1960)
	Branntwein	P. PIHA u. Mitarb. (1960)
	Kaffeearoma	A. ZLATKIS u. M. SIVETZ (1960)
n-Valeraldehyd	weit verbreitet, u. a.	
	Fett	H. T. BADINGS (1960)
	Alkoholische Getränke	R. STEVENS (1960)
	Kaffeearoma	A. ZLATKIS u. M. SIVETZ (1960)
	Zigarettenrauch	M. PAILER u. Mitarb. (1962)
2-Methylbutanal	Brot	L. WISEBLATT (1961)
	Branntwein	P. PIHA u. Mitarb. (1960)
	Kaffeearoma	A. ZLATKIS u. M. SIVETZ (1960)
Isovaleraldehyd	weit verbreitet, u. a.	
	Fisch	F. BRAMSTEDT (1957)
	Milch, Milchfett	R. BASSETTE u. M. KEENEY (1960)
	Brot	L. WISEBLATT (1961)
	Käse	E. A. DAY u. Mitarb. (1960)
Capronaldehyd	weit verbreitet, u. a.	
	Fett	H. T. BADINGS (1960)
	Milch	R. BASSETTE u. M. KEENEY (1960)
	Branntwein	P. PIHA u. Mitarb. (1960)
	Erdbeere	M. WINTER u. Mitarb. (1958)
	Tomate	J. SCHORMÜLLER u. W. GROSCH (1962)
	Himbeere	M. WINTER u. E. SUNDT (1962)
	Gurke	D. A. FORSS u. Mitarb. (1962)
Önanthaldehyd	Fett	E. A. DAY u. D. A. LILLARD (1960)
	Milch	R. BASSETTE u. M. KEENEY (1960)

Tabelle 17. (Fortsetzung)

Aldehyd	Lebensmittel	Autor
Önanthaldehyd	Butter (ranzig)	A. M. EL-NEGOUMY u. Mitarb. (1961)
Caprylaldehyd	weit verbreitet, u. a.	
	Fett	H. T. BADINGS (1960)
	Butter	D. A. FORSS u. Mitarb. (1960b)
	Sellerie	H. J. GOLD u. CH. W. WILSON (1961)
	Orange	J. A. ATTAWAY u. Mitarb. (1962)
	Zitrone	R. M. IKEDA u. Mitarb. (1962)
2-Äthylhexanal	Brot	L. WISEBLATT u. F. E. KOHN (1960)
Pelargonaldehyd	Butter	D. A. FORSS u. Mitarb. (1960b)
	Milch	R. BASSETTE u. M. KEENEY (1960)
	Citronen- und andere ätherische Öle	R. M. IKEDA u. Mitarb. (1962)
Caprinaldehyd	Fett	L. A. WITTING u. B. S. SCHWEIGERT (1958)
	Milch	E. A. DAY u. D. A. LILLARD (1960)
	Citronen- und andere ätherische Öle	R. M. IKEDA u. Mitarb. (1962)
Undecanal	Citronenöl	R. M. IKEDA u. Mitarb. (1962)
Laurinaldehyd	Milch	R. BASSETTE u. M. KEENEY (1960)
Ungesättigte Aldehyde		
Acrolein	oxydiertes Fett Zigarettenrauch	L. A. WITTING u. B. S. SCHWEIGERT (1958), J. D. MOLD u. M. T. MCRAE (1957)
Crotonaldehyd	Fett	L. A. WITTING u. B. S. SCHWEIGERT (1958)
	Brot	L. WISEBLATT (1961)
	Fisch	F. BRAMSTEDT (1957)
	Branntwein	P. PIHA u. Mitarb. (1960)
Penten-(2)-al-(1)	Fett	D. A. FORSS u. Mitarb. (1960a)
	Himbeere	M. WINTER u. E. SUNDT (1962)
Hexen-(2)-al-(1)	Die Verbindung wird von höheren Pflanzen, z. B. Brombeere, Heidelbeere und Küchenzwiebel zu ihrem Schutz abgegeben und entfaltet protistocide, bakterizide, fungicide und Wuchsstoffwirkung; Vorkommen in Fetten	H. SCHILDKNECHT u. G. RAUCH (1961), D. A. FORSS u. Mitarb. (1960a)
2-Methylpenten-(2)-al-(1)	Zwiebel	C. G. SPARE u. A. I. VIRTANEN (1961)
Hepten-(2)-al-(1)	Fett	D. A. FORSS u. Mitarb. (1960a)
Heptadien-(2.4)-al-(1)	Fett	D. A. FORSS u. Mitarb. (1960a)
Octen-(2)-al-(1)	Fett	J. HORNSTEIN u. P. F. CROWE (1960)
	Orange	J. A. ATTAWAY u. Mitarb. (1962)
Nonen-(2)-al-(1)	Fett	D. A. FORSS u. Mitarb. (1960a),
	Gurke	D. A. FORSS u. Mitarb. (1962)
Nonadien-(2.6)-al-(1)	Gurke	D. A. FORSS u. Mitarb. (1962)
Decen-(2)-al-(1)	Fett	J. HORNSTEIN u. P. E. CROWE (1960)
Decadien-(2.4)-al-(1)	Fett	J. HORNSTEIN u. P. E. CROWE (1960)
	Hühnchenfleisch	E. L. PIPPEN u. M. NONAKA (1960)

II. Sonstige Aldehyde

1. Methional, 3-Methylmercapto-propanal, $H_3C \cdot S \cdot CH_2 \cdot CH_2 \cdot CHO$

Physikalische Eigenschaften. Mol.-Gew. 104,17; Sdp_{750} 166° C; Sdp_{23} 71—72° C; D_4^{20} 1,036; n_D^{20} 1,4824. Smp des 2.4-Dinitrophenyl-hydrazons: 122—123° C.

Vorkommen. In der Milch wird Methionin durch Einwirkung von Licht und in Gegenwart von Riboflavin oxydativ zum Methional abgebaut. Die Bildung dieser außerordentlich geruchs-intensiven Verbindung (0,05 mg Methional pro kg Milch sind noch organoleptisch erfaßbar) ist die Ursache für den „Sonnenlichtgeruch" der Milch (S. Patton 1954 und E.-G. Samuelsson u. K. E. Thomé 1959). Außerdem wurde Methional im Käse (E. A. Day u. Mitarb. 1960) und Roggenbrot (M. Rothe 1960) nachgewiesen. Aus Kohlblättern konnte ein Enzymsystem isoliert werden, das Methionin in Methional überführt (M. Mazelis 1959).

2. Furan-Aldehyde

Allgemeines. Zwei Furanderivate, das Furfurol und das Hydroxymethylfurfurol, sind Zwischenprodukte bei der schon auf S. 797 erwähnten *Maillard-Reaktion* (J. E. Hodge 1953), die zu Bräunungsprodukten führt und eine physiologische Wertminderung der Lebensmittel zur Folge hat. Furfurol entsteht dabei durch Reaktion einer Aldopentose mit einer Aminosäure (M. Rothe 1960) gemäß

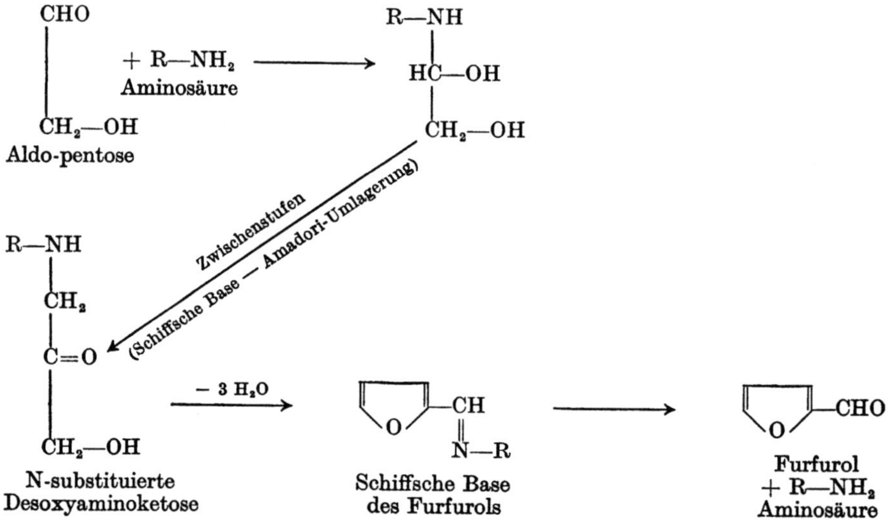

und Hydroxymethylfurfurol durch Reaktion einer Aldohexose mit einer Aminosäure nach dem gleichen Reaktionsschema. Weiteres unter „Kohlenhydrate" in diesem Band.

a) Furfurol

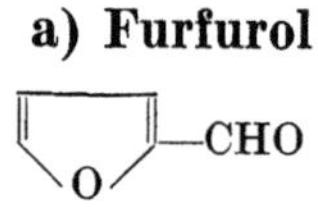

Mol.-Gew. 96,08; Smp −36,5° C; Sdp_{760} 161,7° C; Sdp_{20} 67,8° C; n_D^{20} 1,5208; in 100 g Wasser lösen sich bei 20° C 8,2 g und bei 90° C 19,9 g; sehr gut in Alkohol und Äther löslich. Die Wellenlänge maximaler Lichtabsorption beträgt im UV-Bereich 276 mμ (wäßrige Lösung). Furfurol färbt sich an der Luft oder im Licht braun und verharzt, besonders in Gegenwart von Alkali.

Nachgewiesen wurde Furfurol u. a. im Brot (L. WISEBLATT 1961), Branntwein (V. LICHEV 1958), Bier (F. V. HAROLD u. Mitarb. 1961), im Magermilchpulver (R. BASSETTE u. M. KEENEY 1960), im Zigarettenrauch (J. D. MOLD u. M. T. MCRAE 1957) und im Honig (H. J. G. TEN HOOPEN 1963).

b) Hydroxymethylfurfurol

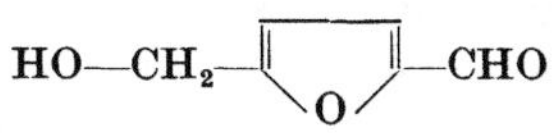

Mol.-Gew. 126,11; zerfließliche Nadeln aus Äther und Petroläther; Smp 31,5° C, Sdp_1 114—116° C, D^{15}_{15} 1,268; n^{30}_D 1,556; leicht löslich in Äther und Wasser sehr leicht löslich in Alkohol. Die Wellenlänge maximaler Lichtabsorption beträgt im UV-Bereich 285 mμ (wäßrige Lösung). Nachgewiesen wurde Hydroxymethylfurfurol u. a. in Milchpulvern (J. C. CRAIG u. Mitarb. 1961), in Honigen und Kunsthonigen (CL. FRANZKE u. H. IWAINSKY 1956), in Tomatentrockenprodukten (J. SCHORMÜLLER u. H. J. LANGE 1962) und Fruchtsäften (J. KOCH u. R. KLEESAAT 1961); z. B. im eingedosten Ananassaft (J. H. GAWLER 1961).

III. Aromatische Aldehyde

Die physikalischen Eigenschaften einiger aromatischer Aldehyde, die Lebensmittel, in denen sie vorkommen und die Autoren, die solche Aldehyde nachgewiesen haben, sind in der folgenden Tab. 18 zusammengestellt:

IV. Ketone

Ketone sind Verbindungen, in denen beide Valenzen der Carbonylgruppe mit beliebigen organischen Radikalen besetzt sind, so daß ihnen die allgemeine Formel R—CO—R′ zukommt.

Physikalische Eigenschaften (vgl. Tab. 20, S. 804). Da die Stellung der Carbonylgruppe im Molekül auf das physikalische Verhalten der Carbonylverbindungen nahezu ohne Einflüsse ist, liegen die Siedepunkte, Schmelzpunkte und auch Dichten der Aldehyde und Ketone gleicher Kohlenstoffzahl dicht beieinander. Ebenso bestehen hinsichtlich der Löslichkeitseigenschaften keine größeren Unterschiede zwischen beiden Verbindungsklassen. Auch die Ketone sind vielfach durch einen charakteristischen Geruch ausgezeichnet. Schon Aceton selbst riecht angenehm. Wie bei den Aldehyden nimmt mit steigendem Molekulargewicht die Geruchsintensität zu, so daß viele Ketone mittlerer Molekülgröße ausgesprochene Duftstoffe darstellen; außerordentlich unangenehm riechen die höheren Methylketone.

Chemische Eigenschaften. Die Ketone lassen sich ohne Zerstörung der Kohlenstoffatome nicht weiter oxydieren und gehen keine Polymerisationsraktionen ein. Nachgewiesen werden die Ketone allgemein als 2.4-Dinitrophenylhydrazone (Smp vgl. Tab. 20, S. 804).

Bildungsweise der Ketone in Lebensmitteln. Die Ketone werden in erster Linie in fetthaltigen Lebensmitteln wie Milch, Butter und Käse gebildet (vgl. Tab. 21, S. 805). Zwei Reaktionswege sind möglich.

1. Bildung von Methylketonen durch Mikroorganismen

H. THALER u. Mitarb. (1949) und W. FRANKE u. Mitarb. (1959) konnten zeigen, daß Schimmelpilze wie z. B. Penicillium glaucum den letzten Reaktionsschritt bei der β-Oxydation der Fettsäuren abwandeln können, indem sie die β-Ketosäure

Tabelle 18. *Physikalische Eigenschaften und Vorkommen einiger aromatischer Aldehyde in Lebensmitteln*

Name	Formel	Mol.-Gew.	Smp °C	Sdp °C (Torr)	Smp °C des 2.4-Dinitrophenylhydrazons	Vorkommen u. a. in folgenden Lebensmitteln	Autor
Benzaldehyd	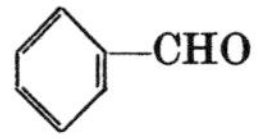	106,12	—26	179,5 (760)	237	Tabak Himbeeröl	K. ONISHI (1960) A. COPPENS u. L. HOEGENBOS (1939)
m-Toluylaldehyd	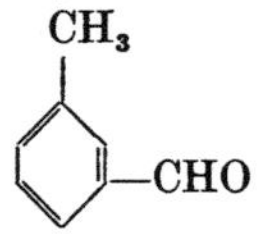	120,15		200 (760)	194	Tabak	K. ONISHI (1960)
Phenylacetaldehyd	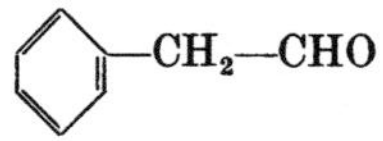	120,14	33—34	194 (760)	121	Brot	M. ROTHE (1960)
Salicylaldehyd	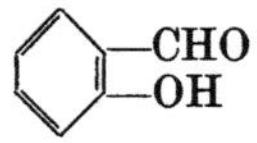	122,12	—1	196,5 (760)	252 (Zers.)	Tabak	K. ONISHI (1960)
Anisaldehyd	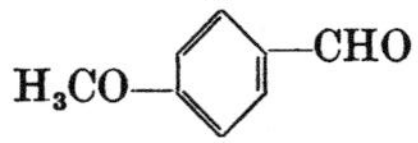	136,14	2,5	247 (760)	160—161*	Tabak	K. ONISHI (1960)
Vanillin	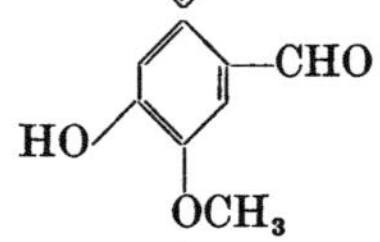	152,14	81—82	140—145 (6)	271 (Zers.)	Vanilleschote Pflaumenschnaps Ahornsirup	V. LICHEV (1958) J. C. UNDERWOOD u. Mitarb. (1961)
Ferulaaldehyd	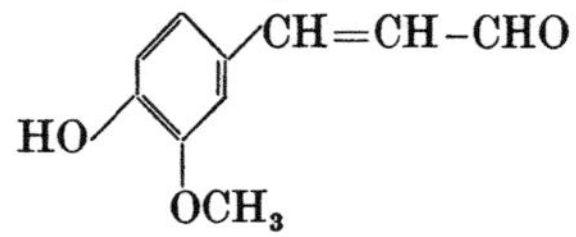	178,18	82,5			Pflaumenschnaps	V. LICHEV (1958)
Syringaaldehyd	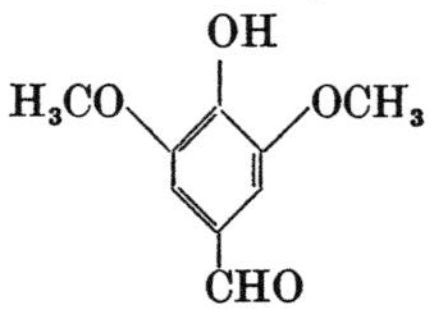	182,18	112—113			Pflaumenschnaps Ahornsirup	V. LICHEV (1958) J. C. UNDERWOOD u. Mitarb. (1961)

* 4-Nitro-phenylhydrazon.

51*

Tabelle 19. *Vorkommen flüchtiger Carbonylverbindungen im Cheddar Käsearoma* (nach E. A. DAY u. Mitarb. 1960)

Carbonylverbindung	mg/kg Käse
Tridecanon-(2)	2,10
Undecanon-(2)	1,43
Nonanon-(2)	0,68
Heptanon-(2)	0,82
Pentanon-(2)	0,37
3-Methylbutanal	Spuren
Butanon	12,50
Aceton	8,50
Acetaldehyd	7,50
Formaldehyd	2,60
Methional	1,00
Diacetyl	0,10

zum entsprechenden Methylketon decarboxylieren; d. h. der Abbau einer Fettsäure verläuft über die Reaktionsschritte: Gesättigte Fettsäure → α,β-ungesättigte Fettsäure → β-Hydroxyfettsäure → β-Ketofettsäure → Methylketon (vgl. auch S. 809).

Aus einer Fettsäure entsteht das um ein C-Atom ärmere Methylketon. Da in den Fetten nur die Fettsäuren mit geradzahliger C-Atomzahl in hohen Konzentrationen vorkommen, werden im wesentlichen nur Methylketone mit ungerader Kohlenstoffzahl gebildet (vgl. Tab. 19).

Tabelle 20. *Physikalische Eigenschaften gesättigter aliphatischer Ketone*

Name	Formel	Mol.-Gew.	Smp °C	Sdp °C (Torr)	D_4^t	n_D^t	Smp °C des 2.4-Dinitrophenylhydrazons
Aceton (Propanon)	$CH_3 \cdot CO \cdot CH_3$	58,08	—95	56,3 (760)	0,79597 (15°)	1,35998 (20°)	126
Methyl-äthyl-keton (Butanon)	$CH_3 \cdot CH_2 \cdot CO \cdot CH_3$	72,10	—87,3	79,5 (760)	0,8058 (20°)	1,3788 (20°)	116,8 bis 117,3
Pentanon-(2)	$CH_3 \cdot (CH_2)_2 \cdot CO \cdot CH_3$	86,13	—83,5	101—102 (760)	0,8089 (20°)	1,3902 (20°)	144
Hexanon-(2)	$CH_3 \cdot (CH_2)_3 \cdot CO \cdot CH_3$	100,16		127,8 (768)	0,81162 (20°)	1,40152 (20°)	108,5
Heptanon-(2)	$CH_3 \cdot (CH_2)_4 \cdot CO \cdot CH_3$	114,19		150,4 (760)	0,8111 (20°)	1,4086 (20°)	72
Heptanon-(3)	$CH_3 \cdot (CH_2)_3 \cdot CO \cdot CH_2 \cdot CH_3$	114,19		146,5—147 (765)	0,8183 (20°)	1,4088 (20°)	
Octanon-(2)	$CH_3 \cdot (CH_2)_5 \cdot CO \cdot CH_3$	128,21	—21,5	173,5 (760)	0,82268 (15°)	1,4154 (20°)	58
Nonanon-(2)	$CH_3 \cdot (CH_2)_6 \cdot CO \cdot CH_3$	142,24	—8,2	195,3 (760)	0,8208 (20°)	1,4210 (20°)	57—58
Undecanon-(2)	$CH_3 \cdot (CH_2)_8 \cdot CO \cdot CH_3$	170,29	12,7	106,1 (10)	0,8950 (20°)	1,4291 (20°)	63
Tridecanon-(2)	$CH_3 \cdot (CH_2)_{10} \cdot CO \cdot CH_3$	198,35	30,5	133,6 (10)	0,82168 (30°)	1,43175 (30°)	69
Pentadecanon-(2)	$CH_3 \cdot (CH_2)_{12} \cdot CO \cdot CH_3$	226,41	40,5	137 (1,5)			82—84

2. Bildung von Ketonen durch Autoxydation ungesättigter Fettsäuren

Die auf S. 798 geschilderte Autoxydation ungesättigter Fettsäuren führt zu Alkoxyradikalen. Ein Alkoxyradikal kann sich, wie es das Reaktionsschema nach H. T. BADINGS (1959) auf S. 805 zeigt, nach einer von vier Reaktionsmöglichkeiten stabilisieren. Durch Folgereaktion *a* werden, wie auf S. 798 beschrieben, Aldehyde gebildet, durch Folgereaktion *b* Alkohole und durch die Folgereaktionen *c* und *d* entstehen, indem das Alkoxyradikal entweder mit einem Alkylradikal oder mit einem weiteren Alkoxyradikal reagiert, Ketone.

Vorkommen. Die wichtigsten Lebensmittel, in denen aliphatische Ketone vorkommen, sind zusammen mit der entsprechenden Literatur in Tab. 21 zusammengestellt.

Folgereaktionen eines Alkoxyradikals

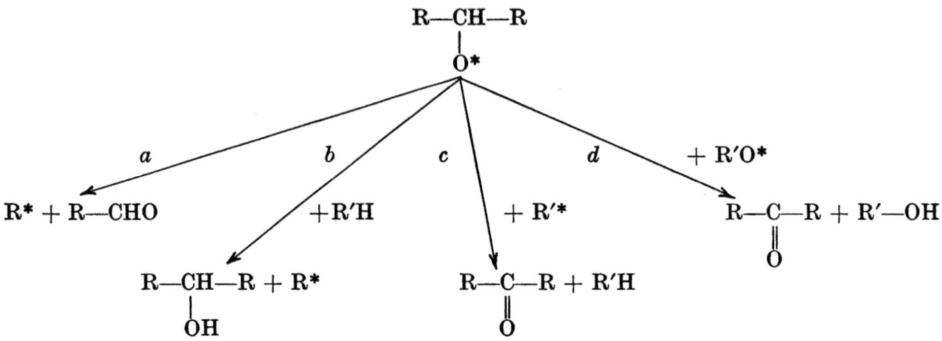

Tabelle 21. *Vorkommen aliphatischer Ketone in Lebensmitteln*

Keton	Lebensmittel	Autor
Aceton	Da Aceton in allen biologischen Substraten durch Decarboxylierung von Acetessigsäure als normales Stoffwechselprodukt auftritt, konnte es zumindest in geringen Konzentrationen in fast sämtlichen Lebensmitteln nachgewiesen werden.	
Methyläthylketon	weit verbreitet u. a.	
	Milchpulver	R. BASSETTE u. M. KEENEY (1960)
	Käse, vgl. Tab. 19, S. 804	E. A. DAY u. Mitarb. (1960)
	Fleisch	CH. MERRITT, jr. u. Mitarb. (1959)
	Kaffeearoma	J. W. RHOADES (1960)
	Zigarettenrauch	
Pentanon-(2)	Butter	D. A. FORSS u. Mitarb. (1960b)
	Käse	H. W. JACKSON u. R. V. HUSSONG (1958)
	Hühnchenfleisch	E. L. PIPPEN u. M. NONAKA (1960)
	Banane	H. O. HULTIN u. B. E. PROCTOR (1961)
Hexanon-(2)	Weißbrot	L. WISEBLATT u. F. E. KOHN (1960)
Heptanon-(2)	Milchfett	E. A. DAY u. D. A. LILLARD (1960)
	Käse	H. W. JACKSON u. R. V. HUSSONG (1958)
Heptanon-(3)	Weißbrot	L. WISEBLATT u. F. E. KOHN (1960)
Octanon-(2)	Banane	H. O. HULTIN u. B. E. PROCTOR (1961)
Nonanon-(2)	Butter	D. A. FORSS u. Mitarb. (1960b)
	Milchfett	E. A. DAY u. D. A. LILLARD (1960)
	Käse	H. W. JACKSON u. R. V. HUSSONG (1958)
Undecanon-(2)	Milchfett	E. A. DAY u. D. A. LILLARD (1960)
	Butter	D. A. FORSS u. Mitarb. (1960b)
	Käse	J. R. COFFMAN u. Mitarb. (1960)
Tridecanon-(2)	Milchfett	E. A. DAY u. D. A. LILLARD (1960)
	Käse (vgl. Tab. 19, S. 804)	E. A. DAY u. Mitarb. (1960)
Pentadecanon-(2)	Milchfett	E. A. DAY u. D. A. LILLARD (1960)

V. Dicarbonylverbindungen

1. Methylglyoxal, Brenztraubenaldehyd, $CH_3 \cdot CO \cdot CHO$

Mol.-Gew. 72,06; leuchtend gelbe bewegliche, intensiv riechende Flüssigkeit, die sich leicht unter Wärmeentwicklung polymerisiert. Sdp_{760} 72° C; D^{25} 1,0383; n_D^{25} 1,3327. Smp des Methylglyoxal-bis-(2.4-dinitrophenylhydrazons) 299–300° C.

Methylglyoxal ist von einer Reihe von Autoren als Stoffwechselprodukt von Mikroorganismen und aus anderen biologischen Substraten isoliert oder durch Farbreaktionen nachgewiesen worden.

Ein Weg zur Biosynthese des Methylglyoxals führt über den Aminosäurestoffwechsel, in dem aus Threonin oder durch Kondensation von Glycin mit Acetyl-Coenzym A unter gleichzeitiger Decarboxylierung Aminoaceton entsteht, das anschließend in Methylglyoxal überführt wird (CH. GILVARG 1961).

In Lebensmitteln wurde Methylglyoxal u. a. im Weißbrotteig, im gebackenen Weißbrot, in den Backofengasen (L. WISEBLATT 1961) und in der Butter (D. A. FORSS u. Mitarb. 1960b) nachgewiesen.

2. Acetoin, Methyl-acetylcarbinol, Butanol-(3)-on-(2), $CH_3{-}\underset{\displaystyle OH}{\underset{|}{C}H}{-}\underset{\displaystyle O}{\underset{\|}{C}}{-}CH_3$

Mol.-Gew. 88,10; nicht sehr stark riechende Flüssigkeit; sehr gut löslich in Wasser und Alkohol, wenig löslich in Äther. Acetoin ist optisch aktiv.

(–)-Acetoin. Smp 15° C; Sdp_{760} 142,7–143,2° C; Sdp_{23} 51,0–51,2° C; als Folge der Ausscheidung von dimerem Acetoin ändern sich Dichte, Brechungsindex und Drehwinkel in den ersten Tagen nach der Destillation. D_4^{20} 1,0164 (5 Tage nach der Destillation); n_D^{20} 1,4135 (5 Tage nach der Destillation) $[\alpha]_D^{20}$ $-39{,}4°$ (höchste beobachtete Drehung).

(+)-Acetoin. Sdp_{760} 142–144° C; D_4^{15} 1,0113–1,0186 (1 Std nach der Destillation); n_D^{20} 1,4169; höchste beobachtete Drehung in wäßriger Lösung: $[\alpha]_D^{20}$ $+53{,}3°$ (frische Lösung); $[\alpha]_D^{20}$ $+55{,}34°$ (nach 11 Tagen); Acetoin ist ein regelmäßiger Bestandteil des tierischen Organismus; es ist im Blut des Menschen und der Tiere (Schwein und Schaf) aufgefunden worden. Eine große Zahl von Mikroorganismen ist imstande Acetoin zu bilden; besonders wichtig ist unter diesem Gesichtspunkt die im Säurewecker enthaltene Bakterienart Leuconostoc citrovorum, die bei der Buttergewinnung das Acetoin synthetisiert, aus dem durch nachfolgende Oxydation das Diacetyl entsteht.

Die Biosynthese des Acetoins erfolgt entweder durch Decarboxylierung von Acetmilchsäure (vgl. S. 786) oder durch Einwirkung von aktiviertem Acetaldehyd (Acetaldehyd-Thiamin-Komplex) auf Acetaldehyd (A. N. RADHAKRISHNAN u. E. E. SNELL 1960). Das optische Verhalten des biochemisch gebildeten Acetoins hängt von der Art der verwendeten Mikroorganismen ab.

Vorkommen. Der Acetoingehalt der Butter ist sehr viel höher als der Diacetylgehalt, spielt aber geschmacklich keine Rolle; durchschnittlich liegt das Verhältnis Acetoin : Diacetyl zwischen 10:1 und 20:1 (H. TIMMEN 1960). Außer in der Butter kommt das Acetoin u. a. in der Orange (L. J. SWIFT u. M. K. VELDHUIS 1957); im Brot (L. WISEBLATT 1961), Hühnchenfleisch (E. L. PIPPEN u. M. NONAKA 1960) und in frischen Erbsen (J. W. RALLS 1960) vor. Weitere Vorkommen vgl. Diacetyl.

3. Diacetyl, Butandion-(2.3), $CH_3 \cdot CO \cdot CO \cdot CH_3$

Mol.-Gew. 86,09; stark nach Butter riechende gelbgrüne Flüssigkeit; Sdp 89° C; D^{22} 0,9734; $n_D^{18,5}$ 1,39331. Diacetyl ist wasserdampfflüchtig. 1 Teil Diacetyl löst sich bei 15° C in 4 Teilen Wasser; löslich in Alkohol und Äther. Smp des Diacetyl-bis-(2.4-dinitrophenylhydrazons) 312° C. Diacetyl entsteht durch Oxydation von Acetoin; die Mechanismen dieser Reaktion, die besonders bei der Butterherstellung von Bedeutung sind, werden von U. BEHNKE (1959) diskutiert.

Vorkommen. Diacetyl ist die Hauptkomponente des typischen Aromas der Sauerrahmbutter. Von den verschiedenen Autoren werden stark variierende Werte innerhalb der Grenzen von 0 und etwa 4 mg Diacetyl pro kg Butter genannt (H. TIMMEN 1960). Im Brot kommt Diacetyl vor, spielt aber als Aromakomponente keine Rolle, denn bei Schwankungen im Diacetylgehalt um mehr als eine Zehnerpotenz konnten organoleptisch keine Aromaunterschiede festgestellt werden (M. ROTHE u. B. THOMAS 1959). Ein hoher Gehalt an Acetoin und Diacetyl, hervorgerufen durch Mikroorganismen, soll in Obstsäften den Graugeschmack mitbewirken (W. BÜCHI u. F. ULLMANN 1958).

Weitere Vorkommen von Diacetyl in Lebensmitteln sind u. a.: Käse (E. A. DAY u. Mitarb. 1960); Fleischaroma (M. H. YUEH u. F. M. STRONG 1960); alkoholische Getränke (R. STEVENS 1960); Kaffeearoma (A. ZLATKIS u. M. SIVETZ 1960).

D. Alkohole mit Ausnahme von Methanol und Äthanol

I. Allgemeines

1. Physikalische Eigenschaften

Die Alkohole haben, wie aus Tab. 22, S. 808 hervorgeht, sehr viel höhere Siedepunkte als die vergleichbaren Kohlenwasserstoffe, doch nicht so hohe wie die entsprechenden Carbonsäuren. Ursache der siedepunkterhöhenden Wirkung der OH-Gruppe ist ihre große Assoziations-Tendenz unter Bildung von Wasserstoffbrücken. Weiterhin werden durch die Hydroxylgruppe die Lösungsverhältnisse grundlegend geändert. Die Alkohole besitzen infolge ihres charakteristischen Aufbaus eine Doppelnatur, indem sie einerseits die dem Wasser nahe verwandte, also hydrophile OH-Gruppe, andererseits aber auch den hydrophoben und lipophilen Alkylrest im Molekül enthalten. Infolgedessen sind die niederen Glieder der Reihe, in denen der Paraffinrest noch nicht zu sehr überwiegt, sowohl in Wasser als auch in organischen Lösungsmitteln (einschließlich reiner Kohlenwasserstoffe) gut löslich. Bei den höheren Homologen nimmt der Einfluß der OH-Gruppe nach und nach ab und verschwindet schließlich vollkommen. Die Alkohole oberhalb C_{10} sind infolgedessen kaum noch wasserlöslich und äußerlich nicht mehr von den Paraffinen zu unterscheiden.

2. Bildungsweise der Alkohole in Lebensmitteln

Besonders intensiv ist die Biosynthese der unter dem Namen Fuselöle zusammengefaßten höheren Alkohole untersucht, die schon lange als Begleitstoffe der alkoholischen Gärung bekannt sind und die in kleinen Konzentrationen günstig das Aroma und den Geschmack der alkoholischen Getränke beeinflussen, in hohen Konzentrationen genossen jedoch schädigend auf die menschliche Gesundheit wirken. Gegenwärtig werden zwei Reaktionsfolgen diskutiert.

a) Die Alkohole werden von Hefeenzymen aus Eiweiß-Aminosäuren des Vergärgutes und der Hefe auf dem folgenden, von F. EHRLICH (1912) und

Tabelle 22. *Physikalische Eigenschaften der wichtigsten in Lebensmitteln vorkommenden Alkohole*

Trivialname	Bezeichnung nach der Genfer Nomenklatur	Formel	Mol.-Gew.	Smp °C	Sdp °C (Torr)	D_4^t	n_D^t
Aliphatische Alkohole							
Methylalkohol	Methanol	$CH_3 \cdot OH$	32,04	—97,0	64,5 (760)	0,7913 (20°)	1,3287 (20°)
Äthylalkohol	Äthanol	$CH_3 \cdot CH_2 \cdot OH$	46,07	—114,5	78,3 (760)	0,7893 (20°)	1,3614 (20°)
Propylalkohol	Propanol-(1)	$CH_3 \cdot CH_2 \cdot CH_2 \cdot OH$	60,09	—126,2	97,2 (760)	0,8036 (20°)	1,3853 (20°)
Isopropylalkohol	Propanol-(2)	$CH_3 \cdot CH(OH) \cdot CH_3$	60,09	—89,5	82,4 (760)	0,7851 (20°)	1,3793 (20°)
n-Butylalkohol	n-Butanol-(1)	$CH_3 \cdot (CH_2)_2 \cdot CH_2 \cdot OH$	74,12	—90,2	118,0 (760)	0,8096 (20°)	1,3992 (20°)
Isobutylalkohol	2-Methyl-propanol-(1)	$CH_3 \cdot CH(CH_3) \cdot CH_2 \cdot OH$	74,12	—108	108,1 (760)	0,8020 (20°)	1,3957 (20°)
sek. Butylalkohol	n-Butanol-(2)	$CH_3 \cdot CH_2 \cdot CH(OH) \cdot CH_3$	74,12	—114,7	99,5 (760)	0,8069 (20°)	1,3971 (20°)
n-Amylalkohol	n-Pentanol-(1)	$CH_3 \cdot (CH_2)_3 \cdot CH_2 \cdot OH$	88,15	—78,8	138,2 (760)	0,8147 (29°)	1,4099 (20°)
Gärungsamylalkohol	2-Methylbutanol-(1)	$CH_3 \cdot CH_2 \cdot CH(CH_3) \cdot CH_2 \cdot OH$	88,15	—70	128,9 (760)	0,8193 (20°)	1,4107 (20°)
Isoamylalkohol	3-Methylbutanol-(1)	$CH_3 \cdot CH(CH_3) \cdot CH_2 \cdot CH_2 \cdot OH$	88,15	—117,2	132,0 (760)	0,8092 (20°)	1,4065 (20°)
	n-Pentanol-(2)	$CH_3(CH_2)_2 \cdot CH(OH) \cdot CH_3$	88,15	—	119,9 (760)	0,8090 (20°)	1,4060 (20°)
n-Hexylalkohol	n-Hexanol-(1)	$CH_3 \cdot (CH_2)_4 \cdot CH_2 \cdot OH$	102,17	—46,1	157,5 (760)	0,8189 (20°)	1,4178 (20°)
Blätteralkohol	cis-Hexen-(3)-ol-(1)	$CH_3 \cdot CH_2 \cdot CH{=}CH \cdot CH_2 \cdot CH_2 \cdot OH$	100,15	—	58—58,5(12)	0,8495 (20°)	1,4380 (20°)
	n-Heptanol-(2)	$CH_3 \cdot (CH_2)_4 \cdot CH(OH) \cdot CH_3$	116,20	—	157 (762)	0,8167 (20°)	1,4209 (20°)
	n-Nonanol-(2)	$CH_3 \cdot (CH_2)_6 \cdot CH(OH) \cdot CH_3$	144,25	—5,5	213,5 (760)	0,8274 (20°)	1,4323 (20°)
Aromatische Alkohole							
Benzylalkohol		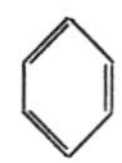 $\cdot CH_2 \cdot OH$	108,13	—15,3	205,2 (760)	1,0427 (19°)	—
β-Phenyläthylalkohol		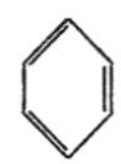 $\cdot CH_2 \cdot CH_2 \cdot OH$	122,15	—	219,4 (760)	1,0110 (30°)	—
Furanderivate							
Furfurylalkohol		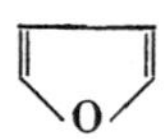 $\cdot CH_2 \cdot OH$	98,10	—	171 (750)	1,1296 (20°)	1,4850 (25°)

$R{-}CH(NH_2){-}COOH$

Aminosäure

↓ *oxydative Desaminierung od. Transaminierung*

$R{-}C({=}O){-}COOH$

α-Ketosäure

↓ *Decarboxylierung*

$R{-}CHO$

Aldehyd

↓ *Hydrierung*

$R{-}CH_2{-}OH$

Alkohol

O. NEUBAUER u. K. FROMHERZ (1911) postulierten und durch viele Versuche (Zusammenfassung: R. STEVENS 1960) bewiesenen Reaktionsweg gebildet. So entsteht aus Leucin → Isoamylalkohol, Isoleucin → aktiver Amylalkohol, Valin → Isobutylalkohol, Phenylalanin → Phenyläthylalkohol und Tyrosin → Tyrosol (4-Hydroxy-phenyläthylalkohol).

b) L. GENEVOIS (1961) konnte mit C^{14}-markierter Essigsäure beweisen, daß die Hefezelle aus Acetateinheiten, die durch Abbau von Kohlenhydraten gewonnen werden, Isoamylalkohol synthetisiert. Er postuliert für diese Synthese die ersten Reaktionsschritte der Biosynthese von Terpenderivaten (F. LYNEN u. Mitarb. 1959) über die Mevalonsäure bis zum Dimethylallylpyrophosphat, das über bisher noch nicht geklärte Zwischenverbindungen in Isoamylalkohol überführt werden soll.

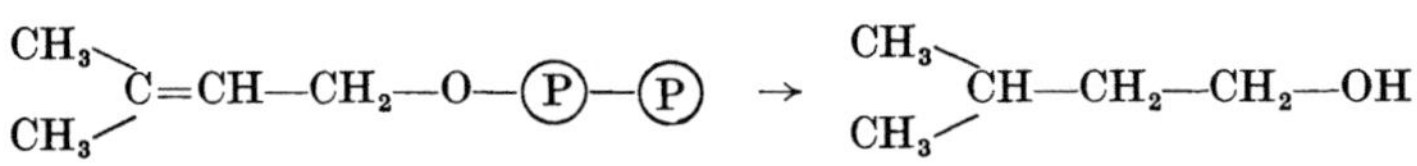

Dimethylallylpyrophosphat Isoamylalkohol

$R \cdot CH_2 \cdot CH_2 \cdot COOH$

Fettsäure

⇅

$R \cdot CH = CH \cdot COOH$

α.β-ungesättigte Fettsäure

⇅

$R \cdot CH(OH) \cdot CH_2 \cdot COOH$

β-Hydroxysäure

⇅

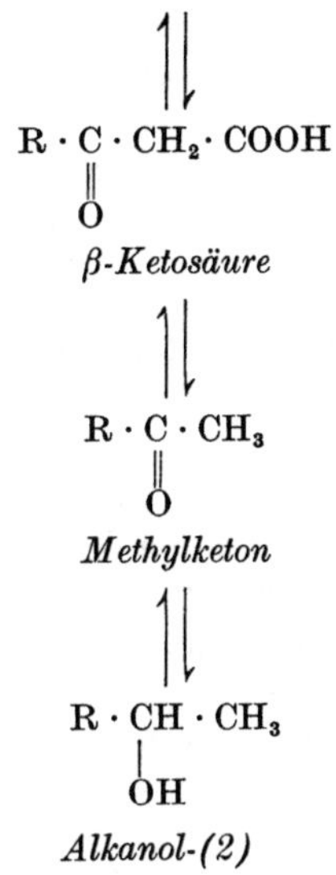

c) Auch innerhalb des Fettsäurestoffwechsels können im biologischen Material Alkohole entstehen. So postulieren H. W. JACKSON u. R. V. HUSSONG (1958) einen Biosyntheseweg für sekundäre Alkohole des Typs $CH_3 \cdot (CH_2)_n \cdot CH(OH) \cdot CH_3$, die u. a. von den Autoren bei der Reifung von Edelschimmelkäsen nachgewiesen wurden. Bei diesem Syntheseweg wird, wie aus voranstehendem Reaktionsschema hervorgeht, die übliche Reaktionsfolge beim Abbau der Fettsäuren (β-Oxydation) so variiert, daß durch Decarboxylierung der β-Ketosäure zum Methylketon (vgl. „Bildung von Methylketonen“ S. 802) und nachfolgender Hydrierung der sekundäre Alkohol gebildet wird.

II. Einzelne Verbindungen

1. Einwertige Alkohole

a) Propylalkohol, Propanol-(1), $CH_3 \cdot CH_2 \cdot CH_2 \cdot OH$

Physikalische Eigenschaften vgl. Tab. 22, S. 808, n-Propanol ist eine farblose Flüssigkeit von schwach betäubendem Geruch; mischbar mit Wasser. 71,69 Gew.-% n-Propanol und 28,31 Gew.-% Wasser bilden ein bei 87,72° C siedendes azeotropes Gemisch.

Tabelle 23. *Zusammensetzung (%) von Fuselölen aus verschiedenen Rohstoffen* (R. S. AIRES 1947)

Verbindungen	Rohstoff			
	Mais	Melasse	Kartoffel	Roggen
Isopropylalkohol	—	0,6	—	—
Propanol-(1)	20,4—11,7	24,3	6,85	—
Isobutylalkohol	23,9—12,2	7,4	24,35	15,7
n-Butylalkohol	—	8,1	—	79,8
Gärungsamylalkohol	14,6—23,4 }	55,3	68,76	79,8
Isoamylalkohol	36,3—59,7 }			
n-Amylalkohol	—	4,3	—	—
nicht identifiziert	4,8—3,0	—	0,04	6,5

Wie aus Tab. 23 hervorgeht, ist n-Propanol ein wesentlicher Bestandteil des Fuselöls, aus dem es auch technisch gewonnen wird.

Das wichtigste technische Verfahren zur Herstellung von n-Propanol ist die katalytische Oxydation von Propan oder Butan mit Luftsauerstoff. Außer in alkoholischen Getränken wurde n-Propanol noch in Äpfeln (A. R. THOMPSON 1951) nachgewiesen.

b) Isopropylalkohol, Propanol-(2), $CH_3 \cdot \underset{OH}{\underset{|}{CH}} \cdot CH_3$

Physikalische Eigenschaften vgl. Tab. 22, S. 808; Isopropanol ist eine farblose Flüssigkeit mit schwach bitterem Geschmack (nicht genießbar). 87,7 Gew.-% Isopropanol und 22,3 Gew.-% Wasser bilden ein bei 80,37° C siedendes Azeotrop.

Am Fuselöl ist Isopropanol nur bei wenigen Gärsubstraten beteiligt (vgl. Tab. 23). Nachgewiesen wurde Isopropanol in Äpfeln (D. F. MEIGH 1957) und im Bier (F. V. HAROLD u. Mitarb. 1961). Isopropanol besitzt etwa dieselbe Giftigkeit wie Äthanol und ist von Bedeutung als Äthanolersatz. In Lebens- und Arzneimitteln ist seine Verwendung verboten. Nach der Stellungnahme des Reichsgesundheitsrates vom 23. März 1929 wird gegen die Verwendung von Isopropylalkohol (ausgenommen Franzbranntwein und Händedesinfektionsmittel) kein Bedenken erhoben. Im allgemeinen sind größere Zusatzmengen als 20—30% zu vermeiden.

c) n-Butylalkohol, n-Butanol-(1), $CH_3 \cdot CH_2 \cdot CH_2 \cdot CH_2 \cdot OH$

Physikalische Eigenschaften vgl. Tab. 22, S. 808, n-Butanol ist eine farblose, stark lichtbrechende Flüssigkeit mit einem schwach an Fuselöl erinnernden Geruch; die Dämpfe sind hustenerregend. Bei 15° C lösen sich 9,09 cm^3 n-Butanol in 100 cm^3 Wasser. Die Butylalkohole sind wenig toxisch. Technisch wird n-Butanol durch Vergärung von Stärke mit Clostridium acetobutylicum oder durch Hydrierung von Crotonaldehyd hergestellt. n-Butanol wurde im Wein (R. MECKE u. Mitarb. 1960), im Bier (J. STRATING u. A. VENEMA 1961), in den Weintrauben (R. E. KEPNER u. A. D. WEBB 1956) und im Apfelaroma (A. MEHLITZ u. K. GIERSCHNER 1961) nachgewiesen.

d) Isobutylalkohol, 2-Methyl-propanol-(1), $(CH_3)_2 \cdot CH \cdot CH_2 \cdot OH$

Physikalische Eigenschaften vgl. Tab. 22, S. 808; farblose Flüssigkeit. Bei 15° C lösen sich 10 cm^3 Isobutylalkohol in 100 cm^3 Wasser. Isobutylalkohol ist ein regelmäßiger Bestandteil alkoholischer Getränke, seine Bildung z. B. beim Gärprozeß des Bieres wurde von V. S. BAVISOTTO u. Mitarb. (1961) in Abhängigkeit von der Gärtemperatur, dem Säuregrad und der Hefeart untersucht. Außer in alkoholischen Getränken wurde Isobutylalkohol im Apfelsaftaroma (A. MEHLITZ u. K. GIERSCHNER 1961) nachgewiesen.

e) sek. Butylalkohol, n-Butanol-(2), $CH_3 \cdot CH_2 \cdot CH(OH) \cdot CH_3$

Physikalische Eigenschaften vgl. Tab. 22, S. 808; farblose Flüssigkeit von weinähnlichem Geruch. Bei 20° C lösen sich 12,5 cm^3 sek. Butanol in 100 cm^3 Wasser. Die Verbindung ist optisch aktiv; d-sek.-Butanol: $[\alpha]_D^{20} + 13{,}9°$. Nachgewiesen wurde sek. Butanol im Bier (F. V. HAROLD u. Mitarb. 1961) und im Wein (L. GENEVOIS 1961).

f) Höhere Alkohole

In der folgenden Tab. 24 sind die wichtigsten Lebensmittel, in denen höhere Alkohole vorkommen, und zu jedem Lebensmittel ein Autor, der den Alkohol nachgewiesen hat, zusammengestellt.

Tabelle 24. *Vorkommen höherer Alkohole in Lebensmitteln*

Alkohol	Lebensmittel	Autor
Aliphatische Alkohole		
Isoamylalkohol	Himbeeraroma	A. COPPENS u. L. HOEJENBOS (1939)
	Banane	H. O. HULTIN u. B. E. PROCTOR (1961)
	Bier (vgl. Tab. 6, S. 764)	V. S. BAVISOTTO u. Mitarb. (1961)
	Wein und Whisky	F. J. KABOT u. L. S. ETTRE (1962)
	Apfelaroma	D. F. MEIGH (1957)
Gärungsamylalkohol	Bier (vgl. Tab. 6, S. 764)	V. S. BAVISOTTO u. Mitarb. (1961)
2-Methyl-butanol-(1) $[\alpha]_D^{20}$ — 5,9°	Apfelaroma	J. W. WHITE (1950)
n-Pentanol-(1)	Himbeere	M. WINTER u. E. SUNDT (1962)
n-Pentanol-(2)	Edelschimmelkäse	H. W. JACKSON u. R. V. HUSSONG (1958)
n-Hexylalkohol	Himbeeraroma	H. SCHINZ u. C. F. SEIDEL (1957)
	Apfelaroma	J. W. WHITE (1950)
	Weintraube	R. E. KEPNER u. A. D. WEBB (1956)
	Bier	J. STRATING u. A. VENEMA (1961)
cis-Hexen-(3)-ol-(1)	aus grünen Blättern isoliert	L. RUZICKA u. Mitarb. (1944)
	Himbeere	H. BOHNSACK (1942), M. WINTER u. E. SUNDT (1962)
Heptanol-(2)	Edelschimmelkäse	H. W. JACKSON u. R. V. HUSSONG (1958)
Nonanol-(2)	Edelschimmelkäse	H. W. JACKSON u. R. V. HUSSONG (1958)
Aromatische Alkohole		
Benzylalkohol	Himbeeröl	A. COPPENS u. L. HOEJENBOS (1939)
β-Phenyläthylalkohol	Himbeeröl	H. SCHINZ u. C. F. SEIDEL (1957)
	Weintraube	R. E. KEPNER u. A. D. WEBB (1956)
	Bier	R. STEVENS (1961)
Furanderivate		
Furfurylalkohol	Kakao-Aroma	A. H. M. VAN ELZAKKER u. H. J. VAN ZUTPHEN (1961)
	Bier	J. STRATING u. A. VENEMA (1961)

2. Mehrwertige Alkohole

a) Glykole

Die Glykole sind zweiwertige Alkohole mit sehr unterschiedlichen physiologischen Wirkungen. Ausgesprochen toxisch oder zum mindesten gesundheitlich schädigend sind insbesondere der Glykolmonoäthyläther und das 1.4-Butylenglykol, daneben Äthylglykol, Diäthylenglykolmonoäthyläther (APV, Solutol) und 2-Methyl-2.4-pentadiol (Diolane), vor deren Verwendung in früheren Jahren behördlich gewarnt worden war. Giftige Glykole haben nach dem zweiten Weltkrieg als Glycerinersatz beim Genuß oder in Form von Klistieren zu schweren Unglücksfällen geführt. Neben Glycerin sind 1.3-Butylenglykol, Diäthylenglykol und 1.2-Propylenglykol bestimmter Reinheit als Feuchthaltemittel im Tabak („Tabak-Verordnung“ vom 19. Dezember 1959 (BGBl. I S. 730) in der Fass. vom 22. Dezember 1960 (BGBl. I S. 1073) sowie als Bestandteile von Tabak-Essenzen („Essenzenverordnung“ vom 19. Dezember 1959; BGBl. I S. 747) in der Fass.

vom 22. Dezember 1960 (BGBl. I S. 1073) und vom 15. März 1961 (BGBl. I S.227) zugelassen. Im Kaugummi ist 1.2-Propylenglykol und dessen Adipinsäureester zugelassen. [„Kaugummi-Verordnung" vom 19. Dezember 1959 (BGBl. I. S. 754).] Die Toxicität mancher Glykole liegt insbesondere darin, daß sie im Organismus über die nierenschädigende *Oxalsäure* abgebaut werden. Ein Glykol, das *Butandiol-(2.3)*, ist ein Stoffwechselprodukt einer Reihe von Mikroorganismen (z. B. Aerobacter aerogenes; Bacillus subtilis) beim Abbau von Kohlenhydraten (Hexosen und Pentosen). Vorstufe seiner Biosynthese ist das Acetoin (vgl. S. 806), das zum Butandiol-(2.3) hydriert wird; die dabei entstehende stereoisomere Form ist von der Art der Mikroorganismen abhängig. Butandiol-(2.3) wird, wie M. Rohrlich (1953) und D. E. Smith u. J. R. Coffman (1960) nachweisen konnten, bei der Sauerteiggärung gebildet.

b) Glycerin, 1.2.3-Trihydroxypropan, $CH_2(OH) \cdot CH(OH) \cdot CH_2(OH)$

Glycerin, Mol.-Gew. 92,09, wurde 1779 von K. W. Scheele bei der Verseifung von Olivenöl entdeckt.

Eigenschaften. Das wasserfreie Glycerin ist eine viscose, geruchlose, süßschmeckende, farblose Flüssigkeit, die beim Abkühlen auf Temperaturen unterhalb 0° C zu farblosen, rhombischen Kristallen, Smp + 17,9° C, erstarrt; Sdp_{760} 290° C. Glycerin ist unbegrenzt mischbar u. a. mit Wasser, Methanol, Äthanol und n-Propanol, begrenzt mischbar mit Aceton, Estern, Äthern und praktisch unlöslich in den höheren Alkoholen, Kohlenwasserstoffen und Chlorkohlenwasserstoffen. Glycerin ist mit Wasserdampf flüchtig, hygroskopisch und kann beim Stehen an der Luft bis zu etwa 50% seines Gewichtes an Wasser absorbieren. Die Dichte des Glycerins beträgt D^{20}_{20} 1,26362.

Von den drei Hydroxylgruppen des Glycerins sind zwei primär und eine sekundär. Die primären Hydroxylgruppen sind reaktionsfähiger als die sekundäre. Bei der Oxydation können je nach den angewandten Bedingungen u. a. entstehen: Glycerinaldehyd [$CH_2(OH) \cdot CH(OH) \cdot CHO$], Dioxyaceton [$CH_2(OH) \cdot CO \cdot CH_2(OH)$], Glycerinsäure [$CH_2 \cdot (OH) \cdot CH(OH) \cdot COOH$], Oxalsäure [$(COOH)_2$], Glyoxylsäure ($OCH \cdot COOH$).

Mit den Alkalimetallen gibt Glycerin Glycerate; die Triglycerate können jedoch nur durch Umsetzen von Alkalialkoholaten mit Glycerin gewonnen werden.

Beim Erhitzen von Glycerin und Glycerinderivaten (Braten von Fett) auf 340 bis 350° C bildet sich das charakteristisch stechend riechende, flüchtige *Acrolein* ($CH_2 = CH \cdot CHO$).

Vorkommen. Glycerin gehört als Komponente der Fette, Phosphatide usw. zu den im Tier- und Pflanzenreich am weitesten verbreitet vorkommenden organischen Verbindungen. In kleinen Mengen wird es bei der alkoholischen Gärung gebildet und ist daher in alkoholischen Getränken enthalten.

Technische Darstellung. Die Hauptmenge von Glycerin wird durch Fettspaltung bei der Seifenherstellung gewonnen, indem die Fette mit wäßriger Natronlauge, organischen Sulfonaten oder mit Wasserdampf bei 170° C unter Zusatz kleiner Mengen CaO oder ZnO hydrolysiert werden. Auch die fermentative Spaltung der Fette durch Lipasen ist zur Glyceringewinnung geeignet.

Außerdem kann Glycerin durch die alkoholische Gärung – bei der es sonst nur als unbedeutendes Nebenprodukt auftritt – in beträchtlichen Mengen gebildet werden, wenn man den Gäransätzen Natriumbisulfit zusetzt und damit den intermediär entstehenden, als Acceptor für den fermentativ aus Glycerinaldehydphosphat abgespaltenen Wasserstoff dienenden Acetaldehyd ausschaltet. Der Wasserstoff wird sodann in der Hauptsache auf Glycerinaldehydphosphat (oder

Dioxyacetonphosphat) übertragen, so daß Glycerophosphat bzw. Glycerin entstehen.

Die technische Totalsynthese von Glycerin verläuft nach folgendem Reaktionsschema:

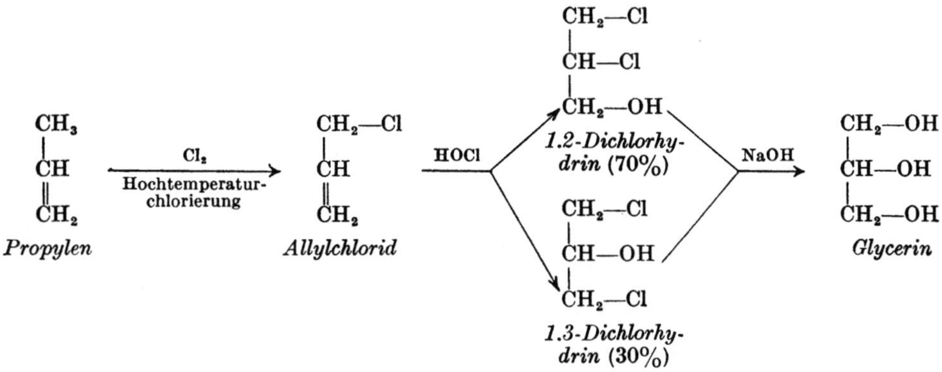

Verwendung in der Lebensmitteltechnologie. Glycerin ist in normal genossenen Mengen völlig ungiftig und wird nach der „Allgemeinen Fremdstoff-Verordnung" vom 19. Dezember 1959 (BGBl. I S. 742) in der Fass. vom 15. Dezember 1960 (BGBl. I S. 1004) dementsprechend auch allgemein nach Maßgabe der Vorschriften dieser Verordnung bei der Herstellung und Zubereitung von Lebensmitteln zugelassen. Zusätzlich regeln folgende Verordnungen die Verwendung von Glycerin als technischen Hilfsstoff: Die „Farbstoff-Verordnung" vom 19. Dezember 1959 (BGBl. I S. 756) in der Fass. vom 22. Dezember 1960 (BGBl. I S. 1073), die „Konservierungsstoff-Verordnung" vom 19. Dezember 1959 (BGBl. I S. 735), die „Fleisch-Verordnung" vom 19. Dezember 1959 (BGBl. I S. 726), die „Tabak-Verordnung" vom 19. Dezember 1959 (BGBl. I S. 730) in der Fass. vom 22. Dezember 1960 (BGBl. I S. 1073), die „Essenzen-Verordnung" vom 19. Dezember 1959 (BGBl. I S. 747) in der Fass. vom 22. Dezember 1960 (BGBl. I S. 1073) und vom 15. März 1961 (BGBl. I S. 227) und die „Kaugummi-Verordnung" vom 19. Dezember 1959 (BGBl. I S. 754).

3. Oxoalkohole

a) D(+)-Glycerinaldehyd, $CH_2(OH) \cdot CH(OH) \cdot CHO$

D(+)-Glycerinaldehyd, Mol.-Gew. 90,08, ist – zusammen mit Dihydroxyaceton (beide Verbindungen stehen in Gegenwart von Phosphoglyceroisimerase im biologischen Gleichgewicht) – als Phosphorsäureester ein wichtiges Zwischenprodukt des Kohlenhydratstoffwechsels (alkoholische Gärung, Glykolyse).

Glycerinaldehyd ist eine zuckerähnliche Verbindung, gut löslich in Wasser, wenig löslich in Alkohol und unlöslich in Benzol. (±)-Glycerinaldehyd: Dimolekulare Kristalle; Smp 142° C (der Schmelzpunkt hängt stark von der Geschwindigkeit des Erhitzens ab); Sdp_{17} 127–129° C; D^{23} 1,593. D(+)-Glycerinaldehyd: $[\alpha]_D^{15} = 21{,}2°$ (Wasser; c = 18).

b) Dihydroxyaceton, Dioxyaceton, $CH_2(OH) \cdot CO \cdot CH_2(OH)$

Mol.-Gew. 90,08; dimolekulare, monokline Kristalle; Smp ca. 80° C; leicht löslich in Wasser, heißem Alkohol, wenig löslich in kaltem Alkohol und Äther.

Dihydroxyaceton ist ein Metabolit des Kohlenhydratstoffwechsels (vgl. „Glycerinaldehyd").

Dihydroxyaceton reagiert mit den Proteinen der Haut unter Bildung brauner Verbindungen; es ist deshalb Bestandteil von Präparaten, die die Haut ohne Besonnung bräunen. Die mit Dihydroxyaceton gebräunte Haut ist nicht gegen Sonnenbrand geschützt.

Bibliographie

AIRES, R. S.: Alcohol, industrial. In: Encyclopedia of chemical technology. Hrsg. von R. E. KIRK u. D. F. OTHMER, 1. Aufl., Bd. 1, S. 263. New York: The Interscience Encyclopedia, Inc. 1947.

COON, M. J., and W. G. ROBINSON: Amino acid metabolism. In: Annual review of biochemistry. Hrsg. von J. M. LUCK, F. W. ALLEN u. G. MACKINNEY. 1. Aufl., Bd. 27, S. 561—612. Palo Alto, California, USA: Annual Reviews, Inc. 1958.

GILVARG, CH.: Metabolism of amino acids. In: Annual Review of Biochemistry. Hrsg. von J. M. LUCK, F. W. ALLEN u. G. MACKINNEY, 1. Aufl., Bd. 30, S. 239—268. Palo Alto, California, USA: Annual Reviews, Inc. 1961.

HULME, A. C.: Some aspects of the biochemistry of apple and pear fruits. In: Advances in Food Research, Vol. VIII, New York-London: Academic Press Inc., Publishers 1958.

JÖRGENSEN, A., u. A. HANSEN: Mikroorganismen der Gärungsindustrie 7. Aufl. Nürnberg: H. Carl. 1956.

KARLSON, P.: Kurzes Lehrbuch der Biochemie. 3. Aufl. Stuttgart: Georg Thieme 1962.

KARRER, P.: Lehrbuch der organischen Chemie. 13. Aufl. Stuttgart: Georg Thieme 1959.

KARRER, W.: Konstitution und Vorkommen der organischen Pflanzenstoffe. 1. Aufl. Basel, Stuttgart: Birkhäuser 1958.

KEENEY, M.: Secondary degradation products. In: Symposium on foods: Lipids and their oxidation. Hrsg. von H. W. SCHULTZ, E. A. DAY u. R. O. SINNHUBER. 1. Aufl., S. 79—89. Westport, Connecticut: The AVI Publishing Company, Inc. 1962.

NÜSE, K. H.: Lebensmittelrechtliche Verordnungen zu § 5a des Lebensmittelgesetzes. 2. Aufl. Köln, Berlin, München, Bonn: C. Heymanns 1961.

RAUEN, H. M.: Biochemisches Taschenbuch. 1. Aufl. Berlin-Göttingen-Heidelberg: Springer 1956.

SCHORMÜLLER, J.: Lehrbuch der Lebensmittelchemie. 1. Aufl. Berlin-Göttingen-Heidelberg: Springer 1961.

SINCLAIR, W. B.: The Orange. S. 290, University of California. Printing Department 1961.

TÄUFEL, K.: Verhütung des Fettverderbs. In: Wissenschaftliche Veröffentlichungen der Deutschen Gesellschaft für Ernährung. Hrsg. von K. LANG. 1. Aufl. Bd. I, S. 128—156. Darmstadt: D. Steinkopff 1958.

ULLMANNS Encyklopädie der technischen Chemie. 3. Aufl. München-Berlin: Urban & Schwarzenberg 1953. Beiträge von:
- BEHRINGER, H.: Essigsäure. Bd. 6, S. 778—803 (1955).
- HAESELER, G.: Essig. Bd. 6, S. 761—777 (1955).
- HAUSDÖRFER, H.: Glycerin und Derivate. Bd. 8, S. 193—211 (1957).
- KÜRZINGER, K.: Aliphatische Dicarbonsäuren. Bd. 5, S. 822—827 (1954).
- LORENZ, L.: Buttersäuren. Bd. 4, S. 769—773 (1953).
- RUDY, H., u. J. RAUCH: Citronensäure. Bd. 5, S. 599—614 (1954).
- RUNKEL, W.: Bernsteinsäure. Bd. 4, S. 315—319 (1953).
- WOLF, W., u. H. H. SIMONIS: Benzoesäure. Bd. 4, S. 272—292 (1953).

VOGT, E.: Weinchemie und Weinanalyse. In: Handbuch der Kellerwirtschaft. 2. Aufl., Bd. 3, S. 42. Stuttgart: Eugen Ulmer 1958.

WINTER, M., B. WILLHALM, M. HINDER, E. PALLUY and E. SUNDT: Chromatography on columns and paper in the study of the volatile fruit flavor of strawberries. In: Flavor Research and Food Acceptance. Hrsg. von A. D. LITTLE, Inc. 1. Aufl., S. 290—301. New York: Reinhold 1958.

Berichte der Wissenschaftlich-Technischen Kommission. IV. Symposium Fruchtaroma. Bern 1962. Herausgegeben v. d. Internat. Fruchtsaftunion. Juris-Verlag, Zürich.

Zeitschriftenliteratur

ANET, E. F. L. J., and T. M. REYNOLDS: Watersoluble constituents of fruit. II. The separation of acids on anion-exchange resins: the isolation of 1-quinic acid from apricots. Austral. J. Chem. 8, 267—275 (1955).

ASMAEV, P. G., and I. G. MOKHNACHEV: Separation and identification of the keto acids of tobacco by paper chromatography. Izvest. Vysshikh Ucheb. Zavedenii Pishchevaya Tekhnol 5, 160—164 (1960); ref. C. A. 55, 11767 (1961).

ATTAWAY, J. A., R. W. WOLFORD and G. J. EDWARDS: Isolation and identification of some volatile carbonyl components from orange essence. J. agric. Food Chem. **10**, 102—104 (1962).
BADINGS, H. T.: Isolation and identification of carbonyl compounds formed by autoxidation of ammonium linolate. J. Amer. Oil Chem. Soc. **36**, 648—650 (1959).
— Principles of autoxidation processes in lipids with special regard to the development of autoxidation off-flavors. Nederl. Melk-en Zuiveltijdschr. **14**, 215—242 (1960).
BANKS, B. E. C.: Oxaloacetic acid. Part I. The nature of oxaloacetic acid in the solid state and in neutral, aqueous solution. J. chem. Soc. **1961**, 5043—5046.
BASSETTE, E. W., and W. J. HARPER: Isolation and identification of acidic and neutral carbonyl components in different varieties of cheese. J. Dairy Sci. **41**, 1206—1217 (1958).
— and M. KEENEY: Identification of some volatile carbonyl compounds from nonfat dry milk. J. Dairy Sci. **43**, 1744—1750 (1960).
BAVISOTTO, V. S., and L. A. ROCH: Gaschromatography of volatiles in beer during its brewing, fermentation, and storage. Proceedings of the 1958 Annual Meeting of the American Society of Brewing Chemists, S. 63—75.
— — and B. HEINISCH: Gaschromatography of volatiles in beer during its brewing, fermentation, and storage. III. Quantitative effect of physical, chemical and physiological variables. Proc. of the 1961 Ann. Meet of the Amer. Soc. Brew. Chem. S. 16—23.
BAYER, E., u. L. BÄSSLER: Systematische Identifizierung von Estern im Weinaroma. II. Mitteilung zur systematischen Identifizierung verdampfbarer organischer Substanzen. Z. analyt. Chem. **181**, 418—424 (1961).
BEHNKE, U.: Zum Chemismus der Aromabildung durch Rahmsäuerungskulturen. Ernährungsforschung **4**, 1—18 (1959).
BOHNSACK, H.: Beitrag zur Kenntnis der ätherischen Öle. II. Mitteilung. Über Vorkommen des Hexen-(3)-ol-(1) im natürlichen Himbeerfruchtöl. Chem. Ber. **75**, 72—74 (1942).
BRAMSTEDT, F.: Geschmacks- und Geruchsstoffe im Fischfleisch. Archiv f. Fischwissenschaft 8, 94—103 (1957).
BRANDENBERGER, H., and S. MÜLLER: A gas chromatographic separation of the volatile fatty acids of black tea. J. Chromatograph. **7**, 137—141 (1962).
BÜCHI, W., u. F. ULLMANN: Über Zusammenhänge zwischen Geschmacksveränderungen von Obstsäften und deren Gehalt an Diacetyl und Acetoin. Schweiz. Z. Obst- u. Weinbau **67**, 459—462 (1958).
CLARKE, B. J., F. V. HAROLD, R. P. HILDEBRAND and A. S. MORIESON: Trace volatile constituents of beer. IV. Volatile acids. J. Inst. Brewing **68**, 179—187 (1962).
COFFMAN, J. R., D. E. SMITH and J. S. ANDREWS: Analysis of volatile food flavours by gas-liquid chromatography. I. The volatile compounds from dry blue cheese and dry romano cheese. Food Res. **25**, 663—669 (1960).
COPPENS, A., and L. HOEJENBOS: Investigation of the volatile constituents of raspberry juice (rubus idaeus L.). Recueil Trav. chim. Pays-Bas **58**, 675—679 (1939).
CORDONNIER, R., and CL. BIZEAU: Separation by ion-exchange chromatography and determination of lactic, succinic, and malic acids of wine. Ann. Inst. Natl. Recherche Agron. Ser. E, **9**, 349 (1960).
CRAIG, J. C. ,N. C. ACETO and E. S. DELLA MONICA: Occurrence of 5-hydroxy-methylfurfurol in vacuum foam-dried whole milk and its relation to processing and storage. J. Dairy Sci. **44**, 1827—1835 (1961).
DAVENPORT, J. B.: Studies in the natural coating of apples. V. Unsaturated and minor saturated acids of the cuticle oil. Austral. J. Chem. **13**, 411—415 (1960).
DAY, E. A., R. BASSETTE and M. KEENEY: Identification of volatile carbonyl compounds from cheddar-cheese. J. Dairy Sci. **43**, 463—474 (1960).
— and D. A. LILLARD: Autoxidation of milk lipids. I. Identification of volatile monocarbonyl compounds from autoxidized milk fat. J. Dairy Sci. **43**, 585—597 (1960).
DIMICK, K. P., and B. MAKOWER: Volatile flavor of strawberry essence. I. Identification of the carbonyls and certain low boiling substances. Food Technol. **10**, 73—75 (1956).
DRAWERT, F.: Über Inhaltsstoffe von Mosten und Weinen. Vitis **3**, 104—114 (1962).
EHRLICH, F.: Über die Vergärung des Tyrosins zu p-Oxyphenyl-äthylalkohol (Tyrosol). Chem. Ber. **44**, 139—146 (1911).
EL-NEGOUMY, A. M., D. M. MILES and E. G. HAMMOND: Partial characterization of the flavors of oxidized butteroil. J. Dairy Sci. **44**, 1047—1056 (1961).
ENGLISH JR., J., J. BONNER and A. J. HAAGEN-SMIT: The wound hormons of plants. IV. Structure and synthesis of a traumatin. J. amer. chem. Soc. **61**, 3434—3436 (1939).
FORSS, D. A., E. A. DUNSTONE and W. STARK: Fishy flavour in dairy products. II. The volatile compounds associated with fishy flavour in butterfat. J. Dairy Res. **27**, 211—219 (1960a).

Forss, D. A., E. A. Dunstone and W. Stark: Fishy flavor in dairy products. III. The volatile compounds associated with fishy flavor in washed cream. J. Dairy Res. **27**, 373 bis 380 (1960b).
— — E. H. Ramshaw and W. Stark: The flavor of cucumbers. J. Food Sci. **27**, 90—93 (1962).
Franke, W., W. Heinen u. A. Platzeck: Zum enzymatischen Fettsäureabbau durch Schimmelpilze. Fette u. Seifen **61**, 264—271 (1959).
Franzke, Cl., u. H. Iwainsky: Über den Nachweis und die Bestimmung von Oxymethylfurfurol in Honigen und Kunsthonigen. Fette u. Seifen **58**, 859—862 (1956).
Gawler, J. H.: Constituents of canned malayan pineapple juice. J. Sci. Food Agric. **12**, 822—826 (1961).
Genevois, L.: Die Sekundärprodukte der alkoholischen Gärung. Brauwissenschaft **14**, 52—55 (1961).
Gold, J. H., and Ch. W. Wilson: Techniques in the isolation of volatile materials from celery and the identification of some compounds with acidic properties. Reprinted from the Proceedings of the Florida State Horticultural Society Vol. **74**, 291—296 (1961).
Griebel, C.: Beiträge zur Kenntnis der chemischen Zusammensetzung der Preiselbeeren, Moosbeeren und Kranbeeren. Z. Untersuch. Nahrungs- u. Genußmittel **19**, 241—252 (1910).
Griffiths, L. A.: Occurrence of gentisic acid in plant tissues. Nature **182**, 733—734 (1958).
Guimberteau, G., et E. Portal: Contribution à la recherche de l'acide benzoique et des acides-phenols dans le vin. Ann. Fals. Exp. Chim. 330—337 (1961).
Haagen-Smit, A. J., J. G. Kirchner, A. N. Prater and C. L. Deasy: Chemical studies of pineapple (Ananas sativus linde). I. The volatile flavor and odor constituents of pineapple J. amer. chem. Soc. **67**, 1646—1650 (1945).
Harold, F. V., R. P. Hildebrand, A. S. Morieson and P. J. Murray: Trace volatile constituents of beer. Part I. J. Inst. Brewing **67**, 161—172 (1961).
Harper, W. J.: Chemistry of cheese flavors. J. Dairy Sci. **42**, 207—213 (1959).
— and E. W. Bassett: A survey of acidic and neutral carbonyl compounds in various cheese varieties. Milk Products J. **50**, Nr. 8, S. 14, 16, 17 u. 26 (1959).
— I. A. Gould and C. L. Hankinson: Observations on the free volatile acids in milk. J. Dairy Sci. **44**, 1764—1765 (1961).
— and R. M. Huber: Some carbonyl compounds in raw milk. J. Dairy Sci. **39**, 1609 (1957).
Herrmann, J., u. W. Andrae: Oxydative Abbauprodukte der L-Ascorbinsäure. I. Papierchromatographischer Nachweis. Die Nahrung **7**, 243—255 (1963).
Hiu, D. N., and P. J. Scheuer: The volatile constituents of passion fruit juice. Food Sci. **26**, 557—563 (1961).
Hodge, J. E.: Dehydrated foods. Chemistry of browning reactions in model systems. J. agric. Food Chem. **1**, 928—943 (1953).
Hornstein, J., and P. F. Crowe: Flavor studies on beef and pork. J. agric. Food Chem. **8**, 494—498 (1960).
Hultin, H. O., and B. E. Proctor: Changes in some volatile constituents of the banana, during ripening, storage and processing. Food Technol. **15**, 440—444 (1961).
Ikeda, R. M., L. A. Rolle, S. H. Vanier and W. L. Stanley: Isolation and identification of aldehydes in cold-pressed lemon oil. J. agric. Food Chem. **10**, 98—102 (1962).
Jackson, H. W., and R. V. Hussong: Secondary alcohols in blue cheese and their relation to methyl ketones. J. Dairy Sci. **41**, 920—924 (1958).
Jarboe, Ch. H., and A. D. Quinn: Low temperature column chromatography of tobacco acids. Tobacco **151**, 32—35 (1960).
Jorysch, D., P. Sarris and S. Marcus: Detection of organic acids in fruit juices by paper chromatography. Food Technol. **16**, 90—91 (1962).
Kabot, F. J., and L. S. Ettre: Gaschromatography gives direct analysis of wide variety of alcoholic beverages. The Perkin-Elmer Instrument News for Science and Industry. Vol. **13**, No. **4**, p. 1, 7—9 (1962).
Kepner, R. E., and A. D. Webb: Volatile aroma constituents of vitis rotundifolia grapes. Am. J. Enology **7**, 8—18 (1956).
— — Compounds of muscat raisin fusel oil. Am. J. Enology **12**, 159—174 (1961).
Klöpping, H. L.: Antifungal agents from the bark of Populus candicans. Nature (Lond.) **167**, 996—997 (1951).
Koch, J., u. R. Kleesaat: Bildung und Nachweis von 5-Hydroxymethylfurfurol in Fruchtsäften. Fruchtsaft-Ind. **6**, 107—127 (1961).
Kreula, M., and A. I. Virtanen: α-Keto acids in cow's milk. XIV. Internationaler Milchwirtschafts-Kongreß, Rom 1956. Bd. 1, Teil 2, S. 802—806.
Lea, C. H., and P. A. T. Swoboda: The flavour of aliphatic aldehydes. Chem. and Ind. **1958**, 1289—1290.
Lentner, C., and F. E. Deatherage: Organic acids in coffee in relation to the degree of roast. Food Res. **24**, 483—492 (1959).

LE ROUX, M. P.: Chemie biologique. Quelques données quantitatives sur les acides organiques stable du champignon de couche (Agaricus compestris). C. R. Acad. Sci. **252**, 205—207 (1961).

LICHEV, V.: Aldehyde composition of bulgarian plum brandy. Lozarstvo i Vinarstvo (Sofia) **7**, 42—46 (1958) [ref. CA **55**, 16904 (1961)].

LIPPMANN, E. O. VON: Über organische Säuren aus Rübensaft. Chem. Ber. **24**, 3299—3306 (1891).

LYNEN, F., B. W. ÄGRANOFF, H. EGGERER, U. HENNING u. E. M. MÖSLEIN: γ,γ'-Dimethyl-allyl-pyrophosphat und Geranyl-pyrophosphat, biologische Vorstufen des Squalens. Zur Biosynthese der Terpene. VI. Angew. Chem. **71**, 657—663 (1959).

MABROUK, A. F., and F. E. DEATHERAGE: Organic acids in brewed coffee. Food Technol. **10**, 194—197 (1956).

MACLEOD, P., and M. E. MORGAN: Differences in the ability of lactic streptococci to form aldehydes from certain amino acids. J. Dairy Sci. **41**, 908—913 (1958).

MARX, H., u. U. SCHOLZ: Zur Chemie und antimikrobiellen Wirkung der Vogelbeeren (Pirus aucuparia) Pharmaz. Rdsch. **1**, Nr. 8 (1959).

MATTHEWS, J. S., H. SUGISAWA and D. R. MAC GREGOR: The flavor spectrum of apple-wine volatiles. J. Food Sci. **27**, 355—362 (1962).

MATTICK, L. R., and F. A. LEE: The fatty acids of vegetables. II. Spinach. J. Food Sci. **26**, 356—358 (1961).

MAZELIS, M.: Decarboxylation of methionin by an enzyme system from cabbage leaf. Biochem. biophysic. Res. Commun. **1**, 59—62 (1959).

MECKE, R., R. SCHINDLER u. M. DE VRIES: Gaschromatographische Untersuchungen an Weinen. „Die Weinwissenschaft" Beilage zu „Der Deutsche Weinbau". 15. Jahrg. 1960.

MEDAWAR, P. B., G. M. ROBINSON and R. ROBINSON: Synthetic differential growth inhibitor. Nature (Lond.) **151**, 195 (1943).

MEHLITZ, A., u. K. GIERSCHNER: Beitrag zur Qualitätsbeurteilung von Aromakonzentraten und Aromadestillaten aus Fruchtsäften. Riechstoffe u. Aromen **11**, 80—82 (1961).

MEHLITZ, A., u. K. GIERSCHNER: Über bisherige gaschromatographische Untersuchungen der Aromastoffe von Früchten. In: Berichte der Wissenschaftlich-Technischen Kommission. IV. Symposium Fruchtaroma. Bern 1962, S. 25—26. Herausgegeben v. d. Internat. Fruchtsaftunion. Juris-Verlag Zürich.

MEIGH, D. F.: Volatile compounds produced by apples. I. Aldehydes and ketones. J. Sci. Food Agric. **6**, 396—410 (1956).

— Volatile compounds produced by apples. II. Alcohols and esters. J. Sci. Food Agric. **8**, 313—326 (1957).

MERRITT JR., CH., S. R. BRESNICK, M. L. BAZINET, J. T. WALSH and P. ANGELINI: Determination of volatile compounds of foodstuffs. Techniques and their application to studies of irradiated beef. J. agric. Food Chem. **7**, 784—787 (1959).

MILLER, B. S., and T. SWAIN: Chromatographic analysis of the free amino-acids, organic acids and sugars in wheat plant extracts. J. Sci. Food Agric. **6**, 344—348 (1960).

MODI, V. V., and D. K. PATURA: Occurrence of mevalonic acid in carrots. Nature (Lond.) **191**, 1202 (1961).

MOLD, J. D., and M. T. MCRAE: The determination of some low molecular weight aldehydes and ketones in cigarette smoke as the 2,4-dinitro-phenyl-hydrazones. Tobacco **144**, 24—30 (1957).

NELSON, E. K.: The non-volatile acids of the blackberry. J. amer. chem. Soc. **47**, 568—572 (1925).

NEUBAUER, O., u. K. FROMHERZ: Über den Abbau der Aminosäuren bei der Hefegärung. Hoppe-Seylers Z. physiol. Chem. **70**, 326—350 (1911), [ref. C **82**, 908—910 (1911)].

ONISHI, K.: The essential oils in tobacco leaf. Koryo **55**, 9—15 (1960), [ref. C. A. **55**, 12778 (1961)].

PAILER, M., H. KUHN u. I. GRÜNBERGER: Über quantitative Unterschiede im Auftreten von niedermolekularen Carbonylverbindungen im Rauch von Zigaretten verschiedener Tabakmischung und verschiedenen Feuchtigkeitsgehaltes. Fachl. Mitt. d. Österreich. Tabakregie 3. Heft S. 33—39 (1962).

PATTON, S.: The mechanism of sunlight flavour formation in milk with special reference to methionine and riboflavin. J. Dairy Sci. **37**, 446—452 (1954).

PEACH, K.: Biochemie und Physiologie der sekundären Pflanzenstoffe. 1. Aufl. Berlin-Göttingen-Heidelberg: Springer-Verlag 1950, S. 62.

PICARD, P.: Le violutoside, nouveau glucoside à salicylate de mèthyle, retiré du viola cornuta. C. R. Acad. Sci. (Paris) **182**, 1167—1169 (1926).

PIHA, P., M. KITUNEN, A.-G. HOLMBERG u. H. SUOMALAINEN: Aliphatische Aldehyde des Sulfit- und Getreidesprits. Z. Lebensmittel-Untersuch. u. -Forsch. **113**, 134—143 (1960).

PIPPEN, E. L., and M. NONAKA: Volatile carbonyl compounds of cooked chicken. II. Compounds volatilized with steam during cooking. Food. Res. **25**, 764—769 (1960).
QUIN, L. D., and M. E. HOBBS: Analysis of the nonvolatile acids in cigarette smoke by gas-chromatography of their methylesters. Analytic. Chem. **30**, 1400—1405 (1958).
— W. GEORGE and B. S. MENEFEE: Some semiquantitative gas chromatographic studies on the organic acids of tobacco and its smoke. J. Ass. off. agric. Chem. **44**, 367—373 (1961).
RABATÉ, J., u. A. GOURÉVITSCH: Analyse der Früchte und Blätter von Bauhinia reticulata. Über die Gegenwart großer Mengen L-Säure. J. Pharmac. Chim. **28**, 386—397 (1938), (ref. C 1939, I., 2005).
RADHAKRISHNAN, A. N., and E. E. SNELL: Biosynthesis of valine and isoleucine. J. biol. Chemistry **235**, 2316—2321 (1960).
RALLS, J. W.: Flash exchange gas chromatography for the analysis of potential flavor components. J. agric. Food Chem. **8**, 141—143 (1960).
RHOADES, J. W.: Analysis of the volatile constituents of coffee. J. agric. Food Chem. **8**, 136—141 (1960).
ROBERTS, E. J., and L. F. MARTIN: Identification and determination of nonnitrogenous organic acids of sugar cane by partion chromatography. Analytic. Chem. **26**, 815—818 (1954).
ROHRLICH, M.: Beiträge zur Kenntnis der Biologie und Biochemie der Sauerteiggärung. II. Mitt. Untersuchungen über den biochemischen Mechanismus der bakteriellen Sauerteiggärung. Z. Lebensmittel-Untersuch. u. -Forsch. **96**, 24—40 (1953).
ROTHE, M.: Über flüchtige Aromastoffe des Roggenbrotes. Ernährungsforschung **5**, 131—142 (1960).
— u. B. THOMAS: Über Bildung, Zusammensetzung und Bestimmung von Aromastoffen des Brotes. Nahrung **3**, 1—17 (1959).
RUZICKA, L., H. SCHINZ u. B.-P.SUSZ: Veilchenriechstoffe. 14. Mitt. Zur Stereoisomerie von Hexen-(3)-ol-(1), Nonadien-(2,6)-al-(1) und Nonadien-(2,6)-ol-(1). Helv. chim. Acta **27**, 1561—1569 (1944).
SAMUELSSON, E. G., and K. E. THOMÉ: Investigations on the influence of light on milk as a contribution to the knowledge on sunlight flavour. Reprinted from the Proceedings of XV. International Dairy Congress **1**, 488—496 (1959).
SCHILDKNECHT, H., u. G. RAUCH: Die chemische Natur der „Luftphytoncide" von Blattpflanzen insbesondere von Robinia pseudacacia. II. Mitteilung über Abwehrstoffe von Pflanzen. Z. Naturforsch. **16** b, 422—429 (1961).
SCHINZ, H., u. C. F. SEIDEL: Untersuchungen über Aromastoffe. I. Mitt. Über das Himbeeraroma. Helv. chim. Acta **40**, 1839—1859 (1957).
SCHORMÜLLER, J., W. BRANDENBURG u. H. LANGNER: Organische Säuren in Kaffee-Ersatzstoffen sowie in Trocken-Extraktpulvern aus Kaffee-Ersatzstoffen und Kaffee. Z. Lebensmittel-Untersuch. u. -Forsch. **115**, 226—235 (1961).
— u. W. GROSCH: Untersuchungen über Aromastoffe von Lebensmitteln. I. Mitt. Ein Beitrag zur Analytik neutraler, in Tomaten vorkommender Carbonylverbindungen. Z. Lebensmittel-Untersuch. u. -Forsch. **118**, 385—393 (1962).
— u. H.-J. LANGE: Einfluß chemischer Umsetzungen bei trocknen Lebensmittelgemischen in Hinsicht auf die Lagerfestigkeit. V. Mitt. Analytische Erfassung farblicher Veränderungen und ihrer Vorstufen in Tomatenprodukten. Z. Lebensmittel-Untersuch. u. -Forsch. **118**, 214—223 (1962).
— u. H. LANGNER: Über die organischen Säuren von Milch und Milchprodukten. Z. Lebensmittel-Untersuch. u. -Forsch. **113**, 197—203 (1960a).
— — Über die organischen Säuren verschiedener Käsearten. Z. Lebensmittel-Untersuch. u. Forsch. **113**, 289—298 (1960b).
SCHRAMM, R.: Paper chromatography of organic acids in storage roots of some umbelliferae. Acta Soc. Botan. Polon. **30**, 285—289 (1961).
SCHWARTZ, J. H., R. B. GREENSPUN and W. L. PORTER: Chemical composition of potatoes. II. Relationship of organic acid concentration to specific gravity and storage time. Food Technol. **8**, 364—366 (1961).
SCHWIMMER, S., and W. J. WESTON: Enzymatic development of pyruvic acid in onion as a measure of pungency. J. agric. Food Chem. **9**, 301—304 (1961).
SMITH, D. E., and J. R. COFFMAN: Analysis of food flavors by gas-liquid chromatography. Sepraration and identification of the neutral components from bread pre-ferment liquid. Analytic. Chem. **32**, 1733—1737 (1960).
SPÅRE, C. G., and A. I. VIRTANEN: The volatile carbonyls and alcohols in the flavour substances of onium (allium cepa). Acta chem. Scand. **15**, 1280—1284 (1961).
STEVENS, R.: Beer flavour. I. Volatile products of fermentation. J. Inst. Brewing **66**, 453—471 (1960).
— Beer flavour. III. β-Phenylethanol. J. Inst. Brewing **67**, 329—331 (1961).

STRATING, J., and A. VENEMA: GC-study of an aroma-concentrate from beer. I. Qualitative features. J. Inst. Brewing **67**, 525—528 (1961).
SWIFT, L. J., and M. K. VELDHUIS: Composition of commercial, segment, and peel juices of Florida oranges. J. agric. Food Chem. **5**, 49—52 (1957).
TEN HOOPEN, H. J. G.: Flüchtige Carbonylverbindungen im Honig. Z. Lebensmittel-Untersuch. u. Forsch. **119**, 478—482 (1963).
THALER, H., A. SCHOTTMAYER, J. STÄHLIN u. H. BECK: Zur Chemie der Ketonranzigkeit. V. Die Bildung von Methylketonen aus α- und β-Methylfettsäuren. Biochem. Z. **320**, 87—98 (1949).
THOMPSON, A. R.: Volatile products of apples. I. Identification of acids and alcohols. Australian Journal of Scientific Research Series B. **4**, 283—292 (1951).
TIMMEN, H.: Der Diacetylgehalt der Butter. Kieler Milchwirtschaft-Forsch. Ber. **12**, 279—289 (1960).
TING, S. V., and H. J. DESZYCK: Isolation of l-quinic acid in citrus fruit. Nature (Lond.) **183**, 1404—1405 (1959).
TULECKE, W., L. H. WEINSTEIN, A. RUTNER and H. J. LAURENCOT JR.: The biochemical composition of the coconut water (coconut milk) as related to its use in plant tissue culture. Contr. Boyce Thompson Inst. **21**, (2): 115—128 (1961).
UNDERWOOD, J. C., C. O. WILLITS and H. G. LENTO: Maple sirup. XVI. Isolation and identification of compounds contributing to the flavour of maple sirup. J. Food Sci. **26**, 288—290 (1961).
VAN ELZAKKER, A. H. M., u. H. J. VAN ZUTPHEN: Untersuchung des Kakao-Aromas mit Hilfe der Gaschromatographie. Z. Lebensmittel-Untersuch. u. -Forsch. **115**, 222—226 (1961).
VIRTANEN, A. I., u. M. ALFTHAN: New α-Keto-acids in green plants. Acta chem. scand. **8**, 1720—1721 (1954).
— — New α-keto-acids in green plants. II. β-Hydroxy- and γ-hydroxy-α-ketobutyric acid in cowberries. Acta chem. scand. **9**, 188—190 (1955).
VORBECK, M. L., L. R. MATTICK, F. A. LEE and C. S. PEDERSON: Volatile flavor of Sauerkraut. Gas chromatographic identification of a volatile acidic off-odor. J. Food Sci. **26**, 569—572 (1961).
WEBB, A. D., and R. E. KEPNER: The aroma of flor sherry. Am. J. Enology **13**, 1—14 (1962).
WHITE, J. W.: Composition of apple volatiles. Food Res. **15**, 68—78 (1950).
WHITING, G. C.: The non-volatile organic acids of some berry fruits. J. Sci. Food Agric. **4**, 244—248 (1958).
— and R. A. COGGINS: Organic acid metabolism in cider and pery fermentations. II. Non-volatile organic acids of cider-apple juices and sulphited ciders. J. Sci. Food Agric. **6**, 337—344 (1960).
WINTER, M., et E. SUNDT: Analyse de l'arome des framboises. Helv. chim. Acta **45**, 2186—2218 (1962).
WISEBLATT, L.: Bread flavor research. Bakers Digest **174**, 60—63 (1961).
— and F. E. KOHN: Some volatile aromatic compounds in fresh bread. Cereal Chem. **37**, 55—66 (1960).
WITTING, L. A., and B. S. SCHWEIGERT: A characterisation of volatile carbonyl compounds isolated from meat fat subjected to gamma radiation. J. amer. Oil Chem. Soc. **35**, 413—416 (1958).
WOLF, J.: Über die organischen Säuren der Banane. Z. Lebensmittel-Untersuch. u. -Forsch. **107**, 124—131 (1958).
WUCHERPFENNIG, K., u. G. BRETTHAUER: Die Zusammensetzung der Fruchtsäuren in Apfel- und Birnensaft. Dtsch. Lebensmittel-Rdsch. **58**, 190—192 (1962).
YAMAMOTO, A.: The flavors of sake. II. Separation and identification of hydroxy carboic acids. Nippon Nogeikagaku Kaishi, 619—623 (1961).
YANG, CH., and S. H. WENDER: Free phenolic acids in cigarette smoke and tobacco paper-chromatography: Separation and identification. J. Chromatogr. **8**, 82—89 (1962).
YUEH, M. H., and F. M. STRONG: Some volatile constituents of cooked beef. J. agric. Food Chem. **8**, 491—494 (1960).
ZAPROMETOV, M. N.: Isolation of quinic and shikimic acids from the shoots of tea plants. Biokhimiya (russ.) **26**, 373—384 (1961), [ref. C. A. **55**, 17775 (1961)].
ZLATKIS, A., and M. SIVETZ: Analysis of coffee volatiles by gas chromatography. Food Res. **25**, 395—398 (1960).

Enzyme

A. Gesamte Enzyme

Von

Prof. Dr. KARL MYRBÄCK, Stockholm

Mit 1 Abbildung

A. Einleitung

Die Enzyme sind spezifische Katalysatoren, mit Hilfe von welchen die in den lebenden Zellen stattfindenden Reaktionen durchgeführt werden; die Enzyme katalysieren den Stoffwechsel (Metabolismus) der Zellen.

Stoffe, auf welche ein Enzym spezifisch einwirkt, werden als Substrate des Enzyms bezeichnet.

Viele Enzyme sind schon in reiner Form dargestellt worden; die Anzahl der „kristallisierten Enzyme“ nimmt rasch zu. In sämtlichen Fällen hat sich gezeigt, daß die Enzyme Eiweißstoffe sind, so daß es zulässig erscheint, die Enzyme als katalytisch wirkende Proteine bzw. Proteide zu definieren.

Der Begriff „Ferment“, der besonders in älterer Literatur vorkommt, ist heute als mit dem Begriff Enzym gleichbedeutend zu betrachten. Vor etwa 100 Jahren wurde von vielen Forschern, wie z. B. LOUIS PASTEUR, die Ansicht vertreten, daß es zwei prinzipiell verschiedene Typen von Fermenten gäbe:

1. „Unorganisierte Fermente“, die unabhängig von der Mutterzelle ihre Wirkung ausüben können; mehrere derartige Fermente waren schon lange bekannt, wie z. B. die stärkespaltenden Fermente, die ja ohne Verlust an Wirksamkeit aus Malz u. dgl. extrahiert werden konnten;

2. „Organisierte Fermente“, deren Wirkung als mit dem Leben der Zelle unzertrennbar verbunden betrachtet wurde. Um die Zweideutigkeit des Fermentbegriffes zu vermeiden, schuf W. KÜHNE 1878 die Bezeichnung Enzym (griech. „in Hefe“) für die unorganisierten Fermente.

Als typische organisierte Fermente wurden u. a. die „Gärungsfermente“, insbesondere die sog. Zymase, das „Ferment der alkoholischen Gärung“, betrachtet; PASTEUR verteidigte lange seine These, „keine Gärung ohne Leben“. Um 1900 konnte aber EDUARD BUCHNER zeigen, daß man durch Reiben von Hefe mit Glaspulver oder dgl. und Auspressen einen zellfreien Hefepreßsaft erhalten kann, der eine alkoholische Gärung von Zucker hervorruft. BUCHNERs Arbeit und in der Folgezeit Arbeiten von vielen anderen Forschern haben gezeigt, daß es keinen Anlaß gibt, von organisierten Fermenten in dem oben erwähnten Sinne zu reden. Dabei soll keineswegs verneint werden, daß Enzyme in den Zellen in einem anderen Sinne des Wortes organisiert sein können, nämlich in dem Sinne, daß sie nicht im Zellplasma frei gelöst, sondern an subcellulären Strukturen gebunden vorkommen können. Vgl. hierüber weiter S. 822.

Der Definition gemäß soll ein Katalysator in unveränderter Form aus der katalysierten Reaktion austreten, was natürlich mit der Auffassung vereinbar ist, daß der Katalysator *während* der Reaktion einen Cyclus beschreibt. Theoretisch sollte ein Enzym große Mengen von Substrat umsetzen können. Daß dies für viele Enzyme annähernd stimmt, ist wohlbekannt, aber andererseits kommt bei Enzymen wie bei anderen Katalysatoren vor, daß die Stabilität des Katalysators so gering ist, daß während der Reaktion eine von der katalytischen Wirkung an und für sich unabhängige Zerstörung des Katalysators eintreten kann.

B. Vorkommen der Enzyme

I. Vorkommen in verschiedenen Zellen, Geweben usw.

Alle lebenden Zellen enthalten Enzyme, was aber nicht so zu verstehen ist, daß alle Enzyme in allen Zellen vorkommen, und noch weniger, daß der totale Enzymgehalt überall derselbe sein sollte. Im Gegenteil findet man in dieser Beziehung sehr große Unterschiede, auch wenn man den Enzymgehalt als Anteil des Totalproteins berechnet. Meistens hat man den Eindruck, daß Enzyme dort vorkommen, wo sie eine Aufgabe haben; Fälle sind jedoch bekannt, in welchen das Vorkommen großer Mengen eines Enzyms aus diesem Gesichtspunkte unerklärlich erscheint.

Es ist zu bemerken, daß es oft möglich ist, durch besondere Maßnahmen, z. B. durch Zufuhr von Substrat, die Enzymmenge (oder jedenfalls die Enzymaktivität) einer Zelle zu verändern. Besonders bei Mikroorganismen ist diese Frage eingehend studiert worden. Es ist sogar oft möglich, durch Zufuhr von gewissen Stoffen die Bildung eines Enzyms zu induzieren, das, jedenfalls scheinbar, im voraus nicht vorhanden war. Die von H. Karström 1938 eingeführte Einteilung der Enzyme in *konstitutive* und *adaptive* hat noch eine Berechtigung, auch wenn Übergänge zwischen den beiden Typen existieren (vgl. weiter S. 824).

Während früher, z. B. in älteren Lehrbüchern, oft stark hervorgehoben wurde, daß die Enzyme nur in winzigen Mengen vorkommen, ist es jetzt möglich zu behaupten, daß in vielen Zellen das Enzymprotein einen sehr beträchtlichen Teil des Totalproteins ausmacht. Nun ist es ja eigentlich nur in den Fällen möglich, aus einer gemessenen Enzymaktivität eine Enzymmenge in absolutem Maß zu berechnen, in welchen das betreffende Enzym in reiner Form bekannt ist. Aber erstens sind schon sehr viele Enzyme rein dargestellt worden, und zweitens ist es auch in anderen Fällen möglich, die Enzymmengen recht genau zu schätzen. So hat man z. B. berechnet, daß in der Leber wenigstens zwei Drittel des Totalproteins aus Enzymproteinen bestehen; zieht man Skleroproteine u. dgl. vom Totalprotein ab, so kommt man zum Schluß, daß der Rest fast ganz aus Enzymprotein besteht. Im Muskel dürfte mindestens die Hälfte des löslichen Proteins aus Enzymprotein bestehen.

Einen hohen Gehalt an Enzymen bzw. Proenzymen zeigen besonders Drüsengewebe, die Enzyme absondern, also z. B. Speichel- und Bauchspeicheldrüsen, Magen- und Darmschleimhaut.

Bei vielen Mikroorganismen wird eine Abgabe von Enzymen ins Züchtungsmedium beobachtet.

II. Lokalisation der Enzyme in der Zelle

In großen Zügen besteht eine Zelle aus Zellkern und Cytoplasma, letzteres ist von einer Plasmamembran umgeben, die meistens durch eine poröse Zellwand verstärkt ist. Die Zellwand nimmt am Metabolismus der Zelle nicht direkt teil.

Der *Zellkern* enthält als wichtigstes Element die Chromosomen, die das genetische Primärmaterial, die Desoxyribonucleinsäure, tragen. Der Zellkern ist dadurch für die Enzymsynthese und allgemein die Proteinsynthese von entscheidender Bedeutung; vgl. weiter S. 823. Vom Enzymsystem abgesehen, das die Reproduktion des Genmaterials und die Überführung der genetischen Information bedingt, scheint der Zellkern nicht besonders enzymreich zu sein.

Das *Cytoplasma* ist entgegen älteren Annahmen gar keine homogene Lösung. Schon im Lichtmiskroskop sind die *Mitochondrien* sichtbar; sie sind meistens längliche Körper (Länge oft 500 mμ oder mehr) mit einer doppelten Membran und einer komplizierten inneren Struktur. Die Mitochondrien sind sehr enzymreich; u. a. enthalten sie die Enzymsysteme der Respiration (Elektronentransport), des Fettsäureumsatzes und des Citronensäurecyclus.

Die *Mikrosomen* sind bedeutend kleinere, etwa sphärische Gebilde, die im Elektronenmikroskop sichtbar sind. Mehrere Typen von Mikrosomen existieren; einige haben einen hohen Gehalt an Enzymen. Besonders zu erwähnen sind die *Ribosomen*, die offenbar in der Proteinsynthese eine wichtige Aufgabe haben (S. 824).

Im Elektronenmikroskop ist weiter das sog. *endoplasmatische Reticulum* sichtbar, ein Netzwerk von dünnwandigen Kanälen und Bläschen, die auf der Außenseite mit Mikrosomen besetzt ist.

In den grünen Pflanzen sind die *Chloroplasten* ein wichtiges Element. Den Chloroplasten entsprechen bei den photosynthetischen Bakterien die *Chromatophoren.* Jedenfalls bei den Chloroplasten ist eine innere, laminäre Struktur sichtbar. Chloroplasten und Chromatophoren enthalten u. a. die Katalysatoren der Photosynthese.

Fraktionen, die jedenfalls zum größten Teil aus bestimmten Zellelementen wie Kernen, Mitochondrien oder Mikrosomen bestehen, werden erhalten durch fraktioniertes Zentrifugieren von Suspensionen mechanisch desintegrierter Zellen. Es sollte nicht außer Acht gelassen werden, daß in solchen Suspensionen, oft *Homogenate* genannt, schon während der Zerkleinerung des Materials ein Heraustritt von Enzymen aus Partikeln in die „lösliche Fraktion" (den Überstand bei der Ultrazentrifugierung) hat stattfinden können, auch wenn, z. B. mit Rohrzucker, für einen passenden osmotischen Druck während der Zerkleinerung gesorgt wird. Ein Befund, daß ein gewisses Enzym sowohl in einer Partikelfraktion wie in der „löslichen Fraktion" auftritt, kann natürlich ein Bild der ursprünglichen Verteilung des Enzyms in der Zelle sein; andererseits sollten weitgehende Schlüsse aus derartigen Befunden nur mit Vorsicht gezogen werden.

Nicht unerwähnt soll bleiben, daß viele Beobachtungen darauf deuten, daß von den erwähnten Strukturen abgesehen, das Cytoplasma eine Art Struktur besitzt, die bei den jetzt üblichen Zerkleinerungen völlig zerstört wird, so daß eine „lösliche Fraktion" entsteht, die im nativen Zustande gar nicht vorhanden war.

In Zusammenhang mit den Befunden über die räumliche Verteilung derEnzyme in Zellen und die Konzentration bestimmter Enzymsysteme in oder an besonderen Strukturen erhebt sich die äußerst interessante Frage, ob die räumliche Anordnung von Komponenten solcher Systeme für die *Funktion* derselben von wesentlicher Bedeutung ist. Allgemein läßt sich sagen, daß eine Bedeutung der geometrischen, strukturellen Anordnung der nacheinander in einer Reaktionskette wirkenden Enzyme wahrscheinlich erscheint. Daß z. B. eine derartige geometrische Anordnung der Katalysatoren der „Atmungskette" in den Mitochondrien dem System eine erhöhte Effektivität verleiht, ist vermutlich anzunehmen. Die Existenz von „*Multi-Enzymen*" mit konstanter Zusammensetzung und besonderer Struktur ist von mehreren Forschern angenommen und in der letzten Zeit auch in einigen Fällen nachgewiesen worden.

Zusammenfassung über Verteilung von Enzymen in Zellen: C. de Duve u. Mitarb. 1962.

C. Biosynthese der Enzyme

Die Biosynthese eines Enzyms ist im wesentlichen die Biosynthese eines Proteins. Die Proteinsynthese wird durch Gene gesteuert. In vielen Fällen ist gezeigt worden, daß *ein* Gen die Biosynthese *eines* Enzyms bestimmt. Für die Entwicklung der biochemischen Genetik haben schon früh Beobachtungen über gewisse erbliche Krankheiten (A. E. Garrod 1923; H. Harris 1953; K. Schreier 1963) eine wichtige Rolle gespielt, später besonders Untersuchungen an Mikroorganismen.

Eine zusammenfassende Darstellung der heutigen Auffassungen auf dem Gebiete der Enzymsynthese ist von H. Chantrenne 1962 gegeben.

Das genetische Primärmaterial ist überall Nucleinsäure, und zwar Desoxyribonucleinsäure (DNS) in allen Zellen, in Bakteriophagen und einigen Viren, Ribonucleinsäure (RNS) in gewissen anderen Viren. Man dürfte vom chemischen Gesichtspunkt aus ein Gen als eine spezifische Sequenz von Mononucleotiden im Polynucleotid definieren können.

Man ist heute der Ansicht, daß die „*genetische Information*", die in der DNS der Chromosomen ruht, durch eine besondere Art von RNS („*Botschafter-RNS*") vom Zellkern ins Plasma und zwar auf die Ribosomen vermittelt wird. Das Rohmaterial der Proteinsynthese, die Aminosäuren, werden zuerst mit Hilfe von Adenosintriphosphat (ATP) „aktiviert", d. h. in Aminoacyl-adenylate umwandelt

$$\text{ATP} + \text{R—CH(NH}_2\text{)—COOH} \rightarrow \text{R—CH(NH}_2\text{)—CO—O—PO(OH)-Adenosin} + \text{Pyrophosphat}$$

Von den verschiedenen Aminoacyl-adenylaten werden die Aminosäurereste auf spezifische „lösliche Ribonucleinsäuren" übergeführt (vgl. S. 902) und als Ester derselben zu den Ribosomen transportiert, wo sie durch Vermittlung der Botschafter-RNS irgendwie in der ursprünglich vom genetischen Primärmaterial bestimmten Sequenz aufgereiht und unter Mitwirkung von Guanosintriphosphat zum Polypeptid verknüpft werden.

Von sehr großem Interesse ist die *induzierte Enzymbildung*, eine früher als Adaptation bezeichnete und besonders bei Mikroorganismen studierte Erscheinung, die sich u. a. darin äußert, daß sich Organismen an Substrate gewöhnen können, die sie normalerweise nicht ausnutzen können. In vielen Fällen ist gezeigt worden, daß diese Fähigkeit damit zusammenhängt, daß die Zelle unter Einfluß eines *Induktors* ein Enzym bildet, das dem Induktor entspricht. Wird z. B. *Escherichia coli* auf einem Medium gezüchtet, das nur Lactose als Kohlenstoffquelle enthält, so tritt das Enzym β-Galaktosidase auf. Auffallend ist, daß u. U. nicht nur Substrate, sondern auch gewisse analog gebaute Stoffe, die vom Enzym nicht angegriffen werden, die Enzymbildung hervorrufen können. Der Mechanismus der Induktorwirkung ist unbekannt. Festgestellt ist aber, daß die induzierte Enzymbildung nur dann eintritt, wenn die Zelle das dem Enzym entsprechende Gen enthält; die Induktorwirkung ist also eine Stimulierung der Wirkung des schon vorhandenen Gens aufzufassen.

Ähnliche Erscheinungen sind auch bei höheren Organismen beobachtet worden; in mehreren Fällen ist z. B. gezeigt worden, daß der Gehalt eines Organs an einem bestimmten Enzym durch Zufuhr in der Nahrung von einem passenden Induktor gesteigert werden kann. Zusammenfassung über induzierte Synthese von Enzymen: H. O. HALVORSEN 1960.

D. Bedeutung der Enzyme in der Lebensmittelchemie

Enzyme spielen für Lebensmittel, Lebensmittelchemie und Lebensmitteltechnologie eine bedeutende Rolle, und zwar in vielen verschiedenen Beziehungen. Einige Beispiele sollen hier kurz erwähnt werden.

Zunächst soll mit Rücksicht auf das oben über das Vorkommen der Enzyme Gesagte hervorgehoben werden, daß in vielen Lebensmitteln wie überhaupt in Material biologischen Ursprungs, die Enzymproteine nicht, wie wohl früher meistens angenommen wurde, in so kleinen Mengen vorhanden sind, daß man von einer Bedeutung derselben als Nährstoffe absehen könnte. Im Gegenteil ist es jetzt völlig klar, daß die Enzymproteine oft einen beträchtlichen Teil des als Nahrung verwertbaren Eiweißes ausmacht. Es sollte also nicht vergessen werden, daß die Enzyme, *von ihren katalytischen Wirkungen ganz abgesehen*, in vielen Lebensmitteln eine gar nicht zu vernachlässigende Bedeutung haben.

Meistens aber, wenn von der Bedeutung der Enzyme in Lebensmittelchemie und -technologie gesprochen wird, so wird die Bedeutung gemeint, die durch *enzymatische Wirkung* bedingt wird. Das oft reichliche Vorkommen aktiver Enzyme in Lebensmitteln, Genußmitteln, Futtermitteln usw., und zwar manchmal unter Bedingungen, die auch Wirkung der Enzyme zulassen, erklärt die lange bekannte Tatsache, daß „spontan" Veränderungen der Produkte eintreten, die erwünscht oder unerwünscht sein können. Für die Enzymwirkungen ist vor allem der Wassergehalt der Produkte von Bedeutung, aber selbstverständlich auch andere Faktoren wie Temperatur, pH, Anwesenheit von Inhibitoren usw.

Eine Sonderstellung in der Lebensmitteltechnologie nehmen die verschiedenen *Gärungsverfahren* ein: Alkoholische Gärung, Essiggärung, Milchsäuregärung, Citronensäuregärung usw. Es sollte nicht vergessen werden, daß in gewissen Fällen nicht oder nicht nur die Gärprodukte von Wert sind, sondern auch die gärenden Mikroorganismen. Die Hefe z. B. hat große Bedeutung nicht nur als Bäckerhefe, sondern auch als Futterhefe, zeitweise auch als menschliche Nahrung; gewöhnliche Hefe enthält meistens etwa 50% Protein. Der Gehalt von Hefe und gewissen anderen Mikroorganismen an Vitaminen und ähnlichen Faktoren verdient ebenfalls Erwähnung. Unter besonderen Verhältnissen ist auch eine mikrobielle Produktion von *Lipiden* möglich.

Beiläufig sei an die Ausnützung von Mikoroorganismen für die Gewinnung der Antibiotica erinnert.

Unter Enzymen aus höheren Pflanzen, die für die Lebensmittelchemie Bedeutung haben, seien die stärkespaltenden Enzyme, die Amylasen, erwähnt. In den Gärungsgewerben, die Stärke als Rohmaterial verwenden, wird die „Verzuckerung" durch diese Enzyme bewirkt. Die Amylasen sind auch beim Brotbacken notwendig. Hierbei ist zu bemerken, daß ein zu hoher Gehalt an α-Amylase (S. 861) die Qualität des Brotes herabsetzen kann. Da die α-Amylasen erst beim Keimen des Getreides gebildet (oder aktiviert) werden, ist eine „Keimung in der Ähre" eine sehr unangenehme Erscheinung. Backhilfsmittel enthalten oft Amylasen, vorzüglich β-Amylase. Ein Zusatz von β-Amylase kann für die Zuckerbildung im Teig und dadurch für die Gärung notwendig sein.

Als Beispiel eines Enzyms animalischen Ursprungs, das in der Lebensmittelindustrie Anwendung hat, sei das *Lab (Chymosin)* angeführt. Das Enzym spielt ja seit alters bei der Käsebereitung eine wesentliche Rolle. Es dürfte auch bei der Käsereifung mitwirken, wenn auch Enzyme der anwesenden Mikroorganismen dabei eine größere Rolle spielen.

Nachweis von Enzymen in Lebensmitteln usw. kann in vielen Fällen die Anwesenheit unerwünschter Mikroorganismen zeigen; findet man z. B. Katalase in Milch, so enthält die Milch Bakterien oder Leukocyten. In anderen Fällen kann Anwesenheit gewisser Enzyme auf Vorhandensein spezieller Komponenten bzw. Zusätze deuten. Umgekehrt kann die Abwesenheit eines sonst normal vorkommenden Enzyms Schlüsse zulassen, z. B. bezüglich vorgenommener Wärmebehandlungen, Pasteurisieren usw. (Vgl. z. B. bei „Honig" und „Milch").

Die Anwesenheit aktiver Enzyme in Lebensmitteln kann vorteilhaft sein; so bewirken Enzyme und wohl vor allem die proteolytischen Enzyme des Fleisches den erwünschten Abbau beim Mürbewerden. Selbstverständlich muß eine derartige Enzymwirkung nicht zu weit gehen; es soll nicht vergessen werden, daß biologisches Material unter aseptischen Bedingungen schließlich einer Selbstauflösung (Autolyse) anheimfällt.

Weitere Einzelheiten bringen die Kapitel von H. MOHLER: „Bedeutung der Enzyme in der Lebensmittelchemie und -technologie. Enzyme bei der Bildung von Geschmacks- und Aromastoffen" sowie von H. SOMMER: „Technisch gewonnene Enzympräparate und ihre Anwendung in der Lebensmittelchemie. Enzyme als Hilfsmittel des Lebensmittelchemikers in der Analytik", beide in diesem Band des Handbuches.

E. Enzympräparate

Einige Enzyme kommen normal frei gelöst vor; Beispiele sind vor allem die Enzyme der Verdauungssäfte der Tiere. Wie schon erwähnt, findet man auch oft bei der Züchtung von Mikroorganismen, daß Enzyme ins Medium abgegeben werden. Meistens muß aber zur Gewinnung von Enzymen das betreffende Material zunächst mechanisch oder mit plasmolysierenden Mitteln bearbeitet werden. Durch Auspressen, Extrahieren und Zentrifugieren des zerkleinerten Materials können dann aktive Lösungen vieler Enzyme erhalten werden; es kommt aber oft vor, daß Enzyme an unlöslichen zellulären oder subzellulären Strukturen fest verankert sind, so daß sie mit Wasser, Pufferlösungen usw., auch nicht nach weitgehender mechanischer Bearbeitung des Materials in Lösung gebracht werden können. In einigen derartigen Fällen können Enzyme dadurch wasserlöslich gemacht werden, daß man das Material zunächst mit geeigneten Lösungsmitteln von Lipiden befreit. In anderen Fällen können mehr oder weniger „unechte" Lösungen von Enzymen durch Behandlung des Materials mit dispergierenden Mitteln, wie z. B. Gallensalzen, erhalten werden. Lange Autolyse, (z. B. unter Toluol) bei einem geeigneten pH führt oft zum erwünschten Resultat, vorausgesetzt, daß das betreffende Enzym genügende Stabilität besitzt.

Enzyme sind meistens in trockenem Zustande viel haltbarer als in Lösung. Für die Darstellung von Trockenpräparaten aus Lösungen eignet sich besonders die schonende Gefriertrocknung. Aus Breien u. dgl. erhält man „Dauerpräparate" durch mehrmalige Behandlung mit großen Mengen von Aceton oder Äthanol und schließlich mit Äther. Viele Enzyme werden aus derartigen Trockenpräparaten leichter extrahiert als aus frischen, zerkleinerten Geweben.

Eine gewisse Reinigung von Rohextrakten kann manchmal durch fraktionierte *Fällung mit organischen Lösungsmitteln* wie Methanol, Äthanol oder Aceton, erzielt werden. Die Fraktionierungen sollten bei möglichst tiefer Temperatur ausgeführt werden, um Denaturierung der Enzymproteine zu vermeiden.

In Ausnahmefällen kann derartige Fällung zu einem fast reinen Enzym führen. Als Beispiel sei die einfache Methode zur Reinigung der Urease angeführt, die 1926 die Darstellung des ersten kristallisierten Enzyms durch J. B. SUMNER ermöglichte. Eine Voraussetzung ist, daß ein genügend ureasereiches Ausgangsmaterial vorliegt: Feinmehl von Schwertbohnen *(Canavalia ensiformis)* enthält nach SUMNER 0,07—0,13% Urease. Brauchbares Mehl ist im Handel erhältlich.

100 g Mehl werden mit 500 ml 31,6%igem Aceton bei Zimmertemperatur einige Minuten gerührt und auf ein großes Faltenfilter gegossen. Der zuerst trübe durchlaufende Anteil wird auf das Filter zurückgegossen. Wenn das Filtrat völlig klar läuft, wird die Apparatur in den Eisschrank gesetzt. Nach einigen Stunden können die gebildeten Ureasekristalle abgeschleudert werden (gewöhnlicherweise 25—30 mg). Die Kristalle sind mit etwas amorphem Material gemischt. Man löst sie in 3 ml Wasser in der Kälte, setzt 0,15 ml 0,5 m-Citratpuffer von pH 6,0 zu und unter Umrühren 0,2 Vol. Aceton. Im Eisschrank scheiden sich octaedrische Ureasekristalle innerhalb einer Stunde ab.

Niedrigmolekulare Verunreinigungen können aus Enzymlösungen durch *Dialyse* oder *Ultrafiltrieren* beseitigt werden. Dabei ist zu beachten, daß (scheinbare) Inaktivierung eines Enzyms eintreten kann, nämlich dann, wenn es nur in Gegenwart von niedrigmolekularen Coenzymen oder von Metallionen aktiv ist. Für eine Separation von Gemischen je nach der Molekulargröße der Komponenten spielt auch die sog. Gelfiltration eine wichtige Rolle; besonders kommen dabei die Sephadexpräparate in Betracht.

Durch isoelektrische Fällung können Enzyme u. U. von gewissen begleitenden Proteinen getrennt werden. Bei einigen wenigen Enzymen, die relativ hohe Temperatur vertragen, (bzw. reversibel denaturiert werden), können bisweilen inaktive Proteine und/oder fremde Enzyme durch Hitzecoagulation beseitigt werden (vgl. unten über die Darstellung von Ribonuclease).

Die meisten Enzyme werden durch Neutralsalze in hoher Konzentration *ausgesalzt. Fraktioniertes Aussalzen*, oft mit Ammoniumsulfat, ist eine Methode, die mit Erfolg für Enzymreinigung angewendet werden kann. Als Beispiel sei hier die von M. KUNITZ 1940 angegebene und von M. R. MCDONALD modifizierte Methode zur *Darstellung kristallisierter pankreatischer Ribonuclease* angeführt:

Die von Fett und Sehnen möglichst befreite Drüse wird durch die Fleischhackmaschine getrieben. Ein Liter Brei wird mit 2 l 0,25 n-Schwefelsäure versetzt. Das Gemisch darf unter Umrühren etwa 24 Std bei 0—5° C stehen. Man filtriert durch ein Tuch, extrahiert den Rückstand mit etwa demselben Volumen 0,25 n-Schwefelsäure in der Kälte und filtriert nach etwa einer Stunde. Die Filtrate werden gemischt, mit 430 g Ammoniumsulfat pro Liter versetzt (65% Sättigung) und filtriert. Der Rückstand wird in Wasser gelöst und wieder mit Ammoniumsulfat gefällt. Zu den gemischten Filtraten setzt man 105 g Ammoniumsulfat pro Liter (80% Sättigung). Der Niederschlag wird auf einem großen Büchnertrichter abgesogen; pro Liter Pankreasbrei erhält man etwa 4 g Filter-Kuchen. Der Kuchen wird in 20 ml Wasser gelöst und die Lösung in 80 ml auf pH 3 eingestellter, 20% gesättigter Ammoniumsulfatlösung bei 95—100° C gegossen. Man hält 5 min bei dieser Temperatur und kühlt rasch auf Zimmertemperatur ab. Nach etwa einer Stunde wird etwas Kieselgur zugesetzt, filtriert und mit 20% gesättigter Ammoniumsulfatlösung nachgewaschen. Zu 100 ml Filtrat setzt man 18,8 g Ammoniumsulfat (50% Sättigung) und etwas Kieselgur und saugt ab. Nach Zusatz von 21 g Ammoniumsulfat zu 100 ml Filtrat (80% Sättigung) wird abgesogen und der Filterkuchen in Wasser gelöst (5 ml pro g Kuchen). Das pH wird auf 4,8 eingestellt und ein gleiches Volumen gesättigter Ammoniumsulfatlösung zugegeben. Man filtriert, stellt das Filtrat mit Schwefelsäure auf pH 4,2 ein und gibt zu 100 ml Filtrat 67 ml gesättigter Ammoniumsulfatlösung (70% Sättigung). Nach Absaugen wird der Filterkuchen in Wasser gelöst (1 ml Wasser pro g Kuchen), die Lösung filtriert und der Rückstand mit etwas Wasser gewaschen. Zum Filtrat setzt man vorsichtig unter Umrühren gesättigte Ammoniumsulfatlösung, bis eine schwache Trübung entsteht. Das pH wird dann sofort auf 4,6 eingestellt, wobei sich die Trübung löst. Beim Stehen bei Zimmertemperatur kristallisiert die Ribonuclease aus. Durch Lösen in Wasser, Filtrieren und Zusatz von Ammoniumsulfat wie eben beschrieben kann das Enzym umkristallisiert werden.

Absorption und Elution. Die Anwendbarkeit der Absorptions- und Elutionsmethoden für Enzymtrennung und Enzymreinigung wurde besonders durch Arbeiten von R. Willstätter u. Mitarb. erwiesen. Die Methoden besitzen noch wesentliche Bedeutung. (Über Absorptionsmittel und Ausführung vgl. E. Bauer 1941). Schärfere Trennungen werden aber mit Methoden erreicht, die auf dem Prinzip der Chromatographie fußen (F. Turba 1960). Vor allem spielt die Chromatographie auf Ionenaustauschern in der Enzymchemie heute eine sehr große Rolle. Die am meisten gebrauchten Austauscher sind Carboxymethylcellulose (Kationenaustauscher) und Diäthylaminoäthylcellulose (Anionenaustauscher). Über Einzelheiten zur Säulenchromatographie siehe den Beitrag von G. Wohlleben in Band II/1 des Handbuches.

Elektrophorese. Die elektrophoretischen Methoden haben besonders für die Reinheitsprüfung von Enzympräparaten Bedeutung, sind aber auch in vielen Fällen für die präparative Darstellung von Enzymen mit Vorteil verwendbar. Über Einzelheiten zur Elektrophorese vgl. den Beitrag von H. D. Belitz in Band II/1 des Handbuches.

F. Chemische Natur der Enzyme

1. Die Enzyme als Proteine

Schon früh wurde von einzelnen Forschern der Gedanke geäußert, daß die Enzyme Eiweißstoffe sind; noch um 1925 wurde aber dies von vielen bezweifelt oder gar bestimmt verneint. 1926 wurde aber, wie schon erwähnt, vom amerikanischen Forscher James B. Sumner das Enzym Urease in kristallisierter Form gewonnen; es stellte sich heraus, daß das kristallisierte Enzym ein Protein (Globulin) ist. Einige Jahre später konnten John H. Northrop u. Mitarb. mehrere andere Enzyme (Pepsin, Trypsin usw.) kristalliseren. Später sind durch Arbeiten vieler Forscher neue kristallisierte Enzyme hinzugekommen, so daß ihre Anzahl heute 100 wesentlich übersteigt. (Wie viele Enzyme es überhaupt gibt, kann natürlich nicht angegeben werden; mehr als 700 können jedenfalls als gut oder einigermaßen gut charakterisiert betrachtet werden).

Bei der Beurteilung der „*Reinheit*“ eines Enzympräparates begegnet man selbstverständlich denselben Schwierigkeiten wie bei Proteinen überhaupt, wenn auch bei den Enzymen die Möglichkeit der Aktivitätsbestimmung das Problem gewissermaßen vereinfacht. Auf alle Fälle muß beachtet werden, daß der Umstand, daß ein Enzym mit unveränderter Aktivität umkristallisiert werden kann, nicht ohne weiteres ein Beweis dafür ist, daß ein einheitliches Protein vorliegt. Wenn aber beim Umkristallisieren die Aktivität konstant bleibt und weitere Bedingungen erfüllt sind, wie Homogenität in der Ultrazentrifuge, bei Diffusion und Elektrophorese, so hat man gute Gründe anzunehmen, daß das Enzym „rein" ist.

Für die Prüfung der Einheitlichkeit von Enzympräparaten können (wie bei Proteinen im allgemeinen) immunologische Methoden, evtl. Immunelektrophorese, gute Dienste liefern (über Immun-Antienzyme, vgl. S. 841).

In den zwanziger Jahren wurde noch vielfach der Gedanke geäußert, daß die Enzymwirkung eines kristallisierten Präparates nicht eine Eigenschaft des Proteins sei, sondern einer in sehr kleiner Menge anwesenden „Verunreinigung" zuzuschreiben wäre. Es ist aber nunmehr völlig klar, daß das Protein als solches Enzymaktivität besitzt. Störung der Proteinstruktur, sei es durch Denaturierung oder durch tiefgehenden Abbau mit proteolytischen Enzymen, führt zu Vernichtung der Aktivität; die Abnahme der Aktivität geht dabei mit dem chemisch erfaßbaren Abbau bzw. mit der Denaturierung parallel.

2. Aktive Zentren der Enzyme

Wenn wir feststellen, daß die enzymatische Aktivität von der Struktur des Enzymproteins bestimmt wird, so muß sofort hervorgehoben werden, daß es sich in mehreren Fällen als möglich gezeigt hat, ohne Änderung der spezifischen Aktivität eines Enzyms das Enzymprotein in beträchtlichem Umfange zu modifizieren. Derartige Beobachtungen, auf welche wir unten zurückkommen werden, zeigen, daß für die spezifische Aktivität eines Enzyms, wenigstens in gewissen Fällen nicht das ganze Proteinmolekül wesentlich ist; im Gegenteil muß geschlossen werden, daß nur bestimmte, kleinere Teile der Enzymproteinmoleküle, die *aktiven Zentren*, die Enzymwirkung bedingen, während andere Teile der Moleküle entfernt oder modifiziert werden können, ohne daß die Enzymaktivität beeinflußt wird (vgl. D. E. KOSHLAND jr. 1960).

Es ist dann auch erklärlich, daß Enzymproteine (z. B. aus demselben Gewebe verschiedener Organismen), die dieselbe Wirkung haben, in dem Sinne verschieden sein können, daß sie, z. B. elektrophoretisch, getrennt werden können und teilweise verschiedene Zusammensetzung (Art und Anzahl der Aminosäurereste) haben (Artspezifität). Fälle sind auch bekannt, in welchen ein Enzym einheitlicher Herkunft mehrere, in der Wirkung identische, aber in chemischen und physikalischen Eigenschaften zwar ähnliche, aber nicht identische Proteine enthält. Einige Forscher sprechen in solchen Fällen von *Isoenzymen* (Isozymen) oder *multiplen Formen* von Enzymen.

Viele Enzyme sind *einfache Proteine*, d. h. sie sind ausschließlich aus Aminosäuren aufgebaut; andere Enzyme sind Proteide, die außer Aminosäuren besondere *prosthetische Gruppen* enthalten. Diese können gewissermaßen als aktive Zentren betrachtet werden, wie z. B. die Hämingruppe in den Hämoproteid-Enzymen. Es ist aber in diesen Fällen ganz klar, daß der Polypeptidteil des Enzymmoleküls gar nicht bedeutungslos ist. Es kann angeführt werden, daß die molekulare Aktivität der Katalase, die Protohämin als Wirkgruppe enthält, von der Größenordnung 10^5 Mole Substrat pro Minute ist, während die entsprechende Zahl für freies Protohämin etwa 10 ist. Weiter ist bekannt, daß Protohämin die prosthetische Gruppe auch in mehreren anderen Enzymen ist, die andere Substrate angreifen und andere Reaktionen katalysieren als die Katalase. Man muß also schließen, daß auch in Fällen, in welchen prosthetische Gruppen als „Wirkgruppen" von Enzymen bezeichnet werden können, der Proteinteil des Enzyms sowohl für die hohe Aktivität wie für die Substratspezifität bestimmend ist. Wenn also im folgenden von einem „aktiven Zentrum" eines Enzyms gesprochen wird, so ist damit nicht eine eventuelle prosthetische Gruppe gemeint, sondern ein *Bereich im Protein*, der nicht ohne Verlust der enzymatischen Aktivität irgendwie verändert werden kann.

Mit Rücksicht auf ältere Vorstellungen über den Bau der Enzyme als „*Symplexe*", von „Agonen" (Wirkgruppen) und „Pheronen" (kolloidalen Trägern) und überhaupt für die Aufklärung des Zusammenhanges zwischen Proteinstruktur und enzymatischer Aktivität sind diejenigen Enzyme von besonderem Interesse, die ausschließlich aus Aminosäuren aufgebaut sind. Unsere Kenntnisse über den erwähnten Zusammenhang sind zur Zeit weit von Vollständigkeit entfernt; gewisse moderne Untersuchungen über einige kristallisierte Enzyme haben jedoch zur Beleuchtung des Problems sehr beachtenswerte Beiträge geliefert. Einige Beispiele werden im folgenden angeführt.

3. Zusammensetzung der Enzymproteine

In einigen Fällen ist die Zusammensetzung eines Enzyms (ohne besondere prosthetische Gruppe) genau bekannt. Man hat in diesen Fällen feststellen können, daß in den Enzymproteinen keine anderen Aminosäuren vorkommen als die 18—19 L-α-Aminosäuren, die in Proteinen im allgemeinen auftreten. Man hat auch gefunden, daß meistens die Mengen der einzelnen Aminosäuren in den Enzymproteinen keine so auffallenden Abweichungen von den entsprechenden Zahlen für andere Proteine zeigen, daß man sie als für Enzyme charakteristisch ansehen könnte. In einigen Fällen hat man zwar gefunden, daß eine gewisse Aminosäure in den Enzymproteinen in größerer Menge als gewöhnlich vorkommt, ohne daß man jedoch bis auf weiteres diesem Umstand eine spezielle Bedeutung hat zuschreiben können.

Es läßt sich sagen, daß dann, wenn ein Enzymprotein eine ganz „normale" Aminosäurezusammensetzung aufweist, die Annahme berechtigt ist, daß die *Sequenz* der Aminosäurereste im Molekül oder in einem bestimmten Bereich desselben, für die enzymatische Aktivität in erster Hand bestimmend ist. Da aber die Aminosäuresequenz (die Primärstruktur) offenbar die höheren Strukturen, insbesondere die Tertiärstruktur der Proteine bedingt, so liegt es nahe anzunehmen, daß die höheren Strukturen für die enzymatische Aktivität Bedeutung haben. Man stellt sich gegenwärtig vor, daß die aktiven Zentren der Enzyme nicht, oder jedenfalls nicht immer, nur mit einer besonderen Aminosäuresequenz in einer Polypeptidkette zu identifizieren sind, sondern sich über Gebiete erstrecken, in welchen Teile einer oder mehrerer Polypeptidketten in einer Struktur höherer Ordnung festgehalten werden und eine „*aktive Oberfläche*" bilden, auf welcher „essentielle", d. h. für die Enzymwirkung wesentliche Gruppen eine für die Bindung des Substrats und dessen Umwandlung günstige geometrische Anordnung haben. Daß die höheren Strukturen der Proteine für die Enzymwirkung wesentlich sind, geht übrigens daraus hervor, daß die Thermoinaktivierung der Enzyme in einer Denaturierung der Enzymproteine besteht, d. h. in einer Störung der höheren Strukturen.

Sehr bemerkenswert ist, daß in mehreren Enzymen das Vorkommen eines essentiellen Serinrestes in einer gleichartigen Sequenz von 4—5 Aminosäuren festgestellt worden ist:

In α-Chymotrypsin	-Gly-Asp-*Ser*-Gly-Gly-	
In Trypsin	-Gly-Asp-*Ser*-Gly-	
In Thrombin	-Gly-Asp-*Ser*-Gly-	
In Leberesterase	-Gly-Glu-*Ser*-Ala-Gly-	
In Cholinesterase (Serum)	-Gly-Glu-*Ser*-Ala-Gly-	
In Elastase	-Gly-Glu-*Ser*-Ala-Gly-	(?)

Eine mindestens sehr ähnliche Sequenz ist auch in der Phosphoglucomutase nachgewiesen worden. (Die Anwesenheit des essentiellen Serinrestes wird u. a. durch Hemmungsversuche mit Diisopropylfluorphosphat gezeigt; der Inhibitor reagiert mit der Hydroxylgruppe des Serinrestes unter Vernichtung der Enzymwirkung). Über Vorkommen gleichartiger Aminosäuresequenzen in Enzymen vgl. F. Šorm 1962.

Näheres über den Zusammenhang zwischen den oben erwähnten Sequenzen und der Enzymwirkung ist zur Zeit nicht bekannt.

4. Struktur und Wirkung

Als Beispiel eines in vielen Hinsichten besonders genau untersuchten Enzyms sei hier die Ribonuclease behandelt (vgl. S. 849). Das Enzymmolekül besteht aus einer einzigen Polypeptidkette mit 124 Aminosäureresten. Wie die Tab. 1 zeigt, enthält das Protein 17 der gewöhnlich in Proteinen vorkommenden Aminosäuren; Tryptophan fehlt. Der Gehalt an aliphatischen Hydroxyaminosäuren (Serin und Threonin) ist hoch. Die Sequenz der Aminosäurereste geht aus der Abb. 1 S. 831 hervor. (Zusammenfassung über Bau und Funktion der Ribonuclease: H. A. Scheraga und J. A. Rupley 1962).

Das Molekül enthält 8 Cysteinreste, die 4 Disulfidbrücken bilden. Physikalische Messungen zeigen, daß das Ribonucleasemolekül fast sphärisch ist. Dies bedeutet offenbar, daß die Polypeptidkette gefaltet und dicht gepackt sein muß. Die Struktur ist auffallend stabil; wie schon erwähnt, kann eine Lösung der Ribonuclease ohne Inaktivierung in schwach saurer Lösung auf mindestens 95° C erhitzt werden. Große Teile der Polypeptidkette liegen in der Form der α-Schraube Paulings vor. Hier und da ist aber die Schraubenstruktur gestört, so daß eine dichte Packung der schraubenförmigen Teile der Polypeptidkette in einer tertiären Struktur möglich wird. Die Faltung und dichte Packung der Moleküle geht übrigens schon aus den Lagen der Disulfidbrücken hervor. Selbstverständlich bedingen diese zum Teil die Stabilität der Struktur, aber wie aus dem folgenden hervorgehen wird, spielen auch nicht-kovalente Bindungen eine sehr wesentliche Rolle.

Tabelle 1. *Aminosäurezusammensetzung der Ribonuclease aus Rinderpankreas*

Aminosäure	Anzahl	Aminosäure	Anzahl
Glykokoll (Gly)	3	Glutaminsäure (Glu)	5
Alanin (Ala)	12	Glutamin [Glu(NH_2)]	7
Serin (Ser)	15	Lysin (Lys)	10
Cystein (Cys)	8	Arginin (Arg)	4
Methionin (Met)	4	Phenylalanin (Phe)	3
Threonin (Thr)	10	Tyrosin (Tyr)	6
Valin (Val)	9	Histidin (His)	4
Leucin (Leu)	2	Prolin (Pro)	4
Isoleucin (Ile)	3	Tryptophan (Try)	0
Asparaginsäure (Asp)	5		
Asparagin [Asp(NH_2)]	10	Anzahl Reste	124
		Molekulargewicht	~13, 700

Werden die vier Disulfidbrücken (z. B. mit Thioglykolsäure) reduziert, so verschwindet die enzymatische Aktivität der Ribonuclease vollständig. Wird aber die reduzierte Lösung unter schonenden Bedingungen mit Luft reoxydiert, so wird die Enzymaktivität zu fast 100% regeneriert. Dies bedeutet offenbar, daß die Rekombination der Cysteinreste zu Disulfidbrücken nicht regellos, sondern nach dem ursprünglichen Muster erfolgt. Man muß also schließen, daß die Polypeptidkette in dem reduzierten Enzymprotein spontan die dreidimensionale

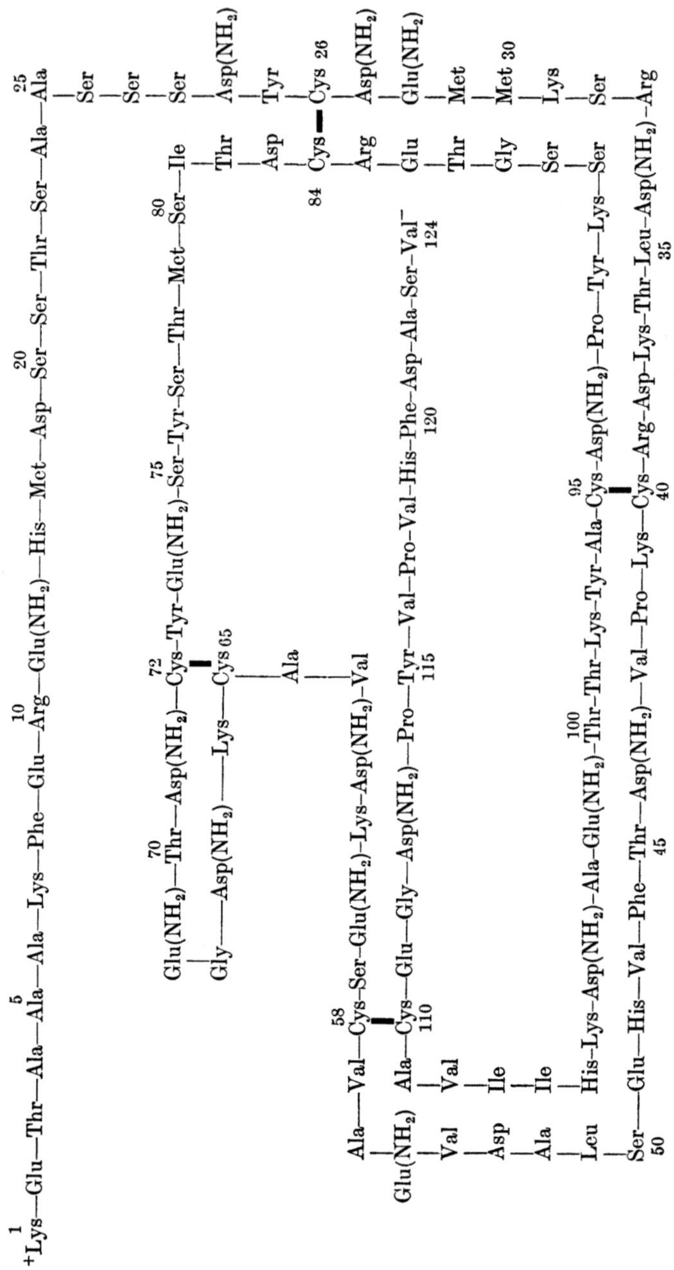

Abb. 1. Sequenz der Aminosäuren und Lage der Disulfidbindungen in Ribonuclease aus Rinderpankreas

Anordnung annimmt, die die Rückbildung der ursprünglichen Disulfidbrücken ermöglicht.

Alle vier Disulfidbrücken sind nicht im gleichen Grade für die Enzymaktivität wesentlich; reduziert man im Mittel *eine* Disulfidbindung, so nimmt die Aktivität nur wenig ab.

Daß nicht-kovalente Bindungen eine wesentliche Rolle spielen für die Struktur, die die enzymatische Aktivität bedingt, geht u. a. aus der folgenden Beobachtung hervor: Behandelt man eine Lösung von Ribonuclease mit dem proteolytischen Enzym Subtilisin (S. 855) unter geeigneten Bedingungen, so wird von der N-terminalen Gruppe der Polypeptidkette aus ein Peptid mit 20 Aminosäureresten abgespalten. Trennt man das Peptid vom Rest des Enzymmoleküls ab, so findet man, daß beide Fraktionen inaktiv sind; mischt man sie, so ist die Mischung wieder aktiv. Offenbar bedeutet dies, daß das Peptid spezifisch und recht fest am Rest des Moleküls verankert wird und das jedenfalls ein Teil des Peptids zum aktiven Centrum der Ribonuclease gehört. Wird das Gemisch der beiden Spaltprodukte durch Reduktion der Disulfidbrücken inaktiviert und dann reoxydiert, so kehrt die enzymatische Aktivität zurück. Wird aber das Peptid (das kein Cystein enthält und also keine Disulfidbrücken bilden kann) abgetrennt und der Rest des Enzymmoleküls reduziert und reoxydiert, so findet man nach Zusatz des Peptids keine Aktivität. Dies ist ein weiterer Beweis dafür, daß das Peptid, obgleich es nicht-kovalent gebunden ist, in irgendeiner Weise zur Erhaltung der Struktur des Enzymmoleküls beiträgt.

Wie schon erwähnt, zeigen viele Beobachtungen, daß nicht alle Teile eines nativen Enzymmoleküls in gleichem Grade für die enzymatische Aktivität wesentlich sind. Im Falle der Ribonuclease kann z. B. angeführt werden, daß im Enzym aus Schafpankreas die Aminosäure Nr. 3 Serin anstatt Threonin und die Aminosäure Nr. 37 Glutaminsäure anstatt Lysin ist, ohne daß die Aktivität des Enzyms dadurch beeinflußt wird. Weiter ist gezeigt worden, daß aus dem Enzym die drei C-terminalen Aminosäurereste (Ala-Ser-Val) mit Carboxypeptidase (S. 856) entfernt werden können, ohne daß die Aktivität des Enzyms abnimmt. Werden dagegen (mit Pepsin) *vier* C-terminale Reste abgespalten, so ist der Rest inaktiv; der Asparaginsäurerest Nr. 121 ist also für die Aktivität essentiell.

Daß in gewissen Fällen sogar sehr große Teile eines Enzymmoleküls ohne Verlust an Aktivität entfernt werden können, zeigen besonders Untersuchungen von E. L. Smith u. Mitarb. über das Papain (J. R. Kimmel und E. L. Smith 1957). Das native Papainmolekül besteht aus einer einzigen Polypeptidkette mit 185 Aminosäureresten; die Sequenz ist teilweise bekannt. Wird ein Quecksilbersalz des kristallisierten Papains mit einer Aminopeptidase (S. 856) behandelt, so wird das Polypeptid von der N-terminalen Gruppe aus abgebaut, so daß schließlich ein quecksilberhaltiges Fragment mit 76 Aminosäureresten übrig ist. Wird aus dem Produkt das Quecksilber entfernt, so zeigt sich, daß das Fragment, das nur etwa 40% des nativen Enzymmoleküls entspricht, dieselbe Aktivität (pro Molekül gerechnet) besitzt wie das native Enzym; die Spezifität und pH-Abhängigkeit sind in beiden Fällen dieselben. Es muß also geschlossen werden, daß das aktive Zentrum des Papainmoleküls unter den 76 C-terminalen Aminosäureresten des nativen Moleküls zu finden ist, und daß die restlichen 60% desselben für die Enzymaktivität belanglos sind.

Daß eine höhere Struktur im Papainmolekül bzw. in einem Teil desselben für die Enzymwirkung notwendig ist, geht u. a. daraus hervor, daß denaturierende Agentien wie Harnstoff in hoher Konzentration die Aktivität vernichten.

Für die Wirkung des Papains sind im aktiven Bereich des Enzymmoleküls u. a. eine Sulfhydrylgruppe und eine ionisierte Carboxylgruppe essentiell. Die SH-Gruppe reagiert mit gewissen Sulfhydrylreagentien, gibt aber keine Nitroprussidreaktion; hieraus ist geschlossen worden, daß die SH-Gruppe im nativen Enzymmolekül nicht ganz frei ist. E. L. SMITH nimmt an, daß die SH-Gruppe und die erwähnte Carboxylatgruppe aneinander gebunden sind, etwa wie in einem Thiolester, und daß Umesterung in diesem Bereich eine Stufe der Papainwirkung ist. Man kann sich vorstellen, daß die SH- und die Carboxylatgruppe, entlang der Polypeptidkette gerechnet, weit voneinander sind, daß sie aber im nativen Enzym in der Tertiärstruktur in einer für die Ausbildung der erwähnten Bindung günstigen Lage festgehalten sind. Bei der Denaturierung, z. B. durch Harnstoff, erfolgt eine Entfaltung der Tertiärstruktur, so daß kein Kontakt der beiden Gruppen mehr möglich ist.

Der Schluß, daß gewisse Teile eines Enzymmoleküls für die Wirkung belanglos sein können, wird nicht nur von Beobachtungen der erwähnten Art gestützt, sondern auch von dem Befunde, daß man, wenigstens bei einigen Enzymen, ohne die Aktivität zu beeinflussen, neue Aminosäurereste in die Moleküle einführen kann. Die Einführung wird bewirkt durch Behandlung mit N-Carboxyaminosäure-anhydriden, die mit freien Aminogruppen in Proteinen und Peptiden unter Ausbildung von Peptidbindungen reagieren. Mit N-Carboxyalanin-anhydrid wird ein Alanylrest, z. B. in die ε-Aminogruppen von Lysylresten eingeführt. Da der eingeführte Aminosäurerest offenbar auch eine freie Aminogruppe enthält, kann die Reaktion weitergehen, so daß mehr oder weniger lange, z. B. aus Alanylresten bestehende „Seitenketten" entstehen. In Versuchen mit Ribonuclease wurde gefunden, daß 8 aus 11 Aminogruppen im Molekül in der erwähnten Weise reagieren und daß die Seitenketten eine mittlere Länge von 4—5 Alanylresten haben können, ohne daß die Aktivität des Enzyms vermindert wird. Bemerkenswert ist auch, daß dann, wenn das weitgehend substituierte Enzymprotein durch Reduktion der Disulfidgruppen inaktiviert und dann mit Luft reoxydiert wird, die Aktivität zurückkehrt.

Eine Zusammenfassung über Modifikation von Proteinen und Enzymproteinen auf chemischem Wege wurde von J. SRI RAM u. Mitarb. 1962 veröffentlicht.

Untersuchungen über Hemmung von Enzymen durch Reagentien, die für bestimmte Gruppen möglichst spezifisch sind (vgl. S. 840), haben Schlüsse erlaubt über „essentielle" Gruppen in Enzymproteinen. Man darf aber nicht den Schluß ziehen, daß alle für die Aktivität essentiellen Gruppen an der enzymatischen Reaktion direkt teilnehmen; wie schon erwähnt, können essentielle Gruppen eventuell nur indirekt mit dem aktiven Zentrum eines Enzyms zu tun haben, nämlich insofern, als sie für die Erhaltung einer Tertiärstruktur notwendig sind, die die besondere Geometrie des aktiven Zentrums bedingt.

Es muß zugegeben werden, daß die Frage, wie die Struktur eines Enzymproteins im einzelnen mit der enzymatischen Tätigkeit desselben zusammenhängt, noch zum großen Teil ungelöst ist (vgl. D. E. KOSHLAND jr. 1962). Mit Hinsicht auf die in den letzten Jahren mit Röntgenmethoden erzielten Resultate über die Strukturen des Myoglobins und Hämoglobins, darf man wohl erwarten, daß auch bald die Tertiärstruktur einiger Enzymproteine aufgeklärt werden wird, was ja für die Charakterisierung der aktiven Zentren derselben zweifelsohne große Bedeutung haben wird. Man darf jedoch nicht ohne weiteres annehmen, daß die Struktur eines Proteins in Wasserlösung mit der Struktur im Kristall identisch ist. Denkbar ist übrigens auch, daß die Substrate die Struktur der Enzymproteine beeinflussen können.

G. Energetik der Enzymreaktionen

Die Enzyme können selbstverständlich nur an sich thermodynamisch mögliche Reaktionen katalysieren, d. h. exergonische Reaktionen, die unter Abnahme der freien Energie verlaufen. Daß eine Reaktion exergonisch ist, bedeutet nicht, daß sie „von selbst" abläuft; eine große Zahl von thermodynamisch möglichen Reaktionen verlaufen nur, wenn man durch Energiezufuhr den Stoff, der zur Reaktion gebracht werden soll, z. B. durch Temperaturerhöhung, vom Normalzustand auf einen aktivierten Zustand erhöht, von dem aus der Stoff dann freiwillig weiterreagiert. Um eine thermodynamisch mögliche Reaktion in Gang zu bringen, muß also meistens eine *Aktivierungsenergie* zugeführt werden. Die Größe dieser Aktivierungsenergie bestimmt die Geschwindigkeit der Reaktion, während die Abnahme der freien Energie, ΔG, die Richtung und das Ausmaß der Reaktion bestimmen. Wenn ein Enzym eine Reaktion katalysiert, so geschieht dies im Prinzip dadurch, daß es durch Bildung eines Komplexes mit dem Substrat die Aktivierungsenergie herabsetzt.

Für enzymatische wie für andere Reaktionen gilt bekanntlich

$$\Delta G^\circ = -RT \ln K \quad (= -1360 \log K, \text{ bei } 25^\circ \text{ C}) \tag{1}$$

wo K die Gleichgewichtskonstante der Reaktion ist. ΔG° ist der *Normalwert* der Änderung der freien Energie unter der Voraussetzung, daß alle reagierenden Stoffe anfangs die Aktivität 1 haben. Da in biochemischen Versuchen die Konzentrationen so niedrig sind, daß fast immer Aktivität und Konzentration gleichgesetzt werden können, so gilt allgemein

$$\Delta G = \Delta G^\circ + RT \ln \frac{x \cdot y}{a \cdot b} \tag{2}$$

wo x, y, a und b die Konzentrationen der in der Reaktion

$$\mathrm{A} + \mathrm{B} \rightleftharpoons \mathrm{X} + \mathrm{Y}$$

reagierenden Stoffe sind.

In der Biochemie hat man es bekanntlich fast nie mit Konzentrationen bzw. Aktivitäten zu tun, die von der Größenordnung 1 sind. Bei biochemischen Reaktionen sind deshalb ΔG° und ΔG sehr verschieden, und in der biochemischen Literatur werden oft G-Werte angewendet, die für Konzentrationen, wie sie tatsächlich vorkommen, definiert sind, z. B. für pH = 7 und 0,01 molare Konzentration.

Es kommt sehr oft vor, daß bei prinzipiell reversiblen Reaktionen, die Gleichgewichtslagen so stark verschoben sind, daß die Reaktionen als praktisch irreversibel behandelt werden können. Ist z. B. in einer Reaktion A $\rightarrow$ B die Änderung der freien Energie $\Delta G^\circ = 5$ kcal/mol, so ist $K \approx 5000$, d. h. beim Gleichgewicht ist [B] $\approx$ 5000 [A], und die Reaktion ist praktisch irreversibel.

Nun ist ohne weiteres einzusehen, daß in den lebenden Organismen eine große Zahl von endergonischen Reaktionen stattfinden, d. h. Reaktionen, die nur unter Zufuhr von freier Energie ablaufen können. Wenn wir von den autotrophen Organismen absehen, die ihren Energiebedarf durch Umwandlung von Lichtenergie decken, so muß der Schluß gezogen werden, daß bei den Heterotrophen die endergonischen Reaktionen dadurch ermöglicht werden, daß in den Zellen gleichzeitig exergonische Reaktionen, vor allem Oxydationen von Kohlenhydrat und Fett, ablaufen, und daß die Zellen einen Mechanismus besitzen, wodurch eine *Kopplung* zwischen exergonischen und endergonischen Reaktionen zustande kommt, und zwar dadurch, daß gewisse Stoffe in beiden Reaktionen teilnehmen. Von solchen Stoffen spielen vor allem das *Adenosintriphosphat* (ATP) und gewisse ähnliche, sog. *energiereiche Verbindungen* eine außerordentlich wichtige Rolle. Diese Verbindungen werden in den exergonischen Reaktionen gebildet, und in ihnen wird ein beträchtlicher Teil der freien Energie dieser Reaktionen sozusagen gespeichert, und zwar in einer Form, die die Ausnutzung der Energie für endergonische Synthesen ermöglicht. Grundlegende Arbeiten auf diesem Gebiet verdanken wir vor allem F. LIPMANN (vgl. z. B. F. LIPMANN 1941).

Wenn man in der Enzymchemie von „energiereichen Verbindungen" spricht, so bezieht sich der Ausdruck energiereich nicht auf den totalen Energieinhalt von Stoffen, sondern auf bestimmte Bindungen, die als energiereich bezeichnet werden. Die Rede ist aber nicht von einer Bindungsenergie im gewöhnlichen Sinne dieses Wortes. Hohe Bindungsenergie bedeutet ja hohe Stabilität einer Bindung; wenn man aber in der Enzymchemie von einer energiereichen Bindung spricht, so ist es im Gegenteil so, daß ein hoher Energiewert gewissermaßen einer erhöhten Labilität entspricht, einer Tendenz der „energiereich gebundenen Gruppe", mit anderen Stoffen zu reagieren. Die Energie einer „energiereichen Bindung" ist die freie Energie, die bei Sprengung der Bindung verwertbar wird.

Die Calorienwerte, die für derartige Bindungen angegeben werden (Größenordnung 10 kcal/mol) können den Änderungen der freien Energie bei der Hydrolyse der Bindungen gleichgesetzt werden. Meistens können diese Werte nicht direkt bestimmt werden; sie müssen dann indirekt berechnet werden, bisweilen unter Annahmen, deren Zulässigkeit wohl diskutiert werden kann. So kommt es, daß in der Literatur Angaben über die Calorienwerte der „energiereichen Bindungen" schwanken; früher wurden für das ATP Werte von 11—12 kcal/mol angegeben, während gegenwärtig als sicher betrachtet werden kann, daß der Wert nicht 8 kcal je mol übersteigt.

Die „Labilität" des Adenosintriphosphates, d. h. die schnelle Abspaltung anorganischen Phosphates in saurer Lösung, führte zu der Entdeckung und Isolierung dieser Substanz durch K. LOHMANN 1928, 1929 und etwa gleichzeitig durch C. H. FISKE und Y. SUBBAROW 1929. Die Formel des Adenosintriphosphates ist:

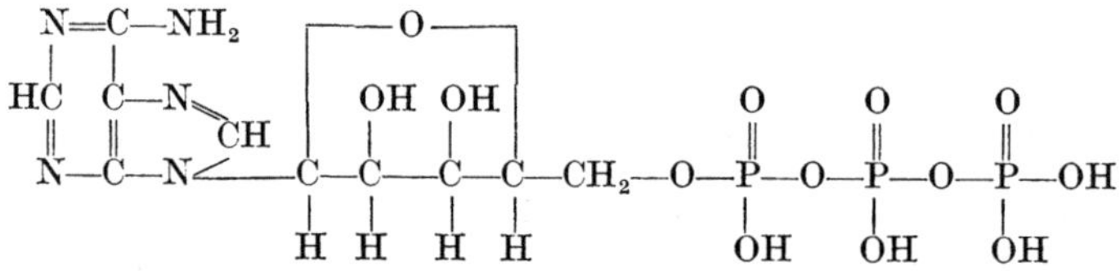

(3)

Die energiereichen Phosphate sind:

a) *Acylphosphate* (ATP und analoge Stoffe, Acetylphosphat, Pyrophosphat usw. Die zwei terminalen Phosphatgruppen in ATP sind energiereich gebunden, die dritte nicht).

b) *Enolphosphate* wie Phosphoenolbrenztraubensäure.

c) *Phosphoamide* wie Kreatinphosphat und ähnliche Verbindungen.

Wird durch das Enzym Hexokinase (S. 864) eine Phosphatgruppe von ATP unter Bildung von Adenosindiphosphat (ADP) auf Glucose übertragen:

$$\text{ATP} + \text{Glucose} \rightarrow \text{Glucose-6-phosphat} + \text{ADP} + \text{etwa } 5 \text{ kcal} \quad (4)$$

so ist die Reaktion praktisch irreversibel, da das Glucose-6-phosphat als „gewöhnlicher" Phosphorsäureester nicht energiereich ist.

Wird dagegen eine Phosphatgruppe von ATP durch die Kreatinkinase (S. 865) auf Kreatin übertragen, so entsteht das energiereiche Kreatinphosphat, das etwa denselben Calorienwert hat wie das ATP; in diesem Falle führt die Reaktion zu einem gut bestimmbaren Gleichgewicht.

Eine ganz bestimmte Grenze zwischen energiereichen und nicht energiereichen Phosphaten existiert selbstverständlich nicht.

Die energiereichen Phosphate vom Typus des ATP spielen, wie aus dem Folgenden hervorgehen wird, bei der Kopplung zwischen Oxydationen und endergonischen Synthesen eine ungemein wichtige Rolle. Die Synthesen können wie in den oben angeführten Beispielen Phosphatüberführungen sein; sie können aber auch andere Reaktionen sein, in welchen die eine oder andere der beiden energiereichen Bindungen in ATP gesprengt wird.

Das oben erwähnte Kreatinphosphat wurde von P. EGGLETON und G. P. EGGLETON 1927 entdeckt. Es kommt bei Vertebraten und einigen Invertebraten vor; bei den meisten Invertebraten findet man statt dessen das analog gebaute Argininphosphat. Die beiden Stoffe werden oft als *Phosphagene* bezeichnet, was andeuten soll, daß in ihnen für Synthesen verwertbares Phosphat gespeichert ist. Bei Bedarf wird das Phosphat der Phosphagene auf ADP unter Bildung von ATP übertragen und mobilisiert.

Unter den „energiereichen Verbindungen“ sind, außer den hier erwähnten Phosphaten, besonders die Thiolester und speziell die Thiolester des *Coenzyms A* zu nennen, Verbindungen, die im Kohlenhydrat- und Fettmetabolismus äußerst wichtige Zwischenstoffe sind.

H. Enzymbestimmung

I. Messung der Aktivität

1. Bestimmung von Enzymmengen

Wenn auch einzelne Enzyme direkt bestimmt werden können, z. B. wenn sie charakteristische Spektra aufweisen, so bleibt jedoch immer die *Aktivitätsbestimmung* die wichtigste Methode zur quantitativen Bestimmung der Enzyme. Eine Voraussetzung für enzymchemische Arbeit ist deshalb, daß die Geschwindigkeit der Enzymreaktionen befriedigend bestimmt werden kann.

Normal bestimmt man nach passend gewählten Reaktionszeiten entweder die Menge der Reaktionsprodukte oder die Abnahme der Konzentration des Substrats. Je nach Art der Reaktion kommen dabei sehr viele Methoden in Frage; sie werden an anderen Stellen dieses Werkes im einzelnen besprochen.

Die Aktivität der Enzyme wird von äußeren Faktoren sehr stark beeinflußt; die wichtigsten dieser Faktoren werden im folgenden kurz besprochen. Unter allen Umständen ist aber wesentlich, daß man aus den Meßwerten einen korrekten Ausdruck der Reaktionsgeschwindigkeit ableitet. Wenn man z. B. in einem Diagramm die Abnahme der Substratkonzentration gegen die Reaktionszeit aufträgt, erhält man meistens eine gekrümmte Kurve; die Geschwindigkeit nimmt mit der Zeit ab, wozu mehrere Faktoren beitragen, u. a. eine Affinität der Reaktionsprodukte zum Enzym. Die Enzymreaktionen folgen deshalb selten den einfachen Gesetzen der unimolekularen, bimolekularen usw. Reaktionen. Meistens dürfte es auch recht sinnlos sein, sich mit der Aufstellung einer komplizierten Reaktionsformel viel Mühe zu geben, die einen gefundenen Reaktionsverlauf darstellen soll.

Vom theoretischen Gesichtspunkt aus unantastbar und meistens ohne Schwierigkeit durchführbar ist die Ermittlung der *Anfangsgeschwindigkeit* einer Enzymreaktion als Maß der Reaktionsgeschwindigkeit bzw. der Enzymmenge; u. a. hat sich dabei ein eventueller Einfluß der Reaktionsprodukte noch nicht geltend gemacht. Im allgemeinen ist, auch bei stark gekrümmten Reaktionskurven, der Umsatz *anfangs* so nahe mit der Reaktionszeit proportional, daß man, eine geeignete analytische Methode vorausgesetzt, die Anfangsgeschwindigkeit genau bestimmen kann. Es kann natürlich vorkommen, daß das Gebiet der Proportionalität so klein ist, daß zugängliche Methoden keine oder zu wenige Bestimmungen in dem

Gebiet zulassen; man hat dann von den Meßwerten auf die Geschwindigkeit bei $t = 0$ zu extrapolieren.

Da es oft nicht möglich ist, eine Enzymmenge in absolutem Maß anzugeben, wird die Initialgeschwindigkeit der Reaktion, in einer passenden Einheit ausgedrückt, als Maß der Enzymmenge angewendet. An und für sich sind allerlei willkürlich gewählte Einheiten anwendbar, aber selbstverständlich ist eine Einheit vorzuziehen, die den stofflichen Umsatz direkt angibt. Es ist deshalb vorgeschlagen worden[1], wenn möglich die Einheit einer Enzymmenge als die Einheit des Enzyms zu definieren, die unter festgelegten Bedingungen 1 μmol/min Substrat umsetzt.

Bei hochmolekularen Substraten wie Proteinen und Polysacchariden hat diese Definition offenbar keinen Sinn; in diesen Fällen wird die Reaktionsgeschwindigkeit zweckmäßig als die Anzahl pro min gespaltener Bindungen angegeben.

Die *spezifische Aktivität* eines Enzympräparates ist gleich der Anzahl Enzymeinheiten pro mg und also auch ein Ausdruck für den Reinheitsgrad des Präparates. Die *molekulare Aktivität* ("turn over number", Wechselzahl) eines Enzyms ist die Anzahl Substratmoleküle, die unter optimalen Bedingungen von einem Enzymmolekül pro min umgesetzt wird, bzw. die Anzahl Bindungen, die pro min von einem Enzymmolekül gesprengt oder synthetisiert wird. Bei Angaben einer Aktivität müssen die Versuchsbedingungen, besonders die *Temperatur* angegeben werden. Zweckmäßig werden Versuche zur Bestimmung molekularer Aktivität bei 25° C ausgeführt.

Es ist selbstverständlich, daß die Anwendung einer Enzymaktivität (Initialgeschwindigkeit der Reaktion) als Maß einer Enzymmenge nur dann zulässig ist, wenn die gemessenen Geschwindigkeiten mit den zugesetzten Mengen des betreffenden Enzympräparates proportional sind. Werden aber die Versuchsbedingungen mit Sorgfalt gewählt, so ist dies meistens auch der Fall. Wenn nötig, bestimmt man die Anzahl Enzymeinheiten aus einer empirischen Standardkurve.

2. Temperaturabhängigkeit der Enzyme

Die Geschwindigkeit enzymatischer Reaktionen nimmt mit steigender Temperatur in etwa demselben Grade zu wie die anderer chemischer Reaktionen, d. h. die Geschwindigkeit wird mit 10° C Temperaturerhöhung etwa verdoppelt. Bei der Bestimmung des Temperaturkoeffizienten eines Enzyms ist aber wesentlich, daß die Versuchstemperatur in keinem Fall so hoch gewählt wird, daß eine während des Versuches eintretende Zerstörung des Enzyms das Resultat entstellt. Die Temperatur wirkt ja auf die Aktivität eines Enzyms ein, teils durch die normale Zunahme der Aktivität bei steigender Temperatur, teils durch die oberhalb einer gewissen, für verschiedene Enzyme oft sehr verschiedenen Temperatur eintretende Denaturierung des Enzymproteins, die zu einer meistens irreversiblen Inaktivierung des Enzyms führt. Oberhalb der Temperatur, bei der sich die Denaturierung bemerkbar macht, nimmt die Geschwindigkeit derselben mit weiter steigender Temperatur ungemein schnell zu.

Versucht man die Aktivität eines Enzyms bei einer Temperatur zu bestimmen, bei welcher beträchtliche Inaktivierung des Enzyms eintritt, so wird man eine hohe Initialgeschwindigkeit finden, die mehr oder weniger rasch auf Null abnimmt. Besonders in älterer Literatur findet man Angaben von sog. *Optimaltemperaturen*; offenbar müssen aber alle Werte von Optimaltemperaturen sehr stark von den Versuchsbedingungen und von der Bestimmung bzw. Berechnung der Reaktions-

[1] Report of the Commission on Enzymes of the International Union of Chemistry, Pergamon Press, Oxford 1961.

geschwindigkeit abhängen. Von einem gewissen praktischen Wert könnte die Angabe einer „Optimaltemperatur" sein, wenn man darunter die höchste Temperatur versteht, bei der noch keine nennenswerte Thermoinaktivierung eintritt.

Die Geschwindigkeit der Thermoinaktivierung eines Enzyms ist vom pH der Lösung sehr stark abhängig. Oft, aber nicht immer, stimmt das Stabilitäts-pH-Optimum mit dem Aktitiväts-pH-Optimum ziemlich überein.

Anwesenheit anderer Stoffe bei der Bestimmung der Temperaturempfindlichkeit eines Enzyms kann die Stabilität desselben stark beeinflussen. Insbesondere ist oft eine *Schutzwirkung* der Substrate vorhanden.

3. Reaktionsgeschwindigkeit und Substratkonzentration

Führt man mit einer konstanten Enzymmenge und unter sonst gleichen Bedingungen eine Reihe von Aktivitätsmessungen bei verschiedenen Substratkonzentrationen, [S], aus, so findet man, daß die Reaktionsgeschwindigkeit mit steigendem [S] zunimmt, anfangs fast proportional, dann langsamer, um bei hohen Substratkonzentrationen entweder fast konstant zu werden oder auch nach einem Maximum wieder abzunehmen. Der erstere Fall ist der weitaus häufigere.

Die Wirkung eines Enzyms auf sein Substrat fängt mit der Bildung einer *Enzym-Substratverbindung* an. Mehr oder weniger klar wurde dieser Gedanke schon früh von mehreren Forschern ausgesprochen. Klar formuliert wurde er von V. HENRI 1903. Besondere Bedeutung für die Entwicklung auf dem Gebiete bekam eine Arbeit von L. MICHAELIS und M. L. MENTEN 1913. Um die Abhängigkeit der Reaktionsgeschwindigkeit von der Substratkonzentration zu erklären, wurde angenommen, daß freies Enzym E und freies Substrat S nach dem Gesetz der Massenwirkung mit einer Enzymsubstratverbindung, ES, im Gleichgewicht stehen. Da die vom Enzym gebundene Substratmenge im Verhältnis zur totalen Substratkonzentration fast immer verschwindend klein ist, kann die Konzentration des freien Substrats gleich [S] gesetzt werden; $[E_{tot}]$ ist die totale Enzymkonzentration:

$$\frac{([E_{tot}] - [ES])\,[S]}{[ES]} = K_m\,. \tag{5}$$

Da ES die Molekülart ist, in der die enzymatische Reaktion stattfindet, so ist die gemessene Geschwindigkeit v mit [ES] proportional; dasselbe gilt für $[E_{tot}]$ und V, die Geschwindigkeit bei einer so hohen Substratkonzentration, daß alles Enzym als zum Substrat gebunden angenommen werden kann. Also ist

$$\frac{(V - v)\,[S]}{v} = K_m \quad \text{oder} \quad v = V\frac{[S]}{K_m + [S]}\,. \tag{6}$$

Nun kann ja aber, wie besonders von G. E. BRIGGS und J. B. S. HALDANE 1925 hervorgehoben worden ist, das „Gleichgewicht" von HENRI und von MICHAELIS und MENTEN kein wirkliches Gleichgewicht sein; v wird ja während der Reaktion gemessen, und in der Reaktion zerfällt ja ES nicht nur zu Enzym + Substrat, sondern auch zu Enzym + Reaktionsprodukt X:

$$E + S \underset{k_{-1}}{\overset{k_{+1}}{\rightleftharpoons}} ES \underset{k_{-2}}{\overset{k_{+2}}{\rightleftharpoons}} E + X\,. \tag{7}$$

Im stationären Zustand entsteht und zerfällt ES mit derselben Geschwindigkeit:

$$k_{+1}[E][S] - k_{-1}[ES] = k_{+2}[ES] - k_{-2}[E][X]\,. \tag{8}$$

Wird mit der Initialgeschwindigkeit gerechnet, so kann $[X] = 0$ gesetzt werden, und man findet leicht

$$\frac{([E_{tot}] - [ES])\,[S]}{[ES]} = \frac{k_{-1} + k_{+2}}{k_{+1}} = K\,. \tag{9}$$

Dies zeigt, daß die „*Michaeliskonstante*", K_m, nur unter der Voraussetzung approximativ gleich K ist, daß k_{+2} im Verhältnis zu k_{-1} sehr klein ist. Wahrscheinlich ist dies meistens der Fall; es ist aber offenbar nicht zulässig, K_m ohne weiteres als die Dissoziationskonstante der Enzymsubstratverbindung zu betrachten.

Wie aus Formel (6) hervorgeht, ist $K_m = [S]$, wenn $v = V/2$; die Michaeliskonstante ist also gleich der Substratkonzentration, bei welcher die halbe maximale Reaktionsgeschwindigkeit gefunden wird. Wenn auch diese Konstante keine echte Dissoziationskonstante einer Enzymsubstratverbindung ist, so ist sie trotzdem sehr wichtig für die Charakterisierung des Verhaltens der Enzyme zu den Substraten. Man ermittelt die Konstante aus einer Reihe von Bestimmungen von v bei verschiedenen [S]-Werten. MICHAELIS trug v in einer willkürlichen Einheit gegen log[S] auf und erhieit dabei S-förmige Kurven, aus welchen durch Extrapolation die Maximalgeschwindigkeit V bei „unendlich großer" Substratkonzentration ermittelt wurde, wonach aus der Kurve $K_m = [S]$ für $V/2$ leicht gefunden werden konnte. Die erwähnte Extrapolation läßt sich aber oft nicht mit genügender Genauigkeit durchführen, da Versuche bei sehr hohen Substratkonzentrationen aus praktischen Gründen meistens nicht ausgeführt werden können. Die Schwierigkeit kann aber leicht durch eine Umformung der Formel (6) umgangen werden. Nach LINEWEAVER und BURK schreiben wir:

$$\frac{1}{v} = \frac{K_m}{V} \cdot \frac{1}{[S]} + \frac{1}{V}\,. \tag{10}$$

Wird $1/v$ gegen $1/[S]$ aufgetragen, so erhält man offenbar eine Gerade, die die Ordinate bei $1/V$ schneidet und deren Winkelkoeffizient K_m/V ist.

In dem weniger häufigen Fall, daß die Reaktionsgeschwindigkeit bei steigender Substratkonzentration zuerst zunimmt, um dann abzunehmen, erhält man, wenn man v gegen log[S] aufträgt, eine glockenförmige Kurve. Man nimmt in diesem Falle an, daß das Enzym mit dem Substrat, außer der zerfallenden Enzym-Substratverbindung ES, eine nicht zerfallende Enzym-Substratverbindung ES_2 bildet. Man hat in diesem Falle:

$$\frac{([E_{tot}] - [ES] - [ES_2])\,[S]}{[ES]} = K_1\,, \tag{11}$$

$$\frac{[ES]\,[S]}{[ES_2]} = K_2\,, \tag{12}$$

woraus die *relative Aktivität*, v/V, bei einer Substratkonzentration [S] nach der folgenden Formel berechnet werden kann:

$$\frac{[ES]}{[E_{tot}]} = \frac{v}{V} = \frac{1}{1 + K_1/[S] + [S]/K_2}\,. \tag{13}$$

4. Reaktionsgeschwindigkeit und pH

Schon früh wurde beobachtet, daß die Aktivität eines Enzyms „von der Konzentration von Säure oder Base" in der Versuchsmischung abhängt. Besonders durch die Untersuchungen S. P. L. SÖRENSENs wurde um 1910 klar, daß die Größe, die die Reaktionsgeschwindigkeit bestimmt, die *Konzentration* (bzw. Aktivität) *der Wasserstoffionen*, d. h. das pH ist. Bestimmt man die Aktivität eines Enzyms bei verschiedenen pH-Werten und trägt man die Aktivität in einem Diagramm gegen das pH auf, so findet man eine mehr oder weniger symmetrische, glockenförmige Kurve, die Aktivitäts-pH-Kurve, deren Maximum als das pH-Optimum bezeichnet wird. Lange bevor die Proteinnatur der Enzyme festgestellt worden war, wurde von einigen Forschern, insbesondere von L. MICHAELIS und C. S. HUDSON, der Schluß gezogen, daß die pH-Kurven damit zusammenhängen, daß die Enzyme Ampholyte sind. Grundlegende Untersuchungen wurden von MICHAELIS u. Mitarb. (vgl. z. B. L. MICHAELIS und H. DAVIDSOHN 1911) mit dem Enzym Invertase (β-Fructofuranosidase, S. 859) ausgeführt. Spätere Arbeiten anderer Forscher haben zwar zu gewissen Modifikationen der ursprünglichen Theorie geführt; die Grundgedanken sind aber noch dieselben.

Über die pH-Abhängigkeit der Invertase kann gegenwärtig etwa folgendes gesagt werden: Das Enzym ist ein Ampholyt, E, der bei pH-Werten oberhalb von etwa 5 einen Proton verliert und das negative Ion $^-$E gibt. Da die pH-Kurve im pH-Gebiet 5—8 von [S] unabhängig ist, kann der Schluß gezogen werden, daß E und $^-$E mit derselben Affinität die Substratverbindungen ES und $^-$ES geben; nur ES zerfällt in Enzym + Glucose + Fructose. Im sauren Gebiet gibt E durch Aufnahme eines Protons das positive Ion E^+. Die Abhängigkeit der Aktivität von [S] im sauren Gebiet zeigt, daß E^+ kein Substrat bindet. Wenn wir die Ionisationskonstanten des Enzyms mit K_a und K_b bezeichnen, haben wir die folgenden Gleichgewichte

$$\left.\begin{aligned} \frac{([E] + [^-E])\,[S]}{[ES] + [^-ES]} &= K_m\,, \\ \frac{([^-ES] + [^-E] + [^-E^+])\,[H^+]}{[ES] + [E] + [E^+]} &= K_a\,, \\ \frac{([E] + [^-E])\,[H^+]}{[E^+] + [^-E^+]} &= K_b\,, \\ [E_{tot}] = [ES] + [^-ES] + [E] &+ [E^+] + [^-E^+]\,. \end{aligned}\right\} \qquad (14)$$

Hieraus findet man leicht:

$$\text{Relative Aktivität} = \frac{[ES]}{[ES_{tot}]} = \frac{1}{\left(1 + \frac{K_a}{[H^+]}\right)\left[1 + \frac{K_m}{[S]}\left(1 + \frac{[H^+]}{K_b}\right)\right]}\,. \qquad (15)$$

Die Formel gibt die relative Aktivität bei verschiedenen [S]- und pH-Werten gut wieder.

Es muß betont werden, daß gar nicht zu erwarten ist, daß eine derartige Formel für alle oder gar für viele Enzyme anwendbar sein sollte. Erstens kann sie selbstverständlich nur für den Fall gültig sein, daß das Substrat keine Änderung seiner Ladung im infragekommenden pH-Gebiet erfährt. Wenn das Substrat ein Elektrolyt ist, kann erwartet werden, daß seine Ionisation die pH-Kurve mitbestimmt. Weiter gibt es selbstverständlich kein Naturgesetz, das besagt, daß immer die ungeladene Form eines Enzyms die aktive ist. Fälle sind natürlich auch denkbar, in welchen irreversible Umwandlungen in gewissen pH-Gebieten mitspielen. Schließlich ist es ja klar, daß in den vielen Fällen, wo auf einmal mehrere Substrate im Spiel sind (wie z. B. Donator und Acceptor bei den überführenden Enzymen), die Verhältnisse viel komplizierter sein müssen als bei einer enzymatischen Hydrolyse, bei welcher die Rolle des Wassers fast immer vernachlässigt werden kann.

II. Inaktivierung von Enzymen

Allgemein kann gesagt werden, daß Enzyme durch Reagentien bzw. Versuchsbedingungen inaktiviert werden, die zur Denaturierung der Enzymproteine führen, wie hohe Temperatur oder extreme pH-Werte. Fast alle Enzyme werden bei höherer Temperatur inaktiviert; die Thermostabilität variiert stark von Enzym zu Enzym. In gewissen Fällen ist die Thermoinaktivierung reversibel; in diesen Fällen nimmt offenbar die durch die Denaturierung gestörte Struktur bei Erniedrigung der Temperatur wieder das ursprüngliche Muster an. Meistens ist aber die Denaturierung irreversibel, weil das Protein nach der Entfaltung coaguliert.

Besonders Interesse bietet das Studium der Inaktivierung von Enzymen durch Reagentien, die möglichst spezifisch auf Gruppen in Enzymproteinen, wie SH-Gruppen, Aminogruppen oder Carboxylgruppen usw. eingestellt sind. In günstigen Fällen können Untersuchungen derartiger Inaktivierungen Schlüsse über die Existenz bestimmter essentieller Gruppen erlauben. Es muß nochmals hervorgehoben werden, daß eine „essentielle" Gruppe nicht notwendigerweise an der enzymatischen Reaktion direkt teilnimmt (vgl. S. 833).

Die Inaktivierung eines Enzyms durch ein Reagens kann *reversibel* oder *irreversibel* sein. Enzyme werden z. B. sehr oft durch Quecksilbersalze inaktiviert, was meistens auf eine Bildung von Hg-Mercaptid mit einer essentiellen SH-Gruppe zurückzuführen ist. Wird aber das Metall, z. B. mit Schwefelwasserstoff, beseitigt, so wird das Enzym wieder aktiv, d. h. die Inaktivierung ist reversibel. Irreversibel ist dagegen eine Inaktivierung durch Reaktion der SH-Gruppe mit einem alkylierenden Reagens wie Jodessigsäure, da die eingeführte Gruppe nicht unter Bedingungen entfernt werden kann, die das Enzym nicht schädigen.

Die Inaktivierung tritt bisweilen allmählich ein, d. h. sie nimmt mit Verlängerung der Inkubation von Enzym und Reagens zu. Oft tritt aber die Inaktivierung momentan ein. Ist im letzteren Falle die Inaktivierung reversibel, d. h. wird sie durch Entfernung des Reagenses aufgehoben, so kann der Schluß gezogen werden, daß das Reagens mit dem Enzym, der Enzym-Substrat-Verbindung oder beiden nach dem Gesetz der Massenwirkung inaktive Komplexe gibt. Man spricht in diesem Falle von *Inhibition (Hemmung)* und *Inhibitoren (Hemmungsstoffen)*.

Man unterscheidet zwischen *kompetitiver* und *nicht kompetitiver* Hemmung. Findet man in einer Versuchsreihe mit verschiedenen Substratkonzentrationen, [S], und mit konstanter Konzentration des Inhibitors, [I], daß die relative Reaktionsgeschwindigkeit v_i/v von [S] nicht abhängig ist, so ist die Hemmung nicht kompetitiv, was offenbar bedeutet, daß der Inhibitor mit einer Gruppe im Enzymmolekül reagiert, die zwar essentiell ist, aber nicht an der Bindung des Substrates teilnimmt, d. h. der Inhibitor wird sowohl vom Enzym E wie von der Enzym-Substratverbindung ES gebunden.

Findet man in einem anderen Fall, daß die relative Aktivität v_i/v bei konstantem [I] mit steigendem [S] zunimmt, so ist die Hemmung kompetitiv, d. h. der Inhibitor wird nur von E gebunden, und zwar an eine Gruppe, die auch in der Bildung des Substrats beteiligt ist.

Natürliche Hemmungskörper von Enzymen sind in vielen Fällen bekannt. Ihre Wirkung kann, wie diejenige anderer Hemmungsstoffe, durch Reaktion mit dem Enzymprotein oder, wenn ein Coenzym oder Aktivator anderer Art notwendig ist, durch Reaktion mit dem Aktivator verursacht sein. Mit dem Enzymprotein reagieren z. B. zahlreiche natürliche Hemmungskörper des Trypsins; sie sind eingehend untersucht worden und können wahrscheinlich als Substratanalogen betrachtet werden, die zwar von Enzymprotein gebunden, aber nicht umgesetzt werden.

Der zweite Fall, die Reaktion des Hemmungskörpers mit einem Coenzym, kann durch die Hemmung der biotinabhängigen Enzyme durch das *Avidin* illustriert werden. Avidin ist ein Protein, das im Eiklar vorkommt und mit Biotin eine sehr stabile Verbindung bildet. Durch Genuß von größeren Mengen rohen Eiklars soll auch beim Menschen Biotinmangel hervorgerufen werden können. Das Avidin wird durch Erhitzung denaturiert und ist dann auf Biotin wirkungslos.

III. Immun-Anti-Enzyme

Enzyme wirken als Proteine, wenn sie einem Tier parenteral eingeführt werden, als Antigene, d.h. sie veranlassen die Bildung spezifischer Antikörper, *Antienzyme*. Ein Antikörper eines Enzyms wirkt oft, aber nicht immer als Inhibitor des Enzyms. Das Serum eines mit einem Enzym immunisierten Tieres gibt meistens mit dem Enzym (Antigen) einen Niederschlag (Präcipitinreaktion). Sollte das Enzym aus irgendeinem Grunde toxisch wirken, so wirkt das Antienzym wie ein *Antitoxin*.

Als Beispiel sei die von J. S. Kirk und J. B. Sumner untersuchte Antiurease angeführt. Die Autoren immunisierten Kaninchen mit kristallisierter Urease.

Das Enzym wirkt sehr toxisch (letale Dosis, LD, 0,06 mg/kg), weil es aus dem Harnstoff im Blut Ammoniak freisetzt. Bei der Immunisierung war es deshalb notwendig, zunächst ganz kleine Mengen des Enzyms einzuspritzen. Nach wiederholten Injektionen und erfolgter Antiureasebildung konnte dem Kaninchen bis zu 400 LD auf einmal ohne fatale Folgen eingespritzt werden. Das Serum eines immunisierten Kaninchens gibt mit kristallisierter Urease schon in außerordentlich großer Verdünnung einen Niederschlag. Eine Suspension des Niederschlages hat eine schwache Ureasewirkung. Selbstverständlich ist es nicht notwendig, anzunehmen, daß Enzym-Antienzym-Verbindungen immer enzymatisch inaktiv sein müssen. Der für die Antigenwirkung bzw. für die Bindung des Antienzyms verantwortliche Teil eines Enzymmoleküls muß nicht notwendigerweise das aktive Zentrum des Enzymmoleküls mit einschließen.

IV. Aktivierung von Enzymen

Mehrere Erscheinungen, die teilweise wenig miteinander zu tun haben, sind, besonders in der älteren Literatur, als „Aktivierung" von Enzymen beschrieben worden. Wenn wir zunächst von ganz banalen Erscheinungen absehen, wie Aktivierung durch Einstellen eines optimalen pHs, Beseitigung von Hemmungsstoffen u. dgl., so bleibt jedenfalls ein Typus von Aktivierung von Enzymen übrig, der diese Benennung verdient, nämlich die *Aktivierung von Proenzymen.*

In gewissen Geweben kommen enzymatisch inaktive Vorstufen von Enzymen *(Proenzyme* oder *Zymogene)* vor, die auf enzymatischem Wege in aktive Enzyme überführt werden. Besonders durch Arbeiten von J. H. NORTHROP u. Mitarb. sind mehrere Proenzyme in kristallisierter Form dargestellt worden. Dadurch ist auch ein näheres Studium des Aktivierungsprozesses möglich geworden. Die aktivierenden Enzyme werden oft „*Kinasen*" genannt, eine Bezeichnung, die leider auch oft für Enzyme ganz anderer Art angewendet wird.

Als Beispiel einer Aktivierung eines Proenzyms sei die Aktivierung des aus dem Pankreas stammenden *Trypsinogens* durch die *Enterokinase* im Darmsaft erwähnt, eine Erscheinung, die schon im Jahre 1899 von N. P. SCHEPOWALNIKOW studiert wurde. Die Enterokinase ist ein proteolytisches Enzym, das aus dem Trypsinogen unter Abspaltung eines Hexapeptides das aktive Trypsin gibt. Möglicherweise kann die Spaltung von einer Modifikation der Tertiärstruktur des aktiven Molekülrestes begleitet sein. Weitere Beispiele werden bei der Beschreibung der einzelnen Enzyme gebracht.

Wir werden im folgenden sehen, daß sehr viele Enzyme von anorganischen Ionen „aktiviert" werden. Besonders kommen dabei gewisse *zweiwertige Metallionen* wie Mg^{2+}, Zn^{2+} oder Mn^{2+} in Frage. Tatsächlich sind die betreffenden Enzyme in Abwesenheit der Ionen inaktiv; die aktiven Enzyme sind als Metallproteide zu charakterisieren. In mehreren Fällen ist wahrscheinlich gemacht worden, daß die Metallatome an der Bindung Enzym-Substrat beteiligt sind.

Gewisse Enzyme werden von reduziertem Glutathion, bisweilen auch von anderen Sulfhydrylverbindungen aktiviert. Wenigstens in einigen Fällen dürfte es sich hier um Enzyme handeln, die essentielle SH-Gruppen besitzen, die von den „aktivierenden" SH-Verbindungen vor Oxydation geschützt werden. In anderen Fällen hat aber das Glutathion eine spezifische Wirkung und nimmt direkt an der Enzymreaktion teil; ein Beispiel ist die sog. Glyoxalasereaktion, die enzymatische Umwandlung des Methylglyoxals in Milchsäure, in welcher das S-Lactyl-glutathion ein Zwischenprodukt ist.

Wenn ein Enzym(präparat) oder sein Substrat (oder beide) wasserunlöslich sind, so werden oft bei Aktivitätsbestimmungen recht unspezifische Aktivierungen durch verschiedene Stoffe beobachtet. Die Erklärung kann z. B. sein, daß die „Aktivatoren“ Enzym aus festen Partikeln freisetzen oder daß sie wasserunlösliche Substrate, wie z. B. Olivenöl, emulgieren, wobei die vom Enzym angreifbare Oberfläche vergrößert wird.

Schließlich sei erwähnt, daß man bei Enzymen, die aus einem Enzymprotein und einem dissoziierbaren Coenzym bestehen, wohl mit Recht von einer Aktivierung des „Apoenzyms“ durch das Coenzym sprechen kann. Über die Chemie der Coenzyme kann hier auf das Kapitel „Vitamine“ in diesem Band des Handbuches verwiesen werden.

V. Spezifität und Klassifikation der Enzyme

Wie schon erwähnt, haben die Enzyme eine ausgeprägt spezifische Wirkung, d. h. ihre Wirkung ist auf bestimmte Reaktionstypen (Hydrolyse, Gruppenüberführung usw.) und auf bestimmte Substrate beschränkt. Die Enzyme zeigen, in anderen Worten ausgedrückt, sowohl eine *Wirkungs-* oder *Reaktionsspezifität* wie eine *Substratspezifität*. Hierauf gründet sich die Klassifikation der Enzyme.

Völlig konsequent ist die zur Zeit übliche Einteilung der Enzyme nicht; vielleicht kann sie nie ganz konsequent werden. Wenn wir die Enzyme nach der Reaktionsspezifität in Haupttruppen einteilen, so wird stillschweigend vorausgesetzt, daß die Reaktionsspezifität absolut ist, z. B. daß ein und dasselbe Enzym nicht gleichzeitig eine Dehydrogenierung und eine Hydrolyse katalysiert. Nun scheint tatsächlich die Reaktionsspezifität in den allermeisten Fällen absolut zu sein; Ausnahmefälle sind aber bekannt. Während früher allgemein angenommen wurde, daß die hydrolysierenden Enzyme keine andere Art von Reaktion katalysieren können, hat sich später gezeigt, daß viele Hydrolasen auch eine mehr oder weniger deutliche gruppenübertragende Wirkung aufweisen. Noch weniger eindeutig sind in vielen Fällen die nach der Substratspezifität gezogenen Grenzen zwischen Untergruppen der Hauptgruppen: Peptidasen, d. h. Enzyme, die definitionsmäßig Peptidbindungen spalten, hydrolysieren in vielen Fällen auch Amide und Ester von Peptiden und Aminosäuren.

Eine Einteilung der Enzyme in sechs Hauptgruppen ist von der internationalen Biochemieunion[1] vorgeschlagen worden, nämlich (1) Oxyreduktasen, (2) Transferasen, (3) Hydrolasen, (4) Lyasen, (5) Isomerasen und (6) Ligasen (Synthetasen). Im folgenden werden die wichtigeren Enzyme dieser sechs Hauptgruppen kurz behandelt, jedoch mit Hinsicht auf die Bedeutung der verschiedenen Enzymtypen für die Lebensmittelchemie in einer anderen Reihenfolge:

I. Die hydrolysierenden Enzyme *(Hydrolasen)*. Die von diesen Enzymen katalysierten Reaktionen können geschrieben werden

$$A-B + H_2O \rightleftharpoons AH + BOH \tag{16}$$

Die Reaktionen sind an und für sich reversibel; in den meisten Fällen sind aber die Gleichgewichtslagen so weit nach rechts verschoben, daß die Reaktionen praktisch irreversibel sind. Unter physiologischen Bedingungen dürften enzymatische Synthesen durch Umkehr der Hydrolysenwirkung ohne Bedeutung sein.

II. Die überführenden Enzyme *(Transferasen)*. Die Reaktionen können schematisch folgendermaßen geschrieben werden:

$$A{-}X + B \rightleftharpoons B{-}X + A \tag{17}$$

Da bei einer enzymatischen Überführung die gespaltene und die neu entstehende Bindung oft sehr ähnlich sind, so ist in vielen derartigen Reaktionen die Änderung der freien Energie klein, so daß die Reaktionen frei reversibel sind.

---

[1] Vgl. Anm. 1, S. 837.

III. Die *Lyasen* beschleunigen Reaktionen vom Typus

$$A{-}B \rightleftharpoons A + B \quad (18)$$

Die Enzyme zerlegen in umkehrbarer Reaktion einen Stoff in der Weise, daß ein Teil des Moleküls unter Hinterlassung einer Doppelbindung abgespalten wird. Die Umkehr der Reaktion bedeutet also die Anlagerung eines Stoffes an eine Doppelbindung. Die Fumarasereaktion ist ein Beispiel

$$\text{L-Äpfelsäure} \rightleftharpoons \text{Fumarsäure} + H_2O \quad (19)$$

IV. Die *Isomerasen* katalysieren, wie der Name besagt, Reaktionen, die, jedenfalls formell, als Isomerisierungen charakterisiert werden können. Es kann aber nicht angenommen werden, daß bei allen sog. enzymatischen Isomerisierungen der Mechanismus derselbe sein sollte. Tatsächlich ist in mehreren Fällen gezeigt worden, daß Reaktionen, die früher als Isomerisierungen aufgefaßt wurden, enzymatische Überführungen sind und also in die Hauptgruppe II gehören. Es erscheint z. B. auch möglich, daß enzymatische Epimerisierungen von Zuckerarten (wie die Umwandlung Galactose ⇌ Glucose) über die entsprechenden Keto-Verbindungen verlaufen und also in der Tat Oxydoreduktionen sind (vgl. S. 886).

V. *Oxydoreduktasen.* Diese Gruppe soll alle enzymatische Reaktionen umfassen, die formell als Oxydationen von Substraten aufgefaßt werden können. Wir werden sehen, daß der Mechanismus der enzymatischen Oxydation sehr verschieden sein kann.

VI. *Ligasen (Synthetasen).* Unter diesen Benennungen werden Enzyme zusammengefaßt, die Synthesen von Stoffen bewirken, welche mit der Sprengung einer Pyrophosphatbindung in ATP oder analogen Phosphaten gekoppelt sind. Der Mechanismus der Reaktionen ist in mehreren Fällen noch recht unklar.

Die Klassifikation der Enzyme innerhalb der Hauptgruppen erfolgt in gewissen Fällen nach der *Wirkung* der Enzyme; dies ist z. B. in der Gruppe der Oxydoreduktasen der Fall, in welchen Enzymgruppen (Dehydrogenasen, Oxydasen, Oxygenasen usw.) zusammengefaßt werden, die ganz verschiedene Mechanismen haben. Meistens erfolgt aber die Einteilung der Hauptgruppen nach der *Substratspezifität.* Diese kann absolut oder relativ sein, d. h. ein Enzym kann entweder auf ein einziges Substrat eingestellt sein (ein Beispiel ist die Urease, vgl. S. 856) oder auf eine große oder kleine Gruppe von meistens nahe verwandten Substraten, wobei die Geschwindigkeit, mit welcher die verschiedenen Substrate angegriffen werden, in sehr weiten Grenzen variieren kann.

Die Erfahrung hat gelehrt, daß die Enzyme im allgemeinen für auch ganz kleine Veränderungen in der Struktur eines Substrates sehr empfindlich sind. Schon früh wurde aus diesem Grunde geschlossen, daß die Voraussetzung dafür, daß ein Enzym ein Substrat umsetzt, nicht einfach die sein kann, daß eine Gruppe im Enzymmolekül mit einer Gruppe im Substratmolekül in Wechselwirkung tritt. Offenbar sind für eine „erfolgreiche" Bindung eines Substrates an das Enzymmolekül mehrere Einzelheiten im Bau beider wesentlich. Um EMIL FISCHER zu zitieren, muß das Enzym zum Substrat passen wie der Schlüssel zum Schloß. Der Gedankengang hat ja einen modernen Ausdruck gefunden in der Vorstellung von „aktiven Bereichen" in den Enzymen, d. h. Teile der „Oberflächen" der Enzymmoleküle, in welchen eine Anzahl von Gruppen einer solchen Art und in einem solchen geometrischen Verhältnis zueinander angeordnet sind, daß nicht nur eine Bindung des Substrats zustande kommt, sondern Bindungen spezieller Art, die die Ladungsverteilung im Substratmolekül so beeinflussen, daß die enzymatische Reaktion eintritt.

Ein Beispiel sehr weitgehender Substratspezifität ist die sog. *optische Spezifität:* Es ist in sehr vielen Fällen bekannt, daß, wenn ein Enzym auf ein racemisches Substrat wirkt, entweder nur eine Antipode umgesetzt, oder eine Antipode schneller umgesetzt wird als die andere. So führen beispielsweise die L-Aminosäureoxydasen nur die L-Formen der Aminosäuren in Ketosäuren über, während die D-Formen der Aminosäuren von anderen Enzymen, den D-Aminosäureoxydasen, entsprechend umgesetzt werden.

Daß ein Enzym nur eine Antipode eines Racemats umwandelt, braucht nicht zu bedeuten, daß das Enzym zur anderen Antipode keine Affinität hat; wie oben hervorgehoben, ist es für das Eintreten einer Enzymreaktion nicht ausreichend, daß ein potentielles Substrat vom Enzym gebunden wird. Die Geschwindigkeit einer Enzymreaktion wird ja nicht nur von der *Konzentration* einer Enzym-Substratverbindung, d. h. von der Konstante K_m (Formel 5, S. 838) bestimmt, sondern in erster Hand von der Konstante k_{+2} (Formel 7, S. 838), d. h. der *Zerfallsgeschwindigkeit* der Enzym-Substratverbindung. Das Zusammenspiel dieser beiden Faktoren vermag z. B. die mehrfach gemachte Beobachtung zu erklären, daß eine Umkehr der Bevorzugung einer Antipode eines Racemats bei Änderung der Racematkonzentration eintreten kann.

Wie schon erwähnt kommt unter den Enzymen wie unter anderen Proteinen eine *Artspezifität* vor. Proteine mit wohlcharakterisierter Wirkung, wie Hämoglobin oder Insulin, weisen je nach ihrer Herkunft aus verschiedenen Organismen oft Unterschiede in Aminosäurezusammensetzung, Molekulargewicht usw. und dadurch Unterschiede in physikalischen Eigenschaften auf. Enzyme aus verschiedenen Organismen, die dieselbe Wirkung und denselben Wirkungsmechanismus haben, zeigen oft Unterschiede wie die eben erwähnten. Die Amylasen aus dem Pankreas des Menschen und die aus dem Pankreas des Schweines haben soweit bekannt völlig dieselbe Wirkung auf Stärke, Glykogen usw., dasselbe Aktivitäts-pH-Optimum und denselben isoelektrischen Punkt; sie unterscheiden sich aber z. B. in bezug auf das Stabilitäts-pH-Optimum, die Löslichkeit und die Aktivität pro mg Stickstoff.

J. Übersicht über die Enzyme

Im folgenden werden die wichtigeren Typen von Enzymen und Enzymreaktionen kurz besprochen. Etwas ausführlicher werden Enzyme behandelt, die für die Lebensmittelchemie und -technologie besondere Bedeutung haben.

I. Hydrolysierende Enzyme, Hydrolasen

Wie schon angedeutet, kann die enzymatische Hydrolyse als ein Spezialfall der enzymatischen Überführung betrachtet werden; bei der Hydrolyse ist Wasser der Acceptor. In gewissen Fällen können aber auch andere Stoffe, wenn sie in relativ hoher Konzentration anwesend sind, mit dem Wasser als Acceptoren konkurrieren, so daß viele wenn nicht alle Hydrolasen eine, meistens jedoch sehr schwache überführende Wirkung zeigen. Mehrere Beispiele werden im folgenden angeführt.

1. Hydrolyse von Esterbindungen

a) Hydrolyse von Carboxylestern, R—CO—OR′

α) Hydrolyse einfacher Ester und Fette

Die esterspaltenden Enzyme, die *Esterasen*, zeigen eine mehr oder weniger ausgeprägte Substratspezifität, die eine Einteilung in Untergruppen ermöglicht; die Grenzen sind jedoch in vielen Fällen unscharf. Die Substratspezifität kann bestimmt sein entweder überwiegend durch die im Ester eingehende Säure, oder überwiegend durch die darin eingehende Hydroxylverbindung. Man spricht also

z. B. von *Acetylesterasen*, die Essigsäureester vorzugsweise spalten, *Pektinesterasen*, die Ester der Polygalakturonsäuren (Pektinsäuren) hydrolysieren, *Tannasen*, die Tannin vom Typus der Penta-digalloyl-glucose angreifen, usw. Andererseits unterscheidet man von den erwähnten Esterasen die *Arylesterasen*, die vorzugsweise auf Phenolester eingestellt sind.

Eine stereochemische Spezifität gibt sich bei diesen Enzymen deutlich zu erkennen; von einem racemischen Ester wird oft nur eine Antipode zerlegt, oder eine Antipode wird schneller angegriffen als die andere. Ester von *cis-trans*-isomeren Säuren werden auch mit verschiedener Geschwindigkeit hydrolysiert.

Die Esterasewirkung ist reversibel, was zuerst von J. H. Kastle und A. S. Loevenhart 1900 gezeigt wurde. Die Wirkung einer Esterase auf Ester + Wasser führt zu derselben Gleichgewichtslage wie die Wirkung auf Alkohol + Säure unter sonst gleichen Bedingungen. Es erscheint aber zur Zeit unwahrscheinlich, daß die synthetisierende Wirkung physiologische Bedeutung hat. Es ist völlig klargelegt, daß die Biosynthese vieler wenn nicht aller Ester keine Umkehr der Hydrolyse ist, sondern eine Überführung von Acylgruppen von „energiereichen" Acylverbindungen, insbesondere S-Acylderivaten des Coenzyms A, auf Acceptoren (Hydroxylverbindungen); vgl. S. 870.

Esterasen kommen offenbar ubiquitär vor in Tieren, Pflanzen und Mikroorganismen. Der Gehalt verschiedener Gewebe variiert stark.

Von Acetylesterasen ist besonders das Enzym der Citrusfrüchte gut untersucht worden. Es scheint fast alle aliphatische und einige aromatische Essigsäureester zu hydrolysieren. Olivenöl wird nicht angegriffen.

In der Leber der Säugetiere kommen mehrere Esterasen vor; ein Enzym aus Pferdeleber ist in hochgereinigter Form erhalten worden.

Zum Unterschied von den erwähnten Enzymen, die vorzugsweise Ester von Fettsäuren mit kurzen Kohlenstoffketten angreifen, sind die *Lipasen* mehr oder weniger spezifisch auf Fette, d. h. Triglyceride höherer Fettsäuren eingestellt. Von den Lipasen in tierischen Geweben ist besonders die *Pankreaslipase* wichtig und wohl untersucht. Sie ist in der Hauptsache für die Spaltung des Nahrungsfettes verantwortlich. (Vollständige Spaltung in Glycerin und freie Fettsäuren ist nicht notwendig; gewisse Glyceride werden als solche resorbiert). Tri-, Di- und Monoglyceride werden mit abnehmendem Effekt angegriffen. Hochgereinigte, wahrscheinlich einheitliche Präparate des Enzyms sind beschrieben worden.

Da die natürlichen Substrate der Lipasen völlig wasserunlöslich sind, spielen Fettemulgatoren wie z. B. Gallensalze für die Geschwindigkeit der Spaltung eine wichtige Rolle.

In höheren Pflanzen kommen Lipasen besonders in fettreichen Samen vor. Die *Ricinus-Lipase* aus den Samen von *Ricinus communis* ist eingehend untersucht worden; sie scheint völlig wasserunlöslich zu sein. Das Enzym wirkt angeblich am besten auf eine Wasser-in-Öl-Emulsion. Es hat zeitweise industrielle Bedeutung gehabt.

Die *Pektinesterasen* spalten aus Pektin das estergebundene Methanol unter Hinterlassen von Pektinsäure ab. Das Enzym ist für natürliches Pektin sehr spezifisch; andere Ester von Glucuroniden werden höchstens sehr langsam angegriffen.

β) Azolesterasen

Unter der Bezeichnung Azolesterasen werden Enzyme zusammengefaßt, die vorzugsweise Ester stickstoffhaltiger Alkohole spalten. Außer Enzymen, die esterartig gebaute Alkaloide (Atropin, Kokain usw.) oder Pharmaka wie Novokain hydrolysieren, gehören in diese Gruppe die wichtigen Cholinesterasen. Ihr wichtigstes Substrat ist das physiologisch sehr wirksame Acetylcholin,

$$CH_3\text{—}CO\text{—}O\text{—}CH_2\text{—}CH_2\overset{+}{N}(CH_3)_3\,, \qquad (20)$$

aber gewisse andere Ester werden auch angegriffen. Nach der Substratspezifität unterscheidet man zwei Gruppen von Cholinesterasen:

Acetylcholinesterase, auch „echte Cholinesterase“ genannt, hydrolysiert Acetylcholin schneller als andere Substrate. Butyrylcholin wird nicht angegriffen. Das Enzym kommt besonders in Nervengewebe (darunter auch in den elektrischen Organen gewisser Tiere wie *Electrophorus electricus)* und in den Erythrocyten vor. Viele Tatsachen, u. a. die Lokalisation des Enzyms, die Inaktivierung durch Pharmaka usw., deuten auf einen nahen Zusammenhang zwischen Acetylcholinesterase und Nervenfunktion. (Vgl. D. NACHMANSOHN 1959).

Für die Cholinesterase typische *Inhibitoren* sind teils gewisse *Alkaloide* (Eserin) und analoge Stoffe wie das Prostigmin, teils gewisse *organische Phosphorverbindungen* wie das Di(isopropyl)fluorphosphat, $[(CH_3)_2CH\text{—}O]_2P{\lesssim}^{O}_{F}$. Die außerordentliche Toxicität der sog. *Nervengasen* hängt im wesentlichen mit ihrer Wirkung auf die Acetylcholinesterase zusammen.

Eine Reindarstellung der Acetylcholinesterase ist noch nicht gelungen; die besten Präparate sind aus dem elektrischen Organ des *Elektrophorus* erhalten worden. Trotzdem haben die Untersuchungen des Enzyms zu sehr wichtigen Ergebnissen über die Bindung zwischen dem Enzym und dem Substrat, den Inhibitoren usw. sowie über den Mechanismus der Enzymwirkung geführt.

Butyrylcholinesterase (oft Pseudocholinesterase oder schlechthin Cholinesterase genannt) hydrolysiert u. a. Acetyl-, Propionyl- und Butyrylcholin; die Geschwindigkeit der Spaltung nimmt mit der Anzahl der Kohlenstoffatome in der Acylgruppe zu. Auch gewisse andere Ester werden angegriffen. Das Enzym im Blutserum ist besonders gut untersucht.

Es sei hervorgehoben, daß die *Synthese* des Acetylcholins *nicht* von den Cholinesterasen katalysiert wird; vgl. hierüber S. 870.

γ) Thiolesterasen

Substrate der Thiolesterasen sind z. B. die S-Acylderivate des Coenzyms A. Für den Umsatz dieser Stoffe haben Überführungen (S. 870) größere Bedeutung als die enzymatischen Hydrolysen.

δ) Die Phospholipasen A und B

Die Phosphatide (Lecithin, Kephalin usw.) enthalten vier Esterbindungen (1—4 in der Formel 21 des Lecithins), wovon zwei, 1 und 2, Carboxylesterbindungen sind.

Die Esterbindung 1 wird von der *Phospholipase A* (Lecithinase A, Phosphatidase) gespalten. Dabei wird die ungesättigte Fettsäure entfernt und das *Lysolecithin* hinterbleibt; die Bezeichnung deutet auf die stark hämolytische Wirkung der Substanz hin. Die Phospholipase A kommt in vielen tierischen Organen vor, in großen Mengen in Giften gewisser Schlangen (Cobra, Klapperschlange u. a.). und Insekten (Bienen), und ist die Ursache der durch die Gifte hervorgerufenen Hämolyse. Aus dem Gift der Klapperschlange *(Crotalus terrificus)* wurde das sog. *Crotoxin* kristallinisch gewonnen; es wurde lange als reines kristallisiertes Enzym betrachtet. Später ist aber gezeigt worden, daß das Crotoxin ein Komplex ist zwischen dem nicht toxischen Enzym und einem toxischen Protein, das *Crotactin.*

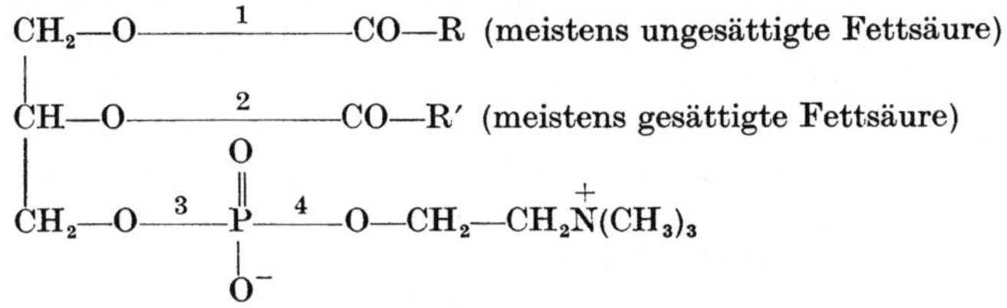

(21)

Die Phospholipase A besitzt eine außergewöhnliche Temperaturstabilität; Lösungen können bei pH 5,9 längere Zeit gekocht werden, ohne die Aktivität einzubüßen.

Die *Phospholipase B* (Lecithinase B, Lysophospholipase) hydrolysiert die Esterbindung 2 im Lecithin. Nach Abspaltung der gesättigten Fettsäure aus dem Lysolecithin hinterbleibt das Glyceryl-phosphoryl-cholin. Das Enzym kommt in vielen tierischen Organen vor, reichlicher in gewissen höheren Pflanzen und besonders in einigen Schimmelpilzen. Aus *Penicillium notatum* sind hochaktive Präparate gewonnen worden.

b) Hydrolyse von Phosphorsäureestern

α) Phosphomonoesterasen

Die Phosphomonoesterasen hydrolysieren Ester vom Typus $R-O-PO(OH)_2$, d. h. Monoester der Phosphorsäure mit einfachen Alkoholen, Phenolen, Glycerin, Zuckerarten usw. Die meisten Phosphomonoesterasen zeigen keine besonders ausgeprägte Substratspezifität. Einige greifen jedoch gewisse Substrate vorzugsweise an. Die Enzyme sind nicht in reiner Form gewonnen worden, jedenfalls nicht in Mengen, die eine nähere Untersuchung haben zulassen können, und unsere Kenntnisse über die molekularen Eigenschaften dieser Enzyme sind deshalb noch recht fragmentarisch.

Meistens unterscheidet man, je nach dem pH-Wirkungsoptimum, „saure" und „alkalische" Phosphomonoesterasen.

Unspezifische saure Phosphomonoesterasen sind sehr weit verbreitet, z. B. in Hefe, Schimmelpilzen, Samen höherer Pflanzen, Citrusfrüchten und in vielen tierischen Organen, besonders in der Prostatadrüse und in den Erythrocyten.

Die *Prostataphosphatase* greift eine große Zahl von Phosphomonoestern variierenden Baues an. Das pH-Optimum liegt bei etwa 5, ist jedoch von der Art des angewendeten Puffers etwas abhängig. Das Enzym hat eine deutlich nachweisbare überführende Wirkung. Sehr reine Präparate des Enzyms sind erhalten worden; über den Bau des Enzymmoleküls ist jedoch wenig bekannt. Die saure *Phosphatase der Erythrocyten* besitzt eine relative Substratspezifität, die von der des Prostataenzyms etwas abweicht.

5'-Nucleotidasen spalten aus Nucleotiden die Phosphatgruppen ab. Sie kommen in vielen tierischen Organen, besonders reichlich in der Hypophyse, vor, weiter in Schlangengiften, in höheren Pflanzen und Bakterien. Das Enzym in den Schlangengiften trägt möglicherweise dadurch zur Toxicität bei, daß es lebenswichtige Nucleotide zerstört.

Unspezifische alkalische Phosphomonoesterasen sind in der Natur sehr weit verbreitet. Die Enzyme spalten eine sehr große Zahl von Monoestern der Phosphorsäure. Wie mehrere andere Phosphoesterasen werden sie von gewissen zweiwertigen Metallionen (Mg^{2+} usw.) „aktiviert". Anwesenheit von Zink ist in hochgereinigten Präparaten nachgewiesen worden.

Die alkalischen Phosphomonoesterasen zeigen eine deutliche Transferasenwirkung.

Das reichliche Vorkommen der Enzyme in den wachsenden Zonen der Knochen und Zähne deutet darauf, daß sie bei der Knochenbildung beteiligt sind. Reich an alkalischen Phosphomonoesterasen sind weiter vor allem die Nieren, die Darmmucosa und die lactierende Milchdrüse. Es wird angenommen, daß die Enzyme beim aktiven Transport der Glucose durch die betreffenden Membrane mitspielen.

Die Bestimmung der Phosphatasen in der Milch gestattet eine Beurteilung der Vorbehandlung, Pasteurisieren usw.

Von mehr oder weniger *spezifischen* alkalischen Phosphomonoesterasen sei eine Fructose-1.6-diphosphatase aus tierischem Gewebe erwähnt, die das Fructose-1.6-diphosphat in Fructose-6-phosphat spaltet.

Phytase spaltet Phytinsäure, *myo*-Inosit-hexaphosphorsäure; bisher gewonnene Präparate haben jedoch auch auf andere Phosphorsäureester eine gewisse Wirkung. Das Enzym kommt besonders in höheren Pflanzen (Kleie) vor, aber auch in der Darmmucosa, jedoch in so kleiner Menge, daß die Phytinsäure zum größten Teil unzersetzt den Darm passiert. Dabei ist auch von Bedeutung, daß die Phytinsäure mit Ca^{2+} äußerst schwerlösliche Salze bildet.

β) Phosphodiesterasen

Phospholipasen C und D. Diese Enzyme hydrolysieren die Esterbindungen 3 bzw. 4 des Lecithins und anderer Phospholipide; vgl. Formel 21, S. 848). Phospholipase C gibt bei der Hydrolyse des Lecithins Phosphorylcholin und ein Diglycerid. Das Enzym ist mit dem α-Toxin der Gasbrandbakterien *(Clostridium welchii* u. a.) identisch.

Die Phospholipase D gibt bei der Lecithinhydrolyse Cholin und eine Phosphatidsäure. Das Enzym ist in höheren Pflanzen sowie in einem Schlangengift gefunden worden.

Desoxyribonucleasen, welche Desoxyribonucleinsäure in Mono- und Oligonucleotide zerlegen, sind in tierischen Organen, aber auch in Pflanzen und Mikroorganismen nachgewiesen worden Am besten untersucht ist das Enzym aus Pankreas, das von M. Kunitz 1950 in reiner Form isoliert wurde. Das Enzym spaltet die Phosphoesterbindung zwischen C-3 in der Desoxyribose und dem Phosphatrest. Für die Wirkung des Enzyms sind Mg^{2+} oder Mn^{2+} erforderlich.

Die bei der Spaltung der Desoxyribonucleinsäure entstehenden Mononucleotide enthalten überwiegend Pyrimidinbasen. Höhere, nicht dialysierbare Oligonucleotide werden gebildet, in welchen das Verhältnis Purinbase/Pyrimidinbase höher ist als in der Desoxyribonucleinsäure.

In der Milz und in der Thymusdrüse kommen Desoxyribonucleasen vor, die die Esterbindung zwischen C-5 der Desoxyribose und dem Phosphatrest spalten.

Ribonucleasen. Diese Enzyme werden meistens zu den Hydrolasen gerechnet, obwohl die Primärreaktion bei ihrem Angriff auf die Ribonucleinsäure eher als eine Phosphatübertragung zu charakterisieren ist. Bei der Wirkung der Enzyme auf die Phosphodiesterbindungen zwischen den Mononucleotiden entstehen nämlich zunächst cyclische 2'.3'-Phosphate, die erst nachträglich hydrolysiert werden, wobei sowohl 2'- wie 3'-Phosphate entstehen können. Die Wirkung kann schematisch durch die Formel (22) wiedergegeben werden.

Ribonucleasen mit etwas variierender Spezifität sind im biologischen Material sehr weit verbreitet. In großer Menge kommt das Enzym in der Pankreasdrüse vor, aus der es in kristallisierter Form gewonnen worden ist (S. 826). Wie schon erwähnt wurde (S. 830), ist das Ribonucleaseprotein chemisch außergewöhnlich wohl charakterisiert.

Der Abbau der Ribonucleinsäure mit dem Pankreasenzym führt nur teilweise zu Mononucleotiden. Gewisse Teile des Ribonucleinsäuremoleküls bleiben als nicht dialysable Oligonucleotide übrig, welche überwiegend Purinnucleotide enthalten.

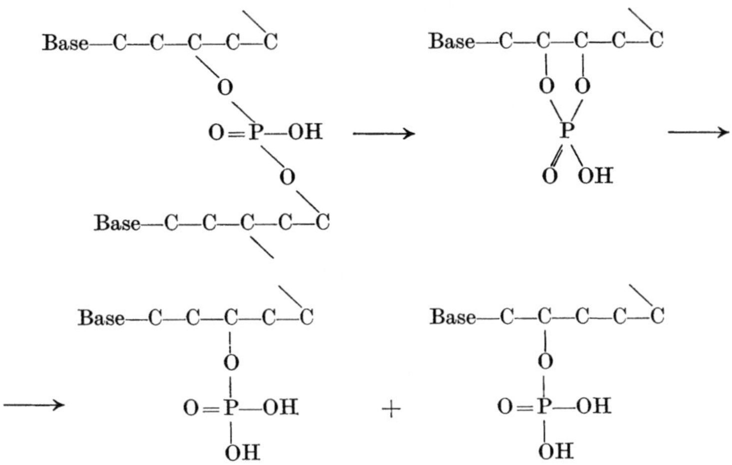

(22)

γ) Enzymatische Hydrolyse von Anhydriden der Phosphorsäure

Acylphosphatasen hydrolysieren gemischte Anhydride vom Typus des Acetylphosphates, $CH_3-CO-O-PO(OH)_2$.

Pyrophosphatasen spalten anorganische Pyrophosphorsäure, in einigen Fällen auch Pyrophosphorsäureester. Eine Pyrophosphatase aus Hefe ist kristallinisch erhalten worden (M. KUNITZ 1952). Es ist ein Protein vom Albumintypus. Das Molekulargewicht dürfte etwa 60000 betragen. Von den gewöhnlich in Proteinen vorkommenden 19 Aminosäuren scheint nur das Cystein zu fehlen. In Anwesenheit von Mg^{2+} wird nur anorganische Pyrophosphorsäure hydrolysiert, in Anwesenheit von Zn^{2+} auch Substrate vom Typus des Adenosindi- und -triphosphates.

Besondere Pyrophosphatasen spalten die Pyrophosphatbindungen in Coenzymen vom Dinucleotid-Typus wie Di- und Triphosphopyridinnucleotid, Flavin-adenin-dinucleotid und Coenzym A; im letzten Falle werden Adenosin-3'.5'-diphosphat und 4'-Phosphopantethein gebildet.

Adenosintriphosphatasen (ATPasen) katalysieren die Reaktion

$$ATP + H_2O \rightarrow ADP + \text{Phosphat} \qquad (23)$$

d. h. nur der terminale Phosphatrest wird abgespalten. In entsprechender Weise werden auch die anderen Nucleosidtriphosphate in Diphosphate umgewandelt. Die Enzyme sind in Zellen und Geweben sehr weit verbreitet.

Besondere Erwähnung verdient die ATPasenwirkung des *Myosins*, die zur Annahme eines Zusammenhanges zwischen der Enzymwirkung des typischen Muskelproteins und der Muskelkontraktion geführt hat. Ob ein derartiger Zusammenhang existiert ist aber noch unbewiesen.

Die *Mitochondrien* besitzen eine potentielle ATPasenwirkung. Schonend dargestellte Mitochondrienpräparate sind fast wirkungslos, während gealterte bzw. mit gewissen Chemikalien behandelte Präparate ATPasenwirkung zeigen. Mit dem Auftreten dieser ATPasenwirkung erfolgt reziprok eine Herabsetzung der Fähigkeit der Mitochondrien zur oxydativen Phosphorylierung. Ein enger Zusammenhang der beiden Erscheinungen erscheint wahrscheinlich.

Die Bezeichnung *Apyrase* wird oft für Enzyme (Enzymgemische ?) angewendet, die eine Abspaltung von *zwei* Phosphorsäureresten aus ATP und analogen Stoffen bewirken.

c) Hydrolyse von Schwefelsäureestern

Enzyme, die Schwefelsäureester spalten, kommen in tierischen Geweben und in Mikroorganismen weit verbreitet vor. Je nach den Substraten, die vorzugsweise angegriffen werden, unterscheidet man zwischen *Phenolsulfatasen*, *Sterolsulfatasen*, *Glucosulfatasen* usw. Die *Chondrosulfatasen* spalten Chondroitinschwefelsäure.

2. Hydrolyse von Peptidbindungen

Die Enzyme dieser Gruppe werden oft unter der Bezeichnung *proteolytische Enzyme* zusammengefaßt. Die rationelle Bezeichnung wäre selbstverständlich Peptidasen; aus historischen Gründen ist aber das Wort Peptidase nicht ganz eindeutig, indem früher angenommen wurde, daß Enzyme, die hochmolekulare Proteine angreifen *(„Proteinasen")* keine niedrigmolekularen Peptide spalten. Als *„Peptidasen"* (im Gegensatz zu Proteinasen) wurden deshalb Enzyme, wie das Darmerepsin bezeichnet, die nur einfache Peptide spalten. Es hat sich aber gezeigt, daß typische „Proteinasen", wie z. B. das Trypsin im Pankreassaft, ganz niedrigmolekulare Peptide (übrigens auch gewisse andere Stoffe, vgl. weiter unten) hydrolysieren können. In anderen Worten, die *Länge* einer Peptidkette ist nicht in erster Hand dafür bestimmend, ob die Kette von dem einen oder anderen Enzym hydrolysiert wird. Ob eine Peptidbindung in einer Peptidkette gespalten wird oder nicht, beruht vor allem auf der Natur der Aminosäurereste, die die Peptidbindung bilden. Der Abstand der zu spaltenden Bindung von der C-terminalen bzw. N-terminalen Gruppe der Peptidkette ist daneben in gewissen Fällen von Bedeutung; gewisse Peptidasen greifen nur terminale Peptidbindungen an, d. h. sie setzen vom C- oder N-terminalen Ende der Kette einen Aminosäurerest nach dem anderen frei. Andere Enzyme greifen Peptidbindungen zwischen bestimmten Aminosäureresten an, unabhängig vom Abstand der Bindungen von den Endgruppen. Hierauf gründet sich die Einteilung der proteolytischen Enzyme in *Endopeptidasen* und *Exopeptidasen*. Die Gruppe der Endopeptidasen umfaßt im wesentlichen die Enzyme, die früher als Proteinasen bezeichnet wurden. Exopeptidasen sind vor allem die Enzyme, die früher schlechthin Peptidasen genannt wurden.

Es soll erwähnt werden, daß nach der Abhängigkeit der proteolytischen Enzymen von Aktivatoren eine Einteilung in drei Gruppen möglich ist:

1. Enzyme, die vom Metallionen oder anderen Aktivatoren unabhängig sind (Pepsin, Trypsin, Chymotrypsin usw.).
2. Enzyme, die als Metalloproteide beschrieben werden können, d. h. Enzyme die nur in Gegenwart bestimmter Metallionen (Zn^{2+}, Mg^{2+}, Mn^{2+} usw.) aktiv sind. Diese Gruppe fällt mit der der Exopeptidasen nahe zusammen.
3. Enzyme, die von Cystein, Glutathion und gewissen anderen reduzierenden Stoffen aktiviert werden. Die Gruppe umfaßt Endopeptidasen im Tiergewebe (Kathepsine) und in höheren Pflanzen (Papain usw.).

Die Wirkung der proteolytischen Enzyme ist an und für sich umkehrbar. Wenn man ein konzentriertes Proteinhydrolysat z. B. mit Pepsin versetzt, so entsteht – wie schon lange bekannt ist – allmählich ein Niederschlag, das sog. *Plastein*, ein Gemisch von Peptiden. Diese Umkehr der Proteinhydrolyse hat aber nichts mit einer wahren Proteinsynthese zu tun. Die Biosynthese der Proteine, die genetisch gesteuert ist (vgl. S. 823), beruht auf einem Mechanismus, der noch nicht in allen Einzelheiten aufgeklärt ist, der aber offenbar nichts mit den proteolytischen Enzymen zu tun hat.

Überführungen von Aminosäure- bzw. Peptidresten *(„Transpeptidasenwirkung")* durch proteolytische Enzyme ist mehrfach beobachtet worden. Die Reaktion dürfte für die eigentliche Proteinsynthese keine Bedeutung haben.

a) Endopeptidasen

α) Pepsin. Das Pepsin im Magensaft der höheren Tiere ist vermutlich das längst bekannte aller Enzyme (Spallanzani 1783); der Name Pepsin wurde von Schwann 1836 eingeführt. Das Pepsin war das zweite Enzym, das in kristallisierter Form erhalten wurde (J. H. Northrop 1930).

In der Magenschleimhaut kommt nur das inaktive *Pepsinogen* vor; es ist ein Protein mit dem Molekulargewicht etwa 42000 und dem isoelektrischen Punkt 3,7 (also viel weniger sauer als das Pepsin; vgl. unten). Das Pepsinogen wurde von R. M. Herriott und J. H. Northrop 1936 kristallisiert. Durch Wasserstoffionen und durch das Pepsin selbst wird das Pepsinogen (autokatalytisch!) in Pepsin verwandelt. Dabei werden von der N-terminalen Gruppe des Pepsinogens aus teils fünf niedrigmolekulare Peptide, teils ein argininreicher Pepsinhemmungskörper vom Molekulargewicht 3,242 abgespalten. Der Hemmungskörper wird allmählich vom Pepsin weiter abgebaut.

Das Pepsin ist offenbar der C-terminale Teil des Pepsinogenmoleküls. Es enthält noch die meisten freien Carboxyle des Pepsinogens, aber nur wenige basische Gruppen. Das Pepsin ist deshalb ein ungewöhnlich saures Protein mit dem isoelektrischen Punkt bei pH etwa 1. Die Aminosäurezusammensetzung des Pepsins ist bekannt, die Sequenz teilweise. Drei Disulfidbrücken (Cystin) sind vorhanden. Das Molekül enthält eine Phosphatgruppe, an Serin gebunden, die jedoch nicht für die Aktivität des Enzyms wesentlich zu sein scheint. Das Molekulargewicht dürfte etwa 34500 betragen.

Das Pepsin greift fast alle Proteine an, jedoch nicht Keratin. Protamine werden nicht hydrolysiert. Zum Unterschied von mehreren anderen proteolytischen Enzymen (vgl. unten) greift Pepsin nur Peptidbindungen an, nicht Amid- oder Esterbindungen. Das pH-Optimum der Wirkung variiert etwas mit dem Substrat, liegt aber meistens bei pH 1,5—2.

Pepsin wurde lange als die typische „Proteinase" betrachtet; es wurde geglaubt, daß es nur hochmolekulare Proteine angreift. Es hat sich aber, wie im Falle anderer Proteinasen gezeigt, daß das Enzym auch ganz einfache Substrate wie das Glycyl-L-glutamyl-L-tyrosin oder L-Methionyl-L-tyrosin spaltet. Peptidbindungen zwischen aromatischen Aminosäuren werden besonders leicht hydrolysiert, und allgemein gilt, daß das Pepsin vorzugsweise, wenn auch nicht ausschließlich, Peptidbindungen spaltet, in welchen die NH-Gruppe einer *aromatischen* Aminosäure angehört.

β) Lab (Chymosin) ist ein proteolytisches Enzym aus dem vierten Magen des Kalbes. In der Schleimhaut kommt das inaktive *Prochymosin* vor. Die charakteristische Wirkung des Labs ist die Coagulation der Milch; das Enzym hat in der Käseindustrie große Bedeutung. Die Labwirkung ist zweifelsohne eine Proteolyse; außer Casein werden auch andere Proteine vom Enzym angegriffen.

Das Enzym ist von N. J. Berridge 1953 kristallisiert worden, wobei u. a. festgestellt werden konnte, daß Lab nicht, wie früher vielfach angenommen wurde, mit dem Pepsin identisch ist. Eine gewisse labende Wirkung hat sowohl das Pepsin wie mehrere andere Proteinasen.

γ) Trypsin. Das Trypsin ist das wichtigste proteolytische Enzym des Pankreas; früher wurde es irrtümlicherweise als die einzige Proteinase („Pankreasproteinase") der Drüse betrachtet (vgl. bei Chymotrypsin).

In der Drüse kommt eine inaktive Vorstufe des Trypsins, das *Trypsinogen*, vor. Es ist ein Protein mit dem Molekulargewicht etwa 24500, das in kristallisierter Form bekannt ist. Bei etwa neutraler Reaktion wird das Trypsinogen autokatalytisch in aktives Trypsin umgewandelt. Aktivierende Wirkung haben weiter teils die *Enterokinase*, ein proteolytisches Enzym im Darmsaft, teils auch *Kinasen* aus Schimmelpilzen. Bei der Aktivierung des Trypsinogens wird ein Hexapeptid (Val-Asp-Asp-Asp-Asp-Lys) abgespalten, was vermutlich auch eine Änderung der höheren Struktur des Moleküls bedingt.

Das Trypsin, das von J. H. NORTHROP und M. KUNITZ 1932 kristallisiert wurde, ist ein basisches Protein mit dem Molekulargewicht 23800 und dem isoelektrischen Punkt 10,5. Das pH-Optimum der Proteinhydrolyse variiert etwas mit dem Substrat, aber liegt meistens in der Nähe von 8.

Das Trypsin greift die meisten Proteine an, denaturierte oft schneller als native. Das Enzym hydrolysiert aber auch ganz niedrigmolekulare, u. a. synthetische, Substrate. Die Voraussetzung der Spaltbarkeit einer Peptidbindung ist, sowohl bei Proteinen wie bei niedrigmolekularen Substraten, daß die CO-Gruppe der Bindung einer *basischen* Aminosäure angehört. Das Trypsin greift aber nicht nur Peptidbindungen an, sondern auch Amidbindungen wie in Benzoylargininamid (24) und sogar Esterbindungen wie in Benzoylarginin-methylester (25)

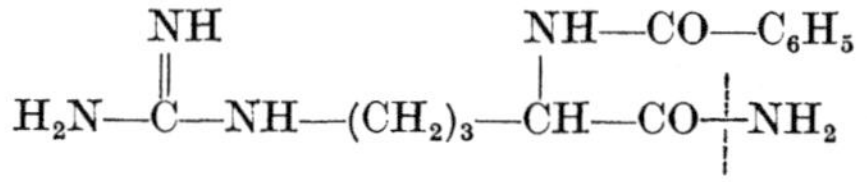

(24)

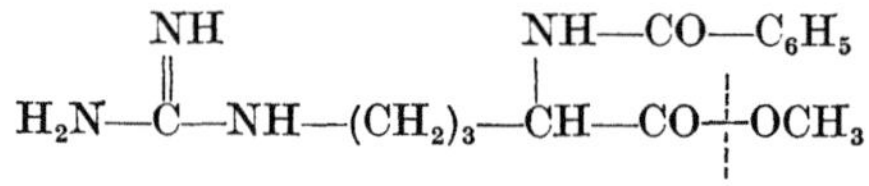

(25)

Ein *Trypsin-Hemmungskörper* ist aus Pankreasextrakt in kristallisierter Form erhalten worden. Mehrere andere natürliche Trypsininhibitoren, auch aus Pflanzenmaterial, sind bekannt.

Wie schon erwähnt (S. 829), ist im Trypsinmolekül eine Aminosäuresequenz nachgewiesen, die auch in mehreren anderen Enzymen vorkommt.

δ) Chymotrypsin. In der Pankreasdrüse kommen zwei inaktive *Chymotrypsinogene*, A und B, vor. Das Chymotrypsinogen A ist am besten untersucht und auch kristallisiert erhalten worden. Die Aminosäurezusammensetzung ist bekannt. Das Molekulargewicht ist etwa 25000. Trypsin und gewisse andere Proteinasen aktivieren die Chymotrypsinogene. Je nach den Versuchsbedingungen können verschiedene aktive Chymotrypsine erhalten werden: Bei langsamer Aktivierung, d. h. mit einer sehr kleinen Trypsinmenge, werden α-, β- und γ-Chymotrypsin gebildet. Bei schneller Aktivierung mit einer großen Trypsinmenge erhält man zunächst das π-Chymotrypsin; eine Peptidbindung (zwischen Arg und Ileu) wird bei dieser Aktivierung gesprengt. Durch Autolyse geht aus dem π-Chymotrypsin unter Spaltung einer weiteren Peptidbindung und Freisetzung von Seryl-Arginin das δ-Chymotrypsin hervor. Weitere Autolyse gibt α-Chymotrypsin, wobei wieder zwei Peptidbindungen gesprengt und ein Dipeptid, das Threonyl-Asparagin, freigesetzt wird. Das α-Chymotrypsin ist die bestuntersuchte Form des Enzyms. Das Molekulargewicht ist etwa 24500, und das Molekül besteht aus drei offenen Peptidketten, die durch Disulfidbrücken (Cystin) zusammengehalten werden.

Die Chymotrypsine spalten vorzugsweise Peptidbindungen, in welchen die CO-Gruppe *aromatischen* Aminosäuren (Phenylalanin, Tyrosin, Tryptophan) angehört, aber auch gewisse andere Peptidbindungen werden leicht angegriffen. Wie bei den anderen Proteinasen ist die Wirkung der Chymotrypsine nicht auf hochmolekulare Substrate beschränkt; wie beim Trypsin werden nicht nur niedrigmolekulare Peptide, sondern auch gewisse Amide und Ester gespalten (z. B. Acetyl-L-tyrosinamid und Acetyl-L-tyrosin-methylester).

Die unerwartete Beobachtung, daß Chymotrypsin p-Nitrophenylacetat hydrolysiert, hat zur Annahme geführt, daß ein Imidazolrest im Histidin direkt, durch intermediäre Bildung eines N-Acetylimidazols, in die enzymatische Reaktion eingreift.

Das pH-Optimum der Chymotrypsine liegt im Intervall 7—9. Wie der Name andeutet, haben die Chymotrypsine eine ausgesprochene *Labwirkung*.

ε) Kathepsine. Als Kathepsine werden die intracellulären proteolytischen Enzyme der tierischen Gewebe bezeichnet. Das Wirkungsoptimum dieser Enzyme liegt in schwach saurer Lösung, im allgemeinen um pH 5. Meistens werden die Kathepsine in charakteristischer Weise durch Sulfhydrylverbindungen aktiviert. Sie greifen sowohl hochmolekulare Proteine wie gewisse niedrigmolekulare Peptide an. Kein Enzym der Kathepsingruppe ist in reiner Form bekannt, weshalb unsere Kenntnisse auf dem Gebiet recht lückenhaft sind.

Die physiologische Aufgabe der Kathepsine muß noch als unklar bezeichnet werden. Daß sie bei der Autolyse tierischer Gewebe mitwirken, ist selbstverständlich.

Je nach der Wirkung der katheptischen Enzyme auf wohldefinierte, synthetische Substrate kann man zur Zeit wenigstens drei Gruppen unterscheiden:

Kathepsin A hydrolysiert Carbobenzoxy-L-glutamyl-L-tyrosin bei pH 5 ohne Aktivierung durch Sulfhydrylverbindungen.

Kathepsin B spaltet aus Benzoylargininamid bei pH 5 die Amidgruppe ab und erfordert Aktivierung durch SH-Verbindungen. Ein Enzym aus Milz ist weitgehend gereinigt worden.

Kathepsin C wird von Sulfhydrylverbindungen aktiviert und wirkt optimal im pH-Gebiet 4—8. Die Enzyme scheinen spezifisch Dipeptid-derivate vom Typus

$$NH_2\text{—CHR—CO—NH—CHR'—CO}\vdots\text{X} \qquad (26)$$

zu spalten, wo X eine Amid- oder Estergruppe sein kann. Ein Kathepsin C aus Milz ist teilweise gereinigt worden. Es zeigt eine ausgesprochene „Transamidasenwirkung“: Aus Glycyl-L-tyrosinamid + L-Argininamid wird z. B. Glycyl-L-tyrosyl-L-argininamid gebildet.

ζ) Plasmin (Fibrinolysin). Im Blutserum kommt ein enzymatisch inaktives Protein, *Plasminogen*, vor, das unter Umständen zu einem proteolytischen Enzym, Plasmin, aktiviert werden kann, dessen Wirkung sich z. B. in einer Auflösung coagulierten Fibrins zu erkennen gibt. Die Aktivierung des Plasminogens ist ein proteolytischer Vorgang; Trypsin und gewisse andere Enzyme sind dabei wirksam.

Das Plasmin hydrolysiert, außer vielen Proteinen, auch gewisse synthetische Substrate wie z. B. Benzoylargininmethylester. Entsprechende Amide scheinen dagegen nicht angegriffen zu werden.

η) Thrombin katalysiert eine Teilreaktion der Blutcoagulation, nämlich die Umwandlung des löslichen *Fibrinogens* zum unlöslichen *Fibrin*. Die Umwandlung ist eine Proteolyse; Peptidbindungen werden gesprengt und Peptide werden freigesetzt.

Im Normalblut kommt selbstverständlich kein aktives Thrombin vor, nur eine inaktive Vorstufe des Enzyms, das *Prothrombin*. Dieses wird in der Leber synthetisiert; Vitamin K wirkt bei der Prothrombinsynthese irgendwie mit. Antagonistisch wirkt dabei das Dicumarol, welches wie das Heparin medizinische Anwendung zur Verhinderung von Blutpropfen gefunden hat. Andererseits kann ein Vitamin K-Mangel zu einem abnorm niedrigen Prothrombingehalt des Blutes und dadurch zu einer Art Hämophilie führen.

Das Prothrombin ist ein Glykoproteid, das Neutralzucker, Aminozucker und Sialinsäure enthält. Das Molekulargewicht scheint etwa 63,000 zu betragen. Der Kohlenhydratanteil des Prothrombinmoleküls scheint jedoch nicht für die Aktivierbarkeit des Prothrombins oder für die Aktivität des Thrombins wesentlich zu sein.

Die Aktivierung des Prothrombins ist ein komplizierter Vorgang bei welchen mehrere Faktoren mitwirken. Wichtig ist besonders die *Thrombokinase* aus den Thrombocyten. Sowohl die Umwandlung Prothrombin → Thrombin wie die Wirkung des Thrombins werden durch Heparin gehemmt.

Das Molekulargewicht des Thrombins ist wahrscheinlich in der Nähe von 35,000. Das Enzym wirkt auf viele Proteine und außerdem auf gewisse synthetische Substrate wie Benzoyl-L-argininmethylester. Bei der Wirkung auf Fibrinogen werden zwei Peptide abgespalten, deren Aminosäurezusammensetzung bekannt ist.

ϑ) Proteinasen in höheren Pflanzen. Endopeptidasen sind in Pflanzen weit verbreitet; bei einigen ist der Latex außerordentlich reich an proteolytischen Enzymen: Papain in *Carica papaya* (Melonenbaum), Bromelin in *Bromelia sativa* (Ananas), Ficin in *Ficus carica* usw. Die Enzyme wirken optimal in schwach saurer Lösung und werden wie viele der Kathepsine von Sulfhydrylverbindungen aktiviert.

Aus dem Papaya-Latex sind zwei proteolytische Enzyme, Papain und Chymopapain in kristallisierter Form erhalten worden. Das *Papain* ist besonders eingehend untersucht worden. Über die chemischen Eigenschaften des Papainmoleküls, vgl. S. 832. Wie erwähnt kann ein großer Teil des nativen Papainmoleküls ohne Verlust an Aktivität entfernt werden.

Das Papain spaltet Proteine weitgehender als die meisten anderen Endopeptidasen. Es wirkt aber auch auf einfache synthetische Substrate wie z. B. Benzoyl-L-argininamid und Benzoyl-L-lysinamid. N-Acyl-L-argininester werden ebenfalls hydrolysiert. Transamidase- und Transpeptidasewirkung des Enzyms sind beobachtet worden.

Das Papain wird durch gewisse Stoffe wie Cystein, H_2S und HCN aktiviert. Teilweise dürfte diese „Aktivierung" auf Beseitigung von hemmenden Metallionen beruhen; es ist aber festgestellt worden, daß für maximale Aktivität des Enzyms ein Reduktionsmittel erforderlich ist. Es liegt nahe anzunehmen, daß es sich um die Reduktion von Disulfidbrücken zu Thiolgruppen handelt; ganz klargelegt ist die Frage aber nicht.

ι) Proteolytische Enzyme in Mikroorganismen sind in großer Zahl bekannt. In vielen Fällen werden die Enzyme von den betreffenden Organismen ins Medium abgegeben. Einige dieser Enzyme sind in kristallisierter Form bekannt. Als Beispiel sei das *Subtilisin* gewählt, das von *Bacillus subtilis* produziert wird. Das Molekulargewicht ist etwa 30,000. N-terminale Aminosäure ist das Alanin, isoelektrischer Punkt bei pH 9,4, Aktivitätsoptimum oberhalb von pH 9.

Das Enzym hat einen sehr weiten Spezifitätsbereich: In Casein wird etwa ein Drittel, und in Gelatine etwa ein Viertel der Peptidbindungen gespalten. Das Enzym spaltet auch Methyl- und Äthylester der niederen Fettsäuren, eine Eigenschaft, die anderen proteolytischen Enzymen nicht zukommt.

Ovalbumin wird durch kleine Mengen von Subtilisin unter Abspaltung von drei kurzen Peptiden in ein neues Protein, *Plakalbumin*, umgewandelt. Wird kristallisierte Ribonuclease kurze Zeit mit einer kleinen Menge von Subtilisin behandelt, so wird nur eine Peptidbindung angegriffen (vgl. S. 832). Mit großen Mengen von Subtilisin tritt allmählich ein sehr tiefgreifender Abbau des Ribonucleasemoleküls ein; etwa ein Viertel sämtlicher Peptidbindungen werden geöffnet.

b) Exopeptidasen

Wie schon erwähnt, greifen diese Enzyme Peptidketten von den Endgruppen aus an.

α) Carboxypeptidasen spalten C-terminale Aminosäurereste ab, also schematisch

$$\text{Peptid—NH—CHR—CO} \vdots \text{NH—CHR'—COOH} . \tag{27}$$

Die Enzyme des Pankreas, Carboxypeptidase A und B, sind eingehend untersucht worden. Die Carboxypeptidase A kommt in der Drüse als inaktives Proenzym, *Procarboxypeptidase A*, vor, das in praktisch reiner, jedoch nicht kristallisierter Form gewonnen worden ist. Das Proenzym ist ein Protein mit dem Molekulargewicht 96,000. Es wird von Trypsin aktiviert und zwar in einer komplizierten Reaktion, in welcher nicht weniger als 40 Peptidbindungen hydrolysiert werden.

Die Carboxypeptidase A ist kristallisiert erhalten worden (M. L. ANSON 1937); das Molekulargewicht ist 34,300. Das Molekül besteht aus einer einzigen Peptidkette mit 310 Aminosäureresten; die gewöhnlich in Proteinen vorkommenden 19 Aminosäuren sind anwesend. Das kristallisierte Enzym enthält pro Molekül ein Atom Zink. Wird das Metall vorsichtig entfernt, so wird ein inaktives Protein erhalten, das mit Zink- oder gewissen anderen Metallsalzen reaktiviert werden kann.

β) Aminopeptidasen spalten Aminosäuren von der N-terminalen Gruppe der Peptide aus ab:

$$H_2N\text{—CHR—CO} \vdots \text{NH—CHR'—CO—Peptid} . \tag{28}$$

Die Aminopeptidasen kommen allgemein in Zellen und Geweben vor. Ihre Spezifität variiert: Die sog. *Leucylaminopeptidase* spaltet also vorzugsweise einen N-terminalen Leucylrest ab, greift aber auch Peptide mit anderen N-terminalen Gruppen an. Das Enzym ist weitgehend gereinigt worden und seine Aminosäurezusammensetzung ist bekannt. Das Molekulargewicht ist etwa 30,000. Das Enzym erfordert Mg^{2+} oder Mn^{2+}.

γ) Dipeptidasen hydrolysieren nur Dipeptide. Die Enzyme sind *Metallproteide* und die Spezifität variiert, so daß beispielsweise Prolin- und Prolyldipeptide von besonderen Dipeptidasen gespalten werden.

3. Hydrolyse von Amid- und Amidinbindungen

Je nach den spaltbaren Substraten können Untergruppen dieser Enzyme unterschieden werden:

a) Hydrolyse einfacher Säureamide

Das wichtigste und bestuntersuchte Enzyme dieser Gruppe ist die *Urease*. Sie scheint absolut spezifisch die Hydrolyse des Harnstoffs zu katalysieren.

$$H_2N\text{—CO—}NH_2 + H_2O \rightarrow CO_2 + 2\,NH_3 \tag{29}$$

Carbaminsäure, $H_2N{-}COOH$, ist wahrscheinlich das Primärprodukt, das in Wasser spontan zerfällt. Das Enzym kommt in Mikroorganismen und in höheren Pflanzen vor. Sehr ureasereich sind die Samen gewisser Leguminosen wie *Soya hispida* und vor allem *Canavalia ensiformis*. Aus den Samen von *Canavalia* stellte, wie schon mehrfach erwähnt, J. B. SUMNER 1926 die Urease als erstes kristallisiertes Enzym dar (vgl. S. 826). Die Urease ist ein Globulin mit dem Molekulargewicht etwa 480,000, ohne besondere prosthetische Gruppe.

Die Urease ist für quantitative Harnstoffbestimmung, z. B. im Blut, verwendbar.

b) Hydrolyse von Asparagin und Glutamin

Diese Aminosäureamide werden von besonderen Amidasen hydrolysiert. Die Enzyme sind weit verbreitet. Die Glutaminase kommt besonders reichlich in der Niere vor.

c) Hydrolyse von cyclischen Amiden

Enzyme, die Barbitursäure und ähnliche cyclische Amide spalten, sind nachgewiesen worden.

Formell ähnlich ist die Wirkung der *Allantoinase,* die das Allantoin in Allantoinsäure umwandelt (Formel 30).

Das Allantoin entsteht aus der Harnsäure durch die Wirkung der Urikase (S. 896). Dieses Enzym fehlt bei Menschen, höheren Affen, Landreptilien, Vögeln und einigen Insekten, die Harnsäure ausscheiden. Bei anderen Tieren wird die Harnsäure zu Allantoin abgebaut. Bei einigen Fischen geht der Allantoin-Abbau (durch die Allantoinase) nur bis zur Allantoinsäure; bei anderen Tieren geht der Abbau weiter: Die Allantoinsäure wird durch die *Allantoikase* in Harnstoff + Glyoxylsäure umgewandelt. Schließlich kann bei einigen niederen Tieren der Harnstoff durch Urease zerlegt werden.

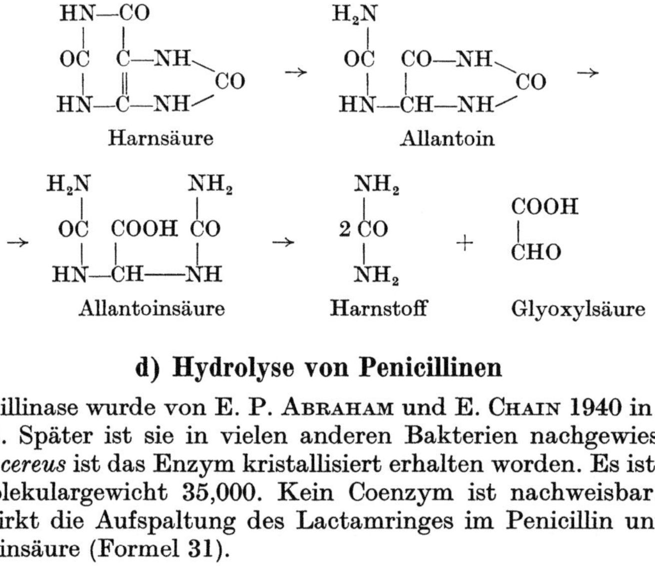

(30)

d) Hydrolyse von Penicillinen

Die Penicillinase wurde von E. P. ABRAHAM und E. CHAIN 1940 in *Escherichia coli* entdeckt. Später ist sie in vielen anderen Bakterien nachgewiesen worden. Aus *Bacillus cereus* ist das Enzym kristallisiert erhalten worden. Es ist ein Protein mit dem Molekulargewicht 35,000. Kein Coenzym ist nachweisbar. Die Penicillinase bewirkt die Aufspaltung des Lactamringes im Penicillin unter Bildung von Penicilloinsäure (Formel 31).

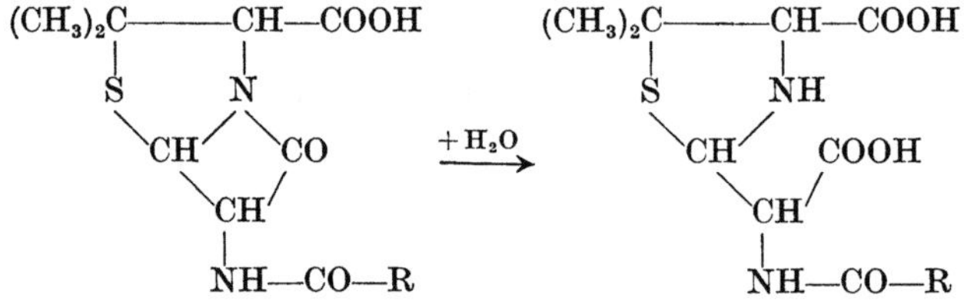

(31)

Bemerkenswert ist, daß das Enzym nicht für penicillinresistente Bakterien charakteristisch ist; es kommt auch bei penicillinempfindlichen vor.

e) Hydrolyse von Amidinen

Die enzymatische Hydrolyse des Arginins wurde zuerst von A. KOSSEL und H. D. DAKIN 1904 beobachtet. Die Reaktion (Formel 32) ist eine Teilreaktion der

Harnstoffsynthese im sog. *Ornithincyclus*. In großen Mengen kommt das Enzym in der Leber der harnstoffausscheidenden Tiere vor, fehlt aber in den Lebern der Vögeln und Landreptilien, die den Stickstoff als Harnsäure ausscheiden.

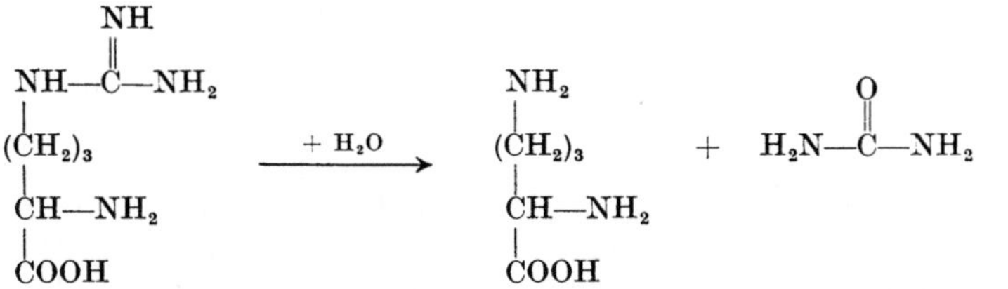

(32)

In kleinen Mengen kommt die Arginase in der Milchdrüse und gewissen anderen Organen der Säugetiere vor, außerdem auch in höheren Pflanzen. Das Enzym wird von Mn^{2+} und einigen anderen zweiwertigen Metallionen in charakteristischer Weise aktiviert.

Die Arginase ist sehr spezifisch; außer Arginin wird, soweit bekannt, nur das Canavanin angegriffen.

4. Hydrolyse von Glykosidbindungen

Unter den Enzymen, oft *Carbohydrasen* genannt, die Glykosidbindungen hydrolysieren, können je nach der Substratspezifität mehrere Untergruppen unterschieden werden. Man spricht von *Polyasen,* die (vorzugsweise) Polysaccharide spalten, und von *Oligoglykosidasen* (oft schlechthin Glykosidasen genannt), die einfache Glykoside wie z. B. Methyl- oder Phenylglucosid, sowie Oligosaccharide hydrolysieren. Eine scharfe Grenze zwischen den beiden Gruppen existiert nicht; beispielsweise hydrolysieren die Amylasen nicht nur Polysaccharide vom Stärketypus sondern auch alle α-1,4-glucosidische Abbauprodukte dieser Polysaccharide hinab zur Maltotetraose, die in zwei Moleküle Maltose zerlegt wird.

Eine andere Einteilung der glykosidspaltenden Enzyme gründet sich auf die Tatsache, daß einige nur α-Glykoside, andere nur β-Glykoside angreifen. Die Bezeichnungen α- bzw. β-Glykosidasen werden aber eigentlich nur für diejenigen Glykosidasen gebraucht, die niedrigmolekulare Substrate spalten; für die Polyasen sind Bezeichnungen üblich, die aus den Trivialnamen der Substrate abgeleitet sind: Amylasen, Cellulasen usw. (über die Bezeichnungen α- bzw. β-Amylase, vgl. weiter unten).

Bei den Polyasen kann, je nach dem Wirkungsmechanismus zwischen Exo- und Endoenzymen unterschieden werden. Die Exoenzyme greifen die Kettenmoleküle von den Endgruppen aus an. Die Endoenzyme sprengen Glykosidbindungen ziemlich unabhängig vom Abstand derselben von den Endgruppen; vgl. weiter unten über die Amylasen.

Die Glykosidasen sind in schwach saurer bis neutraler Lösung optimal wirksam.

a) Hydrolyse von einfachen Glykosiden und Oligosacchariden

Die Substratspezifität dieser Enzyme wird bestimmt: a) durch die Art der Glykosidbindung, ob α- oder β-glykosidisch, b) durch die Art des Zuckers (Glucose, Galaktose usw., c) durch die Ringform der Zucker, ob pyranosidisch oder furanosidisch, und d) zu einem gewissen Grade durch die Molekülgröße der Glykoside; höhere Oligosaccharide werden langsam oder nicht angegriffen. Vgl. auch das Kapitel „Kohlenhydrate“ in diesem Band des Handbuches.

Der Einfluß des Aglykons auf die Spaltbarkeit bzw. Spaltungsgeschwindigkeit eines Substrates ist meistens von sekundärer Bedeutung aber jedoch in mehreren

Fällen deutlich. Es scheint berechtigt anzunehmen, daß die Bindung eines Glykosids zum Enzym im großen und ganzen vom Zuckerteil des Glykosids vermittelt wird. Hierauf deutet besonders, daß viele wenn nicht alle Glykosidasen außer Hydrolyse auch eine deutliche übertragende Wirkung aufweisen (vgl. z. B. bei *β-Fructofuranosidase*).

α) α-Glucosidasen hydrolysieren einfache Heteroside der D-Glucose sowie α-glucosidische Oligosaccharide. Die meisten α-Glucosidasen hydrolysieren Maltose und werden deshalb oft als Maltasen bezeichnet. Gewisse α-Glucosidasen sind aber gegenüber Maltose unwirksam. Die Annahme, daß alle α-Glucosidasen alle α-Glucoside spalten, ist also nicht zutreffend. Die enzymatische Hydrolyse der α.α-Trehalose erfolgt z. B. durch ein für diesen Zucker spezifisches Enzym.

Maltasen kommen oft mit den stärkespaltenden Enzymen vergesellschaftet vor und können eine mehr oder weniger vollständige Hydrolyse der durch die Amylasenwirkung entstehende Maltose bewirken. Hefen, Schimmelpilze und viele Bakterien sind reich an α-Glucosidasen.

Bei den höheren Tieren findet man α-Glucosidasen besonders in der Darmschleimhaut, und zwar mehrere Enzyme etwas variierender Spezifität. Einige dieser Enzyme sind für die Hydrolyse des Rohrzuckers im Darm verantwortlich (der Rohrzucker ist sowohl ein α-Glucosid wie ein β-Fructofuranosid!). Rohrzuckerspaltende α-Glucosidasen wurden früher als als *Glucosaccharasen* bezeichnet.

Reinigungsversuche sind besonders im Falle der Hefenmaltase ausgeführt worden.

Emil Fischer nahm an, daß die Vergärung von Maltose durch Hefe durch eine hydrolytische Spaltung des Disaccharids eingeleitet wird. Eine „direkte Vergärung“ der Maltose ist aber später von mehreren Forschern angenommen worden, ohne daß jedoch ein bindender Beweis dafür vorzuliegen scheint.

β) β-Glucosidasen kommen in kleinen Mengen in tierischen Organen vor, in großen Mengen in Pflanzen, besonders in Kernen der Rosaceen. Altbekannt ist das Amygdalinspaltende Enzym der Mandeln, von Liebig und Wöhler *Emulsin* genannt. Aus Mandeln sind hochgereinigte, jedoch nicht kristallisierte Präparate der β-Glucosidase erhalten worden.

γ) α-Galaktosidase, nach dem typischen Substrat auch *Melibiase* genannt, kommt besonders in Brauereihefe aber auch in höheren Pflanzen, z. B. Alfalfa, vor.

δ) β-Galaktosidase wird u. a. in höheren Pflanzen, oft mit der β-Glucosidase zusammen, angetroffen. Sie kommt auch in der tierischen Darmschleimhaut vor. Das Enzym spaltet Lactose, β-Phenylgalaktosid usw.

Besonderes Interesse verdient das Vorkommen des Enzyms in vielen Mikroorganismen. Die induzierte Bildung des Enzyms in Bakterien ist eingehend untersucht worden. Die Ergebnisse dieser Untersuchungen sind für die noch unvollständig beantwortete Frage über den Mechanismus der Enzymsynthese von größter Bedeutung. Kristallisierte β-Galaktosidase ist von K. Wallenfels u. Mitarb. 1957 dargestellt und eingehend untersucht worden.

ε) β-Glucuronidase ist ein sehr weit verbreitetes Enzym, besonders in Organen höherer Tiere aber auch in Insekten und Mollusken, in gewissen höheren Pflanzen und in Mikroorganismen. Die verschiedenen β-Glucuronidasen sind in schwach saurer Lösung optimal wirksam, Tier- und Pflanzenenzyme bei pH 4—6, die Enzyme der Mikroorganismen bei pH 5—7.

Natürliche Substrate der β-Glucuronidasen sind die β-glykosidischen Derivate der Glucuronsäure und Galacturonsäure, einschließlich uronsäurehaltiger Oligosaccharide, wie z. B. Abbauprodukte der *Hyaluronsäure*.

ζ) β-Fructofuranosidase *(Saccharase, Invertase)* kommt in den meisten Hefen reichlich vor. Sie spaltet den Rohrzucker in Glucose + Fructose = Invertzucker.

Anhand dieses Enzyms sind viele Untersuchungen ausgeführt worden, die grundlegende Bedeutung für die Enzymologie gehabt haben, wie z. B. die Untersuchungen von L. MICHAELIS über die Enzymsubstratverbindungen und die Deutung der Aktivitäts-pH-Kurven.

Das Enzym ist weitgehend gereinigt aber noch nicht in kristallisierter Form erhalten worden.

Außer der Hydrolasenwirkung zeigt das Enzym eine deutlich überführende Wirkung; es kann den Fructoserest des Rohrzuckers auf mehrere Acceptoren überführen, vorausgesetzt daß diese in recht hoher Konzentration vorhanden sind. Spaltet man Rohrzucker mit β-Fructofuranosidase zu etwa 50% und untersucht die Versuchsmischung chromatographisch, so findet man außer Rohrzucker mehrere Oligosaccharide, z. B. Kestose [α-Glucosyl(1 $\rightarrow$ 2)-β-fructosyl-(6 $\rightarrow$ 2)-β-fructosid], einen Zucker, der offenbar durch enzymatische Überführung eines Fructoserestes auf Rohrzucker entstanden ist. Läßt man das Enzym längere Zeit einwirken, so werden die Überführungsprodukte allmählich hydrolysiert, so daß schließlich nur Invertzucker vorhanden ist.

Überführungen dieser Art spielen für die unter natürlichen Bedingungen eintretende Biosynthese von Glykosiden und Oligosacchariden kaum eine Rolle; sie treten nur unter unphysiologischen Bedingungen ein.

η) **Nucleosidasen,** die Nucleoside in Base + Zucker hydrolytisch zerlegen, kommen in einigen Mikroorganismen vor. Eine Spaltung von Nucleosiden in tierischen Geweben, die früher als Hydrolyse betrachtet wurde, ist tatsächlich eine enzymatische Überführung; vgl. S. 872.

b) Hydrolyse von Polysacchariden

α) Hydrolyse von Stärke, Amylose, Amylopektin und Glykogen

Die enzymatische Hydrolyse der Stärke, eine Reaktion, die sehr große technische Bedeutung hat, wird von den *Amylasen* katalysiert. (Die Bezeichnung *Diastase* sollte vermieden werden.) Man unterscheidet zwei Gruppen von Amylasen, meistens als α- bzw. β-Amylasen bezeichnet.

Diese Bezeichnungen sind nicht sehr glücklich; sie erwecken den Eindruck, daß die Enzyme α- bzw. β-glykosidische Bindungen spalten. Dies ist nun nicht der Fall; Stärke und Glykogen enthalten ausschließlich α-glykosidische Bindungen, und beide Typen von Amylasen hydrolysieren nur Bindungen dieser Art. Die Bezeichnungen sollen andeuten, daß die α-Amylasen die primären Abbauprodukte in der α-Form freisetzen, während die β-Amylasen die β-Form der Maltose als Primärprodukt erzeugen. (In beiden Fällen tritt selbstverständlich sekundär Mutarotation ein.) Es kann geschlossen werden, daß bei der Spaltung mit β-Amylase eine Waldensche Umkehrung eintritt.

Beide Typen von Amylasen geben bei der „*Verzuckerung*" von Stärke und Glykogen als Hauptprodukt *Maltose* aber danebst sog. *Grenzdextrine,* die nicht weiter angegriffen werden. Die Ursache zur Grenzdextrinbildung ist, daß die Amylasen nur α-glucosidische 1.4-Bindungen spalten. Die unverzweigten Amylosemoleküle werden deshalb total verzuckert, aber Amylopektin und Glykogen, die auch α-glucosidische 1.6-Bindungen enthalten, dagegen nur teilweise.

β-Amylasen sind „*Exoamylasen*", d. h. sie greifen die Polysaccharidketten von den nicht-reduzierenden Endgruppen an, wobei ein Maltosemolekül nach dem anderen freigesetzt wird („saccharogene" Amylase). Unverzweigte Moleküle (Amylose) werden total verzuckert. Bei der Wirkung der β-Amylasen auf die wiederholt verzweigten Polysaccharide, Amylopektin und Glykogen, hört aber die Wirkung auf, wenn ein Verzweigungspunkt, d. h. eine 1.6-Bindung erreicht wird. Dies hat zur Folge, daß aus den gewöhnlichen Stärkesorten nur etwa 60% Maltose erhalten wird, und aus dem stärker verzweigten Glykogen noch weniger. Der Rest bleibt als hochmolekulares, stark verzweigtes „β-Dextrin" übrig. Bei der β-Amylasewirkung bleibt die Jodreaktion lange bestehen; oft gibt sogar das β-Dextrin aus Amylopektin eine bläuliche oder schwach violette Farbe mit Jod.

Die β-Amylasen kommen, soweit bekannt, nur in höheren Pflanzen vor. Seit lange bekannt und eingehend untersucht sind die Enzyme in Getreide und Malz. In ungekeimtem Getreide (Gerste, Weizen, Roggen) kommt nur oder fast nur β-Amylase vor. Bei der Keimung wird α-Amylase gebildet (oder freigesetzt), so daß Malz beide Typen von Amylasen enthält. Die β-Amylasen aus Gerstenmalz, Weizen, Süßkartoffeln *(Ipomoea batatas)* und Sojabohnen sind kristallisiert erhalten worden. Die Enzyme aus Gerste und Weizen sind einander mindestens sehr ähnlich: Aktivitätsoptimum bei pH 5,3, isoelektrischer Punkt 6,0. Das Enzym aus Süßkartoffeln hat, pro mg Enzym gerechnet, eine höhere Aktivität, Optimum bei pH 4,5, isoelektrischer Punkt 4,8.

α-Amylasen greifen die Polysaccharidmoleküle in einer prinzipiell anderen Weise an als die β-Amylasen. Schon bei sehr kurzer Einwirkung einer α-Amylase auf einem dicken Stärkekleister verschwindet die hohe Viscosität und die Färbbarkeit mit Jod. Im Verhältnis zur Abnahme der Viscosität erfolgt die Bildung vergärbaren Zuckers (Maltose) nur langsam. Die Erklärung ist, daß die α-Amylasen „*Endoenzyme*" sind, die α-glucosidische 1.4-Bindungen im Inneren der Polysaccharidmoleküle, d. h. auch zwischen Verzweigungspunkten, spalten. Stärke und Glykogen werden also primär in ein Gemisch niedrigmolekularer, durch Jod nicht gefärbte sog. α-Dextrine verwandelt, aus welchen dann verhältnismäßig langsam Maltose freigesetzt wird. Unverzweigte α-Dextrine werden total verzuckert, während verzweigte außer Maltose niedrigmolekulare, unvergärbare Grenzdextrine geben („dextrinogene" Amylase).

Sämtliche tierische Amylasen scheinen α-Amylasen zu sein; dies gilt jedenfalls für die gut untersuchten Enzyme im Speichel („Ptyalin") und Pankreassaft. Die Amylase aus menschlichem Speichel sowie die Pankreasamylasen des Menschen, des Schweines und der Ratte sind in kristallisierter Form bekannt.

Wie schon erwähnt, wird bei der Keimung des Getreides α-Amylase gebildet (oder irgendwie aktiviert). Die α-Amylase aus Gerstenmalz ist ebenfalls kristallisiert worden.

Die Amylasen der Mikroorganismen (Schimmelpilzen, Bakterien) sind soweit bekannt α-Amylasen. Mehrere von ihnen sind kristallinisch gewonnen worden, z. B. aus *Bacillus subtilis* und aus *Aspergillus oryzae* („Takaamylase").

Die kristallisierten α-Amylasen sind einander recht ähnlich: Das Molekulargewicht ist etwa 50,000, alle enthalten 1 g-Atom/mol Ca^{2+}, das für die Aktivität und Stabilität wesentlich ist, und alle haben den isoelektrischen Punkt in der Nähe von 5. Alle scheinen denselben Abbau der Substrate zu geben. Die Aminosäurezusammensetzung der Enzymproteine variiert, bleibt aber innerhalb der für Proteine normalen Grenzen. Im Gegensatz zu den übrigen α-Amylasen enthält das Enzym aus *Bacillus subtilis* kein Cystein.

Die animalen Amylasen und möglicherweise einige der bakteriellen erfordern für maximale Aktivität Chlorid- oder gewisse andere monovalente Anionen. Die Natur der Aktivierung durch diese Ionen, die sehr lange bekannt ist, ist noch nicht aufgeklärt.

Amylo-1.6-glucosidase („R-Enzym") ist eine Endoglucosidase, die α-glucosidische 1.6-Bindungen spaltet und dadurch Amylopektin und Glykogen „abästet". Das Enzym kommt in Pflanzenmaterial vor.

Oligo-1.6-glucosidase („Grenzdextrinase") hydrolysiert α-1.6-Bindungen in niedrigmolekularen Grenzdextrinen aber nicht in den Polysacchariden, gehört also eigentlich in die Gruppe 4a. Ein Enzym ist kristallisiert worden.

β) Enzymatische Cellulosespaltung

Die *Cellulase* ist eine β-1.4-Glucosidase und spaltet Cellulose, meistens jedoch nicht weiter als zur Cellobiosestufe. Das Enzym kommt besonders in Mikroorganismen wie *Myrothecium verrucaria* und *Irpex lacteus* vor, aber auch in höheren Pflanzen (Malz) und in Invertebraten wie *Helix pomatia*. Daß viele höheren Tiere, insbesondere Wiederkäuer, Cellulose im Futter ausnützen können, beruht auf Cellulosespaltung durch Mikroorganismen im Pansen und Darm.

Die cellulosespaltenden Enzyme sind verhältnismäßig wenig untersucht, was wohl zum Teil mit den besonderen physikalischen Eigenschaften des Substrats zusammenhängt. Offenbar haben die Enzyme in der Natur eine ungemein große Bedeutung: Große Schäden an Holz, Textilien usw. werden von ihnen angerichtet. Andererseits spielen sie eine wichtige Rolle bei der Humusbildung im Boden.

γ) Enzymatische Pektinspaltung

Die *Polygalakturonase* gehört nebst der Pektinesterase (S. 846) zu den pektinspaltenden Enzymen. Sie hydrolysiert die Glykosidbindungen zwischen den Galakturonsäureresten im Pektin. Das Enzym, das besonders in Schimmelpilzen und Bakterien vorkommt, hat industrielle Bedeutung für die Entfernung gelbildenden Pektins aus Obstsäften u. dgl. *(„Filtrationsenzym")*.

Ein ähnliches Enzym baut die *Alginsäure* in entsprechender Weise ab.

δ) Enzymatischer Abbau anderer Polysaccharide

Viele mehr oder weniger spezifische Polyasen wie Lichenase, Dextranase, Fructanase (Inulase), Chitinase usw. sind bekannt und zum Teil näher untersucht. Besondere Erwähnung verdienen die folgenden.

δ_1) *Lysozym.* Als Lysozyme werden einige Enzyme bezeichnet, die eine Lysis des *Micrococcus lysodeikticus* und gewisser anderer Mikroorganismen bewirken. Die Wirkung der Enzyme ist nicht in allen Einzelheiten klargelegt; sie besteht in einer Hydrolyse von Mucopolysaccharid(en) in der Zellwand empfindlicher Organismen. Das Enzym kann vielleicht als eine β-Glucosaminidase klassifiziert werden, die nur hochmolekulare Substrate angreift. Die vom Enzym gelöste Bindung mag die β-glykosidische Bindung zwischen N-Acetylglucosamin und Muraminsäure sein.

Lysozyme sind in der Natur sehr weit verbreitet, in höheren und niederen Tieren, in Pflanzen (Papaya latex) und möglicherweise in einigen Mikroorganismen. Am besten untersucht ist das *Lysozym aus Hühnereiweiß*, das kristallisiert gewonnen worden ist. Das Molekül besteht aus einer einzigen Polypeptidkette mit dem Molekulargewicht etwa 15,000. Die Aminosäurezusammensetzung ist bekannt, die Sequenz teilweise. Das Lysozym zeigt eine auffallende Thermostabilität.

δ_2) *Hyaluronidasen.* Das typische Substrat ist die *Hyaluronsäure,* ein Polysaccharid, das aus dem Disaccharid N-Acetyl-hyalobiuronsäure aufgebaut ist (vgl. unter „Kohlenhydrate" in diesem Band). Verschiedene Hyaluronidasen greifen offenbar das Polysaccharid in verschiedener Weise an: Einige können als Endohexosaminidasen, andere als Endoglucuronidasen klassifiziert werden. Schließlich muß erwähnt werden, daß die Spaltung der Hyaluronsäure durch die bakteriellen Enzyme wahrscheinlich überhaupt keine Hydrolyse ist, sondern eine Lyasewirkung (vgl. über die Lyasen, S. 878), wobei als Hauptprodukt des Abbaues ein ungesättigtes Disaccharid auftritt.

Die Hyaluronidasen sind im Tierreich und in Mikroorganismen weit verbreitet. Besonders wohl untersucht ist die Hyaluronidase der Hoden.

Hyaluronidase ist mit dem sog. *Spreading factor* identisch; das Enzym löst die Substanz auf, die die Fibrillen der Bindegewebe zusammenkittet und begünstigt dadurch u. a. das Vordringen bakterieller Infektionen.

δ_3) *Neuraminidase.* Das Enzym spaltet aus dem Kohlenhydratteil von Mucoproteinen endständige Sialinsäuregruppen ab (*Sialinsäure* = acylierte Neuraminsäure), d. h. es hydrolysiert die Glykosidbindung zwischen Sialinsäure und

Galaktose oder N-Acetylgalaktosamin, je nach dem Substrat. Das Enzym wird in mehreren Mikroorganismen angetroffen, besonders in *Vibrio cholerae*, aus dem es auch in kristallisierter Form gewonnen worden ist. Außer in Mikroorganismen kommt das Enzym in gewissen Viren vor; der Nachweis der Neuraminidase *(„receptor destroying enzyme")* im Influenzavirus lieferte den ersten Beweis dafür, daß Viren Enzyme enthalten können.

Zusammenfassung über das Enzym: A. GOTTSCHALK (1958).

II. Überführende Enzyme, Transferasen

Die Wirkung der Transferasen besteht in einer Überführung bestimmter Gruppen (Methylgruppe, Glykosylgruppe, Aminogruppe usw.) von einem Donator auf einen Acceptor, der nicht Wasser ist. Der Ausdruck Überführung ist wörtlich aufzufassen: Bei der Transaminasereaktion tritt z. B. kein Austausch der Aminogruppe mit etwa anwesendem freiem Ammoniak ein. Der Beweis dafür kann selbstverständlich leicht durch Anwendung eines isotopisch markierten Substrats erbracht werden.

Im Gegensatz zu den im Hydrolasekapitel erwähnten Überführungen, die als Nebenreaktionen der Hydrolysen bezeichnet werden müssen, sind die Überführungsreaktionen, die von den Transferasen katalysiert werden, streng spezifisch in bezug auf sowohl Acceptor wie Donator. Das Wasser, das ja immer im großen Überschuß vorhanden ist, tritt nicht als konkurrierender Acceptor auf.

Wie schon mehrfach erwähnt, sind unter physiologischen Bedingungen enzymatische Synthesen durch Umkehr der Hydrolysen nicht oder höchstens in Ausnahmefällen möglich. Wenn wir aber eine enzymatische Überführungsreaktion, beispielsweise eine Überführung eines Glykosylrestes, betrachten

$$C_6H_{11}O_5\text{—}OR + R'\text{—}OH \rightleftharpoons C_6H_{11}O_5\text{—}OR' + R\text{—}OH, \qquad (33)$$

so ist bei einem Vergleich der beiden Glieder der Formel (33) verständlich, daß die Änderung der freien Energie meistens nicht sehr groß ist. Die enzymatische Synthese vieler Verbindungen durch Überführungsreaktionen ist also thermodynamisch wahrscheinlicher als eine Synthese durch Umkehr der Hydrolyse. Andererseits ist selbstverständlich, daß auch eine an und für sich freiwillig verlaufende enzymatische Synthese indirekt eine Energiezufuhr erfordert, der einen für die Überführungsreaktion genügend „energiereichen" (vgl. S. 835) Donator schafft. Bei den heterotrophen Organismen stammt ja diese Energie aus der zugeführten Nahrung. Die biologische Oxydation von Bestandteilen der Nahrung, vor allem Kohlenhydraten und Fetten, ist, wie schon erwähnt, mit einer Synthese von „energiereichen" Stoffen gekoppelt, in welchen ein beträchtlicher Teil der freien Energie der Oxydation gespeichert wird, um bei Energie erfordernden Synthesen ausgenutzt werden zu können. Die Bedeutung dieser Stoffe, vor allem die der Nucleosidtriphosphate im Stoffwechsel wird aus dem folgenden hervorgehen.

Die Transferasen besitzen, außer der erwähnten Donator- und Acceptorspezifität, absolute Spezifität in bezug auf die zu überführende Gruppe, also eine Wirkungsspezifität. Hierauf gründet sich die Einteilung der Transferasen in Untergruppen.

1. Überführung von Phosphatgruppen

Eine wichtige Gruppe der Transferasen bilden die Enzyme, die vom Adenosintriphosphat (ATP) bzw. analogen Nucleosidtriphosphaten eine Phosphatgruppe, die terminale, auf andere Stoffe überführen. Aus den Triphosphaten entstehen dabei die entsprechenden Diphosphate, wie z. B. das Adenosindiphosphat (ADP). Die Enzyme werden meistens *Kinasen* genannt, wie z. B. Hexokinase oder Kreatinkinase. Vorzuziehen sind rationelle Bezeichnungen wie ATP/Glucose-transphosphatase und ATP/Kreatin-transphosphatase. Je nach Art des Acceptors können die Phosphatüberführungen frei reversibel oder nahezu irreversibel sein (vgl. S. 835). Eine kurze Übersicht über die wichtigeren Enzyme der Gruppe wird im folgenden gegeben.

a) Überführung der Phosphatgruppe auf eine Alkoholgruppe

α) Überführung auf Zuckerarten und verwandte Stoffe. Transferasen, die diese Überführungen bewirken, sind überall in lebenden Organismen verbreitet. Einige sind für ein Substrat absolut spezifisch, andere können einige nahe verwandte Stoffe als Acceptoren ausnutzen. Die Tab. 2 gibt einige Beispiele (D-Formen der optisch aktiven Verbindungen, wenn nicht L-Form angegeben). Die Enzyme spielen im Kohlenhydratmetabolismus eine fundamental wichtige Rolle.

Tabelle 2. *Überführung von Phosphat von ATP auf Zuckerarten und verwandte Stoffe*

Trivialname des Enzyms	Acceptor	Produkt
Hexokinase	Hexose	Hexose-6-phosphat
Fructokinase	Fructose	Fructose-6-phosphat
Mannokinase	Mannose	Mannose-6-phosphat
Galaktokinase	Galaktose	Galaktose-1-phosphat
Glucosaminkinase	Glucosamin	Glucosamin-6-phosphat
Phosphofructokinase	Fructose-6-phosphat	Fructose-1.6-diphosphat
Ribokinase	Ribose	Ribose-5-phosphat
Phosphoribokinase	Ribose-5-phosphat	Ribose-1.5-diphosphat
Ribulokinase	Ribulose	Ribulose-5-phosphat
Phosphoribulokinase	Ribulose-5-phosphat	Ribulose-1.5-diphosphat
Gluconokinase	Gluconsäure	6-Phosphogluconsäure
Glycerokinase	Glycerin	L-Glycerinphosphat
Glyceraldehydkinase	Glyceraldehyd	Glyceraldehyd-3-phosphat
Glyceratkinase	Glycerinsäure	3-Phosphoglycerinsäure

β) Überführung auf Nucleoside. Ein Beispiel ist die Bildung der Adenylsäure (Adenosin-5′-monophosphat, AMP) aus Adenosin und ATP:

$$\text{ATP} + \text{Adenosin} \rightarrow \text{AMP} + \text{ADP}\,. \qquad (34)$$

In entsprechender Weise werden andere Nucleoside zu Nucleotiden phosphoryliert, ebenso Desoxyribonucleoside, wie z. B. das Thymidin, das Thymidylsäure gibt. Analog ist auch die Bildung des Flavinmononucleotides (FMN) aus Riboflavin:

$$\text{ATP} + \text{Riboflavin} \rightarrow \text{FMN} + \text{ADP}\,. \qquad (35)$$

γ) Weitere Überführungen auf Alkoholgruppen. Die *Cholinkinase* führt mit Hilfe von ATP Cholin in Phosphorylcholin über. Letzteres ist ein Zwischenprodukt der Biosynthese des Lecithins und verwandter Stoffe (vgl. S. 876).

Die *Pyridoxalkinase* phosphoryliert Pyridoxal zu Pyridoxalphosphat, das als Coenzym in mehreren Enzymreaktionen, speziell in verschiedenen Umwandlungen der Aminosäuren, teilnimmt.

Die *Mevalonatkinase* führt mit ATP die Mevalonsäure in Mevalonsäure-5-phosphat über. Die Reaktion ist eine Stufe der Biosynthese der „isoprenoiden Einheit“, (Isopentenylpyrophosphat), aus welchem die Isoprenoide hervorgehen. (vgl. weiter S. 889).

b) Überführung der Phosphatgruppe auf eine Carboxylgruppe

Die *Phosphoglyceratkinase* katalyiert eine Reaktion, die meistens folgendermaßen geschrieben wird:

$$\text{1.3-Diphosphoglycerinsäure} + \text{ADP} \rightleftharpoons \text{ATP} + \text{3-phosphoglycerinsäure} \qquad (36)$$

Die Reaktion von links nach rechts wurde früher als irreversibel betrachtet, ist aber tatsächlich reversibel. Die Phosphoglyceratkinase aus Hefe ist in kristallisierter Form erhalten worden.

Die Reaktion von links nach rechts ist eine Teilreaktion des anaeroben Kohlenhydratabbaus (Glykolyse, Alkoholgärung usw.). Über die Bildung der 1.3-Diphosphoglycerinsäure vgl. S. 890).

Mit Hilfe der *Carbamatkinase* entsteht aus Kohlensäure und Ammoniak unter Mitwirkung von ATP das *Carbamylphosphat:*

$$ATP + CO_2 + NH_3 \rightleftharpoons H_2N\text{—}CO\text{—}O\text{—}PO(OH)_2 + ADP\,. \qquad (37)$$

Das Carbamylphosphat spielt als Carbamyl-Donator eine wichtige Rolle, u. a. in der Biosynthese des Harnstoffs; vgl. weiter S. 868 u. 902.

c) Überführung der Phosphatgruppe auf eine stickstoffhaltige Gruppe

Die *Kreatinkinase* phosphoryliert mit ATP das Kreatin zu *Kreatinphosphat* (Formel 38). Das Enzym kommt vor allem bei den Vertebraten vor. In den meisten Invertebraten wird es von der *Argininkinase* vertreten, die das Arginin in *Argininphosphat* (38) überführt. Beide Enzyme sind in kristallisierter Form bekannt.

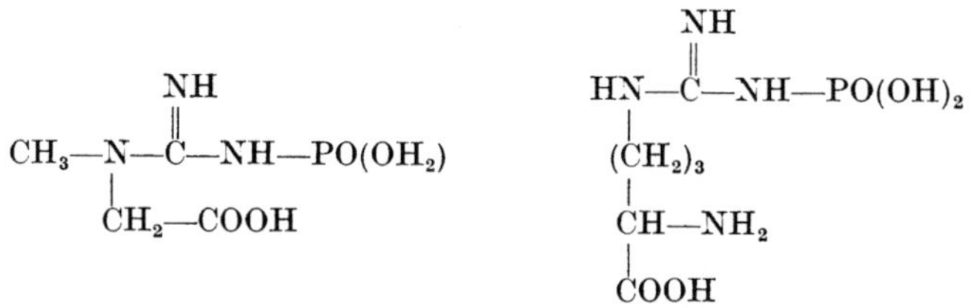

(38)

Kreatinphosphat Argininphosphat

Kreatin- und Argininphosphat, oft als *Phosphagene* bezeichnet, gehören wie schon erwähnt zu den „energiereichen" Phosphaten. Die hier erwähnten Enzyme bedingen Gleichgewicht der Phosphagene mit dem ADP-ATP-System, so daß die in den Phosphagenen gespeicherte Energie bei Bedarf durch Bildung von ATP mobilisiert werden kann.

d) Überführung einer Phosphatgruppe auf eine andere Phosphatgruppe

Die *Adenylatkinase* (oft *Myokinase* genannt) führt eine Phosphatgruppe von ATP auf Adenosinmonophosphat (Adenylsäure, AMP) über. Die Reaktionsformel wird also

$$ATP + AMP \rightarrow 2\,ADP\,. \qquad (39)$$

Das Enzym, das besonders im Muskel vorkommt, wirkt nur auf Adenosinphosphate, aber andere Enzyme bewirken analoge Umwandlungen anderer Nucleosidphosphate und Desoxynucleosidphosphate.

Die Adenylatkinase ist aus Kaninchenmuskel in kristallisierter Form erhalten worden.

Die *Phosphomevalonsäurekinase* phosphoryliert das Mevalonsäure-5-phosphat zu Mevalonsäure-5-pyrophosphat, ein Zwischenprodukt bei der Biosynthese der Isoprenoide, vgl. oben und S. 889.

e) Die Phosphomutasen

Die *Phosphoglucomutase* katalysiert eine reversible Umwandlung von Glucose-1-phosphat in Glucose-6-phosphat. Das Enzym ist weit verbreitet. Aus Skeletmuskel ist es kristallisiert erhalten worden.

Die Reaktion wurde früher als eine intramolekulare Umlagerung („Isomerisierung") betrachtet. Durch Arbeiten von L. F. Leloir (1948) wurde aber gezeigt, daß die Reaktion einen niedrigmolekularen Cofaktor bedarf, nämlich das Glucose-1,6-diphosphat. Die Reaktion ist tatsächlich eine intermolekulare Überführung der Phosphatgruppe in 1-Stellung des Diphosphates auf C-6 des Glucose-1-phosphates, wobei offenbar ein Molekül des Diphosphates zurückgebildet wird:

Glucose-1-phosphat + *Glucose*-1.6-diphosphat ⇌ Glucose-1.6-diphosphat +
+ *Glucose*-6-phosphat (40a)

Das Enzym scheint auch andere analoge Zuckerphosphate (Mannosephosphat, Galaktosephosphat) in derselben Weise umzuwandeln, und andere Enzyme katalysieren entsprechende Reaktionen der Glucosaminphosphate, Ribosephosphate usw. Der Mechanismus scheint überall derselbe zu sein.

Die *Phosphoglyceromutase* führt reversibel die 3-Phosphoglycerinsäure in 2-Phosphoglycerinsäure über. Die Reaktion ist eine Teilreaktion des anaeroben Kohlenhydratabbaues. Das Enzym ist allgemein vorkommend und ist aus Hefe kristallisiert erhalten worden.

Auch die Phosphoglyceromutase-Reaktion, die früher als eine Isomerisierung betrachtet wurde, erfordert einen Cofaktor, die 2.3-Diphosphoglycerinsäure. Die Reaktion kann also geschrieben werden:

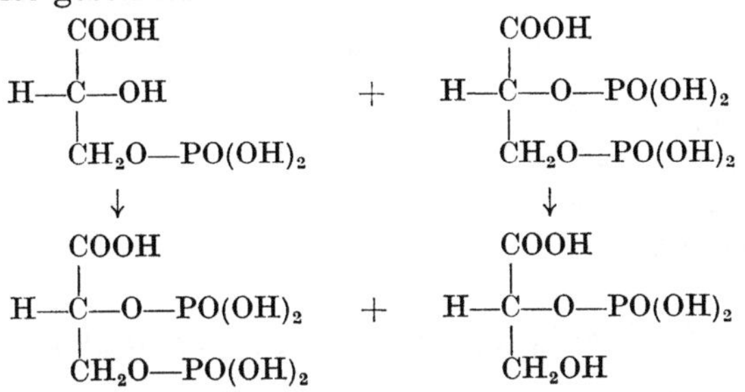

(40b)

2. Überführung von Pyrophosphatgruppen

Gewisse Enzyme, *Pyrophosphokinasen* genannt, führen von ATP eine Pyrophosphatgruppe auf Acceptoren über, wobei also Adenylsäure (AMP) zurückbleibt. In dieser Weise wird das 5-Phosphoribosyl-1-pyrophosphat gebildet:

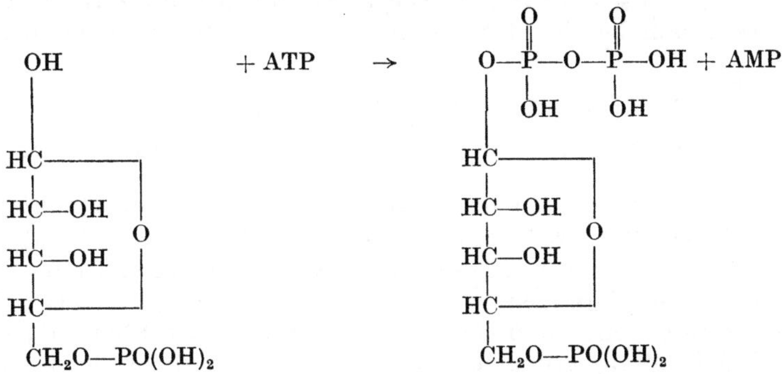

(41)

Ribose-5-phosphat 5-Phosphoribosyl-1-pyrophosphat

Die Biosynthese des *Thiaminpyrophosphates* (*Cocarboxylase;* vgl. S. 880) aus Thiamin (Vitamin B_1, Aneurin) durch die *Thiaminkinase*, deren Mechanismus lange umstritten gewesen ist, dürfte auch eine Überführung einer Pyrophosphatgruppe von ATP sein:

$$\text{Thiamin} + \text{ATP} \rightarrow \text{Cocarboxylase} + \text{AMP}\,. \qquad (42)$$

3. Überführung von Sulfatgruppen

Die Biosynthese der in biologischem Material häufig vorkommenden Schwefelsäureester ist keine Umkehr der Sulfatasewirkung, sondern eine Überführung der Sulfatgruppe von einem „energiereichen" Sulfatdonator (das „*aktive Sulfat*"), der von F. LIPMANN 1955 isoliert und charakterisiert wurde. Der Stoff ist Adenosin-3'-phosphat-5'-phosphosulfat:

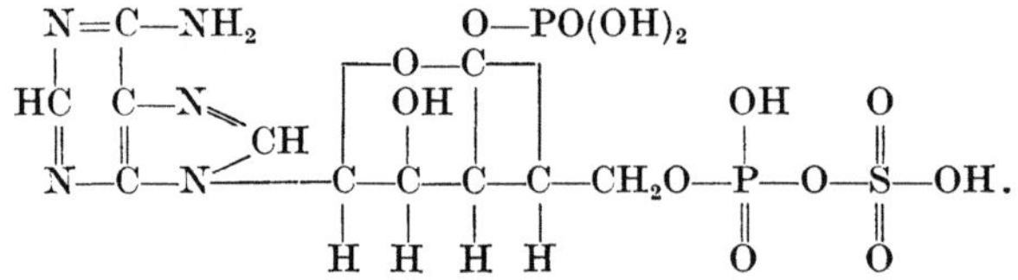

(43)

Die Bildung des Stoffes erfolgt in zwei Stufen:

$$\text{ATP} + \text{Sulfat} \rightleftharpoons \text{Adenosin-5'-phosphosulfat} + \text{Pyrophosphat} \qquad (44)$$

$$\text{ATP} + \text{Adenosin-5'-phosphosulfat} \rightleftharpoons \text{Adenosin-3'-phosphat-5'phosphosulfat} + \text{ADP} \qquad (45)$$

Die Reaktion (44) wird durch eine *ATP-Sulfurylase* katalysiert, die Reaktion (45) durch eine *Adenosinphosphosulfat-kinase.*

Von dem „aktiven Sulfat" wird durch spezifische Enzyme die Sulfatgruppe auf Acceptoren wie Phenole, Hydroxysteroide usw. überführt.

4. Überführung von Methylgruppen

Eine biologische Methylierung durch „methylabspaltende Stoffe" wurde schon in den neunziger Jahren von F. HOFMEISTER angenommen, um die Biosynthese von Stoffen, wie Cholin oder Kreatin, zu erklären. Grundlegend für das Verstehen der Transmethylierung sind später besonders Arbeiten von V. DU VIGNEAUD geworden. Er zeigte u. a., daß die essentielle Aminosäure Methionin im Futter der Ratten durch eine Mischung von Homocystein und Betain ersetzt werden kann, und daß dies darauf beruht, daß Methionin durch Transmethylierung gebildet wird:

$$(CH_3)_3\overset{+}{N}{-}CH_2{-}COO^- + HS{-}CH_2{-}CH_2{-}CH(NH_2){-}COOH$$
$$\rightarrow (CH_3)_2N{-}CH_2{-}COO^- + CH_3{-}S{-}CH_2{-}CH_2{-}CH(NH_2){-}COOH\,. \qquad (46)$$

Daß die Reaktion tatsächlich eine Überführung der Methylgruppe ist, wurde in Versuchen mit isotopmarkiertem Betain bewiesen (CD_3 anstatt CH_3).

Nur wenige Stoffe können an sich als *Methyldonatoren* fungieren; sie müssen offenbar „labile Methylgruppen" oder, anders ausgedrückt, „energiereich gebundene" Methylgruppen enthalten, damit die Überführungsreaktion möglich werde. Im Betain sind die Methylgruppen offenbar so gebunden, daß *eine* davon enzymatisch auf einen geeigneten Acceptor überführt werden kann; das Dimethylglycin dagegen ist kein Methyldonator. Wie das Betain wirken die *Thetine* (Sulfoniumverbindungen!), nicht aber z. B. die S-Methylthioglykolsäure:

$$(CH_3)_2\overset{+}{S}\text{—}CH_2\text{—}COO^- + \text{Acceptor} \rightarrow CH_3\text{—}S\text{—}CH_2\text{—}COO^- + \text{Acceptor-}CH_3\,. \qquad (47)$$

Von Verbindungen, deren Methylgruppen nicht an sich hinreichend „energiereich" gebunden sind, kann unter Umständen eine Methylüberführung geschehen, wenn für eine Energiezufuhr in geeigneter Weise gesorgt wird. Besonders wohl sind die Verhältnisse bei der Überführung der Methylgruppe des Methionins auf Acceptoren untersucht. Unter anaeroben Bedingungen erfordert diese Überführung ATP, und G. L. Cantoni konnte 1951 feststellen, daß eine Dephosphorylierung des ATP mit einer „Aktivierung" des Methionins verknüpft ist. Das „aktive Methionin" hat die Struktur eines *S-Adenosyl-methionins:*

$$\begin{array}{l}\text{Adenin-ribose-P—P—P} + CH_3\text{—}S\text{—}CH_2\text{—}CH_2\text{—}CH(NH_2)\text{—}COOH \rightarrow \\ \qquad \text{Adenin-ribose-}\underset{\displaystyle CH_3}{\underset{|}{\overset{+}{S}}}\text{—}CH_2\text{—}CH_2\text{—}CH(NH_2)\text{—}COOH + \text{Pyrophosphat} + \text{Phosphat}\,. \qquad (48)\end{array}$$

Vom S-Adenosyl-methionin (Sulfoniumverbindung!) kann die „labilisierte" Methylgruppe auf Acceptoren überführt werden, also z. B. auf Glycin unter Bildung von Betain, auf Äthanolamin unter Bildung von Cholin, auf Guanidinessigsäure unter Bildung von Kreatin oder auf Noradrenalin unter Bildung von Adrenalin.

5. Überführungen von „C_1-Fragmenten" („Transformylierung")

In diesen Reaktionen spielen Derivate der *Tetrahydrofolsäure* die Rolle von C_1-Donatoren *(„aktivierte Ameisensäure")*. Als Beispiel sei die Bildung des Serins aus Glycin angeführt:

$$\text{Glycin} + \text{10-Formyltetrahydrofolsäure} \rightleftharpoons \text{Serin} + \text{Tetrahydrofolsäure}\,. \qquad (49)$$

Eine wichtige Aufgabe hat die „aktivierte Ameisensäure" weiter z. B. in der Biosynthese der Purinnucleotide: Die Kohlenstoffatome C-2 und C-8 des Purinkerns stammen daraus. Über die C_1-überführenden Enzyme ist zur Zeit wenig bekannt.

6. Überführung der Carbamylgruppe, H_2N—CO—

Der Carbamyldonator ist das *Carbamylphosphat*, das mit Hilfe von ATP aus Kohlensäure und Ammoniak gebildet wird (S. 865). Eine wichtige Teilreaktion der Harnstoffsynthese ist die *Bildung des Citrullins* durch Überführung der Carbamylgruppe auf Ornithin

$$\begin{array}{lll} CH_2\text{—}NH_2 + H_2N\text{—}CO\text{—}O\text{—}PO(OH)_2 & \rightarrow & CH_2\text{—}NH\text{—}CO\text{—}NH_2 + \text{Phosphat} \\ | & & | \\ CH_2 & & CH_2 \\ | & & | \\ CH_2 & & CH_2 \\ | & & | \\ CH\text{—}NH_2 & & CH\text{—}NH_2 \\ | & & | \\ COOH & & COOH \\ \text{Ornithin} & & \text{Citrullin} \end{array} \qquad (50)$$

Ein zweites Beispiel ist die Überführung der Carbamylgruppe auf Asparaginsäure unter *Bildung von Ureidobernsteinsäure*, ein wichtiges Zwischenprodukt bei der Biosynthese der Pyrimidine:

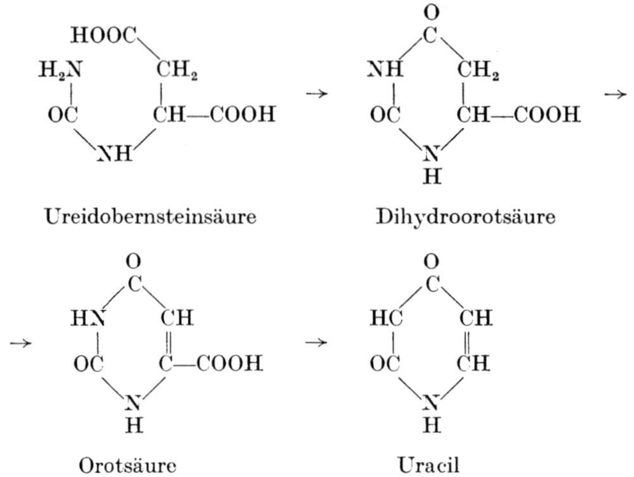

(51)

7. Transketolase („Glykolaldehyd-transferase“)

In den Pentose ⇌ Hexose-Umwandlungen, die Teilreaktionen der photosynthetischen Kohlensäureassimilation und des oxydativen Abbaues der Hexosephosphate *(Pentosecyclus)* sind, spielt das Enzym *Transketolase* eine wichtige Rolle. Das Enzym, das weit verbreitet vorkommt, ist in kristallisierter Form bekannt. Es führt eine Ketolgruppe („aktiven Glykolaldehyd“) von Ketosen, die am C-3 die Konfiguration der D-Xylulose haben, auf Acceptoraldehyde, einschließlich der Aldosen, über. Ein Beispiel ist die reversible Überführung von „Glykolaldehyd“ von Sedoheptulose-7-phosphat (Formel 52, a) auf Glyceraldehyd-3-phosphat (b) unter Bildung von Xylulose-5-phosphat (c) und Ribose-5-phosphat (d).

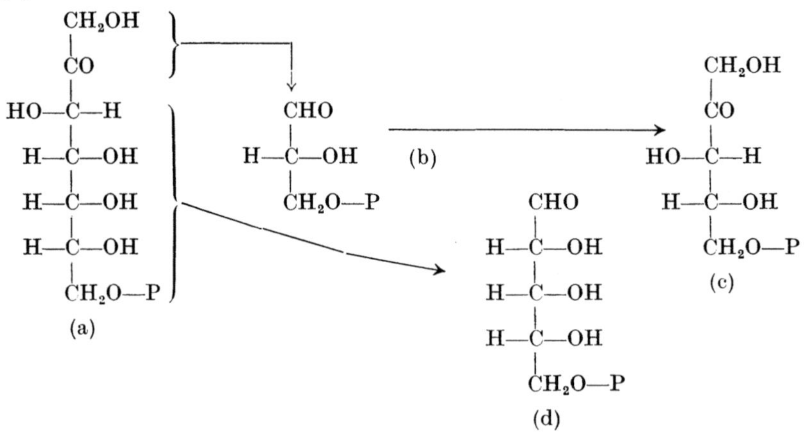

(52)

Die Reaktion ist zweifelsohne eine wahre Überführung; keine Reaktion tritt ein, wenn ein passender Acceptoraldehyd fehlt.

Die Transketolase erfordert als Coenzym das *Thiaminpyrophosphat*. Es erscheint wahrscheinlich, daß ein Glykolaldehyd-thiaminpyrophosphat-Enzymkomplex Primärprodukt ist, von welchem der Glykolaldehyd auf den Acceptor überführt wird (vgl. S. 880).

Ein Spezialfall der Transketolasereaktion ist die Decarboxylierung der Hydroxybrenztraubensäure in Anwesenheit eines Acceptoraldehyds.

8. Transaldolase

Die in der lebenden Natur weit verbreitete Transaldolase führt einen Dihydroxyacetonrest von einer Ketose, wie Fructose-6-phosphat oder Sedoheptulose-7-phosphat, auf Acceptoraldehyde, wie Glyceraldehyd-3-phosphat, Erythrose-4-phosphat oder Ribose-5-phosphat, über. Im folgenden Beispiel (Formel 53) wird vom Sedoheptulose-7-phosphat (a) der Dihydroxyacetonrest auf Glyceraldehyd-3-phosphat (b) unter Bildung von Fructose-6-phosphat (c) und Erythrose-4-phosphat überführt.

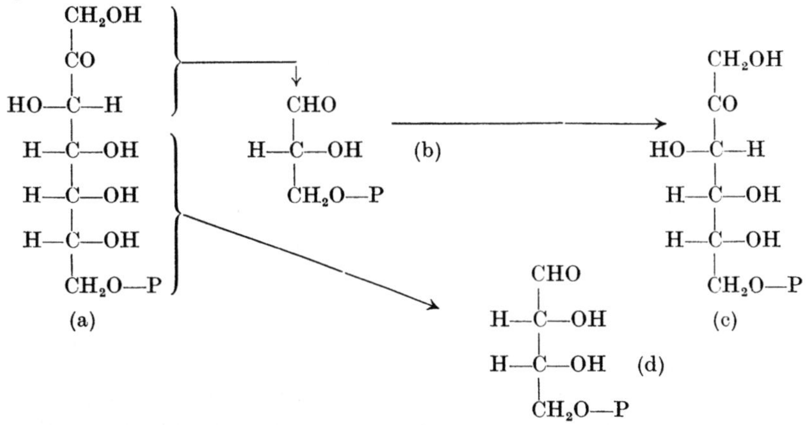

(53)

Wie die Transketolase ist auch die *Transaldolase* in den oben erwähnten Pentose-Hexose-Umwandlungen wirksam. Im Gegensatz zur Transketolase erfordert die Transaldolase kein Coenzym.

9. Überführung von Acylgruppen (Transacylasen)

Die enzymatischen Acylierungen bestehen in Überführungen von Acylgruppen von Thiolestern des Coenzyms A auf Acceptoren. Ein wichtiges Beispiel ist die *Biosynthese des Acetylcholins:*

D. NACHMANSOHN fand, daß für diese Synthese außer Enzym, Acetat und Cholin teils ATP, teils ein zweiter niedrigmolekularer Cofaktor notwendig ist. Dieser Cofactor wurde später mit dem Coenzym A identifiziert. Das ATP „aktiviert“ die Essigsäure, d. h. führt sie über das Acetyladenylat in Acetyl-SCoA über, von welchem die Acetylgruppe durch eine Acyltransferase auf das Cholin überführt wird.

Das bei der Acetylcholinsynthese wirksame Enzymsystem, das oft als *Cholinacetylase* bezeichnet wird, kommt besonders in Nervengewebe vor, d. h. in Geweben, die auch reich an Cholinesterase sind.

Bei der *Biosynthese von Fetten, Phosphatiden* usw. sind Acylderivate des Coenzyms A gleichfalls Zwischenprodukte, von welchen die Acylgruppen überführt werden. Ist der Acceptor z. B. α-Glycerophosphat, wird eine Phosphatidsäure gebildet.

Bei der *Biosynthese der Hippursäure*, Benzoylglycin, ist das Benzoyl-SCoA der Acyldonator.

Die *Biosynthese von Glykocholsäure und Taurocholsäure* erfolgt über das Cholyl-SCoA.

Acylierung von Aminen. Aromatische Amine wie *p*-Aminobenzoesäure und die verschiedenen Sulfonamide werden im Tierkörper acetyliert. Entsprechendes gilt auch für aliphatische Amine und Aminosäuren. In sämtlichen Fällen ist das Acetyl-SCoA der Acetyldonator. Die N-acetylierten Aminozucker, die in vielen komplexen Polysacchariden, Glykoproteiden usw. vorkommen, werden in derselben Weise gebildet.

10. Überführung von Glykosylgruppen

Mehrere verschiedene Typen von glykosyl-überführenden Enzymen *(Transglykosylasen)* sind bekannt. Die wichtigsten werden im folgenden kurz besprochen.

a) Phosphorylasen

Diese Enzyme katalysieren umkehrbare Reaktionen vom Typus

$$R{-}O{-}R' + H_3PO_4 \rightleftharpoons RO{-}PO(OH)_2 + R'{-}OH\,. \tag{54}$$

α) Disaccharid-phosphorylasen

Ein Beispiel ist die *Saccharose-phosphorylase*, die eine umkehrbare Phosphorolyse des Rohrzuckers bewirkt:

$$\text{Saccharose} + H_3PO_4 \rightleftharpoons \alpha\text{-Glucose-1-phosphat} + \text{Fructose}\,. \tag{55}$$

Das Enzym scheint nur in Mikroorganismen vorzukommen (über die Rohrzuckerbildung in höheren Pflanzen, vgl. weiter unten). Mit Saccharosephosphorylase aus einer *Pseudomonas*-Art führte W. Z. Hassid die erste enzymatische Rohrzuckersynthese durch.

Die Wirkung des Enzyms besteht in einer Überführung der Glucosylgruppe; wahrscheinlich ist dabei ein Glucosyl-Enzym ein Zwischenprodukt. Außer Phosphorsäure können auch gewisse Zuckerarten als Glucosylacceptoren dienen:

$$\text{Saccharose} + \text{L-Sorbose} \rightleftharpoons \text{Glucosido-L-Sorbosfuranosid} + \text{Fructose}\,. \tag{56}$$

Das Phosphat kann durch Arsenat ersetzt werden: In diesem Falle entsteht vermutlich zunächst ein Glucose-1-arsenat, das aber in Wasser spontan zerfällt, so daß die „arsenolytische“ Reaktion scheinbar eine Hydrolyse ist.

Da die Wirkung des Enzyms wie erwähnt gegen den Glucosylrest gerichtet ist, wird z. B. Raffinose nicht angegriffen, und Zuckerphosphate wie Galaktose-1-phosphat oder Xylose-1-phosphat geben mit Fructose keine Disaccharide. Läßt man das Enzym auf Saccharose in Anwesenheit von isotopmarkierter Fructose aber ohne Phosphat einwirken, so wird die markierte Fructose in die Saccharose eingebaut.

Andere Disaccharid-phosphorylasen wirken in entsprechender Weise auf andere Disaccharide wie Maltose und Cellobiose ein.

β) Glucanphosphorylase (Phosphorolytischer Abbau von Amylose, Amylopektin und Glykogen)

Bei Bedarf werden die Reservekohlenhydrate, d. h. bei den Tieren Glykogen, bei den meisten Pflanzen Stärke, mobilisiert. Man stellte sich früher vor, daß diese Mobilisierung mit einer Hydrolyse der Polysaccharide durch Enzyme von Amylasetypus eingeleitet werde. In 1935 wies aber J. Parnas nach, daß die erste Phase des Abbaues keine Hydrolyse, sondern eine Phosphorolyse ist. C. F. Cori und G. T. Cori zeigten, daß die Reaktion Glucose-1-phosphat liefert und daß die Reaktion umkehrbar ist. Später ist gezeigt worden, daß die Glucanphosphorylasen nur α-glucosidische 1.4-Bindungen angreifen: Amylose wird vollständig abgebaut, während Amylopektin und Glykogen außer Glucose-1-phosphat auch Grenzdextrine geben; vgl. die entsprechenden Verhältnisse bei der enzymatischen Hydrolyse dieser Polysaccaride, S. 860.

Die Wirkung der Glucanphosphorylasen kann schematisch folgendermaßen formuliert werden:

$$(\alpha\text{-1.4-Glucosyl})_n + H_3PO_4 \rightleftharpoons (\alpha\text{-1.4-Glucosyl})_{n-1} + \text{Glucose-1-phosphat}. \quad (57)$$

Da die Reaktion an und für sich umkehrbar ist, so lag selbstverständlich nahe anzunehmen, daß die Biosynthese von Stärke und Glykogen, oder jedenfalls die der Amylose, durch die Glucanphosphorylasen bewirkt wird. Neuere Untersuchungen stützen aber die Auffassung, daß die Phosphorylasen zwar beim Abbau der Polysaccharide wirksam sind, daß aber die biologische Synthese derselben einen anderen Mechanismus hat. Vgl. hierüber S. 874.

Die *Glucanphosphorylasen* sind weit verbreitet in tierischen Geweben (Muskel, Leber, Niere, Herz, Gehirn usw.), in höheren Pflanzen (Kartoffeln, Erbsen, Mais usw.), in Algen, Hefe und Bakterien. Aus Muskel von Kaninchen und Hummer sind kristallisierte Präparate gewonnen, sehr reine Präparate auch aus Leber und Kartoffeln.

Die *Muskelphosphorylase* kommt in zwei kristallisierten Formen, a und b, vor. Phosphorylase a wird durch Phosphatase in b umgewandelt; an Serin gebundenes Phosphat wird dabei freigesetzt. Umgekehrt kann mit ATP und einer Kinase die a-Form aus der b-Form zurückgenommen werden; dabei werden die Serinreste wieder phosphoryliert. Unter der Einwirkung von Trypsin wird Phosphorylase a unter Abspaltung eines phosphathaltigen Peptids in eine dritte Form, b′, umgewandelt. Diese Reaktion kann nicht rückgängig gemacht werden.

Die Phosphorylase a hat das Molekulargewicht 495,000; das Molekül enthält 8 P-Reste, wovon 4 als Serinphosphat und 4 als Pyridoxalphosphat gebunden sind. Die Phosphorylase b hat das halbe Molekulargewicht, enthält 2 Pyridoxalphosphat aber kein Serinphosphat. Phosphorylase b ist ein Dimer und Phosphorylase a ein tetramer eines Monomers mit dem Molekulargewicht 124,000. Fällt man bei pH 3—4 das Enzym mit Ammoniumsulfat aus, so wird das Pyridoxalphosphat freigesetzt; das Apoenzym ist monomer und enzymatisch inaktiv.

γ) Nucleosidphosphorylasen

Diese Enzyme kommen besonders in Tiergeweben und in Mikroorganismen vor. Sie katalysieren Reaktionen wie die folgenden:

$$\begin{array}{l} \text{Guanosin} + H_3PO_4 \rightleftharpoons \text{Guanin} + \text{Ribose-1-phosphat} \\ \text{Desoxyguanosin} + H_3PO \rightleftharpoons \text{Guanin} + \text{Desoxyribose-1-phosphat}. \end{array} \quad (58)$$

Mehrere Enzyme mit verschiedener Spezifität sind nachgewiesen worden. Einige greifen vorzugsweise Purinnucleoside, andere Pyrimidinnucleoside an. Da die bei der Phosphorolyse entstehenden Zuckerphosphate α-Form haben, und die aus den Nucleinsäuren stammenden Nucleoside β-glykosidisch sind, so tritt offenbar bei der Phosphorolyse eine Waldensche Umkehrung ein.

b) Biosynthese von Dextranen und Fructanen

Gewisse Bakterien, z. B. *Leuconostoc mesenteroides*, bilden auf Rohrzuckerlösungen sehr hochmolekulares *Dextran* unter Freisetzung von Fructose. Das bei der Synthese wirksame Enzym (oder Enzymsystem), *Dextransaccharase* genannt, wird von den Bakterien ins Medium abgegeben. Die Dextransynthese kann im Prinzip folgendermaßen beschrieben werden:

$$\text{Saccharose} + (\alpha\text{-1.6-Glucosyl})_n \rightarrow (\alpha\text{-1.6-Glucosyl})_{n+1} + \text{Fructose}. \quad (59)$$

Das natürliche Dextran enthält größtenteils α-1,6-Bindungen aber auch im variierendem Umfang α-1.4- und α-1.3-Bindungen. Ob ein oder mehrere Enzyme für die Synthese der verschiedenen Bindungen erforderlich ist, ist noch nicht klargelegt.

Für die Dextransynthese ist außer Saccharose und Enzym auch ein „Keimmolekül" *(„primer")* notwendig, dessen Kette, wie die Formel (59) zeigt, durch die Enzymwirkung verlängert wird. Die Reaktion ist eine wahre Überführung; auf eine Mischung von Glucose und Fructose hat das Enzym keine Wirkung. In Zuckerfabriken können Infektionen mit dextranbildenden Bakterien beträchtliche Schwierigkeiten verursachen.

Die Biosynthese des in vielen Pflanzen, insbesondere den Compositeen, vorkommenden *Inulins*, kann im Prinzip durch die Formel (60) veranschaulicht werden

$$\text{Saccharose} + (\beta\text{-2.1-Fructosyl})_n \rightarrow (\beta\text{-2.1-Fructosyl})_{n+1} + \text{Glucose}. \qquad (60)$$

In einer analogen Reaktion (Formel 61) bilden Enzyme in gewissen Bakterien, wie z. B. *Acetobacter laevanicum*, auf Saccharose-Substrat *Laevan*. Das Enzym wird von den Organismen ins Medium abgegeben.

$$\text{Saccharose} + (\beta\text{-2.6-Fructosyl})_n \rightarrow (\beta\text{-2.6-Fructosyl})_{n+1} + \text{Glucose}. \qquad (61)$$

c) Bildung der Cycloamylosen

F. SCHARDINGER fand im Jahre 1905, daß *Aerobacillus macerans* auf stärkehaltigen Substraten große Mengen von kristallisierten Dextrinen (Schardinger-Dextrinen, Cycloamylosen) bildet. Der Organismus gibt ins Medium ein Enzym derselben Wirkung ab. Es wird oft „Macerans-Amylase" genannt, ist aber eine Transferase.

Die Schardingerdextrine sind nicht-reduzierend. Die Hauptprodukte der Enzymwirkung. die α- und β-Cycloamylosen, enthalten 6 bzw. 7 Glucoseresten im Molekül und sind, wie von K. FREUDENBERG gezeigt wurde, ringförmig gebaut; sämtliche Bindungen sind α-glucosidische 1.4-Bindungen. Die Wirkung des Macerans-enzyms besteht in einer Sprengung von α-1.4-Bindungen in Polyglucoseketten von Amylose-typus unter gleichzeitiger Ausbildung neuer Bindungen derselben Art, wobei u. a. die cyclischen Dextrine gebildet werden. Die Enzymwirkung ist reversibel und dürfte allgemein als eine Art „Redistribution" von Glucoseresten zwischen offenen und ringförmigen Dextrinen beschrieben werden können. Daß vorwiegend Cycloamylosen mit 6 oder 7 Gliedern gebildet werden, hängt offenbar mit sterischen Verhältnissen zusammen, möglicherweise damit, daß in der Amylose und in den Endketten des Amylopektins eine Spiralstruktur vorkommt.

d) Transglykosylierung von Nucleotidderivaten

Die Entdeckung der Uridin-diphosphat-glucose (UDP-Glucose) durch L. F. LELOIR (1949) hat sich für ein großes Gebiet der Enzymchemie als fundamental wichtig erwiesen. Nicht am wenigsten für die enzymatische Überführung von Glykosylgruppen und für gewisse ähnliche Reaktionen sind UDP-Glucose und analoge Stoffe von Bedeutung.

Der Bau der UDP-Glucose geht aus der Formel (62) hervor:

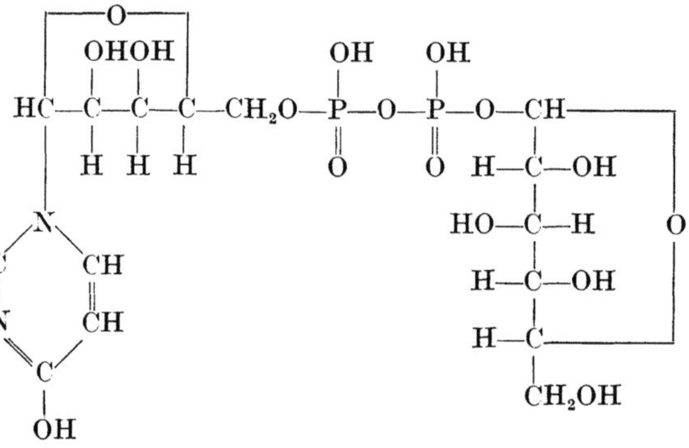

(62)

Die Biosynthese der UDP-Glucose (Formel 63) und analoger Verbindungen wird durch Pyrophosphorylasen katalysiert; vgl. S. 877.

$$\text{Uridintriphosphat (UTP)} + \text{Glucose-1-phosphat} \rightleftharpoons \text{UDP-Glucose} + \text{Pyrophosphat}\,. \qquad (63)$$

Die Entdeckung der UDP-Glucose (und UDP-Galaktose) wurde in Zusammenhang mit Untersuchungen über die Galaktosegärung der Hefe gemacht, in deren Verlauf eine Epimerisierung Galaktose ⇌ Glucose stattfindet. Über enzymatische Epimerisierung, vgl. weiter S. 886.

Die Bedeutung der Nucleotide vom Typus der UDP-Glucose für enzymatische Überführungsreaktionen wird im folgenden exemplifiziert.

α) Uridin-diphosphat-glucose (UDP-Glucose)

Die *Biosynthese des Rohrzuckers* in höheren Pflanzen (Zuckerrohr usw.) ist, im Gegensatz zu der in Mikroorganismen, eine Überführung des Glucosylrestes von UDP-Glucose:

$$\text{UDP-Glucose} + \text{Fructose} \rightleftharpoons \text{Saccharose} + \text{UDP}\,, \qquad (64)$$

(UDP = Uridindiphosphat). Extrakte aus höheren Pflanzen katalysieren mehrere analoge Reaktionen, z. B.

$$\text{UDP-Glucose} + \text{Xylulose} \rightleftharpoons \text{Glucosyl-xylulosid} + \text{UDP}\,. \qquad (65)$$

Die *Biosynthese der Trehalose* (Formel 66) erfolgt in Hefe über das Trehalosemonophosphat:

$$\text{UDP-Glucose} + \text{Glucose-6-phosphat} \rightleftharpoons \text{Trehalosemonophosphat} + \text{UDP}\,. \qquad (66)$$

Biosynthese von Heterosiden aus UDP-Glucose und Phenolen ist nachgewiesen worden. Es ist anzunehmen, daß auch andere UDP-Zucker und andere Aglykone in derselben Weise reagieren. Beispiel:

$$\text{UDP-Glucose} + \text{Hydrochinon} \rightleftharpoons \text{Arbutin} + \text{UDP}\,. \qquad (67)$$

Biosynthese von Amylose, Amylopektin und Glykogen. Wie schon erwähnt (S. 872) wurde früher angenommen, daß diese Synthese im wesentlichen eine Umkehr der Glucanphosphorolyse sei. Untersuchungen von L. F. LELOIR haben aber gezeigt, daß der Mechanismus der Synthese ein anderer ist, und zwar eine Überführung von Glucose aus UDP-Glucose auf ein Keimmolekül („primer"), also schematisch

$$\text{UDP-Glucose} + (\alpha\text{-1.4-Glucosyl})_n \rightarrow (\alpha\text{-1.4-Glucosyl})_{n+1} + \text{UDP}\,. \qquad (68)$$

Die Reaktion scheint praktisch irreversibel zu sein.

Die Bildung verzweigter Moleküle aus den unverzweigten Ketten der Amylose wird durch besondere Transglucosidasen bewirkt; unter den „*verzweigenden Enzymen*" ist besonders das sog. *Q-Enzym* aus Kartoffeln näher untersucht. Seine Wirkung dürfte folgendermaßen beschrieben werden können: Das Enzym sprengt in Amylose eine 1.4-Bindung, bindet das abgesprengte Kettenstück und führt es auf eine OH-Gruppe am C-6 eines Glucoserestes in einer Amylosekette über, wobei eine 1.6-Bindung, d. h. eine Verzweigung entsteht.

Die *Biosynthese der Cellulose* ist weniger eingehend untersucht, und es wäre wohl verfrüht, die UDP-Glucose als universellen Glucosedonator zu bezeichnen. Mit *Azotobacter xylinum* und daraus gewonnenen Extrakten ist aber eine Bildung von Cellulose aus UDP-Glucose nachgewiesen worden.

β) Uridin-diphosphat-galaktose (UDP-Galaktose)

Biosynthese der Lactose. UDP-Galaktose wird durch Epimerisierung von UDP-Glucose gebildet (S. 886). Von UDP-Galaktose wird der Galaktosylrest auf Glucose (oder möglicherweise Glucose-1-phosphat) unter Bildung von Lactose (Lactose-1-phosphat) von einer spezifischen Transferase überführt.

Bei der *Biosynthese von Galaktolipiden* und verwandten Stoffen spielt die UDP-Galaktose die Rolle des Galaktosyl-Donators.

γ) Uridin-diphosphat-uronsäuren

Die *Biosynthese der Glucuronsäure* erfolgt durch eine UDP-Glucose-dehydrogenase, wobei das Diphosphopyridin-nucleotid, DPN^+ (vgl. S. 887) der Wasserstoffacceptor ist:

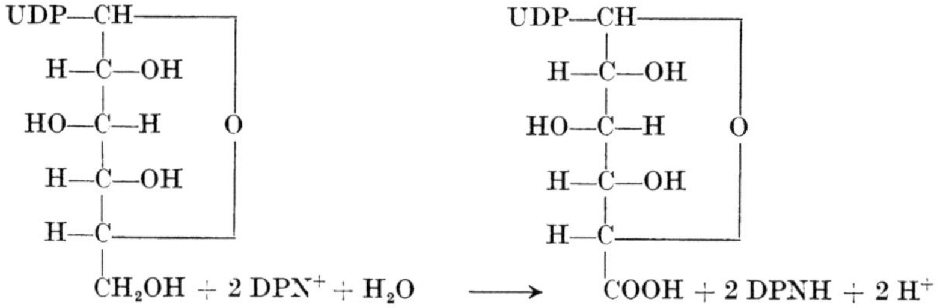

(69)

Die Reaktion ist eine Teilreaktion der Biosynthese der Ascorbinsäure.

Die *Biosynthese der Glucuronide* besteht in einer Überführung des Glucuronsäurerestes von UDP-Glucuronsäure auf Acceptoren, z. B. auf ein Phenol:

$$\text{UDP-Glucuronsäure} + \text{Ar—OH} \rightleftharpoons \text{Ar—O-Glucuronsäure} + \text{UDP} \qquad (70)$$

Es kann angenommen werden, daß UDP-Glucuronsäure und analoge Verbindungen anderer Uronsäuren bei der Biosynthese uronsäurehaltiger Polysaccharide und Glykoproteide Donatoren sind.

Eine der Epimerisierung UDP-Glucose ⇌ UDP-Galaktose entsprechende Epimerisierung UDP-Glucuronsäure ⇌ UDP-Galakturonsäure ist beobachtet worden.

δ) Uridin-diphosphat-aminozucker

Verbindungen dieser Art sind aus Bakterien (u. a. *Staphylococcus aureus* und *Lactobacillus helveticus*), besonders nach Penicillinbehandlung der Organismen, isoliert worden. Die Verbindungen kommen auch in animalen Geweben vor, und es kann angenommen werden, daß sie bei der Biosynthese von Chitin, komplexen Polysacchariden und Glykoproteiden als Donatoren mitwirken.

Die enzymatische Epimerisierung von UDP-N-Acetylglucosamin ⇌ UDP-N-Acetylgalaktosamin ist beobachtet worden. UDP-N-Acetylglucosamin-6-phosphat und UDP-N-Acetylgalaktosamin-6-sulfat kommen in biologischem Material vor.

ε) Guanosin-nucleotide

Guanosin-diphosphat-mannose (GDP-Mannose) ist aus Hefe isoliert worden. Die Annahme ist berechtigt, daß die Verbindung bei der Biosynthese von Polymannanen (wie z. B. Hefegummi), komplexen Polysacchariden usw. der Mannose-Donator ist.

Die Bildung von GDP-Fucose aus GDP-Mannose ist in Extrakten von *Aerobacillus aerogenes* beobachtet worden. In biologischem Material nachgewiesen sind weiter GDP-Glucose, GDP-Galaktose und GDP-Colitose (Colitose = 3.6-Didesoxy-L-Galaktose).

ζ) Thymidin-nucleotide

Mehrere zuckerhaltige Thymidinnucleotide, wie TDP-Glucose und TDP-Mannose sind isoliert worden; sie dürften bei der Biosynthese komplexer Polysaccharide usw. dieselbe Rolle spielen wie die oben erwähnten UDP- und GDP-Zucker.

η) Cytidin-nucleotide

Die folgenden Verbindungen sind Donatoren in Reaktionen, die formell nicht Transglykosylierungen sind, die aber damit nahe verwandt sind.

Cytidin-diphosphat-cholin (CDP-Cholin) und CDP-Äthanolamin sind Zwischenstoffe bei der Phosphatidsynthese. Ein Beispiel ist die Lecithinsynthese, die schematisch folgendermaßen veranschaulicht werden kann:

$$\text{Cytidintriphosphat} + \text{Phosphorylcholin} \rightleftharpoons \text{CDP-Cholin} + \text{Pyrophosphat} \qquad (71)$$

$$\text{CDP-Cholin} + \alpha.\beta\text{-Diglycerid} \rightleftharpoons \text{Lecithin} + \text{Cytidinmonophosphat} \qquad (72)$$

Entsprechendes gilt für die Biosynthese von Kephalin und Sphingomyelin.

CDP-Glycerin und *CDP-Ribit* sind aus Mikroorganismen wie z. B. *Lactobacillus arabinosus* isoliert worden. Wahrscheinlich sind sie Zwischenstoffe bei der Biosynthese der besonders von J. Baddiley studierten polymeren Glycerinphosphate bzw. Ribitphosphate *(„teichoic acids“)*, die wichtige Bestandteile der Zellwände mehrerer Bakterien sind.

11. Überführung von Aminogruppen (Transaminierung)

Die Transaminierung besteht in einer reversiblen Überführung der Aminogruppe einer Aminosäure, meistens einer „natürlichen“ L-Aminosäure, auf eine Carbonylverbindung, vorzugsweise eine α-Ketosäure. Schematisch kann die Reaktion geschrieben werden:

$$H_2N{-}\overset{\displaystyle COOH}{\underset{\displaystyle R}{C}}{-}H + \overset{\displaystyle COOH}{\underset{\displaystyle R'}{C}}{=}O \rightleftharpoons \overset{\displaystyle COOH}{\underset{\displaystyle R}{C}}{=}O + H_2N{-}\overset{\displaystyle COOH}{\underset{\displaystyle R'}{C}}{-}H \qquad (73)$$

Daß die Reaktion tatsächlich eine enzymatische Überführung ist, wurde zuerst von A. E. Braunstein und M. G. Kritzmann 1937 klar ausgesprochen. Der endgültige Beweis wurde durch Versuche mit ^{15}N-markierten Substraten erbracht.

Braunstein und Kritzmann beschrieben die Transaminierungen

$$\text{L-Glutaminsäure} + \text{Oxalessigsäure} \rightleftharpoons \alpha\text{-Ketoglutarsäure} + \text{Asparaginsäure} \qquad (74)$$

und

$$\text{L-Glutaminsäure} + \text{Brenztraubensäure} \rightleftharpoons \alpha\text{-Ketoglutarsäure} + \text{Alanin} \qquad (75)$$

Später ist gezeigt worden, daß viele, vielleicht alle natürlich vorkommenden Aminosäuren mit α-Ketoglutarsäure und mehreren anderen Carbonylverbindungen in derselben Weise reagieren.

Die Transaminasen erfordern für ihre Aktivität ein Coenzym, das Pyridoxalphosphat. Es erscheint wahrscheinlich, daß die Transaminierung durch die Bildung einer Schiffbase (76a) eingeleitet wird; Verschiebung der Doppelbindung und Hydrolyse gibt Pyridoxaminphosphat (76b), daß weiter mit einer Carbonylverbindung unter Bildung einer Aminosäure und Pyridoxalphosphat reagieren kann:

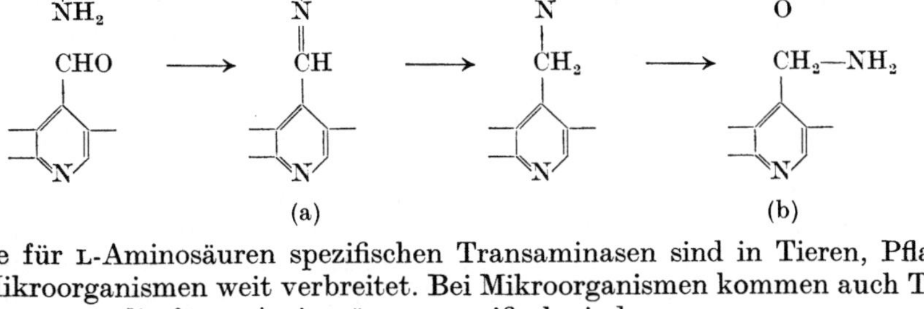

(a) (b) (76)

Die für L-Aminosäuren spezifischen Transaminasen sind in Tieren, Pflanzen und Mikroorganismen weit verbreitet. Bei Mikroorganismen kommen auch Transaminasen vor, die für D-Aminosäuren spezifisch sind.

12. Überführung von Nucleotidresten

a) Biosynthese von niedrigmolekularen Nucleotiden

In diesen Reaktionen sind Enzyme beteiligt, die meistens als *Pyrophosphorylasen* bezeichnet werden, weil in den Reaktionen Pyrophosphat freigesetzt wird. Das Wesen der Reaktionen ist aber eine Überführung von Nucleotidresten. Reaktionen dieser Art sind die Biosynthesen der Nucleotid-derivate vom Typus der UDP-Glucose (S. 873) und weiter die Biosynthesen der Dinucleotid-coenzyme. Ein Beispiel ist die weit verbreitete Pyrophosphorylase, die das Diphosphopyridinnucleotid (DPN^+) nach der Formel (77) synthetisiert.

$$\text{ATP} + \text{Nicotinamid-mononucleotid} \rightleftharpoons \text{DPN}^+ + \text{Pyrophosphat} \qquad (77)$$

Analog ist die Biosynthese des Flavin-adenin-dinucleotides (FAD) aus ATP und Flavinmononucleotid (FMN)

$$\text{ATP} + \text{FMN} \rightleftharpoons \text{FAD} + \text{Pyrophosphat} \qquad (78)$$

Eine entsprechende Reaktion zwischen ATP und Phosphopantothensäure ist eine Stufe der Biosynthese des Coenzyms A.

b) Biosynthese der Polynucleotide

α) Biosynthese der Ribonucleinsäure

1955 zeigte S. OCHOA, daß ein Enzympräparat aus *Azotobacter vinelandii* die Bildung eines hochmolekularen, ribonucleinsäureähnlichen Produktes aus Nucleosid-diphosphaten in Anwesenheit eines „primers" katalysiert. Schematisch kann die Reaktion geschrieben werden:

$$\text{Base-ribose-P-P} + (\text{Base-ribose-P})_n \rightleftharpoons (\text{Base-ribose-P})_{n+1} + \text{Phosphat} \qquad (79)$$

Die Reaktion nach links ist offenbar dem phosphorolytischen Abbau der Polysaccharide formell ähnlich, und die in der Reaktion (79) beteiligten Enzyme werden *Polynucleotid-phosphorylasen* genannt.

In Formel (79) bedeutet „Base" eine der folgenden Verbindungen: Adenin, Guanin, Hypoxanthin, Uracil oder Cytosin. Läßt man das Enzym auf eine Mischung der Diphosphate des Adenosins, Guanosins, Uridins und Cytidins einwirken, so wird ein Produkt erhalten, das nativer Ribonucleinsäure sehr ähnlich ist. Das Produkt ist ein komplexes Polynucleotid, nicht eine Mischung einfacher Polynucleotide. Bemerkenswert ist aber, daß das Enzym aus *einem* Nucleosiddiphosphat, z. B. ADP, in Anwesenheit eines „primers" ein einfaches Polynucleotid aufbaut, in dem gewählten Beispiel also Polydenylsäure.

Die Polynucleotidphosphorylase ist, außer in *Azotobacter vinelandii*, in mehreren Mikroorganismen nachgewiesen worden; dagegen ist ihr Vorkommen in animalen Geweben zweifelhaft. Die physiologische Bedeutung des Enzyms muß, jedenfalls was die *synthetische* Wirkung betrifft, als ungewiß betrachtet werden.

In tierischen Geweben ist eine Synthese von Ribonucleinsäure aus den *Nucleosid-triphosphaten* nachgewiesen worden, die vermutlich größere physiologische Bedeutung hat als die oben erwähnte. Die Reaktion von OCHOA war auf alle Fälle das erste Beispiel einer enzymatischen Polynucleotidsynthese, und kinetische und andere Untersuchungen der Polynucleotidphosphorylase haben Ergebnisse von großem Interesse geliefert. Die erwähnten, vom Enzym synthetisierten einfachen Polynucleotide (Polyadenylsäure, Polyuridylsäure usw.) haben sich als vereinfachte Modelle der Ribonucleinsäure von großem Wert gezeigt.

β) Biosynthese der Desoxyribonucleinsäure (DNS)

Untersuchungen von A. KORNBERG seit 1956 haben gezeigt, daß bei der Biosynthese der DNS die Nucleosidtriphosphate das Ausgangsmaterial sind; ein „primer" ist bei der Reaktion erforderlich. Die Reaktion ist eine Pyrophosphorolyse und kann schematisch geschrieben werden:

$$\text{Base-desoxyribose-P-P-P} + (\text{Base-desoxyribose-P})_n \rightleftharpoons (\text{Base-desoxyribose-P})_{n+1} + \text{Pyrophosphat} \quad (80)$$

Zum Unterschied vom Enzym OCHOAs gibt das Kornbergsche Enzym eine Polynucleotidsynthese nur in Gegenwart aller der vier in DNS normal vorkommenden Nucleosidphosphate, d. h. die Triphosphate des Thymidins, Desoxycytidins, Desoxyadenosins und Desoxyguanosins. Als „primer" scheint nur DNS wirksam zu sein; RNS hat keine Primerwirkung und auch nicht Hydrolysate von DNS.

Desoxyribosid-triphosphate gewisser Analogen der in DNS natürlich vorkommenden Basen können in die enzymatisch synthetisierten Polynucleotide inkorporiert werden. Uracil und 5-Bromuracil können Thymin, und *nur* Thymin, ersetzen. 5-Methylcytosin und 5-Bromcytosin können anstatt Cytosin, und Hypoxanthin anstatt Guanin inkorporiert werden. Beobachtungen dieser Art stützen offenbar die Theorie über die paarweise Anordnung der Basen in der Doppelspirale des DNS-Moleküls.

Offenbar können die hier besprochenen Mechanismen der Polynucleotidsynthese allein keine Erklärung geben für die Entstehung der spezifischen Nucleotidsequenzen, die für verschiedene Nucleinsäuren charakteristisch sein müssen. Zweifelsohne spielt hierbei der sog. primer die entscheidende Rolle, und zwar nicht nur als ein *Keimmolekül*, von welchem das neue Molekül durch Anknüpfen neuer Nucleotide herauswächst, sondern als ein *Muster* für den Aufbau bestimmter Nucleotidsequenzen. Man nimmt an, daß eine Entwindung der Doppelspirale des Primermoleküls eintritt und daß auf den Einzelsträngen komplementär Ketten aufgebaut werden.

III. Lyasen

Als Lyasen werden, wie schon erwähnt, Enzyme bezeichnet, die aus den Substraten Gruppen entfernen, wobei Doppelbindungen entstehen. Umkehr der Reaktionen bedeutet offenbar Addition an Doppelbindungen. Je nach Art der bei der Reaktion gesprengten bzw. synthetisierten Bindung kann eine Einteilung der Lyasen erfolgen.

1. Decarboxylasen

Viele organische Säuren können enzymatisch decarboxyliert werden; besonders gilt dies für Aminosäuren und Ketosäuren.

a) Decarboxylierung der Aminosäuren

Bildung von Aminen aus Aminosäuren, z. B. bei Fäulnis von eiweißhaltigem Material, wurde schon früh beobachtet. Die Aminbildung beruht im wesentlichen auf der Tätigkeit von Mikroorganismen. Besonders durch Arbeiten von E. F. GALE sind in Mikroorganismen eine Reihe von Aminosäuredecarboxylasen nachgewiesen worden. Die Enzyme kommen aber auch in Tiergeweben und in Pflanzen vor. Sie sind ausgesprochen spezifisch; im allgemeinen greift eine Aminosäuredecarboxylase nur eine einzige Aminosäure an. Die Enzyme können in mehreren Fällen bei quantitativer Bestimmung von Aminosäuren ausgenutzt werden.

Allgemein kann die Aminosäuredecarboxylierung folgendermaßen geschrieben werden:

$$\underset{\displaystyle\mathrm{COOH}}{\mathrm{R{-}CH{-}NH_2}} \longrightarrow \mathrm{R{-}CH_2{-}NH_2} + \mathrm{CO_2} \qquad (81)$$

Die Wirkung der Aminosäuredecarboxylasen ist von einem Coenzym, dem Pyridoxalphosphat, abhängig. Man nimmt an, daß, wie bei der Transaminierung, zuerst eine Schiff-Base (Formel 82a) entsteht, die durch Verlust von CO_2 das mesomere Ion (82b) gibt. (Die Iminosäure bzw. ein Derivat davon kann nicht Zwischenprodukt sein, da bei Versuchen in schwerem Wasser nur ein, und nicht zwei D-Atome am α-Kohlenstoffatom eingeführt wird.) Aus (b) entsteht durch Anlagerung eines Protons die Schiffbase (c) und daraus durch Hydrolyse das Amin (e) und Pyridoxalphosphat (d).

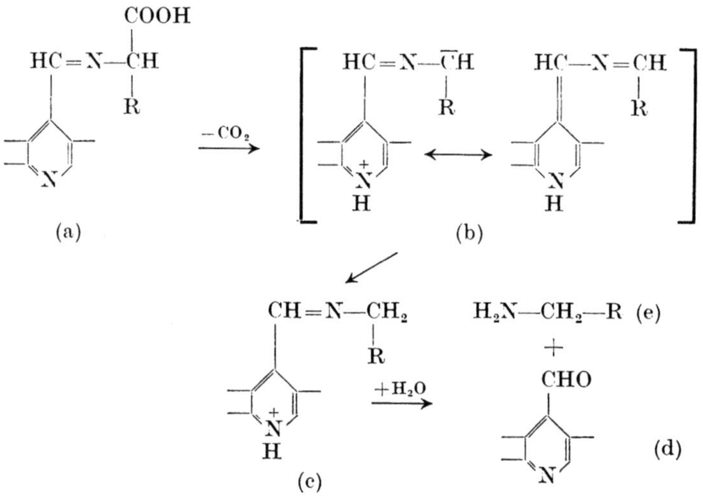

(82)

Die Tab. 3 gibt einige Beispiele von Aminosäuredecarboxylierungen, die wohl untersucht sind.

Die physiologische Bedeutung der Aminosäuredecarboxylasen ist zum großen Teil unbekannt; jedenfalls gilt dies bei den mikrobiellen Enzymen. Bemerkenswert ist aber, daß die Decarboxylierungsprodukte, die „*biogenen Amine*", in vielen Fällen auffallende physiologische Wirkung zeigen. Da die Amine von den Aminoxydasen (S. 900) abgebaut werden, ist denkbar, daß ein Zusammenspiel von Aminosäuredecarboxylasen und Aminoxydasen die Konzentration der Amine in den Geweben reguliert.

Das *Taurin* wird für die Synthese der Taurocholsäure ausgenutzt. *β-Alanin* und *Cysteamin* (Mercaptoäthylamin) sind Bestandteile des Coenzyms A. Das *Äthanolamin* ist Muttersubstanz des Cholins; beide Stoffe kommen in den Phosphatiden vor. *1-Aminopropanol-2* tritt in Vitamin B_{12} auf. *γ-Aminobuttersäure* wird besonders im Gehirn angetroffen und hat dort vielleicht eine spezielle Bedeutung. Das *Histamin* hat sehr starke blutdrucksenkende Wirkung. Blutdruckwirksam sind auch die aus den aromatischen Aminosäuren stammenden Amine.

b) Decarboxylierung von α-Ketosäuren

Das typische Substrat der Decarboxylasen ist die Brenztraubensäure. Gut untersucht ist u. a. das Enzym in Hefe, 1911 von C. NEUBERG entdeckt, das in der Alkoholgärung die aus dem Zucker entstehende Brenztraubensäure in Acetaldehyd und CO_2 spaltet. Das Enzym greift auch andere α-Ketosäuren an, einige jedoch nur sehr langsam.

Tabelle 3. *Decarboxylierung von Aminosäuren*

Aminosäure	Produkt	Vorkommen des betr. Enzyms, u. a. in
Glutaminsäure	γ-Aminobuttersäure	Mikroorganismen, Pflanzen, Gehirn, Leber
Asparaginsäure	α-Alanin	Mikroorganismen, z. B. *Clostr. welchii*
Asparaginsäure	β-Alanin	Mikroorganismen
Serin	Äthanolamin	Mikroorganismen
Threonin	1-Aminopropanol-2	Mikroorganismen, z. B. *Strept. griseus*
Cystein	Cysteamin	Mikroorganismen, auch Tiergeweben
Cysteinsäure	Taurin	Leber, Milz, Gehirn
Ornithin	Putrescin	Mikroorganismen, z. B. *Clostr. septicum*
Lysin	Cadaverin	Mikroorganismen, z. B. *Clostr. cadaveris*
Diaminopimelinsäure	Lysin	Mikroorganismen, z. B. *E. coli*
Phenylalanin	β-Phenyläthylamin	Mikroorganismen, z. B. *Strept. faecalis*
Tyrosin	Tyramin	*Strept. faecalis*, Niere
3.4-Dihydroxyphenylalanin	3.4-Dihydroxyphenyläthylamin	Mikroorganismen, Niere, Leber, Pankreas
3.4-Dihydroxyphenylserin	Noradrenalin	Niere, Nebenniere
Arginin	Agmatin	Mikroorganismen, z. B. *E. coli*
Histidin	Histamin	Mikroorganismen, Leber, Niere
Tryptophan	Tryptamin	Niere (Meerschweinchen, Kaninchen)
5-Hydroxytryptophan	Serotonin	Niere, Gehirn

Untersuchungen an der Hefencarboxylase führten zur Separation von Apocarboxylase und Cocarboxylase (E. AUHAGEN 1932). Die Cocarboxylase wurde später von K. LOHMANN als Thiaminpyrophosphat identifiziert.

Decarboxylasen, die α-Ketosäuren in Aldehyd und CO_2 spalten, kommen nur im Pflanzenreich vor. In tierischen Geweben ist die Decarboxylierung der α-Ketosäuren oxydativ und führt im Falle der Brenztraubensäure zu Acetyl-Coenzym A und CO_2 (vgl. weiter unten).

Untersuchungen über die Decarboxylierung der Brenztraubensäure zu Acetaldehyd und die dabei eintretende *Acyloinbildung* (vgl. unten) führten zur Annahme eines „aktivierten Acetaldehyds". Jetzt ist festgestellt worden, besonders durch Arbeiten von R. BRESLOW, daß der „*aktive Acetaldehyd*" ein in der 2-Stellung des Thiazolringes substituiertes Thiaminpyrophosphat ist:

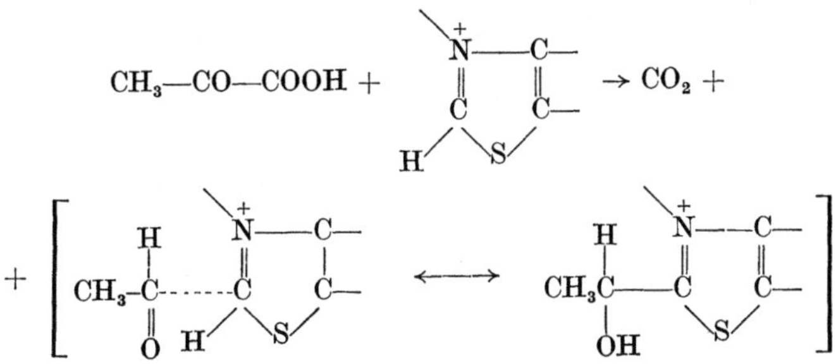

(83)

Die „aktivierte Gruppe" kann entweder als Acetaldehyd freigesetzt oder auch auf geeignete Acceptoren überführt werden.

Die Acyloinbildung. NEUBERG zeigte 1921, daß bei der Gärung von Zucker mit Hefe in Anwesenheit von Benzaldehyd oder gewissen anderen Aldehyden Acyloine, z. B. Phenyl-acetyl-carbinol im Falle des Benzaldehyds, gebildet werden. Er nahm an, daß ein besonderes Enzym, die *Carboligase*, aus „Acetaldehyd in statu nascendi" und den zugesetzten Aldehyden die Acyloine erzeugt. Besonders durch Untersuchung einer Carboxylase aus Weizenembryonen scheint aber hervorzugehen, daß die Acyloinbildung durch die Carboxylase selbst katalysiert wird. Das Enzym ist sehr weitgehend gereinigt worden, ohne daß sich das Verhältnis zwischen den Geschwindigkeiten von Decarboxylierung und Acetoinbildung änderte.

In gewissen Mikroorganismen kommt eine Acetoinbildung vor, die offenbar einen anderen Mechanismus hat; α-Acetomilchsäure ist ein Zwischenprodukt, und die Reaktion ist zweistufig (Formel 84, 85):

$$\left.\begin{matrix} CH_3\text{—}CO\text{—}COOH \\ CH_3\text{—}CO\text{—}COOH \end{matrix}\right\} \longrightarrow \begin{matrix} CH_3\text{—}C(OH)\text{—}COOH \\ | \\ CH_3\text{—}CO \end{matrix} + CO_2\,, \qquad (84)$$

$$\begin{matrix} CH_3\text{—}C(OH)\text{—}COOH \\ | \\ CH_3\text{—}CO \end{matrix} \longrightarrow \begin{matrix} CH_3\text{—}CHOH \\ | \\ CH_3\text{—}CO \end{matrix} + CO_2\,. \qquad (85)$$

Oxydative Decarboxylierung. In der *anaeroben* Phase des Kohlenhydratabbaues ist in fast allen Zellen die Brenztraubensäure ein Zwischenprodukt; sie kann entweder zu Milchsäure reduziert oder, z. B. in der Hefe, zu Acetaldehyd decarboxyliert werden. Unter *aeroben* Bedingungen tritt aber eine andere Umwandlung ein, die wir als oxydative Decarboxylierung bezeichnen. Diese führt zu einem Derivat der Essigsäure, der sog. „aktivierten Essigsäure". Die aktivierte Essigsäure ist mit dem von F. LYNEN zuerst isolierten Acetyl-Coenzym A identisch. Die Bruttoformel der oxydativen Decarboxylierung der Brenztraubensäure ist (86):

$$CH_3\text{—}CO\text{—}COOH + HSCoA + DPN^+ \rightarrow CH_3\text{—}CO\text{—}SCoA + CO_2 + DPNH + H^+\,. \qquad (86)$$

Die Reaktion erfordert Thiaminpyrophosphat (TPP), und wie bei der anaeroben Decarboxylierung kann auch hier angenommen werden, daß primär bei der Decarboxylierung ein „acetyliertes" TPP (vgl. Formel 83) entsteht. Bei der oxydativen Decarboxylierung wird die „Acetylgruppe" von dem „Acetyl-TPP" auf die *Thioctansäure* (*Liponsäure*, Formel 87) übergeführt.

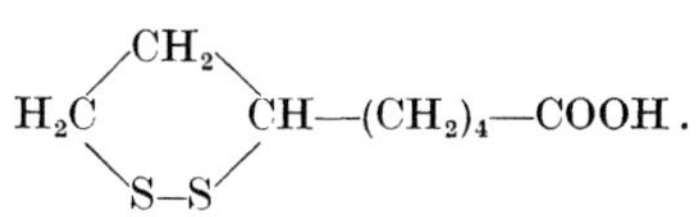

(87)

Bezeichnen wir die Thioctansäure kurz als  R, so kann die Überführung schematisch wie folgt (88) beschrieben werden:

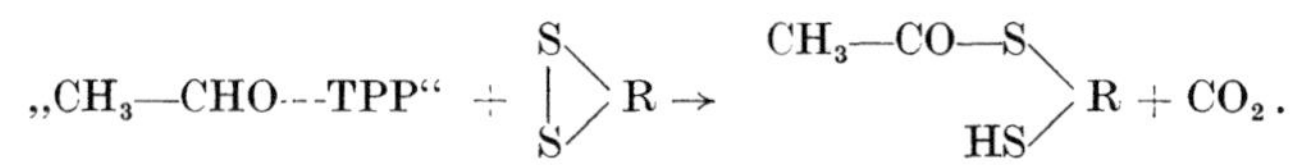

(88)

Eine Transacylase führt dann die Acetylgruppe weiter (89) auf Coenzym A über:

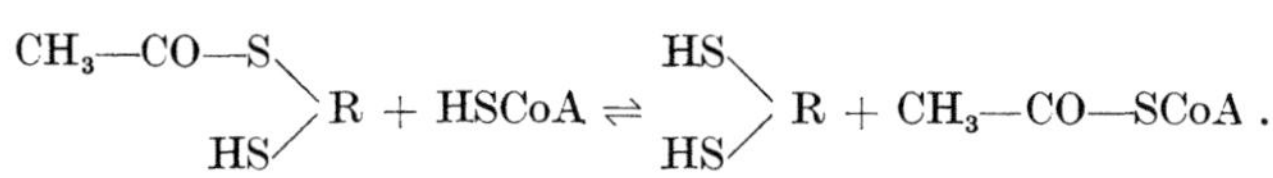

(89)

Der letzte Schritt der Reaktion ist die Reoxydation der reduzierten Thioctansäure (90):

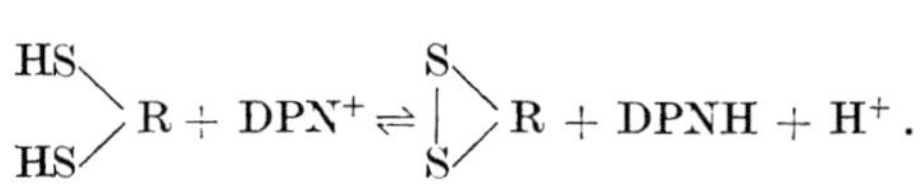

(90)

Die Reaktion 90 wird von einem Flavinenzym katalysiert, das mit der sog. *Diaphorase* (S. 895) identisch zu sein scheint.

Völlig analog ist die oxydative Decarboxylierung der α-Ketoglutarsäure zu Succinyl-SCoA.

c) Decarboxylierung von β-Ketosäuren

Zum Unterschied von der enzymatischen Decarboxylierung der α-Ketosäuren erfordert die β-Decarboxylierung *keine* Mitwirkung eines Coenzyms.

Enzyme, die Oxalessigsäure zu Brenztraubensäure decarboxylieren, sind weit verbreitet. Sehr bemerkenswert ist, wie zuerst von H. G. Wood und C. H. Werkman 1938 gezeigt wurde, daß auch eine Synthese von Oxalessigsäure aus Brenztraubensäure und CO_2 eintreten kann, scheinbar nach der Formel (91).

$$CH_3—CO—COOH + CO_2 \rightarrow HOOC—CH_2—CO—COOH\,. \qquad (91)$$

Diese sog. *Wood-Werkmansche Reaktion* war das erste Beispiel einer Kohlensäurefixierung bei nicht photosynthetischen Organismen.

Viele „Carboxylierungen“ sind in der Folgezeit beobachtet worden; meistens sind die carboxylierenden Enzyme biotin-abhängig (vgl. S. 901).

Als Decarboxylierung einer β-Ketosäure kann auch die im Citronensäurecyclus eintretende Decarboxylierung der Oxalbernsteinsäure zu α-Ketoglutarsäure betrachtet werden. Zu demselben Reaktionstypus gehört formell auch die Decarboxylierung der 6-Phosphogluconsäure zu Ribulose-5-phosphat, die wahrscheinlich über eine 3-Keto-6-phosphogluconsäure verläuft.

d) Andere Decarboxylierungen

Die enzymatische Decarboxylierung der *Malonsäure* erfolgt über deren Monoester mit Coenzym A.

$$\text{Malonyl-SCoA} \rightarrow \text{Acetyl-SCoA} + CO_2\,. \qquad (92)$$

Über Carboxylierung von Acetyl-SCoA, vgl. S. 902.

Die Bildung der „*isoprenoiden Einheit*“, Isopentenyl-pyrophosphat, erfolgt durch Decarboxylierung des Mevalonsäure-pyrophosphats. ATP ist bei der Reaktion erforderlich, was wahrscheinlich so zu deuten ist, daß zunächst (Formel 93) eine Phosphorylierung eintritt.

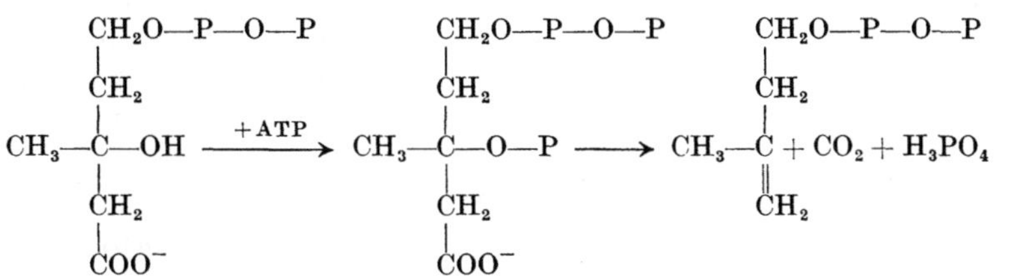

(93)

2. Aldolasen

a) Ketosephosphat-Aldolase

In der anaeroben Phase des Kohlenhydratabbaues (Glykolyse, Alkoholgärung) tritt eine Sprengung der Kohlenstoffkette der Hexose zu zwei C_3-Körpern ein, jedoch erst nachdem die Hexosen in Fructose-1.6-diphosphat umgewandelt worden sind. Das Enzym *Aldolase (Zymohexase)* katalysiert in dieser Reaktion (Formel 94) die reversible Bildung von *Dihydroxyacetonphosphat* und *Glyceraldehyd-3-phosphat:*

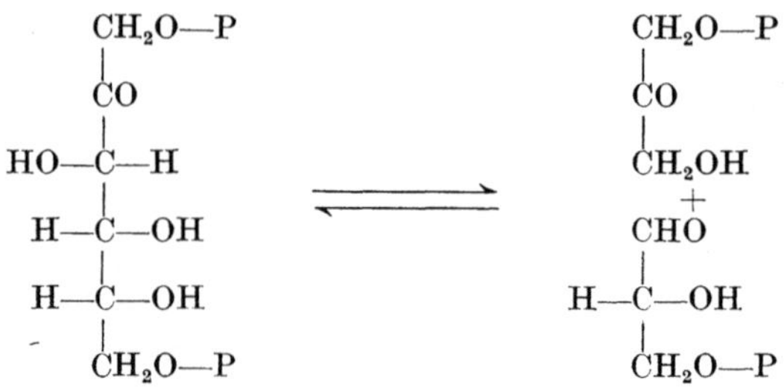

(94)

Das Enzym hat aber einen weiteren Spezifitätsbereich, so daß die Reaktion allgemein wie folgt (95) formuliert werden kann:

$$\text{Ketose-1-phosphat} \rightleftharpoons \text{Dihydroxyacetonphosphat} + \text{Aldehyd}\,. \qquad (95)$$

Läßt man beispielsweise das Enzym auf eine Mischung von Dihydroxyacetonphosphat und *racemischem* Glyceraldehyd einwirken, so werden D-Fructose-1-phosphat und L-Sorbose-1-phosphat gebildet (Aldolkondensation).

Die Gleichgewichtslage der Reaktion wird sehr stark von der Struktur des Kondensationsproduktes beeinflußt; kann das Produkt in eine stabilere cyclische Form übergehen, so wird diese im Gleichgewicht überwiegen. Im Gleichgewicht (94) geht das Fructose-diphosphat mit etwa 90% ein.

Die Aldolasen sind in der Natur weit verbreitet. Besonders genau untersucht ist das Enzym aus Muskel. Es ist in kristallisierter Form bekannt und ist ein Protein mit dem Molekulargewicht 150,000. Die Aldolase der Hefe ist als kristallisiertes Quecksilbersalz gewonnen worden.

b) Desoxyribo-Aldolase

Das Enzym katalysiert die Reaktion:

$$\text{2-Desoxyribose-5-phosphat} \rightleftharpoons \text{Acetaldehyd} + \text{Glyceraldehyd-3-phosphat}\,. \qquad (96)$$

Die Reaktion nach links bietet einen Weg zur Biosynthese von 2-Desoxyribose; ob sie von physiologischer Bedeutung ist, erscheint zweifelhaft.

c) Biosynthese der Citronensäure

Als eine Lyase kann auch das sog. „*kondensierende Enzym*" (*"condensing enzyme"*) aufgefaßt werden, das im Citronensäurecyclus die Kondensation von Acetyl-Coenzym A und Oxalessigsäure zu Citronensäure bewirkt (97)

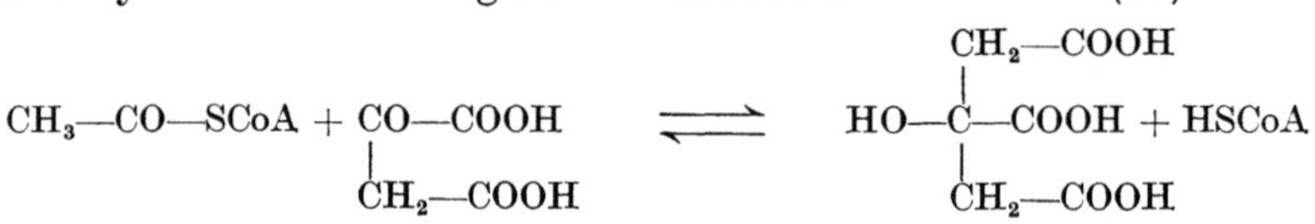

(97)

Das Enzym ist weit verbreitet; aus tierischem Gewebe ist es kristallisiert erhalten worden.

3. Hydrolyasen

Die Hydrolyasen spalten aus den Substraten Wasser ab, bzw. addieren Wasser an eine Doppelbindung.

a) Fumarase

Die Fumarase, auch Fumarat-Hydratase genannt, bewirkt die folgende Reaktion:

$$\text{Fumarsäure} + H_2O \rightleftharpoons \text{L-Äpfelsäure}\,, \qquad (98)$$

und ist auf dieses Substrat spezifisch eingestellt. Das Enzym scheint in allen Zellen vorzukommen; die Reaktion ist eine Teilreaktion des Citronensäurecyclus. Ein kristallisiertes Fumarasepräparat ist aus Schweineherz gewonnen worden; das Protein hat ein Molekulargewicht von etwa 200,000 und den isoelektrischen Punkt bei pH 5,2.

b) Aconitase

Die Aconitase ist für die im Citronensäurecyclus eintretende Umwandlung der Citronensäure in Isocitronensäure verantwortlich. Das Enzym stellt ein Gleichgewicht zwischen Citronensäure (89%), *cis*-Aconitsäure (3%) und Isocitronensäure (8%) ein. Das Enzym ist weit verbreitet. Es ist sehr instabil und ist nicht in einheitlicher Form bekannt.

c) Enolase

In der Enolasereaktion, die eine Teilreaktion des anaeroben Kohlenhydratabbaues ist, wird 2-Phosphoglycerinsäure in umkehrbarer Reaktion unter Wasserverlust in Phosphoenolbrenztraubensäure umgewandelt:

$$\begin{array}{c} COOH \\ | \\ H—C—O—PO(OH)_2 \\ | \\ CH_2OH \end{array} \longrightarrow \begin{array}{c} COOH \\ | \\ C—O—PO(OH)_2 \\ \| \\ CH_2 \end{array} + H_2O \qquad (98)$$

Das Enzym ist in der Natur sehr weit verbreitet. Aus Hefe ist es in Form eines Quecksilbersalzes kristallisiert erhalten worden. Das Molekulargewicht ist etwa 67,000. Die Enolase ist nur in Gegenwart gewisser zweiwertiger Metallionen wirksam; Mg^{2+} dürfte unter physiologischen Bedingungen der Aktivator sein. Das Enzym wird von Fluorid-Ionen sehr stark gehemmt.

d) Crotonase (Enoyl-SCoA-hydratase)

Beim Abbau der Fettsäuren in Form ihrer Thiolester mit Coenzym A tritt zuerst eine Dehydrogenierung unter Bildung eines $\alpha.\beta$-ungesättigten Esters ein (vgl. S. 894). An die Doppelbindung wird durch die Crotonase Wasser angelagert

$$R—CH{=}CH—CO—SCoA + H_2O \rightleftharpoons R—CH(OH)—CH_2—CO—SCoA. \qquad (99)$$

Kristallisierte Crotonase ist aus Rinderleber gewonnen worden.

Ein ähnliches Enzym wandelt β-Methylglutaconyl-SCoA in β-Hydroxy-β-methyl-glutaryl-SCoA um.

e) Kohlensäureanhydrase

Das Enzym katalysiert die Reaktionen

$$CO_2 + H_2O \rightleftharpoons H_2CO_3 \text{ bzw. } CO_2 + OH^- \rightleftharpoons HCO_3^-, \qquad (100)$$

d. h. Reaktionen, die auch ohne Katalysator mit meßbarer Geschwindigkeit verlaufen. Die spontane Reaktion ist aber viel zu langsam um den Gasaustausch bei den höheren Tieren erklären zu können. N. V. Meldrum und F. J. W. Roughton wiesen 1932 in den Erythrocyten ein Enzym nach, das die oben geschilderten Reaktionen stark beschleunigt. Das Enzym ist in einheitlicher Form gewonnen worden; es ist ein farbloses Protein, das Zink als essentiellen Bestandteil enthält.

Außer in den Erythrocyten, wo die Funktion des Enzyms ohne weiteres verständlich ist, kommt es in gewissen anderen Tiergeweben vor, in recht großer Menge in der Magenschleimhaut. Dort spielt es zweifelsohne bei der Salzsäuresekretion eine Rolle.

4. Ammoniak-lyasen

a) Aspartase

In vielen Bakterien wie z. B. *Escherichia coli* bewirkt die Aspartase eine reversible Umwandlung der L-Asparaginsäure in Fumarsäure:

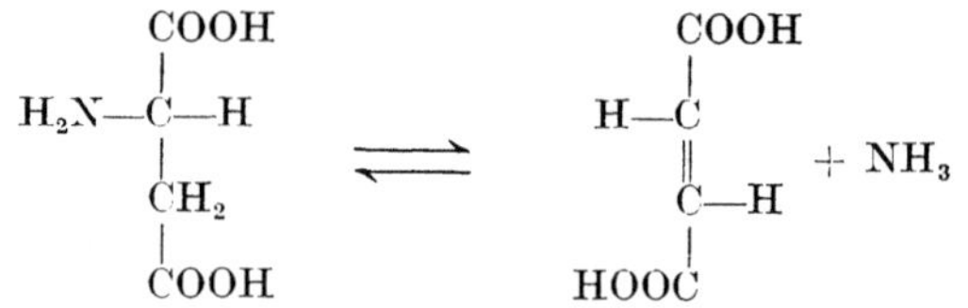
(101)

Das Enzym ist aktiv nur in Gegenwart gewisser zweiwertiger Metallionen wie Mg^{2+}.

b) Histidase

Im Tierorganismus wird Histidin zu Glutaminsäure abgebaut. Die einleitende Reaktion ist eine Elimination von Ammoniak unter Bildung von *Urocaninsäure:*

(102)

Weitere Enzyme öffnen hydrolytisch den Imidazolring in der Urocaninsäure, und über Formiminoglutaminsäure entsteht Glutaminsäure.

5. Desulfhydrasen

Die Desulfhydrasen, die besonders in Mikroorganismen aber auch in Tiergeweben vorkommen, spalten aus Cystein und analogen Stoffen Schwefelwasserstoff ab. Aus Cystein entsteht dabei Brenztraubensäure. Der Verlauf kann wahrscheinlich folgendermaßen beschrieben werden:

(a)
(b)
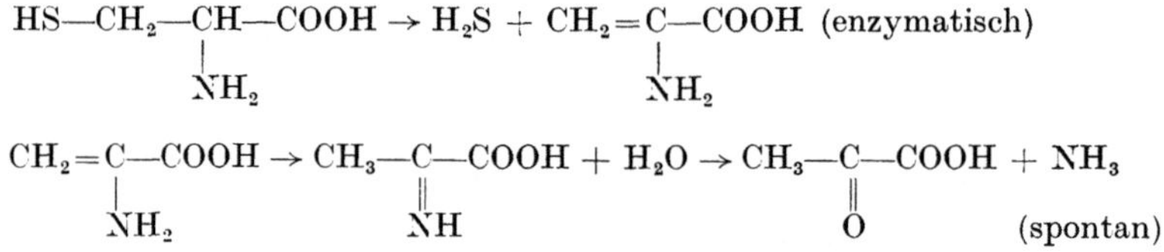
(103)

IV. Isomerasen

1. Enzymatische Racemisierung

Präparate aus Mikroorganismen wie z. B. *Streptococcus faecalis* bedingen eine Racemisierung mehrerer α-Aminosäuren. Für die Reaktion ist das Pyridoxalphosphat ein notwendiger Cofaktor.

Racemisierung von α-Hydroxysäuren wird durch Präparate aus Mikroorganismen und gewissen tierischen Organen (Leber, Niere) hervorgerufen. Die Reaktion verläuft anscheinend nicht über eine reversible Oxydation zu α-Ketosäuren, wie ja sonst denkbar wäre.

2. Enzymatische Epimerisierung

Die *UDP-Galaktose-4-epimerase* („Galaktowaldenase") katalysiert die früher (S. 874) erwähnte reversible Umwandlung der UDP-Galaktose in UDP-Glucose. Das Enzym kommt besonders in galaktosegärenden Hefen, wie *Saccharomyces marxianus* und *S. fragilis*, vor. Es ist angegeben worden, daß die Enzympräparate DPN^+ enthalten, was darauf deuten könnte, daß die Epimerisierung über eine 4-Ketoverbindung verläuft.

Eine *Pentose-3-epimerase*, die weit verbreitet ist, bedingt eine reversible Umwandlung von Ribulose-5-phosphat in Xylulose-5-phosphat.

3. Enzymatische cis-trans-Umlagerung

Ein Beispiel ist die Umlagerung der Maleinyl-acetessigsäure (die durch Oxydation der Homogentisinsäure entsteht; vgl. S. 901) zu Fumaroyl-acetessigsäure

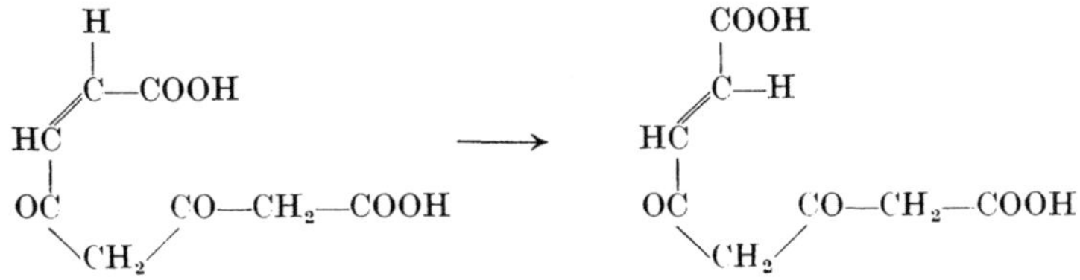

4. Aldose-ketose-Umwandlung

Die *Glucosephosphat-isomerase* wandelt reversibel Glucose-6-phosphat in Fructose-6-phosphat um; beim Gleichgewicht sind etwa 70% Glucosephosphat vorhanden. Das Enzym ist in Zellen und Geweben weit verbreitet. Ein analoges Enzym stellt ein Gleichgewicht zwischen Mannose-6-phosphat und Fructose-6-phosphat ein (Glucose, Fructose und Mannose sind die drei Hexosen, die von gewöhnlicher Hefe vergoren werden).

Pentosephosphat-isomerase. Beim oxydativen Abbau des Glucose-6-phosphats entsteht bei der Decarboxylierung der 6-Phosphogluconsäure das Ribulose-5-phosphat, das durch die Isomerase reversibel in Ribose-5-phosphat umgewandelt wird; beim Gleichgewicht liegen etwa 75% Ribosephosphat vor.

Die *Triosephosphat-isomerase*, von O. MEYERHOF 1935 im Muskel entdeckt, stellt ein Gleichgewicht zwischen Glyceraldehyd-3-phosphat und (überwiegend) Dihydroxy-acetonphosphat ein. Die Reaktion ist eine wichtige Stufe des glykolytischen Kohlenhydratabbaues. Die beiden Triosen entstehen durch die Wirkung der Aldolase (S. 882); da der weitere Abbau der Triosen vom Glyceraldehydphosphat vor sich geht, bedingt die Isomerase einen vollständigen Abbau der Hexosen.

Enzymatische Aldose-Ketose-Umwandlung nicht phosphorylierter Zucker ist in vielen Fällen beobachtet worden. Die dabei wirksamen Enzyme kommen besonders in Mikroorganismen vor.

5. Isopentenylpyrophosphat-isomerase

F. LYNEN hat ein Enzym nachgewiesen, das das Isopentenylpyrophosphat (die „isoprenoide Einheit") zu Dimethylallyl-pyrophosphat isomerisiert:

$$CH_2{=}\overset{\overset{\displaystyle CH_3}{|}}{C}{-}CH_2{-}CH_2O{-}P{-}O{-}P \rightleftharpoons CH_3{-}\overset{\overset{\displaystyle CH_3}{|}}{C}{=}CH{-}CH_2O{-}P{-}O{-}P \qquad (105)$$

Die Reaktion ist eine Voraussetzung für die folgende Kondensation der isoprenoiden Einheit zu Isoprenoiden.

6. Methyl-malonyl-SCoA-isomerase

Das Methyl-malonyl-SCoA, das durch Carboxylierung von Propionyl-SCoA entsteht (S. 902), wird durch die Isomerase in Succinyl-SCoA umgewandelt. Bemerkenswert ist, daß bei dieser Reaktion ein Derivat des Vitamins B_{12} als Cofactor mitwirkt.

V. Oxydoreduktasen

1. DPN- bzw. TPN-spezifische Dehydrogenasen

Diese Enzyme, oft „Pyridinenzyme" genannt, katalysieren eine reversible Überführung von Wasserstoff von oxydierbaren Substraten auf Pyridinnucleotid-Coenzyme, Diphosphopyridinnucleotid (DPN^+) bzw. Triphosphopyridinnucleotid (TPN^+). Die von der internationalen Nomenklaturkommission vorgeschlagenen, richtigeren Bezeichnungen „*NAD*" (Nicotinamid-adenin-dinucleotid) für DPN und „*NADP*" (Nicotinamid-adenin-dinucleotidphosphat) für TPN sind noch nicht offiziell eingeführt und werden deshalb hier auch nicht gebraucht.

Daß es sich bei der Enzymwirkung um eine Überführung im wahren Sinne des Wortes handelt, ist durch Versuche mit deuterium-markierten Substraten gezeigt worden.

Die Bruttoformel der Reaktion ist:

$$AH_2 + DPN^+(TPN^+) \rightleftharpoons A + DPNH(TPNH) + H^+ . \qquad (106)$$

In den reduzierten Coenzymen ist das aus den Substraten stammende Wasserstoffatom am C-4 des Pyridinkerns gebunden, so daß die Reaktion folgendermaßen veranschaulicht werden kann (107)

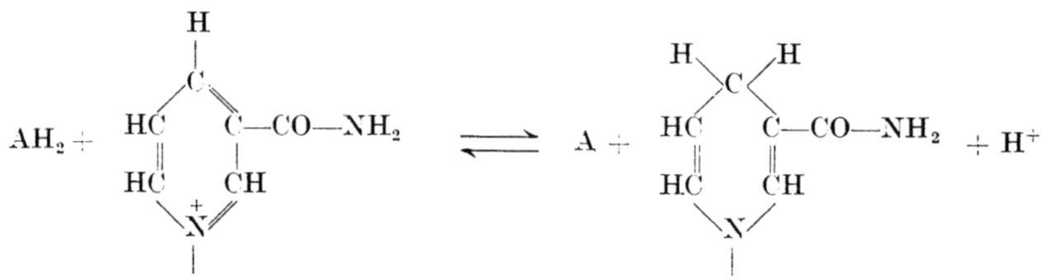

(107)

Wie aus der Formel 107 ersichtlich, kann das überführte Wasserstoffatom entweder „vor" oder „hinter" der Ebene des Ringes lokalisiert sein. Die Dehydrogenasen sind in dieser Beziehung spezifisch; einige bevorzugen die „Vorderseite", andere die „Hinterseite" des Ringes.

a) Reversible Oxydation einer Alkoholgruppe zu einer Carbonylgruppe

α) Acceptor ausschließlich oder vorzugsweise DPN^+

Die *Lactat-dehydrogenase* (Milchsäure-dehydrogenase) katalysiert die reversible Dehydrogenierung der Milchsäure zu Brenztraubensäure. Das Enzym, das in der anaeroben Glykolyse für die Milchsäurebildung, z. B. im Muskel, verantwortlich ist, kommt besonders in Tiergeweben und in gewissen Mikroorganismen vor. (Hefen und gewisse andere Organismen enthalten eine Lactat-dehydrogenase von einem ganz anderen Typus; vgl. S. 893.) Tiergewebe scheinen oft mehrere Proteine mit Lactat-dehydrogenasewirkung zu enthalten („Isoenzyme"). Kristallisierte Präparate des Enzyms sind aus Herzmuskel (F. B. Straub 1940), Skeletmuskel und Leber gewonnen. B. Vallee zeigte 1956, daß die kristallisierten Präparate als essentiellen Bestandteil Zink enthalten. Später ist gefunden worden, daß auch viele anderen Dehydrogenasen desselben Typus zinkhaltig sind.

Die *Malat-dehydrogenase* (Äpfelsäure-dehydrogenase) oxydiert reversibel L-Äpfelsäure zu Oxalessigsäure. Das Enzym ist weit verbreitet, besonders in Tiergeweben. Die Reaktion ist eine Teilreaktion des Citronensäurecyclus. Reine oder fast reine Präparate des Enzyms sind hergestellt worden.

Die *Glykolat-dehydrogenase* führt reversibel Glykolsäure in Glyoxylsäure über:

$$HOCH_2—COOH + DPN^+ \rightleftharpoons OHC—COOH + DPNH + H^+ . \qquad (108)$$

Da das Gleichgewicht sehr stark nach links verschoben ist, wird das Enzym auch als *Glyoxylat-reduktase* bezeichnet. Es kommt besonders in höheren Pflanzen vor und ist aus Tabakblättern kristallinisch erhalten worden (I. Zelitch 1955). Es ist denkbar, daß das Enzym zusammen mit der Glykolat-oxydase (S. 892) und Katalase ein System für die Oxydation des DPNH in Pflanzen bildet:

$$\begin{array}{ll} \text{Glyoxylat} + DPNH + H^+ \rightarrow \text{Glykolat} + DPN^+ & \text{(Reduktase)} \\ \text{Glykolat} + O_2 \rightarrow \text{Glyoxylat} + H_2O_2 & \text{(Oxydase)} \\ H_2H_2 \rightarrow H_2O + {}^1/_2O_2 & \text{(Katalase)} \\ \hline \text{Summe: } DPNH + H^+ + {}^1/_2O_2 \rightarrow DPN^+ + H_2O & \end{array} \qquad (109)$$

Die *β-Hydroxyacyl-SCoA-dehydrogenase* (auch als β-Ketoreduktase bezeichnet) katalysiert die Reaktion

$$R—CHOH—CH_2—CO—SCoA + DPN^+ \rightleftharpoons R—CO—CH_2—CO—SCoA + DPNH + H^+ \qquad (110)$$

Die Reaktion ist eine Teilreaktion des Fettsäureabbaues, („β-Oxydation"), der im Gegensatz zu älteren Vorstellungen nicht in den freien Fettsäuren sondern in ihren Estern mit dem Coenzym A stattfindet.

Die *Alkohol-dehydrogenasen* oxydieren reversibel Äthanol zu Acetaldehyd, greifen aber auch mehrere andere Alkohole an, meistens jedoch mit geringerer Geschwindigkeit. Die Enzyme sind in der Natur sehr weit verbreitet. Im allgemeinen ist DPN^+ der Wasserstoffacceptor, in einigen Fällen jedoch TPN^+. Die Enzyme aus Hefe und aus Leber sind besonders gut charakterisiert.

Das Hefenenzym ist kristallisiert erhalten worden (E. Negelein und H.-J. Wulff 1937). Es ist ein Protein mit dem Molekulargewicht 150,000. Das Molekül enthält 4 Zn und bindet 4 DPN^+. Für die Bindung von Zn und DPN^+ sind SH-Gruppen des Proteins wesentlich.

Das Enzym aus Leber ist ebenfalls kristallisiert worden (R. K. Bonnichsen 1948). Das Molekulargewicht des Enzymproteins ist etwa 73,000, und pro Molekül enthält das Enzym 2 Zn und bindet 2 DPN^+. Die Aktivität des Enzyms beträgt, pro gebundenes DPN^+ gerechnet, nur etwa 1% von der des Hefenenzyms.

Die Oxydation des Äthanols zu Acetaldehyd ist eine Teilreaktion der Essiggärung; die umgekehrte Reaktion ist für die Äthanolbildung bei der alkoholischen Gärung verantwortlich.

Besonders in Bakterien kommen Enzyme vor, die *2.3-Butylenglykol* reversibel zu *Acetoin* oxydieren; andere Enzyme oxydieren Acetoin reversibel zu *Diacetyl:*

$$CH_3—CHOH—CHOH—CH_3 \rightleftharpoons CH_3—CHOH—CO—CH_3 \rightleftharpoons CH_3—CO—CO—CH_3 . \qquad (111)$$

Durch Milchsäurebakterien gebildetes Diacetyl ist der Hauptbestandteil des Butteraromas.

Dehydrogenierung von Polyalkoholen. Glycerin wird reversibel in Dihydroxyaceton umwandelt; andere Enzyme oxydieren α-Glycerophosphat zu Dihydroxyacetonphosphat. Analog sind u. a. die folgenden Reaktionen:

$$\begin{aligned} &\text{Xylit} + DPN^+ \rightleftharpoons \text{Xylulose} + DPNH + H^+ \\ &\text{Sorbit} + DPN^+ \rightleftharpoons \text{Fructose} + DPNH + H^+ \\ &\text{Galactit} + DPN^+ \rightleftharpoons \text{Tagatose} + DPNH + H^+ . \end{aligned} \tag{112}$$

Cyklite wie Inosit werden von spezifischen Enzymen zu Ketoderivaten oxydiert.

β) Acceptor ausschließlich oder vorzugsweise TPN^+

Glucose-6-phosphat-dehydrogenase, das „*Zwischenferment*“ O. WARBURGS, oxydiert reversibel Glucose-6-phosphat zu 6-Phosphoglucono-δ-lacton. Das in vielen Zellen und Geweben weit verbreitete Enzym ist sehr spezifisch: 6-Phosphogluconsäure oder ihr γ-Lacton werden nicht angegriffen.

Das Enzym katalysiert die erste Teilreaktion des sog. oxydativen Abbaues der Hexosephosphate. Die 6-Phosphogluconsäure wird weiter durch Decarboxylierung (vgl. S. 882) in Ribulose-5-phosphat umgewandelt, wonach im sog. Pentosecyclus eine Rückbildung von Hexosephosphat erfolgen kann.

Polyol-dehydrogenasen, die im Gegensatz zu den oben erwähnten Enzymen Polyole zu *Aldosen* oxydieren, nutzen TPN^+ als Wasserstoffacceptor aus.

Bildung der Mevalonsäure erfolgt durch reduktive Spaltung von β-Hydroxy-β-methyl-glutaryl-coenzym A (vgl. S. 884), schematisch folgendermaßen:

$$\begin{aligned} &HOOC{-}CH_2{-}\overset{\overset{\displaystyle OH}{|}}{\underset{\underset{\displaystyle CH_3}{|}}{C}}{-}CH_2{-}CO{-}SCoA + 2\,TPNH + 2\,H^+ \rightleftharpoons \\ &\rightleftharpoons HOOC{-}CH_2{-}\overset{\overset{\displaystyle OH}{|}}{\underset{\underset{\displaystyle CH_3}{|}}{C}}{-}CH_2{-}CH_2OH + 2\,TPN^+ + HSCoA . \end{aligned} \tag{113}$$

Die Reaktion ist die letzte Stufe der Biosynthese der Mevalonsäure, die ihrerseits das Ausgangsmaterial ist für die Biosynthese der „isoprenoiden Einheit“ (S. 882) und der Isoprenoide.

γ) Decarboxylierende Dehydrogenasen

Die *decarboxylierende Malat-dehydrogenase („malic enzyme“)* kommt sowohl im Tiergewebe wie in Pflanzen und Mikroorganismen vor. Die Reaktion ist die folgende:

$$HOOC{-}CH_2{-}CHOH{-}COOH + TPN^+ \rightleftharpoons CH_3{-}CO{-}COOH + CO_2 + TPNH + H^+ . \tag{114}$$

Diese Reaktion wird, soweit jetzt bekannt, nicht, wie man wohl sonst gerne annehmen würde, von zwei Enzymen (einer Dehydrogenase und einer Decarboxylase) katalysiert, sondern von *einem* Enzym. Weitgehende Reinigung der Enzympräparate (aus Leber oder Weizenembryo) ändert nicht das Verhältnis der Geschwindigkeiten der Reaktion (114) und der Geschwindigkeit für die Decarboxylierung von Oxalessigsäure.

Die *decarboxylierende Isocitratdehydrogenase* (oft schlechthin *Isocitratdehydrogenase* genannt) führt Isocitronensäure in α-Ketoglutarsäure über:

$$\begin{matrix} CH_2{-}COOH \\ | \\ HC{-}COOH \\ | \\ CHOH{-}COOH \end{matrix} + TPN^+ \rightleftharpoons \begin{matrix} CH_2{-}COOH \\ | \\ CH_2 \\ | \\ CO{-}COOH \end{matrix} + CO_2 + TPNH + H^+ \tag{115}$$

Selbstverständlich wäre auch hier naheliegend anzunehmen, daß die Reaktion von zwei Enzymen, einer Dehydrogenase und einer β-Decarboxylase, katalysiert wird. Wie beim „Malat-Enzym" scheint jedoch auch hier ein einziges Enzym die Reaktion (115) zu bewirken. Das Enzym ist weit verbreitet, und die von ihm katalysierte Reaktion ist eine Stufe des Citronensäurecyclus.

b) Reversible Oxydation einer Aldehydgruppe zu einer Carboxylgruppe

Oxydation von Formaldehyd. In Tiergeweben ist ein Enzym nachgewiesen worden, das Formaldehyd in Ameisensäure überführt; es scheint andere Aldehyde nicht anzugreifen. Das Glutathion ist ein notwendiger Cofaktor.

In Pflanzen kommt ein Enzym vor (*Formiat-dehydrogenase, Formico-dehydrogenase;* T. THUNBERG 1922), das in einer vermutlich irreversiblen Reaktion Ameisensäure zu Kohlendioxid oxydiert

$$HCOOH + DPN^+ \rightarrow CO_2 + DPNH + H^+ . \quad (116)$$

Oxydation von Acetaldehyd und anderen Aldehyden. In der Säugetierleber kommt ein Enzym vor, das mit DPN^+ als Wasserstoffacceptor Acetaldehyd und viele andere Aldehyde, auch aromatische wie Salicylaldehyd, oxydiert. Entsprechende Enzyme in Hefe, Essigbakterien usw. nutzen im allgemeinen TPN^+ als Acceptor aus.

Triosephosphat-dehydrogenasen. Mehrere Enzyme oxydieren Glyceraldehyd-3-phosphat. Wichtig ist besonders das sehr weit verbreitete Enzymsystem, das eine mit der Oxydation gekoppelte Phosphorylierung von Adenosindiphosphat (ADP) zu ATP herbeiführt. Die Reaktion wurde zunächst von O. MEYERHOF folgendermaßen formuliert:

$$\text{Glyceraldehyd-3-phosphat} + DPN^+ + ADP + H_3PO_4 \rightleftharpoons \text{3-Phosphoglycerinsäure} + ATP + DPNH + H^+ . \quad (117)$$

Es zeigte sich später, daß die Reaktion (117) aus zwei Teilreaktionen (118, 119) besteht, die von zwei verschiedenen Enzymen katalysiert werden:

$$\text{Glyceraldehyd-3-phosphat} + DPN^+ + H_3PO_4 \rightleftharpoons \text{1.3-Diphosphoglycerinsäure} + DPNH + H^+ , \quad (118)$$

$$\text{1.3-Diphosphoglycerinsäure} + ADP \rightleftharpoons \text{3-Phosphoglycerinsäure} + ATP . \quad (119)$$

Die 1.3-Diphosphoglycerinsäure ist als Acylphosphat ein „energiereiches" Phosphat, und die Phosphatgruppe in Stellung 1 kann mit Hilfe der Phosphoglyceratkinase auf ADP unter Bildung von ATP überführt werden (vgl. S. 865). Ein beträchtlicher Teil der aus der Oxydation stammenden freien Energie wird dadurch in ATP für weitere Nutzung gespeichert. Die Reaktionen spielen im anaeroben Kohlenhydratabbau eine wichtige Rolle.

Die Triosephosphat-dehydrogenase ist aus Hefe (O. WARBURG und W. CHRISTIAN 1940) und aus Muskel (M. DIXON, C. F. CORI 1945) kristallisiert erhalten worden. Die Aminosäurezusammensetzung der beiden Enzyme scheint ähnlich, aber nicht identisch zu sein. Das Muskelenzym kristallisiert mit gebundenem Coenzym, 3 DPN^+ pro Molekül mit $M = 137{,}000$.

Die Enzyme enthalten essentielle SH-Gruppen, und es wird angenommen, daß der Primärvorgang der Reaktion die Bildung eines Komplexes ist (120), in dem eine SH-Gruppe des Enzyms an die Carbonylgruppe des Substrats angelagert wird. Im Komplex tritt die Dehydrogenierung (121) zu einem Acylphosphat ein. In diesem ist die Acylgruppe (wie in denThiolestern des Coenzyms A) „energiereich" gebunden und kann auf Phosphorsäure überführt werden.

$$R\text{—}CHO + \text{HS-Enzym} \rightleftharpoons R\text{—}CH(OH)\text{—S-Enzym} , \quad (120)$$

$$R\text{—}CH(OH)\text{—S-Enzym} + DPN^+ \rightleftharpoons R\text{—}CO\text{—S-Enzym} + DPNH + H^+ \quad (121)$$

$$R\text{—}CO\text{—S-Enzym} + H_3PO_4 \rightleftharpoons R\text{—}CO\text{—}O\text{—}PO(OH)_2 + \text{Enzym} . \quad (122)$$

c) Dehydrogenierung der Gruppen $C-NH_2$ bzw. $C-NH-$

Aminosäuredehydrogenasen wandeln reversibel α-Aminosäuren in die entsprechenden α-Ketosäuren unter Abspaltung von Ammoniak um. Ein wichtiges

Beispiel ist die L-*Glutaminsäure-dehydrogenase*, die besonders in der Leber vorkommt.

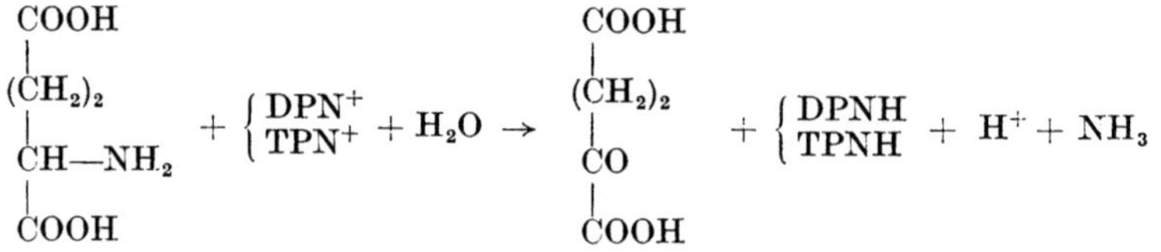

(123)

Wie die Formel (123) andeutet, können beide Pyridin-Coenzyme vom Enzym als Acceptoren ausgenutzt werden. Die Primärreaktion kann möglicherweise eine Dehydrogenierung zur Iminosäurestufe sein. Die Dehydrogenase aus Leber ist in kristallisierter Form bekannt. Sie enthält Zink und ist für L-Glutaminsäure spezifisch. Andere ähnliche Enzyme können entsprechende Umwandlungen anderer α-Aminosäuren bewirken.

Die *Dehydrogenierung des Prolins* verläuft folgendermaßen:

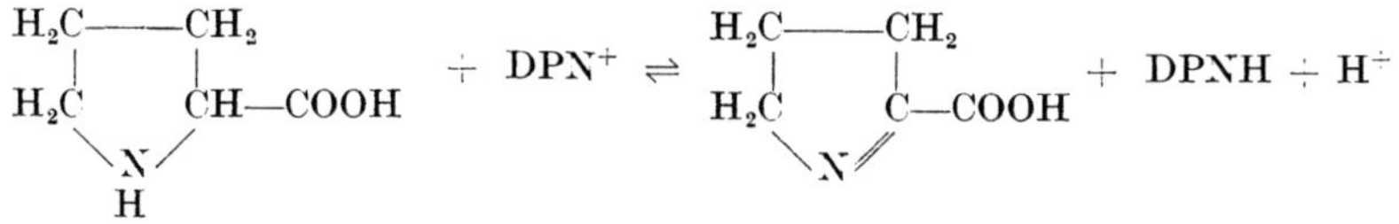

(124)

Unter dem Gesichtspunkt der nach links ablaufenden Reaktion wird das Enzym auch als Pyrrolin-2-carboxylat-reduktase bezeichnet.

d) Dehydrogenierung der Gruppe $-CH_2-CH_2-$

Ein Beispiel ist die enzymatische Dehydrogenierung des Dihydrouracils zu Uracil:

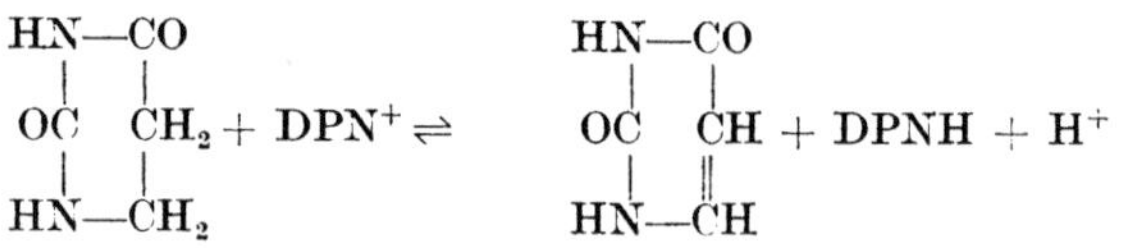

(125)

2. Flavinenzyme

Die Wirkung der Flavinenzyme besteht in einer Dehydrogenierung von Substraten, wobei entweder das Flavin-mononucleotid (FMN) oder das Flavin-adenin-dinucleotid (FAD) Wasserstoffacceptoren sind. Die Bezeichnung „Flavin-mononucleotid" ist nicht korrekt, da es sich hier *nicht* um ein Nucleotid (N-Glykosid einer Ribosephosphorsäure) handelt, vielmehr um ein Derivat des fünfwertigen Alkohols Ribit. Schematisch kann die Reaktion geschrieben werden:

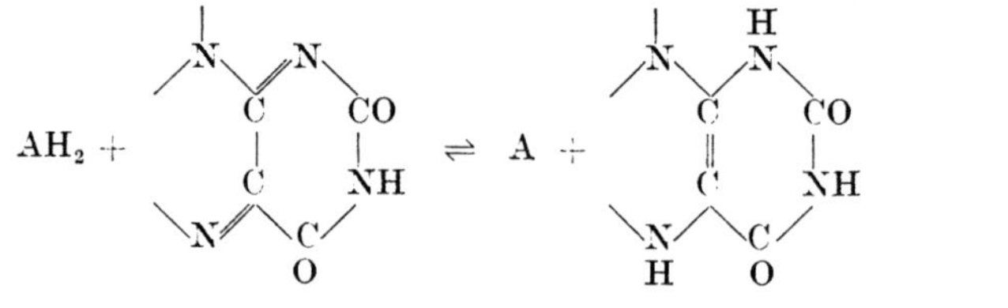

(126)

Das erste flavinhaltige Enzym wurde von O. WARBURG und W. CHRISTIAN 1932 entdeckt. Es wurde als „*das gelbe Ferment*" bezeichnet. Nachdem mehrere gelbe, d. h. flavinhaltige Enzyme entdeckt worden sind, wird das Warburgsche Enzym „*das alte gelbe Enzym*" genannt ("old yellow enzyme," OYE).

a) Das alte gelbe Enzym

Wasserstoffdonator bei der Reduktion des Enzyms ist DPNH; Elektronenacceptor bei der Reoxydation des reduzierten Flavins ist u. a. Sauerstoff, der dabei H_2O_2 gibt. Der unter physiologischen Bedingungen wirkende Elektronen- bzw. Wasserstoffacceptor ist nicht sicher bekannt.

Das alte gelbe Enzym wurde 1934 von H. Theorell rein dargestellt; reversible Trennung von Enzymprotein und prosthetischer Gruppe wurde auch durchgeführt. Die prosthetische Gruppe ist FMN. Das Molekulargewicht des Enzyms ist etwa 100,000 und ein Proteinmolekül bindet 2 FMN. Die molekulare Aktivität des Enzyms ist ungewöhnlich niedrig, was zum Verdacht führte, das Enzym wäre ein Artefact und die prosthetische Gruppe wäre FAD. Ein „synthetisches" Enzym aus dem Enzymprotein und FAD zeigte sich aber noch weniger aktiv als das „alte gelbe Enzym".

b) Glykolsäureoxydase

Das Enzym vermittelt die Reaktion:

$$HOCH_2—COOH + O_2 \rightarrow OHC—COOH + H_2O_2 . \qquad (127)$$

Wie aus der Formel (127) hervorgeht, gibt die Enzymreaktion Glyoxylsäure und Wasserstoffperoxid; wird das Peroxid nicht, z. B. durch Katalase, schnell beseitigt, so kann die Glyoxylsäure nichtenzymatisch zu Ameisensäure und CO_2 oxydiert werden.

Die Glykolsäureoxydase kommt sowohl in Tiergeweben wie in höheren Pflanzen vor; über eine eventuelle Rolle des Enzyms bei der Pflanzenatmung, vgl. S. 888. Das Enzym ist kristallisiert worden; es scheint sowohl FAD wie FMN als Cofaktor ausnutzen zu können.

c) Xanthinoxydase (Schardinger-Enzym)

Die Oxydation von Xanthin und Hypoxanthin zu Harnsäure in Tiergeweben ist lange bekannt. Das hierbei wirksame Enzym, die Xanthinoxydase, hat sich merkwürdigerweise als identisch erwiesen mit dem von F. Schardinger in Milch entdeckten Enzym, das mehrere Aldehyde zu den entsprechenden Säuren oxydiert:

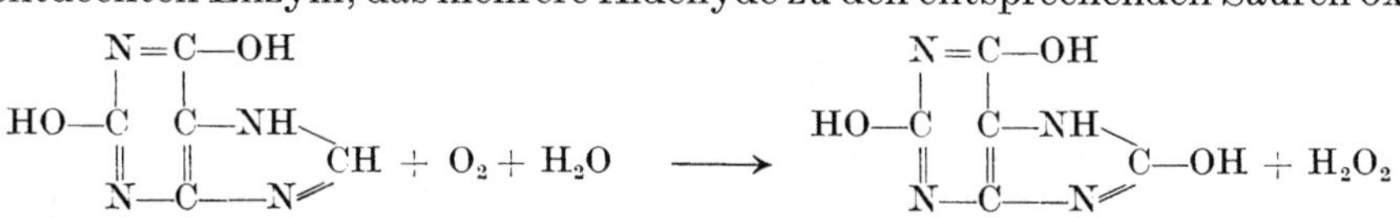

(128)

und

$$R—CHO + O_2 + H_2O \rightarrow R—COOH + H_2O_2 . \qquad (129)$$

Das Enzym hat die prosthetische Gruppe FAD; als essentieller Bestandteil gehört auch Molybdän zum Enzym; das Enzym der Milch enthält pro Molekül ($M = 230{,}000$) 1 Mo und 2 FAD.

d) Aldehydoxydase (Leber)

Gereinigte Präparate einer Aldehydoxydase aus Leber, die mit der Xanthinoxydase nicht identisch ist, enthalten außer dem Enzymprotein FAD, Mo und ein Fe-Porphyrin.

e) Glucoseoxydase

Besonders in Schimmelpilzen *(Aspergillus, Penicillium)* kommt dieses Enzym vor, das Glucose zu Glucono-δ-lacton oxydiert. Aus *Penicillium notatum* isolierte H. Raistrick 1942 ein antibakteriell wirksames Prinzip, das *Notatin*. Die Wirkung des Stoffes war insofern von der des Penicillins verschieden, als sie nur in Gegenwart von Glucose im Medium beobachtet wurde. Das Notatin zeigte sich als mit der *Glucoseoxydase* identisch; die antibakterielle Wirkung wird von dem bei der Glucoseoxydation gebildeten Wasserstoffperoxid ausgeübt:

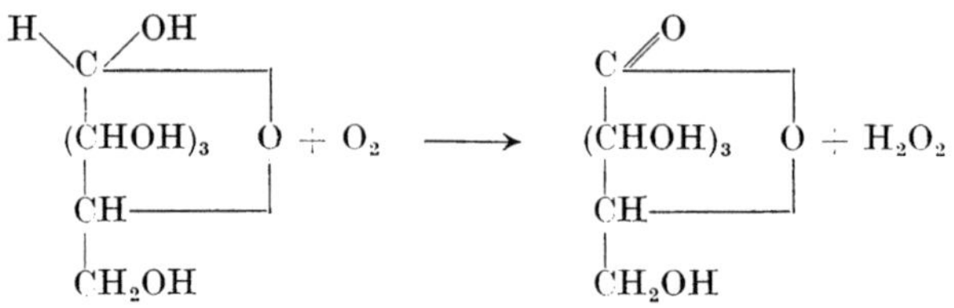

(130)

f) Lactatdehydrogenase in Hefe

Eine Lactat-dehydrogenase, die dieselbe Wirkung hat wie das früher (S. 887) erwähnte DPN-abhängige Enzym, aber von Pyridinnucleotiden ganz unabhängig ist, ist von J. C. APPELBY und R. K. MORTON 1954 in kristallisierter Form enthalten worden. Das Präparat enthält, neben dem Enzymprotein und FMN noch ein Cytochrom, als Cytochrom b_2 bezeichnet, im Verhältnis 1:1.

g) Aminosäureoxydasen

Die flavinhaltigen Aminosäureoxydasen oxydieren α-Aminosäuren zu den entsprechenden α-Ketosäuren unter Freisetzung von Ammoniak. Man nimmt an, daß die Primärreaktion die Bildung einer Iminosäure ist, die mit Wasser nichtenzymatisch Ketosäure + Ammoniak gibt:

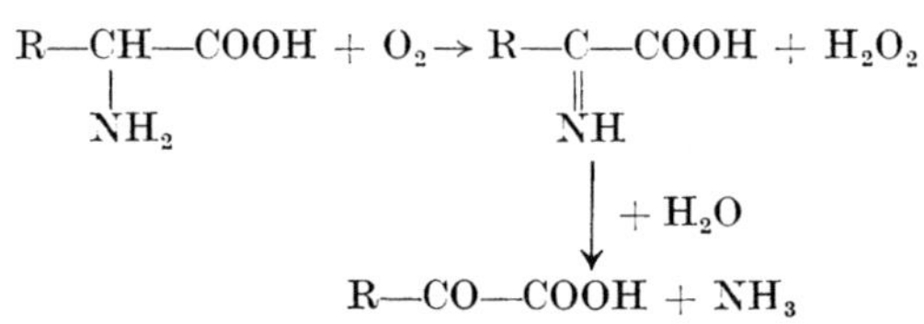

(131)

Die Aminosäureoxydasen zeigen absolute stereochemische Spezifität: Einige greifen nur D-Formen, andere nur L-Formen der α-Aminosäuren an.

Die D-*Aminosäureoxydasen*, die in Tiergeweben (besonders Leber und Niere) und in Mikroorganismen vorkommen, enthalten als prosthetische Gruppe FAD, fest gebunden aber in saurer Lösung dissoziierbar. Die Enzyme greifen viele D-α-Aminosäuren an, jedoch mit sehr wechselnder Geschwindigkeit. Gewisse N-Alkylaminosäuren, einschließlich des Prolins, werden auch gespalten, dagegen nicht N-Dialkylaminosäuren.

L-*Aminosäureoxydasen.* In den Enzymen der Gewebe höherer Tiere ist FMN die prosthetische Gruppe. Die molekulare Aktivität dieser Enzyme ist auffallend niedrig, jedenfalls mit Sauerstoff als Elektronenacceptor; möglicherweise ist die Aktivität mit irgend einem noch unbekannten natürlichen Acceptor höher. Die meisten L-α-Aminosäuren werden angegriffen, auch N-Monoalkylaminosäuren einschließlich des Prolins. Asparagin- und Glutaminsäure, Ornithin und Lysin werden nicht umgesetzt. Bemerkenswert ist, daß die Enzyme auch viele L-α-Hydroxysäuren oxydieren, in gewissen Fällen sogar schneller als die entsprechenden α-Aminosäuren.

In gewissen *Schlangengiften* kommen reichlich L-Aminosäureoxydasen, *Ophio-Aminosäureoxydasen*, vor. Man findet die Enzyme in mehreren Organen der

Schlangen, auch ungiftiger, und die Enzyme dürften für die Toxicität der Schlangengifte keine Bedeutung haben. Viele α-Aminosäuren werden oxydiert, aber nicht N-Alkylaminosäuren oder α-Hydroxysäuren. Die prosthetische Gruppe ist FAD und die molekulare Aktivität ist hoch. Aus dem Gift der Moccasinschlange ist das Enzym kristallisiert gewonnen worden.

h) Acyl-SCoA-dehydrogenasen

Die Primärreaktion des Fettsäureabbaues ist die „Aktivierung" der Fettsäuren, d. h. ihre Überführung in Thiolester des Coenzyms A. Danach erfolgt eine Dehydrogenierung zu α,β-ungesättigten Estern, die von Flavinenzymen bewirkt wird. Nach D. E. GREEN sind hierbei wenigstens vier Enzyme tätig, wovon drei (I –III) für Fettsäureester verschieden langer Kohlenstoffketten ziemlich spezifisch sind. Alle vier Enzyme enthalten FAD als prosthetische Gruppe.

Flavinenzym I („*Butyryl-dehydrogenase*") greift vorzugsweise Ester ganz kurzkettiger Fettsäuren an. Es ist in einheitlicher Form bekannt, grünlich gefärbt und enthält FAD und außerdem Kupfer.

Flavinenzym II dehydrogeniert Ester stark variierender Kettenlänge, während Flavinenzym III nur Ester der höheren Fettsäuren angreift.

Die Flavinenzyme I – III reagieren nach D. E. GREEN nicht direkt mit Sauerstoff, Cytochrom oder Acceptorfarbstoffen sondern erfordern das „elektronenüberführende" Flavinenzym IV um mit den erwähnten Acceptoren zu reagieren.

i) Succinat-dehydrogenase

Das Enzym wurde von T. THUNBERG 1909 entdeckt. Es dehydrogeniert reversibel Bernsteinsäure zu Fumarsäure. Das Enzym ist weit verbreitet, und die Reaktion ist eine Teilreaktion des Citronensäurecyclus. Das Enzym wurde lange als völlig wasserunlöslich betrachtet. Nach Behandlung der Enzympräparate mit Butanol, wobei u. a. Lipide entfernt werden, läßt sich aber das Enzym extrahieren. Es enthält Flavin, wahrscheinlich FAD. Bei der Reoxydation des reduzierten Flavins dürfte ein Cytochrom b der Elektronenacceptor sein.

j) Re-Oxydation der reduzierten Pyridinnucleotide

Der oxydative Abbau der meisten natürlichen Substrate fängt mit einer Dehydrogenierung an, wobei DPN^+ oder TPN^+ Wasserstoffacceptoren sind. Die Reoxydation von DPNH und TPNH erfolgt durch Flavinenzyme. Von den reduzierten Flavinenzymen werden Wasserstoff oder Elektronen (vielleicht nicht direkt) auf das Cytochromsystem und davon auf Sauerstoff überführt; vgl. weiter S. 897.

Als *Cytochrom c-Reduktasen* werden Enzyme (Enzymsysteme) bezeichnet, die von DPNH Elektronen auf Cytochrom überführen, schematisch gemäß der Formel (132).

$$DPNH + 2\,Fe^{3+} \rightarrow DPN^+ + H^+ + 2\,Fe^{2+}\,. \qquad (132)$$

Die Enzyme sind überall verbreitet, und die prosthetische Gruppe scheint überall FAD zu sein. Weitgehend gereinigte Präparate sind aus Herzmuskel, Leber u. a. gewonnen worden.

Es muß hervorgehoben werden, daß viele Beobachtungen dafür sprechen, daß die Elektronenüberführung vom reduzierten Flavin auf Cytochrom über ein Chinon-Hydrochinon-System erfolgt. Eine „*Cyrochromreduktase*" ist tatsächlich in eine „*Chinonreduktase*" und eine „*Hydrochinon-Cytochrom-Reduktase*" aufgeteilt worden.

Als *Diaphorasen* wurden nach H. v. EULER Enzyme bezeichnet, die redzuierte Pyridinnucleotide oxydieren aber nicht Cytochrom c als Acceptor ausnützen können. In Versuchen *in vitro* können Farbstoffe wie z. B. Methylenblau als Acceptoren wirken. Aus Herzmuskel hat F. B. STRAUB ein hochgereinigtes Präparat gewonnen; die prosthetische Gruppe ist FAD. Es erscheint aber heute nicht wahrscheinlich, daß die Diaphorasen bei der Reduktion von Cytochrom eine Rolle spielen; vgl. die Rolle des Enzyms bei der Oxydation reduzierter Thioctansäure, S. 882.

k) Reduktion von Nitrat, Nitrit usw.

Da die höheren Pflanzen ihren Bedarf an Stickstoff durch Nitrat im Erdboden zum großen Teil decken können, existiert offenbar ein Mechanismus für die Reduktion des Nitrats. Von den hierbei wirksamen Enzymen sind besonders einige aus Mikroorganismen eingehend untersucht worden. Die erste Stufe der Reaktion ist eine Reduktion des Nitrats zu Nitrit. Enzyme aus *Escherichia coli* und aus *Neurospora crassa* sind wohl charakterisiert. Das Enzym aus *Neurospora* enthält FAD und Molybdän. Man stellt sich vor, daß die Elektronen wie folgt überführt werden:

$$\text{TPNH} \rightarrow \text{FAD} \rightarrow \text{Mo} \rightarrow NO_3^- . \qquad (133)$$

Nitritreduktasen sind ebenfalls in mehreren Mikroorganismen nachgewiesen worden. Sie enthalten FAD und wahrscheinlich ein Metall. Die Reduktion führt zum Hydroxylamin, das seinerseits von *Hydroxylaminreduktasen* zu Ammoniak reduziert wird. Auch bei dieser Reaktion sind Metallo-flavo-proteide als Katalysatoren wirksam.

3. Kupferhaltige Oxydasen

Die kupferhaltigen Oxydasen führen Wasserstoff bzw. Elektronen von Substraten auf Sauerstoff über, wobei Wasser (nicht Wasserstoffperoxid) gebildet wird. Es wird angenommen, daß die Reaktion im Prinzip derart verläuft wie sie am Beispiel der Oxydation des Pyrocatechins in Formel (134) dargestellt ist.

$$\begin{array}{l} C_6H_4(OH)_2 + 2\,Cu^{2+} \rightarrow C_6H_4O_2 + 2\,Cu^+ + 2\,H^+ \\ 2\,Cu^+ + 2\,H^+ + {}^1/_2O_2 \rightarrow 2\,Cu^{2+} + H_2O\,. \end{array} \qquad (134)$$

a) Tyrosinase

Die weit verbreitete Tyrosinase katalysiert, wenigstens scheinbar, zwei Reaktionen: 1. Oxydation (Hydroxylierung) von Tyrosin zu 3.4-Dihydroxyphenylalanin *(DOPA)*; (Über enzymatische Hydroxylierung, vgl. S. 901). 2. Oxydation von DOPA zu *Dopachinon*. Dieses recht instabile *o-Chinon* wird dann weiter durch wenig bekannte, wenigstens teilweise nicht-enzymatische Reaktionen in braune bis schwarze Produkte, *Melanine*, umgewandelt. Diese Melaninbildung ist die Ursache der Braunfärbung, die sehr oft in geschädigten Pflanzengeweben, zerschnittenen Kartoffeln, Früchten usw. beobachtet wird. Melaninbildung kommt aber auch im Tierreich vor, z. B. in pigmentierter Haut, in der Cuticula von Insekten, in Haaren, Federn usw.

b) Diphenoloxydasen

Diese Enzyme oxydieren *o-* und *p-Diphenole* zu den entsprechenden Chinonen, greifen aber *Mono*phenole nicht an. Ein Beispiel ist die *Laccase*, die besonders im Saft des japanischen Lackbaumes, *Rhus vernicifera*, vorkommt und durch Oxydation substituierter Diphenole im Saft das Hartwerden und die Schwarzfärbung bedingt.

c) Ascorbinsäureoxydase

Die Ascorbinsäureoxydase scheint allgemein in Pflanzen vorzukommen. Sie hat auf Phenole keine Wirkung, oxydiert jedoch L-Ascorbinsäure und einige nahestehende Verbindungen (Enole) zu den entsprechenden Diketoderivaten.

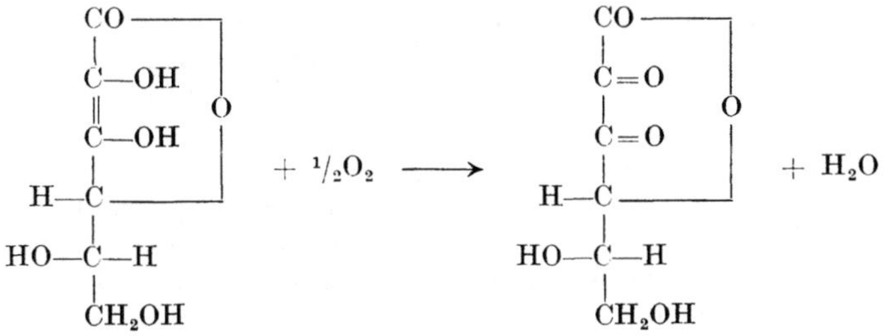

(135)

Ascorbinsäure Dehydroascorbinsäure

Die Ascorbinsäure wird in Luft nichtenzymatisch oxydiert, wobei *Kupferionen* stark beschleunigen. Dies könnte den Verdacht erwecken, daß die Wirkung der Cu-haltigen Ascorbinsäureoxydase nur eine Wirkung der Cu-Ionen sei. Es hat sich aber gezeigt, daß das Enzym mehrere hundertmal wirksamer ist als die äquivalente Menge Kupferion.

d) Uricase

Bei den höheren Tieren mit Ausnahme von Mensch und höheren Affen kommt, besonders in Niere, Leber und Milz, das Enzym Uricase vor, das Harnsäure oxydativ abbaut. Hauptsächtlich wird dabei *Allantoin* gebildet; je nach den Versuchsbedingungen können auch andere Produkte entstehen. Der Mechanismus der Reaktion ist nicht ganz klargelegt. Das Enzym greift nur Harnsäure an, und nur Sauerstoff dient als Acceptor. Elektrophoretisch einheitliche Uricasepräparate enthalten etwa 0,05% Cu.

4. Häminhaltige Enzyme

a) Cytochrom, Cytochromoxydase, Atmungsferment

Die Cytochrome kommen in fast allen Zellen vor; Ausnahmen bilden nur einige Anaerobier. Die Farbstoffe sind *Hämoproteide*, deren Funktion in der biologischen Oxydation mit einem Valenzwechsel $Fe^{2+} \rightleftharpoons Fe^{3+}$ zusammenhängt.

Die Farbstoffe wurden schon in den achtziger Jahren von J. A. Mac Munn beobachtet und von ihm Histohämatine benannt; seine Entdeckung geriet aber in Vergessenheit. Um 1925 wurden die Farbstoffe von D. Keilin wiederentdeckt; seine Arbeiten wurden für die folgende Entwicklung grundlegend. Er zeigte u. a. daß die Farbstoffe Hämoproteide sind, er bestimmte ihre Spektra und stellte ihre Natur als Redoxkatalysatoren fest. Die Spektra der Ferro-Formen sind besonders charakteristisch. Auf Grund der Spektra konnte Keilin zeigen, daß in fast allen Zellen drei Cytochrome vorkommen, die er als Cytochrom a, b und c bezeichnete. Später sind mehrere andere Cytochrome entdeckt worden. Die Bezeichnungen a, b und c sind aber noch berechtigt, nämlich für drei *Gruppen* von spektral gleichartigen Cytochromen.

Cytochrom c, das im Gegensatz zu den übrigen Cytochromen aus den Geweben leicht extrahiert werden kann und verhältnismäßig stabil ist, ist sehr eingehend untersucht worden. Mehrere Cytochrome c aus Material von verschiedenen Organismen sind kristallisiert erhalten worden. Sie sind einander sehr ähnlich, aber können gewisse Unterschiede in der Aminosäurezusammensetzung aufweisen (Artspezifität). Das Molekulargewicht ist etwa 13,000. Die prosthetische Gruppe ist ein etwas modifiziertes Protohämin. Dies hängt damit zusammen, daß die prosthetische Gruppe an dem Protein auf zwei Arten gebunden ist. Einmal durch koordinative Bindungen am Eisenatom und zum anderen durch zwei covalente Bindungen zwischen den Seitenketten in den Stellungen 2 und 4 des Porphyrins und den SH-Gruppen zweier Cysteinreste im Protein, vgl. Formel (136).

Läßt man proteolytische Enzyme auf Cytochrom c einwirken, so wird die Polypeptidkette abgebaut, wobei u. a. ein „*Hämopeptid*" übrig bleibt, das die prosthetische Gruppe enthält. Nach Abbau von Cytochrom c mit Pepsin ist ein Hämopeptid isoliert worden, das 11 Aminosäurereste enthält; vgl. Formel (136). Nimmt man an, daß die Peptidkette im Peptid und im Cytochrom c eine α-Spirale ist, und daß die Spiralachse mit der „Porphyrinscheibe" parallel ist, so zeigt ein Molekülmodell (H. THEORELL), daß der Histidinrest so orientiert wird, daß eine Bindung zwischen einem Stickstoffatom im Imidazolring und dem Eisenatom möglich und wahrscheinlich ist.

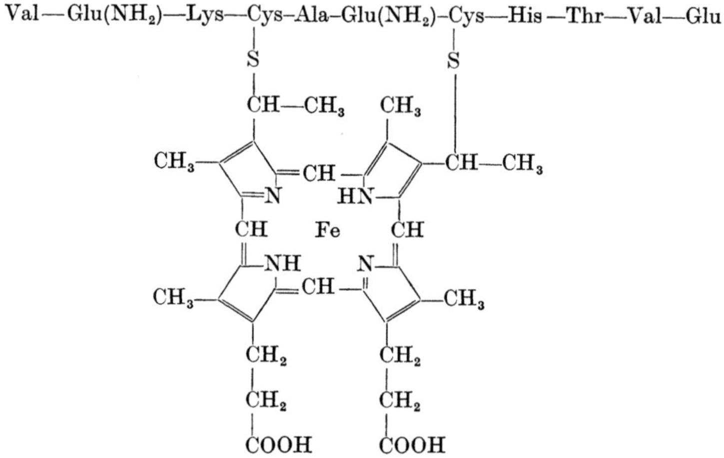

(136)

Hämopeptid aus Cytochrom c

Das Polypeptid im Cytochrom c aus Rinderherz hat die folgende Aminosäurezusammensetzung:

Asp_8, $(Ser + Thr)_8$, Glu_{12}, Gly_{15}, Ala_6, Val_3, Pro_4, $Ileu_6$, Leu_6, Tyr_4, Lys_{18}, His_3, Arg_2, Phe_4, Met_2, Cys_2, Try.

Die *Cytochrome b* sind nicht ohne weiteres extrahierbar, und ihr Bau ist deshalb auch weniger wohl bekannt. Spektroskopische Untersuchungen haben gezeigt, daß auch die Wirkung dieser Cytochrome in einem durch Valenzwechsel am Fe-Atom katalysierten Elektronentransport besteht. So wird z. B. das Cytochrom b des Herzmuskels von Bernsteinsäure über die Succinat-dehydrogenase reduziert und durch ein System, in das die Cytochrome c, a und a_3 eingehen, von Sauerstoff reoxydiert. Die prosthetische Gruppe im Cytochrom b ist wahrscheinlich das Protohämin. Cytochrom b reagiert nicht mit CO oder CN^-.

b-Cytochrome mit etwas variierenden Spektren sind in einer großen Zahl von Geweben usw. nachgewiesen worden. Aus Hefe ist wie schon erwähnt (S. 893) ein „Flavo-hämoproteid" mit Dehydrogenase-Aktivität isoliert worden.

Die Cytochrome a und a_3. D. KEILIN fand 1939, daß die Absorptionsbanden, die er früher einem einzigen Farbstoff, dem Cytochrom a, zugeschrieben hatte, von zwei Farbstoffen, Cytochrom a und Cytochrom a_3, herrühren. Nach KEILIN ist Cytochrom a_3 „die terminale Oxydase", d. h. die *Cytochromoxydase*. Cytochrom a_3 wird auffallend leicht von Sauerstoff oxydiert; die Ferroform reagiert mit CO, die Ferriform mit Cyanid, Azid und Sulfid.

1929 hatten O. WARBURG u. Mitarb. auf indirektem Wege das Absorptionsspektrum des „*Atmungsfermentes*" festgestellt. Die Bestimmung gründete sich auf der Beobachtung, daß der inaktive CO-Komplex des Atmungsfermentes durch Licht gespalten wird. Aus der Reaktivierung durch Licht verschiedener Wellenlängen konnte ein „Wirkungsspektrum“ festgelegt werden. Dieses Wirkungsspektrum war offenbar das Spektrum eines Häminderivates, und die Übereinstimmung des Wirkungsspektrums mit dem des Cytochroms a_3 veranlaßte KEILIN zur Annahme, daß das Atmungsferment, die Cytochromoxydase und das Cytochrom a_3 (evtl. $a + a_3$) identisch seien.

Die Cytochrome a haben eine vom Protohämin abweichende prosthetische Gruppe. Das Hämin a, ein „grünes Hämin“, unterscheidet sich vom Protohämin vor allem dadurch (Formel 137), daß teils eine Formylgruppe und teils eine lange Alkylseitenkette vorkommen (F. LYNEN).

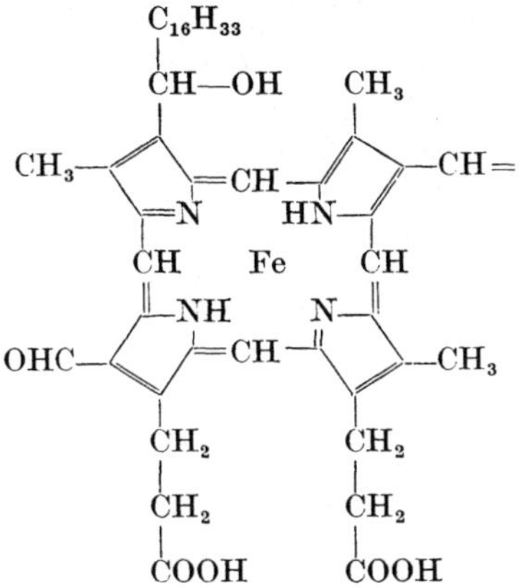

(137)

Hämin a

b) Hydroperoxydasen

Unter der Bezeichnung Hydroperoxydasen werden Enzyme zusammengefaßt, die Wasserstoffperoxid für die Oxydation von Substraten ausnutzen, schematisch nach der Formel (138):

$$AH_2 + H_2O_2 \rightarrow A + 2\,H_2O\,. \qquad (138)$$

Unter den Hydroperoxydasen unterscheidet man zwei Typen, *Peroxydasen* und *Katalasen*. Beide sind Hämoproteide; das Eisen ist dreiwertig und wahrscheinlich tritt während der Reaktion keine Reduktion zur Ferrostufe ein.

α) Peroxydasen

Je nach der prosthetischen Gruppe können wir zwischen Protohäminperoxydasen und Verdoperoxydasen unterscheiden.

Protohäminperoxydasen kommen besonders in höheren Pflanzen vor, in großen Mengen in gewissen Pflanzenteilen wie Meerrettichwurzel. Aus diesem Material wurde das Enzym von H. THEORELL 1943 in kristallisierter Form dargestellt. Die reversible Trennung von Enzymprotein und prosthetischer Gruppe wurde auch durchgeführt. Das an sich inaktive Protein wird bei Zusatz von Protohämin aktiv. Bemerkenswerterweise geben auch gewisse andere Hämine mit dem Protein aktive Peroxydasen. Setzt man die Aktivität für Protohämin = 1, so sind die Aktivitäten für Deuterohämin 0,63, für Mesohämin 0,57 und für Azahämin 0,20.

Das Enzymprotein enthält die gewöhnlich in Proteinen vorkommenden Aminosäuren aber außerdem etwa 18% Kohlenhydrat. Das Molekulargewicht ist etwa 40,000 mit einer Hämingruppe pro Molekül.

In kleinen Mengen kommen Protohäminperoxydasen in Tiergeweben, z. B. in der Thyroidea (vgl. unten) und in Mikroorganismen vor.

Die Peroxydasen bilden mit dem Wasserstoffperoxid Komplexe, die spektroskopisch bestimmbar sind. Zuerst wird ein grüner Komplex gebildet (Komplex I), danach ein hellroter Komplex II, und schließlich unter besonderen Bedingungen ein dunkelroter Komplex III. Ist ein oxydierbares Substrat anwesend, so wird es oxydiert und das freie Enzym regeneriert. Schematisch kann die Peroxydasereaktion folgendermaßen beschrieben werden:

$$\begin{aligned} &\text{Enzym} + H_2O_2 \rightarrow \text{Komplex I} \\ &\text{Komplex I} + AH \rightarrow \text{Komplex II} + A \\ &\text{Komplex II} + AH \rightarrow \text{Enzym} + A \end{aligned} \qquad (139)$$

Sowohl der Übergang Komplex I → Komplex II wie der Übergang Komplex II → freies Enzym sind also univalente Redoxreaktionen. Die primären Produkte sind dabei wahrscheinlich Radikale, die je nach ihrem Typus in verschiedener Weise stabilisiert werden. Die Peroxydasereaktionen können deshalb in gewissen Fällen zu recht unerwarteten Produkten führen: Oxydation von *Pyrogallol* führt z. B. zu *Purpurogallin,* ein Tropolonderivat.

Verdoperoxydasen kommen bei Tieren vor, insbesondere in Leukocyten (*Myeloperoxydase*) und in der Milch (*Lactoperoxydase*). Beide sind in kristallisierter Form bekannt. Die prosthetischen Gruppen sind sehr fest an die Enzymproteine gebunden. Der Bau der Hämine ist noch nicht ganz klargelegt.

Alle Peroxydasen haben einen sehr weiten Spezifitätsbereich. Eine Reihe von Stoffen sehr verschiedenen Baues werden oxydiert: Viele aromatische Amine (Benzidin, Anilin usw.), Phenole (Pyrocatechin, Hydrochinon, Pyrogallol usw.), aromatische Säuren wie Benzoesäure und Salicylsäure, Leukofarbstoffe und schließlich auch andere Stoffe wie Phenyläthylamin, Tyrosin, Indol, Ascorbinsäure, Harnsäure, Tetanustoxin und gewisse Enzyme. Bemerkenswert ist die Oxydation von Halogenionen, z. B. die Oxydation von Jodid zu „aktivem Jod" in der Schilddrüse, eine Reaktion, die bei der Bildung des Thyroxins mitspielt. Möglicherweise hat eine entsprechende Oxydation von Chlorid zu „aktivem Chlor" für die „entgiftende" Wirkung der Leukocyten eine Bedeutung.

Sonst muß, besonders im Falle der pflanzlichen Peroxydasen, zugegeben werden, daß die Frage über die physiologische Bedeutung der Enzyme noch sehr dunkel ist; ein besonderes „natürliches" Substrat ist nicht bekannt.

β) Katalasen

Die Wirkung dieser Enzyme wird im allgemeinen als eine „Spaltung" von Wasserstoffperoxid beschrieben. Die oben (138) angegebene allgemeine Formel der Hydroperoxydasenreaktion erhält dann die Form (140):

$$H_2O_2 + H_2O_2 \rightarrow O_2 + 2\,H_2O\,. \qquad (140)$$

Die Reaktion ist unstreitig für die Katalasen charakteristisch und wird fast immer für die quantitative Bestimmung dieser Enzyme angewendet. Es ist aber jetzt bekannt, daß die Katalasen auch eine „peroxydatische Wirkung" zeigen können; in Gegenwart von Wasserstoffperoxid werden z. B. gewisse Alkohole und Phenole oxydiert. Die „Zersetzung von Wasserstoffperoxid" ist also als ein Spezialfall der Katalasewirkung zu betrachten; Wasserstoffperoxid ist dabei sowohl Substrat wie Wasserstoffacceptor. Wie die Peroxydasen bilden auch die Katalasen aktive Komplexe mit dem Wasserstoffperoxid.

Mehrere Katalasen sind, besonders aus tierischem Material, kristallinisch erhalten worden. Die erste kristallisierte Katalase wurde von J. B. Sumner und A. L. Dounce 1937 aus Rinderleber dargestellt. Das Molekulargewicht dieses Enzyms ist etwa 225,000, und pro Molekül Protein enthält es vier Protohämingruppen. Kristallisierte Katalasen sind weiter aus den Lebern mehrerer anderer Tiere (auch Menschenleber) und aus Erythrocyten verschiedener Tiere gewonnen worden. Auch eine mikrobielle Katalase, nähmlich aus *Micrococcus lysodeikticus,* ist kristallisiert worden.

In kleinen Mengen kommen Katalasen auch in höheren Pflanzen vor.

Die physiologische Aufgabe der Katalasen ist umstritten. Früher wurde sie meistens als eine Schutzwirkung gegen den schädlichen Wasserstoffperoxid aufgefaßt. Unmöglich erscheint aber nicht, daß die erwähnte peroxydatische Wirkung physiologische Bedeutung hat.

5. Andere Oxydoreduktasen

a) Aminoxydasen

Enzymatische Oxydation von Aminen in tierischen Geweben ist lange bekannt, aber die dabei wirksamen Enzyme sind noch nicht sehr wohl charakterisiert. Früher glaubte man, zwischen Mono- und Diaminoxydasen unterscheiden zu können; eine bestimmte Grenze zwischen diesen Gruppen läßt sich aber schwerlich ziehen.

Aliphatische Amine werden meistens angegriffen, auch aromatisch-aliphatische Amine wie Phenyläthylamin, Tyramin usw. Sekundäre Amine werden in der Regel nur langsam oxydiert, einige wie das Adrenalin jedoch schnell. Bei der Oxydation werden Aldehyde gebildet, schematisch nach Formel (141).

$$R{-}CH_2{-}NH{-}R' + O_2 + H_2O \rightarrow R{-}CHO + H_2N{-}R' + H_2O_2\,. \qquad (141)$$

Die physiologische Bedeutung der Aminoxydasen ist unklar. Denkbar ist, daß sie Amine „entgiften", die durch die Decarboxylierung von Aminosäuren entstehen. Eine Regulierung der Konzentration blutdruckwirksamer Amine wäre z. B. denkbar.

Von den „Diaminoxydasen" hat besonders die *Histaminase* Interesse gefunden. Das Enzym kommt sowohl in Tiergeweben wie in Pflanzen und Mikroorganismen vor. Eine Beobachtung von großem Interesse ist, daß beim Menschen während der Schwangerschaft der Histaminasegehalt im Blut außerordentlich stark erhöht ist, was wohl als ein Schutz gegen die Histaminwirkung aufgefaßt werden kann.

Die Histaminase greift auch einfache Diamine wie Cadaverin an. Die dabei primär entstehenden Aminoaldehyde werden oft sekundär weiter umgewandelt.

b) Oxygenasen

Lipoxygenase (Lipoxydase) kommt sehr verbreitet in Pflanzen vor. Aus Sojabohnen ist das Enzym kristallisiert erhalten worden. Das Enzym ist ein Protein ohne nachweisbare prosthetische Gruppe. Es oxydiert *cis-cis*-Formen der Fettsäuren vom Linolsäuretypus; die primären Oxydationsprodukte dürften Peroxide sein.

Die Zerstörung („Ausbleichen") von Carotin, Vitamin A usw., die oft in Pflanzenmaterial durch die Wirkung anwesender Lipoxygenase eintritt, dürfte sekundär durch die aus den ungesättigten Fettsäuren gebildeten Peroxide verursacht sein.

Phenoloxygenasen bewirken oxydative Sprengung gewisser substituierter aromatischer Ringe. Pyrocatechin wird z. B. durch eine spezifische Oxygenase in *cis-cis*-Muconsäure umgewandelt:

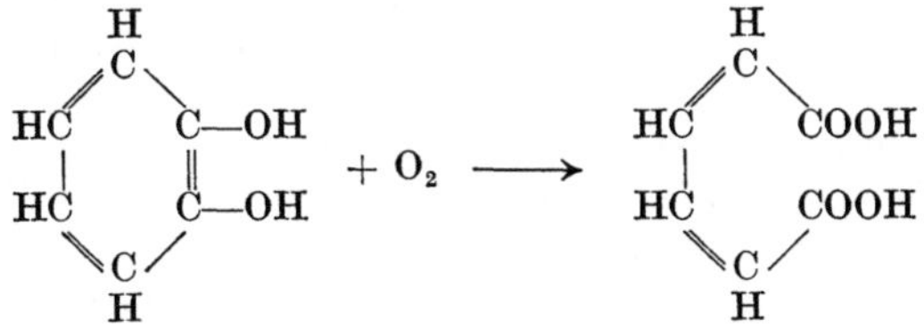

(142)

Durch Versuche mit isotopischem Sauerstoff ist gezeigt worden, daß der in das Substrat eingeführte Sauerstoff ganz aus molekularem O_2 stammt.

In entsprechender Weise wird z. B. die Homogentisinsäure in Maleinyl-acetessigsäure übergeführt (Formel 143). Über die weitere Umwandlung der Maleinylacetessigsäure, vgl. S. 886.

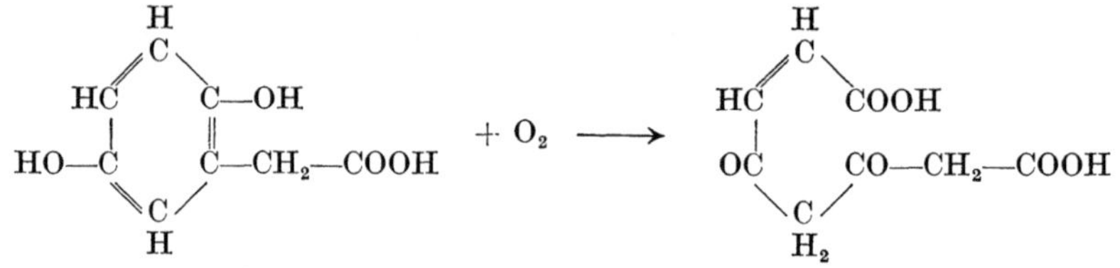

(143)

Luciferasen. Das Licht der selbstleuchtenden Organismen (Feuerfliegen, Glühwürmer, Crustaceen, Bakterien) wird erzeugt durch Einwirkung von Oxydationsenzymen, Luciferasen, auf spezielle, oxydierbare Substrate, Luciferine, die in verschiedenen Organismen verschieden sind. Der Mechanismus der lichterzeugenden Reaktionen ist offenbar auch nicht überall derselbe; das lichterzeugende Enzymsystem der Feuerfliege *Phatinus pyralis* ist besonders eingehend untersucht worden. Vgl. W. D. McElroy und B. Glass 1961.

Enzymatische Hydroxylierung. Hydroxylgruppen können enzymatisch auf verschiedenen Wegen in Substrate eingeführt werden. Oft erfolgt die Einführung durch Anlagerung von Wasser an Doppelbindungen durch Lyasen (vgl. S. 883). Auf einem anderen Wege wird molekularer Sauerstoff für die Einführung von Hydroxylgruppen ausgenutzt. Die hierbei wirksamen Enzyme (oder Enzymsysteme) werden *Hydroxylasen* genannt. Durch Versuche mit isotopisch markiertem Sauerstoff ist gezeigt worden, daß das eine Atom des Sauerstoffmoleküls in die Hydroxylgruppe eingeht, während das andere zu Wasser reduziert wird. Meist scheinen dabei reduzierte Pyridinnucleotide Wasserstoffdonatoren zu sein. Der Mechanismus der Hydroxylierung ist noch nicht völlig klargelegt.

Beispiele enzymatischer Hydroxylierungen sind die Bildung von Tyrosin aus Phenylalanin, die Bildung von 5-Hydroxytryptophan aus Tryptophan, die Hydroxylierung von Steroiden usw. Die Steroidhydroxylasen sind sehr spezifisch; einige hydroxylieren in Stellung 11, andere in Stellung 17 usw.

VI. Ligasen

Die Ligasen sind Enzyme, früher im allgemeinen als *Synthetasen* bezeichnet, die aus zwei Stoffen einen dritten synthetisieren, wobei die Synthese mit einer Spaltung einer Pyrophosphatbindung in ATP oder einem analogen Phosphat gekoppelt ist. Je nach der Natur der synthetisierten Bindung können mehrere Untergruppen der Ligasen unterschieden werden. Es erscheint wahrscheinlich, daß der Mechanismus der Ligasereaktionen sehr verschieden sein kann. Einige Beispiele werden im folgenden angeführt.

1. Biosynthese von C—C-Bindungen

Zu dieser Gruppe gehören gewisse carboxylierende Enzyme; sie enthalten Biotin, und die Mitwirkung des Adenosintriphosphats ist für die Bildung der „aktivierten Kohlensäure", d. h. einer CO_2-Biotin-Verbindung erforderlich, die bei den Carboxylierungen als CO_2-Donator wirkt (F. Lynen).

Die *Pyruvatcarboxylase* katalysiert eine Reaktion, deren Bruttoformel (144) wie folgt geschrieben werden kann:

$$\text{ATP} + \text{Brenztraubensäure} + CO_2 \rightarrow \text{Oxalessigsäure} + \text{ADP} + H_3PO_4 . \qquad (144)$$

Andere Carboxylasen geben aus Acetyl-SCoA + CO_2 Malonyl-SCoA, aus Propionyl-SCoA + CO_2 Methyl-malonyl-SCoA usw.

2. Biosynthese von C—O-Bindungen

Beispiele der bei diesen Reaktionen wirksamen Enzyme sind die für die einzelnen α-Aminosäuren spezifischen Enzyme, die bei der Proteinsynthese eine Bindung der Aminoacylreste an „lösliche" Ribonucleinsäure vermitteln. Die Bruttoreaktion kann geschrieben werden:

$$\text{ATP} + \text{L-}\alpha\text{-Aminosäure} + \text{RNS} \rightarrow \text{L-Aminoacyl-RNS} + \text{AMP} + \text{Pyrophosphat}\,. \qquad (145)$$

Die Aminoacylgruppe ist esterartig an die OH-Gruppe in der 3'-Stellung der Ribose im endständigen Adenosinrest der RNS gebunden.

Zwischenprodukte in Reaktionen vom Typus (145) sind Aminoacyl-adenylate:

$$\text{ATP} + \text{L-}\alpha\text{-Aminosäure} \rightarrow \text{Aminoacyl-adenylat} + \text{Pyrophosphat}\,. \qquad (146)$$

3. Biosynthese von C—N-Bindungen

Biosynthese von Asparagin und Glutamin. Die Asparaginsynthese erfolgt nach der Bruttoformel (147):

$$\text{ATP} + \text{Asparaginsäure} + NH_3 \rightarrow \text{Asparagin} + \text{ADP} + H_3PO_4\,. \qquad (147)$$

Die *Biosynthese des Glutathions* umfaßt zwei Stufenreaktionen (148) und (149):

$$\text{ATP} + \text{L-Glutaminsäure} + \text{L-Cystein} \rightarrow \gamma\text{-Glutamylcystein} + \text{ADP} + H_3PO_4\,, \qquad (148)$$

$$\text{ATP} + \gamma\text{-Glutamylcystein} + \text{Glycin} \rightarrow \text{Glutathion} + \text{ADP} + H_3PO_4\,. \qquad (149)$$

Die *Biosynthese der Argininobernsteinsäure* aus Citrullin und Asparaginsäure ist eine Teilreaktion des „Ornithincyclus":

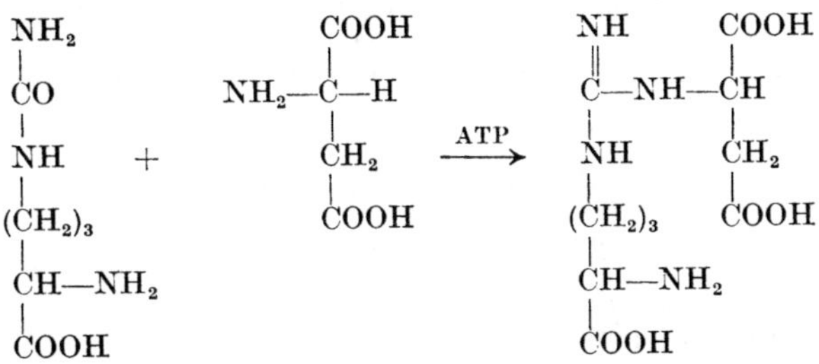

(150)

Citrullin — Argininobernsteinsäure

Die Argininobernsteinsäure wird durch eine Lyase in Arginin und Fumarsäure gespalten. Die Arginase (S. 857) zerlegt das Arginin in Harnstoff und Ornithin; letzteres gibt mit CO_2 und NH_3 in Form des Carbamylphosphates (S. 865) wieder Citrullin.

4. Biosynthese von C—S-Bindungen

In diese Gruppe gehören die Enzyme, die Fettsäuren und gewisse andere Säuren „aktivieren", d. h. in Thiolester des Coenzyms A überführen:

$$\text{ATP} + \text{Fettsäure} + \text{HSCoA} \rightarrow \text{Acyl-SCoA} + \text{AMP} + \text{Pyrophosphat}\,. \qquad (151)$$

Zwischenprodukte in dieser Reaktion sind die Acyl-adenylate; vgl. oben über die entsprechende Aktivierung der Aminosäuren (146).

Bibliographie

AMMON, R., u. W. DIRSCHERL: Fermente, Hormone, Vitamine. 3. Aufl., Bd. 1, Fermente. Stuttgart: Georg Thieme 1959.

BASSHAM, J. A.: The path of carbon in photosynthesis. Englewood Cliffs N. J.: Prentice Hall Inc. 1957.

BAUER, E.: Die üblichen Methoden für Enzymanreicherungen und Enzymtrennungen. In BAMANN, E., und K. MYRBÄCK, Die Methoden der Fermentforschung, Bd. 2, S. 1426—1451. Stuttgart: Georg Thieme 1941.

BLOCH, K.: Lipide metabolism. New York and London: Wiley & Sons 1960.

BOYER, P. D., H. LARDY and K. MYRBÄCK: The Enzymes. 2. Aufl. (Acht Bände). New York: Academic Press 1959—1963.

BRACHET, J., and A. E. MIRSKY: The cell (Drei Bände). New York: Academic Press 1959.

BURNET, F. M., and W. M. STANLEY: The viruses. New York: Academic Press 1959—1960.

CHARGAFF, E., and J. N. DAVIDSON: The Biochemistry of Nucleic Acids. 3. Aufl. London: Methuen 1960.

DIXON, M., and C. E. WEBB: Enzymes. London: Longmans, Green & Co. 1958.

FALK, J. E., R. LEMBERG and R. K. MORTON: Hematin Enzymes. Oxford: Pergamon Press 1961.

GARROD, A. E.: Inborn errors in metabolism. 2. Aufl. London: Oxford University Press 1923.

HARRIS, H.: An introduction to human biochemical genetics. London: Cambridge University Press 1953.

HENRI, V.: Lois générales de l'action des diastases. Paris: Hermann 1903.

HOLLMANN, S.: Nicht-glykolytische Stoffwechselwege der Glucose. Stuttgart: Georg Thieme 1961.

KLOTZ, I.: Grundlagen biochemischer Energetik. Stuttgart: Georg Thieme 1960.

MCELROY, W. D., and B. GLASS: Light and life. Baltimore: Johns Hopkins University Press 1961.

NACHMANSOHN, D.: Chemical and molecular basis of nerve activity. New York: Academic Press 1959.

NEILANDS, J. B., and P. K. STUMPF: Outlines of enzyme chemistry. 2. Aufl. New York: Wiley & Sons 1958.

NETTER, H.: Theoretische Biochemie. Berlin-Göttingen-Heidelberg: Springer 1959.

PERUTZ, M. F.: Proteins and nucleic acids. Amsterdam-London-New York: Elsevier 1962.

SCHRAMM, G.: Biochemie der Viren. Berlin-Göttingen-Heidelberg: Springer 1954.

SCHREIER, K.: Die angeborenen Stoffwechselanomalien. Stuttgart: Georg Thieme 1963.

SUMNER, J. B., and K. MYRBÄCK: The Enzymes. 1. Aufl. (Vier Bände). New York: Academic Press 1950—1952.

Zeitschriftenliteratur

CHANTRENNE, H.: Aspects of the biosynthesis of enzymes. Advanc. Enzymol. **24**, 1—33 (1962).

DE DUVE, C., R. WATTIAUX and P. BAUDHUIN: Distribution of enzymes between subcellular fractions in animal tissues. Advanc. Enzymol. **24**, 291—358 (1962).

GREEN, D. E.: Electron transport and oxydative phosphorylation. Advanc. Enzymol. **19**, 1—72 (1959).

HALVORSEN, H. O.: The induced synthesis of proteins. Advanc. Enzymol. **22**, 99—156 (1960).

KARSTRÖM, H.: Enzymatische Adaptation bei Mikroorganismen. Ergebn. Enzymforsch. **7**, 351—376 (1938).

KIMMEL, J. R., and E. L. SMITH: The properties of papain. Advanc. Enzymol. **19**, 267—334 (1957).

KOSHLAND JR., D. E.: The active site and enzyme action. Advanc. Enzymol. **22**, 45—97 (1960).

LIPMANN, F.: Metabolic generation and utilization of phosphate bond energy. Advanc. Enzymol. **1**, 99—162 (1941).

NEURATH, H.: The activation of zymogens. Advanc. Protein Chem. **12**, 319—386 (1957).

SCHERAGA, H. A., and J. A. RUPLEY: Structure and function of ribonuclease. Advanc. Enzymol. **24**, 161—261 (1962).

ŠORM, F.: Identical and analogous peptide structures in proteins. Advanc. Enzymol. **24**, 415—439 (1962).

SRI RAM, J., M. BIER and P. H. MAURER: Chemical modifications of proteins and their significance in enzymology, immunochemistry and related subjects. Advanc. Enzymol. **24**, 105—160 (1962).

TURBA, F.: Säulenchromatographie von Enzymen. Advanc. Enzymol. **22**, 417—491 (1960).

Enzyme

B. Bedeutung der Enzyme in der Lebensmitteltechnologie

Von

Prof. Dr. H. Mohler, Zürich

A. Einleitung

Die Unterbindung unerwünschter Enzymwirkungen, die zum Verderb oder zur Wertminderung von Lebensmitteln führen – es sei hierbei an den Fleischzerfall, mannigfache Verfärbungsreaktionen, Verflüssigung des Eiklars, Seifig- oder Ranzigwerden von Fetten, Geschmacksveränderungen an Mahlprodukten usw. erinnert –, kann durch Sterilisieren, Pasteurisieren, Zusetzen von Konservierungsmitteln, Trocknen, Tiefgefrieren, Räuchern, Pökeln, Einsalzen, Zuckern, Behandeln mit inerten Gasen, Strahlen usw. geschehen. Solche zum Teil längst bekannte Verfahren haben in der Regel die wahllose Zerstörung der vorhandenen Enzyme zur Folge. Auch sind Zubereitungen von Brot, Käse, Essig, alkoholischen Getränken, Sauerkraut, Sauermilchgetränken usw., bei denen kompliziert ineinandergreifende enzymatische Vorgänge eine Rolle spielen, dem Menschen schon von altersher auf Grund intuitiver Erfahrung bekannt. In neuerer Zeit zeichnet sich eine Entwicklung ab, Enzympräparate mit bekannter Wirkung nach Möglichkeit in den Dienst der technischen Lebensmittelverbesserung und -veredlung zu stellen. Es sollen hier einige gezielte Anwendungen mit Fermenten aus tierischen Organen, höheren Pflanzen und Mikroorganismen (Bakterien und Pilzen) beschrieben werden, die sich die moderne Lebensmittelindustrie nutzbar gemacht hat.

Im einfachsten Fall werden die speziellen Fremdenzyme dem zu behandelnden Gut beigegeben; daneben kommt auch die Aktivierung eines im Produkt schon vorhandenen Enzymsystems in Frage (A. K. Balls 1962). Zunehmende Bedeutung für die Herstellung bestimmter Enzyme erlangen die Mikroorganismen. Die Wahl eines geeigneten Stammes und die Ermittlung geeigneter Milieu- und Zuchtbedingungen zu größtmöglicher Ausbeute des gewünschten Enzyms (Zusammensetzung der Nährbouillon, Züchtung in festem Medium oder in flüssigen Medien nach dem Oberflächen-, dem Submers- oder Tiefenkulturverfahren) kann durch Testung ermittelt werden (R. Springer 1961). Wie auch bei anderem biologischen Material muß man zwischen leicht löslichen, extrahierbaren Lyoenzymen und fest an die Zellstruktur fixierten Desmoenzymen unterscheiden, da im einen Fall Enzymextrakte aus dem Nährsubstrat, im anderen plasmolysierte Mikroorganismen aufgearbeitet werden müssen.

B. In der Lebensmitteltechnologie verwendete Enzyme

Die hauptsächlichsten Verwendungen sind in der Tabelle zusammengefaßt.

1. Hydrolysierende Enzyme

a) Carbohydrasen

Amylasen oder Diastasen (J. A. Anderson 1946) sind stärkespaltende Enzyme aus Mikroorganismen (*Bac. subtilis*, *Aspergillus oryzae*), aus dem Pankreas und aus Malz. Je nach Herkunft hydrolysieren sie Stärke in unterschiedlichem Ausmaß und differieren hinsichtlich Thermostabilität und pH-Optimum. Nach der Wirkungsweise unterscheidet man:

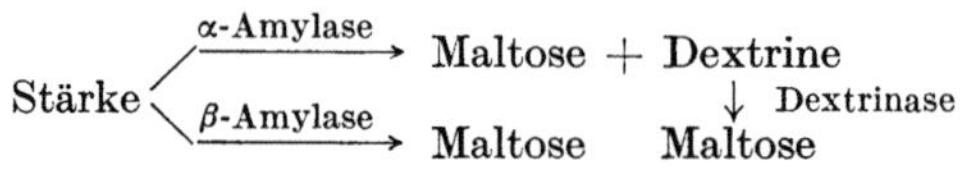

α-Amylase besitzt verflüssigende Wirkung, löst beliebige innere Bindungen und liefert je nach dem Verzweigungsgrad der Stärkeketten ein variables Gemisch von Dextrinen und Maltose. β-Amylase, ein verzuckerndes Enzym, spaltet vom Kettenende her Disaccharid-Einheiten ab und bildet ausschließlich Maltose, während Dextrinase Dextrine in Malzzucker überführt. Die strukturellen Eigenschaften der Stärke bringen es mit sich, daß ein Gemisch verschiedener Amylasen einen wirksameren Abbau ergibt. Die Verwendung stärkespaltender Enzyme, hauptsächlich solcher mikrobieller Herkunft, ist in der Lebensmittelindustrie weit verbreitet (Tab.).

Meist handelt es sich darum, unerwünschte Stärke zu entfernen, zu verflüssigen, löslich zu machen, Zucker zurückzugewinnen oder durch teilweisen Abbau anzudauen. Wichtig ist die Verwendung von Pilzamylasen für die Umwandlung partiell mit Säure hydrolysierter Stärke in Zuckersirup. Durch genaue Kontrolle und Auswahl geeigneter Enzyme (α-Amylase, Amyloglucosidase, Maltase) gelingt es, Glucose, Maltose oder Dextrin-Gemische nach Wunsch herzustellen. (J. K. Dale und D. P. Langlois 1940; D. P. Langlois 1953). Erwähnung verdient an dieser Stelle die *Amyloglucosidase* aus Pilzen, die 1.4- und 1.6-glykosidische Bindungen der Stärke hydrolysiert und diese ohne intermediäre Dextrin- und Maltose-Bildung in Glucose zerlegt (J. H. Pazur und T. Ando 1960; R. W. Kerr 1960). Die enzymatische Glucose-Herstellung aus Stärke dürfte mit der konventionellen Säurehydrolyse bald konkurrieren (F. C. Armbruster 1961).

Außer der schon erwähnten Maltose besitzen auch die Disaccharide spaltenden, aus Hefe gewonnenen Fermente, *Invertase* und *Lactase*, Bedeutung in der Süßwarenindustrie (vgl. Tab.) (L. A. Underkofler u. Mitarb. 1958):

$$\text{Maltose} \xrightarrow{\text{Maltase}} \text{Glucose} + \text{Glucose}$$
$$\text{Lactose} \xrightarrow{\text{Lactase}} \text{Glucose} + \text{Galaktose}$$
$$\text{Saccharose} \xrightarrow{\text{Invertase}} \text{Glucose} + \text{Fructose}$$

Cellulase aus Bakterien und Pilzen besitzt einen breiten Aktivitätsbereich (pH = 2,5—8,0) mit einem Optimum bei ca. 3,5 und ist gegenüber Hitze und Säuren bemerkenswert stabil (R. R. Barton und C. E. Land 1961). Sie zerlegt Cellulose in Cellulodextrine und Glucose und wird deshalb hauptsächlich angewendet, um Faserstoffe eines Produktes zu entfernen und es dadurch von zarterer Beschaffenheit und besser verdaulich zu machen. Die zur Zeit noch limitierte Verwendung

Tabelle. *Übersicht industrieller Enzympräparate* (H. MOHLER 1958; L. A. UNDERKOFLER u. Mitarb. 1958; R. R. BARTON und C. E. LAND jr. 1961)

Enzyme	Wirkungsweise	Verwendung
Amylasen allgemein	Hydrolysieren Stärke zu Dextrin und Zuckern in unterschiedlichem Ausmaß	Brauerei; Bäckerei (als Backhilfsmittel); Brennerei, Zuckerwaren-, Fruchtsaft-, Getränkeindustrie. Schokoladen- und Kakaoindustrie. Herstellung von Frühstücks- und Säuglingslebensmitteln. Klebstoff-, Papier- und Textilindustrie
Dextrinase	Hydrolysiert Dextrin	Stärke (hauptsächlich Maisstärke) verarbeitende Industrie
Amylo-glucosidase .	Hydrolysiert Stärke zu Glucose	
Maltase	Hydrolysieren Diglucoside zu den entsprechenden Hexosen	geringe Bedeutung bei der Eiscremeherstellung
Lactase		
Invertase		Kunsthonig-, Süßwarenindustrie; Kristallisationsverhinderung in Melasse, Eiscremes usw.
Cellulase	Hydrolysiert Cellulose	Brauerei; Fruchtsaft- und Getränkeindustrie als Klärungs- und Extraktionshilfsmittel. Weichmachen und Geschmacksverbesserung von Gemüse. Futtermittelherstellung: Verdauungshilfsmittel für Rinder und Junggeflügel
Hemicellulasen . . .	Bauen verschiedene natürliche gummiartige Stoffe ab	Verhinderung der Gelatinierung von Kaffeekonzentraten
Proteasen	Hydrolysieren Proteine	Bäckerei (Änderung der Backeigenschaften des Weizenklebers). Milchindustrie (z. B. Verhinderung des Oxydationsgeschmacks). Käseherstellung (mit Labferment). Würzeherstellung, spezielle Diäten. Kältestabilisierung von Bier. Weichmachen von Fleisch
saure Protease		Verdauungshilfsmittel bei der Futtermittelherstellung
Pektinasen (Gemische aus Pektinesterasen und Polygalakturonasen)	Hydrolysieren Pektine: Abspaltung von Methylgruppen und Zerlegung von Polygalakturonsäure	Fruchtsaft- und Weinbereitung; Entfernung der gelatinösen Haut auf Kaffeebohnen
Lipasen	Hydrolysieren Fette	Aromaverbesserung in der Käse- und Schokoladeherstellung; Qualitätsverbesserung von Trockeneipulver
Glucoseoxydase (in gekoppelter Reaktion mit Katalase)	Oxydiert spezifisch β-D-Glucose in Anwesenheit von Sauerstoff zu Gluconsäure	Glucose-Entfernung; Stabilisierung von Trockenei. Sauerstoffentfernung in Kleinpackungen zur Aromastabilisierung
Katalase.	Zerlegt Wasserstoffperoxyd in Wasser und Sauerstoff	in der Lebensmittelkonservierung, besonders Kaltsterilisation der Milch
Lipoxydase	Katalysiert die Oxydation mehrfach ungesättigter Fettsäuren. Durch Peroxydbildung kann in Sekundärreaktion Casein oxydiert (gebleicht) werden.	Bleichen des Brotes
Dextrinsaccharase	Katalysiert die Dextranbildung aus Rohrzucker	allgemeine Verwendung als Dickungsmittel

der Cellulase dürfte damit zusammenhängen, daß aktive Enzyme als Handelspräparate gegenwärtig noch nicht erhältlich sind.

$$\text{Cellulose} \xrightarrow{\text{Cellulase}} \text{Cellulodextrine} + \text{Cellobiose} + \text{Glucose}$$

Die auf gewisse Stoffe mit gummiartiger Konsistenz wirkende *Hemicellulase* erlaubt die Verhütung der Gelatinierung von Kaffeekonzentraten (I. M. Reich u. Mitarb. 1957). *Pentosanase* soll bei Gewinnung von Qualitätsstärke aus Weizen die Ausbeute erhöhen (F. J. Simpson 1955).

b) Proteolytische Enzyme

Ähnlich wie zwischen α- und β-Amylasen unterscheidet man bei Proteasen zwischen *Endo-* und *Exopeptidasen*, die verschiedene Substratspezifitäten aufweisen. Wie der Name andeutet, handelt es sich um zum Teil spezifische Fermente, die Peptidbindungen im Innern oder am Kettenende des Eiweißmoleküls angreifen. Wegen der komplexen Struktur der aus über 20 verschiedenen Aminosäuren aufgebauten Proteine ist die enzymatische Proteolyse ein im einzelnen sehr verwickelter Vorgang; stark vereinfacht dargestellt:

Proteine —Endopeptidasen→ Proteosen
Polypeptide
Peptone, Tryptone usw.
Exopeptidasen ↓
Aminosäuren

Für spezifische Anwendungen in der Industrie ist es meist nötig, mehrere Proteasen in geeigneter Weise zu kombinieren, um die gewünschte Wirkung zu erzielen. An erster Stelle steht in der Lebensmitteltechnologie neben der Würzeherstellung (Solubilisieren von Fleisch und Fisch) wohl das abgekürzte und wirksamere Weichmachen von abgehangenem Fleisch, wofür vor allem pflanzliche Proteasen wie *Papain* aus dem tropischen Melonenbaum Carica Papaya, *Bromelain* aus Ananas und *Ficin* verwendet werden. Man bedient sich hierbei verschiedener Techniken, indem das Fleisch z. B. in die Enzymlösung eingetaucht oder mit ihr besprengt wird. Enzymbehandlung des Fleisches ist auch im Zusammenhang mit nachträglicher Trocknung in Fett vorgeschlagen worden (H. Mohler 1960). Neuerdings werden Enzyme dem lebenden Tier kurz vor der Schlachtung intravenös injiziert, wobei der Blutstrom für gutes Eindringen und gleichmäßige Verteilung sorgt (J. F. Benk u. Mitarb. 1959). Proteolytische Enzyme dienen auch bei der Rekonstitution von gefriergetrocknetem Fleisch als Weichmacher (E. J. Rolfe und I. F. Penny 1959). Frisch bereitetes Bier wird zur Vermeidung von Trübungen bei kühler Lagerung mit proteinaktiven Enzymen versetzt (sog. Kältestabilisierung) (L. Wallerstein 1956). Für die proteolytischen Fermente des Tierkörpers, *Pepsin* und *Trypsin*, haben sich, abgesehen von der Herstellung von Peptonen und Tryptonen, Gemischen aus Eiweißspaltprodukten, keine besonderen Einsatzmöglichkeiten abgezeichnet. Neben pflanzlichen und den tierischen Proteasen, Pankreatin, Pepsin, Trypsin, finden jedoch mehr und mehr solche, die *aus Pilzen* isoliert werden und über einen breiten pH-Bereich (4—8) aktiv sind, sowie solche *bakterieller* Herkunft mit engem pH-Bereich (7—8), in die Industrie Eingang (L. A. Underkofler u. Mitarb. 1958). Ein in neuerer Zeit gefundenes mikrobielles proteolytisches Enzym soll auch bei tiefem pH ähnlich dem in stark saurem Milieu wirkenden Pepsin aktiv sein, aber im Gegensatz zum Pepsin einen großen Aktivitätsbereich (2,5—6,0) aufweisen (R. R. Barton und C. E. Land 1961).

c) Pektinasen

Die handelsüblichen aus Schimmelpilzen *(Aspergillus niger, Asp. oryzae, Asp. Wentii)* gewonnenen Pektinasen sind meist Gemische verschieden wirkender Enzyme, die zwei Typen pektolytischer Reaktion katalysieren (Z. I. KERTESZ 1951; H. LINEWEAVER und F. JANSEN 1951):

Pektin —Pektinesterase (= Pektase)→ Polygalakturonsäure (= Pektinsäure) + Methanol

Polygalakturonase (= Pektolase oder Pektinase) ↓

Galakturonsäure

Pektine enthaltende Lösungen sind hochviskos und vermögen mit anderen Stoffen stabile Suspensionen zu bilden. Die durch die Wirkung der Pektinesterasen freiwerdenden Carboxylgruppen lassen in Gegenwart mehrwertiger Metallionen (hauptsächlich Calcium) unlösliche Polygalakturonsäuresalze entstehen, die leicht entfernbar sind. Anderseits zerlegt Polygalakturonase das makromolekulare Pektin in Galakturonsäure, wodurch die Viskosität und die kolloidale Schutzwirkung gegenüber suspendierten Fremdstoffen abnimmt.

Bei der Fruchtsaftbereitung führt die Behandlung mit Pektinase vor der Pressung zu erhöhter Ausbeute; sie ist auch das sicherste Mittel, um die vom Konsumenten meist bevorzugten klaren Getränke wie Apfelsaft usw. ohne Aromaeinbuße herzustellen. Der nach beendeter Gärung mit Pektinase versetzte Wein klärt sich rascher und erlangt eine schönere Farbe. Pektinase ist ferner wichtig bei der Herstellung flüssiger, nicht-gelierender Fruchtsaft-Konzentrate. In neuerer Zeit ist ein flüssiges, bemerkenswert stabiles Enzym-Präparat erhältlich, das sich für den Gebrauch in kontinuierlichen Heißpreßverfahren eignen soll (R. R. BARTON und C. E. LAND 1961). Eine interessante Anwendung der Pektinase wurde für in Büchsen eingemachte Tomaten bekannt, wobei das den Tomaten eigene Enzym ohne vorausgehende Isolierung direkt mobilisiert wird. Die Tomaten werden kurzfristig der Kälte ausgesetzt, so daß Haut und oberste dünne Fleischschicht gefrieren. Nach dem Auftauen beginnen die aus den zerstörten Zellen freigesetzten pektolytischen Enzyme auf das die Haut fixierende Pektin einzuwirken, so daß der lose gewordene Hautsack leicht entfernt werden kann (D. STRANIERO 1956).

d) Lipasen

Die Lipasen (aus Pankreas, Pflanzensamen und Mikroorganismen) hydrolysieren Fette zu Glyzerin und freien Fettsäuren, wobei die Hydrolysegeschwindigkeit von der Zusammensetzung der Triglyceride bestimmt wird. Obschon die Fetthydrolyse in vielen Lebensmitteln unerwünscht und tunlichst zu vermeiden ist, gibt es einige nützliche, wenn auch eher spärliche Anwendungen dieser Spaltreaktion in der Industrie. Das Schwergewicht liegt heute auf den Enzymen *mikrobieller* Provenienz, die sich durch höhere lipolytische Aktivitäten als das Pankreas-Enzym auszeichnen. Lipase dient z. B. als Hilfsmittel bei der Aromaverbesserung von Edelpilzkäse (Anonym 1960). Der mehrere Monate lang dauernde natürliche Prozeß, d. h. das Durchwachsen der Käsemasse mit Schimmel (verschiedene Penicillium-Arten je nach Sorte), kann dadurch abgekürzt werden, daß Milch mit Lipase versetzt, nach Erreichung eines gewissen Säuregrades pasteurisiert (Abstoppen der enzymatischen Reaktion) und mit Pilzsporen versehen wird. Wahrscheinlich enthalten die Sporen der Schimmelpilze ein ketonbildendes Enzym, das gewisse Fettsäuren als Substrate benutzt. Die enzymatische Freisetzung geringer Fettsäuremengen scheint auch bei der Aromabildung der Schokolade eine günstige Rolle zu spielen. In Trockeneipulver vermag Lipase auf die technologischen

Eigenschaften des Eialbumins qualitätsverbessernd zu wirken, indem z. B. Konditoreiwaren und Backmischungen bessere Schlagfähigkeit erhalten (J. F. MURPHY und E. H. UHING 1960).

2. Nichthydrolysierende Enzyme

Von den nichthydrolysierenden Enzymen werden gegenwärtig erst deren zwei, *Glucoseoxydase* und *Katalase*, in größerem Umfang industriell verwendet (E. G. SNYDER 1953).

Die aus Schimmelpilzen gewonnene *Glucoseoxydase* ist hochspezifisch auf die Oxydation von β-D-Glucose eingestellt. In den für die Industrie hergestellten Präparaten ist auch Katalase anwesend, so daß in Gegenwart von Glucose und Sauerstoff folgende gekoppelte Oxydationsreaktion stattfindet:

$$\text{Glucose} + O_2 \rightarrow \text{Gluconsäure}$$

Das Oxydase-Katalase-Enzym-Gemisch dient der Sauerstoff- oder Glucose-Entfernung, z. B. der Entzuckerung von Eiern zur Herstellung von Trockenei, das dadurch weniger Bräunungs- und anderen wertmindernden Prozessen anheimfällt und besser lagerungsfähig wird. Die Sauerstoff-Entfernung ist wichtig in manchen verpackten oder eingemachten Lebensmitteln, wie Bier, kohlensäurehaltigen Getränken, Mayonnaise und eingemachten Früchten, da die Anwesenheit von Sauerstoff Farbverlust, Aromaveränderung, oxydative Ranzidität von Fetten und Korrosion der Metallbehälter zur Folge haben kann. Nach einem patentierten Verfahren wird das gepufferte Enzymsystem zusammen mit Glucose im Verpackungsmaterial (z. B. Polyäthylenfolien) für gefriergetrocknete Güter verarbeitet, wodurch die Entfernung des Restsauerstoffs aus dem verpackten Gut möglich wird (D. SCOTT 1956). Diese Desoxygenierungstechnik soll gegenüber der Vakuum- oder Inertgasverpackung erhebliche Vorteile hinsichtlich Aromaerhaltung aufweisen, wie am Beispiel der Trockenmilch gezeigt wurde.

Katalase kann aus allen möglichen Quellen in hohem Grad rein erhalten werden. Hauptsächlich wird sie zur Wasserstoffperoxyd-Entfernung in kaltsterilisierter Milch für die Käsezubereitung verwendet (A. J. MORRIS u. Mitarb. 1951; L. J. TEPLEY u. Mitarb. 1958). In bezug auf bakteriologische Reinheit (speziell coliforme Organismen) ist die so behandelte Milch der pasteurisierten oder hitzebehandelten mindestens ebenbürtig oder überlegen. (Hitzebehandelte Milch enthält Propion- und Buttersäurebildner; für Milch, die mit Peroxyd-Katalase behandelt wurde, trifft dies nicht zu.)

Dextransaccharase aus Leuconostoc katalysiert in neutralem oder leicht saurem Milieu folgende Reaktion (E. HEHRE 1951):

$$\text{Saccharose} \xrightarrow{\text{Dextransaccharase}} \text{Dextran} + \text{Fructose}$$

Der Polymerisationsgrad wird durch das Verhältnis Saccharose/Enzym und die Dauer der Reaktion bestimmt. Das Enzym wird vereinzelt verwendet zur Erhöhung der Viskosität von Sirupen für Zuckerwaren (D. V. WADSWORTH und M. F. HUGHES 1946) oder zur Produktion von eßbaren Schmiermitteln (R. R. BARTON und C. E. LAND 1961).

3. Zwei Beispiele mikrobieller Fermentation

L-*Lysin* ist als begrenzender Faktor vieler wichtiger Nahrungsproteine (z. B. Cerealien, Kartoffeln) je nach Herkunft unterschiedlich verwertbar und geht bei thermischer Behandlung leicht enzymresistente Bindungen, vor allem mit Kohlehydraten, ein. Durch Lysin-Beigabe wird z. B. der Nährwert des Brotes verbessert. Vor einigen Jahren wurde der Fa. Chas. Pfizer, USA, ein Verfahren patentiert, das auf enzymatischem Wege die direkte Herstellung von optisch aktivem

L-Lysin erlaubt, da die bei chemischen Synthesen nötige Racematspaltung umgangen werden kann. Aus einer geeigneten Nährlösung produziert Escherichia coli die Diaminopimelinsäure, welche durch Aerobacter aerogenes zu L-Lysin decarboxyliert wird. Die Isolierung mit Hilfe von Ionenaustauschern liefert ein zu 98% reines Produkt; der ganze Prozeß dauert 5 Tage (L. E. CASIDA jr. 1956).

Der ständig wachsende Bedarf an L-*Glutaminsäure* in der Lebensmittelindustrie hat außer der üblichen Isolierung aus Weizen-, Maiskleber, Sojaeiweiß oder entzuckerter Melasse die Entwicklung verschiedener mikrobiologischer Syntheseverfahren mit α-Ketobuttersäure, γ-Aminobuttersäure oder Fumarsäure als Substraten veranlaßt. Ein in Japan gefundener Mikrococcus erlaubt die enzymatische Synthese ohne Isolierung von Zwischenprodukten aus D-Glucose (oder anderen vergärbaren Zuckern) in Gegenwart von Ammoniumsalzen, Harnstoff, Pepton oder Fleischextrakt als Stickstoffquelle mit einer Ausbeute von 20—30% (Fa. KYOWA 1958). Über den Reaktionsablauf ist bekannt, daß er mindestens zweistufig verläuft:

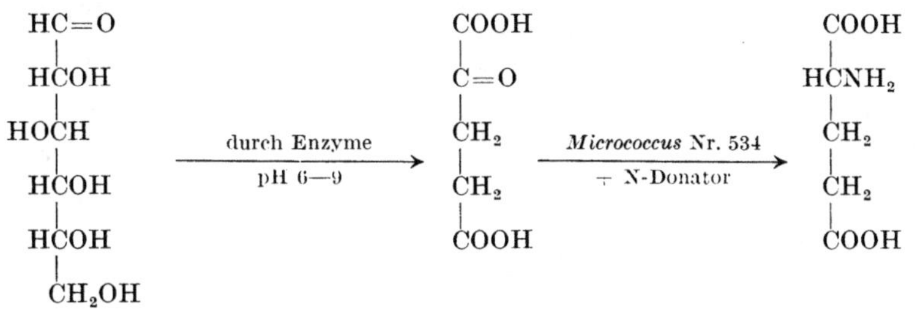

D-Glucose α-Ketoglutarsäure L-Glutaminsäure

C. Schlußwort

Das Anwendungsgebiet von Enzymen in der Industrie hat sich in den letzten Jahren ständig erweitert. Es sind mit Enzymen dank der hohen Reaktionsspezifität in der Regel gezieltere Wirkungen möglich als mit bloßen chemischen Mitteln. Sie arbeiten in niedrigen Konzentrationen, bei niedriger Temperatur und unter milden Bedingungen, die dem biologischen Milieu entsprechen. Sie können durch Wärme meist leicht inaktiviert werden, wenn die Reaktion abgestoppt werden soll. Aber nicht nur diese Verbesserungen oder neue Möglichkeiten, technische Enzympräparate herzustellen, trugen zur weit um sich greifenden Verbreitung bei. Der Lebensmittelindustrie kommen Fermente auch dadurch zugute, daß sie natürlichen Ursprungs und nicht toxisch sind; denn mehr und mehr wird heute danach getrachtet, bei der technologischen Verarbeitung der Lebensmittel möglichst innerhalb der Biosphäre zu bleiben.

Für die Mitarbeit danke ich Herrn Dr. H. SULSER, Knorr Forschungs-Institut, Zürich.

Bibliographie

ANDERSON, J. A.: Enzymes and their role in wheat technology. New York: Interscience Publishers Inc. 1946.

HOFFMANN-OSTENHOF, O. v.: Enzymologie. Wien: Springer 1954.

KERTESZ, Z. I.: Pectic Enzymes. In "The Enzymes", Vol. I, Part 2, 745—768. Edited by I. B. SUMMER and K. MYRBÄCK. New York: Academic Press 1951.

KIMMEL, J. R., and E. L. SMITH: The Properties of Papain. In F. F. NORD: Advances in Ezymology: XIX, 268 (1957). New York: Interscience Publishers, Inc. 1957.

SCHULTZ, H. W.: Food Enzymes. Westport, Conn.: The AVI Publ. Corp. 1960.

WEISSER, H. H.: Practical Food Microbiology and Technology. Westport, Conn.: The AVI Publ. Corp. 1962.

Zeitschriftenliteratur

Anonym: Enzymes from blue cheese flavoring. Chem. Engin. News **38**, No. 49, 124 (1960).

Anonym: Enzymes in Industry. Agric. and Food Chem. **4**, 744—746 (1956).

ARMBRUSTER, F. C.: Glycamylase. Corn Products Co. (Erfinder: F. C. ARMBRUSTER): U.S.P. 3012944 (1961).

BALLS, A. K.: Catalysts and Food Technologists. Food Technol. **16**, No. 11, 17—20 (1962).

BARTON, R. R., and C. E. LAND: How latest enzymes sharpen your process control. Food Engin. **33**, No. 9, 85—88 (1961).

BENK, J. F., L. SAVICH, P. A. GOESER and J. M. HOGAN: Tenderizing Meat. (Erfinder: J. F. BENK, L. SAVICH, P. A. GOESER and J. M. HOGAN): Canad. P. 578457 (ausg. 1959).

CASIDA, L. E. JR.: Diaminopimelic acid and lysine. Chas. Pfizer & Co. (Erfinder L. E. CASIDA JR.): U.S.P. 2771396 (ausg. 1956).

DALE, J. K., and D. P. LANGLOIS: Starch conversion syrup. (Erfinder: J. K. DALE and D. P. LANGLOIS). U.S.P. 2201609 (ausg. 1940).

HEHRE, E.: Enzymic synthesis of polysaccharides: A biological type of polymerisation. Advanc. Enzymol. **11**, 297—337 (1951).

— Herstellung von L-Glutaminsäure bzw. deren Salzen durch Fermentation. Kyowa Hakko Kogyo Kabushiki Kaisha. Öst.P. 200544 (ausg. 1958).

KERR, R. W.: Reinigen einer Amyloglucosidaseenzym enthaltenden Zubereitung. Corn Products Co. (Erfinder: R. W. KERR): DAS 1087550 (ausg. 1960).

LANGLOIS, D. P.: Application of Enzymes to corn syrup production. Food Technol. **7**, 303 bis 307 (1953).

LINEWEAVER, H., and F. JANSEN: Pectic Enzymes. Advanc. Enzymol. **11**, 267—296 (1951).

MOHLER, H.: Die Bedeutung der Enzyme in der Lebensmittelindustrie. Mitt. Lebensmitteluntersuch. Hyg. **49**, 406—422 (1958).

— Haltbarmachen von Fleisch. Cyklus AG, Arosa (Erfinder: H. MOHLER). DAS 1095093 (ausg. 1960).

MORRIS, A. J., P. B. LARSON and J. D. JOHNSON: Hydrogen Peroxide has a place in the making of high quality Swiss cheese. Farm Home Science **12**, 79—81 (1951).

MURPHY, J. F., and E. H. UHING: Method of Processing Egg Albumen. (Erfinder: J. F. MURPHY and E. H. UHING): Canad. P. 593575 (ausg. 1960).

PAZUR, J. H., and T. ANDO: The Hydrolysis of Glucosyl Oligosaccharides by fungal Amyloglucosidase. J. biol. Chem. **235**, 297—302 (1960).

REICH, I. M., S. REDFERN, J. F. LENNEY and W. W. SCHIMMEL: Prevention of jel in frozen coffee extract. (Erfinder: I. M. REICH, S. REDFERN, J. F. LENNEY and W. W. SCHIMMEL): U.S.P. 2801920 (ausg. 1957).

ROLFE, E. J., and I. F. PENNY: Meat Tenderization. (Erfinder: E. J. ROLFE and I. F. PENNY): United Kingdom Pat. 1767/59.

SCOTT, D.: Deoxygenating process and product. (Erfinder: D. SCOTT): U.S.P. 2758932 (ausg. 1956).

SIMPSON, F. J.: The application of bacterial pentosanases to the recovery of starch from wheat flours. Canad. Technol. **33**, 33—40 (1955).

SNYDER, E. G.: New Enzymes open new doors. Food Engin. **25**, No. 6, 89—90, 92 (1953).

SPRINGER, R.: Verwendung von Enzymen bei der Herstellung von Lebensmitteln unter besonderer Berücksichtigung mikrobiologischer Verfahren. Vortrag, gehalten am 11. X. 1961 an der Arbeitstagung der Schweiz. Zentralstelle der Nahrungs- und Genußmittelwirtschaft in Bonn.

STRANIERO, D.: Novel freeze-enzyme technique peels tomatoes at 6 tons/hr. Food Engin. **28**, No. 10, 58—59, 114 (1956).

TEPLEY, L. J., P. H. DERSE and W. V. PRICE: Composition and nutritive value of cheese produced from milk treated with hydrogen peroxide and catalase J. Dairy Sci. **41**, 593 bis 605 (1958).

UNDERKOFLER, L. A., R. R. BARTON and S. S. RENNERT: Microbiological Process Report — Production of Microbial Enzymes and their Applications. Appl. Microbiol. **6**, 212—221 (1958).

WADSWORTH, D. V., and M. F. HUGHES: Sugar syrup. (Erfinder: D. V. WADSWORTH and M. F. HUGHES). U.S.P. 2409816 (ausg. 1946).

WALLERSTEIN, L.: Chillproofing and stabilization of beer. Wallerstein Labs. Commun. **19**, 95—107 (1956).

Enzyme

C. Enzyme bei der Bildung von Aromastoffen

Von

Prof. Dr. H. MOHLER, Zürich

Mit 3 Abbildungen

1. Einleitung

Aroma, Farbe und strukturelle Beschaffenheit eines Nahrungsmittels bezeichnen jene Eigenschaften, die man im englischen Sprachgebrauch unter dem Begriff "eating qualities" zusammenfaßt. Hauptsächlich Geruch, Geschmack und Aussehen vermögen stark auf die Psyche einzuwirken und lassen eine vorgesetzte Speise als mehr oder weniger appetitanregend erscheinen. Die Drüsen des Verdauungstraktes werden zu erhöhter Funktion angeregt, der Organismus umgestimmt und zur Nahrungsaufnahme vorbereitet.

Im folgenden soll der nicht sehr treffende Begriff „*Aroma*" *(flavor, saveur)* als Kombinationseindruck verstanden werden, den Riech- und Geschmacksstoffe in den Sinnesorganen Nase und Zunge hinterlassen. Die natürlichen Aromen von frischen Früchten, Gemüsen und anderen frischen tierischen oder pflanzlichen Produkten ergeben sich aus dem Zusammenspiel einer Gruppe charakteristischer Aromastoffe, die aus dem normalen Stoffwechsel der betreffenden biologischen Art hervorgehen. Die Aromastoffe sind die Endprodukte einer langen Reihe von Reaktionen, in deren Ablauf sie aus anderen chemischen Substanzen, den sog. *Aromavorläufern* oder "*flavor precursors*" entstehen, die ihrerseits aus den "*pre-precursors*" gebildet werden usw. Wie die metabolischen Prozesse im allgemeinen, wird auch die Gesamtheit der Reaktionen, die schließlich in die Biosynthese der Aromastoffe ausmünden, durch Enzyme ermöglicht.

2. Enzymatische Reaktivierung des Aromas

Die industriellen Verfahren, Lebensmittel gegen raschen Verderb zu schützen und für die Lagerung haltbar zu machen, streben im wesentlichen die Zerstörung oder Inaktivierung der Enzyme im Verarbeitungsgut und in den Begleitmikroben an, so daß unerwünschte chemische Veränderungen enzymatischer Natur verhindert oder erheblich verlangsamt werden. Besonders empfindlich gegenüber den zur Zeit angewandten Verfahren wie: Wasser- oder Dampfblanchierung in Verbindung mit Gefrieren, Büchsenkonservierung oder Trocknung, Strahlenbehandlung usw. sind aber auch die mehr oder weniger flüchtigen und zum Teil thermolabilen Aromastoffe, so daß das Aroma behandelter Lebensmittel meist entweder vernichtet oder abgeschwächt oder im Vergleich zum ursprünglichen des frischen Produktes verändert wird. Andererseits überstehen viele nichtflüchtige, geruch- und geschmacklose Aroma-precursors, die eine Quelle des latenten Aromas darstellen, die erwähnten Manipulationen ohne Schaden. Durch Zugabe aktiver, aus dem frischen Lebensmittel stammender Enzympräparate, auf welche die Precursors und Pre-precursors ansprechen (sog. flavorese enzymes), erscheint es daher möglich, die erhaltenen Substanzen in Aromastoffe umzuwandeln und dem behandelten Produkt das Frischaroma zurückzugeben. Ähnliches spielt sich wahrscheinlich bei der natürlichen Reifung ab, wenn infolge Zellauflösung und Diffusion neue Enzym/Substrat-Kombinationen entstehen. In Abb. 1 sind die komplizierten Vorgänge des Aromaverlustes und der Aromaerweckung schematisch-übersichtlich dargestellt.

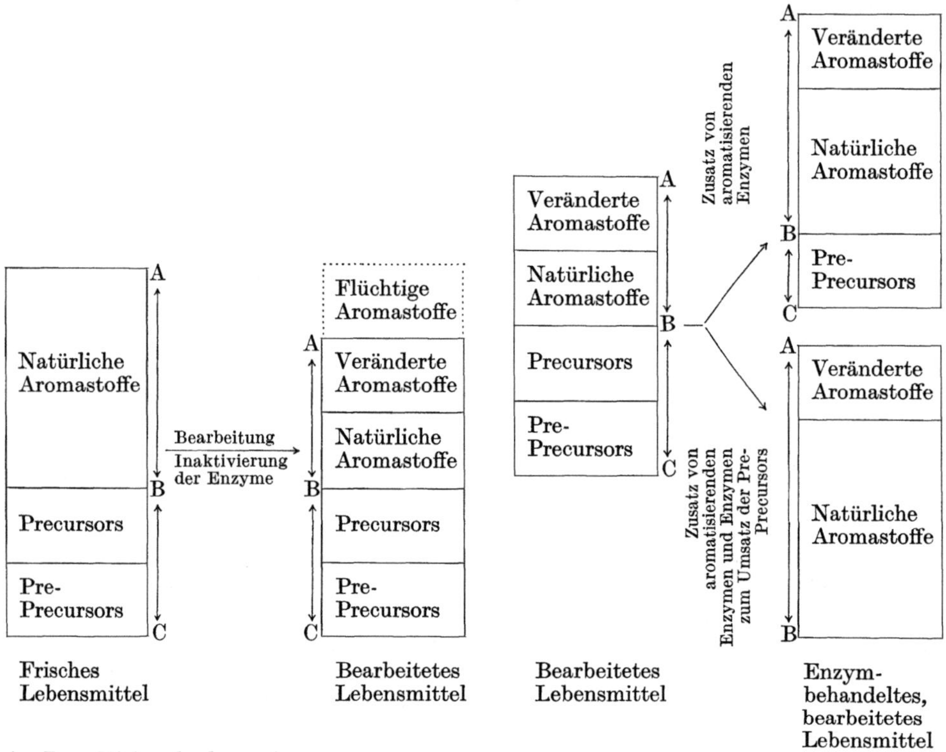

A—B = Wahrnehmbares Aroma
B—C = Potentielles Aroma

Abb. 1. Schema zur Illustration der Aromaveränderung bei der üblichen Wärmebehandlung und der Enzymwirkung auf Aromaausgangsprodukte und deren Vorläufer in bearbeiteten Lebensmitteln (aus H. Mohler 1958)

3. Aromabildende Enzyme in einzelnen Lebensmitteln

Einer Gruppe amerikanischer Forscher der Evans Research Corp. in Verbindung mit dem US Army Quartermaster Research Center (E. J. Hewitt u. Mitarb. 1956; E. J. Hewitt u. Mitarb. 1957; K. S. Konigsbacher 1959; E. J. Hewitt 1961) gebührt das Verdienst, auf den praktischen Wert dieser Erkenntnisse aufmerksam gemacht zu haben. Der klassische Versuch bestand darin, mit Dampf blanchierte, luftgetrocknete Brunnenkresse in Wasser zu rekonstituieren und das Material, das einen heuartigen Geruch besaß, mit einer Enzymlösung aus Senfsamen zu versehen. Das typische Kressearoma entwickelte sich innerhalb weniger Minuten. Auch an Zwiebeln, Kohl, Tomaten, Sellerie, Petersilie, Lauch, Karotten, Meerrettich, Spinat, Erdbeeren, Orangen usw. wurden nach Zugabe geeigneter Enzyme Aromaverbesserungen festgestellt (E. J. Hewitt u. Mitarb. 1959). Das jeweils passende Enzympräparat muß beim heutigen Stand der Kenntnisse noch weitgehend empirisch gewählt werden, d. h. von Fall zu Fall müssen Degustationsteste darüber befinden, ob das entwickelte Aroma dem gewünschten Frischaroma entspricht oder jedenfalls nahekommt. In der Regel können die wirksamen Enzymextrakte aus den gleichen frischen Lebensmitteln erhalten werden, in bestimmten Fällen auch aus einem biologisch verwandten Material. Am Beispiel der Brunnenkresse ist gezeigt worden, daß z. B. Enzyme aus schwarzem Senf und Kohl (beide Gattung Brassica aus der Familie der Kreuzblütler) das Kressearoma erzeugen. Enzymlösungen aus Senfsamen, Kohlsamen oder Kohlblättern verstärkten das Aroma von blanchierten Kohlblättern, aber nur das Kohlblätter-Enzym gab das richtige, nichtbeißende Kohl-Aroma.

Wenn bis jetzt die Natur dieser Enzyme lediglich durch ihre Aktivität bestimmten Substraten gegenüber beschrieben werden konnte, so sind in letzter Zeit doch Vorstöße in Richtung einer chemisch-quantitativen Erfassung der der Aromabildung zugrunde liegenden Reaktionen gemacht worden. Als brauchbare Methode wurde die gaschromatographische Analyse des Luftraums über dem Reaktionsgemisch vorgeschlagen (D. A. M. Mackay u. Mitarb. 1961). Wegen der Kompliziertheit der einbezogenen Substrat- und Enzymsysteme fällt die Deutung der Resultate allerdings schwer. Läßt man eine Enzymlösung aus reifen Himbeeren auf die nicht-flüchtigen Bestandteile derselben Frucht einwirken, so entwickelt sich ein starker Himbeergeruch, der sich auf 7 flüchtige Verbindungen zurückführen läßt. In parallelen Versuchen wurden die folgenden Reinenzyme geprüft: β-Glucosidase, Cellulase, Alkoholdehydrogenase, Lipase, Emulsin, Erepsin, Bromelain, Malzdiastase, Pilz-Tyrosinase und Myrosin. Einige vermochten zwar die Bildung flüchtiger, im Chromatogramm erkennbarer Komponenten zu katalysieren, aber mit keinem wurde ein Aroma erhalten, das nur entfernt an den angenehmen Himbeerduft erinnerte (C. Weurman 1961). In einer Reihe anderer Versuche erwiesen sich auch die handelsüblichen Formen verschiedener Proteasen, Pektinasen und Lipasen in Kombination mit behandelten Zwiebeln und Kresse als unfähig, Aroma zu erzeugen (E. J. Hewitt u. Mitarb. 1959). Damit ist wohl der Nachweis erbracht, daß bei der Bildung spezifischer Aromen spezifische Enzyme mitwirken.

Auch die Wiederherstellung des Frischaromas hitzebehandelter Bananen durch Zugabe eines Bananen-Rohextraktes geschieht auf enzymatischem Wege. Mittels organoleptischer Teste wurden Verbindungen wie Brenztraubensäure, Valin und Ölsäure, die alle in Bananen vorkommen, als aromaverstärkende Faktoren erkannt. Inwiefern sie die Aromabildung beeinflussen, ob sie z. B. im Stoffwechsel an irgendeiner Stelle die Rolle von Precursors versehen, ist nicht bekannt (H. O. Hultin und B. E. Proctor 1961).

An dieser Stelle sei noch ein patentiertes Verfahren zur Aromaverbesserung von Lebensmitteln aus Hülsenfrüchten erwähnt, bei dem oxydativ wirkende Enzympräparat, z. B. aus Mikroorganismen oder verschiedenen Bohnensorte, verwendet werden (R. R. Barton 1962).

Es ist selbstverständlich, daß Aromaveränderungen bei fermentierten Lebens- und Genußmitteln wenigstens teilweise auf einer enzymatischen Wirkung beruhen, die sehr oft oxydativer Natur ist. Es sei hierbei nur an Tee, Kakao und Tabak erinnert. Das große Gebiet der Fermentation ist aber biochemisch noch viel zu wenig erschlossen, als daß eigentliche, die Aromabildung direkt berührende Enzyme hervorgehoben werden könnten.

Ebensowenig kennt man beim Fleisch spezielle Aromaenzyme. Es ist bekannt, daß die Reifung des Fleisches dessen Schmackhaftigkeit erhöht. Relativ einfache Verbindungen wie Glucose, Inosinsäure, gewisse Aminosäuren und anorganisches Phosphat, die beim Erhitzen in Fett oder Wasser Aromastoffe freisetzen, sind als

Aroma-precursors erkannt worden. Es ist sehr wohl möglich, daß diese Substanzen in wechselnden Mengenverhältnissen bei der Fleischreifung zum Teil auf enzymatischem Wege gebildet werden.

4. Bekannte Enzymreaktionen

Als eine der bestuntersuchten Reaktionen darf die Bildung des *Knoblaucharomas* gelten. A. Stoll und E. Seebeck (1947, 1949a, 1949b, 1950) isolierten eine *Alliin* genannte Substanz, die sie als Muttersubstanz des Knoblauchöls erkannten. Ihnen gelang auch die Isolierung und Reiniging des Enzyms *Alliinase*, welches das Alliin in das antibakteriell wirkende *Allicin,* Brenztraubensäure und Ammoniak spaltet. (Abb. 2).

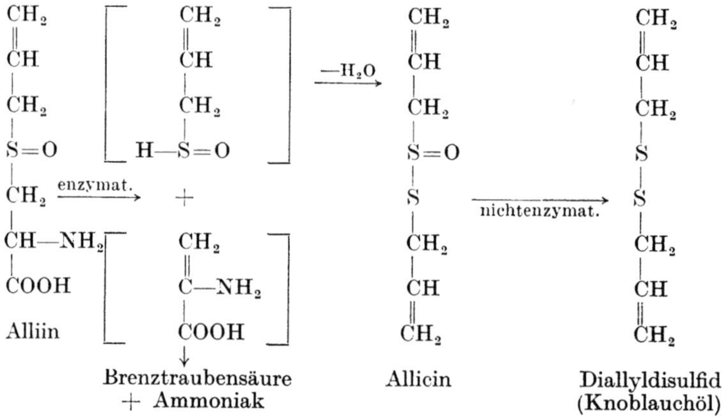

Abb. 2. Enzymatische Allicinbildung aus Alliin und Entstehung des Knoblauchöls aus Allicin durch nichtenzymatische Prozesse

Allicin ist der Träger des typischen Knoblaucharomas, während das durch sekundäre, nichtenzymatische Prozesse aus letzterem entstehende Knoblauchöl (Diallyldisulfid) widerlich-scharf riecht. Die Alliinase mit Pyridoxalphosphat als Coenzym weist eine ausgesprochene Substratspezifität auf. Unter optimalen Bedingungen spaltet sie in 10 min 60—70% des vorhandenen Alliins. Sie wird durch Hydroxylamin, Phenylhydrazin und Semikarbazid (10^{-3} mol. Lösungen) fast völlig gehemmt (J. W. Gorjatschenkowa 1952). Die Substratspezifität der Alliinase erstreckt sich auf Alliinderivate mit folgenden Struktureigenschaften: Abkömmlinge des Cysteins mit unsubstituierter Aminogruppe und aliphatischem Rest am Schwefel, der als Sulfoxyd vorliegt. Allgemein erfolgt die Zerlegung dieser Substrate langsamer als die des Alliins (A. Stoll und E. Seebeck 1949b).

Der gleiche Reaktionstyp wurde von verschiedenen Autoren auch in der Zwiebel gefunden (kurze Übersicht z. B. bei S. Schwimmer und W. J. Weston 1961). Da auch in der Zwiebel flüchtige Schwefelverbindungen für deren Aroma verantwortlich sind, besteht zwischen Gesamtschwefelgehalt und Schärfe des Geruchs eine Korrelation. Zur Qualitätsbeurteilung wurde dieselbe Methode auch bei Knoblauch verschiedener Varietäten angewandt (H. Platenius und J. E. Knott 1941; N. Alfonso und E. Lopez 1960).

Die Aromabildung in den Kreuzblütlern Kohl, Kresse und Senf beruht auf der hydrolytischen Wirkung des Enzyms *Myrosin* auf die Thioglucoside *Sinigrin* und *Sinalbin,* die in Glucose, Kaliumbisulfat und Allylsenföl (Allylisothiocyanat) zerlegt werden (Abb. 3) (D. A. M. Mackay und E. J. Hewitt 1959). Sinigrin findet sich in den Samen des schwarzen Senfs, in der Meerrettichwurzel und auch im Kohl; Sinalbin ist das Hauptthioglucosid des weißen Senfs. Gaschromatographische Studien deuten darauf hin, daß Kohlblätter- und Senfsamenenzyme die gleichen Senföle im handelsüblich getrockneten Kohl entwickeln, wobei aber die Kohlenzyme stärker und schneller wirken. Diese und andere mittels massenspektrographischer Analyse gewonnene Resultate liefern einen wertvollen Beitrag zur Aufklärung der im einzelnen sehr verwickelten Vorgänge; sie lassen sich aber vorläufig nicht in Einklang bringen mit dem oben erwähnten organoleptischen Befund, daß aus Kohl und Senf hergestellte Enzympräparate klar unterscheidbare Aromen liefern (S. D. Bailey und Mitarb. 1961).

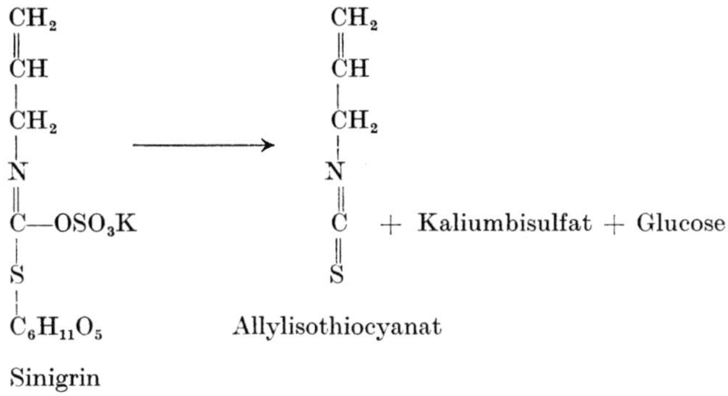

Abb. 3. Enzymatische Spaltung des Sinigrins

5. Ausblick

Abschließend sollen noch einige der Möglichkeiten, welche der Industrie zur Rückgewinnung des Aromas auf enzymatischem Wege offenstehen, erwähnt werden, wobei zu bedenken ist, daß die Forschung noch ganz im experimentellen Stadium steht. Die Industrie ist an diesen enzymatischen Verfahren interessiert, weil die Aromaverstärkung durch einfache Beimischung natürlicher oder synthetischer Substanzen in geschmacklicher Hinsicht oft nicht befriedigt und mit den Lebensmittelgesetzen in Konflikt kommen kann. Die lebensmitteltechnologischen Prozesse könnten ohne Rücksicht auf Aromaverluste so gelenkt werden, daß nur diejenigen Substanzen, die zur Neubildung von Aromastoffen erforderlich sind, d. h. Precursors und Pre-precursors usw., möglichst erhalten bleiben (Dampfblanchierung ist im allgemeinen der Erhaltung des latenten Aromas zuträglicher als Blanchierung mit kochendem Wasser, weil durch heißes Wasser gewisse nichtflüchtige Aroma-Precursors herausgelöst werden und so verlorengehen). Die Verwendung solcher Enzyme würde somit rigorosere Verfahren zur Verbesserung der Dauerhaftigkeit der Lebensmittel erlauben, die wegen zu starker Einbuße an Frischaroma bisher gemieden werden mußten. Je nach Restwassergehalt wäre das behandelte Lebensmittel mit dem Enzympräparat entweder direkt oder erst kurz vor Gebrauch zu mischen. Das Enzym könnte z. B. in einer Kapsel, die sich bei Wasserbehandlung auflöst, dem verpackten Lebensmittel beigegeben werden (E. J. Hewitt u. Mitarb. 1959). Noch nicht geklärt ist aber die Haltbarkeit der zugesetzten Enzyme. Auch die Kontrolle der Aromabildung, d. h. der Stop der Reaktion im richtigen Zeitpunkt, ist ein noch nicht gelöstes Problem, denn ähnlich wie beim Überreifwerden besteht auch hier die Gefahr einer überschießenden enzymatischen Reaktion. Schließlich dürfte die Verwendung von Aromaenzymen in Zukunft auch zur Beseitigung des "*off-flavor*", einer z. B. bei der Lebensmittelbestrahlung häufig anzutreffenden Erscheinung beitragen.

Für die Mitarbeit danke ich Herrn Dr. H. SULSER, Knorr Forschungs-Institut, Zürich.

Zeitschriftenliteratur

ALFONSO, N., u. E. LOPEZ: Bestimmungsmethode für den Geruchswert mexikanischer Knoblaucharten. Z. Lebensmittel-Untersuch. u. -Forsch. **111**, 410—413 (1960).

BAILEY, S. D., M. L. BAZINET, J. L. DRISCOLE and A. I. MCCARTHY: The volatile sulfur components of cabbage. J. Food Sci. **26**, 163—170 (1961).

BARTON, R. R.: Process for flavor enhancement for leguminous foods. Miles Laboratories Inc., Elkhart, Ind. (Erfinder R. R. BARTON): USP. 3048492 (ausg. 1962).

GORJATSCHENKOWA, J. W.: Das Allicin bildende Ferment von Knoblauch (Alliinase) — ein Proteid des Phosphorpyridoxals. Ber. Akad. Wiss. UdSSR **87**, 457—460 (1952); ref. in Chem. Zbl. **124**, 4385 (1953).

HEWITT, E. J.: Enzymic propagation of flavor in foods. Abstracts Papers Am. Chem. Soc. **140**, 9A (1961).

— Enzymatic enhancement of flavor. J. Agr. Food Chem. **11**, 14—19 (1963).

— D. A. M. MACKAY, K. KONIGSBACHER and T. HASSELSTROM: The Role of Enzymes in Food Flavors. Food Technol. **10**, 487—489 (1956).

— — — — Flavor Propagation through enzymatic Action. Reprinted from Chemistry of Natural Food Flavors, Symposium Nat. Acad. Sci. 86—100, Mai 1957.

— T. HASSELSTROM, D. A. M. MACKAY and K. S. KONIGSBACHER: Natural Flavor of processed Foods. Evans Research & Development Corp. New York, D.B.P. 1052221 (ausg. 1959).

HULTIN, H. O., and B. E. PROCTOR: Banana Aroma Precursors. Food Technol. **16**, 108—113 (1961).

KONIGSBACHER, K. S., E. J. HEWITT and R. L. EVANS: Application of Flavor Enzymes to Processed Foods. I. Panel Studies Food Technol. **13**, 128—131 (1959).

MACKAY, D. A. M., and E. J. HEWITT: Application of flavor enzymes to processed foods. II. Comparison of the affect of flavor enzymes from mustard and cabbage upon dehydrated cabbage. Food Res. **24**, 253—261 (1959).

— D. A. LANG and M. BERDIDE: Objective measurement of odor, ionization detection of food volatiles. Analytic. Chem. **33**, 1369—1374 (1961).

MOHLER, H.: Die Bedeutung der Enzyme in der Lebensmittelindustrie. Mitt. Lebensmitteluntersuch. Hyg. **49**, 406—422 (1958).

MORCINEK, H.: Zur Kenntnis enzymatischer Vorgänge in Kakaobohnen, besonders im Hinblick auf die Bildung von Aromen und Aromavorstufen. Dissertation, Ludwig-Maximilians-Universität München 1962.

PLATENIUS, H., and J. E. KNOTT: Factors affecting onion pugency. J. Agr. Research **62**, 371—379 (1941).

STOLL, A., u. E. SEEBECK: Über Alliin. Die genuine Muttersubstanz des Knoblauchöls. Helv. chim. Acta **31**, 189—210 (1947).

— — Über den enzymatischen Abbau des Alliins und die Eigenschaften der Alliinase. Helv. chim. Acta **32**, 197—205 (1949a).

— — Über die Spezifität der Alliinase und die Synthese mehrerer dem Alliin verwandter Verbindungen. Helv. chim. Acta **32**, 866—876 (1949b).

— — Über spezifische Inhaltsstoffe des Knoblauchs: Alliin, Alliinase und Allicin. Scientia pharmaceutica **18**, 61—79 (1950).

SCHWIMMER, S., and W. J. WESTON: Enzymatic Development of Pyruvic Acid in onion as a measurement of pungency. J. Agr. Food Chem. **9**, 301—304 (1961).

— Alteration of the flavor of processed vegetables by enzyme preparations. J. Food Sci. **28**, 460—466 (1963).

WEURMAN, C.: Gas-liquid Chromatographic Studies on the enzymatic formation of volatile compounds in raspberries. Food Technol. **15**, 531—536 (1961).

Enzyme

D. Technisch gewonnene Enzympräparate und ihre Anwendung in der Lebensmittelchemie

Enzyme als Hilfsmittel des Lebensmittelchemikers in der Analytik

Von

Dr. H. SOMMER, Ingelheim (Rhein)

A. Die technische Gewinnung von Enzympräparaten für die Lebensmittelindustrie

Als Rohstoffquellen für lebensmitteltechnologisch verwertbare Enzympräparate kommen Pflanzen, tierische Organe und in steigendem Umfang mikrobiologische Züchtungen in Frage. Der Herstellungsprozeß umfaßt folgende Schritte:

1. Auswahl der geeigneten Rohstoffe, evtl. verbunden mit Verfahren zur Vorkonservierung, bei mikrobiologischen Züchtungen ein besonderes Kulturverfahren.
2. Extraktionsprozesse, evtl. gekoppelt mit Aktivierung und Freisetzung der Enzyme aus unwirksamen Vorstufen.
3. Reinigung von unerwünschten Begleitstoffen.
4. Konzentrieren, Standardisieren und Haltbarmachen.

Die Auswahl der Rohstoffe wird bei pflanzlichen und tierischen Organen durch den oft stark schwankenden Enzymgehalt bestimmt sowie, besonders bei tierischen Organen, durch die erhebliche Empfindlichkeit der Enzyme, so daß oft Einfrieren oder schnelles Trocknen erforderlich sind. Bei mikrobiolgoischen Züchtungen sind die Enzyme in den Nährmedien oder in den Zellen enthalten, die Bestrebungen, hier eine möglichst hohe Enzymkonzentration heranzubilden, umfassen die später zu erörternden vielschichtigen Verfahren zur Stammauswahl, Adaption, Auswahl des geeigneten Nährsubstrats, der Belüftung und der sonstigen Anzuchtbedingungen.

Extraktionsverfahren können relativ einfach sein, manchmal ist jedoch eine Aktivierung von unwirksamen Enzymvorstufen erforderlich und oft eine Plasmolyse, wenn die Enzyme sich innerhalb der Zelle befinden.

Eventuell notwendige Reinigungsverfahren sind ganz abhängig von dem speziellen Fall, das jeweilige Ausgangsmaterial spielt dabei eine besondere Rolle. Die Ausgangsmaterialien enthalten meist einen vielfältigen Komplex verschiedener Enzyme, für den Gebrauch bei Lebensmitteln ist es im allgemeinen nicht nötig und üblich, das gewünschte Enzym von dem anderen zu isolieren.

Das Konzentrieren kann durch Trocknen, insbesondere durch Vakuumtrocknung oder Sprühtrocknung der Extrakte oder durch Fällung mit Salzen oder organischen Lösungsmitteln erfolgen. Wegen der Empfindlichkeit der Enzyme sind diese Schritte bei niedrigen Temperaturen gegebenenfalls unter Zusatz von Stabilisierungsmitteln vorzunehmen. Am haltbarsten sind Trockenprodukte, doch lassen sich oft auch flüssige Präparate recht gut lagern, wobei natürlich die Enzyme sich sehr unterschiedlich verhalten und eine kühle Lagerung grundsätzlich von Vorteil ist.

I. Enzympräparate aus höheren Pflanzen

Technische pflanzliche Enzympräparate sind in erster Linie Malz und die pflanzlichen Proteinasen Papain, Bromelin und Ficin, wobei Papain die Hauptrolle spielt. Pektinspaltende Enzyme, besonders Pektinesterase, können aus Tomaten oder aus Citrusfrüchten hergestellt werden. Außerdem ist die sehr aktive Ricinuslipase zur Fettspaltung vorgeschlagen worden.

Malz

Malz dient nicht nur als Quelle für *β-Amylasen*, sondern es findet auch auf Grund seines Gehaltes an Zuckern und anderen Nährstoffen Verwendung als Rohstoff für verschiedene Lebensmittel. Die Methoden seiner Herstellung sind für die Bierbereitung so wichtig, daß eine eingehende Besprechung dem Kapitel Bier vorbehalten sein muß. Als Diastasequelle wird Gersten- und Weizenmalzmehl verwendet. Der Enzymkomplex ist sehr vielfältig, neben α- und β-Amylase spielen z. B. *Proteasen*, *Phosphatasen* sowie *Gerstenpolysaccharide abbauende Enzyme* eine Rolle. Konzentrate der Malzdiastase haben weniger technologisch als analytisch eine Bedeutung.

Papain

Papain ist der getrocknete Latex der Papayamelone, *carica papaya*, und wird aus den ausgewachsenen, noch unreifen Früchten dadurch gewonnen, daß in die Haut Schnitte geritzt werden, wobei der austretende Milchsaft gesammelt wird. Auch der Preßsaft kann als Rohstoff verwendet werden. Die Art der Trocknung ist qualitätsbeeinflussend, gegenüber der primitiven Sonnentrocknung gibt die Verwendung von Vakuumtrockenschränken gute helle Ware. Der Milchsaft kann spontan gerinnen; durch Zusatz von Salzen (Kochsalz, Ammonsulfat) oder durch Zusatz einiger Prozent Alkohol läßt sich die Coagulation so lenken, daß ein erheblicher Teil des Wassers vor dem Trocknen bereits mechanisch entfernt werden kann (A. Burger 1955). Papain ist trocken gut, in Lösung jedoch nicht haltbar. Eine Übersicht über Papain findet man bei J. R. Kimmel und E. L. Smith (1957).

Bromelin

Aus Ananaspreßsäften wird eine *Proteinase* gewonnen, die in ihren Eigenschaften und Anwendungen dem Papain sehr ähnlich ist. Die Fällung des Enzyms erfolgt mit Ammonsulfat, Alkohol oder Aceton.

Ficin

Ficin wird aus dem Latex tropischer Bäume der Gattung Ficus gewonnen, getrocknet, und in dieser Form als rohes Präparat verwendet.

Pektinasen

Von den verschiedenen pektinspaltenden Enzymen höherer Pflanzen sind nur die Pektinesterasen von Interesse, die z. T. in recht beachtlicher Konzentration vorkommen. Besonders Tomaten, Citrusfrüchte (Orangenalbedo) und Luzerne sind als Enzymquelle geeignet. Polygalakturonasen als technische Präparate werden ausschließlich aus Mikroorganismen, besonders Pilzen, hergestellt. A. MEHLITZ (1930) beschreibt die Herstellung einer Pektinesterase aus Luzerne, R. J. McCOLLOCH u. Mitarb. (1946) aus Tomaten.

Lipase

Ricinussamen enthalten eine sehr aktive Lipase, die allerdings als sog. Desmoenzym nicht von den Feststoffen zu trennen ist. Durch Zerkleinern der Ricinusbohnen mit Wasser erhält man eine Fermentmilch, beim Zentrifugieren befindet sich das Enzym in der abgesetzten Fermentsahne, die als Enzympräparat verwendet werden kann. Da die Ricinussamen sehr giftige Proteinstoffe enthalten, muß die Verarbeitung mit äußerster Vorsicht erfolgen. Ein Schutz der Augen ist erforderlich und die Entstehung von Staub muß vermieden werden. Die Enzympräparate sind nicht stabil und werden zweckmäßigerweise vor Gebrauch aus den Samen hergestellt. W. G. ROSE und A. K. BALLS (1954); Übersicht bei E. HOYER (1941).

II. Enzympräparate aus tierischen Organen

Technische Enzympräparate sind Lab sowie Pepsin und Pankreatin, welches die Gesamtenzyme der Pankreasdrüse enthält. Während Pepsin und Pankreatin vor allem auf dem chemisch-technischen und pharmazeutischen Sektor eingesetzt werden, ist Lab ein sehr bedeutsamer Artikel für die Käserei.

Pankreatin

Pankreaspräparate enthalten im allgemeinen noch alle Hauptenzyme der Pankreasdrüse, also die Pankreasproteasen, die Amylasen sowie die Lipasen. Demgemäß überschneiden sich die Anwendungsmöglichkeiten bezüglich dieser enzymatischen Wirkungen.

Zur Herstellung werden meist die Bauchspeicheldrüsen von Schweinen genommen, frisch oder vorkonserviert. Besonders bei frischen Drüsen soll durch Autolyse bei pH 4—5 Trypsinogen und Chymotrypsinogen autolysiert werden. Entweder wird direkt getrocknet, auch durch Zusatz von wasserfreiem Natriumsulfat, oder aber es werden filtrierte Extrakte im Vakuumtrockenschrank, durch Sprühtrocknung oder in bewegter warmer Luft getrocknet. Gewisse Schutzkolloide, wie Gummiarabicum, können dabei die Enzyme vor Denaturierung schützen.

Pepsin

Zur Herstellung von Pepsinpräparaten geht man im allgemeinen von der Schleimhaut des Schweinemagens aus, die mit 0,5%iger Salzsäure zur Aktivierung des Pepsinogens autolysiert wird. Fettreste können mit Lipoidlösungsmitteln extrahiert werden und der filtrierte Extrakt wird im Vakuum eingeengt. Weitere Reinigungsschritte werden im allgemeinen bei technischen Präparaten nicht durchgeführt.

Lab

Lab ist im Bereich der Lebensmittelwirtschaft eines der bedeutenden Enzympräparate. C. PLACEK (1960) schätzt den Weltjahresverbrauch auf 3800 Tonnen. Nach dem Schlachten werden die Labmägen von Saugkälbern herausgeschnitten, gereinigt, entfettet und bis zur Weiterverarbeitung getrocknet oder im eingesalzenen Zustand bei -1° C gelagert.

Die Extraktion erfolgt im allgemeinen mit Kochsalzlösung, wobei Borsäure entsprechend dem alten Blumenthal-Prozeß (1885) oder andere Konservierungsmittel zugesetzt werden, da in der Bundesrepublik Borsäure nicht mehr erlaubt ist. Das Problem bei der Extraktbehandlung ist die Entfernung des schleimigen Mucins. Es wird bei Verfahren durch Säurebehandlung denaturiert oder durch Aluminiumsalze gefällt. Wegen der schleimigen Beschaffenheit wird es als günstig angesehen, die Rohware vor der Extraktion zu trocknen und dann mit Kochsalzlösung zu extrahieren.

C. Placek u. Mitarb. (1960) beschreiben ausführlich einen technischen Prozeß, wobei die Extraktion mit Kochsalzlösung bei 2—4° C im Gegenstromverfahren unter Zuhilfenahme von Glaswolle als Filterhilfsmittel erfolgt. Durch Ansäuern mit Salzsäure (14—36 Std auf einem pH-Wert von 4,6) wird das Chymogen aktiviert. Der filtrierte Extrakt wird standardisiert und mit Konservierungsmitteln haltbar gemacht.

Die bakteriologische Reinheit des Lab ist ein besonderes Problem. Die Kontrolle erfolgt in erster Linie auf gasbildende Bakterien, Hefen und Schimmel. Eine Keimfreimachung kann mit 0,01 n-Jodlösung oder durch Sterilfiltration erfolgen. Eine Übersicht über Herstellungsverfahren findet man bei N. J. Berridge (1954 und 1961).

Katalase

Katalasepräparate können aus Leber oder Erythrocyten hergestellt werden. Nach M. A. Mitz und S. S. Yanari (1959) erfolgt die Fällung aus Leberextrakten mit Alkohol. Durch Adsorption an DEAE-Cellulose kann ein unlösliches Adsorptionspräparat hergestellt werden.

III. Enzympräparate aus Mikroorganismen

Bei den Enzymen, die aus mikrobiologischen Kulturen, aus Hefen, Schimmelpilzen oder Bakterien gewonnen werden, müssen geeignete Stämme bzw. Mutanten sowie die besten Züchtungsbedingungen herausgefunden werden, die eine optimale Enzymbildung gewährleisten. Auf diese Weise kann der Enzymgehalt ganz erheblich gesteigert werden. Es ist oft ein großes Problem, die selektierten Mutanten aktiv zu halten und Rückmutationen zu vermeiden. Auch durch Adaption kann in entsprechenden Fällen die Produktion gesteigert werden. Ein sehr wichtiger Faktor ist die geeignete Nährbodenzusammensetzung. Bei jedem Enzym und bei jedem Organismus sind dabei die Verhältnisse anders gelagert und es sind weitgehend empirische Methoden, die den vorteilhaftesten Nährboden aufzeigen. Es kann sehr entscheidend sein, ob die Züchtung in Oberflächen- oder Submerskultur erfolgt, wie stark die Belüftung eingestellt wird, wie der pH-Wert des Substrates und die Wachstumstemperatur gewählt wird. Die geeigneten Kohlenhydrate müssen ebenso wie die günstigste Stickstoffquelle experimentell herausgesucht werden, durch Zusatz von Spurenelementen kann die Enzymbildung wesentlich beeinflußt werden.

Submerse Züchtungen werden im allgemeinen aus produktionstechnischen Gründen bevorzugt, weil in enger Anlehnung an die Methoden der Antibioticagewinnung große Volumina mit wenig Arbeitskraft zu bearbeiten sind. Die Sterilisation des Nährsubstrats ist darüber hinaus sicherer als bei der Oberflächenkultur.

Das Nährsubstrat für die Mikroorganismen wird nach der Sterilisation mit der Stammkultur geimpft, wobei eine Vorkultur hergestellt wird, die z. B. in einer Konzentration von 5—10% dem Hauptansatz zugeführt werden kann. Über mehrere Passagen kann auch ein Teil des letzten Produktionsansatzes zum

Inoculieren der neuen Charge verwendet werden, wobei schließlich die Möglichkeit eines kontinuierlichen Prozesses gegeben ist.

Pilzamylasen

Zur Herstellung von Pilzamylasen geht man meist von ausgewählten Stämmen und Mutanten von *Aspergillus orycae* aus, doch sind auch zahlreiche andere Pilze geeignet, wie z. B. *Aspergillus niger*. Die Produktion erfolgt entweder auf Kleienährböden oder submers in flüssigen Nährsubstraten. Bei den Oberflächenkulturen wird das gedämpfte Kleiesubstrat mit Sporen oder einer Vorkultur beimpft und auf Schalen in etwa 5 cm Schichtdicke verteilt. Das Mycel durchwächst in 3—5 Tagen das Substrat und wird sodann getrocknet. In dieser Form findet es als sog. Pilzmalz Verwendung (F. JUST u. B. DREWS 1959). Es enthält neben α-Amylasen Amyloglucosidase und Proteasen.

Submerse Verfahren haben sich immer mehr durchgesetzt. Im Prinzip enthält das Nährmedium verschiedene organische Stickstoffquellen, Salze und lösliche Stärke. Technisch werden meist Aufkochungen von Getreidemahlprodukten verwendet. Zum Teil wird Calciumcarbonat zugesetzt, um den pH-Wert zu stabilisieren. Als Organismen verwendet man hauptsächlich *Aspergillus orycae*-Arten, auch *Aspergillus niger* NRRL 337 ist ein guter Amylasebildner besonders im Hinblick auf verzuckernde Enzyme (E. H. LE MENSE u. Mitarb. 1949). Unter Durchlüften werden die Substrate im Fermenter bei etwa 30° C incubiert, wobei nach 2—3 Tagen die maximale Enzymproduktion erreicht ist. Im allgemeinen werden sie in die Nährlösung ausgeschieden, bei gewissen phosphatarmen Substraten können sie in den Zellen akkumulieren. Aus den Nährsubstraten wird die Wirksubstanz nach dem Einengen mit Aceton oder Alkohol in der Kälte ausgefällt oder die gesamte Kulturlösung wird verwendet.

Besondere Modifikationen werden beschrieben zur Herstellung pektinasefreier Amylasen (F. BAUM 1960), zur Herstellung proteasearmer Enzyme (A. R. LOCKWOOD 1961), zur Herstellung transglucosidasefreier Amyloglucosidasen, z. B. aus *Aspergillus phoenici* (R. W. LIGGETT u. Mitarb. 1960). Viele Arbeiten beschäftigen sich mit dem Einfluß bestimmter Nährbodenbestandteile auf die Enzymausbeute, z. B. mit der Wirkung von Spurenelementen (K. STEINER 1961) und mit dem Einfluß induzierend wirkender Kohlenhydrate (K. TOMOMURA u. Mitarb. 1961). Eine Übersicht gibt L. A. UNDERKOFLER (1954).

Pilzproteasen

Die Methoden zur Herstellung von Pilzproteasen sind im wesentlichen die gleichen wir zur Amylasegewinnung. Von *Aspergillus orycae* oder anderen Pilzen werden proteasereiche Mutanten ausgewählt und entweder auf halbfesten Kleienährböden oder submers herangezogen. Durch geeignete Nährbodenzusätze, wie Sojamehl, kann die Proteasebildung stimuliert werden. Amylasen werden immer in gewissem Umfang mitproduziert.

Pektinspaltende Enzyme

Die als Filtrationsenzyme bekannten Handelsprodukte stammen von verschiedenen Pilzen, wie *Aspergillus*, *Penicillium* oder *Rhicopus* und werden in Oberflächenkultur gebildet. Die Auswahl der geeigneten Mutanten, deren Vorkultur und das günstigste meist pektinhaltige Kleiesubstrat spielen für die Enzymbildung eine wesentliche Rolle, und zwar nicht nur hinsichtlich der absoluten Enzymmenge, sondern auch für die qualitativen Eigenschaften der gebildeten Komponenten. Gemäß dem System von A. L. DEMAIN u. H. J. PHAFF (1957) kommt es besonders auf die Endopolygalakturonase in Zusammenwirken mit Esterase oder die Endomethylpolygalakturonase an, um eine schnelle Viscositätssenkung der Fruchtsäfte zu bewirken. Aus den durchwachsenen Substraten werden die Enzyme extrahiert, kommen als flüssige Präparate in den Handel, werden gegebenenfalls konzentriert, sprühgetrocknet oder gefällt. Eine Übersicht über Herstellungsverfahren geben J. C. HOOGERHEIDE (1954) und L. NYESTE u. J. HOLLÓ (1962).

Andere Pilzenzyme

Glucoseoxydase kann von *Aspergillus niger* oder *Penicillium notatum* in Submerskultur herangebildet werden. Das intracelluläre Enzym wird aus den Mycelien extrahiert und mit organischen Lösungsmitteln gefällt. Es ist mit Katalase vergesellschaftet und kommt als solche Mischung in den Handel (L. A. UNDERKOFLER 1961).

Naringinase, ein Pilzenzym zur Entbitterung von Grapefruitsaft, kann nach C. V. SMYTHE und D. W. THOMAS (1961) aus *Aspergillus niger* in Submerskultur hergestellt werden.

Anthocyanase, ein Handelsenzym zur Entfernung überschüssiger Anthocyanpigmente, wird ebenfalls aus Schimmelpilzen hergestellt (H. T. HUANG u. W. F. STEELE 1958).

Bakterienenzyme

Zur Herstellung von *Bakterienamylase* geht man meist von *Bacillus subtilis* aus, wobei eine sehr hitzestabile α-Amylase gebildet wird. Die Züchtung des anaeroben Organismus erfolgt meist auf Proteinhydrolysat in Schalen, wobei die Organismen auf der Oberfläche einen Film bilden. Auch auf Kleienährböden oder in Submerskultur können Bakterienamylasen hergestellt werden. Meist kommt das Enzym in Form eines mit Kochsalz konservierten flüssigen Konzentrates in den Handel, auch Fällungen können in üblicher Weise vorgenommen werden. *Bakterienproteasen* können aus proteasereichen Mutanten des gleichen Organismus gewonnen werden, die Substratzusammensetzung ist anders als bei Amylase, indem vor allem ein relativ hoher Kohlenhydratgehalt von Nutzen ist. Eine Übersicht über die Herstellung von Bakterienenzymen gibt J. C. HOOGERHEIDE (1954).

Hefeenzyme

Von Hefeenzymen hat vor allem *Saccharase* lebensmitteltechnische Bedeutung. Zur Herstellung muß eine Hefekultur unter mäßiger Luftzufuhr durch langsame Saccharosezugabe während 8—18 Std zur Enzymbildung adaptiert werden. Das intracelluläre Enzym wird durch Plasmolyse freigesetzt, die auch durch proteolytische Enzyme unterstützt werden kann. Aus dem Filtrat kann durch Alkohol das Enzym in der Kälte gefällt werden, es wird hauptsächtlich in flüssiger Form, meist in Glycerinlösung, verwendet (A. L. COCHRANE 1961).

B. Die Anwendung technisch gewonnener Enzympräparate in der Lebensmittelchemie

Zur Herstellung einer ganzen Reihe von Lebensmitteln werden die vorstehend beschriebenen technisch gewonnenen Enzympräparate eingesetzt. Es sollen in diesem Abschnitt nur solche Prozesse behandelt werden, wo die Enzyme in Form dieser mehr oder weniger gereinigter technischer Präparate zum Einsatz gelangen und die Enzymwirkung nicht im Rahmen der Stoffwechselvorgänge bestimmter Mikroorganismen zu sehen ist. Letztere Vorgänge spielen bei lebensmitteltechnologischen Prozessen eine nicht minder wichtige Rolle, es sei nur an die alkoholische Gärung, die mikrobiologische Gewinnung von Milchsäure, Citronensäure oder Gluconsäure erinnert, auch die Umwandlung von Sorbit in Sorbose durch *Acetobacter* bei der Ascorbinsäuresynthese liegt in diesem Rahmen. Da es sich bei diesen mikrobiologischen Synthesen gleichfalls um definierte Enzymreaktionen innerhalb des mikrobiellen Stoffwechsels handelt, soll aber kurz darauf hingewiesen werden, um die hier zu erörternden Prozesse im erweiterten Zusammenhang der enzymatischen Lebensmitteltechnologie zu sehen.

Technisch hergestellte Enzympräparate sind gemäß den speziellen Erfordernissen mehr oder minder gereinigt. Der Begriff Reinheit kann sich einmal auf die Isolierung des Enzymproteins von unerwünschtem Ballast oder Fremdstoffen beziehen, zum anderen auf die Abtrennung der gewünschten Enzymkomponenten von anderen gleichfalls im Präparat vorhandenen Enzymen, die manchmal nützlich, manchmal unerwünscht sind, manchmal aber auch ohne Bedeutung sein mögen. So ist z. B. bei Filtrationsenzymen für die Fruchtsaftklärung ein zusätzlicher Gehalt an Amylase und Protease durchaus nützlich, da diese Begleitkomponenten nur günstig auf einen möglichen Stärke- oder Eiweißgehalt der Säfte wirken können. Bei der Stärkeverzuckerung mittels Pilzamylasen ist dagegen die Gegenwart von Transglucosidasen dann schädlich, wenn es darum geht, Produkte mit möglichst hohem Glucoseäquivalent herzustellen. So wurden z. B. für solche Zwecke Methoden vorgeschlagen, die Transglucosidasen zu entfernen. In diesem Sinne sind die Verhältnisse nicht nur bei jedem Enzympräparat, sondern auch bei jeder Anwendungsmöglichkeit ganz speziell gelagert.

Bei der Anwendung technischer Enzympräparate sind natürlich, wo es möglich ist, die Bedingungen der Enzymreaktion im optimalen Bereich zu halten. Das bezieht sich besonders auf pH-Wert und Einwirkungstemperatur. Zwischen Enzymmenge, Einwirkungszeit und Temperatur bestehen die bekannten Beziehungen der allgemeinen Enzymkinetik. Es ist meist ein kalkulatorisches Rechenexempel, innerhalb der zur Verfügung stehenden Einwirkungszeit die günstigsten Zusatzmengen auch unter Berücksichtigung der Möglichkeit einer angemessenen Erwärmung herauszufinden. Auch ist zu prüfen, ob eine Einstellung des pH-Wertes auf das Wirkungsoptimum nötig oder möglich ist.

Innerhalb gewisser Grenzen lassen sich auch Enzyme gleicher Art verschiedener Herkunft oder Gewinnungsweise gegeneinander austauschen oder mischen. So sind für manche Anwendungsgebiete Papain, Bromelin, Ficin oder Pilzproteasen gleichermaßen verwendbar.

Soll die enzymatische Reaktion nur bis zu einem festgelegten Abbaugrad erfolgen, ist es in vielen Fällen möglich, den Abbau durch Hitzeinaktivierung des Enzyms zu stoppen. Die unterschiedliche Hitzeresistenz von Enzymen verschiedener Herkunft kann dabei eine Rolle spielen. Amylasen für Brot können z. B. so ausgewählt werden, daß ihre Inaktivierung beim Backprozeß im günstigen Temperaturintervall erfolgt und daß somit Wirkung, Stärkeverkleisterung und schließlich Enzyminaktivierung aufeinander abgestimmt sind. Oft ist es auch vorteilhaft, den Abbau bei möglichst hohen Hitzegraden durchzuführen. Die hitzestabilsten Enzyme sind in diesem Falle die vorteilhaftesten; bei Präparaten mikrobiologischen Ursprungs lassen sich oft durch geeignete Züchtungsbedingungen selektiv hitzestabile Enzymkomponenten anreichern.

I. Amylasepräparate

1. Die Amylase in der Bäckerei

In der Bäckerei werden Pilzamylasen, Malzamylasen z. B. in Form von Weizenmalzmehl, sowie in gewissem Umfang Bakterienamylasen zur Ergänzung der getreideeigenen Enzyme eingesetzt. Gesunder Weizen, besonders solcher, der in trockenen Klimaten gereift ist, hat oft eine zu geringe amymolytische Kraft. Durch die β-Amylase aus Malz und die verzuckernden Komponenten von Pilzenzymen wird über die Verzuckerung eine Gärbeschleunigung und ein größeres Gebäckvolumen sowie eine kräftigere Bräunung der Krume erziehlt. Die α-Amylase, insbesondere von Pilzenzymen, verfeinert die Porenstruktur, verbessert die Zartheit und Elastizität der Krume, wobei auch die Krume etwas langsamer altbacken wird (A. SCHULZ 1952).

Der Effekt von α- und β-Amylasen ist bereits während des Knetprozesses oder der Gärung an verbesserter Teigkonsistenz festzustellen, der Teig erreicht rascher sein optimales Volumen und es ist eine größere Toleranz für den Moment des richtigen Einschiebens zu bemerken. Eine Verringerung der Knetzeit ist besonders bei kontinuierlichen Prozessen in Großbetrieben von erheblichem Interesse; hier spielt auch ein gewisser Gehalt an Proteinasen, der in den üblichen Amylasepräparaten enthalten ist, eine Rolle. Für die meisten Zwecke wird aber ein relativ niedriger Proteinasengehalt angestrebt.

Die Pilz-α-Amylase wird im Verlauf des Backprozesses zwischen 65° C und 75° C inaktiviert, also in dem Bereich, wo die Stärke zu verkleistern beginnt. In diesem Stadium spielen sich die wichtigsten Reaktionen ab, die die Krumenstruktur beeinflussen und die im einzelnen noch wenig geklärt sind (R. DRAPON 1962).

Die Bakterien-α-Amylase ist als Zusatz im Sinne der Pilz- und Malzamylasewirkung wegen zu großer Hitzebeständigkeit ungeeignet. Der Dextrinierungsprozeß würde, bei den Backtemperaturen stark aktiviert, zu weit gehen. Trotzdem kann die Lagerfähigkeit von Brot durch Verzögerung des Altbackenwerdens verbessert werden, wenn Bakterienamylasen in stark herabgesetzten Konzentrationen zugesetzt werden; die den Backprozeß überdauernden Enzyme beeinflussen die Stärke während der Lagerung (B. S. MILLER u. Mitarb. 1954).

Die Höhe des Enzymzusatzes hängt vom natürlichen Amylasegehalt des Mehles ab. Auswuchsgeschädigte Mehle sind im Gegenteil zu amylasereich, so daß hier Vorkehrungen getroffen werden müssen, die Amylase zu hemmen. Dies geschieht im Brot üblicherweise durch Säurezusatz. Bei gesunden Mehlen wird ein Pilzamylasezusatz von 40 SKB-Einheiten je kg Mehl angemessen sein.

2. Amylase in der Brennerei

Die Verzuckerung stärkehaltiger Rohstoffe zu vergärbaren Kohlenhydraten gewann auch für Brennereizwecke steigende Bedeutung. Auf die Verwendung von Malz zur Bierherstellung soll hier nur kurz hingewiesen werden, eine eingehende Besprechung ist dem Kapitel Bier vorbehalten. Als Enzympräparate kommen im wesentlichen Malz- und Pilzamylasen in Frage, Pilzamylasen entweder als Pilzmalz aus Oberflächenkulturen oder aus Submerszüchtungen. K. BERAN u. Mitarb. (1960) schlugen die Verwendung von Abfallmycel der Citronensäureproduktion kombiniert mit Malz vor.

Die gedämpften stärkehaltigen Rohstoffe werden in der Brennerei entweder diskontinuierlich mit Malz, Pilzmalz oder Pilzamylasen aus Submerskulturen verzuckert, auch kontinuierliche Verfahren wurden beschrieben, wobei das Enzym bei 63° C in das gedämpfte Rohmaterial dosiert, nach 40 sec Heißhaltezeit auf Gärtemperatur abgekühlt und vergoren wird (F. H. GALLAGHER u. Mitarb. 1942; E. H. LE MENSE u. Mitarb. 1949).

Die Verwendung von Pilzamylasen ergibt im allgemeinen eine höhere Alkoholausbeute gegenüber der Malzverzuckerung, die aber je nach Stärkerohstoff unterschiedlich ausfallen kann (W. DECKENBROCK 1954). Wenn auch das Amyloglucosidasesystem der Pilzenzyme zu weitgehender Spaltung auch der 1.6-Bindungen führen kann, ist doch mit merklicher Transglucosidasewirkung zu rechnen, wobei neue unvergärbare 1.6-Bindungen aufgebaut werden können. Für die praktische Verzuckerung mit Pilzenzymen bedeutet dies, daß Maltose und Glucose in Gegenwart aktiver Amylasen kontinuierlich durch Vergärung entfernt werden müssen, um nach dem Massenwirkungsgesetz auch die unvergärbaren Zucker abzubauen.

3. Die Herstellung von Glucose und Maltosesirupen

Maltosesirupe werden durch Verzuckerung von Stärkerohstoffen mit Malz hergestellt. Neben Grenzdextrinen entsteht im wesentlichen Maltose. Über Herstellungsmethoden siehe z. B. A. EFRON u. R. H. BLOM (1948) und J. WEICHHERZ (1928). Dextrinhaltige Trockenprodukte dienen als Kinderzuckerpräparate.

Zur Herstellung von Sirupen mit niedrigem Dextroseäquivalent können Pilz- und Bakterienamylasen verwendet werden. Gewisse Schwierigkeiten macht der vollständige Abbau zu Glucose, man sucht die Verwendung möglichst reiner Amyloglucosidase, nach R. W. LIGGETT u. Mitarb. (1960) z. B. unter Verwendung eines Enzyms aus *Aspergillus phoenicis*, nach R. W. KERR (1960) durch Reinigung mittels Aceton-Kochsalzfällung oder mittels Magnesiumsilikat. J. F. LENNEY u. L. R. SHIRELY (1959) beschreiben einen zweistufigen Prozeß. In der ersten Stufe wird mit *B. subtilis*-Amylase bei pH 7 bis zu etwa 30% Glucose gespalten, anschließend mit einem *Rhizopus*enzym bei pH 4,8 zu einem Endwert von 98,5% Glucose.

4. Die Entfernung von Stärke aus Pektinlösungen

Stärke kann die Transparenz von Pektingelen verschlechtern. Zur Entfernung ist eine Amylase erforderlich, die frei von pektinspaltenden Enzymen ist. Nach F. BAUM (1960) behandelt man Pektin-Dicksaft bei pH 3 und Zimmertemperatur mit einer submers gezüchteten Pilzamylase. Auch zur Herstellung von klaren Fruchtgelees ist die Anwendung von pektinasefreien Amylasen von Nutzen, weil unreife Früchte merkliche Mengen Stärke enthalten, die, wenn sie nicht abgebaut werden, zur Trübung Anlaß geben.

II. Proteasen

1. Fleischmürbesalze

Bereits die mexikanischen Indianer wickelten Fleischstücke zum Zartmachen in Papayablätter ein, heute werden vor allem Papain, aber auch Ficin und Bromelin oder Pilzproteasen als Fleischzartmacher (im Angelsächsischen als meat tenderizer bezeichnet) verwendet. Die Präparate kommen in streufähiger Form als Abmischungen mit Salz, Gewürzen usw. oder als stabilisierte Lösung zur Anwendung.

Das Zartmachen von Fleisch spielt in erster Linie eine Rolle bei Steaks, die nur kurz gebraten werden und es muß dafür gesorgt werden, z. B. durch Einstechen mit der Gabel oder mit Hilfe spezieller Maschinen, daß die Proteolyse sich nicht auf eine dünne Oberfläche beschränkt, sondern daß der Wirkstoff so gut wie möglich auch innere Zonen erreichen kann. Es wurde auch vorgeschlagen, Tieren unmittelbar vor dem Schlachten die Enzyme zu injizieren, so daß über den Blutkreislauf ein Durchdringen der Muskulatur erfolgen kann (J. F. BENK u. Mitarb. 1959).

Das Temperaturoptimum von Papain liegt bei 60—70° C, somit findet beim Braten und Kochen die stärkste Reaktion in diesem Temperaturbereich statt. Darüber hinaus ist, wie bei allen proteolytischen Prozessen, die Wirkung auf die bei diesen Temperaturen bereits denaturierten Proteine wesentlich stärker als auf die nativen Eiweißstoffe. Trotzdem sollen die Enzyme vor dem Braten etwa 1—2 Std bei Zimmertemperatur eindringen können.

W. PARTMANN (1955) stellte bei einem papainhaltigen Handelsprodukt außer der Einwirkung auf die Muskelfasern einen Angriff auf das Bindegewebe fest, obwohl das native Kollagen von Papain nicht angegriffen wird. J. SCHORMÜLLER u. G. ADLER (1959) kommen auf Grund der Aminosäurebilanz zu ähnlichen Ergebnissen. Bromelin soll die Bindegewebe besser angreifen als Papain (L. A. UNDERKOFLER 1958).

Der praktische Effekt der Fleischzartung ist quantitativ schwierig zu fassen, weil ein genaues Kriterium, was Zartheit bei Fleisch bedeutet, fehlt. H. WANG u. Mitarb. (1958) haben versucht, organoleptische Prüfungen zu objektivieren.

Das Hauptproblem der Fleischzartmacher ist die Enzymverteilung im Fleisch, bei einer Oberflächenbehandlung kann leicht die Oberschicht überzart werden und das Innere wird zu wenig beeinflußt. Eine Zusammenfassung findet man bei J. R. WHITACKER (1959).

2. Verhütungen von Eiweißtrübungen bei Bier und anderen Getränken

Papain und Pilzproteasen werden in USA und anderen Ländern in großem Umfang zur Verhütung von Kältetrübungen bei Bier eingesetzt. Eiweißstoffe, die in der Kälte zu kolloidalen Ausscheidungen führen können, werden durch dieses Verfahren, in USA als "chillproofing" bezeichnet, hydrolisiert. Der Zusatz erfolgt zu den Lagertanks. Wenn das Bier pasteurisiert wird, entfalten die Enzyme mit der Temperaturerhöhung ihre maximale Wirkung, um dann inaktiviert zu werden (L. WALLERSTEIN 1956).

Da in Deutschland zur Bierherstellung nur Malz, Hopfen und Wasser erlaubt ist, werden teilweise Malzproteasen zum gleichen Zweck verwendet. Auch andere Getränke, z.B. Wein, können leicht zu Eiweißtrübung neigen. Die bei Bier üblichen Enzyme sind jedoch wegen des niedrigen pH-Wertes im Wein nur wenig geeignet.

3. Proteinasen für Bäckereizwecke

Ein gewisser Zusatz von Proteinasen ist bei der Herstellung von Brot, Zwieback und anderen Backwaren von Nutzen, um dem Teig eine geschmeidige Konsistenz zu geben. Besondere Bedeutung gewinnen solche Zusätze bei der kontinuierlichen Teigverarbeitung. Wie im Abschnitt Amylasen bereits ausgeführt, wird jedoch in vielen Fällen eine relativ proteinasenarme Amylase gefordert.

4. Die Verwendung von Lab

In der Labkäserei wird die Milch mit einem Säuregrad von 8—9 SH mit der erforderlichen Menge Lab versetzt und bei etwa 30° C je nach Käsesorte in $^1/_2$—$1^1/_2$ Std zur Gerinnung gebracht. Die erforderliche Labmenge wird im Gerinnungsversuch vorbestimmt. Nach dem Verteilen des Labpräparates wird nicht mehr gerührt und das coagulierte Casein wird zu den verschiedenen Käsesorten weiterverarbeitet.

Bei der Herstellung von Labcasein erfolgt die Gerinnung ziemlich schnell unter kräftigem Rühren, so daß feine Flocken entstehen. Der Niederschlag wird gewaschen und getrocknet. Zur Herstellung eines kaltgelierenden Puddings kann man Lab verwenden, welches in Mischung mit Verdickungsmitteln in Milch gelöst schließlich eine Gelstruktur bildet.

In anderen Ländern wird an Stelle von Lab Papain oder Ficin zur Milchgerinnung eingesetzt. Oft entsteht dabei aber leicht ein bitterer Geschmack (S. CUCKERMAN-STARK u. J. LEIBOWITZ 1961).

5. Sonstige Anwendungsmöglichkeiten von Proteasen

Eine Behandlung von Kondensmilch mit geringen Proteasemengen verbessert die Viscosität und Hitzestabilität (N. P. TARASSUK u. M. S. NURY 1952). Zur Herstellung von Aminosäuren, Proteinhydrolysaten und Peptonen werden proteolytische Enzyme eingesetzt. Eine Vielzahl von pharmazeutischen Verdauungspräparaten enthält Proteasen. Auf die enzymatischen Waschmittel unter Verwendung von Pankreatin und von hitzestabilen Bakterienproteasen soll ebenfalls am Rande hingewiesen werden.

III. Filtrationsenzyme

Pektolytische Enzyme werden in großem Umfang bei der Herstellung von Fruchtsäften eingesetzt. Das Verfahren wurde in Deutschland von MEHLITZ (1930) eingeführt und seitdem in verschiedenen Richtungen erweitert und verbessert. Auch für die Klärung von Weinen wird eine enzymatische Depektinisierung empfohlen. Bei den Handelsenzymen handelt es sich in der Regel um eine Mischung verschiedener Komponenten (systematische Kennzeichnung bei A. L. DEMAIN u. H. J. PHAFF 1957), wobei die Fruchtpektine je nach Veresterungsgrad und Molekulargewicht in unterschiedlicher Weise angegriffen werden. Hochmethylierte Pektine werden besonders durch Polymethylgalakturonasen abgebaut, Polygalacturonasen wirken auf vollverestertes Pektin nur in Kombination mit Pektinesterase, während für die Wirkung der Polymethylgalakturonasen dagegen ein hoher Esterasegehalt ungünstig ist. Hierdurch wird deutlich, wie kompliziert die Verhältnisse liegen, wenn Enzympräparate verschiedener Herkunft verglichen werden sollen, da es sich um ineinandergreifende Reaktionen handelt und der Zustand der Fruchtpektine nach Reifegrad, Fruchtart und Sorte, Jahrgang usw. sehr schwankt. Bei der Herstellung von Fruchtsäften müssen die hochmolekularen Pektine in kurzkettige Bruchstücke abgebaut werden, weil dadurch die gewünschte Viscositätssenkung und die Entstabilisierung des Trubes erreicht werden kann, auch die Eigenschaft, mit Alkohol Gallerten zu bilden, geht dadurch verloren. Aus diesem Grunde ist der Abbau mit Enzymen, die das Pektin im Innern der Moleküle spalten, besonders wirksam (Endopolygalakturonasen).

Apfelsaft wird zweckmäßigerweise nach dem Pressen enzymatisch geklärt, entweder vor einer Einlagerung oder danach, kurz vor dem Abfüllen, zusammen mit einer normalerweise erforderlichen Gelatineschönung. Durch Senkung der Viscosität wird die Filterleistung erheblich verbessert und die trubstabilisierende Wirkung der Pektine wird beseitigt. Die Trubteilchen können besser absetzen, wonach die überstehende Flüssigkeit klar abgezogen werden kann. W. HEIMANN u. Mitarb. (1958) haben versucht, die Apfelmaische zu behandeln, müssen aber dabei die 10fache Pektinmenge abbauen, da gewöhnlich nur $^1/_{10}$ der Gesamtpektine im normalen Preßsaft enthalten sind. Auch Traubensäfte können wie Apfelsaft in

Filtrierbarkeit und Klärung verbessert werden, oft wird jedoch bereits die Traubenmaische behandelt, was bessere Preßfähigkeit und etwas erhöhte Ausbeute sowie bei roten Trauben verbesserte Farbstoffextraktion bedeutet. Die Herstellung von Konzentraten, insbesondere von Apfelsaftkonzentraten, erfordert unbedingt eine vorherige enzymatische Depektinisierung, wenn eine Gelierung während der Lagerung vermieden werden soll.

Beerenmaischen werden zweckmäßigerweise bei Temperaturen zwischen 50° C und 60° C mit Enzym behandelt (J. Koch u. G. Bretthauer 1959; H. Zöhler 1959). Für Rotwein ist in der Bundesrepublik die Verwendung des Enzympräparates Vinibon weingesetzlich zugelassen. Von verschiedenen Autoren wurde ein Verfahren zur Rotweinbereitung diskutiert, welches eine Heißfermentierung der Maische einschließt und damit der rationellen kontinuierlichen Verarbeitung im Großbetrieb dienen soll (H. Konlechner und H. Haushofer 1956, W. Heimann u. Mitarb. 1961).

Für Fruchtsäfte reicht die Pektinhydrolyse bis zum Abbau der durch Pektin bedingten Viscosität aus, für Muttersäfte, die zur Herstellung von Fruchtsaftlikören dienen, muß die Spaltung bis zum Verschwinden der Alkoholfällbarkeit gehen.

Pektinesterasen können zur Herstellung niederveresterter Pektine Verwendung finden (H. H. Mottern und C. H. Hills 1946). Auch spezielle Formulierungen aus Pektin, Esterase und Calciumsalzen wurden vorgeschlagen, die nach Auflösen als Folge der Esterasewirkung ein Calciumpektatgel, z. B. für Fruchtpuddings, ergeben. Zusammenfassung bei H. Deuel u. E. Stutz (1958) sowie C. H. Neubecker (1959).

IV. Lipasen

Mit Ricinuslipase kann die Fettspaltung enzymatisch vorgenommen werden, wobei unter Zusatz von 6—8% geschälten und zerkleinerten Ricinussamen und 30—40% Wasser mit dem Fett eine gute Emulsion hergestellt wird, die in 2—3 Tagen einen Spaltungsgrad von 90—95% erreicht. Eine Übersicht gibt E. Hoyer (1941). Auch Mono- und Diglyceride können mit Lipase hergestellt werden (W. G. Rose u. A. K. Balls 1954).

Lipasezusatz zu Käse kann bei lipasearmer Milch das typische, durch Fettsäurespaltung bedingte Aroma bestimmter Käsesorten verbessern, auch Milchpulver, welches für Süßwarenüberzüge verwendet wird, kann mit vollerem Aroma aus lipasebehandelter Milch hergestellt werden.

V. Saccharase (Invertase)

Die Herstellung von Invertzucker mit Saccharasepräparaten an Stelle der Säurehydrolyse ergibt einen Sirup, der relativ einfach herzustellen ist und in Farbe und Geschmack den mit Säure erhitzten Produkten überlegen ist. Da die Inversion mit Hefesaccharasen optimal bei pH 4,5—5 erfolgt, wird der Zuckersirup mit Natriumdihydrogenphosphat oder Citratpuffer versetzt und bei 55—58° C invertiert. Wird ein bestimmter Inversionsgrad gewünscht, kann das Enzym bei 80° C inaktiviert werden.

Die Verwendung von Invertase in Pralinenfüllungen erlaubt es, diese als technisch leicht zu verarbeitende Fondantmassen anzusetzen, wonach im Verlauf der Lagerung durch Hydrolyse der Saccharose halbweiche Füllungen entstehen. Wenn Saccharase zu bestimmten Süßwaren zugesetzt wird, wirkt der gebildete Invertzucker etwas hygroskopisch und schützt so vor Austrocknen (W. Gabel 1950). Besonders bei der Marzipanherstellung ist dies von Vorteil. Eine Übersicht gibt A. L. Cochrane (1961).

VI. Lactase

Das unerwünschte Auskristallisieren von Lactose kann mittels Lactasezusatz verhindert werden. Außer bei der Kondensmilchherstellung kann dieser Gefügefehler besonders bei Eiscreme, welche mit hohem Gehalt an fettfreier Milchtrockensubstanz hergestellt wird, auf diese Weise vermieden werden (J. J. SAMPEY u. C. E. NEUBECK 1955).

Eine Kombination Lactose/Lactase wurde schließlich noch als Backhilfsmittel empfohlen, um eine gesteuerte Freisetzung vergärbarer Zucker zu ermöglichen (Y. POMERANZ u. Mitarb. 1962).

VII. Naringinase und Anthocyanase

Zur Entbitterung von Grapefruitsaft kann Naringin, das 7-Rhamnosido-β-glucosid des Flavonons Naringenin, der Bitterstoff dieser Frucht, mit einem Pilzenzym gespalten werden (F. P. GRIFFITHS u. B. J. LIME 1959).

Überschüssige Anthoncyanfarbstoffe, z. B. aus Fruchtweinen und Gelees, können mit einem Pilzenzympräparat entfärbt werden. Der Prozeß schließt eine enzymatische Hydrolyse des Anthocyanins zu Anthocyanidin und Zucker sowie eine spontane Umwandlung des Aglucons in farblose Verbindungen ein (H. T. HUANG und W. F. STEELE 1958).

VIII. Glucoseoxydase/Katalase

Mittels der Reaktionsfolge:

$$2\,H_2O + 2\,\text{Glucose} + 2\,O_2 \xrightarrow{\text{Glucoseoxydase}} 2\,\text{Gluconsäure} + 2\,H_2O$$

$$2\,H_2O_2 \xrightarrow{\text{Katalase}} 2\,H_2O + O_2$$

$$2\,\text{Glucose} + O_2 \xrightarrow[\text{Katalase}]{\text{Glucoseoxydase}} 2\,\text{Gluconsäure}$$

ist es möglich,

1. Glucose in Überschuß von Sauerstoff oder H_2O_2 zu entfernen;
2. Sauerstoff in Überschuß von Glucose zu absorbieren.

Die Trocknung von Eiweißstoffen erfolgt wegen der Maillardreaktion in Abwesenheit von Glucose schonender. So behandelt man Eiweiß vor dem Trocknen bei pH 7—7,5 mit der Enzymkombination. Der notwendige Sauerstoff wird durch Wasserstoffsuperoxidzusatz über die Katalasereaktion geliefert. Der Prozeß dauert etwa 8 Std, das getrocknete glucosefreie Eipulver ist heller, leichter löslich und länger haltbar (D. SCOTT 1953). Die Fleischtrocknung wurde auf gleiche Weise verbessert.

Die Mehlbehandlung mit Glucoseoxydase verbessert die Backfähigkeit der Mehle, wobei das Enzym auch in Zusammenwirken mit Ascorbinsäure eingesetzt werden kann (P. MALTHA 1959).

Die Entfernung von molekularem Sauerstoff bei Fruchtsaftgetränken, Bier usw. verhindert Oxydationsreaktionen, die bei der Lagerung Geschmack, Klarheit und Farbe verschlechtern. Insbesondere bei Bier hat sich in USA die Beseitigung durch Glucoseoxydase bewährt, wobei außerdem im Falle von Dosenbier eine verminderte Eisenaufnahme festzustellen ist. Der Enzymzusatz erfolgt sobald wie möglich nach der Gärung, bei pasteurisiertem Bier übersteht das Enzym die üblichen Temperaturen (D. W. OHLMEYER 1957). Über die Sauerstoffentfernung aus Wein vgl. C. S. CUGH (1960).

Die enzymatische Beseitigung von Sauerstoff aus Mayonnaise kann dieselbe gegen vorzeitiges Ranzigwerden schützen (D. SCOTT 1958). Sauerstoffreste aus Trockenpackungen können entfernt werden, indem ein Plastikbeutel, gefüllt mit gepufferter Enzym-Glucoselösung in die Packung gelegt wird. Spezielle Folien gestatten die Diffusion des Gases in den Beutel, halten jedoch die Flüssigkeit zurück (D. SCOTT 1958). Auch eine Oberflächenbehandlung gewisser Packmittel schützt z. B. Käse vor dem Dunkelwerden der Ränder.

Eine Zusammenfassung gibt J. VOIGT (1961).

C. Enzyme als Hilfsmittel in der Lebensmittelanalytik

In der Lebensmittelanalytik lassen sich zahlreiche Stoffe mit Hilfe enzymatischer Reaktionen nachweisen. Diese Verfahren werden ausführlich in Band II/2 beschrieben sowie bei einzelnen Lebensmitteln, wie Milch, Honig u. a., weshalb hier nur ein kurzer Hinweis auf die Probleme nötig ist. Besonders in solchen Fällen sind diese Methoden interessant, wenn entsprechende chemische Methoden zu unspezifisch sind. Demgegenüber sind enzymatische Umsetzungen oft außerordentlich *selektiv*, meist sogar *spezifisch* für optisch aktive Formen, und so lassen sich Stoffe, die auf irgendeine Weise als Substrat einer Enzymreaktion in Frage kommen, bestimmen.

Wenn die Substratveränderungen nicht direkt gemessen werden können, chemisch, polarimetrisch, colorimetrisch oder auf andere Weise, lassen sich oft Hilfsreaktionen finden, sekundäre Enzymreaktionen, die das umgesetzte Substrat weiter in einen Stoff verwandeln, der leicht colorimetrisch oder auf eine andere Weise quantitativ erfaßbar ist. Voraussetzung ist natürlich, daß die Reaktionen quantitativ verlaufen. Bei vielen Substratbestimmungen werden solche Hilfsreaktionen ausgesucht, die mit Dehydrogenasen verlaufen und wobei TPN^+ und TPNH durch spektrophotometrische Messung bei 340 bzw. 366 $m\mu$ als Bestimmungsgrundlage dient.

Außer Stoffen, die Substrate für bestimmte Enzyme darstellen, lassen sich auch Hemmstoffe enzymatischer Reaktionen bestimmen, z. B. organische Phosphorsäureester mit Cholinesterase auf Grund deren spezifischer Hemmung. Solche Verfahren sind unter dem Begriff „*Effektoranalyse*" bekannt.

Teilweise sind lebensmittelchemische Modifikationen schon sehr alt, wie die Bestimmung verdaulicher Eiweißstoffe oder die Saccharosebestimmung mit Saccharase. Neuere Methoden, die aus biochemischen und klinischen Laboratorien stammen und welche von H. U. BERGMEYER (1961) in einer ausgezeichneten Methodensammlung zusammen gestellt wurden, haben ebenfalls Eingang in das lebensmittelchemische Labor gefunden. Viele biochemisch bedeutsame Substrate sind auch lebensmittelchemisch sehr wichtig. Es ist jedoch nicht möglich, alle diese Methoden, die biochemisch und klinisch bereits Routineverfahren sind, ohne Modifikationen auf Lebensmittel zu übertragen, weil hier störende Substanzen anderer Art vorhanden sein können. Wenige dieser Methoden wurden bis jetzt für Lebensmittel überprüft und gegebenenfalls modifiziert, wie z. B. von K. TÄUFEL (1962) die enzymatische Blutzuckerbestimmung mit Glucoseoxydase-Peroxydase auf Stärkesirup übertragen wurde.

Bibliographie

BERGMEYER, H. U.: Methoden der enzymatischen Analyse. Weinheim: Verlag Chemie 1962.
BERRIDGE, N. J.: Manufacture, Purification and properties of rennin. In: Production and application of enzyme preparations in food manufacture. London: Soc. of chem. Ind. 1961.
COCHRANE, A. L.: Invertase, its manufacture and use. In: Production and application of enzyme preparations in food manufacture. London: Soc. of chem. Ind. 1961.

HOOGERHEIDE, J. C.: Microbial enzymes. In: Industrial fermentations, Bd. 2, 143—149. New York: Chem. Publ. Co. 1945.
HOYER, E.: Fermente in der Fettindustrie. In: BAMANN-MYRBÄCK, Methoden der Fermentforschung, Bd. 3, S. 2816—2827. Leipzig: Georg Thieme 1941.
LOCKWOOD, A. R.: Production of fungal amylase. In: Production and application of enzyme preparations in food manufacture. London: Soc. of chem. Ind. 1961.
STETTER, H.: Enzymatische Analyse. Weinheim: Verlag Chemie 1951.
TAUBER, H.: The chemistry and technologie of enzymes. New York: J. Wiley & Sons 1950.
ULMANNs Encyklopädie der technischen Chemie. Abschnitt Fermente Band 7, S. 375—435. 3. Aufl. München: Urban & Schwarzenberg 1956.
UNDERKOFLER, L. A.: Glucoseoxidase. In: Production and application of enzyme preparations in food manufacture. London: Soc. of chem. Ind. 1961.
— Fungal amylolytic enzymes. In: Industrial Fermentations. Bd. 2, S. 97—121. New York: Chem. Publ. Co. 1954.
WEICHHERZ, J.: Die Malzextrakte. Berlin: Springer 1928.

Zeitschriftenliteratur

BAUM, F.: Gewinnung von Amylase aus submers gezüchteten Schimmelpilzen und ihre Anwendung in der Pektinindustrie. Ernährungsforsch. **5**, 159—163 (1960).
BENK, J. F., A. L. SAVICH, P. A. GOESER and J. M. MORGAN: Tenderization of meat. U.S.P. 2903362 (1959), Swift & Co.
BERAN, K., M. BURGER u. Z. FENCL: Die Verzuckerung von Kartoffelmaischen mit Abfallmycel. Nahrung **4**, 719—737 (1960).
BERRIDGE, N. J.: Rennin and the clotting of milk. Adv. Enzymol. **15**, 423—448 (1954).
BLUMENTHAL, M.: Darstellung reiner, nicht organisierter Fermente. D.R.P. 34043 (1885).
BURGER, A. M.: Gewinnung und Verwendung des Papains. Richstoffe und Aromen **5**, 207—210 (1955).
CUCKERMAN-STARK, S., and J. LEIBOWITZ: Researches on milk clotting enzymes from palestinian plant sources. Enzymologia **23**, 71—77 (1961).
CUGH, C. S.: Glucoseoxydase zur Entfernung von Sauerstoff aus Wein. Mitt. Klosterneuburg A **10**, 14—23 (1960).
DECKENBROCK, W.: Zur Frage der Verzuckerung stärkehaltiger Brennereirohstoffe durch Getreidemalz und Pilzenzyme. Die Stärke **6**, 41—44 (1954).
DEMAIN, A. L., u. H. J. PHAFF: Neue Fortschritte bei der enzymatischen Hydrolyse der Pektine. Wallerstein Lab. Commun. **20**, Nr. 69, 119—140 (1957).
DEUEL, H., and E. STUTZ: Pectic substances and pectic enzymes. Adv. Enzymol. **20**, 341—382 (1958).
DRAPON, R.: Gegenwärtiger Stand unserer Kenntnisse über die Wirkung der Amylasen bei der Brot-, Zwieback- und Keksherstellung. Brot und Gebäck **16**, 108—116 (1962).
EFRON, A., and R. H. BLOM: Production of maltose sirup from granular wheat flour. Ind. Eng. Chem. **40**, 412—415 (1948).
GABEL, W.: Frischerhaltung von Süßwaren mit Invertase. Zucker und Süßwarenwirtschaft **3** Nr. 4, 10—11 (1950).
GALLAGHER, F. H., H. R. BILFORD, W. H. STARK and P. J. KOCHALOV: Fast conversion of distillery mash for use in continuous process. Ind. Eng. Chem. **34**, 1395—1397 (1942).
GRIFFITHS, F. P., and B. J. LIME: Debittering of grapefruit products with naringinase. Food Technol. **13**, 430—433 (1959).
HEIMANN, W., K. WUCHERPFENNIG u. H. J. REINTJES: Neuere Untersuchungen und Ergebnisse auf dem Gebiet der Fermentierung und Erhitzung von Obstmaischen. Die Nahrung **2**, 117—134 (1958).
— — — u. G. STRECKER: Die Warmfermentation von Traubenmaische zur Gewinnung von Weinen. Weinberg und Keller 8, 175—190 (1961).
HUANG, H. T., and W. F. STEELE: Removal of excessive anthocyanine pigment by enzyme. Food Technol. **12**, 517—519 (1958).
JUST, F., u. B. DREWS: Züchtung von Pilzmalz mit durch submerse Vorbehandlung vermehrtem Impfgut. Dtsch. Patentausl. 1065800 ausgel. 24. 9. 1959 (Versuchs- u. Lehranstalt f. Spirituosenfabr. Berlin).
KERR, R. W.: Verf. zur Herstellung von Amyloglucosidase. Dtsch. Pat. Ausl. 1085124 sowie 1087550 ausgel. 25. 8. 1960 (Corn Prod. USA).
KIMMEL, J. R., and E. L. SMITH: Papain. Adv. Enzymol. **19**, 267—334 (1957).
KOCH, J., u. G. BRETTHAUER: Untersuchungen zur Herstellungsvereinfachung und Qualitätsverbesserung der Beerensüßmoste. Fruchtsaftindustr. **4**, 85—94 (1959).
KONLECHNER, H., u. H. HAUSHOFER: Versuche mit Rotweinbereitungsverfahren. Mitt. Klosterneuburg Ser. A **6**, 158—173 (1956).

Le Mense, E. H., V. E. Solms, J. Corman, R. H. Blom, J. M. van Lauen and A. F. Langlykke: Grain Alcohol Fermentation. Ind. Eng. Chem. **41**, 100—103 (1949).
Lenney, J. F., u. L. R. Shirely: Verf. zur Herstellung von Glucoselösungen. Dtsch. Patentausl. 1135389 v. 18. 12. 1959 (Union Starch & Refining Co. USA).
Liggett, R. W., J. Ziffer, W. C. Mussulman u. D. F. Rentshler: Verfahren zur Gewinnung von Amyloglucosidase. Dtsch. Pat. Ausl. 1088910 ausgel. 15. 9. 1960 (Fa. A. E. Staley USA).
Maltha, P.: Verf. zur Verbesserung der Backfähigkeit von Mehl und Teig. Dtsch. Pat. Ausl. 1050703 ausgel. 19. 2. 1959.
McColloch, R. J., J. C. Moyer and Z. I. Kertesz: The preparation of tomato pectinmethylesterase. Arch. biochem. **10**, 479—484 (1946).
Mehlitz, A.: Entkeimen von Fruchtsäften nach enzymatischem Trubabbau. D.R.P. 567581 v. 27. 2. 1930 (IG Farbenindustrie).
— Über die Pektasewirkung. Biochem. Z. **221**, 217—231 (1930).
Miller, B. S., J. A. Johnson and D. L. Palmer: A comparision of cereal, fungal and bacterial α-amylases as supplements for breadmaking. Food Technol. **31**, 188—206 (1954).
Mitz, M. A., u. S. S. Yanari: Herstellung eines unlöslichen Katalasekomplexes. Dtsch. Pat. Ausl. 1052342 ausgel. 12. 3. 1959. (Armour Co. Chicago USA).
Mottern, H. H., and C. H. Hills: Low ester pectins from applepomace. Ind. Eng. Chem. **38**, 1153—1156 (1946).
Neubecker, C. E.: Pectic enzymes in fruit juice technology. J. Assoc. off agric. Chem. **42**, 374—382 (1959).
Nyeste, L., u. J. Holló: Der Einfluß des Kleienährbodens auf die Polygalacturonasesynthese von Botrytis cinerea. Die Nahrung **6**, 364—373 (1962).
Ohlmeyer, D. W.: Use of glucoseoxidase to stabilize beer. Food Technol. **11**, 503—507 (1957).
Partmann, W.: Zur Frage der künstlichen Fleischreifung mit papainhaltigen Präparaten. Z. Lebensmittel-Untersuch. u. -Forsch. **102**, 321—329 (1955).
Pomeranz, Y., B. S. Miller, D. Miller and J. A. Johnson: Use of lactase in breadmaking. Cereal Chem. **39**, 398—405 (1962).
Rose, W. G., and A. K. Balls: Lipase concentrates. U.S.P. 2676906. 27. Apr. 1954 sowie U.S.P. 2680090 vom 1. Juni 1954.
Sampey, J. J., and C. E. Neubeck: Low lactose concentrate makes better ice cream. Food Eng. **27** Heft 1, 68—69, 180—183 (1955).
Schormüller, J., u. G. Adler: Die Stickstoffbilanz des Fleisches bei natürlicher und künstlicher Reifung. Z. Lebensmittel-Untersuch. u. -Forsch. **109**, 13—26 (1959).
Schulz, A.: Untersuchungen und Erfahrungen über die Verbesserung der Backfähigkeit von Weizenmehlen durch Pilzanalyse. Brot u. Getreide **6**, 168—171 (1952).
Scott, D.: Glucoseconversion in preparation of Albumen solids. J. agric. Food Chem. **1**, 727—730 (1953).
— Enzymic oxygen removal from packaged foods. Food Technol. **12** Nr. 7, 7—17 (1958).
Smythe, C. V., u. D. W. Thomas: Verfahren zum Entbittern naringinhaltiger Säfte. Dtsch. Pat. Ausl. 1115115 ausgel. 12. 10. 1961.
Steiner, K.: Über den Einfluß von Spurenelementen auf Wachstum und Enzymbildung von A. orycae. Zbl. Bakt. II **141**, 47—106 (1961).
Tarassuk, N. P., and M. S. Nury: Effect of incipient enzymatic proteolysis on viscosity and and heat stability of evaporated milk. J. Dairy Sci. **35**, 857—867 (1952).
Täufel, K., H. Ruttloff u. R. Friese: Zur Bestimmung der Glucose in Stärkesirup mittels Glucoseoxydase. Die Stärke **14**, 309—318 (1962).
Tomomura, K., H. Suzuki, N. Nakamura, K. Kuraya and O. Tanabe: Agr. biol. Chem. (Tokyo) **25**, 1—6 (1961).
Underkofler, L. A.: Meat tenderizer U.S.P. 2904422 v. 27. 1. 1958 (Miles Laboratory Inc.).
Voigt, J.: Glucoseoxydase, Gewinnung, Eigenschaften , Anwendung. Ernährungsforsch. **6**, 563—578 (1961).
Wallerstein, L.: Chillproofing and stabilization of beer. Wallerstein Lab. Comm. **19**, 95—110 (1956).
Whitacker, J. R.: Chemical changes associated with aging of meat. Adv. Food Res. **9**, 1—60 (1959).
Zöhler, H.: Das Keltern der Beeren unter Berücksichtigung der Fermentierung von Maische. Ind. Obst. u. Gemüseverwert. **44**, 480—483 (1959).

Vitamine

Von

Priv.-Doz. Dr. G. Brubacher, Dr. W. Hausheer, Prof. Dr. O. Wiss
und Dipl.-Ing. G. Huschke, Basel

Mit 64 Abbildungen

A. Allgemeiner Teil

I. Einleitung

Die Vitamine, obwohl sie sehr unterschiedliche chemische Strukturen besitzen, werden auf Grund ihrer Bedeutung als unentbehrliche Nahrungsbestandteile und ihrer Wirkstoffunktionen im Stoffwechsel in einer Stoffgruppe zusammengefaßt. Ihr Bedarf ist im Vergleich zu anderen Nahrungsbestandteilen sehr gering. Für den Menschen ist die obere Grenze etwa 100 mg pro Tag (Vitamin C). Von den Spurenelementen, die auch in geringer Menge benötigt werden, unterscheiden sich die Vitamine dadurch, daß es sich um organische Verbindungen handelt.

Die Entdeckung der für die Vitamine charakteristischen biologischen Funktion, die der Auffindung der dafür verantwortlichen Stoffe lange vorausging, hat verschiedene Wurzeln. Erste Hinweise dafür ergaben sich aus Untersuchungen von Lunin und Bunge am Ende des 19. Jahrhunderts. Der erste eindeutige Nachweis für die Existenz eines Vitamins, eines sog. "accessory food factor", wie es vom Entdecker genannt wurde, ergab sich aus den Untersuchungen von F. G. Hopkins.

Unabhängig von solchen experimentellen Studien an Laboratoriumstieren wurde ein weiterer Zugang zu den Vitaminen durch klinische Beobachtungen am Menschen gefunden. Schon in den achtziger Jahren des vorigen Jahrhunderts wurde die damals weit verbreitete Beriberi mit Ernährungsstörungen in Zusammenhang gebracht. Daß der Mangel eines Spurenstoffes dafür verantwortlich ist, wurde jedoch erst durch Untersuchungen von Eijkman klar zum Ausdruck gebracht, als es ihm gelang, Beriberi des Huhnes, erzeugt durch geschälten Reis, durch Verfütterung der Reiskornhüllen zu heilen.

Die konsequente Weiterbearbeitung der Hopkinsschen Beobachtungen führten zur Entdeckung des Vitamin A, die von Eijkman zum Vitamin B_1. Mit diesen Pionierarbeiten war das Interesse für die Erforschung ernährungsbedingter Mangelkrankheiten geweckt. Die sich rasch ausweitenden Untersuchungen waren in der Folgezeit von ungewöhnlichen Erfolgen begleitet.

Anstelle einer ausführlichen Beschreibung sind in der folgenden Tabelle die wichtigsten Daten über Isolierung, Strukturaufklärung und Synthese der Vitamine zusammengefaßt.

Anschließend an diese Entwicklung auf chemischem Gebiet, zum Teil sich damit überschneidend, entfaltete sich nicht weniger erfolgreich die Forschung über die Wirkungsweise der Vitamine im Stoffwechsel tierischer, mikrobiologischer und pflanzlicher Organismen. Umfang und Komplexizität dieser Materie verunmöglichen den Versuch, auch nur die wichtigsten Ergebnisse hier wiederzugeben. Es muß so genügen, summarisch festzuhalten, daß z. B. alle Vertreter des Vitamin B-Komplexes als Coenzyme oder deren Bestandteile Schlüsselfunktionen im Kohlenhydrat-, Fett-, Eiweiß- und Nucleinsäurestoffwechsel einnehmen.

Tabelle 1. *Daten zur Geschichte der Vitamine*

Vitamine	Entdeckung	Isolierung	Strukturaufklärung	Synthese
Vitamin A	F. G. Hopkins W. Stepp 1906—1912	P. Karrer 1931—1933	P. Karrer 1931—1933	O. Isler 1946 N. A. Milas
Vitamin B_1	C. Eijkman 1897	B. C. P. Jansen 1926	R. R. Williams R. Grewe 1936	H. Andersag und K. Westphal, R. R. Williams, A. R. Todd 1937
Vitamin B_2		P. Ellinger W. Koschara R. Kuhn 1933—1935	R. Kuhn, P. Karrer 1933—1935	
Vitamin B_6	P. György 1934	S. Ohdake R. Kuhn 1932—1938	R. Kuhn 1939	S. A. Harris u. K. Folkers 1939
Pantothen-säure	R. J. Williams 1931	R. J. Williams 1932	R. J. Williams 1938—1940 D. W. Wooley	R. Kuhn
Nicotinsäure	C. A. Elvehjem 1937	C. Funk U. Susuki 1911—1912		C. Huber 1867
Biotin		F. Kögl 1936	V. du Vigneaud 1941—1943	S. A. Harris u. K. Folkers 1943 M. W. Goldberg u. L. H. Sternbach 1949
Folsäure	K. H. Mitchell E. E. Snell u. R. J. Williams 1941	E. L. R. Stokstad J. J. Pfiffner 1938—1943	R. B. Angier u. Mitarb. 1945—1946	
Vitamin B_{12}		K. Folkers 1948 E. L. Smith u. L. F. J. Parker 1948	D. C. Hodgkin 1956	
Vitamin C	H. Holst u. T. Fröhlich 1912	A. v. Szent-György 1927 bis 1928	E. L. Hirst 1933	T. Reichstein 1933 W. N. Haworth F. Micheel
Vitamin D	E. Mellanby 1918	A. Windaus 1930/31 R. B. Bourdillon 1930		
Vitamin E	H. M. Evans 1936		F. Fernholz 1938	P. Karrer 1938
Vitamin K	H. Dam 1935—1939		L. F. Fieser 1939	H. J. Almquist, L. F. Fieser, S. B. Binkley 1939

Die anfängliche willkürliche Gruppierung der Vitamine auf Grund ihrer Löslichkeit in fettlösliche und wasserlösliche Vitamine scheint auch im Hinblick auf ihre Wirkungsweise im Organismus grundsätzlich berechtigt zu sein. Während den wasserlöslichen, vor allem den Vitaminen des B-Komplexes, als Enzymbestandteilen sowohl tierischer als pflanzlicher Zellen Funktionen im Stoffwechsel zukommen, scheinen die fettlöslichen Vitamine, zumindest die Vitamine A und D, nur für die tierische Zelle wichtig zu sein. Ihre Wirkungsweise ist allerdings wenig geklärt. Hypothesen, die auch den fettlöslichen Vitaminen enzymatische Funktionen zuordnen, haben sich bisher als wenig fruchtbar erwiesen.

Tabelle 2. *Wichtigste Vertreter der 13 Vitamingruppen*

Vitamingruppe		Wichtigste Vertreter	
Gebräuchliche Bezeichnung	Synonyme	Wichtigste Vitamine dieser Gruppe	Synonyme
Vitamin A	antixerophthalmisches Vitamin	Vitamin A_1-(Alkohol)	*Retinol* Axerophthol
	antiinfektiöses Vitamin	Vitamin A_1-Acetat Vitamin A_1-Palmitat	
	Epithelschutzvitamin Wachstumvitamin	Vitamin A_1-Aldehyd	*Retinal* Retinin$_1$
		Vitamin A_2-(Alkohol)	*3-Dehydroretinol*
		β-Carotin α-Carotin γ-Carotin Kryptoxanthin β-Apo-8'-carotinal β-Apo-8'-carotinsäure-äthylester	
Vitamin B_1	Antineuritisches Vitamin Antiberiberi-Vitamin Torulin	*Thiamin* Salze von Thiamin mit Salzsäure Salpetersäure Schwefelsäure usw.	Aneurin
		Thiamindiphosphat	Cocarboxylase
Vitamin B_2		*Riboflavin* Riboflavinphosphorsäure	Lactoflavin
Vitamin PP	Pellagraschutzfaktor PP-Faktor Pellagra preventive Faktor	Nicotinsäureamid	*Nicotinamid* Nicotylamid Niacinamid
		Nicotinsäure	Niacin
Vitamin B_6	*Pyridoxin* Anti-Akrodyniefaktor Anti-Dermatitisfaktor Ratten-Pellagra-Schutzstoff, Adermin	*Pyridoxol* *Pyridoxal* *Pyridoxamin* Salze von Pyridoxol, Pyridoxal und Pyridoxamin mit Salzsäure usw.	Pyridoxin, Adermin
		Pyridoxal-5'-phosphat	Codecarboxylase
Pantothensäuregruppe	Filtratfaktor Bios IIa Bios III Kükenantidermatitisfaktor Vitamin B_5	*Pantothensäure* Salze der Pantothensäure mit Natriumhydroxid, Calciumhydroxid usw. Panthenol Pantethein	
Biotingruppe	Vitamin H Bios II Bios IIb Coenzym R Hautfaktor	*Biotin*	
Folsäuregruppe	Vitamin B Vitamin Mc Eluatfaktor Lactobacillus casei Faktor	Folsäure	*Pteroylglutaminsäure*
		Folsäure-Conjugate	Pteroylhexaglutaminyl-glutaminsäure Pteroyldiglutaminyl-glutaminsäure (Teropterin)
Vitamin B_{12}	Animal proteinfaktor Antiperniciosafaktor Extrinsic Faktor Erythrotin	*Cyanocobalamin* *Hydroxocobalamin*	Vitamin B_{12} *Aquocobalamin*

Tabelle 2. (Fortsetzung)

Vitamingruppe		Wichtigste Vertreter	
Gebräuchliche Bezeichnung	Synonyme	Wichtigste Vitamine dieser Gruppe	Synonyme
Vitamin C	Antiskorbutisches Vitamin	*Ascorbinsäure* Dehydroascorbinsäure	Vitamin C
Vitamin D	Antirachitisches Vitamin Calciferol	Vitamin D_3 Vitamin D_2	*Cholecalciferol* *Ergocalciferol*
Vitamin E	Tokopherol Antidystrophisches Vitamin Antisterilitätsvitamin Fertilitätsvitamin	d-α-*Tokopherol* dl-α-*Tokopherol* d-α-*Tokopherylacetat* dl-α-*Tokopherylacetat* β-*Tokopherol*	 d-α-*Tokopherolacetat* dl-α-*Tokopherolacetat*
Vitamin K	Coagulationsvitamin	Vitamin K_1	*Phyllochinon* Phytomenadion
	Antihämorrhagisches Vitamin	Vitamin K_2 Vitamin K_3	 Menadion

Die von der IUPAC (1960) vorgeschlagenen Bezeichnungen sind in Schrägschrift wiedergegeben.

Vielgestaltig sind die Probleme der Nomenklatur der Vitamine. Ein wesentlicher Grund dafür ist die Tatsache, daß häufig Namen erforderlich waren, bevor die chemische Natur der Vitamine erkannt worden war. Die Namen wurden primär oft von ihrer biologischen Wirkung abgeleitet. Dies hatte häufig zu geschehen, bevor sie erschöpfend erforscht war. Die Bezeichnung „Vitamin" als solche wurde anfänglich für das Vitamin B_1 gewählt und später, obwohl sinngemäß für den Großteil der Vitamine nicht zu recht, verallgemeinert (C. FUNK).

Bei dieser Situation ist es nicht verwunderlich, daß für einzelne Vitamine zahlreiche Synonyme existieren. Die wichtigsten sind in Tab. 2 zusammengestellt. Durch die IUPAC ist nun zwar eine einheitliche Nomenklatur geschaffen worden, womit es möglich ist, die vielen Formen der Vitamine zu beschreiben und voneinander abzugrenzen. Häufig ist es jedoch zweckmäßig, auch die alten Bezeichnungen Vitamin A, B usw. zu verwenden, wenn z. B. Wirkungen beschrieben werden sollen, unbekümmert um welches Derivat des Grundkörpers es sich handelt.

II. Abgrenzung der Vitamine gegenüber anderen Wirkstoffen der Nahrung

Neben den in der Einleitung besprochenen 13 Vitaminen gibt es noch weitere organische Wirkstoffe, welche dem Körper regelmäßig mit der Nahrung zugeführt werden und vom Körper nicht oder nur ungenügend synthetisiert werden können. Diese Stoffe unterscheiden sich von den Vitaminen entweder dadurch, daß die täglich benötigte Menge größer als bei den Vitaminen ist, oder daß sie nur unter besonderen Umständen essentiell sind. Schließlich müssen noch solche Stoffe oder Stoffgemische erwähnt werden, bei welchen ein Wachstumseffekt bei Mikroorganismen oder bei höheren Tieren nachgewiesen wurde, ohne daß es bisher gelang, entweder das wachstumsfördernde Prinzip in reiner Form zu isolieren oder aber für den reinen Stoff einen Effekt im tierischen oder menschlichen Organismus eindeutig zu belegen.

Zu den essentiellen Stoffen, welche in größerer Menge benötigt werden als die Vitamine, muß man die essentiellen Aminosäuren Histidin, Isoleucin, Leucin, Lysin, Methionin, Phenylalanin, Threonin, Tryptophan und Valin rechnen, ferner die essentiellen Fettsäuren Linol-, Linolen- und Arachidonsäure – diese drei Säuren werden vielfach auch als Vitamin F bezeichnet – und schließlich das Cholin, welches von vielen Autoren dem Vitamin B-Komplex zugerechnet wird.

Gewisse Stoffe, welche der Organismus selber aus den allgemeinen Nahrungsbestandteilen synthetisieren kann, können unter Umständen bei äußerer Zufuhr die Funktionstüchtigkeit des Organismus verbessern. Man kann diesen Effekt dahin deuten, daß unter gewissen Umständen der Körper nicht mehr in der Lage ist, diese Stoffe zur Aufrechterhaltung seiner normalen Funktionen in genügender Menge zu synthetisieren. Es ist außerordentlich schwierig, für den Menschen derartige Effekte nachzuweisen, so daß einige Hinweise aus Fütterungsversuchen beim Tier genügen müssen. Zu den erwähnten Stoffen gehören: die Lipon- oder Thioctsäure, eine Säure, die zuweilen auch dem Vitamin B-Komplex zugerechnet wird, die Orotsäure oder Vitamin B_{13}, das meso-Inosit oder Bios I, Ubichinon oder Coenzym Q, Faktor III, eine organische Selenverbindung und der sog. Glucosetoleranzfaktor, eine Verbindung, die komplex gebundenes Chrom enthält.

Auch Vitamin PP oder Nicotinsäureamid könnte in diese Gruppe eingereiht werden, da der Organismus diesen Stoff aus Tryptophan zu synthetisieren vermag. Da aber Tryptophan seinerseits zu den essentiellen Aminosäuren gehört und die Synthese von Vitamin PP dementsprechend nur bei genügender Tryptophanzufuhr erfolgen kann, rechnet man im allgemeinen Nicotinsäureamid ebenfalls zu den Vitaminen.

Ähnlich liegen die Verhältnisse für Vitamin D. Vitamin D_3 kann im menschlichen Organismus aus Dehydrocholesterin, einer körpereigenen Substanz, bei Einwirkung von Sonnenlicht gebildet werden. Da aber Sonnenlicht vielfach nicht in ausreichender Menge zur Verfügung steht, ist vor allem der kindliche Organismus ständig auf eine äußere Zufuhr von Vitamin D angewiesen, so daß diese Gruppe von Vitaminen zweckmäßigerweise ebenfalls bei den echten Vitaminen eingereiht wird.

Schließlich seinen hier noch einige Vertreter solcher Stoffe oder Stoffgemische erwähnt, deren Vitaminnatur nur vage vermutet, jedoch nie eindeutig belegt worden ist, wie Bifidus-Faktor, das Strepogenin, das Rutin oder Vitamin P, das Xantopterin oder Vitamin B_{14}, das Vitamin T (Goetsch), das Carnitin und die Pangaminsäure oder Vitamin B_{15}.

III. Biochemie

1. Vorstellungen über die Wirkungsweise von Vitaminen

Unsere Vorstellungen über die Wirkungsweise von Vitaminen gründet sich teilweise auf experimentelle Befunde, teilweise auf theoretische Überlegungen.

Da die täglich dem Organismus zugeführte Menge an den einzelnen Vitaminen sehr klein ist, ist es unwahrscheinlich, daß dieselben zur Erzeugung von Energie verwendet oder als Körperaufbaustoffe gebraucht werden. Es ist viel naheliegender, in den Vitaminen Bestandteile von Fermentsystemen oder von Steuer- und Reglersystemen zu sehen.

Fermentsysteme sind bekanntlich Stoffsysteme mit Katalysatoreigenschaften, d. h. es sind Systeme, deren Anwesenheit die Reaktionsgeschwindigkeit einer Reaktion, die thermodynamisch gesehen freiwillig verlaufen kann, vergrößert.

Als Beispiel soll der Wirkungsmechanismus des Nicotinsäureamids diskutiert werden. Man hat nachweisen können, daß unter dem Einfluß von Enzymen aus Nicotinsäureamid die beiden als Triphosphopyridin-nucleotid und Diphospho-

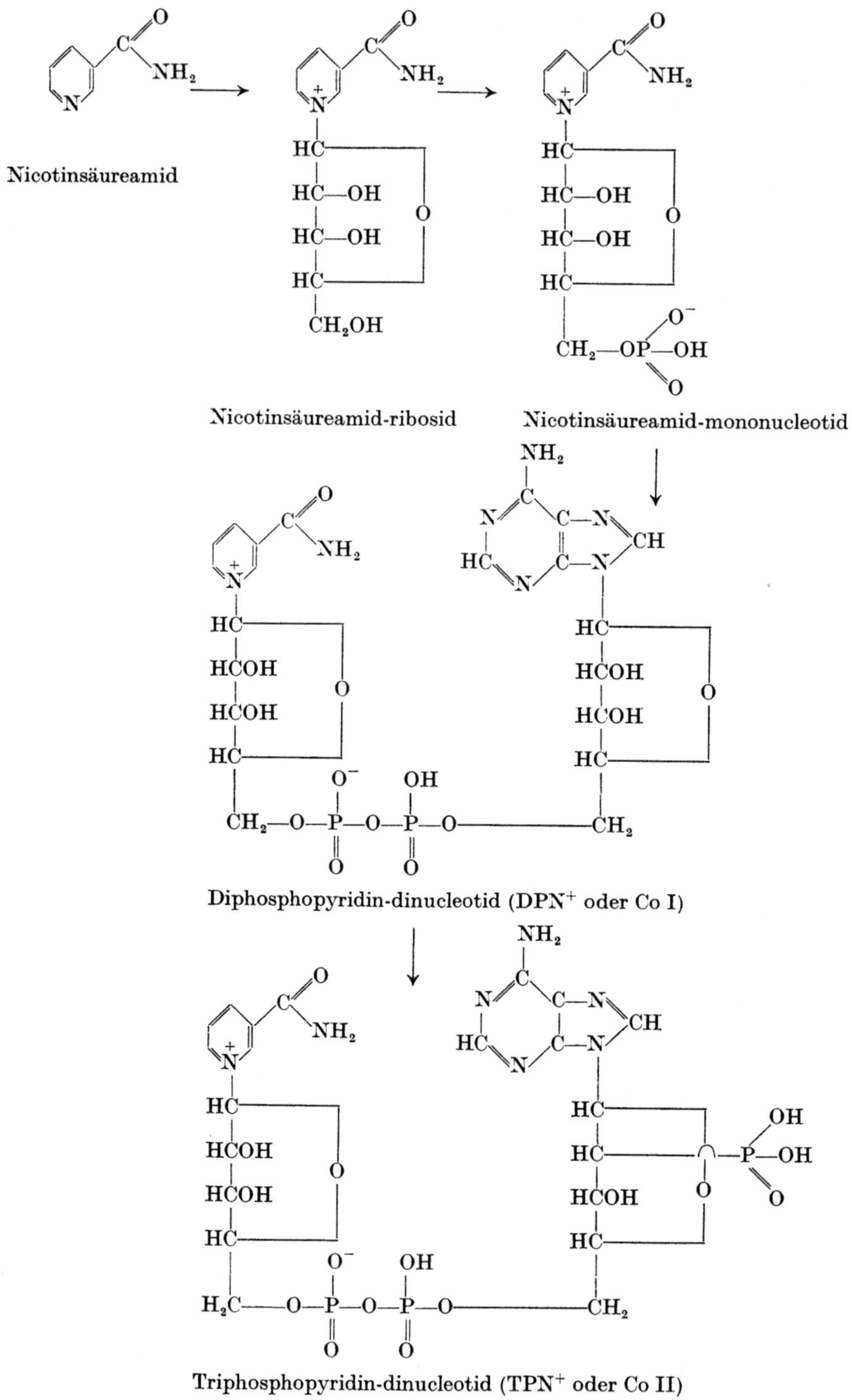

Nicotinsäureamid

Nicotinsäureamid-ribosid

Nicotinsäureamid-mononucleotid

Diphosphopyridin-dinucleotid (DPN^+ oder Co I)

Triphosphopyridin-dinucleotid (TPN^+ oder Co II)

Abb. 1. Entstehung von Co I und Co II aus Nicotinsäureamid

pyridin-nucleotid bekannten Verbindungen nach folgendem Schema entstehen (vgl. dazu A. Kornberg 1951 und 1950):

a) Nicotinsäureamid + Ribose-1-phosphat
 = Nicotinsäureamid-ribosid + anorganisches Phosphat

b) Nicotinsäureamid-ribosid + Adenosin-triphosphat
 = Nicotinsäureamid-mononucleotid + Adenosin-diphosphat

c) Nicotinsäureamid-mononucleotid + Adenosin-triphosphat
 = Diphosphopyridin-nucleotid (DPN^+) + anorganisches Phosphat

d) Diphosphopyridin-nucleotid + Adenosin-triphosphat
 = Triphosphopyridin-nucleotid (TPN^+) + Adenosin-diphosphat

(vgl. hierzu Abb. 1).

Diphosphopyridin-nucleotid und Triphosphopyridin-nucleotid sind Bestandteile verschiedener Fermentsysteme, z. B. ist TPN^+ das Coenzym der Glucose-6-phosphatdehydrogenase. Die bei der Dehydrierung von Glucose-6-phosphat ablaufenden chemischen Reaktionen können durch folgendes Reaktionsschema (vgl. Abb. 2) wiedergegeben werden (O. Warburg u. Mitarb. 1935).

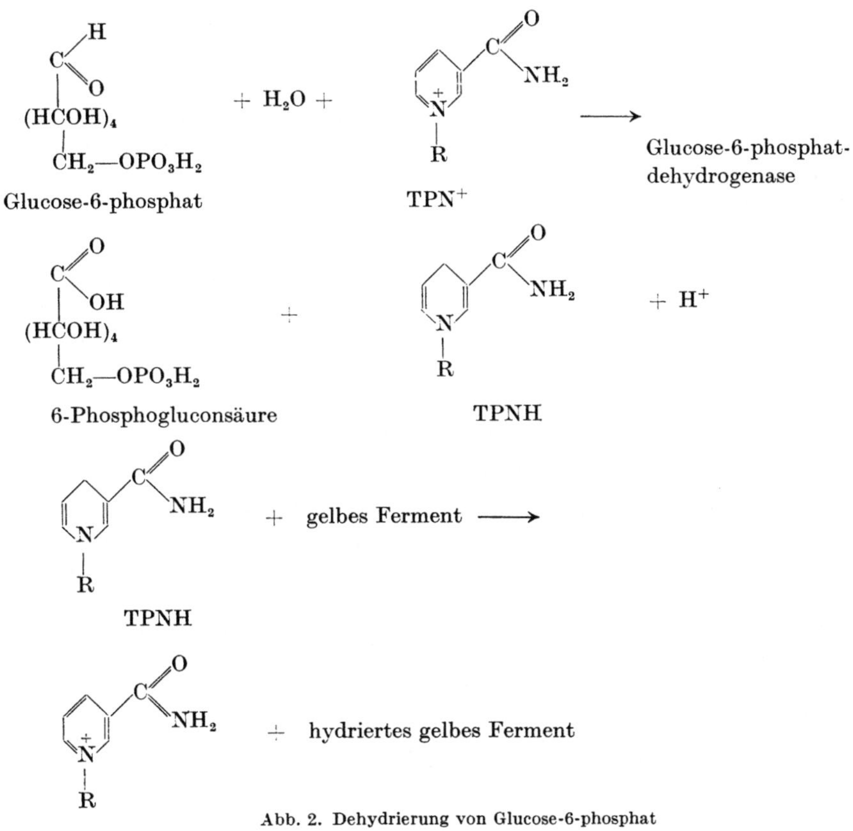

Abb. 2. Dehydrierung von Glucose-6-phosphat

Als Gesamtreaktion ergibt sich:

Glucose-6-phosphat + gelbes Ferment
= 6-Phosphogluconsäure + hydriertes gelbes Ferment.

Weder die Glucose-6-phosphat-dehydrogenase noch Triphosphopyridin-nucleotid erscheinen in dieser Gesamtgleichung; sie nehmen scheinbar an der Reaktion nicht teil, ermöglichen aber erst den Ablauf der Reaktion und müssen somit als Katalysatoren angesprochen werden.

Insgesamt sind etwa 20 Fermentsysteme bekannt, welche als Coenzym DPN^+, und etwa 10 Fermentsysteme, welche als Coenzym TPN^+ benötigen (vgl. D. E. Green u. H. Beinert 1955).

Vom chemischen Standpunkt aus gesehen sind Fermente oder Enzyme Eiweißmoleküle. Diese sind in vielen Fällen mit einer nicht eiweißartigen, niedermolekularen Komponente verknüpft. Die Fermentwirkung kann nur zustandekommen, wenn sowohl das Eiweißmolekül als auch die niedermolekulare Komponente vorhanden sind. Je nachdem ob die Bindung zwischen dem Eiweiß und der niedermolekularen Komponente fester oder weniger fest ist, nennt man die letztere prosthetische Gruppe oder Coenzym.

Eine Reihe von Vitaminen sind nun ähnlich wie Nicotinsäureamid Bausteine von prosthetischen Gruppen oder von Coenzymen. Für die Vitamine B_1, B_2, B_6, Pantothensäure, Folsäure, Biotin und Vitamin B_{12} ist dies erwiesen, für Vitamin C und Vitamin K wahrscheinlich.

Der Wirkungsmechanismus der übrigen Vitamine ist noch ungeklärt. Möglicherweise stehen diese Vitamine mit Regler- und Steuermechanismen in Zusammenhang. Vitamine, deren Wirkung auf einem solchen Prinzip beruht, werden zuweilen unter der Gruppe der „induktiv wirksamen Vitamine" zusammengefaßt. Man zählt zu dieser Gruppe die Vitamine A, D und E. Da die oben erwähnte Wirkung jedoch nur vermutet wird, muß die Bezeichnung mit Vorsicht gebraucht werden. Zuweilen wird auch das Vitamin C zu dieser Gruppe gerechnet.

Für Vitamin A ist eine weitere Funktion bekannt. Das Vitamin nimmt eine zentrale Stellung beim Sehvorgang ein und ist unentbehrlich für seinen normalen Ablauf (vgl. dazu G. Wald 1960).

Möglicherweise liegen bei einer gewissen Funktion von Vitamin B_1 ähnliche Verhältnisse vor, indem dieses Vitamin an der Reizleitung in den peripheren Nerven beteiligt ist (A. von Muralt 1962).

2. Methoden, die zur Auffindung von essentiellen Stoffen anwendbar sind

a) Mangelversuch

Die klassische Methode, die zur Auffindung essentieller Stoffe gebraucht wurde, ist der Mangelversuch. Dieser besteht darin, daß man Tieren eine Nahrung anbietet, welche alle bekannten Nahrungsbestandteile enthält außer dem in Frage stehenden Vitamin oder essentiellen Stoff; unter diesen Umständen kommt es zu bestimmten pathologischen Veränderungen, die besonders dann klar zu erkennen sind, wenn eine Gruppe von Kontrolltieren mitgeführt wird, welche neben der oben erwähnten Nahrung noch eine Zulage von dem betreffenden Vitamin oder essentiellen Stoff enthält.

Im Falle der Vitamine werden diese pathologischen Zustände als Hypovitaminosen (sofern der Körper noch über eine gewisse Reserve an dem betreffenden Vitamin verfügt) oder als Avitaminosen (sofern der gesamte Vitaminvorrat aufgebraucht wurde) bezeichnet.

Das häufigste Symptom einer Hypovitaminose besteht in einem verminderten Wachstum oder im Wachstumsstillstand; bei Avitaminosen kommt es in vielen Fällen zu Gewichtsverlusten. Eine totale Avitaminose führt meist zum Tode oder zu einer Beeinträchtigung der Fortpflanzung wie z. B. beim Vitamin E.

Erhalten Tiere, welche im Zustand der Hypovitaminose sind, eine kleine, jedoch ungenügende Zulage an den in Frage stehenden Vitaminen, so gelingt es, den Zustand der Hypovitaminose über längere Zeit aufrechtzuerhalten, ohne daß die Symptome der Avitaminose eintreten.

b) Vitaminmangel beim Menschen

Die pathologischen Veränderungen einer Hypovitaminose und einer beginnenden Avitaminose können in vielen Fällen durch Zulage des in Frage stehenden Vitamines behoben werden; dies gab auch die Möglichkeit, für einige Vitamine die essentielle Natur für den Menschen nachzuweisen. Für den Menschen sind folgende, häufig auftretende Mangelkrankheiten beschrieben; diese können durch Vitaminzulagen zur Nahrung behoben werden:

Name der Mangelkrankheit Hypovitaminose	Vitamine
Nachtblindheit, Xerophthalmie	Vitamin A
Beriberi	Vitamin B_1
Pellagra	Nicotinsäureamid
Skorbut	Vitamin C
Rachitis, Osteomalacie	Vitamin D

Die oben aufgeführten Mangelkrankheiten sind nicht ohne weiteres den experimentell beim Tier erzeugten Hypo- und Avitaminosen vergleichbar, da in den meisten Fällen keine sonst optimale Ernährung unter einziger Auslassung des betreffenden Vitamines vorliegt, sondern an und für sich die von der Krankheit betroffenen Personen ungenügend oder einseitig ernährt sind.

Ferner ist zu beachten, daß Hypo- und Avitaminosen beim Menschen oft nicht infolge ungenügender äußerer Zufuhr (primäre Hypo- und Avitaminosen), sondern infolge mangelhafter Resorption (Enterokarenz) oder mangelhafter Verwertung (Endokarenz) der zugeführten Vitamine entstehen. Einen der bekanntesten Fälle dieser Art stellt die perniziöse Anämie dar, ein B_{12}-Mangelzustand, der in den meisten Fällen nicht durch ungenügende Zufuhr an Vitamin B_{12} bedingt ist, sondern durch das Fehlen des sog. Intrinsic-Faktors, welcher die enterale Resorption von Vitamin B_{12} gewährleistet (vgl. dazu H. G. WIJMENGA 1957).

Häufig treten beim Menschen latente oder manifeste Polyhypovitaminosen auf, bei welchen nur eine Zulage der verschiedenen Vitamine die Krankheitssymptome aufzuheben vermag.

Da die durch Vitaminmangel hervorgerufenen Veränderungen nicht in allen Fällen durch Vitaminzulagen reversibel beeinflußt werden können, dürfen Mangelversuche an Menschen nicht ohne weiteres durchgeführt werden. In vielen Fällen muß daher die Vitaminnatur eines Stoffes für den Menschen aus dem Tierexperiment geschlossen werden. In einigen Fällen wurde jedoch die Vitaminnatur durch exakt durchgeführte Ernährungsversuche bewiesen, auch dort wo keine natürlich vorkommenden Mangelkrankheiten bekannt sind.

Dies ist z. B. der Fall für Vitamin B_2. Entsprechende Versuche wurden von W. H. SEBRELL einerseits und von M. K. HORWITT andererseits veröffentlicht (W. H. SEBRELL und R. E. BUTLER 1938; M. K. HORWITT, O. W. HILLS, C. C. HARVEY, E. LIEBERT und D. L. STEINBERG 1949).

Für Vitamin B_6 liegen Versuchsergebnisse von S. E. SNYDERMAN u. Mitarb. 1953 einerseits und von K. E. CHESLOCK u. Mitarb. 1960 andererseits vor.

Über die Symptome, die bei Pantothensäure-Mangel auftreten können, ist man aus einer Reihe von Untersuchungen von W. B. BEAN u. Mitarb. unterrichtet (W. B. BEAN und R. E. HODGES 1954; W. B. BEAN, R. E. HODGES und K. DAUM 1955; R. E. HODGES, M. A. OHLSON und W. B. BEAN 1958; R. E. HODGES, W. B. BEAN, M. A. OHLSON und R. J. BLEILER 1959).

Abgesehen von diesen künstlich hervorgerufenen Mangelerscheinungen kam es infolge Fehlernährung in verschiedenen Gebieten der Welt sporadisch zu Vitaminmangelkrankheiten. Als Beispiel sei eine in den Vereinigten Staaten von Amerika in den Jahren 1951—1953 bei Kleinkindern von etwa $2^1/_2$ Monaten beobachtete eigenartige, höchst alarmierende Krankheit erwähnt. Diese konnte darauf zurückgeführt werden, daß die Kinder ausschließlich mit einem bestimmten Säuglingspräparat ernährt worden waren. Es erwies sich, daß dieses Präparat infolge einer bestimmten Herstellungsweise äußerst arm an Vitamin B_6 war. Nach Zulage von Vitamin B_6 konnte die Krankheit zum Verschwinden gebracht werden (C. J. MOLONY u. Mitarb. 1954; D. B. COURSIN 1954).

Als weiteres Beispiel sei die Beobachtung angeführt, daß bei streng vegetarischer Kost, aus welcher auch jegliche tierische Produkte wie Milch und Eier ferngehalten werden, Vitamin B_{12}-Mangelsymptome auftreten können, die durch Vitamin B_{12}-Zufuhr geheilt werden können (F. WOKES u. Mitarb. 1955).

c) Erzielung von Mangelzuständen mit Hilfe von speziellen Diäten oder durch Verabreichung gewisser Substanzen, die einen erhöhten Vitamin-Bedarf nach sich ziehen (Antivitamine)

Auch bei normaler Vitaminzufuhr gelingt es unter bestimmten Umständen, Vitaminmangelzustände hervorzurufen. Wissenschaftlich macht man davon Gebrauch wo es nicht ohne weiteres möglich ist, durch alimentäre Maßnahmen die Vitaminzufuhr so weit zu drosseln, daß Vitaminmangelzustände auftreten. Aber auch unter praktischen Verhältnissen sollte dieser Tatsache Rechnung getragen werden, indem sich die in Tabellen angegebenen Normen für den Vitaminbedarf unter solchen Umständen um ein Vielfaches erhöhen können.

Als Beispiel sei die Erhöhung des Vitamin E-Bedarfes bei Zufuhr ungesättigter Fettsäuren erwähnt (M. K. HORWITT 1960; M. K. HORWITT 1961; R. BECKMANN 1960; F. WEBER, U. GLOOR und O. WISS 1962).

Der Vitamin E-Bedarf erhöht sich in diesem Falle, weil infolge der Zufuhr ungesättigter Fettsäuren, wie sie z. B. in Sonnenblumenöl, Maisöl, Färberdistelöl und Fischöl enthalten sind, mehr Vitamin E im Stoffwechsel verbraucht wird.

Ganz anders liegen die Verhältnisse beim Biotinmangel, welcher bei Zufuhr großer Mengen von Eiereiweiß beobachtet wird. Hier werden keine größeren Mengen Biotin im Stoffwechsel benötigt, sondern durch die Zufuhr von Eiereiweiß wird die Resorption von Biotin verhindert. Eiereiweiß enthält eine Avidin genannte Fraktion, welche sich mit Biotin zu einem Komplex verbindet, der vom Organismus nicht mehr resorbiert werden kann (D. W. WOLLEY u. Mitarb. 1942; D. E. PENNINGTON u. Mitarb. 1942). In der Literatur wurden vereinzelt Spontanerkrankungen beim Menschen beschrieben, welche auf diesen Umstand zurückzuführen sind (vgl. z. B. R. H. WILLIAMS 1943).

Mit Hilfe dieses Prinzipes wurde von V. P. SYDENSTRICKER u. Mitarb. (1942) experimentell Biotinmangel erzeugt und die essentielle Natur dieser Verbindung bewiesen.

Eine weitere Möglichkeit, experimentell Vitaminmangelzustände hervorzurufen besteht darin, daß den Versuchstieren bestimmte Stoffe verabfolgt werden, welche antagonistisch die Wirkung von Vitaminen zu beeinflussen vermögen. Ein solcher

Antagonismus kann verschiedene Ursachen haben. Es ist z. B. denkbar, daß das sog. *Antivitamin* die Umwandlung des Vitamines in die eigentliche Wirkform verhindert, oder aber daß sich das Antivitamin oder ein Stoffwechselprodukt desselben anstelle der durch das entsprechende Vitamin gebildeten prosthetischen Gruppe mit einem Enzymsystem verbindet und auf diese Weise das Enzymsystem die Ezymwirkung nicht zustande kommen läßt. Die Verhältnisse sind oft recht kompliziert und müssen bei jedem Antivitamin gesondert untersucht werden.

Von veterinär-medizinischer Bedeutung ist z. B. die Antivitamin K-Wirkung von Dicumarol, einem Inhaltsstoff von verdorbenem Süßklee (Melilotus alba). Bei Genuß größerer Mengen von dieser Kleesorte werden Rinder von Blutungen befallen, der sog. „Süßklee"-Krankheit, welche auf die antagonistische Wirkung von Dicumarol zurückgeführt werden konnte und demgemäß durch Verabreichung größerer Mengen Vitamin K geheilt werden kann (K. P. Link 1943 und R. S. Overman u. Mitarb. 1942).

3. Spezifität der Vitamine für verschiedene Tiergattungen, Provitamine

Definitionsgemäß sind Vitamine Nahrungsbestandteile, welche dem Organismus zugeführt werden müssen, damit derselbe seine normalen Funktionen, z. B. Wachstum, Arbeitsleistung und Fortpflanzung erfüllen kann.

Es zeigt sich nun, daß einzelne Tiergattungen einen verschieden großen und verschieden zusammengesetzten Satz von Vitaminen benötigen.

So ist z. B. Ascorbinsäure für den Menschen und für das Meerschweinchen essentiell, während die Ratte Ascorbinsäure aus D-Glucose nach folgendem Schema synthetisieren kann:

D-Glucose → D-Glucuronsäure → L-Gulonsäure → L-Gulonolacton →
→ 2-Keto-L-gulonolacton → L-Ascorbinsäure

Beim Menschen ist sehr wahrscheinlich diese Reaktionsfolge beim Übergang von L-Gulonolacton in 2-Keto-L-gulonolacton blockiert (J. J. Burns 1960). Andererseits vermag der Mensch Cholesterin aus einfachen Molekülen aufzubauen, während z. B. gewisse Insektenlarven dieser Synthese nicht durchzuführen vermögen und demgemäß auf äußere Zufuhr von Cholesterin oder nahe verwandten Verbindungen angewiesen sind. Für diese Larven muß daher Cholesterin als ein Vitamin angesehen werden (K. Bloch 1957).

Es ergibt sich, daß nicht von Vitaminen schlechthin gesprochen werden darf, sondern nur in Zusammenhang mit der Tiergattung, bei welcher dieselben zur Wirkung kommen.

Wie in einem vorangehenden Kapitel gezeigt wurde, handelt es sich bei den Vitaminen sehr oft nicht um die Wirkformen, sondern um Stoffe, die irgendwo auf dem biologischen Syntheseweg der eigentlichen Wirkform liegen; handelt es sich um eine sehr frühe Stufe auf diesem Syntheseweg, so bezeichnet man dieselbe als *Provitamin*, handelt es sich um eine spätere Stufe, so wird dieselbe meistens als Vitamin bezeichnet. Die Grenze, von welcher aus ein Stoff als Vitamin bzw. als Provitamin gilt, ist jedoch willkürlich und nur aus der historischen Entwicklung des Vitaminbegriffes heraus zu verstehen (vgl. dazu G. M. Brown 1960).

4. Pharmakologische Wirkungen, Hypervitaminosen

Werden Vitamine in hohen Dosen, die sich von den physiologisch notwendigen Dosen um ein Vielfaches unterscheiden, dem Organismus zugeführt, so treten Effekte auf, die in den meisten Fällen nichts mehr mit der eigentlichen Vitaminwirkung zu tun haben.

Solche Effekte sind auch für andere Nahrungsbestandteile bekannt. So werden z. B. bei Zufuhr großer Mengen Kochsalz die osmotischen Verhältnisse im Körper so stark gestört, daß das Leben nicht mehr aufrecht erhalten werden kann (vgl. z. B. H. GLATZEL 1954, S. 528ff.).

In vielen Fällen handelt es sich bei den durch hohe Vitamindosen hervorgerufenen Effekten um solche, die auch nach Verabreichung anderer Substanzen auftreten können; man spricht in diesem Fall oft von pharmakologischen Effekten, die unter Umständen sogar erwünscht sind. So fördert Nicotinsäure z. B. die periphere Durchblutung und wird hierfür auch therapeutisch verwendet (vgl. z. B. H. ZELLWEGER und W. H. ADOLPH 1954, S. 784).

Therapeutische Maßnahmen, bei denen große Mengen eines oder mehrerer Vitamine Patienten zugeführt werden, die nicht an akuten oder latenten Vitaminmangelzuständen leiden, beruhen oft auf derartigen Wirkungen.

In den meisten Fällen gelingt es jedoch nicht, durch Zufuhr größerer Vitaminmengen mit der Nahrung den Vitamingehalt der Organe zu erhöhen, da der Organismus für den Großteil der Vitamine über Mechanismen verfügt, die bei erhöhtem Angebot die Resorption herunter- oder die Ausscheidung hinaufsetzen.

Nur selten können dem Organismus Mengen zugeführt werden, die Vergiftungserscheinungen bewirken. Man spricht alsdann von Hypervitaminosen.

Von praktischer Bedeutung sind lediglich die Hypervitaminosen, die bei Überangebot von Vitamin A und Vitamin D auftreten.

Zum Beispiel enthält Polarbärleber bis zu etwa 20000 iE Vitamin A pro Gramm. Gelegentlich wurde über Vitamin A-Hypervitaminosen berichtet, welche im hohen Norden nach Genuß von Polarbärleber aufgetreten sein sollen (J. CAFFEY 1951).

Diätetischen Produkten werden sehr oft die Vitamine A und D in stabilisierter Form zugesetzt. Hier sollte der Vitamin A- und D-Gehalt sehr sorgfältig überprüft werden, vor allem wenn es sich um Kindernährpräparate handelt, bei denen durch Vitamin D-Überdosierungen schwere Störungen erzeugt werden können.

5. Hinweise auf spezielles Schrifttum

Wirkungsweise von Vitaminen: für wasserlösliche Vitamine: A. V. S. DE REUCK u. M. O'CONNOR (1961); für Vitamin B_1: D. E. METZLER (1960); für Vitamin B_2: H. BEINERT (1960); für Vitamin PP: N. O. KAPLAN (1960); für Vitamin B_6: A. E. BRAUNSTEIN (1960); für die Pantothensäuregruppe: L. JAENICKE u. F. LYNEN (1960); für die Folsäuregruppe: J. C. RABINOWITZ (1960); für Biotin: J. KNAPPE (1960); für Vitamin B_{12}: H. A. BARKER (1962).

Vitaminmangel beim Menschen: H. ZELLWEGER u. W. H. ADOLPH (1954) und R. H. FOLLIS (1958).

Antivitamine: B. P. MEUNIER (1952); D. W. WOOLEY (1952).

Biosynthese der eigentlichen Wirkformen der Vitamine: G. M. BROWN (1960).

Biochemie der B-Vitamine: R. J. WILLIAMS u. Mitarb. (1950).

IV. Technologie der Anwendungsformen

1. Vitaminierung von Lebensmitteln

Durch die in den vergangenen Jahrzehnten eingetretene und weiter anhaltende Entwicklung auf dem Gebiete der Industrialisierung wurden die Lebensgewohnheiten des Menschen entscheidend beeinflußt. Diese Entwicklung hat gleichzeitig auch zu einer wesentlichen Änderung der Ernährungsweise geführt. Die fortschreitende Zunahme der Bevölkerung sowie die Entstehung von dicht besiedelten Städte- und Industriezentren haben die Lebensmittelproduzenten vor neue Probleme gestellt.

Um eine ausreichende Versorgung der Bevölkerung mit vollwertigen Lebensmitteln sicherzustellen, mußten in erster Linie Verfahren zur Konservierung leicht verderblicher Lebensmittel entwickelt werden, da einerseits der Weg vom Produzenten zum Konsumenten eine wesentliche Ausdehnung erfahren hatte (Lebensmittel, die früher nur im Herstellerland konsumiert wurden, werden heute über Kontinente hinweg transportiert) und andererseits die Schaffung von Lebensmittelreserven eine zunehmende Notwendigkeit darstellte und auch in Zukunft darstellen wird. Darüber hinaus ist es schon heute, und besonders in Zukunft, notwendig, neue Lebensmittel zu entwickeln, um den ständig wachsenden Bedarf, insbesondere in den Entwicklungsländern, zu decken.

Durch den schnelleren Lebensrhythmus, verbunden mit erhöhten Anforderungen, sieht sich der Mensch in der heutigen Zeit immer mehr gezwungen, vorbehandelte bzw. küchenfertige Lebensmittel zu kaufen, da in vielen Fällen der Konsument keine Zeit findet, die Zubereitung der Speisen selbst vorzunehmen.

Bei der industriellen Verarbeitung von Lebensmitteln läßt es sich selbst bei Verwendung der modernsten Methoden, wobei die Produkte unter möglichst milden und schonenden Bedingungen behandelt werden, nicht vermeiden, daß ein Teil der vorhandenen Wirkstoffe, insbesondere der Vitamine, zerstört wird. Bekanntlich stellen die meisten dieser lebensnotwendigen Stoffe äußerst empfindliche Substanzen dar, welche durch die Anwesenheit von Luft, Licht und Schwermetallen Veränderungen in ihrer chemischen Struktur erfahren (Oxydation, Umlagerung, Hydrolyse usw.) und damit ihre biologische Wirksamkeit teilweise oder ganz verlieren.

Ebenso können bei der Lagerung der Lebensmittel wesentliche Vitaminverluste eintreten; desgleichen bei der Zubereitung der Speisen durch den Konsumenten (O. Wiss 1960). Bei der zunehmenden Tendenz zur Gemeinschaftsverpflegung muß ebenfalls dem Problem der Zerstörung der Vitamine vermehrte Beachtung geschenkt werden, da die Speisen oft während längerer Zeit warm gehalten werden müssen (R. Strohecker u. Mitarb. 1960). (Zur Stabilität der Vitamine siehe auch: J. Causeret u. Mitarb. 1964).

Diese Beispiele zeigen deutlich, daß die Lebensmittel auf dem Weg vom Produzenten zum Konsumenten bedeutende Vitaminverluste erleiden können. Auf Grund dieser Erkenntnisse und in Anbetracht der Tatsache, daß die tägliche Nahrung verschiedener Bevölkerungskreise in bezug auf den Vitamingehalt keine optimale Zusammensetzung aufweist (vgl. hierzu z. B. F. Verzár und D. Gsell 1962; S. W. Souci und A. Schillinger 1956a; W. R. Aykroyd u. Mitarb. 1949), wurde auf Empfehlung namhafter Ernährungswissenschaftler die Vitaminierung verschiedener Lebensmittel vorgeschlagen und die Lebensmittelgesetze durch entsprechende Vorschriften ergänzt (E. Menden und H. D. Cremer 1958; S. W. Souci und A. Schillinger 1956b; G. K. Parman 1962; W. B. Bradley 1962; R. S. Harris 1959; K. Lang 1952a; Food and Nutrition Board 1954; Empfehlungen der Deutschen Gesellschaft für Ernährung E.V.).

Aus Gründen der Systematik ist es gerechtfertigt, zwischen der Revitaminierung bzw. Standardisierung und der allgemeinen Vitaminierung von Lebensmitteln zu unterscheiden.

Die Mehlanreicherung, wie sie heute in verschiedenen Ländern auf gesetzlicher oder auf freiwilliger Basis erfolgt (E. Menden und H. D. Cremer 1958), stellt ein typisches Beispiel der Revitaminierung dar. Durch die Abtrennung der Kleiebestandteile treten bei der Gewinnung von Weißmehl bedeutende Vitaminverluste auf. In 100 g Vollkornmehl von 95% Ausmahlungsgrad sind 0,4 mg Vitamin B_1, 0,18 mg Vitamin B_2 und 4,7 mg Vitamin PP vorhanden (O. Högl und E. Lauber, Schweiz. Lebensmittelbuch, im Druck). Weißmehl mit einer 60—70%igen Ausmahlung enthält (vgl. Abb. 3) nur noch etwa 12% Vitamin B_1, 32% Vitamin B_2 und 20% Vitamin PP der oben angegebenen Mengen.

Bekanntlich stellte das Brot für den Menschen von alters her eine der wichtigsten Vitamin B-Quellen dar. Die vorherrschende Tendenz, Backwaren, welche aus Weißmehl hergestellt sind, zu bevorzugen, sowie der im Laufe der vergangenen Jahre eingetretene rückläufige Brotkonsum können zwangsläufig zu einer suboptimalen Versorgung des Menschen, vor allem in bezug auf Vitamin B_1, führen (K. Lang 1952a; A. Scheunert 1956; Food and Nutrition Board 1954; K. Bernhard und H. J. Bollag 1961; H. Kraut 1960).

In verschiedenen Ländern wurde deshalb, wie bereits oben erwähnt, die Mehlvitaminierung eingeführt, wobei dem Halbweiß- bzw. Weißmehl die wichtigsten Vitamine der B-Gruppe, insbesondere B_1, B_2 und PP, zugesetzt werden, so daß deren Gehalt in bezug auf diese Vitamine mindestens demjenigen des Vollkornmehls entspricht.

Nach den amerikanischen Normen werden dem Weißmehl pro kg

4,4— 5,5 mg Vitamin B_1
2,6— 3,3 mg Vitamin B_2
35,2—44,0 mg Vitamin PP
28,6—36,3 mg Eisen

beigemischt.

In England müssen sämtliche Mehle mit Ausnahme des Vollkornmehls einen Gehalt von

mindestens 2,4 mg Vitamin B_1
mindestens 16,0 mg Vitamin PP
mindestens 16,5 mg Eisen
und 2,35—3,9 g creta praeparata ($CaCO_3$)

pro kg Mehl aufweisen (The Flour Regulations 1956).

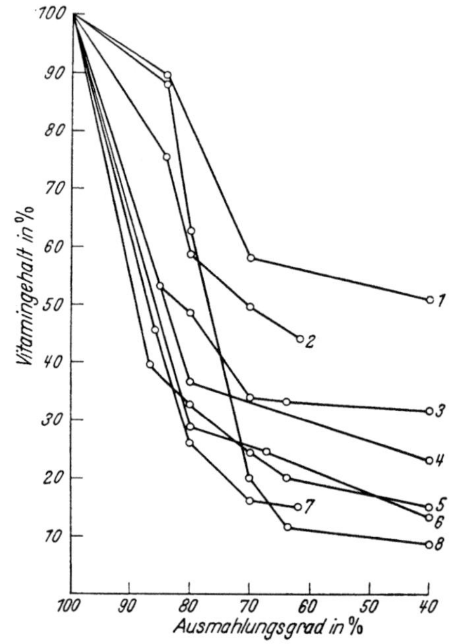

1) Vitamin E
2) Pantothensäure
3) Vitamin B_2
4) Folsäure
5) Nicotinsäure
6) Biotin
7) Vitamin B_6
8) Vitamin B_1

Abb. 3. Vitamingehalt in Abhängigkeit vom Ausmahlungsgrad

Wesentlich höhere Mengen müssen auf Grund gesetzlicher Vorschriften (Bekanntmachung des dänischen Innenministeriums vom 30. XII. 1953) in Dänemark beigemischt werden. Der Zusatz pro kg Mehl beträgt:

5 mg Vitamin B_1
5 mg Vitamin B_2
30 mg Eisen
5 g Calciumcarbonat.

Das angereicherte Mehl enthält damit etwas mehr Vitamin B_1 und wesentlich mehr Vitamin B_2 als Vollkornmehl. Diese Maßnahme wurde gewählt, um mit Sicherheit eine ausreichende Versorgung der dänischen Bevölkerung mit diesen beiden Vitaminen zu gewährleisten.

Im Gegensatz dazu wird in der Schweiz auf freiwilliger Basis das Prinzip der Revitaminierung eingehalten, wobei folgende Mengen zugesetzt werden:

Weißmehl Ausmahlungsgrad etwa 60%	Halbweißmehl Ausmahlungsgrad etwa 72%	
4,18 mg/kg	2,81 mg/kg	Vitamin B_1
2,53 mg/kg	1,70 mg/kg	Vitamin B_2
50,00 mg/kg	33,67 mg/kg	Vitamin PP

Damit enthalten die beiden gebräuchlichsten Mehlsorten die oben erwähnten Wirkstoffe in gleichen Mengen wie Vollkornmehl.

In gewissen Ländern wird heute auch der Zusatz von Vitamin B_6 zum Mehl geprüft, da die Auffassung besteht, daß auch hinsichtlich dieses Vitamines die Versorgung der Bevölkerung nicht als absolut genügend betrachtet werden kann.

Die Möglichkeit der Revitaminierung von poliertem Reis wurde schon seit Jahren eingehend studiert und es wurden verschiedene Verfahren zur Anreicherung dieses Nahrungsmittels entwickelt (E. J. Lease u. Mitarb. 1955). Für die Reisvitaminierung besteht zweifellos in europäischen Staaten kein ausgesprochenes Bedürfnis. Dagegen stellt diese Maßnahme in den Ländern, in denen Reis das wichtigste Nahrungsmittel ist, eine Notwendigkeit dar, um die Bevölkerung vor den dort weit verbreiteten Vitamin B_1-Mangelkrankheiten zu schützen.

Ein weiteres Beispiel der Revitaminierung stellt der Zusatz von Vitamin C (Ascorbinsäure) zu Fruchtsaftgetränken dar. Bei der Verarbeitung von Fruchtsäften, sowie bei deren Lagerung, treten je nach Verarbeitungsmethode kleinere oder größere Verluste an Vitamin C ein. Ebenso ist der Ascorbinsäuregehalt starken klimatischen und saisonalen Schwankungen unterworfen und hängt ebenfalls weitgehend von den verwendeten Fruchtsorten ab. Da der Konsument die Fruchtsäfte, insbesondere diejenigen, welche aus Citrusfrüchten gewonnen werden, allgemein als hochwertige Vitamin C-Quellen betrachtet, werden diese in vielen Ländern mit Ascorbinsäure angereichert.

Ein typisches Beispiel der Revitaminierung stellt auch der Zusatz der fettlöslichen Vitamine, insbesondere von A, D und E, zu Magermilch dar, da bei der Entrahmung diese Wirkstoffe der Milch weitgehend entzogen werden (J. Conochie und R. A. Wilkinson 1956).

Verschiedentlich wurde auch eine Standardisierung des Vitamin A-Gehaltes von Vollmilch und Butter vorgeschlagen. Bekanntlich ist die Zusammensetzung der Milch sehr stark saisonabhängig. Während der Grünfütterungsperiode enthält die Milch ungefähr doppelt so viel Vitamin A als im Winter (S. W. Souci und A. Schillinger 1956a). Ein Zusatz von Vitamin A wird deshalb bereits in mehreren Ländern praktiziert.

Das Prinzip der allgemeinen Vitaminierung von Lebensmitteln sei zunächst mit der Anreicherung von Margarine beschrieben. Diese wird heute in vielen Ländern, sei es auf gesetzlicher oder freiwilliger Basis, angereichert (E. Menden und H. D. Cremer 1958; S. W. Souci und A. Schillinger 1956b). Margarine, welche ursprünglich durch den Franzosen Mège-Mouriès (1870) als billiger und in praktisch unbegrenzten Mengen verfügbarer Buttersatz vorgeschlagen wurde, ist heute zu einem wichtigen Grundnahrungsmittel geworden. Dank der erzielten Fortschritte auf dem Gebiet der Fettchemie und -technologie ist es gelungen, aus diesem ursprünglichen „Ersatznahrungsmittel" ein vollwertiges Lebensmittel zu schaffen, dessen Existenz in der heutigen Ernährung kaum mehr wegzudenken ist.

Margarine, welche heute vorwiegend aus vegetabilischen Ölen und Fetten hergestellt wird, enthält von Natur aus praktisch kein Vitamin A. Es war deshalb naheliegend, Margarine mit Vitamin A anzureichern, um eine genügende Versorgung der Bevölkerung mit diesem wichtigen Wirkstoff sicherzustellen. Bei der Margarineanreicherung wird somit einem Lebensmittel, welches von Natur aus kein Vitamin A enthält, dieses zugesetzt. Diese Maßnahme kann somit weder als

Revitaminierung noch als Standardisierung betrachtet werden. In der Regel werden der Margarine 20000—30000 iE Vitamin A pro kg zugesetzt.

Es versteht sich von selbst, daß die Margarine einen idealen Träger für das fettlösliche Vitamin A darstellt und auch vom ernährungsphysiologischen Standpunkt aus ein Zusatz dieses Vitamins als gegeben erscheint. In neuester Zeit werden vielfach spezielle Margarinesorten mit einem hohen Gehalt an ungesättigten Fettsäuren auf den Markt gebracht. Auf Grund der neuesten Ergebnisse muß man annehmen, daß zwischen dem Vitamin E-Bedarf des Menschen und der Aufnahme an ungesättigten Fettsäuren ein direkter Zusammenhang besteht. Mit steigender Zufuhr von ungesättigten Fettsäuren nimmt auch der Vitamin E-Bedarf zu (M. K. Horwitt 1961; F. Weber u. Mitarb. 1962).

Diese Feststellungen haben dazu geführt, daß heute hochwertige Diätmargarinesorten mit Vitamin E angereichert werden.

In tropischen Ländern ist die Haltbarkeit von Butter und Margarine nicht ausreichend. In diesen Ländern werden deshalb hauptsächlich wasserfreie Fette in den Handel gebracht und zur Zubereitung der Speisen verwendet. Da z. B. die in Indien verfügbare Menge an ausgelassener Butter (Ghee, hergestellt aus Rahm von Büffelmilch) bei weitem nicht ausreicht, um den gesamten Bedarf zu decken, ist man gezwungen, Fette vegetabilischer Herkunft, hauptsächlich hydriertes Cocosfett, der Bevölkerung zur Verfügung zu stellen. Dieses Fett, welches in Indien unter der Bezeichnung „Vanaspati“ verkauft wird, muß seit dem 1. XII. 1953 auf Grund einer staatlichen Verfügung mit Vitamin A angereichert werden (E. Menden und H. D. Cremer 1958).

Die Anreicherung von Margarine und Vanaspati sind zweifellos die wichtigsten Beispiele der eigentlichen Vitaminierung. Daneben existieren noch eine ganze Reihe von Lebensmitteln, denen ein oder mehrere Vitamine zugesetzt werden. In diesem Zusammenhang müssen die verschiedenen diätetischen Präparate erwähnt werden, welche hauptsächlich für Kinder, ältere Leute und Rekonvaleszenten bestimmt sind. Es ist hinreichend bekannt, daß während der Wachstumsperiode, sowie während der Rekonvaleszenz und im Alter der Mensch einer erhöhten Vitaminzufuhr bedarf.

Die Lebensmittelindustrie ist deshalb bestrebt, diesen Konsumenten spezielle Präparate, die eine optimale Zusammensetzung hinsichtlich Nähr- und Wirkstoffgehalt aufweisen, zur Verfügung zu stellen. Ebenfalls in diesen Rahmen gehören diejenigen Lebensmittel, die sämtliche Bestandteile in einer möglichst konzentrierten Form enthalten müssen (Soldatenkost, Nahrungsmittel für Sportler usw.). Infolge des gesteigerten Vitaminbedarfs bei großen körperlichen Leistungen sowie der Notwendigkeit, eine möglichst konzentrierte Nahrung bereitzustellen, ist der Zusatz von Vitaminen zu solchen Präparaten ein unbedingtes Erfordernis.

Zur Vervollständigung dieses Themas muß auch kurz noch auf die Frage der Ernährung in den Entwicklungsländern eingegangen werden. Die herrschende Knappheit an Lebensmitteln in diesen Gebieten sowie die ständig zunehmende Bevölkerungszahl zwingt die Lebensmittel- und Landwirtschaftsexperten, weitere Lebensmittelquellen zu erschließen. Im Zuge dieser Bestrebungen wurden bereits neue Lebensmittel entwickelt (Incaparina, Pro Nutro, Sojalac, Saridele, Multi-Purpose Food) (R. Bressani u. Mitarb. 1961; A. A. J. Jansen 1962; J. C. Simson und N. M. Mann 1961; F. Wokes 1961; F. H. Hafner 1961; N. S. Scrimshaw 1963), welche aus billigen, lokal verfügbaren Rohstoffen hergestellt werden können und einen ausreichenden Gehalt an biologisch hochwertigen Eiweißstoffen aufweisen. Da diese Produkte in der Regel von Natur aus nur einen Teil der notwendigen Vitamine und meistens nur in ungenügenden Mengen enthalten, ist eine Vitaminierung derselben die einzig mögliche Maßnahme, um den Vitaminbedarf der Bevölkerung zu decken.

2. Gebrauchsformen zur Vitaminierung von Lebensmitteln

Im Anschluß an die allgemeinen Bemerkungen zum Problem der Lebensmittelvitaminierung soll im folgenden Abschnitt auf die entsprechenden lebensmitteltechnologischen Fragen eingegangen werden, wobei insbesondere die verschiedenen für die Vitaminierung verfügbaren Formen diskutiert werden.

Die Anreicherung von Lebensmitteln kann durch den Zusatz von vitaminreichen Nährstoffen, wie z. B. Hefe, Getreidekeime, usw. oder durch die Beigabe von Konzentraten oder Extrakten, welche aus Naturprodukten gewonnen werden, erfolgen. Die zweite Möglichkeit besteht darin, die reinen Vitamine oder spezielle Gebrauchsformen welche unter Verwendung der entsprechenden reinen Wirkstoffe hergestellt werden, den Lebensmitteln zuzusetzen. Nachdem es durch die erzielten Fortschritte auf den Gebieten der organischen Chemie und Technologie möglich geworden ist, die meisten Vitamine durch Synthese in großtechnischem Maßstabe wirtschaftlich herzustellen, wird heute die Anreicherung von Lebensmitteln weitgehend unter Anwendung dieser Präparate durchgeführt.

Die synthetisch gewonnenen Vitamine zeichnen sich durch einen hohen Reinheitsgrad aus und sind daher frei von Begleitstoffen, welche die organoleptischen Eigenschaften der damit angereicherten Lebensmittel, sowie deren Lagerfähigkeit ungünstig beeinflussen könnten. Daß die durch Synthese hergestellten Vitamine in sämtlichen Eigenschaften mit den natürlich vorkommenden Wirkstoffen übereinstimmen, wurde durch zahlreiche physikochemische und biologische Versuche bewiesen. Die Identität der synthetischen mit den entsprechenden natürlichen Vitaminen darf deshalb als Selbstverständlichkeit betrachtet werden (K. Lang 1952b; vgl. auch R. Jürgens 1951).

Wie aus dem Abschnitt „Vitaminierung von Lebensmitteln" (vgl. S. 945) hervorgeht, erfolgt die Anreicherung bzw. Revitaminierung oder Standardisierung von Grundlebensmitteln im allgemeinen nach folgenden Prinzipien:

Zusatz der fettlöslichen Vitamine zu fetthaltigen Produkten, wie Margarine, Milch, Butter, Käse, Speiseöle und -fette;
Zugabe der Vitamine der B-Gruppe zu Cerealien;
Zusatz von Vitamin C zu Fruchtsäften und weiteren Getränken.

Für diese Zwecke, sowie für die Vitaminierung von speziellen Lebensmitteln, welche aus einer Vielzahl verschiedener Bestandteile zusammengesetzt sind (diätetische Produkte usw.), wurden durch wissenschaftliche Institute und die Industrie spezielle Vitamingebrauchsformen entwickelt, die den Anforderungen der Praxis bezüglich Stabilität und Anwendbarkeit entsprechen. Auf S. 946 wurde bereits erwähnt, daß die meisten Vitamine äußerst empfindliche Substanzen darstellen, die unter dem Einfluß von Licht, Luft und Wärme, sowie bei Anwesenheit von Schwermetallen leicht zerstört werden und damit gleichzeitig ihre biologische Aktivität verlieren. Somit mußten in erster Linie Mittel und Wege gefunden werden, um stabilere Gebrauchsformen auszuarbeiten sowie für besondere Zwecke neuartige Präparate der Lebensmittelindustrie zur Verfügung zu stellen. Die in diesem Zusammenhang verwendeten Verfahren lassen sich in folgende Gruppen aufteilen:

Synthese stabilerer Moleküle;
Verbesserung der Haltbarkeit durch Zugabe von Stabilisatoren (Antioxydantien usw.);
Physikalische Stabilisierung durch Einhüllung mit Hilfe geeigneter Trägersubstanzen;
Herstellung fettlöslicher Derivate von wasserlöslichen Vitaminen;

Herstellung wasserlöslicher bzw. wasserdispergierbarer Gebrauchsformen von fettlöslichen Vitaminen.

Die oben erwähnten Methoden sowie Kombinationen derselben werden in den nächsten Abschnitten diskutiert. Bekanntlich existieren auf diesem Gebiet zahlreiche Patente. Es würde jedoch zu weit führen, in diesem Rahmen auf die vorhandene Patentliteratur einzugehen. Deshalb soll nur das Prinzip der verschiedenen Verfahren beschrieben und die Verwendbarkeit der entsprechenden Präparate behandelt werden.

a) Synthese stabilerer Moleküle

An erster Stelle sei diese Möglichkeit am Beispiel des Vitamin A näher erläutert.

Der Vitamin A-Alkohol ist sehr unbeständig, da die endständige OH-Gruppe sehr leicht oxydiert wird. Durch Veresterung der Hydroxylgruppe erhält man ein wesentlich stabileres Molekül. Sämtliche Gebrauchsformen des Vitamin A enthalten deshalb diesen Wirkstoff entweder in Form des Vitamin A-Palmitates oder des Vitamin A-Acetates. Durch die Veresterung wird die biologische Aktivität nicht beeinflußt, da der Ester (wahrscheinlich im Darmlumen) gespalten wird (vgl. unten). In Fischölen sowie in weiteren Naturprodukten tierischer Herkunft liegt das Vitamin A ebenfalls in Form von Fettsäureestern vor.

Das freie Tokopherol ist ebenfalls gegenüber Sauerstoff empfindlich. Infolge der relativ leichten Oxydierbarkeit des freien Tokopherols besitzt dasselbe eine ausgeprägte Antioxydantienwirkung und wird vielfach in der Lebensmittelindustrie zur Stabilisierung von Fett und fetthaltigen Produkten sowie zur Verbesserung der Haltbarkeit ätherischer Öle verwendet.

Da bei diesem Verwendungszweck die Vitaminwirkung nur eine untergeordnete oder überhaupt keine Rolle spielt, wird in vielen Fällen nicht das α-Tokopherol mit der höchsten biologischen Aktivität, sondern Homologe desselben, wie z. B. β-, γ- oder δ-Tokopherol oder Mischungen derselben zugesetzt. Diese Verbindungen, welche in verschiedenen Nahrungsmitteln ebenfalls von Natur aus enthalten sind, besitzen in gewissen Substraten eine stärker ausgeprägte Antioxydantienwirkung als α-Tokopherol (C. H. Lea und R. J. Ward 1959; C. H. Lea 1960).

Das an der Hydroxylgruppe des Chromanringes veresterte Produkt ist im Gegensatz zum freien Tokopherol eine wesentlich stabilere Verbindung, welche selbst bei längerem Kontakt mit Luft nicht oxydiert wird und damit nichts von ihrer Vitaminwirkung einbüßt.

Zur Vitaminierung von Lebensmitteln wird deshalb praktisch ausnahmslos das stabile α-Tokopherylacetat verwendet. Die biologische Aktivität des veresterten Tokopherols ist derjenigen des freien α-Tokopherols mindestens ebenbürtig. In Tierversuchen konnte gezeigt werden, daß die veresterte Verbindung unter Umständen sogar eine höhere biologische Wirkung als das freie Tokopherol aufweist.

Diese Feststellung muß offenbar dadurch erklärt werden, daß bereits im Magen-Darm-Kanal das freie α-Tokopherol eine gewisse Zerstörung erleidet (P. L. Harris und M. I. Ludwig 1949). Auf Grund dieser Tatsachen ist die Verwendung von α-Tokopherylacetat zur Anreicherung von Lebensmitteln sowohl vom wissenschaftlichen als auch vom technischen Standpunkt aus begründet.

Eine Erhöhung der Stabilität der Vitamine läßt sich nicht nur durch eine Veresterung, wie z. B. bei den Vitaminen A und E, erzielen, sondern kann auch durch Auswahl geeigneter Salze von Vitaminen erreicht werden. Diese Möglichkeit kommt selbstverständlich nur bei den Wirkstoffen in Frage, deren Moleküle zur

Salzbildung befähigt sind. Das für die Praxis wichtigste Beispiel stellt das Vitamin B_1 dar. Thiaminhydrochlorid ist eine ziemlich hygroskopische Substanz. Das Thiaminmononitrat hingegen weist eine wesentlich verringerte Hygroskopizität auf. Es ist allgemein bekannt, daß Vitamin B_1 in Anwesenheit von Feuchtigkeit und Schwermetallionen, selbst wenn die letzteren nur in Spuren vorhanden sind, sehr leicht oxydiert wird. Zur Verringerung von Vitaminverlusten während der Lagerung wird deshalb für die Anreicherung von Trockenpräparaten (Mehl, diätetische Produkte usw.) das weniger hygroskopische Thiaminmononitrat verwendet. Es versteht sich von selbst, daß auf äquimolekularer Basis das Mononitrat und das Hydrochlorid die gleiche biologische Wirksamkeit aufweisen (Dissoziation im Verdauungssaft).

b) Verbesserung der Haltbarkeit durch Zugabe von Stabilisatoren

Vitamin A sowie dessen Provitamine (gewisse Carotinoide), die in vermehrtem Maße als Lebensmittelfarbstoffe verwendet werden, sind wegen der im Molekül vorhandenen konjugierten Doppelbindungen gegenüber Sauerstoff sehr empfindlich und verhalten sich in dieser Beziehung ähnlich wie die ungesättigten Fettsäuren. Die zur Stabilisierung von Speisefetten und -ölen verwendeten Antioxydantien vermögen ebenfalls das Vitamin A, sowie die Carotinoide, gegen den ungünstigen Einfluß von Sauerstoff zu schützen.

Zur Vitaminierung von Margarine, Speisefetten und -ölen werden deshalb hochkonzentrierte, ölige Lösungen von Vitamin A-Acetat bzw. Vitamin A-Palmitat verwendet, die durch Zugabe von lebensmittelrechtlich zulässigen Antioxydantien stabilisiert sind. In vielen Fällen wird neben dem Antioxydans noch ein geeigneter Synergist beigegeben, der die Wirkung des Antioxydans verstärkt.

Durch die oben erwähnten Maßnahmen:

a) Verwendung der stabileren Vitamin A-Ester,
b) Zugabe von Stabilisatoren (Antioxydantien und Synergisten) sowie
c) durch Lösung in einem peroxidfreien Öl, welches ebenfalls eine gewisse Schutzwirkung auf das Vitamin A ausübt,

können ölige Vitamin A-Gebrauchsformen erhalten werden, deren Stabilität den Anforderungen der Praxis Genüge leistet.

Als weitere Sicherheitsmaßnahme werden in der Regel die Vitamin A-Lösungen unter Stickstoffbegasung in hermetisch verschlossenen Gefäßen in den Handel gebracht. In der gleichen Weise werden ölige Präparate von Vitamin D, sowie Kombinationen von Vitamin A und D stabilisiert.

Nach dem gleichen Prinzip verfährt man auch bei der Fabrikation von öligen Carotinoidgebrauchsformen, welche zur Lebensmittelfärbung (Margarine, Fette, Speiseöle, usw.) bestimmt sind. Da die Löslichkeit der Carotinoide in Öl sehr beschränkt ist (z. B. beträgt die Löslichkeit von all-trans-β-Carotin in Arachisöl nur etwa 0,5—0,8‰), werden aus ökonomischen Gründen diese Präparate vielfach in Form stabilisierter, hochkonzentrierter, öliger Suspensionen mit einem Gehalt bis zu 30% in den Handel gebracht, welche die Carotinoide in Form von Mikrokristallen enthalten. Diese Präparate lassen sich infolge der kleinen Kristallgröße der Carotinoide sehr leicht und rasch in den zu färbenden Produkten auflösen (O. Isler u. Mitarb. 1961), wobei es in vielen Fällen angezeigt ist, eine verdünnte Farblösung herzustellen, die anschließend dem entsprechenden Lebensmittel zugesetzt wird.

Die in diesem Abschnitt behandelten Stabilisierungsmaßnahmen kommen selbstverständlich nur für die fettlöslichen Vitamine A und D sowie für die Carotinoide in Frage. Zur Erhöhung der Stabilität der wasserlöslichen Vitamine fallen diese Maßnahmen außer Betracht. Das ebenfalls zur Klasse der fettlöslichen Vitamine gehörende α-Tokopherylacetat (Vitamin E) besitzt, wie bereits erwähnt, eine ausreichende Haltbarkeit, so daß die öligen Anwendungsformen desselben, die zur Vitaminierung von Fetten und Margarine verwendet werden, keiner zusätzlichen Stabilisierung bedürfen.

Es dürfte angezeigt sein, an dieser Stelle noch einen kurzen Überblick über die Handhabung und die Anwendbarkeit der oben erwähnten öligen Verkaufspräparate der fettlöslichen Vitamine zu geben. Zur Anreicherung von Fetten und Ölen können die Präparate bei einer leicht erhöhten Temperatur (40—50° C) den zu vitaminierenden Produkten direkt zugegeben werden, wobei nach einem kurzen Rührprozeß eine homogene Verteilung der Vitamine erreicht wird. Entsprechend wird bei der Margarine verfahren, in dem man die Vitamine A, D und E sowie die Carotinoide in die warme Fettmischung rührt und zwar vor dem Emulgierprozeß (Zugabe der wäßrigen Phase).

Ausgedehnte Untersuchungen haben gezeigt, daß für die Milchvitaminierung am zweckmäßigsten die folgende Methode angewandt wird:

Die handelsüblichen Vitamin A-Konzentrate, die in der Regel eine Konzentration von 1,5 bzw. 1,0 Mio iE Vitamin A/g enthalten, werden durch Zugabe eines peroxidfreien vegetabilischen Öles auf eine Konzentration von 20000 bis 30000 iE A/g verdünnt. Diese Lösung wird der Milch durch Homogenisieren beigemischt, wodurch eine feine und gleichmäßige Verteilung des Vitamin A und gleichzeitig eine optimale Stabilität desselben in der Milch erzielt wird. Zur Milchvitaminierung soll aus Stabilitätsgründen das Vitamin A in Form des Vitamin A-Palmitates verwendet werden. Es erübrigt sich, darauf hinzuweisen, daß das auf diese Weise angereicherte Produkt zu Kondensmilch oder Milchpulver (vgl. hierzu auch S. 955) weiterverarbeitet werden kann.

Auf Grund vergleichender Versuche konnte gezeigt werden, daß das nach dem oben beschriebenen Verfahren zugesetzte Vitamin A die gleiche Stabilität aufweist wie das natürlicherweise in der Milch vorhandene Vitamin A. Die gleiche Methode kann selbstverständlich auch für den Zusatz der Vitamine D und E angewendet werden.

Zur Anreicherung von Butter wird ebenfalls, wie bereits erwähnt, eine ölige Verdünnung des Vitamin A (20000—30000 iE A/g) dem Rahm vor dem Verbuttern direkt beigegeben, wobei das Vitamin A während des Kirnens im Butterfett gleichmäßig gelöst wird. Infolge der äußerst geringen Mengen, die bei der Anreicherung zugegeben werden, erfährt der Fremdfettgehalt der Milch bzw. der Butter praktisch keine Veränderung.

Der Zusatz der fettlöslichen Vitamine sowie der Carotinoide zu Schmelzkäse erfolgt ebenfalls durch die direkte Zugabe einer öligen Gebrauchsform dieser Wirkstoffe, während Hartkäse zweckmäßigerweise mit wasserlöslichen bzw. wasserdispergierbaren Handelspräparaten angereichert bzw. gefärbt wird.

c) Physikalische Stabilisierung durch Einhüllung mit Hilfe geeigneter Trägersubstanzen

In den vorhergehenden Kapiteln a) und b) wurde gezeigt, daß zur Vitaminierung fetthaltiger Lebensmittel spezielle Gebrauchsformen der besonders empfindlichen Vitamine A und D sowie der Carotinoide zur Verfügung stehen, die sich ohne Schwierigkeiten in die betreffenden Lebensmittel einarbeiten lassen. In vielen Fällen werden diese Wirkstoffe jedoch in Form pulverförmiger Präparate benötigt, um auf einfache Weise verschiedene Lebensmittel, wie z. B. diätetische Präparate, Kindernährmittel sowie andere Trockenprodukte anzureichern, bzw. mit einem Carotinoid zu versetzen.

Die Beimischung von öligen Gebrauchsformen zu pulverförmigen Nahrungsmitteln kommt aus Stabilitätsgründen und der Schwierigkeit, sie homogen zu verteilen, nicht in Frage. Bei diesem Vorgehen wären die Vitamine A und D sowie die Carotinoide in feinster Form auf der Oberfläche des zu vitaminierenden Pulvers verteilt. Selbst durch Zugabe sehr wirksamer Antioxydantien müßte während der Lagerung der Produkte mit wesentlichen Verlusten gerechnet werden. Da diese Lebensmittel oft auch Mineralsalze enthalten, sowie einen gewissen Feuchtigkeitsgrad aufweisen, wird in diesen Fällen die oxydative Zerstörung der Vitamine und Carotinoide noch bedeutend beschleunigt. Für diese Anwendungsgebiete mußten deshalb spezielle pulverförmige Vitaminpräparate entwickelt werden, bei denen der Wirkstoff in eine geeignete Trägersubstanz eingebettet ist, um ihn dadurch dem schädlichen Einfluß von Luft, Licht, Feuchtigkeit und Mineralsalzen zu entziehen.

Beim Vitamin A liegt das Hauptproblem bei dieser Stabilisierungsmethode darin, einen optimalen physikalischen Schutz zu erzielen, ohne die Resorbierbarkeit des Vitamins zu vermindern. Das heute am meisten verbreitete Verfahren besteht darin, eine hochkonzentrierte ölige Vitamin A-Acetat- oder Vitamin A-Palmitat-Lösung, welche geeignete Antioxydantien enthält, in eine wäßrige Lösung von Gelatine und Zucker zu homogenisieren und diese Emulsion, welche das Vitamin A in fein verteilter Form enthält, durch Versprühen oder andere Methoden in ein Trockenpräparat (Pulver) überzuführen. Das resultierende Produkt besteht aus einem Pulver, dessen Teilchen in der Größenordnung von 0,25—0,5 mm liegen, und das Vitamin A in Form äußerst feiner Öltröpfchen (Durchmesser etwa 5 μ) enthält, die von der Trägersubstanz umhüllt sind (vgl. Abb. 4).

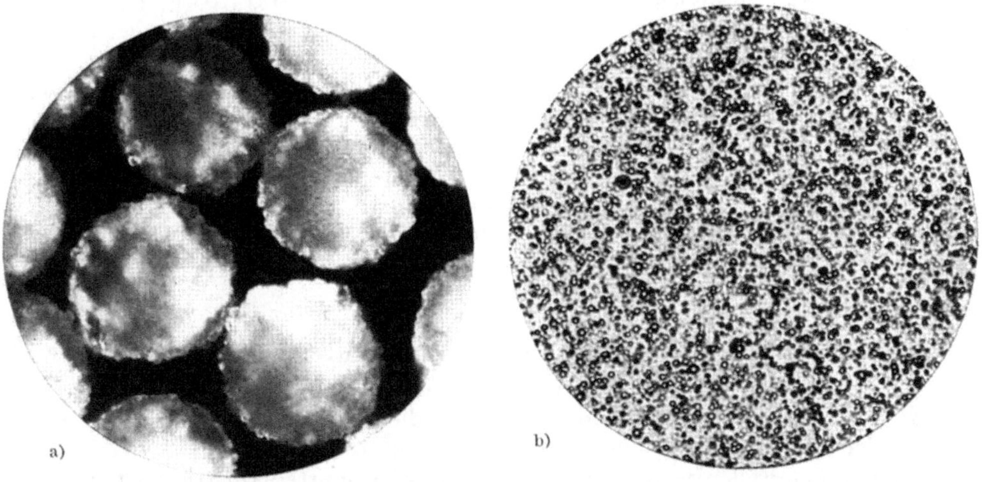

Abb. 4. a) Kugelförmige Teilchen eines pulverförmigen Vitamin-Präparates (Vergrößerung etwa 40fach). b) Querschnitt durch ein einzelnes Teilchen. Die Aufnahme zeigt die feinen Vitamintröpfchen eingebettet in der Trägermasse (Vergrößerung etwa 170fach)

Infolge der äußerst feinen Verteilung des Vitamin A sowie der Verwendung von leicht verdaulichen Trägersubstanzen wird eine rasche und vollständige Resorption des Vitamin A gewährleistet. Vergleichende Resorptionsversuche haben eindeutig gezeigt, daß derartige pulverförmige Vitamin A-Präparate dank der feinsten Verteilung des darin enthaltenen Wirkstoffes schneller und vollständiger resorbiert werden als ölige Lösungen von Vitamin A (K. BERNHARD und F. HEINZELMANN 1955). Das beschriebene Verfahren stellt eine Kombination der unter a) und b) erwähnten chemischen Methoden (Verwendung eines stabileren Vitamin A-Esters und Zugabe eines Antioxydans) mit einer physikalischen Stabilisierung dar. Nach dem gleichen Prinzip werden auch entsprechende Vitamin D- und E-Pulver hergestellt. Obschon das Vitamin E, wie bereits erwähnt wurde, in Form des α-Tokopherylacetates eine gute Stabilität besitzt, eignet sich das reine Vitamin E-Acetat, welches eine ölige Substanz darstellt, nicht für die Anreicherung von pulverförmigen Nahrungsmitteln. Zudem besteht bei Präparaten, welche einen gewissen Feuchtigkeitsgrad aufweisen und gleichzeitig Mineralsalze enthalten, die Gefahr einer teilweisen Hydrolyse des Vitamin E-Ester, wobei das leichter oxydierbare freie Tokopherol entsteht. Aus diesen Gründen werden diätetische Produkte und andere pulverförmige Lebensmittel vorzugsweise mit Vitamin E-Trockenpräparaten angereichert, welche nach dem oben erwähnten Verfahren hergestellt sind.

Die beschriebenen Pulver dispergieren in Wasser je nach Eigenschaften und Menge der verwendeten Trägersubstanzen bei Temperaturen von 25—40° C. Neuerdings werden auch spezielle kaltwasserdispergierbare Präparate in den Handel gebracht, um die Anreicherung von Spezialprodukten, welche bei der Zubereitung in kaltem Wasser oder kalter Milch aufgelöst werden, zu ermöglichen. Die beschriebenen Trockenpräparate werden hauptsächlich zur Vitaminierung folgender Lebensmittel verwendet: diätetische Produkte, Kindernährmittel, Milchpulver, Hartkäse (Dispergierung in der Milch vor der Dicklegung), Speiseeis, Eiscremepulver, küchenfertige Mehle (Cake Mixes), Getränkepulver usw.

Auch für die Carotinoide wurden entsprechende pulverförmige, wasserdispergierbare Präparate entwickelt. Die Erfahrung hat jedoch gezeigt, daß für diesen Zweck das Verfahren einer Modifizierung bedarf, um einen möglichst hohen Dispersitätsgrad zu erzielen und damit eine optimale Farbstärke und möglichst leuchtende Farbtöne zu erhalten. Auf diese Frage soll im Abschnitt e) noch näher eingegangen werden.

Die reinen, in kristalliner Form verfügbaren Vitamine der B-Gruppe sowie Vitamin C weisen in pulverförmigen Lebensmitteln in der Regel eine genügende Haltbarkeit auf, so daß bei diesen Wirkstoffen eine physikalische Stabilisierung durch Einhüllung nicht notwendig ist. Die während der Lagerung der Lebensmittel auftretenden meist geringen Vitaminverluste lassen sich leicht durch eine gewisse Überdosierung ausgleichen. Lediglich bei Vitamin C können bisweilen höhere Verluste auftreten, weshalb auch bei diesem Vitamin die Notwendigkeit einer physikalischen Stabilisierung gegeben erscheint.

d) Herstellung von fettlöslichen Derivaten der wasserlöslichen Vitamine

In weitaus den meisten Fällen entsprechen die unter a) bis c) angeführten Spezialformen den Bedürfnissen der Praxis, um die auf S. 950 angegebenen Möglichkeiten der Vitaminierung ohne Schwierigkeiten zu realisieren.

In gewissen Fällen jedoch werden von der Lebensmittelindustrie noch zusätzliche Formen, wie z. B. fettlösliche Präparate der wasserlöslichen Vitamine, gewünscht. So reichert man z. B. vor allem in gewissen südlichen Ländern Speiseöle mit Vitamin B_6 an. Es versteht sich von selbst, daß dafür Pyridoxinhydrochlorid nicht verwendet werden kann. Das Vitamin B_6 setzt man deshalb in Form des Pyridoxintripalmitats, d. h. ein an den drei Hydroxylgruppen des Pyridoxins mit Palmitinsäure veresterten Präparates, zu. Dieses Derivat ist, im Gegensatz zum Pyridoxinhydrochlorid, in geringem Maße in Fetten und Ölen löslich.

Auf äquimolekularer Basis besitzt das Vitamin B_6-Tripalmitat die gleiche Vitaminwirkung wie das wasserlösliche Vitamin B_6-Hydrochlorid (T. SAKURAGI und F. A. KUMMEROW 1956a u. b), da der Palmitinsäureester im Organismus gespalten wird.

Auch vom Vitamin B_1 existiert eine Reihe fettlöslicher Derivate, wie z. B. das Thiaminpropyldisulfid und das Dibenzoylthiamin.

Da es sich hier meistens um Kombinationen von Vitamin B_1 mit unphysiologischen Komponenten handelt, werden diese nur ausnahmsweise zur Anreicherung von Lebensmitteln verwendet. In fernöstlichen Ländern soll die Reisvitaminierung durch Zusatz derartiger Präparate in gewissem Umfange vorgenommen werden.

Eine Sonderstellung nehmen die Ester höherer Fettsäuren der Ascorbinsäure (Vitamin C), insbesondere das Ascorbylpalmitat, ein. Diese fettlöslichen Derivate des Vitamin C werden heute in der Fettindustrie verwendet. Allerdings liegt bei der Anwendung das Schwergewicht nicht auf der Vitaminwirkung dieser Produkte, sondern auf ihrer Bedeutung als Stabilisatoren. Ascorbylpalmitat besitzt einen ausgeprägten synergistischen Effekt, indem es die Wirkung verschiedener Fettantioxydantien deutlich zu steigern vermag. In pflanzlichen (vegetabilischen) Ölen und Fetten, welche einen gewissen natürlichen Gehalt an freien Tokopherolen aufweisen, kann die Haltbarkeit durch den alleinigen Zusatz von Ascorbylpalmitat verbessert werden. Tierische Fette hingegen, welche von Natur aus kaum Tokopherol enthalten, lassen sich durch die Beigabe von Ascorbylpalmitat zusammen mit einem geeigneten Antioxydans wirksam stabilisieren (J. C. SOMOGYI und H. KÜNDIG-HEGEDÜS 1961). Da nach dem geltenden deutschen Lebensmittelrecht die Verwendung von BHA oder BHT (Butylhydroxyanisol bzw. Butylhydroxytoluol) und anderen unphysiologischen Antioxydantien verboten ist, werden z. B. leicht verderbliche tierische Fette mit einer Kombination aus Tokopherol und Ascorbylpalmitat stabilisiert. Neben seinen antioxydativen Eigenschaften besitzen Ascorbylpalmitat bzw. dessen Salze noch eine emulgierende Wirkung, wodurch die Einsatzmöglichkeiten der Fettsäureester des Vitamin C in der Lebensmittelindustrie eine Erweiterung erfahren haben. Auf diesen Anwendungszweck soll im nächsten Abschnitt noch näher eingegangen werden.

e) Herstellung wasserlöslicher bzw. wasserdispergierbarer Gebrauchsformen von fettlöslichen Vitaminen

Wasserlösliche bzw. wassermischbare Präparate der fettlöslichen Vitamine, welche unter Verwendung von speziellen nicht ionogenen Solubilisatoren (polyoxäthylierte Derivate lipophiler Verbindungen, wie Öle, Fettsäuren u. a.) hergestellt werden, sind schon seit langer Zeit bekannt und finden in der pharmazeutischen Industrie ausgedehnte Verwendung. In verschiedenen Ländern, wie z. B. Deutschland, können jedoch diese Produkte aus lebensmittelrechtlichen Gründen nicht zur Anreicherung von Nahrungsmitteln verwendet werden, da die entsprechenden Emulgatoren nicht in der Liste der zulässigen Fremdstoffe aufgeführt sind. Auch in bezug auf Stabilität sind z. B. derartige Vitamin A-Formen nur in speziellen Fällen für die Anreicherung von Lebensmitteln geeignet. Im Gegensatz zu den pharmazeutischen Präparaten werden für die Vitaminierung nur relativ kleine Mengen zugesetzt. Bei der großen Verdünnung wirken sich die Verluste viel stärker aus, so daß derartige Vitamin A-Präparate höchstens für Lebensmittel, welche kühl gelagert und kurzfristig konsumiert werden, in Frage kommen können.

Die in Lebensmitteln natürlicherweise vorhandenen Stoffe, welche eine emulgierende Wirkung besitzen (Monoglyceride, Gemische von Mono- und Diglyceriden, Lecithin usw.) sind dort nicht genügend wirksam, um eine physikalisch stabile Emulsion der fettlöslichen Vitamine und Provitamine in einem wäßrigen Medium zu erzielen. Andererseits ist bekannt, daß fettlösliche Wirkstoffe, wie z. B. die Carotinoide, in pflanzlichen Materialien in wasserdispergierbarer Form enthalten sind. Man muß annehmen, daß es sich dabei um kolloidale Systeme handelt, bei welchen die Carotinoide in komplex gebundener Form, z. B. mit Lipoiden oder Lipoproteiden auftreten (W. MENKE 1940; E. L. SMITH 1940). Während die reinen kristallisierten Carotinoide in der Regel ausgesprochen oxydationsempfindlich sind, zeigen diese natürlich vorkommenden Chromoproteine eine hervorragende Stabilität (W. P. WENDT und J. C. DROKOWA 1960). Wie bereits im vorhergehenden Abschnitt kurz erwähnt wurde, eignen sich die Salze der höheren Fettsäureester der Ascorbinsäure (Vitamin C), z. B. das Natrium- oder Ammoniumsalz des Ascorbylpalmitats, in besonderem Maße zur Solubilisierung der fettlöslichen Vitamine und Carotinoide, wobei das Ascorbylpalmitat gleichzeitig auch eine gewisse Antioxydantienwirkung ausübt. Durch Kombination der erwähnten Fettsäureester des Vitamin C mit geeigneten Schutzkolloiden, wie z. B. Gelatine, Dextrine usw., lassen sich flüssige oder pulverförmige wasserdispergierbare Carotinoidpräparate herstellen. Diese zeichnen sich dadurch aus, daß sie beim Lösen in Wasser eine äußerst feine und homogene Verteilung des Farbstoffs aufweisen (H. KLÄUI 1963).

Die wäßrigen Lösungen zeigen je nach dem verwendeten Carotinoid eine leuchtende Farbe, welche zwischen gelb und dunkelrot liegt, und besitzen ein nahezu klares Aussehen (geringe Opalescenz). Die extrem feine Verteilung äußert sich auch darin, daß der Farbstoff durch ein Filterpapier nicht zurückgehalten wird. Diese neue Solubilisierungsmethode ist besonders für die Carotinoide von Bedeutung, da dadurch die Verwendung der physiologisch absolut unbedenklichen Carotinoide nicht nur auf die Färbung von Fett und fetthaltigen Lebensmitteln beschränkt bleibt.

Die wasserdispergierbaren Carotinoidformen, welche als Trägerstoffe (Solubilisierungsmittel, Schutzkolloide) ebenfalls physiologisch und toxikologisch absolut einwandfreie Substanzen enthalten, eignen sich für die Färbung von Getränken und einer Reihe weiterer Lebensmittel, für welche bis dahin nur künstliche Farbstoffe (Azofarbstoffe) zur Verfügung standen. Je nach den Bedürfnissen der Lebensmittelindustrie können entsprechende Formen der fettlöslichen Vitamine auf der gleichen Basis hergestellt werden.

Abschließend kann hervorgehoben werden, daß von sämtlichen Vitaminen und einer Reihe von Carotinoiden für die Lebensmittelvitaminierung und Färbung eine Vielzahl von Gebrauchsformen existieren. Anhand verschiedener Beispiele wurde gezeigt, daß dieselben sowohl in bezug auf Resorption als auch hinsichtlich Haltbarkeit den gewünschten Anforderungen entsprechen. Ebenso darf behauptet werden, daß für praktisch sämtliche Verwendungszwecke Spezialformen verfügbar sind, die sich in der Praxis ohne Schwierigkeiten verarbeiten lassen. Es versteht sich von selbst, daß die Zusammensetzung dieser Präparate den lebensmittelrechtlichen Bestimmungen entspricht.

V. Analytik (Allgemein)

1. Standardisierung

Sollen Lebensmittel auf ihren Vitamingehalt analysiert werden, so muß zunächst eine Reihe von Problemen geklärt werden. Bei den meisten Vitaminen handelt es sich nicht um einen einzigen Stoff, sondern um eine ganze Gruppe von chemisch oft sehr nahe verwandten Verbindungen. Sehr oft zeigen nicht alle diese Verbindungen dieselbe biologische Wirksamkeit. Weiter ist daran zu denken, daß je nach dem, wie das in Frage stehende Vitamin im Lebensmittelverband vorliegt, eine andere biologische Wirksamkeit erzielt wird. Eine Vitaminanalyse in Lebensmitteln ist demnach nur dann wirklich sinnvoll, wenn die Analyse Auskunft über die biologische Wirkung gibt.

a) Biologische Einheiten

Für eine Reihe von Vitaminen wurde diese Wirkung in internationalen Einheiten (iE) definiert. Die Versuchsbedingungen, unter denen diese Wirkung gemessen werden soll, sollten ebenfalls standardisiert werden. Auf diesem Gebiet fehlen jedoch internationale Abmachungen.

Dort, wo in einer bestimmten Vitamingruppe ein Vertreter in reiner kristallisierter Form leicht erhältlich ist, wurde sehr oft die internationale Einheit durch eine bestimmte Menge dieses reinen Stoffes ersetzt respektive wird eine bestimmte Menge dieses reinen Stoffes als Standard verwendet. Von der Weltgesundheitsorganisation (WHO) werden folgende Standardpräparate zur Verfügung gestellt:

Vitamin D_3 in Flaschen enthaltend 10 g einer Lösung von Vitamin D_3 in einer Konzentration von 1000 iE per Gramm;

Vitamin B_{12} in Ampullen enthaltend 10 Tabletten zu je 20 mg Cyanocobalamin.

Beide Präparate werden im internationalen Laboratorium für biologische Standardpräparate „National Institute for Medical Research", Mill Hill, London, England, aufbewahrt und können über die nationalen Gesundheitsämter angefordert werden.

Für die Vitamine A, B_1, C und E und für β-Carotin wurden Standardpräparate hergestellt, später aber wieder aufgegeben, da Substanzen mit genügend hohem Reinheitsgrad zur Verfügung stehen, und zwar die in nachfolgender Tabelle aufgeführten. Sollen diese Substanzen als Standardsubstanzen verwendet werden, so müssen die physikalisch-chemischen Konstanten dieser Substanzen vorerst überprüft werden. Für Thiamin und L-Ascorbinsäure ist die internationale Einheit nicht mehr gebräuchlich. Es empfiehlt sich, hier die Analysenresultate auf die Gewichtseinheiten zu beziehen.

Für die Vitamine B_2, PP, B_6, diejenigen der Pantothensäuregruppe, Biotin, diejenigen der Folsäuregruppe und K liegen keine internationalen Abmachungen vor. Als Standard können folgende Substanzen verwendet werden:

Riboflavin
Nicotinsäure oder
Nicotinsäureamid
Pyridoxolhydrochlorid
Calciumpantothenat
Biotin
Folsäure
Vitamin K_1

Tabelle 3. *Nicht mehr erhältliche Vitamin-Standardpräparate der WHO*

Substanz	einer iE entsprechen
all-trans-Vitamin A-Acetat . .	0,344 μg
Thiaminhydrochlorid	3 μg
L-Ascorbinsäure	50 μg
dl-α-Tokopherylacetat	1 mg
all-trans-β-Carotin	0,6 μg

Die Reinheit der Verbindungen muß auf Grund der physikalisch-chemischen Konstanten überprüft werden. Verschiedene nationale Laboratorien bewahren eigene Standardlösungen auf oder geben dieselben auf Anfrage hin ab. Die bekanntesten sind:

Center for Authentic Chemical Substances, Apothekens Kontrollaboratorium, Stockholm, Schweden (Vitamin A-Acetat).

USP-Reference Standards, 46, Park Avenue, New York 16, N. Y. (Vitamin A, Vitamin D, Ascorbinsäure, Calcium Leucovorin, Calciumpantothenat, Cyanocobalamin, Folsäure, Nicotinamid, Nicotinsäure, Pyridoxolhydrochlorid, Riboflavin, Thiaminhydrochlorid) (USP XVI 1960).

Der Gehalt dieser Standardsubstanzen wird entweder in Gewichtseinheiten oder in USP-Einheiten angegeben. Letztere entsprechen den internationalen Einheiten.

b) Standardverfahren zur Bestimmung der biologischen Aktivität von Vitaminpräparaten

Präparate unbekannter Herkunft oder unbekannter Zusammensetzung müssen in biologischen Versuchen mit den Standardpräparaten verglichen werden. Da der Vergleich nicht am Menschen durchgeführt werden kann, werden Versuchstiere oder Mikroorganismen verwendet und von der unter diesen Bedingungen gefundenen Aktivität auf die biologische Aktivität beim Menschen geschlossen.

Die wichtigsten Standardverfahren sind bei C. I. BLISS und P. GYÖRGY (1951) beschrieben. In Tab. 4 sind für die wichtigsten Vitamine die gebräuchlichsten Verfahren angegeben.

Tabelle 4. *Standardverfahren zur biologischen Erfassung der wichtigsten Vitamine*

Vitamin	Verfahren	Literatur
Vitamin A	Rattenwachstumstest	C. I. BLISS und P. GYÖRGY 1951, Pharmacopoea Internationalis 1951, S. 365
Vitamin B_1	Rattenwachstumstest Bradykardietest	C. I. BLISS und P. GYÖRGY 1951
Vitamin B_2	Rattenwachstumstest	C. I. BLISS und P. GYÖRGY 1951
Vitamin B_{12}	mikrobiologische Bestimmung mit Lactobacillus leichmannii	Official Methods of Analysis of the AOAC 1960, S. 665, USP XVI 1960, S. 888
Vitamin C	Skorbuttest beim Meerschweinchen	C. I. BLISS und P. GYÖRGY 1951
Vitamin D	Rattenrachitistest Kükenrachitistest	I.U.P.A.C. 1959. Official Methods of Analysis of the AOAC 1960, S. 675
Vitamin E	Gestations-Resorptionstest bei der Ratte Hämolysetest bei der Ratte	C. I. BLISS und P. GYÖRGY 1951 L. FRIEDMANN u. Mitarb. 1958
Vitamin K	Prothrombintest beim Huhn	C. I. BLISS und P. GYÖRGY 1951

Bestehen verschiedene Möglichkeiten einer biologischen Standardisierung, so brauchen nicht alle Verfahren zu denselben Ergebnissen zu führen; je nach Problemstellung wird man daher der einen oder der anderen Möglichkeit den Vorzug geben.

Für die meisten chemischen Vertreter der einzelnen Vitamingruppen ist die in diesen Standardverfahren erhaltene biologische Aktivität mit genügender Genauigkeit bekannt. Es genügt daher, bei den meisten Lebensmitteln den Gehalt an diesen Vertretern chemisch oder mikrobiologisch zu ermitteln und anschließend auf Grund der bekannten Relationen die biologische Aktivität zu errechnen. Werden jedoch unbekannte Verbindungen vermutet, oder liegt ein Gemisch vor von verschiedenen Vertretern, welche durch chemische Methoden nicht oder nur ungenügend auftrennbar sind, oder bestehen keine genügend guten oder empfindlichen chemischen oder mikrobiologischen Methoden, so muß auf diese Standardverfahren zurückgegriffen werden. Solche Verfahren sollten jedoch nur in speziell eingerichteten Laboratorien durchgeführt werden. Die gewonnenen Resultate müssen kritisch beurteilt und in den meisten Fällen mit statistischen Methoden bearbeitet werden.

Die hierbei anzuwendenden Methoden sind bei K. H. COWARD (1947) und C. I. BLISS (1951) beschrieben. Neuerdings werden anstelle der dort empfohlenen Methoden sog. parameterfreie statistische Testverfahren benützt (W. BOGUTH und H. WEISER 1962).

2. Diskussion der bestehenden Verfahren zur Bestimmung von Vitaminaktivitäten

a) Chemische und physikalisch-chemische Verfahren

Chemische und physikalisch-chemische Verfahren beruhen im Gegensatz zu den mikrobiologischen und biologischen Verfahren darauf, daß bestimmte Substanzmengen quantitativ erfaßt werden, während bei den beiden anderen Methoden biologische Wirkungen bestimmt werden. Als Beispiel sei die analytische Erfassung von Thiamin diskutiert.

Thiamin kann in der Natur als Thiamin oder verestert mit Phosphorsäure als Thiaminmono- und diphosphat vorkommen. Ferner wurden sog. Disulfidformen beschrieben, d. h. Formen, bei denen der Thiazolring hydrolytisch geöffnet ist und welche zusätzlich mit biologischen SH-Gruppen reagiert haben (vgl. Abb. 5). Allen diesen Formen kommt eine gewisse Vitamin B_1-Wirkung zu, welche im Tierexperiment bestimmt werden kann.

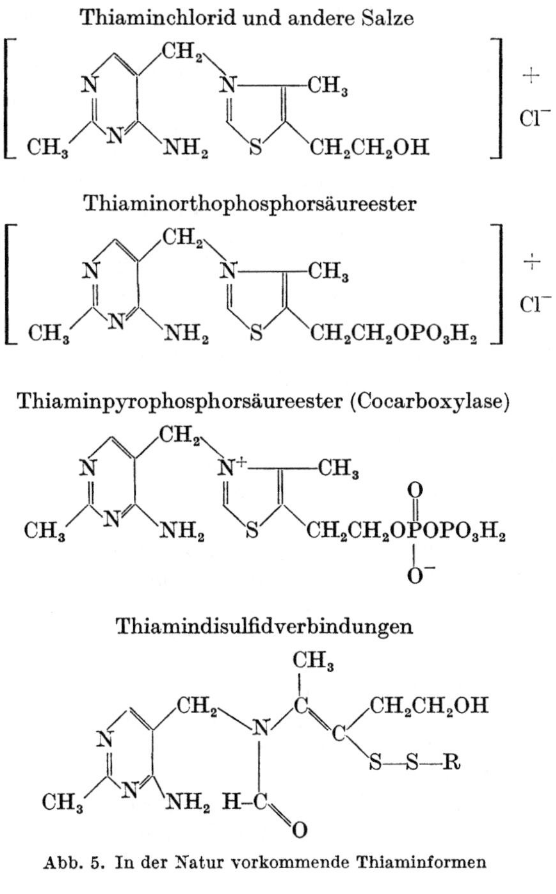

Abb. 5. In der Natur vorkommende Thiaminformen

Wird nun Vitamin B_1 chemisch nach der sog. Thiochrommethode bestimmt, so bildet sich aus Thiamin Thiochrom (vgl. Abb. 6), aus Thiaminmono- und -diphosphat die entsprechenden Thiochromphosphate, während die Thiamindisulfidformen nicht reagieren.

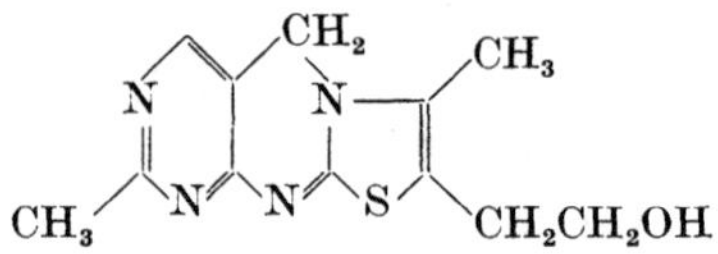

Abb. 6. Strukturformel von Thiochrom

Thiochrom kann aus alkalischem Milieu mit organischen Lösungsmitteln extrahiert werden, während die entsprechenden Phosphate bei der Extraktion im wäßrigen Milieu zurückbleiben.

Wird daher die Thiochrommethode angewendet, ohne daß vorher Thiaminphosphate und Thiamindisulfidformen in freies Thiamin übergeführt werden, so werden bei der Analyse nicht alle Vitamin B_1-aktiven Substanzen erfaßt; es ist daher nötig, vorgängig der eigentlichen Bestimmung Thiaminester z. B. durch Phosphatasen in freies Thiamin überzuführen und Thiamindisulfidformen unter Umständen reduktiv zu spalten, wobei ebenfalls freies Thiamin entsteht.

Ein solches Vorgehen ist dort gestattet, wo allen verschiedenen Formen die gleiche biologische Vitaminaktivität zukommt. Im eben besprochenen Beispiel des Vitamin B_1 dürfte dies der Fall sein.

Wesentlich komplizierter können die Verhältnisse liegen, wenn die einzelnen Formen nicht dieselbe Vitaminaktivität haben; so kommt Vitamin A_1 z. B. in verschiedenen isomeren Formen vor, wobei nur die sog. all-trans-Form eine 100%ige Vitamin A-Aktivität aufweist, während die übrigen Formen im biologischen Versuch schwächere Wirkungen zeigen. Würde man nach dem oben geschilderten Verfahren alle Formen in die gleiche, z. B. in die all-trans-Form überführen, und dann gemeinsam bestimmen, so würde dies zu einer Überbewertung der biologischen Aktivität führen. In diesem Fall müßten alle in Frage kommenden Komponenten gesondert bestimmt werden. Berücksichtigt man, daß die zu bestimmenden Vitamine im Lebensmittelverband nur in außerordentlich kleiner Konzentration vorkommen, so sieht man leicht ein, daß solche gesonderten Bestimmungen, wobei oft komplizierte Trennmethoden verwendet werden müssen, nicht immer möglich sind.

Vitamine können entweder natürlicherweise in den Lebensmitteln vorkommen oder sie wurden dem Lebensmittel in bekannter Form zugesetzt. Während im letzteren Fall die zu wählende Analysenmethode durch die Natur der zugesetzten Form gegeben ist, kann im Falle der natürlicherweise vorhandenen Vitamine keiner Analysenmethode vom vornherein der Vorzug gegeben werden. Die in den Lebensmitteln natürlicherweise vorhandenen Vitamine liegen meist in gebundener Form vor und müssen aufgeschlossen werden. Inwieweit derartige Aufschlüsse wirklich quantitativ verlaufen, läßt sich jedoch in vielen Fällen nicht nachweisen. Die quantitative Erfassung der natürlicherweise vorhandenen Vitamine mit Hilfe chemischer Methoden ist daher immer noch in vielen Fällen ein ungelöstes Problem.

Die obigen Ausführungen haben gezeigt, daß die sichere quantitative Erfassung gewisser Vitamine mit Hilfe chemischer Methoden oft sehr schwierig ist oder sogar als noch ungelöstes Problem gelten muß. Man hat sich daher in vielen Fällen auf konventionelle Methoden festgelegt; bei diesen Methoden werden bewußt gewisse Vernachlässigungen gemacht, so daß diese Methoden wissenschaftlichen Anforderungen nicht voll genügen. Sie bieten hingegen den Vorteil, daß die nach diesen

Methoden erhaltenen Ergebnisse reproduzierbar sind und die Resultate, die von verschiedenen Laboratorien erhalten wurden, untereinander vergleichbar sind. Die bekannteste Sammlung derartiger Methoden sind "Methods of VitaminAssay" 1951 und die im Methodenbuch der AOAC enthaltenen Vorschriften (AOAC 1960).

b) Mikrobiologisches Verfahren

Die sog. mikrobiologischen Analysenverfahren basieren auf der Tatsache, daß gewissen Mikroorganismen bestimmte Stoffe von außen zugeführt werden müssen, ähnlich wie dies für höhere Organismen gilt. Bei Abwesenheit dieser Stoffe tritt Wachstumsstillstand ein, oder es werden gewisse Stoffwechseltätigkeiten eingestellt. Die mikrobiologische Vitaminbestimmung wird in der Art durchgeführt, daß einer Nährlösung, welche möglichst optimal zusammengesetzt, jedoch völlig frei von dem zu bestimmenden Stoff ist, steigende Mengen eines Extraktes zugesetzt werden, welcher den zu bestimmenden Stoff enthält. Die Nährlösungen werden mit dem Testorganismus beimpft und aus dem Wachstum oder der Stoffwechseltätigkeit des Mikroorganismus auf die anwesende Menge des zu bestimmenden Stoffes geschlossen.

Bei den mikrobiologischen Methoden handelt es sich um ausgesprochene Mikro- und Ultramikro-Methoden; so liegt z. B. eine günstige Arbeitskonzentration für die mikrobiologische Bestimmung von Pyridoxin mit Hilfe von Saccharomyces carlsbergensis bei 0,002 μg Pyridoxin je Milliliter. Bei physikalisch-chemischen Messungen, welche sich in diesem Konzentrationsbereich abspielen, treten erfahrungsgemäß ganz erhebliche Fehler auf; die mit Hilfe der mikrobiologischen Methode erzielbaren Ergebnisse kommen in bezug auf Genauigkeit an diejenigen von physikalisch-chemischen Messungen in diesem Konzentrationsbereich heran und übertreffen dieselben in vielen Fällen.

Während nun aber Methoden, die auf physikalisch-chemischen Messungen beruhen, dadurch exakter gestaltet werden können, daß durch Benutzung höherer Konzentrationen die Bestimmung des in Frage stehenden Stoffes in den Makro- bzw. Mikrobereich rückt, ist dies bei mikrobiologischen Bestimmungen prinzipiell unmöglich. Dort, wo es möglich ist, den in Frage stehenden Stoff durch Anreicherungsverfahren zu konzentrieren, bzw. dort, wo von vornherein das zu bestimmende Vitamin in einer erheblichen Konzentration vorliegt, wird man daher eine chemische bzw. physikalisch-chemische Methode wählen.

Während bei chemischen Analysen die Endbestimmung in der Regel mit großer Genauigkeit durchgeführt werden kann, sofern in dieser Endlösung das zu bestimmende Vitamin in genügend hoher Konzentration vorhanden ist, bieten die der Endbestimmung vorangehenden Trennoperationen jedoch oft Schwierigkeiten und führen zu großen und vielfach auch unkontrollierbaren Verlusten.

Mikrobiologische Methoden lassen sich in den wenigsten Fällen so spezifisch wie chemische Methoden gestalten, da Mikroorganismen sehr oft auch Stoffe als Vitamine verwenden können, die für den Menschen keinerlei Vitaminwirkung besitzen. Als Beispiel sei wiederum die Bestimmung von Vitamin B_1 erwähnt.

Für die mikrobiologische Bestimmung von Thiamin eignet sich u. a. Phykomyces blakesleeanus. Dieser Mikroorganismus spricht auf Thiamin und auf Cocarboxylase gleichmäßig an und führt zu dem gleichen Ergebnis wie eine in einem biologischen Standardverfahren durchgeführte Bestimmung. Der Pilz spricht aber im Gegensatz zum Tier auf eine äquimolare Menge der beiden Thiaminspaltstücke 2-Methyl-4-amino-5-aminomethyl-pyrimidin und 4-Methyl-5-(β-hydroxyäthyl)-thiazol (vgl. Abb. 7) in gleicher Art wie auf ungespaltenes Thiamin an (W. H. SCHOPFER 1945). Solche Spaltstücke können z. B. beim Erhitzen thiaminhaltiger Produkte entstehen und könnten demgemäß einen höheren Thiamingehalt vortäuschen.

Sollen daher mikrobiologische Methoden spezifisch gestaltet werden, so müssen oft vorgängig der mikrobiologischen Bestimmung chemische Trennverfahren eingeschaltet werden.

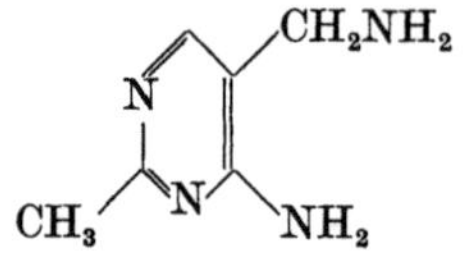

2-Methyl-4-amino-5-aminomethyl-pyrimidin

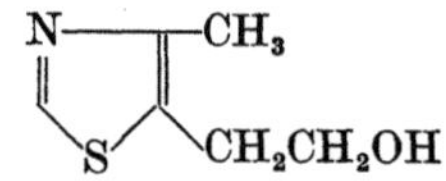

4-Methyl-5-(β-hydroxyäthyl)-thiazol

Abb. 7. Thiaminspaltstücke

Ein weiterer Nachteil der mikrobiologischen Bestimmung besteht darin, daß der Mikroorganismus in der mit dem in Frage stehenden Extrakt versetzten Nährlösung ein anderes Verhalten zeigen kann als in der Grundnährlösung, was zu falschen Resultaten führt. Dies ist z. B. der Fall, wenn die Grundnährlösung nicht wirklich optimal zusammengesetzt ist und durch die Zugabe des Extraktes verbessert wird oder wenn andererseits der Extrakt Hemmstoffe enthält, welche das Wachstum des Mikroorganismus verschlechtern.

c) Biologische Methoden

Biologische Methoden beruhen auf dem in einem vorhergehenden Kapitel beschriebenen Mangelversuch. Sie sind nicht so empfindlich wie mikrobiologische Methoden, dagegen spezifischer, indem anzunehmen ist, daß bei geeigneter Wahl des Versuchstiers die gesamte für den Menschen verwertbare Vitaminaktivität erfaßt wird. Die Genauigkeit kann durch Einsatz einer genügend großen Anzahl von Tieren erhöht werden. Für die Bestimmung von Vitaminen in biologischem Material müssen ähnliche Einschränkungen gemacht werden wie bei den mikrobiologischen Methoden. Biologische Methoden sollten nur in einem eigens dafür hergerichteten Laboratorium durchgeführt werden, da diese Methoden große Kenntnisse in Umgang mit Kleintieren voraussetzen. In der Regel werden nur noch die Vitamine D und K im Routinelaboratorium biologisch bestimmt. Für die Bestimmung der übrigen Vitamine in Lebensmitteln liegen meist genug Erfahrungen vor, um aus der chemischen bzw. mikrobiologischen Analyse auf die biologische Aktivität schließen zu können.

d) Vergleich der verschiedenen Methoden

Tabelle 5 gibt eine Übersicht über die drei diskutierten Methoden. Es zeigt sich, daß in vielen Fällen eine Kombination der chemischen mit der mikro-

Tabelle 5. *Übersicht über die Eigenschaften der drei wichtigsten Vitaminbestimmungsmethoden*

	chemisch physikalisch-chemisch	mikrobiologisch	biologisch
Anwendbar für	A, B_1, B_2, PP, B_{12}, C, (D), E	B_1, B_2, PP, B_6, Pantothensäure, Biotin, Folsäure, B_{12}	(A, B_1, B_2, PP, B_6, Pantothensäure, Biotin, Folsäure, B_{12}, C), D, (E), K
Empfindlichkeit	gering	groß	gering
Spezifität	nach entsprechenden Trennoperationen, groß	gering	groß
Genauigkeit	groß	gering	variabel mit der Anzahl der eingesetzten Tiere,

In Klammern wurden diejenigen Vitamine gesetzt, die gebräuchlicherweise nicht nach der entsprechenden Methode bestimmt werden.

biologischen bzw. der chemischen mit der biologischen Methode angewendet werden muß, indem vorgängig der eigentlichen mikrobiologischen oder biologischen Endbestimmung eine chemische Trennung oder Anreicherung stattfinden muß.

3. Hinweise auf spezielles Schrifttum

a) Standardisierung und Statistik

K. H. COWARD: The biological standardisation of the vitamins (1947).
J. H. BURN, D. J. FINNEY u. L. G. GOODWIN: Biological standardization (1950).
C. I. BLISS: Statistical Methods in Vitamin Research (1951).

b) Analytik

E. Merck A.G., Darmstadt: Vitaminanalyse, chemische Methoden.
P. GYÖRGY: Vitamin Methods. Vol. I und II. (1950—1951).
P. GSTIRNER: Chemisch-physikalische Vitaminbestimmungsmethoden (1951).
The Association of Vitamin Chemists, Inc. Methods of Vitamin Assay. (1951).
W. H. SCHOPFER: Les tests microbiologiques pour la détermination des vitamines (1945).
D. MÜCKE: Einführung in mikrobiologische Bestimmungsverfahren. Quantitative Bestimmung von Aminosäuren und Vitaminen des B-Komplexes (1957).
BARTON-WRIGHT: Practical Methods for the microbiological assay of the vitamin B complex and essential Amino acids (1945).
M. WELSCH: Le Dosage Microbiologique des vitamines (1947).
O. WISS: Mikrobiologische Vitaminbestimmungsmethoden (1951—1952).
S. NOBILE: Le dosage des vitamines dans les produits alimentaires (1954).
J. W. DANN and G. H. SATTERFIELD: Estimations of the Vitamins (1947).
R. STROHECKER u. H. M. HENNING: Vitaminbestimmungen (1963).
E. KNOBLOCH: Physikalisch-chemische Vitaminbestimmungsmethoden (1963).

VI. Schrifttum über Vitamine im allgemeinen

1. Zusammenfassende Darstellungen

H. RUDY: Vitamine (1957).
R. AMMON u. W. DIRSCHEL: Fermente, Hormone, Vitamine (1948).
W. STEPP, J. KÜHNAU u. H. SCHROEDER: Die Vitamine und ihre klinische Anwendung (1952/57) (neue Auflage in Vorbereitung).
W. H. SEBRELL u. R. S. HARRIS: The Vitamins (1954) (neue Auflage in Vorbereitung).
H. R. ROSENBERG: Chemistry and Physiology of the Vitamins (1945).
H. VOGEL u. H. KNOBLOCH: Chemie und Technik der Vitamine (1950).
K. LANG: Die Physiologie der Vitamine (1962).
J. FRAGNER: Vitamine (1964).
F. WAGNER u. K. FOLKERS: Vitamins and Coenzymes (1964).

2. Periodica

Vitamins and Hormones, ab 1943. New York and London: Academic Press.
Annual Review of Biochemistry, ab 1931. Palo Alto, Calif.
Acta Vitaminologica, ab 1947. Mailand.
Internationale Zeitschrift für Vitaminforschung, ab 1932/33. Bern.
Journal of Vitaminology, ab 1954/55. Osaka.
Vitamine und Hormone, ab 1941. Leipzig.
Zeitschrift für Vitamin-, Hormon- und Fermentforschung, ab 1947/48. Wien.

B. Spezieller Teil

I. Vitamin A

1. Moleküle mit Vitamin A-Wirksamkeit

Die bekannteste Verbindung, welche in der Natur vorkommt und Vitamin A-Wirkung besitzt, ist der sog. Vitamin A_1-Alkohol (Abb. 8). Es handelt sich hierbei um den Alkohol eines ungesättigten Kohlenwasserstoffes von Isoprenstruktur.

Die Formel wird entweder nach der Genfer Nomenklatur numeriert oder, wie in den Klammern angegeben, nach der in der Carotinoidchemie üblichen Numerierung.

Die Seitenkette enthält vier Doppelbindungen. Theoretisch sind 16 cis-trans-Isomere denkbar, davon sind jedoch nur sechs bekannt, nämlich das all-trans-Vitamin A, das 2-cis-, das 4-cis-, das 2.4-di-cis-, das 6-cis- und das 2.6-di-cis-Vitamin A.

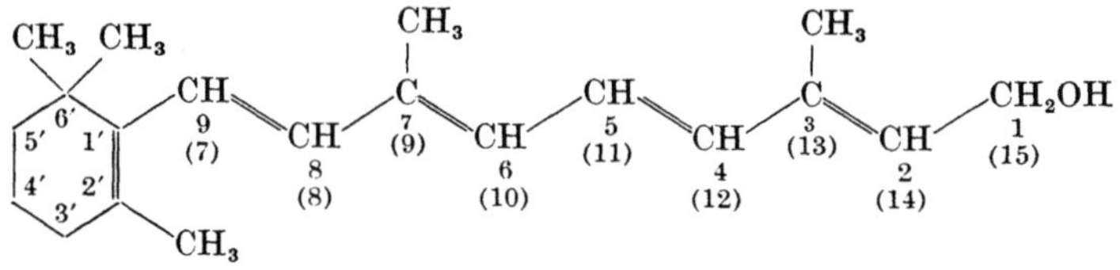

Abb. 8. Strukturformel von Vitamin A_1-Alkohol

Natürlicherweise kommt meist die all-trans-Form vor; diese isomerisiert jedoch z. B. bei der Gewinnung von Leberölen unter teilweiser Bildung der 2-cis-Form. Inwieweit es sich bei den in biologischem Material angetroffenen cis-Formen um Artefakte handelt, oder inwieweit dieselben nativ vorliegen, ist noch ungeklärt.

Synthetisch sind alle sechs Formen zugänglich. Bei den synthetischen Handelsprodukten handelt es sich meist um die all-trans-Form.

Als Alkohole können alle Formen mit Säuren Esterverbindungen bilden. Die häufigsten sind die natürlichen Ester der höheren Fettsäuren; als Syntheseprodukt liegt meist das Acetat oder Palmitat vor.

Neben den Verbindungen der Vitamin A_1-Reihe gibt es diejenigen der Vitamin A_2-Reihe; diese Verbindungen enthalten eine zweite Doppelbindung im Ring und kommen z. B. in Leberölen von Süßwasser- oder von Wanderfischen vor.

Wird die Alkohol-Gruppe oxydiert, so erhält man den Vitamin A-Aldehyd oder die Vitamin A-Säure. Hier sind ebenfalls Stereoisomere der Vitamin A_1- und der Vitamin A_2-Reihe denkbar.

In Abb. 10 (S. 966) sind die Formeln einiger der wichtigsten Vertreter aus diesen Reihen dargestellt.

Eine weitere Reihe von Verbindungen, welche Vitamin A-Wirksamkeit besitzen, leiten sich vom β-Carotin (Abb. 9) ab; diese Verbindungen werden als

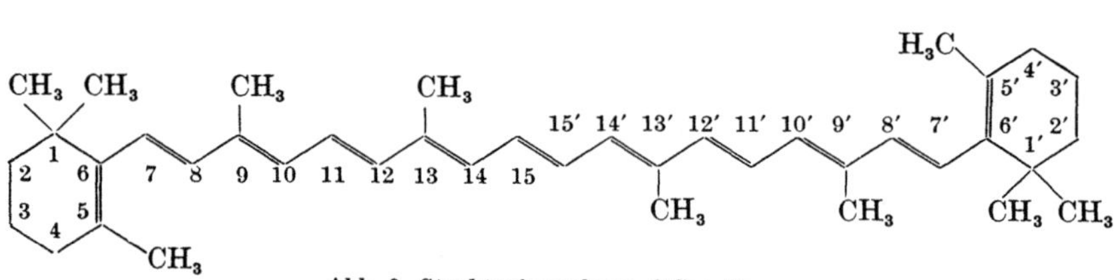

Abb. 9. Strukturformel von β-Carotin

Provitamin A bezeichnet. Wie im Falle des Vitamin A sind infolge der Doppelbindungen verschiedene Stereoisomere denkbar. Theoretisch könnten 512 solcher cis-trans-Isomeren auftreten, wovon aber beim β-Carotin infolge der Symmetrie der Molekel je zwei Isomere miteinander identisch sind; von praktischer Bedeutung sind jedoch nur wenige, z. B. das sog. neo-U-β-Carotin, welches die 9-cis-Form darstellt, das neo-B-β-Carotin, welches wahrscheinlich mit der 9.13'-di-cis-Form identisch ist und das 15-cis-β-Carotin.

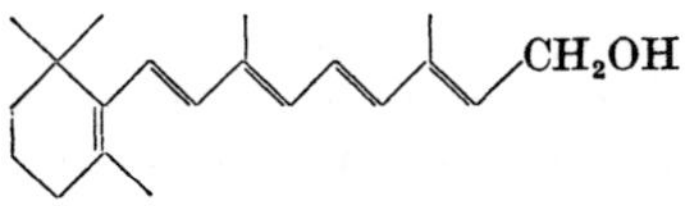

all-trans-Vitamin A_1-Alkohol
Axerophthol Retinol

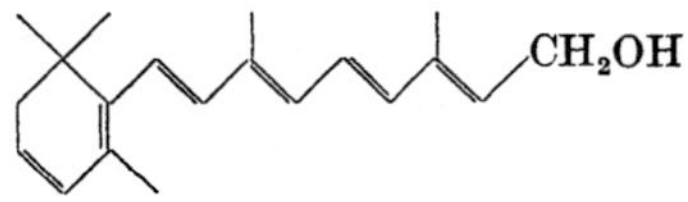

all-trans-Vitamin A_2-Alkohol

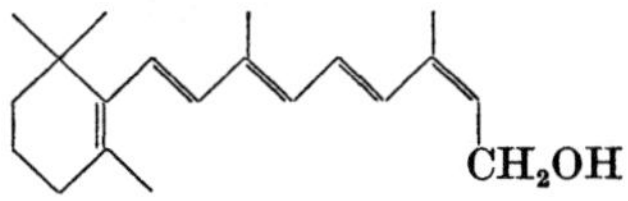

2-cis-Vitamin A_1-Alkohol, Neo-a-Vitamin A_1

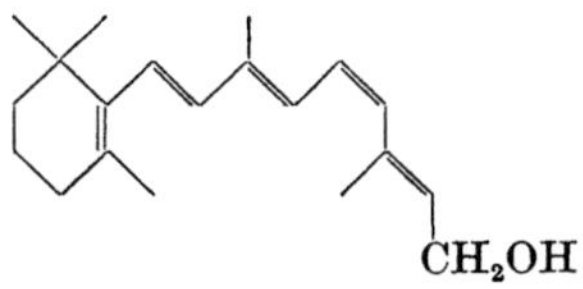

4-cis-Vitamin A_1-Alkohol, Neo-b-Vitamin A_1

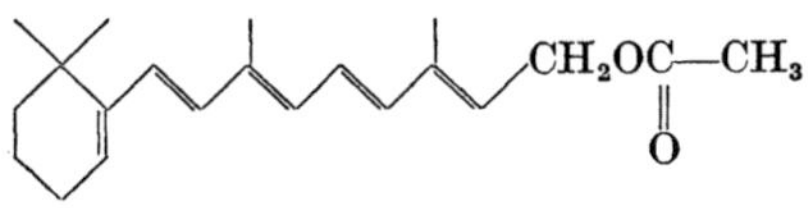

all-trans-Vitamin A_1-Acetat

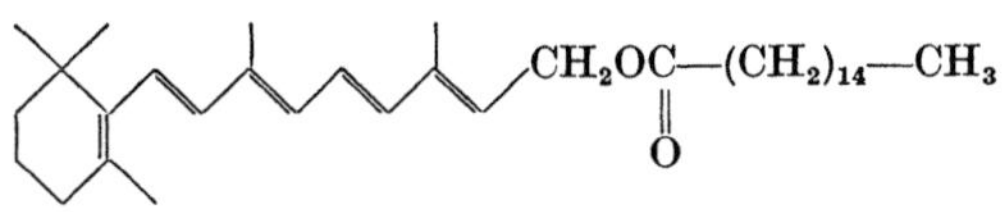

all-trans-Vitamin A_1-Palmitat

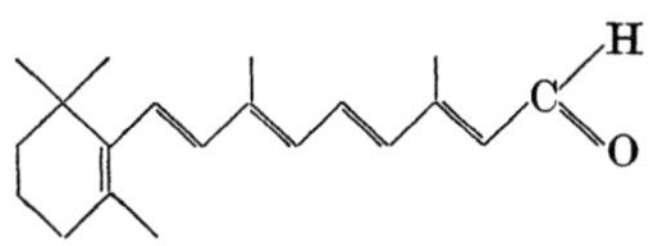

all-trans-Vitamin A_1-Aldehyd
$Retinin_1$

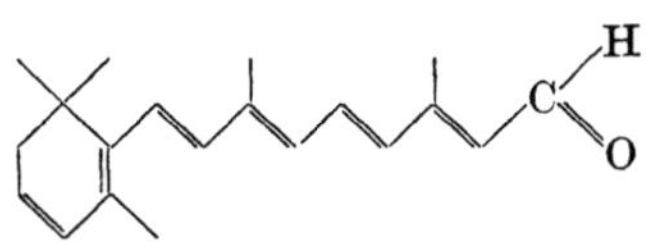

all-trans-Vitamin A_2-Aldehyd
$Retinin_2$

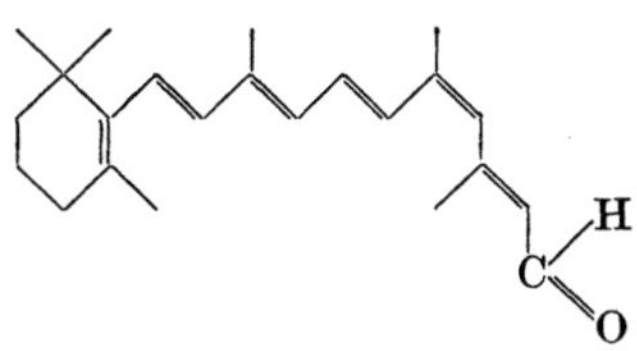

4-cis-Vitamin A_1-Aldehyd, Neo-b-$Retinin_1$

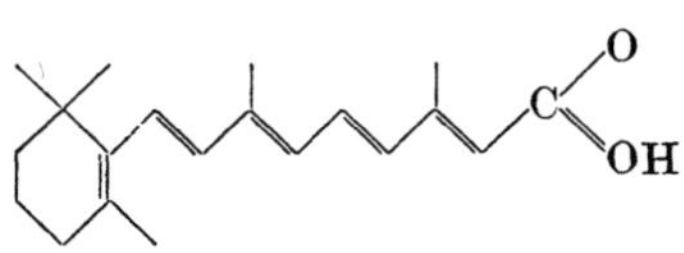

all-trans-Vitamin A_1-Säure

Abb. 10. Vitamin A-wirksame Verbindungen

All-trans-β-Carotin kann leicht in ein Isomerengemisch übergehen, und zwar in organischen Lösungsmitteln bei erhöhter Temperatur, beim Schmelzen der Kristalle, bei Einwirkung von Katalysatoren, z. B. von Jod oder Säuren, und schließlich unter der Einwirkung von Licht (A. Polgar und L. Zechmeister 1943; L. Zechmeister und A. Polgar 1944). β-Carotin ist ein Kohlenwasserstoff mit 40 C-Atomen. Das Molekül ist symmetrisch aufgebaut mit einem Symmetriezentrum zwischen den C-Atomen 15 und 15′. Das Ringsystem leitet sich von β-Jonon ab (Abb. 11).

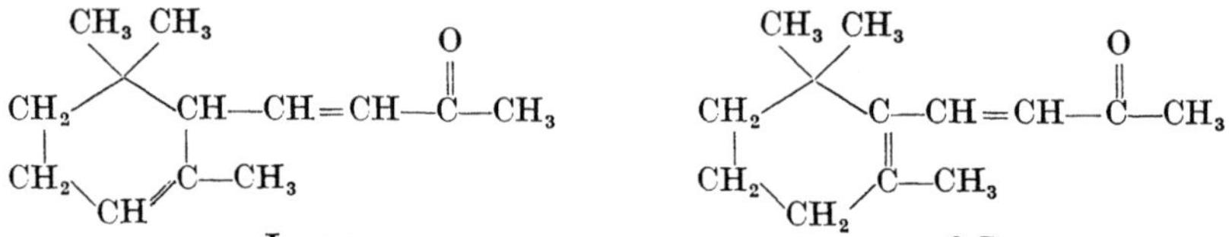

α-Jonon β-Jonon

Abb. 11. Strukturformeln von α-Jonon und β-Jonon

Neben β-Carotin sind Kohlenwasserstoffe bekannt, welche unsymmetrisch gebaut sind. Zum Beispiel enthält α-Carotin einen β-Jonon- und α-Jonon-Ring (Abb. 12). Ferner kommen Oxydationsprodukte solcher Kohlenwasserstoffe in der

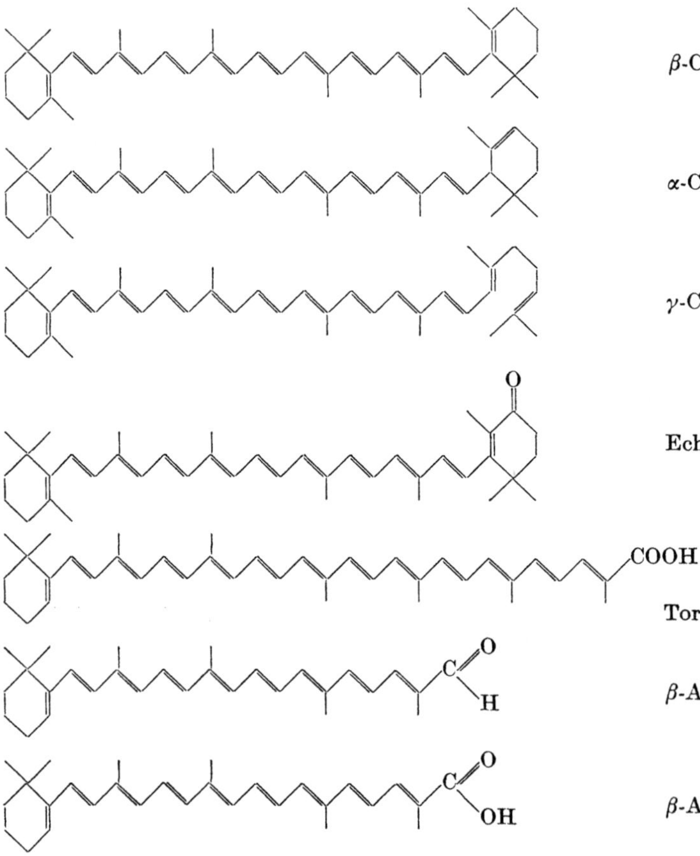

β-Carotin

α-Carotin

γ-Carotin

Echinenon

Torularhodin

β-Apo-8′-carotinal

β-Apo-8′-carotinsäure

Abb. 12. Strukturformeln der wichtigsten Carotine und Carotinoide mit Provitamin A-Wirksamkeit

Natur vor. Diese werden als Carotinoide bezeichnet. Enthält das Carotin oder Carotinoidmolekül mindestens eine unversehrte β-Ionon-Strukturelement, so kommt der Verbindung im allgemeinen eine gewisse Vitamin A-Wirksamkeit zu. Die Formeln der hauptsächlichsten Carotine und Carotinoide mit Provitamin A-Wirksamkeit sind in Abb. 12 dargestellt. Neben diesen Carotinen und Carotinoiden mit Provitamin A-Wirksamkeit kommen in der Natur eine große Menge von Carotinen und Carotinoiden ohne Provitamin A-Charakter vor. Diese Verbindungen haben als Pigmentträger (Blüten und Blattfarben, Eidotterfarbe, Gefieder von Vögeln usw.) eine große Bedeutung. Einige dieser Carotinoide sind in Abb. 13 zusammengestellt.

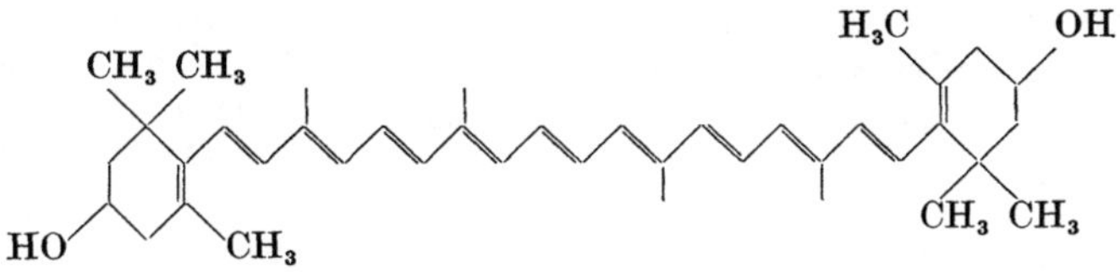

Zeaxanthin

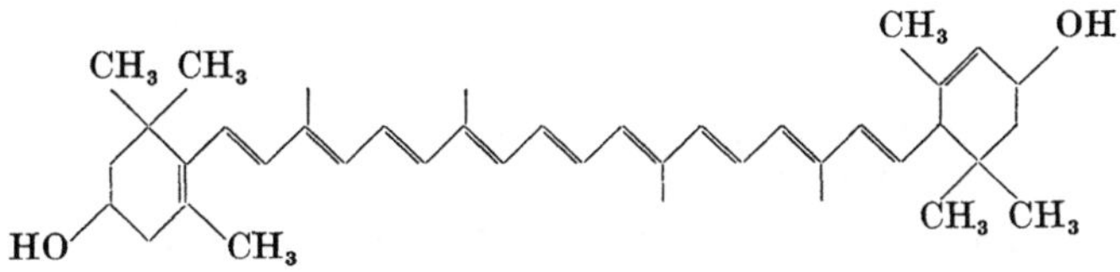

Lutein oder Xanthophyll

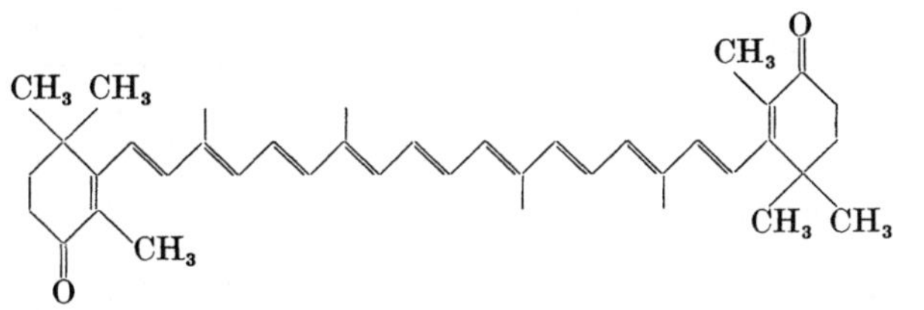

Canthaxanthin

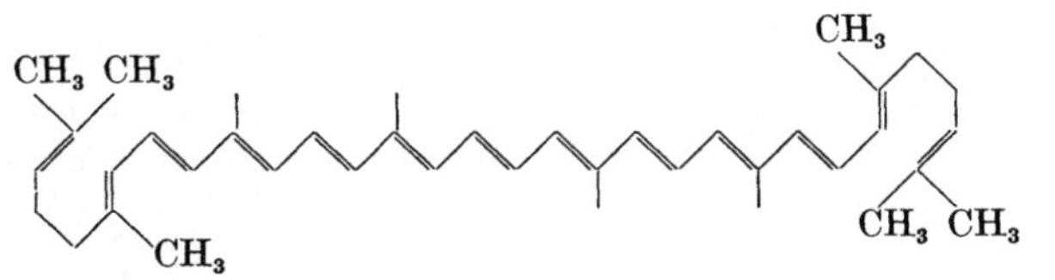

Lycopin

Abb. 13. Carotinoide, die als Pigmentträger von Bedeutung sind

2. Physikalische und chemische Kennzeichen der Hauptvertreter der Vitamin A-Gruppe

All-trans-Vitamin A_1-Alkohol:

Summenformel: $C_{20}H_{30}O$; Mol.-Gew. = 286,4.

Schmelzpunkt: 62—64° C.

Löslichkeit: Vitamin A_1-Alkohol ist unlöslich in Wasser, kann aber mit Hilfe von Lösungsvermittlern in kolloide Lösung gebracht werden. Leicht löslich in fetten Ölen, Petroläther, Äther, Benzol, Methanol, Aceton, Chloroform und anderen gebräuchlichen Lösungsmitteln.

Lichtabsorption: Tab. 6 enthält für verschiedene Lösungsmittel die Lage des Maximums für die Lichtabsorption im ultravioletten Bereich.

Tabelle 6. *UV-Absorptionsmaxima von Vitamin A_1-Alkohol*[1]

Lösungsmittel	λ max. (mμ)	$E_{1\%}^{1\,cm}$	ε
Äthanol	324	1800	51560
	324—325	1832	52480
Isopropanol	325,5	1835	52570
	324—326	1826	52300
Cyclohexan	326,5	1745	49990
	326—327	1737	49760
Petroläther	324,5	1830	52420
	324—326	1815	52000

[1] Es sind jeweils zwei Werte angegeben: Die Werte in den oberen Zeilen beziehen sich auf Angaben von H. R. CAMA u. Mitarb. (1951) und diejenigen der unteren auf Angaben von J. BOLDINGH u. Mitarb. (1951).

All-trans-Vitamin A_1-Acetat:

Summenformel: $C_{22}H_{32}O_2$; Mol.-Gew. = 328,5.

Schmelzpunkt: 57—60° C.

Löslichkeit: ähnlich wie diejenige von Vitamin A_1-Alkohol.

Lichtabsorption: Tab. 7 enthält für verschiedene Lösungsmittel Angaben über die Lage des Absorptionsmaximums und den dabei auftretenden $E_{1\,cm}^{1\%}$-Wert.

Tabelle 7. *UV-Absorptionsmaxima von Vitamin A-Acetat*[1]

Lösungsmittel	λ max. (mμ)	$E_{1\,cm}^{1\%}$	ε
Äthanol	326	1550	50920
	325—326	1560	51180
Isopropanol	326	1535	50420
	324—326	1530	50280
Cyclohexan	328	1515	49770
	327—328	1520	50000
Petroläther	325	1595	52400
	324—326	1590	52200

[1] Es sind jeweils zwei Werte angegeben: Die Werte in den oberen Zeilen beziehen sich auf Angaben von H. R. CAMA u. Mitarb. (1951) und diejenigen in den unteren Zeilen auf Angaben von J. BOLDINGH u. Mitarb. (1951).

Vitamin A-Palmitat:

Summenformel: $C_{36}H_{60}O_2$; Mol.-Gew. = 524,9.

Schmelzpunkt: 28—29° C.

Löslichkeit: ähnlich wie diejenige des Alkohols und des Acetats.

Lichtabsorption: Der $E_{1\,cm}^{1\%}$-Wert beträgt beim Absorptionsmaximum (326 mμ) für eine Lösung in Isopropanol 957 (siehe auch O. ISLER u. Mitarb. 1949).

β-Carotin:

Summenformel: $C_{40}H_{56}$; Mol.-Gew. = 536,9.

Schmelzpunkt: 178—183° C.

Löslichkeit: β-Carotin ist gut löslich in Schwefelkohlenstoff, Benzol und Chloroform; weniger gut in Äther und Petroläther; fast unlöslich in Alkohol und Wasser. In Fetten und fetten Ölen lösen sich 0,05—0,08%.

Kristallformen: Dunkelviolette hexagonale Prismen aus Benzol-Methanol, rote, rhombische, fast quadratische Platten aus Petroläther.

Absorptionsspektrum im sichtbaren Spektralbereich: Die Tab. 8 enthält Angaben über die Lage der Absorptionsmaxima und die zugehörigen Extinktionswerte.

Tabelle 8. *Absorptionsmaxima von β-Carotin im sichtbaren Spektralbereich*

Lösungsmittel	λ max. (mμ)	$E_{1\,cm}^{1\%}$	ε
Benzol	464—465	2320	124500
	492—493	2020	108400
Cyclohexan	455—456	2500	134200
	483—484	2180	117000

β-Apo-8'-carotinal (R. RÜEGG u. Mitarb. 1959):

Summenformel: $C_{30}H_{40}O$; Mol.-Gew. = 416,6.

Schmelzpunkt: 134—139° C.

Löslichkeit: In Fetten und Ölen 0,7—1,5%; gut löslich in Chloroform; etwas löslich in Äthanol; unlöslich in Wasser, Glycerin.

Lichtabsorption: Der $E_{1\,cm}^{1\%}$-Wert der Lösung in Cyclohexan beträgt beim Absorptionsmaximum 2640 (461 mμ).

β-Apo-8'-carotinsäureäthylester:

Summenformel: $C_{32}H_{44}O_2$; Mol.-Gew. = 460,7.

Schmelzpunkt: 134—138° C.

Löslichkeit: In Arachisöl etwa 0,7%; gut löslich in Chloroform; etwas löslich in Cyclohexan und in Äther; unlöslich in Wasser, Glycerin und Äthanol.

Lichtabsorption: Der $E_{1\,cm}^{1\%}$-Wert der Lösung in Cyclohexan beträgt beim Absorptionsmaximum 2550 (449 mμ).

3. Vorkommen

Eine Übersicht über das Vorkommen von Vitamin A-wirksamen Verbindungen findet sich bei H. J. BIELIG (1955). Von praktischer Bedeutung ist das Vorkommen von Vitamin A in der Leber von Fischen und Säugetieren, in der Milch und in Milchprodukten und im Eidotter, ferner das Vorkommen von β-Carotin in grünen Pflanzen und in Gemüse.

4. Biochemie

a) Resorption und Stoffwechsel

Liegt Vitamin A als freier Alkohol, als Acetat oder als Palmitat vor, so wird die Verbindung auch in hohen Dosen sehr rasch resorbiert, wobei je nach Art des Esters und der Darreichungsform die Resorption mehr oder weniger vollständig ist. So wird in der Regel Vitamin A als Ester aus einer wäßrigen Emulsion oder aus einer wasserlöslichen Trockenform vollständiger resorbiert als aus einer öligen Lösung (J. TIEWS 1959, S. 336—345; A. E. SOBEL u. Mitarb. 1948; K. BERNHARD u. Mitarb. 1952; K. BERNHARD u. Mitarb. 1954).

Die Ester werden wahrscheinlich im Darmlumen gespalten und anschließend mit langkettigen Fettsäuren verestert.

Das veresterte Vitamin A gelangt über die Lymphe in den Blutstrom und wird, sofern es nicht im Körper benötigt wird, in der Leber gespeichert (J. GANGULY 1960).

Beim Abbau von Vitamin A entstehen neben Kohlendioxid und Fragmenten, welche in Fettsäuren eingebaut werden, wasserlösliche Komponenten, die mit dem Harn ausgeschieden werden und deren chemische Konstitution noch unbekannt ist (G. WOLF u. Mitarb. 1960b).

β-Carotin wird nur in kleinen Dosen gut resorbiert; bei hohen Dosen, wie die Verbindung etwa in Mohrrüben eingenommen wird, werden dagegen bis zu 98% wieder ausgeschieden (A. I. VIRTANEN 1941).

Während der Resorption wird β-Carotin unter Bildung von Vitamin A abgebaut (K. BERNHARD u. Mitarb. 1952).

Dabei sind verschiedene Stoffwechselwege denkbar; diese sind in Abb. 14 schematisch wiedergegeben.

a) zentraler Abbau

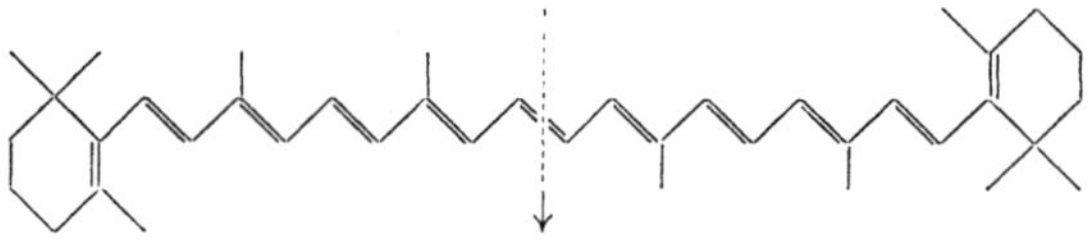

↓
unbekannte Zwischenprodukte
↓
Retinin
↙ ↘
Vitamin A-Alkohol Vitamin A-Säure

b) endständiger Abbau

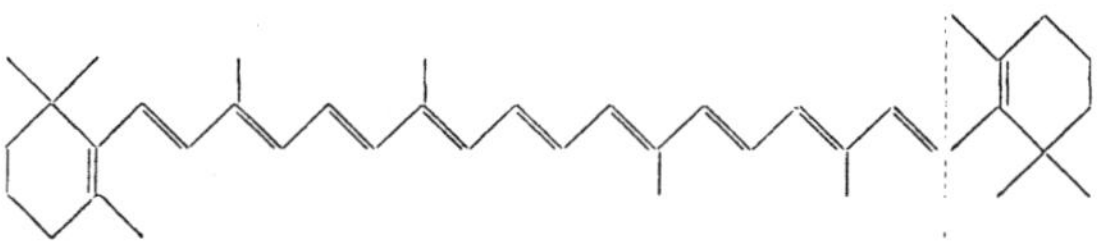

unbekannte Zwischenprodukte
↓
β-Apo-8′-carotinal + β-Cyclocitral
↓ β-Apo-8′-carotinsäure
β-Apo-10′-carotinal ↓
↓ β-Apo-10′-carotinsäure
β-Apo-12′-carotinal ↓
↓ β-Apo-12′-carotinsäure
β-Apo-14′-carotinal ↓
↓ β-Apo-14′-carotinsäure
Retinin ← ↓
↙ ↘
Vitamin A-Alkohol Vitamin A-Säure

Abb. 14. Mögliche Wege des β-Carotinabbaus (GLOVER 1960)

b) Vorstellung über die Wirkungsweise von Vitamin A

Vitamin A hat bei sehr vielen Stoffwechselvorgängen eine zentrale Bedeutung, so ist es z. B. wichtig für gewisse Sterinumwandlungen (B. C. JOHNSON und G. WOLF 1960). Andere Steroidhormone können nur bei genügender Vitamin A-Versorgung zur Wirkung kommen (W. BOGUTH und H. WEISER 1962). Ferner ist bei Vitamin A-Mangel die Cholesterinsynthese gehemmt (O. WISS und U. GLOOR 1960). Es ist daher verständlich, daß ein Fehlen von Vitamin A zu einer Beeinträchtigung der Fortpflanzungsfähigkeit führt. Eine weitere Funktion des Vitamin A liegt in seiner Beteiligung an der Synthese von Mucopolysacchariden vor (G. WOLF und B. C. JOHNSON 1960a). Die bei Abwesenheit von Vitamin A beobachteten Haut- und Schleimhautveränderungen lassen sich wenigstens teilweise aus dieser Tatsache ableiten. Über die eigentliche Wirkform oder die Wirkformen von Vitamin A ist nichts bekannt. Möglicherweise handelt es sich dabei um eine der Vitamin A-Säure nahestehende Verbindung (J. E. DOWLING und G. WALD 1960).

Durch G. WALD und seine Schule wurde eine weitere Funktion des Vitamin A, nämlich die Teilnahme dieses Vitamins am normalen Sehakt, geklärt. Eine zusammenfassende Darstellung wurde von G. WALD (1960) gegeben. Die Verhältnisse sind in der Abb. 15 schematisch aufgezeichnet.

Beim Sehvorgang wird an den Nervenenden der Netzhaut unter der Einwirkung von Licht Rhodopsin in seine Bestandteile Opsin (ein Protein) und all-trans-Retinin zerlegt. In der anschließenden Periode vereinigt sich Opsin wieder mit Neo-b-Retinin zu Rhodopsin, welches wiederum durch Licht gespalten werden kann. All-trans-Retinin, Neo-b-Retinin, Neo-b-Vitamin A und all-trans-Vitamin A stehen alle miteinander in einem chemischen Gleichgewicht.

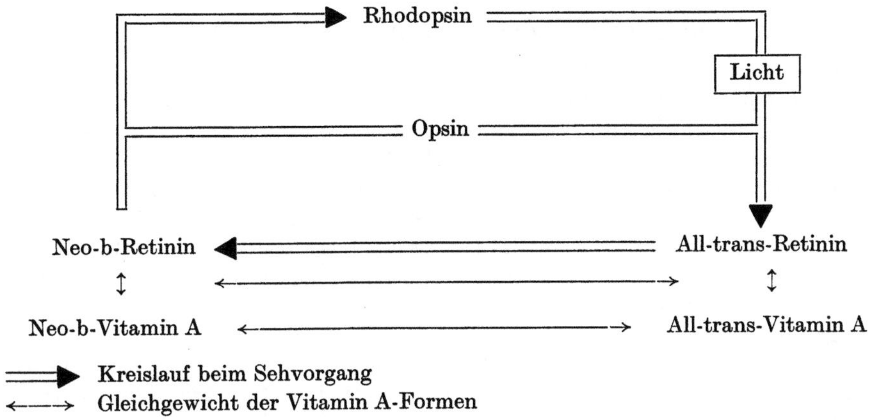

Abb. 15. Vitamin A und Sehvorgang

c) Bedarf und Mangelerscheinungen

Der minimale Bedarf liegt für den Menschen bei 20—30 iE/kg Körpergewicht und Tag. Diese Menge ist gerade ausreichend, um beim Menschen Mangelerscheinungen zu verhüten; soll der Organismus jedoch optimal mit Vitamin A versorgt werden, so sind für Erwachsene die in Tab. 9 angegebenen Werte zu empfehlen (vgl. dazu H. ZELLWEGER und W. ADOLPH 1954, S. 693).

Tabelle 9. *Tagesbedarf für Vitamin A*

	in iE
Erwachsene	5000
Schwangerschaft	6000
Stillzeit	8000
Kinder unter 1 Jahr	1500
1—3 Jahre	2000
4—6 Jahre	2500
7—9 Jahre	3500
10—12 Jahre	4500
13—15 Jahre	5000
Jünglinge 16—20 Jahre	6000

Diese Bedarfszahlen entsprechen im wesentlichen den Empfehlungen der „Deutschen Gesellschaft für Ernährung" (1962).

Eine Beschreibung der beim Menschen auftretenden Mangelsymptome wird ebenfalls bei H. ZELLWEGER und W. H. ADOLPH (1954, S. 694—701) gegeben. Diese gliedern sich in Symptome, die im Zusammenhang mit der Funktion von Vitamin A beim normalen Sehakt stehen. Je nach Schwere des Vitamin A-Mangels tritt eine Verlangsamung der normalen Dunkeladaption ein oder es kommt zur sog. Nachtblindheit oder Hemeralopie; ferner in Symptome, welche unter dem Sammelnamen Störungen der Epithelschutzfunktion von Vitamin A zusammengefaßt werden. Man unterscheidet Hautveränderungen (Phrynoderma), Veränderungen im äußeren Auge (Xerophthalmie, Keratomalacie) und Veränderungen an verschiedenen Schleimhautsystemen.

Als weitere Symptomkreise müssen Störungen in der normalen Gewichtsentwicklung und Veränderungen im Blutbild angesehen werden.

d) Hypervitaminose A

In hohen Dosen wird Vitamin A-Alkohol und dessen Ester toxisch, während β-Carotin infolge seiner schlechten Resorbierbarkeit nicht zu Vergiftungserscheinungen führt, auch wenn es in großen Mengen aufgenommen wird. Unter normalen Bedingungen sind jedoch Vitamin A-Hypervitaminosen so gut wie ausgeschlossen (vgl. dazu H. ZELLWEGER und W. H. ADOLPH 1954, S. 701—702).

5. Biologische Standardisierung und Analytik

Eine internationale Einheit von Vitamin A entspricht der biologischen Wirkung von 0,344 μg reinstem all-trans-Vitamin A-Acetat (WHO 1961).

Eine internationale Einheit Provitamin A entspricht der biologischen Wirkung von 0,6 μg reinstem all-trans-β-Carotin (WHO 1961).

Zwischen der internationalen Einheit für Vitamin A und derjenigen für Provitamin A bestehen keine offiziellen Konversionsfaktoren, da je nach Versuchsanstellung verschiedene Konversionsfaktoren erhalten werden. Angaben über den β-Carotingehalt von Nahrungsmitteln sollten daher besser in Milligramm β-Carotin/100 g gemacht werden als in Provitamin A-Einheiten/100 g, um Verwechslungen auszuschließen.

Für praktische Zwecke darf für die menschliche Ernährung 1 μg β-Carotin der Wirkung von einer iE Vitamin A gleichgesetzt werden, sofern sich das β-Carotin in einer öligen Lösung befindet; in Großbritannien wird für Margarine von Gesetzes wegen 0,75 μg β-Carotin gleich einer iE Vitamin A gesetzt (IUPAC 1959b).

Über die Möglichkeiten einer biologischen Testung von Vitamin A-wirksamen Substanzen orientiert P. L. HARRIS (1960). Als wichtigste Methode muß der Rattenwachstumstest angesehen werden. Die hauptsächlichsten Vertreter aus der Vitamin A-Reihe haben bei Berücksichtigung dieses und des sog. Leberspeicher-Testes die in Tab. 10 angegebenen biologischen Aktivitäten. Diese Zahlen sind naturgemäß mit einem relativ großen Fehler behaftet.

Tabelle 10. *Vitamin A-Aktivitäten verschiedener Vitamin A-wirksamer Verbindungen, gemessen im Rattenwachstumstest und bezogen auf äquivalente Mengen*

Verbindungen	relative molare biologische Wirksamkeit	Eine iE entspricht μg
all-trans-Vitamin A_1-Acetat	1	0,344[1]
all-trans-Vitamin A_1-Alkohol	1	0,30
all-trans-Vitamin A_1-Palmitat	1	0,685
neo-a-Vitamin A_1-Alkohol[2]	0,8	0,375
neo-a-Vitamin A_1-Acetat[3]	0,75	0,459
neo-b-Vitamin A_1-Acetat[4]	0,24	1,43
all-trans-Vitamin A_1-Aldehyd[4]	0,91	0,327
4-cis-Vitamin A_1-Aldehyd[4]	0,47	0,634
all-trans-Vitamin A_2-Alkohol[5]	0,4	0,745

[1] Definitionsgemäß.
[2] P. L. HARRIS, S. R. AMES und J. H. BRINKMAN (1951).
[3] S. R. AMES, W. J. SWANSON und P. L. HARRIS (1955).
[4] S. R. AMES (1958).
[5] E. M. SHANTZ und J. H. BRINKMAN (1950).

Vitamin A-Säure hat je nach Applikationsart und Testmethode eine Vitamin A-Aktivität von 8 bis 100% derjenigen von Vitamin A_1-Alkohol (I. F. ARENS und D. A. VON DORP 1946; D. A. VAN DORP und I. F. ARENS 1946).

Vitamin A-Säure wird im Körper nicht gespeichert und unterscheidet sich dadurch von den in Tab. 10 angegebenen Verbindungen.

Die Provitamin A-Wirksamkeit einiger Verbindungen, die sich vom β-Carotin ableiten, geht aus Tab. 11 hervor.

Soll die Vitamin A-Wirksamkeit chemisch erfaßt werden, so müssen die einzelnen Vertreter der Vitamin A-Gruppe isoliert und mit Hilfe physikalischchemischer oder chemischer Methoden bestimmt werden. Für die meisten Nahrungsmittel kommen jedoch nur wenige Vertreter der Vitamin A-Reihe in Frage, so daß sich das Analysenschema stark vereinfacht. In Zweifelsfällen muß qualitativ auf einzelne Vertreter geprüft werden, z. B. mit Hilfe der Dünnschichtchromatographie (H. R. BOLLIGER 1962).

Tabelle 11. *Protamin A-Wirkung verschiedener Verbindungen der Provitamin A_1-Gruppe*

Verbindung	Provitamin A-Wirkung relativ molar %	Eine iE Provitamin A entspricht μg
β-Carotin[2]	100	0,6[1]
neo-U-β-Carotin[2]	38	1,58
neo-B-β-Carotin[2]	53	1,13
α-Carotin[2]	53	1,13
γ-Carotin[2]	42	1,43
Kryptoxanthin[2]	57	1,05
β Apo-8′-Carotinal[3]	56	0,83

[1] Laut Definition.
[2] Literatur bei L. ZECHMEISTER (1949).
[3] Befunde aus dem Laboratorium von F. Hoffmann-La Roche, Nutley, N. J.

Vitamin A-Ester werden in der Regel alkalisch verseift und der entstandene Vitamin A-Alkohol nach chromatographischer Reinigung je nach Art und Menge der vorhandenen Störsubstanzen nach einer der folgenden Methoden bestimmt:

a) UV-spektrophotometrisch;
b) Nach Reaktion mit Antimontrichlorid (Carr-Price-Reaktion);
c) Nach Reaktion mit α-Dichlorhydrin;
d) Durch Überführung in Anhydrovitamin A nach BUDOWSKY und BONDI.

Vitamin A-Aldehyde werden chromatographisch gereinigt und nach Reaktion mit gefärbten Aldehydreagentien bestimmt (A. WINTERSTEIN und B. HEGEDÜS 1960).

Carotine werden chromatographisch getrennt, durch ihr Spektrum charakterisiert und mit Hilfe der beim Absorptionsmaximum gemessenen Extinktion bestimmt.

Eine zusammenfassende Darstellung zur Analytik von Vitamin A findet sich bei J. TIEWS (1959). Neuere Vorschriften und Vorschriftensammlungen vgl. bei W. HAUSHEER u. Mitarb. (im Druck), im Methodenbuch der AOAC (1960) und bei R. STROHECKER u. Mitarb. (1963).

Bei der Aufarbeitung Vitamin A-haltiger Lebensmittel ist vor allem auf Ausschluß von Sauerstoff, sei es durch Zugabe von Antioxydantien oder durch Arbeiten in inerter Atmosphäre, zu achten; ferner sollen nach Möglichkeit alkalische Aufschlußverfahren gewählt werden und die Analyse nicht im direkten Tageslicht ausgeführt werden.

6. Hinweise auf spezielles Schrifttum

Vitamin A: R. S. HARRIS und D. J. INGLE. Symposium on Vitamin A and Metabolism (1960). THOMAS MOORE: Vitamin A (1957).

Carotine und Carotinoide: Deutsche Gesellschaft für Ernährung. Carotin und Carotinoide (1963).

Chemie von Vitamin A: O. ISLER, R. RÜEGG, U. SCHWIETER u. J. WÜRSCH (1960); M. KOFLER u. S. RUBIN (1960).

Chemie von β-Carotin und Carotinoiden: O. ISLER u. P. SCHUDEL (1963); O. ISLER, R. RÜEGG u. P. SCHUDEL (1961); P. KARRER u. E. JUCKER (1950); L. ZECHMEISTER (1962).

Biochemie von Vitamin A: J. GLOVER (1960); J. GANGULY (1960); G. WOLF u. B. C. JOHNSON (1960a); G. WALD (1960); T. MOORE (1960); G. WOLF u. B. C. JOHNSON (1960b); B. C. JOHNSON u. G. WOLF (1960); O. WISS u. U. GLOOR (1960).

Analytik von Vitamin A: J. TIEWS (1959).
von Carotin: V. H. BOOTH (1957).

II. Die Vitamin B_1-Gruppe

1. Moleküle mit Vitamin B_1-Wirkung

Die Verbindungen mit Vitamin B_1-Wirksamkeit leiten sich vom Thiamin ab (Abb. 16).

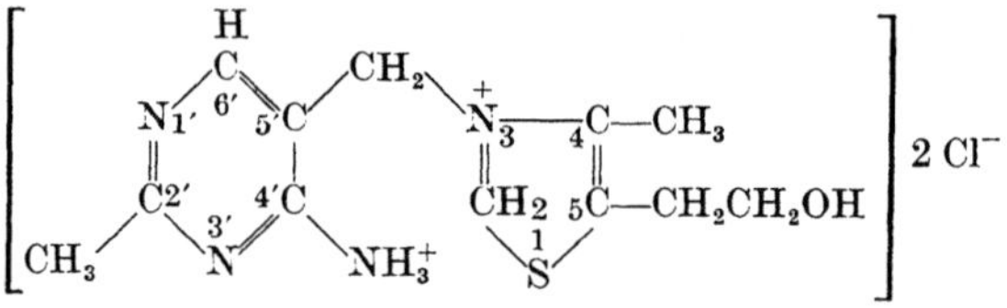

Abb. 16. Strukturformel von Thiaminchloridhydrochlorid

Thiamin ist eine Verbindung mit zwei basischen Stickstoffatomen, wobei die eine basische Gruppe in einer primären Amino-, die andere in einer quaternären

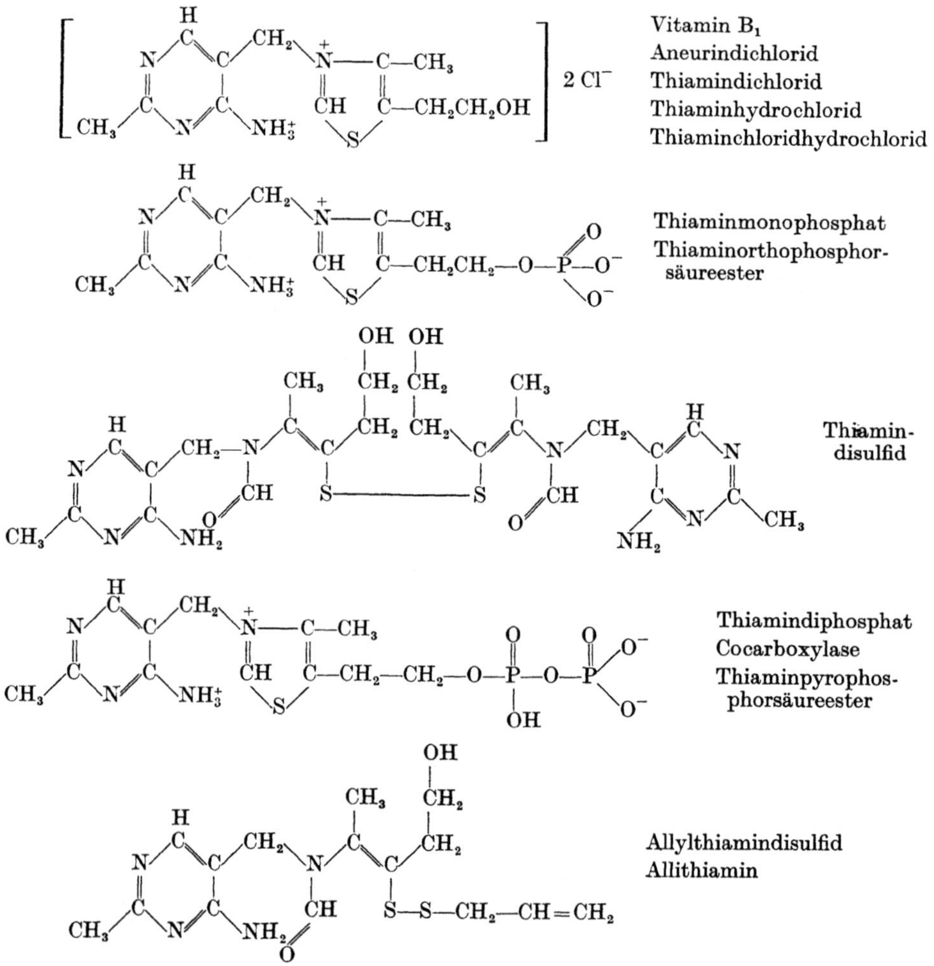

Abb. 17. Hauptsächlichste Vertreter der Vitamin B_1-Gruppe

Ammonium-Gruppe besteht. Demgemäß bildet Thiamin mit anorganischen und organischen Säuren Salze. Die häufigsten dieser Salze sind das

Chloridhydrochlorid, das
Mononitrat und das
Sulfat.

Thiamin besitzt eine primäre Alkoholgruppe, die in vielen natürlichen Vitamin B_1-Quellen mit Orthophosphorsäure, Pyrophosphorsäure oder sogar Triphosphorsäure verestert ist (vgl. Abb. 17).

In wäßriger Lösung liegt ein Gleichgewicht verschiedener Formen vor (vgl. dazu G. D. Maier und D. E. Metzler 1957; D. E. Metzler und G. D. Maier 1962). In Abb. 18 ist ein vereinfachtes Schema dieser Gleichgewichte wiedergegeben.

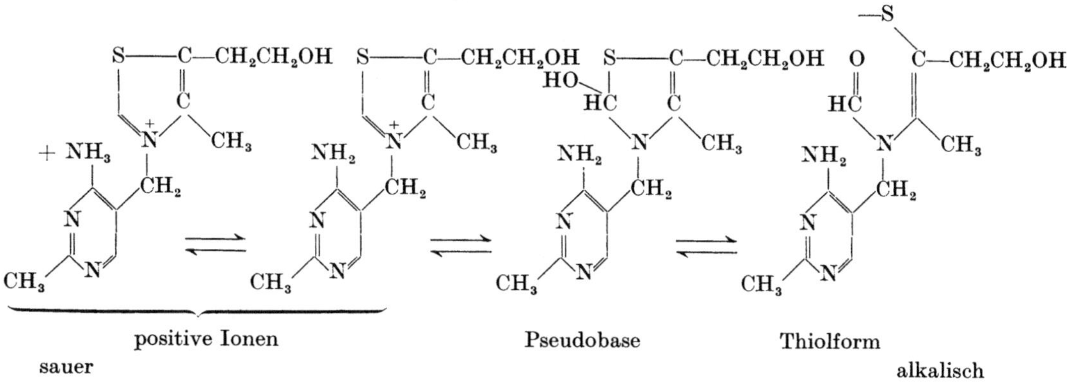

Abb. 18. Verhalten von Thiamin in wäßriger Lösung

In neutralem Milieu liegt das Gleichgewicht ganz auf der Seite der beiden positiven Ionen. Die Thiolform kann mit SH-haltigen Verbindungen reagieren, wobei in Anwesenheit von Oxydationsmitteln Verbindungen mit einer Schwefelbrücke entstehen. Die bekanntesten dieser Verbindungen sind das Thiamindisulfid und das Allithiamin (vgl. Abb. 17). Diese Verbindungen haben ebenfalls Thiaminwirkung.

Es bestehen Hinweise, daß in natürlichen Vitamin B_1 quellen Thiamin über SH-haltige Aminosäuren mit Eiweißmolekülen verknüpft ist (vgl. dazu G. E. Bonvicino und D. J. Hennessey 1959). Derartige Disulfidderivate können ebenfalls mit Phosphorsäure an der OH-Gruppe verestert sein.

2. Physikalisch-chemische Kennzeichen der Hauptvertreter der Vitamin B_1-Gruppe

a) Thiaminchloridhydrochlorid

Summenformel: $C_{12}H_{18}ON_4SCl_2$; Mol.-Gew. = 337,3.
Schmelzpunkt: ca. 250° C (unter Zersetzung).

Käufliches Thiaminhydrochlorid enthält meist etwa 4% Wasser. Dieses kann durch Trocknen über Schwefelsäure im Vakuum oder durch Erhitzen auf 100° C entfernt werden. An der Luft geht die Verbindung durch Aufnahme von Wasser in das Monohydrat über.

Löslichkeit: Thiaminhydrochlorid ist in Wasser sehr gut löslich (etwa 1 g/ml). In absolutem Äthanol mäßig und in Äther, Hexan, Chloroform, Aceton und Benzol praktisch unlöslich.

Verhalten in wäßriger Lösung: Die wäßrige Lösung von Thiaminhydrochlorid reagiert sauer (die 1%ige Lösung hat ein pH von 2,7—3,4).

Optisches Verhalten: Thiaminhydrochlorid hat ein charakteristisches Absorptionsspektrum im Gebiet von 200—300 mμ. Die Lage der Maxima sowie die zugehörigen Extinktionen sind stark von den verwendeten Lösungsmitteln und vom pH der Lösung abhängig. Für Einzelheiten muß auf Originalliteratur verwiesen werden (E. R. Holiday 1935; G. D. Maier u. Mitarb. 1957; A. Smakula 1934; J. C. Somogyi 1954.

b) Thiaminmononitrat

Summenformel: $C_{12}H_{17}O_4N_5S$; Mol.-Gew. = 327,4.
Schmelzpunkt: ca. 190° C (Zersetzung).
Die Verbindung ist nicht hygroskopisch.
Die Löslichkeit in Wasser beträgt 2,7 g/100 ml (25° C).

3. Vorkommen

Thiamin kommt praktisch in allen lebenden Zellen vor. Aus diesem Grunde dürfen auch nur stark raffinierte Nahrungsmittel wie Zucker, Öl oder Fett als völlig thiaminfrei angesehen werden. Andererseits gibt es nur wenige Nahrungsmittel, welche einen hohen Thiamingehalt aufweisen wie die Randschichten des Getreidekorns und der Getreidekeimlinge.

Von praktischer Bedeutung für die menschliche Ernährung ist der Thiamingehalt von Fleisch, Fischen, Eiern, Kartoffeln, Hülsenfrüchten und Vollkornbrot.

4. Biochemie

a) Resorption und Speicherung

Die Verbindungen der Vitamin B_1-Gruppe dürften in den Konzentrationen, wie sie in den meisten Lebensmitteln vorliegen, quantitativ resorbiert werden (vgl. dazu B. Gassmann, D. Lexow und D. Ehrt 1960), wobei der Dünndarm als hauptsächlicher Resorptionsort anzusehen ist. Disulfidverbindungen müssen wahrscheinlich erst reduktiv gespalten (Z. G. Banhidi 1960) oder dürften auf einem anderen Weg resorbiert werden als Thiamin oder Thiaminphosphorsäureester (vgl. E. Z. de Renzo u. Mitarb. 1954).

Vitamin B_1 kann im Organismus nur in einem geringen Ausmaß gespeichert werden. Der Mensch ist daher auf eine ständige Vitamin B_1-Zufuhr angewiesen.

b) Stoffwechsel und Ausscheidung

Vitamin B_1 wird im Organismus in Cocarboxylase übergeführt (S. Ochoa und R. A. Peters 1938; vgl. auch H. G. K. Westenbrink u. Mitarb. 1943 und O. Wiss und G. Brubacher 1962). Diese stellt die eigentliche Wirkform des Thiamins dar und bildet in allen Geweben praktisch die Hauptfraktion an Vitamin B_1-wirksamen Substanzen.

Inwieweit die in der Literatur beschriebenen, im Organismus aufgefundenen weiteren Derivate von Thiamin Abbauprodukte des Thiamins darstellen und inwieweit denselben ebenfalls Wirkstoffcharakter zukommt, ist noch unbekannt. Jedenfalls kommen alle diese Verbindungen nur in geringer Konzentration vor. Unter anderem werden folgende Derivate diskutiert:

Thiaminmonophosphat (vgl. dazu: G. Rindi und L. de Guiseppe 1960);

Thiamintriphosphat (vgl. dazu: G. Rindi und L. de Guiseppe 1960; A. Rossi-Fanelli u. Mitarb. 1952; A. Rossi-Fanelli u. Mitarb. 1954; H. Greiling und L. Kiesow 1958);

Thiaminsulfat (vgl. dazu: O. Barnabei und L. Wildemann 1961);

N-Acetylthiamin (vgl. dazu: O. Barnabei und L. Wildemann 1961);

Thiamindisulfid (vgl. dazu: G. Marten 1955).

Über die biologischen Abbaureaktionen von Thiamin ist wenig bekannt. Nach Gaben von mit ^{14}C-markiertem Thiamin konnten aus dem Harn 16 verschiedene Stoffwechselprodukte isoliert werden (J. M. Iacono und B. C. Johnson 1957; J. M. Iacono, G. Wolff und B. C. Johnson 1953), darunter Thiamin, Cocarboxylase, Thiamincarbonsäure, Pyramin (2-Methyl-4-amino-5-hydroxymethyl-pyrimidin), Thiochrompyrophosphat, Thiamindisulfid, Thiochrom und die Thiazolhälfte von Thiamin. Weiter treten im Harn Thiamindischwefelsäureester und sehr wahrscheinlich O-Acetylester des Thiamins auf (O. Barnabei und L. Wildemann 1961). Schließlich kann der in der Thiaminmolekel enthaltene Schwefel bis zu anorganischem Schwefel abgebaut werden (H. Borsook u. Mitarb. 1940; P. T. McCarthy u. Mitarb. 1954; J. M. Verrett und L. R. Cerecedo 1958).

In Karpfeneingeweide findet sich ein Ferment, die Thiaminase, welches Thiamin in 4-Methyl-5-(β-hydroxyäthyl)-thiazol und 2-Methyl-4-amino-5-hydroxymethyl-pyrimidin zu spalten vermag.

Ähnliche Fermente finden sich auch in anderen biologischen Produkten; ferner enthält Farnkraut einen Thiamin zerstörenden Faktor (vgl. dazu J. C. Somogyi 1952).

Inwieweit es sich bei dem durch die verschiedenen Thiaminasen katalysierten Abbau von Thiamin um einen wesentlichen Stoffwechselweg handelt, der auch für den höheren Organismus von Bedeutung ist, läßt sich vorläufig nicht abschätzen.

c) Wirkungsmechanismus

Vitamin B_1 greift als Coenzym in Form der Cocarboxylase bei der Decarboxylierung der Brenztraubensäure (K. Lohmann und P. H. Schuster 1937) und der α-Ketoglutarsäure ein.

Ferner wird Thiamindiphosphat als Coenzym der Transketolase benötigt (E. Racker u. Mitarb. 1953; B. L. Horecker und P. Z. Smyrniotis 1953).

Brenztraubensäure, das Endprodukt des aeroben Kohlenhydratabbaues, wird bei der oxydativen Decarboxylierung in aktivierte Essigsäure umgewandelt, α-Ketoglutarsäure in aktivierte Bernsteinsäure.

Bei Ausfall von Vitamin B_1 kommt es zu einer Anhäufung von Brenztraubensäure und Milchsäure im Blut und in den Geweben, d. h. Kohlenhydrate können einerseits nicht mehr in genügendem Ausmaß zu Kohlendioxid und Wasser verbrannt werden, andererseits fehlt die für wichtige synthetische Vorgänge, wie Bildung von Fettsäuren, Sterinen und gewissen Aminosäuren notwendige aktivierte Essigsäure.

α-Ketoglutarsäure ist ein Glied des sog. Citronensäurecyclus. Unter diesem Begriff versteht man einen Stoffwechselvorgang, welcher den Endabbau von Bruchstücken aus dem Kohlenhydrat- und Fettstoffwechsel zu Kohlendioxid und Wasser ermöglicht, und bei welchem ein großer Teil der für die Aufrechterhaltung des Lebens benötigten Energie geliefert wird. Vitamin B_1-Mangel verlangsamt demgemäß diesen Stoffwechselvorgang, so daß die benötigte Energie nicht mehr in genügendem Ausmaß zur Verfügung steht.

Die Transketolase schließlich spielt im sog. Pentosephosphatzyklus, einem Hauptweg des Kohlenhydratabbaus, eine Rolle; auch hier führt ein Mangel an

Vitamin B_1 zu schweren Stoffwechselstörungen, indem bei Mangel die zum Aufbau von Nucleotiden benötigtenPentosen nicht mehr gebildet werden und das für die Fettsäuresynthese unentbehrliche und in diesem Cyclus entstehende Triphospho-pyridin-nucleotid ebenfalls nicht mehr zur Verfügung steht.

Zur Wirkungsweise von Thiamin hat H. HOLZER bestimmte Vorstellungen entwickelt und dieselben experimentell belegen können (H. HOLZER 1961; H. W. GOEDDE 1963; H. HOLZER u. Mitarb. 1962).

Der oxydative Abbau der Brenztraubensäure geschieht nach diesen Vorstellungen in seiner ersten Phase nach dem in der Abb. 19 wiedergegebenen Schema.

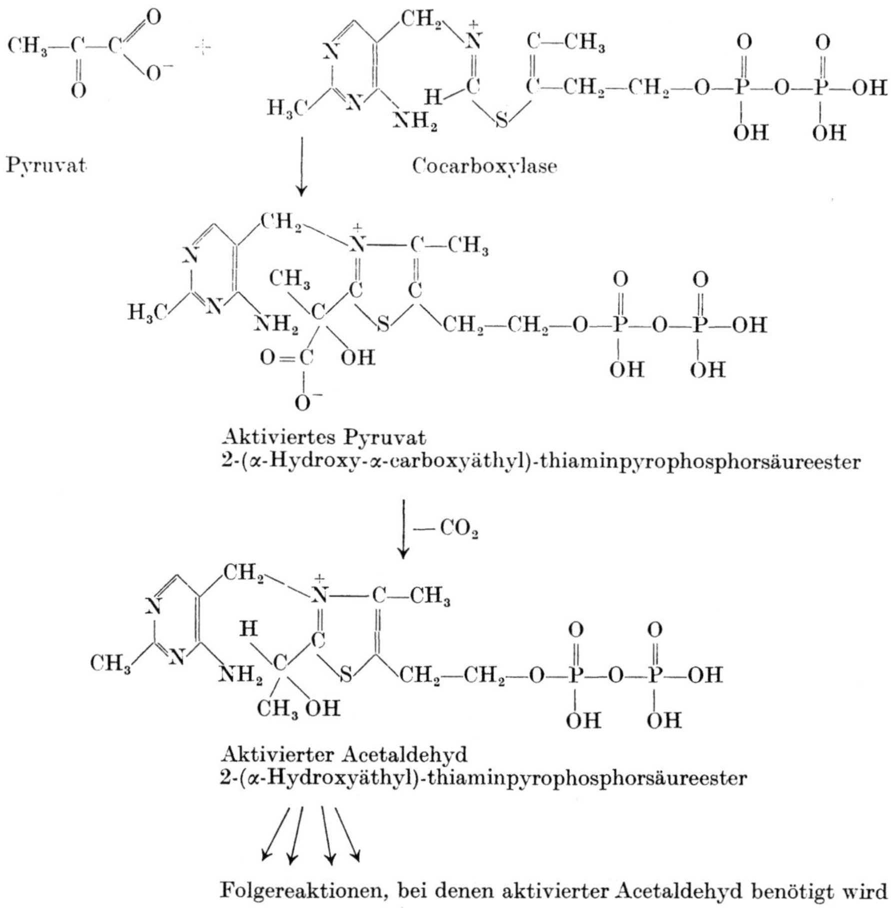

Abb. 19. Schema der Decarboxylierung von Brenztraubensäure (Pyruvat)

In ähnlicher Art wird die Reaktionsfolge mit α-Ketoglutarsäure bzw. mit dem aus dem Pentosezyklus stammenden Glykolaldehyd zu formulieren sein.

Thiamin ist essentiell für die Aufrechterhaltung der Funktion der peripheren Nerven. Inwieweit es sich hierbei um einen spezifischen Reaktionsmechanismus handelt, oder inwieweit Thiamin lediglich notwendig ist, um die für die Nervenleitung notwendige Energie in Form von Acetylcoenzym A bereitzustellen, ist heute noch nicht zu entscheiden (vgl. dazu z. B. A. VON MURALT 1962).

d) Bedarf und Mangelerscheinungen

Tabelle 12 enthält Angaben über den Thiaminbedarf des Menschen (vgl. auch C. BHUVANESWARAN und A. SREENIVASAN 1962):

Nach D. MELNICK (1942) sollten für je 1000 Calorien Nahrungsaufnahme je 0,5 mg Thiamin aufgenommen werden. Schwerarbeiter müssen demzufolge entsprechend ihrer höheren Calorieneinnahme gemäß mehr Vitamin B_1 zu sich nehmen.

Tabelle 12. *Thiamin-Bedarf des Menschen*

Alter		Tagesbedarf in mg[1]	Tagesbedarf in mg[2]	
Männer	25 Jahre	1,6	1,7	
	45 Jahre	1,5	1,7	
	65 Jahre	1,3	1,7	
Frauen	25 Jahre	1,2	1,5	
	45 Jahre	1,1	1,5	
	65 Jahre	1,0	1,5	
	Schwangere (3. Monat)	1,5	1,7	(bis Ende des 5. Monats)
	Stillende	1,5	2,3	
Säuglinge	1—3 Monate	0,3	0,3	
	4—9 Monate	0,4	0,4	
	10—12 Monate	0,5	0,5	
Kinder	1—3 Jahre	0,6	0,7	
	4—6 Jahre	0,8	1,0	
	7—9 Jahre	1,5	1,5	
Knaben	10—12 Jahre	1,3	1,7	(10—14 Jahre)
	13—15 Jahre	1,6		
	16—20 Jahre	1,9	2,0	(15—18 Jahre)
Mädchen	10—12 Jahre	1,2	1,4	(10—14 Jahre)
	13—15 Jahre	1,3		
	16—20 Jahre	1,2	1,7	(15—18 Jahre)

[1] National Research Council (1953).
[2] Deutsche Gesellschaft für Ernährung (1962a).
H. KRAUT (1960).

Obwohl Vitamin B_1 in der Natur sehr verbreitet ist, gehört es dennoch zu den Vitaminen, für welche die optimale Zufuhr auch in Ländern mit ausreichender Nahrungsversorgung nicht gewährleistet ist. So geht aus Untersuchungen des Max-Planck-Institutes für Ernährungsphysiologie, Dortmund (H. KRAUT 1960), hervor, daß die Versorgung mit Vitamin B_1 in Westdeutschland nur etwa 83% der optimalen Zufuhr im Mittel pro Kopf der Bevölkerung beträgt. Da Vitamin B_1 nicht gespeichert wird, kann es unter solchen Umständen zu einem latenten Vitamin B_1-Mangel kommen. Die Symptome eines solchen latenten Vitamin B_1-Mangels sind unspezifisch. Bei an Freiwilligen durchgeführten Versuchen (M. K. HORWITT u. Mitarb. 1946; A. KEYS u Mitarb. 1945; R. D. WILLIAMS u. Mitarb. 1940) wurden als hauptsächlichste Symptome des beginnenden Vitamin B_1-Mangels neurasthenische Beschwerden gefunden. Die Versuchspersonen litten an Müdigkeit, Interessenlosigkeit und Störungen des emotionellen Gleichgewichtes.

Vitamin B_1-Mangelkrankheiten stellen noch heute ein wichtiges Problem der öffentlichen Gesundheit in einer Reihe von Reis konsumierenden Staaten Süd- und Ostasiens dar (WHO 1958; vgl. auch R. R. WILLIAMS 1961).

Die klassische Vitamin B_1-Mangelkrankheit, die sog. Beriberi, geht mit zwei großen Symptomgruppen einher (H. ZELLWEGER und W. H. ADOLPH 1954, S. 767 bis 771), nämlich mit kardiovasculären und nervösen Symptomen. Zum ersten Symptomkreis gehören Ödeme als Folge von geschädigten Arteriolen und Präcapillaren und Herzstörungen, die sich z. B. in Atemnot, Beklemmungsgefühlen und Tachykardie äußern und bis zum plötzlichen Tod führen können. Zum zweiten Symptomkreis gehören z. B. Über- bzw. Unterempfindlichkeit, Fußbrennen, Nervenentzündungen, Muskelschwächen, die bis zu Lähmungen gehen, Muskelschmerzen und Krämpfe.

Beriberi ist besonders für Kinder gefährlich und ist in den betroffenen Ländern eine der Ursachen der hohen Kindersterblichkeit.

Inwieweit die Thiaminasekrankheit, eine Mangelkrankheit, die nicht auf einer verminderten Thiaminzufuhr beruht, sondern auf der Zersetzung von Thiamin im Darm durch den sog. Bacillus thiaminolyticus, praktische Bedeutung hat, ist noch unentschieden (H. R. 1957).

e) Antivitamin B_1-aktive Stoffe

Eine Reihe von synthetischen Verbindungen rufen nach Verfütterung an Versuchstieren dieselben Symptome hervor, wie sie bei B_1-Mangel auftreten. Diese Symptome können durch gleichzeitige Zufuhr von Vitamin B_1 behoben werden. Es handelt sich also dabei um echte Vitamin B_1-Antagonisten (vgl. dazu E. F. Rogers 1962). Die bekanntesten dieser Verbindungen sind das Pyrithiamin und das Oxythiamin (Abb. 20).

Die Struktur dieser Verbindungen ist derjenigen des Thiamins sehr ähnlich, der Wirkungsmechanismus ist jedoch noch ungeklärt.

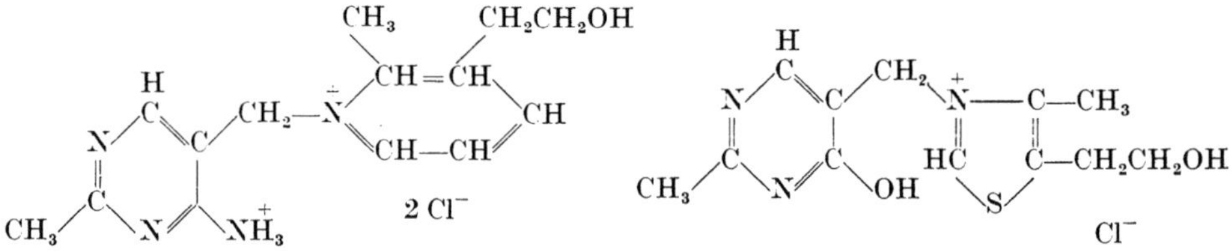

Abb. 20. Strukturformel von Thiaminantagonisten

5. Analytik

Als Standard für die Vitamin B_1-Wirkung gilt Thiaminhydrochlorid. Die Reinheitsforderungen des Standardpräparates sind bei C. H. Coward (1947) beschrieben.

Eine internationale Einheit entspricht 3 μg dieser Verbindung.

Die Angabe von Vitamin B_1-Wirksamkeit in internationalen Einheiten wird praktisch nicht mehr gebraucht. Gewöhnlich begnügt man sich mit dem analytisch erfaßbaren Gehalt an Thiaminhydrochlorid bzw. den Thiaminhydrochloridäquivalenten der übrigen Verbindungen der Vitamin B_1-Gruppe.

Zum Nachweis und zur Bestimmung von Vitamin B_1-aktiven Verbindungen werden mikrobiologische, enzymchemische und chemische Methoden verwendet. Der biologische Test (Bradykardietest an der Ratte, Wachstumstest an der Ratte, Polyneuritistest an der Taube) (C. I. Bliss und P. György 1951, S. 179—201) wird wohl nur noch für wissenschaftliche Zwecke gebraucht.

Freies Thiaminhydrochlorid kann auf Grund der sog. Thiochromreaktion erkannt werden (vgl. Abb. 21). Thiochrom ist eine Verbindung, welche in organischen Lösungsmitteln löslich ist und eine charakteristische Fluorescenz zeigt. Die Reaktion eignet sich ebenfalls zur quantitativen Bestimmung von Thiamin.

Soll natürlicherweise vorhandenes Thiamin bestimmt werden, so muß dieses in den meisten Fällen zuerst aufgeschlossen werden. Thiaminester müssen hydrolysiert und Disulfidverbindungen reduktiv gespalten werden. Das freigesetzte Thiamin kann mit Hilfe der Thiochromreaktion bestimmt werden.

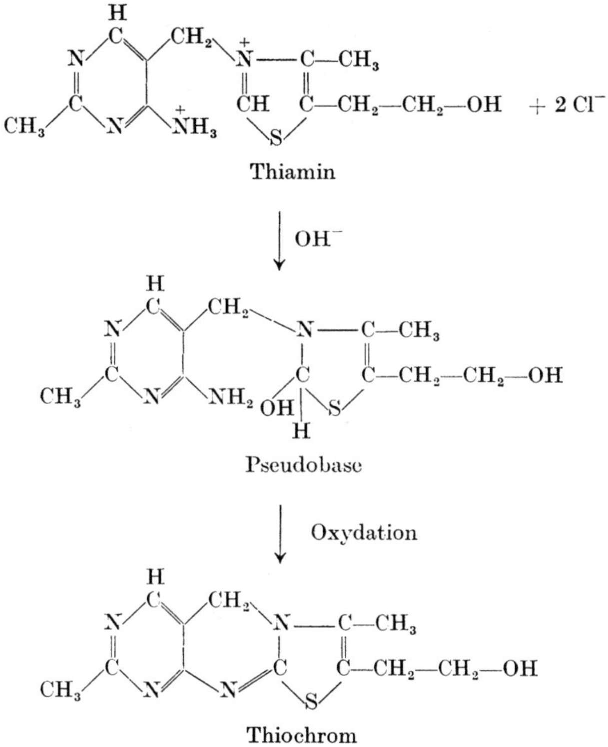

Abb. 21. Schema der Thiochromreaktion

Soll Cocarboxylase allein erfaßt werden, so eignet sich dazu die Bestimmung der Coenzymwirkung bei der Decarboxylierung von Pyruvat durch Hefe (H. G. K. Westenbrink und E. P. Steyn Parvé 1949).

Die meisten Vitamin B_1-wirksamen Substanzen sprechen im mikrobiologischen Test gleichmäßig an (als Testorganismen können verwendet werden: Phycomyces blakesleeanus, Neurospora crassa, Lactobacillus fermenti und Kloeckera brevis; vgl. D. Mücke 1957, S. 69—86). Thiamindisulfidderivate müssen jedoch unter Umständen reduziert werden (Z. G. Banhidi 1959).

Sollen die einzelnen Vitamin B_1-wirksamen Verbindungen nebeneinander erfaßt werden, so können dieselben mit Hilfe chromatographischer oder elektrophoretischer Methoden getrennt und anschließend einzeln bestimmt werden (vgl. z. B. L. de Guiseppe und G. Rindi 1958; D. Siliprandi und N. Siliprandi 1954; K. H. Kiessling 1956; H. Kraut und L. Wildemann 1956; O. Wiss und G. Brubacher 1962 und L. Wildemann 1960).

Gute Arbeitsvorschriften zur Bestimmung von Vitamin B_1 finden sich z. B. in "Methods of Vitamin Assay 1947", S. 69—97, bei W. Hausheer u. Mitarb. im Druck, S. 31—34, im Methodenbuch der AOAC 1960, S. 655—658 und bei P. B. Müller und H. Moor 1949.

6. Hinweise auf spezielles Schrifttum

Allgemeines: R. R. WILLIAMS (1938); H. M. WUEST (1962).
Analytik: W. GRAB (1960a).

III. Die Vitamin B_2-Gruppe

1. Moleküle mit Vitamin B_2-Wirkung

Die wichtigste Verbindung aus der Gruppe der B_2-Vitamine ist das Riboflavin (Abb. 22). Neben dem Namen Riboflavin war früher der Name Lactoflavin gebräuchlich.

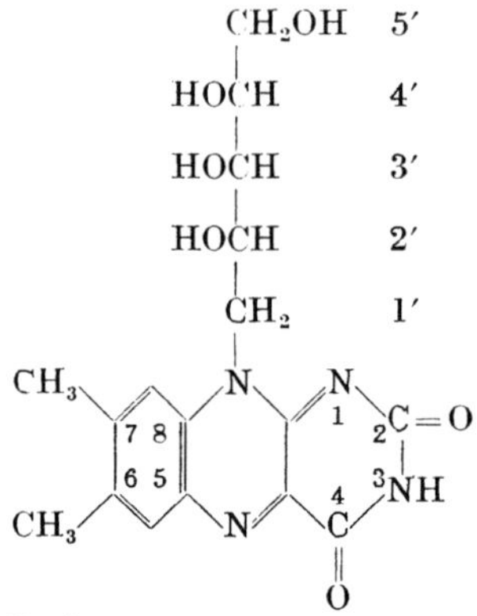

Riboflavin
6.7-Dimethyl-9-(D-ribityl)-iso-alloxazin

Abb. 22. Strukturformel von Riboflavin

Die Verbindung leitet sich von dem heterocyclischen Ringsystem des Isoalloxazins und dem Zuckeralkohol Ribit ab.

Neben Riboflavin kommen in der Natur Phosphorsäureester und Adenindinucleotide des Riboflavins vor, welche ebenfalls Vitamin B_2-Wirkung haben.

2. Chemische und physikalisch-chemische Kennzeichnung von Riboflavin

Summenformel: $C_{17}H_{20}O_6N_4$; Mol.-Gew. 376,4. Riboflavin ist amphoter, indem die Verbindung mit Säuren und mit Basen Salze bildet. Beim Erhitzen mit Basen wird die Verbindung jedoch zerstört.

Schmelzpunkt: ca. 280° C (Zersetzung).

Löslichkeit: Riboflavin löst sich wenig in Wasser. Die gesättigte Lösung ist etwa 0,007%ig. In verdünnten Säuren und Basen ist die Verbindung besser löslich. In Alkohol, Eisessig und Pyridin ist die Verbindung ebenfalls etwas löslich; dagegen unlöslich in Äther, Chloroform, Benzol und Petroläther. Riboflavin läßt sich aus kochender 2-normaler Essigsäure umkristallisieren und stellt dann braunrot gefärbte feine Nadeln dar, die mitunter zu kugeligen Drusen vereinigt sind.

Optisches Verhalten: Riboflavin ist infolge der asymmetrischen Kohlenstoffatome des Ribitylrestes optisch aktiv.

$[\alpha]_D^{20°} = -122°$ bis 136° [c = 0,25 in 0,05 n – NaOH]. Die spezifische Drehung ist sehr stark temperaturabhängig.

In wäßriger Lösung zeigt Riboflavin ein charakteristisches Absorptionsspektrum (siehe dazu auch: R. KUHN u. Mitarb. 1933), wobei Absorptionsmaxima bei 444, 374, 267 und 223 mμ auftreten. Die wäßrige Lösung zeigt eine gelbgrüne Fluorescenz; das Aktivierungsspektrum weist Maxima bei 270, 370 und 445 mμ auf, während das Maximum des Emissionspektrums bei 520 mμ liegt (D. E. DUGGAN 1957). Die Fluorescenz ist stark pH-abhängig, ihr maximaler Wert liegt bei pH 6,0; oberhalb pH 10 und unterhalb pH 2 fällt dieselbe stark ab (R. KUHN und G. MORUZZI 1934).

3. Vorkommen

Riboflavin kommt praktisch in jeder lebenden Zelle vor. Die Verbindung liegt entweder als Phosphorsäureester oder als Dinucleotid vor oder ist an Eiweißmoleküle gebunden.

Freies Riboflavin soll nur in der Milch, im Harn und in den Netzhäuten von Fischen in größeren Mengen vorkommen (vgl. dazu L. BIRKHOFER 1955).

Ähnlich wie Vitamin B_1 wird Vitamin B_2 nicht gespeichert; verhältnismäßig reich an Vitamin B_2 sind Leber und Niere von Huftieren. Von Bedeutung für die menschliche Ernährung ist der Gehalt an Riboflavin im Muskelfleisch von Huftieren, in der Milch, in Käse und im Hühnerei.

4. Biochemie

a) Resorption und Speicherung

Freies Riboflavin wird im Dünndarm resorbiert und wahrscheinlich in der Mucosa zu Riboflavin-5'-phosphat phosphoryliert. Die Verbindung gelangt dann über die Blutbahn in die Leber und wird dort in Riboflavin-adenin-dinucleotid umgewandelt (H. RUDY 1936; CH. CHEN u. Mitarb. 1960). Freies Riboflavin wird in den Konzentrationen, in welchen es in Nahrungsmitteln vorkommt, gut resorbiert, während gebundenes Riboflavin zum Teil sehr schlecht ausgenützt wird (G. EVERSON u. Mitarb. 1948).

Das Vitamin wird vom Organismus nicht gespeichert; werden größere Mengen Riboflavin zugeführt als dem Tagesbedarf entsprechen, so werden dieselben wieder ausgeschieden (H. KRAUT 1960). Vitamin B_2-Hypervitaminosen konnten demgemäß nicht beobachtet werden.

b) Stoffwechsel und Wirkungsmechanismus

Riboflavin wird im Organismus in Riboflavin-5'-phosphat und in Riboflavin-adenin-dinucleotid (Dimethyl-isoalloxazin-adenin-dinucleotid FAD) umgewandelt (Abb. 23).

Die beiden Verbindungen werden als prosthetische Gruppen in sehr viele Fermente eingebaut. Tab. 13 enthält eine Aufstellung der wichtigsten riboflavinhaltigen Fermente:

Tabelle 13. *Wichtigste Flavinenzyme*

DPNH-Cytochrom c-Reduktasen
TPNH-Cytochrom c-Reduktasen
Bernsteinsäure-Dehydrogenase
D-Aminosäure-Oxydase
L-Aminosäure-Oxydase
Xanthin-oxydase
Acyl-Coenzym A-Dehydrogenasen

Die DPNH-Cytochrom c-Reduktasen sind neben anderen riboflavinhaltigen Fermenten dafür verantwortlich, daß der aus biologischen Dehydrierungsprozessen stammende Wasserstoff auf geeignete Acceptoren, z. B. Cytochrom c, übertragen wird; damit bilden diese Fermente ein wichtiges Glied in den Stoffwechselketten, die für die Vereinigung von dem aus Dehydrierungsprozessen stammenden Wasserstoff mit atmosphärischem Sauerstoff verantwortlich sind.

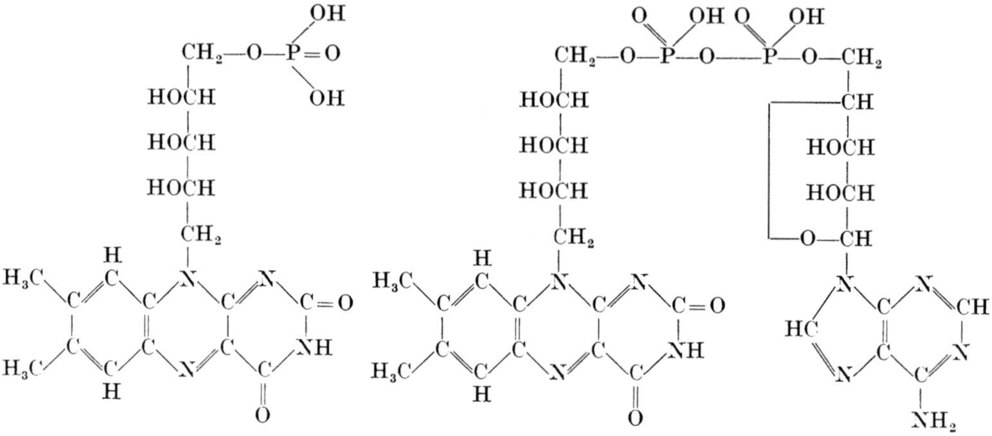

Riboflavin-5′-phosphat
Flavin-mononucleotid (FMN)

Dimethyl-isoalloxazin-adenin-dinucleotid
Flavin-adenin-dinucleotid (FAD)

Abb. 23. Strukturformel von Riboflavin-5′-phosphat und Isoalloxazin-adenin-dinucleotid

Die sich bei der Mitwirkung von Flavinfermenten abspielenden Stoffwechselvorgänge können durch das nachstehende Schema skizziert werden.

Schema der Wirkungsweise von Flavinenzymen:

Donator red. DH_2 → Donator ox. D

Flavinenzym ox. → Flavinenzym red.

Flavinenzym red. → Flavinenzym ox.

Acceptor ox. A → Acceptor red. AH_2

Die reduzierte bzw. oxydierte Form des Flavinenzymes kann etwa durch die in Abb. 24 wiedergegebenen Formeln dargestellt werden.

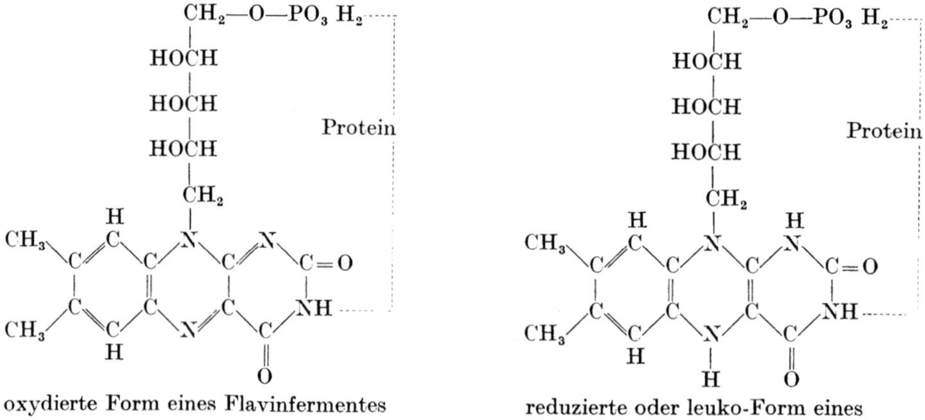

oxydierte Form eines Flavinfermentes

reduzierte oder leuko-Form eines Flavinfermentes

Abb. 24. Oxydierte und reduzierte Formen von Flavinenzymen

Neuerdings werden auch semichinoide Formen diskutiert, welche bei sog. Einelektronenschritten beteiligt sind (siehe dazu P. Hemmerich, 1960).

Bei den übrigen in Tab. 13 aufgeführten Enzymen muß man ähnliche Reaktionsmechanismen annehmen. Vor allem wichtig sind die Acyl-Coenzym A-Dehydrogenasen, welche beim Abbau der Fettsäuren die Dehydrierung der gesättigten Säuren zu den entsprechenden $\alpha.\beta$-ungesättigten Säuren katalysieren.

Über Flavinfermente vgl. z. B. T. P. SINGER u. Mitarb. (1957) und H. R. MAHLER (1956).

Möglicherweise kommt den Flavinen auch eine Bedeutung beim normalen Sehakt zu (H. THEORELL 1935). Die Verhältnisse sind aber noch wenig erforscht und bedürfen weiterer Abklärung.

c) Abbau und Ausscheidung

Über den biologischen Abbau von Riboflavin-5'-phosphat und Dimethyl-isoalloxacin-adenin-dinucleotid ist wenig bekannt. Aus dem Darm konnte bisher lediglich Riboflavin oder eine mit Riboflavin verwandte Verbindung isoliert werden (W. KOSCHARA 1935).

Durch Bakterien kann Riboflavin in mannigfacher Art verändert werden; von praktischer Bedeutung ist der Abbau von Riboflavin zu Lumichrom und Ribit (J. W. FOSTER 1944) (Abb. 25).

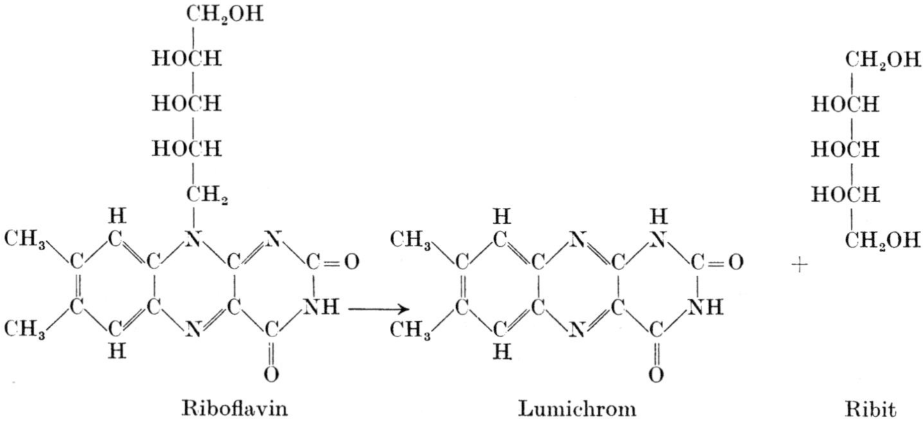

Abb. 25. Bakterielle Spaltung von Riboflavin in Lumichrom und Ribit durch Pseudomonas riboflavina

Lumichrom hat keine Vitamin B_2-Wirkung. Die Verbindung kommt, offenbar wohl infolge von bakterieller Tätigkeit, in der Milch und im Harn von Wiederkäuern vor und stört die chemische Vitamin B_2-Bestimmung (P. B. PEARSON und B. SCHWEIGERT 1942).

d) Mangelerscheinungen und Bedarf

Riboflavinmangel äußert sich in einer Reihe von unspezifischen Symptomen (vgl. dazu H. ZELLWEGER und W. H. ADOLPH 1954, S. 775—778). Die wichtigsten dieser Symptome sind allgemeine Müdigkeit und Arbeitsunlust, Veränderung der Lippen- und Mundschleimhaut sowie der Zunge, Hornhautveränderungen und schließlich Veränderungen an der übrigen Körperhaut. Die Mangelsymptome sind selten in reiner Form ausgebildet, da meist entweder ein Mangel am gesamten Vitamin B-Komplex oder eine zusätzliche Unterernährung vorliegt.

Latenter Vitamin B_2-Mangel, bei welchem der Organismus über längere Zeit nur gegen 60% des eigentlichen Vitamin B_2-Bedarfes erhält, kommt auch in Mitteleuropa, wohl infolge einer unzweckmäßigen Nahrungszusammensetzung, mehr oder weniger häufig vor (H. KRAUT 1960).

Nach H. KRAUT (1960) werden folgende B_2-Mengen als tägliche Optimaldosen empfohlen:

für Frauen und Männer jeden Alters und jeden Betätigungsgrades	1,8 mg
für werdende Mütter	2,0 mg
für stillende Mütter	2,5 mg
für Kinder von 7—12 Monaten	0,7 mg
für Kinder von 1—6 Jahren	0,8 mg
für Kinder von 7—9 Jahren	0,9 mg
Kinder von 9 Jahren an	1,8 mg

Dies entspricht auch den Empfehlungen der „Deutschen Gesellschaft für Ernährung“ (1962a).

Bei diesen Zahlenangaben ist zu berücksichtigen, daß Nahrungsvitamin B_2 unter Umständen sehr schlecht ausgenutzt wird und dementsprechend diese Zahlen, sofern sie für natürliche Vitamin B_2-Quellen Verwendung finden sollen, eher als Minimalangaben aufgefaßt werden müssen.

5. Analytik

a) Standardisierung

Für Vitamin B_2 wurde kein internationaler Standard festgelegt; es empfiehlt sich, Analysenresultate auf kristallisiertes Riboflavin zu beziehen.

Für den Wirkungsvergleich verschiedener Vitamin B_2-Formen eignet sich der Rattenwachstumstest.

b) Aufschlußverfahren

Soll der natürliche Gehalt an Vitamin B_2 in Nahrungsmitteln bestimmt werden, so müssen die verschiedenen Vitamin B_2-Formen zuerst in Riboflavin übergeführt werden; dies geschieht am besten unter Zuhilfenahme phosphatesterspaltender Fermente (z. B. Clarase).

c) Bestimmung

Riboflavin kann sowohl mikrobiologisch als auch physikalisch-chemisch bestimmt werden. Sofern die Riboflavinkonzentration genügend hoch ist, wird man einer physikalisch-chemischen Methode den Vorzug geben (vgl. dazu z. B. A. P. JANSEN 1954). Für die mikrobiologische Bestimmung eignen sich die beiden Mikroorganismen Lactobacillus helveticus (Lactobacillus casei ε, ATCC 7469) (E. E. SNELL und F. M. STRONG 1939) und Leuconostoc mesenteroides (ATCC 10 100) (H. A. KORNBERG u. Mitarb. 1948). Unter den physikalisch-chemischen Methoden hat die sog. Lumiflavinmethode weitaus die größte Verbreitung. Die Methode beruht darauf, daß Riboflavin in alkalischem Milieu durch Belichtung in Lumiflavin übergeführt werden kann (Abb. 26).

Diese Verbindung ist in organischen Lösungsmitteln gut löslich und zeigt eine charakteristische Fluorescenz. Auf Grund dieser Fluorescenz kann das ursprünglich anwesende Riboflavin bestimmt werden. Da die Menge des gebildeten Lumiflavins von der Basizität des Milieus und von der Dauer und Stärke der Belichtung abhängt, müssen alle Versuchsbedingungen genau eingehalten werden (vgl. z. B. A. P. JANSEN 1950).

Vorschriften zur Bestimmung von Riboflavin in Lebensmitteln finden sich bei W. HAUSHEER u. Mitarb. (im Druck) und im Methodenbuch der AOAC (1960).

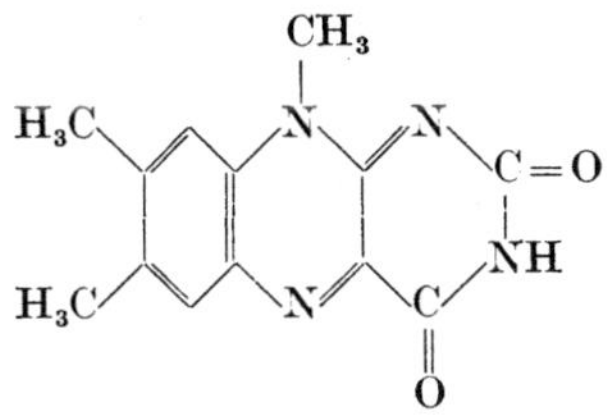

Abb. 26. Strukturformel von Lumiflavin oder Lumilactoflavin

6. Hinweise auf spezielles Schrifttum

Allgemeines: H. RUDY: Flavine (1939); P. KARRER: Über die Chemie der Flavine (1939); M. FONTAINE u. A. RAFFY: La Vitamine B_2 (1940).

Chemie: R. KUHN: Lactoflavin (Vitamin B_2) (1936); H. VON EULER, P. KARRER u. Mitarb. (1935).

IV. Vitamin PP

1. Moleküle mit Vitamin PP-Wirksamkeit

Verbindungen mit Vitamin PP-Wirksamkeit leiten sich von der Nicotinsäure ab. Die beiden wichtigsten Verbindungen sind freie Nicotinsäure (Abb.27) und Nicotinsäureamid (Abb. 27).

Nicotinsäure
Pyridin-3-carbonsäure
Niacin

Nicotinsäureamid
Niacinamid

Abb. 27. Strukturformel von Nicotinsäure und Nicotinsäureamid

Weitere Verbindungen, die sich von Nicotinsäureamid ableiten und denen Vitamin PP-Charakter zukommt, wurden auf S. 938—940 beschrieben.

Im menschlichen Organismus kann die Aminosäure Tryptophan in Nicotinsäure umgewandelt werden; diese Aminosäure muß dementsprechend als Provitamin PP angesprochen werden. Diese Bezeichnung ist jedoch nicht gebräuchlich.

2. Physikalisch-chemische Kennzeichnung von Nicotinsäure und Nicotinsäureamid

a) Nicotinsäure

Summenformel: $C_6H_5O_2N$; Mol.-Gew. 123,1.

Schmelzpunkt: 234—237° C (Sublimation) (vgl. z. B. E. SPÄTH u. Mitarb. 1926).

Löslichkeit: Nicotinsäure ist in Wasser und Alkohol löslich, in Äther dagegen praktisch unlöslich. Tab. 14 enthält Angaben über die Löslichkeit in Wasser und Alkohol (Y. M. SLOBODIN und M. M. GOLDMAN 1948).

In Säuren und Alkalien ist die Verbindung gemäß ihrem amphoteren Charakter besser löslich als in reinem Wasser. Die wäßrige Lösung reagiert sauer.

Sowohl die sauren als auch die alkalischen und neutralen Lösungen von Nicotinsäure sind sehr beständig. Nicotinsäure kristallisiert aus einer Mischung von Wasser–Alkohol (1:1) in farblosen monoklinen Platten (W. B. WRIGHT und G. S. D. KING 1950).

Tabelle 14. *Löslichkeit von Nicotinsäure in Wasser und Alkohol* (g/100 ml)

Temperatur °C	Wasser	96%iger Alkohol	gesättigte NaCl-Lösung
0	0,86	0,57	0,8
15	1,3	0,92	1,03
38	2,47	2,1	1,61
61	4,06	4,2	2,45
78	6,0	7,06	3,54
100	9,76		5,9

Lichtabsorption: Nicotinsäure zeigt ein charakteristisches Absorptionsspektrum mit einem Absorptionsmaximum bei 263 mμ. Die Extinktion beim Maximum ist vom pH der wäßrigen Lösung abhängig (H. HÜNECKE 1927).

b) Nicotinsäureamid

Summenformel: $C_6H_6ON_2$; Mol.-Gew. 122,1.

Schmelzpunkt: 128°—131° C (vgl. auch R. KUHN und H. VETTER 1935).

Löslichkeit: 1 g Nicotinsäureamid ist löslich in 1 ml Wasser, in 1,5 ml 95%-igem Alkohol und in 10 ml Glycerin. Die Verbindung ist löslich in Aceton, Amylalkohol, Äthylenglykol, Chloroform und Butanol und wenig löslich in Äther und Benzol. Die Verbindung kristallisiert aus Benzol in Nadeln. Die wäßrige Lösung reagiert annähernd neutral (vgl. J. M. HUNDLEY 1954).

Lichtabsorption: Nicotinsäureamid hat ein charakteristisches Absorptionsspektrum mit einem Maximum bei 260 mμ (O. WARBURG u. Mitarb. 1935; vgl. auch J. M. HUNDLEY 1954).

3. Vorkommen

Vitamin PP kommt in allen lebenden Zellen vor, jedoch selten frei als Nicotinsäure oder Nicotinsäureamid, sondern meist als Nicotinsäureamid-adenin-dinucleotid. Diese Verbindung kann ihrerseits wiederum an Proteine gebunden sein.

Eine Zusammenstellung über den Vitamin PP-Gehalt verschiedener Nahrungsmittel findet sich bei R. W. MCVICAR und G. H. BERRYMAN (1942) sowie bei K. SCHREIER (1957).

Von praktischem Interesse ist der hohe Vitamin PP-Gehalt von Leber und Muskelfleisch der Huftiere.

Für die Beurteilung eines Lebensmittels als Vitamin PP-Träger darf nicht nur der analytisch erfaßbare Anteil an Nicotinsäure und Nicotinsäureamid herangezogen werden. Vielmehr muß der Tryptophangehalt des Lebensmittels mit berücksichtigt werden, da diese Aminosäure im Organismus in Nicotinsäure übergehen kann. Ferner muß daran gedacht werden, daß Nicotinsäure in einer Form vorliegen kann, welche vom Menschen nicht verwertet wird; dies gilt insbesondere für den Vitamin PP-Gehalt von Mais und anderen Cerealien.

E. KODICĚK und P. W. WILSON (1960) isolierten aus Weizenkleie eine Verbindung, Niacytin, aus welcher erst nach alkalischem Aufschluß Nicotinsäure in einer für den Menschen verfügbaren Form freigesetzt wird. Wahrscheinlich kommt Nicotinsäure auch im Mais in dieser Form vor.

4. Biochemie

a) Resorption, Stoffwechsel und Wirkungsweise

Freie Nicotinsäure und Nicotinsäureamid werden wahrscheinlich sehr gut resorbiert. Nicotinsäure-adenin-dinucleotid wird wahrscheinlich vor der Resorption gespalten, während die in Cerealien vorkommende gebundene Form der Nicotinsäure nicht resorbiert werden kann.

Die Umwandlung von Nicotinsäure bzw. Nicotinsäureamid in Nicotinsäure-amid-adenin-dinucleotid und Nicotinsäure-adenin-dinucleotid-phosphat wurde bereits im Kapitel Biochemie (allgemein) (S. 938—941) besprochen; Vorstellungen, die über die Wirkungsweise dieser beiden Coenzyme entwickelt wurden, wurden ebenfalls dort diskutiert. Nicotinsäure und der entsprechende Alkohol zeigen in hohen Dosen eine Reihe pharmakodynamischer Eigenschaften (Gefäßerweiterung in den Extremitäten, fibrinolytische Wirkungen, Cholesterin-senkende Wirkungen). Die beiden Verbindungen werden demzufolge therapeutisch eingesetzt. Der diesen Eigenschaften zugrunde liegende Wirkungsmechanismus soll nicht diskutiert werden.

Wird dem Organismus anstelle von Nicotinsäureamid ein Überschuß an Tryptophan zugeführt, so ist jener befähigt, diese Aminosäure in Nicotinsäureamid umzuwandeln. Die Umwandlung geschieht über folgende Zwischenstufen:

Tryptophan – Formylkynurenin – Kynurenin – 3-Hydroxykynurenin – 3-Hydroxyanthranilsäure – Nicotinsäure,

(vgl. z. B. O. WISS und F. WEBER 1964).

Man darf annehmen, daß unter normalen Verhältnissen 60 mg Tryptophan ungefähr 1 mg Nicotinsäure entsprechen (M. K. HORWITT u. Mitarb. 1956; G. A. GOLDSMITH 1958).

Nicotinsäureamid-adenin-dinucleotid kann auf dem gleichen Weg, wie es aus den Bruchstücken synthetisiert wird, vom Organismus wiederum gespalten werden.

Nicotinsäureamid kann in der Leber methyliert werden und erscheint im Harn als N_1-Methylnicotinsäureamid (Abb. 28) (G. L. CANTONI 1951), oder die Verbindung kann weiter zum N-Methyl-3-carboxylamid-6-pyridon (Abb. 28) (W. E. KNOX und W. I. GROSSMANN 1947) oxydiert werden. Andere Stoffwechselprodukte stammen wahrscheinlich aus anderen Abbauwegen des Dinucleotids, z. B. Nicotinsäureamid-N-oxid (Abb. 28) (S. CHAYKIN und K. BLOCH 1959 und V. BONAVITA u. Mitarb. 1961).

Schließlich wurde im menschlichen Harn als weiteres Abbauprodukt N-Methyl-3-carboxylamid-4-pyridon (Abb. 28) gefunden (M. L. WU CHANG und B. C. JOHNSON 1961).

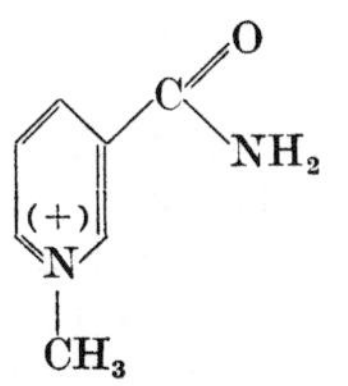

N_1-Methylnicotinsäureamid
Trigonellinamid

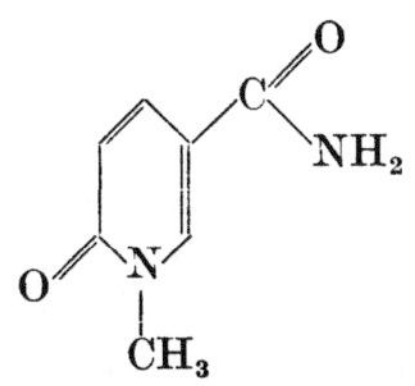

N_1-Methyl-3-carboxylamid-6-pyridon
6-N_1-Methylpyridon-carbonsäureamid

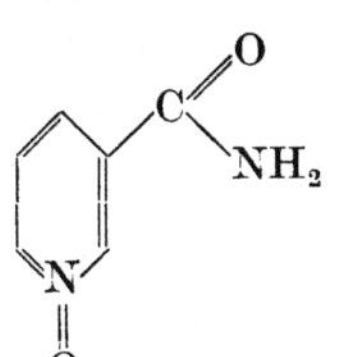

Nicotinsäureamid-N-oxid

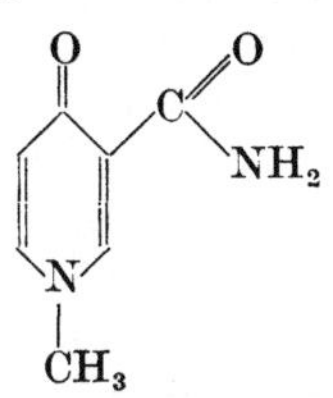

N_1-Methyl-3-carboxylamid-4-pyridon
4-N_1-Methylpyridon-carbonsäureamid

Abb. 28. Einige Stoffwechselabbauprodukte von Nicotinsäure und Nicotinsäureamid

Nicotinsäure kann ferner noch über andere Stoffwechselwege abgebaut werden. L. J. ROTH u. Mitarb. (1948) zeigten, daß die Radioaktivität von in der Carboxylgruppe signierter Nicotinsäure in der Ausatmungsluft als CO_2 wieder erscheint. Neben diesen hauptsächlichsten Abbauprodukten wurden noch eine Reihe weiterer Stoffe im Harn von verschiedenen Tieren gefunden, wie Nicotinursäure und Dinicotinylornithin.

b) Bedarf und Mangelerscheinungen

Der minimale Nicotinsäurebedarf wurde unter anderem von G. A. GOLDSMITH (1958) und von M. K. HORWITT u. Mitarb. (1956) bei gesunden Versuchspersonen ermittelt.

Es darf angenommen werden, daß eine tägliche Zufuhr von 4,4 mg Nicotinsäure pro 1000 cal Nahrungsaufnahme genügt, um die Erscheinungen von Nicotinsäuremangel zu verhüten; im Minimum sollten jedoch auf alle Fälle 8,8 mg Nicotinsäure aufgenommen werden. Die Relation zwischen Tryptophan und Nicotinsäure (s. oben) gilt aber nur unter normalen Verhältnissen. Ist die Umwandlung von Tryptophan zu Nicotinsäure behindert, wie dies z. B. bei Vitamin B_6-Mangel der Fall ist, so sollte nur auf resorbierbare Nicotinsäure abgestellt werden. Wie schon ausgeführt, beziehen sich die Bedarfszahlen auf resorbierbare Formen der Vitamin PP-Gruppe. Gebundene Nicotinsäure, wie sie in Cerealien, vor allem im Mais, vorkommt, ist für die menschliche Ernährung wertlos, sofern nicht spezielle Aufschlußmethoden angewandt werden. Die durch Nicotinsäuremangel hervorgerufene Pellagra ist auch heute noch in weiten Gegenden der Welt ein schwerwiegendes Ernährungsproblem (E. KODICÉK 1962). Es betrifft dies vor allem Kleinasien, Iran, Indien, China, Ägypten, Sudan, Basutoland, Süd-Rhodesien, Lateinamerika und Puerto Rico. In den meisten Fällen besteht die Nahrung in den Gebieten, in denen Pellagra endemisch auftritt, vorwiegend aus Mais. Tierisches Eiweiß und Leguminosen sind relativ wenig vorhanden. Mais enthält Vitamin PP nicht nur in einer nicht aus nutzbaren Form, sondern ist zudem arm an Tryptophan, so daß sich das Vorkommen von endemischer Pellagra daraus erklärt. Nur in Mexiko, wo der Mais durch Behandlung mit Alkalien aufgeschlossen wird und als sog. Tortillas konsumiert wird, kommt es weniger zu Vitamin PP-Mangel.

Nach H. ZELLWEGER und W. H. ADOLPH (1954, S. 781—783) können die Symptome der Pellagra in drei Gruppen eingeteilt werden, nämlich Hautveränderungen, orogastrointestinale und nervöse Symptome.

Die Hautveränderungen gehören zu den charakteristischen Symptomen. Sie haben auch der Krankheit ihren Namen gegeben (Pelle agra = rauhe Haut). Diese Symptome treten vor allem an den dem Sonnenlicht ausgesetzten Stellen auf, wie Gesicht, Nacken, Oberseite der Hände und Vorderarme. Die Läsionen erinnern am Anfang an Sonnenbrand. In chronischen Fällen bedecken sich die entsprechenden Stellen mit Schuppen und nehmen eine dunkle Farbe an.

Orogastrointestinale Symptome: Diese gehören zu den ersten Symptomen des beginnenden Mangelzustandes und äußern sich in Appetitverlust, Schwindel, Erbrechen, Verstopfung oder Durchfall. Später treten Entzündungen an der Zunge und an der Magenschleimhaut auf. Die Zunge wird hochrot, wobei die Papillen anschwellen (Himbeerzunge).

Nervöse Mangelerscheinungen äußern sich in Schlaflosigkeit, Müdigkeit, Schwindel und Kopfschmerzen. Ferner sollen bei schwerem Mangel Depressionen und Verwirrtheitszustände auftreten.

c) Hypervitaminosen

Hypervitaminosen der Vitamin PP-Gruppe sind nicht bekannt.

5. Biologische Standardisierung und Analytik

Für die Standardisierung der Vitamine PP bestehen keine internationalen Abmachungen. Analysenergebnisse sollen daher in Milligramm Nicotinsäure bzw. Nicotinsäureamid angegeben werden. Die biologische Wirkung verschiedener Vitamin PP-Formen wurde entweder in klinischen Versuchen am Menschen geprüft, oder es wurden Hunde oder Küken verwendet (vgl. dazu C. I. BLISS und P. GYÖRGY 1951, S. 210—214; G. A. GOLDSMITH 1958 und M. K. HORWITT u. Mitarb. 1956). Nach L. J. HARRIS und E. KODIĆEK (1950) kann der Mangelversuch auch bei Ratten durchgeführt werden, sofern gewisse Versuchsbedingungen genau eingehalten werden. Zur Beurteilung der Vitamin PP-Wirkung natürlicher Vitamin PP-Quellen sind derartige Tierversuche unerläßlich, soweit auf Grund von Literaturangaben über die Verwertbarkeit der betreffenden Quelle nichts ausgesagt werden kann.

Mikrobiologisch läßt sich Nicotinsäure und Nicotinsäureamid mit Lactobacillus arabinosus 17-5 (ATCC 8014) oder mit Proteus Vulgaris HX_{19} bestimmen. Die beiden Verbindungen müssen aber als solche vorliegen und vorher z. B. salzsauer oder alkalisch aus ihren Derivaten freigesetzt werden. Soll Nicotinsäure allein neben Nicotinsäureamid bestimmt werden, so eignet sich hierfür Leuconostoc mesenteroides (ATCC 9135) (vgl. dazu D. MÜCKE 1957, S. 139—147).

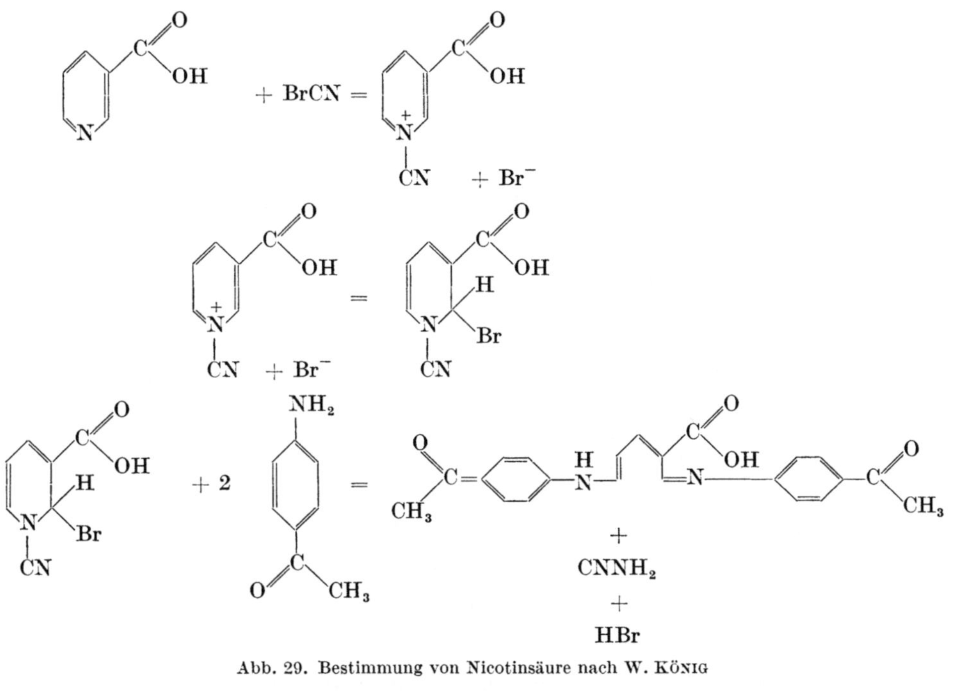

Abb. 29. Bestimmung von Nicotinsäure nach W. KÖNIG

Die meisten chemischen Bestimmungsmethoden stützen sich auf die Umsetzung von Nicotinsäure bzw. Nicotinsäureamid mit Bromcyan oder Chlorcyan. Das entstandene Addukt reagiert mit aromatischen Aminen unter Ringöffnung und Ausbildung stark gefärbter Verbindungen. Die Reaktion wurde erstmals von W. KÖNIG beschrieben. Je nach der Art des verwendeten aromatischen Amins ergeben sich Variationen des Verfahrens. Nicotinsäure und Nicotinsäureamid haben verschieden gefärbte Derivate, deshalb empfiehlt es sich, vorgängig durch saure, alkalische oder enzymatische Hydrolyse alle in Frage kommenden Verbindungen in Nicotinsäure überzuführen. Die Reaktionsfolge ist aus Abb. 29 ersichtlich (E. G. WOLLISH, G. P. KUHNIS und R. T. PRICE 1949).

V. Die Vitamin B_6-Gruppe

1. Moleküle mit Vitamin B_6-Wirksamkeit

Verbindungen mit Vitamin B_6-Wirksamkeit leiten sich vom Pyridoxol oder 2-Methyl-3-hydroxy-4.5-di(hydroxymethyl)-pyridin (Abb. 30) ab.

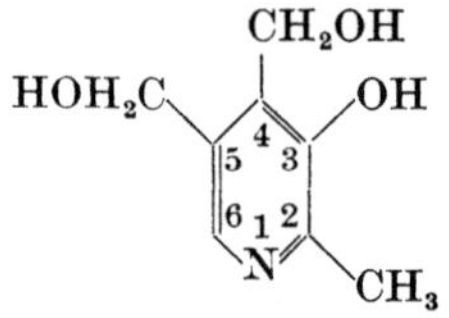

Pyridoxol
2-Methyl-3-hydroxy-4.5-(dihydroxy-methyl)-pyridin

Abb. 30. Strukturformel von Pyridoxol (Pyridoxin)

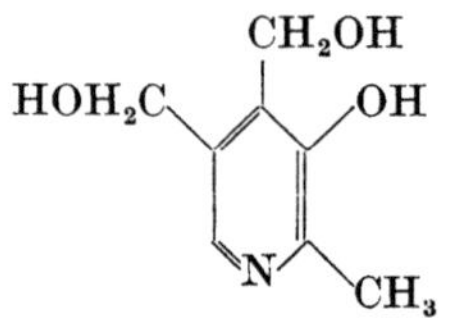

Pyridoxol
2-Methyl-3-hydroxy-4.5- (dihydroxymethyl)-pyridin

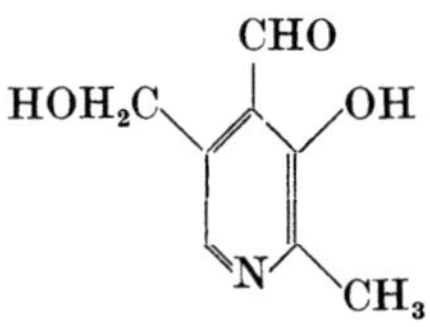

Pyridoxal
2-Methyl-3-hydroxy-4-formyl
5-hydroxymethyl-pyridin

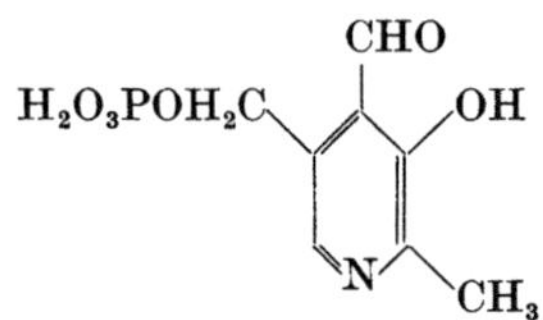

Pyridoxal-5′-phosphat

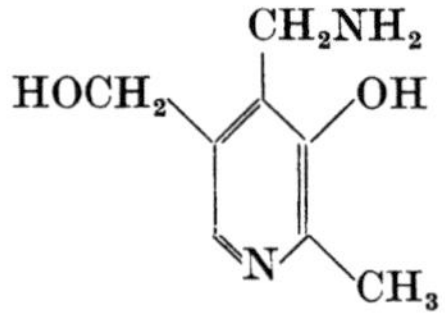

Pyridoxamin
2-Methyl-3-hydroxy-4-aminomethyl-5-hydroxymethyl-pyridin

Abb. 31. Moleküle mit Vitamin B_6-Wirkung

Wie Nicotinsäure ist die Verbindung ein Derivat des Pyridins. Die Verbindung enthält in 3-Stellung eine phenolische OH-Gruppe. Diese ist für die Vitaminwirkung der Molekel unbedingt notwendig. Die Hydroxymethylgruppe in 4-Stellung kann zur Aldehydgruppe oxydiert werden, ohne daß die Vitaminwirkung verloren geht. Die entsprechende Verbindung heißt Pyridoxal (Abb. 31), oder sie kann durch eine Aminomethylgruppe ersetzt werden, wobei die Vitaminwirkung ebenfalls erhalten bleibt (Pyridoxamin, Abb. 31). Schließlich kann die sich in 5-Stellung befindende Hydroxymethylgruppe mit Phosphorsäure zu den entsprechenden Phosphaten (Abb. 31) oder alle 3-OH-Gruppen können mit Fettsäuren verestert werden, ohne daß die Vitaminwirkung verloren geht (T. Sakuragi und F. A. Kummerow 1956).

Wird dagegen die 4-ständige Hydroxymethylgruppe zur entsprechenden Säuregruppe oxydiert, so hat die entstandene Säure keine Vitaminwirkung. Für Pyridoxol, Pyridoxal und Pyridoxamin kann der Name Pyridoxin verwendet werden.

Alle Verbindungen können als Pyridinderivate mit Säuren Salze bilden. Die bekanntesten sind die Hydrochloride. Das hauptsächlichste synthetische Handelsprodukt ist Pyridoxolhydrochlorid (Pyridoxinhydrochlorid).

2. Physikalische und chemische Kennzeichnung von Pyridoxolhydrochlorid (Pyridoxinhydrochlorid)

Summenformel: $C_8H_{12}O_3NCl$; Mol.-Gew. 205,6.

Schmelzpunkt: ca. 205° C (unter Zersetzung und Braunfärbung) (vgl. dazu R. Kuhn und G. Wendt 1938). Die freie Base schmilzt bei 160° C (E. T. Stiller u. Mitarb. 1939).

Löslichkeit: 1 g löst sich in 5 ml Wasser und in etwa 100 ml Äthanol; die Verbindung ist unlöslich in Äther (USP XVI 1960, S. 604). Die wäßrige Lösung reagiert sauer (pH einer 10%igen Lösung: 2,3—2,6).

Optisches Verhalten: Pyridoxolhydrochlorid hat ein charakteristisches Absorptionsspektrum. Die Lage der Absorptionsmaxima und die zugehörigen Extinktionen sind vom pH der Lösung abhängig (E. T. Stiller u. Mitarb. 1939). Im sauren Gebiet liegt das Absorptionsmaximum bei 291 mμ; im neutralen Gebiet treten zwei Maxima, eines bei 225 mμ und eines bei 326 mμ auf; diese verschieben sich bei zunehmender alkalischer Reaktion gegen 246 und 311 mμ.

Pyridoxolhydrochlorid ist in wäßriger Lösung stabil. In alkalischer oder neutraler Lösung wird die Verbindung durch Licht zerstört (M. Hochberg u. Mitarb. 1943).

3. Vorkommen

Unsere Kenntnisse über das Vorkommen von Vitamin B_6-aktiven Substanzen sind noch recht lückenhaft. Vitamin B_6 liegt in der Natur als Pyridoxol, Pyridoxal, Pyridoxamin, Pyridoxalphosphat, Pyridoxaminphosphat und in noch weiteren bisher unaufgeklärten Formen vor (L. Siegel u. Mitarb. 1943; D. Melnick u. Mitarb. 1945). Alle diese Verbindungen können zudem noch an Eiweiß gebunden sein.

Der von verschiedenen Autoren angegebene Wert für Vitamin B_6 hängt daher in vielen Fällen von der Art der angewendeten Extraktionsmethode ab. Wird der Vitamin B_6-Gehalt zudem mikrobiologisch bestimmt, so wird je nach Art des verwendeten Mikroorganismus ein höherer oder niedrigerer Gehalt an Vitamin B_6 erhalten.

Eine kritische Übersicht über die in der Literatur vorhandenen Vitamin B_6-Gehalte findet sich bei E. E. Snell und Ch. S. Keevit (1954).

Im allgemeinen liegt Vitamin B_6 in tierischen Geweben als Pyridoxal bzw. Pyridoxalphosphat, oder als Pyridoxamin bzw. Pyridoxaminphosphat vor, während in pflanzlichen Produkten auch Pyridoxol anzutreffen ist.

Von praktischer Bedeutung für die menschliche Ernährung ist der Vitamin B_6-Gehalt von Muskelfleisch und inneren Organen, ferner derjenige von Milch, Eiern,

Cerealien und Hülsenfrüchten (vgl. auch H. LIECH und H. SØNDERGAARD 1958 und H. FRIESECKE und M. KIRCHGESSNER 1961).

4. Biochemie von Vitamin B_6

a) Resorption, Stoffwechsel, Speicherung und Ausscheidung

Vitamin B_6 wird sowohl als Pyridoxol, Pyridoxal und Pyridoxamin gut resorbiert, wobei Pyridoxal am schnellsten aufgenommen wird (R. W. VILTER 1955). Über den Mechanismus der Resorption ist nichts bekannt.

Alle drei Formen werden im menschlichen Organismus nach dem in Abb. 32 gegebenen Schema ineinander umgewandelt und schließlich in Pyridoxinsäure (Abb. 33) übergeführt.

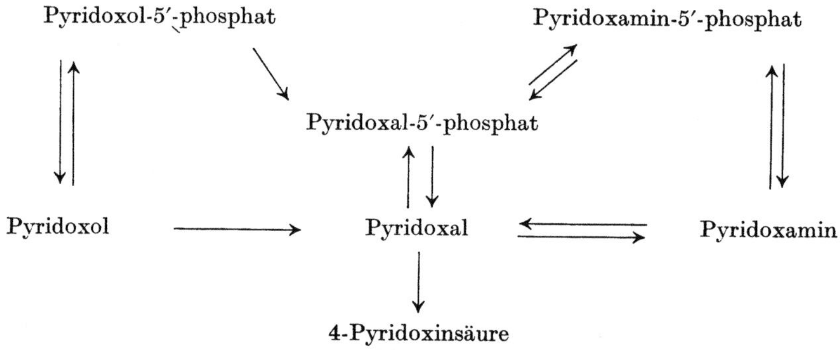

Abb. 32. Schema der gegenseitigen Umwandlung von Pyridoxal und verwandten Verbindungen [nach O. WISS u. Mitarb. 1964]

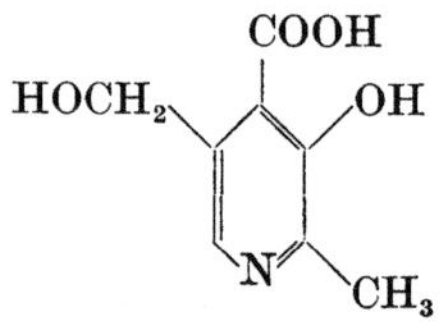

Abb. 33. Strukturformel von 4-Pyridoxinsäure

4-Pyridoxinsäure (Abb. 33) ist das Hauptabbauprodukt von Vitamin B_6 und wird mit dem Harn ausgeschieden (S. K. REDDY u. Mitarb. 1958). Geringe Mengen von Pyridoxal und Pyridoxamin können als solche ausgeschieden werden (R. W. VILTER 1955).

Pyridoxaminphosphat stellt wahrscheinlich eine Speicherform des Vitamins dar, während Pyridoxalphosphat die eigentliche Wirkform ist (W. W. UMBREIT 1954). Die Speicherkapazität für Verbindungen der Vitamin B_6-Gruppe ist jedoch gering.

b) Vorstellungen über die Wirkungsweise von Vitamin B_6

Pyridoxalphosphat ist das Coenzym für eine Reihe von Enzymen; es betrifft dies vor allem Enzyme, welche in den Aminosäurestoffwechsel eingreifen (vgl. z. B. A. E. BRAUNSTEIN 1960).

Man hat Gründe anzunehmen, daß bei all diesen Reaktionen als erster Schritt eine Schiffsche Base aus Pyridoxalphosphat und der Aminosäure gebildet wird (vgl. Abb. 34).

Derartige Schiffsche Basen sind außerordentlich labil und können in mannigfacher Weise weiter reagieren (vgl. z. B. G. PFLEIDERER 1960).

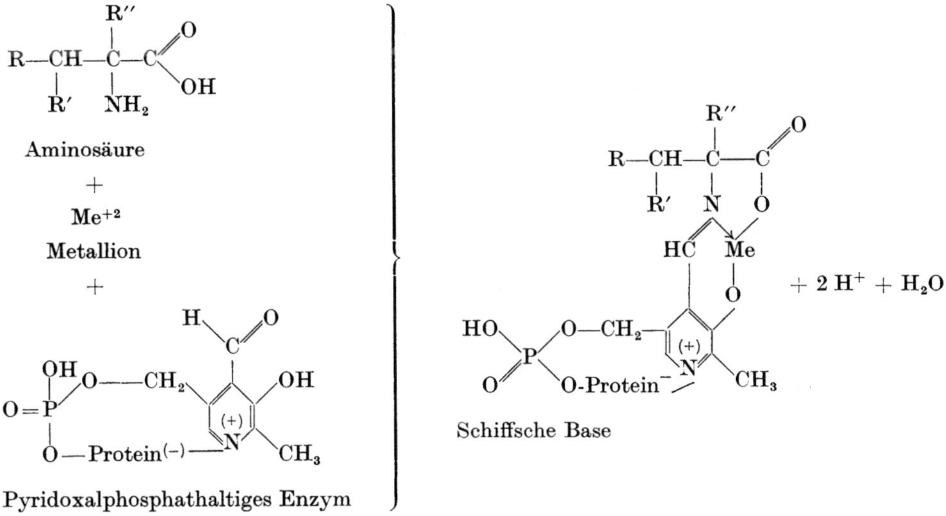

Abb. 34. Schema des Wirkungsmechanismus von Pyridoxalphosphat-haltigen Enzymen

c) Bedarf und Mangelerscheinungen

Der tägliche Bedarf an Vitamin B_6 kann, auf Grund von an freiwilligen Personen durchgeführten Mangelversuchen, auf etwa 2 mg Pyridoxin geschätzt werden (R.S. HARDING u. Mitarb. 1959; R.W. VILTER u. Mitarb. 1953). Da Vitamin B_6 als Coenzym in den Eiweiß-Stoffwechsel eingreift, muß je nach Eiweiß-Zufuhr und nach körperlicher Belastung diese Zahl noch erhöht werden (vgl. z. B. K. LANG 1962, S. 680). So ist der Vitamin B_6-Bedarf vor allem während der Schwangerschaft stark erhöht (M. WACHSTEIN u. Mitarb. 1952).

Es soll ferner darauf hingewiesen werden, daß z. B. bei hoch dosierter Isoniazid-Behandlung von Tuberkulose-kranken Patienten ebenfalls ein erhöhter Bedarf an Vitamin B_6 besteht (J. P. BIEHL und R. W. VILTER 1954).

Die ersten Erscheinungen eines beginnenden Vitamin B_6-Mangels äußern sich in Störungen des normalen Aminosäurestoffwechsels. So wird bei Belastung mit der Aminosäure Tryptophan vermehrt Xanthurensäure im Harn ausgeschieden (L. D. GREENBERG 1949).

Bei fortschreitendem Vitamin B_6-Mangel treten beim erwachsenen Menschen vor allem Hautläsionen auf, während sich beim Säugling und Kleinkind Vitamin B_6-Mangel im Auftreten von Epilepsie-ähnlichen Krisen äußert.

5. Biologische Standardisierung und Analytik

Für die Gruppe des Vitamin B_6 wurde kein internationaler Standard festgelegt. Es empfiehlt sich, Analysenwerte auf Milligramm Pyridoxolhydrochlorid umzurechnen.

Sollen verschiedene Vitamin B_6-Präparate hinsichtlich ihrer Wirkung im Tierversuch miteinander verglichen werden, so eignet sich hierfür der Ratten- bzw. der Kükenwachstumstest (C. I. BLISS und P. GYÖRGY 1951, S. 214—223).

Bei geeigneter Durchführung dieser Teste zeigen Pyridoxol, Pyridoxal und Pyridoxamin auf äquimolarer Basis die gleiche Wirksamkeit (E. E. SNELL und

A. N. Rannefeld 1945). Da man Grund hat anzunehmen, daß dies auch für den Menschen gilt, braucht bei chemischen oder mikrobiologischen Bestimmungsverfahren zwischen den einzelnen Formen nicht unterschieden zu werden.

Mikrobiologische Vitamin B_6-Bestimmungen sind dadurch erschwert, daß verschiedene Mikroorganismen auf Pyridoxol, Pyridoxal und Pyridoxamin nicht gleichmäßig ansprechen. Nach E. E. Snell und A. N. Rannefeld (1945) gelten die in Tab. 15 angegebenen Verhältnisse.

Tabelle 15. *Relative Wirksamkeit äquimolarer Mengen von Pyridoxol, Pyridoxamin und Pyridoxal auf das Wachstum von verschiedenen Mikroorganismen* (nach E. E. Snell u. A. N. Rannefeld 1945)

	Streptococcus faecalis	Lactobacillus casei	Saccharomyces carlsbergensis	Neurospora sitophila
Pyridoxol	1,0	1,0	1,0	1
Pyridoxamin	6500	8,2	1,1	1,1
Pyridoxal	4500	1170	1,2	1,1

Man entnimmt der Tabelle, daß einzig für Saccharomyces carlsbergensis und Neurospora sitophila alle drei Verbindungen praktisch die gleiche Wirksamkeit besitzen. Soll Pyridoxal allein bestimmt werden, so empfiehlt es sich, mit Lactobacillus casei zu arbeiten; sollen Pyridoxamin und Pyridoxal zusammen erfaßt werden, kann Streptococcus faecalis benutzt werden.

Zur Bestimmung von Vitamin B_6 auf chemischem Weg bestehen zur Zeit noch keine guten Arbeitsvorschriften. Nach A. Fujita u. Mitarb. (1955) können die einzelnen Vitamin B_6-Formen chromatographisch aufgetrennt werden, anschließend zu Pyridoxinsäure oxydiert und aus der Fluorescenz des Lactons dieser Verbindung auf die Menge des ursprünglich vorhandenen Vitamin B_6 geschlossen werden.

Ein ähnlicher Vorschlag findet sich bei U. Imhoff (1961) und bei M. J. McArthur und J. Lehmann (1959).

Wie im Falle der Vitamine B_1, B_2 und PP müssen die in Frage stehenden Lebensmittel vorgängig einer chemischen oder einer mikrobiologischen Bestimmung aufgeschlossen werden, um eventuell an Eiweiß gebundenes Vitamin B_6 in seine freie Form überzuführen.

VI. Die Pantothensäuregruppe

1. Moleküle mit Pantothensäurewirkung

Moleküle mit Pantothensäurewirkung leiten sich von der Pantothensäure ab (Abb. 35).

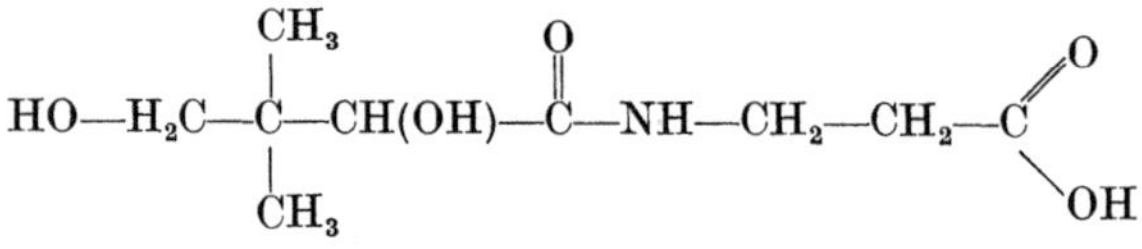

D(+)-α.γ-Dihydroxy-β.β-dimethylbutyryl-β-alanin

Abb. 35. Strukturformel von Pantothensäure

Die Verbindung setzt sich zusammen aus der D(+)-α.γ-Dihydroxy-β.β-dimethylbuttersäure oder Pantoinsäure und dem β-Alanin. Diese beiden Verbindungen sind über eine Amidbindung miteinander verknüpft. α.γ-Dihydroxy-β.β'-dimethylbuttersäure enthält ein optisch aktives Zentrum am α-Kohlenstoffatom.

Die Vitaminwirkung kommt nur der Verbindung zu, welche sich von der D-Form ableitet.

Da die freie Pantothensäure wenig beständig ist, wird sie ausschließlich in Form ihrer Salze verwendet; die bekanntesten sind das Natrium- und das Calciumsalz.

Der zur Pantothensäure gehörige Alkohol (Abb. 36), das Panthenol, hat ebenfalls volle Pantothensäurewirkung. In der Natur kommen weitere Verbindungen mit Pantothensäurewirkung vor, in deren Molekül Pantothensäure als Strukturelement enthalten ist; die bekanntesten sind das Coenzym A, das Pantethein und Pantethin. Diese Verbindungen sollen im Abschnitt Biochemie besprochen werden.

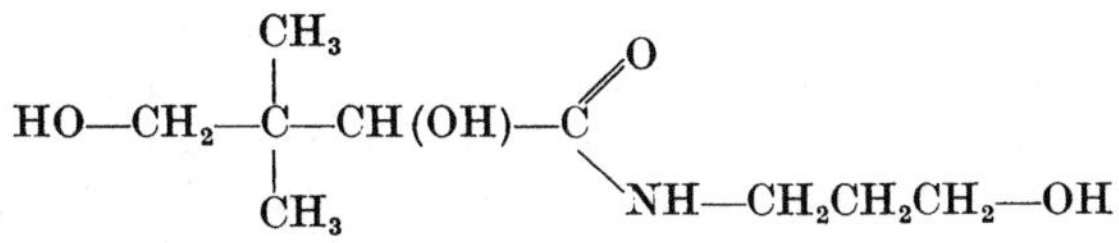

Pantothenylalkohol
D(+)α.γ-Dihydroxy-N-(3-hydroxypropyl)-β.β-dimethylbutyramid
D(+)-α.γ-Dihydroxy-β.β-dimethyl-(N-3'-hydroxypropyl)-butyramid
D(+)-(α.γ-Dihydroxy-β.β-dimethyl-butyryl)-3-hydroxypropylamin

Abb. 36. Strukturformel von Panthenol

2. Physikalische und chemische Kennzeichnung der Hauptvertreter der Pantothensäuregruppe

a) Pantothensäure und Salze

Pantothensäure:	$C_9H_{17}O_5N$;	Mol.-Gew. = 219,2.
Natriumpantothenat:	$C_9H_{16}O_5NNa$;	Mol.-Gew. = 241,2.
Calciumpantothenat:	$(C_9H_{16}O_5N)_2Ca$;	Mol.-Gew. = 476,5.

Pantothensäure stellt ein hellgelbes viscoses Öl dar, welches in Wasser leicht löslich ist (S. LEPKOWSKY 1954). Die Verbindung ist löslich in Eisessig, wasserfreiem Aceton und absolutem Alkohol; sie ist unlöslich in absolutem Äther, Benzol oder Chloroform (D. W. WOOLLEY u. Mitarb. 1938).

Das Natriumsalz der Verbindung ist äußerst hygroskopisch und kann nur in hermetisch verschlossenen Behältern aufbewahrt werden. Die Verbindung ist sehr gut löslich in Wasser und löslich in Alkohol.

Calciumpantothenat löst sich leicht in Wasser (1 g löst sich in 2,8 ml Wasser). Die Verbindung ist löslich in Glycerin, etwas löslich in Alkohol und Aceton und läßt sich aus Methanol umkristallisieren (Merck Index 7. Aufl. 1960, S. 196). Eine Lösung von Pantothensäure oder Pantothenaten in Wasser ist bei pH 5,5—7 am stabilsten; bei höherem oder tieferem pH wird die Verbindung hydrolytisch gespalten (D. V. FROST 1943).

Optisches Verhalten: Pantothensäure hat kein charakteristisches Absorptionsspektrum. Hingegen zeigt sie infolge ihres asymmetrischen Kohlenstoffatoms optische Aktivität. Pantothensäure $[\alpha]_D^{25°} = +37,5°$ (E. T. STILLER u. Mitarb. 1940); Calciumpantothenat $[\alpha]_D^{26°} = +24,3$ (E. T. STILLER u. Mitarb. 1940).

b) Panthenol

Summenformel: $C_9H_{19}O_4N$; Mol.-Gew. = 205.

Panthenol ist ein klares, farbloses, zähflüssiges Öl, das sich in Wasser und Alkohol leicht löst. In Äther ist die Verbindung schwer löslich.

Optisch einheitliches D(+)-Panthenol zeigt eine optische Drehung von +29,7° ($[\alpha]_D^{20°}$, in 3%iger, wäßriger Lösung (O. SCHNIDER 1946)).

Die Verbindung ist in wäßriger Lösung bei pH 3—4 bedeutend stabiler als Pantothensäure; in neutralem und leicht alkalischem Milieu ist die Stabilität ungefähr gleich (S. H. RUBIN 1948).

3. Vorkommen

Pantothensäure kommt in allen lebenden Zellen pflanzlicher und tierischer Herkunft vor. Die Verbindung findet sich aber in den seltensten Fällen in freier Form, sondern meist liegt sie als sog. Coenzym A vor; daneben dürften noch andere gebundene Formen eine Rolle spielen (vgl. z. B. H. NISKI u. Mitarb. 1950 und G. M. BROWN 1959). Eine gute Übersicht über den Gehalt verschiedener Nahrungs- und Futtermittel sowie über den Gehalt verschiedener tierischer Organe und Körperflüssigkeiten an Pantothensäure findet sich bei G. M. BRIGGS und F. S. DAFT (1954). Weitere Angaben können einer Zusammenstellung von W. GRAB (1960) entnommen werden. Siehe auch: U. S. Department of Agriculture (1956).

Es geht daraus hervor, daß der Pantothensäuregehalt der meisten natürlichen Nahrungsquellen großen Schwankungen unterworfen ist und am besten in jedem Einzelfall auf analytischem Weg erfaßt werden sollte. Als gute Pantothensäurequellen müssen Leber, Niere, Eidotter, Hefe und Frischgemüse angesehen werden.

4. Biochemie

a) Resorption, Stoffwechsel, Speicherung und Ausscheidung

Freie Pantothensäure sowie Panthenol dürften sehr leicht und vollständig resorbiert werden (S. H. RUBIN u. Mitarb. 1948), während gebundene Pantothensäure vorgängig der Resorption möglicherweise im Darmlumen gespalten werden muß und daher bei oraler Anwendung nicht immer die gleich große Wirksamkeit zeigt wie die freie Säure (vgl. z. B. D. M. HEGSTED und F. LIPMAN 1948).

Panthenol geht im Organismus in Pantothensäure über (E. BURLET 1944).

Freie Pantothensäure wird sehr rasch in Coenzym A (Abb. 37) nach folgendem Schema übergeführt (M. B. HOAGLAND und G. D. NOVELLI 1954) (Strukturformeln vgl. Abb. 37):

Pantothensäure + Cystein	$\xrightarrow{ATP}$	Pantothenylcystein
Pantothenylcystein	$\longrightarrow$	Pantethein + CO_2
Pantethein + ATP	$\longrightarrow$	4′-Phosphopantethein + ADP
4′-Phosphopantethein + ATP	$\longrightarrow$	Dephospho Co A + Pyrophosphat
Dephospho Co A + ATP	$\longrightarrow$	Co A + ADP

(Vgl. auch G. M. BROWN 1959).

Abkürzungen: ATP = Adenosintriphosphat; ADP = Adenosindiphosphat; Co A = Coenzym A.

Es scheint, daß diese Synthese in jeder lebenden Zelle je nach Bedarf vollzogen werden kann (G. D. NOVELLI 1953), und daß die Leber als Speicherorgan für Coenzym A dient (N. O. KAPLAN und F. LIPMAN 1948).

Das als Zwischenstufe gebildete Pantethein kann, ähnlich wie Cystein in Cystin, unter Ausbildung einer S—S-Brücke in Pantethin übergehen.

b) Vorstellungen über die Wirkungsweise von Pantothensäure

Über die Wirkungsweise von Pantothensäure ist man durch die Arbeiten von F. LIPMAN einerseits und von F. LYNEN andererseits sehr gut unterrichtet.

Coenzym A kann mit Essigsäure unter Zuführung von Energie Acetylcoenzym A bilden (Abb. 37). In ähnlicher Art kann eine Reihe weiterer Carbon-

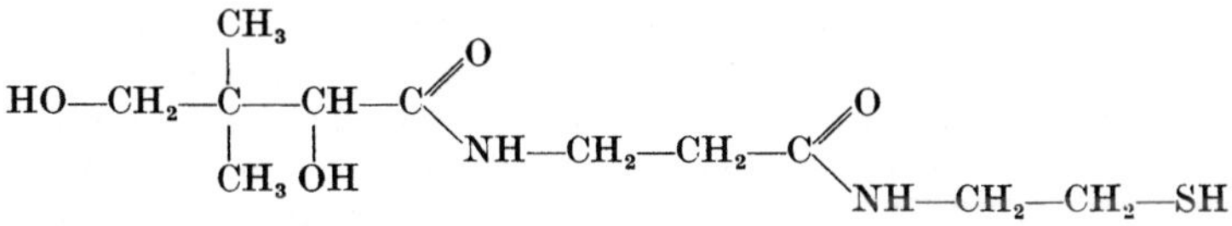

Pantethein (Lactobacillus bulgaricus Faktor)

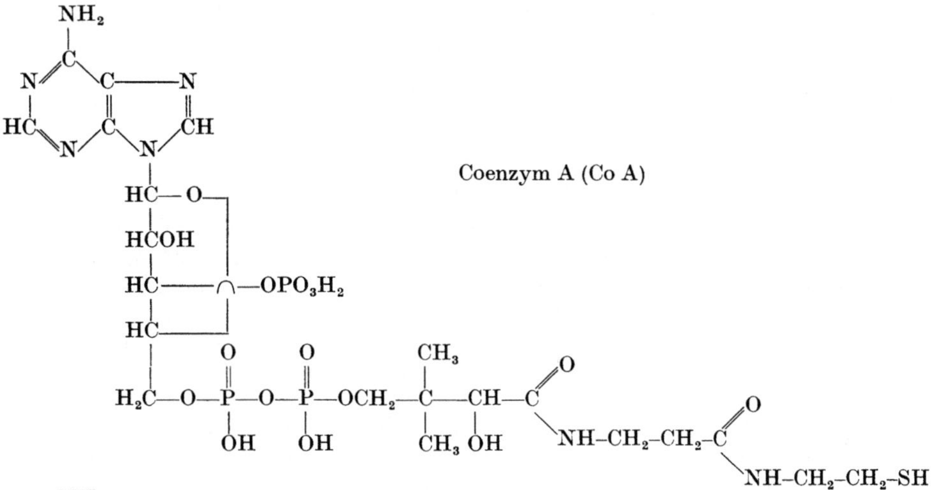

Coenzym A (Co A)

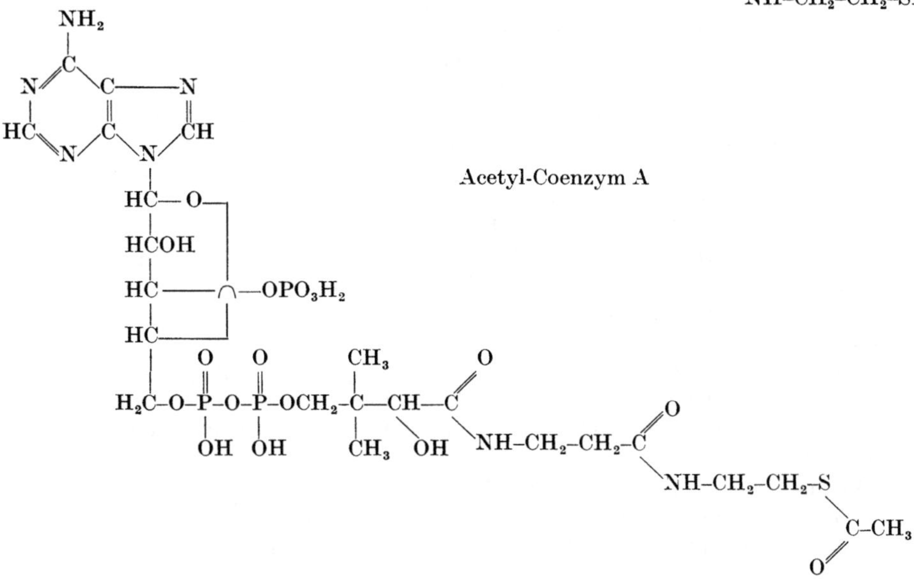

Acetyl-Coenzym A

Abb. 37. Strukturformeln einiger biologisch wichtiger Pantothensäurederivate

säuren mit Coenzym A reagieren. Derartige Thioester oder Acyl-mercaptan-Verbindungen, d. h. Verbindungen, welche die Konfiguration

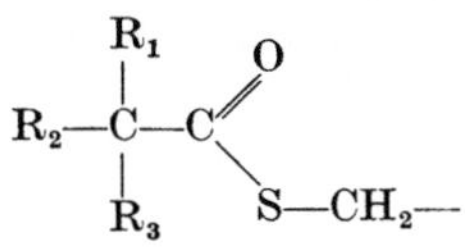

aufweisen, sind außerordentlich reaktionsfähig, und zwar vermögen solche Verbindungen eine Reihe von Umsetzungen einzugehen, an denen das Carboxyl-Kohlenstoffatom der Säure oder das α-Kohlenstoffatom beteiligt ist.

Viele biologisch wichtige Reaktionsabläufe führen daher über Coenzym A-Verbindungen, wie z. B. der Endabbau von Kohlenhydraten, Aminosäuren und Neutralfetten mit Hilfe des sog. Citronensäurecyclus, der Aufbau von Neutralfetten, Phosphatiden und Sterinen, die Acetylierung von Cholin und Aminozuckern. Es ist daher verständlich, daß bei Ausfall von Pantothensäure schwere Stoffwechselstörungen eintreten müssen. Gute Übersichten über die Wirkungsweise von Pantothensäure finden sich bei L. Jaenicke und F. Lynen (1960) und bei O. Wieland (1959).

c) Bedarf und Mangelerscheinungen

Genaue Bedarfszahlen für Pantothensäure sind nicht bekannt. Aus Bilanzuntersuchungen am Menschen können keine Schlüsse gezogen werden, da Pantothensäure im Darm von Bakterien gebildet wird und damit die Durchführung exakter Bilanzversuche sehr schwierig wird. Es scheint jedoch, daß die von der Darmflora synthetisierte Pantothensäure zur Deckung des Pantothensäurebedarfes nicht verwertet werden kann (V. Schmidt 1951/1952 und A. S. M. Chung u. Mitarb. 1961).

Etwa die Hälfte der in den Nahrungsmitteln total vorhandenen Pantothensäure liegt in gebundener Form vor. Es ist nicht bekannt, ob dieselbe vom Menschen voll verwendet wird (A. S. M. Chung u. Mitarb. 1961). Auf Grund verschiedener Schätzungen dürfte der Bedarf an Pantothensäure normalerweise 10 bis 15 mg pro Tag betragen (E. J. Williams 1942; National Academy of Sciences. National Research Council 1958; W. A. Krehl 1953).

Da Pantothensäure überaus stark verbreitet ist, dürfte Pantothensäuremangel unter normalen Ernährungsbedingungen kaum vorkommen. Hingegen konnten z. B. in Kriegsgefangenenlagern Symptome beobachtet werden, die auf eine suboptimale Pantothensäureversorgung schließen ließen (vgl. dazu S. Vernon 1950; M. Peraita 1952; D. A. Smith und M. F. A. Woodruff 1951; P. S. Sarma u. Mitarb. 1949; S. Bibile u. Mitarb. 1957). Klinische Versuche lassen den Schluß zu, daß unter gewissen Umständen (Verwundungen, Verbrennungen usw.) der Pantothensäurebedarf erhöht ist oder Pantothensäuremangel besteht (gestörte Darmtätigkeit).

Auf Grund von Versuchen, welche an freiwilligen Versuchspersonen durchgeführt wurden, und auf Grund von Beobachtungen an Pantothensäuremangeltieren kann bei Pantothensäuremangel beim Menschen mit folgenden Symptomen gerechnet werden:

1. Wachstumshemmung, Gewichtsabnahme
2. Schädigungen der Haut und ihrer Anhangsgebilde
3. Ausfallerscheinungen im Bereich des Nervensystems ("burning feet syndrom")
4. Gastrointestinale Störungen
5. Hemmung der Antikörperbildung
6. Beeinträchtigung der Nebennierenfunktion,

(W. B. Bean, R. E. Hodges und K. Daum 1955; G. H. M. Thornton, W. B. Bean und R. E. Hodges 1955; W. B. Bean und R. E. Hodges 1954; R. Lubin, K. A. Daum und W. B. Bean 1956; R. E. Hodges, W. B. Bean, M. A. Ohlson und R. Bleiler 1959; R. E. Hodges, M. A. Ohlson und W. B. Bean 1958) (vgl. dazu auch G. D. Novelli 1953).

Pantothensäurehypervitaminosen sind nicht bekannt, offenbar weil ein Überschuß der Verbindung sehr rasch ausgeschieden bzw. abgebaut wird.

5. Biologische Standardisierung und Analytik

Für die biologische Standardisierung von Pantothensäure wurden keine internationalen Abmachungen getroffen. Es empfiehlt sich, Analysenresultate in Milligramm Pantothensäure anzugeben und als Standardsubstanz Calciumpantothenat zu verwenden.

Für die biologische Prüfung von Präparaten auf Pantothensäurewirkung eignet sich ein Rattenwachstums- oder Kükenwachstumstest (C. I. BLISS und P. GYÖRGY 1951, S. 223–228).

In der Regel wird jedoch dieser Test nicht angewandt, sondern man versucht auf Grund einer mikrobiologischen, chemischen oder enzymatischen Bestimmung die Pantothensäurewirkung zu ermitteln.

Soll einem Lebensmittel zugesetzte Pantothensäure bzw. zugesetztes Panthenol bestimmt werden, so eignen sich hierfür mikrobiologische Verfahren; unter Umständen, sofern der Pantothensäure- oder Panthenolzusatz genügend hoch ist, kommen hierfür auch chemische Methoden in Frage. Für mikrobiologische Pantothensäurebestimmungen wurden z. B. Lactobacillus arabinosus 17–5 (H. R. SKEGGS und L. D. WRIGHT 1944), Proteus morgani (M. J. PELCZAR und R. J. PORTES 1941), Lactobacillus helveticus (D. PENNINGTON, E. E. SNELL und R. J. WILIAMS 1940) und Saccharomyces carlsbergensis (L. ATKIN u. Mitarb. 1944) vorgeschlagen. Für die Bestimmung von Panthenol kann ein Test mit Acetobacter suboxydans angewendet werden (vgl. dazu L. D. WRIGHT, H. SKEGGS, S. H. RUBIN und E. DE RITTER 1951).

Die Panthenolbestimmung mit Acetobacter suboxydans hat unter Umständen eine beträchtliche Streubreite und muß daher meist mehrfach ausgeführt werden. Es muß ferner darauf hingewiesen werden, daß Panthenol für viele Mikroorganismen, welche auf äußere Pantothensäurezufuhr angewiesen sind, als Antivitamin wirken kann. Bei der chemischen Bestimmung von Pantothensäure oder Panthenol werden diese Verbindungen meist zuerst hydrolysiert und dann entweder β-Alanin oder Pantoinsäure durch eine Farbreaktion erfaßt (vgl. dazu z. B. E. G. WOLLISH und M. SCHMALL 1950).

Soll der natürliche Gehalt an Pantothensäure ermittelt werden, so kann entweder versucht werden, durch vorsichtigen Abbau die gebundene Pantothensäure in freie Pantothensäure überzuführen und dann die gesamte Pantothensäure zu erfassen, oder es kann versucht werden, die einzelnen Pantothensäurefraktionen einzeln zu bestimmen. Für die Einzelheiten muß auf die Originalliteratur verwiesen werden (G. M. BROWN 1959; G. D. NOVELLI 1955 und H. SØNDERGAARD 1958). Vorschriften zur Bestimmung von Pantothensäure in Lebensmitteln finden sich z. B. bei O. WISS (1950) und bei W. GRAB (1960d). Siehe auch: U. S. Department of Agriculture (1956).

VII. Biotin

1. Chemische und physikalisch-chemische Eigenschaften

Die wichtigste Verbindung mit Biotinwirkung stellt das Biotin selber dar (Abb. 38). Gebundene Biotinformen sollen später diskutiert werden.

Summenformel: $C_{10}H_{16}N_2O_3S$; Mol.-Gew. 244,3.

Die Verbindung ist eine aliphatische Säure, welche mit einem heterocyclischen Ringsystem verknüpft ist. Die Verbindung bildet mit Basen Salze und kann verestert werden, ohne daß die Vitaminaktivität verloren geht. Weiterhin kann an Stelle der Carboxylgruppe eine Alkoholgruppe treten, wobei die Vitaminaktivität ebenfalls erhalten bleibt (L. DREKTER u. Mitarb. 1951).

Biotin enthält 3 optisch aktive Kohlenstoffatome. Es sind daher 8 verschiedene sterische Isomere denkbar. Diese sind alle synthetisch zugänglich (ST. A. HARRIS u. Mitarb. 1945; B. R. BAKER, W. L. MCEWEN und W. N. KINLEY 1946). Nur die natürlich vorkommende Form, das sog. D-Biotin, zeigt biologische Aktivität.

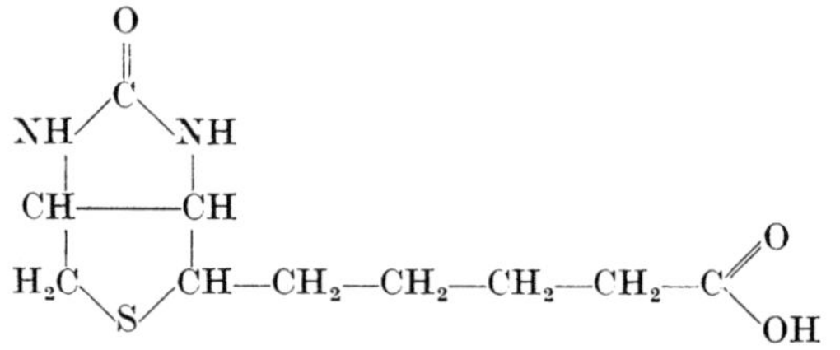

cis-Hexahydro-2-oxo-1 H-thieno(3.4)-imidazol-4-valeriansäure (Vitamin H)
3.4-(2′-Ketoimidazolido)-2-(ω-carboxybutyl)-thiophan

Abb. 38. Strukturformel von Biotin

Biotin kann aus verdünntem Alkali umgefällt oder aus 50%igem wäßrigem Methanol umkristallisiert werden; es kristallisiert in feinen Nadeln und zeigt einen Schmelzpunkt von 228°—231° C (vgl. auch: D. E. WOLF u. Mitarb. 1945).

Spezifische Drehung von D-Biotin: $[\alpha]_D^{20°} = +90,5$ bis $+93,5$ ($c = 1,0$ in 0,1 n-Natriumhydroxidlösung).

Löslichkeit: Biotin ist in kaltem Wasser schlecht löslich (22 mg/100 ml bei 25°C), besser in heißem Wasser und in verdünntem Alkali. Die Löslichkeit in 95%igem Alkohol beträgt 80 mg/100 ml. In den übrigen organischen Lösungsmitteln ist die Verbindung praktisch unlöslich (Merck Index 7. Aufl., 1960, S. 150).

2. Vorkommen

Biotin kommt in allen lebenden Zellen vor. Die Konzentration ist jedoch gering, und die Verbindung ist meist an Proteine gebunden. Eine weitere Verbindung mit Biotinaktivität stellt das sog. Biocytin dar (Abb. 39) (R. L. PECK u. Mitarb. 1952).

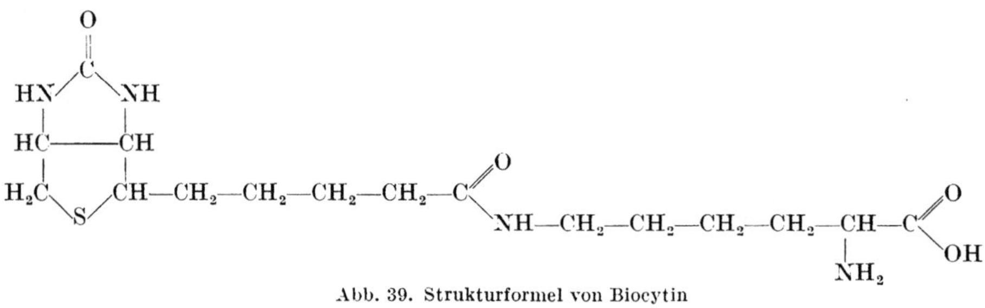

Abb. 39. Strukturformel von Biocytin

Die Verbindung kommt z. B. in der Hefe vor. Die an Proteine gebundenen Formen sind von der Ratte und wahrscheinlich auch vom Menschen im allgemeinen verwertbar (P. GYÖRGY 1939).

Die wichtigsten Biotinquellen sind Leber, Milch, Muskelfleisch und Gemüse.

Eine Zusammenstellung über den Biotingehalt gewisser Lebensmittel findet sich z. B. bei M. G. HARDINGE und H. CROOKS (1961).

3. Biochemie

a) Resorption, Stoffwechsel, Speicherung und Ausscheidung

Da Biotin in der Nahrung hauptsächlich an Proteine gebunden ist, muß angenommen werden, daß diese Formen im Magen-Darm-Trakt gespalten werden und Biotin als solches zur Resorption gelangt (vgl. z. B. K. LANG 1962, S. 696). Wird jedoch mit der Nahrung viel rohes Hühnereiweiß aufgenommen, so verbindet sich eine Komponente dieses Eiweißes, das sog. Avidin, mit Biotin und den übrigen Biotinproteinen zu einem Komplex, welcher von den Fermenten des Magen-Darm-Traktes nicht mehr angegriffen werden kann (über Avidin vgl. z. B. I. PENDL und K. FELIX 1960, S. 439).

Gelangt Biocytin ungespalten in die Blutbahn, so wird es von einem im Blut enthaltenen Enzym, der Biocytinase, in freies Biotin und L-Lysin zerlegt (L. D. WRIGHT u. Mitarb. 1954). Freies Biotin wird an Proteine gebunden; in dieser Art liegt das Vitamin in den Zellen der Organe vor. Das gesamte im menschlichen Körper vorhandene freie und gebundene Biotin wird auf 1 mg geschätzt (L. D. WRIGHT 1956). Wird dem Körper ein Überschuß an Biotin zugeführt, so wird dasselbe teilweise abgebaut, teilweise unverändert oder als Biotinsulfoxid mit dem Harn ausgeschieden.

Aus Versuchen mit radioaktiv markiertem Biotin geht hervor, daß die Valerianseitenkette oxydativ abgebaut werden kann (K. SCHREIER und R. PFISTERER 1959); wahrscheinlich wird hierbei ein β-oxydativer Abbauweg, ähnlich wie bei Fettsäuren, eingeschlagen. Hingegen kann der Kohlenstoff des Imidazolringes nicht in CO_2 übergehen (J. FRAENKEL-CONRAT u. Mitarb. 1952).

Ob Biotinsulfoxide als solche von der Niere ausgeschieden werden, oder ob sie erst nachträglich durch Oxydation an der Luft entstehen, muß dahingestellt bleiben (L. D. WRIGHT 1956).

b) Wirkungsweise

Biotin ist an einer Reihe von biochemischen Prozessen beteiligt, bei denen Kohlendioxid auf organische Moleküle übertragen, oder bei denen Kohlendioxid abgespalten wird (vgl. dazu z. B. F. LYNEN, J. KNAPPE, E. LORCH, G. JÜTTING und E. RINGELMANN 1959).

Zu den bekanntesten derartigen Reaktionen gehören:

1. Die Carboxylierung von Pyruvat, die zu Oxalessigsäure führt, einem Zwischenprodukt der Asparaginsäuresynthese.
2. Die Decarboxylierung der Oxalessigsäure.
3. Die Carboxylierung von Propionsäure unter Bildung von Bernsteinsäure.
4. Die Aufspaltung von Isovaleriansäure, einem Zwischenprodukt des Leucinabbaus unter Bildung von Acetessigsäure.

Eine weitere synthetische Leistung des Organismus, bei der Biotin in irgend einer Form eingreift, ist die Bildung von Citrullin aus Ornithin unter Aufnahme von Kohlendioxid und Ammoniak (vgl. dazu G. FELDOTT und H. A. LARDY 1951). Dieser Vorgang ist für die Bildung von Harnstoff im normalen Organismus von großer Bedeutung. Auch der Einbau von CO_2 in die Purinbasen Adenin und Guanin ist biotinabhängig (vgl. z. B. H. A. LARDY und R. PEANASKY 1953), und schließlich ist Biotin bei der Kondensation von Acetyl-Coenzym A mit CO_2 unter Bildung von Malonyl-Coenzym A beteiligt (S. J. WAKIL und D. M. GIBSON 1960). Diese letztere Reaktion stellt die Schlüsselreaktion für den Aufbau langkettiger Fettsäuren aus kleineren Bruchstücken dar.

Man hat Grund anzunehmen, daß bei all diesen Reaktionen eine Verbindung von CO_2 mit einem an Protein gebundenen Biotin als Zwischenprodukt auftritt.

F. LYNEN u. Mitarb. (1959) haben für dieses aktivierte CO_2 die in Abb. 40 wiedergegebene Strukturformel vorgeschlagen, während S. J. WAKIL und M. WAITE (1962) die in Abb. 41 gegebenen Strukturformeln diskutieren.

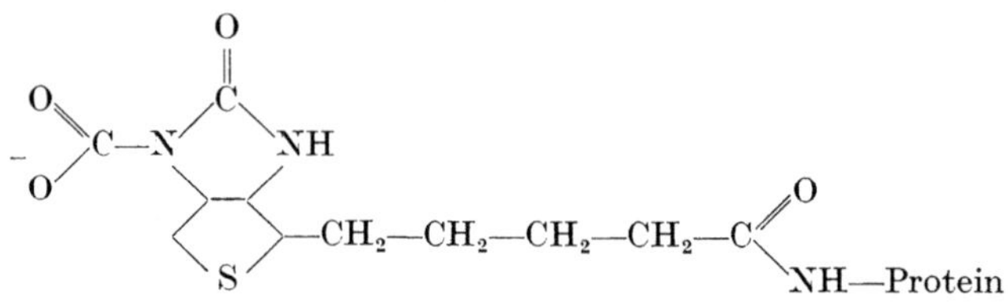

Abb. 40. Strukturformel von aktiviertem CO_2 nach F. LYNEN

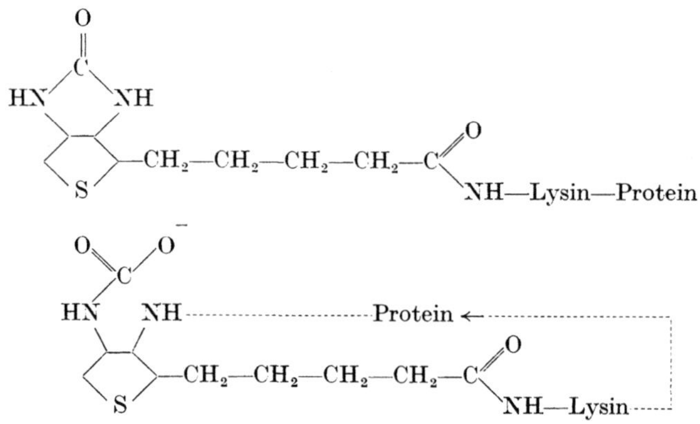

Abb. 41. Strukturformeln von aktiviertem CO_2 nach S. J. WAKIL

c) Mangelerscheinungen und Bedarf

Aus dem vorhergehenden Abschnitt ist ersichtlich, daß Biotin bei einer Reihe von Reaktionen beteiligt ist, die für den Eiweiß-Stoffwechsel, den Fettsäure-Stoffwechsel und den Purin-Stoffwechsel von entscheidender Bedeutung sind. Biotinmangel muß sich daher in schwerwiegenden Stoffwechselstörungen bemerkbar machen.

Für den Menschen ist neben dem Nahrungsbiotin das durch die Darmflora synthetisierte Biotin wichtig. Bilanzstudien zeigen, daß die in Faeces und Harn ausgeschiedene Biotinmenge die mit der Nahrung aufgenommene Menge bei weitem übertrifft (T. W. OPPEL 1942).

Nur in Fällen, wo die Biotinsynthese im Magen-Darm-Trakt ungenügend ist, d. h. vor allem beim Säugling, kann es zu Biotinmangel kommen (vgl. z. B. S. KOKIL 1956). Ferner besteht die Gefahr, daß beim Genuß von viel rohem Eiereiweiß infolge der Unverdaulichkeit des Avidin-Biotin-Komplexes die Biotinzufuhr ungenügend wird (R. H. WILLIAMS 1943). Auf diese Weise erzeugte V. P. SYDENSTRICKER u. Mitarb. (1942) bei normalen Versuchspersonen Biotinmangel.

Biotinmangel äußert sich in Rötungen und Schuppungen der Haut (Dermatitis seborrhoides und Leinersche Erythrodermia des Säuglings) und in einer Veränderung des Blutbildes.

Der Tagesbedarf an Biotin wird auf 150—300 μg geschätzt (R. J. WILLIAMS 1942).

4. Analytik

Für biotinwirksame Stoffe besteht kein internationaler Standard. Analysenwerte sollten daher auf die Gewichtseinheit D-Biotin oder DL-Biotin bezogen werden.

Für die biologische Standardisierung eignen sich Ratten- oder Kükenwachstumsteste (vgl. dazu C. I. Bliss und P. György 1951, S. 228—232). Im kurativen Rattenwachstumstest wird Biotinmangel mit Hilfe von Eiereiweiß erzeugt, während es bei Küken auch mit Hilfe einer normalen biotinfreien Diät zu Biotinmangel kommt.

Da Biotin und biotinwirksame Substanzen nur in außerordentlich kleiner Konzentration in Nahrungsmitteln vorkommen, und da keine spezifischen Nachweismethoden für Biotin bestehen, gelingt es in den wenigsten Fällen, Biotin auf chemischem Weg nachzuweisen oder zu bestimmen. Man ist daher in diesem Fall ganz auf mikrobiologische Methoden angewiesen.

Als Testorganismen eignen sich unter anderem Lactobacillus arabinosus, Neurospora crassa, Allescheria boydii und Saccharomyces carlsbergensis (vgl. dazu O. Wiss 1950; D. Mücke 1957 und W. Grab 1960b).

In der Regel reagieren Mikroorganismen nur auf freies Biotin. Gebundene Formen müssen vorgängig der mikrobiologischen Bestimmung abgebaut werden; je nachdem müssen hierfür autolytische, enzymatische oder rein chemische Methoden gewählt werden (P. György, R. Hahn und E. Lederer 1939).

Anderseits können gewisse Stoffe in genügend hoher Konzentration Biotin im Nährmedium von Mikroorganismen ersetzen, so z. B. die Ölsäure bei Lactobacillusarten (W. L. Williams, H. P. Broquist und E. E. Snell 1947).

Analysendaten, welche auf mikrobiologischem Weg gefunden wurden und welche Auskunft geben sollen über den natürlichen Gehalt an Biotin, müssen daher sehr kritisch bewertet werden.

Beim Erhitzen einer stark sauren oder stark basischen Biotinlösung wird das Vitamin zerstört (G. B. Brown und V. du Vigneaud 1941, daselbst noch weitere Daten über die Stabilität der Verbindung).

VIII. Die Folsäuregruppe

1. Moleküle mit Folsäurewirkung

Moleküle mit Folsäurewirkung leiten sich von der Folsäure oder Pteroylglutaminsäure ab (Abb. 42).

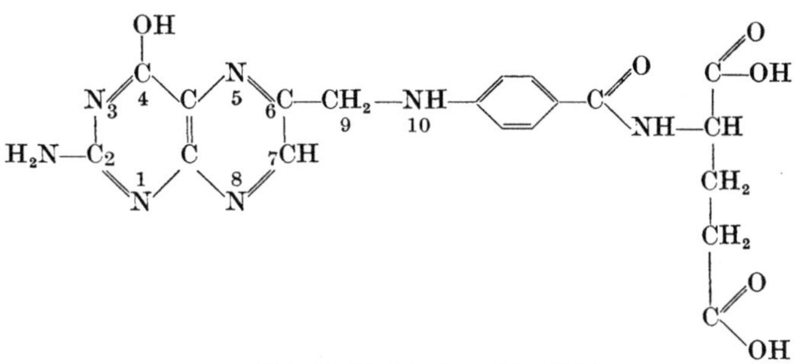

Abb. 42. Strukturformel der Folsäure

Die Verbindung setzt sich zusammen aus dem heterocyclischen Ringsystem des 2-Amino-4-hydroxy-6-methyl-pteridins, der p-Aminobenzoesäure und der

a) *biologisch aktiv*

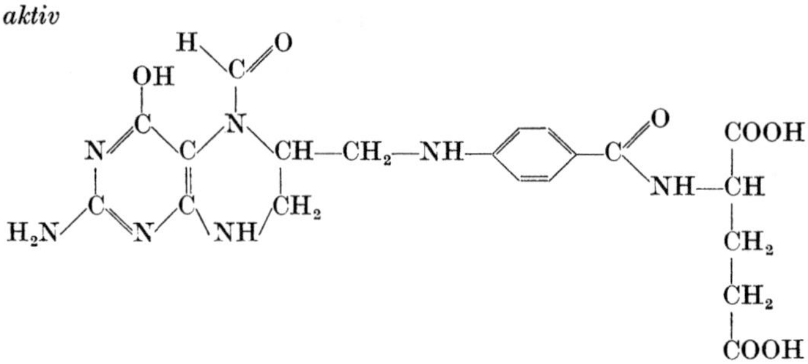

Citrovorumfaktor (N^5-Formyl-tetrahydrofolsäure, Folininsäure)

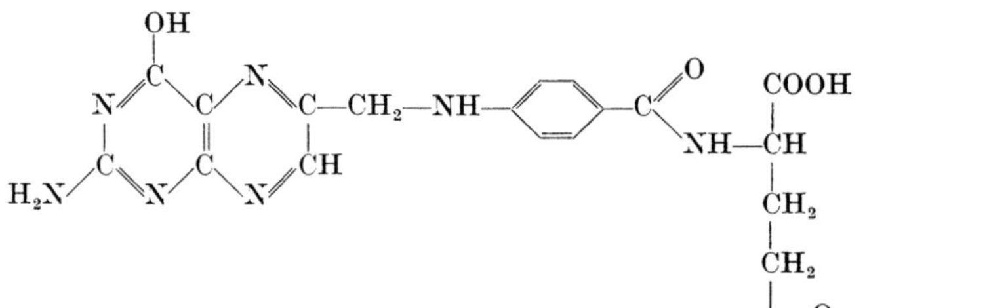

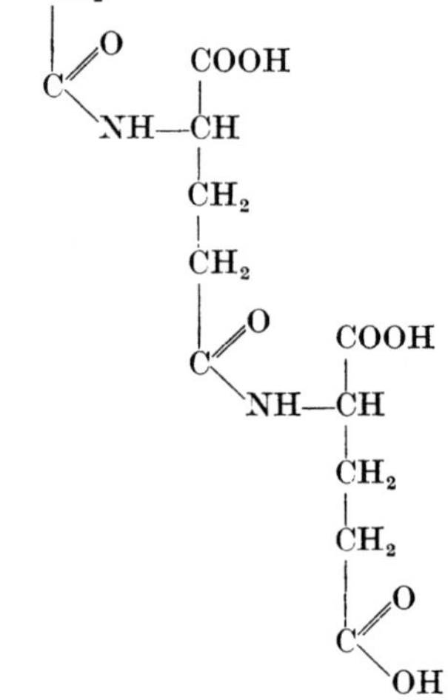

Pteroyltriglutaminsäure (Teropterin)

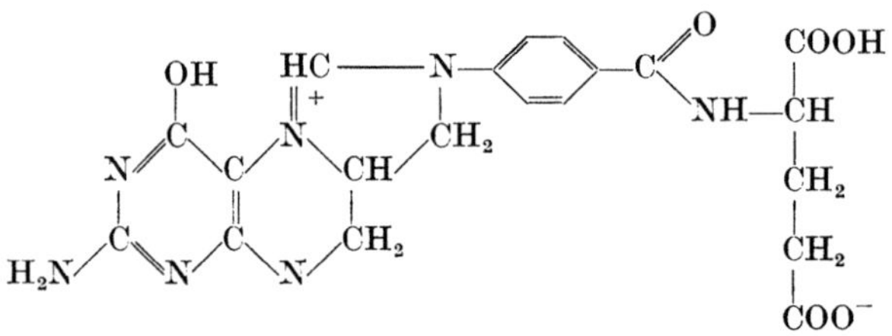

Anhydro-citrovorumfaktor, bzw. Anhydro-leukovorin

b) *biologisch inaktiv*

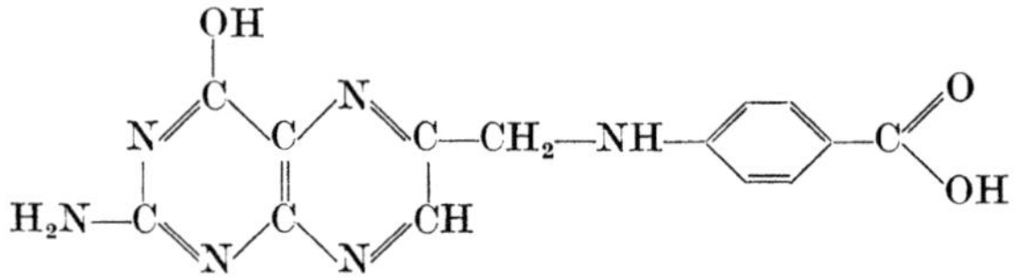

Pteroinsäure

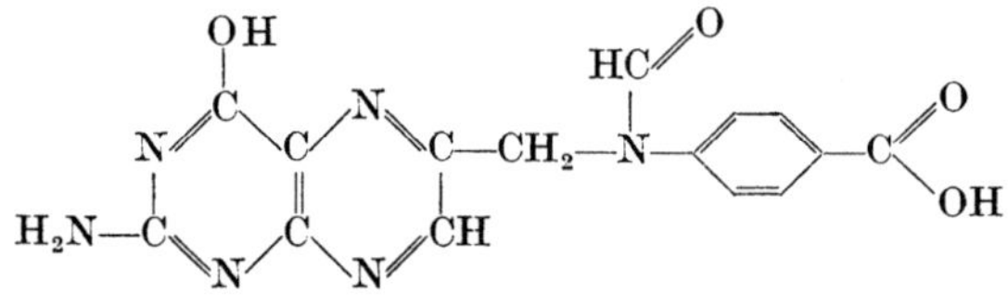

Rhizopterin (N^{10}-Formylpteroinsäure)

Abb. 43. Strukturformeln einiger biologisch aktiver und biologisch inaktiver Folsäurederivate

Glutaminsäure. Verbindungen, welche Folsäurewirkung am höheren Tier oder Menschen aufweisen, müssen alle drei Bausteine in der angegebenen Verknüpfung haben. Pteroinsäure und Rhizopterin (Abb. 43) sind inaktiv (R. J. Williams, R. E. Eakin, E. Beerstecher und W. Shive 1950 und T. H. Jukes 1955). Hingegen sind eine Reihe von Verbindungen, welche das vollständige Folsäuregerüst aufweisen, biologisch aktiv; z. B. Pteroyltriglutaminsäure, Pteroylheptaglutaminsäure, L (—)-Citrovorumfaktor und Anhydro-citrovorumfaktor (Abb. 43).

Der Citrovorumfaktor ist am C-Atom 6 asymmetrisch. Wird die Verbindung synthetisch gewonnen, so ist dieses C-Atom racemisch. Sie besitzt daher nur die halbe biologische Aktivität des Citrovorumfaktors. Die synthetische Verbindung wird auch Leukovorin genannt. Pteroylheptaglutaminsäure oder B_c-Conjugat hat eine ähnliche Strukturformel wie Pteroyltriglutaminsäure nur daß 7 Glutaminsäurereste in der Formel enthalten sind.

2. Physikalisch-chemische Eigenschaften von Folsäure

(E. L. R. Stokstad, B. L. Hutchings und Y. Subbarow 1948; J. J. Pfiffner u. Mitarb. 1943; J. J. Pfiffner u. Mitarb. 1947).

Summenformel: $C_{19}H_{19}O_6N_7$; Mol.-Gew. = 441,4.

Löslichkeit: Die Löslichkeit beträgt in Wasser 0,0016 mg/ml bei pH 3 und 25° C und etwa 1 mg/ml in siedendem Wasser. Die Verbindung ist etwas löslich in Methanol, schlechter in Äthanol und Butanol, praktisch unlöslich in Aceton, Äther, Chloroform und Benzol. Dagegen kann die Verbindung in Eisessig, Pyridin und Phenol gelöst werden. Als amphotere Verbindung löst sich Folsäure in Wasser nach Zugabe von Basen oder Säuren.

Optisches Verhalten: Als Derivat der Glutaminsäure zeigt die Verbindung optische Aktivität. $[\alpha]_D^{25°} = +23°$ (c = 0,5 in 0,1 n-NaOH). (Merck Index 7. Aufl., 1960, S. 459). Die Verbindung hat ein charakteristisches Absorptionsspektrum. Die Lage der Maxima und die Höhe der Extinktion ist vom pH der Lösung abhängig (J. J. Pfiffner u. Mitarb. 1947).

In 0,1 n-Natriumhydroxidlösung hat die Verbindung Absorptions-Maxima bei 256 mμ ($E_{1\,cm}^{1\%}$ = ca. 580), bei 283 mμ ($E_{1\,cm}^{1\%}$ = ca. 565) und bei 365 mμ ($E_{1\,cm}^{1\%}$ = ca. 205). Die reine Verbindung besitzt praktisch keine Fluorescenz. Durch Spuren von Verunreinigungen kann jedoch eine solche vorgetäuscht werden.

3. Vorkommen

Verbindungen der Folsäuregruppe kommen praktisch in jeder lebenden Zelle vor, jedoch in außerordentlich kleinen Konzentrationen. Dabei ist zu berücksichtigen, daß Folsäure und ihre Derivate nicht in freier Form vorliegen, sondern teilweise als Conjugate oder in anderer noch nicht näher identifizierter gebundener Form.

Zur exakten Erfassung aller folsäureaktiven Substanzen müßten daher entweder Methoden bestehen, um jeden einzelnen Faktor für sich zu bestimmen, oder es müßte möglich sein, alle wirksamen Stoffe in dieselbe Form überzuführen und dann gesamthaft zu bestimmen. Beides ist aber nicht der Fall. Gehaltsangaben über Folsäureaktivität von natürlichem Material sind meist nur größenordnungsmäßig als richtig anzusehen.

O. E. Olson u. Mitarb. (1947) teilen Nahrungsmittel nach folgendem Schema ein (Tab. 16):

Tabelle 16. *Folsäuregehalt von Lebensmitteln*

Gehalt		Lebensmittel
sehr hoch	100 μg/100 g.	tief-grüne Blattgemüse, Leber
hoch	etwa 50—100 μg/100 g	frisches grünes Gemüse, Niere
mittel	etwa 10—50 μg/100 g.	Rindfleisch, Kalbfleisch, Getreideflocken (Weizen)
nieder	unter 10 μg/100 g	Wurzelgemüse, Tomaten, Gurken, Schweinefleisch, Käse, Milch

Eine Zusammenstellung über den Folsäuregehalt von Lebensmitteln findet sich bei M. G. Hardinge u. Mitarb. (1961).

4. Biochemie

a) Resorption, Stoffwechsel, Speicherung und Ausscheidung

Folsäure wird wahrscheinlich im Intestinaltrakt vorgängig der Resorption aus ihren gebundenen Formen, vor allem aus den Glutaminsäureconjugaten, freigesetzt. Für diese Freisetzung ist ein Enzym des Intestinaltraktes, die sog. Conjugase, verantwortlich. Möglicherweise beruht die schlechte Resorption von Folsäure aus natürlichem Material bei der Sprue auf dem Fehlen dieses Enzymes (S. H. Hutner, H. A. Nathan und H. Baker 1959). Citrovorumfaktor wird im sauren Milieu des Darmtraktes teilweise zerstört.

Nach der Resorption wird Folsäure über eine Reihe von Zwischenstufen in sog. „aktivierte Ameisensäure" und „aktivierten Formaldehyd" übergeführt (vgl. dazu zum Beispiel F. M. Huennekens und M. J. Osborn 1959 und L. Jaenicke 1961), die beiden eigentlichen Wirkformen der Folsäure. Daneben wird Folsäure, wahrscheinlich jedoch in geringem Ausmaß, im Tierkörper gespeichert. Bei diesen Speicherformen dürfte es sich wiederum um Conjugate der Folsäure und des Citrovorumfaktors handeln.

Die gesamte vom Menschen gespeicherte Folsäuremenge wird auf 0,2 mg geschätzt (J. P. Knowles u. Mitarb. 1961). Der Wert dürfte aber nur die untere Grenze darstellen. Bei erhöhter Folsäurezufuhr wird ein Teil der Verbindung mit dem Harn wieder ausgeschieden (M. E. Swendseid u. Mitarb. 1947), während ein anderer Teil abgebaut wird. Derivate der p-Aminobenzoesäure und einige Pteridine, die natürlicherweise im Harn vorkommen, sind als Abbauprodukte der Folsäure anzusehen (J. A. Blair 1958).

b) Wirkungsmechanismus

Die beiden Coenzymformen der Folsäure, die sog. „aktivierte Ameisensäure" und der „aktivierte Formaldehyd" sind bei einer Reihe von enzymatischen Reaktionen im Organismus beteiligt, bei denen Methylgruppen, Hydroxymethylgruppen oder Formylgruppen übertragen werden (vgl. dazu F. M. Huennekens und M. J. Osborn 1959; L. Jaenicke 1961).

Insbesondere betrifft dies Reaktionen, die beim Stoffwechsel von Serin, Glycin, Methionin, Cholin und Histidin auftreten und Reaktionen, welche für die Biosynthese von Purinen und damit der Nucleinsäuren, des Porphyrinringes und damit des Blutfarbstoffs und von Thymin erforderlich sind. „Aktivierter Formaldehyd" muß als Derivat der Hydroxymethyl-tetrahydrofolsäure und „aktivierte

Ameisensäure" als Derivat der N(5)-N(10)-Methylentetrahydrofolsäure formuliert werden (Abb. 44).

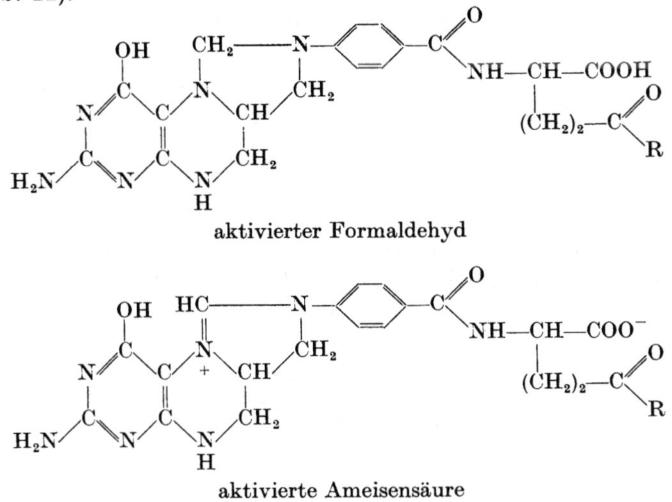

Abb. 44. Strukturformel für „aktivierten Formaldehyd" bzw. „aktivierte Ameisensäure"

c) Bedarf und Mangelerscheinungen

Der minimale Folsäurebedarf des Menschen ist nicht bekannt. Diesbezügliche Schätzungen liegen heute noch weit auseinander. Aus der normalerweise mit der Nahrung aufgenommenen Folsäuremenge kann auf einen Bedarf von 1—2 mg/Tag geschlossen werden (F. H. Bethell 1954). Andere Autoren kommen zu wesentlich kleineren Bedarfszahlen (J. P. Knowles, T. A. Prankerd und R. G. Westall 1961). Es scheint, daß im allgemeinen eine Zufuhr von 100—200 μg pro Tag genügend ist (C. S. Davidson und J. H. Jandl 1959) (vgl. auch Council on Foods and Nutrition 1959).

Inwiefern die Darmflora an der Versorgung des Menschen mit Folsäure beteiligt ist, läßt sich nicht abschätzen. Trotzdem eine genügende Folsäurezufuhr im allgemeinen durch die normale Nahrung gewährleistet sein sollte, kommt es doch – vor allem in tropischen Gebieten – relativ häufig zu Folsäuremangelerscheinungen. Diese können unter anderem dadurch bedingt sein, daß die Nahrung, sei es durch unzweckmäßige Zusammensetzung oder durch unzweckmäßige Zubereitung, folsäurearm ist. Teilweise kann die Folsäure aus der Nahrung schlecht freigesetzt und schlecht resorbiert werden, sei es infolge der sog. „idiopathischen Steatorrhoe" oder der tropischen Sprue, sei es infolge Erkrankung des Intestinaltraktes oder infolge eines operativen Eingriffes, oder schließlich daß ein erhöhter Bedarf vorliegt wie z. B. in der Schwangerschaft, bei Lebererkrankungen oder bei Vitamin B_{12}-Mangel (R. H. Girdwood 1959).

Folsäuremangel äußert sich vor allem durch eine Veränderung des normalen Blutbildes, der sog. „makrocytischen" oder der sog. „megaloblastischen Anämie" und beruht wahrscheinlich darauf, daß unter Folsäuremangel in erster Linie die Synthese der Nucleinsäuren verlangsamt ist. Die bei Folsäure auftretende megaloblastische Anämie ist derjenigen, die bei Vitamin B_{12}-Mangel beobachtet wird, sehr ähnlich. Möglicherweise beruht die bei Vitamin B_{12} auftretende Mangelerscheinung auf eine schlechtere Ausnutzbarkeit von Folsäure. Als weitere Symptome des Folsäuremangels werden Schleimhautveränderungen im Bereich der Mundhöhle und gastrointestinale Störungen, welche zu Durchfall und Resorptionsstörungen führen, beobachtet.

d) Hypervitaminosen

Hypervitaminosen der Vitamine der Folsäuregruppe sind nicht bekannt. Hingegen sollte die tägliche Folsäurezufuhr ein Normalmaß nicht überschreiten, da durch massive Folsäurezufuhr die Diagnose eines eventuell vorhandenen Vitamin B_{12}-Mangels erschwert wird.

5. Biologische Standardisierung und Analytik

Für die Vitamine der Folsäuregruppe wurden keine internationalen Standardpräparate festgelegt. Es empfiehlt sich, dort, wo die chemische Natur der Verbindung nicht feststeht, Analysenresultate auf die Gewichtseinheit Folsäure zu beziehen.

Zur Bestimmung der biologischen Wertigkeit der einzelnen Vertreter der Folsäuregruppe oder zur Bestimmung der biologischen Aktivität natürlicher Folsäurequellen eignet sich ein Küken- oder Rattenwachstumstest (vgl. dazu z. B. T. H. JUKES 1955 und C. I. BLISS und P. GYÖRGY 1951, S. 232—239).

Da Folsäure in natürlichem Material nur in verschwindend kleiner Konzentration vorliegt, können keine chemischen Methoden angewendet werden, um den Folsäuregehalt natürlicher Materialien zu bestimmen. Hingegen können mikrobiologische Methoden verwendet werden, sofern gewisse Vorsichtsmaßnahmen getroffen werden. Mikroorganismen sprechen nicht auf alle Glieder der Folsäuregruppe gleichmäßig an, hingegen ist es möglich, daß dieselben auf Verbindungen ansprechen, welche für den Menschen keine Folsäurewirkung aufweisen.

Tabelle 17 gibt Auskunft über die Folsäurewirkung verschiedener Verbindungen bei verschiedenen Organismen. Die Zahlenangaben stammen von R. J. WILLIAMS, R. E. EAKIN, E. BEERSTECHER und W. SHIVE (1950, S. 567) und von T. H. JUKES (1955). (Daselbst noch weitere Angaben über biologische Wirksamkeiten.)

Tabelle 17. *Folsäurewirkung verschiedener Verbindungen bei Tieren und Mikroorganismen in Prozent der Wirkung von reiner Folsäure*

Verbindung	Ratte	Huhn	Tetrahymena geleei W	Lactobacillus casei	Streptococcus faecalis
Folsäure	100	100	100	100	100
Pteroyltriglutaminsäure	+[1]	100	100	80—100	3,8—7,5
Pteroylheptaglutaminsäure	100	65—100	100	0,2—0,8	0,3—0,6
Pteroinsäure	0	0	0	0,08	30
Rhizopterin	0	0	0,14	Spur	100—125
Leukovorin (synthetisch)		20 (50)[2]		50	50
Citrovorumfaktor		100			100
Anhydroleukovorin		70		50	50

[1] Folsäure-wirksam, jedoch keine quantitativen Angaben vorhanden.
[2] 50% bei parenteraler Anwendung.

Man entnimmt der Tabelle, daß die biologischen Aktivitäten für die einzelnen Organismen nicht parallel gehen. Es ist daher nötig, für die meisten Teste vorgängig der Analyse alle Verbindungen in Folsäure überzuführen und mit Mikroorganismen zu arbeiten, welche die inaktiven Formen Pteroinsäure und Rhizopterin nicht verwenden können. Insbesondere muß, sofern z. B. Lactobacillus casei als Testorganismus gewählt wird, Folsäure mit Hilfe von Conjugase aus ihren Verbindungen freigesetzt werden.

Arbeitsvorschriften zur mikrobiologischen Bestimmung von Folsäure finden sich bei D. MÜCKE (1957, S. 129—133), bei T. H. JUKES (1955) und im Methodenbuch der AOAC (1960).

Folsäurelösungen sind zwischen pH 4 und 12 auch in der Hitze ziemlich stabil, dagegen werden sie unterhalb pH 4 in der Hitze zerstört (E. P. DANIEL und O. L. KLINE 1947). Lösungen von Citrovorumfaktor sind vor allem im sauren Bereich instabil und dürfen nicht längere Zeit stehen gelassen werden.

IX. Die Vitamin B_{12}-Gruppe

1. Moleküle mit Vitamin B_{12}-Wirksamkeit

Die wichtigste Verbindung aus dieser Reihe ist das Vitamin B_{12} (Abb. 45) oder Cyanocobalamin.

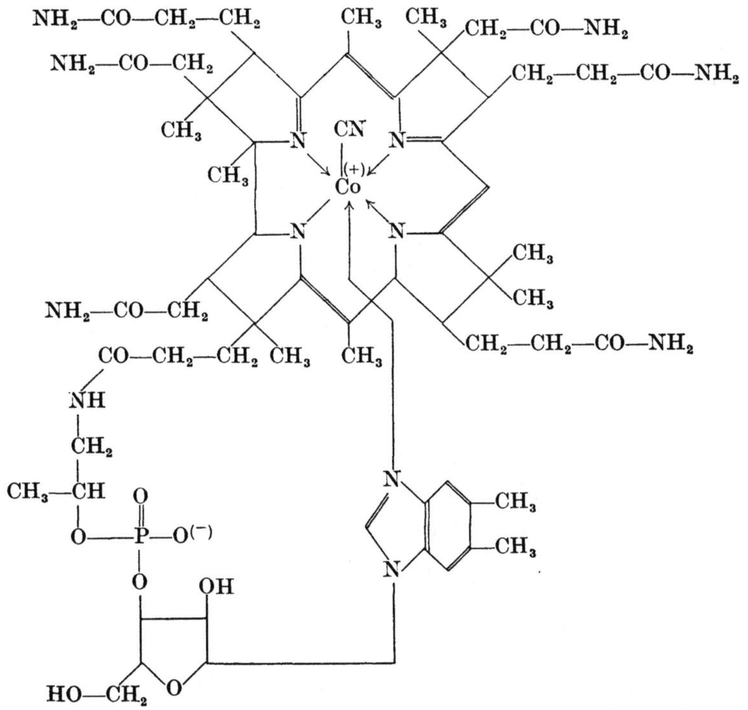

Cyanocobalamin, α-(5.6-Dimethyl-benzimidazolyl)-cobamid cyanid

Abb. 45. Strukturformel von Vitamin B_{12}

Die Verbindung leitet sich vom Corrin-Ring ab (Abb. 46); dieser hat eine ähnliche Struktur wie der Porphyrinring (Abb. 46), der im Grundkörper des roten Blutfarbstoffes enthalten ist.

Als Zentralatom ist, ähnlich wie im Blutfarbstoff Eisen, bei Vitamin B_{12} dreiwertiges Kobalt komplex gebunden. Neben den 4 Stickstoffatomen des Corrinringes treten als Liganden Cyanid und 5.6-Dimethylbenzimidazol auf. Letzteres ist nucleotidartig mit einer Seitenkette des Corrinringes verbunden. Die Vitamin B_{12}-Wirkung bleibt erhalten, wenn anstelle des Cyanids ein anderer Ligand eingeführt wird, welcher mit Kobalt eine komplexe Bindung einzugehen vermag,

z. B. die Hydroxo- oder Aquogruppe im Vitamin B_{12b} oder Aquocobalamin, die Nitritogruppe im Vitamin B_{12c} oder Nitritocobalamin usw.

Bis zu einem gewissen Grade kann 5.6-Dimethylbenzimidazol durch andere Basen ersetzt werden, ohne daß die Vitamin B_{12}-Wirkung verloren geht, z. B. durch 5-Hydroxybenzimidazol im B_{12}-Faktor III oder α-(5-Hydroxybenzimidazolyl)-cobamidcyanid (vgl. dazu K. BLUMBERGER, P. PETRIDES und K. BERNHAUER 1957).

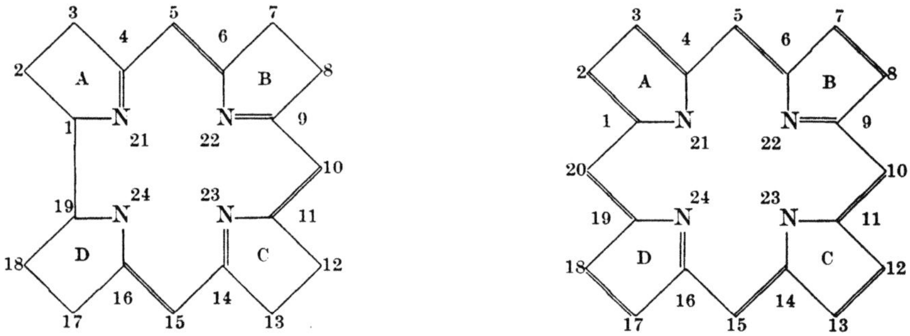

Corrinring Porphyrinring

Abb. 46. Strukturformel des Corrinringes und des Porphyrinringes

In der Natur kommen eine Reihe von Vitamin B_{12}-ähnlichen Verbindungen, die sog. Pseudovitamin B_{12}-Verbindungen vor, die anstelle des 5.6-Dimethylbenzimidazols eine Purinbase in der Molekel enthalten. Diesen Stoffen kommt keine Vitamin B_{12}-Wirkung zu. Auch Verbindungen, bei denen die Base völlig fehlt, sind biologisch inaktiv; dies ist z. B. im Cobinamid (Faktor B, Faktor I, Aetiocobalamin) der Fall.

2. Chemische und physikalisch-chemische Eigenschaften von Vitamin B_{12}, Cyanocobalamin

(vgl. dazu Merck Service Bulletin 1958)

Summenformel: $C_{63}H_{88}CoN_{14}O_{14}P$; Mol.-Gew. = 1355.
Kobaltgehalt: 4,35%.

Vitamin B_{12} kristallisiert aus Wasser oder Aceton-Wasser in roten, nadelförmigen Kristallen.

Die Verbindung enthält bis zu 20% Kristallwasser (normalerweise etwa 12%). Die wasserfreie Verbindung zeigt keinen Schmelzpunkt, beginnt jedoch bei 210 bis 220° C zu verkohlen.

Löslichkeit: 1 g der reinen Verbindung löst sich bei 25° C in 80 ml Wasser. Die wäßrige Lösung reagiert neutral. Kristallines Vitamin B_{12} ist löslich in Alkohol und Phenol, jedoch unlöslich in Aceton, Chloroform oder Äther.

Optisches Verhalten: Die Verbindung zeigt optische Aktivität. $[\alpha]^{23°}_{656\,m\mu} = -59° \pm 9°$ (wäßrige Lösung). Die wäßrige Lösung hat ein charakteristisches Absorptionsspektrum, wobei Maxima bei 278, 361 und 550 mμ auftreten mit den zugehörigen $E^{1\%}_{1\,cm}$-Werten von 115, 207 und 64. Das Absorptionsspektrum ist zwischen pH 2 bis 13 von der H-Ionen-Konzentration unabhängig. Hingegen entsteht in Anwesenheit eines Überschusses von Cyanidionen bei alkalischer Reaktion der Dicyanokomplex von Vitamin B_{12}, der ein anderes Absorptionsspektrum besitzt (vgl. z. B. W. GRAB 1960).

3. Vorkommen

Das Vorkommen von Vitamin B_{12} ist auf tierische und mikrobiologische Erzeugnisse beschränkt. Für den tierischen Organismus ist die Bildung von Vitamin B_{12} durch Mikroorganismen des Intestinaltraktes von außerordentlicher Bedeutung. Dies trifft vor allem für Wiederkäuer zu. Diese Tiere sind von der äußeren Zufuhr von Vitamin B_{12} unabhängig, sofern die nötige Menge Kobalts zur Verfügung steht. Für den Menschen stellen innere Organe wie Leber und Niere von Nutztieren die wichtigste Vitamin B_{12}-Quelle dar.

Bei der industriellen Herstellung des Vitamin B_{12} wird von seiner Bildung durch zahlreiche Mikroorganismen Gebrauch gemacht. Das Vitamin fällt bei vielen Gärprozessen als Haupt- oder Nebenprodukt an und wird entweder als Rohkonzentrat oder in gereinigtem Zustand für die menschliche und tierische Ernährung verwendet.

Über den Gehalt an Vitamin B_{12} in verschiedenen Lebensmitteln vgl. W. GRAB (1960).

4. Biochemie

a) Resorption, Stoffwechsel, Speicherung und Ausscheidung

Oral aufgenommenes Vitamin B_{12} verbindet sich im Magen-Darm-Trakt des Menschen mit einem Stoff, der von der Magenschleimhaut sezerniert wird, dem sog. "Intrinsic factor" (W. B. CASTLE und W. C. TOWNSEND 1929).

Die Natur dieses Stoffes konnte trotz großer Forschungsarbeit bis heute noch nicht eindeutig aufgeklärt werden; möglicherweise handelt es sich um ein Mucoprotein (vgl. z. B. U. ELLENBOGEN 1962; W. W. BROMER und E. O. DAVISSON 1962; R. GRÄSBECK, K. SIMONS und I. SINKKONEN 1962; H. FAILLARD, W. PRIBILLA und H. E. POSTH 1962; J. G. HEATHCOTE und F. S. MOONEY 1962).

Für die Resorption von Vitamin B_{12} ist die Bildung des Komplexes mit dem "Intrinsic factor" von ausschlaggebender Bedeutung. Personen, welche keinen "Intrinsic factor" zu bilden vermögen, sind nicht fähig, Vitamin B_{12} in genügendem Ausmaß zu resorbieren.

Vom normalen Menschen werden kleine Dosen Vitamin B_{12}, z. B. 0,5 μg, quantitativ resorbiert, während größere Dosen, z. B. 50 μg, nur noch zu etwa 3% aufgenommen werden (G. GLASS u. Mitarb. 1954), so daß die Gesamtmenge an Vitamin B_{12}, welche resorbiert wird, vom Angebot praktisch unabhängig ist. Der menschliche Körper enthält etwa 5 mg Vitamin B_{12} (H. C. HEINRICH und A. A. PFAU 1962), wobei Leber und Niere die hauptsächlichsten Speicherorgane darstellen (K. U. BLUM und H. C. HEINRICH 1957).

Die Exkretion von Vitamin B_{12} erfolgt normalerweise über die Galle durch den Kot (H. C. HEINRICH 1961). Ob es sich dabei um Vitamin B_{12} handelt oder um biologische Abbauprodukte, ist unbekannt (B. JASINSKY, H. FREI und G. E. STIEFEL 1957). Die Exkretion beträgt etwa 5 μg/Tag. Bei Belastung des Organismus mit hohen Dosen Vitamin B_{12}, z. B. durch Injektion von Vitamin B_{12}-Präparaten, wird das Vitamin durch die Niere ausgeschieden (vgl. z. B. D. M. WATKIN u. Mitarb. 1961).

b) Wirkungsmechanismus

Vitamin B_{12} ist an zahlreichen biochemischen Prozessen im höheren Organismus beteiligt. Mit Sicherheit darf man annehmen, daß Vitamin B_{12} bei der Reduktion der Einkohlenstoff-Fragmente der Oxydationsstufe des Formiats und Formaldehyds mitwirkt und somit zusammen mit Folsäure an der Biosynthese labiler Methylgruppen maßgebend beteiligt ist (vgl. dazu A. M. WHITE und H. R. V. ARNSTEIN 1962). Labile Methylgruppen spielen im Stoffwechsel eine große Rolle, da zur Biosynthese wichtiger Körpersubstanzen derartige Gruppen benötigt werden. Es betrifft dies vor allem die Biosynthese des Purin- und Pyrimidinringes, unentbehrliche Bestandteile der Nucleinsäuren, ferner die Biosynthese des Methionins, einer Aminosäure, des Cholins, eines Amins, das an der Aufrechterhaltung des normalen Fettstoffwechsels in der Leber maßgebend beteiligt ist, und des Kreatins, einer Substanz, die in den Energiewechsel des Körpers eingreift.

Da die Bildung der beiden Vorstufen der labilen Methylgruppen, des sog. „aktivierten Formiats" und „aktivierten Formaldehyds" an das Vorhandensein von Folsäure geknüpft ist, kommt Vitamin B_{12} bei den erwähnten Stoffwechselvorgängen nur bei genügender Folsäurezufuhr voll zur Geltung (Diskussion vgl. bei L. Jaenicke 1962).

Möglicherweise greift Vitamin B_{12} noch direkt in eine Reihe anderer wichtiger Stoffwechselvorgänge ein, so bestehen Beziehungen zum Kohlenhydratstoffwechsel (D. K. Biswas und B. C. Johnson 1962) und zum Aminosäure- und Eiweißstoffwechsel (H. R. V. Arnstein und A. M. White 1962).

Bestehen über die Wirkungsweise von Vitamin B_{12} bei den oben erwähnten Stoffwechselvorgängen nur unklare Vorstellungen, so gelang es, die Stellung von Vitamin B_{12} im Propionsäurestoffwechsel besser zu definieren.

Propionsäure wird in der lebenden Zelle auf folgendem Wege (Abb. 47) in Bernsteinsäure übergeführt.

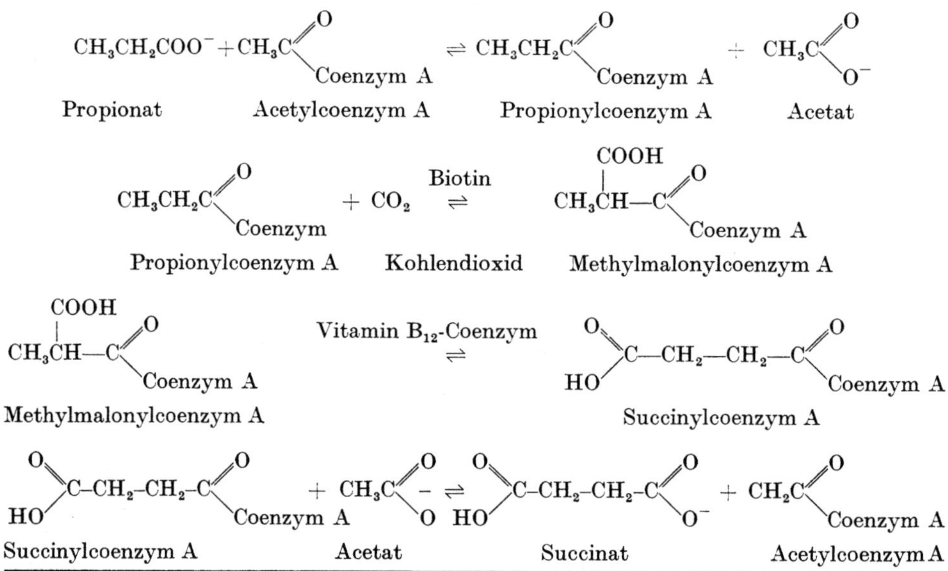

Summe: Propionat + CO_2 ⇌ Succinat

(Acetylcoenzym A, Biotin, Vitamin B_{12}-Coenzym)

Abb. 47. Stoffwechsel der Propionsäure

Die Reaktion ist vor allem für Organismen, deren Nahrung zu einem großen Teil aus Propionsäure besteht, wie z. B. bei Wiederkäuern, von großer Bedeutung (Kohlenhydrate werden bei Wiederkäuern durch die Tätigkeit der Pansenbakterien teilweise in Propionsäure übergeführt); sie spielt sich aber auch im normalen menschlichen Organismus ab.

Das bei der Isomerisierung von Methylmalonylcoenzym A zu Succinylcoenzym A benötigte Coenzym B_{12} wurde von H. WEISSBACH, I. TOOHEY und H. A. BARKER (1959) und von PAWELKIEWICZ, BARTOSINSKI und WALERYCH (1960) unabhängig voneinander gefunden.

Das Coenzym unterscheidet sich in seiner Strukturformel vom Vitamin B_{12} vor allem dadurch, daß es an Stelle von Cyanid als Liganden des Kobalts einen Adeninrest trägt, der seinerseits mit einem Zucker verbunden ist (Abb. 48), und daß das zentrale Kobaltatom wahrscheinlich zweiwertig ist (H. A. BAKER 1962; P. G. LENHERT u. D. C. HODGKIN 1962; K. BERNHAUER, O. MÜLLER und O. WAGNER 1962; E. E. GABBE und H. C. HEINRICH 1962; M. E. COATES, B. M. DORAN und G. F. HARRISON 1962).

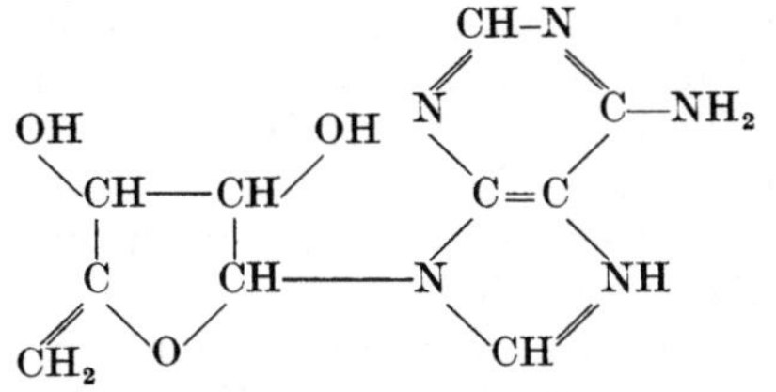

Abb. 48. Ligand von Cobalt im Coenzym B_{12} (wahrscheinliche Strukturformel)
Zu Struktur und Wirkung von Vitamin B_{12} Coenzym siehe H. E. WHIPPLE (1964)

c) Bedarf und Mangelerscheinungen

Vitamin B_{12}-Mangelzustände infolge ungenügender Zufuhr treten beim Menschen praktisch nicht auf. Nur bei extremen Vegetariern kommt es zu Krankheitsbildern, die einem beginnenden Vitamin B_{12}-Mangel entsprechen (F. WOKES und A. D. M. SMITH 1962).

Wird jedoch Vitamin B_{12}, sei es wegen Fehlens des sog. "Intrinsic factors" oder aus anderen Gründen [Gastrektomie, Bandwurm-Infektionen (Diphyllobothrinum latum)], vom Intestinaltrakt nicht resorbiert, so kann es zum Krankheitsbild der perniziösen Anämie kommen, einer Krankheit, die vor der Entdeckung des Vitamin B_{12} zu den gefürchtetsten Krankheiten zählte (vgl. dazu R. H. FOLLIS 1958). Wohl infolge der verminderten Bildung von Nucleinsäuren können nur noch verhältnismäßig wenig rote Blutkörperchen neu gebildet werden, so daß es zu ähnlichen Störungen des Blutbildes wie bei Folsäuremangel kommt.

Neben diesen Veränderungen des Blutbildes treten Degenerationen im Rückenmark auf, welche bei fortgeschrittenem Stadium durch Vitamin B_{12}-Zufuhr nicht mehr reversibel beeinflußt werden können (vgl. dazu H. BAUER und H. C. HEINRICH 1957).

Der Bedarf an Vitamin B_{12} wird für den gesunden Menschen auf etwa 3 μg/Tag geschätzt (H. C. HEINRICH und A. A. PFAU 1962).

5. Analytik

Für Vitamin B_{12} wird von der WHO ein Standardpräparat zur Verfügung gestellt. Für die meisten Zwecke können Analysenergebnisse auf die Gewichtseinheit von kristallisiertem käuflichem Vitamin B_{12} bezogen werden.

Soll die gesamte Vitamin B_{12}-Aktivität erfaßt werden, so muß wie bei den übrigen Vitaminen eine biologische Bestimmungsmethode (Küken- oder Rattenwachstumstest) angewendet werden (vgl. z. B. C. I. BLISS und P. GYÖRGY 1951, S. 239—244). Handelt es sich darum, nur Cobalamine und keine anderen Vitamin B_{12}-aktiven Faktoren zu bestimmen, so können chemische Methoden meist nicht ohne weiteres verwendet werden, da die Konzentration in Lebens- und

Futtermitteln unter der Erfassungsgrenze liegt. Hingegen gelingt die chemische Bestimmung in vielen Fällen nach entsprechender Anreicherung und nach Abtrennung von Störsubstanzen. In diesen Fällen wird dem Ausgangsmaterial radioaktiv signiertes Vitamin B_{12} zugesetzt und aus dem Aktivitätsverlust auf den Gesamtverlust während der Aufarbeitung geschlossen (F. A. BACHER, A. E. BOLEY und C. E. SHONK 1954). In allen Fällen, wo von vornherein feststeht, daß das in Frage stehende Analysengut nur Cobalamine enthält, oder wo die verschiedene biologische Aktivität der übrigen Vitamin B_{12}-Faktoren im Tierversuch und im mikrobiologischen Test vernachlässigt werden darf, kann eine mikrobiologische Methode gewählt werden. Mikrobiologische Methoden sind im allgemeinen genügend empfindlich, so daß ohne spezielle Anreicherungsverfahren analysiert werden kann. Als Testorganismen eignen sich: Lactobacillus leichmannii, Escherichia coli, Euglena gracilis und Ochromonas malhamensis (vgl. dazu W. GRAB 1960c und D. MÜCKE 1957). Die Werte, welche mit Hilfe von Ochromonas malhamensis erhalten werden, sind bei Anwesenheit von anderen Vitamin B_{12}-Faktoren den im Kükenwachstumstest erhaltenen Werten am ähnlichsten (vgl. dazu M. E. COATES, J. E. FORD und G. F. HARRISON 1962).

Tabelle 18 enthält Angaben über die Vitamin B_{12}-Wirksamkeit von Vitamin B_{12}, Faktor III, Pseudovitamin B_{12} und Faktor B.

Tabelle 18. *Vergleich der biologischen Wirksamkeit von Vitamin B_{12}, Faktor III, Pseudovitamin B_{12} und Faktor B bei verschiedenen Organismen*

	Ochromonas malhamensis	Lactobacillus leichmannii	Escherischia coli		Küken	
			a)	b)	c)	d)
Vitamin B_{12} . . .	100	100	100	100	100	100
Faktor III[1]	41	53	64	167	1,2	5,8
Pseudovitamin B_{12}[1]	0	50	10	100	antagonistische Wirkung	0
Faktor B[1]	0	0	20	100	„	0

a) Röhrchentest; b) Plattentest; c) Aktivität nach oraler Applikation; d) Aktivität nach Injektion der Verbindung.

[1] Faktor III enthält 5-Hydroxy-benzimidazol; Pseudovitamin B_{12} enthält Adenin anstelle des im Vitamin B_{12}-Molekül vorhandenen 5.6-Dimethyl-benzimidazol. Bei Faktor B fehlt der Nucleotidanteil.

Aus natürlichem Material muß Vitamin B_{12} freigesetzt werden. Am besten geschieht dies mit einer wäßrigen 0,01 %igen KCN-Lösung in der Wärme; dadurch werden alle Cobalamine in Cyanocobalamin übergeführt. Dieses ist in wäßriger Lösung, vor allem bei pH 4,0—4,5 sehr stabil und kann sogar 20 min bei 120° C im Autoklaven erhitzt werden ohne daß Verluste auftreten. Durch Alkali und starke Säuren sowie bei Anwesenheit von Reduktionsmitteln und durch starke Lichteinwirkung wird Vitamin B_{12} zerstört.

X. Vitamin C

1. Moleküle mit Vitamin C-Wirksamkeit

Unter den Molekülen mit Vitamin C-Wirksamkeit nimmt die L-Ascorbinsäure (Abb. 49) eine zentrale Stellung ein.

L-Ascorbinsäure ist das Lacton einer Säure, die sich von einer Hexose ableitet. Die Kohlenstoffatome 4 und 5 dieser Hexose sind asymmetrisch und entsprechen in ihrer Konfiguration der L-Threose oder den Kohlenstoffatomen 3 und 4 der

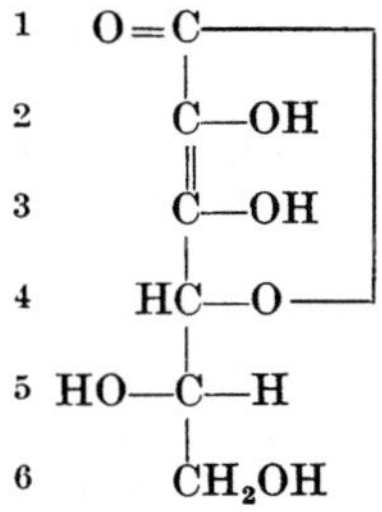

L-Threo-2.3.4.5.6-pentahydroxy-hexen-2-carbonsäurelacton

Abb. 49. Strukturformel von L-Ascorbinsäure

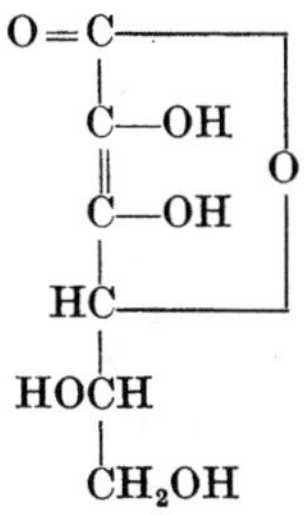

Vitamin C
Ascorbinsäure

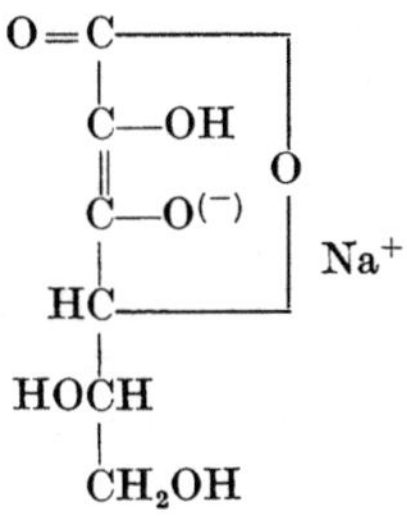

Natriumascorbat

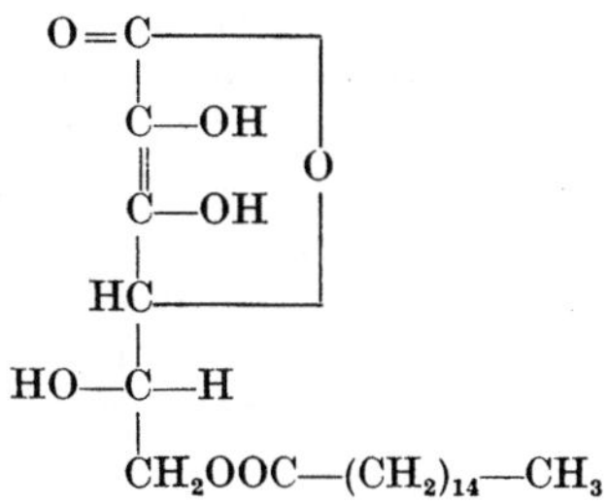

Ascorbylpalmitat

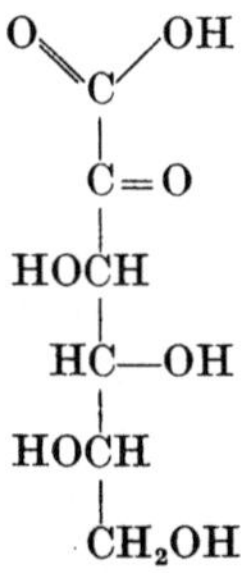

2-Ketogulonsäure
α-Ketogulonsäure

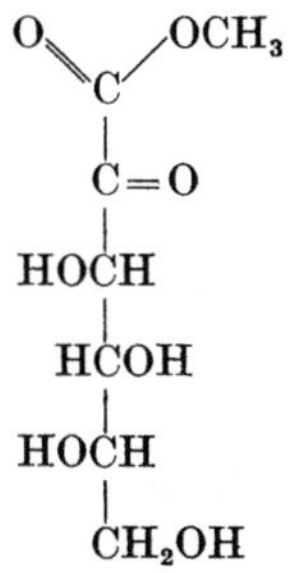

2-Ketogulonsäure-methylester

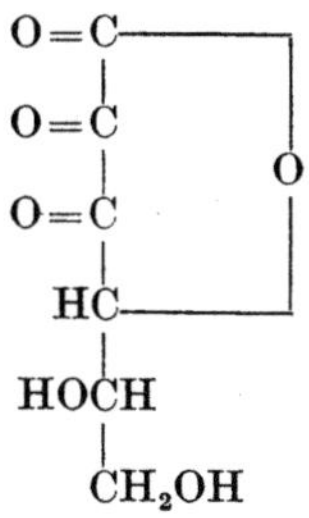

Dehydroascorbinsäure

Abb. 50. Moleküle mit Vitamin C-Wirksamkeit

L-Xylose. L-Ascorbinsäure hat an den Kohlenstoffatomen 2 und 3 eine Endiol-Konfiguration. Endiole haben saure Eigenschaften. Aus diesem Grunde reagiert Ascorbinsäure trotz der Lactonisierung der Carbonsäuregruppe in wäßriger Lösung sauer. L-Ascorbinsäure kann durch Oxydationsmittel leicht in Dehydroascorbinsäure übergeführt werden (Abb. 50). Diese Verbindung hat anstelle der Endiolgruppierung eine Diketogruppierung. Dehydroascorbinsäure besitzt die gleiche Vitamin C-Wirksamkeit wie L-Ascorbinsäure.

Eine Vorstufe der Ascorbinsäure, welche für die Ascorbinsäure-Synthese verwendet werden kann und wahrscheinlich auch im Tierkörper als Vorstufe auftritt, die α-Ketogulonsäure (Abb. 50), hat ebenfalls die gleiche Vitaminwirkung wie L-Ascorbinsäure (T. Reichstein und A. Grüssner 1934). In der α-Ketogulonsäure ist der Lactonring geöffnet und anstelle der Endiol-Konfiguration eine Ketoalkohol-Gruppierung vorhanden. – Die Carboxylgruppe dieser Verbindung kann mit Alkoholen verestert werden. In wäßriger Lösung liegt kein Gleichgewicht zwischen der Ketoalkohol- und der Endiol-Gruppierung vor, wie dies bei Enolen gewöhnlich der Fall ist. Die Verbindung kann mit Hilfe von starken Mineralsäuren in Ascorbinsäure übergeführt werden. (Zur Vitamin C-Wirksamkeit von α-Ketogulonsäure vgl. W. Kieckebusch u. K. Lang 1962.) Die alkoholischen OH-Gruppen der Ascorbinsäure lassen sich mit Fettsäuren verestern. Zu den bekanntesten dieser Ester gehört z. B. das Ascorbylpalmitat (Abb. 50) (vgl. dazu Organisation Mondiale de la Santé 1962) und das Ascorbyldiacetat. Solche Ester haben volle Vitaminwirkung (W. Feldheim und M. Czerny 1959). Das Ascorbylpalmitat findet wegen seiner antioxydativen Eigenschaft in der Lebensmittelindustrie Verwendung.

Verbindungen, die am Kohlenstoff 4 oder 5 eine andere Konfiguration als L-Ascorbinsäure haben, besitzen praktisch keine Vitamin C-Wirksamkeit. Die Verbindungen sind durch die Synthese zugänglich. Unter diesen Verbindungen hat die D-Isoascorbinsäure als Antioxydans eine gewisse Bedeutung (Formeln vgl. Abb. 51).

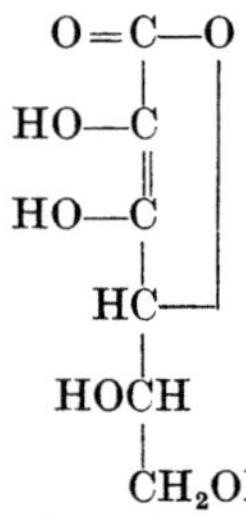

L-Ascorbinsäure

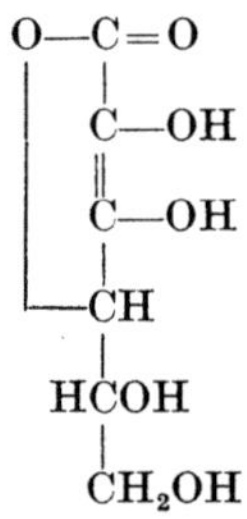

D-Ascorbinsäure

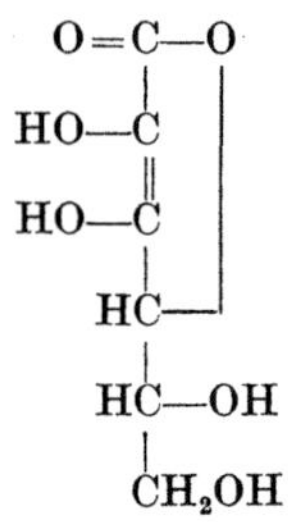

D-Araboascorbinsäure
D-Isoascorbinsäure
Erythorbinsäure

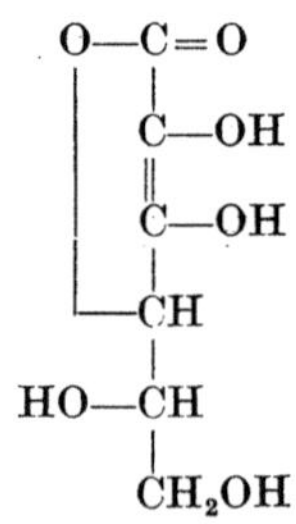

L-Araboascorbinsäure

Abb. 51. Stereoisomere der L-Ascorbinsäure

In der Natur kommen eine Reihe von Substanzen vor, welche ähnliche chemische Reaktionen eingehen können wie Ascorbinsäure, d. h. Verbindungen, die sich durch ein hohes Reduktionsvermögen auszeichnen. Diese Verbindungen werden zusammen mit der Ascorbinsäure als Reduktone bezeichnet (H. von Euler und B. Eistert 1957). Die meisten dieser Verbindungen zeigen eine Endiolgruppe, welche bei Oxydation in eine Diketogruppe übergeht (Abb. 52).

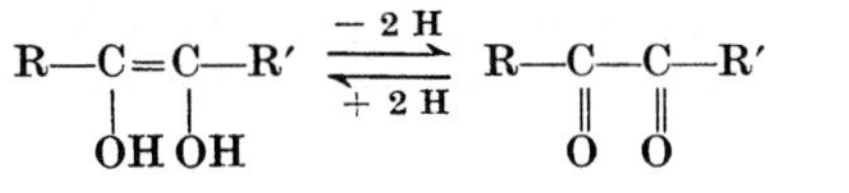

Abb. 52. Reversibler Übergang eines Reduktons in ein Dehydroredukton

2. Chemische und physikalisch-chemische Eigenschaften der L-Ascorbinsäure

Summenformel: $C_6H_8O_6$; Mol.-Gew. = 176,1.

L-Ascorbinsäure kann aus Wasser umkristallisiert werden. Die Verbindung kristallisiert ohne Kristallwasser in quadratischen oder etwas länglichen, monoklinen Kristallen (E. G. Cox und T. H. Goodwin 1936).

Schmelzpunkt: 190° C (Zersetzung).

Löslichkeit: 1 g Ascorbinsäure löst sich in 3,5 ml Wasser, in 30 ml 95%igem Alkohol, in 50 ml absolutem Alkohol und in 100 ml Glycerin. Die Verbindung ist unlöslich in Äther, Chloroform und Fettlösungsmitteln.

Verhalten der wäßrigen Lösung: Die wäßrige Lösung reagiert stark sauer (pH 2,4—2,8 bei 20 mg/ml), wobei die Dissoziation der Ascorbinsäure nach dem in Abb. 53 wiedergegebenen Schema formuliert werden muß. Die Eigenschaften einer wäßrigen Ascorbinsäurelösung hängen daher davon ab, welche dieser drei Ionenformen vorherrscht, d. h., sie hängen von der Wasserstoffionenkonzentration der Lösung ab.

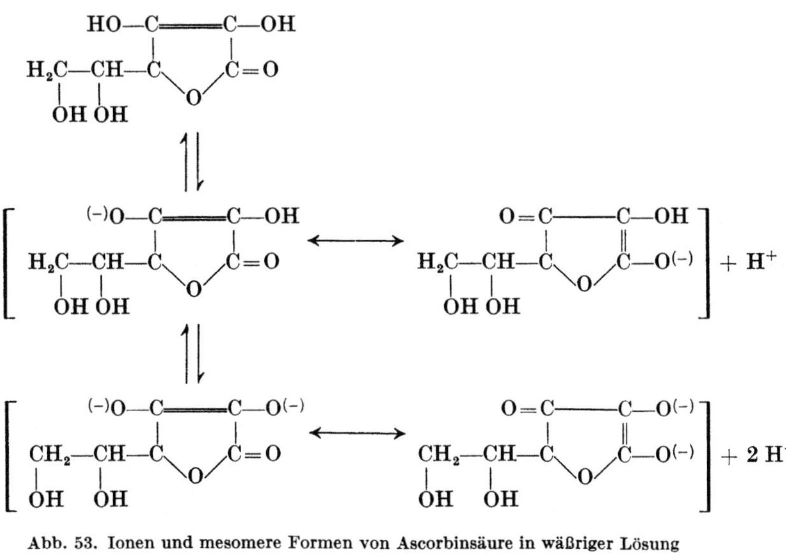

Abb. 53. Ionen und mesomere Formen von Ascorbinsäure in wäßriger Lösung

Optisches Verhalten: Die spezifische Drehung der wäßrigen Lösung beträgt $[\alpha]_D^{20°} = -22°$ bis $-23°$ (c = 2) für Ascorbinsäure und $[\alpha]_D^{20°} = +103$ bis $+106$ (c = 5) für das Mononatriumsalz. Auch das UV-Absorptionsspektrum ist pH-abhängig. In stark saurer Lösung befindet sich das Absorptionsmaximum bei 245 mμ, in neutraler Lösung bei 265 mμ und schließlich bei pH 14 bei etwa 300 mμ.

Reduktionsvermögen: Wäßrige Ascorbinsäurelösungen sind durch ihr außerordentlich hohes Reduktionsvermögen ausgezeichnet. Nach P. Karrer, G. Schwarzenbach und K. Schöpp (1933) und (1934) beträgt das Redoxpotential bei 40° C:

pH	1,2	3,1	5,1	7,0	9,2
E_0	+0,105	+0,017	−0,141	−0,232	−0,305 Volt

Für eine Diskussion dieser Werte muß auf H. v. Euler und B. Eistert (1957) verwiesen werden.

Beständigkeit: Reine Ascorbinsäure ist an der Luft relativ beständig, verfärbt sich aber bei Zutritt von Feuchtigkeit gelblich, ohne daß der Gehalt abnimmt. In wäßriger Lösung hingegen, in Gegenwart von Luftsauerstoff oder Oxydationsmitteln, wird Ascorbinsäure, wohl über die Zwischenstufe der Dehydroascorbinsäure, abgebaut. Der Abbau geschieht besonders rasch in Gegenwart von Schwermetallspuren, wie z. B. Kupferionen.

3. Vorkommen

Ascorbinsäure kommt in den meisten tierischen und pflanzlichen Zellen vor, jedoch in unterschiedlicher Konzentration. Ältere Angaben, die sich nur auf das Reduktionsvermögen von Extrakten aus pflanzlichen und tierischen Geweben stützen, können unter Umständen viel zu hoch sein.

Eine kritische Beurteilung von Analysenwerten findet sich bei E. H. Morse, M. Potgieter und G. J. Walker (1958); vgl. auch J. H. Roe (1961).

Zu den wichtigsten Lebensmitteln, die als Vitamin C-Träger in Frage kommen, gehören Gemüse, insbesondere verschiedene Kohlarten und Kartoffeln, sowie Citrusfrüchte. Ascorbinsäure kommt in der Natur als freie Ascorbinsäure oder Dehydroascorbinsäure vor; neben den freien Formen existieren aber auch gebundene Formen, über deren Natur nur wenig bekannt ist, solche Formen müssen vorgängig der Analyse durch normale Mineralsäuren gespalten werden. In Kohlarten entsteht bei der Verarbeitung eine gebundene Form, das Ascorbigen, diese hat praktisch keine Vitamin C-Wirkung (W. Feldheim 1961).

4. Biochemie

a) Resorption, Stoffwechsel, Speicherung und Ausscheidung

Ascorbinsäure wird im Dünndarm resorbiert (E. Lampa 1937). Die Resorption ist jedoch nicht vollständig. Im allgemeinen muß mit einem Vitamin C-Verlust von 27% bei der Darmpassage gerechnet werden (W. Stepp, J. Kühnau und H. Schröder 1957).

Resorbiertes Vitamin C kann im menschlichen Organismus nur zu einem geringen Anteil gespeichert werden. O. H. Lowry u. Mitarb. (1946) schätzen die gesamte Menge an gespeicherter Ascorbinsäure unter normalen Bedingungen auf etwa 4 g. Wird dem Körper eine größere Menge Ascorbinsäure angeboten als dieser Speicherkapazität entspricht, so wird diese Menge teilweise durch die Niere ausgeschieden, teilweise zu anderen Stoffwechselprodukten abgebaut (siehe dazu G. Brubacher u. J. P. Vuillenmier 1965). Ascorbinsäure geht im Tierkörper in Dehydroascorbinsäure, 2.3-Diketogulonsäure, L-Lyxonsäure und L-Xylonsäure über (vgl. Abb. 54) (Y. Kagawa, Y. Mano und N. Shimazono 1960; J. Kanfer, G. Ashwell und J. J. Burns 1960). Neben diesem Abbauweg besteht ein weiterer, bei welchem unter anderem Oxalsäure als Stoffwechselendprodukt auftritt (J. J. Burns, H. B. Burch und C. G. King 1951). Ein Teil der Ascorbinsäure wird als Dehydro- und Diketogulonsäure ausgeschieden (A. F. Abt, S. von Schuching und T. Enns 1963; L. Hellman und J. J. Burns 1958).

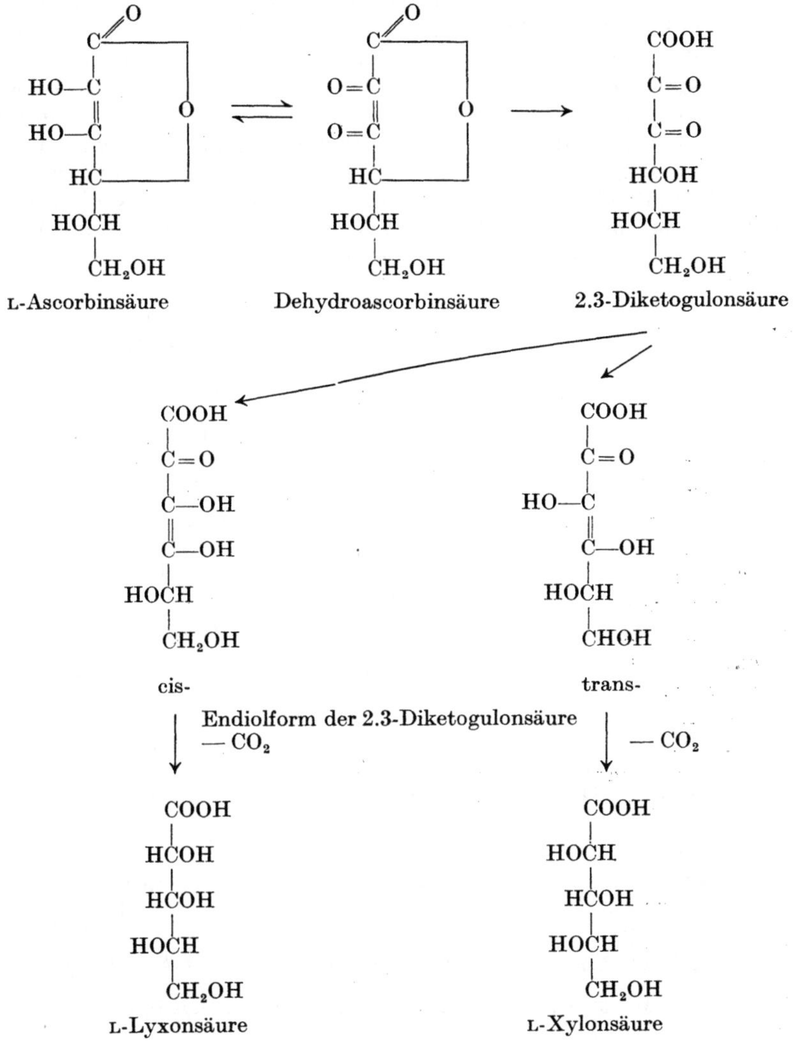

Abb. 54. Schema des biologischen Abbaues von L-Ascorbinsäure

b) Wirkungsmechanismus

Über den Wirkungsmechanismus der Ascorbinsäure ist nichts sicheres bekannt. Möglicherweise spielt Ascorbinsäure bei gewissen Oxydations- oder Reduktionsvorgängen eine Rolle, so bei der Hydroxylierung von Steroidhormonen und aromatischen Aminosäuren. Vitamin C ist für die Bildung der intercellulären Fibrillarsubstanz der Stützgewebe (Bindegewebe, Knochen, Knorpel, Dentin) und für die Aufrechterhaltung der normalen Funktion dieser Gewebe unentbehrlich. Wie weit dies im Zusammenhang mit der Beteiligung von Vitamin C an der Hydroxylierung von Prolin zu Hydroxyprolin steht, ist ungewiß.

c) Vitamin C-Bedarf und Mangelerscheinungen

Vitamin C ist nur für den Menschen, einige Säugetiere und Vögel essentiell. Unter anderem betrifft dies Affen, Präriehunde und Meerschweinchen. Die meisten Tiere sind in der Lage, die zum Stoffwechsel benötigte Ascorbinsäure aus Glucose selbst zu bilden. Die Synthese führt über Glucuronsäure, L-Gulonolacton, 2-Keto-L-gulonolacton zu Ascorbinsäure (Abb. 55) (vgl. dazu J. J. BURNS 1960). Beim Menschen fehlt wahrscheinlich das Enzymsystem, welches L-Gulonolacton in 2-Keto-L-gulonolacton überzuführen vermag. Aus diesem Grund ist der Mensch auf äußere Vitamin C-Zufuhr angewiesen. Unter besonderen Verhältnissen muß aber auch Tieren, die Ascorbinsäure zu synthetisieren vermögen, die Verbindung von außen zugeführt werden (vgl. z. B. F. TAGWERKER 1960).

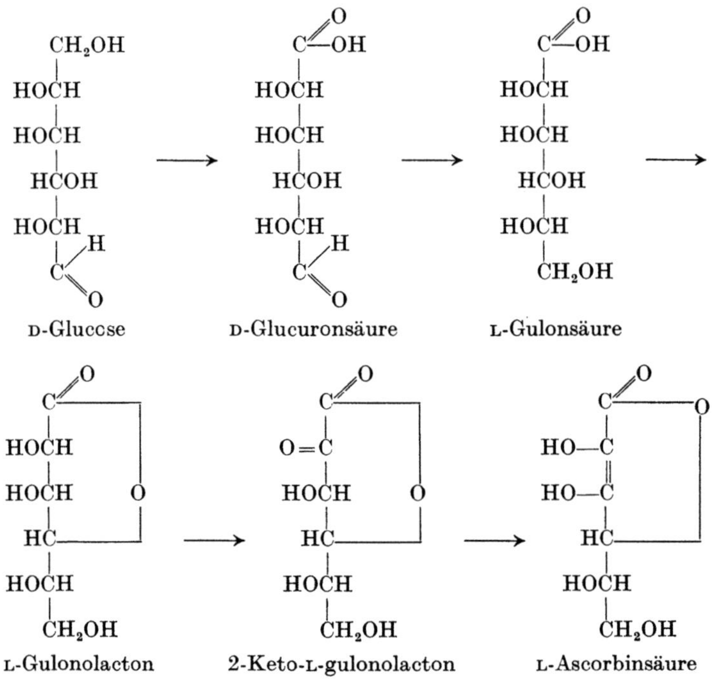

Abb. 55. Schema der Ascorbinsäurebiosynthese bei Säugetieren

Der durch Vitamin C-Mangel bedingte Skorbut gehörte vor der Entdeckung des Vitamin C zu den gefürchtetsten Ernährungskrankheiten, welche vor allem unter der Mannschaft von Schiffen oder in Armen- und Korrektionshäusern wütete, in deren Kost Frischgemüse und Obst fehlte (E. ZELLWEGER und W. H. ADOLPH 1954, S. 751). Heute spielt die Krankheit auch in den Entwicklungsländern nur noch eine untergeordnete Rolle (vgl. z. B. J. KÜHNAU 1962). Hingegen darf angenommen werden, daß ein subklinischer Vitamin C-Mangel vor allem im Winter und

Vorfrühling in breiten Bevölkerungsschichten anzutreffen ist (A. Scheunert 1948, H. Kraut 1960).

Symptome eines ausgesprochenen Vitamin C-Mangels sind Erkrankungen des Stützgewebes, welche sich in einer verlangsamten Wundheilung äußern, ferner kommt es zu Veränderungen der Zähne, zu Hautveränderungen, Zahnfleisch-Schwellungen und schweren inneren Blutungen. Als Symptom einer beginnenden Vitamin C-Verarmung muß leichte Ermüdbarkeit und allgemeine Schwäche angesehen werden (Zusammenstellung vgl. bei H. Zellweger und W. H. Adolph 1954, S. 752—755.)

Die Höhe des Vitamin C-Bedarfes wurde schon wiederholt einer kritischen Betrachtung unterzogen. Es scheint, daß die minimale Ascorbinsäuremenge, welche zur Verhütung von Skorbut vom kindlichen Organismus täglich benötigt wird, 10 mg beträgt. Der Erwachsene braucht etwas weniger. Zur Aufrechterhaltung der normalen Funktionstüchtigkeit des Organismus werden aber bedeutend größere Mengen verlangt. Bei einer Aufnahme von täglich 40 mg Ascorbinsäure werden bereits die Körperreserven angegriffen, erst bei einer Aufnahme von 60 bis 100 mg ist das Gewebe mit Vitamin C gesättigt. Der Vitamin C-Bedarf ist jedoch während der Wachstumsperiode, während Schwangerschaft und Lactation und während Infektionskrankheiten, nach Traumen oder in Stress-Situationen gesteigert (G. A. Goldsmith 1961, vgl. auch W. Bartley, H. A. Krebs und J. R. P. O'Brien 1953). Die Deutsche Gesellschaft für Ernährung (1962) empfiehlt eine tägliche Zufuhr von 75 mg unter normalen Umständen, 100 mg für Schwangere und 120 mg für Stillende, sowie 30 mg für Säuglinge bis zu sechs Monaten. Diese letztere Menge soll sich bis zum 9. Lebensjahr erhöhen, so daß sie im 10. Lebensjahr 75 mg erreicht.

Vitamin C-Hypervitaminosen sind nicht bekannt.

5. Standardisierung und Analytik

Die internationale Einheit für Vitamin C entspricht der Wirkung von 50 μg reiner kristallisierter Ascorbinsäure, es empfiehlt sich aber, Analysenresultate nicht in internationalen Einheiten anzugeben, sondern auf Gewichtseinheiten Ascorbinsäure zu beziehen. Reinheitskriterien für Vitamin C-Standardpräparate sind bei K. H. Coward (1947) beschrieben, die Kriterien sind durch weitere Angaben bei M. Olliver (1954) ergänzt und entsprechen im wesentlichen den in diesem Handbuch beschriebenen Daten für die physikalisch-chemischen Eigenschaften.

Die Vitamin C-Wirkung kann im Tierversuch mit Hilfe von Meerschweinchen getestet werden. Die Genauigkeit solcher Teste kommt jedoch nicht an die Genauigkeit von Wachstumstesten heran, wie sie z. B. für die Vitamine A, B_1, B_2 usw. mit Hilfe von Ratten durchgeführt werden können. Sie sind unentbehrlich zur Kontrolle von chemischen Methoden, da chemische Methoden mehr oder weniger unspezifisch sind. Als Kriterien für die Vitamin C-Wirkung kann z. B. die Verhütung oder Heilung von Skorbutsymptomen gewählt werden oder das Wachstum der Odontoblasten der Schneidezähne (vgl. dazu C. I. Bliss und P. György 1951, S. 244—261).

Bei der chemischen Vitamin C-Bestimmung wird meist von dem starken Reduktionsvermögen der Ascorbinsäure Gebrauch gemacht, z. B. bei der weitaus verbreitetsten mit Hilfe des sog. Tillmans-Reagens, dem 2.6-Dichlorphenol-indophenol.

Diese Methoden sind nicht sehr spezifisch, da alle Verbindungen mit Redukton-Struktur auf sie ansprechen, gleichgültig ob es sich dabei um Vitamin C-aktive oder -inaktive Verbindungen handelt. Andererseits wird Dehydroascorbinsäure durch derartige Reduktionsmethoden nicht erfaßt. Für eine spezifische Erfassung der Ascorbinsäure mit Hilfe solcher Methoden wäre daher eine vorgängige Abtrennung von störenden Nebensubstanzen erforderlich.

Eine zweite Gruppe von Methoden stützt sich auf die Bildung von gefärbten Dinitrophenylhydrazinderivaten der Dehydroascorbinsäure (I. H. ROE und C. A. KUETHER 1943).

Diese Methoden sind spezifisch und gestatten auch die chromatographische Abtrennung der zu bestimmenden Komponenten von den Dinitrophenylhydrazonen und Osazonen von Störsubstanzen (L. W. MAPSON 1961).

Für Lebensmittel eignet sich eine weitere Methode, die von H. MOOR (1956) beschrieben wurde. Hierbei wird ein Reaktionsprodukt zwischen Ascorbinsäure und diazotiertem Nitroanilin hergestellt und mit Hilfe von Isobutanol aus der Reaktionsmischung extrahiert. Die Methode versagt bei kleinen Ascorbinsäuremengen oder bei Anwesenheit großer Mengen von Störsubstanzen, wie dies in Futtermitteln z. B. der Fall ist. Spezifischer scheinen enzymchemische Bestimmungsverfahren zu sein, und zwar solche, die sich auf die Oxydation von Ascorbinsäure mit Hilfe von Ascorbinsäureoxydasen aus Kürbisgewebe (H. TAUBER, I. S. KLEINER und D. MISCHKIND 1935) oder auf die Reduktion von Dehydroascorbinsäure mit Hilfe von Dehydroascorbinsäurereduktasen aus Bakterien (E. GERO, P. LE GALLIC und A. BOURDEAU 1957) stützen. Die Verfahren haben sich jedoch bisher im Routinelabor nicht durchsetzen können.

Da Ascorbinsäure in wäßriger Lösung außerordentlich oxydationsempfindlich ist, muß bei der Extraktion von Ascorbinsäure aus natürlichem Material besonders vorsichtig vorgegangen werden. Im allgemeinen hat sich eine Extraktion mit 5 bis 10%iger Metaphosphorsäure oder mit etwa 1%iger Oxalsäure in der Kälte bewährt. Die Analyse ist unmittelbar anschließend an die Extraktion durchzuführen.

Vorschriften zur Bestimmung von Ascorbinsäure in natürlichem Material finden sich bei der *Association of Vitamin Chemists* (1947), (S. 142—169) bei H. MOOR (1956) und bei W. HAUSHEER u. Mitarb. (im Druck).

6. Hinweise auf spezielles Schrifttum

Allgemein: Dtsch. Ges. für Ernährung (1965).

Chemie von Vitamin C: T. REICHSTEIN u. A. GRÜSSNER (1934); H. VON EULER u. B. EISTERT (1957).

Biochemie: J. J. BURNS (1961).

Wirkungsweise: WM. VAN B. ROBERTSON (1961); B. S. GOULD (1961); B. N. LA DU u. V. G. ZANNONI (1961); W. E. KNOX u. M. N. D. GOSWAMI (1961); H. STAUDINGER, K. KIRSCH u. S. LEONHÄUSER (1961); J. R. COOPER (1961).

Analytik: R. STROHECKER (1965), J. P. VUILLENMIER u. W. MÜLLER-MULOT (1965).

XI. Die Vitamin D-Gruppe

1. Moleküle mit Vitamin D-Wirkung

Die beiden wichtigsten Vertreter der Vitamin D-Gruppe sind das Vitamin D_2 oder Ergocalciferol und das Vitamin D_3 oder Cholecalciferol (Abb. 56).

Die beiden Verbindungen entstehen durch Bestrahlung von Sterinen, und zwar das Ergocalciferol aus Ergosterin und das Cholecalciferol aus 7-Dehydrocholesterin. Nach H. VELLUZ u. Mitarb. (1949) hat man sich die Umwandlung von Sterinen in die Vitamine D wie in Abb. 57 dargestellt vorzustellen. Bei fortgesetzter Bestrahlung entstehen neben den in Abb. 57 aufgeführten Verbindungen noch solche von teilweise unbekannter Struktur: die sog. Suprasterine I und II und das Toxisterin.

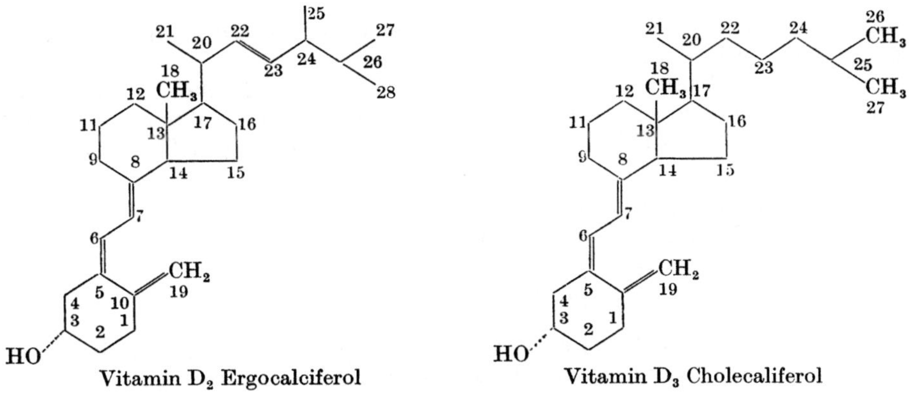

Abb. 56. Strukturformel von Vitamin D_2 und D_3

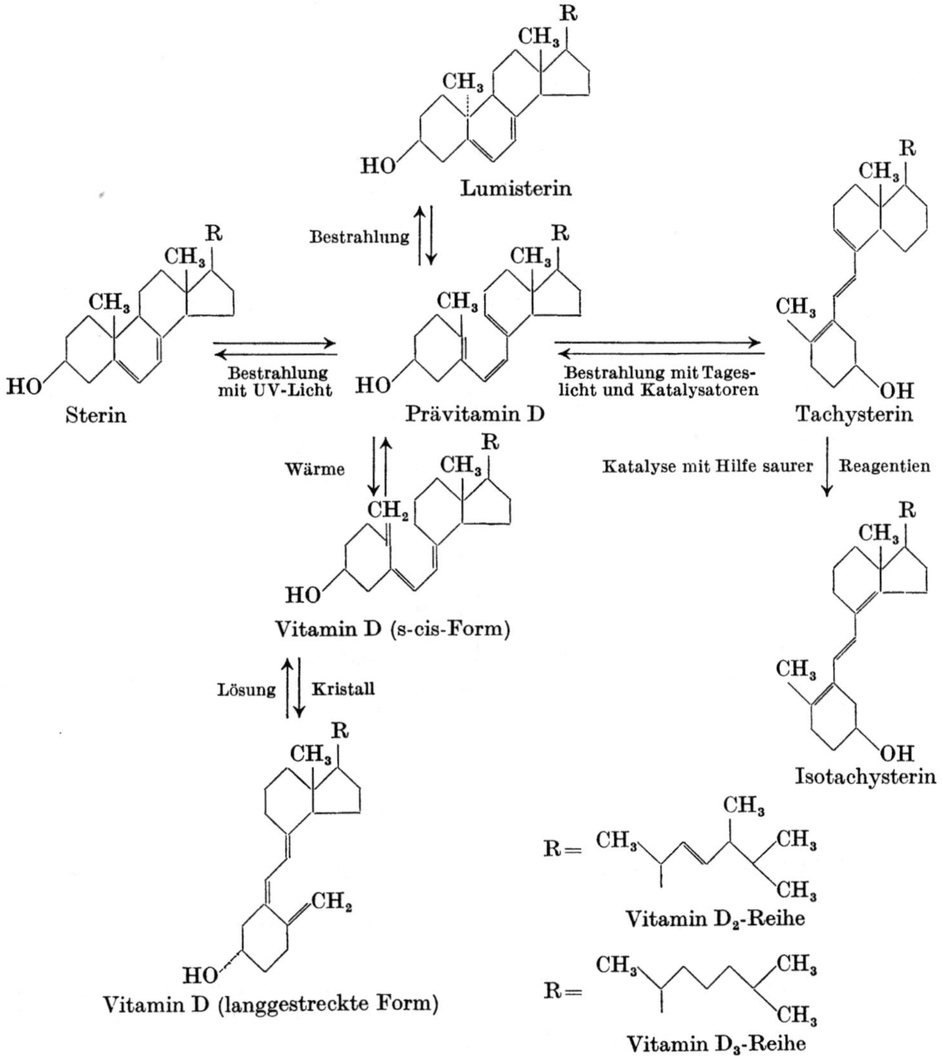

Abb. 57. Umwandlung von Sterinen in Vitamin D

Nur den eigentlichen Vitaminen D und den Prävitaminen D kommt eine biologische Vitamin D-Wirkung zu.

In ähnlicher Weise wie aus Ergosterin und 7-Dehydrocholesterin die Vitamine D_2 und D_3 können durch Bestrahlung einer Reihe weiterer Sterine Verbindungen mit Vitamin D-Wirksamkeit erhalten werden. Es betrifft dies vor allem die folgenden:

das Vitamin D_4 aus 22-Dihydroergosterin,
das Vitamin D_5 aus 7-Dehydrositosterin,
das Vitamin D_6 aus 7-Dehydrostigmasterin und
das Vitamin D_7 aus 7-Dehydrocampesterin.

Diese zuletzt genannten Verbindungen sind jedoch nur von untergeordneter Bedeutung (vgl. dazu H. Vogel und H. Knobloch 1950, S. 201—202).

Von Y. Raoul wurde eine weitere Gruppe von Substanzen mit Vitamin D-Eigenschaften beschrieben, die sog. „Ketone 250" (vgl. hierzu Y. Raoul 1958; H. H. Inhoffen und K. Irmscher 1959).

Inwieweit diese Gruppe von Verbindungen von praktischer Bedeutung sind, läßt sich heute noch nicht abschätzen.

2. Physikalische und chemische Eigenschaften von Vitamin D_2 und Vitamin D_3

a) Vitamin D_2

Summenformel: $C_{28}H_{44}O$; Mol.-Gew. = 396,7.

Vitamin D_2 läßt sich aus Aceton umkristallisieren. Es kristallisiert in langen nadelförmigen Prismen.

Schmelzpunkt: 115—118° C.

Löslichkeit: Die Verbindung löst sich in organischen Lösungsmitteln, ist dagegen in Wasser unlöslich. Sie ist etwas löslich in Fetten und Ölen.

Optisches Verhalten: Die Verbindung zeigt optische Aktivität, deren Größe stark von dem verwendeten Lösungsmittel abhängig ist.

$$[\alpha]_D^{20°} = +102{,}5° \text{ bis } +107{,}5° \text{ (c = 4 in Alkohol)}$$
$$[\alpha]_D^{20°} = + \; 82{,}6 \text{ (Aceton)};$$
$$[\alpha]_D^{20°} = + \; 33{,}3 \text{ (Benzin)};$$
$$[\alpha]_D^{20°} = + \; 91{,}2 \text{ (Äther)}.$$

Die Lösung von Vitamin D_2 in organischen Lösungsmitteln hat ein charakteristisches Absorptionsspektrum, mit einem Absorptionsmaximum bei 265 mμ und einem zugehörigen $E_{1\,cm}^{1\%}$-Wert von 475 (Alkohol).

b) Vitamin D_3

Summenformel: $C_{27}H_{44}O$; Mol.-Gew. = 384,6.

Schmelzpunkt: 84—88° C.

Löslichkeit: Vitamin D_3 hat ähnliche Löslichkeitseigenschaften wie Vitamin D_2.

Optisches Verhalten: spezifische Drehung $[\alpha]_D^{25°} = +105°$ bis 112° (c = 0,5 in Alkohol).

UV-Absorptionsspektrum: Das Maximum der Absorption liegt für die Lösung in Alkohol bei 265 mμ, wobei der $E_{1\,cm}^{1\%}$-Wert 485 beträgt (vgl. auch W. Huber, G. W. Ewing und J. Krieger 1945).

3. Vorkommen

Vitamin D konnte nirgends in der Natur in größeren Mengen angetroffen werden. Von allen Lebensmitteln scheinen Fischleberöle noch den höchsten Vitamin D-Gehalt aufzuweisen. Für die menschliche Ernährung sind Milch und Milchprodukte, Eier sowie Rinds- und Schweineleber von Bedeutung. Soweit Analysen vorliegen, kann man sagen, daß Vitamin D in der Natur meist als Vitamin D_3 vorliegt.

Fischleberöle enthalten wahrscheinlich neben Vitamin D_3 noch Vitamin D_2 (H. Brockmann und A. Busse 1938).

Eine Reihe von Lebensmitteln können wesentliche Mengen der Provitamine D enthalten. So vor allem Milch und Milchprodukte, Eier, Pilze und, da diese Provitamine D hauptsächlich in der Haut abgelagert werden, tierische Erzeugnisse wie Schweineschwarte. Durch Bestrahlung dieser Lebensmittel mit UV-Licht kann ihr Gehalt an Vitamin D erhöht werden, es muß jedoch beachtet werden, daß bei Überbestrahlung Vitamin D wiederum zerstört werden kann.

4. Biochemie

a) Resorption, Bildung, Speicherung, Stoffwechsel und Ausscheidung von Vitamin D

Vitamin D wird wahrscheinlich im unteren Teil des Dünndarms, ähnlich wie die Fettsäuren, resorbiert (E. Kodićek 1958). Es gelangt dann in die Leber. Wie Untersuchungen von E. Kodićek und D. R. Ashby (1960) gezeigt haben, können nach Applikation von mit ^{14}C-markiertem Vitamin D_2 merkliche Aktivitätsmengen im Knochenskelet, im Gewebe des Intestinaltraktes und in der Niere nachgewiesen werden (siehe auch A. Blumberg u. Mitarb. 1960).

Über die Abbauwege und die Ausscheidung der D-Vitamine ist wenig bekannt.

Provitamin D_3 wird vom Organismus aus Cholesterin gebildet und stellt damit ein normales Stoffwechselprodukt dar. Die Verbindung wird vorwiegend in der Haut eingelagert. Der menschliche Organismus verfügt jedoch über keine Enzymsysteme, welche die Umwandlung von Provitamin D_3 in Vitamin D_3 zu katalysieren vermögen. Erst bei Bestrahlung der Haut mit Sonnenlicht oder UV-Licht geht diese Umwandlung vor sich. Vitamin D_3 verhält sich demnach nur dann wie ein eigentliches Vitamin, wenn der Körper ungenügend dem Sonnenlicht ausgesetzt ist, andernfalls muß die Verbindung als normales Stoffwechselprodukt angesprochen werden.

b) Vorstellungen über die Wirkungsweise von Vitamin D

Über den eigentlichen Angriffspunkt der D-Vitamine auf molekularer Ebene ist wenig bekannt. Im allgemeinen werden den D-Vitaminen folgende drei Wirkungsweisen zugeschrieben:

Beeinflussung der Calcium- und Phosphatresorption aus dem Darm;

Beeinflussung der Calcium- und Phosphatausscheidung durch die Niere;

Beeinflussung der Ablagerung von Calcium und Phosphat in den Knochen.

Inwieweit diese drei Wirkungsweisen auf dem gleichen Prinzip beruhen, läßt sich heute noch nicht abschätzen. Die einzelnen Möglichkeiten sind z. B. bei K. Lang (1962, S. 616—621) diskutiert worden.

c) Bedarf und Mangelerscheinung

Da Vitamin D normalerweise vom Menschen unter der Einwirkung von Sonnenlicht gebildet wird, kann der absolute Vitamin D-Bedarf schwer abgeschätzt werden. Beim Säugling wird der tägliche Bedarf auf 400—500 iE veranschlagt. Eine entsprechende Menge muß bei Abwesenheit von Sonnenlicht zugeführt werden (Deutsche Gesellschaft für Ernährung 1962). Geschieht dies nicht, kommt es zu den Erscheinungen eines Vitamin D-Mangels, zur sog. Rachitis oder englischen Krankheit.

Diese Krankheit ist vor allem bei Säuglingen und Kleinkindern weit verbreitet. In Dresden waren in den Jahren 1901—1908 z. B. 94,1% aller zwischen zwei und 24 Monate alten untersuchten Kindern rachitisch. Ähnliche Zahlen liegen aus den Jahren 1926—1942 für Baltimore vor. Sicher hat die moderne Rachitisprophylaxe mit Hilfe der Zuführung von reinen Vitamin D-Präparaten dazu geführt, daß der Prozentsatz abgesunken ist. Umfassende Untersuchungen darüber stehen jedoch noch aus. In vielen Ländern, z. B. in Ägypten, in der Türkei und in Indien dürfte die Vitamin D-Versorgung noch ein ernsthaftes Problem darstellen (vgl. dazu R. E. Follis 1958, S. 361—381).

Rachitis äußert sich beim Säugling in erster Linie durch eine Veränderung des normalen Knochenwachstums, die Verknöcherung der Fontanelle wird verzögert, der Brustkorb weist als Rosenkranz bezeichnete Auswüchse auf und nimmt die Form der sog. Schuster- oder Hühnerbrust an, schließlich kommt es zu Verkrümmungen der Röhrenknochen.

Für eine Diskussion muß auf H. Zellweger und W. H. Adolph (1954, S. 716 bis 722) verwiesen werden. Auch beim ausgewachsenen Organismus kann es zu Vitamin D-Mangelzuständen kommen, wie dies z. B. bei der Osteomalacie der Fall ist. Diese äußert sich in Schwäche und Schmerzen in den Beinen und im Rücken, sowie in starker Druck- und Klopfempfindlichkeit der Knochen (vgl. dazu ebenfalls H. Zellweger und W. H. Adolph 1954, S. 724—727).

d) Hypervitaminose

Vitamin D ist das einzige Vitamin, bei welchem mit ernsthaften Dauerschäden bei Überangebot zu rechnen ist, in dem es z. B. zu Kalkeinlagerungen in Geweben, wie Nieren, Lunge und Magen kommt, wo dies normalerweise nicht der Fall ist. Die Vitaminierung von diätetischen Produkten und Nahrungsmittel überhaupt bedarf daher stets einer sorgsamen Überwachung.

5. Biologische Standardisierung und Analytik

Eine internationale Einheit Vitamin D entspricht der Wirksamkeit von 0,025 μg kristallisiertem Vitamin D_3. Von der WHO wird eine Standardlösung zur Verfügung gestellt, welche 1000 iE per Gramm enthält (vgl. dazu K. H. Coward 1949). Als biologische Standardverfahren zur Ermittlung der Vitamin D-Aktivität von Vitamin D-wirksamen Präparaten wurden verschiedene Teste vorgeschlagen. Eine Diskussion der klassischen Teste findet sich bei K. E. Coward (1947). Es sind dies die folgenden:

„Line"-Test
„Röntgen"-Test
„Knochenasche"-Test und der
„Wachstums"-Test

wobei als Testtiere entweder Ratten oder Küken verwendet werden.

Beim „Line"-Test und beim „Röntgen"-Test wird der Verkalkungsgrad des Knochens unter dem Einfluß von Vitamin D als Maß für die Vitamin D-Wirksamkeit herangezogen (Bestimmung der Breite der Epiphysenfuge), beim „Knochenasche"-Test entsprechend der Gesamtmineralgehalt des Knochens.

Am gebräuchlichsten sind der „Line"-Test und der „Röntgen"-Test. Diese werden von den meisten Arzneibüchern vorgeschrieben: z. B. der „Röntgen"-Test im Deutschen Arzneibuch (H. BÖHME und H. WOJAHN 1959, S. 61—66) und der „Line"-Test in der USP XV, S. 889—892.

Je nachdem die zu untersuchenden Präparate für die menschliche oder tierische Ernährung Verwendung finden sollen, müssen Ratten oder Küken als Versuchstiere eingesetzt werden, da die verschiedenen D-Vitamine bei den einzelnen Tierarten unterschiedliche Wirkungsstärken aufweisen. So schreibt z. B. das Methodenbuch der AOAC (1960) für die Vitamin D-Bestimmung in Geflügelfutter den „Knochenasche"-Test beim Küken vor. Die „Internationale Union für reine und angewandte Chemie" (IUPAC 1959) empfiehlt, die Resultate eines Versuches in internationalen Einheiten, bestimmt mit Hilfe von Küken oder von Ratten, anzugeben. Der mit Hilfe von Ratten bestimmte Wert ist für die menschliche Ernährung maßgebend. Für Ratten darf die biologische Wirksamkeit von Vitamin D_2 und D_3 innerhalb der Fehlergrenze der Methode als identisch angesehen werden. Bei Küken hingegen besitzt Vitamin D_2 nur eine unbedeutende biologische Wirksamkeit (vgl. z. B. F. SCHENK 1937). Zur Vitamin D-Wirksamkeit der Prävitamine D vgl. K.-H. HANEWALD, M. P. RAPPOLT und J. R. ROBORGH (1961). Die Vitaminwirksamkeit hängt wahrscheinlich davon ab, wieviel des Prävitamins in Vitamin D übergeht.

Neuerdings wurden Testverfahren beschrieben, bei denen der Einbau von radioaktivem Phosphat (R. H. SNYDER, H. J. EISNER und H. STEENBACH 1951) oder radioaktivem Calcium (I. ANTENER 1958) in das Knochenskelet des Versuchstieres gemessen wird. Diese Methoden sind recht exakt und vor allem schneller als die klassischen Verfahren.

Die chemische Bestimmung von Vitamin D in Lebens- und Futtermitteln ist schwierig, da die D-Vitamine dort nur in außerordentlich geringer Konzentration anwesend sind und es sich ferner bei den D-Vitaminen um relativ leicht veränderliche Substanzen handelt. Erschwerend für die chemische Bestimmung ist außerdem die Tatsache, daß in den meisten Vitamin D-haltigen Naturprodukten chemisch sehr ähnlich reagierende Substanzen anzutreffen sind. Aus diesem Grund gibt es keine allgemeine Arbeitsvorschrift zur Bestimmung der D-Vitamine. Die meisten Bestimmungsmethoden benützen eine Reaktion zwischen Vitamin D und Antimontrichlorid in Gegenwart von Acetylchlorid, bei welcher eine Gelbfärbung entsteht. Größere Mengen von Vitamin A stören die Reaktion und müssen zuvor entfernt werden (P. B. MÜLLER 1949).

Bei konzentrierten Präparaten kann eine dünnschichtchromatographische Methode mit Erfolg angewendet werden (H. R. BOLLIGER 1962).

6. Hinweise auf spezielles Schrifttum

Allgemeines: H. H. INHOFFEN: Aus der Chemie der antirachitischen Vitamine (1960); H. H. INHOFFEN u. K. IRMSCHER: Fortschritte der Chemie der Vitamine D und ihrer Abkömmlinge (1959).

Chemie: Vitamin D_2. A. WINDAUS u. Mitarb. (1932); Vitamin D_3. F. SCHENK (1937).

XII. Die Vitamin E-Gruppe

1. Moleküle mit Vitamin E-Wirksamkeit

Moleküle mit Vitamin E-Wirksamkeit leiten sich vom Tokol (Abb. 58) oder Tokotrienol (Abb. 59) ab. Allen diesen Verbindungen kommt eine gewisse Vitamin E-Wirksamkeit zu, welche aber nur für α-Tokopherol von Bedeutung ist.

β-, ζ_1- und ζ_2-Tokopherol haben eine biologische Wirksamkeit, die zwischen 10 und 50% derjenigen von α-Tokopherol liegt. Die übrigen Tokopherole haben eine bedeutend geringere Wirksamkeit.

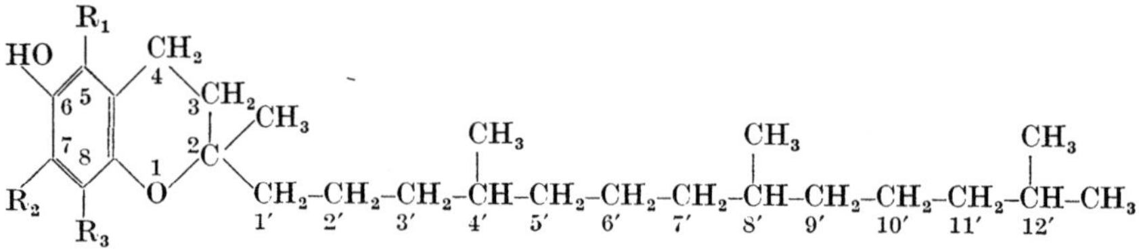

R_1	R_2	R_3	Name	
CH_3	CH_3	CH_3	α-Tokopherol	5.7.8-Trimethyltokol
CH_3	H	CH_3	β-Tokopherol	5.8-Dimethyltokol
H	CH_3	CH_3	γ-Tokopherol	7.8-Dimethyltokol
CH_3	CH_3	H	ζ_2-Tokopherol	5.7-Dimethyltokol
H	H	CH_3	δ-Tokopherol	8-Methyltokol
H	CH_3	H	η-Tokopherol	7-Methyltokol

Abb. 58. Strukturformel von Tokolen [1]

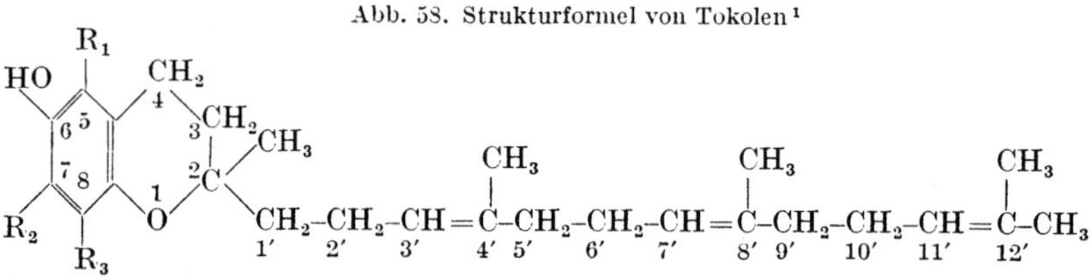

R_1	R_2	R_3	Name	
CH_3	CH_3	CH_3	ζ_1-Tokopherol	5.7.8-Trimethyltokotrien-3'.7'.11'-ol
CH_3	H	CH_3	ε-Tokopherol	5.8-Dimethyltokotrien-3'.7'.11'-ol

Abb. 59. Strukturformel von Tokotrienolen [1]

Alle Tokopherole haben als natürliche Antioxydantien eine gewisse lebensmittelchemische Bedeutung. Die Antioxydans-Wirkung geht jedoch der biologischen Wirkung nicht parallel.

α-Tokopherol ist ein 6-Hydroxychroman mit Methylgruppen in der 2-, 5-, 7- und 8-Stellung und einer aliphatischen Seitenkette in 2-Stellung. Die Hydroxylgruppe in Stellung 6 kann mit Säuren verestert werden, ohne daß die Vitaminwirkung verloren geht. Am bekanntesten ist das Acetat und das Succinat. Diese sind gegen chemische Einwirkungen bedeutend stabiler als freies Tokopherol.

Durch Oxydationsmittel wird α-Tokopherol verändert. Eisen(III)-salze ergeben z. B. α-Tokopherylchinon (Abb. 60), Kaliumhexacyanoferrat(III) ein dimeres Produkt (Abb. 60) (P. Schudel u. Mitarb. 1963). Diesen Verbindungen kommt keine Vitamin E-Wirkung zu.

Die Tokopherole besitzen 3 Asymmetriezentren in ihrem Molekül, und zwar an den Kohlenstoffatomen 2, 4' und 8'. Die Konfiguration an den beiden letzteren ist für die biologische Wirksamkeit bei α-Tokopherol von untergeordneter Bedeutung, während die biologische Wirksamkeit der beiden Epimeren, die sich in ihrer Struktur am Kohlenstoffatom 2 unterscheiden, verschieden ist. Beide Epimere jedoch haben eine bedeutende Vitamin E-Wirksamkeit.

Aus natürlichen Quellen isoliertes α-Tokopherol ist an allen drei Isomeriezentren optisch einheitlich. Die Verbindung wird im allgemeinen als d-α-Tokopherol bezeichnet. Im Gegensatz dazu ist synthetisches α-Tokopherol üblicherweise

[1] Nach J. F. Pennock u. Mitarb. (1964) muß die Nomenklatur revidiert werden, da 5.7-Dimethyltokol und 7-Methyltokol in der Natur nicht aufgefunden werden konnten. Die Autoren schlagen für ζ_1-Tokopherol den Namen α_3-Tokopherol vor und entsprechende Namen für die übrigen Trienole.

an allen drei Isomeriezentren racemisch und stellt somit eine Mischung von vier Racematen dar. Diese Mischung wird im allgemeinen als dl-α-Tokopherol bezeichnet.

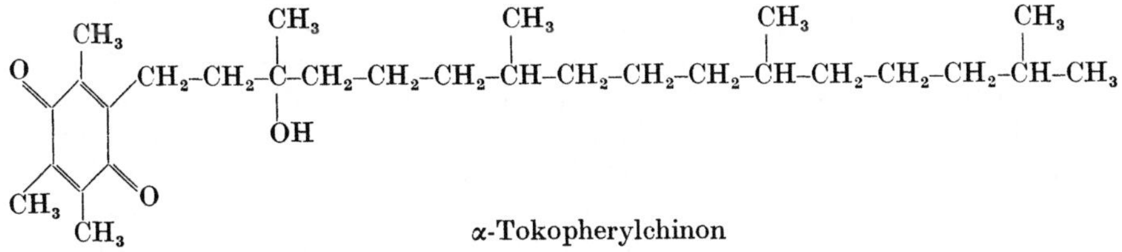

α-Tokopherylchinon

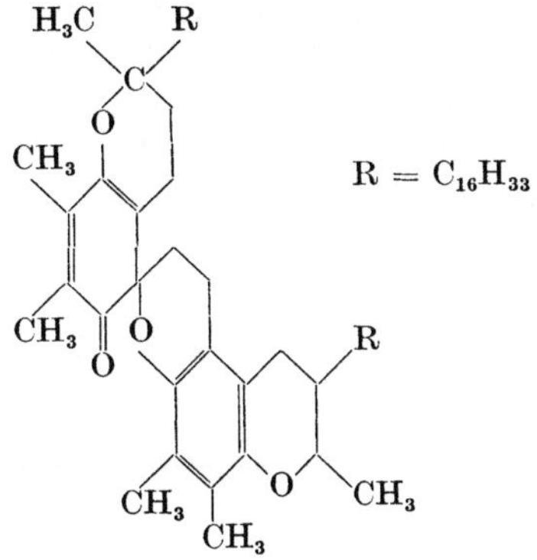

Kaliumhexacyanoferrat(III)-Oxydationsprodukt von α-Tokopherol

Abb. 60. Oxydationsprodukte von α-Tokopherol

2. Physikalische und chemische Kennzeichnung

α-Tokopherol

Summenformel: $C_{29}H_{50}O_2$; Mol.-Gew. = 430,7.

Die Verbindung läßt sich im Vakuum unzersetzt destillieren ($Sdp_{0,003}$ = 140 bis 170° C; $Sdp_{0,1}$ = 200—210° C) (J. G. Baxter u. Mitarb. 1943). D-α-Tokopherol kristallisiert bei 2,5—3,5° C (Ch. D. Robeson 1943). Bei Zimmertemperatur stellt α-Tokopherol ein zähflüssiges gelbes Öl dar.

Löslichkeit: α-Tokopherol ist in Fettlösungsmitteln und Ölen gut löslich, in Wasser unlöslich.

Optisches Verhalten: Eine Lösung von α-Tokopherol in Alkohol absorbiert ultraviolettes Licht, wobei das Absorptionsmaximum bei 292 mμ liegt und der $E^{1\%}_{1\,cm}$-Wert 72—76 beträgt.

Die optische Aktivität von D-α-Tokopherol ist äußerst gering; wird α-Tokopherol in äthanolischer Lösung mit UV-Licht von 295 mμ bestrahlt, so fluoresciert die Lösung, wobei das Maximum des Emissionsspektrums bei 340 mμ liegt (D. E. Duggan 1959).

α-Tokopherylacetat

Summenformel: $C_{31}H_{52}O_3$; Mol.-Gew. = 472,8.

α-Tokopherylacetat hat ähnliche Löslichkeitseigenschaften wie α-Tokopherol. Die Verbindung stellt ebenfalls ein hellgelbes, zähflüssiges Öl dar. Das Absorptionsmaximum liegt bei 285 mμ ($E^{1\%}_{1\,cm}$ = 42—45). Der Schmelzpunkt von D-α-Tokopherylacetat beträgt 26,5—27,5° C (Ch. D. Robeson 1942).

3. Vorkommen

Soweit bekannt, kommen Tokopherole im Pflanzenreich nur in freier Form vor. Als Ester zugeführte Tokopherole gehen im menschlichen und tierischen Organismus ebenfalls in die freien Formen über (G. RINDI u. Mitarb. 1958).

In der Natur treten stets mehrere Tokopherole nebeneinander auf. Dies erschwert die exakte Erfassung der Vitamin E-Aktivität mit Hilfe einer chemischen Analyse. Ältere Angaben über den Tokopherolgehalt von Lebens- und Futtermitteln müssen mit Vorsicht benutzt werden, da bei diesen Angaben nicht immer mit genügender Sicherheit zwischen den einzelnen Tokopherolen unterschieden wird. Eine Zusammenstellung über den Tokopherolgehalt von Lebens- und Futtermitteln findet sich bei H. SCHMID und R. G. HABER (1960), bei R. H. BUNNEL u. Mitarb. (1965) und bei D. C. HERTING u. Mitarb. (1963).

Die folgenden Tabellen geben einige Angaben über die Tokopherolzusammensetzung verschiedener Lebensmittel, bei denen durch sorgfältige Trennung einzelne Fraktionen ermittelt wurden. Die Tabellen mögen illustrieren, wie solche Tokopherolgemische etwa zusammengesetzt sind.

Tabelle 19. *Verteilung der Tokopherole in Naturprodukten* (nach H. KUBIN u. H. FINK 1961)

Untersuchungsmaterial	Gesamttokopherol mg/100 g Trockensubstanz	α %	β u. γ %	δ %	ζ_2 %
Alge (scened. obliq)	8,0	37	52		11
Erbse (gelbe Viktoria)	7,1		100		
Hecht (Muskelfleisch)	0,96	74	26		
Eigclb	6,1	64	20		16
Zuchtchampignon	0,91	28	30		42
Steinpilz	5,50	7	18	10	65

Tabelle 20. *Tokopherolgehalt von Nüssen* (nach G. LAMBERTSEN, H. MYKLESTAD u. O. R. BRAEKKAN 1962)

Untersuchungsmaterial	α-Tokopherol µg/g	γ-Tokopherol µg/g	andere Tokopherole, welche in geringen Mengen anwesend sind
Walnüsse (Juglans regia)	~ 15	205	δ
Mandeln (Prunus amygdalus var. fragilis)	150	5	—
Erdnüsse (Arachis hypogaca)	65	110	—
Haselnüsse	210	~ 15	ζ

Tabelle 21. *Tokopherole von Weizenkeimöl und Weizenkleie* (nach A. L. BACHARACH u. J. GREEN 1961)

Untersuchungsmaterial	Tokopherole in % des Gesamt-Tokopherolgehaltes			
	α	β	ε	ζ_1
Weizenkeimöl	56	34	10	
Weizenkleie	11	6	68	15

Für die menschliche Ernährung wichtig ist das Vorkommen von α-Tokopherol in Blattgemüsen, Milch und Butter. Andere Vitamin E-Quellen, wie Getreidekeimöle und andere pflanzliche Öle, müssen unterschiedlich beurteilt werden, da diese Öle sehr oft einen hohen Prozentsatz an ungesättigten Fettsäuren enthalten, die den Vitamin E-Bedarf heraufsetzen (vgl. dazu F. WEBER, U. GLOOR und O. WISS 1962).

4. Biochemie

a) Resorption, Stoffwechsel, Speicherung und Ausscheidung

Über den Mechanismus der Vitamin E-Resorption ist wenig bekannt; wahrscheinlich ist die Resorption an die Gegenwart von Fetten und Ölen einerseits und von Galle andrerseits gebunden. Vitamin E wird im allgemeinen ausgesprochen schlecht resorbiert. Grüne Pflanzen enthalten Stoffe, welche die Resorption von α-Tokopherol verhindern (W. J. PUDELKIEWICZ und L. D. MATTERSON 1960).

Bei Zufuhr größerer Mengen von Tokopherol steigt die Konzentration in den einzelnen Geweben an. Als besonders tokopherolreich erweist sich die Leber, ferner Nebennieren, Nerven, Herz und Gebärmutter. Bedeutende Mengen von Tokopherol werden im Körperfett gespeichert. Der totale Tokopherolgehalt eines erwachsenen Mannes wird auf 3,4 g und derjenige einer erwachsenen Frau auf 8,1 g geschätzt (M. L. QUAIFE und M. Y. DJU 1949).

Tokopherol wird im Fettgewebe zu Tokopherylchinon (Abb. 60) oxydiert (F. WEBER und O. WISS 1963). Diese Oxydation findet wahrscheinlich auch in den Organen statt und hängt mit den antioxydativen Eigenschaften von Vitamin E zusammen. Hier wird das Tokopherylchinon jedoch nicht abgelagert, sondern zu dem sog. Simon-Metaboliten (Abb. 61) abgebaut, der an Glucuronsäure gepaart als leicht wasserlösliche Verbindung mit dem Harn ausgeschieden wird.

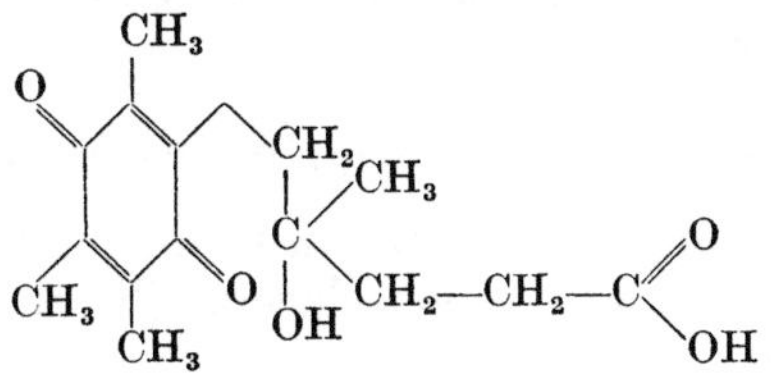

Abb. 61. Strukturformel des Simon-Metaboliten

Andere Ausscheidungsformen konnten bisher nicht aufgefunden werden.

Nach C. MARTIUS (1962) kann α-Tokopherol im Tierkörper in ein Tokopherylchinon mit einer ungesättigten Seitenkette, in das sog. Vitamin E_2(50), übergehen.

b) Vorstellungen über die Wirkungsweise von Vitamin E

Nach dem heutigen Stand der Kenntnisse ist es schwierig, alle bei Vitamin E-Mangel beobachteten Ausfallserscheinungen auf ein einziges Wirkungsprinzip zurückzuführen. Nach J. S. DINNING (1962) spielt Vitamin E bei der Biosynthese der Desoxyribonucleinsäuren eine wichtige Rolle. K. SCHWARZ (1962) zeigt andererseits, daß Vitamin E für gewisse Oxydationsprozesse in der lebenden Zelle von Bedeutung ist. Bei diesen Vorgängen scheinen sowohl Vitamin E als auch gewisse Selenverbindungen beteiligt zu sein, da nämlich nur bei Anwesenheit beider Komponenten eine normale Oxydation in der Zelle gewährleistet ist.

Schließlich bestehen zwischen den im Körper vorhandenen ungesättigten Fettsäuren und Vitamin E Wechselbeziehungen. Nach A. L. TAPPEL (1962) können diese Wechselbeziehungen auf die antioxydativen Eigenschaften von α-Tokopherol zurückgeführt werden, indem bei Anwesenheit von α-Tokopherol die Bildung von Fettsäureperoxiden unterdrückt wird. Tokopherol müßte in diesem Fall als spezifisch physiologisches Antioxydans angesprochen werden. Aus Untersuchungen von O. WISS, R. BUNNEL und U. GLOOR (1962) geht hervor, daß α-Tokopherol im Gegensatz zu anderen synthetischen Antioxydantien im Tierkörper spezifisch in gewissen Zellpartikeln aufgenommen und bedeutend länger gespeichert wird.

Möglicherweise ist für die Vitamin E-Wirkung nicht α-Tokopherol als solches, sondern das von C. Martius (1962) beschriebene Derivat $E_2(50)$ verantwortlich. Der Angriffspunkt dieser Verbindung müßte ebenfalls bei oxydativen Prozessen in der Zelle gesucht werden.

c) Bedarf und Mangelerscheinungen

Der Vitamin E-Bedarf hängt stark von der eingenommenen Nahrung ab. Aus Versuchen von H. Dam (1962) geht hervor, daß bei vielen Tierarten Vitamin E-Mangelsymptome verschärft oder überhaupt erst manifest werden, sobald Fette zugeführt werden, welche viele ungesättigte Fettsäuren enthalten. Am bekanntesten ist die bei Hühnern auftretende Encephalomalacie oder "crazy chick disease".

Aus den Versuchen von M. K. Horwitt (1960) ergibt sich, daß der Mensch mit der Zufuhr von 1 g Linolsäure mindestens 0,5 mg α-Tokopherol zu sich nehmen sollte, andernfalls kommt es zu Vitamin E-Mangel, der sich beim Menschen z. B. in einer erhöhten Hämolysebereitschaft der Erythrocyten äußert.

Bis jetzt herrscht keine Klarheit darüber, ob beim Menschen unter üblichen Ernährungsbedingungen Zustände existieren, die als Vitamin E-Mangel angesprochen werden müssen (F. Weber, U. Gloor, O. Wiss 1962). Die deutsche Gesellschaft für Ernährung (1962) empfiehlt, zwischen 5—30 mg α-Tokopherol pro Tag zuzuführen. Bei gewissen Krankheiten scheint der Vitamin E-Bedarf erhöht zu sein(vgl. dazu: J. Marks 1962).

5. Biologische Standardisierung und Analytik

Die internationale Einheit von Vitamin E entspricht der Wirkung von 1 mg synthetischem racemischem α-Tokopherylacetat (K. H. Coward 1947).

Handelt es sich darum, zu entscheiden, ob es sich bei einem Präparat um das Standardpräparat handelt oder um d-α-Tokopherylacetat, so genügen die üblichen Charakterisierungsreaktionen nicht. Vielmehr sollte die Drehung der Ebene des polarisierten Lichtes durch die Lösung eines Oxydationsproduktes des freien Tokopherols bestimmt werden (vgl. dazu z. B. H. Mayer, P. Schudel, R. Rüegg und O. Isler 1963).

Die Wirkung eines unbekannten Vitamin E-Präparates kann am besten im sog. Resorptionssterilitätstest bei der Ratte oder im Hämolysetest bei der Ratte

Tabelle 22. *Vergleich der biologischen Wirkung von α-, β-, γ- und δ-Tokopherol*

Verbindung	Resorptions-sterilitätstest		Hämolysetest	
d-α-Tokopherol . . .	100	100	100	100
d-β-Tokopherol . . .	40[1]		15[2]	
d-γ-Tokopherol . . .	8[1]	1[3]	3[2]	15[4]
d-δ-Tokopherol . . .	1[5]		2[2]	

[1] N. Joffe u. P. L. Harris 1943.
[2] C. S. Rose u. P. György (1952).
[3] L. Weisler, J. G. Baxter u. M. I. Ludwig (1945).
[4] L. Friedmann u. Mitarb. (1958).
[5] M. Stern u. Mitarb. (1947).

Tabelle 23. *Vergleich der biologischen Wirkung verschiedener α-Tokopherole, bezogen auf äquimolare Mengen*

	Resorptions-sterilitätstest[1]	Hämolysetest[2]
dl-α-Tokopherylacetat	100	100
dl-α-Tokopherol	62	102
D-α-Tokopherylacetat	136	147
D-α-Tokopherol.	84	133

[1] P. L. Harris u. M. I. Ludwig (1949a, b).
[2] L. Friedmann u. Mitarb. (1958).

mit dem Standardpräparat verglichen werden (vgl. dazu C. I. BLISS und P. GYÖRGY 1951, S. 136—155; L. FRIEDMANN, W. WEISS, F. WHERRY, O. L. KLINE 1958).

Vergleicht man die biologische Wirkung verschiedener Tokopherole in diesen beiden Testen, so ergeben sich ähnliche Wirkungsverhältnisse (Tab. 22 und 23).

Beim Resorptionssterilitätstest wird von der Tatsache Gebrauch gemacht, daß bei Vitamin E-Mangel Ratten nicht in der Lage sind, ihre Jungen auszutragen, sondern dieselben nach kurzer Zeit wieder resorbieren.

Der Hämolysetest, der eine präzise Messung der Vitamin E-Aktivität gestattet, gründet sich auf die vergrößerte Hämolysebereitschaft von Erythrocyten, die von Vitamin E-Mangeltieren stammen.

In der Formelsammlung der "American Pharmaceutical Association" 1960 (S. 459—460) ist folgendes Wirkungsverhältnis festgelegt:

1 mg dl-α-Tokopherylacetat	= 1	Internationale Einheit
1 mg dl-α-Tokopherol	= 1,1	Internationale Einheiten
1 mg D-α-Tokopherylacetat	= 1,36	Internationale Einheiten
1 mg D-α-Tokopherol	= 1,49	Internationale Einheiten

Dieses Wirkungsverhältnis wird für die meisten praktischen Zwecke verwendet. Zur chemischen Analyse von Tokopherolen stehen keine spezifischen Reaktionen zur Verfügung. Es ist daher notwendig, die in Lebensmitteln enthaltenen Tokopherole durch sorgfältige Trennoperationen von störenden Begleitstoffen zu befreien und die einzelnen Tokopherole zu isolieren. Die Bestimmung der Tokopherole geschieht dann nach EMMERIE und ENGEL (1938); hierbei wird dreiwertiges Eisen in Gegenwart von Tokopherolen zu zweiwertigem Eisen reduziert, welches anschließend mit α.α'-Dipyridyl zu einem roten Komplex reagiert. Die Reaktion ist sehr empfindlich, jedoch wenig spezifisch.

Zur Auftrennung von Tokopherolgemischen und zur Abtrennung störender Begleitsubstanzen bestehen eine Reihe von Arbeitsvorschriften. Je nach Problemstellung muß die eine oder die andere dieser Vorschriften verwendet werden.

Vergleiche z. B.: FIN BRO-RASMUSSEN und W. HYARDE (1957); *Analytical Methods Committee* (1959); H. KUBIN und H. FINK (1961).

6. Hinweise auf spezielles Schrifttum

Allgemeines: R. S. HARRIS u. I. G. WOOL: Symposium on Vitamin E and Metabolism (1962).

Physikalisch-chemische Kennzeichnung: M. KOFLER u. Mitarb. (1962).

Resorption, Stoffwechsel, Speicherung und Ausscheidung: O. WISS, R. H. BUNNEL u. U. GLOOR (1962); C. MARTIUS (1962).

XIII. Die Vitamin K-Gruppe

1. Moleküle mit Vitamin K-Aktivität

Verbindungen mit Vitamin K-Aktivität leiten sich von einer synthetisch leicht zugänglichen Verbindung, dem Menadion, ab (Abb. 62). Menadion, eine Verbindung, die bisher in der Natur nicht aufgefunden wurde, hat unter bestimmten Umständen Vitamin K-Wirkung, doch ist diese in qualitativer Hinsicht verschieden von derjenigen, die von den natürlichen K-Vitaminen ausgeübt wird. Menadion und ähnliche Verbindungen sollten daher nicht als Vitamin K bezeichnet werden.

Bei den natürlichen K-Vitaminen ist am C-Atom in Stellung 3 des Menadions noch eine Seitenkette eingefügt. Je nachdem, ob diese Seitenkette eine oder mehrere ungesättigte Bindungen aufweist, teilt man die Verbindungen der Vitamin K_1- oder der Vitamin K_2-Reihe zu (vgl. Abb. 63).

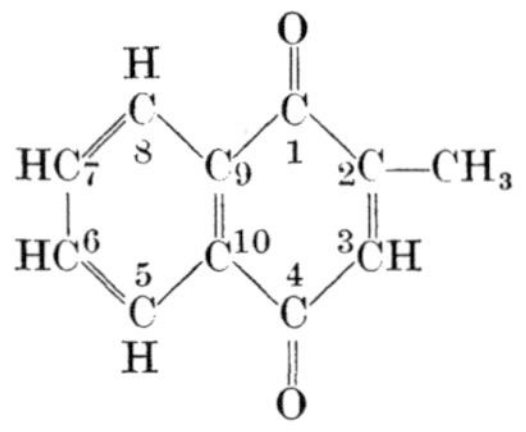

2-Methyl-1.4-naphtochinon

Abb. 62. Strukturformel von Menadion

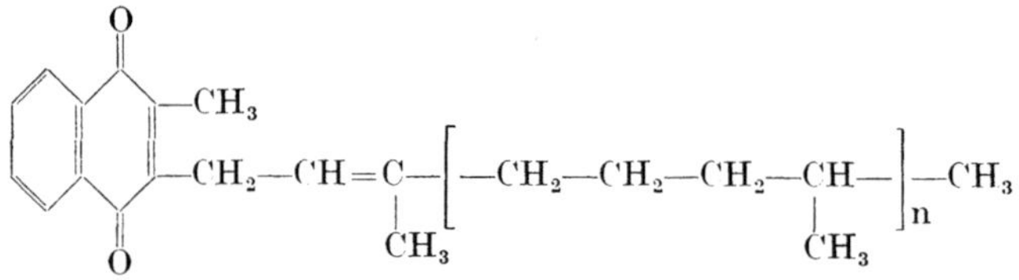

Vitamin K_1-Reihe

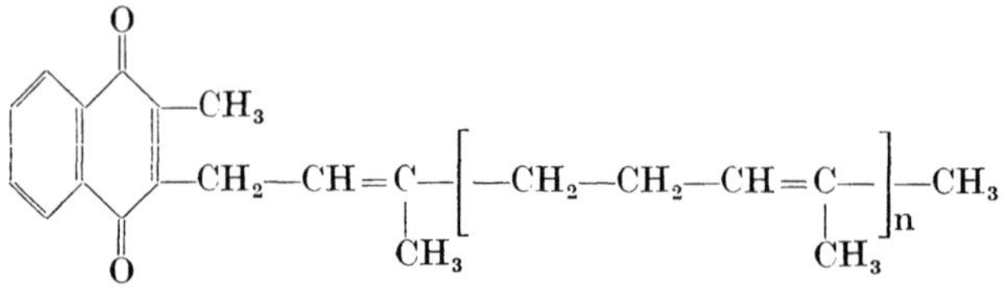

Vitamin K_2-Reihe

Abb. 63. Strukturformeln der Vitamine K_1 und K_2

Die wichtigste Verbindung der Vitamin K_1-Reihe ist das sog. Vitamin $K_1(20)$ mit n = 3, d. h. mit 20 Kohlenstoffatomen in der Seitenkette. Vitamin $K_1(20)$ hat in der Seitenkette zwei asymmetrische Kohlenstoffatome. Die natürlich vorkommende Verbindung ist optisch einheitlich, während durch Synthese sowohl die optisch einheitliche Verbindung als auch ein Racemat zugänglich ist. Für die biologische Wirksamkeit ist die Konfiguration an diesen optisch asymmetrischen Kohlenstoffatomen unwesentlich (O. Isler 1959).

In der Vitamin K_2-Reihe hat Vitamin $K_2(35)$ eine gewisse Bedeutung, da es sich hierbei um den ersten Vertreter dieser Gruppe handelt, der aus natürlichem Material isoliert wurde.

2. Physikalisch-chemische und chemische Eigenschaften von Vertretern der Vitamin K-Reihe

Menadion

Summenformel: $C_{11}H_8O_2$; Mol.-Gew. = 172,2.

Die Verbindung ist löslich in organischen Lösungsmitteln wie Alkohol, Benzol und Chloroform, jedoch unlöslich in Wasser.

Schmelzpunkt: 105—107° C.

Die Verbindung läßt sich aus Methanol umkristallisieren und bildet gelbe Kristalle, die sich beim Aufbewahren zersetzen. Menadion läßt sich durch $Na_2S_2O_4$ zum entsprechenden Hydrochinon reduzieren, welches sich wiederum leicht zum entsprechenden Chinon oxydieren läßt. Ester des Hydrochinons sind stabiler als freies Menadion und je nach Art des Esters wasserlöslich. Die bekanntesten Ester sind:

Menadioldiacetat (N. Donaldson 1958; *Merck Index* 1960, S. 643)
Summenformel: $C_{15}H_{14}O_4$; Mol.-Gew. = 258,3.
Schmelzpunkt: 112—114° C.

Menadioldiphosphat: Dieses kommt meist als das Tetranatriumsalz in den Handel und bildet ein leicht wasserlösliches, weißes Pulver.
Summenformel: $C_{11}H_8O_8P_2Na_4 \cdot 6H_2O$; Mol.-Gew. = 530.

Mit Bisulfit bildet Menadion Additionsverbindungen, welche ebenfalls stabiler als freies Menadion sind. Die bekannteste dieser Verbindungen ist das
Natrium-Menadionbisulfit (A. R. Menotti 1943)
Summenformel: $C_{11}H_9O_5SNa \cdot 3H_2O$; Mol.-Gew. = 330,3.

Bei 100° C verliert die Verbindung Kristallwasser und zersetzt sich bei etwa 154° C. Die Verbindung wird durch Alkalien wieder in Menadion übergeführt. Beim Kochen entsteht 2-Methyl-1.4-naphthohydrochinon-sulfonsäure.

Vitamin K_1 (Abb. 64)

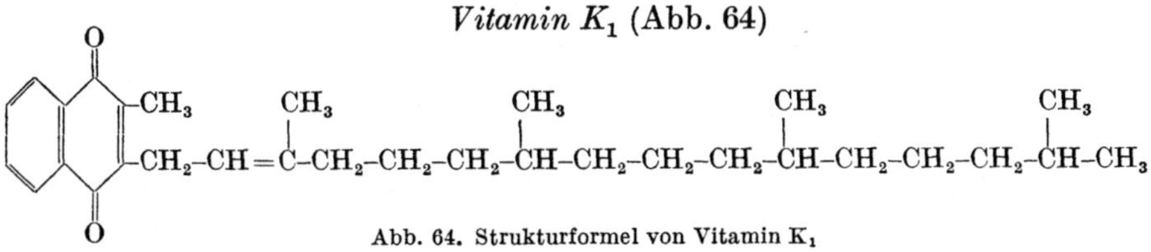

Abb. 64. Strukturformel von Vitamin K_1

Summenformel: $C_{31}H_{46}O_2$; Mol.-Gew. = 450,7.

Vitamin K_1 ist bei Zimmertemperatur ein zähflüssiges, goldgelbes Öl, das bei etwa −70° C kristallin erstarrt. Die Verbindung ist in Fettlösungsmitteln gut löslich, in Methanol schwer löslich und in Wasser unlöslich. Die Verbindung zeigt in petrolätherischer Lösung ein charakteristisches Absorptionsspektrum mit Maxima bei 243, 249, 261, 270 und 325 mμ ($E^{1\%}_{1\,cm}$ = 397, 422, 391, 392, 686) und Minima bei 228, 246, 254, 265—266, 285—287 mμ ($E^{1\%}_{1\,cm}$ = 196, 367, 299, 339, 199). In Cyclohexan liegen die entsprechenden Maxima bei 243, 249, 262 und 271 mμ und die Minima bei 246, 254, 266 und 286 mμ. Der $E^{1\%}_{1\,cm}$-Wert beim Hauptmaximum (249 mμ) beträgt 423. Die Verbindung mit asymmetrischen Kohlenstoffatomen in der Seitenkette zeigt eine geringe optische Aktivität.

$$[\alpha]_D^{21°} = -0{,}71 \pm 0{,}02°.$$

Der Brechungsindex der Verbindung beträgt

$$n_D^{20°} = 1{,}5255 - 1{,}5285\ .$$

3. Vorkommen

In der Natur kommen eine Anzahl von Vertretern der Vitamin K_1- und der Vitamin K_2-Reihe vor. Bisher wurden folgende Verbindungen aufgefunden:

Vitamin K_1 (20),
Vitamin K_2 (30),
Vitamin K_2 (35),
Vitamin K_2 (45).

Möglicherweise kommt auch Vitamin K_2 (20) in der Natur vor (vgl. dazu R. A. MORTON 1961; O. ISLER und O. WISS 1959; R. RÜEGG und O. ISLER 1961).

Diese Verbindungen zeigen verschiedene biologische Aktivitäten. Vitamin K_1 ist vor allem in grünen Pflanzen anzutreffen, während die Vertreter der Vitamin K_2-Reihe in tierischem oder in mikrobiellem Material zu finden sind. Die meisten Untersuchungen über das Vorkommen von Vitamin K in Lebensmitteln wurden mit Farbreaktionen durchgeführt, die für Chinone charakteristisch sind. Da aber im Tier- und Pflanzenreich noch sehr viele andere Chinone vorkommen (Plastochinone, Ubichinone), können Angaben über den Vitamin K-Gehalt nur mit Vorsicht benutzt werden. (Über das Vorkommen von Chinonen vgl. M. FRIMMER 1961 und R. RÜEGG und O. ISLER 1961.)

Für pflanzliche Produkte sind die wichtigsten Analysendaten, die mit Hilfe eines Tierversuches ermittelt wurden, bei H. DAM und H. J. GLAVIND (1938) beschrieben. Für Rindsleber fanden J. P. GREEN, E. SØNDERGAARD und H. DAM (1956) mit einer biologischen Methode einen Wert entsprechend der Wirkung von 71 μg Menadion/100 g Leber.

4. Biochemie

a) Resorption, Stoffwechsel, Speicherung und Ausscheidung

Vitamin K gelangt über die Lymphe in die Blutbahn (F. D. MANN, J. D. MANN und J. BOLLMANN 1950), wobei die Anwesenheit von Galle im Darmlumen für eine gute Resorption notwendig ist (vgl. dazu W. JOHN 1941). Über Abbau und Ausscheidung von Vitamin K ist wenig bekannt. Es scheint, daß eine geringe Menge Vitamin K in der Leber gespeichert werden kann, daß ein Abbauprodukt unbekannter Konstitution im Harn ausgeschieden wird, und daß ein Teil des Vitamin K mit der Galle in Form eines Conjugates ausgeschieden wird (D. TAYLOR u. Mitarb. 1956).

b) Vorstellungen über die Wirkungsweise von Vitamin K

Zur Wirkungsweise von Vitamin K wurden von MARTIUS bestimmte Vorstellungen entwickelt (vgl. dazu C. MARTIUS 1954).

Demnach ist Vitamin K ein wichtiges Bindeglied bei den enzymatischen Vorgängen, bei welchen die bei der Veratmung von Nahrungsbestandteilen freiwerdende Energie in für den Körper verwendbare Energie übergeführt wird. Bei Fehlen von Vitamin K steht dem Körper weniger verwendbare Energie für synthetische Leistungen zur Verfügung. Verbindungen, welche im Körper rasch auf- und abgebaut werden, könnten damit weniger rasch aufgebaut werden. Ihre Konzentration müßte fallen und die spezifischen Vitamin K-Mangelsymptome erzeugen. Es ist heute noch ungewiß, ob sich mit einer derartigen Theorie alle Vitamin K-Mangelsymptome erklären lassen, oder ob vielmehr Vitamin K verschiedene biochemische Angriffspunkte hat.

c) Vitamin K-Bedarf und Mangelsymptome

Es ist anzunehmen, daß normalerweise der Vitamin K-Bedarf des Menschen durch die Nahrung gedeckt wird, wobei das durch die Darmflora synthetisierte Vitamin K unter Umständen ebenfalls als wichtige Vitamin K-Quelle anzusehen ist. So erkranken z. B. Ratten, die keimfrei aufgezogen oder die am Fressen ihres eigenen Kotes verhindert werden, an Vitamin K-Mangel, sofern die Nahrung nicht genügend Vitamin K enthält (B. E. GUSTAVSSON 1959; R. H. BARNES und G. FIALA 1958).

Das wichtigste Symptom, welches für Vitamin K-Mangel charakteristisch ist, ist die Verlängerung der Blutgerinnungszeit. Es scheint, daß unter Vitamin K-Mangel gewisse Eiweißkörper, die für die Blutgerinnung verantwortlich sind, nicht mehr in genügendem Maße synthetisiert werden; vor allem betrifft dies das sog. Prothrombin.

Durch Einnahme gewisser Stoffe wie Dicumarol können dieselben Mangelsymptome erzeugt werden, wie dies bei Vitamin K-Mangel der Fall ist. Diese Symptome können z. B. durch Vitamin K_1 verhindert werden, nicht aber durch Menadion. Dicumarol stellt also einen Antagonisten zu Vitamin K dar. Neben Dicumarol gibt es zahlreiche Stoffe, die einen solchen Antagonismus zu Vitamin K besitzen. Man macht davon klinisch bei den sog. Anticoagulantien Gebrauch.

Unter normalen Umständen kommt es beim gesunden Menschen nicht zu Vitamin K-Mangel. Neugeborene und Säuglinge können eine durch Vitamin K beeinflußbare verlängerte Blutgerinnungszeit zeigen (H. ZELLWEGER und W. H. ADOLPH 1954, S. 742—745). Man hat Gründe anzunehmen, daß dieser Vitamin K-Mangel auf eine ungenügende Bildung durch Darmbakterien zurückzuführen ist. Auch bei Zerstörung der Darmflora durch Sulfonamide und Antibiotica kann es zu einem erhöhten Vitamin K-Bedarf kommen.

Tabelle 24. *Vitamingehalte*

	Vitamin A iE	β-Carotin mg	Vitamin B_1 mg	Vitamin B_2 mg	Vitamin PP mg	Vitamin B_6 mg
Fleisch (Rind,	0	0	3	2	50	3
Kalb, Schwein)	0—600	0—50	0,5—8	1—3	30—60	
Leber (Rind,	200000		3	25	150	9
Kalb, Schwein)	6000—400000		2—4	15—40	80—250	3—25
Hühnereier	580000	0	0,9	2,7	0,7	1
	530000—660000	0	0,6—1,3	2,5—5,8	0,4—0,9	0,8—1,6
Kuhmilch	400—900	0,09—0,23	0,36	1,8	0,9	0,5
	150—1000	0,05—0,25	0,3—0,4	1,0—2,0	0,7—1,1	0,06—0,7
Butter	200000	5,4	0,07	0,19		+[3]
	90000—450000	3,5—8,5	0,06—0,08	0,10—0,41	0,1—1,0	
Emmentaler	10000	1,0	0,5	3	1	1
Käse	4000—17000	0,5—1,5	0,2—0,5	2—5	0,8—1,5	0,6—1,2
Olivenöl	0	0	0	0	0	0
Schweine-schmalz	+[1]		+[1]	+[1]	+[1]	
Hartfett	0	0	0	0	0	0
Weizenmehl	0	0	2,6	0,6	31	
Typ 812			2,1—2,9	0,5—0,7	20—42	
Weißbrot	0	0	0,9	0,6	8,5	1,4
			0,4—1,4	0,2—1,2	5,0—15	1,3—2,0
Kartoffeln	0	0,2	0,9	0,4	10	1,5
	0	0,02—0,5	0,4—1,5	0,3—0,9	7,5—20	0,8—2
grüne Bohnen	0	3	0,7	1,3	4,7	1,3
	0	1—6	0,5—1,3	0,6—2,3	1,8—10	0,5—1,7
Äpfel	0	0,6	0,25	0,3	1,3	0,4
	0	0,4—0,9	0,07—0,4	0,03—0,5	0,6—2	0,4—0,6
Kristallzucker	0	0	0	0	0	0

[1] Deutsche Gesellschaft für Ernährung (1962).
[2] Gesamttokopherole H. SCHMID und R. G. HABER (1960).

Der genaue Vitamin K-Bedarf des Menschen ist aus den angeführten Gründen nicht bekannt. Für die Ratten kann man einen maximalen Vitamin K-Bedarf von 0,1 μg/g Futter annehmen (M. S. MAMEESH und B. C. JOHNSON 1960).

5. Standardisierung und Analytik von Vitamin K

Für Vitamin K bestehen keine internationalen Standardpräparate. Analysenwerte werden daher am besten auf reines Vitamin K_1 bezogen. Dieses kann durch sein UV-Spektrum definiert werden. S. A. THAYER u. Mitarb. (1939) haben als internationales Standardpräparat Menadion vorgeschlagen. Da aber die Wirkungsqualität von Menadion verschieden ist von derjenigen der eigentlichen K-Vitamine, sollte Menadion nicht als Standardpräparat gebraucht werden.

Die biologische Wirksamkeit von Vitamin K-Präparaten kann entweder am Vitamin K-Mangelküken oder am dicumarolvergifteten Kaninchen gemessen werden (C. I. BLISS und P. GYÖRGY 1951, S. 155—178; O. ISLER, R. RÜEGG, A. STUDER und R. JÜRGENS 1953; O. WISS, F. WEBER, R. RÜEGG und O. ISLER 1959).

Die Bestimmung von Vitamin K in Lebens- und Futtermitteln auf chemischem Wege hat praktisch keine Bedeutung. Soll eine derartige Analyse durchgeführt

einiger Lebensmittel

Pantothensäure mg	Biotin μg	Folsäure μg	Vitamin B_{12} μg	Vitamin C mg	Vitamin D μg	α-Tokopherol mg	Vitamin K mg
4—6[3]	30—40[3]					5—8[3]	
		10—100	0—30				
80	800—1000[3]	1000	600	300			
70—100			350—800	200—700	2—5	8—16	1—2
14	250[3]	40		0	44	9	0,017
9—17		39—46	7—29	0		4—14	
3,51		18	5,4	15	0,9	0,7	
2,8—4,2		4—21	3,6—7,6	2—25	0,08—2,0		0,004—0,17
+[3]						26	
				0—10	2,0—40	20—34	0,6
4,4[4]	9[4]	64[4]		5		3	
1,8—17	4—23	30—150			12—47		
0	0	0	0	0	0	30—300[2]	0
				+[1]			
0	0	0	0	0	0	0	0
			0	0	0		
			0	0	0		
3,7	1[3]	60[3]	0	120	0	1[3]	
1,8—5,9				20—250			
1[3]	12[3]		0	180	0		
				90—300			
0,9	3[3]	8	0	110		7[3]	
0,6—1,3				35—176			
0	0	0	0	0	0	0	0

[3] R. A. MCCANCE u. Mitarb. (1960).
[4] K. M. SHAHANI u. Mitarb. (1962).

werden, so eignet sich hierzu am ehesten eine von K. SCHILLING und H. DAM (1958a u. b) beschriebene Farbreaktion. Diese soll aber mit allen Vorbehalten, die bei einer solchen Methode angezeigt sind, angewandt werden.

Vitamin K-Lösungen sind licht- und alkalienempfindlich.

6. Hinweise auf spezielles Schrifttum

Allgemeines: O. ISLER u. O. WISS (1959).

Menadion: L. F. FIESER (1940).

Vitamin K_1: O. ISLER (1959); O. ISLER u. K. DOEBEL (1954); P. KARRER u. A. GEIGER (1939).

C. Vitamingehalte einiger Lebensmittel

Die Tab. 24 (S. 1040/1041) enthält einige Angaben über den Vitamingehalt der häufigsten Lebensmittel. Die Zahlenangaben sind, wo nichts anderes vermerkt, dem Tabellenwerk von S. W. SOUCI, W. FACHMANN und H. KRAUT (1962) entnommen. Dieses Tabellenwerk stellt heute die umfassendste Darstellung über die Zusammensetzung von Lebensmitteln dar und muß in Einzelfällen stets konsultiert werden.

Die Werte beziehen sich auf den eßbaren Anteil von 1000 g käuflicher Rohware. 0 bedeutet, daß in dem betreffenden Lebensmittel keine nennenswerten Mengen des betreffenden Vitamins vorliegen, +, daß dasselbe in Spuren regelmäßig angetroffen wird. Die obere Linie bedeutet die etwa zu erwartende Vitaminmenge, die untere die Schwankungsbreite, mit welcher zu rechnen ist.

Weitere Angaben können in folgenden Werken gefunden werden:

Deutsche Gesellschaft für Ernährung: Kleine Nährwerttabelle (1962b).

WOOT-TSUEN WU LEUNG u. Mitarb.: Composition of foods used in Far Eastern countries (1952).

United States Department of Agriculture: Nutritive value of foods (1960).

A. OSMOND u. W. WILSON: Tables of composition of Australian foods (1954).

WOOT-TSUEN WU LEUNG: Food composition table for use in Latin America (1961).

L. RANDOIN u. Mitarb.: Tables de composition des aliments (1961).

H. SCHMIDT-HEBBEL: Tabla de composicion quimica de alimentos chilenos (1961).

R. A. MCCANCE u. E. M. WIDDOWSON: The composition of foods (1960).

H. K. GRAEFE: Chinesische Nahrungsmitteltabelle (1962).

Bibliographie

AMMON, R., u. W. DIRSCHEL: Fermente, Hormone, Vitamine. 2. Aufl. Leipzig 1948.

AOAC: Official Methods of Analysis of the Association of Official Agricultural Chemists. 9. Aufl. Edited by WILLIAM HORWITZ. Washington DC.: AOAC 1960.

ARNSTEIN, H. R. V., and A. M. WHITE: The Function of Vitamin B_{12} in Amino Acid and Protein Biosynthesis by Ochromonas malhamensis. In: Vitamin B_{12} und Intrinsic Factor. 2. Europäisches Symposium. Hrsg. von H. C. HEINRICH, S. 211—216. Stuttgart: Enke 1962.

Association of Vitamin Chemists: Methods of Vitamin Assay. New York: Interscience Publishers 1947.

Association of Vitamin Chemists: Methods of Vitamin Assay. New York: Interscience Publishers 1951.

BARKER, H. A.: Chemistry and Biology of the Vitamin B_{12} Coenzyms. In: Vitamin B_{12} und Intrinsic Factor. 2. Europäisches Symposium. Hrsg. von H. C. HEINRICH, S. 82—105. Stuttgart: Ferdinand Enke 1962.

BARTLEY, W., H. A. KREBS and J. R. P. O'BRIEN: Medical Research Council, Special Report Series No. 280. Vitamin C Requirement of Human Adults. A report by the Vitamin C Subcommittee of the Accessory Food Factors Committee and A. E. BARNES, W. BARTLEY, I. M. FRANKAU, G. A. HIGGINS, J. PEMBERTON, G. L. ROBERTS and H. R. VICKERS. London: Her Majesty's Stationery Office 1953.

BARTON-WRIGHT, E. C.: Practical Methods for the microbiological assay of the vitamin B complex and essential Amino acids. London: Ashe Laboratories 1945.

BAUER, H., u. H. C. HEINRICH: Pathophysiologische Voraussetzungen zur therapeutischen Anwendung des Vitamin B_{12} bei neurologischen Erkrankungen. In: Vitamin B_{12} und Intrinsic Factor. 1. Europäisches Symposium. Hrsg. von H. C. HEINRICH, S. 499—509. Stuttgart: Ferdinand Enke 1957.

BECKMANN, R.: Vitamin E und Fettstoffwechsel. In: Die Bedeutung der Nahrungsfette in der Pädiatrie (Jochims ed.). Stuttgart: Ferdinand Enke 1960.

BEINERT, H.: Flavine Coenzymes. In: The enzymes, edited by P. D. BOYER, H. LARDY and K. MYRBÄCK. Bd. 2, 339—416. New York and London: Academic Press 1960.

BERNHAUER, K., O. MÜLLER u. O. WAGNER: Zur Struktur und Chemie des Barkerschen Cobalamin-Coenzyms und des Cobinamid-Konjugates. In: Vitamin B_{12} and Intrinsic Factor. 2. Europäisches Symposium. Hrsg. von H. C. HEINRICH, S. 110—115. Stuttgart: Ferdinand Enke 1962.

BETHELL, F. H.: Requirements of Pteroylglutamine acid and Factors Influencing them. In: The Vitamins. Hrsg. von W. H. SEBRELL und ROBERT S. HARRIS. Bd. III, S. 217. New York: Academic Press Inc. 1954.

BIELIG, H. J.: Carotinoide und A-Vitamine. 2. Vorkommen. In: HOPPE-Seyler/THIERFELDER: Handbuch der physiologisch- und pathologisch-chemischen Analyse. Hrsg. von K. LANG, E. LEHNARTZ u. G. SIEBERT. 10. Aufl., Bd. III/2. Bandteil, S. 955—985. Berlin-Göttingen-Heidelberg: Springer 1955.

BIRKOFER, L.: Isoalloxazine. In: HOPPE-SEYLER/THIERFELDER: Handbuch der physiologisch- und pathologisch-chemischen Analyse. Hrsg. von K. LANG, E. LEHNARTZ u. G. SIEBERT. 10. Aufl., Bd. III/2. Bandteil, S. 1339. Berlin-Göttingen-Heidelberg: Springer 1955.

BISWAS, D. K., and B. C. JOHNSON: Role of Vitamin B_{12} in Carbohydrate Metabolism. In: Vitamin B_{12} und Intrinsic Factor. 2. Europäisches Symposium. Hrsg. von H. C. HEINRICH, S. 205—211. Stuttgart: Ferdinand Enke 1962.

BLISS, C. I.: Statistical Methods in Vitamin Research. In: Vitamin Methods. Hrsg. von P. GYÖRGY, Bd. II, S. 445—610. New York: Academic Press Inc. Publishers 1951.

— and P. GYÖRGY: The Animal Vitamin Assays. In: Vitamin Methods. Bd. II, S. 41—275. Hrsg. von P. GYÖRGY. New York: Academic Press 1951.

BLUMBERGER, K., P. PETRIDES u. K. BERNHAUER: Untersuchungen über die antiperniciöse Wirkung verschiedener B_{12}-Analoga. In: Vitamin B_{12} und Intrinsic Factor, S. 82—85. Hrsg. von H. C. HEINRICH. Stuttgart: Ferdinand Enke 1957.

BÖHME, H., u. H. WOJAHN: Deutsches Arzneibuch. 6. Ausgabe, 3. Nachtrag 1959,Kommentar. Stuttgart: Wissenschaftliche Verlagsgesellschaft 1959.

BOLLIGER, H. R.: Vitamine. In: Dünnschichtchromatographie, S. 217—256. Hrsg. von E. STAHL. Berlin-Göttingen-Heidelberg: Springer 1962.

BOOTH, V. H.: Carotene. Its determination in biological materials. Cambridge: W. Heffer 1957.

BRAUNSTEIN, A. E.: Pyridoxal Phosphate. In: The Enzymes, Bd. 2, 113—184. Hrsg. von P. D. BOYER, H. LARDY u. K. MYRBÄCK. New York/London: Academic Press 1960.

BRIGGS, G. M., and F. S. DAFT: Occurrence of pantothenic acid. In: The Vitamins, Bd. 2, S. 634—649. Hrsg. von W. H. SEBRELL u. R. S. HARRIS. New York: Academic Press 1954.

BROMER, W. W., and E. O. DAVISSON: Preparation and characterization of a clinically effective porcine intrinsic factor-Vitamin-B_{12}-Complex. In: Vitamin B_{12} und Intrinsic Factor. 2. Europäisches Symposium. Hrsg. von H. C. HEINRICH, S. 457—462. Stuttgart: Enke 1962.

BROWN, G. M.: The metabolism of pantothenic acid. Nutrition Symposium Series Number 13. Symposium on Vitamin Metabolism, S. 65—76. New York: The National Vitamin Foundation, Inc. 1956.

BRUBACHER, G., u. J. P. VUILLEUMIER: Biologische Wirksamkeit und Stoffwechsel der Ascorbinsäure und verwandter Substanzen. In: „Ascorbinsäure". Wissensch. Veröffentl. der Dtsch. Ges. für Ernähr. 14, Darmstadt: Dr. Dietrich Steinkopff 1965.

BURN, J. H., D. J. FINNEY and L. G. GOODWIN: Biological standardization, 2. Aufl. London-New York-Toronto: Oxford University Press 1950.

BURNS, J. J.: Ascorbic acid. In: Metabolic Pathways I. Edited by DAVID M. GREENBERG, S. 341—356. New York-London: Academic Press 1960.

COATES, M. E., B. M. DORAN and G. F. HARRISON: Studies on vitamin-B_{12}-coenzyme in rat and the chick. In: Vitamin B_{12} und Intrinsic Factor. 2. Europäisches Symposium. Hrsg. von H. C. HEINRICH, S. 147—155. Stuttgart: Ferdinand Enke 1962.

— J. E. FORD and G. F. HARRISON: Activity for chicks and microorganisms of some analogues of cyanocobalamin. In: Vitamin B_{12} und Intrinsic Factor. 2. Europäisches Symposium. Hrsg. von H. C. HEINRICH, S. 276—280. Stuttgart: Ferdinand Enke 1962.

COWARD, K.: The biological standardisation of the vitamins. London: Ballière, Tindall and Cox 1947.

DANN, J. W., and G. H. SATTERFIELD: Estimations of the Vitamins, Biological Symposia XII. Lancaster Pa.: The Jacques Catell Press 1947.
Deutsche Gesellschaft für Ernährung: Die wünschenswerte Höhe der Nahrungszufuhr. 2. überarbeitete Ausgabe. Frankfurt am Main: Umschau-Verlag 1962a.
— Kleine Nährwerttabelle, 9. verbesserte Aufl. Frankfurt am Main: Umschau-Verlag 1962b.
— Carotine und Carotinoide. Wissenschaftliche Veröffentlichungen der deutschen Gesellschaft für Ernährung. Hrsg. von K. LANG, Bd. 9. Darmstadt: Dr. Dietrich Steinkopff 1963.
— Ascorbinsäure. Wissensch. Veröffentl. der Dtsch. Ges. für Ernährung **14**, Darmstadt: Dr. Dietrich Steinkopff 1965.
DONALDSON, N.: The chemistry and technology of naphthalene compounds, S. 362—365. London: Edward Arnold Publish. 1958.
ELLENBOGEN, L.: Purification, properties and assay of intrinsic factor. In: Vitamin B_{12} und Intrinsic Factor. 2. Europäisches Symposium. Hrsg. von H. C. HEINRICH, S. 443—456. Stuttgart: Ferdinand Enke 1962.
EULER, H. v., u. B. EISTERT: Chemie und Biochemie der Reduktone und Reduktonate. Stuttgart: Ferdinand Enke 1957.
FAILLARD, H., W. PRIBILLA u. H. E. POSTH: Untersuchungen über Intrinsic Factor-aktive Mucoide. In: Vitamin B_{12} und Intrinsic Factor. 2. Europäisches Symposium. Hrsg. von H. C. HEINRICH, S. 465—469. Stuttgart: Ferdinand Enke 1962.
FRAGNER, J.: Vitamine — Chemie und Biochemie. Jena: G. Fischer 1964.
FOLLIS, R. H. JR.: Deficiency Disease. Springfield/Ill.: Charles C. Thomas 1958.
FONTAINE, M., et A. RAFFY: La vitamine B_2. Paris: Hermann & Cie. 1940.
GABBE, E. E., u. H. C. HEINRICH: Das Stoffwechselverhalten des 5,6-Dimethylbenzimidazol-aquo-cobamids und des 5,6-Dimethyl-benzimidazol-cobamid-coenzyms im Säugetierorganismus. In: Vitamin B_{12} und Intrinsic Factor; 2. Europäisches Symposium. Hrsg. von H. C. HEINRICH, S. 116—147. Stuttgart: Ferdinand Enke 1962.
GLATZEL, H.: Ernährungskrankheiten. In: Handbuch der inneren Medizin. 4. Aufl., Bd. 6, 2. Teil. S. 313—609. Hrsg. von G. VON BERGMANN, W. FREY und H. SCHWIEGK. Berlin-Göttingen-Heidelberg: Springer 1954.
GRAB, W.: Thiamin. In: HOPPE-SEYLER/THIERFELDER: Handbuch der physiologisch- und pathologisch-chemischen Analyse. Hrsg. von K. LANG, E. LEHNARTZ u. G. SIEBERT. 10. Aufl., Bd. 4, 2. Bandteil, S. 1359—1415. Berlin-Göttingen-Heidelberg: Springer 1960a.
— Biotin. In: HOPPE-SEYLER/THIERFELDER: Handbuch der physiologisch- und pathologisch-chemischen Analyse. Hrsg. von K. LANG, E. LEHNARTZ u. G. SIEBERT. 10. Aufl., Bd. 4, 2. Bandteil, S. 1443—1463. Berlin-Göttingen-Heidelberg: Springer 1960b.
— Cobalamine. In: HOPPE-SEYLER/THIERFELDER: Handbuch der physiologisch- und pathologisch-chemischen Analyse. Hrsg. von K. LANG, E. LEHNARTZ u. G. SIEBERT. 10. Aufl., Bd. 4, 2. Bandteil, S. 1491—1525. Berlin-Göttingen-Heidelberg: Springer 1960c.
— Pantothensäure. In HOPPE-SEYLER/THIERFELDER: Handbuch der physiologisch und pathologisch-chemischen Analyse. Hrsg. von K. LANG, E. LEHNARTZ u. G. SIEBERT. 10. Aufl., Bd. 4, 2. Bandteil, S. 1415—1442. Berlin-Göttingen-Heidelberg: Springer 1960d.
GRÄSBECK, R., K. SIMONS and I. SINKKONEN: Fractionation of human gastric juice by means of DEAE-Cellulose chromatography. In: Vitamin B_{12} und Intrinsic Factor; 2. Europäisches Symposium. Hrsg. von H. C. HEINRICH, S. 462—465. Stuttgart: Ferdinand Enke 1962.
GSTIRNER, F.: Chemisch-physikalische Vitaminbestimmungsmethoden. 4. Aufl. Stuttgart: F. Enke 1951.
GYÖRGY, P.: Vitamin Methods. Vol. I and II. New York: Academic Press, Inc. 1950—1951.
HAUSHEER, W., H. MOOR, S. NOBILE u. H. WAGNER: Vitaminbestimmungen in Lebensmitteln mit chemisch-physikalischen Methoden. Separatdruck aus „Schweizerisches Lebensmittelbuch". Hrsg. von O. HÖGL und E. LAUBER; 5. Auflage, 1. Bd in Vorbereitung.
HEATHCOTE, J. G., and F. S. MOONEY: Does Intrinsic Factor exist? In: Vitamin B_{12} and Intrinsic Factor. 2. Europäisches Symposium. Hrsg. von H. C. HEINRICH, S. 540—549. Stuttgart: Ferdinand Enke 1962.
HEINRICH, H. C., u. A. A. PFAU: Mit Hilfe eines Gesamtkörper-Radioaktivitäts-Detektors durchgeführte Untersuchungen zur Resorption, biologischen Halbwertszeit und Umsatzrate des Vitamin B_{12} im menschlichen Organismus. In: Vitamin B_{12} und Intrinsic Factor. 2. Europäisches Symposium. Hrsg. von H. C. HEINRICH, S. 351—381. Stuttgart: Ferdinand Enke 1962.
HÖGL, O., u. E. LAUBER: Nährwert der Lebensmittel. Sonderdruck aus dem Schweizerischen Lebensmittelbuch. 5. Aufl., Bd. 1 in Vorbereitung.
HUNDLEY, J. M.: Chemistry of Niacin. In: The Vitamins. Hrsg. von W. H. SEBRELL u. R. S. HARRIS. Bd. II, S. 452—478. New York: Academic Press Inc. Publishers 1954.
HUTNER, S. H., H. A. NATHAN and H. BAKER: Metabolism of folic acid and other pterin-pteridine vitamins. Vitamines and Hormones **17**, 1—52. New York and London: Academic Press 1959.

ISLER, O., u. P. SCHUDEL: Synthese und Markierung von Carotinen und Carotinoiden. In: Carotine und Carotinoide. Wissenschaftl. Veröffentl. der Dtsch. Ges. für Ernähr. **9**, 54—104. Darmstadt: Dr. Dietrich Steinkopff 1963.

IUPAC: A report on the vitamin D bioassay of oils and concentrates. Edited by the international union of pure and applied chemistry. Applied Chemistry section, Food division, Vitamin Assay subdivision. London: Butterworths scientific publications 1959.

— The vitamin A potency of β-carotene. Food division, Vitamin Assay subdivision. London: Butterworths scientific Publications 1959b.

JAENICKE, L.: Wirkformen der Folsäure, ihre Struktur und Funktion. In: Vitamin B_{12} und Intrinsic Factor. 2. Europäisches Symposium. Hrsg. von H. C. HEINRICH, S. 701—728. Stuttgart: Ferdinand Enke 1962.

— and F. LYNEN: Coenzyme A. In: The Enzymes. Hrsg. von P. D. BOYER, H. LARDY u. K. MYRBÄCK. Bd. 3, S. 3—103. New York and London: Academic Press 1960.

JASINSKI, B., H. FREI u. G. E. STIEFEL: Bindung, Transport und Verteilung von Vitamin B_{12} im Organismus. In: Vitamin B_{12} und Intrinsic Factor. 1. Europäisches Symposium. Hrsg. von H. C. HEINRICH, S. 449—456. Stuttgart: Ferdinand Enke 1957.

JUKES, TH. H.: Assay of compounds with folic acid activity. In: Methods of biochemical analysis. Bd. II, S. 121—151. Hrsg. von D. GLICK. New York: Interscience Publishers 1955.

KAPLAN, N. O.: Pyridine Coenzymes. In: The Enzymes, edited by P. D. BOYER, H. LARDY and K. MYRBÄCK. Bd. 3, S. 105—169. New York and London: Academic Press 1960.

KARRER, P., and E. JUCKER: Carotenoids. New York-Amsterdam-London-Brussels: Elsevier Publishing Co. 1950.

KLÄUI, H.: Grundsätzliches zur Stabilisierung und Solubilisierung von Carotin und Carotinoidpräparaten. In: Carotine und Carotinoide. Wissenschaftl. Veröffentl. der Dtsch. Ges. für Ernähr. **9**, 390—400. Darmstadt: Dr. Dietrich Steinkopff 1963.

KNOBLOCH, E.: Physikalisch-chemische Vitaminbestimmungsmethoden. Berlin: Akademie-Verlag 1963.

KORNBERG, A.: The metabolism of phosphorous containing co-enzymes. In: W. D. MCELROY and BENTEY GLASS: Phosphorus metabolism. Bd. 1, S. 392—414. Baltimore: The John Hopkins Press 1951.

LANG, K.: Die Physiologie der Vitamine. In: Handbuch der allgemeinen Pathologie. Hrsg. von F. BÜCHNER, E. LETTERER u. F. ROULET **11**, Umwelt II, 1. Teil, S. 592—733. Berlin-Göttingen-Heidelberg: Springer 1962.

LENHERT, P. G., and D. C. HODGKIN: The X-Ray Crystallographic Investigation of the 5,6-Dimethyl-benzimidazol cobamide-coenzyme. In: Vitamin B_{12} und Intrinsic Factor. 2. Europäisches Symposium. Hrsg. von H. C. HEINRICH, S. 105—110. Stuttgart: Enke 1962.

LEPKOVSKY, S.: Chemistry of pantothenic acid in the vitamins. Hrsg. von W. H. SEBRELL u. ROBERT S. HARRIS. Bd. II, S. 591—598. New York: Academic Press. 1954.

LEUNG WOOT-TSUEN WU: Food composition table for use in Latin America. Institute of Nutrition of Central America and Panama and Interdepartmental Committee on Nutrition for National Defense Bethesda, Maryland, National Institutes of Health (1961).

— R. K. PECOT and B. K. WATT: Composition of foods used in far eastern countries. Agricultural Handb. No. 34 Washington DC. United States Department of Agriculture (1952).

MCCANCE, R. A., and E. M. WIDDOWSON: The composition of foods. Medical Research Council, Special Report Series No. 297. London: Her Majesty's stationery office 1960.

MENDEN, E., u. H. D. CREMER: Über das Problem der Nährwertaufbesserung unter besonderer Berücksichtigung der Anreicherung von Nahrungsmitteln. Schriftenreihe des Institutes für Ernährungswissenschaft der Justus Liebig-Universität Gießen, Heft 1, (1958). Wiesbaden-Berlin: B. Behr's-Verlag GmbH. 1958.

Merck A.G., Darmstadt: Vitaminanalyse, chemische Methoden.

Merck & Co. Inc., Rahway N. J.: Vitamin B_{12}. Merck Service Bulletin (1958).

— The Merck Index of Chemicals and Drugs. Hrsg. von P. G. STECHER, M. J. FINKEL, O. H. SIEGMUND, B. M. SZAFRANSKI (1960).

METZLER, D. E.: Thiamine Coenzymes. In: The Enzymes, Hrsg. von P. D. BOYER, H. LARDY and K. MYRBÄCK. Bd. 2, S. 295—337. New York and London: Academic Press 1960.

MOORE, TH.: Vitamin A. Amsterdam-London-New York: Princeton Elsevier Publishing Company 1957.

MÜCKE, D.: Einführung in mikrobiologische Bestimmungsverfahren. 2. Aufl. Leipzig 1957.

National Academy of Sciences. National Research Council: Recommended dietary allowances. Publication 589, revised 1958 (1958).

NOVELLI, G. D.: Methods for Determination of Coenzyme A. In: Methods of Biochemical Analysis. Hrsg. von DAVID GLICK. Bd. II, S. 189—213. New York-London: Interscience Publishers Inc. 1955.

OLLIVER, M.: Standardization of activity (Vitamin C). In: Vitamine. Hrsg. von W. H. SEBRELL u. R. S. HARRIS. Bd. I, S. 259—261. New York: Academic Press Inc. 1954.

Pawełkiewicz, J., B. Bartosinski and W. Walerych: Bull. Acad. polon. Sci. II 8, 123ff. (1960), zitiert in M. E. Coates, B. M. Doran and G. F. Harrison: Studies in Vitamin B_{12}. Coenzyme in rat and the chick. In: Vitamin B_{12} und Intrinsic factor 2. Europäisches Symposium. Hrsg. von H. C. Heinrich, S. 147—155. Stuttgart: Ferdinand Enke 1962.
Pendl, I., u. K. Felix: Eiweiß. Deskriptiver Teil. In: Hoppe-Seyler/Thierfelder, Handbuch der physiologisch- und pathologisch-chemischen Analyse. Hrsg. von K. Lang, E. Lehnartz u. G. Siebert. Bd. 4, S. 212—586. Berlin-Göttingen-Heidelberg: Springer 1960.
Pharmacopoea Internationalis. Editio prima. Volumen I: Genf: World Health Organization 1951.
Rabinowitz, J. C.: Folic acid. In: Enzymes. Hrsg. P. D. Boyer, H. Lardy and K. Myrbäck. Bd. 2, S. 185—252. New York and London: Academic Press 1960.
Randoin, L., P. le Gallie, Y. Dupuis et A. Bernardin: Tables de composition des aliments. Paris: Jaques Lanore 1961.
Rauen, H. M.: Biochemisches Taschenbuch. Berlin-Göttingen-Heidelberg: Springer 1956.
Reuck, A. V. S. de, and M. O'Connor: The mechanism of action of water-soluble vitamins. Ciba Foundation study group No. 11. London: J. u. A. Churchill LTD 1961.
Rosenberg, H. R.: Chemistry and Physiology of the vitamins. New York: Interscience Publishers 1945.
Rudy, H.: Vitamine. Bearbeitet von H. J. Bielig (allgemeiner Teil, Vitamin A). K. Schreier (Vitamin B-Gruppe) und H. Wolf (übrige Vitamine). In: Physiolog. Chemie, hrsg. von B. Flaschenträger u. E. Lehnartz. Band 2/2b s. 627—865. Berlin-Göttingen-Heidelberg: Springer 1957.
Schmid, H., u. R. G. Haber: Tocopherole. In: Hoppe-Seyler/Thierfelder, Handbuch der physiologischen und pathologisch-chemischen Analyse. 10. Aufl. Hrsg. von K. Lang, E. Lehnartz u. G. Siebert. Bd. 4, Teil II, S. 1005. Berlin-Göttingen-Heidelberg: Springer 1960.
Schmidt-Hebbel, H.: Tabla de composicion quimica de alimentos Chilenos. Universidad de Chile (1961).
Schnider, O.: Die Synthese des Panthenols und seine Umwandlung in Pantothensäure. In: Festschrift E. Barell, S. 85—91. Basel: F. Reinhardt 1946.
Schreier, K.: Die Nikotinsäure und ihr Amid. In: Physiolog. Chemie. Hrsg. von B. Flaschenträger u. E. Lehnartz. II/2b, S. 738. Berlin-Göttingen-Heidelberg: Springer 1957.
Sebrell, W. H., and R. S. Harris: The vitamins. I—III. New York: Academic Press 1954.
Strohecker, R.: Analytik der Ascorbinsäure. In: „Ascorbinsäure". Wissensch. Veröffentl. der Dtsch. Ges. für Ernähr. **14**, Darmstadt: Dr. D. Steinkopff 1965.
— R., u. H. M. Henning: Vitaminbestimmungen. Herausgeber E. Merck AG. Darmstadt. Weinheim/Bergstr.: Verlag Chemie 1963.
Somogyi, J. C.: Die Antianeurinfaktoren. Bern und Stuttgart: H. Huber 1952.
Souci, S. W., W. Fachmann u. H. Kraut: Die Zusammensetzung der Lebensmittel. Stuttgart: Wissenschaftliche Verlagsgesellschaft 1962.
Stepp, W., J. Kühnau u. H. Schroeder: Die Vitamine und ihre klinische Anwendung. Stuttgart: F. Enke, I 1952; II 1957.
Umbreit, W. W.: Specificity of Action of Pyridoxine. In: Vitamins. Hrsg. von W. H. Sebrell u. R. S. Harris. Bd. 3, S. 239—242. New York: Academic Press Inc. 1954.
U.S. Department of Agriculture: Agriculture Handb. Nr. 97. Pantothenic acid in foods. U.S. Government Printing Office, Washington D.C. (1956).
United States Pharmacopeia: Fifteenth Revision U.S.P. XV. Easton PA.: Mack Publishing Company 1955.
— Sixteenth Revision U. S. P. XVI. Easton PA.: Mack Publishing Company 1960.
Verzár, F., u. D. Gsell: Ernährung und Gesundheitszustand der Bergbevölkerung der Schweiz. Hrsg. vom Eidg. Gesundheitsamt Bern (1962).
Vogel, H., u. H. Knobloch: Chemie und Technik der Vitamine. Bd. 1 u. ff., 3. Aufl. Stuttgart: F. Enke ab 1950.
Vuilleumier, J., u. W. Müller-Mulot: Analyse der Ascorbinsäure in Lebensmitteln und Futtermitteln. In: Wissensch. Veröffentl. der Dtsch. Ges. für Ernähr. **14**, Darmstadt: Dr. Dietrich Steinkopff 1965.
Wagner, F., u. K. Folkers: Vitamins and Coenzymes. New York/London/Sydney: Interscience Publishers 1964.
Welsch, M.: Le Dosage Microbiologique des vitamines. Paris: Masson 1947.
White, A. M., and H. R. V. Arnstein: Vitamin B_{12} and the metabolism of one-Carbon compounds by the rat and by ochromonas malhamensis. In: Vitamin B_{12} und Intrinsic Factor. 2. Europ. Symposium. Hrsg. von H. C. Heinrich, S. 186—191. Stuttgart: F. Enke 1962.
Wijmenga, H. G.: Intrinsic Factor and Vitamin B_{12} binding substances. In: Vitamin B_{12} und Intrinsic Factor. 1. Europäisches Symposium. Hrsg. von H. C. Heinrich, S. 156—193. Stuttgart: F. Enke 1957.
Williams, R. H.: Clinical biotin deficiency. New England J. of med. **228**, 247 (1943) zitiert in: Bicknell, Franklin and F. Prescott. The vitamins in medicine, S. 130. London: W. Heinemann 1953.

WILLIAMS, R. J., R. E. EAKIN, E. BEERSTECHER and W. SHIVE: The biochemistry of B-Vitamins. S. 565—603. New York: Reinhold Publ. Corp. 1950.
WILLIAMS, R. R.: Toward the conquest of Beriberi. Cambridge: Harvard University Press 1961.
WISS, O.: Vitaminverluste bei der Behandlung von Lebensmitteln. Wissenschaftl. Veröffentl. der Dtsch. Ges. für Ernähr. 5; S. 81—92. Veränderungen der Nahrung durch industrielle und haushaltsmäßige Verarbeitung. Darmstadt: Dr. Dietrich Steinkopff 1960.
—, and F. WEBER: The liver and vitamine. In: The liver. Hrsg. von Prof. Dr. ROUILLER. New York: Academic Press Bd. 2, 133—176 (1964).
WOKES, F., and A. D. M. SMITH: Vitamin B_{12} and Vegetarians. In: Vitamin B_{12} und Intrinsic Factor. 2. Europäisches Symposium. Hrsg. von H. C. HEINRICH, S. 602—609. Stuttgart: F. Enke 1962.
WOOLLEY, D. W.: A study of antimetabolites. New York: John Wiley and Sons 1952.
WRIGHT, L., H. R. SKEGGS, S. H. RUBIN and E. D. RITTER: Microbiological Methods in Vitamin Research. In: Vitamin Methods. Hrsg. von P. GYÖRGY, Bd. 2, S. 683—712. New York: Academic Press 1951.
WRIGHT, L. D.: The metabolism of Biotin. Symposium on Vitamin Metabolism, Nutrition Symposium Series No. **13**, 104—115. New York: National Vitamin foundation Inc. 1956.
ZECHMEISTER, L.: Cis-trans-isomeric carotenoids. Vitamins A and Arylpolyenes. Wien: Springer 1962.
ZELLWEGER, H., u. W. H. ADOLPH: Vitamine und Vitaminkrankheiten. In: Handbuch der inneren Medizin. Hrsg. von G. v. BERGMANN, W. FREY u. H. SCHWIEGK. Bd. 6, 2. Teil, S. 687—826. Berlin-Göttingen-Heidelberg: Springer 1954.

Zeitschriftenliteratur

ABT, A. F., S. VON SCHUCHING and TH. ENNS: Vitamin C Requirements of Man Re-examined. Amer. J. clin. Nutr. **12**, 21—29 (1963).
American Pharmaceutical Association: National Formulary. XI. Washington DC. Amer. Pharm. Ass. (1960).
AMES, S. R.: Fat soluble vitamins. Ann. Rev. Biochem. **27**, 371—402 (1958).
— W. J. SWANSON and PH. L. HARRIS: Biochemical Studies on Vitamin A. XIV. Biopotencies of Geometric Isomers of Vitamin A Acetate in the Rat. J. amer. chem. Soc. **77**, 4134 (1955).
Analytical Methods Committee: The determination of tocopherols in oils, foods and feeding stuffs. Analyst. **84**, 356—372 (1959).
ANTENER, I.: Quantitative biologische Bestimmung von Vitamin D an der Ratte mit Hilfe von ^{45}Ca. Proceedings of the Fourth International Congress of Biochemistry. Hrsg. von O. HOFFMANN-OSTENHOF. Bd. **15**, 90 (1958).
ARENS, I. F., and D. A. VAN DORP: Synthesis of some Compounds Possessing Vitamin A Activity. Nature (Lond.) **157**, 190—191 (1946).
ATKIN, L., W. L. WILLIAMS, A. S. SCHULTZ and C. N. FREY: Yeast Microbiological Methods for Determination of Vitamins. Pantothenic acid. Industr. Engin. Chem. (analyt. Edit.) **16**, 67—71 (1944).
AYKROYD, W. R., N. JOLLIFFE, O. H. LOWRY, P. E. MOORE, W. H. SEBRELL, R. E. SHANK, F. F. TISDALL, R. M. WILDER and P. C. ZAMECNIK: Medical Resurvey of Nutrition in New Foundland 1948. Canad. Med. Assoc. J. **60**, 329—352 (1949).
BACHARACH, A. L., and J. GREEN: The Tocopherols. Chem. and Industr. **1961**, 2135.
BACHER, F. A., A. E. BOLEY and C. E. SHONK: Radioactive tracer assay for vitamin B_{12} and other cobalamins in complex mixtures. Analytic. Chem. **26**, 1146—1149 (1954).
BAKER, B. R., W. L. MCEWEN and W. N. KINLEY: Biotin. VII. Synthesis of DL-epi Biotin. J. organ. Chem. **12**, 322—332 (1946).
BANHIDI, Z. G.: Über die Wachstumswirkung von Thiamindisulfid auf Lactobacillus fermenti 36 im Agarplatten-Test. Biochem. Z. **332**, 77—80 (1959).
— Weight increase in the rat due to thiamine disulfide activation by ascorbic acid. Int. Z. Vitaminforsch. **30**, 305—322 (1960).
BARNABEI, O., u. L. WILDEMANN: Die Umwandlung des Thiamins in der Leber. Hoppe-Seylers Z. physiol. Chem. **325**, 1—8 (1961).
BARNES, R. H., and G. FIALA: Uncomplicated vitamin K-deficiency in the rat. Federat. Proc. **17**, 470 (1958).
BAXTER, J. G., C. D. ROBESON, J. D. TAYLOR and R. W. LEHMAN: Natural α-, β-, and γ-Tocopherols and certain esters of physiological interest. J. amer. chem. Soc. **65**, 918—924 (1943).
BEAN, W. B., and R. E. HODGES: Pantothenic acid deficiency induced in human subjects. Proc. Soc. exp. Biol. **86**, 693—698 (1954).
— — and K. DAUM: Pantothenic acid deficiency induced in human subjects. J. clin. Invest. **34**, 1073—1084 (1955).

Bernhard, K., u. H. J. Bollag: Die Vitamin-B-Versorgung durch das Brot. Schweiz. med. Wschr. **91**, 208—210 (1961).
—, u. F. Heinzelmann: Untersuchungen über die Resorption durch Gelatine oder Pektin stabilisierter Vitamin-A-Präparate zur Vitaminisierung von Futtermitteln. Int. Z. Vitaminforsch. **26**, 91—95 (1955).
— G. Ritzel u. K. U. Steiner: Über eine biologische Bedeutung der Gallenfarbstoffe. Bilirubin und Biliverdin als Antioxydantien für das Vitamin A und die essentiellen Fettsäuren. Helv. chim. Acta **37**, 306—313 (1954).
— E. Scheitlin u. G. Ritzel: Die Umwandlung von α- und β-Carotin in Vitamin A im Rattendarm. Helv. chim. Acta **35**, 1914—1924 (1952).
Bibile, S. W., N. D. W. Lionel, R. Dunuwille and G. Perera: Pantothenol and the burning feet syndrome. Brit. J. Nutr. **11**, 434—439 (1957).
Biehl, J. P., and R. W. Vilter: Effect of Isoniazid on vitamin B_6 metabolism. Its possible significance in producing Isoniazid Neuritis. Proc. Soc. exp. Biol. **85**, 389—392 (1954).
Bhuvaneswaran, C., and A. Sreenivasan: Problems of Thiamine Deficiency States and their Amelioration. Ann. N. Y. Acad. Sci. **98**, Art. 2, 576—601 (1962).
Blair, J. A.: Isolation of isoxanthopterin from Human Urine. Biochem. J. **68**, 385—387 (1958).
Bloch, K.: The Biological Synthesis of Cholesterol. XI. Comparative Aspects. Vitamins and Hormones **15**, 146—147 (1957).
Blum, K. U., u. H. C. Heinrich: Neoplasma und Organ. Vitamin-B_{12}-Gehalt des Menschen. Vitamine u. Hormone **7**, 486—496 (1957).
Blumenberg, A., H. Aebi, H. Hurni u. G. Schönholzer: Das Verteilungsmuster von C^{14}-Ergocalciferol (Vitamin D_2) bei der Ratte und beim Rhesusaffen. Helv. Physiol. Acta **18**, 56—71 (1960).
Boguth, W., u. H. Weiser: Über den Einfluß von Vitamin A auf die Wirkung von Steroidhormonen. Int. Z. Vitaminforsch. **32**, 15—19 (1962).
Boldingh, J., H. R. Cama, F. D. Collins, R. A. Morton, N. T. Gridgeman, O. Isler, M. Kofler, R. J. Taylor, A. S. Welland and T. Bradbury: Pure All-trans Vitamin A-Acetate and the Assessment of Vitamin A Potency by Spectrophotometrie. Nature (Lond.) **168**, 598 (1951).
Bonavita, V., S. A. Narrod and N. O. Kaplan: Metabolites of Nicotinamide in mouse urine. Effects of Azaserine. J. biol. Chem. **236**, 936—939 (1961).
Bonvicino, G. E., and D. J. Hennessy: Studies on some oxidation and reduction products of thiamin. III. Thiamin disulfide in the thiochrome assay. Int. Z. Vitaminforsch. **30**, 83—89 (1959).
Borsook, H., E. R. Buchman, J. B. Hatcher, D. M. Yost and E. McMillan: Proc. nat. Acad. Sci. (USA) **26**, 412 (1940); zit. in: P. T. McCarthy, L. R. Cerecedo and E. V. Brown: The fate of Thiamine-S^{35} in the rat. J. biol. Chem. **209**, 611—618 (1954).
Bradley, W. B.: Thiamine Enrichment in the United States. Ann. N. Y. Acad. Sci. **98**, Art. 2, 602—606 (1962).
Bressani, R., L. G. Elias, A. Aguirre and N. S. Scrimshaw: All Vegetable Protein Mixtures for Human Feeding. III. The Development of Incap Vegetable Mixture Nine. J. Nutr. **74**, 201—208 (1961).
Brockmann, H., u. A. Busse: Die Konstitution des antirachitischen Vitamins der Thunfischleber. Hoppe-Seylers Z. physiol. Chem. **256**, 252—270 (1938).
Bro-Rasmussen, F., and W. Hyarde: Determination of α-tocopherol by chromatography in secondary magnesium phosphate. Acta chem. scand. **2**, 34—43 (1957).
Brown, G., B., and V. du Vigneaud: The effect of certain reagents on the activity of biotin. J. biol. Chem. **141**, 85—89 (1941).
Brown, G. M.: Assay and distribution of bound forms of pantothenic acid. J. biol. Chem. **234**, 379—382 (1959).
— Biosynthesis of water-soluble vitamins derived Coenzymes. Physiol. Rev. **40**, 331—368 (1960).
Bunnell, R. H., J. Keating, A. Quaresimo and G. K. Parman: Alpha-Tocopherol Content of Foods. Amer. J. Clini. Nutr. (im Druck) (1965).
Burlet, E.: Die biologische Umwandlung von Panthenol in Pantothensäure. Int. Z. Vitaminforsch. **14**, 318—331 (1944).
Burns, J. J.: Vitamin C. Ann. N. Y. Acad. Sci. **92**, Art. 1, 1—332 (1961).
— H. B. Burch and C. G. King: The metabolism of C^{14}-L-ascorbic acid in Guinea pigs. J. biol. Chem. **191**, 501—514 (1951).
Caffey, J.: Chronic poisoning due to excess of vitamin A. Amer. J. Roentgenol. **65**, 12—26 (1951).
Cama, H. R., F. D. Collins and R. A. Morton: Studies on vitamin A. Biochem. J. **50**, 48—60 (1951).
Cantoni, G. L.: Methylation of nicotinamide with a soluble enzyme system from rat liver. J. biol. Chem. **189**, 203—216 (1951).

CASTLE, W. B., and W. C. TOWNSEND: Observations on the etiologic relationship of achylia gastrica to pernicious anemia. II. The effect of the administration to patients with pernicious anemia of beef muscle after incubation with normal human gastric juice. Amer. J. med. Sci. **178**, 764—777 (1929).
CAUSERET, J., et G. MOCQUOT: Thermo- et Radiosensibilité des Vitamines. Annales de la Nutrition et de l'Alimentation **18**, C 267—C 354 (1964).
CHAYKIN, S., and K. BLOCH: The metabolism of nicotinamide-N-oxide. Biochim. biophys. Acta **31**, 213—216 (1959).
CHEN CHENTUNG and KAZUO YAMAUCHI: Absorption of Riboflavin in the isolated intestine of rats. J. Vitaminol. (Osaka) **6**, 247—250 (1960).
CHESLOCK, K. E., and M. T. MCCULLY: Response of human beings to a low vitamin B_6 diet. J. Nutr. **70**, 507—513 (1960).
CHUNG, A. S. M., W. N. PEARSON, W. J. DARBY, O. N. MILLER and G. A. GOLDSMITH: Folic acid, vitamin B_6, pantothenic acid and vitamin B_{12} in human dietaries. Amer. J. Clin. Nutr. **9**, 573—582 (1961).
Committee on Cereals: Cereal Enrichment in Perspective, 1958. Food and Nutrition Board (1958).
CONOCHIE, J., and R. A. WILKINSON: The Fortification of non-fat Milk solids with Vitamin A XIV. Internationaler Milchwirtschaftskongreß, Rom. Bd. **1**, Tl. II, p. 357—366 (1956).
Council on foods and nutrition: Vitamin preparations as dietary supplements and as therapeutic agents. J. amer. med. Ass. **169**, 109—113 (1959).
COOPER, J. R.: The role of ascorbic acid in the oxidation of tryptophan to 5-hydroxytryptophan. Ann. N. Y. Acad. Sci. **92**, Art. 1, 208—211 (1961).
COURSIN, D. B.: Convulsive seizure in infants with pyridoxine-deficient diet. J. amer. med. Ass. **154**, 406—408 (1954).
COWARD, K. H.: The international standard for vitamin D. J. Pharm. and Pharmacol. **1**, 737—746 (1949).
COX, E. G., and T. H. GOODWIN: The crystalline structure of the sugars. Part III: Ascorbic acid and related compounds. J. chem. Soc. **1936**, 769—775.
DAM, H.: Interrelations between vitamin E and polyunsaturated fatty acids in animals. Vitamins and Hormones **20**, 527—540 (1962).
— and J. GLAVIND: Vitamin K in the plant. Biochem. J. **32**, 485—487 (1938).
DANIEL, E. P., and O. L. KLINE: Factors affecting folic acid determination. J. biol. Chem. **170**, 739—746 (1947).
DAVIDSON, CH. S., and H. J. JANDL: On the daily allowance for folic acid. Amer. J. Clin. Nutr. **7**, 711—713 (1959).
DE GIUSEPPE, L., and G. RINDI: Chromatographic separation and determination of thiamine and thiamine phosphoric esters on ion-exchange resins. J. Chromatograph. **1**, 545—551 (1958).
DE RENZO, E. C., J. J. OLESON, B. L. HUTCHINGS and J. H. WILLIAMS: Vitamin B_1 activity of disulfide forms of thiamine. J. Nutr. **54**, 133—141 (1954).
DINNING, J. S.: Nucleic acid metabolism in vitamin E deficiency. Vitamins and Hormones **20**, 511—519 (1962).
DORP, D. A. VAN, and I. F. ARENS: Biological activity of vitamin A-acid. Nature (Lond.) **158**, 60 (1946).
DOWLING, J. E., and G. WALD: The role of vitamin A acid. Vitamins and Hormones **18**, 515—541 (1960).
DREKTER, L., J. SCHEINER, E. DE RITTER and S. H. RUBIN: Utilization of D-biotinol by microorganisms, the rat and human. Proc. Soc. Exp. Biol. Medic. **78**, 381—383 (1951).
DUGGAN, D. E.: Spectrofluorometric determination of tocopherols. Arch. Biochem. and Biophys. **84**, 116—122 (1959).
— R. L. BOWMAN, B. B. BRODIE and S. UDENFRIED: A spectrophotofluorometric study of compounds of biological interest. Arch. Biochem. Biophys. **68**, 1—14 (1957).
EMMERIE, A., and C. ENGEL: Colorimetric determination of α-tocopherol (vitamin E). Recueil Trav. chim. Pays-Bas **57**, 1351—1355 (1938).
EULER, H. v., P. KARRER, M. MALMBERG, K. SCHÖPP, F. BENZ, B. BECKER u. P. FREI: Synthese des Lactoflavins und anderer Flavine. Helv. chim. Acta **18**, 522—535 (1935).
EVERSON, G., E. WHEELER, H. WALKER and W. J. CAULFIELD: Availability of riboflavin of ice cream, peas and almonds judged by urinary excretion of the vitamin by women subjects. J. Nutr. **35**, 209—223 (1948).
FELDHEIM, W.: Untersuchungen zur Bestimmung der antiskorbutischen Wirksamkeit von Ascorbigen. Int. Z. Vitaminforsch. **31**, 297—303 (1961).
— u. M. CZERNY: Darstellung und Eigenschaften der Acetylderivate der L-Ascorbinsäure. Biochem. Z. **331**, 150—154 (1959).
FELDOTT, G., and H. A. LARDY: Metabolic Functions of Biotin. J. biol. Chem. **192**, 447 (1951).

FIESER, L. F.: Convenient procedures for the preparation of antihemorrhagic compounds. J. biol. Chem. **133**, 391—396 (1940).
Food and Nutrition Board, National Research Council and Council on Food and Nutrition of the American Medical Assoc.: A statement of general policy concerning the addition of specific nutrients to foods. J. amer. med. Ass. **154**, 145 (1954).
FOSTER, JACKSON, W.: Microbiological aspects of riboflavin. J. Bact. **47**, 27—41 (1944).
FRAENKEL-CONRAT, J., and H. FRAENKEL-CONRAT: Metabolic fate of biotin and of avidin biotin complex upon parenteral administration. Biochim. biophys. Acta **8**, 66—70 (1952).
FRIEDMAN, L., W. WEISS, F. WHERRY and O. L. KLINE: Bioassay of vitamin E by the dialuric acid hemolysis method. J. Nutr. **65**, 143—160 (1958).
FRIESECKE, H., u. M. KIRCHGESSNER: Über die Vitamin B_6-Versorgung wachsender Schweine. Z. Tierphysiol., Tierernähr. u. Futtermittelk. **16**, 149—153 (1961).
FRIMMER, M.: Chinone im Stoffwechsel höherer Tiere. Planta medica **9**, 370—385 (1961).
FROST, D. V.: Pantothenic acid. Optical Rotation as a measure of stability. Industr. Engin. Chem. Analytical Edition **15**, 306—310 (1943).
FUJITA, A., and K. FUJINO: Fluorometric determination of vitamin B_6. IV. J. Vitaminol. (Osaka) **1**, 290—296 (1955).
— D. FUJITA and K. FUJINO: Fluorometric determination of vitamin B_6. II. J. Vitaminol. (Osaka) **1**, 275—278 (1955a).
— — — Fluorometric determination of vitamin B_6. III. J. Vitaminol. (Osaka) **1**, 279—289 (1955b).
— K. MATSUURA and K. FUJINO: Fluorometric de.ermination of vitamin B_6. I. J. Vitaminol. (Osaka) **1**, 267—274 (1955).
GANGULY, J.: Absorption, transport and storage of vitamin A. Vitamins and Hormones **18**, 387—402 (1960).
GASSMANN, B., D. LEXOW u. D. EHRT: Zum Ablauf der Vitamin-B_1-Resorption bei der Ratte. Biochem. Z. **332**, 449—457 (1960).
GERO, E., P. LE GALLIC et A. BOURDEAU: Dosage de l'acide ascorbique total par l'emploi d'une suspension d'Erwinia Solanisapra I. Bull. Soc. Chim. biol. (Paris) **39**, 1257—1269 (1957).
GIRDWOOD, R. H.: The role of folic acid in the blood disorders. Brit. med. Bull. **15**, 14—18 (1959).
GLASS, G., B. JERZY, L. J. BOYD and L. STEPHANSON: Intestinal absorption of vitamin B_{12} in man. Science (Washington) **120**, 74—75 (1954).
GLOVER, J.: The conversion of β-carotene into vitamin A. Vitamins and Hormones **18**, 371—386 (1960).
GOEDDE, H. W., K. G. BLUME u. H. HOLZER: Quantitative Bestimmung sowie chemisches und enzymatisches Verhalten von synthetischem DL-α-Hydroxyäthyl-2-thiaminpyrophosphat. Biochim. biophys. Acta **62**, 1—10 (1962).
— Zum Wirkungsmechanismus von Vitamin B_1. Int. Z. Vitaminforsch. **33**, 18—40 (1963).
GOLDSMITH, G. A.: Niacin — Tryptophan Relationships in Man and Niacin Requirement. Amer. J. Clin. Nutr. **6**, 479—486 (1958).
— Human requirements for vitamin C and its use in clinical medicine. Ann. N. Y. Acad. Sci. **92**, Art. 1, 230—245 (1961).
GOULD, B. S.: Ascorbic acid-Independent and Ascorbic acid-Dependent Collagen-Forming Mechanisms. Ann. N. Y. Acad. Sci. **92**, Art. 1, 168—174 (1961).
GRAEFE, H. K.: Chinesische Nahrungsmitteltabelle. Ernährungsforschung **7**, 1—60 (1962).
GREEN, D. E., and H. BEINERT: Biological Oxidations. Ann. Rev. Biochem. **24**, 1—44 (1955).
GREEN, J. P., E. SØNDERGAARD and H. DAM: Intracellular distribution of vitamin K in beef liver. Biochim. biophys. Acta **19**, 182—183 (1956).
GREENBERG, L. D., D. F. BOHR, H. MCGRATH and J. F. RINEHART: Xanthurenic acid excretion in the human subject on a pyridoxine-deficient diet. Arch. Biochem. **21**, 237—239 (1949).
GREILING, H., u. L. KIESOW: Zur Biochemie der Thiamintriphosphorsäure. IV. Mitteilung: Das Vorkommen von Thiamintriphosphat im tierischen Organismus. Z. Naturforsch. **13b**, 251—252 (1958).
GUSTAFSSON, B. E.: Vitamin K deficiency in germfree rats. Ann. N. Y. Acad. Sci. **78**, Art. 1, 166—174 (1959).
GYÖRGY, P.: The curative factor (vitamin H) for egg white injury, with particular reference to its presence in different foodstuffs and in yeast. J. biol. Chem. **131**, 733—744 (1939).
— R. KUHN and E. LEDERER: Attempts to isolate the factor (vitamin H) curative of egg white injury. J. biol. Chem. **131**, 745—759 (1939).
HAFNER, F. H.: Multi-Purpose Food. Soybean Digest **21**, 20—21 (1961).
HANEWALD, K. H., M. P. RAPPOLDT and J. R. ROBORGH: The antirachitic activity of previtamin D_3. Recueil. Trav. chim. Pays-Bas **80**, 1003—1014 (1961).

HARDING, R. S., I. C. PLOUGH and TH. E. FRIEDEMANN: The effect of storage on the vitamin B_6 content of a packaged army ration, with a note on the human requirement for the vitamin. J. Nutr. **68**, 323—331 (1959).

HARDINGE, M. G., and H. CROOKS: Lesser known vitamins in foods. J. amer. diet. Ass. **38**, 240—245 (1961). (Vgl. dazu Clarification S. 394.)

HARRIS, L. J., and E. KODICEK: Quantitative studies and dose-response curves in nicotinamide deficiency in rats. Brit. J. Nutr. **4**, XIII—XV (1950).

HARRIS, P. L.: Bioassay of vitamin A compounds. Vitamin and Hormones **18**, 341—370 (1960).

HARRIS, P. L., and M. I. LUDWIG: Relative vitamin E potency of natural and of synthetic α-tocopherol. J. biol. Chem. **179**, 1111—1115 (1949a).

— — Vitamin E potency of α-tocopherol and α-tocopherol esters. J. biol. Chem. **180**, 611—614 (1949b).

— S. R. AMES and J. H. BRINKMAN: Biopotency of neovitamin A in the rat. J. amer. chem. Soc. **73**, 1252—1254 (1951).

HARRIS, R. S.: Supplementation of foods with vitamins. J. Agricult. Food Chem. **7**, 88 (1959).

— and D. J. INGLE: Symposium on vitamin A and metabolism. Vitamines and Hormones **18**, 289—571 (1960).

— and IRA G. WOOL: Symposium on vitamin E and Metabolism. Vitamins and Hormones **20**, 373—660 (1962).

HARRIS, S. A., D. E. WOLF, R. MONZINGO, G. E. ARTH, R. CH. ANDERSON, N. R. EASTON and K. FOLKERS: Biotin. V. Synthesis of DL-Biotin, DL-Allobiotin, DL-epi-Allobiotin. J. amer. chem. Soc. **67**, 2096—2100 (1945).

HEGSTED, D., and F. LIPMANN: The pantothenic acid content of coenzyme A by chick assay. J. biol. Chem. **174**, 89—92 (1948).

HEINRICH, H. C.: Biologische Halbwertzeit und Umsatzrate des Vitamin B_{12} im menschlichen Organismus. Z. Naturforsch. **16b**, 407—408 (1961).

HELLMANN, L., and J. J. BURNS: Metabolism of L-Ascorbic acid-1-C^{14} in man. J. biol. Chem. **230**, 923—930 (1958).

HEMMERICH, P.: Über das Verhalten von Riboflavin-Semichinon gegen Metallionen. Modellstudien zur Metall-flavoenzymkatalyse. Experientia (Basel) **16**, 534—535 (1960).

HERTING, D. C., u. E. E. DRURY: Vitamin E Content of Vegetable Oils and Fats. J. Nutr. **81**, 335—342 (1963).

HOAGLAND, M. B., and G. D. NOVELLI: Biosynthesis of coenzyme A from phosphopantethein and of pantetheine from pantothenate. J. biol. Chem. **207**, 767—773 (1954).

HOCHBERG, M., D. MELNICK, L. SIEGEL and B. L. OSER: Destruction of vitamin B_6 (pyridoxine) by light. J. biol. Chem. **148**, 253—254 (1943).

HODGES, R. E., W. B. BEAN, M. A. OHLSON and R. J. BLEILER: Human pantothenic acid deficiency produced by Omega-Methyl Pantothenic Acid. J. clin. Invest. **38**, 1421 (1959).

— M. A. OHLSON and W. B. BEAN: Pantothenic acid deficiency in man. J. clin. Invest. **37**, 1642—1657 (1958).

HOLYDAY, E. R.: Note on the ultraviolet absorption of crystalline preparations of vitamin B_1. Biochem. J. **29**, 718—721 (1935).

HOLZER, H.: Wirkungsmechanismus von Thiaminpyrophosphat. Angew. Chem. **73**, 721 (1961).

— R. KATTERMANN and D. BUSCH: A thiamine pyrophosphate-glycolaldehyde compound ("active glycolaldehyde") as intermediate in the transketolase reaction. Biochem. Biophys. Res. Comm. **7**, 167—172 (1962).

HORECKER, B. L., and P. Z. SMYRNIOTIS: The coenzyme function of thiamine pyrophosphate in pentose phosphate metabolism. J. amer. chem. Soc. **75**, 1009—1010 (1953).

HORWITT, M. K.: Vitamin E and lipid metabolism in man. Amer. J. Clin. Nutr. **8**, 451 (1960).

— Vitamin E in human nutrition — An interpretative Review. Bordens Rev. Nutr. Res. **22**, 1—17 (1961).

— C. C. HARVEY, W. S. ROTHWELL, J. L. CUTLER and D. HAFFRON: Tryptophan-niacin relationships in man. J. Nutr. **60**, Suppl. 1 (1956).

— O. W. HILLS, C. C. HARVEY, E. LIEBERT and D. L. STEINBERG: Effects of dietary depletion of riboflavin. J. Nutr. **39**, 357—373 (1949).

— E. LIEBERT, O. KREISLER and P. WITTMAN: Studies of vitamin deficiency. (Washington) Science **104**, 407—408 (1946).

HUBER, W., G. W. EWING and J. KRIGER: The absorption spectra of the vitamins and provitamins D. J. amer. chem. Soc. **67**, 609—617 (1945).

HUENNEKENS, F. M., and M. J. OSBORN: Folic acid coenzymes and one-carbon metabolism. Advanc. Enzymol. **21**, 369—446 (1959).

HÜNECKE, H.: Lichtabsorption einiger aromatischer Aminosäuren im Ultraviolett. Ber. dtsch. chem. Ges. **60**, 1451—1457 (1927).

IACONO, J. M., and B. C. JOHNSON: Thiamine Metabolism. I. J. amer. chem. Soc. **79**, 6321—6324 (1957).

Iacono, J. M., G. Wolf and B. C. Johnson: Metabolism of radioactive thiamine in the rat. Federat. Proc. **12**, 223 (1953).
Imhoff, U.: Eine quantitative papierchromatographische Methode für Bestimmung des Pyridoxins und seiner Derivate. Diss. Math. nat. Fakultät Bonn, 28. Juli 1961.
Inhoffen, H. H.: Aus der Chemie der antirachitischen Vitamine. Angew. Chem. **72**, 875—881 (1960).
— u. K. Irmscher: Fortschritte der Chemie der Vitamine D und ihrer Abkömmlinge. Fortschr. Chem. org. Naturstoffe **17**, 70—123 (1959).
Isler, O.: Über die Vitamine K_1 und K_2. Angew. Chem. **71**, 7—15 (1959).
— u. K. Doebel: Synthesen in der Vitamin-K-Reihe. I. Über totalsynthetisches Vitamin K_1. Helv. chim. Acta **37**, 225—233 (1954).
— A. Ronco, W. Guex, N. C. Hindley, W. Huber, K. Dialer u. M. Kofler: Über die Ester und Äther des synthetischen Vitamins A. Helv. chim. Acta **32**, 489—505 (1949).
— R. Rüegg u. P. Schudel: Synthetische Carotinoide zur Färbung von Lebensmitteln. Chimia (Zürich) **15**, 208—226 (1961).
— — U. Schwieter and J. Würsch: The synthesis and labeling of vitamin A and related compounds. Vitamins and Hormones **18**, 295—313 (1960).
— — A. Studer u. R. Jürgens: Konstitutionsspezifische Wirkung von Vitamin K_1 und Analogen gegen Cumarin-Verbindungen. Hoppe-Seylers Z. physiol. Chem. **295**, 290—309 (1953).
— and O. Wiss: Chemistry and Biochemistry of the K vitamins. Vitamins and Hormones **17**, 53—90 (1959).
IUPAC: Definitive rules for the nomenclature of vitamins and carotinoids. J. amer. chem. Soc. **82**, 5575—5584 (1960).
Jaenicke, L.: Die Folsäure im Stoffwechsel der Einkohlenstoffeinheiten. Angew. Chem. **73**, 449—460 (1961).
Jansen, A. A. J.: Incaparina, Ontwikkeling van een Idee. Voeding **23**, 872—882 (1962).
Jansen, A. P.: Determination of Riboflavin according to the Lumiflavin method. Recueil Trav. chim. Pays-Bas **69**, 1275—1280 (1950).
— The riboflavin analysis in foods by a microbiological and chemical (Lumiflavin) method. Int. Z. Vitaminforsch. **25**, 365—379 (1954).
Joffe, M., and P. L. Harris: The biological potency of the natural tocopherols and certain derivatives. J. amer. chem. Soc. **65**, 925—927 (1943).
John, W.: Fettlösliche Vitamine. 1. Über das antihämorrhagische Vitamin K. Fortschrittsbericht 1937—1940. Angew. Chem. **54**, 209—213 (1941).
Johnson, B. C., and G. Wolf: The function of vitamin A in carbohydrate metabolism; Its role in adrenocorticoid production. Vitamins and Hormones **18**, 457—483 (1960).
Jürgens, R.: Zur Wirkung von synthetischem Vitamin A. Arzneimittel-Forsch. **1**, 119—128 (1951).
Kagawa, Y., Y. Mano and N. Shimazono: Biodegradation of dehydro-L-ascorbic acid 2,3 diketo-aldonic acid decarboxylase from rat liver. Biochim. biophys. Acta **43**, 348—349 (1960).
Kaplan, N. O., and F. Lipmann: The assay and distribution of coenzyme A. J. biol. Chem. **174**, 37—44 (1948).
Karrer, P.: Über die Chemie der Flavine. Ergebn. Vitamin- u. Hormonforsch. **2**, 381—417 (1939b).
— u. A. Geiger: Vitamin K aus Alfalfa. Helv. chim. Acta **22**, 945—948 (1939a).
— u. G. Schwarzenbach: Nachtrag betreffend Acidität und Reduktionsvermögen der Ascorbinsäure. Helv. chim. Acta **17**, 58—59 (1934).
— — u. K. Schöpp: Über Vitamin C. Helv. chim. Acta **16**, 302—306 (1933).
Kanfer, J., G. Ashwell and J. J. Burns: Formation of L-Lyxonic and L-Xylonic Acids from L-Ascorbic Acid in Rat Kidney. J. biol. Chem. **235**, 2518—2521 (1960).
Keys, A., A. Henschel, H. L. Taylor, O. Mickelsen and J. Brozek: Experimental studies on man with a restricted intake of the B-vitamins. Amer. J. Physiol. **144**, 5—42 (1945).
Kieckebusch, W., u. K. Lang: Über die Vitamin C-Wirksamkeit der 2-Keto-L-gulonsäure beim Meerschweinchen. Z. Ernähr. Wiss **3**, 57—58 (1962).
Kiessling, K. H.: Paper chromatographic separation of thiamine phosphates. Acta chem. scand. **10**, 1356—1359 (1956).
Knappe, J.: Biotin. Dtsch. med. Wschr. **85**, 1892—1895 (1960).
Knowles, J. P., T. A. J. Prankerd and R. G. Westall: Folic acid requirements in man. J. Physiol. (Lond.) **157**, 24 P—25 P (1961).
Knox, W. E., and M. N. D. Goswami: Ascorbic acid in tyrosine metabolism. Ann. N. Y. Acad. Sci. **92**, Art. 1, 192—194 (1961).
Knox, W. E., and W. I. Grossmann: The isolation of the 6-pyridone of N^1-methylnicotinamide from urine. J. biol. Chem. **168**, 363—366 (1947).

KODICEK, E.: The metabolism of vitamin D. In: Proceedings of the fourth international congress of biochemistry. Hrsg. von O. HOFFMANN-OSTENHOF **11**, 198—208 (1958).
— Nicotinic acid and the pellagra problem. Nutr. et Dieta **4**, 109—127 (1962).
— and D. R. ASHBY: The fate of physiological doses of ^{14}C-labelled vitamin D_2 in normal and rachitic rats. Biochem. J. **76**, 14P—15P (1960).
— and P. W. WILSON: The isolation of niacytin, the bound form of nicotinic acid. Biochem. J. **76**, 27P—28P (1960).
KOFLER, M., and S. RUBIN: Physicochemical assay of vitamin A and related compounds. Vitamins and Hormones **18**, 315—339 (1960).
— P. F. SOMMER, H. R. BOLLIGER, B. SCHMIDLI and M. VECCHI: Physicochemical properties and assay of the tocopherols. Vitamins and Hormones **20**, 407—439 (1962).
KOKIL, S.: Über die Anämie bei Dermatitis seborrhoides und ihre Beeinflussung durch Biotin. Ann. Paediat **186**, 79—82 (1956).
KORNBERG, A.: Reversible enzymatic synthesis of diphosphopyridine nucleotide and inorganic pyrophosphate. J. biol. Chem. **182**, 779—793 (1950).
KORNBERG, H. A., R. S. LANGDON and V. H. CHELDELIN: Microbiological assay for Riboflavin. Analytic. Chem. **20**, 81—83 (1948).
KOSCHARA, W.: Über Harnlyochrome. Hoppe-Seylers Z. physiol. Chem. **232**, 101—116 (1935).
KRAUT, H.: Über die Deckung des Nährstoffbedarfs in Westdeutschland. Nutr. et Dieta **1**, 45—60 (1960).
— u. L. WILDEMANN: Über die quantitative papierchromatographische Bestimmung des Thiamins im Harn. Int. Z. Vitaminforsch. **27**, 122—131 (1956).
KREHL, W. A.: Pantothenic acid in nutrition. Nutr. Rev. **11**, 225—228 (1953).
KUBIN, H., u. H. FINK: Beiträge zur Bestimmung des gesamten Vitamin E und einzelner Tokopherole in einigen tierischen und pflanzlichen Eiweißträgern (Erbsen, Algen, Hecht, Eigelb, Steinpilz, Champignon, Lorchel, Pfifferling, Morchel). Fette, Seifen, Anstrichmittel **63**, 280—286 (1961).
KUHN, R.: Lactoflavin (Vitamin B_2). Angew. Chem. **49**, 6—10 (1936).
— P. GYÖRGY u. TH. WAGNER-JAUREGG: Über Lactoflavin, den Farbstoff der Molke. Ber. dtsch. chem. Ges. **66**, 1034—1038 (1933).
— u. G. MORUZZI: Über die Dissoziationskonstanten der Flavine, pH-Abhängigkeit der Fluoreszenz. Ber. dtsch. chem. Ges. **67**, 888—891 (1934).
— u. H. VETTER: Isolierung von Nicotinsäureamid aus Herzmuskel. Ber. dtsch. chem. Ges. **68**, 2374—2375 (1935).
— u. G. WENDT: Über das aus Reiskleie und Hefe isolierte Adermin (Vitamin B_6). Ber. dtsch. chem. Ges. **71**, 1118 (1938).
KÜHNAU, J.: Vitaminmängel in den Entwicklungsländern und Wege zu deren Behebung. Nutr. et Dieta **4**, 95—108 (1962).
LA DU, B. N., and V. G. ZANNONI: The Rôle of Ascorbic Acid in Tyrosine Metabolism. Ann. N. Y. Acad. Sci. **92**, Art. 1, 175—191 (1961).
LAMBERTSEN, G., H. MYKLESTAD and O. R. BRAEKKAN: Tocopherols in nuts. J. Sci. Food Agric. **11**, 617—620 (1962).
LAMPA, E.: Histologische Untersuchungen über die Vitamin C-Resorption im Magen-Darm-Kanal. Pflügers Arch. ges. Physiol. **239**, 370—376 (1937).
LANG, K.: Die Vitaminierung des Mehles. Mühle **89**, 223—224 (1952a).
— Chemie und Ernährung. Dtsch. Lebensmittel-Rdsch. **48**, 1—6 (1952b).
LARDY, H. A., and R. PEANASKY: Metabolic Functions of Biotin. Physiol. Rev. **33**, 560—565 (1953).
— R. L. POTTER and C. A. ELVEHJEM: The Role of Biotin in Bicarbonate Utilization by Bacteria. J. biol. Chem. **169**, 451—452 (1947).
— — and R. H. BURRIS: The Role of Biotin in Bicarbonate Utilization by Lactobacillus arabinosus studied with C^{14}. J. biol. Chem. **179**, 721—731 (1949).
LEA, C. H.: On the Antioxidant Activities of the Tocopherols. J. Sci. Food Agric. **11**, 212—218 (1960).
— u. R. J. WARD: Relative Antioxidant Activities of the Seven Tocopherols. J. Sci. Food Agric. **10**, 537—548 (1959).
LEASE, E. J., J. P. BRUNSON and J. MCDILL: Rice Enrichment in South Carolina. Rice J. **58**, No. 9, 14—16 (1955).
LIECK, H., and H. SØNDERGAARD: The Content of vitamin B_6 in Danish Foods. Int. Z. Vitaminforsch. **29**, 68—77 (1958).
LINK, K. P.: The anticoagulant from spoiled sweet clover Hay. Harvey Lectures **39**, 162—216 (1943).
LOHMANN, K., u. PH. SCHUSTER: Untersuchungen über die Carboxylase. Biochem. Z. **294**, 188—214 (1937).

LOWRY, O. H., O. A. BESSEY, M. J. BROCK and J. A. LOPEZ: The interrelationship of dietary, serum, white blood cell and total body ascorbic acid. J. biol. Chem. **166**, 111—119 (1946).
LUBIN, R., K. A. DAUM and W. B. BEAN: Studies of pantothenic acid Metabolism. Amer. J. Clin. Nutr. **4**, 420—430 (1956).
LYNEN, F., J. KNAPPE, E. LORCH, G. JÜTTING u. E. RINGELMANN: Die biochemische Funktion des Biotins. Angew. Chem. **71**, 481—486 (1959).
MAHLER, H. R.: Nature and Function of Metalloflavoproteins. Advanc. Enzymol. **17**, 233—291 (1956).
MAIER, G. D., and D. E. METZLER: Structures of Thiamine in Basic solution. J. amer. chem. Soc. **79**, 4386—4391 (1957).
MAMEESH, M. S., and B. C. JOHNSON: Dietary Vitamin K Requirement of the rat. Proc. Soc. Exp. Biol. Med. **103**, 378—380 (1960).
MANN, F. D., J. D. MANN and J. BOLLMANN: The coagulation defect of vitamin K deficiency compared with that caused by Dicumarol. J. Lab. Clin. Med. **36**, 234—237 (1950).
MAPSON, L. W.: A note on the estimation of Dehydro-L-ascorbic acid in Plant Tissues by the Roe and Kuether Procedure. Biochem. J. **80**, 459—461 (1961).
MARTEN, G.: Über Vorkommen und Verhalten des Thiamindisulfids im Stoffwechsel. Naturwiss. **42**, 443—444 (1955).
MARKS, J.: Critical appraisal of the therapeutic value of α-tocopherol vitamins and Hormones **20**, 573—598 (1962).
MARTIUS, C.: Die Stellung des Phyllochinons in der Atmungskette. Biochem. Z. **326**, 26 (1954).
— Metabolism of Vitamin E based on tissue analysis. Vitamins and Hormones **20**, 457 (1962).
MAYER, H., P. SCHUDEL, R. RÜEGG u. O. ISLER: Über die Chemie des Vitamins E. 3. Mitt. Helv. chim. Acta **46**, 650—671 (1963).
MCARTHUR, M. J., and J. LEHMANN: Chromatographic Separation and Fluorometric Measurement of Vitamin B_6-Components in aquous solutions. J. Ass. off. agric. Chem. **42**, 619—622 (1959).
MCCARTHY, P. T., L. R. CERECEDO and E. V. BROWN: The fate of thiamine-S^{35} in the rat. J. biol. Chem. **209**, 611—618 (1954).
MELNICK, D.: Vitamin B_1 (Thiamine) Requirement of Man. J. Nutr. **24**, 139—151 (1942).
— M. HOCHBERG, H. W. HIMES and B. OSER: The multiple Nature of Vitamin B_6. Critique of Methods for the determination of the complex and its components. J. biol. Chem. **160**, 1—14 (1945).
MENKE, W.: Über den Zustand der Carotinoide in den Plastiden. Naturwiss. **28**, 31 (1940).
MENOTTI, A. R.: Water-Soluble Derivatives of Menadione. J. amer. chem. Soc. **65**, 1209—1211 (1943).
METZLER, D. E., and G. D. MAIER: A Tricyclic Form of Thiamine. Ann. N. Y. Acad. Sci. **98**, Art. 2, 495—498 (1962).
MEUNIER, P.: Les antivitamines. Fortschr. Chem.-org. Naturstoffe **9**, 88—113 (1952).
MOLONY, C. J., and A. H. PARMELEE: Convulsions in young infants as a result of Pyridoxine deficiency. J. amer. med. Ass. **154**, 405—406 (1954).
MOOR, H.: Bestimmung der Ascorbinsäure in Lebensmitteln und biologischem Material. Mitt. Lebensmitteluntersuch. Hyg. **47**, 20—27 (1956).
MOORE, TH.: Vitamin A and Proteins. Vitamins and Hormones **18**, 431—437 (1960).
— The Pathology of Vitamin A deficiency. Vitamines and Hormones **18**, 499—514 (1960).
MORAN, T.: Nutritional significance of recent work on wheat, flour and bread. Nutr. Abstr. and Rev. **29**, 1—16 (1959).
MORSE, E. H., M. POTGIETER and G. R. WALKER: Published vs. Analyzed values for ascorbic acid. J. Amer. Dietetic. Assoc. **34**, 265—266 (1958).
MORTON, R. A.: Ubiquinones (Coenzymes Q) Ubichromenols and related Substances. Vitamins and Hormones **19**, 1—42 (1961).
MÜLLER, P. B.: Die Bestimmung von Vitamin A, Vitamin D und von beta-Carotin. Mitt. Lebensmitteluntersuch. Hyg. **40**, 359—386 (1949).
— u. H. MOOR: Die Bestimmung von Aneurin (Vitamin B_1) nach dem Thiochromverfahren. Mitt. Lebensmitteluntersuch. Hyg. **40**, 387—396 (1949).
MURALT, A. VON: The role of Thiamine in Neurophysiology. Ann. N. Y. Acad. Sci. **98**, Article 2, 499—507 (1962).
National Res. Council Publ. 302. Washington 1953. Zitiert in H. M. RAUEN (1956), S. 760.
NISHI, H., T. E. KING and V. H. CHELDELIN: Pantothenic acid studies. J. Nutr. **41**, 279—291 (1950).
NOBILE, S.: Le dosage des vitamines dans les produits alimentaires. Int. Z. Vitaminforsch. **25**, 243—252 (1954).
NOVELLI, G. D.: Metabolic Functions of Pantothenic acid. Physiol. Rev. **33**, 525—543 (1953).
OCHOA, S., and R. A. PETERS: Vitamin B_1 and Cocarboxylase in animal tissues. Biochem. J. **32**, 1501—1515 (1938).

Olson, O. E., R. H. Burris and C. A. Elvehjem: A preliminary Report of the "Folic Acid" content of certain Foods. J. amer. diet. Ass. **23**, 200—203 (1947).
Oppel, T. W.: Biotin Metabolism in Man: II. Relationship between the Biotin content of the diet and its output in the urine and feces. Amer. J. Med. Sci. **204**, 863—875 (1942).
Organisation mondiale de la santé: Série de rapports techniques No. 228. Evaluation de la Toxicité de certains antiseptiques et antioxydants. Sixième rapport du comité mixte FAO/OMS d'experts des additifs alimentaires. Genève, Organisation mondiale de la santé (1962).
Osmond, A., and W. Wilson: Tables of composition of Australian foods. Canberra. The australian Institute of anatomy (1954).
Overman, R., M. A. Stahmann and K. P. Link: Studies on the hemorrhagic sweet clover disease. VIII. J. biol. Chem. **145**, 155—162 (1942).
Parman, G. K.: Vitaminization of Food Outside the United States. Ann. N. Y. Acad. Sci. **98**, 607—613 (1962).
Peck, R., D. E. Wolf and K. Folkers: Structure Determination of Biocytin as ε-N-Biotinyl-L-lysine. J. amer. chem. Soc. **74**, 1999—2001 (1952).
Pearson, P. B., and S. Schweigert: The effect of the ingestion of high levels of Riboflavin on the amount in the milk and wine. J. Nutr. **34**, 443—453 (1947).
Pelczar, M. J., and R. J. Porter: A. Microbiological Assay technique for pantothenic acid with the use of proteus morganii. J. biol. Chem. **139**, 111—119 (1941).
Pennington, D., E. E. Snell and R. E. Eakin: Cristalline Avidin. J. amer. chem. Soc. **64**, 469 (1942).
— — and R. J. Williams: An Assay Method for Pantothenic acid. J. biol. Chem. **135**, 213—222 (1940).
Pennock, J. F., F. W. Hemming, and J. D. Kerr: A Reassessment of Tocopherol Chemistry. Biochem. Biophys. Res. Comm. **17**, 543—548 (1964).
Peraita, M.: Das parästhetisch-kausalgische Syndrom, eine Pantothensäure-mangelkrankheit. Int. Z. Vitaminforsch. **24**, 1—9 (1952).
Pfiffner, J. J., S. B. Binkley, E. S. Bloom, R. A. Brown, O. D. Bird, A. D. Emmet, A. G. Hogan and B. O'Dell: Isolation of the Antianemia factor (Vitamin B_c) in cristalline form from liver. Science (Washington) **97**, 404—405 (1943).
— — — and B. O'Dell: Isolation and Characterization of Vitamin B_c from liver and yeast. Occurence of an Acid-labile chick Antianemia Factor in liver. J. amer. chem. Soc. **69**, 1476—1487 (1947).
Pfleiderer, G.: Untersuchungen zum Wirkungsmechanismus von Enzymen. Angew. Chem. **72**, 160—167 (1960).
Polgar, A., and L. Zechmeister: Isomerization of β-Carotene. J. amer. chem. Soc. **64**, 1856—1861 (1942).
Pudelkiewicz, W. J., and L. D. Matterson: A fat soluble material in alfalfa that reduces the biological availability of tocopherol. J. Nutr. **71**, 143—148 (1960).
Quaife, M. L., and M. Y. Dju: Estimation of Vitamin E. J. biol. Chem. **180**, 263—272 (1949).
R.: Die Thiaminasekrankheit. Dtsch. med. Wschr. **1957**, 255 (1957).
Racker, E., G. de la Haba and I. G. Leder: Thiamine Pyrophosphate, A coenzyme of Transketolase. J. amer. chem. Soc. **75**, 1010—1011 (1953).
Raoul, Y.: La cétone 250, nouveau type de vitamine antirachitique. Int. Z. Vitaminforsch. **28**, 306—327 (1958).
Reddy, S. K., M. S. Reynolds and J. M. Price: The Determination of 4-Pyridoxic acid in Human Urine. J. biol. Chem. **233**, 691—696 (1958).
Reichstein, T., u. A. Grüssner: Eine ergiebige Synthese der L-Ascorbinsäure. Helv. chim. Acta **17**, 311—328 (1934).
Rindi, G., and L. de Guiseppe: Thiamine and its Mono-, Di- and Triphosphoric Esters content of Normal Rat Tissues. Experientia (Basel) **16**, 447 (1960).
— and V. Perri: Relationship between Vitamin E in the free and acetate form present in the plasma after parenteral administration of tocopherol acetate. Int. Z. Vitaminforsch. **28**, 274—281 (1958).
Robertson, Wm. van B.: The biochemical role of ascorbic acid in connective tissue. Ann. N. Y. Acad. Sci. **92**, Art. 1, 159—167 (1961).
Robeson, Ch. D.: Crystalline Natural α- and γ-Tocopherol. J. amer. chem. Soc. **65**, 1660 (1943).
— Crystalline Natural α-Tocopherol Acetate. J. amer. chem. Soc. **64**, 1487 (1942).
Roe, J. H.: Comparative Analyses for ascorbic acid by the 2,4-Dinitrophenylhydrazine Method with the coupling Reaction at different Temperatures: a Procedure for determining specifity. J. biol. Chem. **236**, 1611—1613 (1961).
— and C. A. Kuether: The determination of ascorbic acid in whole blood and urine through the 2,4-Dinitrophenyl-hydrazine derivative of Dehydroascorbic acid. J. biol. Chem. **147**, 399—407 (1943).

Rogers, E. F.: Thiamine antagonists. Ann. N. Y. Acad. Sci. **98**, Art. 2, 412—429 (1962).
Rose, C. S., and P. György: Specificity of hemolytic reaction in vitamin E-deficient erythrocytes. Amer. J. physiol. **168**, 414—420 (1952).
Rossi-Fanelli, A., N. Siliprandi and P. Fasella: On the Presence of the Triphosphothiamine (TPT) in the liver. Science (Washington) **116**, 711—713 (1952).
— — — D. Siliprandi and M. Salvetti: On the Phosphorylation of Thiamine in the living Animal. Experientia (Basel) **10**, 73—74 (1954).
Roth, L. J., E. Leifer, J. R. Hogness and W. H. Langham: Studies on the metabolism of radioactive nicotinic acid and nicotinamide in mice. J. biol. Chem. **176**, 249—257 (1948).
Rubin, S. H.: The comparitive Stability of Pantothenoic acid and Panthenol. J. amer. Pharm. Assoc. Sci. Ed. **37**, 502—504 (1948).
— J. M. Cooperman, M. E. Moore and J. Scheiner: The physiological availability of pantothenyl alcohol. J. Nutr. **35**, 499—509 (1948).
Rudy, H.: Enzymatische Spaltung von Lactoflavin-phosphorsäuren. Hoppe-Seylers Z. physiol. Chem. **242**, 198—200 (1936).
— Flavine. Fortschr. Chemie org. Naturst. **2**, 61—102 (1939).
Rüegg, R., M. Montavon, G. Saucy, U. Schwieter u. O. Isler: Synthesen in der β-Carotinal- und β-Carotinol-Reihe. Helv. chim. Acta **42**, 854—864 (1959).
— u. O. Isler: Natürliche Chinone mit isoprenoiden Seitenketten. Planta medica **9**, 386—407 (1961).
Sakuragi, T., and F. A. Kummerow: The biological utilization of various fat-soluble esters of Pyridoxine and 4-desoxypyridoxine by rats. J. Nutr. **58**, 557—568 (1956a).
— — Solubility and Heat Stability of Fat-Soluble Derivatives of Vitamin B_6. J. amer. Oil Chem. Soc. **33**, 116—118 (1956b).
Sarma, P. S., P. S. Menon and P. S. Venkatachalam: Acetylation in the laboratory Diagnosis of burning feet syndrome. (Pantothenic acid deficiency.) Current Sci. (India) **18**, 367 (1949).
Schenk, F.: Über das kristallisierte Vitamin D_3. Naturwiss. **25**, 159 (1937).
Scheunert, A.: Der Tagesbedarf des Erwachsenen an Vitamin C. Int. Z. Vitaminforsch. **20**, 374—386 (1948).
— Gedanken zur Mehl- und Brotfrage. Brot u. Gebäck **10**, 42—44 (1956).
Schilling, K., u. H. Dam: A sensitive and stable color reaction for the quantitative determination of Vitamin K_1. Acta chem. scand. **12**, 347—348 (1958a).
— — Colorimetric estimation of Vitamin K_1 in plant material. Acta chem. scand. **12**, 348—349 (1958b).
Schmidt, V.: Der Pantothensäuregehalt der Nahrung. Z. Vitamin-, Hormon-Fermentforsch. **4**, 322—333 (1951/1952).
Schopfer, W. H.: Les tests microbiologiques pour la détermination des vitamines. Experienta (Basel) **1**, 183—194 u. 219—229 (1945).
Schreier, K., u. R. Pfisterer: Einige Versuche mit Biotin (Carboxyl-^{14}C). Int. Z. Vitaminforsch. **29**, 217—222 (1959).
Schudel, P., H. Mayer, J. Metzger, R. Rüegg u. O. Isler: Über die Chemie des Vitamins E. Helv. chim. Acta **46**, 636—649 (1963).
Schwarz, K.: Vitamin E, Trace elements and sulfhydrylgroups in respiratory decline. Vitamins and Hormones **20**, 463—484 (1962).
Scrimshaw, N. S.: Malnutrition and the Health of Children. J. amer. diet. Ass. **42**, 203—208 (1963).
Sebrell, W. H., and R. E. Butler: Riboflavin deficiency in man. Public Health Rep. **53**, 2282 (1938).
Shantz, E. M., and J. H. Brinkman: Biological activity of pure Vitamin A_2. J. biol. Chem. **183**, 467—471 (1950).
Siegel, L., D. Melnick and B. L. Oser: Bound Pyridoxine (Vitamin B_6) in biological Materials. J. biol. Chem. **149**, 361—367 (1943).
Shive, W., and L. L. Rogers: Involvement of Biotin in the Biosynthesis of Oxalacetic and α-Ketoglutaric Acids. J. biol. Chem. **169**, 453—454 (1947).
Siliprandi, D., and N. Siliprandi: Separation and quantitative Determination of Thiamine and Thiamine phosphoric esters and their preparation in pure form. Biochim. biophys. Acta **14**, 52—61 (1954).
Simon, E. J., A. Eisengart, L. Sundheim and A. T. Milhorat: The metabolism of Vitamin E. J. biol. Chem. **221**, 807—817 (1956).
Simson, J. C., and N. M. Mann: The Treatment and Prevention of Kwashiorkor. S. African Med. J. **35**, 825—828 (1961).
Singer, T. P., E. B. Kearney and V. Massey: Newer knowledge of succinic Dehydrogenase. Advanc. Enzymol. **18**, 65—111 (1957).

Skeggs, H. R., and L. D. Wright: The use of lactobacillus arabinosus in the microbiological determination of pantothenic acid. J. biol. Chem. **156**, 21—26 (1944).
Slobodin, Ya. M., and M. M. Goldman: Solubility of nicotinic and isonicotinic acids. Zhur. Priklad. Khim. **21**, 859—861 (1948); zit. in Chem. Abstr. **43**, 6207 (1949).
Smakula, A.: Optische Untersuchung des antineuritischen Vitamins. Hoppe-Seylers Z. physiol. Chem. **230**, 231—239 (1934).
Smith, D. A., and M. F. A. Woodruff: Deficiency Diseases in Japanese Prison Camps. Med. Research Council (Brit.) Spec. Rep. Ser. No. 274 (1951).
Smith, E. L.: The Chlorophyll-Protein Compound of the Green Leaf. J. gen. Physiol. **24**, 565—582 (1940).
Snell, E. E., and Ch. S. Keevil: Pyridoxine and related compounds. IX. Occurence in foods. In: The vitamins. Hrsg. von W. H. Sebrell u. R. S. Harris **3**, 255—263, New York: Academic Press 1954.
— and A. N. Rannefeld: The Vitamin B_6 group. III. The Vitamin activity of Pyridoxal and Pyridoxamine for various organisms. J. biol. Chem. **157**, 475—489 (1945).
— and F. M. Strong: A microbiological assay for Riboflavin. Industr. Engin. Chem. Anal. Ed. **11**, 346—350 (1939).
Snyder, R. H., H. J. Eisner and H. Steenbock: The determination of vitamin D with radiophosphorus. J. Nutr. **45**, 305—317 (1951).
Snyderman, S. E., L. E. Holt, R. Carretero and K. Jacobs: Pyridoxin deficiency in the human infant. Amer. J. Clin. Nutr. **1**, 200—207 (1953).
Sobel, A. E., M. Sherman, J. Lichtblau, S. Snow and B. Kramer: Comparison of Vitamin A Liver storage following administration of vitamin A in oily and aqueous media. J. Nutr. **35**, 225—238 (1948).
Somogyi, J. C.: Spektrophotometrische Untersuchungen über die Änderung des Aneurinmoleküls. Bull. Schweiz. Akad. med. Wiss. **10**, 446—469 (1954).
— u. H. Kündig-Hegedüs: Die Stabilisierung von polyensäurereichen Ölen und weitern Nahrungsfetten. Mitt. Lebensmitteluntersuch. Hyg. **52**, 104—115 (1961).
Søndergaard, H.: Microbiological Assay of pantothenic acid with Special Reference to the Release of Bound Pantothenic Acid. Int. Z. Vitaminforsch. **28**, 442—457 (1958).
Souci, S. W., u. A. Schillinger: Zur Vitaminierung von Lebensmitteln. 2. Mitteilung: Die Vitaminversorgung Bayerns und der deutschen Bundesrepublik in den Jahren 1953 und 1954. Dtsch. Lebensmittel-Rdsch. **52**, 273—287 (1956a).
— — Zur Vitaminierung von Lebensmitteln. 1. Mitteilung: Die gesetzlichen Regelungen über die Vitaminierung von Lebensmitteln in einigen europäischen und außereuropäischen Ländern. Dtsch. Lebensmittel-Rdsch. **52**, 49—56 (1956b).
Späth, E., u. H. Spitzer: Zur Kenntnis der Chloride einiger einfacher Pyridin- und Chinolincarbonsäuren. Ber. dtsch. chem. Ges. **59**, 1477—1486 (1926).
Staudinger, H. J., K. Krisch and S. Leonhäuser: Role of ascorbic acid in Microsomal Electron Transport and the possible relationship to Hydroxylation Reactions. Ann. N. Y. Acad. Sci. **92**, Art. 1, 195—207 (1961).
Stern, M., H. CH. D. Robeson, L. Weisler and J. G. Baxter: δ-Tocopherol. I. Isolation from soybean Oil and Properties. J. amer. chem. Soc. **69**, 869—874 (1947).
Stiller, E. T., St. A. Harris, J. Finkelstein, J. C. Keresztesy and K. Folkers: Pantothenic Acid.VIII. The total synthesis of Pure Pantothenic Acid. J. amer. chem. Soc. **62**, 1785—1790 (1940).
— J. C. Keresztesy and J. R. Stevens: The Structure of Vitamin B_6. J. amer. chem. Soc. **61**, 1237—1242 (1939).
Stokstad, E. L. R., B. L. Hutchings and Y. Subbarow: The Isolation of the lactobacillus casei factor from liver. J. amer. chem. Soc. **70**, 3—5 (1948).
Strohecker, R., G. Wolff u. W. Lörcher: Zur Frage der Aufbesserung des Vitamingehaltes in der Großküchenverpflegung. Z. Lebensmittel-Untersuch. u. -Forsch. **112**, 1—10 (1960).
Swendseid, M. E., O. D. Bird, R. A. Brown and F. H. Bethell: Metabolic Function of pteroylglutamic acid and its hexaglutamyl conjugate. II. Urinary Excretion studies on Normal Persons Effect of a conjugase Inhibitor. J. Lab. Clin. Med. **32**, 23—27 (1947).
Sydenstricker, V. P., S. A. Singal, A. P. Briggs, N. M. de Vaughn and H. Isbell: Observations on the "egg white injury" in man and its cure with a biotin-concentrate. J. amer. med. Ass. **118**, 1199—1200 (1942).
Tagwerker, F.: Die Rolle des Vitamin C in der Physiologie und Ernährung des Geflügels. Arch. Geflügelkunde **24**, 160—205 (1960).
Tappel, A. L.: Vitamin E as the biological lipid antioxidant. Vitamins and Hormones **20**, 493—510 (1962).
Tauber, H., I. S. Kleiner and D. Mishkind: Ascorbic Acid (Vitamin C) Oxidase. J. biol. **110**, 211—218 (1935).

TAYLOR, J. D., G. J. MILLAR, L. B. JAQUES and J. W. T. SPRINKS: The Distribution of administered Vitamin K_1-^{14}C in Rats. Canad. J. Biochem. Physiol. **34**, 1143—1152 (1956).
THAYER, S. A., S. B. BINKLEY, D. W. MACCORQUODALE, E. A. DOISY, A. D. EMMET, R. A. BROWN and O. D. BIRD: Vitamin K Potencies of synthetic compounds. J. amer. chem. Soc. **61**, 2563 (1939).
THEORELL, H.: Quantitative Bestrahlungsversuche an gelbem Ferment, Flavinphosphorsäure und Lactoflavin. Biochem. Z. **279**, 186—200 (1935).
THORNTON, G. H. M., W. B. BEAN and R. E. HODGES: The effect of Pantothenic Acid deficiency on gastric secretion and motility. J. Clin. Invest. **34**, 1085—1091 (1955).
TIEWS, J.: Zur Analytik des Vitamins A. Vitamine und Hormone 8, 185—242; 297—349 (1959).
United States Department of Agriculture: Nutritive value of foods. In Home and Garden Bulletin No. 72, Institute of Home Economics Agricultural Research Service Washington DC (1960).
VELLUZ, L., G. AMIARD et A. PETIT: Le précalciférol. Ses relations d'équilibre avec le calciférol. Bull. Soc. chim. France **1949**, 501—507 (1949).
VERNON, S.: Nutritional melalgia a deficiency vascular disease. J. amer. med. Ass. **143**, 799—802 (1950).
VERRETT, M. J., and L. R. CERECEDO: Metabolism of thiamine-S^{35} in the rabbit. Proc. Soc. Exp. Biol. Med. **98**, 509—513 (1958).
VICAR, MC., ROBERT W. and G. H. BERRYMAN: Nicotinic acid in foods. J. Nutr. **24**, 235—243 (1942).
VILTER, R. W.: Vitamin B_6 in medical practice. J. amer. med. Ass. **159**, 1210—1213 (1955).
— J. F. MUELLER, H. S. GLAZER, T. JARROLD, J. ABRAHAM, C. THOMPSON and V. R. HAWKINS: The effect of vitamin B_6-Deficiency induced by Desoxypyridoxine in Human Beings. J. Lab. Clin. Med. **42**, 335—357 (1953).
VIRTANEN, A. I., u. M. KREULA: Die Resorbierung des Carotins aus Mohrrüben beim Menschen. Hoppe-Seylers Z. physiol. Chem. **270**, 141—152 (1941).
WACHSTEIN, M., and A. GUDAITIS: Disturbance of Vitamin B_6 Metabolism in pregnancy. J. Lab. Clin. Med. **40**, 550—557 (1952).
WAKIL, S. J., and D. M. GIBSON: Studies on the Mechanism of Fatty Acid Synthesis. VIII. The participation of protein-bound Biotin in the Biosynthesis of fatty Acids. Biochim. biophys. Acta **41**, 122—129 (1960).
— and M. WAITE: On the mechanism of action of enzyme-bound Biotin. Biochem. Biophys. Res. Commun. **9**, 18—24 (1962).
WALD, G.: The visual function of the vitamine A. Vitamins and Hormones **18**, 417—430 (1960).
WARBURG, O., W. CHRISTIAN u. A. GRIESE: Wasserstoffübertragendes Co-Ferment, seine Zusammensetzung und Wirkungsweise. Biochem. Z. **282**, 157—205 (1935).
WATKIN, D. M., CH. H. BARROWS, B. F. CHOW and N. W. SHOCK: Renal Clearance of Intravenously Administered Vitamin B_{12}. Proc. Soc. Expl. Biol. Med. **107**, 219—221 (1961).
WEBER, F., U. GLOOR u. O. WISS: Vitamin E und essentielle Fettsäuren. Fette, Seifen, Anstrichmittel. Ernährungsindustrie **64**, 1149—1153 (1962).
— u. O. WISS: Über den Stoffwechsel des Vitamins E in der Ratte. Helv. Physiol. et Pharmacol. Acta **21**, 131—141 (1963).
WEISLER, L., J. G. BAXTER and M. I. LUDWIG: The purification and biological potency of natural d, γ-tocopherol. J. amer. chem. Soc. **67**, 1230—1231 (1945).
WEISSBACH, H., J. TOOHEY and H. A. BARKER: Isolation and Properties of B_{12} Coenzymes containing Benzimidazole or Dimethylbenzimidazole. Proc. nat. Acad. Sci (USA) **45**, 521—525 (1959).
WENDT, W. P., u. J. C. DROKOWA: Vitamine **2**, 25, 4ème Conférence Internat. sur les Vitamines. Sofia (2.—4. XI. 1960).
WESTENBRINK, H. G. K., and E. P. STEYN-PARVÉ: Methods for the determination of Diphosphothiamine in Animal Tissues, Blood and Yeast. Int. Z. Vitaminforsch. **21**, 461—479 (1949).
— — and J. GOUDSMIT: On the Aneurin metabolism of animal tissues in vitro. Enzymologia **11**, 26—45 (1943).
WHIPPLE, H. E.: Vitamin B_{12} Coenzymes. Ann. N. Y. Acad. Sci. **112**, Art. 2, 547—921 (1964)[1]
WIELAND, O.: Die Vitaminfunktion der Pantothensäure im Stoffwechsel der tierischen Zelle. Münch. Med. Wschr. **101**, 501—510 (1959).
WILDEMANN, L.: Quantitative Bestimmung des Vitamins B_1 in Nahrungsmitteln mit Hilfe der Papierchromatographie. Nahrung **4**, 497—511 (1960).
WILLIAMS, R. D., H. L. MASON, R. M. WILDER and B. F. SMITH: Observations on induced thiamin deficiency in man. Arch. Int. Med. **66**, 785 (1940).
WILLIAMS, R. J.: The approximate Vitamin requirements of Human beings. J. amer. med. Ass. **119**, 1—3 (1942).

Williams, R. R.: Chemistry of Vitamin B_1 (Thiamin). Ergebn. Vitamin- u. Hormonforsch. **1**, 213—262 (1938).
Williams, W. L., H. P. Broquist and E. Snell: Oleic Acid and related compounds as growth factors for Lactic Acid Bacteria. J. biol. Chem. **170**, 619—630 (1947).
Windaus, A., O. Linsert, A. Lüttringhaus u. G. Weidlich: Über das kristallisierte Vitamin D_2. Liebigs Ann. Chem. **492**, 226—241 (1932).
Winterstein, A., u. B. Hegedüs: Zum Nachweis biologisch aktiver Aldehyde. Chimia (Zürich) **14**, 18—19 (1960).
Wiss, O.: Mikrobiologische Vitamin- und Aminosäurebestimmungen. Mitt. Lebensmitteluntersuch. Hyg. **41**, 225—258 (1950).
— Mikrobiologische Vitaminbestimmungsmethoden. Z. Vitamin-, Hormon-Fermentforsch. **4**, 191—211 (1951/52).
— and G. Brubacher: The occurence of thiamine metabolites in rat liver after administration of ^{35}S. labeled thiamine. Ann. N. Y. Acad. Sci. **98**, Art. 2, 508—515 (1962).
— R. H. Bunnel and U. Gloor: Absorption and Distribution of Vitamin E in the Tissues. Vitamins and Hormones **20**, 441—455 (1962).
— and U. Gloor: Vitamin A and Lipid Metabolism. Vitamins and Hormones **18**, 485—498 (1960).
— F. Weber, R. Rüegg u. O. Isler: Über die biologische Aktivität der Vitamine K_1 und K_2 und ihrer Isoprenologen. Hoppe-Seylers Z. physiol. Chem. **314**, 245—249 (1959).
Wokes, F.: India's Food Problems. Proc. Nutr. Soc. **20**, 117—122 (1961).
— J. Badenoch and H. M. Sinclair: Human Dietary deficiency of Vitamin B_{12}. Amer. J. Clin. Nutrition **3**, 375—382 (1955).
Wolf, D. E., R. Mozingo, St. A. Harris, R. Ch. Anderson and K. Folkers: Biotin. VI. Resolution of DL-Biotin. J. amer. chem. Soc. **67**, 2100—2102 (1945).
Wolf, G., and B. Connor Johnson: Vitamin A and Mucopolysaccharide Biosynthesis. Vitamins and Hormones **18**, 439—455 (1960a).
— — Metabolic transformations of Vitamin A. Vitamins and Hormones **18**, 403—415 (1960b).
Wollish, E. G., G. P. Kuhnis and R. T. Price: Colorimetric Determination of β-Pyridylcarbinol. Analytic. Chem. **21**, 1412—1415 (1949).
— and M. Schmall: Colorimetric Determination of Panthenol and Pantothenates. Analytic. Chem. **22**, 1033—1037 (1950).
Woolley, D. W., and L. G. Longsworth: Isolation of an antibiotin Factor from Egg White. J. biol. Chem. **142**, 285—290 (1942).
— H. A. Waisman, O. Mickelsen and C. A. Elvehjem: Some observations on the chick antidermatitis factor. J. biol. Chem. **125**, 715—721 (1938).
World Health Organization: Fifth report of joint FAO/WHO Expert Committee on Nutrition. Technical Report Series **149** (1958).
— 14 Report Expert Committee on biological standardization. Technical Report Series **222** (1961) (Geneva).
Wright, L. D., Ch. A. Driscoll and W. P. Boger: Biocytinase, an Enzyme concerned with Hydrolytic Cleavage of Biocytin. Proc. Soc. Exptl. Biol. Med. **86**, 335—337 (1954).
Wright, W. B., and G. S. D. King: Optical Properties and Preliminary x-ray Investigation of Nicotinic Acid and Nicotinamide. Acta Cryst. **3**, 31—33 (1950).
Wu Chang, M. L., and B. C. Johnson: N-Methyl-4-pyridone-5-carboxamide as a Metabolite of Nicotinic Acid in Man and Monkey. J. biol. Chem. **236**, 2096—2098 (1961).
Wuest, H. M.: Unsolved problems of thiamine. Ann. N. Y. Acad. Sci. **98**, Art. 2, 383—614 (1962).
Zechmeister, L.: Stereoisomeric Provitamins A. Vitamin and Hormones **7**, 57—81 (1949).
—, and A. Polgar: Cis-trans Isomerization and cis-Peak Effect in the α-Carotene Set and in some other stereoisomeric Sets. J. amer. chem. Soc. **66**, 137—144 (1944).

Chemische Zusatzstoffe

Definition, Einteilung, Zulassung und Anwendung

Von

Prof. Dr. S. W. Souci, München

Die Verwendung von Zusatzstoffen oder Fremdstoffen bei der Gewinnung, Herstellung, Lagerung und Zubereitung von Lebensmitteln ist erst in den Jahren nach dem II. Weltkrieg zu einem Problem geworden. Sie läßt sich in der Tat aber bis in die ältesten Zeiten der Menschheitsgeschichte zurückverfolgen, wie die Verwendung von Kochsalz, Essig und Zucker zur Konservierung, das Schwefeln von Fässern für die Weinbereitung, das Räuchern von Fleisch- und Fischerzeugnissen, die Verwendung von Salpeter zur Pökelung und anderes mehr. Aber erst in neuerer Zeit nahm die Zahl der Fremdstoffe ein solches Ausmaß an, daß die Frage nach möglichen gesundheitlichen Schädigungen laut wurde.

Definition. In der wissenschaftlichen Literatur wie auch in Gesetzestexten treten sowohl die Begriffe ,,Zusatzstoffe" als auch ,,Fremdstoffe" auf. Beide Begriffe überdecken sich weitgehend; sie sind jedoch nicht identisch. Unter ,,*Zusatzstoffen*" sind Stoffe zu verstehen, die dem Lebensmittel in irgendeiner Phase seines Werdeganges *absichtlich* zugesetzt werden, ohne daß sie jedoch Fremdstoffe zu sein brauchen; Beispiele für Zusatzstoffe, die keine Fremdstoffe sind, sind Vitamine, Aminosäuren, Mineralstoffe, die der ernährungsbiologischen Aufwertung dienen, schließlich aber auch altherkömmliche Stoffe, wie Kochsalz, Gewürze, Wasser, die mehr küchentechnische Bedeutung haben. ,,*Fremdstoffe*" hingegen sind Stoffe, die in der Nahrung von Natur aus nicht vorkommen, jedoch beabsichtigt oder unbeabsichtigt in diese hineingelangen und zu Bestandteilen derselben werden. Beispiele für Fremdstoffe, die keine Zusatzstoffe sind, sind die Rückstände vieler in der Landwirtschaft verwendeten Stoffe, wie Schädlingsbekämpfungsmittel, Vorratsschutzmittel, ferner Verunreinigungen aller Art. Auch Stoffe, die im Lebensmittel durch irgendwelche Behandlungsverfahren (Hitze, Kälte, ionisierende Strahlen) entstehen, gehören zu den Fremdstoffen, nicht aber zu den Zusatzstoffen.

Im Gegensatz zu obigen Ausführungen werden im angelsächsischen Schrifttum Zusatzstoffe und Fremdstoffe meist unter *einer* Gruppe ,,Additives" zusammengefaßt und es wird unterschieden zwischen ,,Intentional Additives" (Zusatzstoffe) und ,,Incidental Additives" (unbeabsichtigt in die Nahrung gelangende Stoffe).

Im *deutschen Lebensmittelgesetz* ist der Begriff ,,Fremde Stoffe" enthalten; die Definition hierfür lautet:

,,Fremde Stoffe sind Stoffe, die keinen Gehalt an verdaulichen Kohlenhydraten, verdaulichen Fetten, verdaulichem Eiweiß und keinen natürlichen Gehalt an Vitaminen, Provitaminen, Geruchs- oder Geschmacksstoffen haben, oder bei denen ein solcher Gehalt nicht dafür maßgebend ist, daß sie als Lebensmittel verwendet werden."

Diese Definition bedarf jedoch für praktische Zwecke der näheren Auslegung einiger Begriffe, wie „verdaulich", „maßgebend" usw., aber auch der Definition der Begriffe „Kohlenhydrate", „Fette", „Vitamine" usw. Eine solche Auslegung ist dem Bund für Lebensmittelrecht und Lebensmittelkunde (1960) zu verdanken.

Die Definition des „*Food Protection Committee*" des „*Food and Nutrition Board*" (USA) (1961) lautet demgegenüber:

"A food additive is a substance or a mixture of substances, other than a basic foodstuff, which is present in food as a result of any aspect of production, processing, storage or packaging".

Das Lebensmittelgesetz der USA und die Gesetze anderer Staaten enthalten andere Definitionen; eine Einheitlichkeit ist noch nicht vorhanden.

Einteilung: Es hat nicht an Versuchen gefehlt, das riesige Gebiet der Zusatzstoffe bzw. Fremdstoffe in Gruppen zu ordnen. Dabei diente entweder die Wirkungsweise oder die Zweckbestimmung des Fremdstoffes als Einteilungsprinzip. Eine Verbindung beider Prinzipien liegt folgender Einteilung zugrunde.

A. Absichtlich zugesetzte Stoffe

I. Stoffe mit chemischer Wirkung

1. Antimikrobielle Stoffe
2. Antioxydantien
3. Synergisten und Komplexbildner
4. Farbverbesserungsmittel
   a) Stoffe zur Farberzeugung oder Umfärbung (z. B. Nitrat, Nitrit, Kupfersalze)
   b) Stoffe gegen unerwünschte Verfärbungen
5. Bleichmittel
   a) Oxydierende Stoffe
   b) Reduzierende Stoffe
6. Enzyme (z. B. Papain)

II. Stoffe mit physikalischer Wirkung

1. Farbstoffe
2. Dickungs- und Geliermittel
3. Grenzflächenaktive Stoffe (Emulgatoren, Stabilisatoren, Lösungsvermittler, Mittel gegen das Altbackenwerden)
4. Schaumbildende oder schaumstabilisierende Stoffe
5. Schaumverhindernde Stoffe („Antischaummittel")
6. Backtriebmittel
7. Feuchthaltemittel
8. Überzugsmittel
   a) Überzüge gegen Austrocknung oder Mikrobenbefall
   b) Überzüge gegen das Aneinanderhaften von Teilchen
   c) Überzüge zur Erhöhung des Glanzes (Glasuren, Röstzusätze)
9. Festigungsmittel für pflanzliche Gewebe
10. Beschwerungsmittel (gegen Entmischungsvorgänge in Getränken)
11. Trennmittel

III. Stoffe mit physiologischer Wirkung

1. Stoffe zur Verbesserung des Nährwerts
   a) Vitamine und Provitamine
   b) Aminosäuren
   c) Mineralsalze
2. Stoffe zur Verbesserung des Geschmacks und Geruchs
   a) Süßungsmittel
   b) Salzig oder sauer schmeckende Stoffe
   c) Bitter schmeckende Stoffe (z. B. Chinin)
   d) Natürliche und künstliche Aromastoffe, ätherische Öle
   e) Geschmacksverstärkende Stoffe (z. B. Natriumglutamat)
   f) Rauchbestandteile (Räucherung)

3. Stoffe mit Sonderwirkung
   a) Diätetisch wirkende Stoffe
   b) Stimulantien (z. B. Coffein)
   c) Beruhigungsmittel (Sedativa)
   d) Stoffe gegen Strahlenschäden

IV. Sonstige Stoffe

1. Kennzeichnungsstoffe (Stärke, Sesamöl, Hydroxymethylfurfurol)
2. Denaturierungsstoffe (Vergällungsmittel)

B. Unbeabsichtigt in Lebensmittel gelangende Stoffe

I. In der Landwirtschaft verwendete Stoffe

1. In der Tierzucht verwendete Stoffe
   a) Antibiotica
   b) Hormonähnlich wirkende Stoffe
   c) Beruhigungsmittel (Sedativa)
   d) Tierarzneimittel
2. Bodenbehandlungsmittel
   a) Düngemittel
   b) Bodenlockerungsmittel
   c) Bodenentseuchungsmittel
3. Pflanzenschutzmittel (Schädlingsbekämpfungsmittel)
   a) Stoffe gegen Mikroorganismen (Fungicide, Bactericide, Viricide)
   b) Stoffe gegen Kaltblüter (Insecticide, Acaricide, Nematodicide, Molluscicide, Larvicide, Ovicide)
   c) Stoffe gegen Warmblüter (Rodenticide)
   d) Stoffe gegen Unkrautbefall (Herbicide)
4. Sonstige Pflanzenbehandlungsmittel
   a) Wachstumsregulatoren
   b) Fruchtbeeinflussungsmittel (Wuchsstoffe)
   c) Reifungsbeeinflussende Stoffe
5. Vorratsschutzmittel
   a) Begasungsmittel
   b) Keimhemmungsmittel („Antikeimungsmittel")

II. Bei technischen Behandlungsverfahren verwendete Stoffe (technische Hilfsstoffe)

1. Lösungsmittel, Extraktionsmittel
2. Fällungsmittel (hier auch Stoffe zur Trinkwasseraufbereitung)
3. Sorptionsmittel (entfärbend oder klärend wirkende Stoffe)
4. Katalysatoren und Enzyme
5. Reinigungs- und Desinfektionsmittel
6. Säuren zur Hydrolyse, Laugen, Neutralisationsmittel, Pufferungsmittel

III. Bei technischen Behandlungsverfahren entstehende Stoffe

1. Bei physikalischen Behandlungsverfahren entstehende Stoffe
   a) Durch Hitzeeinwirkung entstehende Stoffe
   b) Durch Kälteeinwirkung entstehende Stoffe
   c) Durch Bestrahlung entstehende Stoffe
2. Bei chemischen Behandlungsverfahren entstehende Stoffe

IV. Verunreinigungen

1. Rückstände aus Verarbeitungsgeräten
2. Rückstände aus Verpackungsmaterial
3. Schmutzstoffe
4. Radioaktive Stoffe (Fallout)
5. Chemische Kampfstoffe

Über den *Umfang der Anwendung* von Zusatzstoffen und Fremdstoffen gehen die Ansichten auseinander, sowohl was die Zahl der in die Lebensmittel gelangenden Substanzen als auch ihre Menge betrifft; sie ist von Land zu Land — je nach den jeweiligen regionalen Erfordernissen und den gesetzlichen Bestimmungen — sehr verschieden. Nach Erhebungen von H. Weiss, wissenschaftlicher Leiter des Bundes für Lebensmittelrecht und Lebensmittelkunde, werden in der Deutschen Bundesrepublik derzeit etwa 120 Zusatzstoffe angewandt. Zieht man aber auch die Stoffe in Betracht, die unbeabsichtigt in allergeringsten Mengen in Lebensmittel gelangen können, so geht deren Zahl ausweislich der amerikanischen Zulassungslisten in die Tausende. Hierdurch entstehen hygienische und volksgesundheitliche Probleme, die entsprechende gesetzgeberische und organisatorische Maßnahmen erfordern. Insbesondere müssen bestimmte Voraussetzungen für die Zulassung und die Anwendung erfüllt sein, um die Möglichkeit gesundheitlicher Schäden auf ein Minimum zu reduzieren.

Voraussetzungen für die Zulassung. In einer Reihe von Ländern bestehen gesetzliche Bestimmungen für die Zulassung von Lebensmittel-Zusatzstoffen und Fremdstoffen; sie gründen sich meist auf die Richtsätze wissenschaftlicher Gremien. Die wichtigsten von ihnen sind das „Ständige Europäische Forschungskomitee für den Schutz der Bevölkerung vor chronisch-toxischen Umweltschädigungen" (EUROTOX), die «Union Internationale contre le Cancer» (UICC), das "Joint FAO/WHO Expert Committee on Food Additives" [= Gemeinsames Expertenkomitee der Food and Agriculture Organization und der Weltgesundheitsorganisation (abgekürzt: FAO/WHO)], die «Commission Internationale des Industries Agricoles» (CIIA), das "Food Protection Committee" des "Food and Nutrition Board", USA, sowie für den deutschen Bereich die Senatskommissionen der Deutschen Forschungsgemeinschaft (DFG): „Farbstoffkommission", „Kommission zur Prüfung der Lebensmittelkonservierung", „Kommission zur Prüfung fremder Stoffe bei Lebensmitteln" und „Kommission für Pflanzenschutz-, Pflanzenbehandlungs- und Vorratsschutzmittel". Die wichtigsten Grundsätze für die Zulassung, die heute allgemein anerkannt und in verschiedenen Ländern (auch in Deutschland) bereits gesetzlich festgelegt sind, sind nachfolgend wiedergegeben:

Zusatzstoffe sollen Lebensmitteln nur zugefügt werden, wenn die *technische Notwendigkeit* oder ein Bedürfnis im Interesse des Verbrauchers besteht. In den Richtsätzen der CIIA (vgl. S. W. Souci 1958) ist festgelegt, in welchen Fällen dies *nicht* unterstellt werden kann. Die technische Notwendigkeit wird in manchen Fällen (z. B. Lebensmittelfarbstoffe) — wenig überzeugend — mit der Verbrauchererwartung begründet.

Abweichend von diesem Grundsatz wird in USA als ausreichend erachtet, daß die *technische Wirksamkeit* erwiesen ist, ohne daß die Notwendigkeit nachgewiesen sein muß. Die Folge davon ist, daß die Zahl der zugelassenen Stoffe dort erheblich größer ist als bei uns, wodurch nach amerikanischer Auffassung die Gefahr einer möglichen Schädigung durch einen *bestimmten*, unerkannt-toxischen Stoff verringert ist.

Zusatzstoffe dürfen bei Lebensmitteln nur verwendet werden, wenn ihre *gesundheitliche Unbedenklichkeit* bei dauernder Aufnahme in den verwendeten Mengen unter Berücksichtigung eines ausreichenden Sicherheitsfaktors nachgewiesen ist. Dabei sind auch mögliche Auswirkungen der gleichzeitigen Aufnahme mehrerer Zusatzstoffe, die etwaige Giftigkeit von Abbauprodukten im Organismus und etwaige nachteilige Wirkungen auf das Lebensmittel (z. B. Entstehung toxischer Umsetzungsprodukte, Zerstörung von Vitaminen) zu berücksichtigen. Für die toxikologische Prüfung ist die Untersuchung der akuten, semichronischen („subakuten") und chronischen Toxicität (einschließlich der cancerogenen und co-cancerogenen Wirkung) erforderlich. Abgesehen hiervon muß die Unbedenklichkeit eines Zusatzstoffes auch durch biochemische und ernährungsphysiologische Untersuchungen (z. B. über Resorption, Stoffwechsel, Kumulation, Ausscheidung, Beeinflussung der Darmflora) erwiesen sein.

Den Erfordernissen einer möglichst eingehenden toxikologischen Prüfung jedes zugelassenen Fremdstoffes kann am besten durch Anwendung des Prinzips der „*positiven Listen*" entsprochen werden, in denen diejenigen Stoffe aufgeführt sind, die sich als unschädlich erwiesen haben und zugelassen sind. Das früher übliche „Mißbrauchsprinzip", wonach diejenigen Stoffe aufgeführt wurden, die gesundheitsschädlich und daher verboten sind, ist damit verlassen. Die positiven Listen sollen im Licht neuer Erkenntnisse ständig überprüft werden. Revisionen sollen in kürzester Zeit durchführbar sein.

Grundlebensmittel, ferner Lebensmittel, die der Verbraucher in berechtigter Erwartung als *frische Lebensmittel* kauft, und Lebensmittel, die mit Hinweisen auf eine besonders hohe Qualität in den Verkehr gebracht werden, sollen im Prinzip keinen Zusatz von fremden Stoffen erhalten. Für die Anerkennung der Notwendigkeit eines Zusatzes ist in diesen Fällen ein besonders strenger Maßstab anzulegen. Ähnliches gilt auch für *diätetische Lebensmittel* und *Kindernahrung*.

Für jeden zuzulassenden Stoff müssen *Reinheitsanforderungen* und — bei uneinheitlichen Stoffen — sog. „*Spezifikationen*" aufgestellt sein. Sie sollen ermöglichen, festzustellen, ob ein im Handel befindliches Produkt in seiner Zusammensetzung und Beschaffenheit dem zugelassenen Stoff entspricht, auf den sich auch die toxikologischen Untersuchungsergebnisse beziehen. In dem derzeit in USA erscheinenden Standardwerk „Food Chemicals Codex" finden sich genaue Daten über Beschaffenheit, Reinheit und analytische Untersuchung jedes Lebensmittel-Zusatzstoffs. Andere „Data Sheets" wurden für Teilgruppen von Lebensmittel-Zusatzstoffen von der FAO/WHO, der Westeuropäischen Union (WEU) und den zuständigen Kommissionen der DFG aufgestellt.

Eine Zulassung soll nur erfolgen, wenn *analytische Methoden* zum qualitativen Nachweis und zur quantitativen Bestimmung des zuzulassenden Stoffes im Lebensmittel sowie zur Reinheitsprüfung des Zusatzstoffs selbst vorliegen. Die Analysenmethoden sollen international vereinheitlicht werden.

An in ein Land *eingeführte Lebensmittel* und *Zusatzstoffe* sollen die gleichen Anforderungen gestellt werden, wie an solche, die im Lande selbst für den Inlandskonsum produziert werden.

Voraussetzungen für die Anwendung. Auch hierfür wurden von den obengenannten Gremien Richtlinien ausgearbeitet, die in einer Reihe von Ländern bereits ihren Niederschlag in lebensmittelrechtlichen Bestimmungen gefunden haben. Die wesentlichsten, allgemein anerkannten Grundsätze sind folgende.

Zusatzstoffe dürfen nur in Mengen, die unter einer bestimmten *Maximalkonzentration* liegen, angewandt werden. Diese muß hoch genug sein, um eine ausreichende Wirkung zu sichern; sie muß gering genug sein, um die gesundheitliche Unbedenklichkeit zu gewährleisten. Die gesetzlich vorgeschriebene Maximalkonzentration hat das Vorliegen ungünstiger technischer Umstände zu berücksichtigen. Die wirklich zu verwendende Konzentration soll möglichst weit unter der Maximalkonzentration liegen.

Lebensmittel-Zusatzstoffe sollen nur für *bestimmte* Lebensmittel angewandt werden. In *Anwendungstabellen* ist festzulegen, welche Zusatzstoffe für welche Lebensmittel in welchen Maximalkonzentrationen verwendet werden dürfen. Bei der Aufstellung dieser Anwendungstabellen sind die technische Notwendigkeit, die pharmakologisch vertretbaren Tageshöchstmengen, der relative Anteil des betreffenden Lebensmittels an der Nahrung, der Gesamttageskonsum aller mit dem gleichen Stoff versetzten Lebensmittel und die industriellen Erfahrungen zu berücksichtigen.

Nur *einwandfreie Lebensmittel* dürfen mit Zusatzstoffen versetzt werden. Der Zusatz ist nur zulässig, wenn dadurch nicht der Anschein einer besseren Beschaffenheit erweckt wird und der Verbraucher nicht über den wahren Wert des Lebensmittels getäuscht werden kann. Bei der Gewinnung, Herstellung, Verpackung, Lagerung und dem Transport sind auch im Falle der Verwendung von Zusatzstoffen die Grundsätze der Hygiene und sonstiger schonender Behandlung zu beachten.

Grundsätzlich soll der Verbraucher über die Anwesenheit von Zusatzstoffen in Lebensmitteln in Kenntnis gesetzt werden. Zu diesem Zweck ist eine schriftliche

Deklaration in Verbindung mit der Ware erforderlich. Die Bezeichnung des verwendeten Stoffes nach Art und Menge ist aus medizinischen Gründen (Möglichkeit von Allergien) wünschenswert.

Für die Beurteilung *unbeabsichtigt in die Nahrung gelangender Stoffe* gelten ähnliche Gesichtspunkte. Sie dürfen im Lebensmittel nicht in Mengen vorliegen, die gesundheitsschädlich wirken können. Die Gewinnung und Behandlung der Lebensmittel muß daher so erfolgen, daß die zulässigen Maximalkonzentrationen für solche Stoffe nicht überschritten werden.

Über Fremdstoffe und Zusatzstoffe in Lebensmitteln besteht ein umfangreiches *Schrifttum.* Die wichtigsten Abhandlungen sind nachfolgend angegeben, soweit sie mehrere oder alle Gruppen von Fremdstoffen umfassen. Abhandlungen über *einzelne* Fremdstoffe oder Fremdstoffgruppen finden sich in den anschließenden Beiträgen.

Bibliographie

AYRES, J. C., A. A. KRAFT, H. E. SNYDER and H. E. WALKER: Chemical and biological hazards in food. Ames, Iowa: Iowa State University Press 1962.

BARTHELMESS, A.: „Gefährliche Dosis ?". Bd. 61. Basel-Freiburg-Wien: Herder-Bücherei 1959.

Die Bedrohung unserer Gesundheit. Vortragsreihe des Süddeutschen Rundfunks unter Leitung von J. SCHLEMMER. Stuttgart: A. Kröner 1958.

BICKNELL, F.: Chemicals in food. London: Faber & Faber 1960.

— Chemicals in your food and in farm produce; their harmful effects. New York: Emerson Book Inc. 1961.

Bund für Lebensmittelrecht und Lebensmittelkunde: Bemerkungen zu einigen in § 4a Abs. 2 des Lebensmittelgesetzes aufgeführten naturwissenschaftlichen Begriffen. Schriftenreihe des Bundes für Lebensmittelrecht und Lebensmittelkunde, H. 32, S. 91—94. Hamburg-Berlin-Düsseldorf: B. Behr's Verlag 1960.

— Zur Abgrenzung des Begriffes „natürlicher Gehalt an Vitaminen und Provitaminen". Schriftenreihe des Bundes für Lebensmittelrecht und Lebensmittelkunde, H. 44. Hamburg-Berlin-Düsseldorf: B. Behr's Verlag 1963.

CERUTTI, G.: Manuale degli additivi alimentari. Milano: E.T./A.S. Kompass 1963.

Commission Internationale des Industries Agricoles (CIIA) und *Bureau International Permanent de Chimie Analytique (BIPCA)*: Bericht über das 1. Symposium sur les matières étrangères dans les aliments 1955 in Wien. Teil I und II. Wien 1955.

— Bericht über das 2. Symposium 1956 in Amsterdam. Amsterdam 1956.

— Bericht über das 3. Symposium 1957 in Como. Milano 1958.

— Bericht über das 4. Symposium 1958 in Paris. Lille u. Talence-Bordeaux 1960.

Current food additives legislation. Fortlaufende Schriftenreihe. Hrsg. von der Food and Agriculture Organization (FAO) Rom: ab 1956.

Current developments in food additive legislation and toxicology. BIBRA-Information Bulletin. Hrsg. von der British Industrial Biological Research Association. London: ab 1962.

Deutsche Forschungsgemeinschaft (DFG): Mitteilungen der einschlägigen Senatskommissionen für Fremdstoffe und Lebensmittel-Zusatzstoffe (Spezifizierte Literaturangaben hierüber vgl. die nachfolgenden Einzelabschnitte). Hrsg. von der DFG (Bad Godesberg) oder dem Verlag Franz Steiner (Wiesbaden).

EICHHOLTZ, F.: Die toxische Gesamtsituation auf dem Gebiet der menschlichen Ernährung. Berlin-Göttingen-Heidelberg: Springer Verlag 1956.

— Vom Streit der Gelehrten. Karlsruhe: G. Braun 1958.

— Biologische Existenz des Menschen in der Hochzivilisation. Karlsruhe: G. Braun 1959.

FACHMANN, W.: Beiträge zum neuen Lebensmittelrecht. Schriftenreihe Verbraucherdienst, H. 4. Hrsg. v. Bundesausschuß für volkswirtschaftl. Aufklärung e.V., Köln 1961.

Food and Agriculture Organization of the United Nations (FAO): Food additive control in Canada (1959), in the United Kingdom (1960), in the Netherlands (1961), in Australia (1961), in Denmark (1961), in the Federal Republic of Germany (1963), in France (1963).

Food Chemicals Codex (FCC). Bearbeitet von dem Committee on Specifications of the Food Chemicals Codex des "Food Protection Committee". Hrsg. von der National Academy of Sciences — National Research Council. Publ. 1143. Washington 25, D.C., Loseblattlieferungen ab 1963.

Food Protection Committee des *Food and Nutrition Board*: The use of chemical additives in food processing. Publ. 398. Washington, D.C., 1956 (Neuauflage in Vorbereitung).
— Principles and procedures for evaluating the safety of food additives. Publ. 750. Washington, D.C., 1960.
— Problems in the evaluation of carcinogenic hazard from use of food additives. Publ. 749. Washington, D.C., 1960.
— The use of chemicals in food production, processing, storage, and distribution. Publ. 887. Washington, D.C., 1961.
Frazer, A. C.: The toxicology of food additives. Bericht über den XVII. Internationalen Kongreß für Reine und Angewandte Chemie 1959 in München. Bd. II, S. 343—357. London: Butterworths und Weinheim/Bergstr.: Verlag Chemie 1960.
— The control of the use of chemical aids in food processing. Bericht über das Symposium on nutrive aspects of preserved food 1954 in Göteborg. Publ. 115 des Swedish Inst. for Food Preservation Research (SIK), Göteborg. S. 159—170. 1956.
Frey, C. N.: Chemicals in foods. In: Handbook of food and agriculture. Hrsg. v. F. C. Blanck. S. 789—851. New York: Reinhold Publ. Corp. u. London: Chapman & Hall 1955.
Hadert-Laboratoriumsbericht Nr. 5: Konservierungs- und Desinfektionsmittel. Berlin: Hadert-Lexikon-Verlag 1951.
Handbook of toxicology. Bd. **1—4**. Philadelphia-London: W. B. Saunders 1956—1959.
Ikeda, R. M., and D. G. Crosby: Chemicals and the food industry. Manual 26, hrsg. von der University of California, Division of Agricultural Sciences. Davis, Calif., 1960.
Istituto Superiore di Sanità: Simposio internazionale sugli additivi negli alimenti 1962 in Rom. R.C. Ist. sup. Sanità **25**, 10/11 (1962).
Jacobs, M. B.: Synthetic food adjuncts. New York: D. van Nostrand 1947.
— The analytical chemistry of industrial poisons, hazards, and solvents. 2. Aufl. New York-London: Interscience Publishers 1949.
Joint FAO/WHO Expert Committee on Food Additives: Food additives. Bericht über die Sitzung 1955 in Genf. Genf 1956.
— General principles governing the use of food additives. 1. Bericht. Rom 1957.
— Procedures for the testing of intentional food additives to establish their safety for use. 2. Bericht. Rom 1958.
— Specifications for identity and purity of food additives. Vol. I: Antimicrobial preservatives and antioxidants. Neuauflage des 3. Berichts. Rom 1962.
— Specifications for identity and purity of food additives. Vol. II: Food colors. Neuauflage des 4. Berichts. Rom 1963.
— Evaluation of the carcinogenic hazards of food additives. 5. Bericht. Genf 1961.
— Evaluation of the toxicity of a number of antimicrobials and antioxidants. 6. Bericht. Genf 1962.
— Specifications for the identity and purity of food additives and their toxicological evaluation: Emulsifiers, stabilizers, bleaching and maturing agents. 7. Bericht. Genf 1964.
Klein, G., H.-J. Rabe u. H. Weiss: Lebensmittelgesetz und Lebensmittelrechtliche Verordnungen. Hamburg-Berlin-Düsseldorf: B. Behr's Verlag 1960. Loseblattlieferungen ab 1961.
Kloesel, A., H. Sperlich u. K. G. Bergner: Fremdstoffverordnungen und sonstiges neues Lebensmittelrecht. Stuttgart: W. Kohlhammer 1961.
Lehman, A. J., W. I. Patterson, B. Davidow, E. C. Hagan, G. Woodard, E. P. Laug, J. P. Frawley, O. G. Fitzhugh, A. R. Bourke, J. H. Draize, A. A. Nelson, and B. J. Vos: Procedures for the appraisal of the toxicity of chemicals in foods, drugs and cosmetics. Food Drug cosmet. Law J. **10**, 10 (1955).
— F. A. Vorhes, L. L. Ramsey, E. C. Hagan, O. G. Fitzhugh, P. J. Schouboe, J. H. Draize, E. I. Goldenthal, W. D'Aguanno, E. P. Laug, E. J. Umberger, G. H. Gass, R. E. Zwickey, K. J. Davis, H. A. Braun, A. A. Nelson, and B. J. Vos: Appraisal of the safety of chemicals in foods, drugs and cosmetics. Hrsg. von der Association of Food and Drug Officials of the United States. Baltimore, Md., 1959.
Nüse, K.-H.: Lebensmittelrechtliche Verordnungen zu § 5a des Lebensmittelgesetzes. Köln-Berlin: Carl Heymann 1960.
President's Science Advisory Committee: Report of the panel on food additives. Washington, D. C.: The White House 1960.
Reddish, G. F.: Antiseptics, disinfectants, fungicides, and chemical and physical sterilization. Philadelphia: Lea & Febiger 1954.
Souci, S. W.: Lebensmittelforschung und Fremdstoffprobleme in USA. München: Deutsche Forschungsanstalt für Lebensmittelchemie 1959.
—, u. E. Mergenthaler: Fremdstoffe in Lebensmitteln mit besonderer Berücksichtigung der Konservierung. München: J. F. Bergmann 1958.

Ständiges Europäisches Forschungskomitee für den Schutz der Bevölkerung vor chronisch-toxischen Umweltsschädigungen (EUROTOX): Bericht über die 3. Konferenz 1957 in Ascona (Schweiz) 1957.
— Bericht über die 4. Konferenz 1958 in Montecatini Terme (Italien) 1959.
TRUHAUT, R.: Les substances étrangères dans les aliments. Aspects biologiques et analytiques du problème. In: Mises au point de chimie analytique pure et appliquée et d'analyse bromatologique. Hrsg. v. J. A. GAUTIER. Paris: Masson et Cie 1956.
Unio Internationalis contra Cancrum: Symposium on potential cancer hazards from chemical additives and contaminants to foodstuffs 1956 in Rom. Unio Int. contra Cancrum Acta **13**, H. 2 (1957).
WAITZ, W.: Lebensmittelrechtliche Regelungen von Zusatzstoffen in 18 europäischen Staaten. Schriftenreihe des Bundes für Lebensmittelrecht und Lebensmittelkunde, H. 15. Wiesbaden-Berlin: B. Behr's Verlag 1957.
Zeitschrift für Lebensmittel-Untersuchung und -Forschung, Beilage Gesetze und Verordnungen: Fortlaufende Angaben über die Zulassung von Fremdstoffen in Lebensmitteln. München: J. F. Bergmann und Berlin-Göttingen-Heidelberg: Springer-Verlag.
ZIPFEL, W.: Lebensmittelrecht. München und Berlin: C. H. Beck'sche Verlagsbuchhandlung 1962. Loseblattlieferungen ab 1963.

Zeitschriftenliteratur

BÄR, F., u. F. GRIEPENTROG: Die Allergenwirkung von fremden Stoffen in den Lebensmitteln Med. u. Ernährung **1**, 99—104 (1960).
BERGNER, K. G.: Über das Problem der Zusatzstoffe in Lebensmitteln. Dtsch. Lebensmittel-Rdsch. **54**, 155—161 (1958).
CREMER, H. D.: Die physiologische Bedeutung der chemischen Behandlung von Nahrungsmitteln. Z. Lebensmittel-Untersuch. u. -Forsch. **96**, 188—198 (1953).
D'AMBROSIO, A.: Toxicological problems with additives used for increasing food production. Chim. e Industr. (Milano) **40**, 116—124 (1958).
EICHHOLTZ, F.: Fremdstoffe in Lebensmitteln. Bibl. Nutr. et Dieta **1**, 138—157 (1960).
ESH, G. C.: Food additives and fortification of foods. Rev. Food Technol. (Mysore) **3**, 15—38 (1961).
Food Law Institute of the United States and scientific organizations in Great Britain: Proceedings of the joint conference on chemical additives in food 1957 in London. Food Drug cosmet. Law J. **12**, 451—528 (1957).
GRAU, C. A.: Chemical additives in foods. Rev. Soc. venezol. quim. **1961**, Nr. 33, 3—17.
HÖGL, O.: Fremdzusätze in Nahrungsmitteln. Bibl. Nutr. e Dieta **2**, 58—70 (1961).
Kongreß über den Schutz des Verbrauchers vor verfälschten Lebensmitteln 1960 in Mailand (Convegno per la tutela della genuinità degli alimenti.) Bericht, hrsg. v. d. Amministrazione Provinciale di Milano.
LANG, K.: Artfremde Substanzen als Lebensmittelzusätze in der Sicht des Ernährungsphysiologen. Nahrung **1**, 7—22 (1957).
LEHMAN, A. J.: Some interpretative problems in evaluating the safety of food additives. Ass. Food and Drug Offic. (USA) **1959**, 97—106.
NELSON, R. C.: Incidental additives to food: Have we made a prudent jugdement? Food Drug cosmet. Law J. **16**, 597—614 (1961).
OSER, B. L.: Modern technology as related to the safety of foods. Food Drug cosmet. Law J. **15**, 586—602 (1960).
— The experimental induction of cancer by pesticide residues and food additives; its rationale and interpretation. Residue Rev. **1**, 1—10 (1962).
REITH, J. F.: Zusammenhänge zwischen Lebensmittelchemie und Toxikologie. Dtsch. Lebensmittel-Rdsch. **57**, 225—230 (1961).
SCHORMÜLLER, J.: Fermenthemmung als Prinzip toxischer Wirkungen. Z. Lebensmittel-Untersuch. u. -Forsch. **106**, 372—395 (1957); **107**, 40—56, 257—264, 352—368 (1958).
SOUCI, S. W.: Die Behandlung von Lebensmitteln mit fremden Zusatzstoffen. Münch. med. Wschr. **1957**, 1569—1579 und 1632—1637.
— Die Konservierung der Lebensmittel durch antimikrobielle Stoffe. Resolution der "Commission Internationale des Industries Agricoles" (CIIA) und des "Bureau International Permanent de Chimie Analytique" (BIPCA). Dtsch. Lebensmittel-Rdsch. **54**, 314—317 (1958).
— Zur Problematik der Fremstoffe in Lebensmitteln. Sci. Repts. Ist. sup. Sanitá **2**, 380—390 (1962).
— H. LÜCK, H. BACH, A. BARTHELMESS, E. RICKERL u. P. WALLNÖFER: Lebensmittel-Zusatzstoffe und mutagene Wirkung. Z. Lebensmittel-Untersuch. u. -Forsch. **106**, 201—210 (1957); **107**, 236—256, 344—352 (1958); **108**, 174—184 (1958); **112**, 157—174 (1960). Zbl. Bakteriol. Parasitenk. Abt. II, **112**, 226—234 (1959). Pathol. Microbiol. **26**, 206—224 (1963).

Souverain, R.: Traveaux des organisations internationales sur l'hygiène alimentaire depuis 1950. Ann. Falsif. Fraudes **50**, 338–371 (1957).
Steyn, D. G.: The processing of food and the contamination of food and beverages by chemicals. Lantern 1953/54.
Stoner, H. B.: The addition of chemicals to food. Nutr. et Dieta **2**, 1—20 (1960).
Täufel, K.: Artfremde Substanzen als Lebensmittelzusätze in der Sicht des Lebensmittelchemikers und -technologen. Nahrung **1**, 23—39 (1957).
Truhaut, R.: Les risques d'action cancérigène des substances étrangères ajoutées en vue d'améliorer les qualités organoleptiques des aliments. Ann. Falsif. Fraudes **49**, 107—127 und 163—174 (1956).
— Additifs aux aliments: Les risques de nocivité pouvant résulter de leur emploie inconsidéré. Les méthodes de prévention. Bull. Soc. sci. Hyg. aliment. (Paris) **50**, 77—185 (1962).
— Food additives and public health. Farmaco (Pavia), Edit. Prat. **17**, 111—148 (1962).

Vgl. auch die unter den nachfolgenden Abschnitten zitierten Abhandlungen über einzelne Fremdstoffe oder Fremdstoffgruppen!

Chemische Zusatzstoffe

A. Konservierungsstoffe

Von

Prof. Dr. Dr. W. Diemair und Dr. W. Postel, Frankfurt a. M.

A. Allgemeines

I. Einleitung

In diesem Abschnitt werden die „Konservierungsstoffe im engeren Sinne", d. h. die Stoffe gegen den mikrobiellen Verderb von Lebensmitteln, behandelt. Man versteht darunter „chemische Stoffe, die bei der Gewinnung, Herstellung, Zubereitung oder Aufbewahrung von Lebensmitteln dazu dienen, Kleinlebewesen in ihrer Entwicklung zu hemmen oder abzutöten, hierdurch das Verderben der Lebensmittel zu verzögern oder zu verhindern und die Lebensmittel länger genußtauglich zu erhalten"[1]. Dabei fallen diejenigen konservierend wirkenden Stoffe, die auch für sich allein als Lebensmittel Verwendung finden, wie Zucker, Speisefette und -öle, Essig, Kochsalz, Äthylalkohol, Essigsäure, Milchsäure, Weinsäure, Citronensäure, nicht unter diesen Begriff. Da die „Konservierungsstoffe im engeren Sinne" selbst Bestandteile der Lebensmittel werden, ist ihre Verwendung nicht nur vom wirtschaftlichen sondern auch vom lebensmittelchemischen und gesundheitlichen Standpunkt aus von großer Tragweite; ihre Anwendung wird daher seit Jahrzehnten von verschiedenen Sachverständigengremien erörtert.

Während auf dem 10. Internationalen Kongreß für Hygiene in Paris im Jahre 1900 jeglicher Zusatz von Konservierungsstoffen zu Lebensmitteln abgelehnt wurde, haben die deutschen Gesundheitsbehörden — der Notwendigkeit einer sorgsamen Vorratspflege und Lagerhaltung zur Ernährungssicherung der sich zunehmend in den Städten und Industriezentren zusammenballenden Bevölkerung, der Notwendigkeit des Transports der Lebensmittel aus den Erzeugungsgebieten an die Verbrauchsorte und der industriellen Herstellung von Lebensmitteln Rechnung tragend — schon früh erkannt, daß „eine zweckmäßige und gesundheitsunschädliche Haltbarmachung von Lebensmitteln bestimmter Art für die Volksernährung von großer Wichtigkeit ist"[2] und durch gesundheitspolizeiliche Maßnahmen geregelt werden müsse. Schon auf dem 14. Internationalen Kongreß für Hygiene in Berlin im Jahre 1907 hatten M. Gruber u. Mitarb. (1909) als Grundsätze herausgestellt, daß „der Verwendung chemischer Konservierungsmittel zum Schutze der Volksgesundheit enge Schranken gezogen werden müssen", daß nur dort, wo ein berechtigtes Bedürfnis für die Anwendung eines chemischen Stoffes besteht, seine Zulassung erörtert werden solle, wobei die gesundheitlichen Gesichtspunkte gegenüber den wirtschaftlichen im Vordergrund stehen müßten.

Im Jahre 1932 hat dann das damalige Reichsgesundheitsamt den „Entwurf einer Verordnung über Konservierungsmittel" veröffentlicht[1], der sowohl der Lebensmittelindustrie und dem Lebensmittelgewerbe als auch den Lebensmittelüberwachungsstellen zusammen mit den für bestimmte Lebensmittel erlassenen Sonderregelungen als rechtweisende Norm in der

[1] Entwurf einer Verordnung über Konservierungsmittel, Heft 15 der Entwürfe zu den Verordnungen über Lebensmittel und Bedarfsgegenstände, Berlin: Springer 1932.

[2] Festschrift „Das Reichsgesundheitsamt" S. 118, Berlin: Springer 1926; vgl. auch die „Technische Begründung zum Entwurf eines Bundesratsbeschlusses, betreffend gesundheitsschädliche und täuschende Zusätze zu Fleisch und dessen Zubereitungen", Dtsch. Reichsanz. 1902, Nr. 47, Erste Beil.; abgedr. in Z. Untersuch. Nahrungs- u. Genußmittel **5**, 333 (1902).

Folgezeit dienten. Die in diesem Entwurf angeführten Allgemeinen Leitsätze des Reichsgesundheitsrates für die Zulassung von Konservierungsmitteln stimmen schon in den meisten Punkten mit den weiter unten zitierten Beschlüssen der Deutschen Forschungsgemeinschaft aus jüngster Zeit annähernd wörtlich überein.

Während nach dem 2. Weltkrieg in der Deutschen Demokratischen Republik auf der Grundlage des Entwurfs von 1932 schon im Jahre 1949 rechtsverbindliche „Bestimmungen ... zur Regelung des Verkehrs mit Konservierungsmitteln" erlassen wurden[1], befaßte sich in der Bundesrepublik Deutschland die „Deutsche Forschungsgemeinschaft" mit dem Problem der Lebensmittelzusatzstoffe. Auf Grund einer strengen Prüfung der technischen Notwendigkeit, der Wirksamkeit und der gesundheitlichen Unbedenklichkeit der sich zur Konservierung eignenden chemischen Stoffe wurden von der „Kommission zur Prüfung der Lebensmittelkonservierung" der Deutschen Forschungsgemeinschaft „positive Listen" aufgestellt, in denen diejenigen Stoffe angeführt waren, die nach dem derzeitigen Wissensstand als gesundheitlich unbedenklich bzw. als duldbar angesehen werden konnten[2]. Für diese Stoffe wurden auch Reinheitsanforderungen aufgestellt[3].

Als Richtlinien für die Zulassung von Konservierungsstoffen hat die „Kommission zur Prüfung der Lebensmittelkonservierung" der Deutschen Forschungsgemeinschaft u. a. folgende Beschlüsse gefaßt (Mitteilung I[2]):

1. Konservierungsstoffe dürfen bei Lebensmitteln nur verwendet werden, wenn

a) eine ausreichende Haltbarkeit nicht durch erhöhte Sorgfalt bei der Gewinnung, Herstellung, Verpackung und Lagerung des Lebensmittels erzielt werden kann,

b) ihre Verwendung im Interesse der Volksernährung als unerläßlich anerkannt ist sowie

c) ihre gesundheitliche Unbedenklichkeit, auch bei dauernder Aufnahme, in den verwendeten Mengen unter Berücksichtigung eines ausreichenden Sicherheitsfaktors für die physiologische Wirkung nachgewiesen und anerkannt ist. Die mögliche Auswirkung der gleichzeitigen Aufnahme mehrerer Konservierungsstoffe ist dabei zu berücksichtigen.

2. Konservierungsstoffe dürfen nicht in größeren Mengen verwendet werden, als zur Konservierung unter Berücksichtigung eines ausreichenden Sicherheitsfaktors für die technische Wirkung notwendig ist.

3. Für die zur Haltbarmachung von Lebensmitteln zuzulassenden Konservierungsstoffe sind besondere Reinheitsanforderungen aufzustellen.

4. Lebensmitteln, die der Verbraucher in der berechtigten Erwartung als frische Lebensmittel kauft oder die mit Hinweisen auf eine besondere Qualität oder Reinheit in den Verkehr gebracht werden, dürfen keine Konservierungsstoffe zugesetzt werden.

5. Der Zusatz von Konservierungsstoffen zu Lebensmitteln ist unzulässig, wenn dadurch nur der Anschein einer besseren Beschaffenheit erweckt werden soll und der Verbraucher durch einen solchen Zusatz über den wahren Wert des Lebensmittels getäuscht werden könnte.

6. Die Zahl der anzuerkennenden Konservierungsstoffe soll möglichst klein gehalten werden. Neue Konservierungsstoffe sollen nur zugelassen werden, wenn sie bereits anerkannten überlegen sind.

7. Der Zusatz von Konservierungsstoffen zu Lebensmitteln ist in allen Fällen kenntlich zu machen. Die Kommission hält darüber hinaus die Angabe der im einzelnen verwendeten Konservierungsstoffe für erwünscht.

Auch auf internationaler Ebene haben seit dem 2. Weltkrieg eine Reihe wissenschaftlicher Gremien die Frage der Lebensmittelzusatzstoffe bearbeitet, so die Expertenkommission für Lebensmittelzusätze der „Westeuropäischen Union" (WEU), die „Union Internationale contre le Cancer" (U.I.C.C.), die Unterkommission der "Commission Internationale des Industries Agricoles" (C.I.I.A.) und des "Bureau International Permanent de Chimie Analytique" (B.I.P.C.A.), das „Ständige Europäische Forschungskomitee für den Schutz der Bevölkerung vor chronisch-toxischen Umweltschädigungen" sowie das „gemischte Expertenkomitee" der „Weltgesundheitsorganisation" (WHO) und der "Food and Agriculture Organization" (FAO) (S. W. SOUCI u. E. MERGENTHALER 1958; S. W. SOUCI 1958, 1960).

In der Bundesrepublik Deutschland wurde durch das „Gesetz zur Änderung und Ergänzung des Lebensmittelgesetzes" vom 21. 12. 1958 der Zusatz von fremden Stoffen (zu denen auch die „Konservierungsstoffe im engeren Sinne" zählen) zu Lebensmitteln gesetzlich geregelt. Der Zusatz derartiger fremder Stoffe ist nur erlaubt, wenn solche Stoffe ausdrücklich zugelassen sind. Diese Zulassung erfolgte für die Stoffe gegen den mikrobiellen Verderb in der

---

[1] „Bestimmungen der Hauptverwaltung Gesundheitswesen der DWK zur Regelung des Verkehrs mit Konservierungsmitteln" vom 22. 4. 1949; abgedruckt bei P. HIRSCH (1956).

[2] Mitteilung I der Deutschen Forschungsgemeinschaft, Kommission zur Prüfung der Lebensmittelkonservierung, vom 11. 10. 1954. Mitteilung II ... vom 27. 7. 1956; Mitteilung III ... vom 24. 6. 1958; Mitteilung V ... vom 13. 1. 1961.

[3] Mitteilung IV ... vom 21. 1. 1959; Mitteilung VI ... vom 6. 7. 1961.

Konservierungs- und in der Fruchtbehandlungs-Verordnung, beide vom 19. 12. 1959[1]. Danach sind für bestimmte Lebensmittel bzw. Lebensmittelgruppen folgende Konservierungsstoffe zugelassen worden:

1. Sorbinsäure und ihre Natrium-, Kalium- und Calciumverbindungen
2. Benzoesäure und ihre Natriumverbindung
3. p-Hydroxybenzoesäure-Äthylester, p-Hydroxybenzoesäure-Propylester und deren Natriumverbindungen
4. Ameisensäure und ihre Natrium-, Kalium- und Calciumverbindungen
5. Hexamethylentetramin (nur im Gemisch mit den unter 1—3 genannten Konservievierungsstoffen und nur bis zum 31. 12. 1964)
6. Diphenyl
7. o-Phenylphenol und sein Natriumsalz
8. Schwefeldioxid, Schweflige Säure, Natriumsulfit, Natrium- und Calciumhydrogensulfit, Natrium- und Kaliumpyrosulfit, auch in Vermischung untereinander.

II. Die antimikrobielle Wirkung der Konservierungsstoffe

1. Der Wirkungsmechanismus

Bei der Konservierung von Lebensmitteln mit chemischen Stoffen unterscheidet man zunächst zwischen einer bactericiden bzw. fungiciden und einer bacteriostatischen bzw. fungistatischen Wirkung. Durch die erstgenannte Wirkung werden die Mikroorganismen abgetötet, durch die letztgenannte werden sie lediglich in ihrem Wachstum bzw. ihrer Vermehrungs- und Lebenstätigkeit gehemmt. Hinsichtlich der behandelten Lebensmittel spricht man in ersterem Falle von (sterilen) „Vollkonserven", in letzterem von „Halbkonserven" bzw. „Präserven", deren Haltbarkeit nur begrenzt ist.

Nach den Untersuchungen M. v. SCHELHORNS (1954 b) gibt es jedoch einen bacteriostatischen bzw. fungistatischen Effekt streng genommen nicht. In genügend hohen Konzentrationen werden Mikroorganismen von Konservierungsstoffen innerhalb weniger Minuten abgetötet. In geringeren Konzentrationen kommt es ebenfalls zu einer Abtötung der vorhandenen Mikroorganismen, jedoch erst innerhalb entsprechend längerer Zeiträume. Ein ausreichend mit Konservierungsstoffen versetztes Substrat wird im Laufe der Zeit, wenn von außen keine Neuinfektionen hinzukommen, steril. Wird jedoch dieses Absterben der Mikroorganismen vorzeitig unterbrochen, etwa durch Verdünnung oder durch Verdunstung des Konservierungsstoffes oder durch Änderung des pH-Wertes des Substrates oder aus anderen Gründen, so kann es zum Wiederaufleben der noch nicht abgestorbenen Mikroorganismen kommen. Denn es sterben nicht alle Mikroorganismen gleichzeitig ab, auch dann nicht, wenn nur solche einer Art vorhanden wären. Das Absterben der Mikroorganismen unter der Wirkung von Konservierungsstoffen entspricht vielmehr dem Verlauf einer monomolekularen Reaktion. Für die einzelne Population gilt die Gleichung:

$$K = \frac{1}{t} \log \frac{\text{Zahl der lebenden Zellen bei Einwirkungsbeginn}}{\text{Zahl der überlebenden Zellen nach der Zeit } t}$$

Die Absterbekonstante K und damit das raschere oder langsamere Absterben ist dabei abhängig von der Art des Konservierungsstoffes, von dessen Konzentration, von der Mikroorganismenart und von der Temperatur, dagegen unabhängig von der Zahl der vorhandenen Mikroorganismenzellen. Diese theoretische Formulierung gilt jedoch nur bei verhältnismäßig hohen Konservierungsstoffkonzentrationen und bei raschem, innerhalb Minuten oder weniger Stunden erfolgendem Absterben aller vorhandenen Zellen. Voraussetzung für diesen mathematisch erfaßbaren Ablauf des Absterbens ist ferner genetisch einheitliches Zellmaterial, also eine Einzell-Kultur. Eine solche wird freilich unter praktischen Verhältnissen nur in seltenen Fällen vorliegen. Auch innerhalb einer Einzell-Kultur können nachträglich durch Mutationen noch Uneinheitlichkeiten auftreten.

---

[1] Verordnung über die Zulassung fremder Stoffe zum Schutz gegen mikrobiellen Verderb von Lebensmitteln (Konservierungsstoff-Verordnung) vom 19. 12. 1959 (Bundesgesetzbl. I S. 735) i.d.F. der Änderungs-Verordnung vom 19. 12. 1961 (Bundesgesetzbl. I S. 2008) und der Änderungs-Verordnung vom 11. 3. 1964 (Bundesgesetzbl. I S. 138).

Verordnung über den Zusatz fremder Stoffe bei der Behandlung von Früchten und Fruchterzeugnissen (Fruchtbehandlungs-Verordnung) vom 19. 12. 1959 (Bundesgesetzbl. I S. 751) i.d.F. der Änderungs-Verordnung vom 22. 12. 1960 (Bundesgesetzbl. I S. 1073), der Änderungs-Verordnung vom 28. 7. 1961 (Bundesgesetzbl. I S. 1114), der Änderungs-Verordnung vom 3. 1. 1963 (Bundesgesetzbl. I S. 5) und der Änderungs-Verordnung vom 23. 7. 1963 (Bundesgesetzbl. I S. 537).

Sind die angewandten Mengen an Konservierungsstoffen nicht ausreichend, so findet trotz Konservierungsmittelzusatz eine Vermehrung der vorhandenen Mikroorganismen statt. Diese Vermehrung ist jedoch gegenüber Vergleichsproben ohne Konservierungsstoff verlangsamt, um so stärker, je mehr Konservierungsstoff zugefügt wurde. Nach einer mehr oder weniger langen Zeitspanne kommt es in diesem Falle, also bei nicht ausreichender Konservierung, zum Verderb.

Ein mit Konservierungsstoff versetztes Substrat strebt somit immer einem Endziel zu, entweder dem des Absterbens aller Mikroben, der Sterilität, oder dem des Verderbs. Der statische Zustand dagegen, bei dem lediglich Vermehrungshemmung aller Mikroben stattfindet, stellt einen praktisch nicht realisierbaren Grenzfall dar.

Bei ausreichender Konservierungsstoffkonzentration besteht somit der Unterschied zwischen bacteriostatisch bzw. fungistatisch und bactericid bzw. fungicid wirkenden Stoffen lediglich in der Größe der Absterbekonstante, d. h. also im langsameren bzw. schnelleren Absterben der Mikroorganismen.

Die Schädigung der Mikrobenzelle und ihr Absterben beruhen auf einer Störung des biochemischen Ablaufs der Lebensvorgänge. Es lassen sich folgende Stufen antimikrobieller Wirkung unterscheiden:

a) Ein physikochemischer Prozeß, der in der *Anhäufung* des wirksamen Agens auf oder innerhalb der Mikrobe besteht (Adsorption, einfache Diffusion, aktive Resorption)

b) Die *chemische Reaktion* dieses Agens bei der erreichten Konzentration mit einem morphologischen Teil oder einem Stoffwechselbestandteil der Zelle.

c) Die *Unterbrechung* einer normalen Zellfunktion durch diese Reaktion.

d) Die allmähliche oder sofortige *Änderung* (Beeinträchtigung) des biochemischen Wachstumsprozesses durch diese Unterbrechung.

Die vollständige Beschreibung einer antimikrobiellen Wirkung müßte somit eine volle Würdigung aller 4 Momente, Anhäufung, Reaktion, Unterbrechung und Wachstumsänderung

Tabelle 1. *Wirkungsmechanismus von Konservierungsstoffen und ähnlichen Verbindungen*

Verbindung	Wahrscheinliche Wirkung
Kationen- und anionen-oberflächenaktive Stoffe	Zerstörung der Zellmembran Denaturierung von Fermentproteinen(?)
Phenole, Chlorphenole, Naphtholsulfonate, Zimtsäure	Zerstörung der Zellmembran Reaktion mit Proteinen des genetischen Mechanismus(?)
Fettsäuren, Alkohole, Langkettige Aldehyde	Zerstörung der Zellmembran Kompetitive Hemmung von Fermenten durch kurzkettige Fettsäuren
Chloressigsäure	Zellmembranwirkung. Kompetitive Hemmung (?)
Benzoate, Chlorbenzoate, Hydroxybenzoate und ihre Ester	Zellmembranwirkung Wettbewerbsreaktion mit Coenzymen
Salicylat	Zellmembranwirkung. Wettbewerbsreaktion mit Cocymase. Kompetitive Reaktion mit enzymatisch zu verwertenden Aminosäuren
Borate	Reaktion mit Enzymen des Phosphatstoffwechsels
Schwefeldioxid, Natriumsulfit oder Natriumdisulfit	Reaktion mit beim Kohlenhydratabbau entstehenden Aldehyden. Reduktion von S-S-Brücken in Fermentproteinen
Chlor, Chloramine, Stickstofftrichlorid, Peroxide, Nitrate und andere oxydierende Stoffe	Zerstörung von Sulfhydrylgruppen in Fermentproteinen (oder Genproteinen?)
Äthylenoxid und andere Epoxide	Reaktion mit Carboxylgruppen und anderen aktiven Gruppen in Fermentproteinen. Oxydationswirkung
Fluoride, Silicofluoride und Fluoborate	Reaktion mit prosthetischen Gruppen Reaktion mit aktiven Gruppen in Fermentproteinen
Formaldehyd	Reaktion mit aktiven Gruppen in Fermentproteinen (oder Genen?)
Salze	Fällung von Fermentproteinen

bzw. -beeinträchtigung, enthalten, jedoch ist eine so umfassende Klärung der antimikrobiellen Wirkung noch bei keinem Konservierungsstoff gelungen (R. TSCHESCHE 1950). Teilvorgänge des Wirkungsmechanismus von Konservierungsstoffen sind jedoch aufgeklärt worden. O. WYSS (1948) unterscheidet hierbei eine Beeinflussung des *genetischen Mechanismus* der Mikrobenzelle, der *Zellmembran* und der *Enzymaktivität*. Eine Zusammenstellung der wahrscheinlichen Wirkungsmechanismen einer Reihe von Konservierungsstoffen zeigt Tab. 1 (O. WYSS, 1948).

In vielen Fällen werden von einem Konservierungsstoff gleich mehrere lebensnotwendige Mechanismen angegriffen. Außerdem ist zu erwarten, daß durch geeignete Kombination verschieden wirkender Konservierungsstoffe ein besserer Konservierungseffekt erzielt werden kann.

2. Die Wirkung der Kombinate

Die Wirkung eines Konservierungsstoffes kann durch Kombination mit einem anderen Konservierungsstoff oder aber auch durch an sich unwirksame Kombinationspartner gesteigert werden.

So kann z. B. Kochsalz zu einer Wirkungssteigerung eines Konservierungsstoffes führen, indem es durch Quellung die Durchlässigkeit der Zellmembran erhöht und damit das Eindringen des Konservierungsstoffes erleichtert. Die keimtötenden Eigenschaften verschiedener Konservierungsstoffe wie Natriumsalicylat, Ameisensäure u. a. konnten durch Zusatz konzentrierter Neutralsalzlösungen gesteigert werden, wobei diese Steigerung z. T. auf Beeinflussung der Verteilungskoeffizienten, z. T. auf Addition der Eigenwirkung und vielleicht auch auf einer Zunahme der Permeabilität beruhte (P. HIRSCH 1956). Die Kombination eines pH-abhängigen Konservierungsstoffes mit einer organischen Säure wie Citronensäure, Weinsäure, Äpfelsäure oder einer anorganischen Säure wie Salzsäure führt ebenfalls zu einer Steigerung des Konservierungseffektes. Die Untersuchungen von P. HIRSCH (1956) ergaben z. B., daß durch Kombination von Benzoesäure mit Citronensäure die zur Unterdrückung von *Penicillium glaucum*, *Saccharomyces cerevisiae* und verschiedenen Kahmhefen notwendigen Mengen an Benzoesäure auf 66—50% je nach Mikrobenart herabgedrückt werden konnten.

Die Kombination mehrerer Konservierungsstoffe kann ebenfalls zu günstigen Ergebnissen führen. So kann man infolge der uneinheitlichen Struktur des zu konservierenden Substrates (hydrophile und lipophile Komponenten) und der verschiedenen Löslichkeit der Konservierungsstoffe sowie infolge der spezifischen Wirksamkeit der einzelnen Konservierungsstoffe gegenüber verschiedenen Organismenarten durch kombinierte Anwendung mehrerer Konservierungsstoffe im gegebenen Falle eine Verbreiterung des Wirkungsspektrums erzielen. Eine Steigerung des Konservierungseffektes kann auch dadurch eintreten, daß der eine Konservierungsstoff die Zellmembran der Mikroben angreift, wodurch dem anderen das Eindringen ins Innere erleichtert wird. Für die Anwendung von Kombinaten spricht vielfach auch die Tatsache, daß diese geschmacklich häufig weniger in Erscheinung treten als die einzelnen Konservierungsstoffe für sich allein. Dies kann darauf beruhen, daß eine Geschmacksveränderung oder -löschung eintritt oder aber auch darauf, daß die Einzeldosen der Bestandteile des Gemisches unter der jeweiligen Wahrnehmungsschwelle liegen, während die höheren Einzeldosen der einheitlichen Konservierungsstoffe diese Schwelle überschreiten (S. W. SOUCI 1960).

Ein Hauptvorteil der Kombinate soll — bedingt durch eine Wirkungssteigerung — eine mengenmäßige Verringerung an Konservierungsstoffen sein. Ein bloßer additiver Effekt ist daher nicht als Wirkungssteigerung zu werten; es muß vielmehr eine Potenzierung der Wirkung eintreten. Die in der Praxis angewandten Konservierungsstoffkombinate sind meist empirisch entwickelt worden. Eine Potenzierungswirkung eines Kombinates kann man jedoch keinesfalls von vornherein voraussetzen. Nach S. W. SOUCI (1960) sollte die Anwendung von Kombinaten zur Wirkungssteigerung grundsätzlich auf diejenigen Fälle beschränkt bleiben, in denen sich eine derartige Steigerung experimentell nachweisen läßt, da bei der Anwendung von Kombinaten auch mit einer möglichen Erhöhung der gesundheitsschädlichen Wirkung auf den Menschen gerechnet werden muß (M. v. SCHELHORN 1950 c). M. v. SCHELHORN (1951 b, 1951 e) hat in systematischen Untersuchungen mit Konservierungsstoffkombinaten gezeigt, daß es durch die Anwendung von Kombinaten tatsächlich zu einer gegenseitigen Verstärkung und damit zu einer Einsparung an konservierender Substanz kommen kann, daß es zum anderen aber auch Fälle gibt, in denen man dem Lebensmittel bei Verwendung eines Kombinates mehr Konservierungssubstanz zusetzen muß, als wenn man nur mit einem Konservierungsstoff arbeitet. Vor der weit verbreiteten Meinung, daß schlechthin jede Mischung mehrerer Konservierungsstoffe mit einer Steigerung der Wirksamkeit verbunden sei, muß daher gewarnt werden. Die Kenntnis der Beziehungen zwischen Dissoziation und Wirksamkeit in Verbindung mit dem Wissen über die spezifische Wirksamkeit der einzelnen Konservierungsstoffe und der sie beeinflussenden Faktoren läßt oft schon ein Urteil über den Wert oder Unwert solcher Kombinationen zu. P. HIRSCH (1956) fordert daher, daß die Frage der Kombination von Konservierungsstoffen von Fall zu Fall, je nach den zu kombinierenden Verbindungen und den zu konservierenden Lebensmitteln, entschieden werden müsse.

Dieser Weg ist in der Konservierungsstoff-Verordnung vom 19. 12. 1959 nicht beschritten worden. Danach ist jede beliebige Mischung von Konservierungsstoffen untereinander erlaubt, vorausgesetzt daß die Summe der relativen Anteile der gemischten Substanzen (bezogen auf die jeweilige Höchstmenge gleich 100) 100% nicht übersteigt, wobei die zugesetzte Menge an Hexamethylentetramin und in vielen Fällen an Ameisensäure bei der Berechnung nicht berücksichtigt zu werden braucht. Nicht besser ist das von O. FRIEDEMANN (1951) vorgeschlagene sog. „Punktsystem".

Es ist zu wünschen, daß die nach der Konservierungsstoff-Verordnung mögliche Verwendung von „nach Gutdünken" hergestellten Konservierungsstoffmischungen bald auf Grund systematischer wissenschaftlicher Untersuchungen dahingehend eingeengt wird, daß nur solche Kombinationen bei entsprechenden Lebensmitteln angewandt werden, die bei diesen Lebensmitteln eine echte Wirkungssteigerung und damit eine Einsparung an konservierender Substanz zur Folge haben.

3. Der Wirkungseinfluß des Substrates

Die Wirkung der Konservierungsstoffe wird durch bestimmte Eigenschaften des Substrates z. T. stark beeinflußt.

Von großem Einfluß auf die Wirksamkeit bestimmter Konservierungsstoffe ist die *Wasserstoffionenkonzentration.* Man kann nämlich die Konservierungsstoffe in solche einteilen, die nach ihrer chemischen Natur nur bei saurem pH-Wert des Substrates wirksam sind, und in solche, die vom pH-Wert unabhängig, also auch bei neutraler Reaktion brauchbar sind. Zur letzteren Gruppe gehören z. B. die p-Hydroxybenzoesäureester, zur ersteren Gruppe diejenigen Konservierungsstoffe, die selbst schwache oder mittelstarke Säuren sind sowie deren Salze. Hierher zählen z. B. schweflige Säure, Salicylsäure, Ameisensäure, Benzoesäure, Sorbinsäure, Propionsäure und Dehydracetsäure. Bei allen diesen Säuren sind nur die undissoziierten Anteile wirksam, was darauf beruhen dürfte, daß nur undissoziierte Verbindungen infolge ihrer Lipoidlöslichkeit durch die semipermeable Zellmembran der Mikroorganismen und das Protoplasma hindurchzutreten vermögen, im Gegensatz zu den hydrophilen Säureanionen (S. W. SOUCI 1960).

Der undissoziierte und damit mikrobiologisch wirksame Anteil an freier Säure ist um so größer, je niedriger der pH-Wert ist. Die Abnahme des undissoziierten Anteils mit steigendem pH-Wert ist von der Dissoziationskonstanten der betreffenden Säure abhängig. Mit Hilfe der Dissoziationskonstanten (D) läßt sich der Anteil an undissoziierter Säure (α) an Hand folgender Formel errechnen (M. v. SCHELHORN 1950 a):

$$\alpha = \frac{[H^{\cdot}]}{[H^{\cdot}] + D}$$

Eine Übersicht über den bei verschiedenen pH-Werten vorhandenen Anteil an undissoziierter Säure zeigt Tab. 2 für eine Reihe von Konservierungsstoffen.

Die in der Tabelle angeführten pH-Werte gelten für das System Substrat + Konservierungsstoff, wobei es keine Rolle spielt, ob von der freien Säure oder von einem ihrer Salze ausgegangen wird.

Tabelle 2. *Der Anteil an undissoziierter (antimikrobiell wirksamer) Säure in Abhängigkeit vom pH-Wert des Substrates für verschiedene Konservierungsstoffe*

Konservierungsstoff	Dissoziations-konstante	Undissoziierter Anteil in % bei:					
		pH 2	pH 3	pH 4	pH 5	pH 6	pH 7
Schweflige Säure	$1{,}7 \cdot 10^{-2}$	37	5,5	0,55	0,04	0,001	0,0000
Bromessigsäure	$2{,}05 \cdot 10^{-3}$	83	32,8	4,65	0,48	0,049	0,0049
Salicylsäure	$1{,}06 \cdot 10^{-3}$	90	49	8,6	0,94	0,094	0,0094
Ameisensäure . . .	$1{,}77 \cdot 10^{-4}$	98,3	85,0	36,1	5,35	0,56	0,056
p-Chlorbenzoesäure .	$9{,}3 \cdot 10^{-5}$	99	91	52	9,7	1,06	0,107
Benzoesäure . . .	$6{,}46 \cdot 10^{-5}$	99,3	93,9	60,7	13,4	1,52	0,15
p-Hydroxybenzoesäure	$3{,}3 \cdot 10^{-5}$	99,7	96,8	75,2	23,2	2,94	0,30
Essigsäure	$1{,}8 \cdot 10^{-5}$	99,8	98,2	84,7	35,7	5,26	0,55
Sorbinsäure	$1{,}73 \cdot 10^{-5}$	99,8	98,3	85,2	36,6	5,46	0,57
Propionsäure . . .	$1{,}4 \cdot 10^{-5}$	100	99	88	42	6,7	0,71
Dehydracetsäure . .	$5{,}3 \cdot 10^{-6}$	100	100	95	65	15,8	1,9
Hydrogensulfit . .	$1{,}02 \cdot 10^{-7}$	100	100	99,9	99,0	90,7	49,5
Borsäure	$7{,}3 \cdot 10^{-10}$	100	100	100	100	100	100

Es zeigt sich z. B., daß Salicylsäure und Ameisensäure besonders zur Dissoziation neigen. Diese Säuren können daher nur dann mit Erfolg zur Konservierung verwendet werden, wenn das konservierte Endprodukt stark sauer reagiert.

Noch stärker nimmt der Anteil an undissoziierter schwefliger Säure mit steigendem pH-Wert ab, jedoch haben auch die HSO_3- und SO_3-Ionen eine gewisse konservierende Wirkung (P. Hirsch 1956; H. J. Rehm u. H. Wittmann 1963). Infolge der sehr kleinen Dissoziationskonstanten der Hydrogensulfit-Ionen sind diese auch bei höheren pH-Werten noch teilweise erhalten, so daß die schweflige Säure auch in nicht ausgesprochen saueren Substraten eine gewisse antimikrobielle Wirkung entfalten kann.

Stark pH-abhängig ist auch die Wirkung der Benzoesäure und der Sorbinsäure. Weniger vom pH-Wert beeinflußt wird dagegen die Dehydracetsäure; auch bei schwach saurer bis neutraler Reaktion sind bei ihr noch relativ hohe Anteile undissoziiert und daher antimikrobiell wirksam. Die Borsäure ist auch bei neutraler Reaktion des Systems Substrat + Konservierungsstoff noch vollständig undissoziiert. Dies dürfte ein Hauptgrund sein, warum sie trotz bestimmter Mängel und gesundheitlicher Bedenken bisher zur Haltbarmachung gewisser neutral reagierender Lebensmittel angewandt wird.

Unabhängig vom pH-Wert des Substrats sind nicht dissoziierende Verbindungen z. B. die Ester der p-Hydroxybenzoesäure. Sie sind bei neutral reagierenden Produkten ebenso wie bei sauer reagierenden mit Erfolg verwendbar.

Eine Reihe weiterer Eigenschaften des Substrats ist von indirektem Einfluß auf die antimikrobielle Wirkung der Konservierungsstoffe, da sie die Lebensbedingungen der Mikroben verbessern oder verschlechtern. Hierher gehören der *Sauerstoff-Partialdruck* und das *Redoxpotential* (rH-Wert) des Substrats (L. F. Hewitt 1950), der *Wassergehalt* und der *osmotische Druck*, die *Temperatur* und die *relative Luftfeuchtigkeit*, sowie das *Adsorptionsvermögen* (S. W. Souci 1960). Auch der Vitamingehalt der Lebensmittel ist hier zu nennen, da für viele Mikroorganismen bestimmte Vitamine, vor allem der B-Gruppe, essentielle Wuchsstoffe darstellen. Geringer Vitamingehalt oder Zerstörung von Vitaminen durch Konservierungsstoffe bedingt somit eine Steigerung des Konservierungseffektes.

Von Einfluß auf die antimikrobielle Wirkung der Konservierungsstoffe kann auch der Umstand sein, daß Lebensmittel als *Ionenaustauscher* wirken können (F. Kiermeier 1952, 1953; F. Kiermeier u. Mitarb. 1957; F. Kiermeier u. K. Dentler 1957; F. Kiermeier u. D. S. Galanos 1957). Dieser Umstand kann sich im günstigen Sinne auswirken insofern, als z. B. durch Ionenaustausch aus dem zur Konservierung verwendeten Calciumacetat oder Calciumpropionat die allein wirksamen Säuren in Freiheit gesetzt werden. Weiterhin ist an *chemische Reaktionen* zwischen Substrat und Konservierungsstoff zu denken, was den Konservierungseffekt ungünstig beeinflussen kann. So ist z. B. die aus der Reaktion zwischen Kohlenhydraten und schwefliger Säure resultierende „gebundene schweflige Säure" praktisch antimikrobiell unwirksam.

III. Der Einfluß der Konservierungsstoffe auf die Lebensmittel

Der Zusatz von Konservierungsstoffen zu Lebensmitteln kann diese in vielfacher Weise beeinflussen. Diese Beeinflussung kann durch den Sinneneindruck wahrnehmbare Merkmale wie Farbe, Geruch und Geschmack betreffen, sie kann sich aber auch auf tiefgreifende Änderungen an den wertgebenden Inhaltsstoffen des Lebensmittels wie Eiweiß, Kohlenhydrate, Lipoide, Vitamine und Enzyme und somit auf Nährwert und Ausnutzbarkeit beziehen.

Änderungen in der *Farbe* beruhen meistens auf einer Farbvertiefung oder einer Farbaufhellung (Ausbleichung), bisweilen auch auf der Bildung neuer Farbnuancen. Als bekanntes Beispiel sei die bleichende Wirkung der schwefligen Säure beim Trockenobst angeführt, die hier in den meisten Fällen erwünscht ist.

Änderungen im *Geruch* und *Geschmack* der Lebensmittel werden durch den Eigengeruch und -geschmack der Konservierungsstoffe hervorgerufen. Es sei als Beispiel an die unangenehme Geruchs- bzw. Geschmacksbeeinflussung bei Citrusfrüchten durch Diphenyl, bei Trockenobst durch schweflige Säure, bei Krabben durch Borsäure hingewiesen.

Eiweißstoffe werden durch Formaldehyd oder Hexamethylentetramin formyliert und gehärtet. Auch Salicylsäure reagiert mit Proteinen. Durch Wasserstoffperoxid wird ein Teil des Milchcaseins, wahrscheinlich unter Oxydation des Tyrosins, gespalten. *Kohlenhydrate* reagieren mit schwefliger Säure, *Lipoide* können durch Additions- und Oxydationsvorgänge an den Doppelbindungen ungesättigter Fettsäuren verändert werden, *Pektinstoffe* werden durch Ameisensäure mehr oder weniger weitgehend abgebaut.

Auch die *Vitamine* und *Enzyme* werden durch Konservierungsstoffe stark beeinflußt. Vitamin B_1 wird durch schweflige Säure, Vitamin A, Carotine und Vitamin C werden durch Peroxide zerstört. Borsäure schädigt Vitamin B_6 durch Komplexbildung. Bei Enzymen kann es zu Reaktionen zwischen aktiven Gruppen des Moleküls und Konservierungsstoffen kommen.

So reagiert z. B. Borsäure mit Fermenten des Phosphatstoffwechsels, schweflige Säure reduziert S-S-Brücken in Fermentproteinen, Peroxide und andere oxydierende Stoffe zerstören Sulfhydrylgruppen, Formaldehyd reagiert mit Aminogruppen, Äthylenoxid und andere Epoxide reagieren mit Carboxylgruppen in Enzymen.

In großem Umfang hemmen aber auch viele Konservierungsstoffe gewisse Enzyme durch Wettbewerbsreaktion. Eine solche Konkurrenzhemmung trifft z. B. für Benzoesäure, p-Chlorbenzoesäure, p-Hydroxybenzoesäure und deren Ester und Salicylsäure zu.

IV. Der Einfluß der Konservierungsstoffe auf den Menschen

Es ist verständlich, daß die Konservierungsstoffe auf Grund ihrer besprochenen Wirkungsweise auch auf den menschlichen Organismus in mehr oder minder ungünstigem Sinne einwirken können.

Grundsätzlich darf man davon ausgehen, daß die meisten Konservierungsstoffe in höheren Konzentrationen toxische Wirkungen auslösen. Die Toxicität läßt sich durch systematische Versuche für jeden einzelnen Stoff ermitteln, wobei nicht nur die akute Giftigkeit sondern auch das pharmakodynamische, physiologische und biochemische Verhalten des Stoffes, seine subakute Toxicität, die chronische orale Giftigkeit, die Hautgiftigkeit, die anatomisch-histologische Organ- und Gewebspathologie und die carcinogene Wirkung berücksichtigt werden müssen. Diese toxischen Regelwirkungen lassen sich im Tierexperiment feststellen.

Von Konservierungsstoffen fordert die Deutsche Forschungsgemeinschaft[1], daß sie in Tierversuchen auch bei langdauernder Zuführung in einer Dosierung, die beträchtlich über der in der Nahrung zu erwartenden Konzentration und Menge liegt — also unter Einhaltung eines ausreichenden Sicherheitsabstandes — und bei Beobachtung über die ganze Lebensdauer bzw. möglichst über zwei Generationen, keine schädigenden Wirkungen zeigen. Eine Substanz, die unter diesen Bedingungen bei irgendeiner Tierart in irgendeiner Form maligne Tumore erzeugt mit einer Ausbeute, die signifikant größer als die der Spontantumore ist, kann nicht als unbedenklich für die menschliche Gesundheit angesehen werden. In diesem Zusammenhang sei jedoch an die grundsätzliche Problematik der Übertragung von an Tieren gewonnenen Versuchsergebnissen auf den Menschen erinnert (H. OETTEL 1958).

Als besonders gefährlich sind solche Stoffe anzusehen, die vom menschlichen Organismus bzw. von bestimmten Organen oder Geweben gespeichert werden, wie beispielsweise die Borsäure. Die chronische Aufnahme kleinster Mengen solcher Substanzen führt schließlich zu *Kumulationsgiftwirkungen.*

Neben der Kumulation der Stoffe gibt es auch eine Kumulation der Wirkungen, hervorgerufen durch Substanzen, die nach der Aufnahme zwar schnell und vollständig vom Organismus wieder ausgeschieden werden, die jedoch auch in kleinster Dosierung irreparable Schäden hinterlassen. Bei wiederholter Aufnahme summieren sich diese Schäden, bis nach Erreichen eines Schwellenwertes die Gesundheitsschädigung (z. B. Krebs) auftritt. Bei diesen *Summationsgiften* spielt es nach H. DRUCKREY (1951) keine Rolle, ob die wirksame Gesamtdosis fraktioniert in viele Einzeldosen über einen langen Zeitraum verteilt ist, oder ob sie auf einmal oder durch mehrere große Dosen zugeführt wird. Nichts von der Wirkung der kleinsten Dosis geht bei diesen Substanzen verloren, auch die kleinste Dosis hinterläßt unauslöschliche Spuren im menschlichen Organismus und zwar wahrscheinlich über die ganze Lebenszeit.

Weiterhin ist die *co-carcinogene Wirkung* mancher Stoffe anzuführen. Man versteht darunter Substanzen, die selbst nicht carcinogen sind, die jedoch die Wirkung eines carcinogenen Stoffes verstärken, indem sie möglicherweise dessen Resorption fördern. Zu diesen Stoffen gehören z. B. eine Reihe nicht ionogener oberflächenaktiver Verbindungen (Tweens, Spans u. a.), die auch als Lebensmittelzusatzstoffe Verwendung finden. Die Möglichkeit einer cocarcinogenen Wirkung ist nach S. W. SOUCI (1960) besonders bei der Kombination eines Konservierungsstoffes mit anderen Zusatzstoffen in Betracht zu ziehen.

Bei der Anwendung von Konservierungsstoffkombinaten ist auch zu berücksichtigen, daß die Substanzen selbst oder ihre physiologischen Abbauprodukte im menschlichen Organismus miteinander reagieren oder sich ungünstig beeinflussen können, so daß es zu einer Erhöhung bzw. Potenzierung der gesundheitsschädlichen Wirkung kommen kann.

Von nicht zu unterschätzender Bedeutung ist die mögliche *Antigenwirkung* chemischer Substanzen, in deren Gefolge auch pathologische Veränderungen auftreten können. Als Beispiel für die Konservierungsstoffe sei die Salicylsäure-Allergie bei Kleinkindern angeführt. Dieses Gebiet ist von außerordentlich komplexer Natur; systematische Untersuchungen hierüber liegen nur sehr spärlich vor, zumal das Tierexperiment hier wenig helfen kann. Hinzu kommt, daß eine einmal eingetretene allergische Überempfindlichkeit gegen eine einzelne

[1] Mitteilung II der Deutschen Forschungsgemeinschaft, Kommission zur Prüfung der Lebensmittelkonservierung, vom 27. 7. 1956.

Substanz gewöhnlich eine ganze Gruppe chemisch verwandter Stoffe mitbetrifft. Zu beachten ist weiterhin, daß bestimmte Substanzen, die bei nicht-allergischen Individuen keine Sensibilisierung verursachen, bei sensibilisierten Individuen starke Reaktionen auslösen. Auch unspezifische Faktoren, z. B. Stoffe, die an sich pharmakologisch inaktiv sind, können die Wirkung anderer chemischer Substanzen erheblich verändern, z. B. durch Änderung der Löslichkeit der Substanz, durch Beseitigung des Lipoidschutzes der Zelle, durch Schlepperwirkung und andere heute noch unbekannte Eigenschaften. So ist dieser unspezifische Effekt zu erwarten bei Alkohol und anderen Fettlösungsmitteln, bei Ölen und ölartigen Stoffen, bei Seifen und Saponinen, bei allen Emulgatoren, Tweens und Spans und anderen Stoffen, bei denen man annehmen muß, daß sie das Eindringen bestimmter chemischer Stoffe durch die Schleimhäute erleichtern (F. Eichholtz 1956).

Auch auf die Möglichkeit der *mutagenen Wirkung* von Konservierungsstoffen sei hingewiesen (S. W. Souci u. H. Lück 1957; H. Lück u. S. W. Souci 1958).

Zu den *sekundären Wirkungen* der Konservierungsstoffe auf den menschlichen Organismus zählt S. W. Souci (1960) u. a. die Verminderung der Resorption essentieller Stoffe, die Beeinflussung der Darmflora und die Hemmung von Verdauungsfermenten.

B. Die einzelnen Konservierungsstoffe

I. Anorganische Verbindungen

1. Borsäure und ihre Derivate

a) Formeln

H_3BO_3	- Borsäure	Mol.-Gew. = 61,84
$Na_2B_4O_7 \cdot 10\,H_2O$	- Natriumtetraborat (Borax)	Mol.-Gew. = 381,42
$NaBO_2 \cdot H_2O_2 \cdot 3\,H_2O$	- Natriumperborat	Mol.-Gew. = 153,88
$Na_2B_4O_7 \cdot H_2O_2 \cdot 9\,H_2O$	- Natriumtetraborat-wasserstoffperoxid	Mol.-Gew. = 397,42

b) Eigenschaften

Borsäure kristallisiert in weißen, leichten, schuppigen Plättchen, die sich fettig anfühlen und sich in Wasser mit sehr schwach saurer Reaktion auflösen. In einer Normallösung von Borsäure sind bei Zimmertemperatur weniger als 0,1 % der Moleküle ionisiert. Die Löslichkeit der Borsäure in Wasser ist stark temperaturabhängig (Tab. 3). Mineralsäuren erniedrigen ihre Löslichkeit in Wasser, Salze erhöhen sie im allgemeinen, Natriumchlorid erniedrigt sie jedoch. Auch in zahlreichen organischen Lösungsmitteln ist Borsäure löslich, so in Äther, Aceton, Äthanol, Methanol, Glycerin. 100 g wasserfreier Äther lösen 0,0077 g, 100 g wassergesättigter 0,239 g Borsäure; 100 ml Aceton lösen 0,498 g, 100 ml Methanol lösen bei 25° C 17,93 g, 100 ml Äthanol 9,44 g Borsäure; 100 ml Glycerin nehmen bei 0° C etwa 20 g, bei 50° C etwa 44 g und bei 100° C etwa 73 g Borsäure auf. Borsäure ist wasserdampfflüchtig. Die Flüchtigkeit aus alkoholischen Lösungen ist infolge Esterbildung erheblich größer.

Tabelle 3. *Löslichkeit von Borsäure in Wasser*

°C	g H_3BO_3/100 g H_2O
0	2,66
20	4,9
40	8,7
60	14,8
80	23,6
100	39,7

Borax ($Na_2B_4O_7 \cdot 10\,H_2O$) bildet farblose, durchsichtige Kristalle, die an trockener Luft unter Kristallwasserverlust zu einem weißen Pulver verwittern. Borax löst sich in Wasser mit alkalischer Reaktion; der pH-Wert der 0,1 molaren Lösung bei 20° C beträgt 9,2.

Die keimtötende Wirkung der Borsäure ist relativ gering; sie läßt sich durch Zusatz von Kochsalz in größeren Konzentrationen etwas steigern. In einer Konzentration von 0,5% übt Borsäure keinen Einfluß auf *Bacterium coli*, *Salmonella typhii*, *Bacillus enteritides* und *Bacillus botulinus* aus. Selbst 5%ige Lösungen töten auch nach 6tägiger Bebrütung diese Bakterien nicht ab. Dagegen ist Borsäure, wie auch Borax, von ausgesprochener Wirkung auf Schimmelpilze. Eine wirksame Lebensmittelkonservierung erfordert hohe Prozentsätze an Borsäure; die Wirksamkeit wird vom pH-Wert des Substrates kaum beeinflußt (E. ROST 1933; M. v. SCHELHORN 1952 b).

Borsäure und Borax sind für den Menschen als Lebensmittelzusatzstoffe zumindest bedenklich. Die Borsäure wird rasch und vollständig resorbiert und vom Organismus nur langsam ausgeschieden. Bei wiederholter Aufnahme kann es zur Anhäufung und damit zu kumulativen Wirkungen kommen. Borsäure führt durch Fettverlust und vermehrte Wasser-(Harn-)Ausscheidung zu einer Herabsetzung des Körpergewichts (Anwendung zu Entfettungskuren). Sie hat eine gewisse Reizwirkung auf Schleimhäute, sowie eine darmreizende diarrhoeerzeugende Wirkung. Die chronische Aufnahme führt zu Blutungen, hartnäckigen schuppenden Hautausschlägen, Benommenheit, Anämie und Kachexie. Die Ausnutzung der mit Borsäure konservierten eiweiß- und fetthaltigen Nahrung wird verzögert. Borsäure schädigt Vitamin B_6 durch Komplexbildung (F. EICHHOLZ 1944; P. HIRSCH 1956; F. FLURY u. H. ZANGGER 1928; E. ROST 1933).

Die LD_{50} beträgt bei Borsäure für Mäuse, Ratten und Meerschweinchen 1,2—3,4 g/kg Körpergewicht. Mengen von mehr als einigen Bruchteilen eines Gramms an Borsäure und Borax können für den Menschen nicht als wirkungs- und gefahrlos angesehen werden (E. ROST 1933; S. W. SOUCI u. E. MERGENTHALER 1958; M. ROHRLICH u. G. BRÜCKNER 1952).

Von der „Deutschen Forschungsgemeinschaft" werden Borsäure und ihre Derivate als Lebensmittelzusatzstoffe abgelehnt[1]; sie sind daher nicht in den beiden Vorschlagslisten angeführt[2]. Von der Expertenkommission für Lebens-, mittelzusätze der „Westeuropäischen Union" wurde Borsäure in Liste III (Stoffe. die als gefährlich für die Gesundheit zu erachten sind) eingereiht (S. W. SOUCI u. E. MERGENTHALER 1958).

c) Vorkommen

Borsäure, weitverbreitet im Boden und in Gesteinen, findet sich in Spuren in Obst, Fruchtsäften, Wein, Honig und anderen pflanzlichen Produkten. Manche Mineralwässer enthalten ebenfalls Borsäure (z. B. Oberlahnstein, Rhens, Offenbach a. M., Bad Münster a. Stein); bei deutschen Brunnen liegt die Menge in der Größenordnung von 5—15 mg HBO_2/l, die Luciusquelle in Tarasp (Schweiz) enthält fast 0,5 g, der Alaunkochsalzsäuerling in Johoji (Japan) etwa 3 g HBO_2/l (E. ROST 1933).

d) Anwendung

In Deutschland wurde Borsäure früher häufig angewandt zur Konservierung von Milch, Butter, Margarine, Fischerzeugnissen (Appetitsild, Anchovis, Gabelbissen, Kaviar, Krabben, Garnelen), flüssigem Eigelb, Eiereiweiß, Fleisch und Fleischerzeugnissen. Infolge der geringen mikrobiciden Wirkung mußten relativ große Mengen angewandt werden; die Dosierung betrug etwa 0,5—1,5%.

Perborate fanden als Mehlbehandlungsmittel Verwendung. Natriumtetraboratlösungen können zur Oberflächenbehandlung von Obst- und Gemüse angewandt werden (M. v. SCHELHORN 1951 a).

In der Bundesrepublik Deutschland sind Borsäure und ihre Derivate als Zusatzstoffe zu Lebensmitteln seit Inkrafttreten der Konservierungsstoffverordnung

[1] Mitteilung II der Deutschen Forschungsgemeinschaft, Kommission zur Prüfung der Lebensmittelkonservierung, vom 27. 7. 1956.

[2] Mitteilung V der Deutschen Forschungsgemeinschaft, Kommission zur Prüfung der Lebensmittelkonservierung, vom 13. 1. 1961.

vom 19. 12. 1959 verboten. In der Deutschen Demokratischen Republik, in Dänemark, Estland, Finnland, Italien, den Niederlanden, Norwegen, Schweden, der Schweiz, der Türkei und in Australien ist Borsäure für bestimmte Lebensmittel zugelassen bzw. geduldet. 1928 wurde Borsäure als Konservierungsmittel in England, 1955 in Frankreich verboten. In England wurde sie jedoch als Ausnahme für Margarine bis zu einer Menge von 0,25% wieder zugelassen. Perborate sind in Finnland und Schweden zur Käsebereitung zugelassen (S. W. Souci u. E. Mergenthaler 1958; P. Hirsch 1956).

2. Chlor und chlorhaltige Verbindungen

a) Formeln

Cl_2	- Chlor	Mol.-Gew. = 70,91
ClO_2	- Chlordioxid	Mol.-Gew. = 67,46
NOCl	- Nitrosylchlorid	Mol.-Gew. = 65,47
NaOCl	- Natriumhypochlorit	Mol.-Gew. = 74,45
$Ca(OCl)_2 \cdot 3\,H_2O$	- Calciumhypochlorit	Mol.-Gew. = 197,04

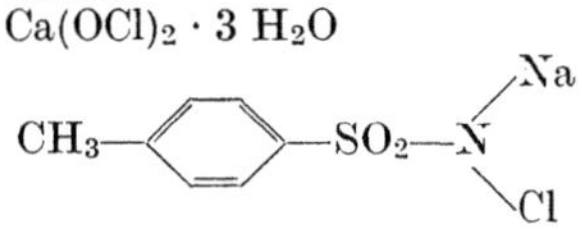

- p-Toluol-sulfochloramid-Natrium (Chloramin, Chloramin T)

b) Eigenschaften und Anwendung

Chlor dient in großem Umfang zur Entkeimung von Trinkwasser. Auch Chlordioxid und Chloramin wurden hierfür angewandt.

Durch Eintauchen, Spülen oder Besprühen mit gechlortem Wasser kann bei Fleisch, Fischen und Schalentieren sowie bei pflanzlichen Erzeugnissen wie Erbsen, Bohnen u. a. ein guter bactericider bzw. bakteriostatischer Effekt erzielt werden.

Die Backfähigkeit von Mehlen kann durch Behandeln mit Chlor, im Gemisch mit 0,5% Nitrosylchlorid („Golo"- oder „Beta"-Chlor-Verfahren") verbessert werden, wobei auch eine Bleichung stattfindet (M. Rohrlich u. G. Brückner 1952). Auch Chlordioxid („Diox-Verfahren") kann hierfür angewandt werden. Durch die Chlordioxidbehandlung wird der Gehalt an Tocopherol von Weizenkeime enthaltendem Mehl weitgehend zerstört. Außerdem werden die ungesättigten Fettsäuren im Mehl oxydiert; die Aminosäuren der Mehlproteine werden verändert (T. Moran u. Mitarb. 1953). Die microbicide Wirkung des Chlors beruht auf der Bildung toxischer Substanzen im Mikroorganismus und auf der Zerstörung der Sulfhydrylgruppen von Enzymen (H. D. Cremer 1953). Hypochloritlösungen eignen sich gut zur Keimfreimachung von pflanzlichen und tierischen Erzeugnissen durch Eintauchen, Waschen oder Besprühen. So werden beispielsweise in neuerer Zeit die Walnüsse weitgehend mit Natriumhypochloritlösungen behandelt anstelle von schwefliger Säure. Auch die bleichende Wirkung des Hypochlorits ist hier erwünscht. Für die Bleichung tierischer Fette und Öle wurde Natriumhypochlorit ebenfalls vorgeschlagen. Hypochloritlösungen dienen zum Waschen von Früchten, Hypochloriteis wird bei der Lagerung von Fischen angewandt. Natriumhypochloritlösungen werden auch zur Desinfektion von Behältnissen für Lebensmittel verwendet, z. B. 0,15%ig für Milchflaschen. p-Toluol-sulfochloramid-Natrium kann zur Verbesserung der Backfähigkeit von Mehlen sowie zur Keimfreimachung von Früchten und Gemüsen durch Eintauchen in wäßrige Lösungen angewandt werden (S. W. Souci u. E. Mergenthaler 1958; M. B. Jacobs 1951).

In der Bundesrepublik Deutschland ist jegliche Behandlung von Mehl mit Chlor oder anderen chlorhaltigen Verbindungen verboten. Die Verwendung von

Chlor, Natriumhypochlorit, Calciumhypochlorit, Chlorkalk, Magnesiumhypochlorit und Chlordioxid ist lediglich zur Entkeimung von Trinkwasser bis zu maximal 0,6 mg wirksamem Chlor pro Liter nach der Trinkwasseraufbereitungsverordnung vom 19. 12. 1959[1] erlaubt.

3. Fluorwasserstoffsäure und ihre Salze

a) Formeln

H_2F_2	- Fluorwasserstoff	Mol.-Gew. = 40,02
Me_2F_2 ; $MeHF_2$	- Fluoride (Salze der Fluorwassertsoffsäure, Me = einwertiges Metall)	
$H_2[SiF_6]$	- Kieselfluorwasserstoffsäure	Mol.-Gew. = 144,11
$Me_2[SiF_6]$	- Silicofluoride (Me = einwertiges Metall)	

b) Eigenschaften und Anwendung

Die Verbindungen des Fluors, die in der unbelebten Natur weit verbreitet sind, finden sich auch in geringen Mengen in der Pflanzen- und Tierwelt. Pflanzliche Nahrungsmittel enthalten im Durchschnitt 0,01—0,03 mg%, Kuhmilch enthält 0,01—0,02 mg% Fluor. Die Fluoraufnahme des erwachsenen Menschen, die man mit etwa 0,05—1,5 mg pro Tag annehmen kann, erfolgt z. T. über Lebensmittel (etwa 0,3—0,4 mg) zum größeren Teil jedoch über das Trink- und Kochwasser (J. SCHORMÜLLER 1961). Auch in Mineralwässern können nennenswerte Mengen an Fluor vorkommen, z. B. enthält der Karlsbader Mühlbrunnen 2,3 mg F pro Liter. Im menschlichen Organismus stellt daher Fluor einen regelmäßigen Bestandteil, vor allem der Schilddrüse, der Zähne und der Knochen dar (E. ROST 1933; F. HAUSCHILD 1958).

Fluoride und Silicofluoride wirken sowohl auf Bakterien als auch auf Pilze entwicklungshemmend, besonders in saurer Lösung. Sie wurden früher zur Konservierung von Wein, Brauerei- und Brennereierzeugnissen, Fruchtsäften, Butter, Eiprodukten, Mayonnaise, Fleisch und Hackfleisch angewandt bzw. vorgeschlagen. Die Verwendung von Fluorverbindungen zur Konservierung von Lebensmitteln ist jedoch wegen ihrer stark toxischen Wirkung nicht vertretbar. Sie stellen nämlich gefährliche Zellgifte dar, die außer auf Organe besonders auf den Knochen- und Zahnstoffwechsel schädlich einwirken (E. ROST 1933; P. HIRSCH 1956; F. HAUSCHILD 1958). Insbesondere wird der Calciumhaushalt gestört. Außerdem sind Fluoride starke Fermentgifte. Auch sind sie ausgesprochen schädlich für die Schleimhaut des Magen-Darm-Kanals, das Endothel der serösen Häute (Bauchhöhle) und die Epithelien der Nieren.

Die über längere Zeit für den Menschen unschädliche Dosis liegt etwa bei 1 mg Fluor (F) pro Tag. Die akut letale Dosis an Natriumfluorid beträgt für Hund und Kaninchen 0,1—0,3 g/kg Körpergewicht, an Natriumsilicofluorid für das Kaninchen 0,074—0,149 g/kg Körpergewicht (F. HAUSCHILD 1958; S. W. SOUCI u. E. MERGENTHALER 1958).

Die Verwendung von Fluorverbindungen zur Konservierung von Lebensmitteln ist in der Bundesrepublik Deutschland und in der Deutschen Demokratischen Republik verboten. In den USA dürfen in Lebensmitteln höchstens 2 mg Fluor/kg, herrührend von zufälligen Verunreinigungen, enthalten sein. Von der Expertenkommission für Lebensmittelzusätze der ,,Westeuropäischen Union" wurden die Fluoride in Liste III (Stoffe, die als gefährlich für die Gesundheit zu erachten sind) eingereiht (S. W. SOUCI u. E. MERGENTHALER 1958).

---

[1] Verordnung über den Zusatz fremder Stoffe bei der Aufbereitung von Trinkwasser (Trinkwasser-Aufbereitungs-Verordnung) vom 19. 12. 1959 (Bundesgesetzbl. I S. 762) in der Fassung der Änderungs-Verordnung vom 27. 6. 1960 (Bundesgesetzbl. I S. 479).

Die Fluoridierung des Trinkwassers (1 mg F/l) oder des Kochsalzes (90 mg F/kg) zur Kariesprophylaxe ist wegen der Gefahr chronischer Intoxikationen umstritten (F. HAUSCHILD 1958; S. W. SOUCI u. E. MERGENTHALER 1958; J. SCHORMÜLLER 1961).

4. Natriumnitrit

a) Formel

$NaNO_2$ — Natriumnitrit Mol.-Gew. = 69,00

b) Eigenschaften und Anwendung

Natriumnitrit findet in großem Umfang zusammen mit Kochsalz bei der Pökelung von Fleisch sowie von Fleisch- und Wurstwaren Anwendung. Hierbei wird neben einer wesentlichen Verlängerung der Haltbarkeit dieser Erzeugnisse eine Umrötung des Muskelfarbstoffes durch die Bildung des kochbeständigen Nitrosomyoglobins und eine Änderung des Geruchs und Geschmacks bewirkt. Bei der Nitratpökelung tritt die gleiche Wirkung ein, die jedoch ebenfalls dem durch mikrobielle Enzyme („Nitrat-Reduktase") gebildeten Nitrit zuzuschreiben ist.

Als microbicider Zusatz zu Eis („Nitriteis") dient Natriumnitrit auch zur Konservierung von Fischen. Die Dosierung beträgt 0,2—1 g Natriumnitrit pro kg Eis. Natriumnitrit geht während der Lagerung in das Fischfleisch über; bei hoher Dosierung wurden Werte bis zu 0,5 g Nitrit/kg Fischfleisch festgestellt. Auch durch Behandeln von Fisch mit Nitritlake kann der bakterielle Verderb zurückgedrängt und die Haltbarkeit erhöht werden (J. M. SHEWAN 1950; B. M. JACOBS 1951; W. PARTMANN 1952, 1953; S. W. SOUCI u. E. MERGENTHALER 1958).

Natriumnitrit ist ein Methämoglobinbildner. Bereits in Bruchteilen eines Grammes ist es für den Menschen gesundheitsschädlich. 0,5 g Nitrit rufen Übelkeit, Ohnmacht und leichte Cyanose hervor, bei 2 g kommt es zu schweren Vergiftungen mit Erbrechen, Bewußtlosigkeit, starker Cyanose, oberflächlicher Atmung und Pupillenerweiterung, 4 g können zum Tode führen; letzterer tritt durch innere Erstickung infolge Methämoglobinbildung oder als Folge der Gefäßlähmung und des starken Blutdruckabfalls durch Kreislaufversagen ein (P. HIRSCH 1956; F. HAUSCHILD 1958). In den üblicherweise bei Lebensmitteln angewandten Mengen kann Natriumnitrit nicht als gesundheitlich unbedenklich angesehen werden.

Die Nitrite wurden von der Expertenkommission für Lebensmittelzusätze der „Westeuropäischen Union" in Liste III (Stoffe, die als gefährlich für die Gesundheit zu erachten sind) eingereiht (S. W. SOUCI u. E. MERGENTHALER 1958). In der Bundesrepublik Deutschland und in der Deutschen Demokratischen Republik darf nach dem Nitritgesetz vom 19. 6. 1934 „Nitritpökelsalz" bei der Zubereitung von Fleisch sowie von Fleisch- und Wurstwaren, mit Ausnahme von zerkleinertem frischen Fleisch (Schabefleisch, Hackfleisch, Hackepeter) verwendet werden. Nitritpökelsalz darf nur aus Kochsalz und Natriumnitrit bestehen; das gleichmäßige Gemisch muß mindestens 0,5% und darf höchstens 0,6% Natriumnitrit enthalten. Auch in zahlreichen anderen Staaten ist Nitrit zugelassen: In Schweden dürfen Fischkonserven bis zu 0,6% Natriumnitrit enthalten. In Canada darf Natriumnitrit dem Fischeis zugesetzt werden. In Ceylon, Kanada und der Südafrikanischen Union dürfen mit Nitrit behandelte Lebensmittel bis zu 200 mg/kg, in Australien bis zu 140 mg/kg enthalten. Auch in Belgien, Dänemark, England, Finnland, Griechenland, Irland, den Niederlanden, Norwegen, Österreich und der Schweiz ist die Anwendung von Nitrit gestattet. In Frankreich ist die Verwendung von Nitrit verboten (W. WAITZ 1957; S. W. SCOUCI u. E. MERGENTHALER 1958).

c) Reinheitsanforderungen

Die Kommission zur Prüfung der Lebensmittelkonservierung der Deutschen Forschungsgemeinschaft hat folgende Reinheitsanforderungen aufgestellt[1]:

Aussehen	weißes, kristallines Pulver, in größeren Stücken gelblich
Geruch	praktisch geruchlos
Löslichkeit	1 g löslich in 1,2 ml Wasser
Schmelzpunkt	nicht unter 275° C
Gehalt	nicht weniger als 98% (Bestimmung durch jodometrische Titration)
Wasser	nicht mehr als 1% (Bestimmung durch azeotrope Destillation)
Nitrat	nicht mehr als 2%, berechnet als $NaNO_3$ (Bestimmung durch Austreiben der salpetrigen Säure mittels Kohlensäure und Bestimmung des Nitrats als Ammoniak nach Reduktion mit Devarda'scher Legierung)
Arsen	nicht mehr als 3 mg je kg (Bestimmung nach der Pharmacopoea internationalis, Methode A)
Blei	nicht mehr als 10 mg je kg (Bestimmung nach der Pharmacopoea internationalis oder mittels Dithizon in alkalischer Lösung)
Kupfer und Zink zusammen	nicht mehr als 50 mg je kg (Bestimmung mittels Dithizon in schwach saurer Lösung).

5. Ozon

a) Formel

O_3 — Ozon Mol.-Gew. = 48,00

b) Eigenschaften und Anwendung

Ozon ist ein stark mikrobicides Mittel, jedoch sehr toxisch. Wirksam ist der bei der Ozonspaltung intermediär entstehende atomare Sauerstoff. Ozon wird zur Entkeimung von Trinkwasser angewandt. Die Dosierung beträgt je nach der Vorreinigung bis zu 4 g Ozon/m³ (J. SCHORMÜLLER 1961). Auch zur Entkeimung von Mineralwasser und Zigarettentabak sowie zur Konservierung von Milch wurde Ozon benutzt bzw. vorgeschlagen (S. W. SOUCI u. E. MERGENTHALER 1958). Außerdem wird die Haltbarkeit von Lebensmitteln, z. B. Obst in ozonisierten Räumen verbessert. 3 mg Ozon/m³ töten in 3 Stunden 99% aller Keime (G. KAESS 1938).

1 ml Ozon/m³ Luft führt beim Menschen bei längerem Aufenthalt zu Kopfschmerzen und Reizerscheinungen der Atmungsorgane, 10 ml/m³ verursachen Husten, Schleimhautschädigungen und Lungenödem; bereits 2stündige Inhalation ist lebensgefährlich. Die maximale Arbeitsplatzkonzentration (MAK-Wert) beträgt 1 ml Ozon pro m³ Luft (= 2 mg/m³ = 0,0001 Vol-% bzw 1:1 Million) (F. HAUSCHILD 1958; S. W. SOUCI u. E. MERGENTHALER 1958).

In der Bundesrepublik Deutschland ist die Verwendung von Ozon zur Entkeimung von Trinkwasser nach der Trinkwasser-Aufbereitungsverordnung vom 19. 12. 1959[2] ohne Mengenbegrenzung gestattet.

---

[1] Mitteilung VI der Deutschen Forschungsgemeinschaft, Kommission zur Prüfung der Lebensmittelkonservierung, vom 6. 7. 1961.

[2] Verordnung über den Zusatz fremder Stoffe bei der Aufbereitung von Trinkwasser (Trinkwasser-Aufbereitungs-Verordnung) vom 19. 12. 1959 (Bundesgesetzbl. I S. 762) i.d.F.d. Änderungsverordnung vom 27. 6. 1960 (Bundesgesetzbl. I S. 479).

6. Schweflige Säure und ihre Derivate

a) Formeln

SO_2	- Schwefeldioxid	Mol.-Gew. = 64,07
H_2SO_3	- Schweflige Säure	Mol.-Gew. = 82,08
$Na_2SO_3 \cdot 7\,H_2O$	- Natriumsulfit	Mol.-Gew. = 252,16
$NaHSO_3$	- Natriumhydrogensulfit, Natriumbisulfit	Mol.-Gew. = 104,07
$Na_2S_2O_5$	- Natriumpyrosulfit, Natriumdisulfit	Mol.-Gew. = 190,11
$K_2S_2O_5$	- Kaliumpyrosulfit, Kaliumdisulfit	Mol.-Gew. = 222,33
$Ca\,(HSO_3)_2$	- Calciumhydrogensulfit, Calciumbisulfit	Mol.-Gew. = 202,23

b) Eigenschaften

Schwefeldioxid, ein farbloses, stechend riechendes Gas, ist in Wasser leicht löslich: 1 Volumen Wasser löst bei 0° C rund 80, bei 20° C rund 40 Volumina SO_2. Die wäßrige Lösung reagiert sauer infolge Bildung von schwefliger Säure: $SO_2 + H_2O \rightleftharpoons H_2SO_3$. Das Gleichgewicht liegt jedoch fast ganz auf der linken Seite, so daß der Hauptteil des gelösten Schwefeldioxids als unverändertes SO_2 vorliegt. Als zweibasische Säure dissoziiert die schweflige Säure in zwei Stufen: $H_2SO_3 \rightleftharpoons H^{\cdot} + HSO_3' \rightleftharpoons 2\,H^{\cdot} + SO_3''$. Die Dissoziationskonstante für die schweflige Säure beträgt $1{,}7 \cdot 10^{-2}$, für das Hydrogensulfit $1{,}0 \cdot 10^{-7}$. Die charakteristischste Eigenschaft der schwefligen Säure und ihrer Salze ist ihre reduzierende Wirkung. Schon durch den Luftsauerstoff können sie zu Schwefelsäure bzw. Sulfaten oxydiert werden.

Von Bedeutung ist die Reaktion der schwefligen Säure und ihrer Salze mit Aldehyden und Ketonen unter Bildung von Additionsprodukten (z. B. Acetaldehydschwefligsaures Natrium: $CH_3 - C(OH)(H) - SO_3Na$;

Glucoseschwefligsaures Natrium: $CH_2OH - (CHOH)_4 - C(OH)(H) - SO_3Na$).

In Lebensmitteln ist die Reaktion mit reduzierenden Kohlenhydraten am wichtigsten. Es bildet sich in reversibler Reaktion ein Additionsprodukt entsprechend der Formulierung

$$K = \frac{[\text{freier Zucker}] \times [\text{freies Sulfit}]}{[\text{Additionsprodukt}]}$$

Die Lage des Gleichgewichts ist stark pH-abhängig. Der Komplex ist am beständigsten im pH-Bereich von etwa 3,0—5,8. Für die pharmakologische Beurteilung ist diese Tatsache von Bedeutung. Im Magen wird nämlich die schweflige Säure aus diesen Additionsprodukten („gebundene Schweflige Säure") in Freiheit gesetzt. Am Beispiel der glucoseschwefligen Säure hat H. Schanderl (1956) gezeigt, daß dies in einem anaciden oder hypaciden Magensaft mit einer wesentlich größeren Geschwindigkeit erfolgt als in einem normaciden.

Im Prinzip wirkt somit gebundene schweflige Säure im Organismus wie freie. Die Unterschiede liegen nur in Stärke und Schnelligkeit des Eintritts der Wirkung. Es besteht eine Korrelation zwischen Geschwindigkeit des Zerfalls der Additionsverbindungen und der toxikologischen Wirkung. Die glucoseschweflige Säure hat unter den praktisch in Frage kommenden Verbindungen die größte Zerfallskonstante und wirkt daher auch am stärksten toxisch (K. Lang 1960).

Sulfit ist ein spezifischer Hemmstoff für Dehydrogenasen. Besonders empfindlich sind die Milchsäuredehydrogenase des Herzmuskels und die Äpfelsäuredehydrogenase. Die Hemmung ist noch bei 2,5—5,0 μg/ml deutlich (G. PFLEIDERER u. Mitarb. 1956).

Verbindungen mit S-S-Brücken, wie beispielsweise Cystin, werden durch Sulfit zu den entsprechenden Sulfhydrylverbindungen aufgespalten. Thiamin wird durch Sulfit zerstört (K. LANG 1960).

Die antimikrobielle Wirkung der schwefligen Säure auf Mikroorganismen ist verschieden und wechselt mit der Art des Nährsubstrates. Die Widerstandsfähigkeit der Bakterien gegenüber der schwefligen Säure verhält sich zu der der Hefen und Schimmelpilze wie 1:4:5. Die fäulnishemmende Wirkung der schwefligen Säure ist bei einer Konzentration von 0,05% eben erkennbar, bei 0,5% besonders deutlich und durch höhere Konzentrationen kaum steigerbar. Die nicht unbeträchtliche antiseptische Kraft der schwefligen Säure und ihrer Derivate ist pH-abhängig (vgl. S. 1074). Antimikrobiell wirksam ist im wesentlichen die undissoziierte Säure, daneben aber auch in geringerem Maße die HSO_3- und SO_3-Ionen. Zur Abtötung von Mikroorganismen wird bei pH 4 nur 1/10 der bei pH 5 erforderlichen Menge an schwefliger Säure benötigt. Was die komplexen schwefligen Säuren anbetrifft, so kommt dem formaldehyd- und acetaldehydschwefligsaurem Natrium auf Hefe und Schimmelpilze keine Wirkung zu. Bakterien beeinflussen sie nur wenig. Dagegen wirkt das glukose- (und aceton-) schwefligsaure Natrium nicht nur auf Schimmelpilze, sondern auch auf Bakterien entwicklungshemmend (E. ROST 1933; M. v. SCHELHORN 1951 c; P. HIRSCH 1956; S. W. SOUCI u. E. MERGENTHALER 1958; H. J. REHM u. H. WITTMANN 1962, 1963; H. J. REHM u. Mitarb. 1963/64).

Die schweflige Säure und ihre Derivate werden im Organismus fast vollständig oxydiert und als Sulfat im Harn und teilweise im Kot ausgeschieden. Eine Speicherung der schwefligen Säure im Organismus findet somit nicht statt, ihre Wirkung ist nicht kumulativ. Über ihre physiologischen Wirkungen hat K. LANG (1960) zusammenfassend und eingehend berichtet. Beim Menschen gibt es hinsichtlich der Verträglichkeit große individuelle Unterschiede, für die die Aciditätsverhältnisse des Magensaftes verantwortlich sein dürften. Anacide und subacide Menschen sind wesentlich empfindlicher gegen schweflige Säure als solche mit normaler Acidität des Magensaftes. Der Prozentsatz der gegen schweflige Säure empfindlichen Menschen wird auf etwa 10—20% geschätzt (K. LANG 1960).

Für die Aufnahme von schwefliger Säure spielt der Wein die Hauptrolle. Die mit dem Wein aufgenommenen Mengen an SO_2 liegen in der Größenordnung, die bei einem Teil der Konsumenten zu Beschwerden und gesundheitlichen Störungen führen. Die schweflige Säure ist nach den derzeitigen lebensmittel- und weinrechtlichen Bestimmungen in der Bundesrepublik bei Wein und Traubensaft, selbst wenn diese als naturrein bezeichnet werden, ohne Deklaration zugelassen. Diese Rechtslage ist im Interesse und zum Schutze des Verbrauchers dringend änderungsbedürftig; zumindest ab einem bestimmten SO_2-Gehalt muß eine Deklaration der schwefligen Säure in Wein und Traubensaft gefordert werden (vgl. auch K. LANG 1960; HÖTZEL 1961[1]).

Schweflige Säure wurde von der „Internationalen Union" gegen den Krebs in Liste B (Stoffe, über die nur ungenügende Tierversuche vorliegen und die daher dringend ausgedehnter Untersuchungen bedürfen, wenn ihr weiterer Gebrauch in Lebensmitteln gewünscht wird), von der Expertenkommission für Lebensmittelzusätze der „Westeuropäischen Union" in Liste II (Stoffe, die beim Gebrauch innerhalb bestimmter Grenzen als ungefährlich für die Gesundheit zu erachten

[1] Bericht vom Kongreß der Deutschen Gesellschaft für Innere Medizin in Wiesbaden, Berliner Ärzteblatt 74, 278 (1961).

sind) eingereiht (S. W. Souci u. E. Mergenthaler 1958). Von der „Deutschen Forschungsgemeinschaft" wurden die Schweflige Säure und ihre Derivate in Liste II (Stoffe, die als vorläufig duldbar angesehen werden können) eingeordnet[1].

c) Vorkommen

Sulfit ist ein regelmäßiges Intermediärprodukt des Stoffwechsels und zwar beim Abbau von Cystein und der Oxydation seines Schwefels zu Sulfat. Das entstehende Sulfit wird durch ein Enzymsystem („Sulfitoxydase") sofort weiter oxydiert, so daß keine meßbaren stationären Sulfitkonzentrationen auftreten. Eine Ausnahme macht die Samenflüssigkeit, in der (beim Stier) beträchtliche Sulfitkonzentrationen (8—10 mg/100 g, berechnet als SO_3) aufgefunden worden sind (K. Lang 1960).

d) Anwendung

Schweflige Säure und ihre Derivate werden zahlreichen Lebensmitteln zugesetzt, wobei neben den antimikrobiellen auch die farberhaltenden und antioxydativen Wirkungen eine Rolle spielen können. Schweflige Säure eignet sich gut zur Konservierung von Obstpülpen, Obstmark, Obstdicksäften, Citrusmuttersäften, Fruchtsäften, flüssigem Obstpektin, Obstgeliersaft und ähnlichen Erzeugnissen. Bei Wein und Traubensaft wird sie regelmäßig angewandt, ebenso bei der Herstellung von Trockenobst, z. B. Äpfeln, Aprikosen, Birnen, Pfirsichen und getrockneten Weinbeeren, von zerkleinertem Meerrettich, zerkleinerten Zwiebeln und in Essig eingelegten Zwiebeln, sowie von Speisegelatine und Schwefelkirschen (für Süßwaren z. B. Weinbrandkirschen). Außerdem wird schweflige Säure u. a. bei der Herstellung folgender Erzeugnisse verwendet: Citronat und Orangeat, Saccharose, Stärkemehl und Stärkeerzeugnisse (z. B. Kartoffelsago, Feuchtstärke), gefrorene Kartoffelspeisen (z. B. Kartoffelpüree und Kartoffelklöße), gebackene Kartoffelerzeugnisse (z. B. Kartoffelchips, Pommes frites), Trockenkartoffelerzeugnisse (z. B. Kartoffelkloßmehl und Kartoffelbreimehl), Kartoffelkloßteig, bestimmte Trockengemüse (z. B. Sellerie), Champignonkonserven, Stärkeverzuckerungserzeugnisse (z. B. Stärkesirup) und Speiseessig. Sie wird auch zur Behandlung von Pilzen, Nüssen und Senfsaat sowie von geschälten Äpfeln, Pfirsichen und Kartoffeln angewandt. Daneben findet schweflige Säure auch ausgedehnte Verwendung zur Desinfektion von Behältnissen für Lebensmittel, z. B. Flaschen und Fässer.

Schweflige Säure und ihre Derivate sind in zahlreichen Staaten zur Konservierung bestimmter Lebensmittel zugelassen, so in den USA, in Westaustralien, der Schweiz, Italien, England, Belgien, Frankreich, Dänemark, Griechenland, Finnland, Irland, Norwegen, Österreich, Portugal, Schweden, Spanien, der Türkei, der Deutschen Demokratischen Republik. In der Bundesrepublik Deutschland wurde die schweflige Säure durch die Fruchtbehandlungsverordnung vom 19. 12. 1959 als Zusatz für einige Lebensmittel zugelassen. Darüber hinaus wird ihre Verwendung z. Z. noch für eine Reihe weiterer Lebensmittel, die in obiger Aufzählung enthalten sind, deklarationsfrei geduldet.

e) Reinheitsanforderungen

Die Kommission zur Prüfung der Lebensmittelkonservierung der Deutschen Forschungsgemeinschaft hat folgende Reinheitsanforderungen aufgestellt[2]:

[1] Mitteilung V der Deutschen Forschungsgemeinschaft, Kommission zur Prüfung der Lebensmittelkonservierung, vom 13. 1. 1961.

[2] Mitteilung VI der Deutschen Forschungsgemeinschaft, Kommission zur Prüfung der Lebensmittelkonservierung, vom 6. 7. 1961.

Schwefeldioxid

Aussehen .... farbloses Gas
Geruch .... stechend
Gehalt .... nicht weniger als 98%
(Bestimmung durch jodometrische Titration)
Nicht flüchtige Bestandteile . nicht mehr als 0,1%
Schwefeltrioxid .... nicht mehr als 1%
Fremdgase (außer Luft, Sauerstoff und Kohlendioxid) .... nicht zulässig
Selen .... nicht mehr als 10 mg je kg
(colorimetrische Bestimmung mit Hydrazin in stark saurer Lösung)
Arsen .... nicht mehr als 3 mg je kg
(Bestimmung nach der Pharmacopoea internationalis, Methode A)
Blei .... nicht mehr als 10 mg je kg
(Bestimmung nach der Pharmacopoea internationalis oder mittels Dithizon in alkalischer Lösung)
Kupfer und Zink zusammen .. nicht mehr als 50 mg je kg
(Bestimmung mittels Dithizon in schwach saurer Lösung)
Anmerkung .... Für wäßrige Lösungen von Schwefeldioxid („schweflige Säure") gelten unter Berücksichtigung ihres Gehaltes entsprechende Werte, ausgenommen der Gehalt an nichtflüchtigen Bestandteilen, der bei derartigen Lösungen höher sein darf.

Natriumsulfit (mit und ohne Kristallwasser)

Aussehen .... farblose Kristalle oder weißes, kristallines Pulver
Geruch .... geruchlos oder schwach nach Schwefeldioxid
Löslichkeit .... wasserfrei: 1 g löslich in 4 ml Wasser
kristallwasserhaltig: 1 g löslich in 2 ml Wasser
Gehalt .... wasserfrei: nicht weniger als 98%
kristallwasserhaltig: nicht weniger als 48%, berechnet als Na_2SO_3
(Bestimmung durch jodometrische Titration)
Thiosulfat .... nicht mehr als 0,1%, bezogen auf Na_2SO_3
Eisen .... nicht mehr als 25 mg je kg Na_2SO_3
(entsprechend 50 mg je kg SO_2)
Selen .... nicht mehr als 5 mg je kg Na_2SO_3
(entsprechend 10 mg je kg SO_2)
(colorimetrische Bestimmung mit Hydrazin in stark saurer Lösung)
Arsen .... nicht mehr als 3 mg je kg Na_2SO_3
(Bestimmung nach der Pharmacopoea internationalis, Methode A)
Blei .... nicht mehr als 10 mg je kg Na_2SO_3
(Bestimmung nach der Pharmacopoea internationalis oder mittels Dithizon in alkalischer Lösung)
Kupfer und Zink zusammen .. nicht mehr als 50 mg je kg Na_2SO_3
(Bestimmung mittels Dithizon in schwach saurer Lösung)

Natriumhydrogensulfit (= Natriumbisulfit)

Aussehen .... weißes, kristallines Pulver
Geruch .... nach Schwefeldioxid
Löslichkeit .... 1 g löslich in 2 ml Wasser
Gehalt .... nicht weniger als 95%
(Bestimmung durch jodometrische Titration)
Eisen .... nicht mehr als 30 mg je kg $NaHSO_3$
(entsprechend etwa 50 mg je kg SO_2)
Selen .... nicht mehr als 6,1 mg je kg $NaHSO_3$
(entsprechend 10 mg je kg SO_2)
(colorimetrische Bestimmung mit Hydrazin in stark saurer Lösung)
Arsen .... nicht mehr als 3 mg je kg $NaHSO_3$
(Bestimmung nach der Pharmacopoea internationalis, Methode A)

Blei	nicht mehr als 10 mg je kg $NaHSO_3$ (Bestimmung nach der Pharmacopoea internationalis oder mittels Dithizon in alkalischer Lösung)
Kupfer und Zink zusammen	nicht mehr als 50 mg je kg $NaHSO_3$ (Bestimmung mittels Dithizon in stark saurer Lösung)

Natriumpyrosulfit (= Natriumdisulfit)

Aussehen	farblose Kristalle oder weißes kristallines Pulver
Geruch	nach Schwefeldioxid
Löslichkeit	1 g löslich in 1,6 ml Wasser
Gehalt	nicht weniger als 95% $Na_2S_2O_5$ (Bestimmung durch jodometrische Titration)
Eisen	nicht mehr als 34 mg je kg $Na_2S_2O_5$ (entsprechend 50 mg je kg SO_2)
Selen	nicht mehr als 6,7 mg je kg $Na_2S_2O_5$ (entsprechend 10 mg je kg SO_2) (colorimetrische Bestimmung mit Hydrazin in stark saurer Lösung)
Arsen	nicht mehr als 3 mg je kg $Na_2S_2O_5$ (Bestimmung nach der Pharmacopoea internationalis, Methode A)
Blei	nicht mehr als 10 mg je kg $Na_2S_2O_5$ (Bestimmung nach der Pharmacopoea internationalis oder mittels Dithizon in alkalischer Lösung)
Kupfer und Zink zusammen	nicht mehr als 50 mg je kg $Na_2S_2O_5$ (Bestimmung mittels Dithizon in schwach saurer Lösung)

Kaliumpyrosulfit (= Kaliumdisulfit)

Aussehen	farblose Kristalle oder weißes kristallines Pulver
Geruch	nach Schwefeldioxid
Löslichkeit	1 g löslich in 2,5 ml Wasser
Gehalt	nicht weniger als 95% $K_2S_2O_5$ (Bestimmung durch jodometrische Titration)
Eisen	nicht mehr als 30 mg je kg $K_2S_2O_5$ (entsprechend etwa 50 mg je kg SO_2)
Selen	nicht mehr als 5,8 mg je kg $K_2S_2O_5$ (entsprechend 10 mg je kg SO_2)
Arsen	nicht mehr als 3 mg je kg $K_2S_2O_5$ (Bestimmung nach der Pharmacopoea internationalis, Methode A)
Blei	nicht mehr als 10 mg je kg $K_2S_2O_5$ (Bestimmung nach der Pharmacopoea internationalis oder mittels Dithizon in alkalischer Lösung)
Kupfer und Zink zusammen	nicht mehr als 50 mg je kg $K_2S_2O_5$ (Bestimmung mittels Dithizon in schwach saurer Lösung).

7. Silber

a) Formel

Ag, Ag^+ — Silber, Silberionen   Mol.-Gew. = 107,88

b) Eigenschaften und Anwendung

Silberionen wirken in kleinsten Mengen mikrobicid. Die von C. v. NÄGELI im Jahre 1893 beobachtete sog. „oligodynamische Wirkung“ wird vornehmlich zur Entkeimung von Trink-, Brauch- und Mineralwasser, aber auch bei Essig, Fruchtsäften und Wein angewandt. Auch für Betriebe, in denen die Verwendung keimfreien Wassers wichtig ist, kommt die Silberung in Frage, so in Mineralwasser- und Limonadenfabriken, Brauereien, Eisfabriken, Schlachthäusern.

Die zur Sterilisierung erforderlichen Mengen an Silber betragen für Wasser 25—100 µg/l, für Essig 250 µg/l, für Mineralwasser 100—500 µg/l, für Fruchtsäfte und Wein 5—10 mg/l, für Limonaden 1 mg/l. Diese Mengen werden als gesundheitlich unbedenklich angesehen (P. HIRSCH 1956).

Beachtenswert ist die Nachwirkung von gesilbertem Wasser. In einem Versuch wurde gesilbertes Wasser nach einem Jahr mit 88 750 Keimen/ml beimpft; nach fünf Stunden war es wieder keimfrei. Auch Gefäße und Leitungen, die mit gesilbertem Wasser in Berührung standen, besitzen durch Silberung der Gefäßwände eine mikrobicide Wirkung (P. HIRSCH 1956).

Bei allen in Anwendung befindlichen Verfahren der Silberung („Katadyn"-, „Elektrokatadyn"-, „Cumasina"-, „Micropur-Verfahren") ist zu berücksichtigen, daß im allgemeinen eine Einwirkungsdauer von mehreren Stunden erforderlich ist. Je größer der Silberungsgrad, um so schneller wird die Sterilität erreicht. Außerdem müssen bei allen Verfahren der Oligodynamie die zu entkeimenden Flüssigkeiten, auch Wasser, vollkommen klar sein. Schmutzstoffe im Wasser oder Trübstoffe in Fruchtsäften beeinträchtigen die Wirkung infolge Inaktivierung der Silberionen durch Fällung oder Bindung. So müssen die in frisch gekelterten Säften oder Mosten enthaltenen Eiweißstoffe, Gerbstoffe und Pektine enzymatisch und durch Filtration entfernt werden, da sie Silberionen adsorbieren, einhüllen, sich mit ihnen beladen und mit ihnen zu Boden sinken. Der oligodynamische Effekt des Silbers versagt daher z. B. auch bei Milch, ungeklärten Süßmosten und ähnlichen Erzeugnissen, da das wirksame Silber adsorbiert oder chemisch gebunden wird (P. HIRSCH 1956).

Silber und seine Verbindungen wurden von der Expertenkommission für Lebensmittelzusätze der „Westeuropäischen Union" in Liste III (Stoffe, die als gefährlich für die menschliche Gesundheit zu erachten sind) eingereiht (S. W. SOUCI u. E. MERGENTHALER 1958). In der Bundesrepublik Deutschland ist lediglich die Silberung von Trinkwasser nach der Trinkwasser-Aufbereitungs-Verordnung vom 19. 12. 1959[1] mit Silber, Silberchlorid, Natriumsilberchlorid-Komplex und Silbersulfat bis zu einer Höchstmenge von 0,1 mg Ag/l Wasser gestattet. Die Silberung von Mineral- und Tafelwässern, Fruchtsäften und anderen Erzeugnissen ist nicht erlaubt.

8. Stickstoffoxide und Stickstofftrichlorid

a) Formeln

N_2O	- Distickstoffoxid Stickoxydul (Lachgas)	Mol.-Gew. = 44,02
NO	- Stickstoffoxid, Stickoxid	Mol.-Gew. = 30,01
NO_2	- Stickstoffdioxid	Mol.-Gew. = 46,01
N_2O_4	- Distickstofftetroxid	Mol.-Gew. = 92,02
NCl_3	- Stickstofftrichlorid, Chlorstickstoff (Agene)	Mol.-Gew. = 120,38

b) Eigenschaften und Anwendung

Stickoxydul wird bei der Herstellung von Schlagsahne angewandt. Es zeigt hierbei, besonders zusammen mit CO_2 (z. B. 85% N_2O und 15% CO_2) bactericide Eigenschaften. Im ersten Weltkrieg diente Stickoxydul (unter Druck, 20—40 atü) zur Konservierung von Milch und Fleisch. Stickoxydul kann als gesundheitlich unbedenklich angesehen werden (E. MENEGHETTI 1940; H. POTTERAT u. O. HÖGL 1951).

Die übrigen Stickstoffoxyde sowie Stickstofftrichlorid dienen bzw. dienten zur Mehlbleichung. Stickstofftrichlorid findet als mikrobicides Gas auch zur

[1] Verordnung über den Zusatz fremder Stoffe bei der Aufbereitung von Trinkwasser (Trinkwasser-Aufbereitungs-Verordnung) vom 19. 12. 1959 (Bundesgesetzbl. I S. 762) in der Fassung der Änderungs-Verordnung vom 27. 6. 1960 (Bundesgesetzbl. I S. 479.)

Konservierung von Citrusfrüchten Anwendung. Mit Stickstofftrichlorid behandelte Mehle sind gesundheitlich bedenklich. Die toxische Wirkung beruht auf der Bildung von Methioninsulfoximin (H. R. BENTLEY u. Mitarb. 1950; S. W. SOUCI u. E. MERGENTHALER 1958).

Die Verwendung von Stickoxydul bei der Herstellung von Schlagsahne ist in der Bundesrepublik Deutschland seit Inkrafttreten der Novelle zum Lebensmittelgesetz am 19. 12. 1958 nicht mehr erlaubt; in anderen Staaten z. B. Österreich, Schweiz und Schweden ist sie gestattet. Die Mehlbehandlung mit Stickstoffoxyden und Stickstofftrichlorid ist in der Bundesrepublik Deutschland ebenfalls nicht erlaubt. Auch in USA ist die Stickstofftrichloridanwendung seit 1949 verboten (M. B. JACOBS 1951).

9. Wasserstoffperoxid

a) Formel

H_2O_2 — Wasserstoffperoxid, Wasserstoffsuperoxid, Hydroperoxid (Perhydrol, 30%ige Lösung) Mol.-Gew. = 33,02

b) Eigenschaften und Anwendung

Wasserstoffperoxid zeigt bei gewissen Lebensmitteln eine gute mikrobicide Wirkung, vor allem bei saurer Reaktion des Substrates. Es wurde u. a. angewandt bzw. vorgeschlagen zur Konservierung von Trinkwasser, Milch, Fischkonserven (Geleewaren), Krabben, Seefischen (durch Zusatz zum Fischeis) und Bier (E. ROST 1933; W. PARTMANN 1952; M. B. JACOBS 1951; M. ROSELL 1954; H. R. JACOBSEN u. J. NESTAAS 1950). Auch zur Teiglockerung kann es verwendet werden (A. ROTSCH 1954, 1957).

Wasserstoffperoxid verleiht den damit behandelten Lebensmitteln schon in verhältnismäßig kleinen Mengen leicht einen störenden, fremden, kratzenden Geschmack. Bei peroraler Zufuhr zerfällt es schnell bei Berührung mit der lebenden Schleimhaut. Aufgrund der durchgeführten Tierversuche muß geschlossen werden, daß bei den zur Lebensmittelkonservierung angewandten Mengen vom Verdauungskanal aus die Entstehung einer Gasembolie unwahrscheinlich ist, da es nicht resorbiert wird, sondern vorher zerfällt, so daß es höchstens örtliche Wirkungen entfalten kann. Dennoch wird vor der Konservierung von Lebensmitteln mit Wasserstoffperoxid auch gewarnt (E. ROST 1933; F. EICHHOLTZ 1944).

Gegenüber Enzymen erwies sich Wasserstoffperoxid relativ unwirksam (B. BLEYER u. Mitarb. 1933). Gegenüber gewissen Eiweiß- und Fettkomponenten sowie Vitaminen dürfte Wasserstoffperoxid dagegen nicht unwirksam sein (H. LÜCK u. F. I. JOUBERT 1955).

Von der Expertenkommission für Lebensmittelzusätze der „Westeuropäischen Union“ wurde Wasserstoffperoxid in Liste IV (Stoffe, deren Schädlichkeitsgrad noch nicht festgestellt ist) eingereiht (S. W. SOUCI u. E. MERGENTHALER 1958). Die Deutsche Forschungsgemeinschaft hat es als Lebensmittelzusatzstoff abgelehnt[1].

In der Bundesrepublik Deutschland ist die Konservierung und Behandlung von Lebensmitteln mit Wasserstoffperoxid seit Inkrafttreten der Novelle zum Lebensmittelgesetz und den Folgeverordnungen im Jahre 1959 nicht mehr erlaubt. In der Deutschen Demokratischen Republik ist die Konservierung von Kochmarinaden (Geleeware) mit Wasserstoffperoxid gestattet.

[1] Mitteilung II der Deutschen Forschungsgemeinschaft, Kommission zur Prüfung der Lebensmittelkonservierung, vom 27. 7. 1956.

II. Organische Säuren und ihre Derivate

1. Ameisensäure und ihre Derivate

a) Formeln

HCOOH	- Ameisensäure	Mol.-Gew. = 46,03
HCOONa	- Natriumformiat	Mol.-Gew. = 68,02
HCOOK	- Kaliumformiat	Mol.-Gew. = 84,11
HCOO>Ca HCOO	- Calciumformiat	Mol.-Gew. = 130,12
CH_2 — OOCH | CH — OOCH | CH_2 — OOCH	- Glycerinformiat	Mol.-Gew. = 177,13

b) Eigenschaften

Ameisensäure ist eine wasserklare, leicht bewegliche, stechend riechende und stark ätzend wirkende Flüssigkeit. Sie ist eine ziemlich starke Säure, unter den Fettsäuren ist sie die stärkste. Ihre Dissoziationskonstante von $1{,}77 \cdot 10^{-4}$ ist etwa 10 mal höher als die der Essigsäure. Der Schmelzpunkt beträgt 8,4° C, der Siedepunkt 100,8° C. Ameisensäure wirkt ebenso wie ihre Salze, die Formiate, stark reduzierend. Sie ist wasserdampfflüchtig. Mit Wasser, Alkohol und Äther ist Ameisensäure in allen Verhältnissen mischbar.

Ameisensäure hat im Vergleich mit den höheren Homologen der Fettsäurereihe die stärkste antimikrobielle Wirksamkeit. Die Entwicklung von Hefen wird durch 0,15% Ameisensäure gehemmt; durch 0,2% werden sie in 24 Stunden, durch 1% in 30 Minuten abgetötet. Ähnlich hemmend wirkt sie auf Schimmelpilze. *Bacterium coli* und *Typhus*bakterien wuchsen im Nährboden mit 0,2% Ameisensäure nicht mehr. Bei *Proteus vulgaris* und *Bacterium enteritidis* war bei 1,8% Ameisensäure kein sicheres Wachstum mehr festzustellen. 0,036%ige Ameisensäure hemmte das Wachstum von *Penicillium glaucum* (E. ROST 1933).

Die antimikrobielle Wirkung der Ameisensäure ist — wie die der übrigen normalerweise als Konservierungsmittel dienenden organischen Säuren — am stärksten bei saurem pH-Wert des Substrates (vgl. Tab. 2, S. 1074). Der Anteil an antimikrobiell wirksamer, freier, undissoziierter Ameisensäure beträgt z. B. bei pH 6 nur noch 0,47%. Im Vergleich dazu sind bei der Benzoesäure bei pH 6 noch 1,5%, bei der Sorbinsäure noch 6% undissoziiert.

Im Organismus wird die Ameisensäure, im Gegensatz zur Essigsäure, nicht schnell und nicht vollständig oxydiert; doch unterliegen beim Menschen kleine Mengen Ameisensäure der vollständigen Oxydation. Teilweise beginnt die Oxydation schon im Darm. Die örtliche Wirkung der Ameisensäure auf Schleimhäute, z. B. auf die des Magens, ist beträchtlich; entscheidend ist dabei die Konzentration. Sie hat etwa die gleiche Wirkung wie die Salzsäure (E. ROST 1933).

Ameisensäure bedingt eine über 90%ige Hemmung der Katalaseaktivität (H. LÜCK 1957) sowie eine Hemmung von Pankreatin, Lipase, Dehydrase und Peroxydase, andererseits eine Aktivierung von Trypsin, Pepsin und Erepsin (B. BLEYER u. Mitarb. 1933).

In den bei Lebensmitteln angewandten Konzentrationen von normalerweise 0,1—0,4% kann Ameisensäure als Konservierungsmittel empfohlen werden, da sie im Organismus fast restlos abgebaut wird und keine Kumulationsgefahr besteht (F. EICHHOLTZ 1944).

Ameisensäure wurde von der „Internationalen Union gegen den Krebs“ in Liste B (Stoffe, über die nur ungenügende Tierversuche vorliegen und die daher dringend ausgedehnter Untersuchungen bedürfen, wenn ihr weiterer Gebrauch in Lebensmitteln gewünscht wird), von der Expertenkommission für Lebensmittelzusätze der „Westeuropäischen Union“ in Liste IV (Stoffe, deren Schädlichkeitsgrad noch nicht festgestellt ist) eingereiht (S. W. SOUCI u. E. MERGENTHALER 1958). Von der „Deutschen Forschungsgemeinschaft“ wurde sie in Liste II (Stoffe, die als vorläufig duldbar angesehen werden können) eingeordnet[1].

c) Vorkommen

Ameisensäure kommt in einer großen Zahl von Pflanzen, teils als freie Säure, teils verestert vor, so z. B. in Tannennadeln, den Blättern der Drachenwurz und in Brennesseln. Spurenweise findet man sie auch u. a. in Fruchtsäften, in Wein und Honig sowie in einigen Mineralwässern. Im Tierreich kommt die Ameisensäure nur vereinzelt, meist bei Insekten vor, hier jedoch z. T. in bemerkenswerter Menge. So besteht das Körpergewicht der Ameise *Formica rufa* zu etwa 20% aus Ameisensäure. Auch im menschlichen Harn ist Ameisensäure als ein normaler, konstanter Bestandteil (einige Milligramm pro Tag) anzutreffen.

d) Anwendung

Die Ameisensäure und ihre Salze finden seit Jahrzehnten Anwendung zur Haltbarmachung von Obsterzeugnissen (Obstpülpen, Obstmuttersäften u. ä.). Die verwendeten Mengen betragen etwa 0,25—0,4% Ameisensäure. Auch bei der Haltbarmachung von Fischerzeugnissen, Mayonnaisen, Fleischsalat, Aspik, Gemüsesalat, Sauerkonserven, Meerrettich, Gewürz- und Salatsaucen, Speisesenf, Marmeladen, Konfitüren und Gelees wird Ameisensäure, meist zusammen mit anderen Konservierungsmitteln, angewandt. Zur Verhinderung der Schimmelbildung bei Tabak wurde Ameisensäure ebenfalls vorgeschlagen (P. KÖNIG u. W. MÜLLER 1936). Glycerinformiat verhindert die Schimmelbildung auf der Oberfläche von Marmeladen (P. HIRSCH 1956).

Ameisensäure ist in zahlreichen Staaten zur Konservierung gewisser Lebensmittel zugelassen bzw. geduldet, so in der Schweiz (z. B. 0,3% für Fruchtsäfte), in Dänemark, Finnland, Griechenland, den Niederlanden, Österreich, Schweden, der Deutschen Demokratischen Republik. In der Bundesrepublik Deutschland wurde sie durch die Konservierungsstoff-Verordnung vom 19. 12. 1959 als Zusatz zu einer Reihe von Lebensmitteln bzw. Lebensmittelgruppen zugelassen.

e) Reinheitsanforderungen

Die Kommission zur Prüfung der Lebensmittelkonservierung hat folgende Reinheitsanforderungen aufgestellt[2].

Ameisensäure

Aussehen	farblose bis schwach gelbliche Flüssigkeit
Geruch	stechend
Löslichkeit	mit Wasser unbegrenzt mischbar
Gehalt	nicht vorgeschrieben (Bestimmung durch Titration mit Natronlauge oder Kaliumpermanganat)
Nichtflüchtige Bestandteile	nicht mehr als 0,05%, bezogen auf reine Ameisensäure
Aldehyde	eine etwa 5% ige, schwach alkalische Lösung darf beim Erwärmen nicht stechend oder brenzlig riechen
Formaldehyd	nicht mehr als 0,1%, bezogen auf reine Ameisensäure (Bestimmung mit Chromotropsäure)

[1] Mitteilung V der Deutschen Forschungsgemeinschaft, Kommission zur Prüfung der Lebensmittelkonservierung, vom 13. 1. 1961.

[2] Mitteilung VI der Deutschen Forschungsgemeinschaft, Kommission zur Prüfung der Lebensmittelkonservierung, vom 6. 7. 1961.

Oxalsäure	nicht mehr als 0,5%, bezogen auf reine Ameisensäure (Bestimmung als Calciumoxalat)
Arsen	nicht mehr als 3 mg je kg (Bestimmung nach der Pharmacopoea internationalis, Methode A)
Blei	nicht mehr als 10 mg je kg (Bestimmung nach der Pharmacopoea internationalis oder mittels Dithizon in alkalischer Lösung)
Kupfer und Zink zusammen	nicht mehr als 50 mg/kg (Bestimmung mittels Dithizon in schwach saurer Lösung)

Natriumformiat

Aussehen	weißes, kristallines Pulver
Geruch	geruchlos
Löslichkeit	1 g löslich in 1,5 ml Wasser
Gehalt	nicht weniger als 98% in der 2 Stunden bei 105° C getrockneten Probe (Bestimmung durch Titration mit Kaliumpermanganat)
Flüchtige Bestandteile	nicht mehr als 2% (Bestimmung durch 2stündiges Trocknen bei 105° C)
Freie Säure oder freies Alkali	1 g darf nicht mehr als 0,5 ml 0,1 n-Säure oder 0,1 n-Lauge verbrauchen (Phenolphthalein als Indicator)
Aldehyde	eine 5%ige Lösung darf beim Erwärmen nicht stechend oder brenzlig riechen
Formaldehyd	nicht mehr als 0,1% (Bestimmung mit Chromotropsäure)
Oxalsäure	nicht mehr als 0,5% (Bestimmung als Calciumoxalat)
Arsen	nicht mehr als 3 mg je kg (Bestimmung nach der Pharmacopoea internationalis, Methode A)
Blei	nicht mehr als 10 mg je kg (Bestimmung nach der Pharmacopoea internationalis oder mittels Dithizon in alkalischer Lösung)
Kupfer und Zink zusammen	nicht mehr als 50 mg je kg (Bestimmung mittels Dithizon in schwach saurer Lösung).

Kaliumformiat

Aussehen	weißes, kristallines Pulver
Geruch	geruchlos
Löslichkeit	1 g löslich in 0,4 ml Wasser
Gehalt	nicht weniger als 98% in der 2 Stunden bei 105° C getrockneten Probe (Bestimmung durch Titration mit Kaliumpermanganat)
Flüchtige Bestandteile	nicht mehr als 2% (Bestimmung durch 2stündiges Trocknen bei 105° C)
Freie Säure oder freies Alkali	1 g darf nicht mehr als 0,5 ml 0,1 n-Säure oder 0,1 n-Lauge verbrauchen (Phenolphthalein als Indicator)
Aldehyde	eine 5%ige wäßrige Lösung darf beim Erwärmen nicht stechend oder brenzlig riechen
Formaldehyd	nicht mehr als 0,1% (Bestimmung mit Chromotropsäure)
Oxalsäure	nicht mehr als 0,5% (Bestimmung als Calciumoxalat)
Arsen	nicht mehr als 3 mg je kg (Bestimmung nach der Pharmacopoea internationalis, Methode A)
Blei	nicht mehr als 10 mg je kg (Bestimmung nach der Pharmacopoea internationalis oder mittels Dithizon in alkalischer Lösung)
Kupfer und Zink zusammen	nicht mehr als 50 mg je kg (Bestimmung mittels Dithizon in schwach saurer Lösung).

Calciumformiat

Aussehen	weißes, kristallines Pulver
Geruch	geruchlos
Löslichkeit	1 g löslich in 7 ml Wasser (die Lösung darf ganz schwach getrübt sein)
Gehalt	nicht weniger als 98% in der 2 Stunden bei 105° C getrockneten Probe (Bestimmung durch Titration mit Kaliumpermanganat)
Flüchtige Bestandteile	nicht mehr als 2% (Bestimmung durch 2stündiges Trocknen bei 105° C)
Wasserunlösliche Bestandteile	nicht mehr als 0,5% (Bestimmung in einer 10%igen wäßrigen Lösung)
Freie Säure oder freies Alkali	1 g darf nicht mehr als 0,5 ml 0,1 n-Säure oder 0,1 n-Lauge verbrauchen (Phenolphthalein als Indicator)
Aldehyde	eine 5%ige Lösung darf beim Erwärmen nicht stechend oder brenzlig riechen
Formaldehyd	nicht mehr als 0,1% (Bestimmung mit Chromotropsäure)
Oxalsäure	nicht mehr als 0,5 % (Bestimmung als Calciumoxalat)
Arsen	nicht mehr als 3 mg je kg (Bestimmung nach der Pharmacopoea internationalis, Methode A)
Blei	nicht mehr als 10 mg je kg (Bestimmung nach der Pharmacopoea internationalis oder mittels Dithizon in alkalischer Lösung)
Kupfer und Zink zusammen	nicht mehr als 50 mg je kg (Bestimmung mittels Dithizon in schwach saurer Lösung)

2. Benzoesäure und ihre Salze

a) Formeln

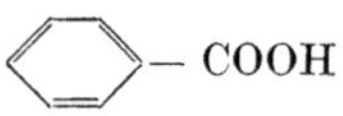

Benzoesäure — Mol.-Gew. = 122,05

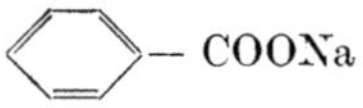

Natriumbenzoat — Mol.-Gew. = 144,11

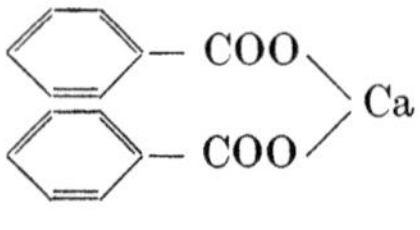

Calciumbenzoat — Mol.-Gew. = 282,29

b) Eigenschaften

Benzoesäure ist ein weißes, kristallines Pulver; sie ist in reinem Zustand geruchlos. Der Schmelzpunkt beträgt 122,4° C, der Siedepunkt 250,0° C. Benzoesäure ist wasserdampfflüchtig und sublimierbar. Die Dissoziationskonstante beträgt $6{,}46 \cdot 10^{-5}$. Die Benzoesäure ist in Wasser schwer, in Alkohol, Äther u. a. organischen Lösungsmitteln leicht löslich (Tab. 4 u. 5).

Natriumbenzoat ist in Wasser sehr leicht löslich. Zwischen 0 und 75° C ist die Löslichkeit kaum temperaturabhängig (Tab. 6). Natriumbenzoat hat einen süßlich adstringierenden Geschmack, seine Lösung reagiert neutral und wird beim stärkeren Verdünnen schwach alkalisch. 100 g Methanol lösen bei 15° C 8,22 g Natriumbenzoat; in Aceton und Benzol ist es unlöslich.

Die antimikrobielle Wirkung der Benzoesäure und ihrer Salze betrifft sowohl Bakterien als auch Hefen und Schimmelpilze, jedoch ist die Wirkung stark vom pH-Wert des Substrates abhängig, da nur die freie, undissoziierte Säure wirksam ist (vgl. Tab. 2, S. 1074). Ein Absinken des pH-Wertes von 7 auf 3,5 bedingt eine Verzehnfachung der bactericiden Wirkung der Benzoesäure. Die bacteriostatische und bactericide Wirkung der Benzoesäure auf *Escherichia coli* und *Staphylococcus aureus* in Abhängigkeit vom pH-Wert zeigt Tab. 7 (nach R. H. GOSKORN u. Mitarb. 1938).

Tabelle 4. *Löslichkeit der Benzoesäure in Wasser bei verschiedenen Temperaturen*

°C	g Benzoesäure/100 g H_2O
0	0,17
10	0,21
20	0,29
30	0,42
40	0,60
50	0,85
60	1,20
70	1,77
80	2,75
90	4,55
95	6,80

Tabelle 5. *Löslichkeit der Benzoesäure bei 25° C in verschiedenen Lösungsmitteln (g Benzoesäure/100 g Lösungsmittel)*

Lösungsmittel	Löslichkeit
Wasser	0,34
Äthanol (abs.)	58,4
Äther	40,8
Chloroform	15,02
Tetrachlorkohlenstoff .	4,14
Aceton	55,6
Benzol	12,17
Toluol	10,6
Methanol (23° C) . . .	71,5

Tabelle 6. *Löslichkeit von Natriumbenzoat in Wasser bei verschiedenen Temperaturen (g Na-benzoat/100 g H_2O)*

°C	Löslichkeit
0	62,8
50	63,4
75	67,4
100	74,2
125	85,3
150	102
175	122
200	147

Tabelle 7. *Der Einfluß des pH-Wertes auf die bactericide und bacteriostatische Wirkung der Benzoesäure*

pH-Wert	Maximale noch wirksame Verdünnung; g Benzoesäure/ml Lösung			
	bactericide Wirkung		bacteriostatische Wirkung	
	Escherischia coli	Staphylococcus aureus	Escherischia coli	Staphylococcus aureus
3,5	1/800	1/900	kein Wachstum in Benzoesäurelösung oder Kontrollösung	
4,0	1/250	1/250		
5,0	1/20	1/20	1/5000	1/3000
6,0	1/10	1/10	1/1500	1/200
7,0	1/10	1/10	1/100	1/80
8,0	1/10	1/5	1/75	1/25

Durch die Anwesenheit von Eiweiß wird die antimikrobielle Wirksamkeit von Benzoesäure herabgesetzt, durch die Gegenwart anorganischer Salze (Phosphate, Chloride) wird sie dagegen gesteigert. In saurem Medium verhindern 0,125% Benzoesäure die Gärung. Zur Abtötung von Bakterien, Hefen und Schimmelpilzen werden Konzentrationen von mehr als 0,07% benötigt. Die Luftinfektion von Fleischwasser-Pepton wird durch 0,04—0,06% Benzoesäure vollkommen gehemmt. Typhus- und Milzbrandbacillen werden durch 0,01—0,05% in ihrer Entwicklung gehemmt, durch 2% abgetötet. Die Hefegärung wird durch 0,05—0,1% unterdrückt, Schimmelwachstum auf Agar und Gelatine wird jedoch erst durch 3% Benzoesäure unterbunden (E. ROST 1933; D. A. A. MOSSEL 1955; S. W. SOUCI u. E. MERGENTHALER 1958).

Benzoesäure wird im Organismus mit Glykokoll zu Hippursäure (Benzoylglykokoll) gepaart und als solche ausgeschieden. Bei Zufuhr größerer Mengen erfolgt auch Paarung mit Glucuronsäure (H. WAGREICH u. Mitarb. 1940).

Eine Kumulierung der Benzoesäure im menschlichen Organismus tritt nicht ein. Sie hat keine toxikologische Bedeutung (E. ROST 1933; H. FÜHNER u. W. BLUME 1947; S. W. SOUCI u. E. MERGENTHALER 1958).

Während H. AMELUNG (1933) durch Benzoesäure (0,1—0,5%) keine Hemmung der Eiweißverdauung fand und auch W. LIESE (1933) keine spezifische Hemmung des Pepsins beobachtete, erfolgt nach W. KOENIG (1931) eine Hemmung der Pepsinverdauung, während stärke- und fettspaltende Enzyme nicht beeinflußt werden. B. BLEYER u. Mitarb. (1933) fanden, daß die Aktivität von Lipase, Succinodehydrase und Peroxydase durch 0,1% Benzoesäure, die von Pepsin und Amylase (Pankreatin) durch 0,05% Benzoesäure gehemmt wird. Die Aktivität der Katalase wird durch Benzoesäure zu etwa 50%, die der Aminosäureoxydase durch 10^{-4} molare Benzoesäurelösung zu 60% gehemmt, die der D-Aminosäureoxydase wird durch 0,001% Benzoesäure gehemmt (H. LÜCK 1957; J. R. KLEIN u. H. KAMIN 1941; G. R. BARTLETT 1948). Durch 0,5%ige Benzoesäurelösung wird der Sauerstoffverbrauch im Leber-, Nieren- und Gehirngewebe herabgesetzt (W. H. GRIFFITH 1937).

Benzoesäure wurde von der „Internationalen Union gegen den Krebs" in Liste A (Stoffe, die auf Grund von Tierversuchen als wahrscheinlich ungiftig und nicht cancerogen angesehen werden können und die daher vorläufig als zulässig für die menschliche Ernährung gelten können), von der Expertenkommission für Lebensmittelzusätze der „Westeuropäischen Union" in Liste II (Stoffe, die beim Gebrauch innerhalb bestimmter Grenzen als ungefährlich für die Gesundheit zu erachten sind) eingereiht (S. W. SOUCI u. E. MERGENTHALER 1958). Von der „Deutschen Forschungsgemeinschaft" wurde sie in Liste I (Stoffe, die als duldbar angesehen werden) eingeordnet[1].

c) Vorkommen

Benzoesäure ist in vielen Pflanzen gefunden worden. Teils ist sie in freiem Zustand, teils als Ester, z. B. Benzyl- und Harzalkoholester, oder als Amid in Blättern, Rinden, Blüten, Früchten und vor allem in Baumharzen und Balsamen enthalten. Am bekanntesten ist das Vorkommen im Benzoeharz von *Styrax benzoin*, das bis zu 20% Benzoesäure, z. T. esterartig gebunden, enthalten kann. Acaroidharz von *Xanthorrhoea hastilis* enthält 4,5—7% Benzoesäure. Perubalsam und Tolubalsam enthalten Benzylbenzoat; letzterer enthält auch freie Benzoesäure. In Preißelbeeren (*Vaccinium Vitis ideae*) finden sich bis zu 0,24% Benzoesäure, wovon etwa 0,1% auf den Benzoesäure-Glucoseester (Vacciniin) entfallen. In geringeren Mengen ist Benzoesäure auch in Kranbeeren (*Vaccinium macrocarpum*, etwa 0,06%), Moosbeeren (*Vaccinium oxycoccus*, etwa 0,02%), Heidelbeeren (*Vaccinium Myrtillus*), Himbeeren (*Rubus idaeus*), Johannisbeeren, Pflaumen, reifen Gewürznelken, in der Rinde der Wildform der Schwarzen Kirsche, im Anisöl und in der Geruchsdrüse des Bibers enthalten. Im Harn von pflanzenfressenden Tieren findet sich in der Regel Hippursäure, woraus geschlossen werden kann, daß die pflanzlichen Erzeugnisse, die diesen Tieren normalerweise als Nahrung dienen, ebenfalls eine gewisse Menge Benzoesäure enthalten.

d) Anwendung

Die Benzoesäure und ihr Natriumsalz finden zur Konservierung von Lebensmitteln ausgedehnte Verwendung. Sie eignen sich sehr gut zur Haltbarmachung von sauren Substraten, wie Fruchtsäfte und deren Grundstoffe, Obstmuttersäfte, Obstpülpen, Getränke, Sauergemüsekonserven, Marmeladen und ähnliche Obst- und Gemüseerzeugnisse. Auch zur Konservierung von Fischerzeugnissen, Eidauerwaren, Mayonnaise, Fleischsalat, Aspik, Margarine, Speisesenf, Marzipan und marzipanähnlichen Erzeugnissen wird Benzoesäure angewandt. Die Dosierung beträgt im allgemeinen etwa 0,1—0,4%. Die gemeinsame Anwendung von Benzoesäure und Ameisensäure oder Benzoesäure und Citronensäure erwies sich als

[1] Mitteilung V der Deutschen Forschungsgemeinschaft, Kommission zur Prüfung der Lebensmittelkonservierung, vom 13. 1. 1961.

günstiger als die der einzelnen Bestandteile für sich. Keine gesteigerte Wirkung zeigte dagegen Benzoesäure mit Natriumformiat. Eis mit 0,16% Benzoesäure eignet sich gut zur Fischkonservierung. Calciumbenzoat verhindert das Fadenziehen bei Brot und Gebäck. Zur Sterilhaltung von ungesalzenem Eigelb werden 1,2% Benzoesäure oder mehr als 2,5% Natriumbenzoat benötigt. Die Schimmelbildung bei Tabak kann durch 0,8% Benzoesäure verhindert werden (E. ROST 1933; E. W. EIMERHAUS u. W. HAUBE 1939; P. KÖNIG u. W. MÜLLER 1936; M. v. SCHELHORN 1949, 1950 b; M. B. JACOBS 1951; K. RAIBLE 1956; S. W. SOUCI u. E. MERGENTHALER 1958).

Benzoesäure dient auch zur Konservierung und Stabilisierung von Pharmazeutica und Cosmetica.

Benzoesäure und Natriumbenzoat sind in zahlreichen Staaten zur Konservierung gewisser Lebensmittel zugelassen bzw. geduldet, so in den USA (z. B. für Margarine, Fruchtkonserven, Orangensaft, Fleischwaren), Kanada, den Niederlanden, Schweden, England, der Südafrikanischen Union (neben schwefliger Säure das einzige zugelassene Konservierungsmittel), der Schweiz (z. B. für Fruchtzubereitungen, Fruchtsäfte, Fruchtsirupe), Dänemark, Finnland, Griechenland, Norwegen, Österreich, Portugal, Spanien, der Türkei, Frankreich (nur für Kaviar), der Deutschen Demokratischen Republik (W. WAITZ 1957; P. HIRSCH 1956). In der Bundesrepublik Deutschland wurden sie durch die Konservierungsstoff-Verordnung vom 19. 12. 1959 als Zusatz zu einer Reihe von Lebensmitteln bzw. Lebensmittelgruppen zugelassen.

e) Reinheitsanforderungen

Die Kommission zur Prüfung der Lebensmittelkonservierung der Deutschen Forschungsgemeinschaft hat folgende Reinheitsanforderungen aufgestellt[1]:

Benzoesäure

Aussehen	weißes, kristallines Pulver
Geruch	praktisch geruchlos
Löslichkeit	1 g löslich in 350 ml Wasser (in der Wärme leichter löslich) 1 g löslich in 3 ml Äthanol (96%ig) 1 g löslich in 8 ml Chloroform
Schmelzintervall	121—123° C (Bestimmung in der 2 Stunden bei 105° C getrockneten Probe)
Gehalt	nicht weniger als 99,5% (Bestimmung durch acidimetrische Titration gegen Phenolphthalein als Indicator)
Leicht oxydierbare Bestandteile ($KMnO_4$-Verbrauch)	nicht mehr als 0,5 ml 0,1 n-$KMnO_4$ je Gramm
Schwefelsäureprobe	beim Lösen von 0,5 g Benzoesäure in 5 ml konz. Schwefelsäure in der Kälte darf keine Gelb- oder Braunfärbung auftreten
Asche	nicht mehr als 0,05%
Mehrkernige Säuren	beim fraktionierten Ansäuern einer neutralisierten Benzoesäurelösung darf der erste Niederschlag kein von dem der Benzoesäure abweichendes Schmelzintervall haben
Organisch gebundenes Chlor	nicht mehr als 0,07% (entsprechend 0,3% Chlorbenzoesäure)
Arsen	nicht mehr als 3 mg je kg (Bestimmung nach der Pharmacopoea internationalis, Methode A)
Blei	nicht mehr als 10 mg je kg (Bestimmung nach der Pharmacopoea internationalis oder mittels Dithizon in alkalischer Lösung)
Kupfer und Zink zusammen	nicht mehr als 50 mg je kg (Bestimmung mittels Dithizon in schwach saurer Lösung).

[1] Mitteilung VI der Deutschen Forschungsgemeinschaft, Kommission zur Prüfung der Lebensmittelkonservierung, vom 6. 7. 1961.

Natriumbenzoat

Aussehen	weißes, kristallines Pulver
Geruch	praktisch geruchlos
Löslichkeit	1 g löslich in 2 ml Wasser 1 g löslich in 90 ml Äthanol (96% ig) (Eine etwa verbleibende schwache Trübung muß nach Zusatz von 5 ml Wasser verschwinden)
Schmelzintervall der durch Ansäuern isolierten, nicht umkristallisierten Benzoesäure	120—123° C (Bestimmung in der 2 Stunden bei 105° C getrockneten Probe)
Gehalt	nicht weniger als 99,5% in der 2 Stunden bei 105° C getrockneten Probe (Bestimmung durch Titration mit 0,5 n-Salzsäure gegen Bromphenolblau oder durch potentiometrische Titration oder durch Titration der an einem Ionenaustauscher freigesetzten Benzoesäure)
Flüchtige Bestandteile	nicht mehr als 1,5% (Bestimmung durch 4stündiges Trocknen bei 105° C)
Leicht oxydierbare Bestandteile ($KMnO_4$-Verbrauch)	nicht mehr als 0,5 ml 0,1 n $KMnO_4$ je Gramm
Mehrkernige Säuren	beim fraktionierten Ansäuern einer Natriumbenzoatlösung darf der erste Niederschlag kein von dem der Benzoesäure abweichendes Schmelzintervall haben.
Organisch gebundenes Chlor	nicht mehr als 0,07% (entsprechend 0,3% Chlorbenzoesäure)
Arsen	nicht mehr als 3 mg je kg (Bestimmung nach der Pharmacopoea internationalis, Methode A)
Blei	nicht mehr als 10 mg je kg (Bestimmung nach der Pharmacopoea internationalis oder mittels Dithizon in alkalischer Lösung)
Kupfer und Zink zusammen	nicht mehr als 50 mg je kg (Bestimmung mittels Dithizon in schwach saurer Lösung).

Die Abwesenheit von Beimengungen wie Quecksilber, aromatischen Aminen und mehrkernigen Kohlenwasserstoffen bei Benzoesäure und Natriumbenzoat wurde nicht besonders vorgeschrieben, da mit deren Anwesenheit bzw. Entstehung bei der Synthese nicht zu rechnen ist.

3. p-Chlorbenzoesäure und ihr Natriumsalz

a) Formeln

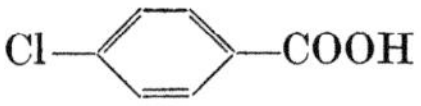

- p-Chlorbenzoesäure (Mikrobinsäure) Mol.-Gew. = 156,57

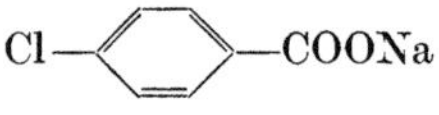

- p-Chlorbenzoesaures Natrium (Mikrobin) Mol.-Gew. = 178,55

b) Eigenschaften

p-Chlorbenzoesäure, eine kristalline, geruchlose Substanz, ist leicht löslich in Alkohol, Äther und Ölen. In Wasser ist sie schwer löslich (1:2500). Der Schmelzpunkt beträgt 240—241° C. Sie ist sublimierbar. Das Natriumsalz, ein weißes, geruchloses Pulver, löst sich leicht in Wasser (1:3) und Alkohol (1:65) mit neutraler Reaktion.

p-chlorbenzoesaures Natrium (Mikrobin) erwies sich sowohl in Reinkulturversuchen als auch in praktischen Konservierungsversuchen an Obsterzeugnissen als gärungshemmendes, keimhemmendes und keimtötendes Mittel der Benzoesäure überlegen, insbesondere in Kombination mit kleinen Mengen Citronensäure.

Die Ameisensäure stand bei diesen Versuchen weit hinter Mikrobin zurück. Gegenüber Kahmbildnern ist die p-Chlorbenzoesäure dagegen der Benzoesäure unterlegen; Essigbakterien werden nur ungenügend beeinflußt. p-Chlorbenzoesäure weist gegenüber *Saccharomyces*-Arten und *Bacterium coli* etwa die gleiche Wirksamkeit wie Benzoesäure auf; zur Abtötung von Bakterien, Hefen und Schimmelpilzen genügen schon 0,14% (E. Rost 1933). Die Wirkung der p-Chlorbenzoesäure ist, wie die der anderen organischen Säuren, vom pH-Wert des Substrates abhängig (vgl. Tab. 2, S. 1074).

Die p-Chlorbenzoesäure wird vom Organismus mit Glykokoll gepaart und als p-Chlorhippursäure ausgeschieden. In Dauerfütterungsversuchen mit Hunden konnten jedoch nur 70% der zugeführten Säure als p-Chlorhippursäure im Harn wiedergefunden werden. Die Säure wirkt schwach narkotisch. Die Angaben über die Toxicität der p-Chlorbenzoesäure sind widersprechend; z. T. wird sie für geringer, z. T. für wesentlich höher als die der Benzoesäure gehalten (E. Rost 1933; F. Eichholtz 1944; S. W. Souci u. E. Mergenthaler 1958).

p-Chlorbenzoesäure wurde von der Expertenkommission für Lebensmittelzusätze der „Westeuropäischen Union" in Liste III (Stoffe, die als gefährlich für die Gesundheit zu erachten sind) eingereiht. Die „Deutsche Forschungsgemeinschaft" hat sie nicht in ihre beiden Vorschlagslisten aufgenommen[1].

c) Anwendung

p-Chlorbenzoesäure und ihr Natriumsalz sind u. a. zur Konservierung von Obsterzeugnissen (Obstsäfte, Obstpülpen, Obstmark, flüssiges Obstpektin, Obstgeliersäfte u. ä.), Speiseeis-Fruchtkonserven, Gemüseerzeugnissen, Margarine, Marzipan, Kremfüllungen, fetthaltigen Massen, flüssigen Fondantmassen, Speisesenf, Gewürz- und Salatsoßen, Mayonnaise und Tunken, gelatinehaltigen Überzugsmassen für Fleischdauerwaren, Fischzubereitungen, flüssigem Eigelb, Zuckersäften und Aufgüssen für Gurken geeignet[2] (S. W. Souci u. E. Mergenthaler 1958).

Seit Inkrafttreten der Konservierungsstoff-Verordnung vom 19. 12. 1959 ist die Verwendung von p-Chlorbenzoesäure in der Bundesrepublik Deutschland verboten. In der Deutschen Demokratischen Republik sowie in Finnland, Österreich und Schweden ist p-Chlorbenzoesäure zur Konservierung bestimmter Lebensmittel gestattet (P. Hirsch 1956; W. Waitz 1957).

4. p-Hydroxybenzoesäure, p-Hydroxybenzoesäureester und die Natriumsalze

a) Formeln

- p-Hydroxybenzoesäure Mol.-Gew. = 138,12

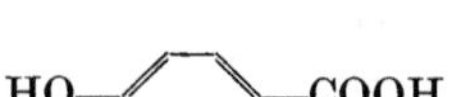

- p-Hydroxybenzoesaures Natrium Mol.-Gew. = 160,10

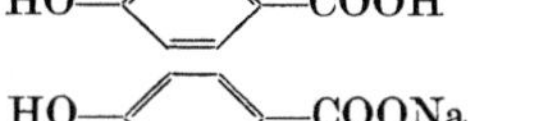

- p-Hydroxybenzoesäuremethylester (Nipagin-M) Mol.-Gew. = 152,14

[1] Mitteilung V der Deutschen Forschungsgemeinschaft, Kommission zur Prüfung der Lebensmittelkonservierung, vom 13. 1. 1961.

[2] Entwurf zu einer Verordnung über die Verwendung von Konservierungsmitteln für Lebensmittel der Vereinigung der deutschen Ernährungsindustrie Dtsch. Lebensmittel-Rdsch. **49**, 135 (1953).

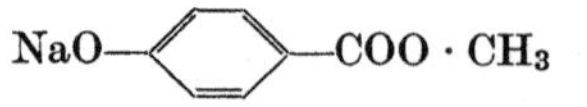

- Natriumverbindung des p-Hydroxybenzoesäuremethylesters Mol.-Gew. = 174,12

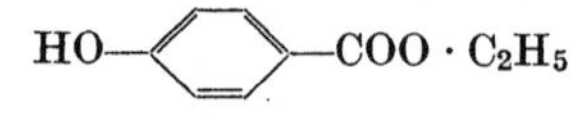

- p-Hydroxybenzoesäureäthylester (Nipagin A) Mol.-Gew. = 166,17

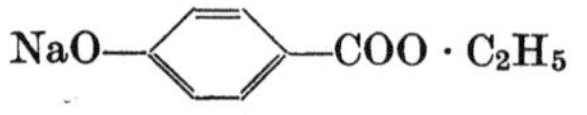

- Natriumverbindung des p-Hydroxybenzoesäureäthylesters Mol.-Gew. = 188,15

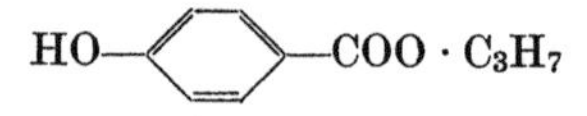

- p-Hydroxybenzoesäure-n-propylester (Nipasol M) Mol.-Gew. = 180,20

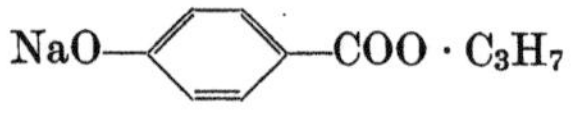

- Natriumverbindung des p-Hydroxybenzoesäure-n-propylesters Mol.-Gew. = 202,18

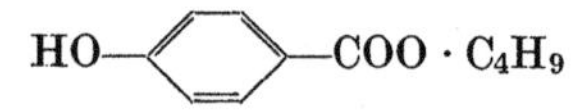

- p-Hydroxybenzoesäure-n-butylester. (Nipabutyl) Mol.-Gew. = 194,23

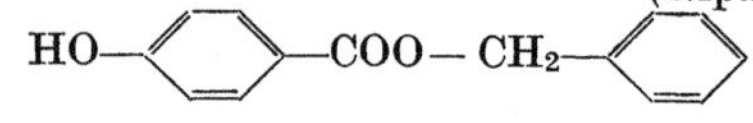

p-Hydroxybenzoesäurebenzylester (Nipabenzyl) Mol.-Gew. = 228,24

b) Eigenschaften

p-Hydroxybenzoesäure ist eine kristalline Substanz, deren Schmelzpunkt bei 214° C liegt. Sie ist in Wasser wenig, in Alkohol, Aceton und Äther leicht löslich.

Die Ester der p-Hydroxybenzoesäure sind weiße, kristalline, geruch- und geschmacklose Pulver. Sie weisen folgende Schmelzpunkte auf:

Methylester	: 125—128° C
Äthylester	: 116—119° C
n-Propylester	: 95— 98° C
n-Butylester	: 68— 72° C
Benzylester	: 108—113° C

Über die Löslichkeit der p-Hydroxybenzoesäureester gibt Tab. 8 Auskunft (R. T. Gottesman 1954).

Tabelle 8. *Löslichkeit der Ester der p-Hydroxybenzoesäure in verschiedenen Lösungsmitteln bei 25° C in g/100 g Lösungsmittel*

Lösungsmittel	Methylester	Äthylester	n-Propylester	n-Butylester	Benzylester
Wasser	0,25	0,17	0,05	0,02	0,006
Wasser (80° C)	2	0,86	0,30	0,15	0,09
Methanol	59	115	124	220	79
Äthanol	52	70	95	210	72
Propylenglkyol	22	25	26	110	13
Erdnußöl	0,5	1	1,4	5	0,5
Aceton	64	84	105	240	102
Benzol	0,7	1,65	3	40	2,6
Äther	23	43	50	150	42
Tetrachlorkohlenstoff	0,1	0,9	0,8	1	0,08

Die p-Hydroxybenzoesäure spielt gegenüber ihren Estern als antimikrobielle Substanz nur eine untergeordnete Rolle, obwohl auch sie mikrobicide Eigenschaften besitzt. Bakterien, Hefen und Schimmelpilze werden durch 0,86% p-Hydroxybenzoesäure abgetötet. Ihre antimikrobielle Wirkung ist stärker als die von Phenol. Die Wirkung der p-Hydroxybenzoesäure ist, wie die der anderen organischen Säuren, vom pH-Wert des Substrates abhängig (vgl. Tab. 2, S. 1074). Die mikrobicide Wirkung des Natriumsalzes der p-Hydroxybenzoesäure ist wesentlich geringer als die der freien Säure. Zur Abtötung von Bakterien, Hefen und Schimmelpilzen werden über 2% des Natriumsalzes benötigt (E. Rost 1933; S. W. Souci u. E. Mergenthaler 1958).

Die Ester der p-Hydroxybenzoesäure sind der freien Säure hinsichtlich ihrer antimikrobiellen Eigenschaften weit überlegen. Sie wurden von T. SABALITSCHKA (1929) als Konservierungsstoffe für Lebensmittel eingeführt. Die zur Konservierung benötigten Mengen betragen etwa 0,05—0,1%. In diesen Konzentrationen machen sie sich geruchlich und geschmacklich im Lebensmittel nicht störend bemerkbar. Da sie mit dem zu konservierenden Medium kaum reagieren, verändern sie auch dessen Konsistenz, Farbe u. dergl. nicht.

Von besonderer Bedeutung ist, daß die p-Hydroxybenzoesäureester als nicht dissoziierende Verbindungen in ihrer antimikrobiellen Wirkung relativ pH-unabhängig sind, so daß sie auch bei neutraler Reaktion des zu konservierenden Substrates verwendbar sind. Durch kombinierte Anwendung mehrerer Ester wird die mikrobicide Wirkung gesteigert.

Die Respiration von *Escherichia coli* wird durch die Ester der p-Hydroxybenzoesäure, vom Methyl- zum n-Butylester ansteigend, stark gehemmt. Die Hitzeresistenz von Sporenbildnern gegen kochendes Wasser wird durch p-Hydroxybenzoesäure und ihre Ester herabgesetzt. Die Wirksamkeit gegenüber Staphylokokken beträgt, bezogen auf Phenol, beim p-Hydroxybenzoesäuremethylester das 3-fache, beim Äthylester das 7-fache, beim n-Propylester das 17-fache, beim n-Butylester das 32-fache und beim Benzylester das 109-fache. Die antimikrobielle Wirkung der Natriumverbindungen ist im allgemeinen nur wenig schwächer als die der freien Ester (E. ROST 1933; P. HIRSCH 1956; S. W. SOUCI u. E. MERGENTHALER 1958).

p-Hydroxybenzoesäure wird vom menschlichen Organismus als solche (zu 39%) sowie als p-Hydroxybenzursäure (zu 45%) im Harn ausgeschieden, ein kleiner Teil wird zu Phenol aufgespalten (T. SABALITSCHKA u. R. NEUFELD-CRELLITZER 1954). Beim Hund wird dagegen die p-Hydroxybenzoesäure vornehmlich mit Glucuronsäure gepaart. Nach B. BLEYER u. Mitarb. (1933) wird durch p-Hydroxybenzoesäure die Pepsinverdauung gehemmt.

Die Ester der p-Hydroxybenzoesäure werden im Organismus von Hund, Katze und Kaninchen zur freien Säure verseift. Diese wird im Harn ausgeschieden, ein kleiner Teil davon unter Bindung an Schwefelsäure oder Glykokoll. Je nach der Art des Esters und des Tieres wurden 7—49% der mit den Estern zugeführten Säure im Harn wiedergefunden. Der Anteil an nicht verseiften Estern wird mit Schwefelsäure gepaart ausgeschieden. Zumindest ein Teil der Ester wird im Organismus erst nach dem Übertritt aus dem Darm in die Leber und Niere verseift bzw. mit Schwefelsäure gepaart, da nach Zufuhr größerer Mengen p-Hydroxybenzoesäureester diese auch im Plasma nachgewiesen werden konnten. Bei intraarterieller Applikation zeigen die Ester der p-Hydroxybenzoesäure einen 30 bis 100 fach stärkeren gefäßspasmolytischen Effekt als Benzoesäure. Der Blutzuckergehalt wird durch p-Hydroxybenzoesäureester nicht verändert. Auf die Wirkungen von Vitaminen haben sie keinen Einfluß. Enzyme werden zum Teil gehemmt, zum Teil aktiviert. Wachstum, Körpergewicht, Blutbild, allgemeine Resistenz und Fruchtbarkeit werden im Tierversuch nicht beeinträchtigt.

Die LD_{50} wird bei Hunden für den p-Hydroxybenzoesäuremethylester mit 3 g/kg, für den Äthylester mit 5 g/kg und für den Propyl- und Butylester mit 6 g/kg Körpergewicht angegeben, die toxische Grenzdosis für den Äthyl-, Propyl- und Butylester mit 3—4 g/kg Körpergewicht (K. SCHÜBEL u. J. MANGER 1929; B. BLEYER u. Mitarb. 1933; H. CREMER 1935; T. SABALITSCHKA u. R. NEUFELD-CRELLITZER 1954; M. v. BUBNOFF u. Mitarb. 1956; S. W. SOUCI u. E. MERGENTHALER 1958).

Der p-Hydroxybenzoesäure-methylester wurde von der „Internationalen Union gegen den Krebs“ in Liste A (Stoffe, die auf Grund von Tierversuchen als wahrscheinlich ungiftig und nicht cancerogen angesehen werden können und die daher vorläufig als zulässig für die menschliche Ernährung gelten können) eingereiht (S. W. SOUCI u. E. MERGENTHALER 1958). Die „Deutsche Forschungsgemeinschaft" hat ihn nicht in ihre beiden Vorschlagslisten aufgenommen[1].

Der p-Hydroxybenzoesäure-äthylester wurde von der „Internationalen Union gegen den Krebs" in Liste B (Stoffe, über die nur ungenügende Tierversuche vorliegen und die daher dringend ausgedehnter Untersuchungen bedürfen, wenn ihr weiterer Gebrauch in Lebensmitteln gewünscht wird), von der Expertenkommission für Lebensmittelzusätze der „Westeuropäischen Union" in Liste III (Stoffe, die als gefährlich für die Gesundheit zu erachten sind) eingereiht (S. W. SOUCI u. E. MERGENTHALER 1958). Von der „Deutschen Forschungsgemeinschaft" wurde er in die Liste II (Stoffe, die als vorläufig duldbar angesehen werden können) eingeordnet[1].

Der p-Hydroxybenzoesäure-n-propylester wurde von der „Internationalen Union gegen den Krebs" in Liste A (Stoffe, die auf Grund von Tierversuchen als wahrscheinlich ungiftig und nicht cancerogen angesehen werden können und die daher vorläufig als zulässig für die menschliche Ernährung gelten können), von der Expertenkommission für Lebensmittelzusätze der „Westeuropäischen Union" in Liste III (Stoffe, die als gefährlich für die Gesundheit zu erachten sind) eingereiht (S. W. SOUCI u. E. MERGENTHALER 1958). Von der „Deutschen Forschungsgemeinschaft" wurde er in Liste II (Stoffe, die als vorläufig duldbar angesehen werden können) eingeordnet[1].

Der p-Hydroxybenzoesäure-n-butylester wurde von der „Internationalen Union gegen den Krebs" in Liste B (Stoffe, über die nur ungenügende Tierversuche vorliegen und die daher dringend ausgedehnter Untersuchungen bedürfen, wenn ihr weiterer Gebrauch in Lebensmitteln gewünscht wird) eingereiht (S. W. SOUCI u. E. MERGENTHALER 1958). Die „Deutsche Forschungsgemeinschaft" hat ihn ebenso wie den p-Hydroxybenzoesäure-benzylester nicht in ihre beiden Vorschlagslisten aufgenommen[1].

c) Vorkommen

p-Hydroxybenzoesäure und ihre Ester sind in Pflanzen weit verbreitet; sie sind u. a. Bestandteile von Alkaloiden und Pflanzenpigmenten (F. H. BANFIELD 1952). Die Säure wurde auch in reifendem Käse gefunden (J. SCHORMÜLLER 1961).

d) Anwendung

Die p-Hydroxybenzoesäure und ihr Natriumsalz spielen als Lebensmittel-Konservierungsstoffe nur eine untergeordnete Rolle. Dagegen finden der Methyl-, Äthyl- und n-Propylester sowie ihre Natriumverbindungen zur Konservierung von Lebensmitteln ausgedehnte Verwendung, in geringerem Umfange auch der n-Butylester. Der Benzylester wird vorwiegend bei pharmazeutischen Erzeugnissen angewandt.

Die Ester eignen sich u. a. gut zur Konservierung von Fischmarinaden, Fischpasten, Salzheringserzeugnissen, Kaviar, Anchosen, Muschelerzeugnissen, Krebszubereitungen, Garnelen-(Krabben-)Erzeugnissen, Flüssigei, Mayonnaise, Fleisch- und Gemüsesalat, Aspik, gelatinehaltigen Überzugsmassen für Fleischerzeugnisse, Zwiebeln und geriebenem Meerrettich, Gewürz- und Salatsaucen, Marzipan und ähnlichen Erzeugnissen, Makronen und Makronenersatzmassen sowie sonstigen wasser- und fetthaltigen Massen für Zucker-, Schokoladen- und Backwaren, Lab-

[1] Mitteilung V der Deutschen Forschungsgemeinschaft, Kommission zur Prüfung der Lebensmittelkonservierung, vom 13. 1. 1961.

präparaten, Trennemulsionen, wasserhaltigen Aromen, Speisesenf, Pektin, Margarine, Obsterzeugnissen, Limonaden, Speiseeis, Kaffee-Extrakten und Malzextrakt. Die Ester haben keine antioxydative Wirkung auf Öle (T. SABALITSCHKA 1940). Sie beeinflussen Vitamin C nicht nachteilig. Die benötigten Konzentrationen betragen in der Regel etwa 0,08—0,2%.

Zur Konservierung von Gelatine werden 0,03—0,08%, von Zuckersäften 0,07%, von Sirupen 0,075% und von eingelegten Eiern 0,3% Methylester benötigt. Die Schimmelbildung bei Tabak wird durch 0,7% Methylester verhindert. Zur Haltbarmachung von Milch zeigten 0,1—0,2% Methylester keine ausreichende Wirkung. Auch der Äthylester erwies sich zur Konservierung von Milch als ungeeignet. Gute Wirkung zeigt er neben den oben angeführten zahlreichen Lebensmitteln auch bei der Haltbarmachung von Natriumalginat, Brauselimonade und Lebertranemulsionen. Die Schimmelbildung bei Tabak wird durch 0,5% Äthylester verhindert. Eine 15—20%ige Lösung der Natriumverbindung des Äthylesters erwies sich als bestes Mittel zur Konservierung von Käserinden gegen Schimmelbefall; Natriumbenzoat und -salicylat waren in gleicher Konzentration unbrauchbar. Durch ein Gemisch der Natriumverbindungen des Äthyl- und n-Propylesters können Fruchtmark und Fruchtsäfte mit einer Dosis von 0,075% sicher haltbar gemacht werden. Die bei Obstsäften benötigte Konzentration liegt unterhalb der Geschmacksschwelle im Gegensatz zu Natriumbenzoat. Zur Haltbarmachung von Heringspräserven waren 0,05% n-Propylester wirksamer als 0,1% Benzoesäure. Die Schimmelbildung bei Tabak wird durch 0,8% n-Propylester verhindert. Bei der Konservierung von Most ruft der n-Propylester ebenso wie das Gemisch der Natriumverbindungen des Äthyl- und n-Propylesters im Gegensatz zu Benzoesäure und p-Chlorbenzoesäure keinen kratzenden Geschmack hervor. Zur Konservierung von Sake werden nur 90 mg/l n-Butylester benötigt (E. ROST 1933; P. KÖNIG u. W. MÜLLER 1936; S. W. SOUCI u. E. MERGENTHALER 1958).

Die Ester der p-Hydroxybenzoesäure (vorwiegend der Äthyl- und n-Propylester) sind in zahlreichen Staaten zur Konservierung bestimmter Lebensmittel zugelassen, so in Dänemark, der Deutschen Demokratischen Republik, Finnland, Griechenland, Norwegen, Österreich, Portugal, Schweden und der Schweiz (W. WAITZ 1957; P. HIRSCH 1956). In der Bundesrepublik Deutschland wurden p-Hydroxybenzoesäure-äthylester und p-Hydroxybenzoesäure-n-propylester sowie ihre Natriumverbindungen durch die Konservierungsstoff-Verordnung vom 19. 12. 1959 als Zusatz zu einer Reihe von Lebensmitteln bzw. Lebensmittelgruppen zugelassen.

e) Reinheitsanforderungen

Die Kommission zur Prüfung der Lebensmittel-Konservierung der Deutschen Forschungsgemeinschaft hat folgende Reinheitsanforderungen aufgestellt[1]:

p-Hydroxybenzoesäure-äthylester

Aussehen	weißes, kristallines Pulver
Geruch	praktisch geruchlos
Löslichkeit	1 g löslich in 2 ml Äthanol (96% ig)
	1 g löslich in 4,5 ml Äthyläther
	1 g löslich in 11 ml Chloroform
	1 g löslich in 7,5 ml 1.2-Propylenglykol
Schmelzintervall	115—118° C
Gehalt	nicht weniger als 99,5% (Bestimmung durch Bromierung nach W. F. KOPPESCHAAR in der 2 Stunden bei 80° C getrockneten Probe)

[1] Mitteilung VI der Deutschen Forschungsgemeinschaft, Kommission zur Prüfung der Lebensmittelkonservierung, vom 6. 7. 1961.

Freie Säure	nicht mehr als 0,35%, berechnet als p-Hydroxybenzoesäure (Bestimmung durch potentiometrische Titration oder acidimetrisch gegen Methylrot als Indicator)
Asche	nicht mehr als 0,05%
Salicylsäure	nicht mehr als 0,1% (Bestimmung durch Farbreaktion mit einem Eisen-III-Salz)
Arsen	nicht mehr als 3 mg je kg (Bestimmung nach der Pharmacopoea internationalis, Methode A)
Blei	nicht mehr als 10 mg je kg (Bestimmung nach der Pharmacopoea internationalis oder mittels Dithizon in alkalischer Lösung)
Kupfer und Zink zusammen	nicht mehr als 50 mg je kg (Bestimmung mittels Dithizon in schwach saurer Lösung)

p-Hydroxybenzoesäure-äthylester-Natriumverbindung

Aussehen	weißes, hygroskopisches, kristallines Pulver
Geruch	geruchlos
Löslichkeit	1 g löslich in 1 ml Wasser 1 g löslich in 50 ml Äthanol (96% ig)
Schmelzintervall des durch Ansäuern isolierten, nicht umkristallisierten Esters	115—118° C (Bestimmung in der im Vakuum über Schwefelsäure getrockneten Probe)
Gehalt an p-Hydroxybenzoesäure-äthylester	nicht weniger als 83% (Bestimmung durch Bromierung nach W. F. KOPPESCHAAR oder durch Ausfällen des Esters und Trocknen über Schwefelsäure im Vakuum)
Flüchtige Bestandteile	nicht mehr als 5% (Bestimmung durch Trocknen über Schwefelsäure im Vakuum)
pH-Wert	9,9—10,3 (Bestimmung in einer 0,1% igen wäßrigen Lösung)
Sulfatasche	37—39%
Salicylsäure	nicht mehr als 0,1% (Bestimmung durch Farbreaktion mit einem Eisen-III-Salz)
Arsen	nicht mehr als 3 mg je kg (Bestimmung nach der Pharmacopoea internationalis, Methode A)
Blei	nicht mehr als 10 mg je kg (Bestimmung nach der Pharmacopoea internationalis oder mittels Dithizon in alkalischer Lösung)
Kupfer und Zink zusammen	nicht mehr als 50 mg je kg (Bestimmung mittels Dithizon in schwach saurer Lösung)

p-Hydroxybenzoesäure-n-propylester

Aussehen	weißes kristallines Pulver
Geruch	praktisch geruchlos
Löslichkeit	1 g löslich in 2 ml Äthanol (96% ig) 1 g löslich in 3 ml Äthyläther 1 g löslich in 4 ml Chloroform 1 g löslich in 6 ml 1.2-Propylenglykol
Schmelzintervall	95—97° C
Gehalt	nicht weniger als 99,5% (Bestimmung durch Bromierung nach W. F. KOPPESCHAAR in der 2 Stunden bei 80° C getrockneten Probe
Freie Säure	nicht mehr als 0,35% berechnet als p-Hydroxybenzoesäure (Bestimmung durch potentiometrische Titration oder acidimetrisch gegen Methylrot als Indicator)
Salicylsäure	nicht mehr als 0,1% (Bestimmung durch Farbreaktion mit einem Eisen-(III)-Salz)
Asche	nicht mehr als 0,05%
Arsen	nicht mehr als 3 mg je kg (Bestimmung nach der Pharmacopoea internationalis, Methode A)

Blei ....nicht mehr als 10 mg je kg
(Bestimmung nach der Pharmacopoea internationalis oder mittels Dithizon in alkalischer Lösung)
Kupfer und Zink zusammen..nicht mehr als 50 mg je kg
(Bestimmung mittels Dithizon in schwach saurer Lösung)

p-Hydroxybenzoesäure-n-propylester-Natriumverbindung

Aussehen..................weißes oder nahezu weißes, hygroskopisches, kristallines Pulver
Geruch....................fast geruchlos
Löslichkeit ....1 g löslich in 1 ml Wasser
1 g löslich in 2 ml Äthanol (50% ig)
Schmelzintervall des durch Ansäuern isolierten, nicht umkristallierten Esters ......93—96° C
(Bestimmung in der im Vakuum über Schwefelsäure getrockneten Probe)
Gehalt an p-Hydroxybenzoesäure-n-propylester ....nicht weniger als 85%
(Bestimmung durch Bromierung nach W. F. KOPPESCHAAR oder durch Ausfällen des Esters und Trocknen über Schwefelsäure im Vakuum)
Flüchtige Bestandteile ......nicht mehr als 5%
(Bestimmung durch Trocknen über Schwefelsäure im Vakuum)
pH-Wert..................9,8—10,2
(Bestimmung in einer 0,1% igen wäßrigen Lösung)
Sulfatasche ....34—36%
Salicylsäure ....nicht mehr als 0,1%
(Bestimmung durch Farbreaktion mit einem Eisen-(III)-Salz)
Arsen ....nicht mehr als 3 mg je kg
(Bestimmung nach der Pharmacopoea internationalis, Methode A)
Blei ....nicht mehr als 10 mg je kg
(Bestimmung nach der Pharmacopoea internationalis oder mittels Dithizon in alkalischer Lösung)
Kupfer und Zink zusammen..nicht mehr als 50 mg je kg
(Bestimmung mittels Dithizon in schwach saurer Lösung).

Die Abwesenheit von Beimengungen wie Quecksilber, aromatischen Aminen und mehrkernigen Kohlenwasserstoffen bei den p-Hydroxybenzoesäureestern und ihren Natriumverbindungen wurde nicht besonders vorgeschrieben, da mit deren Anwesenheit bzw. Entstehung bei der Synthese nicht zu rechnen ist.

5. Dehydracetsäure und ihr Natriumsalz

a) Formeln

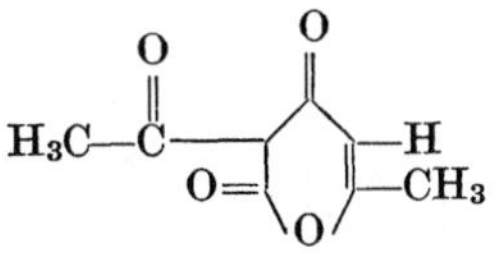

Dehydracetsäure (3-Acetyl-6-methyl-2.4 pyrandion) Mol.-Gew. = 168,14

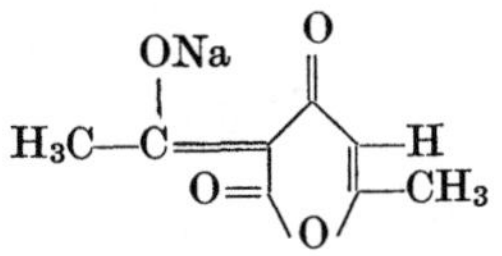

Dehydracetsaures Natrium Mol.-Gew. = 190,12

b) Eigenschaften

Dehydracetsäure ist ein farbloses, geruch- und geschmackfreies Pulver. Der Schmelzpunkt beträgt 110°C. Sie ist in Wasser unlöslich, wenig löslich in Alkohol, löslich in Aceton und Benzol. Das Natriumsalz ist ebenfalls ein farb-, geruch- und geschmackloses Pulver; es ist in Wasser, Glycerin und Propylenglykol löslich.

Dehydracetsäure und ihr Natriumsalz haben eine starke antimikrobielle Wirkung gegenüber Bakterien, Pilzen und Hefen. Sie ist weniger pH-abhängig als die übrigen normalerweise als Konservierungsmittel dienenden organischen Säuren, da sie die niedrigste Dissoziationskonstante von $5{,}3 \cdot 10^{-6}$ besitzt (vgl. Tab. 2, S. 1074). Sie ist daher auch noch im schwach sauren bis neutralen Gebiet wirksam. Die Annahme von A. WOLF u. W. M. WESTVEER (1950), daß die Wirksamkeit der Dehydracetsäure unabhängig vom pH-Wert und das Anion so wirksam wie die freie Säure sei, konnte nicht bestätigt werden (M. v. SCHELHORN 1952 a).

Der Anteil an freier, undissoziierter Dehydracetsäure beträgt bei pH 6 noch 15,8%, bei pH 6,5 noch 5,6% und bei pH 7 noch 1,9%. Im pH-Bereich von 6—7 sind somit noch beachtliche Anteile an undissoziierter Säure vorhanden. Im Vergleich dazu sind bei pH 6 bei der Salicylsäure nur 0,094%, derAmeisensäure 0,47% der p-Chlorbenzoesäure 1,06%, der Benzoesäure 1,5%, der Sorbinsäure 6% und der Propionsäure 6,7% undissoziiert; bei pH 7 treffen bei der Salicylsäure nur 0,0094%, der Ameisensäure nur 0,047%, der p-Chlorbenzoesäure 0,107%, der Benzoesäure 0,15%, der Sorbinsäure 0,6% und der Propionsäure 0,71% auf den undissoziierten Anteil der Säure.

Für Vergleiche mit anderen Konservierungsmitteln spielt neben der Dissoziation auch die spezifische Wirksamkeit eine Rolle. So erwies sich z. B. die spezifische Wirkung der undissoziierten Dehydracetsäure gegenüber Schimmelpilzen als fünfmal so hoch wie diejenige der undissoziierten Benzoesäure (M. v. SCHELHORN 1952 a). Praktisch war bei pH 5 gegenüber Schimmelpilzen gewichtsmäßig 25 mal soviel Natriumbenzoat notwendig wie dehydracetsaures Natrium. Dagegen war die spezifische Wirkung der undissoziierten Dehydracetsäure gegenüber Bierhefe nur etwa halb so stark wie die der undissoziierten Benzoesäure. Zur Unterdrückung der Hefegärung war bei pH 5 praktisch doppelt soviel Natriumbenzoat erforderlich wie dehydracetsaures Natrium. Gegenüber *Bacillus subtilis* und *Bacterium coli* erwies sich jedoch die spezifische Wirkung der undissozzierten Benzoesäure rund 10 mal so groß wie die der undissoziierten Dehydracetsäure. Zur Unterdrückung der genannten Bakterien ist daher bei pH 7 kaum weniger dehydracetsaures Natrium notwendig als Natriumbenzoat.

In Übereinstimmung damit steht die unbefriedigende Wirkung der Dehydracetsäure gegenüber Bakterien des Fischverderbs sowie gegenüber Sporenbildnern bei Schmelzkäse. Zur Unterdrückung von Schimmelpilzen war sie dagegen gut geeignet (P. HIRSCH 1956).

Nach H. LÜCK (1957) tritt durch Dehydracetsäure nur eine geringe Hemmung der Katalase-Aktivität ein.

Dehydracetsäure und ihr Natriumsalz werden für den Menschen als Lebensmittelzusatzstoffe nicht als unbedenklich angesehen. Sie wirken schon in Mengen toxisch, die an die zur Konservierung benötigten Konzentrationen heranreichen. Die LD_{50} beträgt für Dehydracetsäure bei Ratten 1 g/kg Körpergewicht, für dehydracetsaures Natrium 0,6 g/kg Körpergewicht (R. G. EECKHAUT 1952; F. H. BANFIELD 1952; H. C. SPENCER u. Mitarb. 1950; M. H. SEEVERS u. Mitarb. 1950; L. A. WOODS u. Mitarb. 1950; F. E. SHIDEMAN u. Mitarb. 1950; P. HIRSCH 1956; S. W. SOUCI u. E. MERGENTHALER 1958).

Dehydracetsäure wurde von der Expertenkommission für Lebensmittelzusätze der „Westeuropäischen Union" in Liste III (Stoffe, die als gefährlich für die Gesundheit zu erachten sind) eingereiht (S. W. SOUCI u. E. MERGENTHALER 1958). Die „Deutsche Forschungsgemeinschaft" hat sie nicht in ihre beiden Vorschlagslisten aufgenommen.[1]

[1] Mitteilung V der Deutschen Forschungsgemeinschaft, Kommission zur Prüfung der Lebensmittelkonservierung, vom 13. 1. 1961.

c) Anwendung

Die Dehydracetsäure und ihr Natriumsalz eignen sich zur Konservierung flüssiger, kohlenhydratreicher sowie fester fett- und proteinreicher Lebensmittel wie Früchte, Frucht- und Gemüsesäfte, Honig, Sirupe (0,02—0,05%), Wein, Bier, Käse, Wurst, Brot- und Kuchenmehle (0,2% zum Schutze vor Verschimmeln) sowie zur Imprägnierung von Einwicklern. Getrocknete Früchte kann man durch Eintauchen in Dehydracetsäurelösungen vor Schimmelbefall schützen. Die Dosierung beträgt im allgemeinen etwa 0,02—0,5%. Bei der Margarine zeigten 0,05% Dehydracetsäure einen besseren fungistatischen Effekt als Ascorbinsäure, Nordihydroguajaretsäure, Natriumbenzoat oder Borsäure. Zur Sterilhaltung von ungesalzenem Eigelb werden 2% Dehydracetsäure benötigt. Die Lagerfähigkeit von in Cellophan verpacktem Strudelteig wird durch Dehydracetsäure wesentlich verbessert (G. H. COLEMAN u. P. A. WOLF 1949a, 1949b, 1955; P. A. WOLF 1950; M. v. SCHELHORN 1952 a; SCHWARZ[1]; S. W. SOUCI u. E. MERGENTHALER 1958).

In der Bundesrepublik Deutschland ist die Dehydracetsäure und ihr Natriumsalz als Zusatzstoff zu Lebensmitteln in der Praxis nicht angewandt worden; seit Inkrafttreten der Konservierungsstoff-Verordnung vom 19. 12. 1959 ist der Zusatz verboten.

6. Monobromessigsäure und ihre Ester

a) Formeln

$Br \cdot CH_2 - COOH$	- Monobromessigsäure	Mol.-Gew. = 138,96
$Br \cdot CH_2 - COO \cdot C_2H_5$	- Monobromessigsäureäthylester	Mol.-Gew. = 167,01
$Br \cdot CH_2 - COO \cdot CH_2$ | $Br \cdot CH_2 - COO \cdot CH_2$	- Monobromessigsäureglykolester (Monobromessigsäure-äthylenglykolester)	Mol.-Gew. = 303,96
$Br \cdot CH_2 - COO \cdot CH_2$ | $H_5C_2 - O - CH_2$	- Monobromessigsäureäthylglykolester (Monobromessigsäure-äthyl-äthylenglykolester)	Mol.-Gew. = 211,07

b) Eigenschaften und Anwendung

Monobromessigsäure und ihre Ester weisen eine starke antimikrobielle Wirkung auf. Zur Konservierung von Bier, Wein, Most, Fruchtsäften, Milch, Molkereiprodukten und Mayonnaise werden nur Konzentrationen von etwa 1—4 mg/100 g benötigt. Monobromessigsäure verhindert in einer Konzentration von 40 mg/l die Gärung in Wein; der Gehalt an organisch gebundenem Brom nimmt während der Lagerung ständig ab. 4—5 mg/l Monobromessigsäure oder 2—3 mg/l Monobromessigsäure-glykolester hemmen die Gärung von Apfelsaft; die Abtötung der Hefen erfolgt bei einer Konzentration von 40 bzw. 25 mg/l. Die Haltbarkeit von Milch kann durch Zusatz von Monobromessigsäureäthylester in einer Konzentration von 0,1—0,3 mg/l verlängert werden, ebenso die Haltbarkeit von Heilbutt durch Zusatz von Monobromessigsäure. Monobromessigsäure-glykolester findet auch als Desinfektionsmittel für Behältnisse und Geräte Verwendung (J. F. REITH 1940; D. FLORENTIN 1950; K. ZÜRN 1957; S. W. SOUCI u. E. MERGENTHALER 1958.)

Monobromessigsäure hemmt die Wirkung von Enzymen durch Reaktion mit SH-Gruppen, außerdem hemmt sie die Redox-Vorgänge in der Zelle sowie die Katalase-Aktivität. In Tierfütterungsversuchen erwies sich Monobromessigsäure bereits in relativ geringen Mengen als toxisch.

Die LD_{50} beträgt bei Mäusen 100 mg/kg Körpergewicht, bei Ratten 50 mg/kg Körpergewicht (S. W. SOUCI u. E. MERGENTHALER 1958; H. LÜCK 1957).

---

[1] Vortragsreferat von der Bäckereitagung der Arbeitsgemeinschaft Getreideforschung in Detmold; Angew. Chem. **64**, 627 (1952).

Von der Expertenkommission für Lebensmittelzusätze der „Westeuropäischen Union" wurde Monobromessigsäure in Liste III (Stoffe, die als gefährlich für die Gesundheit zu erachten sind) eingereiht. In Frankreich werden Monobromessigsäure und ihre Ester zur Konservierung von Most angewandt; Monobromessigsäure-äthylglykolester dient zur Haltbarmachung von Süßwein (S. W. SOUCI u. E. MERGENTHALER 1958).

In der Bundesrepublik Deutschland und in der Deutschen Demokratischen Republik ist die Verwendung von Monobromessigsäure und ihren Estern zur Konservierung von Lebensmitteln nicht gestattet.

7. Monochloressigsäure und ihre Salze

a) Formel

$Cl \cdot CH_2 - COOH$	Monochloressigsäure	Mol.-Gew. = 94,50

b) Eigenschaften und Anwendung

Monochloressigsäure und ihre Salze wurden zur Konservierung von Lebensmitteln, u. a. von Wein, Bier und Fruchtsäften (300 mg/l) vorgeschlagen; ihre Anwendung wird jedoch für bedenklich gehalten. Sie übertrifft in ihrer antibakteriellen Wirksamkeit die Benzoesäure. Ihre Toxicität ist zwar geringer als die der Monobromessigsäure, jedoch wesentlich größer als die der Benzoesäure; sie entspricht etwa der des Phenols. Die LD_{50} beträgt bei Mäusen 165 mg/kg Körpergewicht. Die Enzyme Pepsin und Trypsin werden durch Monochloressigsäure nicht beeinflußt, dagegen wird die Triosephosphat-Dehydrogenase gehemmt. (F. H. BANFIELD 1952; D. K. TRESSLER and M. A. JOSLYN 1954; G. DAL CIN 1950; S. W. SOUCI u. E. MERGENTHALER 1958).

Monochloressigsäure wurde von der Expertenkommission für Lebensmittelzusätze der „Westeuropäischen Union" in Liste III (Stoffe, die als gefährlich für die Gesundheit zu erachten sind) eingereiht.

In der Bundesrepublik Deutschland und in der Deutschen Demokratischen Republik ist die Verwendung von Monochloressigsäure und ihrer Salze zur Konservierung von Lebensmitteln nicht gestattet.

8. Propionsäure und ihre Salze

a) Formeln

$C_2H_5 \cdot COOH$	- Propionsäure	Mol.-Gew. = 74,08
$C_2H_5 \cdot COONa$	- Natriumpropionat	Mol.-Gew. = 96,06
$(C_2H_5 \cdot COO)_2Ca$	- Calciumpropionat	Mol.-Gew. = 186,22

b) Eigenschaften und Anwendung

Propionsäure ist eine stechend riechende Flüssigkeit vom Siedepunkt 141,3° C, die mit Wasser, Alkohol und Äther mischbar ist. Ihre Dissoziationskonstante beträgt $1{,}4 \cdot 10^{-5}$. Die mikrobicide Wirkung der Propionsäure und ihrer Salze ist, wie die der anderen organischen Säuren, vom pH-Wert des Substrates abhängig (vgl. Tab. 2, S. 1074), da nur das undissoziierte Molekül antimikrobiell wirksam ist. Der mikrobicide Effekt beruht auf einer Hemmung des Stoffwechsels der Mikroorganismen. Die zur Hemmung bzw. Abtötung von Bakterien benötigten Mengen an Propionsäure sind je nach Bakterienart sehr verschieden; die erforderlichen Konzentrationen schwanken zwischen 0,1 und 6%. *Bacterium coli* und *Micrococcus pyogenes* benötigen die höchsten Dosen (K. LANG 1953).

Propionsäure und ihre Salze werden vor allem bei Getreidemehlen und den daraus hergestellten Erzeugnissen, wie Brot, Brötchen, Teigwaren, Kuchen und ähnlichen Erzeugnissen angewandt. 0,125—0,225% Propionat im Mehl verhindern die Schimmelbildung und das Fadenziehen des damit hergestellten Brotes. Zur Verhütung des Brotschimmels wurden auch Mischungen von Calciumpropionat und Natriumsorbat vorgeschlagen. Malzextrakt kann durch Zugabe von Natriumpropionat in einer Konzentration von 0,2—0,4% vor Schimmel geschützt werden; bei Käse verhütet die Behandlung mit einer 10—12%igen Lösung von Natrium- oder Calciumpropionat die Schimmelbildung (F. LAMPRECHT 1955; M. BLINC u. Mitarb. 1956; S. W. SOUCI u. E. MERGENTHALER 1958).

Die Toxicität der Propionsäure ist gering. Sie wird im Organismus fast restlos abgebaut; es tritt keine Kumulierung ein. Die Zugabe von 3% Propionsäure zur Nahrung verursacht bei ständiger Aufnahme keine toxischen Wirkungen. Beim oxydativen Abbau entsteht Brenztraubensäure (K. E. HARSHBARGER 1942; F. EICHHOLTZ 1944; W. D. GRAHAM u. Mitarb. 1954). Nach H. LÜCK (1957) wird die Katalase-Aktivität durch Propionsäure gehemmt.

Von der „Internationalen Union gegen den Krebs" wurde Propionsäure in Liste A (Stoffe, die auf Grund von Tierversuchen als wahrscheinlich ungiftig und nicht cancerogen angesehen werden können und die daher vorläufig als zulässig für die menschliche Ernährung gelten können), von der Expertenkommission für Lebensmittelzusätze der „Westeuropäischen Union" in Liste I (Stoffe, die als ungefährlich für die Gesundheit zu erachten sind) eingereiht (S. W. SOUCI u. E. MERGENTHALER 1958). Von der „Deutschen Forschungsgemeinschaft" wurde Propionsäure und ihr Natrium- und Calciumsalz in Liste I (Stoffe, die für die Lebensmittelkonservierung als duldbar angesehen werden können) eingeordnet[1].

Calcium- und Natriumpropionat werden in den USA bei Brot und Gebäck in einer Konzentration von 0,125—0,250% sowie bei Schokoladenerzeugnissen und Schmelzkäse in einer Konzentration von 0,24—0,30% angewandt (S. W. SOUCI u. E. MERGENTHALER 1958). Ersteres ist ferner zugelassen in Finnland, Norwegen, Österreich und Schweden (W. WAITZ 1957). In der Deutschen Demokratischen Republik ist der Zusatz von Calciumpropionat bei Weizenbrot bis zu 0,4% und bei Roggenbrot bis zu 0,5% versuchsweise und nur in der warmen Jahreszeit erlaubt (P. HIRSCH 1956). In der Bundesrepublik Deutschland ist der Zusatz von Calciumpropionat zu Getreidemahlerzeugnissen, unter Verwendung von Getreidemahlerzeugnissen hergestellten Lebensmitteln oder Teigmassen aller Art (d. h. also u. a. zu Getreidemehlen, Grieß, Graupen, Grütze, Backwaren, Brot, Brötchen, Kuchen, Paniermehl, Teigwaren u. ähnlichen Nährmitteln) nach der Mehlbleichverordnung[2] ohne Mengenbegrenzung und ohne Deklaration gestattet.

c) Reinheitsanforderungen

Die Kommission zur Prüfung der Lebensmittelkonservierung der Deutschen Forschungsgemeinschaft hat folgende Reinheitsanforderungen aufgestellt[3]:

Propionsäure[4]

Aussehen . . . . farblose bis schwach gelbliche Flüssigkeit
Geruch . . . . stechend

[1] Mitteilung V der Deutschen Forschungsgemeinschaft, Kommission zur Prüfung der Lebensmittelkonservierung, vom 13. 1. 1961.

[2] Verordnung über chemisch behandelte Getreidemahlerzeugnisse, unter Verwendung von Getreidemahlerzeugnissen hergestellte Lebensmittel und Teigmassen aller Art (Mehlbleichverordnung) vom 27. 12. 1956 (Bundesgesetzbl. I S. 1081).

[3] Mitteilung VI der Deutschen Forschungsgemeinschaft, Kommission zur Prüfung der Lebensmittelkonservierung, vom 6. 7. 1961.

[4] Die Angaben beziehen sich auf wasserfreie Propionsäure. Für wasserhaltige Produkte gelten entsprechende Werte.

Löslichkeit	mit Wasser unbegrenzt mischbar
Gehalt	nicht vorgeschrieben (Bestimmung durch acidimetrische Titration)
Wasser	nicht vorgeschrieben (Bestimmung nach K. FISCHER)
Propionsäure und Wasser zusammen	nicht weniger als 99,8%
Nichtflüchtige Bestandteile ..	nicht mehr als 0,05%
Aldehyde	nicht mehr als 0,1%, berechnet als Formaldehyd (Bestimmung mit Dimedon oder mit fuchsinschwefliger Säure)
Eisen	nicht mehr als 30 mg je kg
Arsen	nicht mehr als 3 mg je kg (Bestimmung nach der Pharmacopoea internationalis, Methode A)
Blei	nicht mehr als 10 mg je kg (Bestimmung nach der Pharmacopoea internationalis oder mittels Dithizon in alkalischer Lösung)
Kupfer und Zink zusammen ..	nicht mehr als 50 mg je kg (Bestimmung mittels Dithizon in schwach saurer Lösung).

Natriumpropionat

Aussehen	weißes kristallines Pulver
Geruch	geruchlos
Löslichkeit	1 g löslich in 2 ml Wasser
Gehalt	nicht weniger als 98% in der 2 Stunden bei 105° C getrockneten Probe (Bestimmung durch Titration der nach Phosphorsäurezusatz überdestillierten oder an einem Ionenaustauscher freigesetzten Propionsäure)
Flüchtige Bestandteile	nicht mehr als 4% (Bestimmung durch 2stündiges Trocknen bei 105° C)
Wasserunlösliche Bestandteile	nicht mehr als 0,3% (Bestimmung in einer 10%igen wäßrigen Lösung)
pH-Wert	8,0—10,0 (Bestimmung in einer 10%igen wäßrigen Lösung)
Arsen	nicht mehr als 3 mg je kg (Bestimmung nach der Pharmacopoea internationalis, Methode A)
Blei	nicht mehr als 10 mg je kg (Bestimmung nach der Pharmacopoea internationalis oder mittels Dithizon in alkalischer Lösung)
Kupfer und Zink zusammen ..	nicht mehr als 50 mg je kg (Bestimmung mittels Dithizon in schwach saurer Lösung).

Calciumpropionat

Aussehen	weißes, kristallines Pulver
Geruch	geruchlos oder nur schwach nach Propionsäure
Löslichkeit	1 g löslich in 3 ml Wasser (ganz schwache Trübung zulässig)
Gehalt	nicht weniger als 98% in der 2 Stunden bei 105° C getrockneten Probe (Bestimmung durch Titration der nach Phosphorsäurezusatz überdestillierten oder an einem Ionenaustauscher freigesetzten Propionsäure)
Flüchtige Bestandteile	nicht mehr als 4% (Bestimmung durch 2stündiges Trocknen bei 105° C)
Wasserunlösliche Bestandteile	nicht mehr als 0,3% (Bestimmung in einer 10%igen wäßrigen Lösung)
pH-Wert	7,5—9,5 (Bestimmung in einer 10%igen wäßrigen Lösung)
Arsen	nicht mehr als 3 mg je kg (Bestimmung nach der Pharmacopoea internationalis, Methode A)
Blei	nicht mehr als 10 mg je kg (Bestimmung nach der Pharmacopoea internationalis oder mittels Dithizon in alkalischer Lösung)
Kupfer und Zink zusammen ..	nicht mehr als 50 mg je kg (Bestimmung mittels Dithizon in schwach saurer Lösung).

9. Pyrokohlensäure-diäthylester

a) Formel

$C_2H_5O - CO - O - CO - OC_2H_5$ - Pyrokohlensäurediäthylester Mol.-Gew. = 162,15

b) Eigenschaften und Anwendung

Pyrokohlensäure-diäthylester ist eine wasserklare, schwach obstartig riechende Flüssigkeit, die bei 0,2 Torr bei 44° C unzersetzt siedet. Die Dichte beträgt bei 20° C 1,12. Pyrokohlensäure-diäthylester ist in Wasser schwer, dagegen in Alkoholen, Estern, Ketonen, Kohlenwasserstoffen und anderen organischen Lösungsmitteln sowie in fetten Ölen leicht löslich. In 96%igem Alkohol löst er sich bis zu 50 Gew.%. Mit Wasser zerfällt die Verbindung unter Hydrolyse in Alkohol und Kohlendioxid. Gegenüber Aminen, Phenolen und Carbonsäuren ist Pyrokohlensäure-diäthylester recht reaktionsfreudig; unter Abspaltung von Alkohol und Kohlendioxid reagiert er mit ihnen zu Carbaminsäureestern, Kohlensäureestern bzw. Carbonsäureestern (T. Boehm u. D. Mehta 1938; W. Thoma u. H. Rinke 1959).

Pyrokohlensäure-diäthylester zeigt schon in kleinen Konzentrationen eine gute mikrobicide Wirkung, vor allem gegen Hefen, Kahmhefen und Milchsäurebakterien, in höheren Konzentrationen auch gegen Schimmelpilze. Er wurde vorgeschlagen zur Konservierung von Getränken, vor allem von Wein, Bier, Most, Obstsäften und Fruchtsaftgetränken (K. Hennig 1963; E. Kielhöfer 1962; E. Martienssen 1961; K. Mayer u. H. Lüthi 1960; G. Mönch 1961; G. Török u. Mitarb. 1962; W. Hurka 1962; A. Mehlitz u. J. Trommer 1962; P. Böhringer 1962; vgl. auch [1]). Die erforderlichen Konzentrationen betragen etwa 200—800 mg/l. Die Einbringung des Pyrokohlensäure-diäthylesters in das Getränk erfolgt entweder in alkoholischer Lösung oder durch mechanische Verteilung im Getränk durch besondere Mischgeräte.

Die antimikrobielle Wirkung des Pyrokohlensäure-diäthylesters läßt nach Einbringung in das Getränk rasch — innerhalb einiger Stunden — nach. Eine danach erfolgende Infektion oder ein danach stattfindendes Auskeimen vorhandener Sporen führt zum Verderb.

Unterhalb einer Konzentration von 100—200 mg/l soll sich der Pyrokohlensäure-diäthylester geruchlich und geschmacklich nicht bemerkbar machen. Bei höheren Konzentrationen kann es jedoch sowohl zu Farbveränderungen kommen als auch zu nachteiligen geschmacklichen Veränderungen. Dies dürfte darauf beruhen, daß der Pyrokohlensäure-diäthylester in den Getränken nicht ausschließlich in Alkohol und Kohlendioxid zerfällt, sondern auch mit Fruchtsäuren und Polyphenolen reagiert und neben den entstehenden fremden Estern außerdem stets noch Diäthylcarbonat gebildet wird (J. Koch 1962; P. Böhringer 1962).

In Fütterungsversuchen mit Ratten führte Traubensaft mit 0,5% Pyrokohlensäure-diäthylester — als Getränk neben dem normalen Futter ad libitum gegeben — zu keinen gesundheitlichen Störungen. Wurden dem Futterbrei 2% Pyrokohlensäure-diäthylester zugesetzt, so kam es zu starken Verminderungen in der Gewichtszunahme (G. Hecht 1961; G. Bornmann u. A. Loeser 1961). Nach G. Hecht (1961) dürfte dies auf einem Umsatz des Pyrokohlensäure-diäthylesters mit nahrungswichtigen Kostbestandteilen, wahrscheinlich mit Eiweiß, beruhen.

Die LD_{50} beträgt für Ratten bei Verabreichung in wäßriger Mischung 1,39 bis 1,57 g/kg Körpergewicht (G. Bornmann u. A. Loeser 1961), bei Verabreichung einer 10%igen öligen Lösung etwa 1,1 ml Lösung / kg Körpergewicht (G. Hecht 1961).

[1] Firmenschrift der Farbenfabriken Bayer AG, ATA, Werk Ürdingen April 1961.

Der unverdünnte Pyrokohlensäure-diäthylester zeigt nicht unbeträchtliche gewebeschädigende Wirkungen. Die Berührung der Substanz mit der menschlichen Haut, die Inhalation der Dämpfe sowie deren Einwirkung auf die Augenbindehaut führen zu Reizerscheinungen (G. HECHT 1961).

Die Anwendung des Pyrokohlensäure-diäthylesters zur Konservierung von Lebensmitteln (Getränken) ist in der Bundesrepublik Deutschland und in der Deutschen Demokratischen Republik nicht gestattet.

10. Salicylsäure und ihr Natriumsalz

a) Formeln

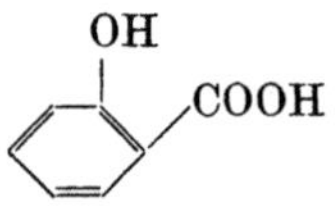

- Salicylsäure (o-Hydroxybenzoesäure) Mol.-Gew. = 138,12

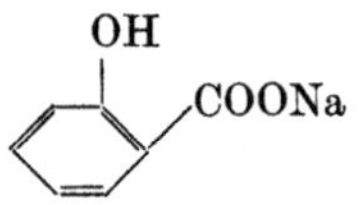

- Natriumsalicylat Mol.-Gew. = 160,10

b) Eigenschaften

Salicylsäure ist ein weißes kristallines, geruchloses Pulver von süßlich-saurem, kratzendem Geschmack. Der Schmelzpunkt beträgt 159° C. Salicylsäure ist wasserdampfflüchtig und sublimierbar. Die Dissoziationskonstante beträgt $1{,}06 \cdot 10^{-3}$. Salicylsäure ist in Wasser wenig, in Alkohol, Öl und Lipoiden leicht löslich (vgl. Tab. 9 u. 10). Das Natriumsalz ist in Wasser leicht löslich, wenig lipoidlöslich und reagiert neutral.

Die antimikrobielle Wirkung der Salicylsäure und ihres Natriumsalzes betrifft sowohl Bakterien als auch Hefen und Schimmelpilze, jedoch ist die Wirkung stark vom pH-Wert des Substrates abhängig, da nur die freie undissoziierte Säure wirksam ist (vgl. Tab. 2, S. 1074).

Auf Agarplatten wirkte Salicylsäure bei einer Konzentration von 0,1% wachstumshemmend, bei 0,2% abtötend auf *Bacterium typhi* und *Vibrio cholerae*. Die Hefegärung wurde durch 0,1 bis 0,2% unterdrückt. Auf Gärungsprozesse wirkte 0,2% Salicylsäure etwa gleich stark wie 0,1% Benzoesäure. 0,02% Salicylsäure

Tabelle 9. *Löslichkeit der Salicylsäure in Wasser bei verschiedenen Temperaturen*

Temperatur °C	Löslichkeit in g/l Lösung
0	0,8
10	1,2
20	1,8
25	2,2
30	2,7
40	3,7
50	5,4
60	8,2
70	13,2
80	20,5

Tabelle 10. *Löslichkeit der Salicylsäure in verschiedenen organischen Lösungsmitteln*

Lösungsmittel	Temperatur °C	Löslichkeit
Methanol	21,0	38,46 g/100 g gesätt. Lösung
Äthanol (absol.)	21,0	34,87 g/100 g gesätt. Lösung
n-Propanol	21,0	27,36 g/100 g gesätt. Lösung
Chloroform	30,5	1,55—1,56 g/100 g gesätt. Lösung
Tetrachlorkohlenstoff . . .	30,5	0,35—0,36 g/100 g gesätt. Lösung
Benzol	30,5	1,001—1,021 g/100 g gesätt. Lösung
Furfurol	25,0	11,0 g/100 g gesätt. Lösung
Äther	17,0	23,4 g/100 ml gesätt. Lösung
Aceton	23,0	31,3 g/100 ml gesätt. Lösung

verzögerten die Gärung, durch 0,05% wurde sie aufgehoben. Bei einer Konzentration von 0,1% Salicylsäure hörte bei *Bacterium coli* nach 45 min die Wachstumsfähigkeit auf. Salicylsäure erwies sich als bestes Mittel gegen *Bacterium coli*. Das Pilzwachstum wird durch 0,2% verhindert (E. ROST 1933; M. v. SCHELHORN 1951 d).

Salicylsäure wird vom Organismus leicht und schnell resorbiert. Im Blut wird sie lange zurückgehalten. Die Ausscheidung erfolgt im Harn als Salicylsäure, mit Glykokoll zu Salicylursäure gepaart sowie als Salicylätherschwefelsäure, Salicylglucuronsäure und Hydroxysalicylsäure. Die Ausscheidung, die sehr rasch beginnt, kann sich bei größeren Dosen über lange Zeiten erstrecken. Es besteht Kumulationsgefahr, die für Kinder besonders groß ist. Die Salicylsäure tritt bei Tier und Mensch in die Milch über; sie ist auch im Harn von Neugeborenen, deren Mütter Salicylsäure eingenommen hatten, nachgewiesen worden. Salicylsäure verursacht in vergiftenden Dosen vor allem Schädigungen der Schleimhäute (Blutungen), des Zentralnervensystems, des Gefäßsystems (Kollaps), des Ohres und der Nieren (besonders bei saurer Reaktion des Harns). Es kommt zu einem Absinken des arteriellen Blutdrucks und der Temperatur, zur Abnahme der Pulszahl und Atemfrequenz sowie der Sensibilität, außerdem zu Cyanose, Krämpfen und Atemlähmung. Die Nierenschädigungen führen zu Eiweiß-, Nierenzylinder- und Blutausscheidungen im Harn (E. ROST 1933; F. EICHHOLTZ 1944; H. FÜHNER 1951).

Salicylsäure übt eine starke Hemmwirkung auf die Enzymaktivität aus (B. BLEYER u. Mitarb. 1933; H. D. CREMER 1953; H. KLUGE 1933; M. PELOJA 1952; H. LÜCK 1957). In einer Konzentration von 0,1% wird die Pepsinaktivität auf den 4. Teil herabgesetzt, durch 0,4% wird sie völlig aufgehoben. Die Hyaluronidase-, Katalase- und Pankreatinaktivität werden durch Salicylsäure bzw. Salicylat stark vermindert.

Die Bildung der Pantothensäure wird durch Salicylsäure verhindert. Bei Abwesenheit von Proteinen wird die Pantothensäuresynthese schon durch 0,00002 molare Salicylsäurelösungen gehemmt (F. EICHHOLTZ 1944; R. TRUHAUT 1956).

Für Kaninchen beträgt die toxische Dosis an Salicylsäure 0,5 g, für Hunde 0,2—0,5 g/kg Körpergewicht; die tödliche Dosis wird mit 0,45—0,5 g/kg Körpergewicht angegeben (E. ROST 1933). Für Natriumsalicylat wurde die LD_{50} bei Katzen zu 0,8—0,9 g/kg Körpergewicht, die toxische Grenzdosis zu 0,6 g/kg Körpergewicht festgestellt (O. SCHLENK 1947).

Salicylsäure und ihr Natriumsalz wurden von der Expertenkommission für Lebensmittelzusätze der „Westeuropäischen Union“ in Liste IV (Stoffe, deren Schädlichkeitsgrad noch nicht festgestellt ist) eingereiht (S. W. SOUCI u. E. MERGENTHALER 1958). Von der „Deutschen Forschungsgemeinschaft“ wurde Salicylsäure als Lebensmittelzusatzstoff abgelehnt[1]; sie ist daher nicht in den beiden Vorschlagslisten angeführt[2].

c) Vorkommen

Salicylsäure kommt in Form ihres Methylesters, der meist glycosidisch an Zucker gebunden ist, im Pflanzenreich vor. So wurde Methylsalicylat in der Rinde von *Betula lenta* sowie in den Wurzeln und oberirdischen Pflanzenteilen von *Spiraea ulmaria*, *Spiraea filipendula* und anderen Spiraenarten gefunden. Andere Hauptquellen natürlichen Vorkommens von Methylsalicylat sind die Blätter von *Gaultheria procumbens* (Wintergrün), *Gaultheria leucocarpa* und *Gaultheria punc-*

---

[1] Mitteilung II der Deutschen Forschungsgemeinschaft, Kommission zur Prüfung der Lebensmittelkonservierung, vom 27. 7. 1956.

[2] Mitteilung V der Deutschen Forschungsgemeinschaft, Kommission zur Prüfung der Lebensmittelkonservierung, vom 13. 1. 1961.

tata. Außerdem wurde es aus den Blüten von *Acacia farnesiana* und *Acacia cavenia* isoliert.

Die freie Salicylsäure findet man weniger häufig und nur in Spuren. Sie wurde in den Blüten, Früchten, Wurzeln und anderen Pflanzenteilen von *Spiraea ulmaria* festgestellt. Außerdem wurde sie in Blüten, Stengeln und Blättern von Tulpen, Hyacinthen und Veilchen nachgewiesen. Sie findet sich auch in Trauben, Erdbeeren, Himbeeren, Vogelbeeren und anderen Früchten.

d) Anwendung

Salicylsäure, auf medizinisch-therapeutischem Gebiet von großer Bedeutung, wurde bis zum Jahre 1959 in der Bundesrepublik Deutschland in großem Umfang als Haushaltskonservierungsstoff für Marmeladen und sonstige Obsterzeugnisse angewandt. Zur Haltbarmachung von ungesalzenem Eigelb werden 0,8%, zur Verhinderung der Schimmelbildung bei Tabak 2,8% Salicylsäure benötigt.

In der Bundesrepublik Deutschland sind Salicylsäure und ihr Natriumsalz als Zusatzstoffe zu Lebensmitteln seit Inkrafttreten der Konservierungsstoff-Verordnung vom 19. 12. 1959 verboten. Auch in zahlreichen anderen Staaten ist Salicylsäure nicht zugelassen, so in Belgien, Dänemark, der Deutschen Demokratischen Republik, Finnland, Griechenland, Holland, Italien, Österreich, Portugal und der Schweiz. In Norwegen ist sie nur für die Haushaltskonservierung zugelassen. In Frankreich ist Salicylsäure nur zur Konservierung von Labpräparaten erlaubt. In Schweden beträgt die zulässige Höchstdosis für Fischkonserven 0,2%. In Spanien ist Salicylsäure bis zu 0,1% gestattet (S.W. Souci u. E. Mergenthaler 1958).

11. Sorbinsäure und ihre Salze

a) Formeln

$CH_3 - CH = CH - CH = CH - COOH$	Sorbinsäure	Mol.-Gew. = 112,12
$CH_3 - CH = CH - CH = CH - COONa$	Natriumsorbat	Mol.-Gew. = 134,10
$CH_3 - CH = CH - CH = CH - COOK$	Kaliumsorbat	Mol.-Gew. = 150,21
$(CH_3 - CH = CH - CH = CH - COO)_2Ca$	Calciumsorbat	Mol.-Gew. = 262,30

b) Eigenschaften

Sorbinsäure ist ein weißes, kristallines Pulver von schwach aromatischem und leicht säuerlichem Geschmack. Der Schmelzpunkt liegt bei 132—134,5° C. Sorbinsäure siedet bei 228° C unter Zersetzung. Sie ist wasserdampfflüchtig und sublimierbar. Die Dissoziationskonstante beträgt $1{,}73 \cdot 10^{-5}$. Der Verteilungskoeffizient der Sorbinsäure zwischen Fett bzw. fettem Öl und Wasser beträgt etwa 3 (C. M. Gooding u. Mitarb. 1955; E. Becker u. I. Röder 1957). Er steigt etwas, wenn die wäßrige Phase außerdem andere Stoffe (Salz, Zucker u. dgl.) in gelöster Form enthält. Über die Löslichkeit der Sorbinsäure in verschiedenen Lösungsmitteln gibt Tabelle 11 Auskunft.

Sorbinsäure ist außerdem in anderen organischen Lösungsmitteln, z.B. Glykol, Essigsäureäthylester, Dioxan, Aceton, Äther und Methanol löslich. In Tetrachlorkohlenstoff und Cyclohexan ist ihre Löslichkeit gering.

Sorbinsäure und ihre Salze sind wie auch eine Reihe anderer ungesättigter, geradkettiger, aliphatischer Monocarbonsäuren antimikrobiell wirksam. Die Wirkung der Sorbinsäure richtet sich sowohl gegen gewisse Bakterien als auch gegen Schimmelpilze. Sie weist eine selektive Wirkung gegenüber den katalasepositiven Actinomyceten, Schimmelpilzen, Hefen und Bakterien auf. Daher kann Sorbinsäure dazu dienen, in Kulturen verschiedener Mikroorganismen bei pH 5—5,5 katalasenegative Bakterien, z. B. Lactobacillen und Clostridien anzureichern. Neben ihrer bacteriostatischen und fungistatischen Wirkung vermag sie in höheren Dosen fungicid zu wirken. Sie ist ferner wirksam gegen *Fusarium graminearum*, *Penicillium digitatum* und *Botyris allii*. Gewisse Bakterien, gegen die Sorbinsäure nicht sehr wirksam ist, haben die Fähigkeit, die Doppelbindungen im Sorbinsäuremolekül zu hydrieren.

Tabelle 11. *Löslichkeit der Sorbinsäure in verschiedenen Lösungsmitteln*

Lösungsmittel	Temperatur	Löslichkeit in g Sorbinsäure pro 100 ml Lösungsmittel
Wasser	Zimmertemperatur	0,16
	50 °	0,6
	100°	3,9
Äthanol 5% ig	Zimmertemperatur	0,16
20% ig	Zimmertemperatur	0,2
55% ig	Zimmertemperatur	5
75% ig	Zimmertemperatur	10
95% ig	Zimmertemperatur	14,5
Isopropanol	Zimmertemperatur	8,4
Essigsäure 20% ig	Zimmertemperatur	0,2
95% ig	Zimmertemperatur	12,3
Glycerin	Zimmertemperatur	0,6
Fette u. fette Öle	Zimmertemperatur	0,6—0,8
Zuckerlösung 10% ig	Zimmertemperatur	0,14
50% ig	Zimmertemperatur	0,1
Zitronensäurelösung 5% ig	Zimmertemperatur	0,16
25% ig	Zimmertemperatur	0,2
Kochsalzlösung 5% ig	Zimmertemperatur	0,16
10% ig	Zimmertemperatur	0,07
15% ig	Zimmertemperatur	0,04

Voraussetzung für eine antimikrobielle Wirkung der Sorbinsäure ist eine ausreichende Mindestkonzentration, die je nach Art der Mikroorganismen verschieden hoch liegt. Versuche an Schimmelpilzkulturen zeigten, daß darunter liegende Sorbinsäuremengen in ähnlicher Weise wie im tierischen Organismus zu Biosynthesen oder als Energielieferant verwendet und damit zu Kohlendioxid und Wasser abgebaut werden. Unterschwellige Sorbinsäuredosen hemmen in Malzwürze—Hefesuspensionen zwar das Wachstum der Hefen bis zu einem gewissen Grade, nicht aber deren Lebenstätigkeit; die Alkoholproduktion in derartigen Versuchsansätzen entsprach der in nicht konservierten Kontrollen. Stark mikrobiell befallene Stoffe können — wenn überhaupt noch — nur mit sehr großen Mengen an Sorbinsäure haltbar gemacht werden, ohne daß jedoch die Konservierungsmitteldosis nur von der Zellzahl und Zelldichte abhängig wäre.

Die antimikrobielle Wirkung der Sorbinsäure und ihrer Salze ist vom pH-Wert des Substrates abhängig, da nur die freie undissoziierte Säure wirksam ist (vgl. Tab. 2, S. 1074). Im schwach sauren Bereich sind bei der Sorbinsäure jedoch noch beachtliche Anteile an undissoziierter Säure vorhanden, bei pH 5 noch 37%, bei pH 6 noch 6%. Im Vergleich dazu sind bei der Benzoesäure bei pH 5 nur 13%, bei pH 6 nur 1,5% undissoziiert. Bei pH 5 wirkt z. B. Sorbinsäure 2—5 mal stärker als Benzoesäure gegen *Streptobacterium plantarum*, *Penicillium glaucum*, *Willia anomale* und *Saccharomyces cerevisiae*.

Für Vergleiche mit anderen Konservierungsmitteln spielt neben der Dissoziation die absolute Wirksamkeit eine Rolle. Gegenüber *Saccharomyces cerevisiae* und *Willia anomale* ist die absolute Wirksamkeit der Sorbinsäure etwa die gleiche wie diejenige der Benzoesäure. Gegenüber *Penicillium glaucum* besitzt Sorbinsäure die doppelte, gegen *Streptobacterium plantarum* nur die halbe Wirksamkeit der Benzoesäure. Ein Wirkungsvergleich mit Propionsäure zeigt dagegen eine etwa 4-fache Überlegenheit der Sorbinsäure.

Bemerkenswert ist die Wirkungsverstärkung der Sorbinsäure durch Kochsalz und Zucker. So erhöht sich der Konservierungseffekt in 8%iger Kochsalzlösung um rund das Vierfache. Nichtionogene Emulgatoren bewirken dagegen zwar eine erhöhte Löslichkeit von Sorbinsäure und anderen Konservierungsmitteln, aber eine verringerte Wirkung gegen Mikroorganismen, da sich wahrscheinlich ein weniger wirksamer Komplex von Emulgator und Konservierungsstoff bildet.

Der Angriffspunkt der Sorbinsäure bei der Schädigung von Mikroorganismen dürfte auf der Hemmung lebenswichtiger Fermente bzw. Fermentsysteme beruhen. Wegen ihrer Wirksamkeit gegen katalasepositive Schimmelpilze und Bakterien wurde eine Einwirkung auf Enzymsysteme, wie Katalase, Cytochromoxydase und Glucoseoxydase vermutet und untersucht. An wachsenden Kulturen, intakten Zellsuspensionen und rohen oder reinen Enzympräparaten wurde eine Hemmwirkung der Sorbinsäure gegenüber der Fumarat-Oxydase und einer für den Fettsäurestoffwechsel wichtigen Dehydrogenase sichergestellt. Die letztgenannte Fermenthemmung tritt bei unphysiologisch hohen Sorbinsäurekonzentrationen auf (H. D. Dakin 1923; J. Schönbrunner 1940; M. v. Schelhorn 1950 a, 1954 a; D. Melnick u. Mitarb. 1954, 1956; J. L. Etchells u. Mitarb. 1955; C. M. Gooding u. Mitarb. 1955; L. Bertling 1957; K. Raible 1957 a, 1957 b; H. Lück 1957; vgl. auch [1]).

Die physiologische Unbedenklichkeit der Sorbinsäure als Lebensmittelzusatzstoff ist sowohl durch akute Toxicitäts- als auch langdauernde Fütterungsversuche nachgewiesen worden. Die akute Giftigkeit bei oraler Verabreichung ist sehr gering. Die LD_{50} beträgt bei gut gefütterten Ratten für freie Sorbinsäure 10,5 g/kg und für die Natriumverbindung (berechnet als freie Säure) 5,9 g/kg Körpergewicht. Natriumsorbat wird also schneller resorbiert als die freie Säure. Zum Vergleich beträgt die LD_{50} für Natriumbenzoat bei der Ratte 3,5 g/kg Körpergewicht. Bei hungernden Ratten wurde für Natriumsorbat eine LD_{50} von 3,6 g/kg (bei Weibchen) bzw. 4,3 g/kg (bei Männchen) ermittelt, während sie bei Natriumbenzoat 2,1 g/kg beträgt. Andere Autoren fanden bei gut gefütterten Ratten eine LD_{50} von 7,2 g/kg für Natriumsorbat und 7,4 g/kg für Sorbinsäure.

Im natürlichen Stoffwechsel wird Sorbinsäure ebenso wie andere Nahrungsfettsäuren verwertet und zu Kohlendioxid und Wasser verbrannt oder zu Biosynthesen verwendet. Auf diesem gleichartigen Verhalten beruht die Unschädlichkeit der Sorbinsäure. Vergleichende Versuche wurden vor allem mit der der Sorbinsäure entsprechenden gesättigten aliphatischen Carbonsäure, der Capronsäure, durchgeführt. Bei hungernden Ratten führt die Verfütterung beider Säuren zu der gleichen Ketonkörperausscheidung (Ketonurie), die sich in analoger Weise durch Glucosegaben aufheben läßt. In Versuchen an überlebenden Organen und Leberhomogenaten ergab sich, daß beim oxydativen Abbau der Sorbinsäure Acetessigsäure, Aceton und β-Oxybuttersäure gebildet werden. Sorbinsäure hat keinen Einfluß auf die β-Glucuronidaseaktivität von Mäuseleberhomogenaten, hemmt aber deren Zellteilung in geringem Maße. Katalase wird bei pH 7 nicht, bei pH 4,5 dagegen merklich gehemmt (H. D. Dakin 1923; H. F. Smith u. C. P. Carpenter

[1] Literaturbericht über „Sorbinsäure als Konservierungsmittel" der Farbwerke Hoechst AG Februar 1958.

1948; H. J. DEUEL 1953, 1955; H. J. DEUEL u. Mitarb. 1954 a, 1954 b; M. v. SCHELHORN 1954 a; D. A. A. MOSSEL 1955; G. E. DEMAREE u. Mitarb. 1955; M. INGRAM u. Mitarb. 1956; H. LÜCK 1957; S.W. SOUCI u. E. MERGENTHALER 1958; vgl. auch[1]).

Sorbinsäure wurde von der „Internationalen Union gegen den Krebs" in Liste A (Stoffe, die auf Grund von Tierversuchen als wahrscheinlich ungiftig und nicht cancerogen angesehen werden können und die daher vorläufig als zulässig für die menschliche Ernährung gelten können), von der Expertenkommission für Lebensmittelzusätze der „Westeuropäischen Union" in Liste I (Stoffe, die als ungefährlich für die Gesundheit zu erachten sind) eingereiht (S. W. SOUCI u. E. MERGENTHALER 1958). Von der „Deutschen Forschungsgemeinschaft" wurde sie in Liste I (Stoffe, die als duldbar angesehen werden) eingeordnet[2].

c) Vorkommen

Sorbinsäure kommt in Form ihres δ-Lactons, der Parasorbinsäure, in den Früchten der Eberesche, *Sorbus aucuparia*, vor. Sie wurde von A. W. HOFMANN (1859) im sog. „Vogelbeeröl" erstmals aufgefunden. O. DOEBNER (1890) stellte fest, daß die Parasorbinsäure erst in den reifenden Beeren vorkommt.

d) Anwendung

Sorbinsäure eignet sich gut zur Haltbarmachung von Margarine (0,05—0,1%), Käse und Käsezubereitungen (0,05—0,2%), Flüssigeigelb (0,6—1,2%), Gemüse- und Sauerkonserven (0,1%), Obstsäften (0,01—0,04%), Marmeladen, Brot und Backwaren. Sie wird außerdem — meist in Kombination mit anderen Konservierungsstoffen — angewandt bei Fisch-, Muschel- und Krebserzeugnissen, Mayonnaise, Fleisch- und Gemüsesalaten. Mit Sorbinsäure imprägnierte Einwickler haben sich zur Oberflächenkonservierung von Margarine und Käse bewährt. Wein mit hoher Restsüße kann ebenfalls mit Sorbinsäure haltbar gemacht werden. Geschmacklich treten erst 0,03% in Erscheinung. Sorbinsäure ist daher als teilweiser Ersatz für die schweflige Säure denkbar (J. W. BOYD u. H. L. A. TARR 1955; F. LAMPRECHT 1955; K. RAIBLE 1956; D. MELNICK u. Mitarb. 1956; E. BECKER u. I. RÖDER 1957; A. SCHULZ 1957; W. SALLER 1957; S. W. SOUCI u. E. MERGENTHALER 1958; R. J. BOUTHILET 1962; E. LÜCK 1962; vgl. auch [1]).

Die Sorbinsäure ist in zahlreichen Staaten zur Konservierung von gewissen Lebensmitteln zugelassen, so in den USA, in Kanada, Japan, Schweden, Norwegen, Dänemark, Belgien und Österreich (W. WAITZ 1957). In der Bundesrepublik Deutschland wurde sie sowie ihre Kalium-, Natrium- und Calciumverbindung durch die Konservierungsstoff-Verordnung vom 19. 12. 1959 als Zusatz zu einer Reihe von Lebensmitteln bzw. Lebensmittelgruppen zugelassen.

e) Reinheitsanforderungen

Die Kommission zur Prüfung der Lebensmittelkonservierung der Deutschen Forschungsgemeinschaft hat folgende Reinheitsanforderungen aufgestellt[3]:

Sorbinsäure

Aussehen .... weißes, kristallines Pulver
Geruch .... schwach, an mittlere Fettsäuren erinnernd

[1] Literaturbericht über „Sorbinsäure als Konservierungsmittel" der Farbwerke Hoechst AG, Februar 1958.

[2] Mitteilung V der Deutschen Forschungsgemeinschaft, Kommission zur Prüfung der Lebensmittelkonservierung, vom 13. 1. 1961.

[3] Mitteilung VI der Deutschen Forschungsgemeinschaft, Kommission zur Prüfung der Lebensmittelkonservierung, vom 6. 7. 1961.

Löslichkeit .... 1 g löslich in 12 ml Äthanol (96%ig)
1 g löslich in 16 ml Chloroform
Schmelzintervall .... 131—135° C
(Bestimmung in der 4 Stunden im Vakuum über Schwefelsäure getrockneten Probe)
Gehalt .... nicht weniger als 99%
(Bestimmung durch Titration mit 0,1 n NaOH gegen Phenolphthalein in der 4 Stunden im Vakuum über Schwefelsäure getrockneten Probe)
Flüchtige Bestandteile ...... nicht mehr als 3%
(Bestimmung durch 24stündiges Trocknen über Schwefelsäure)
Asche .... nicht mehr als 0,2%
Hitze- und
Lagerbeständigkeit .... nach 90 Minuten bei 105° C keine Verfärbung
Aldehyde .... nicht mehr als 0,1%, ber. als Formaldehyd
(Bestimmung durch Reaktion mit fuchsinschwefl. Säure)
Arsen .... nicht mehr als 3 mg je kg
(Bestimmung nach der Pharmacopoea internationalis, Methode A)
Blei .... nicht mehr als 10 mg je kg
(Bestimmung nach der Pharmacopoea internationalis oder mittels Dithizon in alkalischer Lösung)
Kupfer und Zink zusammen . nicht mehr als 50 mg je kg
(Bestimmung mittels Dithizon in schwach saurer Lösung).

Natriumsorbat

Aussehen .... weißes, kristallines Pulver
Geruch .... geruchlos oder nur schwach nach Sorbinsäure
Löslichkeit .... leicht löslich in Wasser
Schmelzintervall der durch
Ansäuern isolierten nicht
umkristallisierten Sorbinsäure 131—134° C
(Bestimmung in der im Vakuum über Schwefelsäure getrockneten Probe)
Gehalt .... nicht weniger als 98% in der 4 Stunden im Vakuum über Schwefelsäure getrockneten Probe
(Bestimmung durch potentiometrische Titration oder durch Titration der an einem Ionenaustauscher freigesetzten Sorbinsäure)
Hitze- und
Lagerbeständigkeit .... nach 90 Minuten bei 105° C keine Verfärbung
Aldehyde .... nicht mehr als 0,1% ber. als Formaldehyd
(Bestimmung mit fuchsinschwefliger Säure)
Arsen .... nicht mehr als 3 mg je kg
Bestimmung nach der Pharmacopoea internationalis, Methode A)
Blei .... nicht mehr als 10 mg je kg
(Bestimmung nach der Pharmacopoea internationalis oder mittels Dithizon in alkalischer Lösung)
Kupfer und Zink zusammen . nicht mehr als 50 mg je kg
(Bestimmung mittels Dithizon in schwach saurer Lösung).

Kaliumsorbat

Aussehen .... weißes, kristallines Pulver
Geruch .... geruchlos oder nur schwach nach Sorbinsäure
Löslichkeit .... 1 g löslich in 1 ml Wasser
Schmelzpunkt .... über 270° C unter Zersetzung
Schmelzintervall der durch
Ansäuern isolierten nicht
umkristallisierten Sorbinsäure 131—134° C
(Bestimmung in der im Vakuum über Schwefelsäure getrockneten Probe)
Gehalt .... nicht weniger als 99%
(Bestimmung durch potentiometrische Titration oder durch Titration der an einem Ionenaustauscher freigesetzten Sorbinsäure)

Flüchtige Bestandteile	nicht mehr als 1% (Bestimmung durch Trocknen über Schwefelsäure im Vakuum)
pH-Wert	7,5–9,5 (Bestimmung in einer 10% igen wäßrigen Lösung)
Hitze- und Lagerbeständigkeit	nach 90 Minuten bei 105° C keine Verfärbung
Aldehyde	nicht mehr als 0,1%, ber. als Formaldehyd (Bestimmung mit fuchsinschwefliger Säure)
Arsen	nicht mehr als 3 mg je kg (Bestimmung nach der Pharmacopoea internationalis, Methode A)
Blei	nicht mehr als 10 mg je kg (Bestimmung nach der Pharmacopoea internationalis oder mittels Dithizon in alkalischer Lösung)
Kupfer und Zink zusammen	nicht mehr als 50 mg je kg (Bestimmung mittels Dithizon in schwach saurer Lösung).

Calciumsorbat

Aussehen	weißes, feinkristallines Pulver
Geruch	geruchlos oder nur schwach nach Sorbinsäure
Löslichkeit	in Wasser und in Alkohol nur sehr wenig löslich
Schmelzpunkt	über 400° unter Zersetzung
Schmelzintervall der durch Ansäuern isolierten, nicht umkristallisierten Sobinsäure	131–134° C (Bestimmung in der im Vakuum über Schwefelsäure getrockneten Probe)
Gehalt	nicht weniger als 98% (Bestimmung durch potentiometrische Titration oder durch Titration der an einem Ionenaustauscher freigesetzten Sorbinsäure)
Flüchtige Bestandteile	nicht mehr als 2% (Bestimmung durch Trocknen über Schwefelsäure im Vakuum)
pH-Wert	7,5–8,5 (Bestimmung in einer 0,5% igen wäßrigen Lösung)
Hitze- und Lagerbeständigkeit	nach 90 Minuten bei 105° C keine Verfärbung
Aldehyde	nicht mehr als 0,1%, ber. als Formaldehyd (Bestimmung mit fuchsinschwefliger Säure)
Arsen	nicht mehr als 3 mg je kg (Bestimmung nach der Pharmacopoea internationalis, Methode A)
Blei	nicht mehr als 10 mg je kg (Bestimmung nach der Pharmacopoea internationalis oder mittels Dithizon in alkalischer Lösung)
Kupfer und Zink zusammen	nicht mehr als 50 mg je kg (Bestimmung mittels Dithizon in schwach saurer Lösung).

Die Abwesenheit von Beimengungen wie Quecksilber, aromatischen Aminen und mehrkernigen Kohlenwasserstoffen bei Sorbinsäure und ihren Salzen wurde nicht besonders vorgeschrieben, da mit deren Anwesenheit bzw. Entstehung bei der Synthese nicht zu rechnen ist.

III. Sonstige organische Verbindungen

1. Diphenyl

a) Formel

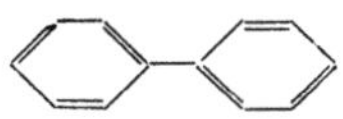

- Diphenyl (Biphenyl) Mol.-Gew. = 154,20

b) Eigenschaften und Anwendung

Diphenyl ist eine weiße, kristalline Substanz von unangenehmem Geruch. Es ist in Wasser unlöslich, in Alkohol, Benzol, Chloroform, Äther und anderen organischen Lösungsmitteln löslich. Die Substanz ist wasserdampfflüchtig.

Diphenyl wird in großem Umfang zur Konservierung von Citrusfrüchten angewandt. Es verhindert deren Verderb durch Grün- und Blauschimmel (*Penicillium digitatum* und *Penicillium italicum*) sowie durch Pilze der Gattung *Diploidia*, welch letztere im ersten Stadium des Verderbs eine bräunliche Verfärbung und lederartige Veränderung der Schale der Citrusfrüchte hervorrufen. In einer Konzentration von 0,08 mg Diphenyl/l Luft wird bereits die Entwicklung der genannten Mikroorganismen verhindert.

Als Konservierungsmethode wird im allgemeinen die Imprägnierung des Verpackungsmaterials (Einwickler, kragenartige Einsätze in Kisten u. ä.) mit Diphenyl angewandt. Die Konzentrationen werden so bemessen, daß auf 1 kg Früchte etwa 0,3—0,9 g Diphenyl kommen, z. B. 40 mg Diphenyl auf den 690 cm^2 großen Einwickler.

Infolge seines hohen Dampfdruckes und seiner guten Löslichkeit in Wachs und ätherischen Ölen verflüchtigt sich Diphenyl und wird von den Citrusfrüchten, vor allem von der Schale aufgenommen. Auch im Fruchtfleisch und im Saft von diphenylbehandelten Citrusfrüchten waren geringe Mengen an Diphenyl nachzuweisen.

Auf Grund von Tierfütterungsversuchen kann geschlossen werden, daß die vom Menschen beim Genuß von geschälten Früchten aufgenommenen Mengen an Diphenyl gesundheitlich unbedenklich sind. Eine Kumulation von Diphenyl im Organismus ist nicht anzunehmen. In Rattenfütterungsversuchen konnten etwa 58% des zugeführten Diphenyls im Harn nachgewiesen werden, davon etwa 30% als freies und 18% an Glucuronsäure gebundenes p-Hydroxydiphenyl, 5% als 4.4-Dihydroxydiphenyl, 3% als 3.4-Dihydroxydiphenyl und 1% als N-acetyl-S-diphenyl-l-Cystein (Diphenylmercaptursäure).

Die LD_{50} für Diphenyl (in Olivenöl gegeben) wurde bei Kaninchen zu 2,4 g/kg Körpergewicht, bei Ratten zu 3,5 g/kg Körpergewicht festgestellt (S. W. Souci u. E. Mergenthaler 1958; M. v. Schelhorn 1956; M. Feuersenger 1955; F. C. Macintosh 1945; A. Farkas u. J. Aman 1940; vgl. auch [1]).

Diphenyl wurde von der Expertenkommission für Lebensmittelzusätze der „Westeuropäischen Union" in Liste IV (Stoffe, deren Schädlichkeitsgrad noch nicht festgestellt ist) eingereiht.

Diphenyl wird in zahlreichen Staaten zur Konservierung von Citrusfrüchten angewandt, so in Brasilien, Cypern, Israel, Italien, Spanien, der Südafrikanischen Union, Tripolis und den USA. Die höchstzulässige Menge an Diphenyl beträgt in den USA 110 mg/kg Frucht. Nach den englischen Bestimmungen darf ein Einwickler von 690 cm^2 nicht mehr als 40 mg Diphenyl enthalten. In der Bundesrepublik Deutschland darf nach der Fruchtbehandlungs-Verordnung vom 19. 12. 1959 der Gehalt an Diphenyl in 1 kg Citrusfrüchten 70 mg nicht übersteigen.

2. o-Phenylphenol und sein Natriumsalz

a) Formeln

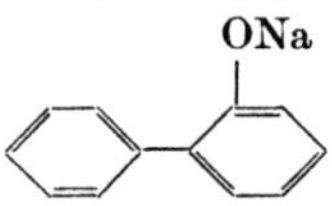

- o-Phenylphenol (o-Hydroxydiphenyl) Mol.-Gew. = 170,20

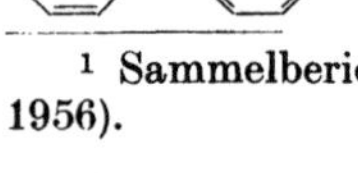

- Natrium-o-phenylphenolat (o-Hydroxydiphenyl-Natrium) Mol.-Gew. = 192,18

[1] Sammelbericht über Diphenyl der Hazleton-Laboratories, Falls Church USA (März 1956).

b) Eigenschaften und Anwendung

o-Phenylphenol ist eine weiße, kristalline Substanz, die in Wasser unlöslich, in Alkohol, Äther, Petroläther und anderen organischen Lösungsmitteln löslich ist. Das Natriumsalz ist in Wasser leicht, in organischen Lösungsmitteln nicht löslich.

o-Phenylphenol und sein Natriumsalz dienen in nicht unbeträchtlichem Maße zur Konservierung von Citrusfrüchten. Die Anwendung erfolgt entweder durch Imprägnieren der Einwickler oder durch Tauchen der Früchte in 0,5 bis 2%ige wäßrige Natrium-o-phenylphenolatlösungen oder durch Aufbringen auf die Schalen mit Hilfe von Wachsen, Wachsemulsionen oder Harzen.

Der vor allem durch Schimmelpilze bedingte Verderb der Citrusfrüchte wird durch o-Phenylphenol und sein Natriumsalz deutlich herabgesetzt. Die alleinige Anwendung dieser Substanzen führt jedoch zu Schädigungen der Citrusfruchtschalen durch Bildung eingefallener, feucht-weicher, braunverfärbter großer Narben. Dies kann durch die Mitverwendung von Hexamethylentetramin und durch alkalische Tauchlösungen verhindert werden, z. B. durch eine Tauchlösung, die 2% Natrium-o-phenyl-phenolat, 1% Hexamethylentetramin und 0,4% Ätznatron enthält.

o-Phenylphenol und sein Natriumsalz dringen in die Citrusfruchtschale ein. Auch im Fruchtfleisch konnten geringe Mengen nachgewiesen werden. Die LD_{50} für Natrium-o-phenylphenolat wurde bei Ratten zu 2,7 g/kg Körpergewicht festgestellt.

Natrium-o-phenylphenolat wurde von der Expertenkommission für Lebensmittelzusätze der „Westeuropäischen Union" in Liste IV (Stoffe, deren Schädlichkeitsgrad noch nicht festgestellt ist) eingereiht (S. W. SOUCI u. E. MERGENTHALER 1958; W. THODE 1960).

Die höchstzulässigen Konzentrationen an o-Phenylphenol betragen pro kg Frucht in den USA 10 mg, in England 70 mg, in Kanada 5 mg. In Schweden ist o-Phenylphenol bzw. sein Natriumsalz zur Behandlung von Birnen und Äpfeln bis zu 5 mg/kg Frucht zugelassen (W. WAITZ 1957). In der Bundesrepublik Deutschland ist o-Phenylphenol und sein Natriumsalz zur Behandlung von Citrusfrüchten durch die Fruchtbehandlungs-Verordnung vom 19. 12. 1959 bis zu einer Höchstkonzentration von 10 mg/kg Frucht zugelassen worden.

3. Formaldehyd und formaldehydabgebende Stoffe

a) Formeln

HCHO - Formaldehyd Mol.-Gew. = 30,03

$CH_2OH - O - [CH_2O]_n - CH_2OH$ - Paraformaldehyd

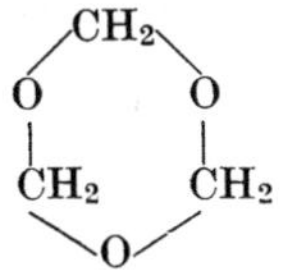

- Trioxymethylen (Trioxan) Mol.-Gew. = 90,09

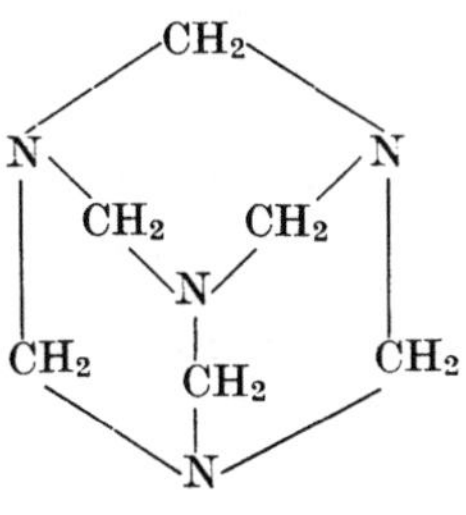

- Hexamethylentetramin Mol.-Gew. = 140,11

b) Eigenschaften

In reinem wasserfreiem Zustand ist Formaldehyd ein farbloses, stechend riechendes Gas, das sich beim Abkühlen zu einer farblosen Flüssigkeit vom Siedepunkt — 19,2° C verdichtet und bei weiterem Abkühlen bei — 118° C zu einer weißen Masse erstarrt. Der monomere Formaldehyd ist in Wasser, Alkoholen, Glykolen u. a. polaren Flüssigkeiten leicht löslich, in nicht polaren Flüssigkeiten, z. B. Kohlenwasserstoffen, Chlorkohlenwasserstoffen, Estern, Äthern, wenig oder nicht löslich. 1 Liter Wasser kann bei Zimmertemperatur über 400 l gasförmigen Formaldehyd lösen. Im Maximum entsteht eine 55%ige Lösung. Die Formaldehydlösungen des Handels („Formalin", „Formol") enthalten 35—40% Formaldehyd, außerdem durch Oxydation entstandene kleine Mengen an Ameisensäure, wodurch die Lösungen sauer reagieren, sowie wechselnde Mengen Methanol (bis 15%) zur Verhinderung der Bildung schwerlöslicher Polymerer, die eine Trübung verursachen würden.

Formaldehyd ist sehr reaktionsfreudig; hervorzuheben sind seine Additionsfähigkeit und vor allem sein Polymerisationsbestreben. Die polymeren Formaldehyde sind lineare oder cyclische kristalline Verbindungen.

Lineare Polymere sind die als Polyoxymethylene, Polyoxymethylenglykole oder Polyoxymethylen-dihydrate bezeichneten Verbindungen der Formel $HOCH_2$-O-$(CH_2O)_n$-CH_2OH, wobei n = 1 — 100 ist. Der wichtigste Vertreter ist der Paraformaldehyd (n = 8 — 100), eine weiße, nach Formaldehyd riechende kristalline Substanz vom Schmelzpunkt 120—170° C, entsprechend dem Polymerisationsgrad. An der Luft verflüchtigt er sich unter Abgabe von monomerem Formaldehyd, mit Wasser hydratisiert er zu Polyoxymethylenglykolen verschieden hoher Polymerisationsgrade, mit Alkoholen und anderen polaren Lösungsmitteln bildet er entsprechende Solvate. Polymere Hydrate mit mehr als drei Baueinheiten CH_2O im Molekül sind in Wasser mit steigender Molekülgröße in abnehmendem Maße löslich. Die Löslichkeit des Paraformaldehyds in Wasser hat ein Minimum bei pH 3—5 und nimmt mit höherem bzw. niedrigerem pH erheblich zu. In nicht wäßrigen Lösungsmitteln werden die Löslichkeiten durch Zusatz von alkalisch oder sauer wirkenden Mitteln verbessert.

Der wichtigste Vertreter der cyclischen Polymere ist das Trioxymethylen, eine weiße kristalline Masse, deren Schmelzpunkt 61—62° C und deren Siedepunkt 114,5° C beträgt. Trioxymethylen ist sublimierbar. Es ist in Wasser, Alkoholen, Ketonen, Phenolen u. a. organischen Lösungsmitteln leicht, in Paraffinkohlenwasserstoffen dagegen nur wenig löslich.

Bei Einwirkung von Formaldehyd auf Ammoniak entsteht Hexamethylentetramin, eine farblose, kristalline, glänzende Substanz von süßlich-bitterem Geschmack. Bei 12° C lösen 100 g Wasser 81,30 g Hexamethylentetramin, 100 g Chloroform 8,09 g und 100 g absolut. Alkohol 3,22 g. In Äther ist Hexamethylentetramin fast unlöslich.

Formaldehyd besitzt eine beachtliche antimikrobielle Wirkung. Er findet daher sowohl in Gasform als auch in Lösung als Desinfektionsmittel und Antisepticum ein breites Anwendungsgebiet. Formaldehyd in Lösung ist ein langsam wirkendes Keimtötungsmittel. Erst in relativ hohen Konzentrationen (1:500 bis 1:40) werden nach 6—10stündiger Einwirkung mit Sicherheit alle Sporen und Bakterien abgetötet. Tuberkulöses Sputum muß einer 5%igen Lösung mindestens für 1 Stunde ausgesetzt sein. Verdünnungen von 1:5000 bis 1:20000 wirken bakteriostatisch (F. Hauschild 1958). Durch schwache Konzentrationen werden z. B. Typhus- und Ruhrbakterien nicht vernichtet; erst durch 1%ige Lösungen werden pathogene Bakterien abgetötet (E. Rost 1933). Bemerkenswert ist, daß bakteriell gebildete Toxine durch Formaldehyd entgiftet werden (P. Hirsch 1956).

Die microbicide Wirkung von Hexamethylentetramin ist auf die Abspaltung von Formaldehyd zurückzuführen; Hexamethylentetramin hat selbst keine antimikrobielle Wirkung.

Nach den Untersuchungen M. v. Schelhorns (1954 c) ist Hexamethylentetramin nur gegen bestimmte Mikrobenarten, speziell Bakterien, spezifisch wirksam. In einer neutralen Nährlösung genügten 0,05%, um die Vermehrung von je etwa $5 \cdot 10^6$ Zellen/ml von *Bacterium coli*, *Bacillus subtilis*, *Bacillus mesentericus* und *Steptococcus plantarum* zu hemmen. Zur Unterdrückung der Vermehrung von $2 \cdot 10^6$ Zellen/ml von *Saccharomyces cerevisiae* waren dagegen Zusätze von 1% Hexamethylentetramin notwendig. Schimmelpilze (*Penicillium sp.*) wuchsen noch bis zu einer Konzentration von 5% Hexamethylentetramin.

Die konservierende Wirkung des Hexamethylentetramins ist vom Milieu abhängig. Im sauren Medium ist sie infolge der vermehrten Formaldehydabspaltung bedeutend stärker als im neutralen (M. v. Schelhorn 1954 c).

Formaldehyd vermindert die ernährungsphysiologische Verwertbarkeit des Eiweißes. Er reagiert mit verschiedenen Gruppen des Eiweißmoleküls, wobei nach D. French u. J. T. Edsall (1945) folgende Möglichkeiten in Betracht kommen:

Aminogruppe: $$R - NH_2 + HCHO \longrightarrow R - N = CH_2 + H_2O$$

Iminogruppe: $$\begin{matrix} R \searrow \\ NH \\ R \nearrow \end{matrix} + HCHO \longrightarrow \begin{matrix} R \searrow \\ N - CH_2OH \\ R \nearrow \end{matrix}$$

Peptidbindung: $$R - CO - NH - R + HCHO \longrightarrow R - CO - N \begin{matrix} \nearrow CH_2OH \\ \searrow R \end{matrix}$$

Hydroxylgruppe: $$2\,R - OH + HCHO \longrightarrow \begin{matrix} R - O \searrow \\ \\ R - O \nearrow \end{matrix} CH_2 + H_2O$$

Sulfhydrylgruppe: $$2\,R - SH + HCHO \longrightarrow \begin{matrix} R - S \searrow \\ \\ R - S \nearrow \end{matrix} CH_2 + H_2O$$

Hierdurch werden die Eiweißmoleküle grundlegend beeinflußt, die basischen Aminogruppen werden abgesättigt, die Moleküle bekommen sauren Charakter. Es kommt zu Änderungen in der kolloiden Struktur und in der Löslichkeit. Ein Teil des Formaldehyds wird auch rein adsorptiv an Eiweiß gebunden. Die Proteinbindung ist abhängig vom pH-Wert, der Temperatur und der Einwirkungsdauer und ist z. T. reversibel.

An die Eigenschaft des Formaldehyds, mit Eiweiß unter bestimmten Bedingungen feste Massen (Kunststoffe) zu bilden, sei in diesem Zusammenhang erinnert.

Formaldehyd setzt schon in Konzentrationen von 0,01—0,1% die Resorbierbarkeit von Eiweiß herab. Es kommt zu einer Härtung des Eiweißes. Formylierte Proteine werden durch Proteasen nicht oder nur schwer aufgespalten. Es muß auch mit einer Schädigung der Fermente selbst gerechnet werden. So werden z. B. die Eiweißstoffe der Milch durch Formaldehyd hinsichtlich Löslichkeit und Ausflokkung stark verändert. Die Labgerinnung wird schon durch Zusätze von 0,06% wesentlich beeinträchtigt, durch 0,08% aufgehoben (E. Rost 1933; F. Johannessohn 1917; P. Hirsch 1956; S. W. Souci u. E. Mergenthaler 1958). Neben dem Eiweiß wird auch das Vitamin C beeinflußt; es reagiert mit Formaldehyd unter Verringerung seines Reduktionsvermögens (P. György 1952).

Formaldehyd wird vom Organismus rasch resorbiert. Er wird z. T. als Formiat im Harn ausgeschieden, zum Teil unverändert exhaliert und zum Teil in Kohlensäure übergeführt. Er weist eine starke schleimhautreizende Wirkung auf und kommt in dieser Hinsicht dem Natriumfluorid am nächsten (E. Rost 1933; H.

FÜHNER 1951). Höhere Konzentrationen können zu Darmschleimhautentzündungen und Nierenreizungen führen (F. FLURY u. Z. ZANGGER 1928). 0,1% Formaldehyd hemmen bei pH 7 das muskuläre Apyrasesystem vollständig (W. PARTMANN 1957a). Sowohl in Versuchen an Tieren als auch bei Pflanzen wurde die mutagene Wirkung des Formaldehyds nachgewiesen, so daß die Möglichkeit der Erbschädigung besteht (H. LÜCK u. S. W. SOUCI 1958).

Da Hexamethylentetramin im sauren pH-Gebiet (im Lebensmittel, im Magensaft oder im sauren Harn) Formaldehyd abspaltet, entsprechen für diesen Konservierungsstoff die physiologischen, pharmakologischen und toxikologischen Eigenschaften im wesentlichen denen des Formaldehyds. Hexamethylentetramin wird vom Organismus rasch resorbiert und zum Teil mit dem Harn wieder ausgeschieden. Es ist im Speichel, in der Milch (Hund und Mensch) und in der Galle nachgewiesen worden (E. ROST 1933). Der Einfluß des Hexamethylentetramins auf Enzyme erwies sich als relativ gering (B. BLEYER u. Mitarb. 1933).

Formaldehyd und Hexamethylentetramin werden ganz allgemein für die Konservierung von Lebensmitteln als gesundheitlich bedenkliche Stoffe abgelehnt. In diesem Sinne hat sich auch die „Deutsche Forschungsgemeinschaft" ausgesprochen[1].

Von der Expertenkommission für Lebensmittelzusätze der „Westeuropäischen Union" wurden Formaldehyd und Hexamethylentetramin in Liste III (Stoffe, die als gefährlich für die Gesundheit zu erachten sind) eingereiht (S. W. SOUCI u. E. MERGENTHALER 1958). Die Deutsche Forschungsgemeinschaft hat Formaldehyd und Hexamethylentetramin nicht in ihre beiden Vorschlagslisten aufgenommen[2].

c) Anwendung

Formaldehyd wird auf dem Lebensmittelsektor vorwiegend als Desinfektionsmittel für Behältnisse und Korken sowohl in Gasform als auch in wäßriger Lösung, als Paraformaldehyd oder als Trioxan verwendet. Die Konservierung von Kunstdärmen wird mit Formaldehyd durchgeführt. Die Behandlung von Heringen mit einer 6—10%igen Formalinlake verlängert deren Haltbarkeit um mehrere Wochen. Durch Zusatz von 100—500 mg/kg Formaldehyd zum Fischeis läßt sich die Haltbarkeit von Fischen um 4—6 Tage verlängern, wobei Aussehen, Geruch und Geschmack der Fische unverändert bleiben. Bei einer Konzentration von 100 mg Formaldehyd pro kg Fischeis war im Fischfleisch kein Formaldehyd nachweisbar. Die Haltbarkeit von Eiern läßt sich ebenfalls durch Formaldehydbehandlung verlängern, z. B. durch Begasung der Höckereinsätze. Hierbei muß jedoch mit einem Eindringen des Formaldehyds ins Eiinnere in einer Menge von 0,03 bis 0,1 mg pro Ei gerechnet werden. Auch zur Konservierung von Milch wurde Formaldehyd vorgeschlagen (P. HIRSCH 1956; S. W. SOUCI u. E. MERGENTHALER 1958; M. FEUERSENGER 1959).

Hexamethylentetramin findet bei der Konservierung von Fischerzeugnissen ausgedehnte Verwendung. Es eignet sich gut zur Haltbarmachung von Kaltmarinaden aus Fischen oder Muscheln, von Salzfischen in Öl, von Kaviar und anderen Fischrogen, von Anchosen, Krebszubereitungen und Garnelenerzeugnissen. Die angewandten Konzentrationen betragen etwa 250—800 mg/kg. Häufig wird Hexamethylentetramin mit anderen Konservierungsstoffen kombiniert. G. PULAY u. L. PENTZ (1956) berichten auch über die Anwendung von Hexamethylentetramin bei der Fleischkonservierung und in der Molkerei. Das

[1] Mitteilung II der Deutschen Forschungsgemeinschaft, Kommission zur Prüfung der Lebensmittelkonservierung, vom 27. 7. 1956.

[2] Mitteilung V der Deutschen Forschungsgemeinschaft, Kommission zur Prüfung der Lebensmittelkonservierung, vom 13. 1. 1961.

durch Buttersäuregärung bedingte Blähen des Käses wird gehemmt. Hexamethylentetraminkonzentrationen von 0,005—0,01% erwiesen sich noch als geschmacklich indifferent.

Trotz der gesundheitlichen Bedenken ist die Konservierung von Lebensmitteln, vorwiegend von Fischerzeugnissen, mit Hexamethylentetramin in einer Reihe von Staaten erlaubt, so in der Deutschen Demokratischen Republik, in Finnland, Frankreich, in den Niederlanden, in Norwegen, Österreich, Portugal, Schweiz, Schweden und der Türkei (W. Waitz 1957). In der Bundesrepublik Deutschland wurde Hexamethylentetramin durch die Konservierungsstoff-Verordnung vom 19. 12. 1959 als Zusatz zu einer Reihe von Lebensmitteln bzw. Lebensmittelgruppen zugelassen, jedoch nur bis zum 31. 12. 1964.

d) Reinheitsanforderungen

Die Kommission zur Prüfung der Lebensmittelkonservierung der Deutschen Forschungsgemeinschaft hat für *Hexamethylentetramin* folgende Reinheitsanforderung aufgestellt[1]:

Aussehen	weißes, praktisch geruchloses Pulver
Löslichkeit bei Zimmertemperatur	1 g in etwa 1,5 ml Wasser 1 g in etwa 10 ml Chloroform
Gehalt	nicht weniger als 99,0% (Bestimmung durch Titration)
Flüchtige Bestandteile	nicht mehr als 0,5% (Bestimmung durch 2stündiges Trocknen bei 105° C)
Asche	nicht mehr als 0,05%
Schwefelsäureprobe	Beim Lösen von 0,5 g Hexamethylentetramin in 10 ml konzentrierter Schwefelsäure in der Kälte darf keine Gelb- oder Braunfärbung auftreten
Ammoniumsalze	nicht mehr als 0,05% NH_3
Trimethylamin	Beim Erwärmen einer schwach alkalisch eingestellten Lösung darf kein Geruch nach Trimethylamin auftreten.

4. 8-Hydroxychinolin

a) Formel

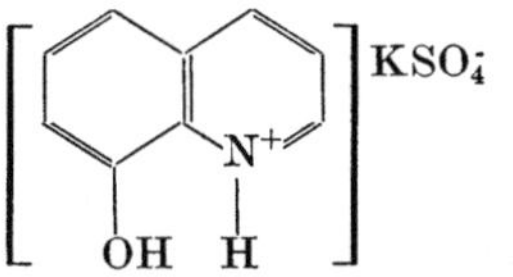

— 8-Hydroxychinolin-Kaliumhydrogensulfat (Chinosol) Mol.-Gew. = 281,32

b) Eigenschaften und Anwendung

8-Hydroxychinolin-Kaliumhydrogensulfat findet zur Konservierung von Tabak Anwendung (P. Koenig u. W. Müller 1936). Die benötigten Mengen betragen 0,4—0,7 g/kg Fertigfabrikat. 8-Hydroxychinolin wird mit dem Tabakrauch inhaliert (E. Wegner 1956).

In einer 8%igen wäßrigen Lösung wurde 8-Hydroxychinolin-Kaliumhydrogensulfat auch zur Bekämpfung der Orangenfäulnis vorgeschlagen.

Nach G. Kärber (1950) führt die tägliche subcutane Zufuhr von 0,05—0,1 mg 8-Hydroxychinolin bei jungen Mäusen zu Wachstumsverzögerungen, die sich auch nach Absetzen der Zufuhr nicht durchwegs ausgleichen. Bei Ratten und Mäusen zeigte „Chinosol" außerdem cancerogene Wirkungen (S. W. Souci u. E. Mergenthaler 1958).

8-Hydroxychinolin wurde von der „Internationalen Union gegen den Krebs" in Liste C (Stoffe, die auf Grund von Tierversuchen cancerogen sind und für die

[1] Z. Lebensmittel-Unters. u. -Forschung 111, 417 (1960).

menschliche Ernährung nicht verwendet werden dürfen), von der Expertenkommission für Lebensmittelzusätze der „Westeuropäischen Union" in Liste III (Stoffe, die als gefährlich für die Gesundheit zu erachten sind) eingereiht (S. W. Souci u. E. Mergenthaler 1958).

Von der Deutschen Forschungsgemeinschaft wurde 8-Hydroxychinolinkaliumhydrogensulfat für die Konservierung von Rauchtabak zunächst als duldbar angesehen[1], später jedoch aus der Vorschlagsliste gestrichen[2]. Seit Inkrafttreten der Novelle zum Lebensmittelgesetz vom 21. 12. 1958 und der Tabakverordnung vom 19. 12. 1959[3] ist die Verwendung von 8-Hydroxychinolin als Konservierungsmittel nicht mehr gestattet.

5. Thioharnstoff

a) Formel

$S = C\langle{}^{NH_2}_{NH_2}$ — Thioharnstoff Mol.-Gew. = 76,12

b) Eigenschaften und Anwendung

Thioharnstoff erwies sich als gutes Konservierungsmittel zur Verhinderung des Verderbs von frischen Früchten; er wurde vor allem bei Citrusfrüchten angewandt (V. L. S. Charley 1959). Die Früchte werden einige Minuten in (etwa 2%ige) Thioharnstofflösungen getaucht oder mit einer (etwa 5%) Thioharnstoff enthaltenden Wachsemulsion behandelt. Thioharnstoff dringt in die Früchte ein und kann im ausgepreßten Saft nachgewiesen werden (S. W. Souci u. E. Mergenthaler 1958).

Neben seiner microbiciden Wirkung verhindert Thioharnstoff das Braunwerden von Citrusfrüchten. Die Bräunung von Apfelschnitten wird durch Eintauchen in 0,01%ige wäßrige Lösung ebenfalls vermieden (M. B. Jacobs 1951).

Thioharnstoff wurde auch in einer Konzentration von 50 mg/kg zur Stabilisierung von Vitamin C bei der Konservierung von Obst und Gemüse vorgeschlagen (H. Gockel 1942). W. Diemair u. W. Fresenius (1943) stellten zwar eine gute Stabilisierung reiner Ascorbinsäurelösungen und eine gute Schutzwirkung in Citrussäften fest, fanden jedoch praktisch keine Stabilisierung beim Kochen von Gemüse.

Gegen die Verwendung von Thioharnstoff als Konservierungsmittel bestehen große gesundheitliche Bedenken (H. J. Deuel 1955; R. Truhaut 1956). Schon Konzentrationen von 0,1% führten bei Ratten zu Lebertumoren. Auch Schilddrüsentumore, die Entstehung von Mundkrebs sowie hepatoxische Wirkungen des Thioharnstoffs wurden beobachtet. Bei Mäusen wurden durch Thioharnstoff Lungenödeme hervorgerufen. Fortgesetzte Aufnahme von Thioharnstoff führte bei Ratten zu Kretinismus; 0,15% im Futter bewirkten Wachstumsverzögerungen und Schilddrüsenvergrößerung. Beim Menschen verursachte die wiederholte Aufnahme ein Absinken des Grundumsatzes und eine Vermehrung des Gallenfetts. Der Jodstoffwechsel wird durch Thioharnstoff beeinflußt. Thioharnstoff zählt zu

---

[1] Mitteilung I der Deutschen Forschungsgemeinschaft, Kommission zur Prüfung der Lebensmittelkonservierung, vom 11. 10. 1954.

Mitteilung II der Deutschen Forschungsgemeinschaft, Kommission zur Prüfung der Lebensmittelkonservierung, vom 27. 7. 1956.

[2] Mitteilung III der Deutschen Forschungsgemeinschaft, Kommission zur Prüfung der Lebensmittelkonservierung, vom 24. 6. 1958.

[3] Verordnung über Tabak und Tabakerzeugnisse (Tabakverordnung) vom 19. 12. 1959 (Bundesgesetzbl. I, S. 730) in der Fassung der Änderungs-Verordnung vom 22. 12. 1960 (Bundesgesetzbl. I, S. 1073).

den kumulierenden Stoffen. Die LD_{50} beträgt bei Ratten 1—2 mg/kg Körpergewicht (S. W. SOUCI u. E. MERGENTHALER 1958).

Thioharnstoff wurde von der „Internationalen Union gegen den Krebs" in Liste C (Stoffe, die auf Grund von Tierversuchen cancerogen sind und für die menschliche Ernährung nicht verwendet werden dürfen), von der Expertenkommission für Lebensmittelzusätze der „Westeuropäischen Union" in Liste III (Stoffe, die als gefährlich für die Gesundheit zu erachten sind) eingereiht (S. W. SOUCI u. E. MERGENTHALER 1958). Von der „Deutschen Forschungsgemeinschaft" wurde Thioharnstoff als Konservierungsstoff für Lebensmittel abgelehnt[1].

In der Bundesrepublik Deutschland und in der Deutschen Demokratischen Republik ist seine Verwendung, ebenso wie in den USA, verboten.

IV. Antibiotica

Die Antibiotica, die in Medizin und Tierfütterung in großem Umfang angewandt werden, haben in den letzten Jahren auch in der Lebensmittelkonservierung zunehmende Bedeutung gewonnen (W. PARTMANN 1957 b, 1957 c; S. W. SOUCI u. E. MERGENTHALER 1958; R. GRAU 1957; R. KREUZER 1957; R. WHITE-STEVENS 1957; J. KIMMING u. Mitarb. 1953; M. B. JACOBS 1951; L. CAMPBELL u. R. T. O'BRIEN 1955; K. J. DEMETER 1950; J. C. AYRES u. Mitarb. 1956; E. KIELHÖFER u. H. AUMANN 1957; W. RÖDDER 1959; P. HIRSCH 1956; W. DIEMAIR u. W. RÖDDER 1960; E. FREERKSEN 1957).

Für die Lebensmittelkonservierung eignen sich vor allem Antibiotica aus der Gruppe der Tetracycline, insbesondere Aureomycin und Terramycin, daneben auch Penicillin, Streptomycin und Subtilin. Ferner wurden vorgeschlagen bzw. angewandt Chloromycetin, Bacitracin, Actidion, Polymycine, Grifolin, Gramicidin, Mycomycin und Nisin.

Die Antibioticatherapie bei Haustieren und die Zufütterung von Antibiotica beeinflussen normalerweise weder die Qualität des späteren tierischen Lebensmittels ungünstig noch führen sie zu einem ins Gewicht fallenden Verbleib von Antibiotica in tierischen Lebensmitteln.

Die Einbringung der im allgemeinen bakteriostatisch wirkenden Mittel erfolgt bei Fleisch und Geflügel durch Einpumpen des in einer Kochsalzlösung gelösten Antibioticum über das Blutgefäßsystem oder durch Oberflächenbehandlung des Fleisches durch Eintauchen in eine Antibioticalösung oder Besprühen mit dieser. Bei Fischen wird die Behandlung durch Zusatz der Antibiotica zu dem zur Kühlung verwandten Eis bzw. Seewasser oder durch Oberflächenbehandlung der Fische oder Fischfilets durch Eintauchen in eine Antibioticalösung oder Besprühen mit dieser und bei Walen durch Injektion des Antibioticum in die Bauchhöhle durchgeführt. Bei Milch, Bier, Käse, Käsezubereitungen, Säften, Gemüse- und Hülsenfruchtkonserven werden die Antibiotica zugesetzt und bei frischem Gemüse aufgesprüht.

Wesentlich ist bei der Lebensmittelhaltbarmachung und -frischhaltung die Anwendung von Antibiotica mit einem breiten Wirkungsspektrum, um möglichst alle am Lebensmittelverderb beteiligten Mikroorganismen zu erfassen. In dieser Beziehung hat das Aureomycin bisher die größte Bedeutung erlangt.

Bei der Dosensterilisierung von Lebensmitteln wurde versucht, durch Zusatz hitzestabiler Antibiotica, z. B. Subtilin, mit niedrigeren Temperaturen auszukommen. Diese Kombination von Antibiotica- und milder Hitzebehandlung erwies sich jedoch, ebenso wie die Verwendung von Antibiotica für frische vorver-

[1] Mitteilung II der Deutschen Forschungsgemeinschaft, Kommission zur Prüfung der Lebensmittelkonservierung, vom 27. 7. 1956.

packte Lebensmittel, als ungeeignet, da hierbei die Gefahr der Entwicklung von Lebensmittel vergiftenden Bakterien und von antibiotica-resistenten Salmonellen und Staphylokokken besteht.

Während der Lagerung nimmt im allgemeinen der Gehalt an Antibiotica im behandelten Lebensmittel ab. Die nach Aureomycinbehandlung im Warmblüterfleisch bei der Zubereitung noch vorhandenen Aureomycinmengen werden beim Kochen und Braten praktisch zerstört. Nach der kürzeren Hitzeeinwirkung bei der üblichen Zubereitung von Fisch dürfte noch etwa $^1/_3$ der anfänglichen Antibioticakonzentration im Fischfleisch vorhanden sein.

Aus toxikologischen Untersuchungen und den Erfahrungen der Antibioticatherapie wird im allgemeinen geschlossen, daß Aureomycin in den bei der Lebensmittelkonservierung angewandten Konzentrationen physiologisch unbedenklich ist.

Allerdings zeigen Ergebnisse über die Wirkung von Aureomycin auf Enzymsysteme (Atmungsketten-Phosphorylierung, Coenzym A), daß Aureomycin in grundlegende Stoffwechselvorgänge einzugreifen vermag und bei ständiger Aufnahme mit der Nahrung bei höheren Organismen zu einer im Vergleich zur Proteinsynthese erhöhten Fettsynthese führen kann.

Eine gewisse Gefahrenquelle der Antibioticabehandlung stellt außerdem die Entwicklung resistenter pathogener Mikroorganismenstämme sowie die Änderung der Mikrobenflora der Lebensmittel und die Herausbildung resistenter verderbserregender Microbenstämme dar.

Bedenken gegen die Konservierung von Lebensmitteln mit Antibiotica bestehen auch von der Seite der Lebensmittelhygiene sowie hinsichtlich einer unsachgemäßen Lagerung und der Verwendung minderwertiger Lebensmittelqualitäten. Der Oberflächenbehandlung von Lebensmitteln kann eine schönende Wirkung zukommen, wenn das Innere des Lebensmittels nicht steril ist oder das Antibioticum nicht in wirksamen Konzentrationen bis ins Innere gelangt. Ein durch die Antibioticaverwendung bedingtes Nachlassen der Hygiene in den Lebensmittelbetrieben könnte zu Verunreinigungen von Lebensmitteln mit resistenten menschen-pathogenen Bakterien führen. Die Möglichkeit von Lebensmittelvergiftungen bestünde auch, wenn zunächst nur in geringem Maße infiziertes Gut nicht mehr wie bisher kühl, sondern bei Temperaturen über $+ 10^\circ$ C gelagert würde. Da das Wachstum der üblichen Mikroflora durch die Antibioticabehandlung in einem solchen Lebensmittel unterbunden ist, würden vermutlich auch die Verderbsanzeichen nicht mehr charakteristisch sein, so daß eine organoleptische Beurteilung nicht mehr ausreichen würde, um festzustellen, ob ein derartiges Produkt noch für den menschlichen Genuß geeignet ist.

Weiterhin muß berücksichtigt werden, daß die derzeitigen Kenntnisse über die Wirkungen der aus den Antibiotica im Lebensmittel entstehenden Umwandlungs- und Abbauprodukte außerordentlich gering sind.

Die Verwendung von Antibiotica zur Konservierung von Lebensmitteln ist in der Bundesrepublik Deutschland nicht gestattet. In den USA hat im Jahre 1955 die Food and Drug Administration die Verwendung von Aureomycin für Geflügel zugelassen; als Höchstmenge wurden 7 μg Aureomycin/g Fleisch festgesetzt, die an keiner Stelle des Geflügelfleisches überschritten werden dürfen. Die Geflügelbetriebe unterliegen, was Hygiene und Verarbeitung anbetrifft, besonderen Kontrollmaßnahmen. In Kanada ist die Anwendung von Aureomycin für die Haltbarkeitsverlängerung von Frischfisch gestattet.

Die Verwendung von Antibiotica in Futtermitteln ist dagegen in der Bundesrepublik Deutschland wie auch in zahlreichen anderen Staaten zugelassen.

V. Sulfonamide

Gewisse Sulfonamide erwiesen sich zur Konservierung bestimmter Lebensmittel als gut geeignet. Es handelt sich insbesondere um folgende Verbindungen: Sulfanilamid (p-Aminobenzol-sulfonsäureamid), Sulfanilsäure-acetamid (p-Aminobenzol-sulfonsäure-acetamid), Sulfanilsäure-sulfomethylamid (p-Aminobenzol-sulfonsäure-sulfomethylamid), Dimethyl-benzoyl-sulfanilamid (p-Dimethylaminobenzol-sulfonsäure-benzoylamid), Dimethyl-acroyl-sulfanilamid (p-Dimethylaminobenzolsulfonsäure-acroylamid), p-Toluolsulfo-dichloramid, Sulfathiazol (p-Aminobenzolsulfonsäure-thiazol-2-amid) und Chlor-sulfamido-o-toluylsaures Natrium. Anwendungsgebiete sind die Konservierung von Zuckersäften verschiedener Palmarten sowie die Haltbarkeitsverlängerung von Frischfischen durch Zusatz zum Fischeis. Daneben wurden einige Verbindungen auch zur Konservierung von Gabelbissen, von Blutplasma und der Salamiüberzugsmasse vorgeschlagen. Die Anwendung von Sulfonamiden zur Lebensmittelkonservierung wird jedoch im allgemeinen abgelehnt (S. W. SOUCI u. E. MERGENTHALER 1958; W. PARTMANN 1952, 1953; D. G. WALAWALKAR 1950; F. HAUSCHILD 1958; P. HIRSCH 1956; R. TSCHESCHE 1947).

Bibliographie

BERTLING, L.: Über den Nachweis der Konservierungsmittel Diphenyl und Sorbinsäure in Lebensmitteln. Diss. Marburg 1957.

EICHHOLTZ, F.: Lehrbuch der Pharmakologie, 3. u. 4. Aufl. Berlin: Springer 1944.

— Die toxische Gesamtsituation auf dem Gebiet der menschlichen Ernährung. Berlin-Göttingen-Heidelberg: Springer 1956.

FREERKSEN, E.: Bedeutung der Antibioticafütterung und Lebensmittelfrischhaltung mit Antibiotica für den Menschen. In: „Die Bedeutung der Antibiotica in der Tierernährung und Lebensmittelhygiene unter besonderer Berücksichtigung von Aureomycin." Intern. Symposion 1956 in Wien. Aulendorf/Württ.: Editio Cantor 1957.

FLURY, F., u. H. ZANGGER: Lehrbuch der Toxikologie. Berlin: Springer 1928.

FÜHNER, H.: Medizinische Toxikologie, 3. Aufl. Stuttgart: Thieme 1951.

— u. W. BLUME: Medizinische Toxikologie, 2. Aufl. Leipzig 1947.

GOTTESMAN, R. T.: Salicylic acid, Salicylaldehyd and Salicyl alcohol. In: Encyclopedia of Chemical Technology. New York: Interscience Publ. Inc. 1954.

GRAU, R.: Untersuchungen mit Aureomycin in der Fleischkonservierung. In: „Die Bedeutung der Antibiotica in der Tierernährung und Lebensmittelhygiene unter besonderer Berücksichtigung von Aureomycin." Intern. Symposion 1956 in Wien. Aulendorf/Württ.: Editio Cantor 1957.

GYÖRGI, P.: Vitamin Methods, Bd. I. New York: Academic Press 1952.

HAUSCHILD, F.: Pharmakologie und Grundlagen der Toxikologie. Leipzig 1958.

HEWITT, L. F.: Oxidation-Reduction Potentials in Bacteriology and Biochemistry, VI. Ed. Edinburgh 1950.

HIRSCH, P.: Chemische Konservierung von Lebensmitteln, 2. Aufl. Dresden-Leipzig: Steinkopff 1956.

JACOBS, B. M.: The Chemistry and Technology of Food and Food Products, Bd. III, 2. Aufl. New York: Interscience Publ. Inc. 1951.

KIMMIG, J., H. ÖPPINGER, F. WEYGAND u. A. WACKER: Antibiotica. In: Ullmans Encyclopädie der technischen Chemie, 3. Aufl., Bd. 3. München-Berlin: Urban & Schwarzenberg 1953.

KREUZER, R.: Die Verwendung von Aureomycin (Acronize) zur Frischhaltung von Seefischen. In: „Die Bedeutung der Antibiotica in der Tierernährung und Lebensmittelhygiene unter besonderer Berücksichtigung von Aureomycin." Intern. Symposion 1956 in Wien. Aulendorf/Württ.: Editio Cantor 1957.

LANG, K.: Die physiologischen Wirkungen der schwefligen Säure. Schriftenreihe des Bundes für Lebensmittelrecht und Lebensmittelkunde, H. 31. Hamburg: Behr 1960.

MENEGHETTI, E.: Kritische Übersicht und experimentelle Nachforschungen über die Möglichkeit von Vergiftungen mit Stickstoffoxydul. Univ. Padua, April 1940.

PARTMANN, W.: Antibiotica in der Lebensmittel-Fischhaltung. In: „Die Bedeutung der Antibiotica in der Tierernährung und Lebensmittelhygiene unter besonderer Berücksichtigung von Aureomycin." Intern. Symposion 1956 in Wien. Aulendorf/Württ.: Editio Cantor 1957b.

RÖDDER, W.: Die Antibiotica in der Lebensmittelkonservierung. Diss. Frankfurt 1959.
ROST, E.: Konservierungsstoffe. In: Handbuch der Lebensmittelchemie Bd. I. Berlin: Springer 1933.
SCHORMÜLLER, J.: Lehrbuch der Lebensmittelchemie. Berlin-Göttingen-Heidelberg: Springer 1961.
SCHLENK, O.: Die Salicylsäure. Arzneimittelforschungen Bd. 3, Berlin: Sänger 1947.
SOUCI, S. W.: Lebensmittel. Konservierung durch chemische Mittel. Ullmanns Encyclopädie der technischen Chemie, 3. Aufl., Bd. 11. München-Berlin: Urban & Schwarzenberg 1960.
— u. E. MERGENTHALER: Fremdstoffe in Lebensmitteln. München: Bergmann 1958.
TRESSLER, D. K., and M. A. JOSLYN: Fruit and Vegetable Juice Production. New York: The Avi Publishing Comp., Inc. 1954.
TRUHAUT, R.: Les substances étrangères dans les aliments. Mises au point de chimie analytique pure et appliquée et d'analyse bromatologique. 4. Série. Paris: Masson et Cie. 1956.
WAITZ, W.: Lebensmittelrechtliche Regelungen von Zusatzstoffen in 18 europäischen Staaten. Schriftenreihe des Bundes für Lebensmittelrecht und Lebensmittelkunde, H. 5. Wiesbaden-Berlin: Behr 1957.
WHITE-STEVENS. R. H.: Die Anwendung von Aureomycin (Chlortetracyclin) zur Verlängerung der Haltbarkeit von Geflügel, Fleisch und Fisch. In: „Die Bedeutung der Antibiotica in der Tierernährung und Lebensmittelhygiene unter besonderer Berücksichtigung von Aureomycin." Intern. Symposion 1956 in Wien. Aulendorf/Württ.: Editio Cantor 1957.

Zeitschriftenliteratur

AMELUNG, H.: Über den Einfluß von Konservierungsmitteln und Gewürzen auf die Eiweißverdauung. Chemiker-Ztg. **57**, 614 (1933).
AYRES, J. C., H. W. WALKER, M. J. FANELLI, A. W. KING, and F. THOMAS: Use of antibiotics in prolonging storage life of dressed chicken. Food Technol. **10**, 563—568 (1956).
BANFIELD, F. H.: Problems arising from the use of chemicals in food. Chem. & Ind. (London) **1952**, 114—119.
BARTLETT, G. R.: Inhibition of d-amino acid oxidase by benzoic acid and various monosubstituted benzoic acid derivatives. J. Am. Chem. Soc. **70**, 1010—1011 (1948).
BECKER, E., u. I. RÖDER: Sorbinsäure als Konservierungsmittel für Margarine. Fette u. Seifen **59**, 321—328 (1957).
BENTLEY, H. R., E. E. MCDERMOTT, T. MORAN, J. PACE, and J. K. WHITEHEAD: Action of nitrogen trichloride on certain proteins; Isolation and identification of the toxic factor. Proc. Roy. Soc. (Lond.), Ser. B **137**, 402—417 (1950).
BLEYER, B., W. DIEMAIR u. K. LEONHARD: Über den Einfluß von Konservierungsmitteln auf enzymatische Vorgänge. Arch. Pharm. **271**, 539—543 (1933).
BLINC, M., S. KLEMENC u. T. STRAUCH: Neuere Erfahrungen über die Anwendung von Propionsäurebakterien als Schutzmittel gegen Fadenziehen des Brotes. Brot u. Gebäck **10**, 66—68 (1956).
BOEHM, T., u. D. MEHTA: Ester der Pyrokohlensäure. Ber. dtsch. chem Ges. **71**, 1797—1802 (1938).
BÖHRINGER, P.: Der Pyrokohlensäurediäthylester in der Kellerwirtschaft. Weinblatt **56**, 693 bis 696 (1962).
BORNMANN, G., u. A. LOESER: Toxikologische Studie über den Pyrokohlensäurediäthylester. Arch. Toxicol. **19**, 69—73 (1961).
BOUTHILET, R. J.: The chemistry of sorbic acid with special reference to the wine industry. Wines & Vines **43**, 27—28 (1962).
BOYD, J. W., and H. L. A. TARR: Inhibition of mold and yeast development in fish products. Food Technol. **9**, 411—412 (1955).
BUBNOFF, M. v., D. SCHNELL u. E. SCHMID: Zur Pharmakologie der Benzoesäure, der p-Chlorbenzoesäure sowie der Paraoxybenzoesäure und ihrer Ester. Arzneimittel-Forsch. **6**, 364 bis 369 (1956).
CAMPBELL, L. L., and R. T. O'BRIEN: Antibiotics in food preservation. Food Technol. **9**, 461—465 (1955).
CHARLEY, V. L. S.: The prevention of microbiological spoilage in fresh fruit. J. Sci. Food Agr. **10**, 349—358 (1959).
COLEMAN, G. H., and P. A. WOLF: The Dow Chemical Co., Midland: USP 2 474 226 (1949 a).
— — The Dow Chemical Co., Midland: USP 2 474 228 vom 28. 6. (1949 b).
— — The Dow Chemical Co., Midland: DBP 958 523 ausgeg. 28. 4. (1955).
CREMER, H.: Biologische Versuche mit den Estern der p-Oxybenzoesäure. Z. Untersuch. Lebensmittel **70**, 136—150 (1935).

CREMER, H. D.: Die physiologische Bedeutung der chemischen Behandlung von Nahrungsmitteln. Z. Lebensmittel-Untersuch. u. -Forsch. **96**, 188—198 (1953).

DAKIN, H. D.: Experiments on the catabolism of caproic acid and its derivatives. J. Biol. Chem. **56**, 43—51 (1923).

DAL CIN, G.: Die Halogenderivate der Essigsäure in der Weintechnologie (italienisch). Riv. viticolt. enol. **3**, 357—361 (1950).

DEMAREE, G. E., D. W. SJOGREN, B. W. MCCASHLAND, and F. P. COSGROVE: Preliminary studies on the effect of feeding sorbic acid on the growth, reproduction, and cellular metabolism of albino rats. J. Am. Pharm. Assoc. Sci. Ed. **44**, 619—621 (1955).

DEMETER, K. J.: Zur Frage der Rohmilchkonservierung durch Antibiotica, insbesondere Streptomycin. Süddtsch. Molkerei-Ztg. **71**, H. 51/52 (1950).

DEUEL, H. J.: The metabolic vs. the toxicological approach in the evaluation of the safety of food additives. Food Technol. **7**, 381—383 (1953).

— Toxicological determination of suitability of food additives. Food Res. **20**, 215—217 (1955).

— R. ALFIN-SLATER, C. S. WELL, and H. F. SMITH jr.: Sorbic acid as a fungistatic agent for foods. I. Harmlessness of sorbic acid as a dietary component. Food Res. **19**, 1—12 (1954 a).

— C. E. CULBERT, L. ANISFELD, H. MCKEEHAN, and D. BLUNDEN: Sorbic acid as a fungistatic agent for foods. II. Metabolism of α, β-unsaturated fatty acids with emphasis on sorbic acid. Food Res. **19**, 13—19 (1954 b).

DIEMAIR, W., u. W. FRESENIUS: Schützt Thioharnstoff vor Vitamin-C-Verlusten? Angew. Kochw. **2**, 36—37 (1943).

— u. W. RÖDDER: Verhalten der Antibiotica in Lebensmitteln. Z. Lebensm.-Untersuch. u. -Forsch. **111**, 265—277, 365—371 (1960).

DOEBNER, O.: Über die Bildung von Traubensäure durch Oxydation ungesättigter Säuren. Ber. dtsch. chem. Ges. **23**, 2372—2377 (1890).

DRUCKREY, H.: Experimentelle Beiträge zum Mechanismus der cancerogenen Wirkung. Arzneimittel-Forsch. **1**, 383—394 (1951).

EECKHAUT, R. G.: Un nouvel antiseptique, l' acide déhydracétique, et sa recherche dans les denrées alimentaires. Fermentatio **1952**, 123—133.

EIMERHAUS, E. W., u. W. HAUBE: Reichsanstalt für Getreideverarbeitung, Detmold: DRP 72 88 63 (1939).

ETCHELLS, J. L., T. A. BELL and A. F. BORG: The influence of sorbic acid on the growth of certain species of yeasts, molds and bacteria. Bacteriol. Proc., Abstracts, 19 (1955).

FARKAS, A., and J. AMAN: The action of diphenyl on Penicillium and Diploidia moulds. Palestine J. Botany **2**, 38—45 (1940).

FEUERSENGER, M.: Mit Diphenyl konservierte und künstlich gefärbte Citrusfrüchte. Dtsch. Lebensmittel-Rdsch. **51**, 268—273 (1955).

— Zur Frage der Formaldehydbehandlung von Höckereinsätzen für Eier. Dtsch. Lebensmittel-Rdsch. **55**, 64—65 (1959).

FLORENTIN, D.: Consequences au point de vue hygienique de l'emploi eventuel des derives bromes comme conservateurs. Ann. fals. et fraudes **43**, 328—335 (1950).

FRENCH, D., and J. T. EDSALL: The reactions of formaldehyde with amino acids and proteins. Advances in Protein Chem. **2**, 277—335 (1945).

FRIEDEMAN, O.: Das Punktsystem. Dtsch. Lebensmittel-Rdsch. **47**, 167—170 (1951).

GOCKEL, H.: Schwefelharnstoff als Stabilisator für Vitamin C. Dtsch. Lebensmittel-Rdsch. **38**, 9 (1942).

GOODING, C. M., D. MELNICK, R. C. LAWRENCE, and F. H. LUCKMAN: Sorbic acid as a fungistatic agent for foods. IX. Physicochemical considerations in using sorbic acid to protect foods. Food Res. **20**, 639—648 (1955).

GOSKORN, R. H., E. F. DEGERING, and P. A. TETRAULT: Antiseptic and bactericidal action of benzoic acid and inorganic salts. Effect of pH. Ind. Eng. Chem. **30**, 646—648 (1938).

GRAHAM, W. D., H. TEED, and H. C. GRICE: Chronic toxicity of bread additives to rats. J. Pharm. and Pharmacol. **6**, 534—545 (1954).

GRIFFITH, W. H.: Inhibition of tissue respiration by sodium benzoate and sodium hippurate. Proc. Soc. Exp. Biol. Med. **37**, 279—280 (1937).

GRUBER, M., K. B. LEHMANN u. T. PAUL: Der Stand der Verwendung von Konservierungsmitteln für Nahrungs- und Genußmittel. Z. Untersuch. Nahrungs- u. Genußmittel **17**, 102—107 (1909).

HARSHBARGER, K. E.: Report of a study in the toxicity of several food-preserving agents. J. Dairy Sci. **25**, 168—174 (1942).

HECHT, G.: Zur Toxikologie des Pyrokohlensäurediäthylesters. Z. Lebensm.-Untersuch. u. -Forsch. **114**, 292—297 (1961).

HENNIG, K.: Die Verwendung des Pyrokohlensäurediäthylesters bei der Weinbehandlung. Dtsch. Wein-Ztg. **99**, 520—524 (1963).

HOFMANN, A. W.: Neue flüchtige Säure der Vogelbeeren. Liebigs Ann. Chem. **110**, 129—140 (1859).
HURKA, W.: Die Anwendung des Pyrokohlensäureesters zur Behandlung von Getränken. Lebensm. u. Ernähr. (Wien) **1962**, 4—6.
INGRAM, M., F. J. H. OTTAWAY, and J. B. M. COPPOCK: The preservative action of acid substances in food. Chem. & Ind. (London) **1956**, 1154—1163.
JACOBSEN, H. R., and J. NESTAAS: The use of hydrogen peroxide as a beer preservative. Z. Lebensmittel-Untersuch. u. -Forsch. **90**, 216—217 (1950).
JOHANNESSOHN, F.: Der Einfluß des Formaldehyds auf die Eiweißverdauung. Biochem. Z. **83**, 28—31 (1917).
KÄRBER, G.: Über Ortho-Oxychinolin als Konservierungsmittel. Pharmazie **5**, 469—471 (1950).
KAES, G.: Ozonbehandlung zur Frischhaltung leichtverderblicher Lebensmittel. Chemiker-Ztg. **62**, 365—367 (1938).
KIELHÖFER, E.: Der Pyrokohlensäurediäthylester. Weinberg u. Keller **9**, 235—256 (1962).
— u. H. AUMANN: Untersuchungen über die Wirkung des Antibioticums Actidion auf Hefe im Vergleich mit anderen fungitoxischen Substanzen. Z. Lebensmittel-Untersuch. u. -Forsch. **105**, 283—296 (1957).
KIERMEIER, F.: Lebensmittel als Ionenaustauscher I, II, III. Z. Lebensmittel-Untersuch. u. -Forsch. **94**, 221—227 (1952); **95**, 85—89 (1952); **97**, 271—275 (1953).
— u. K. DENTLER: Lebensmittel als Ionenaustauscher V. Z. Lebensmittel-Untersuch. u. -Forsch. **105**, 390—397 (1957).
— — u. C. WILDBRETT: Lebensmittel als Ionenaustauscher IV. Z. Lebensmittel-Untersuch. u. -Forsch. **105**, 169—173 (1957).
— u. D. S. GALANOS: Lebensmittel als Ionenaustauscher VI. Z. Lebensmittel-Untersuch. u. -Forsch. **106**, 109—116 (1957).
KLEIN, J. R., and H. KAMIN: Inhibition of the d-amino acid oxidase by benzoic acid. J. Biol. Chem. **138**, 507—512 (1941).
KLUGE, H.: Über den Einfluß von Konservierungsmitteln auf die Wirkung von Fermenten. Z. Untersuch. Lebensmittel **66**, 412—435 (1933).
KOCH, J.: Pyrokohlensäurediäthylester ein Konservierungsmittel oder ein technischer Hilfsstoff? Flüss. Obst **1962**, 32—35.
KÖNIG, P., u. W. MÜLLER: Konservierungsmittel für Tabakwaren und ihre Wirkungsprüfung. Z. Untersuch. Lebensmittel **71**, 121—137 (1936).
KÖNIG, W.: Über den Einfluß von Konservierungsmitteln auf die menschliche Verdauung. Chemiker-Ztg. **55**, 934—935 (1931).
LAMPRECHT, F.: Zur Frage der Bekämpfung des Brotschimmels, insbesondere des Kreideschimmels. Brot u. Gebäck **9**, 26—30 (1955).
LANG, K.: Das Cyclophorase-System. Angew. Chem. **65**, 409—415 (1953).
LIESE, W.: Bakteriologische und biologische Versuche mit Benzoesäure und Benzoesäurederivaten. Arch. f. Hyg. u. Bakteriol. **110**, 355—364 (1933).
LÜCK, E.: Fungistatische Verpackungsmaterialien auf Basis Sorbinsäure und Calciumsorbat. Dtsch. Lebensmittel-Rdsch. **58**, 353—355 (1962).
LÜCK, H.: Katalasehemmung durch organische Säuren. Biochem. Z. **328**, 411—419 (1957).
— u. F. I. JOUBERT: Untersuchungen zur H_2O_2-Behandlung der Milch. Milchwissenschaft **10**, 160—165 (1955).
— u. S. W. SOUCI: Lebensmittelzusatzstoffe und mutagene Wirkung. II. Mitt. Mutagene Stoffe in unserer Nahrung. Z. Lebensmittel-Untersuch. u. -Forsch. **107**, 236—256 (1958).
MACINTOSH, F. C.: The toxicity of diphenyl and o-phenylphenol. Analyst **70**, 334—336 (1945).
MARTIENSSEN, E.: Pyrokohlensäurediäthylester als technisches Hilfsmittel bei der Herstellung keimarmer Fruchtsaftgetränke. Fruchtsaft-Industr. **6**, 201—204 (1961).
MAYER, K., u. H. LÜTHI: Versuche mit Pyrokohlensäure-Diäthylester, einem neuen Getränkekonservierungsmittel. Mitt. Lebensmittelunters. Hyg. **51**, 132—137 (1960).
MEHILTZ, A., u. I. TROMMER: Untersuchungen über die Haltbarmachung von Apfelsaft durch Pyrokohlensäurediäthylester. Industr. Obst- u. Gemüseeverwert. **47**, 434—437 (1962).
MELNICK, D., F. H. LUCKMAN, and C. M. GOODING: Sorbic acid as a fungistatic agent for foods. VI. Metabolic degradation of sorbic acid in cheese by molds and the mechanism of mold inhibition. Food Res. **19**, 44—58 (1954).
— H. W. VAHLTEICH, and A. HACKETT: Sorbic acid as a fungistatic agent for foods. XI. Effectiveness of sorbic acid in protecting cakes. Food Res. **21**, 133—146 (1956).
MÖNCH, G.: Pyrokohlensäure-Diäthylester, ein neues Konservierungsmittel für Bier? Brauwissenschaft **14**, 257—259 (1961).
MORAN, T., J. PACE, and E. E. McDERMOTT: Interaction of chlorine dioxide with flour: certain chemical aspects. Nature **171**, 103—106 (1953).

MOSSEL, D. A. A.: Die Haltbarmachung von Lebensmitteln auf chemischem Wege mit besonderer Berücksichtigung toxikologischer Fragen. Z. Lebensmittel-Untersuch. u. -Forsch. **102**, 254—268 (1955).
OETTEL, H.: Cancerogene Substanzen, Berufskrebs und Krebssterblichkeit. Angew. Chem. **70**, 532—539 (1958).
PARTMANN, W.: Zur Frage der Wirksamkeit von bactericidem Eis bei der Frischhaltung von Seefischen. Z. Lebensmittel-Untersuch. u. -Forsch. **94**, 246—264 (1952).
— Über die Wirksamkeit einiger für die Fischbeeisung vorgeschlagener bactericider Substanzen. Dtsch. Lebensmittel-Rdsch. **49**, 265—271 (1953).
— Effect of low temperature, sodium nitrite, sodium chloride, and formaldehyde on the apyrase system of the muscular tissue. Food Res. **22**, 51—62 (1957a).
— Antibiotica in der Lebensmittelkonservierung. Z. Lebensmittel-Untersuch. u. -Forsch. **106**, 210—227 (1957 c).
PELOJA, M.: Role of the pituitary and adrenal glands in the inhibition of hyaluronidase by salicylates in vivo. Lancet **262**, 233—236 (1952).
PFLEIDERER, G., D. JECKEL u. T. WIELAND: Über die Einwirkung von Sulfit auf einige DPN hydrierende Enzyme. Biochem. Z. **328**, 187—194 (1956).
POTTERAT, M., et O. HÖGL: Utilisation, recherche et dosage du protoxyde d'azote (N_2O) dans les denrées alimentaires. Mitt. Lebensmittelunters. Hyg. **42**, 342—375 (1951).
PULAY. G., u. L. PENTZ: Der Einfluß von Hexamethylentetramin auf Milchsäurebakterien (ungarisch). Elelmezési Ipar **10**, 108—113 (1956).
RAIBLE, K.: Konservierungsversuche an Speiseeigelb. Fette u. Seifen **58**, 100—104 (1956).
— Über den Einfluß unterschwelliger Konservierungsmittelkonzentrationen auf die Vermehrung und die Gärung von Hefe in Malzwürze. Dtsch. Lebensm.-Rdsch. **53**, 60—64 (1957 a).
— Über den Einfluß der Keimzahl auf die Wirksamkeit chemischer Konservierungsmittel gegenüber Hefe in Malzwürze. Dtsch. Lebensmittel-Rdsch. **53**, 155—156 (1957 b).
REHM, H. J., u. H. WITTMANN: Beitrag zur Kenntnis der antimikrobiellen Wirkung der schwefligen Säure. I. Mitt. Z. Lebensmittel-Untersuch. u. -Forsch. **118**, 413—429 (1962).
— — Beitrag zur Kenntnis der antimikrobiellen Wirkung der schwefligen Säure. II. Mitt. Z. Lebensmittel-Untersuch. u. -Forsch. **120**, 465—478 (1963).
— E. SENING, H. WITTMANN u. P. WALLNÖFER: Beitrag zur Kenntnis der antimikrobiellen Wirkung der schwefligen Säure. III. Mitt. Z. Lebensmittel-Untersuch. u. -Forsch. **123**, 425—432 (1963/64).
REITH, J. F.: Bromhaltige Konservierungsmittel (holländisch). Chem. Weekblad **1940**, 519.
ROHRLICH, M., u. G. BRÜCKNER: Die chemische Mehlbehandlung. Z. Lebensmittel-Untersuch. u. -Forsch. **94**, 324—356 (1952).
ROSSEL, M.: Wasserstoffperoxyd, das bis auf den heutigen Tag praktischste Mittel zur Konservierung und Entkeimung der Milch in tropischen Ländern (span.) Milchwiss. **9**, 178—184 (1954).
ROTSCH, A.: Über ein neues Teiglockerungsverfahren. Brot u. Gebäck 8, 114—115 (1954)
— Über ein chemisches Teiglockerungsverfahren. Zucker-und Süßwarenwirtsch. **10**, 196 (1957).
SABALITSCHKA, T.: Konservierungsvermögen, chemischer Nachweis und Pharmakologie der p-Oxybenzoesäureester. Angew. Chem. **42**, 936—939 (1929).
— Ermittlung von Oxydationsschutzmitteln und deren Auswertung zum Schutze gegen nachteilige Autoxydationen. Z. Untersuch. Lebensmittel **79**, 143—150 (1940).
— u. R. NEUFELD-CRELLITZER: Zum Verhalten der p-Oxybenzoesäureester im menschlichen Körper. Arzneimittel-Forsch. **4**, 575—579 (1954).
SALLER, W.: Sorbinsäure als Konservierungsmittel für Fruchtsäfte. Fruchtsaft-Industr. **2**, 14—19 (1957).
SCHANDERL, H.: Die schweflige Säure des Weines in hygienischer Sicht. Z. Lebensmittel-Untersuch. u. -Forsch. **103**, 379—386 (1956).
SCHELHORN, M. v.: Untersuchungen über die Wirkung von Konservierungsmitteln I. Über die Verwendung von Benzoesäure und Natriumbenzoat. Dtsch. Lebensmittel-Rdsch. **45**, 255—256 (1949).
— Untersuchungen über Konservierungsmittel. IV. Wirksamkeit verschiedener Konservierungsmittel bei unterschiedlichen pH-Werten. Dtsch. Lebensm.-Rdsch. **46**, 151—153 (1950 a).
— Untersuchungen über Konservierungsmittel. III. Vergleich der Wirksamkeit reiner Benzoesäure und derjenigen einiger gebräuchlicher Kombinationen von Benzoesäure mit anderen Substanzen. Dtsch. Lebensmittel-Rdsch. **46**, 132—140 (1950 b).
— Untersuchungen über Konservierungsmittel II. Zur Frage der Kombination von Konservierungsmitteln. Dtsch. Lebensmittel-Rdsch. **46**, 16—17 (1950 c).
— Control of microorganisms causing spoilage in fruit and vegetable products. Advanc. Food Res. **3**, 429—482 (1951 a).
— Wirksamkeit und Wirkungsbereich chemischer Konservierungsmittel für Lebensmittel. Z. Lebensmittel-Untersuch. u. -Forsch. **92**, 256—266 (1951 b).

SCHELHORN, M. v.: Untersuchungen über Konservierungsmittel. VII. Wirksamkeit und Wirkungsbereich der schwefligen Säure. Dtsch. Lebensmittel-Rdsch. **47**, 170—173 (1951 c).
— Untersuchungen über Konservierungsmittel. V. Zur Frage des Vergleichs der Wirksamkeit von Konservierungsmitteln. Dtsch. Lebensmittel-Rdsch. **47**, 16—18 (1951 d).
— Untersuchungen über Konservierungsmittel. VI. Wirksamkeit und Anwendungsbereich von Benzoesäure, Estern der Paraoxybenzoesäure und Kombinationen dieser beiden Arten von Verbindungen. Dtsch. Lebensmittel-Rdsch. **47**, 128—134 (1951 e).
— Die Dehydracetsäure als Konservierungsmittel für Lebensmittel. Dtsch. Lebensmittel-Rdsch. **48**, 16—18 (1952 a).
— Untersuchungen über Konservierungsmittel. VIII. Wirksamkeit der Borsäure als Konservierungsmittel. Dtsch. Lebensmittel-Rdsch. **48**, 102 (1952 b).
— Untersuchungen über Konservierungsmittel. X. Orientierende Versuche über Sorbinsäure als Konservierungsmittel. Dtsch. Lebensmittel-Rdsch. **50**, 267—269 (1954 a).
— Stand der Konservierungsmittel-Forschung. Fette u. Seifen. **56**, 221—224 (1954 b).
— Untersuchungen über Konservierungsmittel IX. Hexamethylentetramin als Konservierungsmittel. Dtsch. Lebensmittel-Rdsch. **50**, 90—92 (1954 c).
— Die Verwendung von mit Diphenyl imprägnierten Packstoffen zur Haltbarkeitsverlängerung bei Citrusfrüchten. Dtsch. Lebensmittel-Rdsch. **52**, 288—292 (1956).
SCHÖNBRUNNER, J.: Über die bakterielle Hydrierung von Ölsäure und Sorbinsäure und über ihre Beeinflussung durch Gallensäure. Biochem. Z. **304**, 26—36 (1940).
SCHÜBEL, K., u. J. MANGER: Ein Beitrag zur Pharmakologie einiger Paraoxybenzoesäureester: Das Schicksal im Organismus und die Toxizität. Arch. exp. Pathol. Pharmakol. **146**, 208—222 (1929).
SCHULZ, A.: Die Brotkonservierung mit Sorbinsäure. Brot u. Gebäck **11**, 131 (1957).
SEEVERS, M. H., F. E. SHIDEMAN, L. A. WOODS, J. R. WEEKS, and W. T. KRUSE: Dehydroacetic acid. II. General pharmacology and mechanism of action. J. Pharmac. Exp. Therap. **99**, 69—83 (1950).
SHEWAN, J. M.: Preservation of fish by the use of nitrite ice. Nature **166**, 613—614 (1950).
SHIDEMAN, F. E., L. A. WOODS, and M. H. SEEVERS: Dehydroacetic acid. IV. Detoxication and effects on renal function. J. Pharmac. Exp. Therap. **99**, 98—111 (1950).
SMYTH jr., H. F., and C. P. CARPENTER: Further experience with the range-finding test in the industrial toxicology laboratory. J. Ind. Hyg. Toxicol. **30**, 63—68 (1948).
SOUCI, S. W.: Die Konservierung der Lebensmittel durch antimikrobielle Stoffe. Dtsch. Lebensmittel-Rdsch. **54**, 314—317 (1958).
— u. H. LÜCK: Lebensmittelzusatzstoffe und mutagene Wirkung. I. Mitt. Zur Frage einer etwaigen Gefährdung der menschlischen Gesundheit durch mutagene Lebensmittel-Zusatzstoffe. Z. Lebensmittel-Untersuch. u. -Forsch. **106**, 201—210 (1957).
SPENCER, H. C., V. K. ROWE, and D. D. MCCOLLISTER: Dehydroacetic acid. I. Acute and chronic toxicity. J. Pharmac. Exp. Therap. **99**, 57—68 (1950).
THODE, W.: Das Verhalten von o-Oxydiphenyl auf den Schalen eingelagerter Apfelsinen. Dtsch. Lebensmittel-Rdsch. **56**, 46—49 (1960).
THOMA, W., u. H. RINKE: Synthesen mit Pyrokohlensäureestern. Liebigs Ann. Chem. **624**, 30—36 (1959).
TÖRÖK, G., G. NAGY u. K. BALINT: Gleichzeitige Anwendung von Pyrokohlensäurediäthylester und von Wärme- bzw. Kältebehandlung bei der Haltbarmachung von Fruchtsäften. Z. Lebensmittel-Untersuch. u. -Forsch. **116**, 497—503 (1962).
TSCHESCHE, R.: Eine neue Deutung des antibakteriellen Wirkungsmechanismus der Sulfonamide. Z. Naturforsch. **2 b**, 10—11 (1947).
— Über den biochemischen Wirkungsmechanismus einiger Chemotherapeutika und Antiseptika. Angew. Chem. **62**, 153—162 (1950).
WAGREICH, H., A. ABRAMS, and B. HARROW: Detoxication of benzoic acid by glucuronic acid in humans. Rate of detoxication. Proc. Soc. Exp. Biol. Med. **45**, 46—49 (1940).
WALAWALKAR, D. G.: Sulphanilamide as a preservative for sweet juices from palm trees. Nature **165**, 370 (1950).
WEGNER, E.: Zum Nachweis von 8-Oxychinolin im Rauch von mit 8-Oxychinolin-kaliumhydrogensulfat behandeltem Rauchtabak. Arzneimittel-Forsch. **6**, 299—300 (1956).
WOLF, P. A.: Dehydroacetic acid a new microbiological inhibitor. Food Technol. **4**, 294 (1950).
— and W. M. WESTVEER, The antimicrobial activity of several substituted pyrones. Arch. Biochem. **28**, 201—206 (1950).
WOODS, L. A., F. E. SHIDEMAN, M. H. SEEVERS, J. R. WEEKS, and W. T. KRUSE: Dehydroacetic acid. III. Estimation, absorption and distribution. J. Pharmac. Exp. Therap. **99**, 84—97 (1950).
WYSS, O.: Microbial inhibition by food preservatives. Advanc. Food Res. **1**, 373—393 (1948).
ZÜRN, K.: Neue Fälschungsmittel zur Aromatisierung und Konservierung von Wein. Angew. Chem. **69**, 111 (1957).

Chemische Zusatzstoffe

B. Zur Färbung von Lebensmitteln verwendete Farbstoffe

Von

Dr. R. König, Basel

Das Färben von Lebensmitteln, das schon so manche Polemik heraufbeschworen hat, ist keineswegs ein Kind der fortschreitenden Industrialisierung des 20. Jahrhunderts. Als sich der Mensch daran gewöhnte, seine Speise küchenmäßig zuzubereiten, „fühlte er das Bedürfnis, z. B. bei der Zubereitung verlorengegangene Farbe durch Zusatz von ihm zu seiner Zeit bekannten Chemikalien, z. B. färbenden Gewürzen, Essig, Salz usw., wieder herzustellen oder den Verlust der Färbung zu vermeiden oder eine andere als Abwechslung erwünschte ansprechende Farbe zu erzielen" (B. Wurzschmitt 1955). Safran und Kurkuma sind solche natürliche Farbstoffe, die der Mensch seit altersher verwendet hat.

Seit der Herstellung des ersten Anilinfarbstoffs durch W. H. Perkin im Jahre 1856 hat die Farbenindustrie einen ungeheuren Aufschwung genommen, eine Entwicklung, die auch heute noch zu keinem Abschluß gekommen ist. War es ursprünglich vor allem die Textilindustrie, der neue, auf synthetischem Wege erzeugte Farbstoffe von nie gekannter Leuchtkraft zur Verfügung gestellt wurden, so bemächtigten sich doch bald auch andere Industriezweige dieser technischen Errungenschaften. Die „Anilin- oder Teerfarbstoffe", wie man die synthetischen Farbstoffe zu benennen pflegte, sind heute aus unserem Leben nicht mehr wegzudenken.

Die Lebensmittelindustrie hat nicht zuletzt die genannten neuartigen Färbemittel ihren Diensten nutzbar gemacht. Lebensmittel können im Laufe ihrer Zubereitung oder nach längerer Lagerung unansehnlich und wenig appetitanreizend werden: Fruchtkonserven (Marmelade) erhalten oft ein bräunliches Aussehen, Margarine kann grau erscheinen. Vom Verbraucher werden derartige Erzeugnisse abgelehnt, auch wenn man ihm versichert, daß die Ware vollkommen einwandfrei ist[1]. Von Natur ungefärbte Erzeugnisse, wie Kaviarersatz oder Seelachsschnitten, werden aber in dieser Form ebenfalls kaum einen Abnehmer finden. Es ist ja zur Genüge bekannt, daß das Auge „mitißt", daß also auch das Aussehen der Lebensmittel eine nicht zu unterschätzende Bedeutung hat.

Es steht demnach außer Frage, daß das künstliche Färben gewisser Erzeugnisse der Lebensmittelindustrie unumgänglich ist. Übermäßiges Färben, z. B. von Zuckerwaren, ist von verantwortungsbewußten Vertretern der Lebensmittelindustrie schon immer abgelehnt worden, ganz zu schweigen von jener gewissenlosen und strafbaren Handlungsweise, nach der „die schlechte Beschaffenheit eines Lebensmittels durch eine Färbung überdeckt werden soll" (R. König 1955a,

---

[1] Es sei unbestritten, daß durch Erziehung des Verbrauchers noch manches auf diesem Gebiet getan werden kann.

1955b). Es besteht heute wohl eine ziemlich einmütige Auffassung in allen Kulturländern, daß die sog. „Grundlebensmittel" nicht gefärbt werden dürfen (vgl. weiter unten!).

In dem Augenblick, in dem einem Lebensmittel fremde Stoffe zugesetzt werden, erhebt sich die Frage ihrer Unbedenklichkeit. Schon seit 200 Jahren ist der durch Steinkohlenruß als exogener Noxe hervorgerufene „Schornsteinfeger-Krebs" bekannt. Vor etwa 100 Jahren wird im medizinischen Schrifttum zuerst der „Teer-Hautkrebs" beschrieben, dem sich dann bald der „Anilin-Krebs" anschließt. Es bedurfte vieler Kleinarbeit durch tierexperimentelle und chemische Forschung, um diejenigen Substanzen im Teer zu isolieren, die für das Auftreten von Krebs beim Menschen verantwortlich gemacht werden müssen. Die im Volksmund gebräuchliche Bezeichnung „Teerfarbstoffe = Anilinfarbstoffe", ferner das als besondere Geißel der Menschheit gehäufte Auftreten von Krebs, haben zu der schon eingangs erwähnten Polemik gegen synthetische Farbstoffe geführt, obwohl A. Wingler (1957) darauf hinweist, daß man einen eigentlichen Farbstoffkrebs als Berufskrankheit der Arbeiter in Farbenfabriken, wo man ihn seit etwa 100 Jahren hätte zuerst beobachten müssen, nicht kennt. Auf der andern Seite gelingt es jedoch im Tierversuch, auf experimentellem Wege Krebs durch bestimmte Farbstoffe zu erzeugen.

Als erster wäre hier B. Fischer (1906) zu nennen, der im Jahre 1906 bei seinen Tierversuchen mit dem fettlöslichen Azofarbstoff Sudanrot BB (o-Amidoazotoluol → 2-Hydroxynaphthalin[1])

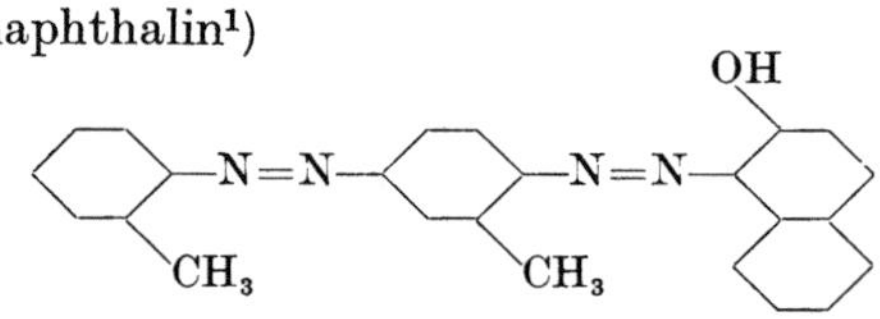

die Entstehung von Geschwülsten nachweisen konnte. H. Führner gab 1923 die erste zusammenfassende Darstellung über die Toxikologie von Farbstoffen heraus. Am meisten Aufsehen erregte aber wohl 1932/34 die Beobachtung von T. Yoshida, daß das o-Amidoazotoluol krebserzeugende Eigenschaften aufweist. Es folgten 1937 die Untersuchungen von R. Kinosita an dem auch als „Buttergelb" bezeichneten Azofarbstoff 4-Dimethylaminoazobenzol

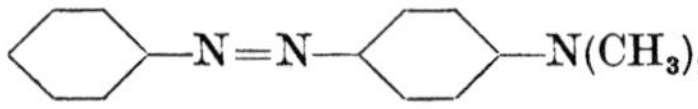

Diese Arbeit bildete den Ausgangspunkt für eingehende Forschungen von H. Druckrey u. Mitarb. (1943, 1948, 1955), in deren Verlauf die Ergebnisse Kinositas bestätigt werden konnten, wobei sich die Feststellung ergab, daß die Wirkung carcinogener Substanzen völlig irreversibel ist und über die ganze Lebenszeit der Versuchstiere bestehen bleibt. Im Gegensatz zur „Konzentrationsgiftwirkung" der bisher bekannten Giftstoffe („cessante causa cessat effectus") wird deshalb bei den cancerogenen Substanzen von einer „Summationsgiftwirkung" gesprochen, d. h. alle Einzeldosen summieren sich ohne Verlust, wobei es gleichgültig ist, ob große Dosen der carcinogenen Substanz in kurzer Zeit oder kleine Dosen, verteilt auf die ganze Lebenszeit der Versuchstiere, verabreicht werden (vgl. auch H. Druckrey 1962). Aus dieser Beobachtung ergab sich bei der toxikologischen Beurteilung von Lebensmittelzusätzen die Forderung, chronische Tierversuche über die ganze Lebenszeit der Versuchstiere auszudehnen, da die bisher üblichen kurzfristigen Versuche keineswegs mehr als ausreichend angesehen werden dürfen (vgl. auch R. Truhaut 1955, 1958a, 1958b; J. F. Reith 1959).

[1] Der Pfeil geht vom Amin aus, das die Diazoverbindung liefert, und deutet auf die Kupplungskomponente.

Die weltweit seit etwa 25 Jahren durchgeführten Untersuchungen ergaben erfreulicherweise, daß nur wenige Farbstoffe eine cancerogene Wirkung im Tierversuch haben. Gesichert ist neben den bereits genannten Verbindungen eine krebserzeugende Wirkung u. a. bei folgenden Farbstoffen:

Sudan I = Sudanorange R: Anilin → 2-Hydroxynaphthalin (A. H. M. Kirby u. Mitarb. 1949).

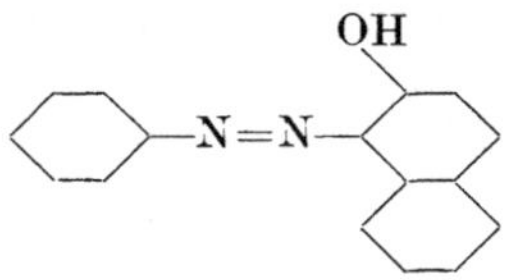

Sudanbraun RR: 1-Naphthylamin → 2.4-Diaminobenzol (C. Hackmann 1951).

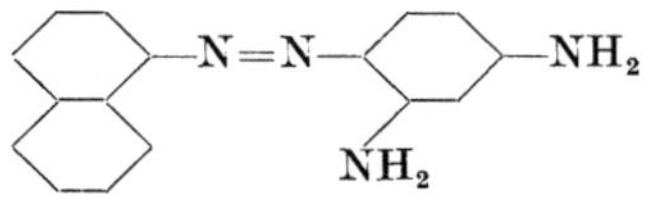

Sudanrot 7B: Amidoazobenzol → N-Äthyl-2-naphthylamin (J. Klinke)

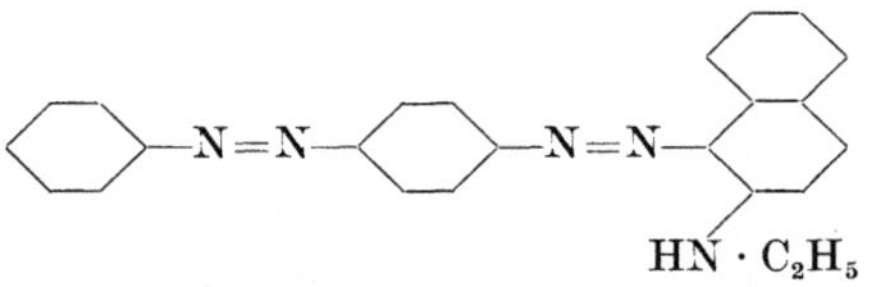

Trypanblau: o-Tolidin ⇉ 1-Amino-8-hydroxynaphthalin 3.6-disulfosäure (J. Gilman u. Mitarb. 1949, A. H. E. Marshall 1953).

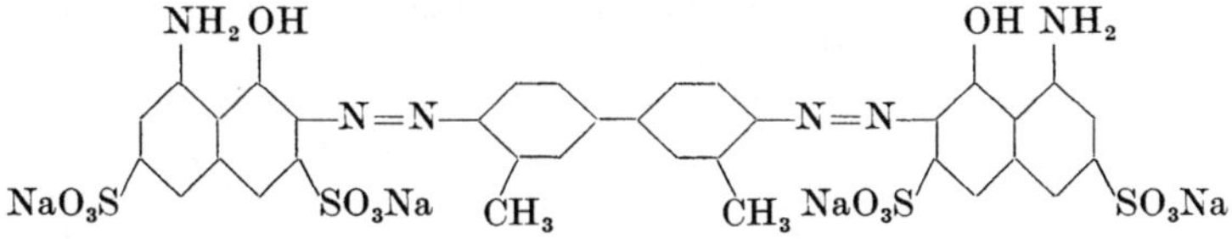

Darüber hinaus gibt es natürlich eine Reihe von Farbstoffen, die von der Verwendung in Lebensmitteln ausgeschlossen werden müssen, da sie als gesundheitsschädlich oder potentiell gefährlich anzusehen sind. Eine Zusammenstellung solcher Farbstoffe findet sich in „Mitteilung 9“ der Farbstoff-Kommission der „Deutschen Forschungsgemeinschaft“.

Aus dem Gesagten erhellt, daß eine cancerogene Wirkung vor allem, aber keineswegs ausschließlich, an den fettlöslichen Farbstoffen beobachtet wird. Es erhebt sich die Frage, ob dem ganzen Farbstoff oder nur seinen Spaltstücken eine cancerogene Wirkung zukommt, eine Frage, die mit letzter Sicherheit heute noch nicht beantwortet werden kann. Der locus minoris resistentiae liegt bei den Azofarbstoffen an der Azobrücke, die reduzierenden Einflüssen, wie sie im Organismus vorhanden sein können, relativ leicht zugänglich ist. Die für den Aufbau von Azofarbstoffen so wichtigen aromatischen Amine werden also im Körper zurückgebildet und können dann, sofern sie cancerogen sind, ihre schädliche Wirkung entfalten.

Mit Sicherheit ist eine cancerogene Wirkung (Blasenkrebs) bekannt bei 2-Naphthylamin und Benzidin. Bei der Auswahl von Farbstoffen für die Färbung von Lebensmitteln wird man also alle Individuen ausschließen, die diese als cancerogen erkannten Spaltstücke liefern können. Gerade an 2-Naphthylamin wurde aber die interessante Beobachtung gemacht, daß die Einführung einer wasserlöslich machenden Gruppe, z. B. der Sulfogruppe, eine völlige Entgiftung bei gleichzeitigem Verlust der cancerogenen Eigenschaften herbeiführt. Diese Erkenntnis hat dazu geführt, nur solche Farbstoffe für die Lebensmittelfärbung zu verwenden, deren Spaltstücke derartig entgiftende Gruppen enthalten (G. HECHT u. Mitarb. 1952, H. DRUCKREY 1955). Im Falle des zwar wasserlöslichen, aber cancerogenen Trypanblau wird bei der reduktiven Spaltung das carcinogene 3.3'-Dimethylbenzidin (o-Tolidin) gebildet, das vom Darm her resorbiert wird und dann zum Krebs führt. Andererseits ist durch sehr eingehende Versuche erwiesen, daß die folgenden, auch für die Lebensmittelfärbung vorübergehend empfohlenen, fettlöslichen Farbstoffe nicht cancerogen sind:

Sudanorange G: Anilin → 1.3-Dihydroxybenzol

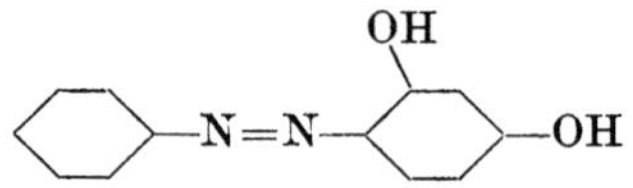

Sudanrot G: 2-Methoxybenzol → 2-Hydroxynaphthalin

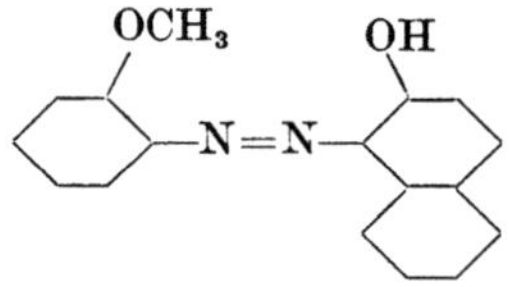

Aus dem Gesagten erhellt, daß auf Grund der chemischen Konstitution allein irgendwelche Aussagen über die Unbedenklichkeit eines Lebensmittelfarbstoffs nicht gemacht werden können. Gewiß ist es möglich, Verbindungen, die als Spaltstücke auftreten können und deren toxische Wirkung bekannt ist, von vornherein auszuschließen und dafür zu sorgen, daß durch die Anwesenheit entgiftender, wasserlöslich machender Gruppen ein schädigendes Moment weitgehend gebannt wird. Für die toxikologische Beurteilung eines Lebensmittelfarbstoffes sind jedoch, wie später noch ausgeführt werden soll, diese Kriterien nicht ausreichend. Dem langdauernden Tierversuch kommt, wie bereits gesagt, allein die entscheidende Bedeutung zu. Selbstverständlich ist auch die letale Dosis (DL_{50}) zu bestimmen. In chronischen Fütterungsversuchen muß u. a. die Frage geklärt werden, ob irgendwelche Organschädigungen auftreten. Dermatologische und hämatologische Untersuchungen schließen sich an (vgl. weiter unten).

Die gesetzliche Basis für die Verwendung von Farbstoffen zum Färben von Lebensmitteln ist in Deutschland auch heute noch das alte Farbengesetz vom 5. 7. 1887, ferner das Lebensmittelgesetz vom 5. 7. 1927 in seiner heute gültigen Fassung vom 21. 12. 1958 (vgl. HOLTHÖFER-JUCKENACK-NÜSE 1961, A. KLOESEL u. Mitarb. 1959). Im alten Farbengesetz von 1887 werden als gesundheitsschädliche Farben diejenigen Farbstoffe und Farbstoffzubereitungen bezeichnet, die Antimon, Arsen, Barium, Blei, Cadmium, Chrom, Kupfer, Quecksilber, Uran, Zink, Zinn, ferner die Farbstoffe Gummigutt, Korallin, Pikrinsäure enthalten. Es ist einleuchtend, daß dieses Gesetz den heutigen Verhältnissen nicht mehr gerecht wird und daß Ergänzungen bzw. eine Neufassung dringend notwendig erscheinen, auch dann, wenn dem Schutze der Bevölkerung der § 3 des Lebensmittelgesetzes dient, wonach es verboten ist, „Lebensmittel derart zu gewinnen, herzustellen, zuzubereiten . . . , daß ihr Genuß die menschliche Gesundheit zu schädigen geeignet ist“. Im § 4a wird außerdem festgelegt, daß nur solche Zusatzstoffe, worunter vor allem Farbstoffe zu verstehen sind, verwendet werden dürfen, wenn sie vom Gesetzgeber ausdrücklich hierfür zugelassen sind. Diese fremden Stoffe werden nach § 1 des Lebensmittelgesetzes selbst zu Lebensmitteln, da sie dazu bestimmt sind, mit dem Lebensmittel verzehrt zu werden. Mit der Farbstoff-Verordnung („Verordnung über die Zulassung färbender fremder Stoffe“) vom 19. 12. 1959 hat die deutsche Bundesregierung den erforderlichen, schon lange erwarteten Schritt getan und eine Liste von Farbstoffen bekanntgegeben, die für eine bestimmte, ebenfalls genau definierte Gruppe von Lebensmitteln verwendet werden dürfen. Sie konnte sich dabei auf die Arbeiten der Farbstoff-Kommission der ,,Deutschen Forschungsgemeinschaft“ (vgl. unten) stützen.

Die Forderung nach einer Ergänzung des alten Farbengesetzes geht schon auf die Jahre nach dem ersten Weltkrieg zurück. Sie wurde immer dringender, als die Versuchsergebnisse von Yoshida (1932) und Kinosita (1937) mit dem krebserregenden Farbstoff 4-Dimethylaminoazobenzol bekannt wurden. Das damalige Reichsgesundheitsamt hat bereits 1939 der farbstoffherstellenden Industrie mitgeteilt, daß dieser Farbstoff für die Lebensmittelfärbung nicht mehr in den Verkehr gebracht werden soll, eine Maßnahme, die auch nach dem zweiten Weltkrieg aufrechterhalten blieb (vgl. B. Wurzschmitt 1955). Es muß in diesem Zusammenhang erwähnt werden, daß die seriöse farbstoffherstellende Industrie in eigener Verantwortung sofort nach dem Bekanntwerden der Arbeit von Kinosita durch vorbeugende Maßnahmen eine mißbräuchliche Verwendung des 4-Dimethylaminoazobenzols für die Lebensmittelfärbung zu verhindern wußte.

Im Jahre 1949 wurde auf Veranlassung von A. Butenandt vom ,,Deutschen Forschungsrat“ (heute: ,,Deutsche Forschungsgemeinschaft“) eine ,,Fachkommission zur Bearbeitung des Lebensmittelfarbstoffproblems“ (heute: ,,Farbstoff-Kommission“) ins Leben gerufen, deren Aufgabe es ist, ,,die wissenschaftlichen Grundlagen für den Schutz der Bevölkerung vor möglichen gesundheitlichen Schädigungen durch Lebensmittelzusätze, vor allem durch Farbstoffe, zu erarbeiten“ (zitiert nach ,,Mitteilung 11“). Die Tätigkeit der Kommission wurde später auch auf die Färbemittel für kosmetische Erzeugnisse ausgedehnt. Weitere Kommissionen der ,,Deutschen Forschungsgemeinschaft“ befassen sich mit den Fragen der Lebensmittelkonservierung, des Bleichens von Lebensmitteln, der Ernährungs- und Wasserforschung usw. Die Farbstoff-Kommission hat im April 1950 eine ,,Resolution“ sowie im Laufe der Jahre bis heute (1962) 11 Mitteilungen veröffentlicht. Besondere Bedeutung hat die ,,Mitteilung 11“, da in ihr die nun ungültig gewordenen Mitteilungen 1, 2, 4, 5, 7, 9 und 10 zusammengefaßt sind. Die ,,Mitteilung 3“ befaßt sich mit den Färbemitteln für Kosmetika, ,,Mitteilung 6“ enthält ,,Toxikologische Daten“, ,,Mitteilung 8“ eine Vergleichsmustersammlung synthetischer Lebensmittelfarbstoffe (über ,,Mitteilung 3“, ,,6“ und ,,8“ vgl. unter ,,Bibliographie“ im Anhang).

Die Farbstoff-Kommission ließ es sich von Anfang an angelegen sein, eine möglichst breite internationale Zusammenarbeit herbeizuführen. Am 1. V. 1954 fand unter dem Vorsitz von A. Butenandt in Bad Godesberg eine erste ,,Tagung westeuropäischer Wissenschaftler zur Prophylaxe des Krebs“ statt, wobei man sich vor allem um eine einheitliche Beurteilung der Lebensmittelfarbstoffe bemühte. Das daraufhin später ins Leben gerufene ,,Eurotox-Komitee“ (,,Europäisches Forschungskomitee für den Schutz der Bevölkerung vor chronisch-toxischen Umweltschäden“) hat u. a. Listen von annehmbaren Farbstoffen für die Lebensmittelfärbung aufgestellt. Die von anderen internationalen Stellen [Weltgesundheitsorganisation (WHO) und FAO in den Vereinten Nationen. Union internationale contre le Cancer (UICC), Westeuropäische Union, EWG, Europarat] ausgearbeiteten Vorschläge wurden bei der Zusammenstellung der ,,Mitteilung 11“ von der Farbstoff-Kommission berücksichtigt. Dies gilt weiterhin besonders hinsichtlich der vom Joint FAO/WHO Expert Committee aufgestellten Grundprinzipien für die Verwendung von Lebensmittelzusätzen (WHO, 1957), der Kriterien für ihre toxikologische Beurteilung (WHO, 1958, 1961) und der Reinheit (Joint FAO/WHO Expert Committee, 1959). Die ,,Europäische Wirtschaftsgemeinschaft“ (EWG) hat 1961/62 ebenfalls eine Liste von Lebensmittelfarbstoffen, die in Zukunft für die Mitgliedstaaten verbindlich sein soll, aufgestellt (vgl. weiter unten).

Für die Verwendung von Lebensmittelzusätzen sind von der Farbstoff-Kommission in Anlehnung an die „Resolution“ von 1950 und in Übereinstimmung mit den genannten internationalen Experten-Komitees folgende Grundsätze aufgestellt worden (mitgeteilt in etwas gekürzter Form):

a) Lebensmittel dürfen keine nahrungsfremden Zusätze erhalten, sofern sie nicht ausdrücklich durch die Behörden für diesen Zweck zugelassen sind.

b) Grundlebensmittel und diätetische Lebensmittel, insbesondere für Säuglinge, Kinder und Kranke, dürfen grundsätzlich nicht künstlich gefärbt werden. Ausnahmen kann in besonderen Fällen nur der Gesetzgeber zulassen.

c) Die beste Sicherheit wird durch die Einführung von „positiven“ Listen von Substanzen gewährleistet, die sowohl in toxikologischer als auch in cancerologischer Hinsicht als duldbar bezeichnet werden und daher behördlich erlaubt werden können.

Die unter c) genannten positiven Listen können allein einen wirksamen Schutz der Bevölkerung gewährleisten. Sie enthalten die für die Lebensmittelfärbung als annehmbar angesehenen Farbstoffe, während alle anderen Farbstoffe als verboten zu betrachten sind.

Bei der Zulassung von Lebensmittelzusätzen muß durch ausreichende wissenschaftliche, dem neuesten Stand der Forschung entsprechende Belege nachgewiesen sein, daß ihre Anwendung gesundheitlich unbedenklich für den Verbraucher ist. Zu diesen Belegen gehören u. a. langdauernde Versuche an wenigstens zwei Tierarten, oral und parenteral, über die ganze Lebenszeit, ausgedehnt auf zwei Generationen, um etwaige keimschädigende Wirkungen auszuschließen. Eine dermatologische Prüfung wird weiterhin gefordert. Eine Substanz, die am Menschen Krebs erzeugt oder beim Tierversuch „in irgendeiner Dosierung, an irgendeiner Tierart und in irgendeiner Applikationsform maligne Tumoren erzeugt hat, mit einer Ausbeute, die signifikant größer ist als die der „Spontantumoren“, kann nicht als unbedenklich für die menschliche Gesundheit angesehen werden“ (Mitteilung 11). Außerdem soll die Sicherheitsspanne zwischen Dosis oder Konzentration, die bei der Prüfung noch keine toxische Wirkung gezeigt hat, und der Menge, die maximal vom Menschen aufgenommen werden kann, mindestens 100 betragen. Die Anwendung von Lebensmittelzusätzen muß einem anerkannten Bedürfnis entsprechen. Die Menge soll so gering wie möglich sein, der Verbraucher darf über den wahren Wert des Lebensmittels nicht getäuscht werden. Für den Hersteller künstlich gefärbter Lebensmittel besteht die Kennzeichnungspflicht. Nahrungsfremde Stoffe (z. B. Verunreinigungen, bedingt durch das Herstellungsverfahren oder eine Behandlung der Pflanze oder des Tieres usw.) dürfen in Lebensmitteln in keiner größeren Menge vorhanden sein als sie für die Sicherheit des Verbrauchers annehmbar sind.

Der Begriff der „Annehmbarkeit“ eines Lebensmittelfarbstoffs bedarf noch der Erklärung. Die Frage, ob ein Farbstoff „geeignet ist, die menschliche Gesundheit zu schädigen“ (§ 3 Lebensmittelgesetz) muß durch das Ergebnis toxikologischer Prüfungen am Warmblüter einer Beantwortung entgegengeführt werden. Das negative Ergebnis von Tierversuchen kann lediglich die „Annehmbarkeit“ begründen, eine letzte Sicherheit, daß der Farbstoff auch beim Menschen unschädlich ist, besteht nicht. Ein „mit Wahrscheinlichkeit unschädlicher“ Stoff wird auch als „unbedenklich“ bezeichnet. Farbstoffe als zugelassen zu erklären, ist Sache des Gesetzgebers.

Tabelle 1. *Duldbare*

Farbton	Lfd. Nr.	Chemische Bezeichnung	Strukturformel bzw. empirische Formel
1	2	3	4
Gelb	1	1-(4′-Sulfo-1′-phenylazo)-4-aminobenzol-5-sulfosäure (Di-Natrium-Salz)	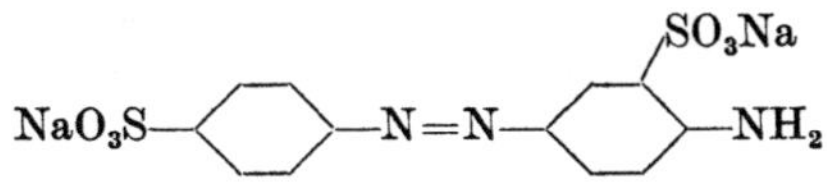
Gelb	2	4-(4′-Sulfo-1′-phenylazo)-1-(4′-sulfophenyl)-5-hydroxy-pyrazolon-3-carbonsäure (Tri-Natrium-Salz)	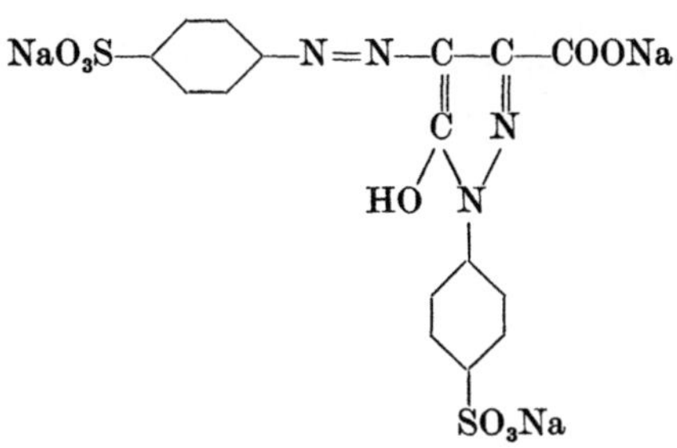
Gelb	3	Chinophthalon-disulfosäure (Di-Natrium-Salz)	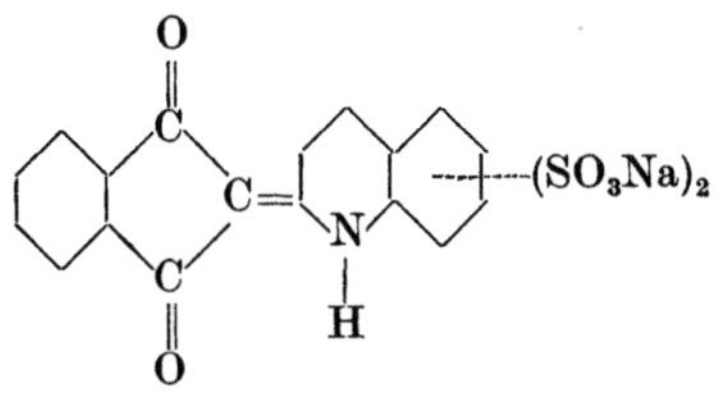
Gelb	4	2.4-Dihydroxyazobenzol-4′-sulfosäure (Natrium-Salz)	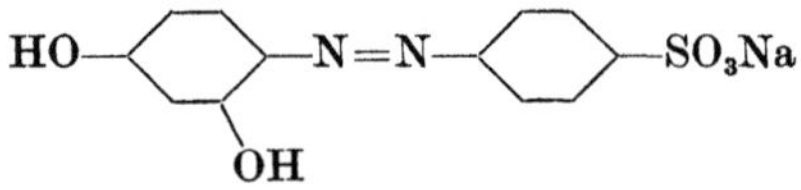
Gelb	5	6.7-Dimethyl-9-(1′-D-ribityl)-isoalloxazin	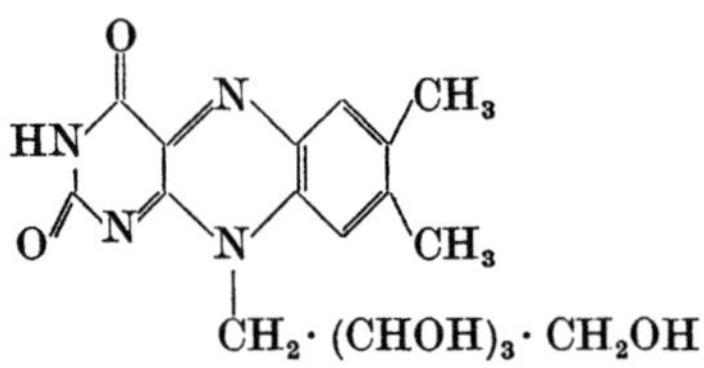
Gelb	6	1.7-Bis-(4-hydroxy-3-methoxyphenyl)-1.6-heptadien-3.5-dion	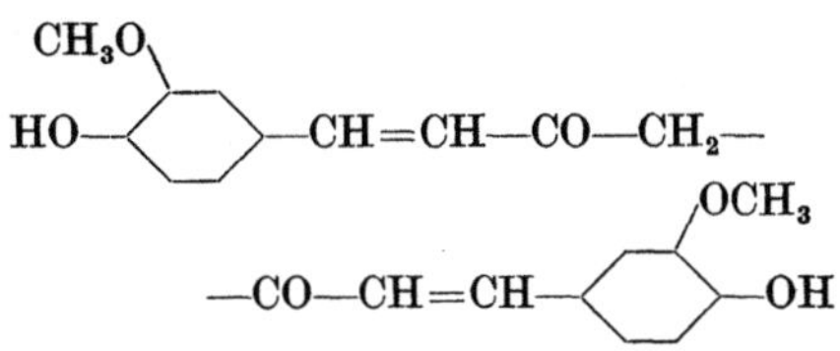
Orange	7	1-(3′-Sulfo-1′-phenylazo)-2-naphthol-6-sulfosäure (Di-Natrium-Salz)	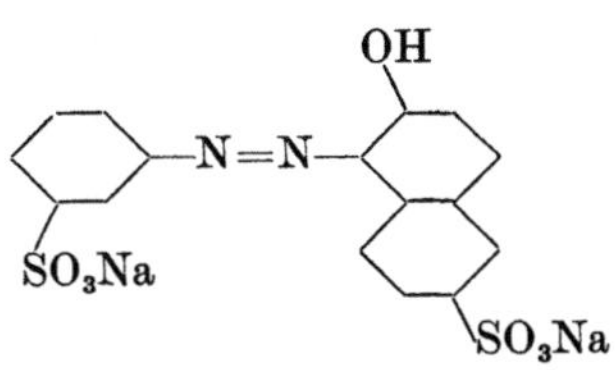

Lebensmittelfarbstoffe

Spektrometrie Maximum bei mμ 5	Einige Handelsnamen 6	Schultz-Nr. 7	C. I. Nr. 8	Mitt. 6 Nr. 9	EWG Nr. 10	Mitt. 11 Nr. 11	19. XII. 1959 12	Bemerkungen
385	Echtgelb Säuregelb	172	13015	23	E105	L-Gelb 1	Gelb 1	Mitt. 11: Mit nicht mehr als 3% 4-Amino-azobenzol-4′-sulfosäure
260 u. 420 (Wasser)	Tartrazin FD & C Yellow 5	737	19140	64	E102	L-Gelb 2	Gelb 2	
290 u. 415 (Wasser)	Chinolingelb	918	47005	97	E104	L-Gelb 3	Gelb 3	Mitt. 11: Der Hauptfarbstoff kann aus 3 Komponenten bestehen, die sich lediglich durch die Zahl und Stellung der Sulfogruppen unterscheiden
438 u. 260 (Wasser)	Chrysoin S Tropäolin O	186	14270	26	E103	L-Gelb 4	Gelb 4	
220, 265, 365 u. 445 (Wasser)	Lactoflavin Riboflavin Vitamin B_2	—	—	111	E101	L-Gelb 6	—	
	Kurkuma Curcumin	1374	75300	139	E100	L-Gelb 7	Gelb 6	
238 u. 480 (Wasser)	Orange GGN Orange GGL	—	15980	32	E111	L-Orange 1	Orange 1	

Tabelle 1

Farbton 1	Lfd. Nr. 2	Chemische Bezeichnung 3	Strukturformel bzw. empirische Formel 4
Orange	8	1-(4′-Sulfo-1′-phenylazo)-2-naphthol-6-sulfosäure (Di-Natrium-Salz)	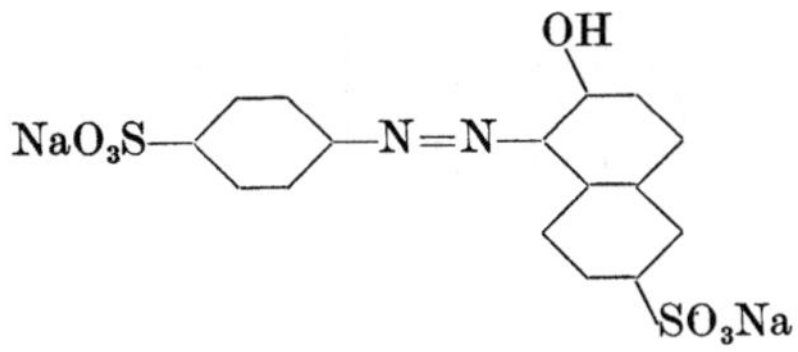
	9	trans α-, β-, γ-Carotin	$C_{40}H_{56}$
	10	Bixin = Monomethylester des Norbixins	$C_{25}H_{30}O_4$ $C_{24}H_{28}O_4$
	11	Capsanthin Capsorubin	$C_{40}H_{58}O_3$ $C_{40}H_{60}O_4$
	12	Lycopin	$C_{40}H_{56}$
	13	Xanthophylle Flavoxanthin Lutein (Xanthophyll)	 $C_{40}H_{56}O_3$ $C_{40}H_{56}O_2$
		Kryptoxanthin	$C_{40}H_{56}O$
		Rubixanthin	$C_{40}H_{56}O$
		Violaxanthin	$C_{40}H_{56}O_4$
		Rhodoxanthin	$C_{40}H_{50}O_2$
		Canthaxanthin	$C_{40}H_{52}O_2$
	14	β-Apo-8′-Carotinal	$C_{30}H_{40}O$
	15	β-Apo-8′-Carotinsäureäthylester (C_{30})	$C_{32}H_{44}O_2$

(Fortsetzung)

Spektrometrie Maximum bei $m\mu$ 5	Einige Handelsnamen 6	Schultz-Nr. 7	C. I. Nr. 8	Mitt. 6 Nr. 9	EWG Nr. 10	Mitt. 11 Nr. 11	19. XII. 1959 12	Bemerkungen
237, 315 u. 490 (Wasser)	Gelborange S FD & C Yellow 6	—	15985	29	E 110	L-Orange 2	Orange 2	
453 u. 481	Carotin α, β, γ	1403	75130	108	E 160a	L-Orange 3		
Bixin: 439, 469,5 u. 503 Norbixin: 442, 474,5 u. 509 ($CHCl_3$)	Annatto Orlean Bixin Norbixin	1387	75120	109	E 160b	L-Orange 4	Orange 3	
Capsanthin: 503, 542 Capsorubin: 468, 503 u. 541,5 (CS_2)	Paprika Extrakt	—	—	—	E 160c	L-Orange 5		
453, 480 u. 517	Lycopin	—	75125	—	E 160d	L-Orange 6		roter Farbstoff aus Tomaten
430, 459 428, 456 u. 487 433, 463 u. 497 439, 474 u. 509 424, 451,5 u. 482 482, 510 u. 564 ($CHCl_3$) 468—472 (Cyclohexan)	Xanthophylle	1403	75135	144	E 161 a—f	L-Orange 7		Farbstoffe in Blättern von Pflanzen, Hagebutten, Eigelb
460—462 488 (Cyclohexan)		—	—	—	—	L-Orange 8		
448—450 474—476 (Cyclohexan)		—	—	—	—	L-Orange 9		

Tabelle 1

<table>
<tr><th>Farbton
1</th><th>Lfd. Nr.
2</th><th>Chemische Bezeichnung
3</th><th>Strukturformel bzw. empirische Formel
4</th></tr>
<tr><td>Rot</td><td>16</td><td>1-(4'-Sulfo-1'-naphthyl-azo)-2-naphthol-3.6-disulfosäure (Tri-Natriumsalz)</td><td>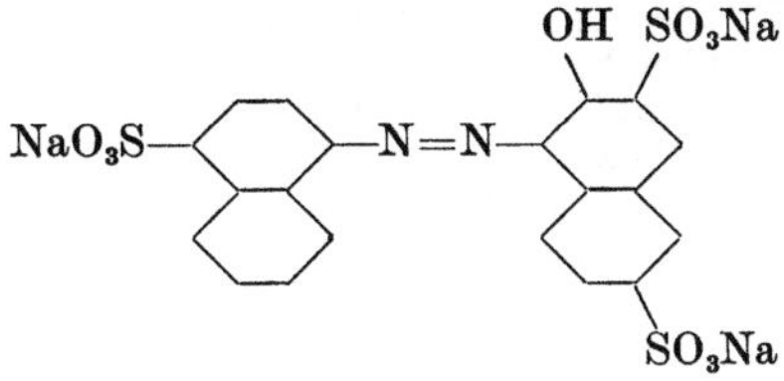</td></tr>
<tr><td></td><td>17</td><td>1-(4'-Sulfo-1'-naphthyl-azo)-2-naphthol-6.8-disulfosäure (Tri-Natriumsalz)</td><td>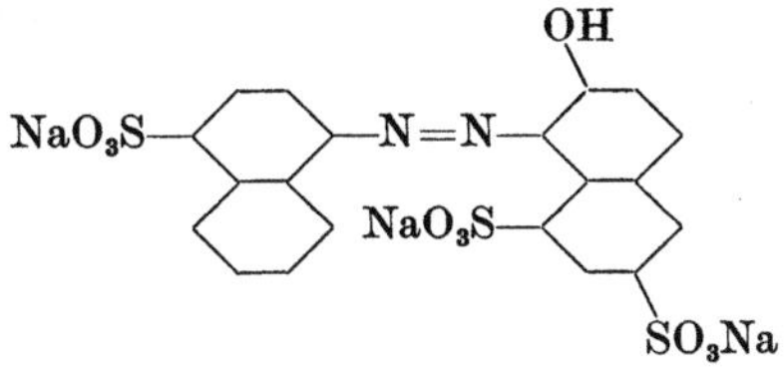</td></tr>
<tr><td></td><td>18</td><td>1-(4'-Sulfo-1'-naphthyl-azo)-2-naphthol-3.6.8-trisulfosäure (Tri-Natriumsalz)</td><td>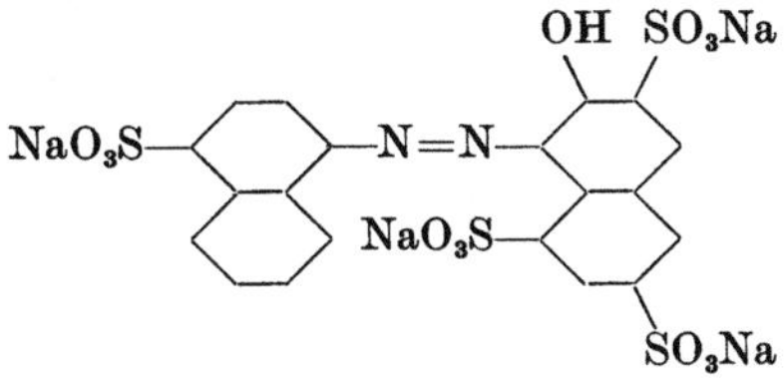</td></tr>
<tr><td></td><td>19</td><td>2-(6'-Sulfo-1'-m-xylyl-azo)-1-naphthol-5-sulfosäure (Di-Natriumsalz)</td><td>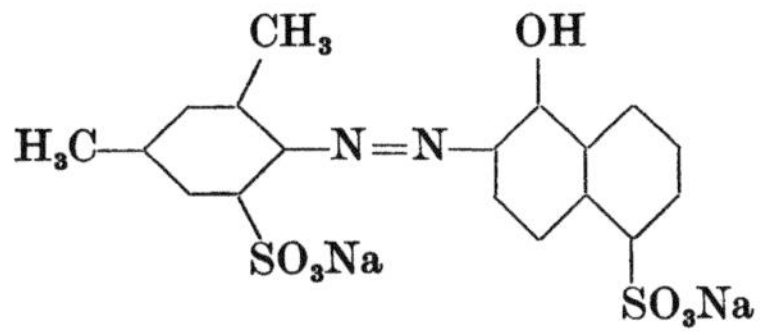</td></tr>
<tr><td></td><td>20</td><td>Alkalisalze der Carminsäure</td><td>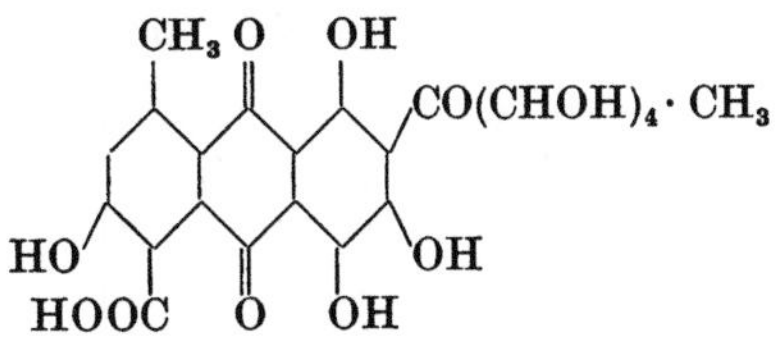</td></tr>
<tr><td></td><td>21</td><td>Anthocyane
Pelargonidin
Cyanidin
Peonidin
Delphinidin (Oenanthidin)
Petunidin
Malvidin</td><td>
$C_{15}H_{11}O_5$
$C_{15}H_{11}O_6$
$C_{16}H_{13}O_6$
$C_{15}H_{11}O_7$
$C_{16}H_{13}O_7$
$C_{17}H_{15}O_7$</td></tr>
<tr><td></td><td>22</td><td>Betanin</td><td></td></tr>
</table>

(Fortsetzung)

Spektrometrie Maximum bei mμ 5	Einige Handelsnamen 6	Schultz-Nr. 7	C. I. Nr. 8	Mitt. 6 Nr. 9	EWG Nr. 10	Mitt. 11 Nr. 11	19. XII. 1959 12	Bemerkungen
333 u. 520 (Wasser)	Amaranth Naphtholrot S FD & C Red 2	212	16185	40	E123	L-Rot 3		
333 u. 515 (Wasser)	Cochenillerot A Ponceau 4 R	213	16255	41	E124	L-Rot 4		
340 u. 515 (Wasser)	Ponceau 6 R	215	16290	42	E126	L-Rot 5	Rot 1	Mitt. 11: mit nicht mehr als 3% 1-(4′-Sulfo-1′-naphthylazo)-2-naphthol-3.6-disulfosäure
295, 340 u. 488 (Wasser)	Scharlach GN	—	14815	34	E125	L-Rot 6		
	Carminsäure, echtes Carmin Cochenille	1381	75470	107	E120	L-Rot 7	Rot 2	
	Anthocyane aus gebräuchlichen Lebensmitteln	1394 1400	—	112	E163 a—f	L-Rot 9		
535 (bei pH 5,4) (Wasser)	Rote Rübe Rote Beete Betanin	—	—	—	E162	L-Rot 10		

Tabelle 1

Farbton 1	Lfd. Nr. 2	Chemische Bezeichnung 3	Strukturformel bzw. empirische Formel 4
Blau	23	N.N'-Dihydro-1.2.1'.2'-anthrachinonazin	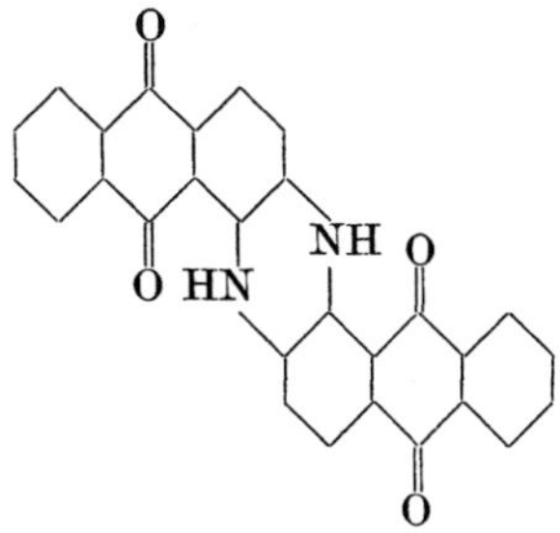
	24	Indigo-disulfosäure (Di-Natriumsalz)	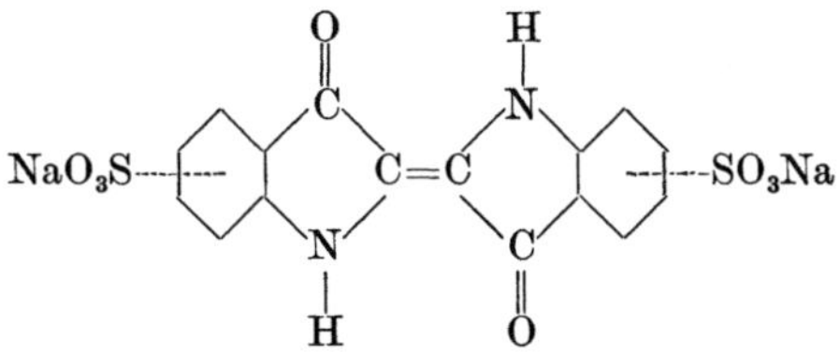
	25	2.4-Disulfo-5-hydroxy-4'.4''-bis-(diäthylamino)-triphenylcarbinol (Calciumsalz)	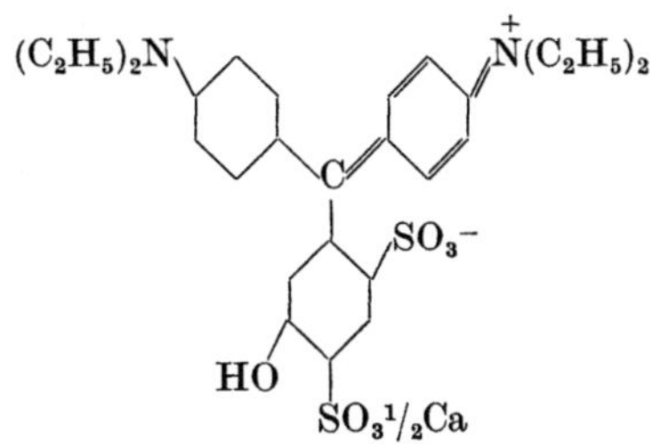
Grün	26	Chlorophyll a: Mg-Komplex des 1.3.5.8-Tetramethyl Chlorophyll b: Mg-Komplex des 1.5.8-Trimethyl-3-formyl-4-äthyl-2-vinyl-9-keto-10-carbomethoxyphorbinphytyl-7-propionats	a: $C_{55}H_{72}O_5N_4Mg$ b: $C_{55}H_{70}O_6N_4Mg$
	27	Chlorophyll- und Chlorophyllin, Kupferkomplex	

(Fortsetzung)

Spektrometrie Maximum bei $m\mu$ 5	Einige Handelsnamen 6	Schultz-Nr. 7	C. I. Nr. 8	Mitt. 6 Nr. 9	EWG Nr. 10	Mitt. 11 Nr. 11	19. XII. 1959 12	Bemerkungen
630 (Dimethylformamid)	Anthrachinonblau Indanthrenblau RS	1228	69800	104	E 130	L-Blau 1	Blau 1	
610, 287 u. 252 (Wasser)	Indigotin I Indigo-Carmin FD & C Blue 2	1309	73015	105	E 132	L-Blau 2	Blau 2	
	Patentblau V Lebensmittelblau Nr. 3	826	42051	85	E 131	L-Blau 3		
	Chlorophylle	1403	75810	110	E 140	L-Grün 1	Grün 1	
	Chlorophyll- u. Chlorophyllin-Kupfer-Komplex	—	75810	110	E 141	L-Grün 2	Grün 2	Mitt. 11: Der Gehalt an ionogenem Kupfer darf 200 mg/kg nicht überschreiten

Tabelle 1

1 Farbton	2 Lfd. Nr.	Chemische Bezeichnung 3	Strukturformel bzw. empirische Formel 4
Schwarz	28	[4'-(4''-Sulfo-1''-phenyl-azo)-7'-sulfo-1'-naphthyl-azo]-1-hydroxy-8-acetyl-aminonaphthalin-3.5-disulfosäure (Tetra-Natriumsalz)	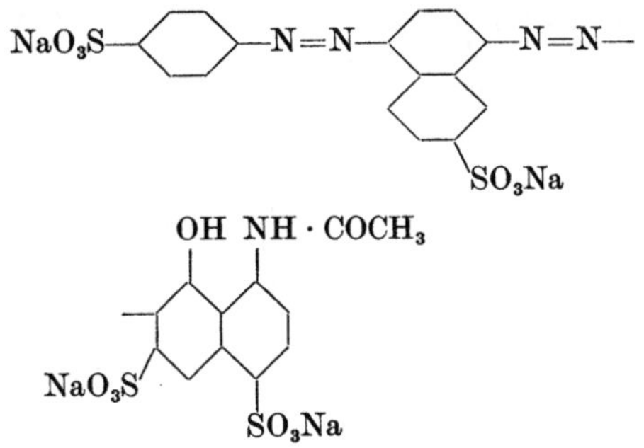
	29	[4'-(4''-Sulfo-1''-phenyl-azo)-7'-sulfo-1'-naphthyl-azo]-1-hydroxy-7-amino-naphthalin-3.6-disulfo-säure (Tetra-Natriumsalz)	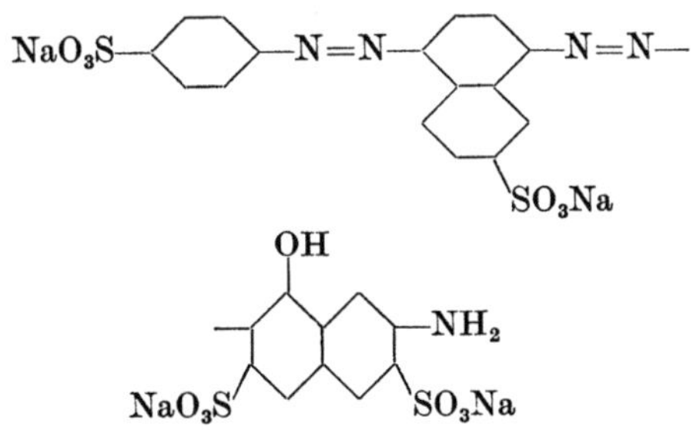
	30	Carbo vegetabilis medicinalis	

Welche Farbstoffe können nun nach dem Stande der Kenntnis nach der Prüfung über die ganze Lebenszeit der Versuchstiere für die Lebensmittelfärbung als annehmbar angesehen werden? Die in der Tab. 1 genannten Farbstoffe ließen keine giftigen, keimschädigenden oder carcinogenen Wirkungen erkennen und können vom Gesetzgeber als Lebensmittelfarbstoffe zugelassen werden. Sie werden bereits in vielen Ländern, teilweise nur noch ausschließlich, für die Lebensmittelfärbung verwendet (vgl. Tab. 7).

Die Tab. 1 enthält auch Naturfarbstoffe, die grundsätzlich nicht anders behandelt werden als synthetische Farbstoffe. Die natürliche Herkunft eines Farbstoffes bietet noch keine Gewähr für seine Harmlosigkeit, und es sind auch hier die gleichen Anforderungen wie an synthetische Farbstoffe zu stellen. Die in gebräuchlichen Lebensmitteln vorhandenen Farbstoffe werden hingegen als wahrscheinlich harmlos angesehen. Farbstoffe, die gleichzeitig Vitamine oder Provitamine sind, verdienen den Vorzug.

Bei den in Tab. 1 angeführten Farbstoffen kann von einer „Annehmbarkeit" für die Lebensmittelfärbung nur dann gesprochen werden, wenn es sich um die chemisch reinen Substanzen handelt. Technische Zubereitungen müssen vorher

(Fortsetzung)

Spektrometrie Maximum bei mμ 5	Einige Handelsnamem 6	Schultz-Nr. 7	C. I. Nr. 8	Mitt. 6 Nr. 9	EWG Nr. 10	Mitt. 11 Nr. 11	19. XII. 1959 12	Bemerkungen
405 u. 570 (Wasser)	Brillantschwarz BN	—	28440	58	E151	L-Schwarz 1	Schwarz 1	
	Schwarz 7984	—	—	—	E152	L-Schwarz 2		
	Carbo medicinalis	—	—	—	E153	L-Schwarz 3	Schwarz 2	Mitt. 11: Nach 2stündiger Extraktion mit optisch leerem Cyclohexan darf das Lösungsmittel keine Zunahme der Fluorescenz zeigen

im Tierversuch geprüft werden. Annehmbare Verfahren, die bei der Herstellung dieser technischen Zubereitungen Verwendung finden dürfen, sind z. B. Pressung, Extraktion, Trocknung usw. Als Extraktionsmittel kommen nur Wasser, Äthylalkohol oder Speiseöle in Betracht. Als Verschnittmittel für Lebensmittelfarbstoffe werden nach der EWG-Liste nur folgende Erzeugnisse zugelassen:

Natriumcarbonat und Natriumhydrogencarbonat
Natriumchlorid
Natriumsulfat
Glucose
Lactose
Saccharose
Dextrin
Stärke
Äthylalkohol
Glycerin
Sorbit
Speiseöle und -fette
Bienenwachs
Wasser

Die einzelnen Rubriken in Tab. 1 bedeuten:

1. Farbton.
2. Laufende Nummer.

3. Chemische Bezeichnung. Bei den anionischen Farbstoffen in Tab. 1 sind stets die Natriumsalze vermerkt. Es sind aber auch die Kalium-, Calcium- und Aluminium-Verbindungen (Salze bzw. Lacke) als annehmbar anzusehen.

4. Strukturformel bzw. empirische Formel, letztere wurde nur bei einigen Naturfarbstoffen angewandt, wo die Strukturformeln wegen ihres Umfangs nicht in die Tabelle aufgenommen werden konnten.

5. Spektrophotometrie: die Maxima bei bestimmten Wellenlängen sowie das verwendete Lösungsmittel werden angegeben.

6. Einige Handelsnamen.

7. Schultz-Nr.: G. Schultz Farbstoff-Tabellen, 7. Auflage, Akadem. Verlagsgesellschaft Leipzig 1931.

8. C. I.-Nr.: Colour Index, 2. Auflage 1956, F. M. Rowe, Society of Dyers and Colourists, Dean House, Piccadilly Bradford, Yorkshire, England und American Assoc. of Textile Chemists and Colourists, Lowell Technol. Institute, Lowell, Mass. USA.

9. Mitt. 6: Mitteilung 6 der Farbstoff-Kommission der „Deutschen Forschungsgemeinschaft" (G. HECHT) vgl. „Bibliographie".

10. EWG-Nr.: Europäische Wirtschaftsgemeinschaft: „Richtlinien zur Angleichung der Rechtsvorschrift der Mitgliedstaaten für färbende Stoffe, die in Lebensmitteln verwendet werden dürfen" Stand vom 19. VII. 1962.

11. Mitt. 11: Mitteilung 11 der Farbstoff-Kommission der „Deutschen Forschungsgemeinschaft" vom 5. III. 1962.

12. 19. XII. 1959: „Verordnung über die Zulassung färbender fremder Stoffe" (Farbstoff-Verordnung) der Bundesrepublik Deutschland vom 19. XII. 1959.

In der EWG-Liste sind außer den in Tab. 1 genannten Farbstoffen noch aufgeführt:

Tabelle 2

Farbton	Lfd. Nr.	Chemische Bezeichnung	Strukturformel	Handelsname	Schultz-Nr.	C. I. Nr.	Mitt. 6 Nr.	EWG Nr.	Bemerkungen
Rot	31	2-(4'-Sulfo-1'-naphthylazo)-1-naphthol-4-sulfosäure (Di-Natriumsalz)	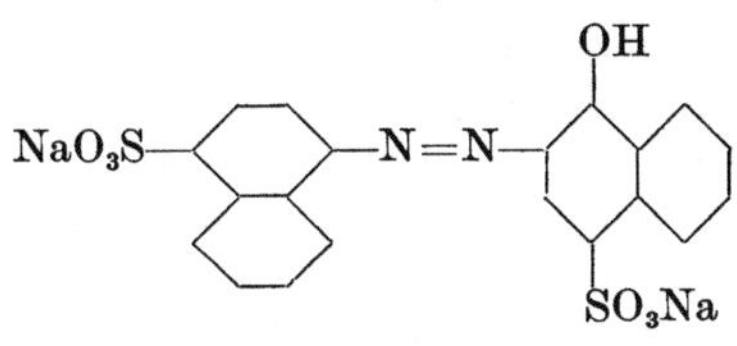	Azorubin	208	14720	38	E 122	
Braun	32			Zuckerkulör	—	—	—	E 150	Aus Saccharose oder anderen Zuckerarten ausschließlich durch Erhitzen hergestelltes Erzeugnis

Nachdem die EWG zunächst eine Farbstoffliste (einschließlich Reinheitsanforderungen) aufgestellt hat, wird in einem späteren Stadium über die Angleichung der Bedingungen, unter denen Lebensmittel gefärbt werden dürfen, zu diskutieren sein. In der Bundesrepublik Deutschland sind in der Farbstoff-Verordnung vom 19. XII. 1959 diejenigen Lebensmittel benannt, die mit den angegebenen Farbstoffen ausschließlich gefärbt werden dürfen: gewisse Fischereierzeugnisse, Fruchtkonserven, Konditoreiwaren usw.

In der folgenden Tab. 3 sind diejenigen Färbemittel benannt, die für beschränkte Anwendungsgebiete als annehmbar erscheinen.

Zuerst genannt ist in Tab. 3 das Tetrajodfluorescein oder Erythrosin, dem für die Färbung ganzer, halbierter oder entsteinter Früchte in Konserven besondere

Bedeutung zukommt. Die in Tab. 1 genannten synthetischen Farbstoffe sind hierfür ungeeignet, da ihre Substantivität für das Fruchtfleisch zu gering ist. Erythrosin hingegen zieht auf die Früchte gut auf und gestattet die Wiederherstellung der natürlichen Farbe. Laut ,,Mitteilung 11" darf die Höchstkonzentration im Lebensmittel nur 100 mg/kg betragen. In einer besonderen Liste führt die EWG ebenfalls das Erythrosin auf, allerdings befristet für einen Zeitraum von 3 Jahren. Bis zur endgültigen Genehmigung muß erwiesen sein, daß es als ungefährlich für die Gesundheit zu erachten ist. Das gleiche gilt von den Färbemitteln der Tab. 4 (s. S. 1154).

Zum Bläuen von Zucker sieht die EWG-Liste noch die Mineralfarbe Ultramarin (Schultz-Nr. 1435; C.I. Nr. 77007) vor. Laut ,,Mitteilung 11" entspricht jedoch das Bläuen von Zucker oder Speisesalz keinem anerkannten Bedürfnis und ist demnach abzulehnen. Weiterhin lehnt die Farbstoff-Kommission eine Färbung von folgenden Lebensmitteln ab: Lakritzen, Teigwaren, Citrusfrüchten. Das ,,Grünen" von Gemüse mit Kupfer ist wegen Beeinträchtigung des Vitamin-C-Gehaltes ebenfalls zu verwerfen. Für Käse und Margarine erscheint nur eine Färbung mit Carotin und Carotinoiden als annehmbar (über Annatto s. G. J. VAN ESCH u. Mitarb. 1959). Die Verwendung optischer Aufheller in Lebensmitteln wird ebenfalls abgelehnt.

Sowohl in der Farbstoffverordnung als auch in der ,,Mitteilung 11" sind nun noch einige Färbemittel genannt, die für die Herstellung von Stempel- und Ostereierfarben als annehmbar angesehen werden. Da die Gefahr besteht, daß Farbstoffe mit dem Lebensmittel verzehrt werden können, war auch hier eine Regelung zu treffen. Die Tab. 5 enthält in vereinfachter Form die hierfür vorgesehenen Farbstoffe und Pigmente.

Laut § 1 des Lebensmittelgesetzes werden Tabak und Tabakerzeugnisse den Lebensmitteln gleichgestellt. Deshalb mußte für die Mattierung des Deckblattes und die Färbung des Umblattes von Zigarren ebenfalls eine Regelung getroffen werden, da die normalen Lebensmittelfarbstoffe gemäß Tab. 1 für diese Spezialverwendung nicht geeignet sind. Tab. 6 (nach ,,Mitteilung 11" und ,,Tabakverordnung vom 19. XII. 1959") enthält die für Zigarren duldbaren Färbemittel. Für Kautabak sind außer den Lebensmittelfarbstoffen weiterhin duldbar die Reaktionsprodukte aus Eisen-III-sulfat und Tannin, für Schnupftabake Eisenoxidrot und Eisenoxidhydrate, rot, natürlich und künstlich.

Jede zusammenfassende Darstellung über die zur Färbung von Lebensmitteln verwendeten Farbstoffe kann nur einen zeitlich begrenzten Wert haben, da die Dinge dauernd im Fluß sind, sei es, daß sich bei der wiederholten Prüfung der Farbstoffe neue Erkenntnisse ergeben, sei es, daß die Praxis der Lebensmittelherstellung berechtigte Forderungen erhebt, die eine Revision oder Ergänzung der Farbstofflisten notwendig machen. Immerhin sind in den Tabellen 1 und 2 Farbstoffe benannt, die auch nach weitgehender internationaler Auffassung als annehmbar bzw. unbedenklich für Lebensmittel angesehen werden können. Verschiedene Länder haben in den letzten Jahren ihre Gesetzgebung geändert bzw. sind im Begriffe, es zu tun. Daneben werden aber auch heute noch in einigen Ländern eine Reihe von Farbstoffen verwendet, für die eine Annehmbarkeit, wie sie bei den in den Tabellen 1 und 2 aufgezählten Farbstoffen weitgehend erwiesen ist, nicht im gleichen Umfange besteht. Eine Zusammenstellung dieser Farbstoffe erübrigt sich hier, es sei hingewiesen auf den Artikel ,,Lebensmittelfarbstoffe" von H. RAAB u. Mitarb. in ULLMANNs ,,Enzyklopädie" (vgl. Bibliographie), wo die im In- und Ausland noch zugelassenen Lebensmittelfarbstoffe gebracht werden. Allgemein ist aber die Tendenz zu beobachten, daß die einzelnen Länder die Zahl der bisher zugelassenen Farbstoffe stark reduzieren und sich vor allem auf die als

Tabelle 3. *Färbemittel für*

Farbton 1	Lfd. Nr. 2	Chemische Bezeichnung 3	Strukturformel bzw. empirische Formel 4	Spektrometrie Maximum bei mμ 5
Rot	33	Tetrajodfluorescein (Natriumsalz)	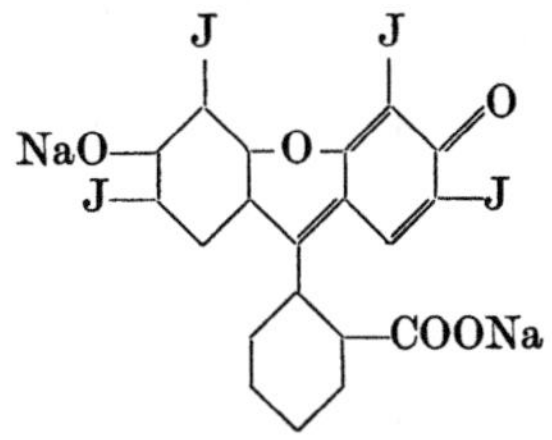	
Gelb	34	1-(3′-Sulfo-1′-phenylazo)-2-aminonaphthalin-3.6-disulfosäure (Tri-Natriumsalz)	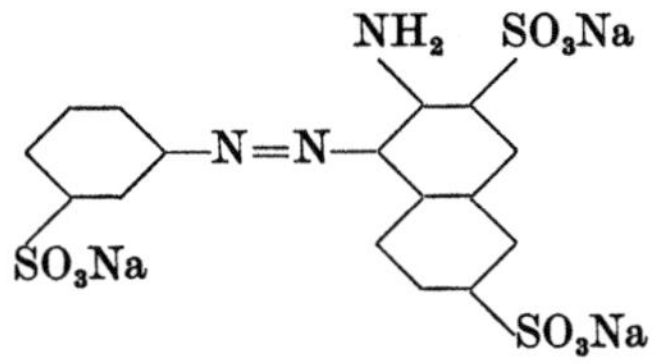	290, 345 u. 350 (Wasser)
Rot	35	1-(2′-Sulfo-4′-methyl-1′-phenylazo)-2-naphthol-3-carbonsäure, Ca-Lack	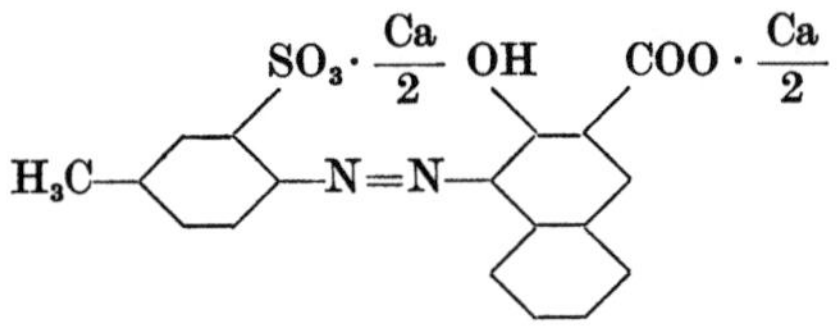	
Weiß	36	Calcium carbonat	$CaCO_3$	
	37	Calcium sulfat	$CaSO_4$	
	38	Titandioxid	TiO_2	
div.	39	Eisenoxide und Eisenoxidhydrate natürlich und künstlich gelb, rot, braun, schwarz	$FeOOH$, Fe_2O_3, Fe_3O_4	
	40	Aluminium Silber Gold (Blattmetall oder Pulver)	Al Ag Au	

annehmbar erkannten Farbstoffe beschränken. Es seien deshalb in Tab. 7 diejenigen Länder genannt, in denen bereits die in Tab. 1 aufgeführten Farbstoffe heute schon zugelassen sind (durch + bezeichnet).

Bezüglich der Reinheitsanforderungen, die an Lebensmittelfarbstoffe zu stellen sind, muß, was die Untersuchungsmethoden anbelangt, auf den Teil „Analytik", Bd. II, verwiesen werden. In der „Mitteilung 11" der Farbstoff-Kommission der „Deutschen Forschungsgemeinschaft" wird hierüber folgendes bekanntgegeben:

beschränkte Anwendungsgebiete

Einige Handelsnamen 6	Schultz-Nr. 7	C. I. Nr. 8	Mitt. 6 Nr. 9	EWG Nr. 10	Mitt. 11 Nr. 11	19. XII. 1959 12	Bemerkungen annehmbar bzw. zugelassen nur für:
Erythrosin extra bläulich FD & C Red 3	887	45430	93	+	LB-Rot 1	Rot 4	Färbung ganzer, halbierter oder entsteinter Früchte in Konserven
Gelb 27175 N	—	13445	30	—	LB-Gelb 1	Gelb 5	Färbung von Gelbwursthüllen
Lithol-rubin BK	194	15850	147	E 180	LB-Rot 2	Pigment 6	Käsewachs
	1405	77220	—	E 170	LB-Pigment 1	Pigment 1	Oberflächenbehandlung von Süßwaren
	1407	77231	—	—	LB-Pigment 2	Pigment 2	Oberflächenbehandlung von Süßwaren
	1418	77891	—	E 171	LB-Pigment 3	Pigment 3	Oberflächenbehandlung von Süßwaren
	1311 1428 1429 1470	77491 77492 77499	—	E 172	LB-Pigment 4	Pigment 4	Oberflächenbehandlung von Süßwaren
	— — —	77000 — —	— — —	E 173 E 174 E 175	LB-Pigment 5	Pigment 5 (nur Al)	Oberflächenbehandlung von Süßwaren

a) *Anorganische Verunreinigungen:*

Nicht nachweisbar sein dürfen in Lebensmittelfarbstoffen: in verdünnter Salzsäure lösliche Bariumverbindungen, Cadmium, Chromate, Quecksilber, Selen einschließlich Tellur.

Die Höchstgrenzen für Verunreinigungen lauten: 5 mg/kg Arsen, 20 mg/kg Blei, je 100 mg/kg Antimon, Barium in Form des Sulfats, Chrom, Kupfer, Zink einzeln, jedoch insgesamt nicht mehr als 200 mg/kg.

Tabelle 4. *Färbende Stoffe für die Färbung der Masse und der Oberfläche gemäß „EWG-Liste"*

Handelsname	Schultz-Nr.	C. I. Nr.	Mitt. 6 Nr.	
Kreuzbeerenextrakt, Rhamnetin, Rhamnazin	1369	75640	138	Auszug aus den Beeren von Rhamnusarten
Alkanna, Alkannin	1382	75520 75530	140	Auszug aus den Wurzeln von Alcanna tinctoria
pflanzliches Karamellin	—	—	—	aus Torf- und Braunkohlearten gewonnener Kasseler Auszug
Brillantsäuregrün BS	836	44090	86	= Di-(p-dimethylamino-phenyl)-2-hydroxy-5.6-disulfonaphthofuchsonimonium
Erythrosin vgl. Tab. 3, Lfd. Nr. 33				

Tabelle 5. *Färbemittel für Stempel- und Ostereierfarben gemäß „Mitteilung 11" und „Farbstoffverordnung"*

Handelsname	Schultz-Nr.	C. I. Nr.	Mitt. 6 Nr.	Mitt. 11 Nr.	19. XII. 1959	Bemerkungen
Ceresgelb GRN	—	21230	—	L-ext.Gelb 1	C 9	
Brillantcrocein MOO Acilancrocein MOO	539	27290	124		C 1	
Ceresrot G Sudanrot G	149	12150	21	L-ext. Rot 1	C 10	
Ponceau R, RR, GR II, GRL, MX	95	16150	14		C 16	in der Bundesrepublik nur als Al- und Ca-Lack zugelassen
Viktoriablau R	821	44040	—	L-ext.Blau 1	C 3	
Viktoriablau B	822	44045	130	L-ext.Blau 2	C 4	
Acilanbrillantblau FFR Brillantwollblau FFR	—	42735	128	L-ext.Blau 3	C 5	
Sudanblau II	—	—	—	L-ext.Blau 4	C 11	= 1.4-Di-n-butyl-aminoanthrachinon
Phthalocyaninblau	—	74100	—	L-ext.Blau 5	C 13	auch als Cu-Komplex und als Sulfamide und Sulfosäuren
Ultramarin	1435	77007	—	L-ext.Blau 6	C 12	
Methylviolett	783	42535	76	L-ext. Violett 1	C 2	Mitt. 11: Pentamethylverbindung mit nicht mehr als 10% der Tetra- und Hexamethylverbindung
Echtsäureviolett R	871	45190	135	L-ext. Violett 2	C 17	in der Bundesrepublik nur als Al- und Ca-Lack zugelassen
Naphtholgrün B	5	10020	1	Le-xt.Grün 1	C 7	
Acilanechtgrün 10 G Alkaliechtgrün 10 G	—	42170	129	L-ext.Grün 2	C 8	
Phthalocyaningrün	—	74260	—	L-ext.Grün 3	C 14	Chlorierte Phtholocyanine, auch als Cu-Komplex

Tabelle 6. *Färbemittel für Tabakwaren gemäß „Mitteilung 11" und „Tabakverordnung"*

Handelsname	Schultz-Nr.	C. I. Nr.	Mitt. 6 Nr.	Mitt. 11 Nr.	Tabakverordnung vom 19. XII. 1959
Alizarin	1141	58000	102	T-Rot 1	—
Farbstoffe aus Kreuzbeeren. . .	1367 1369	75640 75670	138	T-Gelb bzw. Grün 1	+
Huminsäuren und Alkalisalze . .	—	—	—	T-Braun 1	+
Farbstoffe aus Blauholz	1376	75290	106	T-Blau 1	+

b) *Organische Verunreinigungen:*

Aromatische Amine nicht mehr als 0,01%, 2-Naphthylamin, 4-Aminophenyl oder Benzidin dürfen nicht nachweisbar sein, ebenso nicht höhere aromatische Kohlenwasserstoffe mit mehr als 3 kondensierten Ringen. Nebenfarbstoffe dürfen 4%, bezogen auf den Hauptfarbstoff, nicht übersteigen. Farbstoffe mit Sulfosäuregruppen dürfen nicht mehr als 0,2% durch Äther extrahierbare Substanzen enthalten.

Diese Reinheitsanforderungen entsprechen weitgehend der zur Zeit herrschenden internationalen Auffassung. Sie sind z. B. auch in die EWG-Liste aufgenommen worden. In den USA sind in den Coal-Tar Regulations für jeden Farbstoff besondere Reinheitsanforderungen festgelegt, die teilweise von den mitgeteilten Daten abweichen. Auch dieses Gebiet befindet sich noch durchaus im Fluß, und es ist unmöglich, Abschließendes zu berichten.

Bibliographie

Deutsche Forschungsgemeinschaft „Farbstoff-Kommission" (Mitteilungen erhältlich bei „Deutsche Forschungsgemeinschaft", Bad Godesberg, Frankengraben 40 oder F. Steiner-Verlag GmbH, Wiesbaden):

— Mitteilung 3: Vorläufige Liste der Färbemittel für Cosmetica, 2. Auflage 1959.

— Mitteilung 6: Toxikologische Daten von Farbstoffen und ihre Zulassung für Lebensmittel in verschiedenen Ländern, 2. Auflage 1957 (G. Hecht).

— Mitteilung 8: Vergleichsmustersammlung der synthetischen Lebensmittelfarbstoffe mit Papier-Chromatogrammen und Absorptions-Spektogrammen im sichtbaren und infraroten Bereich, 1956.

— Mitteilung 11: Neuauflage 1962 der Mitteilung 9 (1956) und gleichzeitige Zusammenfassung der „Resolution" (1950) und der Mitteilungen 1, 2, 4, 5, 7, 9 und 10.

Führer, H.: In Heffters Handbuch der experimentellen Pharmakologie, Bd. I, 1199 (1923). Berlin: Springer 1923.

Holthöfer, H., A. Juckenack u. K.-H. Nüse: Deutsches Lebensmittelrecht, Bd. I. Lebensmittelgesetz, 4. Auflage. Berlin: C. Heymanns 1961.

Ikeda, R. M., and D. G. Crosby: Chemicals and the Food Industry. University of California, Division of Agricultural Sciences, 1960.

Joint FAO/WHO Expert Committee on Food Additives. 4. Report, 1959, erhältlich bei der Weltgesundheitsorganisation, Genf, Palais des Nations oder Food and Agriculture Organization, Rom, Viale delle Terme di Caracalla.

Kloesel, A., H. Sperlich u. K. G. Bergner: Deutsches Lebensmittelrecht. Stuttgart: W. Kohlhammer 1959.

Nieman, C.: Food Colours recently authorized in 43 Countries. Amsterdam: Consudel 1961.

Pla Delfina, J. M.: Los Colorantes Sintéticos en Bromatología y Farmacia. Barcelona (Publicaciones de la Sociedad Española de Farmacotecnia) 1961.

Raab, H., u. W. Lützkendorf: Färben von Lebensmitteln. In Ullmanns Encyklopädie der techn. Chemie, Bd. 11, 3. Aufl. Tabelle 25, S. 526—527. München-Berlin: Urban & Schwarzenberg 1960.

Schormüller, J.: Lebensmittelfarben. In Lehrbuch der Lebensmittelchemie, S. 249—252. Berlin-Göttingen-Heidelberg: Springer 1961.

Tabelle 7. *Zulassung der in Tab. 1 genannten*

Lfd. Nr. laut Tabelle 1	Handelsname	1	2	3	4	5	6	7	8	9	10	11	12	13	14	15	16	17	18	19	20
1	Echtgelb			+	+							+	+			+					
2	Tartrazin	+		+	+	+	+	+	+	+	+	+	+	+	+	+	+	+	+	+	+
3	Chinolingelb				+							+	+				+				
4	Chrysoin S				+								+				+				
5	Lactoflavin[1]												+								+
6	Curcuma		+				+		+			+	+	+			+		+		+
7	Orange GGN			+								+	+			+					
8	Gelborange S	+		+	+		+		+		+	+	+		+	+	+	+	+	+	+
9	Carotin[1]				+							+		+		+		+	+		+
10	Annatto	+	+		+		+		+	+		+	+	+	+	+	+	+	+	+	+
11	Paprika Extrakt[1]																				
12	Lycopin[1]																				
13	Xanthophyll[1]																				
14	β-Apo-8′-Carotinal[1]																				
15	β-Apo-8′-Carotinsäure-äthylester[1]																				
16	Naphtholrot S	+	+	+	+	+	+	+	+	+	+	+		+	+	+	+	+	+	+	
17	Cochenillerot A	+		+	+	+						+		+		+	+		+		+
18	Ponceau 6 R												+	+							
19	Scharlach GN			+								+				+	+				
20	Carmin	+	+	+	+	+			+	+		+	+		+	+	+		+	+	+
21	Anthocyane		+						+			+	+						+		
22	Betanin																				
23	Indanthrenblau RS				+				+			+	+			+	+				
24	Indigotin I	+	+	+	+		+	+	+	+	+	+	+	+	+	+	+	+	+	+	+
25	Patenblau V				+	+											+				
26	Chlorophylle	+	+	+	+	+	+		+	+		+	+	+	+	+		+	+	+	+
27	Chlorophyll Kupfer	+	+	+	+	+	+		+	+		+	+	+	+	+		+	+	+	+
28	Brillantschwarz BN			+	+							+	+			+	+		+		+
29	Schwarz 7984																				
30	Carbo medicinalis												+								

Länderschlüssel:

1 = Ägypten
2 = Argentinien
3 = Australien
4 = Belgien
5 = Bolivien
6 = Brasilien
7 = Bulgarien
8 = Chile
9 = Costa Rica
10 = Cuba
11 = Dänemark
12 = Deutschland BR
13 = Deutschland DDR
14 = Dominikanische Republik
15 = Finnland
16 = Frankreich
17 = Griechenland
18 = Großbritannien
19 = Guatemala
20 = Indien
21 = Israel
22 = Italien
23 = Japan
24 = Jugoslawien
25 = Canada
26 = Kolumbien
27 = Libanon
28 = Luxemburg
29 = Marokko
30 = Mexico

[1] Diese natürlichen Färbemittel bedürfen in einer Reihe von Ländern keiner besonderen Zulassung, da sie von sich aus bereits Bestandteil gebräuchlicher Lebensmittel sind. Die erwähnten Vitamine und Provitamine werden ausführlich im Kapitel „Vitamine" behandelt.

Waitz, W.: Lebensmittelrechtliche Regelungen von Zusatzstoffen in 18 europäischen Staaten (Heft 15 der Schriftenreihe des Bundes für Lebensmittelrecht und Lebensmittelkunde). Wiesbaden-Berlin: B. Behr's Verlag GmbH 1957.
World Health Organization (WHO): General Principles governing the Use of Food Additives. Techn. Report Series 1957, No. 129.
— Procedures for the Testing of intentional Food Additives to establish their Safety for Use. Techn. Rep. Ser. 1958, No. 140.
— Evaluation of carcinogenic Hazards of Food Additives. Techn. Rep. Ser. 1961, No. 220.
— Data Sheets on Food Colours. 5. July 1957.
Zuckerman, S.: Colors for Foods, Drugs and Cosmetics. In Encyclopedia of Chemical Technology. Bd. 4, S. 287—313, New York 1949.

Farbstoffe in verschiedenen Ländern

21	22	23	24	25	26	27	28	29	30	31	32	33	34	35	36	37	38	39	40	41	42	43	44	45	46	47	48	49	50	51
			+				+					+	+	+			+		+	+	+	+	+							+
+	+	+	+	+			+	+	+	+	+	+	+	+		+	+	+	+	+	+	+	+				+	+	+	+
	+		+				+	+				+		+							+	+								+
						+	+	+				+		+																+
			+							+				+							+									+
	+									+		+	+					+			+			+			+		+	+
													+	+						+										+
+	+	+	+	+			+	+	+	+	+	+	+	+	+	+				+	+	+	+					+		+
+			+	+						+		+	+	+			+	+	+	+	+				+	+				+
+	+		+						+	+		+	+	+		+		+		+	+		+	+	+		+		+	+
																														+
																														+
																														+
																														(+)
																														(+)
+	+	+	+	+	+	+	+	+	+	+	+	+	+	+	+	+	+	+	+	+	+	+	+	+			+	+	+	+
+	+	+	+		+	+	+	+	+	+		+	+	+			+		+	+	+	+		+			+			+
	+					+							+	+						+		+								+
	+		+					+					+	+						+	+	+								+
+		+		+		+		+	+			+	+	+	+	+	+	+		+	+	+	+	+			+		+	+
													+								+						+		+	+
																														+
							+	+					+	+					+	+	+	+								+
+	+	+	+	+	+	+	+	+	+	+	+	+	+	+	+	+	+	+	+	+	+	+	+	+			+	+	+	+
	+					+	+																							+
+	+			+					+	+			+	+			+	+	+		+	+	+	+			+		+	+
+	+			+					+	+			+	+			+	+	+		+	+	+	+			+		+	+
	+		+				+	+				+		+						+	+									+
																														+
																														+

Länderschlüssel:

31 = Neuseeland
32 = Nicaragua
33 = Niederlande
34 = Norwegen
35 = Österreich
36 = Peru
37 = Philippinen
38 = Polen
39 = Portugal
40 = Rumänien
41 = Schweden
42 = Schweiz
43 = Spanien
44 = Südafrika
45 = Türkei
46 = UdSSR
47 = Ungarn
48 = Uruguay
49 = USA
50 = Venezuela
51 = Europäische Wirtschaftsgemeinschaft (EWG)

Zeitschriftenliteratur

DRUCKREY, H.: Schädliche und unschädliche Farbstoffe für Lebensmittel. Z. Krebsforsch. **60**, 344—360 (1955).

— H. BROCK, H. HAMPERL u. R. RICHTER: Die Entstehung von Krebs als pharmakologische Wirkung. Klin. Wschr. **21**, 559—564 (1942).

— u. K. KÜPFMÜLLER: Quantitative Analyse der Krebsentstehung. Z. Naturforsch. **3** b, 254—266 (1948).

— D. SCHMÄHL, W. DISCHLER u. A. SCHILDBACH: Quantitative Analyse der experimentellen Krebserzeugung. Naturwiss. **49**, 217—228 (1962).

ESCH, G. J. VAN, H. VAN GENDEREN u. H. H. VINK: Über die chronische Verträglichkeit von Annattofarbstoff. Z. Lebensmittel-Untersuch. u. -Forsch. **111**, 93—108 (1959).

FISCHER, B.: Die experimentelle Erzeugung atypischer Epithelwucherungen und die Entstehung bösartiger Geschwülste. Münch. med. Wschr. **50**, 2041—2047 (1906).

Gilman, J., T. Gilman and Chr. Gilbert: Reticulosis and reticulum-cell tumours of the liver produced in rats by trypan blue with reference to hepatic necrosis and fibrosis. S. Afric. J. Med. Sci. **14**, 21 (1949).
Hackmann, Chr.: Untersuchungen über die cancerogene Wirkung einiger fettlöslicher Azofarbstoffe. Z. Krebsforsch. **57**, 530—541 (1951).
Hecht, G., u. A. Wingler: Die biologische Untersuchung und der geeignete chemische Aufbau einiger Azofarbstoffe zur Lebensmittelfärbung. Arzneimittel-Forsch. **2**, 192—196 (1952).
Kirby, A. H. M., and P. R. Peacock: Liver tumours in mice injected with commercial food dyes. Glasgow Med. J. **30**, 364 (1949).
Kinosita, R.: Über cancerogene chemische Substanzen (engl.). Trans. Soc. Path. Japan **27**, 665—727 (1937).
Klinke, J.: Unveröffentlichte Arbeiten, Biolabor Oppau.
König, R.: Das Problem des Färbens von Nahrungsmitteln, kosmetischen Erzeugnissen und Arzneimitteln. Hippokrates **26**, 362—366 (1955a).
— Über die Färbung von Lebensmitteln, Arzneimitteln und kosmetischen Erzeugnissen. Med. Mschr. **9**, 110—113 (1955b).
Marshall, A. H. E.: The production of tumours of the reticular tissue by diazo vital dyes. Acta path. Microbiol. scand. (Copenh.) **33**, 1 (1953).
Reith, J. F.: Über die Toxicität einiger organischer synthetischer Farbstoffe (niederländ.) Chem. Weekblad **55**, 623—631 (1959).
Truhaut, R.: Les dangers de cancérisation, résultant de la présence de substances étrangères dans les aliments. Arzneimittel-Forsch. **5**, 613—624 (1955).
— Apercus sur les substances cancérigènes et leur dangers dans la vie moderne. J. de Pharm. de Belgique, 167—200 (1958a).
— Sur l'utilisation des colorants en thérapeutique et les dangers qui peuvent en résulter pour la santé humaine. La Semaine des Hopitaux **34**, 1—24 (1958b).
Wingler, A.: Cancerogene Stoffe in der Chemischen Industrie. Arzneimittel-Forsch. **7**, 391 bis 396 (1957).
Wurzschmitt, B.: Verwendung von Chemikalien in der Lebensmittelindustrie unter dem Gesichtspunkt der Krebsbekämpfung. Strahlentherapie **96**, 250—258 (1955).
Yoshida, T.: Comparative histopathological studies with aminoazotoluene and aminoazobenzene. Trans. Soc. Path. Japan **22**, 193—934 (1932).
— Über den experimentellen Leberzellenkrebs durch Fütterung mit o-Amidoazotoluol. Dtsch. med. Wschr. **63**, 712 (1937); (vgl. ferner Trans. Soc. Path. Japan **24**, 523 (1934)].

Weitere chemische Zusatzstoffe

Von

Prof. Dr. S. W. SOUCI und Dr. E. MERGENTHALER, München

Neben den in den vorhergehenden Kapiteln behandelten Konservierungsstoffen und Farbstoffen findet in der Lebensmittelproduktion noch eine Reihe weiterer Fremdstoffe Verwendung, von denen nachfolgend die wichtigsten beschrieben sind. Sie sind unterteilt in die eigentlichen *Lebensmittel-Zusatzstoffe*, die absichtlich dem Lebensmittel zugefügt werden (angelsächsisch "Intentional Food Additives"), und die *Stoffe, die unbeabsichtigt in die Nahrung gelangen können* ("Incidental Food Additives").

Die Beschreibung einzelner Stoffe besagt nicht, daß sie zur Anwendung empfohlen werden, noch weniger, daß sie gesetzlich zugelassen sind. Hinweise auf lebensmittelrechtliche Bestimmungen beschränken sich im allgemeinen auf die Verhältnisse in der Deutschen Bundesrepublik einschließlich West-Berlin. Soweit Stoffe in der Bundesrepublik allgemein zugelassen sind, gilt dies jedoch nur unter der Voraussetzung, daß nicht Vorschriften über einzelne Lebensmittel entgegenstehen.

Aus Raumgründen sind Angaben über Einzelergebnisse toxikologischer Untersuchungen unterblieben. Nur soweit zusammenfassende Verlautbarungen wissenschaftlicher Gremien vorliegen, sind diese angeführt. Insbesondere handelt es sich um Beschlüsse der Kommissionen der *Deutschen Forschungsgemeinschaft* (DFG), des *Food Standards Committee*, London, und des *gemeinsamen Expertenkomitees* der *Food and Agriculture Organization* (FAO) und der *Weltgesundheitsorganisation* (WHO) (abgekürzt „FAO/WHO"). Die Angaben des letztgenannten Komitees beziehen sich auf die zulässige Tagesdosis in Milligramm pro kg Körpergewicht; soweit diese Angaben auf den Erwachsenen umgerechnet sind, wurde ein Körpergewicht von 75 kg zugrundegelegt. Bei den Tageshöchstmengen unterscheidet die FAO/WHO zwischen Dosen, die "unconditional" (= ohne Einschränkung) und solchen, die "conditional" (= bedingt) gelten. Unter "unconditional" versteht man hierbei diejenige Menge an Lebensmittel-Zusatzstoff, die ohne weiteres angewandt werden kann; unter "conditional" wird dagegen diejenige Menge verstanden, die erst nach Zustimmung von Sachverständigen für einen bestimmten Anwendungszweck freigegeben werden sollte.

Im vorliegenden Rahmen konnten die einzelnen Angaben nicht durch Zitierung der sehr umfangreichen Originalliteratur belegt werden. Es sei auf die am Schluß jedes Abschnitts (S. 1170, 1177, 1181, 1194, 1204, 1210, 1214, 1217, 1221) zitierten, vielfach zusammenfassenden Abhandlungen verwiesen, die meist auch größere Literaturübersichten enthalten. Weitere Literaturhinweise finden sich am Schluß des einführenden Abschnitts (S. 1065), soweit sie sich auf mehrere oder alle Gruppen von Fremdstoffen beziehen.

A. Lebensmittel-Zusatzstoffe

Es handelt sich um Stoffe, die *absichtlich* dem Lebensmittel zugesetzt und mit ihm verzehrt werden. Nach dem deutschen Lebensmittelgesetz werden sie damit selbst zu „Lebensmitteln". Soweit die betreffenden Stoffe mit Lebensmittelbestandteilen reagieren, verbleiben zumeist ihre Reaktionsprodukte im Lebensmittel und werden ebenfalls mitverzehrt. Man unterscheidet Stoffe mit *chemischer* und solche mit *physikalischer Wirkung* auf das betreffende Lebensmittel.

I. Stoffe mit chemischer Wirkung

Entsprechend der beabsichtigten Wirkung handelt es sich im allgemeinen um chemisch recht reaktionsfähige Substanzen. Die angewandten Mengen sind meist gering (50—500 mg/kg); nur von Synergisten und Komplexbildnern werden mitunter höhere Mengen angewandt (< 5 g/kg). Hauptgruppen sind neben den an anderer Stelle (S. 1069) behandelten Konservierungsstoffen die Antioxydantien, Synergisten und Komplexbildner, Farbverbesserungsmittel, Bleichmittel und Fermente.

1. Stoffe gegen Oxydationsvorgänge (Antioxydantien)

Antioxydantien (auch „Antioxygene" genannt) sind Substanzen, die dazu bestimmt sind, Oxydationsvorgänge zu hemmen. Auf dem Lebensmittelsektor sind sie in erster Linie zum Oxydationsschutz von tierischen Fetten – Talg und Schmalz – erforderlich. Darüber hinaus werden Antioxydantien auch für fetthaltige Lebensmittel und Lebensmittelzubereitungen verwendet. Daneben ist auch der antioxydative Schutz von Nichtfetten zu erwähnen.

Über Antioxydantien liegen Verlautbarungen des *„Food Standards Committee"* in London (1954), ferner der *Kommission zur Prüfung der Lebensmittelkonservierung* der *DFG* (1961 und 1964) und der *FAO/WHO* (1962) vor. Ihr Inhalt ist bei den einzelnen Stoffen angeführt.

Autoxydation der Fette. Die erste Stufe der Autoxydation der Fette bzw. Fettsäuren besteht in der Bildung von Peroxiden bzw. Hydroperoxiden. Sie ist die Voraussetzung für alle weiteren Umsetzungen unter Bildung sekundärer Produkte. Diese Stufe ist gekennzeichnet durch eine sog. *„Induktionsperiode"*, während der die Oxydation latent und der Peroxidgehalt (Peroxidzahl) nieder ist und die äußeren Erscheinungen des Verderbs noch nicht wahrnehmbar sind. Erst nach Ablauf dieser Periode kommt es zu einer stärkeren Peroxidbildung und zu geschmacklichen und geruchlichen Veränderungen. Die Dauer der Induktionsperiode ist je nach den Umständen sehr verschieden; sie schwankt zwischen wenigen Stunden, ja Minuten und vielen Monaten oder sogar Jahren.

Die Reaktionsfähigkeit der Fettsäuren und ihrer Glyceride ist abhängig von dem Grad ihrer Sättigung; sie steigt mit der Zahl der Doppelbindungen im Molekül an, wobei auch die Lage der Doppelbindungen von Bedeutung ist. Fette mit einem hohen Gehalt an hochungesättigten Fettsäuren unterliegen, wenn sie ungeschützt sind, also keine Antioxydantien enthalten, einer besonders raschen Oxydation. Liegen mehrere Doppelbindungen in einer Fettsäurekette vor, so wird im allgemeinen die der Carboxylgruppe am entferntesten liegende Doppelbindung zuerst angegriffen.

Der Angriff des Sauerstoffs erfolgt an einer aktivierten Methylengruppe, die sich in Nachbarschaft einer Doppelbindung befindet. Noch stärker ist die Aktivierung der Methylengruppe, wenn sie zwischen zwei $-CH{=}CH$-Gruppen liegt. Durch Abspaltung von Wasserstoff kommt es zunächst zur Bildung eines freien Fettsäure-Radikals, das sich sofort unter Resonanz in zwei ungesättigte Radikale mit je einer *CH-Gruppe umlagert und sodann molekularen Sauerstoff unter Bildung von Peroxid-Radikalen aufnimmt. Durch Absättigung mit Wasserstoff aus einer zweiten reaktiven Methylengruppe eines anderen Fettsäuremoleküls entstehen dann Fettsäurehydroperoxide und durch den dadurch neu gebildeten Reaktionsträger wird die Reaktionskette über eine große Anzahl von Gliedern in gleicher Weise fortgesetzt. Schließlich erfolgt ein Abbau der primär gebildeten Hydroperoxide zu Aldehyden, Ketonen und niedermolekularen Säuren, womit die geschmackliche und wertmäßige Verschlechterung der Fette einhergeht. Licht, Wärme, Schwermetallspuren, Enzyme (z. B. eisenhaltige Atmungsfermente wie die Cytochrome), Chlorophyll und viele andere Stoffe beschleunigen die Autoxydation. Außerdem ist sie abhängig von der Art und Zusammensetzung des Fettes und seinem physikalischen Zustand.

Anwendung von Antioxydantien. Die bei der Vorratshaltung von Fetten und fetthaltigen Lebensmitteln zu beobachtende leichte Verderblichkeit, die nicht nur zu geschmacklichen Nachteilen führt, sondern auch eine ernährungsphysiologische Wertminderung mit sich bringen kann (Abbau biologisch wichtiger Stoffe wie Vitamine, essentielle Fettsäuren; Entstehung gesundheitsschädlicher Oxydationsprodukte), kann in vielen Fällen schon durch geeignete Maßnahmen bei der Herstellung und Lagerung hintangehalten werden. Hierzu gehören eine schonende Gewinnung zur Erhaltung der natürlichen Oxydationsschutzstoffe, der Ausschluß von Sauerstoff, Licht und Wärme bei der Lagerung und die Vermeidung oxydationsfördernder Verunreinigungen. Schließlich besteht auch noch die Möglichkeit, die Haltbarkeit durch Zumischung solcher Lebensmittel zu erhöhen, die ihrerseits besonders reich an oxydationshemmenden Stoffen sind, z. B. Palmöl, Maiskeimöl, Haferöl, Hafermehl, Sojamehl und viele andere. Durch Zusatz unraffinierter, sog. „Vollöle“ zu raffinierten Fetten kann ebenfalls unter Umständen ein Oxydationsschutz erzielt werden, da durch die Raffination natürliche Schutzstoffe zerstört werden.

Reichen diese Maßnahmen nicht aus, so ist die Verwendung von Antioxydantien angezeigt. Die Frage der Berechtigung eines Zusatzes von Antioxydantien kann nur nach Abwägung der Vor- und Nachteile beantwortet werden. Bei pflanzlichen Fetten, die reich an natürlichen Antioxydantien sind, sowie bei Reinfetten tierischer Herkunft, die bei zweckmäßiger Lagerung eine ausreichende Haltbarkeit aufweisen, dürfte ein Zusatz von Antioxydantien im allgemeinen nicht erforderlich sein, es sei denn, besondere klimatische Verhältnisse oder Verwendungszwecke sprächen dafür. Andererseits kann besonders bei verarbeiteten Fetten (Kuchenmehle, Backwaren, Mayonnaisen, Süßwaren u. a.) auch bei sorgfältiger Lagerung ein vorzeitiger Verderb oft nicht mit Sicherheit verhindert werden. Die hierbei auftretenden oben erwähnten Nachteile können die Verwendung von Antioxydantien als das kleinere Übel erscheinen lassen. – Voraussetzung für die Anwendung von Antioxydantien muß jedoch sein, daß keine Beeinträchtigung der Lebensmittel in geschmacklicher oder geruchlicher Hinsicht erfolgt, daß schon mit geringsten Konzentrationen eine sichere Haltbarkeitsverlängerung erreicht werden kann, daß auch eine dauernde Aufnahme mit der Nahrung im menschlichen Organismus nicht zu einer gesundheitlichen Beeinträchtigung führt und daß schließlich die Reinheit der verwendeten Antioxydantien nach festgelegten Kriterien gewährleistet ist.

Für die Auswahl der Antioxydantien ist es in manchen Fällen von Bedeutung, daß sie bei Backtemperaturen nicht zerstört werden, so daß der antioxydative Effekt auch im erhitzten Lebensmittel selbst (Gebäck, Frittüren) erhalten bleibt. Dieser Übertragungseffekt (angelsächsisch „Carry-through-effect“) ist unter anderem von dem Verteilungsverhältnis zwischen wäßriger und öliger Phase abhängig. Im allgemeinen gehen wasserlösliche Antioxydantien bei der Teigbereitung in die wäßrige Phase über und unterliegen unter den Verhältnissen der Gebäckherstellung einem mehr oder weniger raschen Abbau durch Wärme und Oxydation. Selbstverständlich sind auch bei guter Hitzebeständigkeit für den Carry-through-Effekt gewisse Grenzen gesetzt. Beispielsweise sind zur Herstellung von Pommes frites, Kartoffelchips u. dgl. so hohe Temperaturen erforderlich, daß die antioxydative Wirkung zum größten Teil verlorengeht. Diese Schwierigkeit läßt sich beheben, indem man die Antioxydantien erst *nach* dem Erhitzen (gelöst in Öl oder gemischt mit Salz) zusetzt.

Für die Erreichung der beabsichtigten Wirkung ist auch die *Anwendungsweise* von Bedeutung. Handelt es sich um zusammengesetzte Lebensmittel, die neben der Öl- bzw. Fettphase auch noch eine wäßrige Phase aufweisen, so ist der Verteilungskoeffizient zwischen Öl und Wasser zu berücksichtigen. Eine optimale Wirkung ist zu erwarten, wenn das Antioxydans in der Fettphase löslich ist. Durch Einführung lipophiler Gruppen in das Molekül, z. B. Veresterung der wasserlöslichen Ascorbinsäure (Ascorbylpalmitat) oder der Gallussäure (Alkylgallate), kann dieser Forderung entsprochen werden. Andere Wege bestehen in der gleichzeitigen Zugabe oberflächenaktiver Stoffe, die als Lösungsvermittler fungieren. – Von besonderer Bedeutung ist, daß die für jedes Antioxydans und jedes Lebensmittel ermittelten Anwendungsmengen genau eingehalten werden, um das angestrebte Wirkungsoptimum zu erzielen. Höhere Mengen wirken bisweilen oxydationsfördernd („prooxydativ").

Wirkungsmechanismus der Antioxydantien. Das dem Fett zugefügte Antioxydans greift in die oben geschilderte Kettenreaktion ein, indem es an Stelle einer Fettsäure-Methylengruppe selbst Wasserstoff liefert und dadurch zu einem Kettenabbruch führt. Es nimmt die Aktivierungsenergie auf, ohne sie weiterzugeben, wobei freie Radikale gebildet werden. Hieraus folgt, daß auch das Antioxydans selbst zerstört wird, und zwar erfolgt dessen Abbau im Laufe der Induktionsperiode, worauf eine rasche Zunahme der Peroxidbildung eintritt. Die Verzögerung des Ranzigwerdens unbehandelter Fette während der Induktionsperiode ist vermutlich auf die Anwesenheit *natürlicher* Antioxydantien, wie Ascorbinsäure oder Tokopherole zurückzuführen.

Über die Zusammenhänge zwischen *chemischer Konstitution* und antioxydativer Wirkung einer Verbindung liegen noch wenig gesicherte Kenntnisse vor. Sicher ist, daß Polyphenole, Naphthole und Polynaphthole, die in ortho- oder para-Stellung zwei oder mehr Hydroxylgruppen tragen, besonders wirksam sind. Bei mehrkernigen aromatischen Verbindungen wirken diejenigen am stärksten, bei denen die Hydroxyle auf verschiedene Ringe verteilt sind. Bei Naphtholen ist die α-Stellung wirksamer als die β-Stellung. Werden die freien Hydroxylgruppen blockiert, so verlieren sie ihre antioxydative Wirkung.

Abgesehen von der Hemmung der Autoxydation durch Abbruch der Reaktionskette kann durch bestimmte Stoffe auch eine Verzögerung des Oxydationsvorganges durch *Hemmung von Oxydationsfermenten* (Lipoxydasen) hervorgerufen werden. Gewisse phenolische Antioxydantien können eine solche Hemmung als Nebenwirkung entfalten.

a) Natürliche Antioxydantien und deren Derivate

Tokopherole

Beispiel:

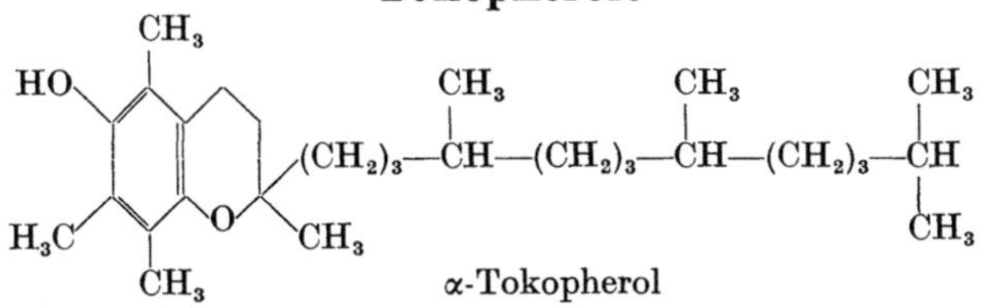

α-Tokopherol

D-α-Tokopherol; DL-α-Tokopherol; 2.5.7.8-Tetramethyl-2-(4.8.12-trimethyltridecyl)-6-chromanol; 5.7.8-Trimethyl-tocol; Vitamin E sowie Isomere. Mol.-Gew.: 430,72. Gelbe bis rotbraune viscose Öle; nahezu geruchlos. Tokopherole sind unlöslich in Wasser, löslich in Äthanol und pflanzlichen Ölen.

Tokopherole (meist Gemische mehrerer Isomeren: α- bis η-Tokopherol) kommen in vielen pflanzlichen Ölen vor. Tierische Fettgewebe enthalten — aus dem Futter stammend — nur geringe Mengen (Schweinefett 5—30 mg/kg). Von den Isomeren hat im allgemeinen das α-Tokopherol die größte Vitaminaktivität und die geringste antioxydative Wirkung, das δ-Isomere die geringste Vitaminaktivität, jedoch die stärkste antioxydative Wirkung. Diese

Reihenfolge gilt aber nicht immer. Die Wirksamkeit hängt vielmehr auch von der Zusammensetzung der Fettsäuren, der Geschwindigkeit der Oxydation und der Temperatur ab. Das antioxydative Wirkungsoptimum der Tokopherole liegt bei etwa 200—500 mg/kg; höhere Mengen wirken prooxydativ. Ein Carry-through-Effekt ist nur in geringem Maß vorhanden; auch er fällt vom δ- zum α-Isomeren ab. — Für die Verwendung kommen sowohl das natürliche, durch Vakuumdestillation aus eßbaren Ölen gewonnene Tokopherol, als auch das synthetisch hergestellte Racemat, ferner Tokopherolkonzentrate mit mindestens 34% Gesamttokopherolgehalt in Frage. Im Handel liegen Tokopherol-Präparate u. a. unter der Bezeichnung „Tocomix-D", „Oxynex 2388 neu" (kombiniert mit Ascorbylpalmitat) vor.

Tokopherole wirken besonders gut bei tierischen Fetten, die nur einen geringen oder gar keinen Gehalt an natürlichen Tokopherolen besitzen, sowie bei Fettemulsionen (300 mg/kg). 10% vegetabilisches tokopherolhaltiges Öl zu Schweineschmalz gegeben erhöht dessen Stabilität bis auf das 5fache. Mit Synergisten wie Ascorbinsäure oder Citronensäure zeigen Tokopherole besonders gute Wirkung. Demgegenüber hat der Zusatz zu Pflanzenfetten oft gar keine Wirkung, sondern kann sogar durch Überschreitung der optimalen Menge die Stabilität herabsetzen. Weizenkeimöl (3 g/kg; wirksames Prinzip ist das Tokopherol) wurde als Oxydationshemmstoff für Milchpulver vorgeschlagen. Im allgemeinen ist jedoch die Verwendung von Antioxydantien in Milcherzeugnissen wegen geschmacklicher Beeinflussung nicht voll befriedigend. Bei Margarine, deren Einwickelpapier mit α-Tokopherol getränkt ist, wird die Ranzidität verzögert. Die Oxydation von Orangenöl wird durch 500 mg/kg Tokopherol verhindert. Vitamin A wird durch Tokopherol ebenfalls vor Oxydation geschützt. Bei manchen Fetten (z. B. Fischölen, Lebertran) reicht jedoch die antioxydative Wirkung der Tokopherole nicht aus, weil vermutlich die in hochungesättigten Fetten sich bildenden Hydroperoxide rascher zerfallen, als sie mit Tokopherolen reagieren können.

In gesundheitlicher Hinsicht ist gegen die Verwendung von Tokopherolen nichts einzuwenden. Von der DFG (1961) werden Tokopherole, soweit sie auch in Speiseölen pflanzlicher Herkunft von Natur aus vorkommen, einschließlich ihrer Racemate als duldbar angesehen. Von der FAO/WHO (1962) wurden für Tokopherole als Tageshöchstmenge ohne Einschränkung 1 mg/kg Körpergewicht (75 mg für den Erwachsenen) festgelegt; dieser Wert schließt in der Nahrung *natürlich* vorkommende Tokopherole nicht mit ein. Als bedingt zulässig wird eine Tagesaufnahme in doppelter Höhe angegeben.

In Deutschland gelten Tokopherole nicht als Fremdstoffe und dürfen daher uneingeschränkt verwendet werden; ihre Verbindungen mit Essigsäure und mit höheren unverzweigten Fettsäuren der Kohlenstoffzahlen C_{14}, C_{16}, C_{18} sind auf Grund der Allgemeinen Fremdstoff-VO und der Fleisch-VO zugelassen.

Ascorbinsäure und Ascorbinsäurederivate

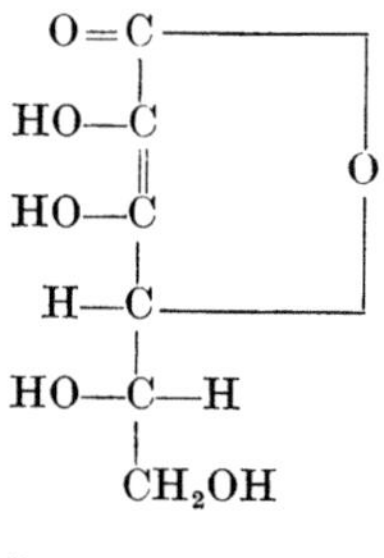

L-Ascorbinsäure;
3-Keto-L-gulofuranolakton (Enolform).
Vitamin C.
Mol.-Gew.: 176,13; Smp: 190—192° C.
Weiße oder schwach gelbliche geruchlose Kristalle, leicht löslich in Wasser und Äthanol, unlöslich in Ölen und Fetten; dunkelt am Licht.

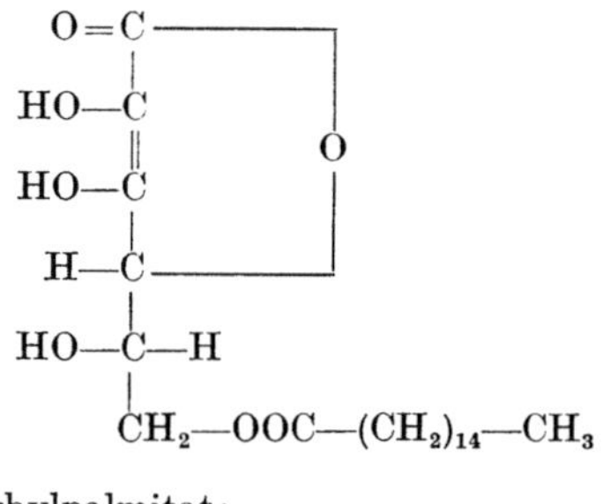

L-Ascorbylpalmitat;
6-Palmitoyl-3-keto-L-gulofuranolakton (Enolform).
Mol.-Gew.: 414,55; Smp: 111—113° C.
Weiße bis gelblichweiße Substanz, geruchlos oder mit schwach zitronenähnlichem Geruch, löslich in Äthanol und in Fetten.

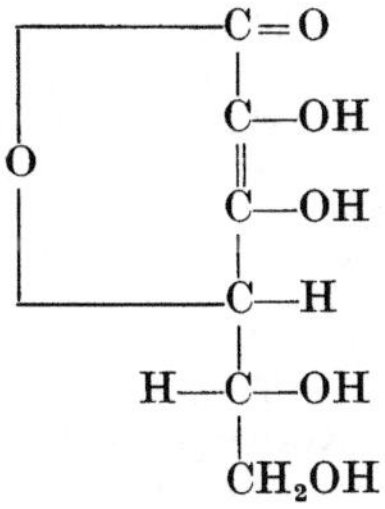

D-Ascorbinsäure;
3-Keto-D-gulofuranolakton (Enolform).
Mol.-Gew.: 176,13; Smp: 192° C.

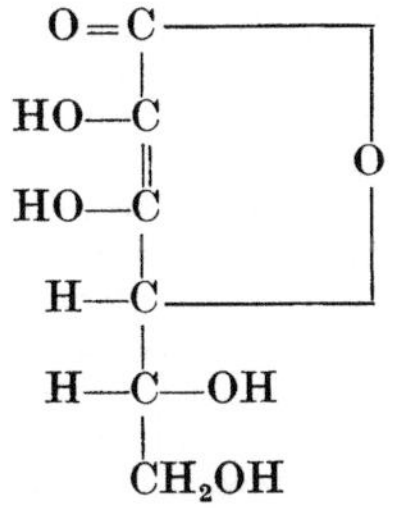

D-Isoascorbinsäure;
3-Keto-D-glucofuranolakton (Enolform)
(angelsächsisch „Erythorbic acid").
Mol.-Gew.: 176,13;
Smp: 164—169° C (unter Zers.).

Die Ascorbinsäure und ihre Verbindungen nehmen eine Mittelstellung zwischen wahren Antioxydantien und Synergisten ein. Die synergistische Wirkung beruht auf der Regenerierung phenolischer Antioxydantien und auf der Bindung oxydationsbeschleunigender Metallspuren (Kupfer, Kobalt, Eisen, Mangan) durch Bildung von Chelatkomplexen.

Ascorbinsäure und D-Isoascorbinsäure können als Antioxydantien für Emulsionen von Fetten und Ölen verwendet werden, während für Fette und Öle selbst die fettlöslichen Ascorbinsäurederivate Ascorbylmyristat, -palmitat und -stearat geeigneter sind. Eine noch größere Bedeutung der Ascorbinsäure liegt in ihrer Verwendung als Oxydationschutzmittel für pflanzliche Erzeugnisse, z. B. zur Hemmung ihrer nichtenzymatischen Bräunung.

Gute Stabilisierung von Pflanzenölen mit hochungesättigten Fettsäuren wie Sonnenblumensamen-, Baumwollsamen-, Oliven- und Erdnußöl läßt sich durch Ascorbylpalmitat (0,3–3 g/kg) erzielen; bei Schweinefett ist die Wirkung nicht befriedigend. Auch die Autoxydation von Fettemulsionen, wie z. B. einer mit Polyensäuren angereicherten Margarine oder von Mayonnaise kann durch Ascorbylpalmitat gehemmt werden. Bei Butter erwies sich Ascorbylpalmitat als gutes Antioxydans, während Ascorbinsäure selbst infolge der durch sie bedingten Beeinflussung des Geschmacks (Malzgeschmack) und der Farbe nicht geeignet ist. Ascorbylpalmitat eignet sich auch als Synergist für andere Antioxydantien.

Bei Apfelschnitten und Gefrierfrüchten wird durch Zugabe von Ascorbinsäure die Farberhaltung wesentlich verbessert (1–2 g/kg). Auch zur Erhaltung von Farbe und Aroma alkoholfreier Säfte ist sie gut geeignet. 0,2–0,3 g/kg Ascorbinsäure verbessern Farbe und Geschmack von Pilzen. Auch bei der Weinherstellung kann die nichtenzymatische Oxydation durch Zugabe von Ascorbinsäure (25 bis 100 mg/l) wirksam unterdrückt werden. Damit läßt sich der gegen enzymatische Vorgänge und aus geschmacklichen Gründen nach wie vor notwendige SO_2-Zusatz wesentlich herabsetzen. Mit 15–30 mg/l Ascorbinsäure läßt sich die Stabilität von Bier erhöhen.

Die günstige Wirkung der Ascorbinsäure bei Fleischerzeugnissen besteht in der Verbesserung der Farbe bei gepökelten Fleischwaren (0,2–0,4 g/kg). Zudem läßt sich die notwendige Menge an Nitrit erheblich herabsetzen und die Dauer der Pökelung verkürzen. Bei Gefrierfleisch ergab Ascorbinsäure einen besseren Schutz vor Ranzidität als BHA oder Propylgallat. Das gleiche gilt für bei Gefriertemperaturen gelagerte Filets fetter Fische (Heringe, Makrelen, Forellen) in geschlossenen Kunststoffbeuteln. Ascorbinsäure dient ferner zur Verbesserung der Backfähigkeit von Weizenmehlteigen (10–30 mg/kg Mehl).

D-Ascorbinsäure wird infolge ihrer leichteren Oxydierbarkeit als Schutzstoff für Vitamin C angewandt. 60 mg/l D-Ascorbinsäure in Tomatensaft bedingen vollständige Erhaltung des Vitamin C selbst bei höheren Lagerungstemperaturen.

Gesundheitliche Bedenken sind gegen die Verwendung von L-Ascorbinsäure und L-Ascorbylpalmitat als Antioxydantien nicht zu erheben. D-Isoascorbinsäure wird von der FAO/WHO (1962) ebenso günstig beurteilt wie L-Ascorbinsäure. Über D-Ascorbinsäure liegen noch keine ausreichenden toxikologischen Befunde vor. — Von der DFG (1961) werden Ascorbinsäure, Natriumascorbat und Ascorbylpalmitat als duldbar angesehen. Von der FAO/WHO (1962) wurde für L-Ascorbinsäure und D-Isoascorbinsäure als Tageshöchstmenge ohne Einschränkung 2,5 mg/kg Körpergewicht (187,5 mg für den Erwachsenen) festgelegt; der Wert für L-Ascorbinsäure schließt in der Nahrung *natürlich* vorkommendes Vitamin C nicht mit ein. Als bedingt zulässig wird für beide Säuren eine Tagesaufnahme in dreifacher Höhe angegeben. Für Ascorbylpalmitat sind die entsprechenden Werte 0,25 mg/kg Körpergewicht (18,7 mg für den Erwachsenen) bzw. 0,5 mg/kg Körpergewicht (37,5 mg für den Erwachsenen).

Als nichtfremder Stoff und Vitamin bedarf die *Ascorbinsäure* in den meisten Ländern, auch in Deutschland, keiner Zulassung. In einigen Ländern sind für die spezielle Verwendung als Antioxydans oder Synergist Mengenbegrenzungen vorgeschrieben. — *Ascorbylmyristat*, *-palmitat* und *-stearat* sind in Deutschland als Fettantioxydantien auf Grund der Allgemeinen Fremdstoff-VO, der Fleisch-VO und der VO über diätetische Lebensmittel zugelassen.

Gallussäure-alkylester (Gallate)

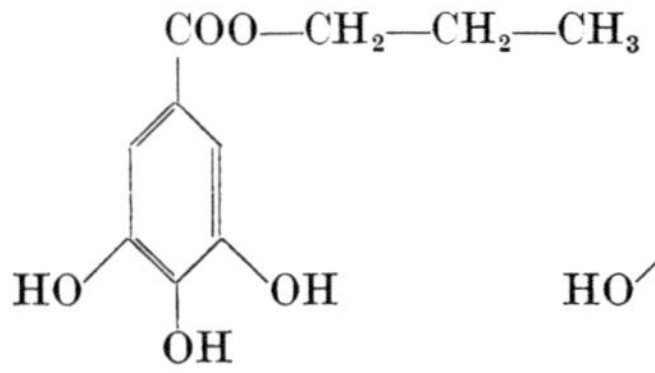

Propylgallat;

3.4.5-Trihydroxybenzoesäure-n-propylester.

Mol.-Gew.: 212,20;
Smp: 146—148° C.

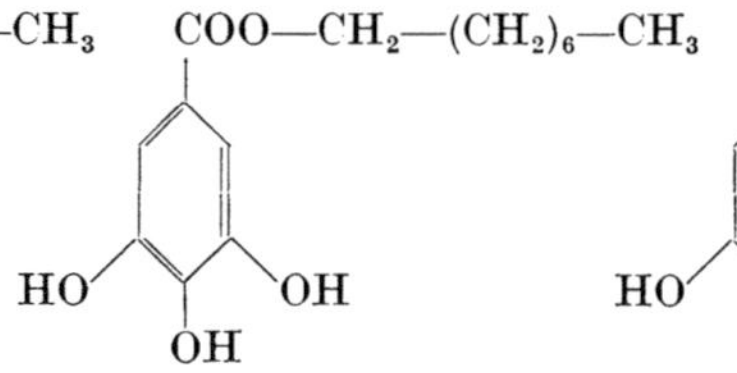

Octylgallat;

3.4.5-Trihydroxybenzoesäure-n-octylester.

Mol.-Gew.: 282,34;
Smp: 99—102° C.

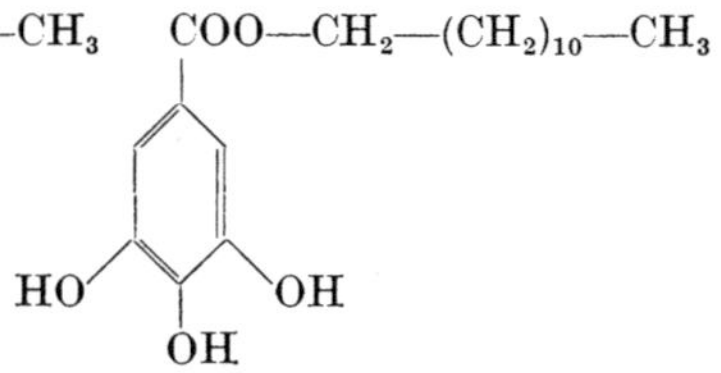

Dodecylgallat, Laurylgallat;

3.4.5-Trihydroxybenzoesäure-n-dodecylester.

Mol.-Gew.: 338,45;
Smp: 95—98° C.

Weiße bis schwach gelbliche geruchlose kristalline Pulver mit leicht bitterem Geschmack; unlöslich in Wasser (nur Propylgallat ist etwas löslich), löslich in Äthanol und Äther, z. T. auch in Propylenglykol. In Fetten ist Propylgallat nur schwer, Octyl- und Dodecylgallat sind leichter löslich. — Die Herstellung der Gallate erfolgt aus Gallussäure nach den gebräuchlichen Veresterungsmethoden.

Gallussäure, die Muttersubstanz der Gallate, kommt im Tee vor, ferner als Tannin (Gerbsäure, Pentadigalloylglucose) und in glykosidischer Bindung in Eichenrinde, Galläpfeln sowie im Rotwein. — Im Handel liegen Gallate unter verschiedenen Handelsbezeichnungen vor, z. B. „Griffith G-4" (Kombination von Propylgallat, Lecithin, Maisöl und Citronensäure), „Nipagallin", „Progallin P" (Propylgallat), „Progallin LA" (Dodecylgallat), „Synoctant" (Octylgallat + Citronensäure), „Syndodant" (Dodecylgallat + Citronensäure) u. a. Weitere gallathaltige Präparate sind im Abschnitt Butylhydroxyanisol (S. 1169) aufgeführt.

Die Gallate sind vielverwandte Antioxydantien für Fette und Öle sowie fetthaltige Lebensmittel. Infolge des Vorliegens lipophiler und hydrophiler Gruppen in ihrem Molekül sind sie besonders auch für Emulsionen geeignet. Im allgemeinen benötigen sie für eine ausreichende Wirkung die Zugabe von Synergisten. Als solche eignen sich Lecithin, Phosphorsäure und besonders Citronensäure. Letztere verhindert die bei der Verwendung der niederen Gallate häufig auftretende durch Eisenspuren hervorgerufene Violettfärbung (Komplexbindung). Der Carry-through-Effekt ist bei den Gallaten nicht ausgeprägt. Neben der antioxydativen Wirkung weisen sie noch eine geringe fungistatische Wirkung auf, was für die Unterbindung der Ketonranzigkeit von Bedeutung sein kann.

Die Anwendungskonzentrationen liegen bei 50—200 mg/kg; bei Schweineschmalz und Butter genügen schon 50—100 mg/kg, um eine Verlängerung der Lagerzeit auf das 3—5fache zu erreichen. Bei Butter kann jedoch nur die Autoxydation, nicht aber der den Geschmack beeinflussende sog. „Kaltlagerungseffekt" gehemmt werden. Ein mit 100 mg/kg Propyl- oder Dodecylgallat stabilisierter Rindertalg erwies sich über ein Jahr lang geschmacklich als einwandfrei, während unbehandelter Talg bereits nach 80 Tagen ranzig war. Auch pflanzliche Öle wie Sonnenblumenöl, Erdnußöl oder Baumwollsamenöl lassen sich durch 100 mg/kg Octylgallat stabilisieren. Die Verwendung von Gallaten zur Imprägnierung von Einwickelpapier für Margarine verzögert deren Ranzigwerden. Ferner weisen Gallate eine stabilisierende Wirkung auf Vitamin A auf. 100 mg/kg Dodecylgallat erweisen sich als wirksames Antioxydans für Milchpulver, ohne daß eine geschmackliche Beeinträchtigung eintritt. Gallate werden auch mit Erfolg zur Verhinderung oxydativer Veränderungen bei Kartoffelschnitzeln und gegen das Ranzigwerden von Süßwaren eingesetzt. 200 mg/kg Propylgallat bedingen eine Hemmung des Ranzigwerdens von Salzheringen.

In gesundheitlicher Hinsicht erwiesen sich Gallate als relativ harmlos. Für die drei Gallate wurden von der FAO/WHO (1962) als Tageshöchstmenge ohne Einschränkung 0,2 mg/kg Körpergewicht (15 mg für den Erwachsenen) bzw. bedingt 0,5 mg/kg Körpergewicht (37,5 mg für den Erwachsenen) festgelegt. Von der DFG (1964) werden gegen die drei Gallate keine Bedenken erhoben, sofern die Konzentration im Fett 100 mg/kg nicht übersteigt. Das Food Standards Committee, London (1954), empfiehlt die Zulassung der drei Gallate allein oder in Mischung für Fette und Öle in Konzentrationen bis zu 100 mg/kg und für ätherische Öle in Konzentrationen bis zu 1 g/kg.

Die Gallate sind in vielen Ländern als Antioxydantien zugelassen. Die Höchstmengen liegen zwischen 100 und 1000 mg/kg. In Deutschland können Gallate derzeit nur für begrenzte Zwecke (Bundeswehrverpflegung) verwendet werden.

Nordihydroguajaretsäure (NDGA)

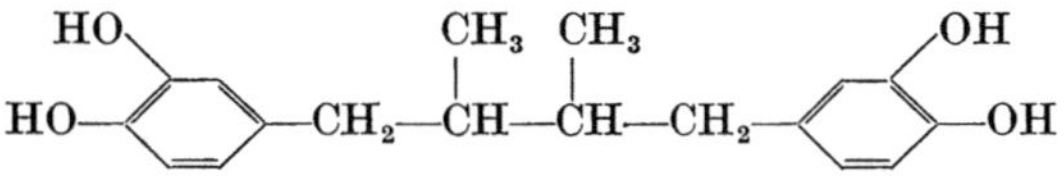

Nordihydroguajaretsäure (Nordihydroguajac-Harzsäure);
1.4-Bis(3.4-dihydroxyphenyl)-2.3-dimethylbutan;
4.4′-(2.3-Dimethyl-tetramethylen)-dibrenzkatechin.
Mol.-Gew.: 302,37; Smp: 183—185° C.

Grauweiße Kristalle, unlöslich in kaltem, etwas löslich in heißem Wasser; löslich in Äthanol und Äther, wenig löslich in Fetten.

Nordihydroguajaretsäure wird aus der in den USA vorkommenden Wüstenpflanze *Larrea divaricata* („Kreosotbusch") gewonnen, in deren Blättern sie zu etwa 7% vorliegt; zum Teil wird sie auch synthetisch hergestellt.

NDGA findet als Antioxydans für Fette und Öle sowie für fetthaltige Lebensmittel Verwendung. Sie ist wirksam bei tierischen Fetten, insbesondere bei Schweinefett (100 mg/kg). Infolge eines gewissen Carry-through-Effekts ist NDGA auch für Gebäck geeignet. Wirksam gegen die Geschmacksreversion der Milch. Gute Ergebnisse bei Süßwaren, ätherischen Ölen und Fischölen. — Als Synergisten empfehlen sich Citronensäure, Weinsäure, Ascorbinsäure, Phosphate und Lecithin.

Bisherige toxikologische Untersuchungen lassen NDGA als relativ harmlos erscheinen; ein endgültiges Urteil ist jedoch noch nicht möglich. Eine Höchstdosis für die tägliche Aufnahme konnte daher noch nicht festgelegt werden.

Gesetzliche Zulassungen für NDGA als Antioxydans für Fette und Öle liegen in einer Reihe von Ländern vor. Die zulässigen Höchstmengen liegen zwischen 50 und 200 mg/kg. — In Deutschland ist NDGA nicht erlaubt.

Guajac-Harz

α-Guajaconsäure, $C_{22}H_{26}O_6$. Mol.-Gew.: 386,43; Smp: ~ 73° C.

β-Guajaconsäure, $C_{21}H_{26}O_5$. Mol.-Gew.: 358,42; Smp: 127° C.

Guajaretsäure (Guajac-Harzsäure); 1.4-Bis(4-hydroxy-3-methoxyphenyl)-2.3-dimethyl-1-buten. Mol.-Gew.: 328,39; Smp: 99—100,5° C.

Guajac-Harz (Guajac-Gummi, Guajac) ist eine braune oder grünbraune amorphe Masse; unlöslich in Wasser, löslich in Äthanol, wenig löslich in Fetten. Es besteht aus etwa 70% α- und β-Guajaconsäure, welche vermutlich das wirksame Prinzip darstellen, etwa 10% Guajaretsäure und 20% Guajac-Gelb, Guajacin, Vanillin und sonstigen Begleitstoffen. Guajac-Harz wird aus dem Harz des in Westindien beheimateten tropischen Baumes *Guajacum officinale L.* oder *Guajacum sanctum L.* gewonnen.

Die antioxydative Wirkung des Guajac-Harzes beschränkt sich hauptsächlich auf tierische Fette, während sie bei pflanzlichen Fetten im allgemeinen unbefriedigend ist. Guajac-Harz wird daher hauptsächlich für raffinierte Tierfette und Mischungen von Tierfetten mit pflanzlichen Ölen verwendet (1–2 g/kg). – Als Synergist eignet sich besonders die Phosphorsäure.

Guajac-Harz erwies sich als relativ harmlos; es wird vom Körper nicht oder kaum resorbiert. Von der FAO/WHO (1962) wurden als Tageshöchstmenge ohne Einschränkung 2 mg/kg Körpergewicht (150 mg für den Erwachsenen) bzw. als bedingt zulässig die doppelte Menge festgelegt.

Zulassungen für Guajac-Harz als Antioxydans liegen in einer Reihe von Ländern vor. Die zulässigen Höchstmengen liegen bei 1—2 g/kg. In Deutschland ist es nicht zugelassen.

Flavonderivate (Flavonoide)

Beispiele dieser Gruppe sind Quercetin, Quercitrin und Rutin.

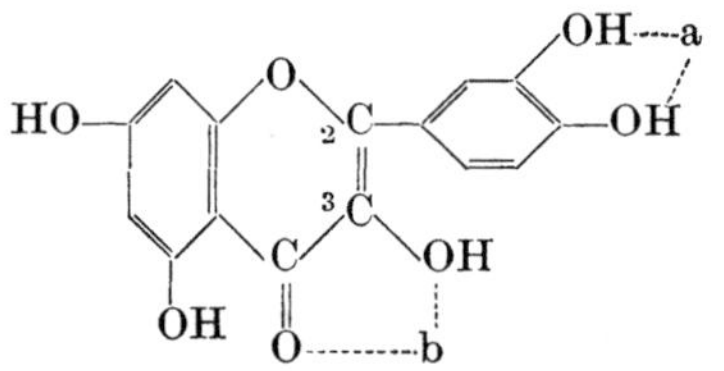

Quercetin; 3.5.7.3′.4′-Pentahydroxyflavon. Mol.-Gew.: 302,25; Smp: 309—314° C.

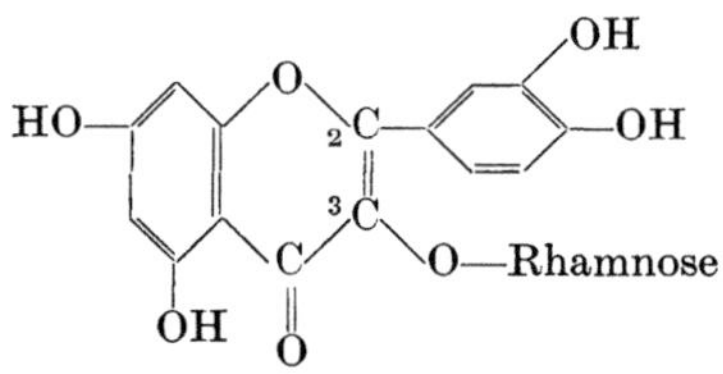

Quercitrin; 3.5.7.3′.4′-Pentahydroxyflavon-3-L-rhamnosid. Mol.-Gew.: 448,37; Smp: 168° C.

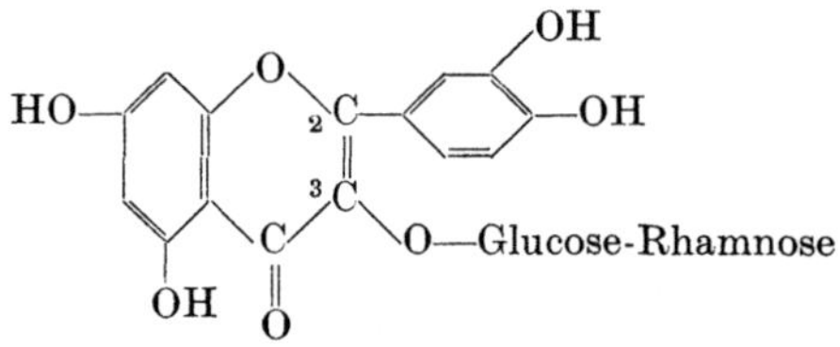

Rutin; 3.5.7.3′.4′-Pentahydroxyflavon-3-rutinosid. Mol.-Gew.: 610,51; Smp: 214—215° C (unter Zers.).

Quercetin ist ein gelbes, in Wasser unlösliches, in Äthanol lösliches Kristallpulver. Vorkommen in der Rinde von *Pseudotsuga douglasii* (Douglastanne). — *Quercitrin* bildet gelbe Nadeln; löslich in heißem Wasser und Äthanol. Es kommt in der Rinde von *Quercus tinctoria* (Färbereiche) vor. — *Rutin* („Vitamin P“) ist weitverbreitet in vielen Pflanzen; besonders in *Ruta graveolens* (Gartenraute), *Prunus melanocarpa* sowie Citruskreuzungen.

Die antioxydative Wirkung ist besonders der OH-Gruppe am Kohlenstoffatom C-3 und der Doppelbindung zwischen C-2 und C-3 zuzuschreiben. Außerdem finden sich in den benachbarten OH-Gruppen (a) bzw. Oxo- und OH-Gruppen (b) wirksame komplexbildende Stellen.

Flavonderivate sind wirksame Antioxydantien für Milch und Schweineschmalz (150 mg/kg). Zugabe von 50 mg/kg Quercetin zu Butter erwies sich als wirksamer als Propylgallat. Als Synergisten eignen sich besonders Citronensäure, Phosphorsäure und Ascorbinsäure.

Conidendrin und Norconidendrin

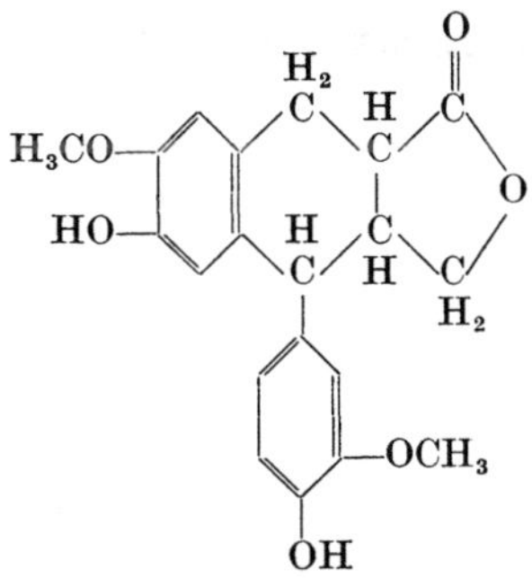

Conidendrin
Mol.-Gew.: 356,4; Smp: 254—256° C.

Conidendrin kommt in Coniferen natürlich vor. Das Norconidendrin, das anstelle der $-OCH_3$-Gruppen OH-Gruppen trägt, wirkt stärker antioxydativ als Conidendrin. Beide Stoffe wirken als Antioxydantien für Fette und Öle. Vorgeschlagen auch als Inhibitoren gegen Polymerisationsvorgänge (10—1000 mg/kg). Erhebliche Wirkungssteigerung durch Zugabe von Synergisten.

Die Toxicität des Conidendrins und Norconidendrins ist noch nicht ausreichend untersucht.

Sonstige natürliche Antioxydantien

Haferpräparate. Gekeimte Haferkörner bewährten sich als Antioxydans bei Fetten und fetthaltigen Backwaren. Das antioxydativ wirksame Prinzip ist noch nicht restlos geklärt; vermutlich handelt es sich um Phospholipoide. Auch der Gehalt an Dihydrokaffeesäure in Hafer dürfte zur antioxydativen Wirkung beitragen. Wäßrige Haferextrakte hemmen auch die durch Kupfer katalysierte Ascorbinsäure-Oxydation. Unter den Namen „Avenol" und „Avenex" sind antioxydativ wirkende Haferpräparate im Handel. Anwendungskonzentration etwa 15 g/kg. Sie haben sich auch als Imprägniermittel für Einwickler für Schweineschmalz, Margarine, Butter, Speiseeis, Süßwaren und Dauergebäck bewährt. — In USA zugelassen.

Sojapräparate. Die antioxydative Wirkung der Sojapräparate wird mindestens zum Teil ihrem Tokopherolgehalt zugeschrieben. Ein unter dem Namen „Nurupan" bekanntes Sojaprodukt kann in gleicher Weise wie die Haferpräparate eingesetzt werden; das Präparat zeigt infolge seines Lecithingehaltes auch emulgierende Wirkung. Sojamehlextrakte stabilisieren Carotin in Alfalfa (Luzerne).

Kakaoschalenpräparate. Extrakte aus Kakaoschalen zeigen ebenfalls antioxydative Wirkung. An Kühe verfüttert, verbessern sie die Haltbarkeit des Milchfettes. Das Ranzigwerden raffinierten Palmöls und Butterfetts wird auch in Gegenwart von Oxydationsbeschleunigern wie Kupfer deutlich gehemmt. Da die Ausbeute an antioxydativ wirksamen Substanzen aus gerösteten Kakaoschalen größer ist als die aus ungerösteten, wird angenommen, daß die Wirkung auf Zwischenprodukte der Maillard-Reaktion zurückzuführen ist.

Melanoidine stellen Kohlenhydrat-Eiweißverbindungen von z. T. unbekannter Struktur dar; sie werden durch Erhitzen wäßriger Lösungen von Kohlenhydraten, z. B. Glucose, mit Aminosäuren, z. B. mit Glutaminsäure, auf 100—120° C gewonnen. In einer Menge von 0,5—1 g/kg der Margarine zugesetzt bewirken sie deutliche Hemmung der Fettautoxydation.

Glucose-Oxydase. Das Enzym verhindert oxydative Veränderungen in Fruchtsäften und Bier durch Entfernung des Sauerstoffs (Bildung von Gluconsäure aus Glucose). Je Liter Flüssigkeit werden etwa 10 mg Glucose-Oxydase benötigt. Eine Pasteurisierung bei 60° C beeinträchtigt die Wirkung der Glucose-Oxydase nur geringfügig. Auch Mayonnaise und Eipulver werden zur Hemmung von Bräunungsreaktionen mit Glucose-Oxydase versetzt.

Weitere Antioxydantien. Aus der Vielzahl der sonst noch aus dieser Gruppe vorgeschlagenen Stoffe seien folgende angeführt: *Dihydrokaffeesäureäthylester, Cumarin, Hydroxy-4-methylcumarin, Vanillin, Bilirubin, Ubichinone, Reduktone, natürliche Gewürze, Samenöle* und deren Bestandteile (Sesamol, Sesamin, Gossypol). Bedeutung als Antioxydantien haben diese Verbindungen bisher nicht erlangt, teils infolge zu hoher Toxicität, teils aus wirtschaftlichen und technischen Gründen.

b) Synthetische Antioxydantien

Butylhydroxyanisol (BHA)

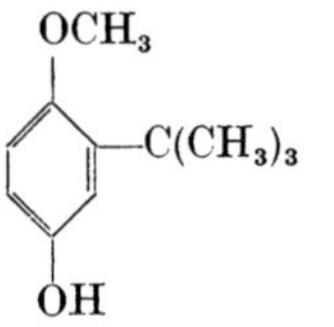

2-Isomeres Butylhydroxyanisol[1].
2-Tert.-butyl-4-hydroxyanisol;
3-Tert.-butyl-4-methoxyphenol.
Mol.-Gew.: 180,25; Smp: 50° C.

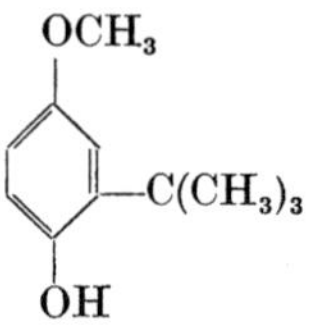

3-Isomeres Butylhydroxyanisol[1].
3-Tert.-butyl-4-hydroxyanisol;
2-Tert.-butyl-4-methoxyphenol.
Mol.-Gew.: 180,25; Smp: 60° C.

Butylhydroxyanisol des Handels ist ein Gemisch aus mindestens 85% des 3-Isomeren und höchstens 15% des 2-Isomeren. Smp des Gemisches: 48—62° C. Das 3-Isomere hat eine stärkere antioxydative Wirkung als das 2-Isomere. BHA ist neben Butylhydroxytoluol das Antioxydans mit dem ausgeprägtesten Carry-through-Effekt. Es ist eine weiße oder gelblichweiße, wachsartige Substanz von aromatischem Geruch, unlöslich in Wasser, löslich in Fett, Äthanol und Propylenglykol.

In verschiedenen Handelspräparaten liegt BHA als solches oder als Kombinationspartner mit anderen Antioxydantien, Synergisten und Lösungsmitteln vor. Beispiele sind die „Sustane"- und „Tenox"-Präparate, die als Wirkstoffe BHA, BHT (vgl. S. 1170), Propylgallat und Citronensäure in wechselnden Anteilen enthalten; die Präparate stellen teils Mischungen der reinen Wirkstoffkomponenten dar, teils enthalten sie als Lösungsvermittler Zusätze von Monoglyceriden, pflanzlichen Ölen und Propylenglykol. Unter der Bezeichnung „Griffith G-50" ist ein aus Propylgallat, BHA, BHT und Monoglyceridcitrat bestehendes Präparat im Handel.

Butylhydroxyanisol ist eines der am meisten verwendeten Antioxydantien für Fette und Öle sowie fetthaltige Lebensmittel. Die Anwendungskonzentrationen liegen zwischen 50 und 200 mg/kg. Seine antioxydative Wirksamkeit bleibt auch im schwach alkalischen Medium erhalten. Etwa 50% des in USA hergestellten Schweineschmalzes enthalten BHA. Bei der Verwendung zur Imprägnierung von Verpackungsmaterial wird es in einer Konzentration von 0,5 g/kg, bezogen auf das Packstoffgewicht, auf der Innenseite aufgebracht. Die so verpackten fetthaltigen Lebensmittel (z. B. Weizen-, Mais-, Reisflocken, Nußschokolade, Pralinen, geröstete Mandeln) zeigten nach 1 Jahr bei der organoleptischen Prüfung deutliche Vorteile gegenüber unbehandelten Proben. Die Stabilität von Vitamin A in Keksen sowie in Hühner- und Hundefutter kann durch „Tenox" verbessert werden. Auch bei Butterschmalz läßt sich der durch Erhitzen bedingte Abbau von zugesetztem Vitamin A durch BHA wesentlich verringern. 1 g/kg BHA reduziert den Farbverlust bei Cayennepfeffer und Paprika. Infolge seines starken Carry-through-Effektes ist BHA besonders für fetthaltiges Gebäck und Kartoffelchips geeignet. Auch die oxydativ bedingte Verschlechterung von Orangenöl läßt sich durch BHA hintanhalten.

In gesundheitlicher Hinsicht wird Butylhydroxyanisol von der DFG (1964) günstig beurteilt. Das Food Standards Committee, London (1954), erhebt ebenfalls keine Bedenken gesundheitlicher Art und empfiehlt die Zulassung in Mengen von 200 mg/kg für Fette und Öle und von 1 g/kg für ätherische Öle. Von der FAO/WHO (1962) wurden als Tageshöchstmenge ohne Einschränkung 0,5 mg/kg Körpergewicht (37,5 mg für den Erwachsenen) bzw. bedingt 2 mg/kg (150 mg für den Erwachsenen) festgelegt.

Butylhydroxyanisol ist als Antioxydans in zahlreichen Ländern zugelassen; die Höchstmengen liegen zwischen 100 und 1000 mg/kg. In Deutschland ist BHA derzeit nicht zugelassen.

---

[1] Die Ausdrücke „2-Isomeres" und „3-Isomeres" beziehen sich auf die von *Hydroxyanisol* abgeleitete Bezeichnung.

Butylhydroxytoluol (BHT)

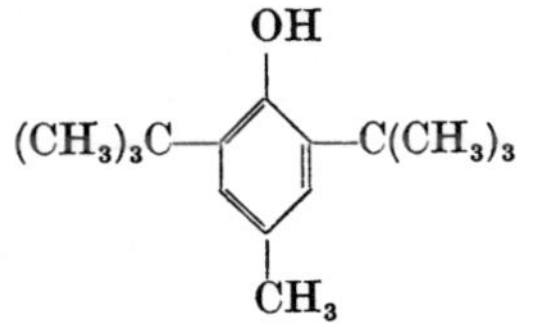

Butylhydroxytoluol.

3.5-Di-tert.-butyl-4-hydroxytoluol; 2.6-Di-tert.-butyl-p-kresol; 2.6-Di-tert.-butyl-4-methylphenol. Mol.-Gew.: 220,36; Smp: 69—70° C.

Butylhydroxytoluol ist eine weiße, geruchlose kristalline Substanz, unlöslich in Wasser, löslich in Äthanol und in Fetten.

BHT ist unter Bezeichnungen wie „Deenax", „Paranox", „DBPC-Antioxidant", „Jonol", im Handel. Daneben trifft man noch Kombinationspräparate an, wie sie im Abschnitt Butylhydroxyanisol (S. 1169) beschrieben sind. — Die Verwendung entspricht der des BHA. Wie letzteres zeigt auch BHT einen ausgeprägten Carry-through-Effekt.

BHT ist besonders für Fette und Öle sowie für fetthaltige Backwaren geeignet. Die Anwendungskonzentrationen liegen im allgemeinen zwischen 100 und 200 mg/kg. 50 mg/kg verhindern das Ranzigwerden von Fischölen. Eine gute Wirkung kann auch bei Schweineschmalz beobachtet werden. In manchen Fällen übertrifft BHT in seiner antioxydativen Wirkung BHA, so z. B. bei Sonnenblumenöl und Sojaöl. Auch zur Verhinderung des Verderbs von Süßwaren erwies sich BHT als gut geeignet. Butylhydroxytoluol ist ein wirksames Antioxydans für Carotin und Vitamin A.

In gesundheitlicher Hinsicht werden von der DFG (1964) Bedenken gegen BHT erhoben. Von der FAO/WHO (1962) wurden als Tageshöchstmenge bedingt 0,5 mg/kg Körpergewicht (37,5 mg für den Erwachsenen) festgelegt, während eine ohne Einschränkung gültige Tagesdosis nicht aufgestellt wurde.

Butylhydroxytoluol ist in einer Reihe von Ländern zugelassen. In manchen Ländern wurde jedoch die bisherige Zulassung wieder aufgehoben. Die zulässigen Höchstmengen liegen bei 100—1000 mg/kg. In Deutschland ist BHT nicht erlaubt.

Sonstige synthetische Antioxydantien

Aus dieser Gruppe seien noch die folgenden angeführt: *Thiodipropionsäure*, *Thiodipropionsäure-dilaurylester*, *Thioharnstoff*, *„Santoquin"* (6-Äthoxy-2.2.4-trimethyl-1.2-dihydrochinolin), *Diphenyl-p-phenylendiamin* („DPPD"), 2.4.5-Trihydroxybutyrophenon („THBP"), *Tetramethyl-* und *Tetraäthyl-thiuramdisulfid* („TMTD", „TÄTD", „Thiram", „Antabus"), *1.7-Dihydroxynaphthalin*, *Hydrochinon*, *Tetrahydroxy-dimethyldiphenyl*, *Brenzkatechin*. Die meisten dieser Stoffe haben als Antioxydantien keine größere Bedeutung erlangt. Verschiedene von ihnen werden als Zusatz zu Futtermitteln verwendet und sind in einigen Ländern für diesen Zweck zugelassen.

Bibliographie
über Antioxydantien

Association of Public Analysts: The detection and determination of antioxidants in food. 1. Bericht. London 1963.

Bauer, O.: Moderne Inhibitoren (Antioxydantien). Garmisch-Partenkirchen: Moser-Verlag 1950.

Bauernfeind, J. C.: The use of ascorbic acid in processing foods. In: Advanc. Food Res. **4**, 359—431 (1953).

Buchman, N. D.: Der Einfluß des Propylgallats auf den Nährwert des Fettes. [Russisch] Vopr. Pitaniya **21**, 68—72 (1962).

Bund für Lebensmittelrecht und Lebensmittelkunde: Die Verwendung von Ascorbinsäure zu Fleischerzeugnissen. Schriftenreihe des Bundes für Lebensmittelrecht und Lebensmittelkunde, H. 17. Wiesbaden-Berlin: B. Behr's Verlag 1957.

Deutsche Forschungsgemeinschaft (DFG), Kommission zur Prüfung der Lebensmittelkonservierung: Mitteilung V (1961).
— — Tätigkeitsbericht. Zit. in Z. Lebensmittel-Untersuch. u. -Forsch. **124**, 120—122 (1964).
DUGAN JR., L. R., L. MARX, C. E. WEIR, and H. R. KRAYBILL: Butylated hydroxytoluene. A new antioxidant for food use. Bull. Amer. Meat Inst. Foundation, Nr. 18. Chicago 1954.
EDWARDS, J. O.: Peroxide reaction mechanisms. New York-London: Interscience Publishers 1962.
EULER, H. v., u. B. EISTERT: Chemie und Biochemie der Reduktone und Reduktonate. Stuttgart: F. Enke 1957.
Food Standards Committee: Report on antioxidants. London: Her Majesty's Stationary Office 1954.
GEBAUER, H.: Über das Vitamin E. Beiheft Nr. 8 der Int. Z. Vitaminforsch. Bern-Stuttgart: Hans Huber 1960.
GEISSMAN, T. A. (Hrsg.): The chemistry of flavonoid compounds. New York: Pergamon Press 1962.
Joint FAO/WHO Expert Committee on Food Additives: Specifications for identity and purity of food additives. Vol. I. Antimicrobial preservatives and antioxidants. Food and Agriculture Organization of the United Nations. Rom 1962.
— Evaluation of the toxicity of a number of antimicrobials and antioxidants. 6. Bericht. Genf 1962.
KAUFMANN, H. P., u. A. TOBSCHIRBEL: Oxydative Veränderungen von Fetten. Köln-Opladen: Westdeutscher Verlag 1962.
KNORR, F.: Die Erhöhung der Haltbarkeit und Lagerfähigkeit von Lebensmitteln und Futtermitteln durch Antioxydantien. Garmisch-Partenkirchen: Moser-Verlag 1956.
LEHMAN, A. J., O. G. FITZHUGH, A. A. NELSON and G. WOODARD: The pharmacological evaluation of antioxidants. In: Advanc. Food Res. **3**, 197—208 (1951).
LUNDBERG, W. O.: Autoxidation and antioxidants. Bd. 1 und 2. New York-London: John Wiley 1961 u. 1962.
MANNECK, H.: Antioxydantien. Bd. 1 und 2. Garmisch-Partenkirchen: Moser-Verlag 1954 u. 1956.
RIEMENSCHNEIDER, R. W.: Oxidative rancidity and antioxidants. In: Handbook of food and agriculture. Hrsg. v. F. C. BLANCK. S. 237—278. New York: Reinhold Publ. Corp. u. London: Chapman & Hall 1955.
SCHULTZ, H. W., E. A. DAY and R. O. SINNHUBER: Symposium on foods: Lipids and their oxidation. Westport, Conn.: AVI Publ. Co. 1962.
TOLLENAAR, F. D.: Verhinderung von Kühlhausschäden bei Butter mit Hilfe von Antioxydantien, insbesondere mit Tetra-alkylthiuramdisulfiden. [Holländisch] Diss. Utrecht 1953.
VIGNERON, M.: Autoxydation — Mesures de prévention — Antioxydants. Paris: Société d'Éditions Pharmaceutiques et Scientifiques. Abgeschl. 1955.
Vitamine Merck. Hrsg. v. Fa. E. Merck AG, Darmstadt 1957.
Vitamin Vademecum Roche 1961. Hrsg. v. d. Deutschen Hoffmann-La Roche AG. Grenzach Baden.
VOGEL, H.: Chemie und Technik der Vitamine. Bd. I: Die fettlöslichen Vitamine. Stuttgart: F. Enke 1957.
WATTS, B. M.: Oxidative rancidity and discoloration of meat. In: Advanc. Food Res. **5**, 1—52 (1954).
WINKELMANN, W. F.: Die Vitamine. Was sie sind — Was sie leisten. 2. Aufl. Basel/Schweiz: Apollonia-Verlag 1951.

Zeitschriftenliteratur

ABBOT, J., and R. WAITE: The effect of antioxidants on the keeping quality of whole milk powder. I. Flavones, gallates, butylhydroxyanisole, and nordihydroguajaretic acid. J. Dairy Res. **29**, 55—61 (1962).
AKHMEDOVA, M. U.: Haltbarkeit und Geschmack von Trockenmilch während der Lagerung in Abhängigkeit von der zugesetzten Propylgallatmenge. [Russisch] Trudy Nauch.-Issledovatel. Inst. Zhivotnovodstva, Uzbek. Akad. Sel'skokhoz. Nauk **5**, 215—227 (1960).
BARTON, R. R., S. S. RENNERT and L. A. UNDERKOFLER: Enzyme protects canned drinks. Shelf-life extended by glucose oxidase, which retards iron pickup, cuts color fading. Food Engin. **27**, 79—80 und 198—199 (1955).
— — — Glucose oxidase in the protection of foods and beverages. Food Technol. **11**, 683—686 (1957).
BAUER, O.: Die Haltbarmachung der Fette durch Antioxydantien. Dtsch. Lebensmittel-Rdsch. **50**, 109—115, 146—149, 175—179, 192—200, 218—225 und 259—266 (1954).

Budslawski, J.: Studien über die Anwendung von L-Ascorbinsäure und ihrer Derivate als Antioxydantien in Butter. [Russisch] Zeszyty Nauk. Wyższej Szkoly Rolniczej, Olsztyn Nr. **60**, 243—309 (1959).

Cerutti, G.: Haltbarmachung von Ölen. I. Stabilisierende Wirkung eines Esters der Ascorbinsäure (Ascorbylpalmitat). [Italienisch] Olearia **10**, 39—41 (1956). — II. Antioxydative Wirkung von Ascorbylpalmitat in einigen pflanzlichen Ölen. [Italienisch] Olearia **10**, 130—132 (1956).

Ciobanu, N., u. C. Ionita: Die Verwendung von Antioxydantien zur Haltbarmachung von Schweinefett. [Rumänisch] Industr. Aliment., Produse Animale **9**, 365—369 (1961).

Clotet, R.: Haltbarmachung von Rinderfett durch Antioxydantien. [Spanisch] An. Bromatologia (Madrid) **12**, 341—355 (1960).

El-Negoumy, A. M., and E. G. Hammond: Effect of antioxidants on the flavor of cold storage butter. J. Dairy Sci. **45**, 848—853 (1962).

Emanuel, N. M., D. G. Knorre, Y. N. Lyaskovskiĭ u. V. I. Piul'skaya: Kinetik der Fettoxydation und die Wirkung der Inhibitoren. [Russisch] Trudy Vsesoyuz. Nauch.-Issledovatel. Inst. Myasnoĭ. Prom. **1958**, Nr. 8, 195—210.

Fessler, J. H.: Erythorbic acid and ascorbic acid as antioxidants in bottled wines. Amer. J. Enol. Viticult. **12**, 20—24 (1961).

Franzke, C., u. H. Iwainsky: Zur antioxydativen Wirksamkeit der Melanoidine. Dtsch. Lebensmittel-Rdsch. **50**, 251—254 (1954); **52**, 129—133 (1956).

Gryuner, V. S., u. M. I. Soboleva: Die Anwendung von Antioxydantien zur Verhinderung des Ranzigwerdens von Fetten in Konditorwaren. I. Ranzigkeit gewisser Fette in Konditorwaren. [Russisch] Sb. Nauchn. Rabot. Mosk. Inst. Nar. Khoz. Nr. **17**, 3—11 (1961).

— — Y. Y. Kosaya u. F. I. Gaister: Desgl. II. Anwendung der Nordihydroguajaretsäure zum Backen. [Russisch] Sb. Nauchn. Rabot. Mosk. Inst. Nar. Khoz. Nr. **18**, 64—68 (1961).

Heimann, W., A. Heimann, M. Gremminger u. H. Holland: Quercetin als Antioxydans. Fette, Seifen, Anstrichmittel **55**, 394—398 (1953).

—, u. H. v. Pezold: Über die prooxygene Wirkung von Antioxygenen. Fette, Seifen, Anstrichmittel **59**, 330—338 (1957).

— — Über die Wirkungsinversion bei Fett-Antioxygenen. Z. Lebensmittel-Untersuch. u. -Forsch. **108**, 317—322 (1958); **111**, 1—6 (1959); **112**, 463—470 (1960).

Högl, O., u. F. Wenger: Antioxydantien in Fetten und Ölen. Mitt. Lebensmitteluntersuch. Hyg. **45**, 335—388 (1954).

Jeney, E., F. Péter u. E. Királyfalvi: Flavonderivate als Antioxydantien. [Ungarisch] Élelmezési Ipar **14**, Nr. 1, 12—16 (1960).

Kaufmann, H. P., H. Garloff u. K. G. Yekundi: Pro- und Antioxydantien auf dem Fettgebiet. Fette, Seifen, Anstrichmittel **63**, 331—334, 334—344, 509—519 und 697—702 (1961); **64**, 309—318 und 688—695 (1962).

Kotake, Y.: Antioxydantien und Tokopherole als Lebensmittel-Zusatzstoffe. [Japanisch] Shokuhin Eiseigaku Zasshi **3**, 114—120 (1962).

Kyzlink, V., D. Curda u. M. Curdova: Entfärbung von Fruchtkonserven und Einwirkung von Antioxydantien. [Tschechisch] Confructa Nr. 3, 91—112 (1961).

Lea, C. H.: On the antioxidant activities of the tocopherols. II. Influence of substrate, temperature and level of oxidation. J. Sci. Food Agric. **11**, 212—218 (1960).

—, and R. J. Ward: Relative antioxidant activities of the seven tocopherols. J. Sci. Food Agric. **10**, 537—548 (1959).

Liljemark, A., H. W. Aas u. R. Marcuse: Verbesserung der Haltbarkeit frischer, fetter Fische durch Behandlung mit Antioxydantien. Fette, Seifen, Anstrichmittel **61**, 465—468 (1959).

Lintzel, W.: Nurupan, ein neues Sojaerzeugnis für die Nahrungsmittelindustrie. Int. Fachschr. Schokolade-Industr. 8, 149—152 (1953).

Napier, C. E.: The antioxidant properties of ascorbic acid and its use for improving the shelf-life of beer. Wallerstein Lab. Commun. **19**, 193—207 (1956).

Ohlmeyer, D. W.: Use of glucose oxidase to stabilize beer. Food Technol. **11**, 503—507 (1957).

Raeithel, H.: Über die Verwendung von Antioxydantien. Z. Lebensmittel-Untersuch. u. -Forsch. **95**, 246—262 (1952).

— Fettverderb und Antioxydantien. Fette, Seifen, Anstrichmittel **57**, 799—806 (1955).

Serzisko, R., u. K. Täufel: Wirkungsweise und Nachweis natürlicher Fettantioxydantien. Ernährungsforsch. **4**, 484—499 (1959).

Somogyi, J. C., u. H. Kündig-Hegedüs: Die Stabilisierung von polyensäurereichen Ölen und weiteren Nahrungsfetten. Mitt. Lebensmitteluntersuch. Hyg. **52**, 104—115 (1961).

Stone, I., and P. P. Gray: Ascorbates as antioxidants for beer. Wallerstein Lab. Commun. **19**, 287—305 (1956).

Täufel, K., u. H. Rothe: Aromatische Hydroxyl-, Amino- und Chinon-Verbindungen als Fettantioxygene. Fette, Seifen, Anstrichmittel **53**, 381—385 (1951).

TÄUFEL, K., u. R. SERZISKO: Zur Frischhaltung von Dauergebäck mittels Sojapräparaten. Ernährungsforsch. **2**, 454—459 (1957).
TAPPEL, A. L., W. O. LUNDBERG and P. D. BOYER: Effect of temperature and antioxidants upon the lipoxidase-catalyzed oxidation of sodium linoleate. Arch. Biochem. Biophys. **42**, 293—304 (1953).
—, and A. G. MARR: Antioxidants and enzymes. Effect of alpha-tocopherol, propylgallate, and nordihydroguajaretic acid on enzymatic reactions. J. agric. Food Chem. **2**, 554—558 (1954).
TOLLENAAR, F. D.: Erwägungen bei der Zulassung von Antioxydantien in Nahrungsmitteln. Fette, Seifen, Anstrichmittel **56**, 41—46 (1954).
— Neuere Entwicklungen auf dem Gebiet der Verwendung von Antioxydantien in Nahrungsmitteln. Dtsch. Lebensmittel-Rdsch. **52**, 307—313 (1956).
—, u. H. J. VOS: Untersuchungen über die Verwendung von Butyloxytoluol als Antioxydans in Lebensmitteln. Fette, Seifen, Anstrichmittel **58**, 112—118 (1956).
— — Problems arising in connection with the use of antioxidants in the food industry. J. amer. Oil Chem. Soc. **35**, 448—455 (1958).
TOYAMA, K., K. SARUYA and K. ANDO: Applicability of antioxidants to marine products. J. Tokyo Univ. Fisheries **46**, 107—131 (1960).
TSUCHIYA, Y., A. KAYAMA, T. SASAKI u. H. KUDO: Die Verhinderung der Gelbfärbung von Muscheln, insbesondere ihrer gefrorenen Schließmuskeln. [Japanisch] Reito **36**, 1011—1017 (1961).
VERDAGUER, P. A.: Schutzwirkung verschiedener Antioxydantien auf Kakaobutter. [Spanisch] Galenica Acta (Madrid) **12**, 165—179 (1959).
VOIGT, J.: Glucoseoxydase — Gewinnung, Eigenschaften, Anwendung. Ernährungsforsch. **6**, 563—578 (1961).
YUFERA, E. P.: Glucoseoxydase und -katalase als Zusatzstoffe bei der Lebensmittelkonservierung. [Spanisch] Rev. Agroquim. Tecnol. Alimentos **1**, 51—56 (1961).

Vgl. auch die auf S. 1065 zitierten Abhandlungen über Fremdstoffe!

2. Synergisten und Komplexbildner

Unter Synergisten werden allgemein Stoffe verstanden, die die Wirkung eines anderen Stoffes mehr als additiv steigern. Im speziellen Fall der Antioxydantien sind Synergisten Stoffe, die die Wirkung der Antioxydantien verstärken, indem sie entweder im Reaktionsgeschehen verbrauchte Antioxydantien regenerieren oder ein für die antioxydative Wirkung geeignetes pH-Milieu schaffen. Den Synergisten werden auch die Komplexbildner (angelsächsisch „Sequestrants") zugeordnet, die durch Komplexbildung mit oxydationsfördernden Stoffen, z. B. bestimmten Metallspuren, deren prooxydative Wirkung aufheben. Viele solcher Synergisten findet man in der Gruppe der Säuren, vornehmlich der Polyhydroxysäuren. Ihre Wirkung beruht häufig auf der Bildung von Chelat-Ringen mit Metallionen des Substrates (Chelatbildner). Die Grenzen zwischen Antioxydantien und Synergisten sind nicht scharf; die Stoffgruppen gehen in vielen Fällen ineinander über.

Komplexbildner zeigen bisweilen auch andere günstige Nebenwirkungen: Sie bewirken gelegentlich eine Verbesserung der Konsistenz von Lebensmitteln; ferner können sie Trübungen und Verfärbungen sowie andere durch Metallspuren bedingte nachteilige Veränderungen verhindern.

Lecithine

Beispiele:

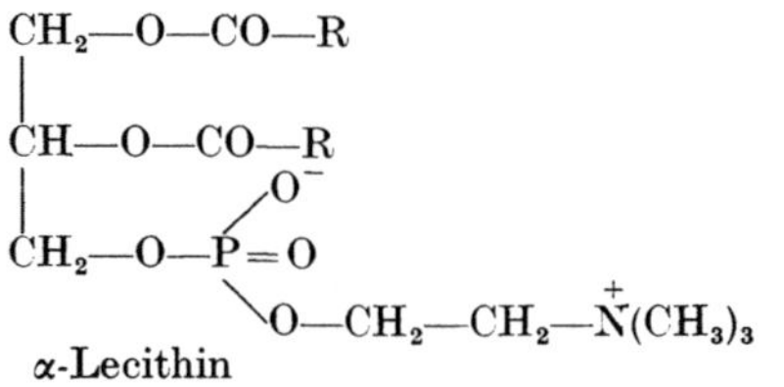

α-Lecithin

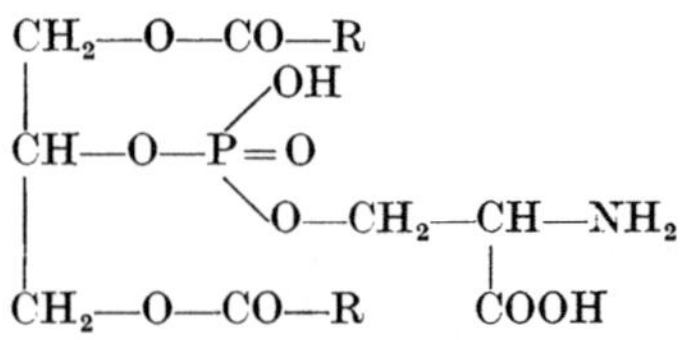

β-Serinkephalin

R = Palmitinsäure-, Stearinsäure-, Ölsäure-, Linolsäure-, Linolensäure- und Arachidonsäure-Reste.

Das Lecithin des Handels („Rohlecithin") stellt eine wachsartige, hellgelbe bis braune, geruchlose hygroskopische Masse von wechselnder Zusammensetzung dar. Es ist leicht löslich in Äthanol, Äther und Fetten; mit Wasser quillt es unter Bildung kolloider Lösungen auf. Rohlecithin ist ein Gemisch von α- und β-Lecithinen und -Kephalinen; daneben können noch Fette (Öle), Inositphosphatide, Zucker, Sterine, Pigmente und Tokopherole enthalten sein. Sowohl die Lecithine als auch die Kephaline gehören zu den Monoaminophosphatiden, die bei der Aufspaltung in Fettsäuren, Phosphorsäure, Glycerin und stickstoffhaltige Bausteine zerfallen. Sie unterscheiden sich voneinander dadurch, daß der mit dem Phosphorsäurerest verbundene Substituent bei den Lecithinen das Cholin $(CH_3)_3{\equiv}N(OH){-}CH_2{-}CH_2OH$ ist, während bei den Kephalinen entweder Colamin $NH_2{-}CH_2{-}CH_2OH$ oder Serin $CH_2OH{-}CH(NH_2){-}COOH$ gebunden vorliegt. Die Fettsäurebausteine der im Rohlecithin enthaltenen Lecithine und Kephaline bestehen überwiegend aus Palmitin-, Stearin-, Öl-, Linol-, Linolen- und Arachidonsäure. Natürliche Lecithine sind optisch aktiv und besitzen L-Konfiguration.

Lecithine finden sich besonders reichlich in Eigelb, in der Hirnsubstanz, in Hefen und in ölreichen Pflanzensamen. Die Gewinnung erfolgt vorwiegend aus Sojaöl, wo die Phosphatid-Fraktion bei der Reinigung als „Phosphatidschlamm" anfällt, der getrocknet und mitunter gebleicht wird; daneben werden Lecithine auch aus Rapsöl gewonnen.

Die synergistische Wirkung des Lecithins beruht überwiegend auf seinen metall-inaktivierenden Eigenschaften. Man nimmt an, daß die Hauptwirkung den Kephalinen und hier wiederum dem an die Phosphorsäure gebundenen N-haltigen Rest zuzuschreiben ist. Mit zunehmendem Wassergehalt des Substrats nimmt die Wirkung ab. Lecithin dient als Synergist (bzw. Antioxydans) für Fette und Öle sowie Fettemulsionen (5 g/kg), ferner für fetthaltige Lebensmittel und für bestimmte Süßwaren (3–5 g/kg). Bei tierischen Fetten ist die Wirksamkeit geringer als bei pflanzlichen. – Über die Verwendung des Lecithins als Emulgator vgl. S. 1197.

In gesundheitlicher Hinsicht sind Lecithine als Inhaltsstoffe lebenstätiger tierischer Zellgewebe unbedenklich. Von der DFG (1964) werden Lecithine (ungebleicht, aus Sojabohnen, Erdnüssen, Sonnenblumenkernen und Rapssaat sowie aus Eigelb) als duldbar angesehen. Von der FAO/WHO (1964) wurden für Lecithin als Tageshöchstmenge ohne Einschränkung 50 mg/kg Körpergewicht (3,75 g für den Erwachsenen) bzw. bedingt 100 mg/kg Körpergewicht (7,5 g für den Erwachsenen) festgelegt.

Als nichtfremde Stoffe bedürfen Lecithine in vielen Ländern keiner besonderen Genehmigung. In anderen Ländern sind sie als Antioxydantien bzw. Synergisten speziell zugelassen. Wo Mengenbegrenzungen bestehen, liegen diese zwischen 1 und 5 g/kg. In Deutschland sind Lecithine mit einer Peroxidzahl unter 10 auf Grund der Allgemeinen Fremdstoff-VO und der VO über diätetische Lebensmittel ohne Mengenbegrenzung zugelassen.

Citronensäure und Citronensäureester

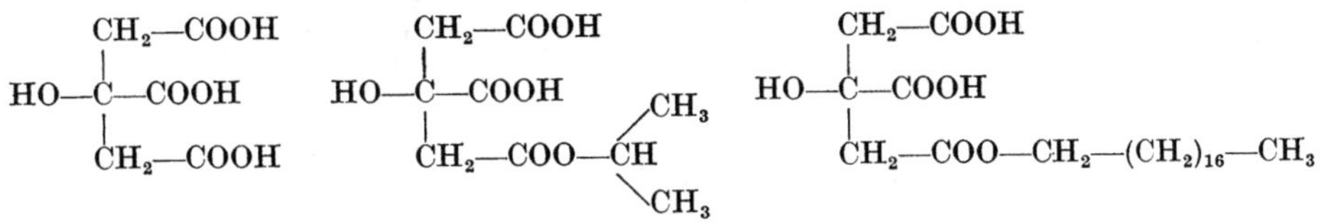

Citronensäure — Mono-isopropylcitrat — Monostearylcitrat

2-Hydroxy-1.2.3-propantricarbonsäure; β-Hydroxy-tricarballylsäure. Mol.-Gew.: 192,13 (Monohydrat 210,15); Smp: 153°C (Monohydrat 100°C).

Citronensäure ist eine weiße, geruchlose kristalline Substanz von saurem Geschmack; leicht löslich in Wasser und Äthanol, unlöslich in Fetten. Die Ester, besonders der Stearylester, sind fettlöslich. Die verwendeten Ester sind keine Reinsubstanzen, sondern Mischungen aus Mono-, Di- und Tri-estern (z. B. enthält handelsübliches Isopropylcitrat 27% Mono-, 9% Di- und 2% Tri-ester; der Rest besteht aus Mono- und Diglyceriden als Vehikelsubstanz).

Citronensäure ist weitverbreitet im Pflanzen- und Tierreich. Besonders reichlich kommt sie im Zitronensaft vor (5—7%). Sie wird heute vorwiegend durch Vergärung kohlenhydrathaltiger Substrate (Melasse, Molke u. dgl.) mit *Aspergillus niger* oder *Citromyces*-Arten gewonnen.

Citronensäure und ihre Ester gehören zu den wichtigsten Synergisten. In Handelspräparaten sind sie häufig als Kombinationspartner mit Antioxydantien zu finden. Die wesentliche Wirkung besteht in einer Inaktivierung von Metallspuren durch Bildung stabiler Chelatringe, z. B. mit Kupfer oder Eisen. Daher können sie auch die Verfärbung durch Gallate verhindern. Solche Metallinaktivatoren sind besonders wertvoll zur Verhinderung der ersten Stufen der Autoxydation, die der Ranzidität vorangehen. Der Mono-ester wirkt synergistisch, während die Di- und Tri-ester überwiegend emulgierende Eigenschaften zeigen. Dies steht auch im Einklang mit dem Befund, daß zur Komplexbildung mindestens 2 freie Carboxylgruppen notwendig sind.

Anwendungskonzentrationen für Citronensäure und ihre Ester von 0,2 bis 1,5 g/kg. Diese erweisen sich als besonders wirksam bei vegetabilischen Fetten. Der Zusatz erfolgt hier häufig bei der Desodorierung. Die fettlöslichen Citronensäureester werden auch zur Stabilisierung von Margarine verwandt. Sie sind ferner geeignet zur Verhinderung oxydativer Veränderungen von Nußmehlen. Citronensäure und ihre Ester bewähren sich als Mittel gegen das Ranzigwerden von Fleischerzeugnissen. Blanchierung von Kartoffeln mit 1%iger Citronensäurelösung verhindert deren Dunkelwerden.

Daneben sei noch die strukturbeeinflussende Wirkung der Citronensäure und ihrer Salze bei Fleischwaren, Sülzen, Brühwürsten (3 g/kg), Blut (16 g/l), Schmelzkäse („Schmelzsalze“) (bis zu 30 g/kg) und Kondensmilch (0,5 g/l Milch) sowie ihre Bedeutung als Geschmacksstoff erwähnt.

Gesundheitliche Bedenken gegen die Verwendung von Citronensäure und ihrer Ester in Lebensmitteln bestehen nicht. Für Citronensäure wurden von der FAO/WHO (1962) als Tageshöchstmenge ohne Einschränkung 60 mg/kg Körpergewicht (4,5 g für den Erwachsenen) festgelegt. Dieser Wert schließt in der Nahrung *natürlich* vorkommende Citronensäure nicht mit ein. Als bedingt zulässig wird eine Tagesaufnahme in doppelter Höhe angegeben. Für die Natrium-, Kalium- und Calciumverbindungen der Citronensäure ist nach Ansicht der FAO/WHO (1964) eine Festlegung von Tageshöchstmengen nicht erforderlich. Für Isopropylcitrat (Handelsware) sind die entsprechenden Werte 7 mg/kg (525 mg für den Erwachsenen) bzw. 20 mg/kg (1,5 g für den Erwachsenen). — Von der DFG (1961) werden Citronensäure sowie ihre Natrium- und Calciumverbindungen als duldbar angesehen.

Citronensäure kann als natürlich vorkommender Stoff in den meisten Ländern ohne Beschränkung für Lebensmittel verwendet werden. In einer Reihe von Ländern liegen spezielle Zulassungen vor. Die zulässigen Höchstmengen liegen in diesen Fällen zwischen 0,1 und 2 g/kg. In Deutschland ist Citronensäure einschließlich ihrer Natrium-, Kalium- und Calciumsalze auf Grund der Allgemeinen Fremdstoff-VO, der Fleisch-VO, der Käse-VO und der VO über diätetische Lebensmittel zugelassen.

Weinsäure

Strukturformel vgl. Beitrag „Organische Säuren“ (Bd. I, S. 778).

D-Weinsäure $C_4H_6O_6$; 2.3-Dihydroxybernsteinsäure. Mol.-Gew.: 150,09; Smp: 170° C.

D-Weinsäure ist ein weißes geruchloses Kristallpulver von saurem Geschmack; löslich in Wasser und Äthanol, schwer löslich in Fetten und Ölen. Um diesen Nachteil für die Verwendung zu umgehen, werden auch Glyceride der Weinsäure (Glyceryltartrate) verwendet, die zu 1—2% in Fett löslich sind.

D-Weinsäure ist Bestandteil vieler Früchte und des Traubensaftes (durchschnittlich 0,4%). Die Herstellung erfolgt aus Weinstein oder synthetisch aus Maleinsäureanhydrid.

Neben der vorwiegenden Verwendung der Weinsäure als Säuerungsmittel dient sie als Synergist (Metallinaktivator) für Antioxydantien. Durch Weinsäure läßt sich die Induktionsperiode bei Rindertalg und Schweineschmalz bemerkenswert verlängern. Die Anwendungskonzentrationen liegen bei 2 g/kg. Daneben weisen Tartrate auch strukturbeeinflussende Eigenschaften auf (z. B. bei Brühwürsten).

In gesundheitlicher Hinsicht ist Weinsäure als unbedenklich zu betrachten. Von der DFG (1961) werden D-Weinsäure und ihre Natrium- und Calcium-Verbindungen als duldbar angesehen. Für Weinsäure wurden von der FAO/WHO (1962) als Tageshöchstmenge ohne Einschränkung 3 mg/kg Körpergewicht (225 mg für den Erwachsenen) festgelegt — abgesehen von der Aufnahme *natürlich* vorkommender Weinsäure. Als bedingt zulässig gelten 10 mg/kg (750 mg für den Erwachsenen). Von der FAO/WHO (1964) wurden für Na-tartrat und Kalium-Natriumtartrat als Tageshöchstmenge ohne Einschränkung 6 mg/kg Körpergewicht (0,45 g für den Erwachsenen) bzw. bedingt 20 mg/kg Körpergewicht (1,5 g für den Erwachsenen) festgelegt (die Werte beziehen sich auf Weinsäure).

Weinsäure ist in einer Reihe von Ländern zugelassen. In Deutschland sind Natrium-, Kalium- und Calciumtartrate auf Grund der Fleisch-VO, der Allgemeinen Fremdstoff-VO und der VO über diätetische Lebensmittel zugelassen. Auch in Ländern, in denen keine ausdrückliche Zulassung besteht, dürfte Weinsäure als natürlich vorkommender unbedenklicher Stoff nicht beanstandet werden.

Monophosphorsäure und Phosphorsäurederivate

Monophosphorsäure (= Orthophosphorsäure) H_3PO_4 (Mol.-Gew.: 98,0; Smp: 42,3° C). In reinem Zustand zerfließliche Kristalle; als Handelsware klare, farblose, sirupöse Flüssigkeit mit 85—90% H_3PO_4; mischbar mit Wasser und Äthanol. Phosphate sind weitverbreitet in der gesamten belebten Welt; besonders reichlich kommen sie vor in Milch, Käse, Fleisch, Fischen, Eiern, Cerealien, Früchten u. a.

An *Derivaten der Phosphorsäure* kommen für die Verwendung als Lebensmittel-Zusatzstoffe neutrale und saure Monophosphate, Polyphosphate (= linear kondensierte Phosphate), z. B. Diphosphate, Triphosphate und höhere Polyphosphate sowie organische Phosphate in Betracht.

Phosphate werden häufig als Synergisten für Gallate, Butylhydroxyanisol und Nordihydroguajaretsäure verwendet; die beste synergistische Wirkung zeigt das Grahamsche Natriumpolyphosphat (erschmolzenes Gemisch hochmolekularer Polyphosphate). Zugabe von Polyphosphaten bedingt bessere Farberhaltung und bessere Haltbarkeit von Vitamin C. Als Zusatz zur Pökellake verbessern Polyphosphate sowohl das Safthaltevermögen als auch die Farbe von Kochschinken (Verhinderung oxydativer Veränderungen von Hämpigmenten). Kleine Mengen organischer Phosphate (z. B. Hexosephosphat, Dodecylphosphat) verhüten ebenfalls die Oxydation von Lebensmitteln (Stabilisierung von Sojaöl).

Monophosphate dienen auch zur pH-Regulierung bei technologischen Prozessen, zur Anreicherung von Lebensmitteln mit Spurenelementen, als Stabilisatoren bei der Kondensmilchherstellung, der Käsezubereitung und zur Verhinderung der „Dicksude". Auch als Säuerungsmittel wird Phosphorsäure viel verwendet, z. B. bei coffeinhaltigen Getränken.

Spezielle Zulassungen für die Verwendung von Phosphorsäure als Synergist für Antioxydantien bestehen nur in wenigen Ländern. Die Höchstmengen liegen hier zwischen 50 und 100 mg/kg. In Deutschland sind Natrium-, Kalium- und Calciummono- und -diphosphate auf Grund der Allgemeinen Fremdstoff-VO und der VO über diätetische Lebensmittel ohne Mengenbegrenzung zugelassen. Ferner dürfen coffeinhaltige Erfrischungsgetränke bis zu 700 mg/kg freie Monophosphorsäure enthalten.

Weitere Angaben über die Anwendung und Zulassung von Polyphosphaten sowie Angaben über die Toxicität der Mono- und Polyphosphate finden sich auf S. 1206.

Äthylendiamin-tetraessigsäure (EDTA)

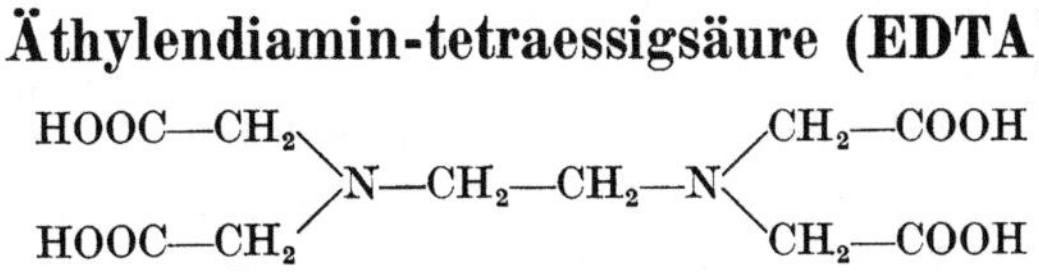

Äthylendiamin-tetraessigsäure;
Äthylendinitrilo-tetraessigsäure. Mol.-Gew.: 292,26; Smp: 220° C.

Die Verbindung wird hauptsächlich in Form ihres Natrium- oder Natrium-Calcium-Salzes (Calcium-Dinatrium-Äthylendiamin-tetraacetat) angewandt. Handelsübliche Präparate sind „Versene", „Natriumversenat", „Komplexon", „Titriplex", „Sequestren", „Trilon B", „Idranal" u. a. Sie bilden mit die Autoxydation katalysierenden Metallspuren stabile Komplexe; ihre Wirkung ist an ein saures Medium des Substrates gebunden.

EDTA wird bei Krustentieren, Kartoffelsalat, Mayonnaise, Backfetten, Margarine sowie bei kohlensäurehaltigen Getränken verwendet. Es verhindert auch die Verfärbung geschälter gekochter Kartoffeln. Bei Zugabe kleiner Mengen von EDTA zu Ascorbinsäurelösungen wird Vitamin C vor der durch Kupferspuren katalysierten Oxydation geschützt.

Auf Grund bisheriger Tierversuche scheint die Substanz relativ harmlos zu sein; jedoch liegen ausreichende Untersuchungen über die Toxicität und den Abbau im Stoffwechsel noch nicht vor. — In USA sind EDTA und ihre Salze als Zusatz zu Lebensmitteln in Mengen von 75—275 mg/kg zugelassen. In Deutschland ist die Verwendung nicht erlaubt.

Sonstige Synergisten

An weiteren Synergisten sind zu nennen: *Citraconsäure, Maleinsäure, Fumarsäure, Phytinsäure, Zimtsäure, Aminosäuren, Thiamin, Colamin, Nicotinsäure, Sulfonamide, Natriumthiosulfat, p-Aminosalicylsäure.* Im Schrifttum wird die Anwendung dieser Verbindungen und ihrer Salze für bestimmte Lebensmittel vorgeschlagen. Sie dürften keine größere Bedeutung besitzen.

Bibliographie

über Synergisten und Komplexbildner

CHABEREK, S., and A. E. MARTELL: Organic sequestering agents. New York: John Wiley 1959.

Deutsche Forschungsgemeinschaft (DFG), Kommission zur Prüfung fremder Stoffe in Lebensmitteln (Fremdstoff-Kommission): Mitteilung I (1964).

— *Kommission zur Prüfung der Lebensmittelkonservierung:* Mitteilung V (1961).

— — Mitteilung VI: Reinheitsanforderungen. 1961.

DWYER, F. P., and D. P. MELLOR: Chelating agents and metal chelates. New York: Academic Press 1964.

Joint FAO/WHO Expert Committee on Food Additives: Evaluation of the toxicity of a number of antimicrobials and antioxidants. 6. Bericht. Genf 1962.

— Specifications for the identity and purity of food additives and their toxicological evaluation: Emulsifiers, stabilizers, bleaching and maturing agents. 7. Bericht. Genf 1964.

KERGL, E., K. KOEBKE u. H. HAURY: Glutaminsäure. Stuttgart: Wiss. Verlagsges. 1954.

KUNZE, R.: Lecithin. Berlin: Rosenmeier & Saenger 1941.

MARTELL, A. E., u. M. CALVIN: Die Chemie der Metallchelat-Verbindungen. Übersetzt von H. SPECKER. Weinheim/Bergstr.: Verlag Chemie 1958.

STEINKOPF, G.: Lecithin und andere Phosphatide. In: ULLMANNs Encyklopädie der technischen Chemie. 3. Aufl. Bd. **11**, S. 546—550. München-Berlin: Urban & Schwarzenberg 1960.

Zeitschriftenliteratur

CHENOWETH, M. B.: Chelation as a mechanism of pharmacological action. Pharmacol. Rev. 8, 57—87 (1956).

GRAY, P. P., and I. STONE: Metal-induced wildness in beers. Wallerstein Lab. Commun. **19**, 345—372 (1956).

LÜCK, H.: Die peroxydische Aktivität von Schwermetallionen und ihre Beeinflussung durch Komplexbildung. Z. Lebensmittel-Untersuch. u. -Forsch. **106**, 1—5 (1957).

OLCOTT, H. S., and E. J. KUTA: Basic substances as synergists for fat antioxidants. Nature (Lond.) **183**, 1812 (1959).

—, and J. VAN DER VEEN: Role of individual phospholipids as antioxidants. J. Food Sci. **28**, 313—315 (1963).

PIERPONT, P. F., G. M. TROUT and C. M. STINE: Effectiveness of nitrogen- and sulfur-chelating compounds in inhibiting development of oxidized flavor in milk. J. Dairy Sci. **46**, 1044—1049 (1963).

PRIVETT, O. S., and F. W. QUACKENBUSH: The relation of synergist to antioxidant in fats. J. amer. Oil Chem. Soc. **31**, 321—323 (1954).

SCHULTE, K. E., u. A. SCHILLINGER: Untersuchungen über den oxydativen Abbau der 1-Ascorbinsäure. Z. Lebensmittel-Untersuch. u. -Forsch. **94**, 166—182, 309—323 (1954).

Vahlteich, H. W., Ch. M. Gooding, C. F. Brown and D. Melnick: Esters of citric acid in stabilizing edible oils. Food Technol. 8, 6—9 (1954).

Literatur über Phosphate und kondensierte Phosphate vgl. S. 1210. — Vgl. auch die auf S. 1065 zitierten Abhandlungen über Fremdstoffe!

3. Farbverbesserungsmittel, Bleichmittel

Dieses Gebiet umfaßt Stoffe verschiedenartiger Wirkungsweise. Man findet hier Farbverbesserungsmittel, die auf Grund reduktiver oder oxydativer Vorgänge bleichend wirken, Farbverbesserungsmittel, die durch Bildung neuer Verbindungen eine stabilisierende oder verstärkende Wirkung auf die Farbe ausüben und schließlich solche, die auf Grund synergistischer oder komplexbildender Eigenschaften wirken. Letztere Stoffe wurden z. T. bereits im vorhergehenden Kapitel behandelt. Vielfach weisen die Stoffe dieser Gruppe auch noch konservierende oder strukturbeeinflussende Eigenschaften auf. Die heute allgemein erhobene Forderung, Lebensmittel möglichst natürlich zu belassen, hat in vielen Fällen die praktische Bedeutung der hier behandelten Stoffe herabgesetzt, doch werden einige Stoffe dieser Gruppe in absehbarer Zeit nicht zu entbehren sein.

Von den Farbverbesserungsmitteln, die stets eine chemische Wirkung auf das Substrat ausüben, sind die eigentlichen Farbstoffe zu unterscheiden, die lediglich durch ihre Anwesenheit eine Färbung des Gutes bezwecken. Diese Gruppe von Zusatzstoffen ist gesondert auf Bd. I, S. 1134 behandelt.

Schweflige Säure

Für den gegebenen Zweck kommen in Frage: Gasförmiges Schwefeldioxid SO_2, wäßrige Lösung von Schwefeldioxid H_2SO_3, Natriumhydrogensulfit $NaHSO_3$, Calciumhydrogensulfit $Ca(HSO_3)_2$, Natriumdisulfit $Na_2S_2O_5$, Kaliumdisulfit $K_2S_2O_5$. Die am meisten verwandte Verbindung ist das Kaliumdisulfit (früher „Kaliummetabisulfit" genannt).

Die Salze der schwefligen Säure sind weiße oder fast weiße kristalline Pulver mit leichtem Geruch nach Schwefeldioxid; sie sind in Wasser leicht löslich. Mit Aldehyden, Ketonen und auch Zuckeraldehyden reagieren Hydrogensulfite unter Bildung von Additionsverbindungen. Auch mit Disulfidbindungen in Proteinen können Sulfite reagieren.

Neben ihrer bekannten konservierenden Wirkung haben schweflige Säure und ihre Salze Bedeutung als Farberhaltungs-, Farbverbesserungs- und Bleichmittel. SO_2 wird zur Verhinderung der Verfärbung von Trockenobst verwendet. Geschwefelte Trockenfrüchte enthalten in der Regel bis zu 1 g/kg SO_2; beim Einweichen und Kochen geht der Gehalt stark zurück. Schweflige Säure wird zur Verhinderung des Braunwerdens von Trockenkartoffelprodukten und zum Schwefeln roher geschälter Kartoffeln benützt. In Kartoffeltrockenprodukten muß dabei mit einem Gehalt von 100—125 mg/kg SO_2 gerechnet werden; in verzehrsfertigen Kartoffelklößen verbleiben etwa 20—25 mg/kg SO_2. Zur Vermeidung der enzymatischen Bräunung werden Kartoffelchips in 0,5—1,0%ige Hydrogensulfitlösung getaucht; der SO_2-Gehalt solcher Produkte beträgt bis zu 400 mg/kg. Eine weitere Verwendung dient der Farberhaltung bei der Herstellung von Gemüsekonserven und der Bleichung von Stockfisch, Fischfilets, Krabben, Walnüssen und Pilzen. Bei Fleischwaren kann durch SO_2 eine Farberhaltung erzielt werden; da hierdurch jedoch ein etwa eingetretener Verderb verdeckt werden kann, ist SO_2 für diesen Zweck in den meisten Ländern verboten.

In gesundheitlicher Hinsicht bestehen gegen schweflige Säure Bedenken, da hier im Hinblick auf die Anwendungsdosen die Sicherheitsspanne relativ gering ist. Außerdem zerstört schweflige Säure Vitamin B_1. Von der DFG (1961) werden Schwefeldioxid, schweflige Säure, Natriumsulfit, Natriumhydrogensulfit, Kaliumhydrogensulfit, Natriumdisulfit, Kaliumdisulfit als vorläufig duldbar anerkannt. Von der FAO/WHO (1962) wurden für schweflige Säure und ihre Salze als Tageshöchstmenge ohne Einschränkung 0,35 mg/kg Körpergewicht (26,25 mg für den Erwachsenen), berechnet als SO_2, bzw. bedingt 1,5 mg/kg (entsprechend 112,5 mg für den Erwachsenen) festgelegt.

Für die Verwendung von SO_2 in Trockenfrüchten bestehen in den verschiedenen Ländern unterschiedliche Regelungen. In einigen Ländern ist die Verwendung ohne Mengenbegrenzung gestattet, vorausgesetzt, daß keine gesundheitliche Gefährdung damit verbunden ist, andere Länder haben Höchstgrenzen festgesetzt, die sehr verschieden sind. Schweflige Säure und ihre eingangs erwähnten Salze gelten entsprechend den Richtlinien der Europäischen Wirtschaftsgemeinschaft im EWG-Raum als zulässige Konservierungsmittel. In Deutschland sind schweflige Säure und ihre Natrium- und Kaliumsalze (auch Disulfite) auf Grund der Fruchtbehandlungs-VO für Trockenobst und andere Obsterzeugnisse, ferner für Meerrettich und eingelegte Zwiebeln zugelassen. Die zulässigen Höchstmengen liegen zwischen 60 mg/kg (als Restmenge) und 2,5 g/kg, berechnet als SO_2. Bei der Verwendung für Wein gelten zur Zeit 200—300 mg/l gesamt-schweflige Säure — je nach dem Weincharakter — als zulässig. Der genehmigte Zusatz dient in einer Reihe von Fällen neben der Farbverbesserung bzw. Bleichung auch der Konservierung.

Nitrat und Nitrit

In Frage kommen Natriumnitrit $NaNO_2$, Kaliumnitrit KNO_2, Natriumnitrat (Natronsalpeter, Chilesalpeter) $NaNO_3$ und Kaliumnitrat (Kalisalpeter) KNO_3. — Natrium- und Kaliumnitrit sind kristalline, weiße bis schwach gelbliche, Natrium- und Kaliumnitrat kristalline, weiße bzw. farblose Substanzen; sämtliche Salze sind leicht löslich in Wasser. — Natrium- und Kaliumnitrat finden sich im Boden, in Wässern, reichlich auch in Pflanzen (z. B. Spinat 0,25—1 g/kg, Radieschen 3 g/kg).

Nitrite dienen der sog. „Umrötung“ von Fleischwaren bei der Pökelung, Rohwurst- und Brühwurstherstellung. Die farbverbessernde Wirkung beruht auf der Nitrosomyoglobin- bzw. Nitrosohämoglobinbildung mit dem Muskel- bzw. Blutfarbstoff. Neben der Farbverbesserung bewirkt das Nitrit aber auch günstige geschmackliche Veränderungen. Nitrate können in gleicher Weise nur wirksam werden, wenn sie zu Nitriten reduziert werden. Diese Reduktion erfolgt durch Mikroorganismen und geht im allgemeinen verhältnismäßig langsam vor sich. Diese Reserve an Pökelstoff verwertet man daher bei Fleisch in großen Stücken, bei denen der Nitritabbau unter Umständen schneller verläuft als die Diffusion. Die Anwendungskonzentrationen für die Umrötung betragen bei Pökelfleisch unter den heute allgemein üblichen Bedingungen der Spritzpökelung bei Verwendung von Nitritpökelsalz (0,5–0,6% $NaNO_2$) bis zu 200 mg/kg $NaNO_2$; bei zusätzlicher Verwendung von Salpeter kommen noch maximal 330 mg/kg KNO_3 (entsprechend 226 mg/kg $NaNO_2$ unter der Voraussetzung der quantitativen Reduktion und umgerechnet auf das Natriumsalz) hinzu. Bei Rohwürsten und Brühwürsten ergibt sich aus dem üblichen Zusatz von 15–25 g Nitritpökelsalz pro kg Wurstmasse eine Ausgangskonzentration von 90–150 mg/kg $NaNO_2$. Die Endkonzentration liegt je nach dem Nitritabbau oder der Zunahme der Salzkonzentration durch Austrocknung höher oder niedriger. In der Regel findet man jedoch im fertigen Erzeugnis bei Rohwürsten weniger als 150 und bei Brühwürsten weniger als 50 mg/kg $NaNO_2$.

Neben der farbverbessernden Wirkung zeigt Nitrit auch eine gewisse konservierende Wirkung, was seine Verwendung als Zusatz zu Fischeis bzw. die Verwendung von Nitrat für Anchosen oder zur Verhinderung der Spätblähung von Schnittkäse begründet. In den letzteren Fällen wird das zugesetzte Nitrat teilweise zu Nitrit reduziert. Anwendungskonzentrationen für Nitrat bei der Schnittkäseherstellung von 150–200 mg/l Milch, wovon jedoch die Hauptmenge mit der abfließenden Molke verlorengeht.

In gesundheitlicher Hinsicht bestehen gegen Nitrit Bedenken, weswegen es nur in bestimmten Lebensmitteln und unter strengen Vorschriften verwendet werden darf. Die Toxicität des Nitrits beruht auf der Methämoglobinbildung aus Hämoglobin, die des Nitrats ist auf die Bildung von Nitrit zurückzuführen. Für Natrium- und Kaliumnitrit wurden von der FAO/WHO (1962) ohne Einschränkung 0,4 mg/kg Körpergewicht (30 mg für den Erwachsenen) bzw. bedingt 0,8 mg/kg Körpergewicht (60 mg für den Erwachsenen) festgelegt. Die entsprechenden Werte für Kalium- und Natriumnitrat sind 5 mg/kg bzw. 10 mg/kg Körpergewicht (375 bzw. 750 mg/kg für den Erwachsenen). Die Höchstgrenzen schließen *natürlich* vorkommendes Nitrat und Nitrit nicht mit ein.

Die Verwendung von Nitrat und Nitrit zur Pökelung ist in zahlreichen Ländern zulässig. In Deutschland ist sie durch das Nitritgesetz und die Fleisch-VO geregelt. Die Verwendung von Nitrat für Käse ist nach der Käse-VO und für Anchosen nach der Allgemeinen Fremdstoff-VO gestattet. Außerdem ist Nitrat auf Grund der VO über diätetische Lebensmittel für diätetische Fleischerzeugnisse zugelassen. Entsprechend den Richtlinien der EWG ist die Verwendung von Natriumnitrit, Natriumnitrat und Kaliumnitrat im EWG-Raum zulässig.

Verbindungen mit aktivem Sauerstoff

Kaliumbromat $KBrO_3$ ist das verbreitetste Mehlverbesserungsmittel. Handelspräparate sind ,,Elco II" (85% Bromat, 15% $MgCO_3$), ,,Energo" (80% $KBrO_3$, 20% $MgCO_3$), ,,Kabromin", ,,Kadrei" (gleichfalls Gemische aus Bromat und Carbonat), ,,Glutabas" [10% $KBrO_3$, 20% $K_2S_2O_8$, 70% $Ca_3(PO_4)_2$], ,,Glutafos" und ,,Glutin" (Gemische aus Bromat, Persulfat, Carbonat). Neben der Bleichung bewirkt Kaliumbromat auch eine Verbesserung der Porenstruktur und eine Vergrößerung des Brotvolumens. Die mehlverbessernden Eigenschaften beruhen auf der Verminderung der Proteaseaktivität, teilweise auch auf Änderungen der physikalischen Eigenschaften des Klebereiweißes. Zusatz von Komplexbildnern wie ,,Versene" oder Phytat verstärken die rheologischen Wirkungen des Kaliumbromats beim Teig und gestatten außerdem eine Herabsetzung der notwendigen Bromatmenge. Anwendungskonzentrationen je nach Präparat 40–250 mg/kg Mehl. $KBrO_3$ vermindert den Thiamin- und Nicotinamidgehalt und geringfügig auch den Methioningehalt im Mehl.

Als zulässige Höchstkonzentration bei der Anwendung von Kaliumbromat wurden von der FAO/WHO (1964) 20 mg/kg Mehl, in Sonderfällen bis zu 75 mg/kg Mehl festgelegt. — In einigen Ländern ist $KBrO_3$ als Mehlbleichmittel zugelassen. In Deutschland ist es, wie alle Mehlbleichmittel, verboten.

Persulfate. In Frage kommen *Ammoniumpersulfat* $(NH_4)_2S_2O_8$ und *Kaliumpersulfat* $K_2S_2O_8$. Wirkungsmechanismus und Anwendung entsprechen denen des Kaliumbromats. Handelsprodukte sind z. B. ,,Chefaro" (75% Persulfat, 25% Kaliumphosphat), ,,Multaglut" (60% Ammoniumpersulfat, 40% Calciumphosphat), ,,Persulfin", ,,Porit", ferner Kombinationen mit Kaliumbromat wie dort erwähnt. Die Anwendungskonzentrationen liegen zwischen 10 und 200 mg/kg Mehl.

Persulfate werden für das Auftreten von allergischen Hautkrankheiten, dem sog. ,,Bäckerekzem", bei den beruflich damit Beschäftigten verantwortlich gemacht. — In den meisten Ländern werden Persulfate nicht mehr als Mehlbehandlungsmittel angewandt. In Deutschland sind sie nicht zugelassen.

Ozon wird gelegentlich als Mehlbleichmittel verwendet und ist teilweise – nicht in Deutschland – hierfür zugelassen. Der Schwerpunkt der Anwendung liegt jedoch in seiner konservierenden Wirkung, z. B. zur Konservierung von Milch, zur Verhinderung der Schimmelbildung an Kühlhauswänden, Lagerkisten und auf beschädigtem Obst (2 ml/m^3 Luft), zur Sterilisierung von Frucht- und Gemüsesäften und zur Entkeimung des Trinkwassers (10 mg/l).

Wasserstoffperoxid wird zur Bleichung von Getreide, Hülsenfrüchten und Fischen (z. B. Stockfisch) verwendet, daneben als Konservierungsmittel, besonders für Milch und Milcherzeugnisse in tropischen Gegenden (etwa 100 mg/l), ferner zur Stabilisierung von Bier (30 mg/l) und Rahm. Im Handel finden sich wasserstoffperoxidhaltige Präparate unter Namen wie ,,Perhydrol", ,,Lactoculmin", ,,Hyperol" u. a.

Benzoylperoxid (Dibenzoylperoxid) $C_6H_5-CO-O_2-CO-C_6H_5$ wird als Mehlbleichmittel verwendet; es dient zugleich zur Verbesserung der Backfähigkeit. Gebräuchliche Anwendungskonzentrationen sind 10–100 mg/kg Mehl. Benzoylperoxid dient auch zur Bleichung bei bestimmten Käsesorten (Zusatz 200 mg/l zur Käsereimilch).

Als zulässige Höchstkonzentration bei der Anwendung von Benzoylperoxid wurden von der FAO/WHO (1964) 40 mg/kg Mehl, in Sonderfällen bis zu 75 mg/kg Mehl festgelegt. — Die Anwendung als Mehlbehandlungsmittel oder als Bleichmittel bei bestimmten Käsesorten ist in einigen Ländern gestattet, in Deutschland verboten.

Verbindungen mit aktivem Chlor

Die Wirkung beruht auf der Oxydation vorhandener Farbstoffe und auf der Veränderung des Stärke- und Eiweißmoleküls. Teilweise wird diesen Stoffen neben ihrer bleichenden Wirkung auch eine mehlverbessernde Wirkung zugeschrieben. Folgende Stoffe haben Bedeutung als Bleichmittel.

Chlorgas Cl_2 („Golo-" oder „Betachlorverfahren") wird zur Bleichung von Mehl angewandt; daneben zeigt sich bei dieser Behandlung auch eine Verbesserung der Backfähigkeit. Die Anwendungskonzentrationen liegen zwischen 100 und 250 mg/kg Mehl. — Dieses Verfahren wurde in neuerer Zeit weitgehend durch eine Behandlung mit **Chlordioxid** ClO_2 abgelöst (100–200 mg/kg Mehl; sog. „Dioxverfahren"). — Die Behandlung von Mehlen mit **Stickstofftrichlorid** NCl_3 (sog. „Agene-Verfahren"), wobei die Anwendungskonzentration 15–40 mg/kg Mehl beträgt, wird in neuerer Zeit wegen gesundheitlicher Bedenken nicht mehr angewandt. — Die **Hypochlorite**, insbesondere Natriumhypochlorit NaOCl und Calciumhypochlorit $Ca(OCl)_2$ („Caporit") weisen eine starke Bleichwirkung auf. Anwendungsbeispiele sind die Bleichung von Walnüssen in der Schale, von Pilzen sowie tierischen Fetten und Ölen. Natriumhypochlorit bewirkt auch eine Verbesserung der Backfähigkeit von Mehl, die der des Kaliumbromats nahekommt. — **Nitrosylchlorid** NOCl wird (als Kombinationspartner mit Chlor in „Betachlor": 99,5% Cl_2 + 0,5% NOCl) ebenfalls als Mehlbleichungsmittel verwendet.

Der Tokopherolgehalt von Weizenkeimen wird durch Verbindungen mit aktivem Chlor weitgehend zerstört, so daß insbesondere bei Vitamin E-Mangel Schädigungen möglich sind. Ungesättigte Fettsäuren können oxydiert, Aminosäuren verändert werden. Stickstofftrichlorid reagiert mit Methionin unter Bildung von Methioninsulfoximin; diese Verbindung ist ein Antagonist des Methionins und verantwortlich für das Auftreten der sog. Hundehysterie; sie kann auch beim Menschen zu psychischen Störungen führen. Als zulässige Höchstkonzentration bei der Anwendung von Chlordioxid wurden von der FAO/WHO (1964) 30 mg/kg Mehl, in Sonderfällen bis zu 75 mg/kg Mehl festgelegt.

In Deutschland ist jede Mehlbleichung verboten, jedoch sind einzelne der genannten Chlorverbindungen noch in verschiedenen Ländern zugelassen.

Sonstige Farbverbesserungs- und Bleichmittel

Zu erwähnen sind *Natriumaluminat* (Erhaltung der grünen Farbe bei Gemüsekonserven durch teilweisen Ersatz des Mg in Chlorophyll durch Al, wodurch eine Stabilisierung erfolgt), *Kupferverbindungen* (Grünung von Gemüsekonserven durch Bildung eines stabilen Kupferkomplexes), *Cumarinderivate* (als Aufheller für Mehl und Zucker). Als Bleichmittel für Mehl und Mehlverbesserungsmittel dienen auch *Stickstoffoxide* NO, N_2O_4 („Instanto", „DOLLINGER-Verfahren", „Elektrobleichverfahren"), *Kaliumjodat* und *Natriumperpyrophosphat*. — Die Verwendung dieser Stoffe ist in Deutschland nicht gestattet.

Bibliographie

über Farbverbesserungs- und Bleichmittel

BROWN, W. D., and A. L. TAPPEL: Pigment-antioxidant relationships to meat-color stability. Proceedings of the Tenth Research Conference, S. 81—89. Hrsg. v. d. Amer. Meat Inst. Foundation, Chicago 1958.

Deutsche Forschungsgemeinschaft (DFG), Kommission zur Prüfung der Lebensmittelkonservierung: Mitteilung V (1961).
— — Mitteilung VI: Reinheitsanforderungen (1961).
— — Tätigkeitsbericht. Zit. in Z. Lebensmittel-Untersuch. u. -Forsch. **124**, 120—122 (1964).
— *Kommission zur Untersuchung des Bleichens von Lebensmitteln* (Bad Godesberg): Mitteilung 1 (1955), 2 (1957), 3 (1961), 4 (1961).
DIEMAIR, W.: Die schweflige Säure und ihre Funktion bei der Verarbeitung von Kartoffeln und Kartoffeltrockenprodukten. Schriftenreihe des Bundes für Lebensmittelrecht und Lebensmittelkunde, H. 43. Hamburg-Berlin-Düsseldorf: B. Behr's Verlag 1963.
GEHMAN, H., and E. M. OSMAN: The chemistry of the sugar-sulfite reaction and its relationship to food problems. In: Advanc. Food Res. **5**, 53—96 (1954).
Joint FAO/WHO Expert Committee on Food Additives: Evaluation of the toxicity of a number of antimicrobials and antioxidants. 6. Bericht. Genf 1962.
— Specifications for the identity and purity of food additives and their toxicological evaluation: Emulsifiers, stabilizers, bleaching and maturing agents. 7. Bericht. Genf 1964.
JØRGENSEN, H.: Studien über die Natur der Bromatwirkung. Leipzig: M. Schäfer 1945.
LANG, K.: Die physiologischen Wirkungen von schwefliger Säure. Schriftenreihe des Bundes für Lebensmittelrecht und Lebensmittelkunde, H. 31. Hamburg-Berlin-Düsseldorf: B. Behr's Verlag 1960.
NIINIVAARA, F. P.: Über den Einfluß von Bakterien-Reinkulturen auf die Reifung und Umrötung der Rohwurst. Hämeenlinna: Arvi A. Karisto Osakeyhtiön Kirjapaino 1955.
SCAKÁLY, M.: Bildung und Stabilität von Nitrosomyoglobin. [Holländisch] Diss. Utrecht 1963.
ÜHLEIN, E.: Optische Aufheller. Garmisch-Partenkirchen: Moser-Verlag 1957.
WEGNER, H.: Über die Verwendung der schwefligen Säure bei der gewerblichen Schälung von Kartoffeln. Schriftenreihe des Bundes für Lebensmittelrecht und Lebensmittelkunde, H. 47. Hamburg-Berlin-Düsseldorf: B. Behr's Verlag 1963.

Zeitschriftenliteratur

BUSHUK, W., and I. HLYNKA: The bromate reaction in dough. I. Kinetic studies. Cereal Chem. **37**, 141—150 (1960).
DIEMAIR, W.: Die schweflige Säure und ihre Funktion bei Trockenerzeugnissen. Z. analyt. Chem. **192**, 81—82 (1962).
—, u. H. KASTER: Untersuchungen an Obst- und Gemüsekonserven. III. Beitrag zur Kenntnis der Kupfergrünung. Z. Untersuch. Lebensmittel **82**, 417—430 (1941).
— J. KOCH u. D. HESS: Über den Einfluß der schwefligen Säure und L-Ascorbinsäure bei der Weinbereitung. Z. Lebensmittel-Untersuch. u. -Forsch. **113**, 277—289, 381—387 (1960); **114**, 26—38 (1961).
DOTY, J. M., and R. C. SHERWOOD: Experiments with ammonium persulfate as a flour maturing agent. Cereal Chem. **27**, 409—414 (1950).
FAULKNER, M. B., B. M. WATTS and H. J. HUMM: Enzymatic darkening of shrimp. Food Res. **19**, 302—310 (1954).
FEUERSENGER, M.: Über die Behandlung von Walnüssen in der Schale mit Natriumhypochloritlösung. Dtsch. Lebensmittel-Rdsch. **58**, 69—71 (1962).
FRAZER, A. C., J. R. HICKMAN, H. G. SAMMONS and M. SHARRAT: Studies on the effects of treatment with chlorine dioxide on the properties of wheat flour. J. Sci. Food Agric. **7**, 371—375, 375—380 und 464—469 (1956).
GILLES, K. A., C. A. ANKER, D. H. WHEELER and J. S. ANDREWS: Some observations on the constitution of wheat flour lipids isolated from unbleached and chlorine dioxide-treated flours. Cereal Chem. **35**, 374—379 (1958).
GOODING, E. G. B., R. B. DUCKWORTH and J. M. HARRIES: The effect of postharvest storage conditions of raw potatoes on the storage life (at tropical temperatures) of their dehydrated products. J. Sci. Food Agric. **7**, 444—456 (1956).
HARREL, C. G.: Maturing and bleaching agents used in producing flour. Industr. Engin. Chem. **44**, 95—100 (1952).
KIELHÖFER, E.: Neue Erkenntnisse über die schweflige Säure und ihren Ersatz durch Ascorbinsäure. Dtsch. Wein-Ztg. **96**, (Wein u. Rebe **42**) 14—24 (1960).
KOTTER, L., O. PRÄNDL, B. ROLLE u. G. TERPLAN: Zur Verwendung von Nitritpökelsalz und Salpeter bei der Fleischverarbeitung. Ist eine Änderung des Nitritgesetzes notwendig? Arch. Lebensmittelhyg. **9**, 217—227 (1958).
KROL, B., u. P. C. MOERMAN: Der Einfluß von Sulfit auf Farbe und Qualitätserhaltung von Hackfleisch. [Holländisch] Conserva **8**, 1—11 (1959/60).
LEE, C. C., and D. G. SMALL: Studies with radioactive tracers. V. The reduction of ^{35}S-labeled persulfate to sulfate in flour and dough systems. Cereal Chem. **37**, 280—288 (1960).

MAASS, H.: Über die Verbesserung der natürlichen Farbe von Fleisch und Fleischerzeugnissen durch Zusatz von Nitrit, Salpeter und Ascorbinsäure. Dtsch. Lebensmittel-Rdsch. **51**, 149—151 (1955).

MEREDITH, P., H. G. SAMMONS and A. C. FRAZER: Studies on the effect of treatment with chlorine dioxide on the properties of wheat flour. I. The chemical composition of protein of treated flours. J. Sci. Food Agric. **7**, 361—370 (1956).

MÖHLER, K., u. K. RAIBLE: Ascorbinsäure als Zusatz zu Fleischerzeugnissen. II. Dtsch. Lebensmittel-Rdsch. **55**, 3—9 (1959).

ROHRLICH, M., u. G. BRÜCKNER: Die chemische Mehlbehandlung. Z. Lebensmittel-Untersuch. u. -Forsch. **94**, 324—356 (1952).

SCHORMÜLLER, J., I. STÖRIG u. L. LEICHTER: Über das Verhalten einiger Aminosäuren des Kleberproteins bei der chemischen Mehlbehandlung. Z. Lebensmittel-Untersuch. u. -Forsch. **96**, 1—24 (1953).

SERGER, H.: Die Kupfergrünung bei industriellen Gemüsekonserven und ihr Nachweis. Chemiker-Ztg. **77**, 35—38 (1953).

YSTGAARD, P. M.: Wasserzusatz zur Molke und Verwendung von Natriumnitrat als Hilfsmittel zur Käsebereitung. Nord. Mejeri-Tidsskr. **27**, H. 3, 45—51 (1961).

Vgl. auch die auf S. 1065 zitierten Abhandlungen über Fremdstoffe!

II. Stoffe mit physikalischer Wirkung

Diese Gruppe von Zusatzstoffen umfaßt Verbindungen, die nicht eine chemische Wirkung auf das Lebensmittel bzw. seine Bestandteile ausüben, sondern in erster Linie das physikalische Bild des Lebensmittels beeinflussen, indem sie eine bestimmte Struktur erhalten oder eine solche herbeiführen und damit zu Lebensmitteln von erwünschter Beschaffenheit führen. Hierher gehören in erster Linie alle Dickungs- und Geliermittel, ohne die viele Lebensmittel nicht denkbar wären. In vielen Fällen handelt es sich um Stoffe, die selbst Lebensmittel oder Lebensmittelbestandteile sind (z. B. Stärke, Eiweiß, Gelatine). Diese Stoffe werden häufig als Zusatzstoffe verwendet (z. B. Stärke zum Verdicken von Soßen, Gelatine als Überzug für Fleischwaren, Eiweiß zum Schönen von Wein u. dgl.). – An zweiter Stelle stehen die grenzflächenaktiven Stoffe (Emulgatoren und Stabilisatoren), die infolge ihrer heterophilen Gruppen im Molekül die Möglichkeit einer intensiven Vermischung verschiedener physikalischer Phasen und damit verschiedener Lebensmittelbestandteile bieten oder das Entmischen von Natur aus vorliegender Gemische (Emulsionen, Suspensionen) verhindern. – Im weiteren Sinn gehören zu den Stoffen mit physikalischer Wirkung auch die weichhaltenden, schaumbildenden und schaumverhindernden Stoffe sowie die Festigungs- und Schönungsmittel. – Schließlich sind die Feuchthalte- und Überzugsmittel zu erwähnen, die eine gegebene Struktur oder Qualität eines Lebensmittels dadurch erhalten, daß sie äußere Einflüsse wie Wasserverlust, Mikrobenbefall, Sauerstoffeinwirkung abhalten.

Auch die *Backtriebmittel* und *Farbstoffe* sind Zusatzstoffe, die einen Einfluß auf die physikalische Struktur bzw. Beschaffenheit der Lebensmittel ausüben. Da diese beiden Stoffgruppen jedoch an anderer Stelle (S. 1061 und 1134) behandelt sind, werden sie hier nicht berücksichtigt.

Zweifellos sind die Stoffe dieser Gruppe hinsichtlich ihres Wirkungsmechanismus und ihres physiologischen Verhaltens nicht so eingehend untersucht, wie die chemisch wirkenden Stoffe. Teilweise liegt dies daran, daß viele dieser Stoffe selbst Lebensmittelbestandteile sind und daher zu gesundheitlichen Bedenken weniger Anlaß gaben. Außerdem handelt es sich überwiegend um indifferente Stoffe, also Stoffe, die weder Mikroorganismen hemmen noch Lebensmittelbestandteile verändern und auch das Stoffwechselgeschehen im Organismus im allgemeinen weniger beeinflussen, so daß auch in dieser Hinsicht eine größere Unbedenklichkeit vermutet werden kann als bei chemisch wirkenden Stoffen. Andererseits spricht aber die Tatsache, daß die Anwendungsdosen dieser Stoffe häufig die der chemisch wirkenden Stoffe bei weitem überschreiten, daß ferner viele dieser Stoffe infolge ihrer oberflächenaktiven Wirkungen Resorptionsverhältnisse im menschlichen Organismus beeinflussen und infolge ihrer „Vehikelwirkung" unter Umständen auf toxische Stoffe potenzierend wirken können, dafür, daß auch diesen Verbindungen sowohl in gesundheitlicher Hinsicht wie auch bezüglich ihres Wirkungsmechanismus in Zukunft größere Beachtung geschenkt werden sollte.

Die Stoffe dieser Gruppe sind im folgenden ihrer Wirkung nach in Dickungs- und Geliermittel, grenzflächenaktive Stoffe, Überzugsmittel und sonstige Stoffe mit physikalischer Wirkung eingeteilt. Die Einordnung richtet sich nach den typischen Merkmalen, wobei die Grenzen nicht immer scharf sind. Viele Stoffe können in verschiedener Weise wirken und daher auch für verschiedene Verwendungszwecke dienen. Die Hauptvertreter mit relativ spezifischer Wirkung charakterisieren aber die einzelnen Hauptgruppen und lassen ihre typischen Eigenschaften hervortreten.

Über eine Reihe physikalisch wirkender Stoffe liegen Verlautbarungen der Deutschen Forschungsgemeinschaft (DFG), Kommission zur Prüfung der Lebensmittelkonservierung (Mitteilung V, 1961) und Fremdstoff-Kommission (Mitteilung I, 1964), des Food Protection Committee der National Academy of Sciences (1956), des Food Standards Committee (London) (Report on emulsifying and stabilising agents, 1956) vor. Von letzterem werden 4 Klassen unterschieden: *Klasse A:* Stoffe, deren Verwendung in Lebensmitteln in den üblichen Mengen auf Grund der vorliegenden biologischen Daten als harmlos angesehen wird; *Klasse* B_{I}*:* Stoffe, die auf Grund ihrer Zusammensetzung harmlos sein dürften, bei denen aber noch keine genügenden biologischen Daten vorliegen; *Klasse* B_{II}*:* Stoffe, die entweder wegen ungünstiger bzw. nicht ausreichender biologischer Daten oder wegen ihrer nicht genügend bekannten Zusammensetzung vorläufig als verdächtig anzusehen sind; *Klasse C:* Stoffe, die auf Grund der biologischen Daten oder der chemischen Zusammensetzung als bedenklich angesehen werden. — Im Jahre 1964 hat ferner das Joint FAO/WHO Expert Committee on Food Additives Reinheitsanforderungen, Identifikationen sowie toxikologische Beurteilungen für Dickungs- und Geliermittel, Emulgatoren und Stabilisatoren herausgegeben. Hinweise auf die wichtigsten Festlegungen der angeführten Gremien sind bei den einzelnen Stoffen gegeben.

1. Dickungs- und Geliermittel

Die Substanzen dieser Gruppe sind dadurch gekennzeichnet, daß sie entweder mit Wasser hochviscose Lösungen liefern (Dickungsmittel) oder auf Grund ihrer gelbildenden Eigenschaften mehr oder weniger steife Gallerten (Gele) ergeben (Geliermittel). Beide Eigenschaften können zusammentreffen. Einflüsse auf die Oberflächenspannung treten demgegenüber – soweit überhaupt vorhanden – in den Hintergrund. Die auf dem Lebensmittelsektor angewandten Dickungs- und Geliermittel sind ausnahmslos natürlich vorkommende Substanzen oder deren Derivate.

Gelatine

$$\text{—CO—NH—}\underset{\displaystyle R}{\underset{|}{\text{CH}}}\text{—CO—NH—}\underset{\displaystyle R}{\underset{|}{\text{CH}}}\text{—CO—NH—}\underset{\displaystyle R}{\underset{|}{\text{CH}}}\text{—}$$

Gelatine (schematisierte Formel)

R = Glycin-, Prolin-, Hydroxyprolin-, Glutaminsäure-, Alanin-Reste (als Hauptbestandteile).

Gelatine ist ein lineares Polypeptid mit Molekulargewichten von 10000—200000. Sie bildet eine geschmacklose und geruchlose, farblose Masse (Blatt-, Tafel-, Würfel-, Pulvergelatine) und ist bei 40—50° C nach anfänglicher Quellung wasserlöslich unter Bildung einer viscosen Flüssigkeit. Beim Abkühlen erstarrt die Lösung (gute Gelatine schon in 1%iger Lösung) zu einer Gallerte. Bei gleicher Konzentration ist die Viscosität von Gelatinelösungen geringer als die der Lösungen von Traganth, Agar, Alginaten oder Celluloseäthern. Bei Konzentrationserhöhung steigt die Viscosität unverhältnismäßig stark an. Gelatine ist unlöslich in Äthanol und Äther. Zur Konservierung darf sie in Deutschland geringe Mengen an schwefliger Säure enthalten. — Die Herstellung erfolgt aus Knochen und aus Häuten.

Gelatine dient in der Lebensmittelindustrie als Binde-, Emulgier-, Dickungs- und Gelatinierungsmittel; in der Fleischwarenindustrie zur Herstellung von Sülze, Gelees, Dosenschinken, ferner für Mayonnaise u. dgl.; in der Fischindustrie zur Herstellung von Hering in Gelee, Krabben in Aspik usw.; in der Süßwarenindustrie zur Herstellung von Puddings, Götterspeise, Speiseeis, Geleefrüchten. Ferner für Kaugummi und als Klärmittel für Wein. Anwendungskonzentrationen 10–60 g/kg, bei Wein 0,1–0,2 g/l.

Der Verwendung von Gelatine in Lebensmitteln stehen aus gesundheitlichen Gründen keine Schwierigkeiten entgegen. Von der DFG (1964a) wird „Speisegelatine" auf Grund allgemeiner Erfahrung als unbedenklich angesehen.

In Deutschland ist Gelatine als Nichtfremdstoff nicht zulassungspflichtig. Auch in den meisten anderen Ländern ist Gelatine entweder nicht zulassungspflichtig oder zugelassen.

Stärke und Stärkederivate

Strukturformeln für die Hauptbestandteile Amylose und Amylopektin vgl. Beitrag „Kohlenhydrate" Bd. I (S. 447).

Stärke ist ein weißes bis schwach gelbliches Pulver, unlöslich in kaltem Wasser, Äthanol und Äther. Mit heißem Wasser bildet sie zähflüssige, hochviscose Lösungen, die beim Erkalten gelatinös erstarren. — Bei der Herstellung und Bearbeitung der Stärke erfolgt ein mehr oder weniger starker Abbau der Makromoleküle. Aus Stärke werden außerdem verschiedene Derivate hergestellt wie phosphorylierte Stärke, alkylierte Stärke (z. B. Hydroxypropylstärke), acetylierte Stärke, oxydierte Stärke, Stärkeglykolat, Quellstärke, Dextrine. Diese Derivate weisen zum Teil günstigere technische Eigenschaften auf als die Stärke selbst.

Stärke und Stärkederivate werden in der Lebensmittelindustrie in großem Umfang als Dickungs-, Gelier- und Emulgiermittel verwendet, z. B. zum Verdicken von Suppen und Soßen; als Emulgator für Mayonnaise; als Bindemittel für Fleischwaren; als Trennmittel für Backpulver.

Außerhalb der Lebensmittelindustrie wird Stärke insbesondere auch in der Textil-, Papier- und Klebstoffindustrie gebraucht.

In gesundheitlicher Hinsicht sind Stärke und Stärkederivate als verdauliche Kohlenhydrate unbedenklich. Von der DFG (1964a) wird Stärke auf Grund allgemeiner Erfahrung als unbedenklich angesehen; bestimmte modifizierte Stärken und Röstdextrine werden ebenfalls als duldbar bezeichnet.

Die Verwendung von Stärke, auch modifizierter Stärken (z. B. Quellstärke), als Dickungsmittel und strukturverbesserndes Mittel in Lebensmitteln ist in den meisten Ländern zugelassen oder nicht zulassungspflichtig.

Celluloseäther

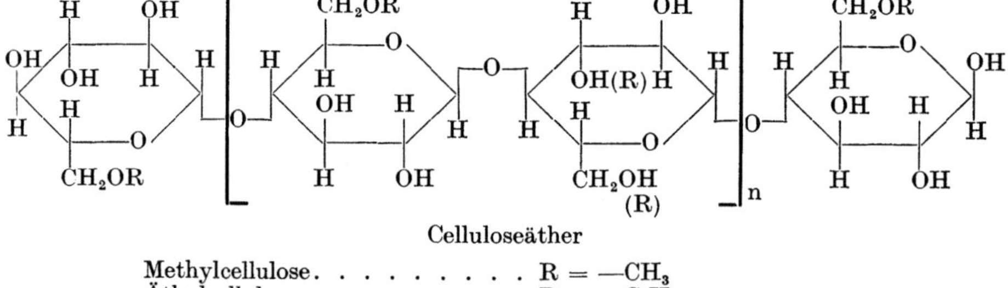

Celluloseäther

Methylcellulose	R = $-CH_3$
Äthylcellulose	R = $-C_2H_5$
Methyl-hydroxyäthylcellulose . .	R = $-CH_3$; $-C_2H_4OH$
Methyl-hydroxypropylcellulose . .	R = $-CH_3$; $-CH_2-CHOH-CH_3$
Äthyl-hydroxyäthylcellulose . . .	R = $-C_2H_5$; $-C_2H_4OH$
Na-Carboxymethylcellulose . . .	R = $-CH_2-COONa$.

Die Verätherung der Cellulose erfolgt primär an der OH-Gruppe des C-6, in geringerem Ausmaß auch an den Kohlenstoffen C-2 und C-3. Die Celluloseäther sind weiße oder gelbliche, grießförmige, flockige oder pulverförmige Substanzen. Sie können in ihrem durchschnittlichen Substitutionsgrad (DS = durchschnittliche Anzahl verätherter OH-Gruppen je Glucosemolekül) und ihrem durchschnittlichen Polymerisationsgrad (DP = durchschnittliche Anzahl Glucosemoleküle in der Molekülkette) stark variieren. Diese Unterschiede bedingen auch die wechselnden Eigenschaften der verschiedenen Celluloseäther. Bei den für Lebensmittelzwecke in Frage kommenden Celluloseäthern bewegt sich DP zwischen 220 und 1050 Glucose-Einheiten, entsprechend einem mittleren Molekulargewicht von 40000—245000. Der DS der Alkylcellulosen liegt zwischen 1,4 und 2,0, der der Na-Carboxymethylcellulosen zwischen 0,6 und 1,0 (theoretisch-maximaler Substitutionsgrad = 3). Die Viscositäten 2%iger wäßriger Lösungen bewegen sich zwischen 20 und 40000 cP. Mit Wasser entstehen in relativ niederen Konzentrationen haltbare hochviscose Lösungen. Beim Erhitzen erleiden Alkylcelluloselösungen reversible Coagulation, während Na-Carboxymethylcellulosen auch in der Hitze gelöst bleiben. Die Löslichkeit der Celluloseäther in Wasser steigt mit zunehmendem Substitutionsgrad an (Spaltung der Wasserstoffbrückenbindungen!); jedoch werden hochverätherte Alkylcellulosen wieder wasserunlöslich, während auch höchstverätherte Na-Carboxymethylcellulosen wasserlöslich bleiben. Die Anwesenheit hydrophiler Gruppen verbessert die Wasserlöslichkeit. In organischen Lösungsmitteln sind die in der Lebensmittelindustrie verwendeten Celluloseäther unlöslich. Durch Enzyme (Cellulasen) wird die Cellulosekette gespalten, ebenso durch starke Säuren und durch Oxydationsmittel im alkalischen Milieu.

Zur Herstellung der Cellulosealkyläther wird Cellulose mit Alkylchlorid veräthert; Na-Carboxymethylcellulose wird durch Umsetzung von Alkalicellulose mit chloressigsaurem Natrium gewonnen. — Celluloseäther kommen unter den Bezeichnungen „Methocel“, „Tylose“, „Äthoxose“, „Fondin“, „Relatin“, „Adulsion“, „Cellofas“, „Culminal“, „Modocoll“, „AKU-CMC“ u. a. in den Handel.

Auf dem Lebensmittelsektor werden die Celluloseäther als Dickungsmittel, Emulgatoren und Stabilisatoren angewandt. Je nach dem Verwendungszweck liegt die Anwendungskonzentration zwischen 1 und 15 g/kg. Insbesondere eignen sie sich zur Herstellung von Speiseeis, Salattunken, Soßen, Fischpasteten, Fischkonserven, Aromen und Essenzen, Baisers. Ferner dienen sie zur Verzögerung des Auskristallisierens von Zucker in Zuckerwaren, zur Verhinderung des Absetzens von Trinkschokolade, zur Erleichterung der Teigbereitung bei Fertigkuchenmehlen, als Klärmittel für trübe Lösungen und als Schönungsmittel für Wein.

Des weiteren werden Celluloseäther auch für Waschmittel, in der Textilindustrie, Papierindustrie, Kosmetik und Pharmazie in großem Umfang verwendet.

Die physiologische Prüfung der Celluloseäther an Mensch und Tier ergab deren Unbedenklichkeit. Celluloseäther werden vom menschlichen Organismus aus dem Magen-Darm-Kanal praktisch nicht resorbiert. Das Food Standards Committee, London (1956), empfiehlt die Zulassung von Methyl-, Methyl-äthyl- und Na-Carboxymethylcellulose ohne Mengenbegrenzung; die drei Verbindungen wurden von diesem Komitee in Klasse A (vgl. S. 1184) eingereiht. Von der FAO/WHO (1964) wurden für Methylcellulosen und Na-Carboxymethylcellulosen als Tageshöchstmengen ohne Einschränkung 30 mg/kg Körpergewicht (2,25 g für den Erwachsenen) festgelegt.

In einer Reihe von Ländern sind Methylcellulosen und Na-Carboxymethylcellulose als Dickungsmittel und Emulgatoren für Lebensmittel zugelassen. In Deutschland dürfen Äthyl- und Methylcellulose sowie Carboxymethylcellulose und deren Natrium-, Kalium-, Calcium- und Magnesiumsalze derzeit nur für Tabakwaren verwendet werden.

Pektine

Beispiel:

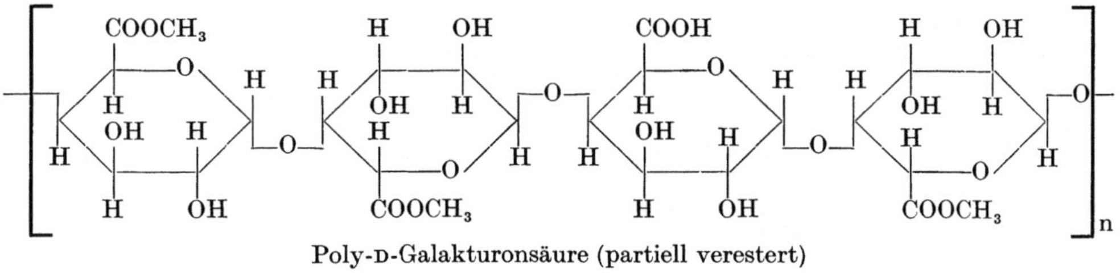

Poly-D-Galakturonsäure (partiell verestert)

Pektine sind aufgebaut aus D-Galakturonsäuren, die α-1.4-glykosidisch zu Fadenmolekülen verknüpft sind. Die —COOH-Gruppen sind partiell mit Methanol verestert. Sind mehr als 50% der —COOH-Gruppen verestert, so spricht man von *hochveresterten Pektinen*, sind weniger als 50% verestert, von *niederveresterten Pektinen* (die Werte der Praxis sind für hochveresterte Pektine 55—74, für niederveresterte Pektine etwa 15—44%). Als Begleitstoffe finden sich im Molekül noch Arabane und Galaktane, mit denen die Galakturonsäuren möglicherweise durch Ätherbindung verknüpft sind. Bei manchen Pektinsorten (Zuckerrübe, Flachs, Tabak) sind die Hydroxylgruppen außerdem noch partiell mit Essigsäure verestert. Die Molekulargewichte handelsüblicher Pektine liegen zwischen etwa 10000 und 300000. Die Löslichkeit der Pektine in Wasser nimmt mit steigendem Veresterungsgrad und abnehmender Kettenlänge zu. Das Gelbildungsvermögen der hochveresterten Pektine beruht auf der Eigenschaft der Fadenmoleküle, in Gegenwart von Wasser, Zucker und Säure sich zu dreidimensionalen Nebenvalenzgelen zusammenzulegen. Niederveresterte Pektine bilden überwiegend Hauptvalenzgele in Gegenwart mehrwertiger Metallionen.

Pektine kommen ubiquitär im Pflanzengewebe vor und zwar vorwiegend in unlöslicher Form als sog. Protopektin. Besonders reichlich finden sie sich in den Schalen von Citrusfrüchten, Zuckerrüben, Sonnenblumen-Fruchtständen und im Apfeltrester. Citruspektin ist fast reine (veresterte) Polygalakturonsäure. Sonstige Obstpektine bestehen zu etwa 95%, Rübenpektin zu etwa 85% aus veresterter Polygalakturonsäure. — Die technische Gewinnung der Pektine erfolgt hauptsächlich aus Apfeltrester oder Citrusschalen, wobei der erzielte Veresterungsgrad vom Rohmaterial und den angewandten Bedingungen abhängt, insbesondere von der Zeitdauer der Extraktion und der Konzentration der angewandten Säure. Niederveresterte Pektine lassen sich aus hochveresterten durch saure, alkalische oder enzymatische Verseifung herstellen. — Im Handel finden sich verschiedene Pektinpräparate in flüssigem (gelöstem) oder festem Zustand, z. B. „Pomosin“, „Opekta“, „Unipektin“ und „Genu Pektin“.

Pektine finden in der Lebensmittelindustrie Verwendung als Geliermittel, Emulgatoren und Stabilisatoren. *Hochveresterte Pektine* dienen zur Herstellung von Obstkonfitüren, Marmeladen und Gelees. Der günstigste Gelierbereich für raschgelierende Pektine liegt bei pH 3,0–3,4, für langsam gelierende Pektine bei pH 2,8–3,2. Ferner werden hochveresterte Pektine zur Trubstabilisierung von Fruchtsäften und zur Herstellung von Emulsionen, Gußmassen, Schaummassen, Speiseeis, Fruchtpasten, Fischkonserven, Soßen, Mayonnaisen, Käsecremes, Kakaogetränken empfohlen. Sie dienen auch zur Erzeugung von Geleeüberzügen auf Obsttorten und als feuchthaltende Zusätze zu Dauerbackwaren. Anwendungskonzentrationen für hochveresterte Pektine 1–5 g/kg.

Niederveresterte Pektine und *Pektinsäure* werden zur Herstellung zuckerarmer oder zuckerfreier Gele (Gemüsegelees, Pastetenfüllungen u. dgl.), zur Herstellung von Milchpuddings, Fischwaren in Gelee, Fleischwaren in Aspik, ferner bei der Gefrierlagerung von Erdbeeren (zur Verbesserung der Farberhaltung) und als Überzugsmittel für kandierte Früchte verwendet. Bei der Herstellung von Marmeladen kann man mit niederveresterten Pektinen ($< 7\%$ $-OCH_3$) in Gegenwart von Säuren und Elektrolyten schon ohne Zucker Gelbildung erreichen, während die hochveresterten Pektine über 50% Zucker benötigen. Daher sollen sich mit den niederveresterten Pektinen Marmeladen von besserer Farbqualität, erhöhter Geschmeidigkeit und reinerem Aroma herstellen lassen als mit hochveresterten.

Auch in der pharmazeutischen und kosmetischen Industrie werden Pektine als Schutzkolloide, Emulgatoren, Gelier- und Dickungsmittel, ferner als Heilmittel bei Verdauungsstörungen und als Blutstillungsmittel häufig verwendet.

In gesundheitlicher Hinsicht stellen die Pektine als in eßbaren Früchten natürlich vorkommende Substanzen keine Probleme. Im Organismus werden sie im Colon zu etwa 90% aufgespalten und verdaut. Ein negativer Einfluß auf die Verdauung und Resorption anderer Nährstoffe konnte nicht festgestellt werden. Von der DFG (1964a) werden Obstpektine (hoch- und niederverestert) auf Grund allgemeiner Erfahrung als unbedenklich angesehen.

Pektine sind als natürliche Stoffe in vielen Ländern als Zusatz zu Lebensmitteln zugelassen oder nicht zulassungspflichtig. In Deutschland sind Obstpektine und Pektinsäure auf Grund der Allgemeinen Fremdstoff-VO und der VO über diätetische Lebensmittel ohne Mengenbegrenzung zugelassen. Zur Marmeladeherstellung ist laut VO über Obsterzeugnisse Pektin in einer Menge von 3 bis 5 g/kg erlaubt.

Alginsäure und Alginsäurederivate

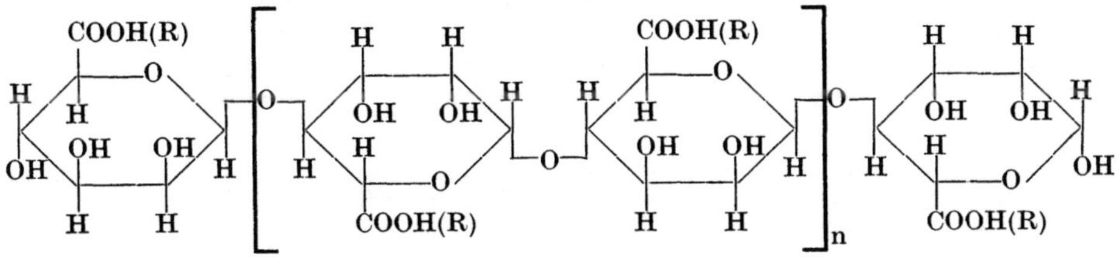

Poly-D-Mannuronsäure
(Hauptbestandteil der Alginsäure)

Alginsäure ist ein kettenförmiges Polysaccharid, aufgebaut aus D-Mannuronsäure und L-Guluronsäure, die 1.4-β-glykosidisch miteinander verknüpft sind. Der Polymerisationsgrad schwankt in weiten Grenzen und kann bei der Herstellung variiert werden. Das Maximum liegt bei etwa 1000. Auch das Verhältnis von Mannuronsäure zu Guluronsäure ist bei den einzelnen Produkten sehr unterschiedlich. Vermutlich sind im Molekül auch noch Zucker wie Glucose und Xylose eingebaut. Die Molekulargewichte der Handelsprodukte liegen zwischen 20000 und 240000; native Alginate weisen noch höhere Molekulargewichte auf.

Alginsäure, ein weißes bis gelblichweißes faseriges Pulver, ist unlöslich in Wasser, absorbiert jedoch große Mengen von Wasser unter Quellung. Die Alkali-, Ammonium- und Magnesiumsalze sind wasserlöslich. Die Löslichkeit nimmt mit zunehmendem Polymerisationsgrad ab. Die Salze mehrwertiger Kationen (außer Magnesium) sind unlöslich in Wasser. 2%ige Lösungen der im Lebensmittelsektor verwendeten Alginate weisen bei 20° C eine Viscosität von 170—14000 cP auf. Das Viscositätsoptimum liegt bei pH 4, die Viscosität fällt langsam mit steigender Temperatur. Auch vom Molekulargewicht und dem Elektrolytgehalt wird die Viscosität beeinflußt. Die wasserlöslichen Alginate bilden im Gegensatz zu Agar, Gelatine und Pektin keine schnittfesten Gallerten, sondern Pasten. Gallerten lassen sich nur durch Ausfällung mit Säuren oder Calciumsalzen herstellen. Alginatgele sind unempfindlich gegen Hitze. Im alkalischen Medium und durch Oxydationsmittel erfolgt ein Abbau der Fadenmoleküle. Alginasen lösen die glykosidische Bindung. Organische Lösungsmittel und bestimmte Elektrolyte coagulieren Alginatlösungen.

Alginsäure ist ein Zellwandbestandteil der Braunalgen (*Laminaria-*, *Fucus-*, *Macrocystis-* und *Sargassum*-Arten). Sie liegt dort hauptsächlich in Form ihres Calciumsalzes vor. Der Gehalt an Alginsäure in diesen Algen liegt zwischen 12 und 35%, berechnet auf Trockensubstanz. Die technische Gewinnung erfolgt hauptsächlich aus *Laminaria digitata* und *Laminaria cloustonii* durch Extraktion mit Alkalien (Sodalösung) und Ausfällung der Alginsäure mit Säure. — Natriumalginat ist ein weißes, gelbliches oder graustichiges Pulver ohne Geruch und Geschmack. — Im Handel findet man Alginatprodukte unter den Bezeichnungen „Protanal", „Algipon", „Cohäsal", „Manucol", „Alginade", „Kelgin", „Kelcosol", „Kelcoloid" u. a.

Propylenglykolalginat (bis zu 85% der —COOH-Gruppen mit Propylenglykol verestert) ist im Gegensatz zu Natriumalginat gegen Säuren und Salze mehrwertiger Kationen beständig.

Alginsäure und ihre Derivate wirken gleichzeitig als Dickungsmittel, Emulgatoren und Gelatinierungsmittel. Durch Zugabe von Calcium-Ionen wird die Viscosität von Alginatlösungen erhöht; bei weiterem Zusatz erfolgt Gelbildung. Wegen ihrer Säureempfindlichkeit sind Alginate im sauren Medium weniger geeignet. Hier läßt sich mit Vorteil der Propylenglykolester verwenden. Dem Alginat wird auch eine antioxydative Wirkung zugeschrieben, z. B. gegen die Fettautoxydation in Speiseeispulver und gegen den oxydativen Abbau von Vitamin C.

In der Lebensmittelindustrie dienen Alginsäure bzw. ihre Derivate in Form umhüllender Überzüge zur Haltbarmachung von Fleischwaren, Käse, Früchten und zur Herstellung künstlicher Wursthüllen. In Form des „Protan-Frostgelverfahrens" gebraucht man sie zum Tiefgefrieren von Fischen und Fischfilets, wobei das Alginat-Gel das Ranzigwerden und Austrocknen bei der Gefrierlagerung verhindert. Ferner werden Alginate als Emulgatoren und Stabilisatoren für Kakaogetränke, Speiseeis, Weichkäse sowie Käsezubereitungen, Margarine, Eierschäume, Eiercremes, Fruchtschaummassen, Salatsoßen und Mayonnaisen verwendet. Außerdem dienen sie zur Herstellung von Fruchtgelees, Puddings, plastischem

Konfekt und Fruchtimitationen, als Klär- und Schönungsmittel für Weine und Zuckersäfte, zur Verbesserung der Schaumfähigkeit von Bier (50–75 mg/l), zur Stabilisierung von Fruchtsäften (Verhinderung des Absetzens), als zuckerunabhängiges Geliermittel für Marmeladen (hierbei können jedoch geschmackliche Nachteile gegenüber Pektin auftreten). Anwendungskonzentrationen von 1 bis 10 g/kg.

Alginate haben auch in der pharmazeutischen und kosmetischen Industrie als Füll- und Trägermittel sowie in der Landwirtschaft als Bodendurchlüftungsmittel und als Zusatz zu Pflanzenschutzmitteln (zur Erhöhung der Stabilität) Bedeutung.

In gesundheitlicher Hinsicht können Alginsäure und ihre Derivate als harmlos angesehen werden. Bei den Anwendungskonzentrationen dürfte Alginsäure praktisch unverdaulich sein.— Auch Propylenglykolalginat zeigte bei der bisherigen toxikologischen Prüfung günstige Befunde. Es wurde von dem Food Standards Committee, London (1956), in Klasse B_I (vgl. S. 1184) eingereiht. Von der DFG (1964a) werden Alginsäure und ihre Natrium- und Calciumverbindungen als duldbar angesehen. Von der FAO/WHO (1964) wurden für Alginsäure und Alginate als Tageshöchstmenge ohne Einschränkung 50 mg/kg Körpergewicht (3,75 g für den Erwachsenen) festgelegt.

In Deutschland sind Alginsäure sowie deren Natrium- und Calciumsalze auf Grund der Allgemeinen Fremdstoff-VO und der VO über diätetische Lebensmittel als Dickungsmittel und Emulgatoren ohne Mengenbeschränkung zugelassen, während für Propylenglykolalginat keine Zulassung besteht. In anderen Ländern sind Alginsäure und Alginate entweder nicht zulassungspflichtig oder ebenfalls zugelassen. In den USA ist neben der Verwendung von Alginaten auch die von Propylenglykolalginat gestattet.

Johannisbrotkernmehl (Carubin)

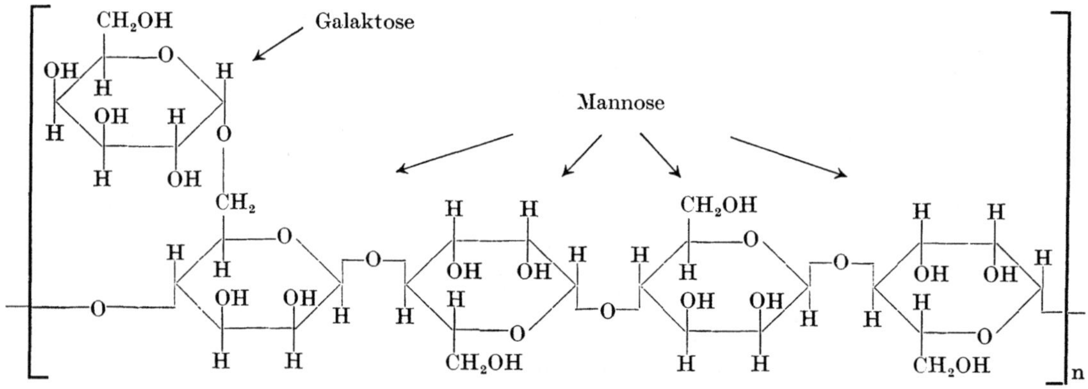

Carubin

Johannisbrotkernmehl (Carubin, auch unter den Namen „Karobengummi", „Karoben", "Locust bean gum", "Carob bean gum" bekannt) besteht zu etwa 83% aus Galaktomannan; letzteres enthält 16—20% D-Galaktose und 80—84% D-Mannose. Außerdem finden sich im Johannisbrotkernmehl noch etwa 6% Proteine und 2% Asche. Die Mannosemoleküle sind in 1.4-β-glykosidischer Bindung kettenförmig miteinander verknüpft. Etwa an jedes vierte Mannosemolekül ist am C-6 Galaktose gebunden. Das mittlere Molekulargewicht liegt über 200000.

Johannisbrotkernmehl findet sich im Endosperm des Samens des Johannisbrotbaumes *Ceratonia siliqua L.*, der in den Mittelmeerländern beheimatet ist. Es wird daraus durch Extraktion mit Wasser und Fällung mit Salzen oder organischen Lösungsmitteln hergestellt. Johannisbrotkernmehl ist in kaltem Wasser nicht vollständig löslich, geht jedoch beim Erwärmen restlos in Lösung; es entsteht eine hochviscose trübe Lösung. Selbst in konzentrierten Lösungen erfolgt keine Gelbildung; durch Kombination mit anderen Polysacchariden wird jedoch deren Gelbildungsvermögen gesteigert. Wäßrige Lösungen werden durch organische Lösungsmittel gefällt. Bei Zusatz von Borax entstehen dreidimensionale lockere Gelgerüste. In saurer Lösung (pH < 3) wird Johannisbrotkernmehl beim Erwärmen rasch hydrolytisch gespalten; gegen Alkali ist es stabil.

In der Lebensmittelindustrie wird Johannisbrotkernmehl als Emulgator und Stabilisator für Speiseeis, Weichkäse und Backwaren sowie als Binde- und Dikkungsmittel für Soßen und ähnliche Produkte angewandt. Die Anwendungskonzentration bei Speiseeis beträgt bis zu 6 g/kg; es ist jedoch zweckmäßig, hier wegen der Gefahr der Molkenabscheidung Johannisbrotkernmehl nur zusammen mit anderen Stabilisatoren zu verwenden. Ferner wurde die Substanz als Dickungsmittel für Fleischerzeugnisse und als Trübungsstabilisator für Fruchtsäfte vorgeschlagen (30 mg/l).

Von der DFG (1964a) wird Johannisbrotkernmehl auf Grund allgemeiner Erfahrung als unbedenklich angesehen. — In Deutschland ist es durch die Allgemeine Fremdstoff-VO und die VO über diätetische Lebensmittel ohne Mengenbegrenzung zugelassen.

Guarmehl (Guaran)

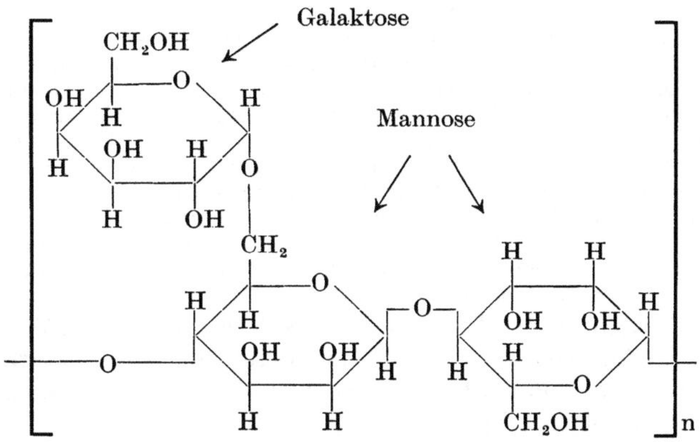

Guaran

Guarmehl (Guaran), auch „Guar“ oder „Guargummi“ genannt, ein weißes bis schwach gelbliches Pulver, ist ein Polysaccharid, das aus etwa $^1/_3$ D-Galaktose und $^2/_3$ D-Mannose zusammengesetzt ist (Galaktomannan). Die fortlaufende Bindung der Mannose in der Hauptkette erfolgt in 1.4-β-Stellung, während die Galaktose der Seitenäste 1.6-α-glykosidisch gebunden ist. Der Unterschied gegenüber Johannisbrotkernmehl besteht darin, daß bereits an jedes zweite Mannosemolekül ein Galaktosemolekül gebunden ist. Daneben finden sich noch etwa 3—4% Protein und 1% Asche. Das mittlere Molekulargewicht liegt über 200000.

Guarmehl findet sich im Endosperm des Samens der Guarbohne, *Cyamopsis tetragonolobus* oder *Cyamopsis psoralioides*, die in Indien, Pakistan und den USA beheimatet ist. Das Endosperm besteht bis zu etwa 90% aus Galaktomannan. In seinen Eigenschaften entspricht das Guarmehl dem Johannisbrotkernmehl, nur löst es sich im Gegensatz zu diesem bereits in kaltem Wasser unter Bildung hochviscoser Lösungen vollständig auf. Die Viscosität wird nur geringfügig durch die Wasserstoffion-Konzentration beeinflußt. Auch die Gewinnung erfolgt ähnlich der des Johannisbrotkernmehls.

Die Verwendung des Guarmehls in der Lebensmittelindustrie entspricht der des Johannisbrotkernmehls; es findet besonders Verwendung für Speiseeis und als Dickungsmittel für Flüssigkeiten, die höheren Hitzegraden ausgesetzt werden, z. B. für Soßen von Fischkonserven.

Von der DFG (1964a) wird Guarmehl auf Grund allgemeiner Erfahrung als unbedenklich angesehen. Auf Grund der Allgemeinen Fremdstoff-VO und der VO über diätetische Lebensmittel ist Guarmehl in Deutschland als Dickungsmittel und Emulgator für Lebensmittel ohne Mengenbegrenzung zugelassen.

Agar

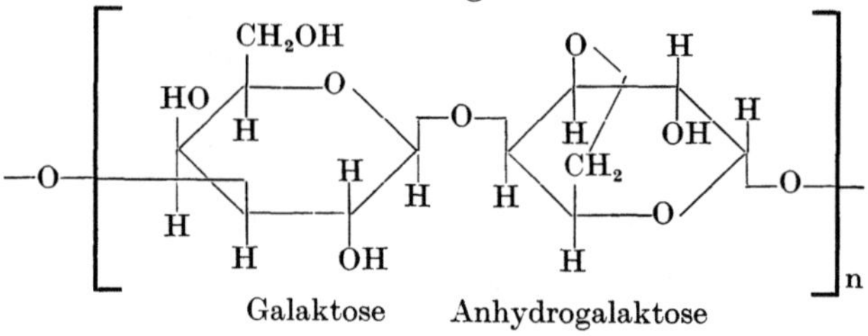

Agarose

Agar („Agar-Agar“, „Gelose“) ist eine Mischung aus zwei Polysacchariden, der Agarose und dem Agaropektin, von denen erstere überwiegt. Agarose ist auch für das Geliervermögen verantwortlich; sie bildet unverzweigte Fadenmoleküle, in denen D-Galaktose und 3.6-Anhydro-L-galaktose abwechselnd in 1.4-β- und 1.3-α-glykosidischer Bindung miteinander verknüpft sind. Etwa jedes zehnte Galaktosemolekül ist am C-6 mit Schwefelsäure verestert. Agaropektin ist komplizierter aufgebaut.

Agar findet sich in der Zellwand verschiedener Rotalgen *(Rhodophyceae)* meist in Form der Ca- und Mg-Salze. Es wird daraus, insbesondere aus *Gelidium japonicum*, *Gelidium corneum* und *Furcellaria fastigiata*, durch Extraktion mit Wasser gewonnen. Agar ist in kaltem Wasser unlöslich, jedoch quellbar; löslich in heißem Wasser. Es ist unlöslich in den meisten organischen Lösungsmitteln. Die Viscosität der Agar-Lösungen ist abhängig vom pH-Wert und Elektrolytgehalt. In saurer Lösung erfolgt Spaltung der glykosidischen Bindungen, in alkalischer Lösung Abspaltung der Schwefelsäuregruppen. Bei erhöhter Temperatur erfolgt ebenfalls ein Abbau des Makromoleküls. Durch Elektrolyte werden Agar-Lösungen ausgeflockt. Heiße Agar-Lösungen (0,5—1,0%) erstarren beim Abkühlen auf etwa 40° C zu festen Nebenvalenzgelen, die sich erst bei etwa 85° C wieder verflüssigen. Die Gelierung ist unabhängig vom pH-Wert. Die Gelierkraft von Agar ist etwa 10mal so groß wie die von Gelatine.

Agar findet Verwendung für Fleisch- und Fischkonserven, Geleebonbons, Puddings und sonstige Süßwaren, ferner als Klärmittel für Säfte, als Stabilisator für Schaumgebäck und als Bindemittel für Speiseeis. Anwendungskonzentrationen bis zu 20 g/kg, bei Speiseeis 1,5 g/kg.

Außerhalb der Lebensmittelindustrie ist die Verwendung von Agar als Füll- und Trägersubstanz für pharmazeutische Präparate und Cosmetica, als Grundstoff zur Herstellung von Nährböden und als Verdauungsregulator erwähnenswert.

Vom gesundheitlichen Standpunkt aus kann Agar als unbedenklich angesehen werden. Von der DFG (1964a) wird Agar auf Grund allgemeiner Erfahrung als unbedenklich angesehen. Es ist zu etwa $^1/_3$ verdaulich. Von der FAO/WHO (1964) wurden für Agar als Tageshöchstmenge ohne Einschränkung 50 mg/kg Körpergewicht (3,75 g für den Erwachsenen) festgelegt. — In Deutschland ist Agar als Dickungsmittel auf Grund der Allgemeinen Fremdstoff-VO und der VO über diätetische Lebensmittel ohne Mengenbegrenzung zugelassen.

Carrageen

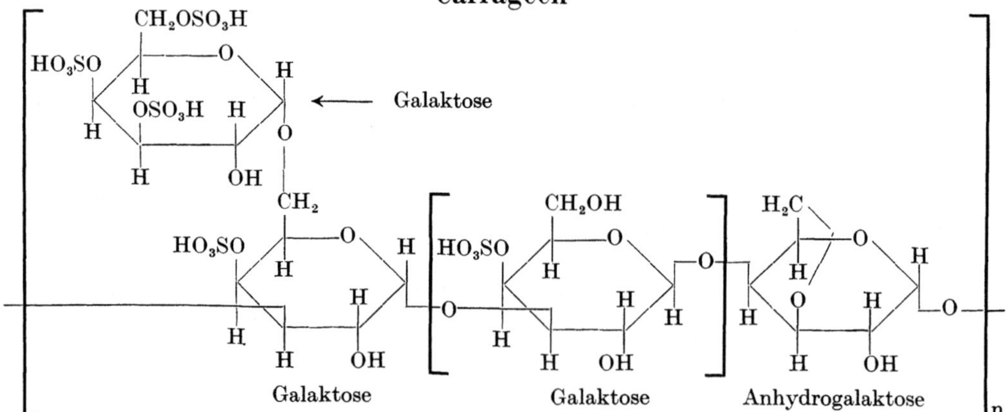

$\varkappa$-Carrageenin

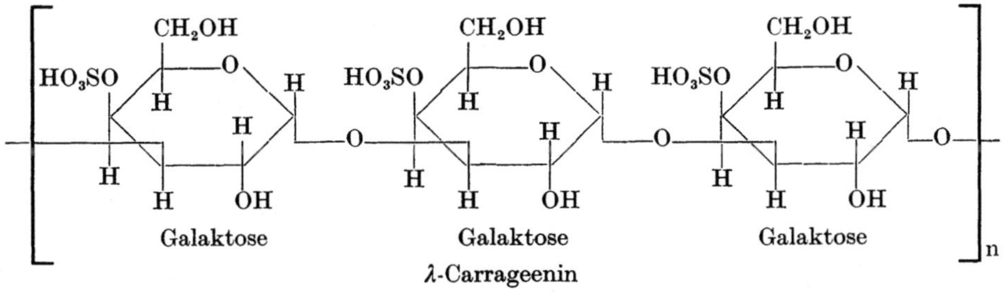

λ-Carrageenin

Carrageen („Lichen irlandicus", „Irländisches Moos") ist ein aus verzweigten Fadenmolekülen bestehendes Polysaccharid. Es ist vorwiegend aus D-Galaktose aufgebaut; daneben finden sich in geringen Mengen noch L-Galaktose, D-Glucose und 2-Keto-D-gluconsäure. Carrageen setzt sich aus 2 Bestandteilen zusammen, einer durch KCl flockbaren heißwasserlöslichen Fraktion (ϰ-Fraktion) (40%, verantwortlich für das Geliervermögen des Carrageens) und einer nicht flockbaren kaltwasserlöslichen Fraktion (λ-Fraktion). Die Hauptkette des ϰ-Carrageenins besteht aus β-D-Galaktose-4-hydrogensulfat und 3.6-α-D-Anhydrogalaktose, diejenige der λ-Fraktion nur aus β-D-Galaktose-4-hydrogensulfat-Einheiten. Die Seitenkette wird gebildet durch 3.4- oder 3.6-β-D-Galaktose-hydrogensulfat, das in 1.6-β-glykosidischer Bindung an etwa jedes zehnte Galaktose-4-hydrogensulfat geknüpft ist. Die mittleren Molekulargewichte liegen zwischen 100000 und 800000.

Carrageen ist Bestandteil der Zellwände verschiedener Rotalgen *(Rhodophyceae)* und liegt dort meist in Form gemischter Calcium-, Natrium- und Kaliumsalze vor. Es wird hauptsächlich aus *Chondrus crispus* oder *Gigartina stellata* durch Extraktion mit Wasser und Fällung des Extraktes mit Äthanol gewonnen.

Carrageen, bestehend aus einem weißen oder gelblichweißen Pulver oder hell- bis braungelben knorpeligen Stücken, ist nur teilweise unter Aufquellung in kaltem Wasser löslich, jedoch vollständig löslich in heißem Wasser unter Bildung viscoser Lösungen; es fungiert auf Grund seines Gehaltes an —SO_3H-Gruppen als Säure. Von den Carrageenaten ist nur das Na-Salz in kaltem Wasser löslich (diese Lösung geliert nicht), während die Kalium-, Ammonium- und Magnesiumsalze erst bei Erwärmung auf 50° C in Lösung gehen und beim Abkühlen reversible Gele bilden. Die Festigkeit der Carrageen-Gele, wie auch die Viscosität der Carrageen-Lösungen hängt weitgehend von dem Elektrolytgehalt und dem pH-Wert ab; durch Erhitzen verliert Carrageen seine Gelierkraft nicht. Durch Elektrolyte in höheren Konzentrationen und organische Lösungsmittel erfolgt Ausflockung. In schwach saurer Lösung und bei gleichzeitig erhöhter Temperatur erfolgt Abbau des Makromoleküls (Depolymerisation); im alkalischen Medium werden die —SO_3H-Gruppen abgespalten. Mit Milcheiweiß reagiert Carrageen unter Bildung eines Casein-Carrageen-Gels. — An Handelsprodukten sind u. a. „Viscarin", „Gecarin", „Gelatan", „Stabilisator S 57" sowie die „Genu Carrageenan"-Präparate („Genulacta", „Genugel", „Genuvisco") bekannt.

Das dänische Präparat „Danagar" („Furcellaran"), das ausschließlich aus der Rotalge *Furcellaria fastigiata* gewonnen wird, ähnelt in seiner chemischen Struktur dem Carrageen. Furcellaran ist ein geruchloses weißes bis schwach gelbliches Pulver von schwach salzigem Geschmack, bedingt durch seinen Gehalt an 6—10% KCl.

Die wichtigste Verwendung des Carrageens bzw. der Carrageenate besteht in dem Zusatz zu Schokolademilchgetränken als Stabilisator zur Verhinderung des Absetzens von Kakaobestandteilen; Anwendungskonzentrationen von 200 bis 300 mg/l. Ferner wird es verwandt als Stabilisator für Speiseeis zur Verhinderung grobkristalliner Eisbildung (2,5–3,0 g/kg); weiterhin als Geliermittel für Aspik, Fruchtgelees und Puddings, als Dickungsmittel für Obstkonfitüren, Marmeladen, Soßen und Tomatenketchup (2–5 g/kg), als Emulgator für Käsezubereitungen.

Carrageen ist zu etwa 50% verdaulich. Im allgemeinen wird es als unbedenklich angesehen. Von der DFG (1964a) wird Carrageen als duldbar angesehen. — In Deutschland ist „Carrageen-Schleim" auf Grund der Allgemeinen Fremdstoff-VO und der VO über diätetische Lebensmittel als Dickungsmittel ohne Mengenbegrenzung zugelassen.

Traganth

Strukturformel nicht bekannt.

Traganth ("Gummi tragacantha") ist ein Gemisch verzweigter neutraler und saurer Polysaccharide. Bausteine sind L-Arabinose, D-Xylose, L-Fucose, D-Galaktose und D-Galakturonsäure, teilweise mit Methanol verestert. Der quellfähige Bestandteil ist das sog. „Bassorin" (60—70%), ferner sind „Traganthin" (20—30%, wasserlöslich), Stärke, Cellulose und Proteine enthalten. Traganth, ein weißes bis gelbliches geruchloses Pulver ohne Eigengeschmack, quillt mit kaltem Wasser auf und bildet eine hochviscose trübe Lösung; die Löslichkeit ist in der Wärme besser als in der Kälte. — Traganth kommt vor als Exsudat des Stammes von *Astragalus*-Arten, besonders *Astragalus gummifer;* die Heimat dieses buschartigen Gewächses ist der nahe Osten.

Traganth wird als Bindemittel für Speiseeis verwendet (2,5–6 g/kg); ferner dient er als Dickungsmittel für Fruchtgelees und Salatsoßen (etwa 20 g/kg).

Von der DFG (1964a) wird Traganth auf Grund allgemeiner Erfahrung als unbedenklich angesehen. — Auf Grund der Allgemeinen Fremdstoff-VO und der VO über diätetische Lebensmittel gehört er zu den in Deutschland ohne Mengenbegrenzung zulässigen Dickungsmitteln.

Gummi arabicum

```
         Arabinose 3—1 Galaktose
             1
             |
             6
  — 3 Galaktose 1—3 Galaktose 1 —
                         6
                         |
                         1
       Rhamnose 1—3 Galaktose
                         6
                         |
                         1
                   Glucuronsäure
                         4
                         |
                         1
                     Arabinose
```

Gummi arabicum

Gummi arabicum („arabischer Gummi", „Akaziengummi", „Kordofan-Gummi", „Sudangummi", „Senegalgummi") ist ein Polysaccharid, bestehend aus D-Galaktose, L-Arabinose, L-Rhamnose und D-Glucuronsäure. Es bildet ein stark verzweigtes Makromolekül. Die Hauptketten bestehen aus 1.3-β-glykosidisch miteinander verbundenen Galaktosemolekülen. Die Seitenketten, bestehend aus den 4 genannten Bestandteilen, gehen vom Kohlenstoffatom C-6 der Galaktose-Einheiten aus. Das mittlere Molekulargewicht liegt zwischen 200000 und 300000. Gummi arabicum ist eine farblose bis gelbbräunliche spröde Masse, leicht löslich in warmem Wasser zu einer klaren, viscosen, klebrigen, schwach sauer reagierenden Flüssigkeit; unlöslich in Äthanol. — Gummi arabicum kommt in Akazienarten (Asien, Afrika, Australien, Zentralamerika) vor. Die Gewinnung erfolgt hauptsächlich aus *Acacia senegalica* oder *Acacia arabica.*

Verwendung als Dickungsmittel für Lebensmittel, als Stabilisator für Süßwaren und als Bindemittel für Speiseeis. Vorgeschlagen als Zusatz zu Weizen- und Roggenmehl zur Vergrößerung des Porenvolumens und zur Verlängerung der Haltbarkeit. Die Verwendung auf dem Lebensmittelsektor hat jedoch keine große Bedeutung. Umfangreicher ist die Verwendung als technisches Bindemittel, als Klebstoff und in der pharmazeutischen Industrie.

Als eßbarer pflanzlicher Gummi ist Gummi arabicum auf Grund der Allgemeinen Fremdstoff-VO und der VO über diätetische Lebensmittel ohne Mengenbegrenzung zugelassen. Von der DFG (1964a) wird Gummi arabicum auf Grund allgemeiner Erfahrung als unbedenklich angesehen.

Karayagummi

Strukturformel nicht bekannt.

Karayagummi („indischer Traganth") ist ein Gemisch mehrerer Polysaccharide und bildet verzweigte, teilweise acetylierte Fadenmoleküle. Als Bausteine wurden L-Rhamnose,

D-Galaktose und D-Galakturonsäure ermittelt. Karayagummi findet sich im Exsudat des Stammes von *Sterculia urens*, eines hauptsächlich in Indien beheimateten Baumes. Er ist ein weißes Pulver mit einem schwachen Geruch nach Essigsäure, löslich in kaltem Wasser unter Bildung schwach-viscoser Lösungen.

Die Substanz wird mitunter als Ersatz bzw. Fälschungsmittel für Traganth verwendet. In der Lebensmittelindustrie dient sie als Emulgator und Bindemittel; allerdings ist sie infolge ihres leichten Geruchs nach Essigsäure nicht überall anwendbar. Für Speiseeis wird sie zusammen mit anderen Stabilisatoren angewandt. Anwendungskonzentrationen 3–5 g/kg.

In gesundheitlicher Hinsicht kann Karayagummi wegen seiner Allergenwirkung nicht als unbedenklich gelten. Auch die besonderen Schwierigkeiten der Gewinnung einheitlicher Substanzen dürften seiner Verwendung im Wege stehen. — In Deutschland ist Karayagummi nicht zugelassen.

Bibliographie

über Dickungs- und Geliermittel

Anderson, E., and L. Sands: A discussion of methods of value in research on plant polyuronides. In: Advanc. Carbohyd. Chem. **1**, 329—344 (1945).

Bundesgesundheitsamt, Berlin: Gutachten über Gel-bildende Dickungs- und Geliermittel vom 2. XI. 1959; ref. in Z. Lebensmittel-Untersuch. u. -Forsch. **113**, 254—255 (1960).

Bund für Lebensmittelrecht und Lebensmittelkunde: Ernährungsphysiologische Beobachtungen über einige gelbildende Stoffe pflanzlicher Herkunft. Schriftenreihe des Bundes für Lebensmittelrecht und Lebensmittelkunde, H. 21. Wiesbaden-Berlin: B. Behr's Verlag 1958.

Deutsche Forschungsgemeinschaft (DFG), Kommission zur Prüfung fremder Stoffe in Lebensmitteln (Fremdstoff-Kommission): Mitteilung I (1964a).

— — Mitteilung II (1964b).

— *Kommission zur Prüfung der Lebensmittelkonservierung:* Mitteilung V (1961).

Fachverband Pektin e.V.: Ernährungsphysiologische Fehlschlüsse über gelierende Stoffe (Entgegnung). Frankfurt a. M.

Chapman, V. J.: Seaweeds and their uses. London: Methuen 1950.

Cheftel, H.: Utilisation industrielle des fruits. Paris: Etablts. J. J. Carnaud et Forges de Basse-Indre 1948.

Food Protection Committee des *Food and Nutrition Board:* The use of chemical additives in food processing. Publ. 398. Washington, D. C., 1956.

Food Standards Committee: Report on emulsifying and stabilising agents. London: Her Majesty's Stationary Office 1956.

Genu Carrageen. Hrsg. v. Københavns Pektinfabrik. 2. Aufl. Lille Skensved, Denmark 1963.

Genu Pectin. Hrsg. von Københavns Pektinfabrik. Kopenhagen: Pektinfabrik 1952.

Glicksman, M.: Utilization of natural polysaccharide gums in the food industry. In: Advanc. Food Res. **11**, 109—200 (1962).

Harrington, W. F., and P. H. von Hippel: The structure of collagen and gelatin. In: Advanc. Protein Chem. **16**, 1—138 (1961).

Heyns, K.: Polysaccharide. In: Handbuch der physiologischen und pathologisch-chemischen Analyse. Hrsg. von Hoppe-Seyler-Thierfelder. 10. Aufl. Bd. **III/1**, S. 783—893. Berlin-Göttingen-Heidelberg: Springer-Verlag 1955.

Hinterwaldner, R.: Herstellung von Gelatine, Haut- und Knochenleim. Garmisch-Partenkirchen: Moser-Verlag 1957.

Honeyman, J.: Recent advances in the chemistry of cellulose and starch. London: Heywood & Co. 1959.

Hoppe, H. A.: Drogenkunde — Handbuch der pflanzlichen und tierischen Rohstoffe. 7. Aufl. Hamburg: Cram, de Gruyter u. Co. 1958.

Hottenroth, B.: Die Pektine und ihre Verwendung. München: Oldenbourg 1951.

Idson, B., and E. Braswell: Gelatin. In: Advanc. Food Res. **7**, 235—338 (1957).

Joint FAO/WHO Expert Committee on Food Additives: Specifications for the identity and purity of food additives and their toxicological evaluation: Emulsifiers, stabilizers, bleaching and maturing agents. 7. Bericht. Genf 1964.

Karabinos, J. V., and M. Hindert: Carboxymethylcellulose. In: Advanc. Carbohyd. Chem. **9**, 285—302 (1954).

Kertesz, Z. I.: The pectic substances. New York: Interscience Publishers 1951.

Lange, W.: Stabilisatoren und Emulgatoren für Speiseeis. Garmisch-Partenkirchen: Moser-Verlag 1950.

Liese, H.: Leim und Gelatine. In: Ullmanns Encyklopädie der technischen Chemie. 3. Aufl. Bd. **11**, S. 630—642. München-Berlin: Urban & Schwarzenberg 1960.

MAASS, H.: Alginsäure und Alginate. Heidelberg: Straßenbau, Chemie und Technik Verlagsges. 1959.
— Die Pektine. Braunschweig: Dr. Serger u. Hempel 1951.
MARSHALL, S. M., L. NEWTON and A. P. ORR: British seaweeds and agar. London: Her Majesty's Stationary Office 1949.
MARTELL, C. L.: The water-soluble gums. New York: Reinhold Publ. Corp. 1947.
Meeresalgen — Industrielle Bedeutung und Verwendung: Botanica Marina, Bd. **3**, Suppl. Hamburg: Cram, de Gruyter u. Co. 1962.
MEHLITZ, A.: Pektin. 4. Aufl. Braunschweig: E. Appelhans 1944.
MICHEEL, F.: Chemie der Zucker und Polysaccharide. 2. Aufl. Leipzig: Akad. Verlagsges. Geest & Portig 1956.
NEUKOM, H.: Studien über das Geliervermögen von Pektinstoffen und anderen hochmolekularen Polyoxyverbindungen. Zürich: Jurisverlag 1949.
OTT, E.: Cellulose and cellulose derivatives. High polymers. Bd. **5**. New York: Interscience Publishers 1946.
Physical functions of hydrocolloids: In: Advanc. in Chem. Series, H. 25. Washington, D.C.: Amer. chem. Soc. 1960.
PIGMAN, W. W.: Chemistry of the carbohydrates. 2. Aufl. New York: Academic Press 1957.
RADLEY, J. A.: Starch and its derivatives. London: Chapman & Hall 1953.
RIPA, R.: Die Pektinstoffe. 2. Aufl. Braunschweig: Dr. Serger & Hempel 1937.
SAUER, E.: Chemie und Fabrikation der tierischen Leime und der Gelatine. Berlin-Göttingen-Heidelberg: Springer-Verlag 1958.
SMITH, F., and R. MONTGOMERY: Chemistry of plant gums and mucilages. New York: Reinhold Publ. Corp. 1959.
SMOCK, R. M., and A. M. NEUBERT: Apples and apple products. New York: Interscience Publishers 1950.
SOLMS, J., u. H. DEUEL: Pektin und verwandte Polysaccharide. In: ULLMANNS Encyklopädie der technischen Chemie. 3. Aufl. Bd. **13**, S. 167—192. München-Berlin: Urban & Schwarzenberg 1962.
STAINSBY, G.: Recent advances in gelatin and glue research. London-New York-Paris-Los Angeles: Pergamon Press 1958.
STOLOFF, L.: Natural plant hydrocolloids. In: Advanc. in Chem. Series, H. 11. Washington, D.C.: Amer. chem. Soc. 1954.
TSENG, C. K.: Phykocolloids. Useful seaweed polysaccharides. In: Colloid Chemistry. Hrsg. von J. ALEXANDER. Bd. **6**, S. 629—734. New York: Reinhold Publ. Corp. 1946.
WHISTLER, R. L., and J. N. BEMILLER: Industrial gums. New York: Academic Press 1959.
—, and CH. L. SMART: Polysaccharide chemistry. S. 300. New York: Academic Press 1953.
WIESNER, J. v.: Die Rohstoffe des Pflanzenreichs. 5. Aufl. Hrsg. von C. v. REGEL. 3 Teile. Weinheim/Bergstr.: Verlag Chemie 1961.
WURZ, O.: Celluloseäther. Darmstadt: E. Roether 1961.

Zeitschriftenliteratur

Alginate — Eigenschaften, Herstellung und Anwendung: Seifen, Öle, Fette, Wachse **75**, 347—349 (1949).
ANDERSEN, G.: Wechselwirkungen zwischen Carrageeninen und Milchproteinen. Milchwiss. **17**, 75—79 (1962).
CRÖSSMANN, F., W. KLAUS, E. MERGENTHALER u. S. W. SOUCI: Zur physikalischen und chemischen Charakterisierung der als Lebensmittel-Zusatzstoffe verwendeten Celluloseäther. II. Methoden zur Prüfung von Celluloseäthern auf Identität und Reinheit. Z. Lebensmittel-Untersuch. u. -Forsch. **125**, 413—427 (1964).
CRONK, J. G., and E. G. MILLAT: Alginic acid and the alginates. Food Industr. S. Afr. **3**, 35—38 (1951).
CROOME, R. J.: The rapid formation and breakdown of gelatin gels, and the temperature-dependence of their rigidity. J. Sci. Food Agric. **10**, 394—400 (1959).
CZAPKE, K.: Agar-Agar aus inländischem Rohstoff. [Polnisch] Przemysl Spozywczy **15**, H. 11, 12—17 (1961).
DEUEL, H., L. ANYAS-WEISZ u. J. SOLMS: Gewinnung und Charakterisierung von Natriumpektaten aus Zuckerrübenschnitzeln. Mitt. Lebensmitteluntersuch. Hyg. **45**, 509—517 (1954).
DIEMAIR, W., u. H. H. WEICHEL: Beitrag zur Kenntnis und Beurteilung von Alginaten. Dtsch. Lebensmittel-Rdsch. **54**, 51—55 und 76—79 (1958).
— — Beitrag zur Chemie und Analytik der Alginsäure. Dtsch. Lebensmittel-Rdsch. **54**, 274—277 (1958).

DÖRNER, H., u. E. TESSMER: Dickungsmittel. Brot u. Gebäck 7, 163—166 (1953).
DOESBURG, J. J., and G. GREVERS: Setting time and setting temperature of pectin jellies. Food Res. 25, 634—645 (1960).
DUX, E. F. W.: Cold-water soluble starches. II. Stärke 4, 81—85 (1955).
HADER, R. N., W. F. WALDECK and F. W. SMITH: Carboxymethylcellulose. Industr. Engin. Chem. 44, 2803—2812 (1952).
HAUG, A.: Neuere Untersuchungen über die Chemie der Seealgen. (Vortragsbericht) [Norwegisch] Tidsskr. Kjemi, Bergvesen Met. 16, 1—8 (1956).
HELGERUD, O.: Das Protan-Verfahren beim Gefrieren von Fischen. Kältetechnik 6, 190—193 (1954).
HENGLEIN, F. A., u. M. HANN: Über die Bewertung niedrig veresterter Pektine. Z. Lebensmittel-Untersuch. u. -Forsch. 92, 178—184 (1951).
HOTTENROTH, B.: Marmeladen mit Alginaten oder Pektin? Industr. Obst- u. Gemüseverwert. 42, 281—283 und 297—303 (1957).
Institute of Food Technologists (IFT): Pectin standardization. Final report of the IFT Committee. Food Technol. 13, 496—500 (1959).
INTONTI, R., u. T. GIACOMETTI: Konstitution und Eigenschaften von Pektin. [Italienisch] Ann. Chim. appl. 32, 297—325 (1942).
JOSEPH, G. H.: Better pectins. They improve many processed foods. Food Engin. 25, 71—73 und 114 (1953).
KIELHÖFER, E.: Tylose als Weinschönungsmittel. Z. Lebensmittel-Untersuch. u. -Forsch. 88, 76—83 (1948).
KÖHLER, R.: Neuere Ergebnisse von Arbeiten über einige seltener vorkommende makromolekulare Polysaccharide. Stärke 3, 231—236 (1951).
LETZIG, E.: Die Äthoxose und ihr Nachweis. Z. Lebensmittel-Untersuch. u. -Forsch. 96, 178—188 (1953).
LUCA, G. DE, and M. A. JOSLYN: The recovery of pectin from orange peel extracts as aluminum pectinate. Food Technol. 11, 137—141 (1957).
LUDORFF, W., u. G. WÜNSCHE: Die Verbesserung der Geleeaufgüsse für Fischwaren. Dtsch. Lebensmittel-Rdsch. 47, 161—163 (1951).
MERGENTHALER, E., S. W. SOUCI u. F. CRÖSSMANN: Zur physikalischen und chemischen Charakterisierung der als Lebensmittel-Zusatzstoffe verwendeten Celluloseäther. III. Untersuchungsergebnisse an handelsüblichen Celluloseäthern. Z. Lebensmittel-Untersuch. u. -Forsch. 126, 173—178 (1965).
ÔNO, S.: Chemische Untersuchungen über Pektinsäure. [Japanisch] Bull. School Agricult. Forestry, Taihoku Imp. Univ. Nr. 1, 1—39 (1940).
SCHADE, H.: Über Stärkeäther und ihre Verwendungsmöglichkeit. Dtsch. Lebensmittel-Rdsch. 48, 228—230 (1952).
SELBY, J. W.: Uses of gelatine in food. Food 20, 284—286 (1951).
SOUCI, S. W., F. CRÖSSMANN u. E. MERGENTHALER: Zur physikalischen und chemischen Charakterisierung der als Lebensmittel-Zusatzstoffe verwendeten Celluloseäther. I. Herstellung, Eigenschaften und Verwendung von Celluloseäthern. Z. Lebensmittel-Untersuch. u. -Forsch. 125, 247—258 (1964).
STEINBERG, M. A., G. E. LIVINGSTON and C. R. FELLERS: Chemical aspects of pectin gel darkening. Food Technol. 10, 470—476 (1956).
TÄUFEL, K., u. F. BERSCHNEIDER: Die Rolle der Dehydratationsmittel bei der Gelbildung der Pektinstoffe. Nahrung 3, 228—237 (1959).
WALLENFELS, K., u. J. LEHMANN: Die Oligosaccharide des Johannisbrotes (Ceratonia siliqua). Isolierung von Primverose und Ceratose. Chem. Ber. 90, 1000—1007 (1957).

Vgl. auch die auf S. 1065 zitierten Abhandlungen über Fremdstoffe!

2. Grenzflächenaktive Stoffe (Emulgatoren und Stabilisatoren)

Die Stoffe dieser Gruppe (angelsächsisch „Surfactants") sind dadurch gekennzeichnet, daß sie auf Grund ihres Gehaltes an hydrophilen und hydrophoben (lipophilen) Gruppen im Molekül die Oberflächenspannung erniedrigen und dadurch eine wirksame Emulgierung bzw. Stabilisierung bedingen. Neben ihrer emulgierenden Wirkung werden sie z. T. aber auch aus anderen Gründen angewandt, z. B. zur Verhinderung des Altbackenwerdens von Brot und Gebäck (angelsächsisch "Antistaling agents" oder "Crumb-softening agents"), zur Schaumerzeugung oder Schaumverhinderung, zur Erzielung einer plastischen Beschaffenheit oder als Mittel gegen das Spritzen erhitzter Fette. Von der Vielzahl der auf dem Markt befindlichen Stoffe besitzen manche eine hohe Bedeutung für die Lebensmittelindustrie. – Grenzflächenaktive Stoffe lassen sich in 3 Hauptgruppen einteilen:

1. Anionaktive Stoffe, die in wäßriger Lösung negativ geladene organische Ionen bilden, z. B. Seifen, Alkyl- und Arylsulfate und -sulfonate.

2. Kationaktive Stoffe, die in wäßriger Lösung positiv geladene organische Ionen bilden, z. B. quaternäre Ammoniumsalze.

3. Nichtionogene Stoffe, die in wäßriger Lösung keine Ionen bilden, z. B. Mono- und Diglyceride von Fettsäuren und Polyoxyäthylenstearate.

Alle 3 Gruppen kommen für Lebensmittelzwecke in Frage.

Die Frage, ob grundsätzliche Bedenken gegen die Verwendung grenzflächenaktiver Stoffe bei Lebensmitteln bestehen, wurde durch das "Food Protection Committee" (1956) des "Food and Nutrition Board" in USA untersucht. Es ergab sich, daß dies *nicht* der Fall ist, sondern daß die Grenzflächenaktivität als solche keinen Anhaltspunkt für die Toxicität eines Stoffes darstellt. Die Unschädlichkeit jedes einzelnen grenzflächenaktiven Stoffes muß vielmehr für sich gesondert untersucht und beurteilt werden. Es ist anzunehmen, daß die Oberflächenspannung im Verdauungstrakt des Menschen an sich so nieder ist, daß sie durch kleine Mengen fremder grenzflächenaktiver Stoffe nicht weiter gesenkt werden kann.

Lecithine

Strukturformel vgl. S. 1173.

Lecithine sind mit Säuren und Laugen verseifbar. Die Kombination von lipophilen und hydrophilen, sauren und basischen Gruppen im Molekül ist die Ursache ihrer emulgierenden Eigenschaften.

Lecithin ist ein in der Lebensmittelindustrie häufig verwendeter Emulgator. Bei Margarine verhindert es durch bessere Wasserbindung das Spritzen; bei Schokolade und Überzugsmassen dient es zur intensiveren Vermischung der Bestandteile und zur Verhinderung der Fettreifbildung; bei Süßwaren fördert Lecithin die Emulgierung des Sirups mit Fett und verhindert zugleich das Auskristallisieren des Zuckers. Lecithin wird als Backhilfsmittel zum Einsparen von Fett bei Backwaren (verbesserte Benetzung beim Mischen) verwendet; damit hergestellte Backwaren sind lockerer, zeigen schönere Krustenbildung und bleiben länger frisch. Ferner wird es zur Erhaltung der Struktur von Speiseeis (Anwendungskonzentrationen 1–5 g/kg) benützt.

In der Tierernährung verwendet man Lecithine als Zusatz zu Futtermitteln zwecks Verbesserung der Resorption. Lecithine werden auch in Pharmazie, Kosmetik, Leder- und Textilindustrie sowie für Anstrichmittel und Schädlingsbekämpfungsmittel auf Grund ihres emulgierenden Effekts viel verwandt.

Weitere Angaben über Lecithine und Angaben über ihre Zulassung finden sich auf S. 1174.

Fettsäuren

Laurin-, Myristin-, Palmitin-, Stearin-, Öl-, Linol-, Linolen- und Arachidonsäure verhüten beim Zusatz zu löslichem Kaffeepulver das Aufschäumen des Pulvers beim Auflösen in Wasser. Die Salze dieser Säuren (Natrium-, Kalium-, Calcium-, Magnesium- und Aluminiumsalze) werden als Bindemittel, Emulgatoren und Stabilisatoren für Lebensmittel verwendet. Calcium- und Magnesiumstearat dienen als Trennmittel für Süßwaren, Fruchtpulver und Fruchtpuddings (5 g/kg).

Von der DFG (1964c) werden gegen Verbindungen dieser Gruppe keine gesundheitlichen Bedenken erhoben. — Calciumsalze der Fettsäuren C_{14}, C_{16}, C_{18} sind in Deutschland auf Grund der VO über diätetische Lebensmittel, Ca- und Mg-Stearate auch auf Grund der Allgemeinen Fremdstoff-VO zugelassen.

Fettalkohole

Unter „Fettalkohole“ werden hier höhere aliphatische Alkohole, die sich von in Speisefetten vorkommenden Fettsäuren ableiten, verstanden. Beispiele sind Cetylalkohol (Hexadecylalkohol, Hexadecanol)CH_3—$(CH_2)_{14}$—CH_2OH, Stearylalkohol (Octadecylalkohol, Octadecanol) CH_3—$(CH_2)_{16}$—CH_2OH, Oleylalkohol (Octadecylen-9.10-alkohol) CH_3—$(CH_2)_7$—$CH = CH$—$(CH_2)_7$—CH_2OH. Auch Ester dieser Alkohole mit Essigsäure, Milchsäure, Fumarsäure, Apfelsäure, Weinsäure, Citronensäure, Gluconsäure, Hydroxyfettsäuren, Mono- und Diphosphorsäure sowie deren Monoglycerinäther werden verwendet.

Höhere aliphatische Alkohole verzögern, in einer Konzentration von 3—15 g/kg dem Hefeteig zugesetzt, das Altbackenwerden des Gebäcks. Der sog. „Lanetta-Emulgator“, ein Gemisch aus Cetyl- und Stearylalkohol, wird für Zwiebackcreme verwendet.

Von der DFG (1964c) werden Fettalkohole als unbedenklich angesehen.

Fettsäuremono- und -diglyceride

CH_2—OR | CH—OH | CH_2—OH	CH_2—OR | CH—OR | CH_2—OH
Fettsäuremonoglycerid (auch 2-Isomeres)	Fettsäurediglycerid (auch 1.3-Isomeres)

R = Laurinsäure-, Myristinsäure-, Palmitinsäure-, Stearinsäure-, Ölsäure-, Linolsäure-, Linolensäure-Reste.

Die Schmelzpunkte der Mono- und Diglyceride differieren je nach der Art der Fettsäurekomponente. Das Monoglycerid der Stearinsäure, Glycerylmonostearat, schmilzt bei 82° C, das der Ölsäure bei 35° C. Die Mono- und Diglyceride des Handels sind keine einheitlichen Substanzen, sondern Gemische aus Mono-estern, Di-estern, Tri-estern, freiem Glycerin und freien Fettsäuren. Im Hinblick auf das wechselnde Mengenverhältnis der Komponenten hat sich auch der Ausdruck „superglycerinierte Fette“ eingeführt. Er umfaßt im weitesten Sinn alle Mischungen von Mono-, Di- und Triglyceriden üblicher (d. h. fettbildender) Fettsäuren, bei denen im Gegensatz zu Neutralfetten noch ein Gehalt an freien Hydroxylgruppen des Glycerins vorliegt. Reine Monoglyceride benötigen für eine ausreichende Emulgierwirkung den Zusatz von fettsauren Salzen.

Mono- und Diglyceride kommen natürlich in pflanzlichen und tierischen Fetten vor, besonders in Getreideölen. Die Herstellung erfolgt durch Umesterung eßbarer Fette mit Glycerin oder durch direkte Veresterung von Fettsäuren mit Glycerin in entsprechenden Mengenverhältnissen. Die Reindarstellung der Mono- und Diglyceride kann durch Molekulardestillation erfolgen. — Im Handel finden sich Mono- und Diglyceridgemische unter den Namen „GMS“ (Glycerylmonostearat), „Myverol“, „Tegomuls“ u. a.

Fettsäuremono- und -diglyceride werden als Bindemittel für Backfette (30 bis 60 g/kg) und Speiseeis (2—4 g/kg), ferner als Stabilisatoren für Schokoladeüberzüge und Süßwaren (3—4 g/kg), als Emulgatoren für Milchgetränke, Margarine (5 g/kg) und fertige Kuchenmischungen verwendet. Der Zusatz von 1—5 g/kg „GMS“ verfeinert die Porung von Backwaren, ergibt gleichmäßigere Struktur und bedingt eine elastischere Krume; Monoglyceride (bis zu 3 g/kg) sind ein häufig angewandtes Mittel gegen das Altbackenwerden von Brot und Gebäck; ihre Wirkung wird der Bildung von Komplexverbindungen mit der Stärke zugeschrieben. Diglyceride zeigen in dieser Hinsicht eine geringere Wirkung. Bei der Herstellung von Kartoffelmehl und Kartoffelflocken kann mit 2—4 g/kg „GMS“ ein qualitativ besseres, mehliges Erzeugnis hergestellt werden; außerdem wird es als Entschäumer angewandt (Anwendungskonzentrationen bis zu 1 g/kg).

Mono- und Diglyceride von Fettsäuren können als gesundheitlich unbedenklich angesehen werden, da sie von Natur aus in Fetten vorkommen und im menschlichen Organismus wie normale Fette verwertet werden. Das Food Standards Committee, London (1956), empfiehlt ihre Zulassung unter Einreihung in Klasse A (vgl. S. 1184). Von der FAO/WHO (1964) wurden für Fettsäuremono- und -diglyceride als Tageshöchstmenge ohne Einschränkung 125 mg/kg Körpergewicht (9,375 g für den Erwachsenen) festgelegt. Von der DFG (1964 a) werden Monoglyceride natürlicher aliphatischer unverzweigter Fettsäuren — auch im Gemisch mit Di- und Triglyceriden solcher Fettsäuren — als duldbar angesehen. Auch das Food Protection Committee, USA (1952), sieht keinen Anlaß zu gesundheitlichen Bedenken.

Mono- und Diglyceride natürlich vorkommender Fettsäuren sind in den meisten Ländern als Lebensmittel-Zusatzstoffe entweder zugelassen oder als natürlich vorkommende Stoffe nicht zulassungspflichtig. In Deutschland sind sie ebenfalls als Nicht-Fremdstoffe erlaubt.

Veresterte Fettsäuremono- und -diglyceride

Beispiele:

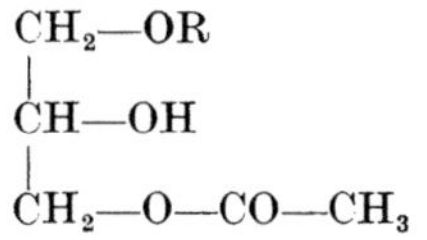

1-Aceto-3-fettsäureglycerid

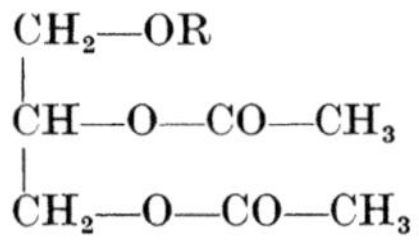

1.2-Diaceto-3-fettsäureglycerid

Acetylierte Fettsäuremonoglyceride
(abgekürzt: „Acetyl-fettsäureglyceride" oder „Acetoglyceride")

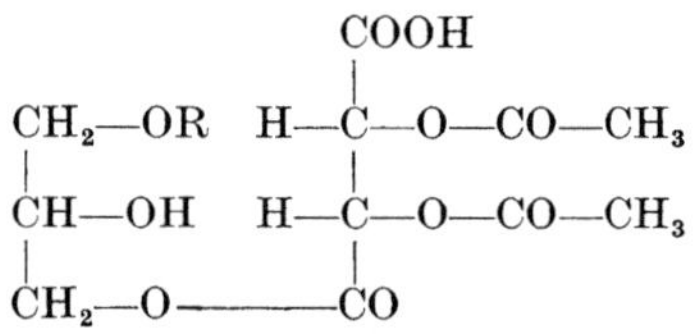

Diacetylweinsäure-monofettsäureglycerid
(abgekürzt: „Diacetylweinsäureglycerid")

R = Laurinsäure-, Myristinsäure-, Palmitinsäure-, Stearinsäure-, Ölsäure-, Linolsäure-, Linolensäure-Reste.

Zu dieser Gruppe von Verbindungen gehören Mono- und Diglyceride von Fettsäuren, deren freie OH-Gruppen partiell oder vollständig mit Essigsäure, Milchsäure, Fumarsäure, Apfelsäure, Weinsäure, Diacetylweinsäure, Citronensäure, Gluconsäure, Hydroxyfettsäuren oder Phosphorsäure verestert sind. Durch die Veresterung läßt sich die Emulgierwirkung gegenüber den unveränderten Mono- und Diglyceriden erhöhen, weil hierdurch ein günstigeres Verhältnis zwischen den hydrophilen und lipophilen Gruppen im Molekül erreicht wird. Die veresterten Mono- und Diglyceride sind teils plastische, teils flüssige Verbindungen; ihre Schmelzpunkte variieren entsprechend den Fettsäurekomponenten. Diacetylweinsäure-monostearinsäureglycerid schmilzt bei 46—47° C, Diacetylweinsäure-monoölsäureglycerid bei etwa —8° C.

Die Herstellung der Acetoglyceride erfolgt durch Acetylierung der Mono- oder Diglyceride mit Essigsäureanhydrid; Diacetylweinsäureglyceride werden durch Erhitzen von Mono- oder Diglyceriden mit Diacetylweinsäureanhydrid hergestellt. Die Herstellung anderer veresterter Mono- oder Diglyceride erfolgt in analoger Weise. — Im Handel befindliche Produkte sind „TEM", „T 500 s" (beide Diacetylweinsäureester von Mono- und Diglyceriden), „Myvacet" (je nach Typ in 1.2- oder 1.3-Stellung acetylierte Monoglyceride), „Sequol" (Stearyl-monoglyceridyl-citrat) u. a.

Acetylierte oder mit anderen Säuren veresterte Mono- und Diglyceride von Fettsäuren werden als Emulgatoren für Margarine, Streichfette, Backfettmischungen verwendet. Neben der emulgierenden Wirkung verleihen sie den Fetten auch eine größere Stabilität gegen Sauerstoff (antioxydative Wirkung). Acetyl-fettsäureglyceride werden auch als eßbare Überzüge für Käse, Nüsse, Fleisch und Früchte verwendet, wo sie einen dünnen Überzugsfilm bilden, durch den Feuchtigkeits- und Aromaverluste vermindert werden. Bei ihrer Verwendung für Schokoladenüberzugsmasse verhindern sie die Sprödigkeit bei tiefen Temperaturen.

Auch für kosmetische Erzeugnisse finden veresterte Mono- und Diglyceride als Emulgatoren Verwendung.

Hinsichtlich Verdaulichkeit und Resorption verhalten sich Acetyl-fettsäureglyceride ähnlich wie normale Nahrungsfette. Es erfolgt ein rascher Abbau zu Glycerin, Fettsäure und Essigsäure. Das Food Standards Committee, London (1956), empfiehlt die Zulassung von Diacetylweinsäureestern superglycerinierter Fette unter Einreihung in Klasse A (vgl. S. 1184). Von der DFG (1964a) werden Acetoglyceride als duldbar angesehen, Diacetylweinsäureglyceride gelten als Fremdstoffe von nicht ausreichend überprüfter Toxicität laut DFG (1964d).
In verschiedenen Ländern sind partiell oder vollständig veresterte Fettsäuremono- und -diglyceride als Emulgatoren und Stabilisatoren zugelassen.

Polyglycerinester

Beispiel:

$$CH_2OH{-}CHOR{-}CH_2O{-}\left[CH_2{-}CHOR{-}CH_2O\right]_n{-}CH_2{-}CHOR{-}CH_2OH$$

Polyglycerinester

R = Palmitinsäure-, Stearinsäure-, Ölsäure-, Hydroxyfettsäure-, Essigsäure-, Milchsäure-, Fumarsäure-, Apfelsäure-, Weinsäure-, Diacetylweinsäure-, Citronensäure-, Gluconsäure-, Mono- und Diphosphorsäure-Reste.

Polyglycerinester werden durch Kondensation von Glycerin und partielle Veresterung der Kondensationsprodukte mit Fettsäuren oder anderen Säuren hergestellt. Ihre emulgierenden Eigenschaften übertreffen die der Fettsäuremonoglyceride. Polyglycerinester finden sich auch als Bestandteile verschiedener „Palsgaard-Emulgatoren" im Handel.

Polyglycerinester werden überwiegend als Emulgatoren und Antispritzmittel für Margarine verwendet, ferner zur Verhinderung von Kristallisationsvorgängen in Lebensmitteln. Anwendungskonzentrationen bis zu 5 g/kg.

Physiologisch erwiesen sich diese Verbindungen — soweit sie untersucht wurden — als unbedenklich. Nur mit Fettsäuren veresterte Polyglycerine werden von der DFG (1964c) als duldbar angesehen. — Polyglycerinester sind in verschiedenen Ländern zugelassen.

Monostearin-natriumsulfacetat

$$\begin{array}{l} CH_2{-}O{-}CO{-}(CH_2)_{16}{-}CH_3 \\ | \\ CH{-}OH \\ | \\ CH_2{-}O{-}CO{-}CH_2{-}SO_3Na \end{array}$$

1-Stearinsäure-3-sulfoessigsäureglycerid-Natriumsalz

Diese Verbindung wird als Antispritzmittel für Margarine in einer Konzentration von 5 g/kg angewandt. Auch das Distearat (1.2-Distearinsäure-3-sulfoessigsäureglycerid-Natriumsalz) eignet sich zu diesem Zweck.

Die Verbindung wurde von dem Food Standards Committee, London (1956), zur Zulassung empfohlen und in Klasse A (vgl. S. 1184) eingereiht. Sie ist in einigen Ländern als Emulgator zugelassen, in Deutschland jedoch verboten.

Polymerisierte und oxydierte Pflanzenöle

Diese Substanzen werden aus vegetabilischen Ölen durch Erhitzen auf etwa 200° C im Vakuum oder in einer Inertgas-Atmosphäre („thermisch polymerisierte Öle") bzw. durch Erhitzen unter gleichzeitigem Durchleiten von Luft („geblasene Öle") hergestellt. Hierbei entstehen Verbindungen von hoher Viscosität und ausgeprägtem Emulgiervermögen. Im Handel befindliche Präparate derartiger Emulgatoren sind z. B. „Homodan MO" (Mischung aus Mono-, Di- und Triglyceriden gehärteter eßbarer höherer Fettsäuren, teilweise umgeestert mit 10% raffiniertem, desodoriertem Sojaöl), „Homodan PT 006" (partiell mit dimerisiertem Sojaöl-Fettsäuren veresterte Polyglycerine) und „Oxystearin" (Mischung von Glyceriden teilweise oxydierter Ölsäure mit anderen oxydierten Fettsäuren).

Derartige Verbindungen werden als Emulgatoren und Antispritzmittel für proteinhaltige Margarine (3 g/kg), als Stabilisatoren für Trennemulsionen (30 g/kg) und als Mittel zur Verhinderung der Fettkristallisation in Salatöl bei der Kaltlagerung (1,25 g/kg) verwendet.

Von der DFG (1964c) werden Emulgatoren auf der Basis geblasener Pflanzenöle als duldbar angesehen, sofern bestimmte Bedingungen, besonders hinsichtlich des Gehalts an mehrfach ungesättigten Fettsäuren im zum „Blasen“ verwendeten Pflanzenöl und an Epoxiden erfüllt sind, und nicht mehr als 5 g/kg Emulgator dem Lebensmittel zugesetzt werden. — Emulgatoren auf der Basis polymerisierter und oxydierter Pflanzenöle sind in verschiedenen Ländern zugelassen.

Planta-Emulgator

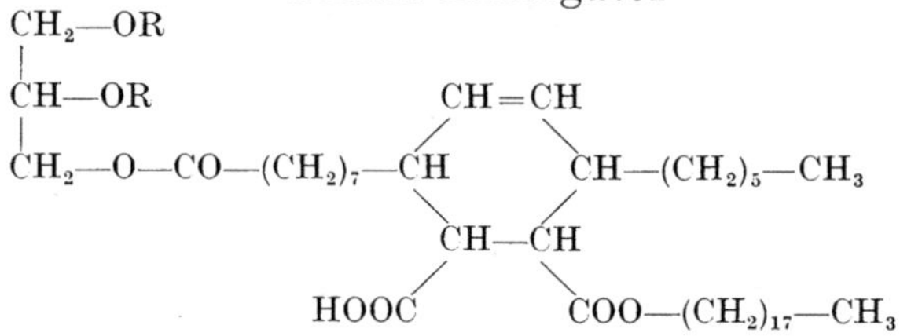

Typ des „Planta-Emulgators“

R = Fettsäure-Rest.

Obige Formel kennzeichnet den Hauptbestandteil des „Planta-Emulgators“, auch „Emulgator ME-18“ genannt. Die Herstellung erfolgt durch Kondensation von 9.11-Linolsäure enthaltendem isomerisiertem Sojaöl mit Maleinsäureanhydrid; die Carboxylgruppen der Maleinsäure sind partiell mit Stearylalkohol verestert.

Dieser Stoff ist als Emulgator für die Margarineherstellung geeignet und wurde früher in größerem Umfang hierfür angewandt.

Auf Grund von Tierversuchen konnten keine gesundheitlichen Bedenken gegen die Substanz erhoben werden. In neuerer Zeit wurde sie jedoch mit dem Auftreten der sog. „Bläschenkrankheit“ in Verbindung gebracht, von der aber neuerdings angenommen wird, daß sie nicht durch den Emulgator bedingt ist, sondern auf einer Virusinfektion beruht. Bis zur endgültigen Klärung ist die Verwendung des Planta-Emulgators unterbunden.

Zucker-Fettsäureester

Beispiel:

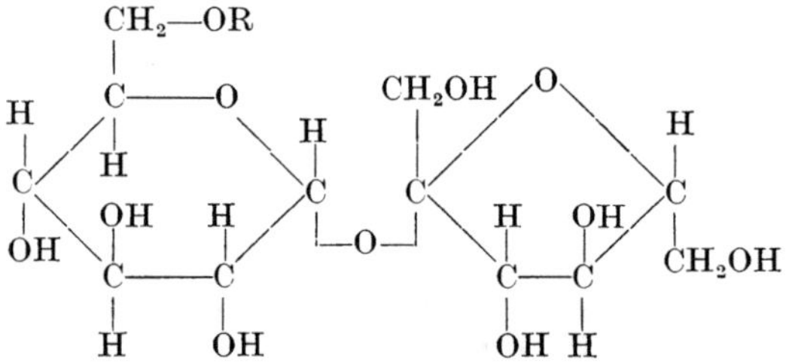

Saccharose-monofettsäureester

R = Laurinsäure-, Myristinsäure-, Palmitinsäure-, Stearinsäure-, Ölsäure-Reste.

Zuckerester sind Verbindungen von Saccharose oder Glucose mit ein oder zwei Fettsäure-Resten, die in 6- bzw. 3- und 6-Stellung an das Zuckermolekül gebunden sind. Zucker-Fettsäureester sind farblose bis gelbliche, geruchlose, leicht süßlich schmeckende mikrokristalline Substanzen. Die Mono-ester sind in Wasser und Äthanol, die Di-ester außerdem auch in Pflanzenölen löslich. — Die Herstellung des Saccharose-monofettsäureesters erfolgt durch Umesterung von Fettsäuremethylester mit Saccharose in Gegenwart eines Katalysators. Der Schmelzpunkt der 3-Stearoyl-D-glucose liegt bei 125—130° C, der der 6-Stearoyl-saccharose bei 60—75° C.

Zucker-Fettsäureester werden als Emulgatoren für Fettemulsionen, Schokolade, Süßwaren und Speiseeis verwendet. Sie erweisen sich als wirksames Agens zur

Weichhaltung der Brotkrume und verzögern das Altbackenwerden von Gebäck. Die Wirkung beruht auf der Bildung eines wasserunlöslichen Komplexes, der als Film das gequollene Stärkekorn umgibt und die Wasserverdunstung verhindert. Ferner bewirken sie bessere Löslichkeit von Kaffee-Extrakten, Eipulver, Kakaopulver und Trockenmilch; bei Margarine verhindern sie das Spritzen. Anwendungskonzentrationen 5–30 g/kg.

Zucker-Fettsäureester werden im allgemeinen als gesundheitlich unbedenklich angesehen. Von der DFG (1964c) werden gegen diese Verbindungen keine gesundheitlichen Bedenken erhoben, sofern der Gehalt an Lösungsmittelresten (Dimethylformamid) unter 50 mg/kg liegt.

In verschiedenen Ländern sind sie als Emulgatoren für Schokolade und Speiseeis zugelassen; in Deutschland sind sie derzeit nicht erlaubt.

Sorbitan-Fettsäureester (Spans)

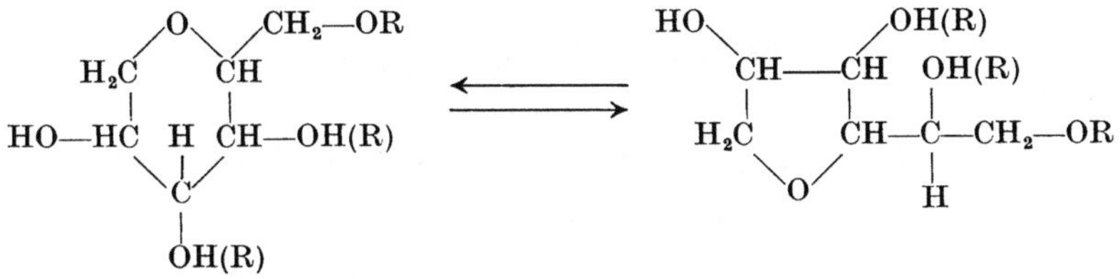

Typ eines Sorbitan-Fettsäureesters (pyranoide und furanoide Form im Gleichgewicht)
R = Laurinsäure-, Palmitinsäure-, Stearinsäure-, Ölsäure-Reste.

Sorbitan-Fettsäureester entstehen durch Veresterung von Sorbitan (Anhydrid des Sorbits, erhalten durch Wasserabspaltung in 1.4- oder 1.5-Stellung unter Bildung eines 5- bzw. 6gliedrigen Rings) mit höheren Fettsäuren. Diese Verbindungen sind im Handel unter der Bezeichnung „Spans“ bekannt, wobei die Art der Fettsäure durch eine angefügte Zahlenangabe gekennzeichnet wird (z. B. Span 20 = Monolaurinsäureester, Span 40 = Monopalmitinsäureester, Span 60 = Monostearinsäureester, Span 65 = Tristearinsäureester, Span 80 = Monoölsäureester).

Die Sorbitan-Fettsäureester finden in der Lebensmittelindustrie als Emulgatoren Verwendung. Sie dienen zur Verzögerung der Fettreifbildung bei Schokolade und Schokoladeüberzügen auf Süßwaren und Backwaren. Ferner wirken sie gegen das Altbackenwerden von Brot und Gebäck. Anwendungskonzentrationen von 6 bis 10 g/kg.

In den üblichen Anwendungskonzentrationen gelten Sorbitan-Fettsäureester im allgemeinen als unbedenklich. Sie werden zu einem hohen Prozentsatz aufgespalten und vom Körper verwertet. Die Verdaulichkeit im Organismus ist abhängig von der Fettsäurekomponente. Vom Food Standards Committee, London (1956), wurden Sorbitan-Fettsäureester in Klasse B_I (vgl. S. 1184) eingereiht und zur Zulassung empfohlen. Von der FAO/WHO (1964) wurden für Sorbitan-Fettsäureester (Monopalmitat, Monostearat und Tristearat) als Tageshöchstmenge ohne Einschränkung 25 mg/kg Körpergewicht (1,875 g für den Erwachsenen), bzw. bedingt 50 mg/kg Körpergewicht (3,75 g für den Erwachsenen) festgelegt (Werte berechnet als Sorbitanmonostearat).

Sorbitan-Fettsäureester sind in verschiedenen Ländern als Emulgatoren und Stabilisatoren für Lebensmittel zugelassen; in Deutschland dürfen sie nicht verwendet werden.

Polyoxyäthylene (Polyäthylenglykole)

$$HO{-}CH_2{-}CH_2{-}\left[O{-}CH_2{-}CH_2\right]_n{-}OH$$

Polyoxyäthylen

Polyoxyäthylene sind Kondensationsprodukte des Äthylenglykols. Die mittleren Molekulargewichte liegen zwischen 200 und 12000. Bis zu einem Molekulargewicht von etwa 600 sind die Produkte flüssig, darüber wachsartig. Die Schmelzpunkte liegen zwischen —20° C und + 65° C. Polyoxyäthylene sind in Wasser und Äthanol löslich; die Löslichkeit in Wasser nimmt mit zunehmendem Molekulargewicht ab; beständig gegen Säuren, Salze und Hitzeeinwirkung. — Polyoxyäthylene werden durch Anlagerung von Oxyäthylen (Äthylenoxid) an

Äthylenglykol gewonnen. Im Handel finden sie sich unter den Bezeichnungen „Carbowax“, „Polywachse“, „Polydiole“ u. a.

Die flüssigen Typen finden als Glycerinersatz Verwendung, z. B. zur Feuchthaltung von Lebensmitteln; die höhermolekularen können als Emulgatoren fungieren. 1%ige Lösungen von „Carbowax“ werden als Tauchmittel und Träger wachstumsregulierender Substanzen bei Obst verwendet. Polyoxyäthylene werden auch als Schaumstabilisatoren für Bier vorgeschlagen. Sie werden jedoch hauptsächlich für kosmetische und pharmazeutische Zwecke, weniger in der Lebensmittelindustrie verwendet. Feste Polyoxyäthylene dienen auch als Überzugsmasse und Bindemittel für tablettierte Lebensmittel sowie als Überzugsmasse für Natriumnitrit zur Verhinderung der Wasseraufnahme.

Über das physiologische Verhalten der Polyoxyäthylene ist noch wenig bekannt. Im allgemeinen wird ihre Toxicität als gering bezeichnet. — In Deutschland sind sie nicht zugelassen.

Polyoxyäthylenstearate

Beispiel:

$$HO{-}CH_2{-}CH_2{-}\left[O{-}CH_2{-}CH_2\right]_n{-}O{-}CO{-}(CH_2)_{16}{-}CH_3$$

Polyoxyäthylen-monostearat

Polyoxyäthylenstearate sind Polyoxyäthylene (Polyäthylenglykole), die an einer oder beiden der endständigen OH-Gruppen mit Stearinsäure verestert sind (Mono- bzw. Distearate). Die Anzahl der Äthylenoxid-Bausteine variiert zwischen etwa 8 und 400, wodurch auch die physikalischen Eigenschaften in weiten Grenzen schwanken. Handelsbezeichnungen sind „Myrj“, „POEMS“, „Sta-soft“ u. a. Myrj 45 z. B. ist eine Mischung aus etwa 30% Polyoxyäthylenmonoester, 50% Di-ester und 20% freiem Polyoxyäthylen mit einem Anteil von etwa 45% Fettsäure und 55% Äthylenoxid. Es stellt eine weiße wachsartige Masse vom Schmelzintervall 25—29° C dar. — Die Herstellung der Polyoxyäthylenstearate erfolgt durch Veresterung von Polyoxyäthylenen mit Stearinsäure oder durch Behandlung von Stearinsäure mit Äthylenoxid.

Polyoxyäthylenstearate haben emulgierende Wirkung; in einer Konzentration von etwa 10 g/kg eignen sie sich zur Verzögerung der sog. Fettreifbildung bei Schokolade. Ferner werden sie als Mittel gegen das Altbackenwerden von Brot und Gebäck angewandt (2,5—10 g/kg). Darüber hinaus werden sie empfohlen für Speiseeis, gefrorene Milchprodukte (1 g/kg) und andere Lebensmittel.

Die Verträglichkeit der Polyoxyäthylenstearate wird unterschiedlich beurteilt. Von dem Food Standards Committee, London (1956), wurden sie in Klasse B_{II} (vgl. S. 1184) eingereiht. Auch nach Feststellung des Food Protection Committee, USA (1953), haben die — sehr umfangreichen — toxikologischen Untersuchungen nicht den Beweis erbracht, daß Polyoxyäthylenstearate unschädlich sind. Andererseits wurden von der FAO/WHO (1964) für Polyoxyäthylen(40)-stearat und Polyoxyäthylen(8)-stearat als Tageshöchstmenge ohne Einschränkung 25 mg/kg Körpergewicht (1,875 g für den Erwachsenen) bzw. bedingt 50 mg/kg Körpergewicht (3,75 g für den Erwachsenen) festgelegt.

Eine ursprüngliche Zulassung in den USA als Emulgator und Stabilisator für Brot und Gebäck wurde auf Grund dieser Situation wieder zurückgezogen. Auch in Deutschland sind Polyoxyäthylenstearate nicht zugelassen.

Polyoxyäthylen-sorbitan-Fettsäureester (Tweens)

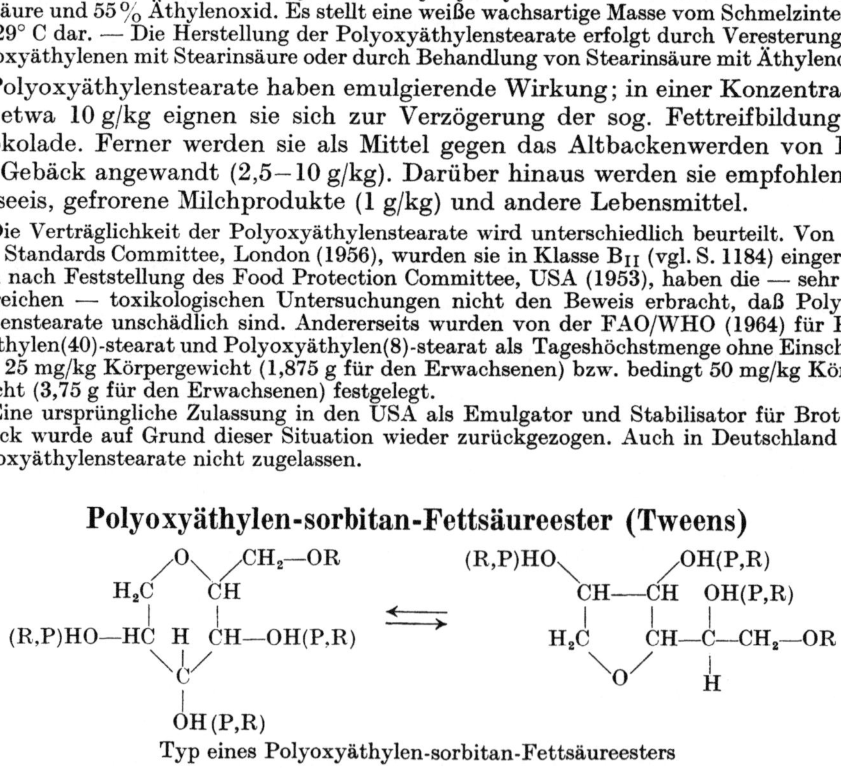

Typ eines Polyoxyäthylen-sorbitan-Fettsäureesters

R = Laurinsäure-, Palmitinsäure-, Stearinsäure-, Ölsäure-Reste.
P = Polyoxyäthylen-Ketten.

Polyoxyäthylen-sorbitan-Fettsäureester sind Ester von Fettsäuren und Sorbit-Anhydriden, bei denen die freien OH-Gruppen teilweise mit Polyoxyäthylen veräthert sind. Im Handel finden sich derartige Präparate unter dem Namen „Tweens“ oder „Polysorbate“. Die Art der Fettsäure läßt sich aus der Zahl hinter der Bezeichnung erkennen (z. B. Tween 20 = Monolaurinsäureester, Tween 40 = Monopalmitinsäureester, Tween 60 = Monostearinsäureester, Tween 65 = Tristearinsäureester, Tween 80 = Monoölsäureester, Tween 85 = Triölsäureester). Die Polyoxyäthylenkette besteht im allgemeinen aus 20 Äthylenoxidgliedern.

Die „Tweens“ werden als Emulgatoren für Lebensmittel verwendet. Sie dienen zur Verzögerung der Fettreifbildung bei Schokolade (2,5–5 g/kg). Die Löslichkeit von Milchpulver wird durch Zugabe von Tween erhöht. Sie finden ferner Verwendung als Emulgatoren für pflanzliche Öle (4 g/kg), für fetthaltige Kuchenmischungen und -füllungen (4,5 g/kg), ferner als Lösungsvermittler und als Hilfsstoff bei der Herstellung von Trockenhefe zur Entschäumung.

Polyoxyäthylen-sorbitan-Fettsäureester werden im allgemeinen als gesundheitlich unbedenklich angesehen. Von der FAO/WHO (1964) wurden für Polyoxyäthylen-sorbitan-Fettsäureester (Monolaurat, Monooleat, Monopalmitat, Monostearat, Tristearat) als Tageshöchstmenge ohne Einschränkung 25 mg/kg Körpergewicht (1,875 g für den Erwachsenen) bzw. bedingt 50 mg/kg Körpergewicht (3,75 g für den Erwachsenen) festgelegt (Werte bezogen auf gesamte Polyoxyäthylenaufnahme). — Sie sind in verschiedenen Ländern als Emulgatoren und Stabilisatoren zugelassen. In Deutschland ist die Verwendung in Lebensmitteln nicht erlaubt.

Saponine

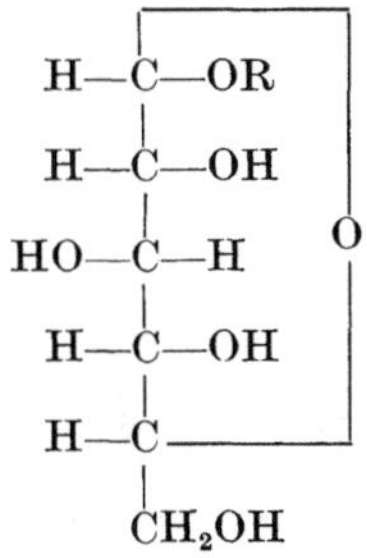

Typ eines Saponins (α-D-Glucose-glykosid)

R = cyclisches Aglykon (Steroid-Rest, Triterpen-Rest).

Saponine sind Pflanzenglykoside, deren durch Säurehydrolyse erhältliche Aglykone dem Steroid- oder dem Triterpentyp angehören. In den Glykosiden ist der Zucker wahrscheinlich an die OH-Gruppe am C-3 des Aglykons geknüpft. Saponine kommen in der Natur vor, z. B. in Roßkastanien, Zuckerrüben, Kornrade, Digitalis, Panama-Rinde, Seifenwurzeln *(Saponaria officinalis)* u. a. Mit heißem Wasser bilden sie kolloide seifenartige Lösungen, die stark oberflächenaktiv sind und beträchtlich schäumen.

Saponine werden als Zusatz zu Speiseeis, als Schaumstabilisatoren z. B. für Schlagrahm, Faßbrause und Bier sowie als Zusatz zu türkischem Honig empfohlen. Die Hauptanwendung der Saponine liegt jedoch auf kosmetischem und pharmazeutischem Gebiet.

Die physiologischen Eigenschaften der Saponine hängen von ihrer Art ab, die je nach Herkunft verschieden ist; man findet teilweise hochtoxische Stoffe darunter. Aus Seifenwurzeln gewonnene Saponine dürften den Erfordernissen der Lebensmittelchemie noch am ehesten entsprechen. — In Deutschland ist die Verwendung von Saponinen für Lebensmittel nicht zugelassen.

Bibliographie

über grenzflächenaktive Stoffe

Deutsche Forschungsgemeinschaft (DFG), Kommission zur Prüfung fremder Stoffe bei Lebensmitteln (Fremdstoff-Kommission): Mitteilung I (1964a).
— — Mitteilung II (1964b).
— — Unveröffentlichte Beschlüsse (1964c).

Deutsche Forschungsgemeinschaft (DFG), Kommission zur Prüfung der Lebensmittelkonservierung: Tätigkeitsbericht. Zit. in Z. Lebensmittel-Untersuch. u. -Forsch. **124**, 120—122 (1964d).

Emulsions and detergents: Hrsg. v. d. Union Carbide Chemicals Comp. New York 1961.

Food Protection Committee des *Food and Nutrition Board:* The safety of mono- and diglycerides for use as intentional additives in foods. Publ. 251. Washington, D.C., 1952.

— The safety of polyoxyethylene stearates for use as intentional additives in foods. Publ. 280. Washington, D.C., 1953.

— The relation of surface activity to the safety of surfactants in foods. Publ. 463. Washington, D.C., 1956.

Food Standards Committee: Report on emulsifying and stabilising agents. London: Her Majesty's Stationary Office 1956.

Gawalek, G.: Wasch- und Netzmittel. Berlin: Akademie Verlag 1962.

Joint FAO/WHO Expert Committee on Food Additives: Specifications for the identity and purity of food additives and their toxicological evaluation: Emulsifiers, stabilizers, bleaching and maturing agents. 7. Bericht. Genf 1964.

Kofler, L.: Die Saponine. Wien: J. Springer 1927.

Lange, W.: Stabilisatoren und Emulgatoren für Speiseeis. Garmisch-Partenkirchen: Moser-Verlag 1950.

Lindner, K.: Tenside — Textilhilfsmittel — Waschrohstoffe. Bd. **1** und **2**. 2. Aufl. Stuttgart: Wiss. Verlagsges. 1964.

Lüttgen, C.: Organische und anorganische Wasch-, Bleich- und Reinigungsmittel. Heidelberg: Straßenbau, Chemie und Technik Verlagsges. 1952.

Manegold, E.: Emulsionen. Heidelberg: Straßenbau, Chemie und Technik Verlagsges. 1952.

Manneck, H.: Desinfektionsseifen und Waschmittel. Garmisch-Partenkirchen: Moser-Verlag 1959.

McCutcheon, W.: Synthetic Detergents. New York: Mac Nair-Dorland Comp. 1950.

Mohr, W.: Die Reinigung und Desinfektion in der Milchwirtschaft. Hildesheim: Milchwirtschaftl. Verlag Th. Mann 1954.

Moilliet, J. L., B. Collie and W. Black: Surface activity — The physical chemistry, technical applications and chemical constitution of synthetic surface-active agents. 2. Aufl. London: E. u. F. N. Spon 1961.

Niven, W. M.: Industrial detergency. New York: Reinhold Publ. Corp. 1955.

Rogner, H., W. Kling u. H. Wedell: Reinigungsmittel. In: Ullmanns Encyklopädie der technischen Chemie. 3. Aufl. Bd. **14**, S. 649—658. München-Berlin: Urban & Schwarzenberg 1963.

Rosen, M. J., and H. A. Goldsmith: Systematic analysis of surface-active agents. New York: Interscience Publishers 1960.

Schwartz, A. M., J. W. Perry and J. Berch: Surface active agents and detergents. New York: Interscience Publishers. Bd. **1**, 1949; Bd. **2**, 1958.

Sisley, J. P., and P. J. Wood: Encyclopedia of surface-active agents. New York: Chemical Publ. Co. 1962.

Snatzke, G., R. Tschesche u. H. Oettel: Saponine. In: Ullmanns Encyklopädie der technischen Chemie. 3. Aufl. Bd. **15**, S. 85—91. München-Berlin: Urban & Schwarzenberg 1964.

Stauff, J.: Emulsionen. In: Ullmanns Encyklopädie der technischen Chemie. 3. Aufl. Bd. **6**, S. 500—516. München-Berlin: Urban & Schwarzenberg 1955.

Stüpel, H.: Synthetische Wasch- und Reinigungsmittel. Stuttgart: Konradin-Verlag R. Kohlhammer 1954.

Tenside: Zeitschrift für Physik, Chemie und Anwendung grenzflächenaktiver Verbindungen. München: Carl Hanser; ab Sept. 1964.

Zeitschriftenliteratur

Aylward, F.: Surface-active substances in food processing — some biochemical and pharmacological aspects. Chem. and Industr. **1959**, 524—530.

Babayan, V. K., H. Kaunitz and C. A. Slanetz: Nutritional studies of polyglycerol esters. J. amer. Oil Chem. Soc. **41**, 434—437 (1964).

Birkmeier, R. L., and J. D. Brandner: Composition of polyoxyethylene (8) stearate. J. agric. Food Chem. **6**, 471—475 (1958).

Coppock, J. B. M.: Chemical additives and adulterants in food. Brit. J. Nutr. **5**, 383—392 (1951).

Crossland, L. B., and H. K. Beasley: Whipping emulsification. Food Engin. **25**, Nr. 6, 77 und 112 (1953).

Dahle, C. D.: Commercial ice cream manufacture. Circular Pa. State Coll., School of Agric. **1948**, Nr. 277, 1—32.

EAGLE, E., and C. E. POLING: The oral toxicity and pathology of polyoxyethylene derivatives in rats and hamsters. Food Res. **21**, 348—361 (1956).
FEUGE, R. O.: Acetoglycerides — New fat products of potential value to the food industry. Food Technol. **9**, 314—318 (1955).
GRAEFE, G.: Verbesserung der Qualität und Lagerfähigkeit von Süßwaren durch Sorbit. Int. Fachschr. Schokolade-Industr. **10**, 241—243 (1955).
— Sorbit und seine Eignung für die Süßwarenherstellung. Zucker- u. Süßwaren-Wirtsch. 8, 144—147 (1955).
GREUP, D. H.: Die Wirkung von Fetten und Emulgatoren im Brotteig. Ihr Einfluß auf die Haltbarkeit von Brot. [Holländisch] Conserva **2**, 352—357 (1953/54).
HARPER, B. E.: Glyceryl monostearate in the baking industry. Food Manufact. **28**, 429—432 (1953).
HUNT, F. E., and M. E. GREEN: Physical properties of cake as affected by method of butter manufacture and addition of an emulsifying agent. Food Technol. **9**, 241—246 (1955).
KLING, W.: Wasserlösliche grenzflächenaktive Stoffe. Angew. Chem. **65**, 201—212 (1953).
MONCRIEFF, R. W.: Stabilizing fruit drinks. Food **22**, 498—499 (1953).
OSER, B. L., and M. OSER: Nutritional studies on rats on diets containing high levels of partial ester emulsifiers. J. Nutr. **60**, 367—390, 489—505 (1956); **61**, 149—166, 235—252 (1957).
OTEY, F. H., and C. L. MEHLTRETTER: Preparation of 3-stearoyl-D-glucose, a bread-softening agent. J. amer. Oil Chem. Soc. **35**, 455—457 (1958).
PARDUN, H.: Zusatzstoffe der Margarine. Fette, Seifen, Anstrichmittel **65**, 25—35 (1963).
POLING, C. E., E. EAGLE and E. E. RICE: Effects of feeding polyoxyethylene preparations to rats and hamsters. Food Res. **21**, 337—347 (1956).
POTTER, F. E., and D. H. WILLIAMS: Stabilizers and emulsifiers in ice cream. Milk Plant Monthly **39**, 76—78 (1950).
SPITERI, J., et J. CASTANG: L'emulgator ME 18. Ann. Falsif. Expert. chim. **54**, 169—176 (1961).
STAFF, F.: Gum type stabilizers. Perform new vital functions. Food Engin. **25**, Nr. 6, 105—108 (1953).
WACHS, W., u. C. HEINE: Darstellung von Monoglyceriden ungesättigter Fettsäuren mit Hilfe der Molekulardestillation und Untersuchung ihrer emulgierenden Eigenschaften. Fette, Seifen, Anstrichmittel **54**, 760—762 (1952).
WIEGERSHAUSEN, B., u. D. KUPKE: Zur Pharmakologie der Tweens. I. Die Wirkung von Tween 80 auf periphere Gefäßgebiete. Acta biol. med. germanica **1**, 249—258 (1958).
WURZIGER, J., u. W. GEHBAUER: Beiträge zur Untersuchung und lebensmittelrechtlichen Beurteilung von Emulgatoren. Fette, Seifen, Anstrichmittel **63**, 523—527 (1961).

Vgl. auch die auf S. 1065 zitierten Abhandlungen über Fremdstoffe! — Literatur über Lecithine vgl. S. 1177.

3. Sonstige Stoffe mit physikalischer Wirkung

Kondensierte Phosphate (Polyphosphate)

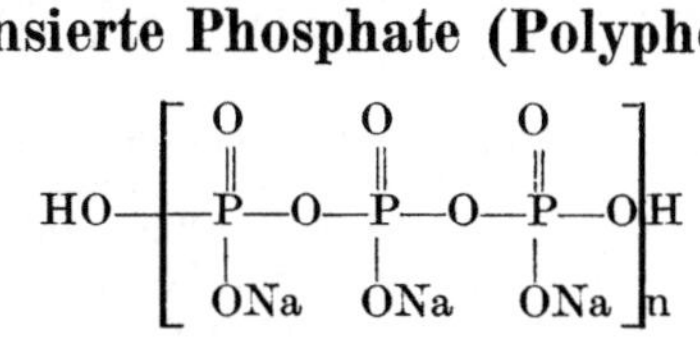

Grahamsches Natriumpolyphosphat $[(NaPO_3)_n \cdot H_2O]$

Unter kondensierten Phosphaten versteht man die kettenförmigen Kondensationsprodukte der Monophosphorsäure mit einem Kondensationsgrad zwischen 2 und 10^5, ferner die ringförmigen Metaphosphate („Cyclophosphate") mit dem Kondensationsgrad 3—8 sowie vernetzte Polyphosphate. — In der Lebensmittelindustrie werden nur die kettenförmigen Polyphosphate mit Kondensationsgraden zwischen 2 und etwa 4600 verwendet. Sie werden eingeteilt in Oligophosphate und höhere Polyphosphate. Ringförmige Metaphosphate werden an sich nicht verwendet; sie kommen aber in geringen Mengen (bis etwa 8%) als technisch unvermeidbare Begleitstoffe der kettenförmigen Polyphosphate vor.

Oligophosphate. Beispiele sind *Dinatriumdihydrogen-diphosphat* $Na_2H_2P_2O_7$ (früher „saures Natriumpyrophosphat" genannt); weißes kristallines Pulver, leicht löslich in Wasser, pH der 1%igen Lösung 4,2. *Tetranatrium-diphosphat* $Na_4P_2O_7$ (= „neutrales Natriumpyrophosphat"); weißes kristallines Pulver, löslich in Wasser, pH der 1%igen Lösung 10,2. *Pentanatrium-triphosphat* $Na_5P_3O_{10}$; weißes kristallines Pulver, löslich in Wasser, pH der 1%igen Lösung 9,8.

Höhere Polyphosphate. Beispiele sind *Grahamsches Natriumpolyphosphat* (n = 20—300); weißes hygroskopisches, glasartig amorphes Pulver, leicht löslich in Wasser, pH der 1%igen Lösung 6,0. *Kurrolsches Kaliumpolyphosphat* (n bis etwa 4600); kristallines asbestähnliches Pulver, unlöslich in Wasser, bei Zugabe von Elektrolyten viscos löslich. — In der Natur finden sich Polyphosphate als Bestandteile von Hefen, Algen und Pilzen.

Die Wirkung der Polyphosphate beruht im wesentlichen auf einer Peptisation kolloider Bestandteile, wobei zusätzliche Effekte, wie z. B. Dispergierung, Emulsionsstabilisierung und Proteinadsorption mit evtl. sekundär auftretenden Quellungserscheinungen noch eine wichtige Rolle spielen. Wichtigstes Anwendungsgebiet in der Lebensmittelindustrie ist die Schmelzkäseherstellung, wo neben Monophosphaten vor allem die Polyphosphate zur Verhinderung der Entmischung der Käsebestandteile dienen (25–35 g/kg) („Joha-" und „Solva-"Salze). Ferner werden sie zur Verhinderung der Blutgerinnung (5–10 g/kg) und als Zusatz zur Milch bei der Kondensmilchherstellung (2–5 g/kg, bezogen auf Kondensmilch) verwendet. Bedeutungsvoll ist auch die Verwendung bei der Brühwurstherstellung (optimale Zusatzmenge etwa 3 g/kg). Bei abgelagertem Fleisch kann durch den Polyphosphatzusatz („Fibrisol": spezifische Mischung von Oligophosphaten; „Plasmal": Kombination von nieder- und hochmolekularen Polyphosphaten) eine Eiweißreaktivierung in Richtung auf den Zustand eines schlachtfrischen Fleisches im Brät erreicht werden. Bei Brühwürsten werden – in Abhängigkeit von der Temperatur – 25–65% des zugesetzten Polyphosphats zu Monophosphat hydrolysiert. Polyphosphate üben auch einen günstigen Einfluß auf Gelee-Absonderung, Konsistenz, Färbung, Aroma und Schnittbild von Dosenschinken aus. Sie dienen ferner als Mittel gegen Weinsteinausscheidung und gegen Metalltrübungen in Wein („Rapidschönung"), zur Verhinderung des Ausflockens von naturtrüben Fruchtsäften (0,5 g/l) und als Zusatz zu Speiseeis (0,5 g/kg). – Über die Verwendung als Synergisten vgl. S. 1176.

In gesundheitlicher Hinsicht sind gegen Phosphorsäure keine Bedenken zu erheben. Auch Monophosphate, Diphosphate und höher kondensierte Polyphosphate gelten in den Anwendungsmengen als unbedenklich. Im Organismus werden Polyphosphate zum Teil unverändert ausgeschieden; ein Teil wird zu resorbierbarem Monophosphat abgebaut. — Von der DFG (1964c) werden Natrium-, Kalium- und Calciumsalze der Mono- und Diphosphorsäure als duldbar angesehen; linear kondensierte Natriumphosphate mit einem Kondensationsgrad über 2 gelten laut DFG (1964a) ebenfalls als duldbar. Für Mono- und Polyphosphate wurden von der FAO/WHO (1964) als Tageshöchstmenge ohne Einschränkung 30 mg/kg Körpergewicht (2,25 g für den Erwachsenen) bzw. bedingt 70 mg/kg (5,25 g für den Erwachsenen) festgelegt, sämtliche Zahlen berechnet als Phosphor; die Zahlenwerte beziehen sich auf zugesetzten *und* natürlich vorkommenden P.

In Deutschland sind Natrium-, Kalium- und Calciumdiphosphate [neben Monophosphaten (vgl. S. 1176)] auf Grund der Allgemeinen Fremdstoff-VO ohne Mengenbegrenzung zugelassen. Ferner sind Polyphosphate für die Schmelzkäseherstellung auf Grund der Käse-VO in einer Konzentration von 35 g/kg verarbeitete Rohware zugelassen. Die Verwendung von Polyphosphaten bei Fleischwaren ist in vielen Ländern gestattet, in Deutschland jedoch derzeit verboten.

Silicone (Organopolysiloxane)

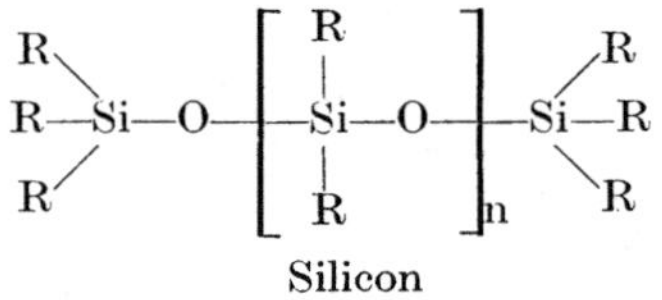

Silicon

Methylsilicone: R = $—CH_3$.
Phenylsilicone: R = $—C_6H_5$.

Die Herstellung erfolgt aus Silicium und Alkyl- bzw. Arylchlorid, wobei Organosiliciumchloride entstehen, die dann zu Organosilanolen hydrolysiert und zu Organopolysiloxanen kondensiert werden. — Organopolysiloxane weisen linearpolymere (vgl. Formel), daneben auch flächenförmig oder räumlich vernetzte oder verzweigte Struktur auf. Die für die Lebensmittelindustrie in Betracht kommenden Organopolysiloxane sind ölige bis pastenförmige Substanzen von unterschiedlicher Viscosität und hoher chemischer und thermischer Beständigkeit.

Das Hauptanwendungsgebiet der Silicone liegt auf technischem Gebiet (z. B. als Trennemulsionen, Hydrauliköl, Schmiermittel, Imprägniermittel u. dgl.). Auf dem Lebensmittelsektor dienen die Silicone als Antischaummittel, z. B. bei der Abfüllung von Getränken, der Konzentrierung zuckerhaltiger Säfte, der Herstellung von Zucker, Kaugummi und Gelatine, der Kochung von Krabben an Bord (um eine höhere Kochtemperatur zu erzielen). Ferner werden sie als Trennmittel für Backwaren (Einstreichmittel für Backbleche) und als Trübungsstabilisatoren für Erfrischungsgetränke verwendet. Bei der bestimmungsgemäßen Verwendung verbleiben in den Lebensmitteln Rückstände an Organopolysiloxanen von 0,25—10 mg/kg.

In den Anwendungskonzentrationen dürften Silicone keine Gefährdung für die menschliche Gesundheit darstellen. Vom Food Standards Committee, London (1956), wurden Methylpolysiloxane und Methylphenylpolysiloxane in Klasse B_I (vgl. S. 1184) eingereiht und zur Zulassung empfohlen. Von der DFG (1964a) werden Silicone als nicht duldbar angesehen.

Tannin

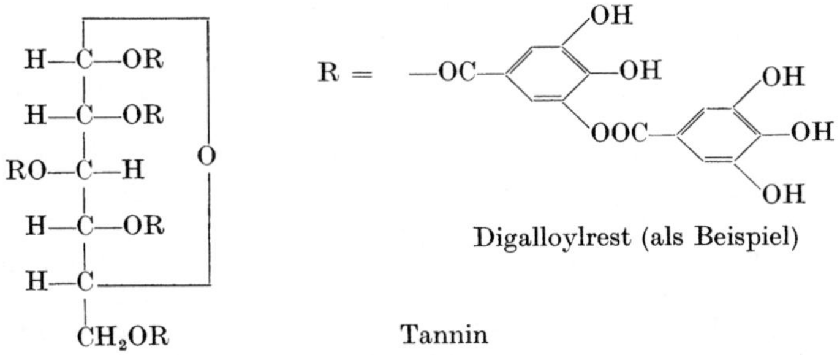

Tannin

Tannin (Gerbsäure, Gallusgerbsäure, Gallotannin) ist ein uneinheitliches Gemisch verschiedenartig galloylierter Glucosen, wobei die fünf Hydroxylgruppen der Glucose mit Gallussäure, m-Digallussäure oder Trigallussäure verestert sind und im Mittel auf jedes Zuckermolekül 6—9 Gallussäurereste entfallen. Es stellt ein weißes oder schwach gelbliches amorphes Pulver von adstringierendem Geschmack dar. In Wasser ist Tannin leicht löslich unter Bildung kolloider Lösungen von schwach saurer Reaktion; löslich auch in Äthanol und Glycerin, unlöslich in Äther. Eiweißlösungen werden durch Tannin gefällt, worauf auch seine Verwendung beruht. Tannin kommt hauptsächlich in Gallen von *Quercus*-Arten vor.

In der Lebensmittelindustrie findet Tannin praktisch ausschließlich als Klärmittel für Bier, Wein und Essig Verwendung. Die Anwendungskonzentrationen liegen bei etwa 0,1 g/l.

Außerhalb der Lebensmittelindustrie wird Tannin in großem Umfang in der Gerberei, der pharmazeutischen Industrie, der Färberei und der Textilindustrie benötigt. — Tannin ist in Deutschland als Weinschönungsmittel zugelassen.

Phytinsäure

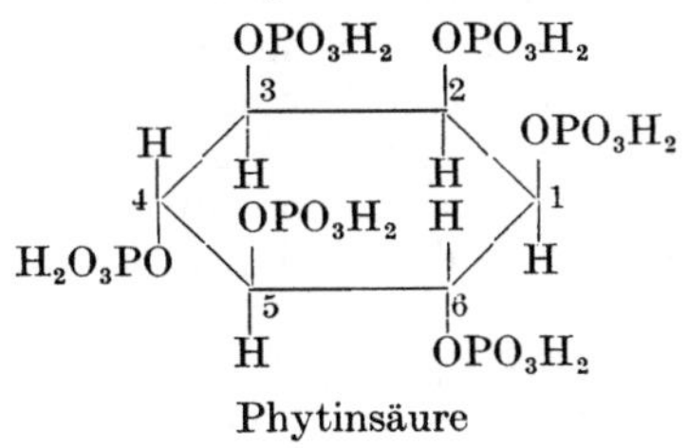

Phytinsäure

Phytinsäure ist der Phosphorsäureester des meso-Inosits. Sie kommt im Pflanzenreich bevorzugt in Form ihres Ca-Mg-Salzes (Phytin) vor, besonders reichlich in Getreide- und Ölsamen. Phytinsäure stellt ein weißes geruchloses Pulver dar; Verwendung findet vor allem das Calciumphytat; im Handel unter der Bezeichnung „Aferrin".

Das wichtigste Anwendungsgebiet ist die Weinschönung: Entfernung von Eisen durch Bildung eines schwerlöslichen Komplexes. 200 mg/l entfernen etwa 0,2 mg Fe. Geruch, Geschmack und Zusammensetzung des Weins werden dadurch nicht beeinträchtigt, jedoch wird darauf hingewiesen, daß die Eisenfällung nicht immer vollständig ist und die Gefahr späterer Trübung besteht. Ferner sollen die durch metallische Verunreinigungen hervorgerufenen Wertminderungen von Speisefetten durch Phytinsäure bzw. Phytate reduziert werden.

Die Verwendung der Phytinsäure zur Weinschönung ist in einigen Ländern gestattet; in Deutschland ist sie nicht zugelassen.

Mehrwertige Alkohole (Polyole)

Hierzu gehören Äthylenglykol (Glykol, Äthandiol) $CH_2OH—CH_2OH$, Sdp: 197,4° C; 1.2-Propylenglykol (1.2-Propandiol) $CH_3—CHOH—CH_2OH$, Sdp: 185—189° C; 1.3-Butylenglykol (1.3-Butandiol) $CH_2OH—CH_2—CHOH—CH_3$, Sdp: 207—209° C; Glycerin $CH_2OH—CHOH—CH_2OH$, Sdp: etwa 290° C; Diäthylenglykol $CH_2OH—CH_2—O—CH_2—CH_2OH$, Sdp: etwa 245° C; D-Sorbit $CH_2OH—[CHOH]_4—CH_2OH$, Smp: 96—97,5° C.

Die Polyole sind wasserlöslich und stark hygroskopisch. — Von ihnen kommt Sorbit in der Natur in den Früchten des Vogelbeerbaumes *(Sorbus aucuparia)* vor; synthetisch kann er aus Traubenzucker gewonnen werden. Im Handel findet sich Sorbit unter den Bezeichnungen „Sionon", „Karion" u. a.

Glykole und Glycerin werden hauptsächlich als Feucht- und Weichhaltungsmittel bei Lebensmitteln (z. B. Süßwaren) verwendet. Außerdem wurden bestimmte Glykole zur Verbesserung der Schlagfähigkeit von Eiweiß (1 g/kg) vorgeschlagen. Die Polyolverbindungen und ihre Äther sind gute Lösungsmittel für Aromen und Farbstoffe. Sorbit findet neben der Verwendung als Diäteticum (Süßungsmittel für Diabetiker) ebenfalls als Feucht- und Weichhaltungsmittel, z. B. für Süßwaren, Verwendung (50–150 g/kg). Außerdem sollen kleine Mengen Sorbit die durch Kupfer oder Eisen bedingten Verfärbungen bei Wein sowie infolge komplexbildender Eigenschaften die Autoxydation von Fetten verhindern.

Die Glykole weisen unterschiedliche Toxicität auf. In gesundheitlicher Hinsicht wird das 1.2-Propylenglykol als das harmloseste Glykol angesehen. Sorbit ist gesundheitlich unbedenklich; 98% der oral aufgenommenen Verbindung werden im Organismus in Glykogen umgewandelt. Von der FAO/WHO (1964) wurden für Propylenglykol als Tageshöchstmenge ohne Einschränkung 20 mg/kg Körpergewicht (1,5 g für den Erwachsenen) festgelegt; als bedingt zulässig wird eine Tagesaufnahme in doppelter Höhe angegeben. Für Sorbit wurde eine Tageshöchstmenge ohne Einschränkung von 150 mg/kg Körpergewicht festgelegt (11,25 g für den Erwachsenen); auf die Angabe einer bedingt zulässigen Tageshöchstmenge wurde hier verzichtet.

Distickstoffoxid

Distickstoffoxid (Lachgas, Stickoxydul) N_2O ist in hohen Konzentrationen ein bekanntes Narkosemittel, besonders in der Zahnheilkunde.

Auf lebensmitteltechnologischem Gebiet wird Distickstoffoxid als Verschäumungsmittel bei der Schlagsahneherstellung in bestimmten Verschäumungsapparaten verwendet. In der genußfertigen Schlagsahne verbleiben etwa 0,4 Gew.-%, entsprechend etwa 200 ml N_2O in 100 g Sahne. Die Standfestigkeit von mit N_2O verschäumter Sahne ist geringer als die einer mit Luft geschlagenen; Zugabe von 15% Octafluorcyclobutan („Freon C 318" bzw. „Frigen C 318") soll diesen Nachteil verhindern.

In gesundheitlicher Hinsicht erscheinen die bei bestimmungsgemäßer Verwendung vorliegenden Restmengen an N_2O ohne Bedeutung. Von der DFG (1964c) werden keine Bedenken gegen die Verwendung von N_2O erhoben unter der Voraussetzung, daß die verwendeten Einzelbehältnisse nicht mehr als 10 g N_2O enthalten. — Die Verwendung zur Verschäumung der Schlagsahne ist in einigen Ländern zugelassen; in Deutschland ist sie derzeit nicht erlaubt.

Bromierte Öle

Bromierte Öle werden durch Bromierung pflanzlicher Öle gewonnen; vornehmlich werden hierfür Erdnuß-, Oliven-, Sesam-, Pfirsichkern-, Aprikosenkern-, Mandel- oder Sojaöl herangezogen. Ihre Wirkung als Emulsions-Stabilisatoren beruht auf einer Angleichung des spezifischen Gewichts ätherischer Öle an das der wäßrigen Phase, wodurch ein „Aufrahmen" des ätherischen Öls verhindert wird. Die Verwendung erstreckt sich hauptsächlich auf die Stabilisierung alkoholfreier Erfrischungsgetränke. Anwendungskonzentrationen von 0,3 bis 0,5 g/l.

In gesundheitlicher Hinsicht liegen noch keine ausreichenden Untersuchungen vor, um ein endgültiges Urteil zu geben. Vom Food Standards Committee, London (1956), wurden bromierte eßbare Pflanzenöle in Klasse B_I (vgl. S. 1184) eingereiht und als unbedenklich bezeichnet. — In einigen Ländern ist die Verwendung zugelassen, in Deutschland dagegen verboten.

Weitere Verbindungen mit physikalischer Wirkung

Eine Reihe von Verbindungen dient besonderen Verwendungszwecken: *Polyvinylalkohol* HOHC=CH—$[CH_2$—$CHOH]_n$—CH=CHOH eignet sich zur Verhinderung grober Kristallbildung bei Speiseeis. — *Trihydroxyglutarsäure* HOOC—$[CHOH]_3$—COOH soll als Emulgiermittel bei der Schmelzkäseherstellung besser wirken als Phosphate, Citrate oder Tartrate. — *Natriumlaurylsulfat* CH_3—$(CH_2)_{10}$—CH_2—O—SO_3Na, weißes oder leicht gelbliches kristallines Pulver, ist in USA als Emulgator für Eiereiweiß mit einer Toleranz von 125 mg/kg zugelassen. — *Maleinsäure* HOOC—CH=CH—COOH, weißes kristallines Pulver, Smp 130,5° C, wird Äpfeln vor dem Entsaften zugesetzt. Sie dient zur Klärung der daraus hergestellten Säfte; bei Zugabe von Calciumsalzen zum Saft fällt Calciummaleinat aus, welches die Trübstoffe mitreißt. — Die *Enzyme* Papain und Pepsin wurden als Stabilisatoren für Bier zur Erhaltung von Schaum, Farbe und Geschmack vorgeschlagen; Invertase (Invertin) zur Weichhaltung von Süßwaren. — Auch manche *Eiweißstoffe* und *Eiweißhydrolysate* werden als strukturbildende oder strukturerhaltende Stoffe angewandt: Milcheiweiß und Pflanzeneiweiß dienen als Emulgatoren für Mayonnaise; Milchcaseinat erwies sich als guter Emulgator für pflanzliche Fette, besonders solche mit niederem Schmelzpunkt; Weizengliadin eignet sich als Schaumbildner und Schaumstabilisator für Eiereiweiß; Albumin, Eiereiweiß und Casein werden als Klärmittel für Rotwein, Weißwein oder Apfelwein verwendet. — *Metaweinsäure* dient zur Verhinderung der Kältetrübung des Weins. — *Glycerinabietate* (Glyceride der Abietinsäure) dienen zur Stabilisierung ätherischer Öle in Fruchtsaftgetränken.

Auch viele Salze haben emulgierende und stabilisierende Eigenschaften. Hierzu gehören neben den bereits erwähnten Käse-Schmelzsalzen (vgl. S. 1207) bestimmte *Calciumsalze*, besonders Calciumchlorid und Calciumlactat. Diese werden bei der Herstellung von Gemüsekonserven zugesetzt, wodurch die Festigkeit der Pflanzengewebe erhalten bleibt. Auch das Gewebe von Kartoffeln läßt sich durch Calciumsalze festigen. Zur Herstellung von Schnittkäse wird der Milch Calciumchlorid zugesetzt (0,2 g/l). *Calciumhydroxid* wird außerdem Stockfisch zugesetzt, um eine bessere Quellung desselben beim Wässern zu erreichen.— *Kaliumaluminiumsulfat* verhindert das Aufplatzen der Früchte beim Eindosen. — Kolloide *Kieselsäure, Calciumsilicate* und *Kaliumcyanoferrat(II)* werden Kochsalz zugesetzt, um das Aneinanderhaften der Salzkörner zu verhindern und die Streufähigkeit zu verbessern. Auch wasserfreies *Dinatriumhydrogenphosphat*, ferner *Kaliumpalmitat* und lösliche *Cadmiumsalze* wurden für diesen Zweck vorgeschlagen. Kaliumcyanoferrat(II) dient zudem als Schönungsmittel für Wein und Essig.

Bibliographie

über sonstige Stoffe mit physikalischer Wirkung

ALBERT-*Handbuch:* Phosphate. Hrsg. v. Fa. Chemische Werke Albert. Wiesbaden-Biebrich 1950.

Deutsche Forschungsgemeinschaft (DFG), Kommission zur Prüfung fremder Stoffe bei Lebensmitteln (Fremdstoff-Kommission): Mitteilung I (1964a).

— — Mitteilung II (1964b).

— — Tätigkeitsbericht. Zit. in Z. Lebensmittel-Untersuch. u. -Forsch. **124**, 120—122 (1964c).

FLEURY, P., et P. BALATRE: Les inositols. Chimie et biochimie. Paris: Masson & Cie. 1947.
Food Standards Committee: Report on emulsifying and stabilising agents. London: Her Majesty's Stationary Office 1956.
FREEMAN, G. G.: Silicones. An introduction to their chemistry and applications. London: Iliffe Books 1962.
HIRSCH, P.: Fermente im Rahmen der Lebensmittelchemie. Leipzig: Th. Steinkopff 1956.
HUNYAR, A.: Chemie der Silikone. Berlin: VEB-Verlag Technik 1959.
8. Internationale Tagung der Schmelzkäse-Fachleute 1958. Hrsg. v. Fa. J. A. Benckiser. Ludwigshafen a. Rh. 1958.
Joint FAO/WHO Expert Committee on Food Additives: Specifications for the identity and purity of food additives and their toxicological evaluation: Emulsifiers, stabilizers, bleaching and maturing agents. 7. Bericht. Genf 1964.
KOMAREK, E.: Pflanzliche Gerbstoffe. In: ULLMANNs Encyklopädie der technischen Chemie. 3. Aufl. Bd. **11**, S. 585—595. München-Berlin: Urban & Schwarzenberg 1960.
Kondensierte Phosphate in Lebensmitteln: Symposium in Mainz 1957. Berlin-Göttingen-Heidelberg: Springer-Verlag 1958.
KOTTER, L.: Zur Wirkung kondensierter Phosphate und anderer Salze auf tierisches Eiweiß. Hannover: M. u. H. Schaper 1960.
MEALS, R. N., and F. M. LEWIS: Silicones. New York: Reinhold Publ. Corp. 1959.
NOLL, W.: Chemie und Technologie der Silicone. Weinheim/Bergstr.: Verlag Chemie 1960.
Phosphate in Lebensmitteln: Hrsg. v. Verband der Chemischen Industrie. Frankfurt a. M. 1958.
Phosphat-Symposium: Hrsg. v. Fa. J. A. Benckiser. Ludwigshafen a. Rh. 1956.
ROCHOW, E. G.: Einführung in die Chemie der Silikone. Weinheim/Bergstr.: Verlag Chemie 1952.
RUDY, H.: Altes und Neues über kondensierte Phosphate. Hrsg. v. Fa. J. A. Benckiser. Ludwigshafen a. Rh. 1960.
SCHMIDT, O. TH.: Gallotannine und Ellagen-Gerbstoffe. In: Fortschr. Chem. Org. Naturstoffe. Bd. **13**, S. 70—136. Wien: Springer-Verlag 1956.
SCHNURRBUSCH, K., u. H. OETTEL: Silicone. In: ULLMANNs Encyklopädie der technischen Chemie. 3. Aufl. Bd. **15**, S. 769—794. München-Berlin: Urban & Schwarzenberg 1964.
Solva-Handbuch: 2. Aufl. Hrsg. v. Fa. Gebr. Giulini. Ludwigshafen a. Rh. 1961.
WAZER, J. R. VAN: Phosphorus and its compounds. New York: Interscience Publishers. Bd. **1**, 1958; Bd. **2**, 1961.

Zeitschriftenliteratur

BECKER, E., u. K. H. NEY: Einfluß verschiedener Schmelzsalze auf die Qualität und Haltbarkeit von Schmelzkäse. Z. Lebensmittel-Untersuch. u. -Forsch. (im Druck).
BUNDE, K.: Schmieröl aus Sand? Silicone — eine neue Kunststoffklasse. Umschau **49**, 44—46 (1949).
CAPT, E.: Sur la déferrisation des vins par les sels de l'acide phytique. Mitt. Lebensmitteluntersuch. Hyg. **47**, 431—441 (1956).
CORDONNIER, R.: Etude de l'élimination du fer des vins blancs par le phytate de calcium. Mise au point d'une méthode de collage et comparaison de cette méthode au traitement par le ferro-cyanure de potassium. Ann. Falsif. Fraudes **45**, 415—427 (1952).
DIEMAIR, W., u. H. BECKER: Zur Physiologie und Chemie des Phytins. Dtsch. Lebensmittel-Rdsch. **51**, 18—23 (1955).
DUPUY, P., et H. BOUZIQUES: Sur un procédé d'élimination du fer par le son de blé. C. R. Acad. Agric. France **40**, 298—301 (1953).
EVANS, C. D., P. M. COONEY, H. A. MOSER and A. W. SCHWAB: The flavor problem of soybean oil. XI. Phytic acid as an inactivating agent for trace metals. J. amer. Oil Chem. Soc. **30**, 143—147 (1953).
GRAEFE, G.: Verbesserung der Qualität und Lagerfähigkeit von Süßwaren durch Sorbit. Int. Fachschr. Schokolade-Industr. **10**, 241—243 (1955).
— Sorbit und seine Eignung zur Süßwarenherstellung. Zucker- u. Süßwaren-Wirtsch. **8**, 144 bis 147 (1955).
HAHN, F.: Toxikologie der Polyphosphate. Z. Ernährungswiss., Suppl. **1**, 55—64 (1961).
—, u. K. LANG: Die experimentellen Grundlagen zur Beurteilung der kondensierten Phosphate in gesundheitlicher Hinsicht. Dtsch. Lebensmittel-Rdsch. **57**, 329—333 (1961).
HAUL, R.: Chemie der Silicone. Angew. Chem. A **60**, 225—230 (1948).
HENNIG, K.: Die Schönung der Weine mit Aferrin. Z. Lebensmittel-Untersuch. u. -Forsch. **97**, 114—122 (1953).
HERRMANN, K.: Über „Gerbstoffe" in Lebensmitteln und deren Bestimmung. Dtsch. Lebensmittel-Rdsch. **59**, 309—317 (1963).

Kröller, E.: Stickoxydul zur Herstellung von Schlagsahne. Bundesgesundh.-Bl. **3**, 181—183 (1960).
Maas, H.: Was hat die Lebensmittel-Industrie von den Silikonen zu erwarten? Dtsch. Lebensmittel-Rdsch. **46**, 208—210 (1950).
Marchand, M.: Über Silikone. II. Chem. Techn. **2**, 139—147 (1950).
Miconi, C.: Der Chemismus der Behandlung der Weine mit Kaliumcyanoferrat (II). [Italienisch] Riv. Viticolt. **2**, 75—82 (1949).
Möhler, Kl., u. F. Kiermeier: Die Wirkung anorganischer Phosphate auf tierisches Eiweiß. Z. Lebensmittel-Untersuch. u. -Forsch. I: **95**, 170—177 (1952); II: **96**, 90—98 (1953); III: **97**, 100—105 (1953); IV: **99**, 210—214 (1954); V: **100**, 260—266 (1955); VI: **105**, 265—274 (1957); VII: **106**, 33—53 (1957); VIII: **112**, 175—184 (1960).
Mohler, H.: Die Bedeutung der Enzyme in der Lebensmittelindustrie. Mitt. Lebensmitteluntersuch. Hyg. **49**, 406—422 (1958).
Müller, R.: Über Silikone. I: Chem. Techn. **2**, 7—13, 41—50 (1950).
Leiss, F., u. K.-H. Peter: Die Silicone in Medizin, Pharmazie und Lebensmittelindustrie. Arzneimitt.-Forsch. **4**, 571—575, 614—622, 664—668 (1954).
O'Neal, R., and W. F. Cruess: Clarification of wines and vinegars. Wines and Vines **32**, 27—28 (1951).
Peynaud, E., et G. Guimbertau: Recherches sur la constitution et l'efficacité anticristallisante de l'acide métatartrique. Industr. aliment. agric. **78**, 131—135 (1961).
Potterat, M., u. O. Högl: Die Verwendung von Stickstoffoxydul (N_2O) bei der Behandlung von Lebensmitteln sowie dessen Prüfung und Bestimmung. Mitt. Lebensmitteluntersuch. Hyg. **42**, 342—375 (1951).
Prillinger, F.: Die Eisenausfällung im Wein mit Aferrin und Calciumphytat. Mitt. Klosterneuburg, Serie A (Rebe u. Wein) **4**, 30—36 (1954).
Schormüller, J., G. Würdig u. G. Bressau: Phosphate und organische Phosphorverbindungen in Lebensmitteln. III. Untersuchungen über Weizenphytase sowie über den enzymatischen und säurehydrolytischen Abbau des Phytins. Z. Lebensmittel-Untersuch. u. -Forsch. **109**, 378—386 (1959).
Silicone und ihre Verwendungsmöglichkeiten in der Süßwarenindustrie: Zucker- u. Süßwaren-Wirtsch. **15**, 121—123 (1962).
Souci, S. W., u. E. Mergenthaler: Über den Gehalt an Distickstoffoxyd in verschäumter Schlagsahne. Z. Lebensmittel-Untersuch. u. -Forsch. **118**, 522—527 (1962).
Suri, B. R.: Antioxydative Wirkung von Polyphosphaten in Pökelfleischwaren. Fleischwirtschaft **13**, 403—405 (1961).
Weiner, S., M. Mangel, L. Maharg and G. G. Kelley: Effectiveness of commercial papain in meat tenderization. Food Technol. **12**, 248—252 (1958).
Winkler, S.: Die Wirkung von Silikon-Entschäumern auf die Schaumbildung von Kartoffelfruchtwasser. Stärke **7**, 177—180 (1955).

Vgl. auch die auf S. 1065 zitierten Abhandlungen über Fremdstoffe!

4. Überzugsmittel

Nicht nur durch die direkte Zugabe (Vermischen mit dem Lebensmittel) sondern auch durch das Überziehen von Lebensmitteln läßt sich eine günstige Wirkung auf Gefüge und Qualität erreichen. Durch solche Überzüge (angelsächsisch "Coatings"), die z. T. auch mitgegessen werden, werden Veränderungen durch Wasseraufnahme, Wasserverlust, Aromaverlust oder Wirkstoffverlust verhindert. Daneben werden auch antioxydative Effekte durch Verhinderung des Sauerstoffzutritts und antimikrobielle Effekte durch Verhinderung von Mikrobenbefall erzielt. Im folgenden soll ein kurzer Überblick über die wichtigsten Überzugsmittel gegeben werden.

Paraffine

Flüssiges Paraffin ist ein ölartiges Gemisch von Kohlenwasserstoffen mit einem Siedepunkt über 360° C. Je nach der Viscosität wird dünn- und dickflüssiges Paraffin unterschieden.

Festes Paraffin („Hartparaffin") ist ein Gemisch überwiegend geradkettiger gesättigter aliphatischer Kohlenwasserstoffe mit Erstarrungspunkten zwischen 43 und 98° C. Vorwiegend sind Tetracosan $C_{24}H_{50}$ und Pentacosan $C_{25}H_{52}$ enthalten. Zu den festen Paraffinen gehören auch die nach dem Fischer-Tropsch-Verfahren aus Kohlenmonoxid und Wasserstoff hergestellten sog. Synthese-Paraffine. Hartparaffine sind unlöslich in Wasser.

Mikrokristalline Wachse („Mikrowachse") sind Gemische fester, überwiegend verzweigter gesättigter Kohlenwasserstoffe mit Erstarrungstemperaturen zwischen 50 und 98° C. Hierher gehört auch das *Erdwachs* („Ozokerit", „Ceresin"), das aus einem Gemisch fester, überwiegend verzweigter und ringförmiger Paraffinkohlenwasserstoffe besteht.

Flüssiges Paraffin wird zum Ölen von Eiern und als Mittel gegen das Zusammenbacken von Rosinen und Sultaninen verwandt, wobei es zugleich auch zur Erhöhung des Glanzes beiträgt. Feste Paraffine und Mikrokristalline Wachse dienen als Überzugsmittel für Käse (Käsewachs), zur Behandlung von Obst, Trockenfrüchten, Eiern, Fleischwaren und als Imprägniermittel für Lebensmittelverpackungen.

Vom Food Standards Committee, London (1962), wurden Mineralöle (Oberbegriff für feste, halbfeste und flüssige Paraffine) für Trockenobst (5 g/kg), Citrusfrüchte (1 g/kg) und als Überzugsmasse für Käse und Eier anerkannt.

In Deutschland sind flüssiges Paraffin zur Oberflächenbehandlung getrockneter Weinbeeren, ausgenommen Korinthen (6 g/kg), dick- und dünnflüssiges Paraffin sowie Hartparaffin und Mikrokristalline Wachse für Kaugummi und als Überzugsmasse für Käserinden erlaubt. Hartparaffine sind nach den Richtlinien der EWG zur Oberflächenbehandlung von Käserinden im EWG-Raum zugelassen.

Wachse

Natürliche Wachse. Chemisch setzen sich diese vorwiegend aus Estern höherer geradzahliger Fettsäuren (C_{24}—C_{36}) mit höheren Fettalkoholen (C_{16}—C_{36}) zusammen. Außerdem sind darin meist noch freie Fettsäuren, Wachsalkohole und höhermolekulare Kohlenwasserstoffe enthalten. Die natürlichen Wachse lassen sich nach ihrem Ursprung in pflanzliche und tierische sowie fossile Wachse einteilen. Die wichtigsten lebensmitteltechnologisch angewandten Wachse sind Bienenwachs, Carnaubawachs, Candelillawachs, Ouricourywachs, Zuckerrohrwachs und Walrat. Die natürlichen Wachse werden im Stoffwechsel von Pflanzen und Tieren gebildet.

Die Hauptbestandteile des *Bienenwachses* sind Cerylalkohol $C_{26}H_{53}OH$, Myricylalkohol $C_{31}H_{63}OH$, Cerotinsäure $C_{25}H_{51}COOH$, Melissinsäure $C_{29}H_{59}COOH$ und Myricin, ein aus Palmitinsäure und höheren Alkoholen (C_{30}-, C_{32}-, C_{34}-Alkoholen) zusammengesetztes Estergemisch. Daneben sind höhere Kohlenwasserstoffe (z. B. Heptacosan $C_{27}H_{56}$, Hentriacontan $C_{31}H_{64}$) enthalten. *Walrat* ist ein Ester der Palmitinsäure mit Cetylalkohol $C_{16}H_{33}OH$. — *Carnaubawachs* („Palmwachs") enthält Carnaubasäure, hochmolekulare Alkohole und Kohlenwasserstoffe sowie den Cerotinsäureester des Myricylalkohols $C_{31}H_{63}OH$. — *Candelillawachs* enthält 75% Dotriacontan $C_{32}H_{66}$, 18—20% Harz und 5—6% Oxylacton $C_{30}H_{58}O_3$. Letzteres gehört also chemisch nicht zu den Wachsen; da es jedoch praktisch ausschließlich als Ersatz für Carnaubawachs verwendet wird, soll es hier erwähnt werden. — *Ouricourywachs* entspricht in seiner Zusammensetzung etwa dem Carnaubawachs.

Zu den natürlichen Wachsen gehört auch das Montanwachs, das vorwiegend Ester der Montansäure mit Montanalkohol enthält; außerdem kann es bis zu 30% Harze enthalten.

Synthetische Wachse (Hartwachse, Ruhrwachse, Oxidwachse) werden aus Synthese-Paraffinen durch Oxydation, Hydrierung und Veresterung mit Alkoholen hergestellt. Auch diese Wachse werden auf dem Lebensmittelsektor eingesetzt.

Das Hauptanwendungsgebiet der Wachse sind die Imprägnierung von Lebensmittel-Verpackungen und die Herstellung von Schutzüberzügen auf Obst. Bekannte Präparate, die besonders in der Citrusindustrie als Schutzüberzüge zur Qualitätserhaltung und Verbesserung des Aussehens verwendet werden, sind das „Johnsonwachs" (Gemisch aus Carnaubawachs, Harzen und Paraffin), „Britexwachs" (Carnaubawachs, Schellack und Ölsäure als Emulgator) und das „Citrashine Wachs" (Hauptbestandteil Carnaubawachs in wäßriger Emulsion). Auch für sonstige Ernteprodukte (andere Obstsorten, Gemüse) hat sich die Oberflächenbehandlung mit Mischungen von Wachsen und Paraffinen in manchen Ländern eingebürgert. Ein bekanntes Verfahren dieser Art ist das „Sta Fresh-Verfahren".

Bienenwachs und Carnaubawachs sind in Deutschland auf Grund der Kaffee-VO als Glasurmittel für Röstkaffee erlaubt. Ferner ist die Verwendung von Bienenwachs, Walrat und Carnaubawachs als Überzugswachs für Citrusfrüchte und als Trennmittel für Süßwaren und

Backwaren auf Grund der Fruchtbehandlungs- bzw. Allgemeinen Fremdstoff-VO gestattet. Nach der VO über diätetische Lebensmittel sind Bienenwachs und Spermöl als Trennmittel zugelassen.

Harze

Natürliche Harze. Die für die Lebensmittelindustrie wichtigsten Harze sind Dammarharz, Benzoeharz, Kanadabalsam, Sandarak, Mastix, Gummigutt, Colophonium, gelbes Akaroidharz und besonders Schellack. Chemisch stellen diese Harze im allgemeinen Gemische aus aromatischen Harzsäuren, Harzalkoholen, Harzestern und Kohlenwasserstoffen dar. Sie finden Anwendung z. B. als Käseüberzüge und als Glasurmittel für Zuckerwaren.

Synthetische Harze. Große Bedeutung konnte das synthetische Cumaron-Indenharz erlangen, das unter Namen wie „Flavorseal“ oder „Gebaganharz“ als Schutzüberzug für Citrusfrüchte und Tomaten verbreitete Anwendung findet. Diese Behandlung der Früchte reduziert – ähnlich wie die oben beschriebenen Wachse – Verdunstungs-, Aroma- und Vitamin C-Verluste und gibt den Früchten ein besseres Aussehen. Auf den Früchten verbleiben etwa 50–150 mg/kg Cumaron-Indenharz. – Als Überzugsmasse für Citrusfrüchte und Käse wurde ferner auch ein Polyvinylacetatharz vorgeschlagen.

In gesundheitlicher Hinsicht ist das Cumaron-Indenharz eingehend untersucht und wird als unbedenklich angesehen. — Als Glasurmittel für Röstkaffee sind in Deutschland auf Grund der Kaffee-VO Benzoeharz, Mastix, Colophonium, gelbes Akaroidharz und Schellack erlaubt. Ferner ist auf Grund der Fruchtbehandlungs-VO die Verwendung von Schellack und Cumaron-Indenharzen zur Behandlung der Schalen von Citrusfrüchten, auf Grund der Allgemeinen Fremdstoff-VO die Verwendung von Schellack, Sandarakharz, Benzoeharz und Mastix als Überzüge über Zuckerwaren gestattet.

Bibliographie
über Überzugsmittel

Buchner, G. (unter Mitwirkung von C. Lüdecke): Taschenbuch für die Wachsindustrie. 3. Aufl. Stuttgart: Wiss. Verlagsges. 1948.

Carbowax: Polyethylene glycols for pharmaceuticals and cosmetics. Hrsg. v. d. Union Carbide Chemicals Comp. New York 1962.

Diemair, W.: Untersuchungen über Fluoreszenzerscheinungen von Paraffinöl, das zum Paraffinieren von getrockneten Weinbeeren verwendet wird. Schriftenreihe des Bundes für Lebensmittelrecht und Lebensmittelkunde, H. 33. Hamburg-Berlin-Düsseldorf: B. Behr's Verlag 1960.

Encyclopedia of polymer science and technology: Hrsg. v. H. F. Mark, N. G. Gaylord and N. M. Bikales (12 Bde.). New York: John Wiley, Bd. 1, 1964.

Food Standards Committee: Report on mineral oil in food. London: Her Majesty's Stationary Office 1962.

Golding, B.: Polymers and Resins. Princeton/N. J.-Toronto-London-New York: Van Nostrand 1959.

Hamann, K.: Synthetische Harze. In: Ullmanns Encyklopädie der technischen Chemie. 3. Aufl. Bd. 8, S. 418—449. München-Berlin: Urban & Schwarzenberg 1957.

Hicks, E.: Shellac, its origin and applications. New York: Chemical Publ. Co. 1961.

Howes, F. N.: Resins and gums. In: Die Rohstoffe des Pflanzenreiches. Hrsg. von J. v. Wiesner u. K. v. Regel. 5. Aufl. Weinheim/Bergstr.: J. Cramer 1963.

Ikert, B.: Das Cumaronharz. Halle: W. Knapp 1948.

Morrell, R. S.: Synthetic resins. 3. Aufl. London: Oxford Univ. Press 1951.

Sandermann, W.: Natürliche Harze. In: Ullmanns Encyklopädie der technischen Chemie. 3. Aufl. Bd. 8, S. 393—417. München-Berlin: Urban & Schwarzenberg 1957.

— Naturharze, Terpentinöl, Tallöl. Berlin-Göttingen-Heidelberg: Springer-Verlag 1960.

Scheiber, J.: Chemie und Technologie der künstlichen Harze. I. Die Polymerisatharze. 2. Aufl. Stuttgart: Wiss. Verlagsges. 1961.

Souci, S. W.: Die Behandlung von Zitrusfrüchten mit besonderer Berücksichtigung der Verhältnisse in USA. In: World Fruit Trade 1959, S. 52—78 (dtsch.), 79—103 (engl.). Düsseldorf: Koch u. Wolf 1959.

UBBELOHDE, L., F. GOLDSCHMIDT u. M. HARTMANN: Handbuch der Chemie und Technologie der Öle und Fette. Bd. 4, S. 441—755: Wachse. Leipzig: S. Hirzel 1926.
VČELÁK, V.: Chemie und Technologie des Montanwachses. Prag: Verlag d. Tschechosl. Akad. der Wissenschaften 1959.
WARTH, A. H.: The chemistry and technology of waxes. 2. Aufl. New York: Reinhold Publishers 1956.
ZERBE, C.: Mineralöle und verwandte Produkte. Berlin-Göttingen-Heidelberg: Springer-Verlag 1952.

Zeitschriftenliteratur

IHLOFF, M., u. M. KALITZKI: Über natürliche und künstliche Citrusfruchtwachse. Z. Lebensmittel-Untersuch. u. -Forsch. 112, 391—394 (1960).
KUTZ, V.: Anwendung aus Pektin verfertigter Membranen zum Überziehen der Oberfläche von Lebensmitteln. [Ungarisch] Élelmiszervizsgálati Közlemények 4, 248—251 (1958).
SCHMIDT, H. W.: „Obstabil", sein pharmazeutisches Wesen und seine physiologische Wirkung. Pharmaz. Zentralh. 86, 146—149 (1947).
WILDBRETT, G., u. F. KIERMEIER: Untersuchungen und Betrachtungen zur Anwendung von Kunststoffen für Lebensmittel. I. Kunststoffsuspensionen zur Oberflächenbehandlung von Käsen. Z. Lebensmittel-Untersuch. u. -Forsch. 108, 32—44 (1958).
ZAGAJEWSKI, I. S.: Über den Schutz der Eier vor Verderbnis bei längerer Aufbewahrung. [Russisch] Vopr. Pitaniya 9, Nr. 6, 68—73 (1940).

Vgl. auch die auf S. 1065 zitierten Abhandlungen über Fremdstoffe!

B. Unbeabsichtigt in Lebensmittel gelangende Fremdstoffe

Neben den bisher besprochenen Verbindungen, die zu einem bestimmten Zweck Lebensmitteln absichtlich zugesetzt werden, findet sich eine Reihe von Stoffen, die zwar bei der Gewinnung, Herstellung und Lagerung von Lebensmitteln verwendet werden, deren Verbleib im Lebensmittel jedoch an sich nicht beabsichtigt und erwünscht ist. Trotzdem werden Reste solcher Stoffe,wenn auch nur in geringen Mengen, im Lebensmittel verbleiben können. Die Stoffe dieser Gruppe fallen somit streng genommen nicht unter den Begriff der Zusatzstoffe. Ihre Zahl ist so groß, daß eine ausführlichere Beschreibung im Rahmen dieses Handbuches nicht möglich ist. Es muß auf die auf S. 1217 und 1221 zitierte Spezialliteratur verwiesen werden.

I. In der Landwirtschaft verwendete Stoffe

Die Gruppe der hierher gehörenden Stoffe ist die wichtigste, sowohl was den Umfang ihrer Anwendung, als auch die Zahl der Substanzen betrifft. Auch bieten sie die größten Probleme toxikologischer Art. Man unterscheidet folgende Hauptgruppen:

In der Tierzucht verwendete Stoffe. Hierher gehören besonders Antibiotica, hormonähnlich wirkende Stoffe, Beruhigungsmittel (angelsächsisch „Tranquilizers") und Tierarzneimittel. Die Stoffe dieser Gruppen werden entweder mit dem Futter zugeführt („nutritive Anwendung") oder in Form von Pillen („Pellets") in das tierische Gewebe eingepflanzt (z. B. hormonartig wirkende Stoffe) oder auf den üblichen medikamentösen Wegen äußerlich oder innerlich verabreicht.

Bodenbehandlungsmittel. Hierunter fallen die Düngemittel, die Bodenlockerungsmittel und die Bodenentseuchungsmittel (Pflanzenschutzmittel, die speziell für den Boden angewandt werden). Die Aufnahme dieser Stoffe durch die Pflanze ist entweder beabsichtigt, wie bei den Düngemitteln, oder sie können in manchen Fällen unbeabsichtigt, wenn auch nur in äußerst geringen Mengen, in die Pflanze gelangen.

Pflanzenschutzmittel (*Schädlingsbekämpfungsmittel, Pesticide*). Sie dienen dem Schutz der lebenden Pflanze, insbesondere der Bekämpfung von Pflanzenkrankheiten und tierischen Schädlingen sowie der Unkrautbekämpfung. Diese Stoffe wirken als Kontaktgifte, Fraßgifte oder Respirationsgifte und werden in verschiedenartiger Weise [Besprühen, Begasen und Räuchern, Bodenbehandlung (vgl. oben), Streupulver, Tränk- und Ködergifte] angewandt. Die Zahl der hierher gehörenden Verbindungen (Wirkstoffe) und der aus ihnen hergestellten Präparate (angelsächsisch „Formulations") ist sehr groß und wächst weiter von Jahr zu Jahr, bedingt auch durch das zunehmende Auftreten von Resistenzerscheinungen. Diese Stoffe verdienen besondere Beachtung, handelt es sich doch überwiegend um Verbindungen von verhältnismäßig hoher Toxicität, die zu gesundheitlichen Bedenken Anlaß geben, wenn sie auch nur in Spuren im Lebensmittel verbleiben.

Wenn auch noch andere Möglichkeiten für den Pflanzenschutz bestehen, wie z. B. gewisse Kulturmaßnahmen, Züchtung resistenter Nutzpflanzen, biologische, physikalische und mechanische Schädlingsbekämpfungsmethoden, an deren Ausbau intensiv gearbeitet wird, so ist es doch derzeit aus wirtschaftlichen und technischen Gründen nicht möglich, auf den chemischen Pflanzenschutz zu verzichten. Eine Unzahl von Publikationen über die Toxikologie und Analytik dieser Substanzen dienen als Grundlagen für gesetzliche Vorschriften und Überwachungs-Maßnahmen, wie sie heute in den meisten Ländern durchgeführt oder vorbereitet werden.

Die Pflanzenschutzmittel lassen sich in folgende Hauptgruppen einteilen:

1. Stoffe gegen Mikroorganismen und Viren. Sie dienen der Bekämpfung von Pflanzenkrankheiten, die durch Pilze, Bakterien oder Viren entstehen. Hierzu gehören die *Fungicide* einschließlich der Saatbeizmittel, die *Bactericide* und die *Viricide*. Solche Krankheiten sind z. B. Apfelschorf, Mehltau, Monilia bei Stein- und Kernobst, Flugbrand bei Weizen, Peronospora bei Reben und Hopfen, Kohlhernie, Knollenfäule bei Kartoffeln, bakterielle Tomatenwelke, Mosaikkrankheit, Kräuselkrankheit und viele andere mehr. Diese Krankheiten erzeugen bei den Pflanzen irreversible Schäden; eine Bekämpfung kann nur prophylaktisch erfolgen, eine Heilung ist nicht möglich.

2. Stoffe gegen Kaltblüter. Hierher gehören in erster Linie die *Insecticide, Acaricide, Nematodicide, Larvicide, Molluscicide* und *Ovicide*. Die Zahl der schädlichen Kaltblüter ist sehr groß; die bekanntesten sind Kartoffelkäfer, Kohlraupen, Blattläuse, Maikäfer, Spinnmilben, Schnecken u. a.

3. Stoffe gegen Warmblüter (Nagetiere). Hierzu gehören die *Rodenticide* zur Bekämpfung von Nagetieren, wie Mäusen, Ratten und Hamstern. Sie finden hauptsächlich als Bodenbehandlungsmittel oder als Streupulver, Tränk- und Ködergifte Verwendung und können daher kaum in die Pflanze selbst gelangen.

4. Stoffe gegen Unkrautbefall. Es sind dies die *Herbicide*, deren Wirkung auf einer selektiven Wachstumsbeeinflussung beruht. Durch ihre Anwendung kann ein indirekter Pflanzenschutz erreicht werden.

Vorratsschutzmittel. Sie dienen der Erhaltung der geernteten pflanzlichen Produkte bzw. Lebensmittel durch Verhinderung von Lagerschäden. Hierher gehören die *Begasungsmittel* zum Schutz gegen tierische Lagerschädlinge, die *Keimhemmungsmittel* („Antikeimungsmittel") zum Schutz gegen Auswuchsschäden und die reifungsbeeinflussenden Stoffe.

Mit den Fragen des Pflanzen- und Vorratsschutzes befassen sich auf internationaler Ebene die *Weltgesundheitsorganisation* (WHO) und die *Food and Agriculture Organization* (FAO). Im Rahmen der letztgenannten Organisation besteht eine eigene "*Plant Production and Protection Division*" mit einem "*FAO Panel of Experts on the Use of Pesticides in Agriculture*". Für den europäischen Raum befassen sich die "*European and Mediterranean Plant Protection Organisation*" (EPPO) in Paris und das "*Groupement Europeen des Associations nationales des Fabricants de Pesticides*" (GEFAP) in Brüssel mit den einschlägigen Problemen. In Deutschland sind gesetzliche Vorschriften über die Anwendung der Schädlingsbekämpfungs- und Vorratsschutzmittel in Vorbereitung, in denen auch Toleranzwerte festgelegt werden. Zur Bearbeitung der einschlägigen wissenschaftlichen Fragen besteht bei der *Deutschen Forschungsgemeinschaft* (DFG) eine „*Kommission für Pflanzenschutz-, Pflanzenbehandlungs- und Vorratsschutzmittel*". Die Prüfung und amtliche Anerkennung der Pflanzen- und Vorratsschutzmittel sowie der Pflanzenschutzgeräte liegt in Händen der Biologischen Bundesanstalt für Land- und Forstwirtschaft in Braunschweig, die jährlich ein *Pflanzenschutzmittel-Verzeichnis* herausgibt, das amtlichen Charakter trägt und für die landwirtschaftliche Praxis verbindlich ist.

Bibliographie

über landwirtschaftlich verwendete Stoffe

Association of American Pesticide Control Officials: Pesticide compendium. College Park, Md., 1958.

Audus, L. J.: Plant growth substances. 2. Aufl. London: Academic Press 1959.

Bär, F.: Tierarzneimittel und Aufzuchtmittel in der landwirtschaftlichen Praxis. Lochham-München: Pallas-Verlag Dr. Edmund Gans 1964.

Bärner, J.: Bibliographie der Pflanzenschutzliteratur. Hrsg. v. d. Biologischen Bundesanstalt für Land- und Forstwirtschaft Berlin-Dahlem. Berlin-Hamburg: P. Parey, bisher 12 Bände 1940—1958.

Barnes, J. M.: Toxicité pour l'homme de certains pesticides. Genf: Weltgesundheitsorganisation (WHO) 1954.

Bauer, K.: Studien über Nebenwirkungen von Pflanzenschutzmitteln auf Fische und Fischnährtiere. Berlin-Hamburg: P. Parey 1961.

Becher, C.: Schädlingsbekämpfungsmittel. Halle: Wilhelm Knapp 1953.

Blunck, H., u. E. Riehm: Pflanzenschutz. 10. Aufl. Frankfurt a. M.: DGL-Verlags-GmbH. 1958.

Deichmann, W. B., and H. W. Gerarde: Symptomatology and therapy of toxicological emergencies. New York-London: Academic Press 1964.

de Ong, E. R.: Chemistry and uses of pesticides. 2. Aufl. New York: Reinhold Publ. Corp. u. London: Chapman & Hall 1956.

Deutsche Forschungsgemeinschaft (DFG), Kommission für Pflanzenschutz-, Pflanzenbehandlungs- und Vorratsschutzmittel (Bad Godesberg): Mitteilung I (1960) und II (1962).

Durham, W. F.: Pesticide residues in foods in relation to human health. In: Residue reviews. Hrsg. v. F. A. Gunther. Bd. **4**, S. 33—81. Berlin-Göttingen-Heidelberg: Springer 1963.

European and Mediterranean Plant Protection Organisation (EPPO): The need for chemical control and the steps taken to safeguard public health. Paris 1959.

Fabre, R., et R. Truhaut: Toxicologie des produits phytopharmaceutiques. Paris: Société d'Edition d'Enseignement Supréieur 1954.

Flatow, R.: Der quantitative chemische Nachweis von DDT in Mahl- und Backprodukten, das Verhalten des DDT im Mahl- und Backprozeß und die Wirkung des DDT auf Mikroorganismen und Fermente. Diss. Techn.-Univ. Berlin-Charlottenburg 1957.

Food and Agriculture Organization of the United Nations (FAO): Report of the FAO panel of experts on the use of pesticides in agriculture. Rom 1959.

— u. *World Health Organization (WHO):* Principles governing consumer safety in relation to pesticide residues. Sitzungsbericht. Rom 1961.

— Report of the FAO conference on pesticides in agriculture. Rom 1962.

— u. *World Health Organization (WHO):* Evaluation of the toxicity of pesticide residues in food. Bericht über eine Sitzung in Genf 1963. Rom 1964.

Food Protection Committee des *Food and Nutrition Board:* Safe use of pesticides in food production. Publ. 470. Washington, D.C., 1956.

Frear, D. E. H.: Chemistry of the pesticides. 3. Aufl. New York: Van Nostrand 1955.

— Pesticide Handbook. College Science Publ., State College, Pa. (USA) 1963.

Frickhinger, H. W.: Leitfaden der Schädlingsbekämpfung. 2. Aufl. Stuttgart: Wiss. Verlagsges. 1946.

Fürst, H.: Chemie und Pflanzenschutz. 3. Aufl. Berlin: VEB-Verlag Technik 1962.

Gruch, W., u. P. Steiner: Zur Toxikologie der Insektizide. Toxaphengruppe. Berlin-Hamburg: P. Parey 1959.

Gunther, F. A.: Analytical evaluation of residues of pesticide chemicals in foods and feeds. A review of modern concepts, practices and problems. Bericht über den XVII. Internationalen Kongreß für Reine und Angewandte Chemie 1959 in München. Bd. **2**, S. 387—426. London: Butterworths und Weinheim/Bergstr.: Verlag Chemie 1960.

—, and L. R. Jeppson: Modern insecticides and world food production. London: Chapman & Hall 1960.

Haller, W. von: Vergiftung durch Schutzmittel. Gesundheitliche Gefahren im Pflanzen-, Vorrats- und Materialschutz und in der Hygiene. Stuttgart: Hippokrates 1956.

Handbook of toxicology: Bd. 3, Insecticides. Hrsg. v. W. O. Negherbon; Bd. 5, Fungicides. Hrsg. v. D. S. Dittmer. Philadelphia-London: W. B. Saunders 1959.

Hayes, W. J., jr.: Clinical handbook on economic poisons. Hrsg. v. US Department of Health, Education and Welfare. Atlanta, Ga., 1963.

Hazleton, L. W.: The safety of pesticide chemicals. A review of modern concepts and practises. Bericht über den XVII. Internationalen Kongress für Reine und Angewandte Chemie 1959 in München. Bd. 2, S. 374—386. London: Butterworth u. Weinheim/Bergstr.: Verlag Chemie 1960.

Herbicides and the soil: Hrsg. v. E. K. Woodford u. G. R. Sagar. Oxford: Blackwell Scient. Publ.; Springfield, Ill.: Charles C. Thomas; Toronto: Ryerson Press 1960.

XVII. Internationaler Kongreß für Reine und Angewandte Chemie 1959 in München: Symposium C III. Lebensmittel-Zusatzstoffe und Rückstände von Schädlingsbekämpfungsmitteln in Lebensmitteln. Bd. 2, London: Butterworth u. Weinheim/Bergstr.: Verlag Chemie 1960.

Internationales Symposium über „die Bedeutung der Antibiotica in der Tierernährung und Lebensmittelhygiene unter besonderer Berücksichtigung von Aureomycin“. Vom 15. bis 17. November 1956 in Wien. Aulendorf in Württ.: Editio Cantor 1957.

Insecticide recommendations of the Entomology Research Division for the control of insects attacking crops and livestock for 1964: Hrsg. v. US Department of Agriculture (Agriculture Handbook) 1964.

Klimmer, O. R.: Zur Frage der Rückstände von Pflanzen- und Vorratsschutzmitteln in Lebensmitteln. Schriftenreihe des Bundes für Lebensmittelrecht und Lebensmittelkunde, H. 28, S. 52—67. Wiesbaden-Berlin: B. Behr's Verlag 1959.

— Pflanzenschutz- und Schädlingsbekämpfungsmittel. Abriss einer Toxikologie und Therapie von Vergiftungen. Hattingen (Ruhr): Hundt-Verlag 1964.

Kurth, H.: Chemische Unkrautbekämpfung. 2. Aufl. Jena: Gustav Fischer 1963.

Luther, H. G.: Tranquilizers in animal feeds. Proceedings of the tenth Research Conference der "*American Meat Institute Foundation*" an der University of Chicago 1958.

Melnikow, N. N.: Über Pflanzenschutzmittel-Forschung in der UdSSR. Berlin: Akademie-Verlag 1959.

Metcalf, L. R.: The mode of action of organic insecticides. Washington, D.C.: Chemical-Biological Coordination Center — National Research Council 1948.

— Organic insecticides. New York-London: Interscience Publishers 1955.

— Advances in pest control research. Bd. 1—4. New York-London: Interscience Publ. Inc. 1957—1961.

Monro, H. A. U.: Manual of fumigation for insect control. Rom 1963.

Müller, P.: DDT. Bd. 1 u. 2. Basel-Stuttgart: Birkhäuser 1955 und 1959.

— K. Gätzi, A. Margot, M. Reiff, E. Knüsli, R. Zinkernagel, J. Treboux, E. G. Stenger u. H. Speich: Schädlingsbekämpfung. In: Ullmanns Encyklopädie der technischen Chemie. 3. Aufl. Bd. 15, S. 103—184. München-Berlin: Urban & Schwarzenberg 1964.

Perkow, W.: Die Insektizide. Heidelberg: A. Hüthig 1956.

Pflanzenschutzmittel-Verzeichnis: Hrsg. von der Biol. Bundesanstalt für Land- u. Forstwirtschaft, Braunschweig (jedes Jahr neu erscheinend) 1947—1964.

President's Science Advisory Committee: Use of pesticides. Washington, D.C.: The White House 1963. — Dtsch. Übersetzung: Der Gebrauch von Pestiziden. Hrsg. v. d. Interparlamentarischen Arbeitsgemeinschaft. Bonn 1963.

Reitz, L. P.: Biological and chemical control of plant and animal pests. Publ. Nr. 61 der Amer. Assoc. for the Advancement of Science 1960.

Residue reviews: Fortlaufende Schriftenreihe. Hrsg. v. F. A. Gunther. Berlin-Göttingen-Heidelberg: Springer-Verlag 1962—1964.

Roan, C. C.: Insecticides, fungicides and herbicides. In: Handbook of food and agriculture. Hrsg. v. F. C. Blanck. S. 145—191. New York: Reinhold Publ. Corp. u. London: Chapman & Hall 1955.

Schädlingsbekämpfungsmittel. Berichte Nr. 25—32, hrsg. v. Keuringsdienst van Waren, Amsterdam u. Univ. Amsterdam, Abt. Lebensmittelkunde 1958.

Schrader, G.: Die Entwicklung neuer insektizider Phosphorsäure-Ester. 3. Aufl. Weinheim/Bergstr.: Verlag Chemie 1963.

Sharvelle, E. G.: The nature and uses of modern fungicides. Minneapolis, Minn.: Burgess Publ. Co. 1961.

Shepard, H. H.: Insect and Fungus control in food processing. In: The chemistry and technology of food and food products. Hrsg. v. M. B. Jacobs. 2. Aufl., Bd. 1, S. 791—816. New York-London: Interscience Publishers 1951.

— Domestic rodent control. In: The chemistry and technology of food and food products. Hrsg. v. M. B. Jacobs. 2. Aufl., Bd. 1, S. 817—828. New York-London: Interscience Publishers 1951.

STEINER, P., u. W. GRUCH: Zur Toxikologie der Insektizide. Literaturübersicht. Dien-Gruppe. Berlin-Hamburg: P. Parey 1959.

Summary of tolerances and exemptions for residues of pesticide chemicals: 2. Aufl. Hrsg. v. der Food and Drug Administration, U.S. Department of Health, Education, and Welfare, 1957—1964.

Summary of registered agricultural pesticide chemical uses. Hrsg. v. d. Pesticide Regulation Division, U.S. Department of Agriculture. Washington, D.C., 1961—1964.

TIELECKE, H.: Pflanzenschutzmittel. WTB-Band **11**. Berlin: Akademie-Verlag 1963.

Verhandlungen des IV. Internationalen Pflanzenschutz-Kongresses in Hamburg vom 8.—15. Sept. 1957: Bd. **1** und **2**. Hrsg. von der Biologischen Bundesanstalt für Land- und Forstwirtschaft. Braunschweig 1960.

VOGEL, H.: Antibiotica in der Haustierfütterung. Aulendorff/Württ.: Editio Cantor 1957.

Weltgesundheitsorganisation (WHO): Specifications for pesticides. Genf 1961.

— Application and dispersal of pesticides. Sitzungsbericht. Genf 1964.

ZEUMER, H.: Rückstände von Pflanzenschutz- und Vorratsschutzmitteln. Mitt. aus der Biol. Bundesanstalt für Land- und Forstwirtschaft Berlin-Dahlem. H. 94. Berlin-Hamburg: P. Parey 1958.

ZWEIG, G.: Analytical methods for pesticides, plant growth regulators, and food additives. New York-London: Academic Press, Bd. 1, 1963.

Zeitschriftenliteratur

Les antibiotiques dans l'alimentation animale. Ann. Nutr. (Paris) **12**, 133—220 (1958).

BAIER, W. E., and C. W. WILSON: Proposed basis for tolerances of insecticide residues in food products. Food Drug cosmet. Law J. **9**, 170—177 (1954).

BÄR, F.: Schädlingsbekämpfungsmittel, ihre Einwirkung auf Lebensmittel und ihr Nachweis. Z. Lebensmittel-Untersuch. u. -Forsch. **105**, 104—121 (1957).

— Die derzeitigen Kenntnisse zur gesundheitlichen Beurteilung der synthetischen Wachstumsregulatoren für Pflanzen. Bundesgesundh.-Bl. 184—187 (1958).

— Rückstände von Pflanzenschutzmitteln, Schädlingsbekämpfungsmitteln u. dgl. In: Wiss. Veröff. d. Dtsch. Ges. f. Ernährung. Bd. **8**, S. 33—45. Darmstadt: Dr. Dietrich Steinkopff 1962.

— Tierarzneimittel und Aufzuchtmittel in der landwirtschaftlichen Praxis. Med. u. Ernährung **4**, 67—70, 94—99, 122—126 (1963); auch als Buch erschienen (vgl. S. 1217).

BELL, W. B., C. C. FLORA, P. M. REAVES and C. W. HOLDAWAY: Aureomycin concentration in milk following intramammary infusion and its effect on starter activity. J. Dairy Sci. **34**, 675—679 (1951).

BRIDGES, R. G., P. M. BRIDGES, A. HARRISON, C. R. JONES, J. L. MCGIRR, W. H. TEMPLETON and F. P. W. WINTERINGHAM: The fate of labelled insecticide residues in food products. J. Sci. Food Agric. **1**, 214—219 (1950); **6**, 251—261, 261—268 und 269—274 (1955); **7**, 305—313 (1956); **9**, 431—439 und 439—448 (1958).

BRIESKORN, C. H.: Über die Einflußnahme einiger neuzeitlicher Schädlings- und Unkrautbekämpfungsmittel auf unsere Lebensmittel. Z. Lebensmittel-Untersuch. u. -Forsch. **93**, 292—298 (1951).

BRÜGGEMANN, J., u. H. ZUCKER: Zur Frage möglicher Gefahren und Nachteile der Antibioticafütterung. Z. Tierernährung Futtermittelkd. **11**, 65—130 (1956).

CARLSON, R. F.: Weed control in small fruits. Agric. Chemicals **4**, 37—39 (1949).

CIELESZKY, V.: Lebensmittelhygienische und -chemische Probleme in bezug auf Pflanzenschutzmittelrückstände. Nahrung **6**, 36—47 (1962).

CREMER, H. D.: Die physiologische Bedeutung der chemischen Behandlung von Nahrungsmitteln. Z. Lebensmittel-Untersuch. u. -Forsch. **96**, 188—198 (1953).

CREMLYN, R. J. W.: Systematic fungicides. J. Sci. Food Agric. **12**, 805—812 (1961).

DRIVER, C. M.: The effect of certain chemicals upon sprouting of potato tubers. I. Table potatoes. N.Z.J. Sci. Technol., Sect. A **38**, 887—897 (1957).

EICHENBERGER, J.: Über den Einsatz von chemischen Pflanzenschutzmitteln im Obstbau und die Frage der Bedeutung der Spritzrückstände für die menschliche Gesundheit. Schweiz. Z. Obst.- u. Weinbau **69**, 117—121, 139—142, 162—165, 179—186 (1960).

ENGST, R.: Die Anwendung der Schädlingsbekämpfungsmittel als lebensmittelhygienisches und toxikologisches Problem. Nahrung **6**, 68—91 (1962).

GENDEREN, H. VAN: Pesticides as a source of food contamination. Voeding **16**, 742—753 (1955).

GRAU, R.: Die Beeinflussung der Fleischqualität durch Antibioticafütterung. Vortragsbericht. Antibiotica in der Tierernährung 47—54 (1954).

Hayes jr., W. J.: Pesticides in relation to public health. Ann. Rev. Entomol. **5**, 379—404 (1960).
— G. E. Quinby, K. C. Walker, J. W. Elliott and W. M. Upholt: Storage of DDT and DDE in people with different degrees of exposure to DDT. A.M.A. Arch. Industr. Health **18**, 398—406 (1958).
Heinemann, H. E. O., and C. B. Miller: Pesticide residues and the dairy industry. J. Dairy Sci. **44**, 1775—1781 (1961).
Heinisch, E.: Hygienische Beurteilung von Maßnahmen des Pflanzenschutzes, die zur Kontamination der Lebensmittel mit Pflanzenschutzmitteln führen können. Nahrung **6**, 1—16 (1962).
Henderson, J. L.: Pesticide residue tolerances in milk. Food Technol. **16**, H. 6, 66—73 (1962).
Hey, A.: Chemischer Pflanzenschutz als wirtschaftlicher Faktor der Ernährung. Ernährungsforsch. **8**, 436—444 (1962).
Kiermeier, F., R. Kern u. G. Wildbrett: Einfluß organischer Insecticide auf Enzyme. Z. Lebensmittel-Untersuch. u. -Forsch. **118**, 201—214, 442—445 (1962); Biochem. Z. **336**, 421—431 (1962); Hoppe-Seylers Z. physiol. Chem. **332**, 305—309 (1963).
Klimmer, O. R.: Rückstände von Schädlingsbekämpfungsmitteln auf Lebensmitteln und ihre gesundheitliche Bedeutung. Z. Lebensmittel-Untersuch. u. -Forsch. **124**, 350—363 (1964).
Koch, W.: Die Wirkung hochdosierter Hormone auf Mast und Fleischqualität. Vortragsbericht. Z. Lebensmittel-Untersuch. u. -Forsch. **92**, 349—350 (1951).
Kröller, E.: Untersuchungen zur Verwendung von IPC als Keimhemmungsmittel bei der Lagerung von Kartoffeln **56**, 13—17 (1960).
Linsley, E. G.: Evaluation of certain acaricides and insecticides for effectiveness, residues, and influence on crop flavor. Hilgardia **26**, 1—106 (1956).
Pesticide Research Bulletin (Fortlaufende Schriftenreihe). Hrsg. vom Stanford Research Institute, Menlo Park, Calif. Bd. **1**, 1961.
Reith, J. F.: Residues of toxic elements derived from pesticides on and in vegetables and fruit. Toxicities. Tolerances. Safety factors. Voeding **19**, 297—313 (1958).
Riemschneider, R.: Über phosphorhaltige Insecticide. Pharmazie **3**, 506—509 (1948).
Rusoff, L. L., A. V. Davis, and J. A. Alford: Growth-promoting effect of aureomycin on young calves weaned from milk at an early age. J. Nutrit. **45**, 289—300 (1951).
Schmidt, W.: Pyrethrum-Derris-Pflanzenschutzpräparate im Lichte der Pharmakologie. Pharmaz. Zentralh. **86**, 294—296 (1947).
Schormüller, J.: Fermenthemmung als Prinzip toxischer Wirkungen. II. Antibiotica, tierische Gifte, Halogen- und phosphorhaltige Antagonisten. Z. Lebensmittel-Untersuch. u. -Forsch. **107**, 40—56 (1958).
Simone, M., M. T. Clegg, and F. Carrol: Effect of methods of stilbestrol administration on quality factors of beef. J. Animal. Sci. **17**, 834—840 (1958).
Velbinger, H. H.: Über die unterschiedliche Wirkung der neuzeitlichen „Insecticide" DDT, Gammexan und E 605. Pharmazie **4**, 165—176 (1949).
Weber-Dahlmann, M.: Beiträge zur Einwirkung organisch-chemischer Substanzen auf die Lagerfähigkeit von Kartoffeln. Z. Bot. **45**, 395—420 (1957).
Wildbrett, G.: Rückstände von Schädlingsbekämpfungsmitteln in Milch. In: Wiss. Veröff. d. Dtsch. Ges. f. Ernährung. Bd. **8**, S. 46—67. Darmstadt: Dr. Dietrich Steinkopff 1962.
Zacher, F.: Chemische Mittel im Vorratsschutz. [Vortragsbericht.] Z. Lebensmittel-Untersuch. u. -Forsch. **95**, 446 (1952).

Vgl. auch die auf S. 1065 zitierten Abhandlungen über Fremdstoffe!

II. Sonstige unbeabsichtigt in Lebensmittel gelangende Fremdstoffe

Bei diesen Stoffen ist bei bestimmungsgemäßer Anwendung im allgemeinen die Gefahr einer Rückstandsbildung im Lebensmittel bzw. eines Überganges auf das Lebensmittel äußerst gering, so daß sie – von Ausnahmefällen abgesehen – keine besonderen hygienischen und toxikologischen Probleme bieten. Folgende Hauptgruppen seien angeführt.

Technische Hilfsstoffe. Dieser Begriff umfaßt nach dem Deutschen Lebensmittelgesetz solche Stoffe, die bei der Gewinnung, Herstellung oder Verarbeitung von Lebensmitteln verwendet werden, jedoch nicht zum Verzehr bestimmt sind. Sie dürfen in Lebensmitteln nicht in Anteilen enthalten sein, die technisch vermeidbar sind oder die die festgesetzten (bzw. noch festzusetzenden) Höchstmengen überschreiten. Hierzu gehören besonders Lösungsmittel, Extraktionsmittel, Fällungsmittel, Katalysatoren und Fermente, Hydrolysiermittel, Neutralisationsmittel, Pufferungsmittel, Reinigungs- und Desinfektionsmittel (von besonderer Bedeutung ist hier die Gruppe der Alkylarylsulfonate) sowie die klärend oder entfärbend wirkenden Sorptionsmittel, z. B. Bleicherden.

Bei technischen Behandlungsverfahren entstehende Stoffe. Hierzu gehören Hitze- und Kälteabbauprodukte, Bestrahlungsprodukte, wie sie z. B. bei der Konservierung von Lebensmitteln mit ionisierenden Strahlen gebildet werden, und sonstige Denaturierungsprodukte. Auch die bei chemischen Behandlungsverfahren, z. B. durch Fremdstoffe, in Lebensmitteln entstehenden Sekundärprodukte sind hierher zu rechnen.

Stoffe aus Verpackungsmaterial und Verarbeitungsgeräten. Als Verpackungsmaterial für Lebensmittel sind viele Kunststoff-Folien im Gebrauch. Besondere Bedeutung haben Polyvinylchlorid („PVC", „Hostalit"), Polyvinylchlorid-Polyvinylacetat-Mischpolymerisate, Polyvinylidenchlorid („Saran"), Polyäthylen („Lupolen", „Tetrapack"), Polystyrol, Polypropylen, Polyamide, Polyacrylsäureester („Plexiglas"), Polycarbonate, Cellulose („Cellophan", „Zellglas", „Heliozell"), Acetylcellulose („Ultraphan") u. a. erlangt. Gegen die Verwendung dieser Kunststoffe auf dem Lebensmittelsektor ist in gesundheitlicher Hinsicht nichts einzuwenden, wenn nicht niedermolekulare Bestandteile, wie zugefügte Weichmacher, Polymerisationsrückstände u. dgl. auf oder in dasLebensmittel übergehen. Die an Kunststoff-Folien und Verpackungsstoffe zu stellenden Anforderungen wurden für die Deutsche Bundesrepublik durch das Bundesgesundheitsamt festgelegt (vgl. R. Franck 1962). – Zu den Stoffen aus Verarbeitungsgeräten – auch aus Behältnissen – gehören Metallspuren, Bestandteile von Lacken u. dgl.

Bibliographie

über sonstige unbeabsichtigt in Lebensmittel gelangende Fremdstoffe

Aehnelt, W. R.: Entfärbungs- und Klärmittel. Dresden-Leipzig: Th. Steinkopff 1943.

André, P.: Lebensmittelverpackung. In: Ullmanns Encyklopädie der technischen Chemie. 3. Aufl. Bd. **11**, S. 535—545. München-Berlin: Urban & Schwarzenberg 1960.

Bär, F.: Toxicological aspects of the application of plastics in contact with foodstuffs. In: *The International Union of Pure and Applied Chemistry (IUPAC):* Bericht über die XXII. Konferenz in London 1963. London: Butterworth (im Druck).

Bier, G., u. H. Schnell: Die Kunststoffe. In: Chemische Technologie. Hrsg. v. K. Winnacker u. L. Küchler. Bd. **4**, S. 264—365. München: Carl Hanser 1960.

Food Protection Committee des *Food and Nutrition Board:* Food-packaging materials, their composition and uses. Publ. 645. Washington, D.C., 1958.

Fortschritte der Verfahrenstechnik in der Verpackungs- und Lebensmittelindustrie. Frankfurt 1963.

Franck, R.: Kunststoffe im Lebensmittelverkehr. Köln-Berlin-Bonn-München: Carl Heymann 1962.

Fritz, F.: Die wichtigsten Lösungs- und Weichmachungsmittel unter besonderer Berücksichtigung ihrer Kennzahlen. Berlin: VEB-Verlag Technik 1957.

Gnamm, H., u. W. Sommer: Lösungs- und Weichmachungsmittel. 7. Aufl. Stuttgart: Wiss. Verlagsges. 1958.

Heiss, R.: Verpackung feuchtigkeitsempfindlicher Güter. Berlin-Göttingen-Heidelberg: Springer-Verlag 1956.

—, u. G. Schricker: Packstoff-Tabellen. München: Carl Hanser 1955.

Houwink, R., u. A. J. Stavermann: Chemie und Technologie der Kunststoffe. 4. Aufl. 3 Bde. Leipzig: Akadem. Verlagsges. Geest u. Portig 1962.

Kainer, F.: Chemische Technologie der Kunststoffe. Berlin-Göttingen-Heidelberg: Springer-Verlag 1951—1959.

Kunststoff-Bestimmungstafel: Hrsg. v. H. Saechtling u. A. Krause. 4. Aufl. München: Carl Hanser 1963.

Kunststoff-Handbuch: Hrsg. v. R. Vieweg, K. Krekeler u. a. 12 Bände. München: Carl Hanser ab 1963.

Kunststoff-Normen: DIN-Taschenbuch 21. Hrsg. v. d. Dtsch. Normenausschuß (DNA). Berlin 1959.
Kunststoff-Taschenbuch: Hrsg. v. H. Saechtling u. W. Zebrowski. 15. Aufl. München: Carl Hanser 1961.
Lang, K.: Physiologische Beurteilungsliste von Kunststoff-Folien, Folienlacken und Folienbeschichtungen. Schriftenreihe des Bundes für Lebensmittelrecht und Lebensmittelkunde, H. 18. Wiesbaden-Berlin: B. Behr's Verlag 1957.
Nitsche, R.: Chemie, Physik und Technologie der Kunststoffe in Einzeldarstellungen. 7 Bde. Berlin-Göttingen-Heidelberg: Springer-Verlag 1952—1962.
Runge, F.: Einführung in die Chemie und Technologie der Kunststoffe. 3. Aufl. Berlin: Akademie-Verlag 1963.
Stoeckert, K.: Kunststoff-Lexikon. München: Carl Hanser 1961.
Thinius, K.: Chemie, Physik und Technologie der Weichmacher. Berlin: VEB-Verlag Technik 1960.

Zeitschriftenliteratur

Anderson, L.: Über Desinfektionsmittel. [Schwedisch] Svenska Mejeritidn. **49**, 309—312, 323—326 und 329 (1957).
Benk, E.: Über Tego 51, ein neues Desinfektionsmittel für die Milchwirtschaft. Milchwiss. **7**, 6—8 (1952).
Bondi, A., and Y. Birk: Studies on the action of papain on protein feeds. Bull. Res. Council Israel **4**, 57—72 (1954).
Comrie, A. A. D.: Detergents and sterilization in breweries. J. Inst. Brewing **66**, 134—141 (1960).
Gisske, W.: Über die keimtötende Wirkung handelsüblicher, in der Milchwirtschaft gebräuchlicher Reinigungs- und Desinfektionsmittel sowie über Desinfektionsmittel neuerer Art. Milchwiss. **7**, 75—85 (1952).
Heiss, R.: Fragen der Packstoffauswahl bei Fetten. Fette, Seifen, Anstrichmittel **59**, 231—235 (1957).
Hintermaier, A.: Zusammensetzung und Untersuchung moderner Waschmittel. Z. Lebensmittel-Untersuch. u. -Forsch. **88**, 316—326 (1948).
Kiermeier, F., u. G. Wildbrett: Das DLG-Gütezeichen für Reinigungs- und Desinfektionsmittel in der Milchwirtschaft. Erfahrungen und Entwicklungstendenzen. Milchwiss. **15**, 612—617 (1960).
Kietzmann, U.: Über die Verwendung hochwertiger Desinfektionsverfahren, z. B. von Tego 51 in der Lebensmittelhygiene am Fischereihafen Bremerhaven. Lebensmitteltierarzt **3**, 1—7 (1952).
Krishnamuthy, G. V., B. S. Bhatia, G. Lal, and V. Subramanyan: Pilot-plant studies on the preparation of crude papain from raw papaya. J. Sci. Food Agric. **11**, 433—436 (1960).
Meyerhans, K.: Kunststoffe in der modernen Verpackungsindustrie. Mitt. Lebensmitteluntersuch. Hyg. **50**, 478—492 (1959).
Müller, G.: Verpackung von Fetten, insbesondere von Margarine, in Kunststoffolien. Fette, Seifen, Anstrichmittel **61**, 356—361 (1959).
Nowak, G.: Die Reinigungs- und Desinfektionsmittel in der Frischgetränkeindustrie und die Frage ihrer Zulassung durch die neuen Bestimmungen des deutschen Lebensmittelgesetzes. Mineralwasser-Ztg. **12**, 634—640 (1959).
Oettel, H.: Gesundheitsgefährdung durch Kunststoffe? Arch. exp. Pathol. Pharmakol. **232**, 77—132 (1958).
Partmann, W.: Zur Frage der künstlichen Fleischreifung mit papainhaltigen Präparaten. Z. Lebensmittel-Untersuch. u. -Forsch. **102**, 321—329 (1955).
Robinson-Görnhardt, L.: Kunststoffe für die Lebensmittelverpackung in der Sicht internationaler Regelung. Kunststoffe **52**, 67—71 (1962).
—, u. R. Heiss: Kunststoff und Lebensmittel. Eine Stellungnahme zu dem Problem des Übergangs von Fremdstoffen auf Lebensmittel. Ernährungswirtsch. **5**, 161—165 (1958).
Thinius, K., u. E. Schröter: Verwendung von Weich-Polyvinylchlorid-Folien als Verpackungsmittel für Lebensmittel. Nahrung **2**, 297—305 (1958).
Walz, E.: Über die Haltbarkeit von in Kunststoffolien verpacktem Frischfleisch. Fleischwirtsch. **8**, 495—500 und 539—542 (1956).
Wang, H., C. E. Weir, N. Maynard, M. L. Birkner, J. Parsons, and B. Ginger: Studies on enzymatic tenderization of meat. Food Res. **20**, 587—597 (1955); **23**, 411—422 und 423—438 (1958).
Weiner, Sh., M. Mangel, L. Maharg, and G. G. Kelley: Effectiveness of commercial papain in meat tenderization. Food Technol. **12**, 248—252 (1958).

Vgl. auch die auf S. 1065 zitierten Abhandlungen über Fremdstoffe!

Sachverzeichnis

Die wichtigste Verweisung ist durch *kursiv*-gedruckte Seitenzahl gekennzeichnet

GPSR Compliance

The European Union's (EU) General Product Safety Regulation (GPSR) is a set of rules that requires consumer products to be safe and our obligations to ensure this.

If you have any concerns about our products, you can contact us on ProductSafety@springernature.com

In case Publisher is established outside the EU, the EU authorized representative is:

Springer Nature Customer Service Center GmbH
Europaplatz 3
69115 Heidelberg, Germany

Batch number: 10683525

Printed by Printforce, the Netherlands